W0255414

Festschrift

DAVID HILBERT

zu seinem sechzigsten Geburtstag
am 23. Januar 1922

Reprint

Springer-Verlag Berlin Heidelberg New York 1982

ISBN 3-540-11260-X Springer-Verlag Berlin Heidelberg New York
ISBN 0-387-11260-X Springer-Verlag New York Heidelberg Berlin

CIP-Kurztitelaufnahme der Deutschen Bibliothek:

Festschrift David Hilbert zu seinem sechzigsten Geburtstag am 23. [dreiundzwanzigsten] Januar 1922 [neunzehnhundertzweiundzwanzig]/gewidmet von Schülern u. Freunden. – Reprint d. Erstaufl. Berlin, 1922. – Berlin, Heidelberg, New York: Springer. 1982.

NE: Hilbert, David: Festschrift

Das Werk ist urheberrechtlich geschützt. Die dadurch begründeten Rechte, insbesondere die der Übersetzung, des Nachdrucks, der Funksendung, der Wiedergabe auf photomechanischem oder ähnlichem Wege und der Speicherung in Datenverarbeitungsanlagen bleiben, auch bei nur auszugsweiser Verwertung, vorbehalten.
Die Vergütungsansprüche des § 54, Abs. 2 UrhG werden durch die »Verwertungsgesellschaft Wort«, München, wahrgenommen.

Reprographischer Nachdruck: Proff GmbH & Co. KG, Bad Honnef
Bindearbeiten: Graphischer Betrieb Konrad Triltsch, Würzburg

2141/3014 – 5 4 3 2 1

FESTSCHRIFT

DAVID HILBERT

ZU SEINEM SECHZIGSTEN GEBURTSTAG

AM 23. JANUAR 1922

GEWIDMET

VON

SCHÜLERN UND FREUNDEN

BERLIN
VERLAG VON JULIUS SPRINGER
1922

UNSEREM LIEBEN UND VEREHRTEN

DAVID HILBERT

bringen wir Schüler und Freunde unsere innigsten Glückwünsche zum sechzigsten Geburtstag. In allen Teilen der Welt erkennen die Jünger der exakten Wissenschaften in Ihnen einen der Meister, auf die die Mathematik, auf die die Wissenschaft stolz ist. Wir, die als Studenten uns an Ihren Vorlesungen begeistert, die als Dozenten der gleichen Universität Ihren belebenden Einfluß gespürt, die als Mitstrebende auf gleichen Straßen der Wissenschaft Ihren sicheren und unermüdeten Schritt bewundert haben, wir vereinigen uns heute, um Ihnen unsere Achtung, unsere Liebe und unsere Dankbarkeit zu bezeugen. Wir kommen aus allen Teilen der Welt und sprechen die gleiche Sprache. Im Gefühl der Verehrung vor der wissenschaftlichen Größe einen sich die Nationalitäten. Es ist kein Ehrentribut, den wir dem Alter zollen. Sie sind jung gleich den jüngsten von uns, und die Wissenschaft fordert noch viel von Ihnen. Wir wollen an Ihrem Lebensweg eine Aussichtsbank aufstellen, von der umschauend Sie erkennen mögen, wie die Fluren sich regen, die Sie urbar gemacht, und wie die Bebauer Ihr Werk loben. Nehmen Sie als Zeichen unserer Anhänglichkeit die Andenken, die wir Ihnen zum heutigen Tage überreichen, nehmen Sie sie als sinnliches Bild all des Guten, das wir Ihnen in Leben und Arbeit für die Zukunft wünschen.

IM NAMEN DER SCHÜLER UND FREUNDE

O. BLUMENTHAL R. COURANT G. HAMEL

E. HECKE A. SCHOENFLIES

Inhaltsverzeichnis.

Inhaltsverzeichnis.

Über die Normenreste und Nichtreste in den allgemeinsten relativ-Abelschen Zahlkörpern.

Von

Kurt Hensel in Marburg.

Eine wichtige Frage der höheren Zahlentheorie ist die nach den Normenresten und Nichtresten eines Relativkörpers $K(x)$ zu einem beliebig gegebenen algebraischen Körper K.

In seinem Zahlberichte hat Hilbert diesen Begriff nur in den beiden einfachsten Fällen aufgestellt, daß der Relativkörper entweder ein quadratischer oder der sogenannte Kummersche Zahlkörper ist. Im ersten Falle hat er dort die Frage nach den Normenresten und Nichtresten vollständig, im zweiten nach ihrem wesentlichen Teile entschieden, aber auch diese ganz speziellen Aufgaben erforderten dort zu ihrer Lösung mit den Hilfsmitteln der Dedekindschen Idealtheorie recht schwierige und tiefliegende Untersuchungen.

In dieser und einer späteren sich an diese anschließenden Arbeit will ich den Begriff der Normenreste und Nichtreste in dem ganz allgemeinen Falle definieren, daß der Relativkörper $K(x)$ irgendein Abelscher Körper über einem ganz beliebigen algebraischen Körper K ist, und die Frage nach diesen Resten und Nichtresten in vollem Umfange lösen.

§ 1.
Das Normenrestproblem.

Gegeben sei ein beliebiger algebraischer Körper K und in ihm irgendeine reine Gleichung vom Primzahlgrade l:

(1) $$x^l = A,$$

deren rechte Seite nur keine l-te Potenz ist. Ist x eine Wurzel derselben, so wird durch sie ein auflösbarer Körper $K(x)$ über K definiert. Derselbe ist dann und nur dann relativ-Abelsch in bezug auf K, wenn K die l-ten Einheitswurzeln enthält. Diese Voraussetzung werde im folgenden als erfüllt angenommen. Alle relativ-Abelschen Körper über K können auf eine Kette solcher einfachen Erweiterungskörper zurückgeführt werden. Deshalb können und sollen nur diese im folgenden untersucht werden.

Es sei nun $\mathfrak{p}$ ein Primteiler des gegebenen Körpers K, welcher zu der reellen Primzahl p gehöre, e und f seien Ordnung und Grad von $\mathfrak{p}$, und π sei irgendeine Primzahl für den Bereich von $\mathfrak{p}$, d. h. eine genau durch $\mathfrak{p}$ teilbare Zahl von K. K ist ein Teilkörper des algebraischen Körpers $K(\mathfrak{p})$ aller π-adischen Zahlen, dessen Elemente nach ganzen Potenzen von π fortschreiten. Jede Zahl von K gehört auch zu $K(\mathfrak{p})$, und umgekehrt ist jede Zahl von $K(\mathfrak{p})$ der Grenzwert einer Reihe von Zahlen aus K.

Ferner sei $\mathfrak{P}$ einer der Primteiler von $\mathfrak{p}$ im Relativkörper $K(x)$; e_0 und f_0 mögen Relativordnung und Relativgrad von $\mathfrak{P}$ in bezug auf K bedeuten, und π_0 sei irgendeine Primzahl für den Bereich von $\mathfrak{P}$. Endlich sei $K(\mathfrak{P}, x)$ der algebraische Körper aller π_0-adischen Zahlen, zu dem $K(x)$ in derselben Beziehung steht, wie K zu $K(\mathfrak{p})$.

Eine Zahl B von K oder $K(\mathfrak{p})$ soll dann eine Normzahl oder ein Normenrest nach $\mathfrak{p}$ des Körpers $K(x)$ heißen, wenn

$$B = n(B_0) \quad (\mathfrak{p}) \tag{2}$$

gleich der Relativnorm einer Zahl B_0 des Körpers $K(\mathfrak{P}, x)$ ist. Ist diese Gleichung nicht erfüllt, so ist B keine Normzahl oder ein Normennichtrest nach $\mathfrak{p}$ jenes Relativkörpers.

Diese von mir neu eingeführte Definition der Normenreste und Nichtreste stimmt im Falle des quadratischen und des Kummerschen Zahlkörpers vollständig mit der von Hilbert gegebenen überein.

Es soll nun entschieden werden, welche Zahlen des Grundkörpers $K(\mathfrak{p})$ Normenreste, welche Nichtreste sind. Zunächst ist klar, daß jede l-te Potenz $\alpha^l = n(\alpha)$ einer beliebigen π-adischen Zahl des Bereiches $K(\mathfrak{p})$ eine Normzahl ist. Ferner ist das Produkt und der Quotient zweier Normzahlen wieder eine solche, da ja aus $B = n(B_0)$, $C = n(C_0)$ sofort $BC = n(B_0 C_0)$, $\frac{B}{C} = n\left(\frac{B_0}{C_0}\right)$ folgt. Ebenso leicht ergibt sich, daß das Produkt oder der Quotient einer Normzahl und einer Nichtnormzahl stets eine Nichtnormzahl ist.

Für die Zerlegung eines beliebigen Primteilers $\mathfrak{p}$ von K im Relativkörper $K(x)$ bestehen nun allein folgende drei Möglichkeiten[1]):

[1]) Vgl. meine Abhandlung „Die Zerlegung der Primteiler eines beliebigen Zahlkörpers in einem auflösbaren Oberkörper", Crelles Journal **151**, S. 200–209. Ich werde diese Arbeit durch Cr. 151 zitieren.

1. Ist $A = A_0^l\ (\mathfrak{p})$ l-ter Potenzrest in K, so zerfällt $\mathfrak{p} = \mathfrak{P}_1 \mathfrak{P}_2 \ldots \mathfrak{P}_l$ in l voneinander verschiedene Primfaktoren in $K(x)$, deren Relativordnungen e_0 und Relativgrade f_0 alle gleich 1 sind. Die Relativdiskriminante D von $K(x)$ in bezug auf K ist nicht durch $\mathfrak{p}$ teilbar.

2. Ist die Relativdiskriminante D durch $\mathfrak{p}$ teilbar, so ist $\mathfrak{p} = \mathfrak{P}^l$ die l-te Potenz eines Primteilers, für welchen $e_0 = l$, $f_0 = 1$ ist.

3. Ist weder A l-ter Potenzrest noch $\mathfrak{p}$ ein Teiler der Relativdiskriminante, so bleibt $\mathfrak{p} = \mathfrak{P}$ in $K(x)$ unzerlegbar, und hier ist $e_0 = 1$, $f_0 = l$.

Man kann nun im ersten Falle $\mathfrak{p} = \mathfrak{P}_1 \mathfrak{P}_2 \ldots \mathfrak{P}_l$ sofort zeigen, daß jede Zahl B von K Normzahl ist. Ist nämlich $\mathfrak{P}$ irgendeiner jener l Primfaktoren von $\mathfrak{p}$, so lehrt die allgemeine Theorie, daß man für den Bereich von $\mathfrak{P}$ stets eine Zahl B_0 so bestimmen kann, daß ihre l Konjugierten völlig beliebige Werte annehmen. Wählt man also B_0 so, daß ihre l Konjugierten der Reihe nach $B, 1, \ldots, 1$ sind, so ist in der Tat $B = n(B_0)$, und unsere Behauptung ist bewiesen.

Im zweiten und dritten Falle, welche hiernach nur noch allein zu betrachten sind, läßt sich das jetzt abzuleitende einfache und schöne Resultat auf die multiplikative eindeutige Darstellung gründen, welche, wie ich bewiesen habe[2]), für alle Zahlen eines beliebigen algebraischen Zahlkörpers gilt. Für die Körper $K(\mathfrak{p})$ und $K(\mathfrak{P}, x)$ kann jene eindeutige Darstellbarkeit in dem folgenden Satze ausgesprochen werden:

Jede Zahl B des π-adischen Körpers $K(\mathfrak{p})$ läßt sich eindeutig in der folgenden Form darstellen:

$$B = \xi_1^{e_1} \xi_2^{e_2} \ldots \xi_r^{e_r} \quad (\mathfrak{p}). \tag{3}$$

A) Hier bedeutet $(\xi_1, \xi_2, \ldots, \xi_r)$ ein sogenanntes Fundamentalsystem von endlich vielen Elementen von $K(\mathfrak{p})$, welches auf mannigfache Art ausgewählt werden kann, und die Exponenten $e_1, e_2, \ldots, e_r$ sind gewisse ganze rationale oder ganze p-adische Zahlen, welche jedesmal durch die darzustellende Zahl B *eindeutig* bestimmt sind.

Ganz ebenso gilt für jede Zahl B_0 des π_0-adischen Körpers $K(\mathfrak{P}, x)$ eine eindeutige multiplikative Darstellung

$$B_0 = \xi_1^{(0)\,e_1^{(0)}} \xi_2^{(0)\,e_2^{(0)}} \ldots \xi_{r_0}^{(0)\,e_{r_0}^{(0)}} \quad (\mathfrak{P}), \tag{3a}$$

wo die Elemente $\xi_i^{(0)}$ und die Exponenten $e_i^{(0)}$ genau die entsprechende Bedeutung haben.

---

[2]) K. Hensel, Die multiplikative Darstellung der algebraischen Zahlen für den Bereich eines beliebigen Primteilers, Crelles Journal **146**, S. 189–215. Ich werde diese Abhandlung durch „Cr. 146" zitieren.

Man kann nun, wie ich im folgenden zeigen werde, das System $(\xi_1, \ldots, \xi_{r-1}, \xi_r)$ von vornherein so ausgewählt voraussetzen, daß alle und nur die Normzahlen $\bar{B} = n(B_0)$ von $K(\mathfrak{p})$ in der Form:

$$\bar{B} = n(B_0) = \xi_1^{\bar{e}_1} \xi_2^{\bar{e}_2} \ldots \xi_{r-1}^{\bar{e}_{r-1}} \alpha^l$$

enthalten sind, wenn die $\bar{e}_i$ dieselbe Bedeutung haben, wie die e_i, und α^l eine beliebige l-te Potenz in $K(\mathfrak{p})$ bedeutet. Ist dieser Satz einmal bewiesen, so folgt aus ihm unmittelbar das Fundamentaltheorem:

Eine Zahl $B = \xi_1^{e_1} \ldots \xi_{r-1}^{e_{r-1}} \xi_r^{e_r}$ ist dann und nur dann eine Normzahl, wenn ihr letzter Exponent $e_r = l\bar{e}_r$ ein Multiplum von l ist.

Ist dies nämlich der Fall, so ist ja

$$B = (\xi_1^{e_1} \ldots \xi_{r-1}^{e_{r-1}})(\xi_r^{\bar{e}_r})^l$$

nach dem obigen Satze eine Normzahl.

Soll umgekehrt $B = n(B_0)$ sein, so muß nach demselben Satz:

$$B = \xi_1^{e_1} \ldots \xi_{r-1}^{e_{r-1}} \xi_r^{e_r} = \xi_1^{\bar{e}_1} \ldots \xi_{r-1}^{\bar{e}_{r-1}} \alpha^l,$$

also

$$\xi_1^{e_1 - \bar{e}_1} \xi_2^{e_2 - \bar{e}_2} \ldots \xi_{r-1}^{e_{r-1} - \bar{e}_{r-1}} \xi_r^{e_r} = \alpha^l$$

eine l-te Potenz sein, und dies ist wegen der eindeutigen Darstellbarkeit von α^l durch das Fundamentalsystem $(\xi_1, \ldots, \xi_{r-1}, \xi_r)$ nur dann der Fall, wenn jeder der r Exponenten links, wenn also speziell der letzte Exponent $e_r = l\bar{e}_r$ ein Vielfaches von l ist.

Hiernach ist also nur der obige Satz allgemein zu beweisen. Ich kann und werde ihn durch das folgende Theorem ersetzen, welches nur ein anderer Ausdruck desselben ist:

(B) Die beiden Fundamentalsysteme $(\xi_1, \ldots, \xi_{r-1}, \xi_r)$ und $(\xi_1^{(0)}, \ldots, \xi_{r_0}^{(0)})$ für die Körper $K(\mathfrak{p})$ und $K(\mathfrak{P}, x)$ können stets so gewählt werden, daß:

1. die $r-1$ ersten Elemente $\xi_1 \ldots \xi_{r-1}$ sämtlich Normzahlen sind,
2. daß die Norm eines jeden Elementes $\xi_i^{(0)}$ des zweiten Systems in der Form $\xi_1^{\bar{e}_1} \ldots \xi_{r-1}^{\bar{e}_{r-1}} \alpha^l$ enthalten ist.

In der Tat folgt ja aus der ersten Tatsache, daß *alle* Produkte $\xi_1^{\bar{e}_1} \ldots \xi_{r-1}^{\bar{e}_{r-1}} \alpha$ Normzahlen sind, und aus der zweiten, daß umgekehrt die Norm eines jeden Elementes von $K(\mathfrak{P}, x)$ in dieser Form enthalten ist.

Im folgenden ist also nur noch der Satz (B) über die Beziehung von zwei geeignet ausgewählten Fundamentalsystemen $(\xi_1, \ldots, \xi_r)$ und $(\xi_1^{(0)}, \ldots, \xi_{r_0}^{(0)})$ zu beweisen.

Wie ich in der Abhandlung Cr. 146 gezeigt habe, ist nun ein Fundamentalsystem für den Körper $K(\mathfrak{p})$ das folgende:

$$(4) \qquad (\pi, \omega, \omega', \eta_1, \ldots, \eta_\mu).$$

Hier bedeutet ω eine primitive l^n-te Einheitswurzel höchsten Grades aus $K(\mathfrak{p})$; da nach unserer Voraussetzung K wenigstens die l-ten Einheitswurzeln enthalten muß, so ist n mindestens gleich Eins. Ferner ist ω' eine primitive Einheitswurzel höchsten Grades aus $K(\mathfrak{p})$, deren Wurzelexponent Q durch l nicht teilbar ist. Endlich ist $\eta_1, \ldots, \eta_\mu$ ein bestimmt ausgewähltes System von $\mu = ef$ Einseinheiten

$$\eta = 1 - w\pi^k + \ldots,$$

deren Ordnungszahl k eine bestimmte Reihe von positiven, ganzen Zahlen durchläuft. Jedes Element B von $K(\mathfrak{p})$ ist dann nach dem Satze (A) eindeutig in der Form

$$(5) \qquad B = \pi^c \omega^d \omega'^{d'} \eta_1^{g_1} \ldots \eta_\mu^{g_\mu}$$

darstellbar; hier kann c, die Ordnungszahl von B, alle ganzzahligen Werte annehmen, während d alle Werte $(0, 1, \ldots, l^n - 1)$, d' alle Werte $(0, 1, \ldots, Q - 1)$ haben kann; die Exponenten $g_1, \ldots, g_\mu$ endlich sind eindeutig bestimmte ganze p-adische Zahlen.

Ebenso ist für den Relativkörper $K(\mathfrak{P}, x)$

$$(\pi_0, \omega_0, \omega_0', \eta_1^{(0)}, \ldots, \eta_{\mu_0}^{(0)})$$

ein Fundamentalsystem, wo genau wie vorher ω_0 eine primitive l^{n_0}-te Einheitswurzel höchster Ordnung aus $K(\mathfrak{P}, x)$, ω_0' eine primitive Q_0-te Einheitswurzel höchsten Grades aus demselben Körper bedeutet, deren Grad Q_0 l nicht enthält, und wo $\eta_1^{(0)}, \ldots, \eta_{\mu_0}^{(0)}$ bestimmte Einseinheiten aus $K(\mathfrak{P}, x)$ sind. Jedes Element B_0 von $K(\mathfrak{P}, x)$ ist eindeutig in der Form

$$(5a) \qquad B_0 = \pi_0^{c_0} \omega_0^{d_0} . \omega_0'^{d_0'} \eta_1^{(0)^{g_1^{(0)}}} \ldots \eta_{\mu_0}^{(0)^{g_{\mu_0}^{(0)}}}$$

darstellbar, wo die Exponenten die entsprechenden Werte annehmen können, wie oben.

Im folgenden werde ich nun zeigen, daß und wie diese beiden Fundamentalsysteme

$$(\pi, \omega, \omega', \eta_1, \ldots, \eta_\mu) \quad \text{und} \quad (\pi_0, \omega_0, \omega_0', \eta_1^{(0)}, \ldots, \eta_{\mu_0}^{(0)}),$$

in äquivalente umgeformt werden können, welche die beiden in (1) und (2) des Satzes (B) angegebenen Eigenschaften besitzen.

Zunächst können aus diesen Systemen offenbar diejenigen Elemente fortgelassen werden, welche jene beiden Eigenschaften bereits haben. Deshalb können bereits die beiden Einheitswurzeln ω' und ω_0' sicher ausscheiden; da nämlich Q und Q_0 l nicht enthalten, so kann man l' und l_0' so wählen, daß $l l' \equiv 1 \pmod{Q}$, $l l_0' \equiv 1 \pmod{Q_0}$ sind. Dann ist aber

$$\omega' = (\omega'^{l'})^l, \quad n(\omega_0') = (n(\omega_0'^{l_0'}))^l,$$

d. h. ω' ist eine Normzahl und $n(\omega_0')$ ist in der in (B) 2. angegebenen Form enthalten.

§ 2.

Die Lösung des Normenrestproblems im Falle $p \gtrless l$.

Den vollständigen Beweis des Satzes (B) gebe ich in dieser Arbeit für alle diejenigen Primteiler $\mathfrak{p}$, deren zugehörige reelle Primzahlen p von l verschieden sind, also für alle unendlich vielen Primteiler $\mathfrak{p}$ mit einziger Ausnahme der Primteiler $\mathfrak{l}$ des Wurzelexponenten l.

In diesem Falle können in den beiden jetzt noch zu betrachtenden Systemen:

$$(\pi, \omega, \eta_1, \ldots, \eta_\mu) \quad \text{und} \quad (\pi_0, \omega_0, \eta_1^{(0)}, \ldots, \eta_{\mu_0}^{(0)})$$

auch alle Einseinheiten η_i und $\eta_i^{(0)}$ fortgelassen werden, weil jedes η_i eine Normzahl und jede $n(\eta_i^{(0)}) = \alpha^l$ eine l-te Potenz ist. Ist nämlich l' die ganze p-adische Zahl, für welche $l l' = 1\ (p)$ wird, so ist ja:

$$(6) \qquad \eta_i = (\eta_i^{l'})^l \quad \text{und} \quad n(\eta_i^{(0)}) = (n(\eta_i^{(0)l'}))^l\ (\mathfrak{P}).$$

Hier ist also nur zu beweisen, daß die beiden Systeme (π, ω) und (π_0, ω_0) durch zwei äquivalente $(\bar\pi, \bar\omega)$ und $(\bar\pi_0, \bar\omega_0)$ ersetzt werden können, welche den Forderungen 1. und 2. des Satzes (B) entsprechen.

Die Durchführung dieser Untersuchung führt nun zu dem folgenden einfachen Satze, welcher die wichtigsten Eigenschaften aller Normenreste und Nichtreste unmittelbar erkennen läßt:

(C) Sind

$$A = \pi^a \omega^b \omega'^{b'} \eta_1^{e_1} \ldots \eta_\mu^{e_\mu}, \qquad B = \pi^c \omega^d \omega'^{d'} \eta_1^{g_1} \ldots \eta_\mu^{g_\mu}$$

zwei beliebige Zahlen aus K, welche für den Bereich von $\mathfrak{p}$ durch ein beliebiges Fundamentalsystem multiplikativ dargestellt sind, so ist B dann und nur dann Normenrest nach $\mathfrak{p}$ des Körpers $K(\mathfrak{P}, \sqrt[l]{A})$, wenn die Determinante

$$(7) \qquad \begin{Bmatrix} a, & b \\ c, & d \end{Bmatrix} = ad - bc$$

der beiden ersten Exponenten von A und B durch l teilbar ist. Im Falle $l = 2$ tritt an die Stelle der Determinante die Zahl

$$(7\text{a}) \qquad \begin{Bmatrix} a, & b \\ c, & d \end{Bmatrix} = ad - bc + 2^{n-1} ac,$$

welche also für $n > 1$ auch durch die Determinante ersetzt werden kann.

Dieser Satz ist richtig, wenn A l-ter Potenzrest ist, wenn also a und b beide durch l teilbar sind, denn in diesem Falle ist ja die Zahl $\begin{Bmatrix} a, b \\ c, d \end{Bmatrix}$ für jedes B ein Multiplum von l, und andererseits ist nach dem oben geführten Beweise in diesem ersten Falle jedes B Normenrest.

Sind nun a und b nicht beide Vielfache von l, und ist zuerst $a \equiv 0$, also $b \not\equiv 0 \pmod{l}$, so bleibt nach den Ausführungen in Cr. 151 π Primzahl auch in $K(\mathfrak{P}, x)$, während an die Stelle der l^n-ten Einheitswurzel ω im Relativkörper eine l^{n_0}-te Einheitswurzel ω_0 von höherem Grade tritt. Hier sind also (π, ω) und (π, ω_0) je ein Basissystem für $K(\mathfrak{p})$ und $K(\mathfrak{P}, x)$, und man zeigt leicht, daß das zweite bereits der Bedingung (2) des Satzes B genügt. In der Tat ist $n(\pi) = \pi^l$ eine l-te Potenz und $n(\omega_0)$ ist als Einheit in $K(\mathfrak{p})$ sicher von der Form $\omega^h \alpha^l$. Andererseits werde ich gleich nachweisen, daß das zweite Element ω des ersten Systems (π, ω) stets eine Normzahl ist, daß somit dieses erste System die erste Bedingung des Satzes B erfüllt. Damit ist dann bewiesen, daß eine Zahl $B = \pi^c \omega^d \beta^l$ dann und nur dann eine Normzahl ist, wenn c, oder, was hier dasselbe ist, wenn $\begin{Bmatrix} a, b \\ c, d \end{Bmatrix} = ad - bc$ bzw. $ad - bc + 2^{n-1} ac$ durch l bzw. durch 2 teilbar ist.

Es ist hiernach nur noch zu zeigen, daß in diesem Falle $\omega = n(\bar{\omega}_0)$ stets eine Normzahl ist. Da hier a durch l teilbar, also π^a eine l-te Potenz ist, so läßt sich die Grundgleichung in der Form

$$x^l = \omega^b \bar{\alpha}^l$$

schreiben. Ist also $bb' \equiv 1 \pmod{l}$, so folgt aus ihr

$$(x^{b'})^l = \omega \alpha^l,$$

und hieraus ergibt sich

(8) $$\bar{\omega}_0^l = \omega,$$

wenn $\bar{\omega}_0 = \frac{x^{b'}}{\alpha}$ gesetzt wird. Für irgendein ungerades l ist also $\omega = n(\bar{\omega}_0)$ eine Normzahl.

Ist dagegen $l = 2$, so wird die obige Gleichung (8)

(8a) $$\bar{\omega}_0^2 = \omega,$$

d. h. es wird $n(\bar{\omega}_0) = -\omega$. Ist aber hier $2^n > 2$, enthält also $K(\mathfrak{p})$ wenigstens die vierte Einheitswurzel i, so kann diese letzte Gleichung, da $\omega^{2^{n-1}} = -1$ ist, in der Form

$$n(\bar{\omega}_0) = (\omega^{2^{n-2}})^2 \omega$$

geschrieben werden, und aus ihr ergibt sich für $\bar{\omega}_0' = \frac{\bar{\omega}_0}{\omega^{2^{n-2}}}$

(8b) $$n(\bar{\omega}_0') = \omega,$$

d. h. ω ist auch in diesem Falle Normzahl.

Dieser Schluß ist allein in dem Falle $n=1$ nicht anwendbar, dem Falle also, wo $K(\mathfrak{p})$ allein die primitive zweite Einheitswurzel -1, nicht aber die vierte Einheitswurzel i enthält. Hier bestimmt sich also das primitive Element $\bar{\omega}_0$ aus der Gleichung

$$\bar{\omega}_0^2 = -1 \tag{8c}$$

als i. Jede Einheit von $K(\mathfrak{P}, x)$ ist also in der Form $\alpha + \beta i$ enthalten, wo α und β ganze Zahlen des Körpers $K(\mathfrak{p})$ sind. Auch in diesem Falle kann $\bar{\omega}_0' = \alpha + \beta i$ stets so bestimmt werden, daß

$$-1 = n(\bar{\omega}_0') = n(\alpha + \beta i) = \alpha^2 + \beta^2$$

wird, d. h. auch hier ist -1 eine Normzahl. Denn diese Gleichung hat, wie bekannt und leicht zu beweisen ist[3]), sogar schon im Körper $K(p)$ der rationalen p-adischen Zahlen, also sicher auch im Oberkörper $K(\mathfrak{p})$ der π-adischen Zahlen eine Lösung. Hiermit ist also der Beweis unseres Satzes (C) im Falle eines durch l teilbaren a vollständig geführt.

Es sei endlich $a \not\equiv 0 \pmod{l}$, b beliebig, so ist ω auch in dem höheren Körper $K(\mathfrak{P}, x)$ die l^{ν}-te Einheitswurzel höchsten Grades, dagegen bleibt π in diesem Erweiterungskörper nicht Primzahl. In diesem Falle kann man nämlich A in der Form schreiben

$$A = \pi^a \omega^b \alpha^l = (\pi \omega^{b a'} \alpha_0^l)^a = \bar{\pi}^a \quad (\mathfrak{p}),$$

wo jetzt $a a' \equiv 1 \pmod{l}$ ist, und α_0^l wieder eine l-te Potenz in $K(\mathfrak{p})$ bedeutet. Hier ist

$$\bar{\pi} = \pi \omega^{b a'} \alpha_0^l \tag{9}$$

eine neue Primzahl in $K(\mathfrak{p})$, welche nun für jedes ungerade l stets eine Normzahl ist. Schreibt man nämlich die Grundgleichung $x^l = \bar{\pi}^a$ in der Form

$$(x^{a'})^l = \bar{\pi}^{a a'} = \bar{\pi} \bar{\alpha}^l$$

und setzt dann $\frac{x^{a'}}{\bar{\alpha}} = \bar{\pi}_0$ so geht sie über in

$$\bar{\pi}_0^l = \bar{\pi}; \tag{9a}$$

für ein ungerades l ist also $\bar{\pi} = n(\bar{\pi}_0)$ Normzahl und $\bar{\pi}_0$ ist Primzahl im Erweiterungskörper $K(\mathfrak{P}, x)$.

Für $l=2$ können wir, da ja $\omega^{2^{n-1}} = -1$ ist, die Gleichung (9) in der Form schreiben:

$$\bar{\pi}_0^2 = \bar{\pi} = -\omega^{2^{n-1}} \bar{\pi} = -\tilde{\pi}, \tag{9b}$$

[3]) Vgl. z. B. K. Hensel, Zahlentheorie, S. 306–307 für $D=-1$.

wenn wir die neue Primzahl in $K(\mathfrak{p})$

$$(9\text{c})\qquad \bar{\pi}\omega^{2^{n-1}} = \pi$$

setzen; für diese Primzahl $\tilde{\pi}_0$ innerhalb $K(\mathfrak{P}, x)$ ist also ebenfalls $n(\tilde{\pi}_0) = \tilde{\pi}$.

In beiden Fällen genügen nun die beiden Systeme $(\bar{\pi}, \omega)$, $(\bar{\pi}_0, \omega)$ bzw. für $l = 2$ $(\tilde{\pi}, \omega)$, $(\tilde{\pi}_0, \omega)$ den beiden Forderungen (1) und (2) des Satzes (B). In der Tat ist ja erstens $\bar{\pi}$ bzw. $\tilde{\pi}$ eine Normzahl, und zweitens gilt für die Elemente $(\bar{\pi}_0, \omega)$ bzw. $(\tilde{\pi}_0, \omega)$ der beiden zweiten Systeme der Normdarstellung

$$n(\bar{\pi}_0) = \bar{\pi}, \quad n(\omega) = \omega^l, \quad \text{bzw.} \quad n(\tilde{\pi}_0) = \tilde{\pi}, \quad n(\omega) = \omega^2.$$

Hieraus ergibt sich also, daß ein in der Form

$$B = \bar{\pi}^{\bar{c}}\omega^{\bar{d}} \qquad \text{oder} \qquad B = \tilde{\pi}^{\tilde{c}}\omega^{\tilde{d}}$$

dargestelltes Element B dann und nur dann Normzahl ist, wenn $\bar{d}$ durch l, bzw. $\tilde{d}$ durch 2 teilbar ist. Nun ist in den beiden unterschiedenen Fällen, daß l ungerade oder daß $l = 2$ ist nach (9) und (9c)

$$(10)\qquad \begin{aligned} B &= \pi^c\omega^d\beta^l = (\bar{\pi}\omega^{-ba'}\alpha_0^{-l})^c\omega^d\beta^l = \bar{\pi}^c\omega^{d-a'bc}\bar{\beta}^l \quad \text{bzw.}\\ B &= \pi^c\omega^d\beta^2 = (\tilde{\pi}\omega^{-ba'-2^{n-1}}\alpha_0^{-2})^c\omega^d\beta^2 = \tilde{\pi}^c\omega^{d-a'bc-c\cdot 2^{n-1}}\bar{\beta}^2. \end{aligned}$$

Also ist B dann und nur dann Normzahl, wenn

$$(10\text{a})\qquad \begin{aligned} &d - a'bc \equiv a'(ad - bc) \equiv a'\begin{Bmatrix} a, b\\ c, d\end{Bmatrix} \equiv 0 \pmod{l}\\ &d - a'bc - c2^{n-1} \equiv a'((ad - bc) + ac2^{n-1}) \equiv a'\begin{Bmatrix} a, b\\ c, d\end{Bmatrix} \equiv 0 \pmod{2} \end{aligned}$$

ist, und damit ist der obige Satz in seinem vollen Umfange bewiesen.

Für jeden nicht in l enthaltenen Primteiler $\mathfrak{p}$ in K will ich nun den Normenrestcharakter $\left\{\frac{B, A}{\mathfrak{p}}\right\}$ von B in bezug auf A durch die Gleichung

$$(11)\qquad \left\{\frac{B, A}{\mathfrak{p}}\right\} = \zeta^{\begin{Bmatrix} a, b\\ c, d\end{Bmatrix}}$$

definieren, wo ζ eine primitive l-te Einheitswurzel bedeutet, und der Exponent die in (7) und (7a) angegebene Bedeutung

$$ad - bc \qquad \text{oder} \qquad ad - bc + 2^{n-1}ac$$

hat, je nachdem $\mathfrak{p}$ zu einer ungeraden Primzahl p oder zu 2 gehört. Ich rechne dann alle diejenigen Zahlen $B, B', \ldots$ in dieselbe Normenrestklasse in bezug auf A, für welche jener Charakter denselben Wert hat. So ordnen sich alle Zahlen B von $K(p)$ in l Klassen; alle und nur die Normenreste in bezug auf A gehören der Hauptklasse an, für welche jenes Symbol gleich 1 ist.

Aus den beiden elementaren Eigenschaften

$$\begin{Bmatrix} a\,b \\ c\,d \end{Bmatrix} + \begin{Bmatrix} c\,d \\ a\,b \end{Bmatrix} = 0 \text{ bzw. } \equiv 0 \pmod 2)$$

$$\begin{Bmatrix} a & b \\ c_1 & d_1 \end{Bmatrix} + \begin{Bmatrix} a & b \\ c_2 & d_2 \end{Bmatrix} = \begin{Bmatrix} a, & b \\ c_1 + c_2, & d_1 + d_2 \end{Bmatrix},$$

welche unser Symbol offenbar besitzt, da 2^n immer gerade ist, ergeben sich unmittelbar die beiden Fundamentalsätze für das Normenrestsymbol, der Vertauschungssatz und der Zerlegungssatz

$$\left\{\frac{B, A}{\mathfrak{p}}\right\}\left\{\frac{A, B}{\mathfrak{p}}\right\} = 1,$$

$$(12) \qquad \left\{\frac{B_1, A}{\mathfrak{p}}\right\} \cdot \left\{\frac{B_2, A}{\mathfrak{p}}\right\} = \left\{\frac{B_1 B_2, A}{\cdot\,\mathfrak{p}}\right\},$$

sowie der entsprechende für die Zerlegung $A = A_1 A_2$ des zweiten Elementes. Aus dem ersten Satze folgt, daß B dann und nur dann Normzahl im Körper $K(\sqrt[l]{A})$ ist, wenn A Normzahl in $K(\sqrt[l]{B})$ ist.

Wörtlich dieselben Ergebnisse erhält man in dem Falle, daß $\mathfrak{p} = \mathfrak{l}$ einer der Primteiler von dem Grade l der Grundgleichung ist. Hierauf werde ich in der oben erwähnten zweiten Arbeit eingehen.

Marburg, den 5. Dezember 1921.

(Eingegangen am 16. 12. 1921.)

Kummers Kriterium zum letzten Theorem von Fermat.

Von

Rudolf Fueter in Zürich.

In seinem „Zahlbericht“[1]) hat Hilbert die Kummerschen Gedanken und Ansätze in allen Punkten herausgearbeitet, vervollständigt und weiter entwickelt. Nur das Kummersche Kriterium der Lösung des Fermatschen Problems für den Fall, daß die rationalen Zahlen zugrunde gelegt werden, ist von ihm nicht wiedergegeben worden[2]). Ich möchte im folgenden zeigen, wie alle notwendigen Sätze zur Herleitung des Kummerschen Resultates sich im Zahlbericht finden, und wie mit wenigen Strichen aus denselben das Kriterium von Kummer entspringt. Ja, noch mehr! Auch die Mirimanoffsche Form und das Wieferich-Furtwänglersche Kriterium ergeben sich sofort, wobei für letzteres viel weniger als das Eisensteinsche Reziprozitätsgesetz notwendig ist. Ich füge noch neue Formen des Kriteriums an, die mir interessant erscheinen.

1.

Angenommen, es gäbe drei ganze rationale, teilerfremde von 0 verschiedene Zahlen a, b, c, so daß für eine ungerade Primzahl l:

$$a^l + b^l + c^l = 0$$

erfüllt ist, so ist

$$(a + b\zeta^i) = \mathfrak{a}_i^l \quad \text{oder} \quad = \mathfrak{l}\mathfrak{a}_i^l \quad (i = 1, 2, \ldots, l-1),$$

je nachdem c zu l prim oder durch l teilbar ist[3]). Dabei ist $\zeta = e^{\frac{2\pi i}{l}}$ die l-te Einheitswurzel, $\mathfrak{l}$ das Ideal $(1-\zeta)$ und $\mathfrak{a}_i$ ein Ideal von $k(\zeta)$. Ich setze

$$\mu = a + b\zeta \quad \text{oder} \quad \frac{a+b\zeta}{\zeta - 1};$$

---

1) „Die Theorie der algebraischen Zahlkörper.“ Bericht erstattet der D. Math. Ver. 4 (Berlin, Reimer, 1897), S. 175 u. ff.

2) Zahlbericht, S. 523.

3) Zahlbericht, S. 518 und 521.

je nachdem c zu l prim ist oder nicht. Dann ist

$$(\mu)=\mathfrak{a}^{l}.$$

Es sei r eine Primitivzahl (mod l), $s=(\zeta:\zeta^r)$ die Grundsubstitution des zyklischen Körpers $k(\zeta)$, r_n der kleinste positive Rest von r^n (mod l).[4]) Bei Benutzung symbolischer Potenzen[5]) wird:

$$\Psi=\mu^{r_0+r_{-1}s+\ldots+r_{-l+2}s^{l-2}}$$

$$\Psi^{s-r}=\mu^{(s-r)(r_0+r_{-1}s+\ldots+r_{-l+2}s^{l-2})}=\mu^{-l(q_0+q_{-1}s+\ldots+q_{-l+2}s^{l-2})},$$

wo die $q_{-i}=\frac{rr_{-i}-r_{-i+1}}{l}$ ganze positive Zahlen sind[6]).

2.

Da Ψ^{r-s} l-te Potenz einer Zahl von $k(\zeta)$ ist, so ergibt

$$x=\sqrt[l]{\Psi}+\sqrt[l]{s\Psi}+\ldots+\sqrt[l]{s^{l-2}\Psi}.$$

bei richtiger Definition der Wurzeln, einen *absolut Abelschen Körper l-ten Grades* $K(x)$, oder eine *rationale Zahl* (falls Ψ selbst l-te Potenz in $k(\zeta)$ ist).

Die *Diskriminante* von $K(x)$ ist *nur durch l teilbar* oder Null. Denn wegen $(\mu)=\mathfrak{a}^l$ ist:

$$(\Psi)=\mathfrak{b}^{l},$$

wo $\mathfrak{b}$ ein Ideal in $k(\zeta)$ ist. Jedes Primideal ist in Ψ daher zu einer durch l teilbaren Potenz enthalten[7]).

Nun gibt es aber nur *einen* Abelschen Körper mit dem Grad l und einer nur durch l teilbaren Diskriminante[8]), nämlich den Unterkörper der l^2-ten Einheitswurzeln:

$$y=\sqrt[l]{\zeta}+\sqrt[l]{\zeta^r}+\ldots+\sqrt[l]{\zeta^{r^{l-2}}}.$$

Also muß:

$$\text{(I.)}\qquad \underline{\Psi=\mu^{r_0+r_{-1}s+\ldots+r_{-l+2}s^{l-2}}=\zeta^{g}\alpha^{l},}$$

wo α eine Zahl von $k(\zeta)$ ist. Ist $g=0$, so ist x eine rationale Zahl.

3.

Kriterium von Wieferich-Furtwängler. Dies folgt sofort aus (I). Nimmt man c zu l prim an, was man immer kann, so ist auch $(a+b)$ zu l prim und

[4]) Zahlbericht, S. 358.

[5]) Zahlbericht, S. 271.

[6]) Zahlbericht, S. 360.

[7]) Furtwängler, Über das Reziprozitäts-Ges. der l-ten Potenzreste. Abhdl. Gött. Ges. Wiss. 2, 3 (1902), S. 7.

[8]) Zahlbericht, S. 346 Hilfssatz 18.

$$(a+b)^{r_0+r_{-1}+\cdots+r_{-l+2}} = (a+b)^{l\cdot\frac{l-1}{2}}$$

$$\frac{\Psi}{(a+b)^{l\cdot\frac{l-1}{2}}} = \left(\frac{a+b\zeta}{a+b}\right)^{r_0+r_{-1}s+\cdots+r_{-l+2}s^{l-2}} = \zeta^g\bar{\alpha}^l,$$

wo $\bar{\alpha} = \frac{\alpha}{(a+b)^{\frac{l-1}{2}}}$ wieder eine Zahl von $k(\zeta)$ ist. Nun ist:

$$\frac{a+b\zeta}{a+b} = 1 + \frac{b}{a+b}(\zeta-1) \equiv 1 \pmod{\mathfrak{l}},\quad \zeta^g \equiv 1 \pmod{\mathfrak{l}},$$

also:

$$\bar{\alpha}^l \equiv \bar{\alpha} \equiv 1 \pmod{\mathfrak{l}}$$

und

$$\bar{\alpha}^l \equiv 1 \pmod{\mathfrak{l}^l}.$$

Somit folgt aus obiger Gleichung die Kongruenz:

$$\left(1+\frac{b}{a+b}(\zeta-1)\right)^{r_0+r_{-1}s+\cdots+r_{-l+2}s^{l-2}} \equiv \zeta^g \equiv 1 + g(\zeta-1) \pmod{\mathfrak{l}^2}.$$

Entwickelt man links nach Potenzen von $(\zeta-1)$, so ist der Koeffizient von $(\zeta-1)$ kongruent $(l-1)\frac{b}{a+b} \pmod{l}$; also:

$$g \equiv -\frac{b}{a+b} \pmod{l}.$$

Ist auch $b \not\equiv 0 \pmod{l}$, was man immer annehmen darf, so ist

$$g \not\equiv 0 \pmod{l}.$$

Ist p irgendeine in b enthaltene Primzahl, so ist für jedes in (p) enthaltene Primideal $\mathfrak{p}$:

$$\Psi \equiv a^{r_0+r_{-1}+\cdots+r_{-l+2}} \equiv a^{\frac{l(l-1)}{2}} \equiv \zeta^g\alpha^l \pmod{\mathfrak{p}},$$

oder nach dem Fermatschen Satze:

$$\Psi^{n(\mathfrak{p})-1} \equiv a^{\frac{l-1}{2}(n(\mathfrak{p})-1)} \equiv 1 \pmod{\mathfrak{p}}.$$

Andererseits:

$$(\zeta^g\alpha^l)^{n(\mathfrak{p})-1} \equiv \zeta^{g\frac{n(\mathfrak{p})-1}{l}}\cdot\alpha^{n(\mathfrak{p})-1} \equiv \zeta^{g\frac{n(\mathfrak{p})-1}{l}} \pmod{\mathfrak{p}}.$$

Also:

$$\zeta^{g\frac{n(\mathfrak{p})-1}{l}} \equiv 1 \pmod{\mathfrak{p}}.$$

Nun enthält $\zeta^n - 1$, für $n \not\equiv 0 \pmod{l}$ nur das Primideal $\mathfrak{l} \neq \mathfrak{p}$. Also muß

$$g\frac{n(\mathfrak{p})-1}{l} \equiv 0 \pmod{l} \qquad \text{oder} \qquad \frac{n(\mathfrak{p})-1}{l} \equiv 0 \pmod{l}$$

sein. Dies gilt für jede in einer der drei zu l primen Zahlen a, b, c aufgehenden Primzahl p, ist also das gesuchte Kriterium in der Furtwänglerschen Form[9]).

4.

Wird μ in Primideale zerlegt:

$$(\mu) = \mathfrak{p}_1^l \mathfrak{p}_2^l \dots \mathfrak{p}_n^l,$$

wo einzelne der $\mathfrak{p}$ auch einander gleich sein können, so sind alle $\mathfrak{p}$ *vom 1. Grade.* Ist p_i die durch $\mathfrak{p}_i$ teilbare rationale Primzahl, so ist

$$p_i \equiv 1 \pmod{l}.$$

Denn alle $\mu, s\mu, \dots, s^{l-2}\mu$ sind teilerfremd[10]), und wäre $s^h \mathfrak{p} = \mathfrak{p}$, $0 < h < l-1$, so wäre $s^h \mu$ und μ durch $\mathfrak{p}$ teilbar.

Es sei λ_i die zu l und p_i gehörende *Lagrangesche Wurzelzahl*[11]), $\lambda_i^l = \omega_i$ eine Zahl von $k(\zeta)$. Dann ist, wegen[12]):

$$(\omega_i) = \mathfrak{p}_i^{r_0 + r_{-1}s + \dots + r_{-l+2}s^{l-2}}:$$

$$\frac{\Psi}{\omega_1^l \omega_2^l \dots \omega_n^l} = \zeta^g \varepsilon^l,$$

wo ε eine Einheit von $k(\zeta)$ ist. Jedes ε ist Produkt aus ζ^u und einer reellen Einheit[13]); man darf daher ε als reell auffassen. Nun ist:

$$n(\mu) = \mu^{1+s+\dots+s^{l-2}} = \frac{c^l}{a+b} \quad \text{oder} \quad = \frac{c^l}{l(a+b)},$$

also stets $= c_1^l$. Somit wird:

$$|\Psi| = \prod_{i=0}^{\frac{l-3}{2}} \mu^{r_{-i}s^i} \cdot \mu^{r_{\frac{l-1}{2}-i} s^{\frac{l-1}{2}+i}} = \prod_{i=0}^{\frac{l-3}{2}} \left|\mu^{\left(r_{-i} + r_{\frac{l-1}{2}-i}\right)s^i}\right|$$

$$= \prod_{i=0}^{\frac{l-3}{2}} \left|\mu^{s^i}\right|^l = |c_1|^{\frac{l^2}{2}}.$$

Andererseits ist, da $|\omega_i| = |\sqrt{p_i}|^l$:[14])

$$|\omega_1 \omega_2 \dots \omega_n|^l = |\sqrt{p_1 p_2 \dots p_n}|^{l^2} = |c_1|^{\frac{l^2}{2}}.$$

---

[9]) Furtwängler, Letzter Fermatscher Satz usw. Sitz.-Ber. d. Akad. Wiss. Wien 121 (1912).

[10]) Siehe Abschnitt 1, S. 1.

[11]) Zahlbericht, S. 362.

[12]) Zahlbericht, S. 358.

[13]) Zahlbericht, S. 336 Satz 127.

[14]) Zahlbericht, S. 362.

Also ist

$$\left|\frac{\Psi}{\omega_1^l \ldots \omega_n^l}\right| = |\varepsilon|^l = 1,$$

oder, da ε eine reelle Einheit ist[15]):

$$\varepsilon = \pm 1.$$

Somit ist

$$\Psi = \pm \zeta^g (\omega_1 \omega_2 \ldots \omega_n)^l.$$

In dieser Gleichung nimmt man die $(s-r)$-te symbolische Potenz. Dann wird nach früherem und wegen $\omega_i^{s-r} = \beta_i^l$:[16])

$$\mu^{-l(q_0+q_{-1}s+\ldots+q_{-l+2}s^{l-2})} = \zeta^0 (\beta_1 \ldots \beta_n)^{l^2},$$

oder

$$\text{(II)} \qquad \mu^{q_0+q_{-1}s+\ldots+q_{-l+2}s^{l-2}} = \zeta^{g_1}\gamma\,,$$

wo γ eine Zahl von $k(\zeta)$ ist.

5.

Die Formel (II) enthält das *Kummersche Kriterium*. Es seien a, b, c *zu* l *prim*. Dann ist $(a+b)$ eine l-tePotenz, und man kann durch

$$(a+b)^{q_0+q_{-1}s+\ldots+q_{-l+2}s^{l-2}}$$

beide Seiten dividieren:

$$(1+\sigma(\zeta-1))^{q_0+q_{-1}s+\ldots+q_{-l+2}s^{l-2}} = \zeta^{g_1}\delta^l, \quad \sigma = \frac{b}{a+b},$$

woraus wieder:

$$\delta^l \equiv 1 \,(\mathrm{mod}\, \mathfrak{l}^l), \quad (1+\sigma(\zeta-1))^{q_0+q_{-1}s+\ldots+q_{-l+2}s^{l-2}} \equiv \zeta^{g_1} (\mathrm{mod}\, \mathfrak{l}^l).$$

Entwickelt man links und rechts nach Potenzen von $\zeta - 1$, so müssen die Koeffizienten links und rechts der ersten $(l-1)$ Potenzen von $(\zeta-1)$ $(\mathrm{mod}\, l)$ kongruent sein. Die Koeffizienten von $\zeta - 1$ ergeben

$$g_1 \equiv \sigma \frac{r^l - r}{l} \;(\mathrm{mod}\, l).$$

Also ist

$$(1+\sigma(\zeta-1))^{\sum\limits_{i=0}^{l-2} q_{-i}s^i} \equiv \zeta^{\sigma\left(\frac{r^l-r}{l}\right)} \;(\mathrm{mod}\, \mathfrak{l}^l).$$

Am einfachsten wird die Rechnung, wenn man in diesen Kongruenzen links und rechts die Logarithmen nimmt und entwickelt. Auch für diese

---

[15]) Zahlbericht, S. 221 Satz 48.

[16]) Zahlbericht, S. 354 Satz 133.

Entwicklungen nach $(\zeta-1)$ müssen die $(l-1)$ ersten Koeffizienten $(\operatorname{mod} l)$ kongruent sein. Man findet:

$$\sum_{i=0}^{l-2} q_{-i} r_i^h \sum_{\nu=1}^{h} (-1)^{\nu-1} (\nu-1)!\, a_{\nu,h} \sigma^\nu \equiv 0 \pmod{l}, \qquad h=2,3,\ldots,l-2.$$

Für die ganzen rationalen Zahlen $a_{\nu,h}$ gelten die Rekursionsformeln:

$$y^h = \sum_{\nu=1}^{h} y(y-1)\ldots(y-\nu+1)\, a_{\nu,h}, \qquad h=1,2,\ldots,l-2.$$

Die obige Kongruenz ist für jedes $h=2t$ erfüllt, da dann:

$$\sum_{i=0}^{l-2} q_{-i} r_i^{2t} \equiv 0 \pmod{l}\ ^{17}).$$

Ist $h=2t+1$, so folgt, daß $B_{\frac{l-1}{2}-t}$ und $\sum_{i=0}^{l-2} q_{-i} r_i^{2t+1}$ nur gleichzeitig durch l teilbar sind[18]). Also muß:

$$B_{\frac{l-1}{2}-t} \cdot \sum_{\nu=1}^{2t+1} (-1)^\nu (\nu-1)!\, a_{\nu,2t+1} \sigma^\nu \equiv 0 \pmod{l} \quad t=1,2,\ldots,\frac{l-3}{2}$$

sein, was das *Kummersche Kriterium* ist[19]).

6.

Sind wieder a, b, c zu l prim, so ist:

$$\mu^{r_h^{2t-1} s^h \sum_{i=0}^{l-2} q_{-i} s^i} = \zeta^{r^{2th} \sigma \frac{r^l - r}{l}} \varkappa^l, \quad \sigma \equiv \frac{b}{a+b} \pmod{l}; \quad \begin{cases} h=0,1,\ldots,l-2 \\ t=1,2,\ldots,\frac{l-1}{2} \end{cases}$$

multipliziert man alle diese $(l-1)$ Gleichungen miteinander, so wird:

$$\mu^{\sum_{h=0}^{l-2} \sum_{i=0}^{l-2} r_h^{2t-1} q_{-i} s^{i+h}} = \zeta^{\frac{r^{2t(l-1)}-1}{r^{2t}-1} \sigma \frac{r^l-r}{l}} \varrho^l = \varrho^l, \quad \text{für } t < \frac{l-1}{2}$$

$$= \zeta^{-\sigma \frac{r^l - r}{l}} \varrho^l, \quad \text{für } t = \frac{l-1}{2}.$$

Nun ist aber, wenn $h_1 = i+h$, wegen $r_{h-i} \equiv r_h r_{-i}$:

---

[17]) Zahlbericht, S. 431. Dies ergibt sich sofort durch die dort angegebene Berechnungsart.

[18]) Zahlbericht, S. 431.

[19]) Kummer, Einige Sätze über die aus den Wurzeln der Gleichung $\alpha^\lambda = 1$ gebildeten komplexen Zahlen usw. Abhdl. d. Berlin. Akad. d. Wiss. 1857, S. 63 u. ff

$$\sum_{h=0}^{l-2}\sum_{i=0}^{l-2} r_h^{2t-1} q_{-i} s^{i+h} \equiv \sum_{i=0}^{l-2}\sum_{h_1=0}^{l-2} r_{-i}^{2t-1} q_{-i} r_{h_1}^{2t-1} s^{h_1} \pmod{l},$$

$$\equiv \sum_{i=0}^{l-2} r_{-i}^{2t-1} q_{-i} \sum_{h=0}^{l-2} r_h^{2t-1} s^h \pmod{l},$$

$$\equiv C B_t \sum_{h=0}^{l-2} r^{2t-1} s^h \pmod{l},$$

wo C zu l prim und B_t die t-te Bernoullische Zahl ist[20]). Somit ist:

$$\text{(III)} \quad \begin{cases} \mu^{B_t \sum\limits_{h=0}^{l-2} r_h^{2t-1} s^h} = \varrho^l & \left(t = 1, 2, \ldots, \frac{l-3}{2}\right) \\ \mu^{\sum\limits_{h=0}^{l-2} r_{-h} s^h} = \zeta^{-\sigma} \alpha^l & \left(t = \frac{l-1}{2}\right), \end{cases}$$

(was die frühere Formel (I) ist). Aus (III) folgen genau wie früher die Mirimanoffschen[21]) Bedingungsgleichungen:

$$B_t \sum_{h=0}^{l-2} r^{-2tk} \sigma^{r_k} \equiv B_t \sum_{n=1}^{l-1} n^{-2t} \sigma^n \equiv 0 \pmod{l}, \quad t = 1, 2, \ldots, \frac{l-3}{2}.$$

7.

Die *Kummersche Gleichung*[22]) ergibt sich ebenfalls aus II:

$$\mu^{\sum\limits_{i=0}^{l-2} q_{-i} s^{i+k}} = \zeta^{r_k g_1} \gamma^l,$$

oder

$$\mu^{\sum\limits_{i=0}^{l-2} q_{i+k} s^{-i}} = \zeta^{r_k g_1} \gamma^l,$$

falls man für q_{i+k}:

$$q_{i+k} = \left[\frac{r r_i r_k}{l}\right] - r\left[\frac{r_i r_k}{l}\right]$$

setzt, wo $[x]$ die Gaußsche Funktion ist. Schreibt man für r_k: a, wo $a = 1, 2, \ldots,\ l-1$ wird (nicht zu verwechseln mit dem a von 1.), so ist:

$$\mu^{\sum\limits_{i=0}^{l-2}\left[\frac{a r r_i}{l}\right] s^{-i} - \sum\limits_{i=0}^{l-2} r \left[\frac{a r_i}{l}\right] s^{-i}} = \zeta^{a g_1} \gamma^l,$$

---

20) Zahlbericht, S. 431.

21) Mirimanoff, L'équation indéterminée $x^l + y^l + z^l = 0$ et le critérium de Kummer. Journal f. Math. **128** (1905), S. 64.

22) Kummer, a. a. O., S. 62.

woraus sukzessive wegen $\sum_{i=0}^{l-2}\left[\frac{r_i}{l}\right]s^{-i}=0$:

$$\text{(IV)}\qquad \mu^{\sum\limits_{i=0}^{l-2}\left[\frac{a r_i}{l}\right]s^{-i}}=\zeta^{g_a}\bar{\gamma}^l \qquad (a=1,2,\ldots,\ l-1).$$

Hierzu tritt noch Formel (I):

$$\mu^{\sum\limits_{i=0}^{l-2} r_i s^{-i}}=\zeta^g\alpha^l.$$

Setzt man $d(a,r_i)=\left[\frac{ar_i}{l}\right]-\left[\frac{(a-1)r_i}{l}\right]$, so wird $d(a,r_i)=0$ oder 1, und es ist nach Division zweier Formeln (IV):

$$\text{(V)}\qquad \mu^{\sum\limits_{i=0}^{l-2} d(a,r_i)s^{-i}}=\zeta^k\bar{\gamma}^l$$

die *Kummersche Formel*[22]).

8.

Sind a, b, c wieder zu l teilerfremd, so ist $(a+b)$ eine l-te Potenzzahl und (IV) kann wieder so geschrieben werden:

$$(1+\sigma(\zeta-1))^{\sum\limits_{i=0}^{l-2}\left[\frac{r_i a}{l}\right]s^{i}}=\zeta^{g_a}\bar{\gamma}^l.$$

Daraus folgt $\bar{\gamma}\equiv 1 \pmod{\mathfrak{l}}$, $\bar{\gamma}^l\equiv 1 \pmod{l}$; also:

$$(1+\sigma(\zeta-1))^{\sum\limits_{i=0}^{l-2}\left[\frac{r_i a}{l}\right]s^{-i}}\equiv\zeta^{g_a} \pmod{l}$$

$$(1+\sigma(\zeta-1))^{l\sum\limits_{i=0}^{l-2}\left[\frac{r_i a}{l}\right]s^{-i}}\equiv 1 \pmod{l^2}.$$

Nun ist:

$$a^l+b^l+c^l=0,\quad a+b+c\equiv 0 \pmod{l},\quad \frac{-c}{a+b}\equiv 1 \pmod{l},$$

$$\frac{-c^l}{(a+b)^l}=\frac{a^l+b^l}{(a+b)^l}\equiv 1 \pmod{l^2},$$

oder

$$\left(\frac{a}{a+b}\right)^l+\left(\frac{b}{a+b}\right)^l=(1-\sigma)^l+\sigma^l\equiv 1 \pmod{l^2}.$$

Somit ist

$$(1+\sigma(\zeta-1))^l=(1-\sigma+\sigma\zeta)^l\equiv 1+l\sum_{k=0}^{l-2} r_{-k}\sigma^{r_k}(\sigma-1)^{l-r_k}\zeta^{r^k} \pmod{l^2},$$

und die obige Kongruenz geht in die folgende über:

$$\left(1+l\sum_{k=0}^{l-2} r_{-k}(\sigma-1)^{l-r_k}\sigma^{r_k}\zeta^{r^k}\right)^{\sum\limits_{i=0}^{l-2}\left[\frac{r_i a}{l}\right] s^{-i}} \equiv 1 \pmod{l^2},$$

d. h. nach Entwicklung:

$$\sum_{i=0}^{l-2}\sum_{k=0}^{l-2} r_{-k}(\sigma-1)^{l-r_k}\sigma^{r_k}\zeta^{r^{k-i}}\left[\frac{a r_i}{l}\right] \equiv 0 \pmod{l}.$$

Statt über k, summiere man über $k-i$:

$$(\sigma-1)^l \sum_{i=0}^{l-2}\sum_{k=0}^{l-2} r_{-k-i}\left(\frac{\sigma}{\sigma-1}\right)^{r_{k+i}}\left[\frac{a r_i}{l}\right]\zeta^{r^k} \equiv 0 \pmod{l}.$$

Da $\zeta, \zeta^r, \ldots, \zeta^{r^{l-2}}$ eine Basis der ganzen Zahlen ist, muß jeder Koeffizient von $\zeta^{r^k} \equiv 0 \pmod{l}$ sein:

$$\sum_{i=0}^{l-2} r_{-i}\left[\frac{a r_i}{l}\right]\left(\frac{\sigma}{\sigma-1}\right)^{r_i} \equiv 0 \pmod{l} \qquad (a=1, 2, \ldots, l-1),$$

(da $r_i r_h \equiv r_{i+h}$). Statt $\frac{\sigma}{\sigma-1} = -\frac{b}{a} \equiv \frac{b}{b+c}$ kann man wieder σ schreiben; also erhält man die neue Form der Kummerschen Bedingung ($r_i = n$):

$$\text{(VI)} \qquad \sum_{n=1}^{l-1}\left[\frac{a n}{l}\right]\cdot\frac{\sigma^n}{n} \equiv 0 \pmod{l} \qquad (a=1, 2, \ldots, l-1).$$

Dazu tritt noch:

$$\sum_{n=1}^{l-1}\frac{\sigma^n}{n} \equiv 0 \pmod{l},$$

was immer erfüllt sein muß [23]).

Kürzt man mit $q(n)$ den Fermatschen Quotienten [24])

$$q(n) = \frac{n^{l-1}-1}{l}$$

ab, so folgt aus $r_i r_k = r_{i+k} + l\left[\frac{r_i r_k}{l}\right]$:

$$(r_i r_k)^{l-1} - 1 \equiv r_{i+h}^{l-1} - 1 - l\left[\frac{r_i r_k}{l}\right] r_{i+k}^{l-2} \pmod{l^2}$$

oder

$$\frac{1}{r_i r_k}\left[\frac{r_i r_k}{l}\right] \equiv q(r_{i+k}) - q(r_i r_k) \pmod{l}.$$

---

[23]) Dies ist nichts anderes als die schon erhaltene Kongruenz:

$$(1-\sigma)^l + \sigma^l \equiv 1 \pmod{l^2}.$$

[24]) Siehe zum folgenden Lerch, Zur Theorie des Fermatschen Quotienten. Math. Ann. 60 (1905), S. 471.

Somit läßt sich (VI) auch so schreiben:

$$\sum_{i=0}^{l-2} q(r_{i+k})\sigma^{r_i} - \sum_{i=0}^{l-2} q(r_i r_k)\sigma^{r_i} \equiv 0 \pmod{l}.$$

Nun ist aber

$$q(r_i r_k) \equiv q(r_i) + q(r_k) \pmod{l},$$

$$\sum_{i=0}^{l-2} \sigma^{r_i} \equiv 0 \pmod{l}.$$

Also:

$$\sum_{i=0}^{l-2} q(r_{i+k})\sigma^{r_i} \equiv \sum_{i=0}^{l-2} q(r_i)\sigma^{r_i} \pmod{l} \quad (k = 0, 1, \ldots, l-2).$$

Wegen:

$$q(r_i) = \sum_{a=1}^{l-1} \frac{1}{ar_i}\left[\frac{ar_i}{l}\right]$$

erhält man durch Summation der Kongruenzen (VI) von $a = 1$ bis $a = l - 1$

$$\sum_{i=0}^{l-2} q(r_i)\sigma^{r_i} \equiv 0 \pmod{l}.$$

Also ist

(VII) $$\sum_{i=0}^{l-2} q(r_{i+k})\sigma^{r_i} \equiv 0 \pmod{l} \quad (k = 0, 1, \ldots, l-1)$$

eine weitere Form des Kriteriums.

Zürich, den 27. Juli 1921.

(Eingegangen am 31. 7. 1921.)

Zahlengeometrische Untersuchung über die extremen Formen für die indefiniten quadratischen Formen.

Von

M. Fujiwara in Sendai (Japan).

Die Theorie der extremen Formen für die positiven quadratischen Formen wurde zuerst von Korkine und Zolotareff[1]) untersucht und dann von Minkowski[2]) zum Abschluß gebracht, während diejenige der indefiniten quadratischen Formen bloß in dem Falle der binären und ternären Formen von Markoff[3]) behandelt wurde. Der Minkowskische Standpunkt ist zahlengeometrisch; er hat gezeigt, daß das Problem der extremen Formen für die positiven quadratischen Formen mit demjenigen der dichtesten gitterförmigen Lagerung von Kreisen und Kugeln äquivalent ist. Dies ist eines der schönsten Kapitel in der von ihm geschaffenen Geometrie der Zahlen. Ich möchte hier darauf aufmerksam machen, daß der Minkowskische Gedankengang viel weitergehend, nämlich auch auf indefinite quadratische Formen mit Erfolg anwendbar ist, wenn auch er selbst nicht darauf eingegangen ist. Hier treten Hyperbel und Hyperboloid an die Stelle von Kreis und Kugel, und verliert dabei natürlich das Wort „dichteste gitterförmige Lagerung" seinen Sinn. Von diesem Standpunkt kann man fast alle Resultate von Markoff sehr anschaulich ableiten. Ich möchte in den folgenden Zeilen nur den Fall der binären Formen kurz behandeln, und den Fall der ternären Formen für eine spätere Arbeit vorbehalten.

---

[1]) Korkine und Zolotareff, Sur les formes quadratiques positives, Math. Ann. **5** (1872), **6** (1873), **11** (1877).

[2]) Minkowski, Dichteste gitterförmige Lagerung kongruenter Körper, Göttinger Nachr. 1904; Diskontinuitätsbereich für arithmetische Äquivalenz, Journ. f. Math. **129** (1905).

[3]) Markoff, Sur les formes quadratiques indéfinies, Math. Ann. **15** (1879), **17** (1880), **56** (1903).

Es sei

$$f = ax^2 + bxy + cy^2$$

eine indefinite quadratische Form mit beliebigen reellen Koeffizienten, deren Diskriminante $D = b^2 - 4ac > 0$ ist, und ferner sei $M(f)$ das Minimum des absoluten Betrags der durch f darstellbaren Zahlen. Man nennt diese Form extrem, wenn bei allen denjenigen infinitesimalen Variationen der Koeffizienten, wobei D unverändert bleibt, $M(f)$ niemals zunimmt. Man kann aber diese Definition folgendermaßen umformen: Die Form ist extrem, wenn bei allen denjenigen infinitesimalen Variationen der Koeffizienten, wobei $M(f)$ ungeändert bleibt, die Diskriminante D niemals abnimmt. Die letztere Definition paßt sich am besten der folgenden geometrischen Auffassung an.

Es sei

$$f = \xi\eta, \qquad \xi = \alpha_1 x + \alpha_2 y, \qquad \eta = \beta_1 x + \beta_2 y,$$

und seien (ξ, η) die rechtwinkligen Punktkoordinaten in der Ebene. Man denke ein Parallelgitter, dessen fundamentales Parallelogramm die Seiten OA, OB besitzt, wo $O = (0, 0)$, $A = (\alpha_1, \beta_1)$, $B = (\alpha_2, \beta_2)$ sind. Dann entspricht einem ganzzahligen Paar (x, y) ein Gitterpunkt, den wir mit $[x, y]$ bezeichnen. Z. B. $A = [1, 0]$, $B = [0, 1]$.

Man kann durch Multiplikation mit einer geeigneten Zahl $M(f) = 1$ setzen; dann ist für jedes ganzzahlige Paar (x, y), $|\xi\eta| \geqq 1$, und für mindestens ein Paar (x, y), $|\xi\eta| = 1$. Dies bedeutet geometrisch, daß, wenn man zwei konjugierte Hyperbeln $H_1 : \xi\eta = 1$ und $H_2 : \xi\eta = -1$ zeichnet, und das zwischen H_1 und H_2 liegende, den Anfangspunkt enthaltende Gebiet mit Ω bezeichnet, dann kein Gitterpunkt innerhalb Ω liegt, während mindestens ein Gitterpunkt auf H_1 oder H_2 liegt. Hier ist der Inhalt Δ des fundamentalen Parallelogramms gleich $|\alpha_1\beta_2 - \alpha_2\beta_1| = \sqrt{D}$. Das kann man etwa so aussprechen: Die Form ist extrem, wenn bei allen denjenigen infinitesimalen Deformationen des zu dieser Form zugehörigen Gittersystems, bei denen kein Gitterpunkt außer O innerhalb Ω liegt, der Inhalt des Gitterparallelogramms niemals abnimmt. Dieses Gitter mögen wir das extreme Gitter nennen.

Es sei ein Parallelgitter G vorgelegt, für welches kein Gitterpunkt innerhalb Ω liegt, und mindestens ein Gitterpunkt A auf H_1 oder H_2 liegt. Man kann ohne Beschränkung der Allgemeinheit annehmen, daß A auf H_1 in dem ersten Quadranten liegt. Durch Anpassung kann man das Gitter so transformieren, daß A der Punkt $[1, 0]$ in dem transformierten Gittersystem wird. Weiter kann man das Gittersystem ohne Änderung des zugehörigen Punktgitters so umformen, daß der Punkt $\beta = [0, 1]$ in dem zweiten Quadranten liegt.

Wenn außer $A = [1, 0]$ und $A' = [-1, 0]$ kein Gitterpunkt auf H_1 und H_2 liegt, so kann man durch Verschiebung von B gegen O den Inhalt Δ verkleinern, bis ein neues Paar von Gitterpunkten, M, M', auf H_1 oder H_2 eintritt. Ferner, wenn außer A, A', M, M' kein Gitterpunkt auf H_1, H_2 liegt, dann kann man durch Verschiebung von B gegen OA, derart, daß M und M' auf H_1 oder H_2 liegen bleiben, den Inhalt $\varDelta$ verkleinern, bis ein drittes Paar von Gitterpunkten auf H_1 oder H_2 eintritt. Dies ist nur in dem Falle unzulässig, wenn B schon mit dem Punkt B_0 zusammenfällt, wo B_0 den Berührungspunkt der zu OA parallelen Tangente von H_2 bedeutet. Daß dieser Fall nicht eintreten kann, ersieht man gleich, weil der Punkt $[1, 1]$ dabei sicherlich innerhalb Ω liegt. *Also für das extreme Gitter ist es notwendig, daß mindestens drei Paare von Gitterpunkten auf der Begrenzung H_1, H_2 von Ω liegen.*

Nun bezeichnen wir mit H_1', H_1'' denjenigen Teil von H_1 in dem ersten bzw. dritten Quadranten, welcher in bezug auf A, A' mit dem Punkt $(\xi=0, \eta=+\infty)$ auf derselben Seite liegt. Es sei ferner H_2' der Teil von H_2 in dem zweiten Quadranten, welcher zwischen B_0 und dem Punkt $(\xi=0,\ \eta=+\infty)$ liegt, und sei H_2'' der übrige Teil von H_2 in dem zweiten Quadranten.

Durch Überlegungen wie oben kann man schließen, daß *für das extreme Gitter notwendig ist, daß außer A und A' entweder ein Gitterpunkt E auf H_2' und ein zweiter Gitterpunkt F auf H_2'' liegt, oder E auf H_2' und F auf H_1' oder E auf H_2'' und F auf H_1'' liegt. Wenn außerdem kein Gitterpunkt mit Ausnahme von O innerhalb Ω liegt, so ist sicherlich das vorgelegte Gitter extrem,* denn man kann nicht mehr durch infinitesimale Deformation des Gitters den Inhalt $\varDelta$ verkleinern. Dieses Gitter ist durch E und F eindeutig bestimmt. Wenn man $E=[p, q]$, $F=[p', q']$ setzt, dann mögen wir dieses Gitter mit $G([p, q], [p', q'])$ bezeichnen. Die dazu gehörige Form hat die Gestalt $f=x^2-hxy-ky^2$, wo h, k rationale Funktionen von p, q, p', q' sind.

Man kann daraus beiläufig schließen, daß *für die extremen Formen die Verhältnisse der Koeffizienten immer rational sein müssen.*

Nun sei l die durch den Gitterpunkt $B=[0,1]$ hindurchgehende und zu OA parallele Gerade, und U, V seien die Schnittpunkte von l mit H_2'', H_2'.

Ist $UV<OA$, und liegt B auf UV, so liegt der Gitterpunkt $[1, 1]$ oder $[-1, 1]$ sicherlich in Ω. Ist $UV=OA$, und $B \neq U$, $\neq V$, so liegt auch $[1, 1]$ oder $[-1, 1]$ sicherlich in Ω. Wenn dagegen $\overline{U}\,\overline{V}=OA$ und $B=U$, so ergibt sich das Gitter $G([0, 1],\ [1, 1])=G_0$, für welches

$$f_0=x^2-xy-y^2, \qquad \varDelta_0=\sqrt{5}\,.$$

Da $|f_0| \geqq 1$ für jedes ganzzahlige Paar $(x, y) \neq (0, 0)$, liegt kein Gitterpunkt außer O in Ω. Also ist f_0 die extreme Form, für welche $\varDelta_0$ unter allen extremen Formen ein Minimum ist.

Wenn $OA<UV<2\cdot OA$, und B auf UV liegt, so liegt sicherlich

$[2,1]$ oder $[-2,1]$ in Ω. Wenn dagegen $UV = 2\cdot OA$ und $B=U$, so bekommt man das Gitter $G([0,1], [2,1]) = G_1$, für welches

$$f_1 = x^2 - 2xy - y^2, \quad \Delta_1 = \sqrt{8}.$$

Da für jedes ganzzahlige Paar $(x,y) \neq (0,0)$, $|f_1| \geqq 1$ ist, ist diese Form die zweite extreme Form.

Es ist sehr leicht ersichtlich, daß die zu $G([0,1],[m,1])$ gehörigen Formen

$$f = x^2 - mxy - x^2, \quad \Delta^2 = m^2 + 4$$

auch extrem sind. Aber es gibt unendlich viele extreme Formen, deren Δ zwischen $\sqrt{8}$ und $\sqrt{13}$ liegen, was ich im folgenden zeigen möchte.

In dem Gittersystem G_1 liegen unendlich viele Gitterpunkte auf H_1 und H_2, die man durch die Auflösung der sogenannten Pellschen Gleichung sehr leicht bestimmen kann. Wir mögen mit P_n, P'_n $(n = 1, 2, \ldots)$ die auf H'_1 H''_1 liegenden, aufeinander folgenden Gitterpunkte, und mit Q_n, Q'_n die auf H''_2 und H'_2 liegenden, aufeinanderfolgenden Gitterpunkte bezeichnen. Z. B. $P_1 = [5,2]$, $P'_1 = [-1,2]$, $Q_1 = B = [0,1]$, $Q_2 = [-2,5]$, $Q_3 = [-12,29]$, $Q'_1 = [2,1]$, $Q'_2 = [12,5]$, usw.

Wenn der Gitterpunkt $B = [0,1]$ sich um eine Strecke d verschiebt, so verschieben sich P_1 und P'_1 parallel mit B um die Strecke $2d$. Also durch Verschiebung von B gelangen wir zu dem nächsten extremen Gitter, wenn und nur wenn P_1 auf H_2 oder P_1 auf H''_2 in Ω eintritt. In diesem Fall ist der Abstand des Punktes $[0,1]$ von OA nach der Verschiebung möglichst klein, wenn B wieder auf H''_2, P_1 auf H'_2 eintritt, oder $[2,1]$ auf H'_2 und P'_1 auf H''_2 eintritt. Damit bekommen wir zwei Gittersysteme

$$G_2 = G([5,2],[0,1]), \quad \Delta_2^2 = \frac{221}{25} = 9 - \frac{4}{5^2},$$

$$G'_2 = G([-1,2],[2,1]), \quad \Delta'_2 = \Delta_2,$$

und die zugehörigen

$$f_2 = x^2 - \frac{11}{5}xy - y^2,$$

$$f'_2 = x^2 - \frac{9}{5}xy - \frac{7}{5}y^2.$$

Diese zwei Formen sind einander äquivalent. Daß für jedes ganzzahlige Paar $(x,y) \neq (0,0)$, $|f_2| \geqq 1$ ist, ist leicht beweisbar. Also ist f_2 die dritte extreme Form.

Setzt man $P_n = [p_n, q_n]$, $Q_n = [-r_n, s_n]$, so sind $G([5,2],[-r_n, s_n])$, $G([0,1],[p_n q_n])$ auch extreme Formen, für welche

$$\Delta^2 = 9 - \frac{4}{s_{n+1}^2}, \quad \text{bzw.} \quad \Delta^2 = 9 - \frac{4}{q_{n+1}^2}$$

sind.

Die Formen, welche den ersten 7 Gittern in $G([0,1], [p_n, q_n])$ entsprechen, sind schon die extremen Formen $f_0, f_1, f_2, f_3, f_5, f_6, f_9$ in der von Markoff angegebenen Tabelle der extremen Formen.

Den Grenzgittern von $G([5,2], [-r_n, s_n])$ und $G([0,1], [p_n, q_n])$ für $n \to \infty$ entsprechen die Formen

$$f = x^2 - (2\sqrt{2} - 1)xy - \sqrt{2}y^2, \qquad \varDelta = 3;$$

bzw.

$$f = x^2 - \sqrt{5}xy - y^2, \qquad \varDelta = 3.$$

Diese sind natürlich keine extremen Formen.

Die Einschaltung der richtigen extremen Formen f_4, f_7, f_8, zwischen f_3 und f_5 und zwischen f_6 und f_9 und der Nachweis, daß $f_0, f_1, f_2, \ldots$ wirklich nach der Größenordnung von $\varDelta$ geordnet sind, bedürfen längerer Auseinandersetzungen und sind etwas kompliziert. Ich verzichte jetzt auf die eingehenden Betrachtungen und möchte später im Tôhoku Mathematical Journal ausführlich davon sprechen.

Göttingen, August 1921.

(Eingegangen am 10. 8. 1921.)

Ein algebraisches Kriterium für absolute Irreduzibilität.

Von

Emmy Noether in Göttingen.

Ein Polynom — mit Koeffizienten aus einem beliebigen, abstrakt definierten Körper — heißt *absolut irreduzibel*, wenn es irreduzibel bleibt in dem algebraisch-abgeschlossenen Körper, zu dem der Koeffizientenbereich sich erweitern läßt[1]). Ich zeige im folgenden, daß die absolute Irreduzibilität, im Gegensatz zu der Irreduzibilität in bezug auf einen vorgegebenen Körper, sich *algebraisch* fassen läßt; genauer gilt der Satz:

Jedem Polynom von $n \geqq 2$ Veränderlichen mit unbestimmten Koeffizienten läßt sich eine ganze rationale, ganzzahlige Funktion dieser Koeffizienten und weiterer Unbestimmten zuordnen, die Reduzibilitätsform; derart, daß für jedes spezielle Polynom gleichen Grades die notwendige und hinreichende Bedingung für absolute Irreduzibilität im Nichtverschwinden der Reduzibilitätsform gegeben ist. Mit anderen Worten: *Für jedes spezielle Wertsystem der Koeffizienten, für das die Reduzibilitätsform identisch in den Unbestimmten verschwindet und das keine Graderniedrigung bedingt, wird das spezielle Polynom reduzibel, und umgekehrt.*

Betrachtet man statt der Polynome homogene Formen in einer Veränderlichen mehr, so tritt an Stelle der Gradbedingung die einfachere, daß das Koeffizientensystem nicht identisch verschwindet.

Als direkte Folgerung des Satzes ergibt sich noch der zuerst von A. Ostrowski aufgestellte[2]):

---

[1]) Daß sich jeder Körper, und zwar im wesentlichen eindeutig, zu einem algebraisch-abgeschlossenen erweitern läßt, d. h. zu einem solchen, in dem jedes Polynom *einer* Veränderlichen in Linearfaktoren zerfällt, hat E. Steinitz in seiner „Algebraischen Theorie der Körper" (J. f. M. **137** (1910), S. 167) gezeigt; und hat damit das rationale Äquivalent für den Fundamentalsatz der Algebra gegeben.

[2]) Zur arithmetischen Theorie der algebraischen Größen. Gött. Nachr. 1919, S. 279 (Hilfssatz S. 296). — Für den Fall der aus gewöhnlichen Zahlen bestehenden Körper ist Ostrowski, wie mir bekannt ist, auch auf den obigen Hauptsatz ge-

Jedes absolut irreduzible Polynom mit algebraischen Zahlen als Koeffizienten bleibt irreduzibel modulo jedes Primideals eines endlichen algebraischen Körpers $\mathfrak{K}$, der den Koeffizientenbereich enthält, mit Ausnahme höchstens einer endlichen Anzahl von Primidealen aus $\mathfrak{K}$. Insbesondere kann $\mathfrak{K}$ auch der Körper der rationalen Zahlen sein.

Auf weitere Anwendungen zur Theorie der relativ ganzen Funktionen[3]) gedenke ich an anderer Stelle einzugehen.

1. Es sei vorerst gezeigt, daß *jedes Polynom von $n \geqq 2$ Veränderlichen mit unbestimmten Koeffizienten absolut irreduzibel* ist. Sei nämlich gesetzt:

$$\begin{aligned} &F(x)=\Sigma A_{i_1\ldots i_n} x_1^{i_1}\ldots x_n^{i_n} && (i_1+\ldots+i_n \leqq l),\\ (1)\quad &G(x)=\Sigma B_{j_1\ldots j_n} x_1^{j_1}\ldots x_n^{j_n} && (j_1+\ldots+j_n \leqq m),\\ &H(x)=F(x)\,G(x)=\Sigma C_{k_1\ldots k_n}(A,B)\,x_1^{k_1}\ldots x_n^{k_n} && (k_1+\ldots+k_n \leqq l+m),\end{aligned}$$

wo die A und B Unbestimmte bedeuten, und die $C(A, B)$ ganzzahlige, bilineare Verbindungen der A und B werden. Es werden daher die Quotienten $D = C(A, B)/C_{0\ldots 0}(A, B)$ rationale Funktionen der Quotienten $A/A_{0\ldots 0}$ und $B/B_{0\ldots 0}$; die Anzahl dieser Funktionen wird aber größer als die ihrer Argumente; denn sie beträgt bzw. $\binom{l+m+n}{n}-1$, $\binom{l+n}{n}-1$, $\binom{m+n}{n}-1$, und es gilt

$$\binom{l+m+n}{n}+1>\binom{l+n}{n}+\binom{m+n}{n} \qquad \text{für } n\geqq 2,\ l>0,\ m>0.$$

Somit besteht mindestens *eine* algebraische Relation zwischen den $D(A, B)$ und folglich auch zwischen den $C(A, B)$:

$$(2)\qquad \Phi(Z)\neq 0 \ [\text{identisch in } Z_{k_1\ldots k_n}],\quad \Phi(C(A,B))=0 \ [\text{identisch in } A, B],$$

wo Φ ein ganzzahliges Polynom bedeutet.

Ein Polynom mit *Unbestimmten Z* als Koeffizienten:

$$(3)\qquad E(x)=\sum Z_{k_1\ldots k_n} x_1^{k_1}\ldots x_n^{k_n} \qquad (k_1+\ldots+k_n \leqq l+m)$$

ist also für $n \geqq 2$ notwendig *absolut irreduzibel*[4]).

2. Die Gesamtheit dieser Polynome $\Phi(Z)$, die bei der Substitution $Z = C(A, B)$ identisch in A, B verschwinden, bildet ein *Ideal aus Polynomen*[5]), genauer ein *Primideal* $\mathfrak{P}$; denn verschwindet vermöge der Substitu-

kommen; er wird seine diesbezüglichen Untersuchungen demnächst veröffentlichen. Daß bei meiner Beweisanordnung der Hauptsatz für beliebige, abstrakt definierte Körper gilt, beruht darauf, daß die für Unbestimmte gebildete Reduzibilitätsform von dem *speziell zugrunde gelegten Körper unabhängige Zahlkoeffizienten* besitzt.

[3]) D. Hilbert, Mathematische Probleme. Gött. Nachr. 1900, S. 253, Problem 14.

[4]) Denn die Unbestimmten Z sind nach der Ausdrucksweise von 2. nicht Nullstellen von $\mathfrak{P}$.

[5]) Diese Gesamtheiten werden gewöhnlich als Moduln bezeichnet; tatsächlich ist aber die sie charakterisierende Eigenschaft — sie enthalten neben Φ_1 und Φ_2 auch

tion ein Produkt $\Phi_1 \Phi_2$, so verschwindet mindestens ein Faktor. Da (2) identisch in A, B erfüllt ist, bleibt es bestehen für jedes spezielle Wertsystem A, B; wo A, B und folglich auch $\Gamma = C(\mathsf{A}, \mathsf{B})$ Größen irgendeines Körpers bedeuten. *Die Koeffizienten* Γ *jedes in einem Erweiterungskörper reduziblen Polynoms genügen also den Bedingungen* $\Phi(\Gamma) = 0$, sind Nullstellen von $\mathfrak{P}$, oder auch der endlich vielen Basispolynome von $\mathfrak{P}$; es handelt sich jetzt um den *Nachweis der Umkehrung.*

Dazu ist zu bemerken, daß alle Beziehungen zwischen A, B, C erhalten bleiben, wenn man die Polynome (1) durch Einführung einer neuen Veränderlichen y in *homogene Formen* $F(x, y)$, $G(x, y)$, $H(x, y)$ der Dimensionen l, m, $l+m$ verwandelt. Es werden also auch solche Koeffizienten Γ Nullstellen von $\mathfrak{P}$, bei denen etwa $\bar{F}(x, y)$[6]) eine Potenz von y wird, denen also durch den Übergang zu inhomogenen Polynomen eine Graderniedrigung von $\bar{H}(x)$ und kein Zerfallen entspricht. Es wird sich zeigen, daß mit Ausnahme dieser Graderniedrigung die Umkehrung immer gilt; daß also insbesondere für *homogene Formen die Umkehrung ausnahmslos gilt,* sobald nicht alle Γ verschwinden; mit anderen Worten, daß *jede Nullstelle von* $\mathfrak{P}$ *durch die Parameterdarstellung* $\Gamma = C(\mathsf{A}, \mathsf{B})$ *mit Größen* A, B *eines Erweiterungskörpers geliefert wird*[7]).

Diesen Nachweis führe ich durch direkte Bildung von endlich vielen Funktionen $\Phi(Z)$; ich ordne nämlich vermöge der Kroneckerschen Substitution

$$x_\lambda = \xi^{d^{n-\lambda}} \quad {}^{8})$$

den Polynomen (1) solche von *einer* Veränderlichen zu; zeige, daß hier Lücken in den Exponenten auftreten, und komme durch Bildung der Norm der entsprechenden Koeffizienten zu den Funktionen $\Phi(Z)$ und zu dem gesuchten Kriterium.

3. Es sei gesetzt:

$$(4) \quad \begin{aligned} &d = l + m + 1; && i = i_1 d^{n-1} + i_2 d^{n-2} + \ldots + i_n; \\ &j = j_1 d^{n-1} + \ldots + j_n; && k = k_1 d^{n-1} + \ldots + k_n. \end{aligned}$$

$\Phi_1 - \Phi_2$, neben Φ auch $\Psi \cdot \Phi$, wo Ψ ein beliebiges ganzzahliges Polynom in Z bedeutet — die Idealeigenschaft.

[6]) Polynome und Formen, die dadurch entstehen, daß die Unbestimmten in $F, G, \ldots, f, g, \ldots$ durch spezielle Wertsysteme ersetzt werden, bezeichne ich durchweg durch *Überstreichen*: $\bar{F}, \bar{G}, \ldots, \bar{f}, \bar{g}, \ldots$

[7]) Daß „im allgemeinen" die Nullstellen von $\mathfrak{P}$ durch die Parameterdarstellung geliefert werden, folgt aus der Eigenschaft des Primideals $\mathfrak{P}$, ein irreduzibles algebraisches Gebilde zu definieren. Daraus folgt aber bekanntlich nicht — was ich ursprünglich übersehen hatte und worauf mich A. Ostrowski vor längerer Zeit aufmerksam machte —, daß die Parameterdarstellung für kein spezielles Wertsystem versagt. — Der hier gegebene Beweis stützt sich auf elementarere Begriffe.

[8]) Festschrift, S. 11.

Dann entsprechen vermöge der Kroneckerschen Substitution den Polynomen F, G, H in (1) bzw. die Polynome

$$
\begin{aligned}
&f(\xi) = \Sigma A_{i_1 \ldots i_n} \xi^i && (i_1 + \ldots + i_n \leqq l),\\
(5)\qquad &g(\xi) = \Sigma B_{j_1 \ldots j_n} \xi^j && (j_1 + \ldots + j_n \leqq m),\\
&h(\xi) = \Sigma C_{k_1 \ldots k_n}(A, B) \xi^k && (k_1 + \ldots + k_n \leqq l + m).
\end{aligned}
$$

Dies Entsprechen ist bekanntlich *ein-eindeutig*, da für alle in (5) auftretenden (*induzierten*) Exponenten aus $k = 0$ auch $k_1 = 0, \ldots, k_n = 0$ folgt; und somit aus $i + j = i' + j'$ auch: $i_1 + j_1 = i_1' + j_1'; \ldots; i_n + j_n = i_n' + j_n'$. Es können also nur dann verschiedene Produkte $\xi^i \xi^j$ den gleichen Exponenten ξ^k liefern, wenn auch die entsprechenden $x_1^{i_1} \ldots x_n^{i_n} x_1^{j_1} \ldots x_n^{j_n}$ zum gleichen Exponenten führen. Somit kommt:

$$
(6)\qquad h(\xi) = f(\xi) g(\xi),
$$

und aus dem Erfülltsein einer Relation (6), derart daß in $f(\xi)$ und $g(\xi)$ keine von den induzierten Exponenten verschiedene auftreten, folgt rückwärts

$$
(7)\qquad H(x) = F(x)\, G(x).
$$

Dabei *treten bei den induzierten Exponenten in $f(\xi)$ und $g(\xi)$ tatsächlich Lücken auf.* Denn es wird der höchste Exponent von $f(\xi)$ gleich $l \cdot d^{n-1}$, der zweithöchste gleich $(l-1)\, d^{n-1} + d^{n-2}$; die Differenz $d^{n-2} \cdot (d-1) > 1$ wegen $d = l + m + 1 \geqq 3$; $n \geqq 2$; und dasselbe gilt für $g(\xi)$.

Die für die Unbestimmten A, B geltenden Relationen (6) und (7) bleiben erhalten für jedes spezielle Wertsystem A, B. Damit dabei die Gradzahlen erhalten bleiben, homogenisiere ich (6) und (7) vermöge der Veränderlichen η und y. ***Eine homogene Form** $\bar{H}(x, y)$ **zerfällt also dann und nur dann in einem algebraischen Erweiterungskörper, wenn in diesem die entsprechende binäre Form** $\bar{h}(\xi, \eta)$ **sich so in zwei Faktoren spalten läßt, daß keine von den induzierten Exponenten verschiedene in den Faktoren auftreten.***

4. Um die am Schluß von 2. erwähnte Bildung der Norm durchzuführen, mögen

$$
a_1, b_1; \ldots; a_p, b_p; \quad a_{p+1}, b_{p+1}; \ldots; a_{p+q}, b_{p+q}
$$

neue Unbestimmte bedeuten. Es sei gesetzt

$$
\begin{aligned}
&\varphi(\xi, \eta) = (a_1 \xi + b_1 \eta) \ldots (a_p \xi + b_p \eta) = r_p \xi^p + r_{p-1} \xi^{p-1} \eta + \ldots + r_0 \eta^p,\\
(8)\quad &\psi(\xi, \eta) = (a_{p+1} \xi + b_{p+1} \eta) \ldots (a_{p+q} \xi + b_{p+q} \eta) = s_q \xi^q + s_{q-1} \xi^{q-1} \eta + \ldots + s_0 \eta^q,\\
&\chi(\xi, \eta) = \varphi(\xi, \eta)\, \psi(\xi, \eta) = t_{p+q} \xi^{p+q} + t_{p+q-1} \xi^{p+q-1} \eta + \ldots + t_0 \eta^{p+q},
\end{aligned}
$$

wo also r, s, t jeweils die homogen gemachten symmetrischen Elementarfunktionen bedeuten; d. h. diejenigen in jeder einzelnen Reihe linearen symmetrischen Funktionen der Reihen a, b, aus denen sich jeweils alle ganzzahligen symmetrischen Funktionen, die in jeder einzelnen Reihe homogen und gleicher Dimension sind, ganz und ganzzahlig — und zwar nur auf eine Art — zusammensetzen lassen.

Ich bilde nun mit weiteren Unbestimmten $u_{\mu\nu}$ die Linearform

$$\zeta(u, a, b) = \sum u_{\mu\nu} r_\mu s_\nu, \tag{9}$$

die Summation über vorgegebene Indizes μ und ν erstreckt. Das Produkt von $\zeta(u)$ mit allen, durch die Permutation der Reihe a, b entstehenden, von $\zeta(u)$ und unter sich verschiedenen Konjugierten — die Norm $N(\zeta(u))$ von $\zeta(u)$ in bezug auf den Körper der $t(a, b)$, wenn $\zeta(u)$ als Funktion des Körpers der $r_\mu(a, b)$ und $s_\nu(a, b)$ aufgefaßt wird — wird dann eine ganzzahlige symmetrische Funktion aller Reihen a, b, in jeder Reihe homogen und gleicher Dimension, also nach dem obigen eine eindeutig bestimmte, ganze ganzzahlige Funktion der $t(a, b)$ und $u_{\mu\nu}$:

$$N(\zeta(u, a, b)) = T(t(a, b), u) \qquad [\text{identisch in } a, b, u]. \tag{10}$$

Dieselbe Überlegung zeigt, daß auch

$$N(z - \zeta(u)) = z^\delta + T_{\delta-1}(t, u) z^{\delta-1} + \ldots + T(t, u) \quad [\text{identisch in } a, b, u, z]$$

wird, wo alle T ganze, ganzzahlige Funktionen der t und u bedeuten. Beide Seiten dieser Identität verschwinden für $z = \zeta(u)$; und zwar wegen der algebraischen Unabhängigkeit der symmetrischen Elementarfunktionen $r(a,b)$, $s(a,b)$ identisch in r, s, wenn man $t(a, b)$ nach (8) gleich einer ganzzahligen bilinearen Verbindung $w(r, s)$ der r und s setzt, und $\zeta(u)$ als Funktion von r und s auffaßt. Somit kommt

$$\zeta(u)^\delta + T_{\delta-1}(w(r, s), u) \zeta(u)^{\delta-1} + \ldots + T(w(r, s), u) = 0 \qquad [\text{identisch in } r, s, u]. \tag{11}$$ [9])

Die Identitäten (10) und (11) bleiben erhalten für alle speziellen Wertsysteme α, β von a, b; bzw. ϱ, σ von r, s. Sind ϱ, σ insbesondere so gewählt, daß alle Produkte $\varrho_\mu \sigma_\nu$ verschwinden — wo μ, ν die in (9) auftretenden Indizes bedeuten — so daß also $\zeta(u)$ durch die Substitution verschwindet, so kommt, wenn $w(\varrho, \sigma) = \tau$ gesetzt wird, nach (11):

$$T(\tau, u) = 0 \qquad [\text{identisch in } u]. \tag{12}$$

---

[9]) (11) stellt, wenn die Summation in (9) über alle Indizes erstreckt wird, die Kroneckersche Erweiterung des Gaußschen Satzes dar, und zwar im wesentlichen in der Kroneckerschen Beweisanordnung (Zur Theorie der Formen höherer Stufen, Berliner Ber. 1883, Werke, 2, S. 417).

Seien umgekehrt $\tau_0, \ldots, \tau_{p+q}$ solche nicht sämtlich verschwindende *Wertsysteme, daß* (12) *erfüllt ist.* Da in einem algebraischen Erweiterungskörper eine Zerlegung existiert

$$(12)\quad \bar{\chi}(\xi, \eta) = \tau_{p+q}\xi^{p+q} + \ldots + \tau_0 \eta^{p+q} = (\alpha_1 \xi + \beta_1 \eta) \ldots (\alpha_{p+q}\xi + \beta_{p+q}\eta),$$

wo in keinem Faktor α und β gleichzeitig verschwinden[10]), wohl aber einige α oder β verschwinden können, wird $\tau = t(\alpha, \beta)$. Das Einsetzen dieser Werte in (10) zeigt vermöge (12), daß $\zeta(u, \alpha, \beta)$ oder ein konjugierter Faktor identisch in u verschwindet. Setzt man also, nach geeigneter Numerierung von α, β, jetzt $r(\alpha, \beta) = \varrho$, $s(\alpha, \beta) = \sigma$, so heißt das, daß $\bar{\chi}(\xi, \eta)$ *mindestens eine Zerlegung zuläßt.*

$$(13)\qquad \bar{\chi}(\xi, \eta) = \bar{\varphi}(\xi, \eta)\bar{\psi}(\xi, \eta) = \sum \varrho_\varkappa \xi^\varkappa \eta^{p-\varkappa} \cdot \sum \sigma_\lambda \xi^\lambda \eta^{q-\lambda},$$

derart daß alle in $\zeta(u)$ *auftretenden Produkte* $\varrho_\mu \sigma_\nu$ *verschwinden, nicht aber sämtliche* ϱ oder σ.

5. Die Gradzahlen p, q in (8) seien jetzt gleich $l d^{n-1}$ und $m d^{n-1}$; d. h. gleich den Graden von $f(\xi)$ und $g(\xi)$ in (5). Die Indizes μ, ν seien zerlegt in $\mu^{(1)}, \nu^{(1)}, \mu^{(2)}, \nu^{(2)}$; dabei durchlaufe $\mu^{(1)}$ alle in $f(\xi)$ fehlenden Exponenten, $\nu^{(1)}$ alle Exponenten von ξ in $\psi(\xi, \eta)$; und entsprechend $\nu^{(2)}$ alle in $g(\xi)$ fehlenden Exponenten, $\mu^{(2)}$ alle Exponenten von ξ in $\varphi(\xi, \eta)$. Es bedeute ferner

$$e(\xi) = \sum Z_{k_1 \ldots k_n} \xi^k \qquad (k_1 + \ldots + k_n \leqq l + m)$$

das dem Polynom (3) entsprechende Polynom in einer Veränderlichen;

$$S(Z, u)$$

das ganzzahlige Polynom in Z und u, das aus $T(t, u)$ — der eindeutig bestimmten rechten Seite von (10), wo die Summation in (9) über die angegebenen Indizes $\mu^{(1)}$, $\nu^{(1)}$, $\mu^{(2)}$, $\nu^{(2)}$ erstreckt wird — dadurch entsteht, daß die t durch die Koeffizienten Z und die entsprechenden Nullen von $e(\xi)$ ersetzt werden.

Ersetzt man jetzt die r, s durch die Koeffizienten A, B und die entsprechenden Nullen von $f(\xi)$ und $g(\xi)$, so *verschwindet* durch diese Substitution $\zeta(u)$ bei der angegebenen Summation. Es geht ferner $t = w(r, s)$ über in die Koeffizienten $C(A, B)$ und die entsprechenden Nullen von $h(\xi)$; also geht $T(t, u)$ über in $S(C(A, B), u)$. Nach der Identität (11) kommt somit

$$(14)\qquad S(C(A, B), u) = 0 \qquad [\text{identisch in } A, B, u].$$

---

[10]) Dieser (rationale) „Fundamentalsatz der Algebra" ist der Existenzsatz, auf dem die am Schlusse von 2. ausgesprochene ausnahmslose Gültigkeit der Umkehrung beruht.

Da (14) erhalten bleibt für jedes spezielle Wertsystem, genügen also die Koeffizienten $\Gamma = C(\mathrm{A}, \mathrm{B})$ solcher spezieller $\overline{H}(x)$ oder allgemeiner $\overline{H}(x, y)$, die in einem *Erweiterungskörper in zwei Faktoren zerfallen,* der Bedingung

$$S(\Gamma, u) = 0 \qquad [\text{identisch in } u]. \tag{15}$$

Ist umgekehrt für die, nicht sämtlich verschwindenden Koeffizienten Γ eines Polynoms $\overline{H}(x)$, bzw. Form $\overline{H}(x, y)$, die Bedingung (15) erfüllt, so ist das nach dem obigen gleichbedeutend mit $T(\tau, u) = 0$, unter τ alle Koeffizienten von $\bar{h}(\xi, \eta)$ verstanden. Nach (13) existiert somit in einem Erweiterungskörper der Γ eine Zerlegung:

$$\bar{h}(\xi, \eta) = \bar{f}(\xi, \eta) \cdot \bar{g}(\xi, \eta),$$

wo in $\bar{f}$ und $\bar{g}$ wegen der angegebenen Summation keine von den induzierten Exponenten verschiedene auftreten; und folglich besteht eine Relation

$$\overline{H}(x, y) = \overline{F}(x, y) \cdot \overline{G}(x, y).$$

Hieraus folgt, sobald für $y = 1$ kein Faktor nullten Grades wird, also insbesondere, wenn die Γ keine Graderniedrigung von $\overline{H}(x)$ bedingen, die weitere Relation

$$\overline{H}(x) = \overline{F}(x) \cdot \overline{G}(x).$$

Die Bedingung (15) *ist also notwendig und hinreichend dafür, daß* $\overline{H}(x, y)$, *und bei Ausschluß von Graderniedrigung auch* $\overline{H}(x)$, *in einem Erweiterungskörper in zwei Faktoren zerfällt.*

Daraus folgt noch, daß $S(Z, u)$ nicht identisch in Z und u verschwinden kann, da in 1. gezeigt ist, daß für $n \geq 2$ die Polynome mit Unbestimmten als Koeffizienten, also auch die entsprechenden homogenen Formen in einer Veränderlichen mehr, absolut irreduzibel sind. Es kommt also, unter U Potenzprodukte der u verstanden:

$$S(Z, u) = \sum \Phi_\lambda(Z)\, U_\lambda,$$

wo die $\Phi_\lambda(Z)$ nach (14) Polynome aus $\mathfrak{P}$ werden. Damit ist *gezeigt, daß* $\mathfrak{P}$ *keine weiteren Nullstellen besitzt als die durch die Parameterdarstellung* $\Gamma = C(\mathrm{A}, \mathrm{B})$ *gegebenen, wo* A *und* B *einen algebraischen Erweiterungskörper der* Γ *angehören.* Die am Schluß von 2. ausgesprochene Umkehrung ist somit bewiesen.

6. *Die Bedingung der absoluten Irreduzibilität* läßt sich nun direkt formulieren. Dazu ist die Gradzahl von $E(x)$ in (3) nur auf alle möglichen Arten in zwei positive Summanden $l + m$ zu zerlegen, und zu jeder Zerlegung die Form $S(Z, u)$ zu bilden. Das Produkt über diese Formen

$$R(Z, u) = \Pi\, S(Z, u) \tag{16}$$

bildet dann die *Reduzibilitätsform von* $E(x)$; denn nach dem obigen entspricht jedem Zerfallen von $\overline{E}(x)$ bzw. $\overline{E}(x, y)$ das Verschwinden eines Faktors von (16), und umgekehrt. Damit ist der *in der Einleitung aufgestellte Hauptsatz bewiesen* und zugleich gezeigt, wie die Reduzibilitätsform sich in endlich vielen Schritten wirklich aufstellen läßt.

7. Aus der *Existenz der Reduzibilitätsform* (16) ergibt sich unmittelbar der in der Einleitung erwähnte *Satz von Ostrowski.* Es sei

$$\overline{E}(x) = \sum \Gamma_{k_1 \ldots k_n} x_1^{k_1} \ldots x_n^{k_n} \quad (k_1 + \ldots + k_n \leqq \nu)$$

ein absolut irreduzibles Polynom mit ganzen algebraischen Zahlen Γ als Koeffizienten; $\mathfrak{K}$ bezeichne einen endlichen algebraischen Zahlkörper, der alle Γ enthält, $\mathfrak{p}$ ein Primideal aus $\mathfrak{K}$.

Dann bleibt die für den genauen Grad von $\overline{E}(x)$ gebildete Reduzibilitätsform $R(Z, u)$ von $E(x)$ bei der Substitution $Z = \Gamma$ *von Null verschieden*; es wird

$$R(\Gamma, u) = \sum P_\lambda U_\lambda \neq 0 \qquad [\text{identisch in } u].$$

Das Ideal $\mathfrak{r} = (P_1, P_2, \ldots)$ wird also nur durch eine *endliche* Anzahl von Primidealen aus $\mathfrak{K}$ teilbar. Ist somit $\mathfrak{p}$ von diesen endlich vielen verschieden, so verschwindet $R(\Gamma, u)$ modulo $\mathfrak{p}$ nicht identisch; und da die Restklassen modulo $\mathfrak{p}$ wieder einen Körper bilden, so folgt, daß $\overline{E}(x)$ *modulo* $\mathfrak{p}$ *irreduzibel*, genauer absolut irreduzibel ist. Dasselbe gilt von $\overline{E}(x, y)$, so daß auch keine Graderniedrigung modulo $\mathfrak{p}$ eintritt.

Sind die Koeffizienten von $\overline{E}(x)$ algebraisch gebrochene Zahlen, so ist $\mathfrak{p}$ auch von den endlich vielen, im gemeinsamen Nenner Δ aufgehenden Primidealen verschieden anzunehmen; modulo aller übrigen Primideale kann $\overline{E}(x)$ durch $\Delta \cdot \overline{E}(x)$ ersetzt werden, so daß die obigen Voraussetzungen erfüllt sind. Damit ist der Satz bewiesen.

Erlangen, August 1921.

(Eingegangen am 28. 8. 1921.)

Über Kriterien für irreduzible und für primitive Gleichungen und über die Aufstellung affektfreier Gleichungen.

Von

Ph. Furtwängler in Wien.

Eines der brauchbarsten Kriterien für die Irreduzibilität algebraischer Gleichungen ist das Eisensteinsche. Die folgenden Entwicklungen enthalten implizite einen neuen Beweis dieses Kriteriums, der mir deshalb bemerkenswert zu sein scheint, weil er sehr leicht zu Verallgemeinerungen führt (§ 1 und 2). Es läßt sich insbesondere auch auf diesem Wege ein Kriterium für primitive Gleichungen herleiten (§ 3). Ich verwende schließlich die gefundenen Kriterien, um in einfachster Weise affektfreie Gleichungen beliebigen Grades [1]) aufzustellen, indem ich die Tatsache benutze, daß irreduzible primitive Gleichungen beliebigen Grades mit genau zwei komplexen Wurzeln affektfrei sind (§ 4).

§ 1.

Satz 1. *Es sei p eine natürliche Primzahl und $a_0, a_1, \ldots, a_n$ ganze rationale Zahlen, von denen die erste und letzte nicht durch p teilbar sind. Das Polynom*

$$(1) \qquad f(x) = a_0 x^n + p^{e_1} a_1 x^{n-1} + \ldots + p^{e_n} a_n$$

ist dann, wenn von den positiven Zahlen $\frac{e_i}{i}$ $(i = 1, 2, \ldots, n)$ keine kleiner als $\frac{e_n}{n}$ ist, im natürlichen Rationalitätsbereich $R(1)$ nur in Faktoren zerlegbar, deren Grad ein Multiplum von $\frac{n}{t}$ ist, wo t den größten gemeinsamen Teiler von e_n und n bedeutet. Ist also e_n zu n relativ prim, so ist $f(x)$ irreduzibel.

[1]) Daß affektfreie Gleichungen jeden Grades in beliebiger Zahl existieren, hat zuerst Herr D. Hilbert auf Grund seines Irreduzibilitätssatzes bewiesen. Journ. f. Math. 110 (1892), S. 104.

Beweis. Man kann ohne Beschränkung der Allgemeinheit $a_0 = 1$ annehmen. Macht man in der Gleichung $f(x) = 0$ die Substitution

$$x = y p^{\frac{e_n}{n}},$$

so erhält man nach Division mit p^{e_n} eine Gleichung für y mit dem höchsten Koeffizienten 1, deren sämtliche andere Koeffizienten ganze algebraische Zahlen sind. Es sind daher alle Wurzeln der Gleichung $f(x) = 0$ durch die ganze algebraische Zahl $p^{\frac{e_n}{n}}$ teilbar. Zerfällt nun $f(x)$ in die Faktoren:

$$(2)\qquad f(x) = (x^r + p^{f_1} b_1 x^{r-1} + \ldots + p^{f_r} b_r)(x^s + p^{g_1} c_1 x^{s-1} + \ldots + p^{g_s} c_s),$$

wo die Koeffizienten b_i, c_k zu p prime ganze Zahlen seien, so folgt:

$$(3)\qquad f_r \geqq \left[r \cdot \frac{e_n}{n}\right]^{2)}, \quad g_s \geqq \left[s \cdot \frac{e_n}{n}\right], \quad f_r + g_s = e_n.$$

Die ersten beiden Ungleichungen ergeben sich daraus, daß $p^{f_r} b_r$ und $p^{g_s} c_s$ das Produkt von r resp. s Wurzeln der Gleichung $f(x) = 0$ sind (abgesehen vom Vorzeichen). Es muß also $f_r \geqq r \cdot \frac{e_n}{n}$ gelten, und da f_r eine ganze Zahl ist, auch $f_r \geqq \left[r \cdot \frac{e_n}{n}\right]$.

Da

$$r \cdot \frac{e_n}{n} + s \cdot \frac{e_n}{n} = e_n$$

ist, können die Relationen (3) offenbar nur zusammen bestehen, wenn $r \cdot \frac{e_n}{n}$ und $s \cdot \frac{e_n}{n}$ ganze Zahlen sind. Ist dann t der gr. g. T. von e_n und n, so muß offenbar r und s ein Multiplum von $\frac{n}{t}$ sein, w. z. b. w.

Das Eisensteinsche Kriterium ist ein spezieller Fall des Satzes 1. Der Beweis verläuft in diesem Falle einfach so: Alle Wurzeln der Gleichung $f(x) = 0$ sind durch $p^{\frac{1}{n}}$ teilbar. Soll $f(x)$ in zwei Faktoren zerfallen, so sind die konstanten Glieder dieser Faktoren, da sie mindestens durch eine Wurzel von $f(x) = 0$ teilbar sind, durch $p^{\frac{1}{n}}$ teilbar. Da sie aber ganze rationale Zahlen sind, müßten sie durch p teilbar sein, was zu einem Widerspruch führt..

§ 2.

Der Satz 1 läßt sich in folgender Weise verallgemeinern.

Satz 2. *Es sei p eine natürliche Primzahl und $a_0, a_1, \ldots, a_n$ ganze rationale Zahlen, die nicht durch p teilbar sind. Das Polynom*

$$f(x) = a_0 x^n + p^{e_1} a_1 x^{n-1} + \ldots + p^{e_{n-1}} a_{n-1} x + p^{e_n} a_n$$

---

2) $[x]$ bedeutet die kleinste ganze Zahl, die nicht kleiner als x ist.

ist dann, wenn von den positiven Zahlen $\frac{e_i}{i}$ $(i=1,2,\ldots,n)$ *keine kleiner als* $\frac{e_{n-k}}{n-k}$ *ist, in* $R(1)$ *entweder irreduzibel oder es existiert, wenn es reduzibel ist, stets ein Faktor, dessen Grad die Gestalt*

$$\lambda\cdot\frac{n-k}{t}+\mu$$

hat, wo t *der gr. g. T. von* e_{n-k} *und* $n-k$ ist *und* λ,μ *ganze Zahlen bedeuten, welche die Ungleichungen*

$$\lambda>0,\qquad 0\leqq\mu\leqq k$$

befriedigen. Ist e_{n-k} *zu* $n-k$ *teilerfremd, so hat also* $f(x)$, *wenn es reduzibel ist, stets einen Faktor, dessen Grad nicht kleiner als* $n-k$ *ist.*

Beweis: Zerfällt $f(x)$ in der in (2) angegebenen Art, so setzt sich der Koeffizient von x^k als Summe von Termen zusammen, die resp. durch $p^{f_{r-k'}+g_{s-k''}}$ teilbar sind, wo k' und k'' zwei ganze Zahlen sind, welche die Bedingungen:

$$0\leqq k'<r,\qquad 0\leqq k''<s,\qquad k'+k''=k$$

befriedigen. Da der Koeffizient von x^k genau durch $p^{e_{n-k}}$ teilbar ist, muß wenigstens eine Kombination k', k'' existieren, so daß

$$f_{r-k'}+g_{s-k''}\leqq e_{n-k}$$

ist.

Bei unseren Annahmen sind alle Wurzeln von $f(x)=0$ durch $p^{\frac{e_{n-k}}{n-k}}$ teilbar. Es ist daher:

$$f_{r-k'}\geqq\left[(r-k')\cdot\frac{e_{n-k}}{n-k}\right],\qquad g_{s-k''}\geqq\left[(s-k'')\cdot\frac{e_{n-k}}{n-k}\right],$$

also

$$f_{r-k'}+g_{s-k''}\geqq\{(r-k')+(s-k'')\}\cdot\frac{e_{n-k}}{n-k}=e_{n-k}.$$

In der letzten Ungleichung kann das Gleichheitszeichen nur eintreten, wenn

$$(r-k')\,e_{n-k}\equiv(s-k'')\,e_{n-k}\equiv 0\;(n-k)$$

ist. Ist der gr. g. T. von e_{n-k} und $n-k$ gleich t, so folgt

$$r-k'\equiv s-k''\equiv 0\left(\frac{n-k}{t}\right)$$

d. h.

$$r=\lambda'\cdot\frac{n-k}{t}+k',\qquad s=\lambda''\cdot\frac{n-k}{t}+k''.$$

Da wegen $k'+k''=k<n$ nicht gleichzeitig $\lambda'=\lambda''=0$ sein kann, ist unser Satz bewiesen.

Die vorstehenden Sätze enthalten neben dem Eisensteinschen Kriterium die im Anschluß daran von Königsberger[3]) und Netto[4]) entwickelten Resultate. Insbesondere ist der spezielle Fall des Satzes 1, daß e_n und n relativ prim sind, bereits von Königsberger angegeben und der Beweis für $n = 5$ in etwas umständlicher Weise durch Diskussion aller möglichen Arten der Zerlegung von $f(x)$ ausgeführt.

Man kann auf dem hier durchgeführten Wege auch Sätze über die Zerlegungsmöglichkeiten von Polynomen

$$a_0 x^n + a_1 x^{n-1} + \dots + a_{n-k} x^k$$
$$+ p^{e_1} a_{n-k+1} x^{k-1} + \dots + p^{e_{k-1}} a_{n-1} x + p^{e_k} a_n$$

gewinnen, wenn man die Substitution $x = \frac{p^e a_n}{y}$ ausführt und $e \leqq e_k$ so wählt, daß in dem Polynom in y, das man durch Multiplikation mit $\frac{y^n}{p^{e_k} a_n}$ erhält, alle Koeffizienten mit Ausnahme des ersten durch p teilbar werden. Doch soll hier darauf nicht näher eingegangen werden.

§ 3.

In analoger Weise wie der Eisensteinsche Satz die Irreduzibilität einer Gleichung sichert, kann man auch ihre Primitivität erzwingen. Dies kann z. B. auf folgende Art geschehen.

Satz 3. *Sind in der ganzzahligen irreduziblen Gleichung* $x^n + a_1 x^{n-1} + \dots + a_{n-1} x + a_n = 0$ *alle Koeffizienten* a_i *durch die Primzahl* p *teilbar und zwar* a_{n-1} *genau durch* p, a_n *aber mindestens durch* p^2, *so ist die Gleichung primitiv.*

Beweis. Soll die Gleichung imprimitiv sein, muß $n = rs$ sein und eine Zerlegung existieren:

$$x^n + a_1 x^{n-1} + \dots + a_{n-1} x + a_n$$
$$= (x^r + \xi_1^{(1)} x^{r-1} + \dots + \xi_r^{(1)})(x^r + \xi_1^{(2)} x^{r-1} + \dots + \xi_r^{(2)}) \dots$$
$$\dots (x^r + \xi_1^{(s)} x^{r-1} + \dots + \xi_r^{(s)}),$$

wo die Zahlen $\xi_j^{(1)}, \xi_j^{(2)}, \dots, \xi_j^{(s)}$ konjugierte ganze Zahlen in s konjugierten algebraischen Zahlkörpern sind. Ist α_i eine Wurzel der gegebenen Gleichung, so ist α_i durch $p^{\frac{1}{n-1}}$ teilbar. Es mögen nun die Zahlen $\xi_r^{(i)}$ $(i = 1, 2, \dots, s)$ der Gleichung:

$$u^s + b_1 u^{s-1} + \dots + b_{s-1} u + b_s = 0$$

---

[3]) L. Königsberger, Journ. f. Math. **115** (1895), S. 53.

[4]) E. Netto, Vorlesungen über Algebra **1**, S. 56–64.

genügen. Es sind dann alle Koeffizienten b_i durch p und $b_s = \pm a_n$ mindestens durch p^2 teilbar. Daher sind alle $\xi_r^{(i)}$ $(i = 1, 2, \ldots, s)$ durch $p^{\frac{1}{s-1}}$ teilbar.

Die Zahlen $\xi_{r-1}^{(i)}$ $(i = 1, 2, \ldots, s)$ mögen der Gleichung

$$v^s + c_1 v^{s-1} + \ldots + c_{s-1} v + c_s = 0$$

genügen, in der alle Koeffizienten c_i durch p teilbar sein müssen; daher sind alle $\xi_{r-1}^{(i)}$ durch $p^{\frac{1}{s}}$ teilbar. Es ist nun

$$a_{n-1} = \sum \xi_r^{(1)} \xi_r^{(2)} \ldots \xi_r^{(s-1)} \xi_{r-1}^{(s)}.$$

Es müßte daher a_{n-1} durch $p^{(s-1)\cdot\frac{1}{s-1}+\frac{1}{s}} = p^{1+\frac{1}{s}}$, also auch durch p^2 teilbar sein, was gegen die Voraussetzung ist. Die vorgelegte Gleichung ist also primitiv.

Der vorstehende Satz läßt sich verallgemeinern, was jedoch nicht näher ausgeführt werden soll.

§ 4.

Wir wollen jetzt die bisherigen Ausführungen anwenden, um affektfreie Gleichungen beliebigen Grades aufzustellen. Wir beweisen zu diesem Zweck zunächst

Satz 4. *Eine irreduzible Gleichung, die genau zwei komplexe Wurzeln besitzt, ist, wenn sie primitiv ist, affektfrei* [5]).

Beweis. Der Grad der Gleichung sei n. Sind die beiden komplexen Wurzeln x_1, x_2, so enthält die Gruppe der Gleichung die Transposition (12). Ich bezeichne mit $\mathfrak{S}_r$ generell die symmetrische Permutationsgruppe von r Ziffern. Sollen die zu permutierenden Ziffern $i_1, i_2, \ldots, i_r$ besonders bezeichnet werden, schreibe ich $\mathfrak{S}_r(i_1, i_2, \ldots, i_r)$. Es ist nachzuweisen, daß die Gruppe unserer Gleichung $\mathfrak{S}_n$ ist. Die Gruppe besitzt sicher eine $\mathfrak{S}_2$ als Untergruppe. Es sei nun $\mathfrak{S}_r(i_1, i_2, \ldots, i_r)$ eine Gruppe mit maximalem r, die in der Gruppe der Gleichung enthalten ist. Wenn $r < n$ ist, so gibt es eine von den i_k verschiedene Ziffer j_1 und wegen der Transitivität enthält die Gruppe der Gleichung eine Permutation P, die i_1 in j_1 überführt. Bildet man nun

$$P^{-1}\mathfrak{S}_r(i_1, i_2, \ldots, i_r)P = \mathfrak{S}_r(j_1, j_2, \ldots, j_r),$$

so sind alle j von allen i verschieden. Denn wäre etwa $j_l = i_1$, so enthielte die Gleichungsgruppe die Transpositionen (i_1, i_2), (i_1, i_3), $\ldots$, (i_1, i_r), $(j_l, j_1) = (i_1 j_1)$ und daher eine $\mathfrak{S}_{r+1}$, was gegen die Annahme

[5]) Vgl. H. Weber, Lehrbuch der Algebra 1, 2. Aufl., § 160.

ist. Man kann das Verfahren fortsetzen und die Ziffern $1, 2, \ldots, n$ in Systeme von je r Ziffern einteilen, von denen keine zwei eine Ziffer gemeinsam haben. Daraus folgt zunächst, daß r ein Teiler von n sein muß, weil man anderenfalls sicher zu einem System von r Ziffern gelangen würde, das mit einem früheren eine Ziffer gemeinsam hat.

Ist $r = n$, so ist die Gleichung affektfrei; ist $r < n$, so ist sie imprimitiv. Denn es lassen sich die Wurzeln in s Systeme von je r Wurzeln mit den Indizes

$$\begin{array}{c} i_1, i_2, \ldots, i_r \\ j_1, j_2, \ldots, j_r \\ \cdot \quad \cdot \quad \cdot \quad \cdot \quad \cdot \\ s_1, s_2, \ldots, s_r \end{array}$$

einteilen und bei irgendeiner Permutation der Gleichungsgruppe müssen die Zeilen wieder in Zeilen übergehen, weil andernfalls eine $\mathfrak{S}_{r+1}$ in der Gruppe enthalten wäre. Damit ist unser Satz bewiesen.

Satz 5. *Sind $b_1, b_2, \ldots, b_{n-4}$ verschiedene ganze Zahlen größer als* 1, *so ist die Gleichung n-ten Grades*:

$$x^4 (x - 2b_1)(x - 2b_2) \ldots (x - 2b_{n-4}) - (-1)^n (2x + 4) = 0 \qquad (n \geqq 4)$$

affektfrei.

Beweis. 1. Sie ist irreduzibel. Zunächst kann sie keinen linearen Faktor enthalten, denn ± 1, ± 2, ± 4 sind keine Wurzeln der Gleichung. Zerfiele sie in zwei nichtlineare Faktoren

$$(x^m + c_1 x^{m-1} + \ldots + c_m)(x^l + d_1 x^{l-1} + \ldots + d_l),$$

so würde

$$c_i \equiv d_k \equiv 0 \,(2) \qquad \begin{pmatrix} i = 1, 2, \ldots, m \\ k = 1, 2, \ldots, l \end{pmatrix}$$

folgen, da alle Wurzeln der vorgelegten Gleichung durch $2^{\frac{1}{n-1}}$ teilbar sind. Es müßte dann der Koeffizient von x durch 4 teilbar sein, was nicht der Fall ist.

2. Sie ist primitiv nach Satz 3 ($p = 2$).

3. Sie besitzt genau zwei komplexe Wurzeln[6]). Denn setzt man ihre linke Seite gleich $F(x)$ und nimmt an, daß

$$b_1 > b_2 > \ldots > b_{n-4} > 1$$

[6]) Vgl. I. Schur, Jahresber. d. Deutschen Mathematiker-Vereinigung **29** (1920), S. 149.

sei, so gilt für gerades n:

$$F(+\infty)>0,\ F(2b_1-1)<0,\ F(2b_2-1)>0,\ldots,\ F(2b_{n-4}-1)>0,$$
$$F(0)<0,\quad F(-\infty)>0,$$

für ungerades n:

$$F(+\infty)>0,\ F(2b_1-1)<0,\ F(2b_2-1)>0,\ldots,\ F(2b_{n-4}-1)<0,$$
$$F(0)>0,\quad F(-\infty)<0.$$

Damit ist die Existenz von $n-2$ reellen Wurzeln dargetan. Da wegen des Fehlens zweier aufeinanderfolgender Glieder nicht alle Wurzeln reell sein können, muß die Gleichung $F(x)=0$ $n-2$ reelle und zwei komplexe Wurzeln besitzen. Sie ist daher nach Satz 4 affektfrei.

(Eingegangen am 2. 8. 1921.)

Über die Lage der Nullstellen von Polynomen, die aus Minimumforderungen gewisser Art entspringen.

Von

Leopold Fejér in Budapest.

Einleitung.

1. Es bezeichne P eine beliebige Punktmenge in der Ebene, die im Endlichen gelegen ist. Sie besteht entweder aus einer endlichen Anzahl von Punkten oder aus unendlich vielen Punkten. Im letzteren Falle will ich voraussetzen, daß sie abgeschlossen ist. Außer der Punktmenge P sei nun in der Ebene irgendein Punkt A angenommen. Ich frage: Gibt es in der Ebene einen zweiten Punkt B, der zu jedem einzelnen Punkte der Menge P näher gelegen ist als der Punkt A zu demselben Punkte der Menge? D. h. gibt es einen solchen Punkt B, daß $\overline{pB} < \overline{pA}$, wenn p sämtliche Punkte der Menge P durchläuft?

Die Antwort ist bejahend, falls A im Äußern des kleinsten konvexen Bereiches K liegt, der die Punktmenge P enthält. In diesem Falle läßt sich nämlich in der Ebene eine gerade Linie L ziehen, welche die Ebene so in zwei Halbebenen H_1, H_2 teilt, daß die Punktmenge P in das Innere von H_1, der Punkt A in das Innere von H_2 fällt. Ziehe ich nun durch A die Senkrechte zu L, und schneidet diese die Gerade L im Punkte C, so besteht die geradlinige Strecke AC (den Punkt A natürlich ausgenommen) offensichtlich aus lauter solchen gesuchten Punkten B, die also zu jedem einzelnen Punkte der Menge P näher gelegen sind als A selbst.

2. In den folgenden Zeilen soll nun gezeigt werden, daß aus der eben erwähnten, fast evidenten geometrischen Tatsache (laut welcher sich immer ein Punkt B finden läßt, der zu jedem einzelnen Punkte einer Menge P näher gelegen ist als der Punkt A zu demselben Punkte der Menge, falls A im Äußern der konvexen Hülle von P liegt) unmittelbar ein allgemeiner Satz (§ 3) folgt, der sich auf die Lage der Nullstellen von ganzen rationalen Funktionen der komplexen Variablen bezieht, die aus einer Minimumforderung gewisser

Art entspringen. Namentlich ergibt sich, daß die Nullstellen solcher Polynome in der konvexen Hülle der Menge P gelegen sind. Die Sätze über die Realität der Nullstellen der Tschebyscheffschen (§ 1) und Legendreschen (§ 2) Polynome und ihrer Verallgemeinerungen werden dann aus diesem allgemeinen Satze durch äußerste Spezialisierung gewonnen. Gewisse hier auftretende Polynomfolgen $P_n(x)$ sind orthogonal in bezug auf ein reelles Intervall. In diesem Falle — wo die allgemeine Theorie Herrn Hilbert so viel zu verdanken hat — kann man die Realität der Nullstellen und noch mehr aus der Orthogonalität erschließen. Mein Ziel war, das für die Nullstellen der in § 3 charakterisierten Polynomfolgen Gemeinsamgültige zu bestimmen, und von der ursprünglichen Minimumseigenschaft aus (unter Vermeidung der eventuell bestehenden Orthogonalitätseigenschaft) geometrisch in Evidenz zu setzen.

3. In Nr. 1 wurde gezeigt, daß, wenn der Punkt A außerhalb der konvexen Hülle K von P liegt, man immer einen Punkt B in der Ebene finden kann, der zu jedem einzelnen Punkte von P näher liegt als der Punkt A. Ich erwähne nun, obgleich ich von dieser Tatsache in dieser Note keinen Gebrauch machen werde, daß diese Eigenschaft der Außenpunkte von K für diese geradezu charakteristisch ist. Es sei nämlich jetzt A ein Punkt der konvexen Hülle K selbst. Nehme ich an, daß jeder einzelne Punkt von P zu einem Punkte B der Ebene näher wäre als zum Punkte A (also stets $\overline{pB} < \overline{pA}$ wäre, wenn p die Menge P durchläuft), so folgt daraus zunächst, daß die ganze Punktmenge P in jener Halbebene H liegt, die durch die Halbierungssenkrechte der Strecke BA begrenzt wird, und den Punkt B in ihrem Innern enthält. Daraus folgt dann weiter, daß auch die konvexe Hülle K von P ganz in H fällt, was aber der Annahme, daß A ein Punkt von K ist, widerspricht, da doch A außerhalb von H (nämlich im Innern der andern Halbebene) liegt.

Zusammenfassend kann ich also kurz sagen: Ist A außerhalb der konvexen Hülle von P, so kann ich mich von A aus der Menge P „nähern" (d. h. gleichzeitig jedem Punkte von P), gehört aber A zur Hülle K, so ist dies unmöglich.

Diese Charakterisierung des kleinsten konvexen Körpers, der eine gegebene Punktmenge P enthält, kann natürlich auf einen Raum von beliebig vielen Dimensionen übertragen werden[1]).

---

[1]) Der Inhalt dieser Note ist im Auszuge im Rahmen der Arbeit des Herrn G. Szegö: Über orthogonale Polynome, die zu einer gegebenen Kurve der komplexen Ebene gehören [Mathematische Zeitschrift **9** (1921), S. 218–270], veröffentlicht (siehe insbesondere § 3, S. 236–241), und auch die nächstens in den Proceedings of the London Mathematical Society von Herrn Karl Jordan erscheinende Arbeit: „Sur une série de polynomes dont chaque somme partielle représente la meilleure approximation d'un degré donné suivant la méthode des moindres carrés" gibt ganz kurz den Inhalt dieser Note wieder. — Schließlich bemerke ich, daß diese Note im Frühjahr

§ 1.

Über die Lage der Nullstellen von Polynomen, welche die Tschebyscheffsche Abweichung von der Null minimalisieren.

4. Es sei P eine beschränkte, endliche oder unendliche (im letzterem Falle aber abgeschlossene) Punktmenge in der Ebene der komplexen Variablen x. Es bezeichne $g_n(x)$ eine ganze rationale Funktion n-ten Grades von der Form

$$(1)\qquad g_n(x) = x^n + c_1 x^{n-1} + c_2 x^{n-2} + \ldots + c_n,$$

wo $c_1, c_2, \ldots, c_n$ beliebige komplexe Zahlen bedeuten. Weiter bezeichne p die den Punkten von P entsprechenden komplexen Zahlen. Dann hat $|g_n(p)|$ „in P" (d. h. für die Punkte von P) gewiß ein Maximum, das auch die „Tschebyscheffsche Abweichung" (écart) von der Null in P genannt werden kann. Unter einem Tschebyscheffschen Polynom n-ten Grades $T_n(x)$ in bezug auf P verstehe ich nun ein Polynom $T_n(x)$ von der Form (1), für welches in P

$$(2)\qquad \operatorname{Max} |T_n(p)| \leqq \operatorname{Max} |g_n(p)|$$

gültig ist, wobei $g_n(x)$ irgendein Polynom der Form (1) bedeutet[2]).

Satz I. *Ein zur Punktmenge P gehöriges Tschebyscheffsches Polynom n-ten Grades $T_n(x)$ ($n = 1, 2, 3, \ldots$) hat Nullstellen, die alle in den kleinsten konvexen Bereich fallen, der die Punktmenge P enthält, (vorausgesetzt, daß die Anzahl der Punkte der Menge mindestens gleich n ist.)*

Beweis. Es seien $x_1, x_2, \ldots, x_n$ die Nullstellen von $T_n(x)$. Würde nun eine dieser Stellen, etwa x_1, in das Äußere der konvexen Hülle von P fallen, so könnte ich, auf Grund von Nr. 1, einen komplexen Wert ξ finden, so daß $|p-\xi| < |p-x_1|$ für jedes p in P. Bezeichnet also $h_n(x)$ das Polynom $(x-\xi)(x-x_2)(x-x_3)\ldots(x-x_n) = x^n + \ldots$, so wäre, in P,

$$\begin{aligned} |h_n(p)| &= |p-\xi|\,|p-x_2|\,|p-x_3|\ldots|p-x_n| \\ &\leqq |p-x_1|\,|p-x_2|\ldots|p-x_n| = |T_n(p)|\,. \end{aligned}$$

1919 entstanden ist, als Herr G. Szegö mir seinen schönen Satz VII auf S. 237 seiner soeben zitierten Arbeit mündlich mitgeteilt hatte. (Auf die Szegösche Arbeit sei auch in bezug auf die neueste einschlägige Literatur hingewiesen.)

[2]) Die Frage der Existenz, Unität (die nicht immer stattfindet) und Bestimmung der durch die Minimumseigenschaft charakterisierten Polynome wird in dieser Note nicht berührt; zu den hierhergehörigen, bei Herrn Szegö auf S. 239, Fußnote [21]) angeführten und besonders auf Herrn L. Tonelli hinweisenden literarischen Angaben sei noch hinzugefügt: Ch.-J. de la Vallée Poussin: Sur les polynomes d'approximation à une variable complexe [Bull. de l'Acad. royale de Belgique (Classe des sciences) **3** (1911), S. 199–211].

Hier kann die Gleichheit offenbar nur dann stattfinden, wenn das Polynom $(n-1)$-ten Grades $(x-x_2)(x-x_3)\ldots(x-x_n)$ für den Wert p verschwindet; dann ist $|h_n(p)| = |T_n(p)| = 0$. Für die übrigen Werte p von P ist tatsächlich $|h_n(p)| < |T_n(p)|$, und es ist zu betonen, daß mindestens *ein* solcher Wert von p existiert, da doch, nach Voraussetzung, die Anzahl der Punkte von P mindestens gleich n ist und $(x-x_2)(x-x_3)\ldots(x-x_n)$ nicht für mehr als $(n-1)$ Punkte verschwinden kann.

Also ist (da die Punktmenge P entweder endlich oder abgeschlossen ist)

$$\text{Max}\,|h_n(p)| < \text{Max}\,|T_n(p)| \text{ in } P.$$

Dies widerspricht aber der für $T_n(x)$ festgesetzten Definitionsungleichung (2).

Ist die Anzahl der Punkte von P kleiner als n (ein leicht beherrschbarer trivialer Fall), so kann eine Wurzel von $T_n(x)$ auch außerhalb der konvexen Hülle von P liegen.

5. Spezielle Fälle. a) $n = 1$, *P beliebig.* Schreibe ich $T_1(x) = x - c$, so entspricht der Zahl c in der Ebene der Mittelpunkt der kleinsten Kreisscheibe, durch welche die Punktmenge P überdeckt werden kann. Satz I besagt nun, daß der Mittelpunkt des kleinsten Deckungskreises von P in die konvexe Hülle von P fällt (ein Satz der sich natürlich auch anders, und ganz elementar beweisen läßt). Ich bemerke, daß dieser Kreismittelpunkt auch auf den Rand der konvexen Hülle von P fallen kann, und zwar auch dann, wenn P zweidimensional ist. (Z. B. im Falle, wo P eine Halbkreisfläche ist.)

b) *n beliebig, P spezialisiert.* Besteht P aus den Punkten eines konvexen Gebietes G, so besagt Satz I, daß die Nullstellen eines zugehörigen $T_n(x)$ alle in G fallen. Ist speziell G die geradlinige Strecke $-1 \leqq x \leqq +1$, so besagt der Satz I, daß die Wurzeln von $T_n(x) = 0$ alle reell sind, und in das Intervall $-1 \leqq x \leqq +1$ fallen, eine wohlbekannte Tatsache. (Hier sei aber bemerkt, daß der Satz I auch dann ganz allgemein gültig ist, wenn in der Definition von $T_n(x)$ nur Polynome von der Form (1) mit *reellen Koeffizienten* zugelassen werden, vorausgesetzt, daß die Punktmenge P in bezug auf die reelle Axe *symmetrisch* ist. Der obige Beweis erleidet hier nur die unerhebliche Modifikation, daß im allgemeinen nicht *ein* Punkt x_1, sondern ein zur reellen Achse symmetrisches *Punktpaar* x_1, x_2 der Menge P „nähergerückt" wird.)

§ 2.

Über die Lage der Nullstellen von Polynomen, welche die Besselsche Abweichung von der Null minimalisieren.

6. Der Satz I sagt aus, daß ein Polynom $T_n(x)$ aus der Menge der Polynome

$$g_n(x) = x^n + c_1 x^{n-1} + \ldots + c_n \tag{1}$$
$$(c_1, c_2, \ldots, c_n \text{ beliebige komplexe Zahlen}),$$

für welches die „Tschebyscheffsche Abweichung“ (kurz: T-Abweichung) von der Null in P minimal ist, lauter in die konvexe Hülle von P fallende Nullstellen besitzt.

Hier sei nun gezeigt, daß derselbe Satz auch für die Polynome $B_n(x)$ minimaler „Besselscher Abweichung“ (kurz: B-Abweichung) gültig ist.

Die T-Abweichung eines $g_n(x)$ von der Null wurde für eine *beliebige* abgeschlossene Punktmenge P definiert; sie bedeutet $\operatorname{Max} |g_n(x)|$ in P.

Die B-Abweichung kann ich nicht für eine beliebige (abgeschlossene) Punktmenge P definieren. Ich betrachte nur die folgenden, wichtigsten, speziellen Fälle:

α) Die Punktmenge P besteht aus einer endlichen Anzahl von Punkten $p_1, p_2, \ldots, p_k$. Unter B-Abweichung von der Null in P eines $g(x)$ verstehe ich dann

$$\frac{|g(p_1)|^2 + |g(p_2)|^2 + \ldots + |g(p_k)|^2}{k}. \tag{3}$$

β) P besteht aus den Punkten p eines rektifizierbaren (geschlossenen oder ungeschlossenen) Kurvenbogens. Unter B-Abweichung von der Null in P eines $g(x)$ verstehe ich dann

$$\frac{1}{l}\int |g(p)|^2 ds, \tag{4}$$

wo ds das Bogenelement am Punkte p bedeutet, die Integration über den Kurvenbogen P zu erstrecken ist, und l die Länge von P bezeichnet.

γ) P besteht aus den Punkten eines durch eine geschlossene Kurve umgrenzten Gebietes vom Flächeninhalte f. Dann sei unter B-Abweichung von der Null in P der Wert

$$\frac{1}{f}\iint |g(p)|^2 df \tag{5}$$

verstanden, wo df das Flächenelement zum Punkte p bedeutet, und die doppelte Integration über die Fläche P zu erstrecken ist[3]).

---

[3]) Zieht man aus den Werten (3), (4) und (5) die nichtnegative Quadratwurzel, dann bekommen sie den Charakter eines Mittelwertes.

7. Wie eben erwähnt, gilt dann folgender

Satz II. *Ist die Besselsche Abweichung von der Null für ein Polynom $B_n(x)$ der Polynommenge* (1) *in der Punktmenge P minimal, so liegen die Nullstellen von $B_n(x)$ alle in dem kleinsten konvexen Bereiche, der die Punktmenge P enthält* (*vorausgesetzt, daß die Anzahl der Punkte der Menge P mindestens gleich n ist*).

Der Beweis ist mit dem des Satzes I fast identisch. Würde die Nullstelle x_1 von $B_n(x)$ außerhalb der Hülle von P liegen, so wäre, wenn $x_2, x_3, \ldots, x_n$ die übrigen Nullstellen von $B_n(x)$ und ξ einen durch „Näherrückung" von x_1 zu P entstandenen Punkt bedeutet, $(x-\xi)(x-x_2)\ldots(x-x_n)$ ein Polynom von der Form (1), dessen absoluter Betrag in *jedem* Punkte p des abgeschlossenen P, (wo indessen $(p-x_2)\ldots(p-x_n)\neq 0$), kleiner wäre als $|B_n(p)|$, dessen Besselsche Abweichung von der Null in P also entschieden *kleiner* wäre als die von $B_n(x)$. Dies widerspricht aber der Definition von $B_n(x)$.

8. Der Satz II wurde im Falle, wo P aus einer endlichen Anzahl von reellen Zahlen besteht (ein Fall, der zum Falle α) in Nr. 6 gehört), durch Herrn Karl Jordan, im Falle wo P aus einer Kurve besteht (Fall β) in Nr. 6), durch Herrn G. Szegö ausgesprochen und bewiesen[4]). Der Satz, laut welchem die Nullstellen des n-ten Legendreschen Polynoms alle reell sind und in das Intervall $-1 \leqq x \leqq +1$ fallen, ist ein spezieller Fall dieses Szegöschen Satzes, den man erhält, wenn man für P die geradlinige Strecke $-1 \leqq x \leqq +1$ wählt (da das, mit einem gehörigen konstanten Faktor versehene Legendresche Polynom das Integral

$$\frac{1}{2}\int_{-1}^{+1} |x^n + c_1 x^{n-1} + \ldots + c_n|^2 \, dx$$

minimalisiert). Der (übrigens äußerst einfache) Beweis der genannten Autoren stützt sich aber (wie ein klassischer Beweis für den Legendreschen Spezialfall) auf die, in diesem Besselschen Falle der Abweichung geltenden „Orthogonalitätseigenschaft" der Polynomfolge $B_0(x) = 1$, $B_1(x), \ldots, B_n(x), \ldots$, während der hier mitgeteilte Beweis den Satz unmittelbar aus der Definitionsminimaleigenschaft deduziert. Es ist vielleicht nicht uninteressant, besonders hervorzuheben, daß speziell der Satz von der Realität der Nullstellen des Legendreschen Polynoms einfach aus dem Umstande gefolgert wird, daß man sich von jedem außerhalb der Strecke $-1 \leqq x \leqq +1$ befindlichen Punkte der Ebene aus der Strecke selbst in dem Sinne „nähern" kann, daß man sich jedem Punkte dieser Strecke gleichzeitig nähert.

Schließlich sei bemerkt, daß der Satz II auch dann gültig ist, wenn in die

---

[4]) S. Fußnote [1]) vorliegender Arbeit.

Definition der B-Abweichung eine nichtnegative „Gewichtfunktion" eintritt, wenn also, z. B. im Falle β) in Nr. 6, für die B-Abweichung das Integral

$$\frac{1}{l}\int \varphi(p)\,|g(p)|^2\,ds$$

maßgebend ist, wo $\varphi(p)$ eine gegebene nichtnegative Funktion des Ortes p auf der Kurve P bedeutet. (Entsprechende Bemerkung für die Fälle α), γ) in Nr. 6.)

§ 3.

Verallgemeinerung. Abweichung allgemeiner Art.

9. Im Satze I und II wurden jene Polynome $P_n(x)$ betrachtet, welche die Tschebyscheffsche bzw. Besselsche Abweichung von der Null in P minimalisieren.

Es sei nun irgendeine Definition der „Abweichung" von der Null in P festgelegt; ihr Wert sei für das Polynom $g(x)$ durch A_g bezeichnet, und die einzige Beschränkung, der der Zusammenhang zwischen g und dem nichtnegativen A unterworfen sei, bestehe in der Ungleichung:

$$A_g < A_h,$$

falls in der Punktmenge P überall die Ungleichung

$$|g(p)| < |h(p)|$$

besteht, wo $|h(p)| \neq 0$, und $|g(p)| = |h(p)|$, wo $|h(p)| = 0$.

10. Auf Grund des Vorhergehenden kann ich unmittelbar folgenden Satz aussprechen:

Satz III. *Wenn ein Polynom $P_n(x)$ der Menge (1) die Abweichung von der Null A_{g_n} in P minimalisiert, so liegen seine Nullstellen alle in der konvexen Hülle von P, wenn jedesmal $A_g < A_h$ stattfindet, falls $g(x)$, $h(x)$ Polynome der Menge (1) bedeuten, für welche in P überall dort, wo $h(p) \neq 0$, die Ungleichung $|g(p)| < |h(p)|$, und überall dort, $h(p) = 0$, die Gleichheit $|g(p)| = |h(p)| = 0$ stattfindet. (Hier ist der triviale Fall, in welchem die Anzahl der Punkte von P kleiner als n ist, außer Acht gelassen.)*

Dieser Satz III umfaßt die Sätze I und II und verallgemeinert sie in beträchtlichem Maße. Aus ihm erhellt z. B., daß ein Polynom (1), für welches in P

$$\frac{1}{l}\int |g_n(p)|\,ds,$$

erstreckt über einen rektifizierbaren Kurvenbogen P, Minimum ist, lauter Nullstellen besitzt, die in der konvexen Hülle des Bogens P liegen. Durch weitere Spezialisierung: nicht nur das Legendre-Polynom, welches den Wert

$$\frac{1}{2}\int_{-1}^{+1} |x^n + c_1 x^{n-1} + \ldots + c_n|^2 dx \qquad (c_1, \ldots, c_n \text{ beliebig komplex})$$

minimalisiert, sondern auch das Polynom, welches den Wert

$$\frac{1}{2}\int_{-1}^{+1} |x^n + c_1 x^{n-1} + \ldots + c_n| dx$$

minimalisiert, hat lauter reelle Nullstellen, die in das Intervall $-1 \leqq x \leqq +1$ fallen. Aber auch dasjenige Polynom, für welches z. B.

$$\int_{-1}^{+1} e^{|x^n + c_1 x^{n-1} + \ldots + c_n|} dx$$

minimal wird; usw.

Budapest, den 21. Juni 1921.

(Eingegangen am 25. 6. 1921.)

Über die Separation komplexer Wurzeln algebraischer Gleichungen.

Von

Aubrey J. Kempner in Urbana (U. S. A.).

I. Allgemeines.

§ 1.

Zur Trennung der komplexen Wurzeln einer algebraischen Gleichung kann man, wie wir zeigen wollen, in einfacher Weise die Argumente der Koeffizienten systematisch heranziehen. Als praktisch wichtigen Fall schließt dies ein, daß für Gleichungen mit reellen Koeffizienten bereits die Vorzeichen in gewissem Umfange Aussagen über die Verteilung der komplexen Wurzeln zu machen gestatten.

Sei die vorgelegte Gleichung mit ganzzahligen positiven Exponenten

$$(1)\quad \begin{aligned} &f(z) = a_{n_1} z^{n_1} + a_{n_2} z^{n_2} + \ldots + a_0 = 0; \quad n_1 > n_2 > \ldots; \\ &a_n = r_{n_j} e^{i\Theta_{n_j}}, \quad 0 \leqq \Theta_{n_j} < 2\pi, \quad r_{n_j} > 0; \quad z = \varrho e^{i\varphi}, \quad 0 \leqq \varphi < 2\pi, \quad \varrho > 0. \end{aligned}$$

In der Ebene der komplexen Zahlen denken wir uns vom Nullpunkte aus die Halbstrahlen oder Vektoren Θ_{n_j} markiert. Der Vektor Θ_0 soll seine Richtung beibehalten; der Vektor Θ_1 soll mit konstanter Winkelgeschwindigkeit sich im positiven Sinne drehen, während gleichzeitig der Vektor Θ_j, $j > 1$, sich mit konstanter, j-facher, Winkelgeschwindigkeit im positiven Sinne dreht. In jedem Augenblick repräsentieren dann die Vektoren die Richtungen der die Terme $a_{n_j} z^{n_j} = r_{n_j} \varrho^{n_j} e^{i(\Theta_{n_j} + n_j \varphi)}$, $j = 1, 2, \ldots$, und $a_0 = r_0 e^{i\Theta_0}$ darstellenden Vektoren. Diese Richtungen hängen allein ab von φ und den vorgegebenen Θ_{n_j}. Bis auf einige Spezialfälle sind die abzuleitenden Sätze direkte Folgerungen des Satzes, daß die Summe der von einem Punkte ausgehenden Vektoren bestimmt nicht verschwinden kann, wenn sich durch den Punkt eine Gerade legen läßt, derart, daß alle Vektoren auf einer Seite der Geraden liegen[1]. Dabei dürfen Vektoren in die Gerade selbst fallen, jedoch muß mindestens ein Vektor nicht in der Geraden liegen. Wenn wir daher φ das Intervall $(0, 2\pi)$ durchlaufen lassen, werden in allen Teilintervallen, innerhalb deren alle Vektoren auf einer Seite einer Geraden liegen (falls derartige Intervalle existieren), sicher keine Wurzeln von $f(z) = 0$ vorhanden sein, welches auch die zwischen 0, $+\infty$ liegenden Werte der r_{n_j} sein mögen. Wir werden zeigen, daß auf diese Weise für alle trinomischen Gleichungen eine (im wesentlichen vollständige) Separation aller Wurzeln hergestellt wird (vgl. § 5), und daß wir für k-nomische Gleichungen, $k > 3$, oft wertvolle Auskunft erhalten, obwohl diese Auskunft mit wachsendem k weniger präzis zu werden strebt. Von zwei Gleichungen gleicher Gliederanzahl erhält man oft wertvollere Auskunft für die Gleichung höheren Grades als für die Gleichung niedrigeren Grades. — Die Betrachtungen lassen sich unmittelbar ausdehnen auf Gleichungen mit negativen ganzzahligen Exponenten und, in sinngemäßer Weise, auf Gleichungen mit gebrochenen positiven und negativen Exponenten.

§ 2.

Wir sagen von einer Gleichung (1), daß sie vom Typus $(\Theta_{n_1}, \Theta_{n_2}, \ldots, \Theta_0)$ sei. So ist beispielsweise $c_4 z^4 - c_2 z^2 + c_1 z + c_0 = 0$, $c_\nu > 0$, vom Typus $(\Theta_4 = 0, \Theta_2 = \pi, \Theta_1 = 0, \Theta_0 = 0)$. *Das Absolutglied soll immer von Null verschieden sein, außer wenn das Gegenteil ausdrücklich erwähnt wird.* Daher sind alle Wurzeln unserer Gleichungen von Null verschieden. Unsere Aussagen werden sich auf alle Gleichungen beziehen, die zu demselben Typus gehören. — Wir nennen ein Intervall von φ (mit Ausschluß der Grenzwerte), sowie auch das Innere des entsprechenden Sektors in der Ebene der komplexen Zahlen, ein S_-, falls es für jedes φ des Intervalls eine durch den Nullpunkt gehende Gerade gibt, derart, daß alle Vektoren $\Theta_{n_1} + n_1\varphi$, $\Theta_{n_2} + n_2\varphi$, $\ldots$, Θ_0 auf einer Seite der Geraden liegen. *Dann kann S_- keinen Wurzelpunkt von $f(z)$ enthalten.* Die anderen Sektoren, für die es solche Geraden nicht gibt, seien mit S_+ bezeichnet. *Alle Wurzelpunkte von* (1) *liegen in den S_+ (mit Einschluß der begrenzenden Strahlen).* Des bequemeren Ausdruckes halber sagen wir, daß für alle φ eines S_- die Vektoren $\Theta_{n_1} + n_1\varphi$, $\Theta_{n_2} + n_2\varphi$, $\ldots$, Θ_0 eine „Gesamtöffnung“ $< \pi$ haben, während für alle φ eines S_+ die Vektoren eine Gesamtöffnung $> \pi$ haben. Wir treffen alsbald besondere Vereinbarungen für den Übergangsfall einer Gesamtöffnung $= \pi$.

[1]) Bekanntlich wird dieses Prinzip in der Algebra und Funktionentheorie vielfach angewendet bei der Untersuchung der relativen Lage der Nullstellen einer Funktion $f(z)$ und der abgeleiteten Funktion $f'(z)$.

Die φ-Werte, die dem Anfang oder Ende eines S_- oder eines S_+ entsprechen, müssen unter denen enthalten sein, für welche zwei oder mehr der Vektoren gerade einen Winkel π miteinander bilden. Diese letzteren φ-Werte seien *kritische Werte* von φ genannt. Sie sind für einen gegebenen Typus in endlicher Anzahl vorhanden und sofort angebbar: sie sind offenbar diejenigen φ-Werte, für die wenigstens ein Paar von Werten Θ_j, Θ_k $(j, k = n_1, n_2, \ldots, 0)$ die Gleichung erfüllen

$$(2) \qquad (j-k)\varphi + \Theta_j - \Theta_k = (2\lambda+1)\pi, \qquad \lambda = 0, \pm 1, \pm 2, \ldots$$

Es ist aber im allgemeinen nicht wahr, daß umgekehrt jedem kritischen Wert von φ der Anfang oder das Ende eines Sektors S_+ oder S_- entspricht. Insbesondere ist ein kritischer φ-Wert, für den die Gesamtöffnung $> \pi$ ist, niemals der Anfang oder das Ende eines S_+ oder eines S_-. Eine einfache Überlegung erweist folgende Sachlage:

I. Wenn bei wachsendem φ beim Passieren eines kritischen Wertes die Gesamtöffnung von $> \pi$ zu $< \pi$ übergeht, so repräsentiert dieser φ-Wert den Anfang eines S_- und das Ende eines S_+. Solche Vektoren mögen durch V_{+-} bezeichnet werden.

Beispiel: $\qquad z^3 - c_1 z + c_0 = 0, \qquad c_0, c_1 > 0,$

d. i. Typus $(\Theta_3 = 0,\ \Theta_1 = \pi,\ \Theta_0 = 0), \qquad \varphi = \frac{\pi}{3}.$

II. Wenn die Gesamtöffnung von $< \pi$ zu $> \pi$ übergeht, so repräsentiert der φ-Wert das Ende eines S_- und den Anfang eines S_+. Solche Vektoren mögen V_{-+} genannt werden.

Beispiel: Typus $(\Theta_3 = 0,\ \Theta_1 = 0,\ \Theta_0 = \pi), \qquad \varphi = \frac{\pi}{2}.$

III. Es kann geschehen, daß beim Passieren eines kritischen φ-Wertes die Gesamtöffnung sowohl vorher als nachher $> \pi$ ist. Solche Vektoren nennen wir V_{++}. Es sind drei Fälle zu unterscheiden:

a) Für den kritischen φ-Wert selbst sei die Gesamtöffnung $> \pi$. Dieses kann nur eintreten für k-nomische Gleichungen, $k \geqq 4$. Der Vektor ergibt in diesem Falle keinerlei Auskunft über die Verteilung der Wurzeln.

Beispiel: Typus $(\Theta_4 = 0,\ \Theta_3 = 0,\ \Theta_2 = 0,\ \Theta_1 = 0,\ \Theta_0 = 0)$, $\varphi = \frac{\pi}{3}$.

b) Für einen kritischen φ-Wert sei die Gesamtöffnung[2]) π, aber nicht alle Vektoren in einer Geraden. Solche Vektoren seien durch V'_{++} bezeichnet. Dann kann kein Nullpunkt von $f(z)$ auf einem V'_{++} liegen, so daß ein solcher Vektor als ein Sektor S_- angesehen werden kann, der sich auf den Vektor reduziert hat; folgerichtig muß man den Sektor S_+,

[2]) D. i., es sind mindestens zwei Vektoren vorhanden, die einen Winkel π miteinander bilden und von denen einer durch Rotation in den anderen übergeführt werden kann, ohne anderen Vektoren des Systems zu begegnen.

innerhalb dessen er liegt, als durch ihn in zwei Sektoren S_+ zerlegt ansehen. Auch dieser Fall tritt erst bei $k \geqq 4$ auf.

Beispiel: Typus $(\Theta_4 = 0,\ \Theta_2 = 0,\ \Theta_1 = 0,\ \Theta_0 = 0)$, $\varphi = \frac{\pi}{2}$.

c) Für einen kritischen φ-Wert liegen alle Vektoren in einer Geraden. In diesem Falle geben zwar die V_{++} (sie seien V''_{++} genannt) keine direkte Auskunft über die Separation der Wurzeln, jedoch erhalten wir Auskunft über Symmetrieverhältnisse der Wurzelverteilung in der Ebene der komplexen Zahlen (vgl. § 3).

Beispiel: Typus $(\Theta_3 = 0,\ \Theta_1 = \pi,\ \Theta_0 = 0)$, $\varphi = 0$.

IV. Es bleibt als letzter Fall die Möglichkeit übrig, daß beim Passieren eines kritischen φ-Wertes die Gesamtöffnung sowohl vorher als nachher $< \pi$ ist. Ein solcher Vektor werde ein V_{--} genannt. Man sieht, daß, wenn dies eintritt, alle Vektoren für den kritischen Wert in dieselbe Gerade fallen müssen. Daher wird man das V_{--} passend als einen auf den Vektor reduzierten Sektor S_+ ansehen, welcher dann den Sektor S_-, innerhalb dessen er liegt, in zwei S_- teilt.

Beispiel: $(\Theta_3 = 0,\ \Theta_1 = \pi,\ \Theta_0 = 0)$, $\varphi = \pi$.

§ 3.

Durch die beschriebenen Operationen wird die Ebene der komplexen Zahlen abwechselnd in Sektoren S_+ und S_- eingeteilt, wobei jedoch manche der S_+ und S_- sich auf einen Vektor reduzieren können. Wir bedenken ferner, daß, da zwei S_+ nur im Nullpunkt zusammenhängen, eine kontinuierliche Änderung der Wurzeln, entsprechend einer kontinuierlichen Änderung der absoluten Beträge der Koeffizienten zwischen beliebigen positiven Grenzen, bei festgehaltenen Argumenten der Koeffizienten, die Gesamtzahl der in jedem Sektor S_+ befindlichen Wurzeln ungeändert läßt, da die Auswanderung aus einem Sektor S_+ in einen anderen bedeuten würde, daß die Wurzel durch den Wert Null hindurchgehen müßte, was nach Voraussetzung ausgeschlossen wurde. *Wenn wir daher für einen gegebenen Typus für irgendeine Gleichung die Anzahl der in jedem Sektor S_+ gelegenen Wurzelpunkte kennen so hat jede Gleichung des Typus dieselbe Verteilung der Wurzelpunkte.*

Wir zeigen ferner, daß in jedem Sektor S_+ mindestens eine Wurzel der Gleichung liegen muß. Die verwendete Schlußweise gilt unverändert für aneinanderstoßende Sektoren S_+ (d. h. Sektoren S_+, die durch einen verschwindenden S_--Sektor voneinander getrennt sind) und für verschwindende S_+. Wir nehmen zunächst an, daß die Gleichung trinomisch sei und φ ein in einem S_+ liegender Wert des Argumentes; dann haben die den drei Termen entsprechenden Strahlen die Eigenschaft, daß, wenn man auf einem von ihnen eine beliebige Länge vom Anfangspunkt aufträgt, dadurch auf den beiden anderen Strahlen Längen bestimmt werden, derart, daß die geometrische Summe der drei Vektoren verschwindet. Dieses besagt, daß, falls für trinomische Gleichungen ein Typus vorgegeben ist, und man in irgendeinem der zugehörigen S_+ einen Punkt beliebig wählt, es sicher eine trinomische Gleichung des gegebenen Typus gibt, für welche der Punkt ein Wurzelpunkt ist. Da aber, wie bemerkt, ein Auswandern eines Wurzelpunktes aus einem Sektor S_+ in einen andern bei Veränderung der Koeffizienten nicht stattfinden kann, solange der Typus unverändert bleibt, ist der Satz für trinomische Gleichungen bewiesen. (Vgl. auch § 5, b)). Für k-nomische Gleichungen, $k > 3$, wählen wir von den k-Strahlen (deren Gesamtöffnung $> \pi$ ist) drei aus, derart, daß die Gesamtöffnung dieser drei Strahlen ebenfalls $> \pi$ ist. Diese drei Strahlen entsprechen gewissen drei Termen der vorgelegten Gleichung. Wenn wir auf einem dieser Strahlen einen Punkt beliebig wählen, so können wir, falls wir auf den $k - 3$ nicht ausgezeichneten Strahlen je einen Punkt in *hinreichender Nähe* des Anfangspunktes wählen, immer noch auf den zwei anderen ausgezeichneten Strahlen je einen Punkt wählen, so daß die geometrische Summe der k Punkte verschwindet. Dadurch ist bewiesen, daß es für jeden vorgegebenen Typus Gleichungen gibt, für die ein beliebiger in einem S_+ gelegener Punkt ein Wurzelpunkt ist, und wir schließen wie oben, daß jede k-nomische Gleichung von vorgegebenem Typus in jedem zugehörigen S_+-Sektor wenigstens einen Wurzelpunkt hat. Q. e. d.

Die beiden Fälle III c), V''_{++}, und IV, V_{--}, können nur vorkommen, wenn die Wurzelpunkte von $f(z)$ symmetrisch zu der Geraden φ in der komplexen z-Ebene liegen. Es wird nämlich, wenn φ_0 der Neigungswinkel des betr. V''_{++} oder V_{--} ist, die Gleichung durch die Substitution $z' = z \cdot e^{-i\varphi_0}$ in eine andere übergeführt, in der alle Koeffizienten denselben Wert des Argumentes haben. — Dasselbe findet auch statt für einen Winkel φ, für den alle Vektoren nicht nur in einer Geraden, sondern sogar in derselben Richtung liegen (Gesamtöffnung $= 0$). Umgekehrt muß einer dieser Fälle vorliegen, wenn es eine durch den Nullpunkt gehende Gerade gibt, in bezug auf welche die Wurzeln der Gleichung in der Zahlenebene symmetrisch verteilt sind.

Es verdient, bemerkt zu werden, daß man in Gleichungen mit reellen Koeffizienten zwischen zwei Arten von reellen Wurzeln unterscheiden kann. Eine Wurzel kann reell sein, weil ein Sektor S_+ in einen Vektor V_{--} für $\varphi = 0$ oder $\varphi = \pi$ degeneriert (§ 2, IV), während zu beiden Seiten ein Sektor S_- liegt. In diesem Fall muß die Wurzel reell bleiben, wie auch die (reell vorausgesetzten) Koeffizienten sich stetig ändern mögen, vorausgesetzt, daß sie nicht zu Null werden. Oder, eine Wurzel kann reell sein, weil ein Sektor S_+ sich über den Winkel 0 oder π hinüberstreckt. In diesem Falle können die in dem betreffenden S_+ enthaltenen Wurzelpunkte (oder einige von ihnen) zugleich auf der Achse der reellen Zahlen liegen, und es ist nun nicht möglich, ohne die absoluten Beträge der Koeffizienten heranzuziehen — z. B. durch Verwendung der Diskriminante —, eine definitive Aussage darüber zu machen, ob die betreffenden Wurzeln reell oder komplex sind (vgl. §§ 5, a); 6, a)).

Ein Apparat nach Art eines „Planetariums", welcher die Vektoren von willkürlich gewählten Anfangslagen und mit Winkelgeschwindigkeiten, die zueinander in den Verhältnissen $1:2:3:\ldots:n$ stehen, rotieren läßt, würde zur mechanischen Bestimmung der Sektoren S_+, S_- für vorgegebene Gleichungstypen geeignet sein. Die Herstellung eines solchen Apparates würde keine Schwierigkeiten bieten. Eine gewöhnliche Taschenuhr ist z. B. geeignet, die Sektoreneinteilung für alle Gleichungen einer der Formen $z^{12} \pm az^{\lambda} \pm b = 0$, $a > 0$, $b > 0$, $\lambda = 1,11$ durchzuführen.

Wir bemerken noch, daß über die Verteilung der Nullstellen von $df(z)/dz$ das Folgende gilt: *Falls für eine Gleichung von gegebenem Typus die S_+-Sektoren hergestellt werden, so liegen auch alle Wurzelpunkte von $f'(z)$ in diesen S_+, und zwar enthält jeder Sektor S_+ dieselbe Anzahl von Wurzelpunkten von $f(z)$ wie von $f'(z)$, mit Ausnahme eines S_+, das einen Wurzelpunkt weniger von $f'(z)$ enthält als von $f(z)$.*

Zum Beweis genügt es, unter Berücksichtigung des am Anfang dieses Paragraphen aufgestellten Satzes, darauf hinzuweisen, daß 1. $f'(z) = 0$ und $f'(z)\cdot z = 0$ mit Ausnahme der Wurzel $z = 0$ dieselben Wurzeln haben: 2. falls $f(z)$ vom Typus $(\Theta_{n_1}, \Theta_{n_2}, \ldots, \Theta_{n_k}, \Theta_0)$ ist, dann $z\cdot f'(z)$ vom Typus $(\Theta_{n_1}, \Theta_{n_2}, \ldots, \Theta_{n_k})$ ist; 3. jeder Sektor S_+ von $(\Theta_{n_1}, \Theta_{n_2}, \ldots, \Theta_{n_k})$ innerhalb, oder wenigstens nicht außerhalb, eines S_+ von $(\Theta_{n_1}, \Theta_{n_2}, \ldots, \Theta_{n_k}, \Theta_0)$ liegt.

II. Anwendung auf spezielle Gleichungstypen.

§ 4.

Binomische Gleichungen ($\Theta_n = 0$, $\Theta_0 =$ beliebig).

Die kritischen φ-Werte sind die n Werte $\varphi = (\Theta_0 + (2\lambda + 1)\pi)/n$, $\lambda = 0, 1, \ldots, n-1$. Den n Vektoren (vgl. § 2, IV) entsprechen n verschwindende Sektoren S_+.

§ 5.

Trinomische Gleichungen.

a) *Reelle Koeffizienten.* Wir übergehen den einfachen Fall quadratischer Gleichungen und betrachten nur reduzierte *kubische Gleichungen* $\Theta_3 = 0$, $\Theta_1 = 0$ oder π, $\Theta_0 = 0$ oder π):

Für Gleichungen mit reellen Koeffizienten, $z^3 + az + b = 0$ und mit Wurzeln $z_j = \varrho_j e^{i\varphi_j}$, $\varrho_j > 0$, $j = 1, 2, 3$, erhalten wir folgende vollständige Klassifikation[3]):

$a > 0,\ b > 0$: $\varphi_1 = \pi$; $\pi/3 < \varphi_2 < \pi/2$; $3\pi/2 < \varphi_3 < 5\pi/3$.[4])
$a > 0,\ b < 0$: $\varphi_1 = 0$; $\pi/2 < \varphi_2 < 2\pi/3$; $4\pi/3 < \varphi_3 < 3\pi/2$.
$a < 0,\ b > 0$: $\varphi_1 = \pi$; $0 \leqq \varphi_2 < \pi/3$; $5\pi/3 < \varphi_3 \leqq 2\pi$.
$a < 0,\ b < 0$: $\varphi_1 = 0$; $2\pi/3 < \varphi_2 \leqq \pi$; $\pi \leqq \varphi_3 < 4\pi/3$.

Für $a < 0$, $b > 0$ und $a < 0$, $b < 0$ haben wir einen in § 3 erwähnten Fall. Wenn z. B. für $a < 0$, $b > 0$ in $0 \leqq \varphi_2 < \pi/3$, $5\pi/3 < \varphi_3 \leqq 2\pi$ die Gleichheitszeichen gelten, haben wir drei reelle Wurzeln, zwei positive, eine negative. Falls das Gleichheitszeichen nicht gilt, haben wir zwei nicht-reelle Wurzeln mit Argumenten in den angegebenen Intervallen. Um zu entscheiden, welcher Fall vorliegt, muß die Diskriminante herangezogen werden.

b) *Komplexe Koeffizienten* (Θ_n = beliebig, Θ_m = beliebig, Θ_0 = beliebig). Für trinomische Gleichungen erhalten wir, wie die obigen Beispiele bereits vermuten lassen, im wesentlichen erschöpfende Auskunft über die Separation der Wurzeln. Wir stellen, ohne in jedem Fall auf die einfachen Beweise einzugehen, die Hauptresultate zusammen.

Die Bestimmung der kritischen φ-Werte durch Auflösung der Gleichungen (2), § 2, ergibt $2n$ Werte, die aber nicht notwendig alle verschieden sind. Wenn alle verschieden sind, erhalten wir n nicht-verschwindende Sektoren S_+, voneinander getrennt durch n nicht-verschwindende Sektoren S_-. Falls dieses stattfindet, sind die Wurzeln getrennt, denn wir haben in § 3 gezeigt, daß jede Gleichung des betreffenden Typus in jedem S_+ *mindestens einen Wurzelpunkt* hat, und, da wir n Sektoren haben, so hat die Gleichung *genau einen Wurzelpunkt* in jedem S_+.

Die Spezialfälle, in denen mehrere der kritischen φ-Werte zusammenfallen können, sind die folgenden:

Die Koeffizienten seien reell.

Für m, n teilerfremd: Von den $2n$ kritischen φ-Werten können dann *entweder* zwei Werte 0 zusammenfallen, *oder* zwei Werte π, *oder* aber zwei Werte 0 können zusammenfallen und auch zwei Werte π. Im ersten und im zweiten Fall kann der entsprechende, auf einen Vektor sich reduzierende Sektor entweder ein V_{--} oder ein V''_{++} sein; im dritten Fall erhalten wir je ein V_{--} und ein V''_{++}. Um ohne Ausnahme von genau

---

[3]) Hierbei würden $a = 0$ oder $b = 0$ Übergangsformen entsprechen, welche nicht ausdrücklich hervorgehoben sind.

[4]) D. i., eine reelle negative Wurzel, zwei nicht reelle Wurzeln, von denen je eine in jedem der beiden angegebenen 30°-Sektoren liegt.

n Sektoren S_+ reden zu können, müssen wir für trinomische Gleichungen nicht nur, wie in § 2, V_{--} als ein S_+ zählen, sondern wir müssen auch festsetzen, daß ein in einen Sektor S_+ fallendes V''_{++} den Sektor in zwei S_+ zerlegt.

Für m, n *nicht teilerfremd*, $(m, n) = k > 1$: Wir erhalten wieder genau n Sektoren S_+, indem wir vom Typus $(\Theta_{n/k}, \Theta_{m/k}, \Theta_0)$ ausgehen und dann alle Winkel im Verhältnis $k:1$ gegen Θ_0 hin kontrahieren, so daß durch diese Operationen der Sektor $(\Theta_0, 2\pi/k + \Theta_0)$ ausgefüllt wird, und schließlich die Ebene durch k aneinandergefügte solche Sektoren überdecken.

Die Koeffizienten seien komplex (nicht alle reell). Im allgemeinen Fall haben wir nun n nicht-verschwindende S_+ und n nicht-verschwindende S_-. *Wenn* $(m, n) = 1$, existiert höchstens eine, leicht auffindbare Symmetrieachse durch den Nullpunkt für die Wurzelpunkte, und diese spielt genau die Rolle des 0-Vektors und des π-Vektors in dem eben besprochenen Fall reeller Koeffizienten. *Wenn* $(m, n) = k > 1$, haben wir entweder (allgemeiner Fall) keinen verschwindenden Sektor (nämlich wenn die Gleichung $r_n e^{i\Theta_n} z^{n/k} + r_m e^{i\Theta_m} z^{m/k} + r_0 e^{i\Theta_0} = 0$, $r_n \cdot r_m \cdot r_0 > 0$, keine durch den Nullpunkt gehende Symmetrieachse für die Wurzelpunkte hat) oder wir erhalten eine Figur, die sich nur durch eine gewisse Rotation um den Nullpunkt von der entsprechenden Figur für reelle Koeffizienten unterscheidet. Wir machen daher wieder dieselben Annahmen wie oben behufs Zählung der S_+. Dann gilt:

Im Innern eines jeden Sektors S_+ *liegt immer genau ein Wurzelpunkt jeder trinomischen Gleichung des betreffenden Typus. Dabei bedeutet das Innere eines etwa vorhandenen verschwindenden* S_+ *(d. i. eines* V_{--}*) die Punkte des Vektors selbst; und es gilt weiter die Beschränkung, daß für ein etwa vorhandenes* V''_{++}*, längs dessen zwei* S_+ *aneinanderstoßen, entweder je ein Wurzelpunkt im Innern jedes der beiden Sektoren* S_+ *liegt, oder aber, daß beide Wurzelpunkte auf der gemeinsamen Begrenzung liegen.* Zwischen diesen beiden Möglichkeiten kann ohne Hinzunahme der absoluten Beträge der Koeffizienten nicht entschieden werden[5]).

---

[5]) Eine andere Separation der Wurzeln trinomischer Gleichungen verdankt man P. Nekrassoff, *Über trinomische Gleichungen*, Math. Ann. **29** (1887), S. 413–430. Soweit ein Vergleich mit der gegenwärtigen Arbeit in Betracht kommt, zeigt Nekrassoff, daß die Wurzeln genau separiert sind durch die Zerlegung der Ebene in n (Grad der Gleichung) vom Nullpunkt ausgehende Sektoren je von der Öffnung $2\pi/n$, wobei der Anfang eines Sektors von Θ_n, Θ_m, Θ_0 allein abhängt. Dem Nachteil, daß in dieser Einteilung die Sektoren S_+ bereits für sich allein die ganze Ebene überdecken, steht gegenüber, daß in Nekrassoffs Einteilung bei festgehaltenen Θ_n und Θ_0 anscheinend der Koeffizient des mittleren Gliedes beliebige komplexe Werte annehmen darf, ohne daß die Wurzelpunkte aus den Sektoren heraustreten. — Durch eine

c) Um auch ein Beispiel für komplexe Koeffizienten zu geben, betrachten wir den Typus ($\Theta_5 = 0$, $\Theta_2 = 2\pi/5$, $\Theta_0 = 5\pi/6$). Die kritischen φ-Werte sind gegeben durch $5\varphi - 5\pi/6 = \lambda_1\pi$, $\lambda_1 = 1, 3, 5, 7, 9$; resp. $5\varphi - (2\varphi + 2\pi/5) = \lambda_2\pi$, $\lambda_2 = 1, 3, 5$; $2\varphi + 2\pi/5 - 5\pi/6 = \lambda_3\pi$, $\lambda_3 = 1, 3$. Man findet: $\varphi = 66^0, 84^0, 129^0, 138^0, 204^0, 210^0, 282^0, 309^0, 324^0, 354^0$ und erhält die fünf Sektoren S_+: $66^0 < \varphi_1 < 84^0$, $129^0 < \varphi_2 < 138^0$, $204^0 < \varphi_3 < 210^0$, $282^0 < \varphi_4 < 309^0$, $324^0 < \varphi_5 < 354^0$. Jeder dieser Sektoren enthält genau einen Wurzelpunkt.

§ 6.

Quadrinomische Gleichungen und k-nomische Gleichungen, $k > 4$.

Wir betonten bereits, daß bei wachsendem k unser Verfahren rasch an Ergiebigkeit einbüßt. Jedoch erhält man für $k = 4$ gewöhnlich, und für $k > 4$ häufig, wertvolle Auskunft, die in den meisten Fällen durch Berücksichtigung der absoluten Beträge der Koeffizienten leicht wesentlich vervollständigt werden kann.

a) Indem wir den ohne Schwierigkeit vollständig zu behandelnden Fall der reduzierten biquadratischen Gleichung übergehen, behandeln wir nun als Beispiel einer quadrinomischen Gleichung höheren Grades den Typus ($\Theta_{10} = 0$, $\Theta_9 = 0$, $\Theta_5 = 0$, $\Theta_0 = 0$).

Der, verglichen mit der Anzahl der Terme hohe, Grad und die Verteilung der Exponenten lassen erwarten, daß man verhältnismäßig gute Auskunft über die Separation der Wurzeln dieser Gleichung erhalten wird. Die Sektoren S_+ sind $18^0 < \varphi_1 < 36^0$, $36^0 < \varphi_2 < 60^0$, $90^0 < \varphi_3 < 108^0$, $108^0 < \varphi_4 < 140^0$, $162^0 < \varphi_5 \leqq 180^0$, $180^0 \leqq \varphi_6 < 198^0$, $220^0 < \varphi_7 < 252^0$, $252^0 < \varphi_8 < 270^0$, $300^0 < \varphi_9 < 324^0$, $324^0 < \varphi_{10} < 342^0$. Die kritischen Werte $\varphi = 36^0, 108^0, 252^0, 324^0$ ergeben je ein V'_{++}, so daß kein Wurzelpunkt auf einem dieser Vektoren liegen kann, und kein Wurzelpunkt bei veränderlichen, positiven Koeffizienten aus einem Sektor S_+ über diese Vektoren hinüber in ein benachbartes S_+ wandern kann[6]). Dagegen ist es möglich, daß auf dem Vektor $\varphi = \pi$ zwei reelle negative Wurzelpunkte liegen, da $\varphi = \pi$ ein V''_{++} ergibt. Da es tatsächlich Glei-

---

leichte Übertragung können wir aus Nekrassoffs Satz III für unsere S_+ das Folgende herauslesen: Falls $z^n + az^m + b = 0$, $a \neq 0$, $b \neq 0$, $(m, n) = 1$, die vorgelegte Gleichung ist, so haben wir zwei zusammenstoßende S_+ dann und nur dann, wenn a^n / b^{n-m} reell ist. Je nachdem dann $m^m (m-n)^{n-m} (-a)^n < n^n (-b)^{n-m}$ oder $\geq n^n (-b)^{n-m}$ ist, liegt je ein Wurzelpunkt im Innern jedes der beiden Sektoren S_+, oder es liegen zwei Wurzelpunkte auf der gemeinsamen Begrenzung, und keine im Innern der beiden Sektoren. Der Fall $(m, n) > 1$ wird unmittelbar auf diesen zurückgeführt. — Wir führen diesen Satz an, obgleich er von den absoluten Beträgen der Koeffizienten Gebrauch macht.

[6]) Vgl. § 3

chungen des gegebenen Typus gibt, welche einen Wurzelpunkt in dem Sektor $18^0 < \varphi_1 < 36^0$ haben (z. B. $z^{10} + \varepsilon_1 z^9 + \varepsilon_2 z^5 + 1 = 0$, $\varepsilon_1 > 0$, $\varepsilon_2 > 0$, ε_1, ε_2 hinreichend klein), und da es in ähnlicher Weise Gleichungen unseres Typus gibt, die einen Wurzelpunkt in irgendeinem anderen der Sektoren S_+ haben, können wir sagen, da wir gerade $n = 10$ Sektoren S_+ haben: *In jedem Sektor S_+ liegt genau ein Wurzelpunkt jeder Gleichung* ($\Theta_{10} = 0$, $\Theta_9 = 0$, $\Theta_5 = 0$, $\Theta_0 = 0$), *außer daß die beiden Wurzelpunkte in den beiden Sektoren $162^0 < \varphi \leqq 180^0$, $180^0 \leqq \varphi < 198^0$ beide in den Vektor $\varphi = \pi$ hineinrücken können.* Eine Angabe, wann dieses geschieht, ist ohne Berücksichtigung der absoluten Beträge der Koeffizienten nicht möglich.

b) Falls nicht nur die Argumente der Koeffizienten gegeben sind, sondern die Koeffizienten selbst, kann man oft durch einfache Kunstgriffe viel genauere Auskunft erhalten, als die direkte Anwendung unserer Methode auf den betreffenden Gleichungstypus ergibt. Wir erläutern dieses durch ein Beispiel.

$f(z) = z^4 + 3z^3 + 2z^2 + 5z + 4 = 0$. Zunächst erhalten wir nur ($\Theta_4 = 0$, $\Theta_3 = 0$, $\Theta_2 = 0$, $\Theta_1 = 0$, $\Theta_0 = 0$) hat keine Wurzelpunkte in dem Sektor S_-, $315^0 < \varphi < 405^0 (= 45^0)$. — Wir verwenden nun auf folgende Weise die Tatsache, daß die Koeffizienten bekannt sind. Wir bilden $f_1(z) = (z - \alpha) f(z) = z^5 + (3 - \alpha) z^4 + (2 - 3\alpha) z^3 + (5 - 2\alpha) z^2 + (4 - 5\alpha) z - 4\alpha = 0$, wählen für α der Reihe nach Werte, die den Koeffizienten von z^4, von z^3, von z^2, von z zum Verschwinden bringen, und wenden jedesmal auf die so erhaltene Gleichung unser Verfahren an.

$\alpha = 3$: $f_1(z) = z^5 - 7z^3 - z^2 - 11z - 12 = 0$; wir finden, daß diese Gleichung keine Wurzelpunkte hat in den Sektoren S_-, $0^0 < \varphi < 60^0$, $300^0 < \varphi < 360^0$, so daß unser oben erhaltener Sektor, in dem kein Wurzelpunkt von $f(z) = 0$ liegen kann, nach jeder Seite um 15^0 vergrößert worden ist.

$\alpha = 2/3$: $f_1(z) = z^5 + 7/3 z^4 + 11/3 z^2 + 2/3 z - 8/3 = 0$; diese Gleichung hat keine Wurzelpunkte in den Sektoren $0^0 < \varphi < 45^0$, $90^0 < \varphi < 135^0$, $225^0 < \varphi < 270^0$, $315^0 < \varphi < 360^0$.

$\alpha = 5/2$: $f_1(z) = z^5 + 1/2 z^4 - 11/2 z^3 - 17/2 z - 10 = 0$; es sind keine Wurzelpunkte in den Sektoren $0^0 < \varphi < 60^0$, $120^0 < \varphi < 144^0$, $216^0 < \varphi < 240^0$, $300^0 < \varphi < 360^0$.

$\alpha = 4/5$: $f_1(z) = z^5 + 11/5 z^4 - 2/5 z^3 + 17/5 z^2 - 16/5 = 0$ hat keine Wurzelpunkte in den Sektoren $90^0 < \varphi < 144^0$, $216^0 < \varphi < 270^0$.

Vereinigt erhalten wir: die gegebene Gleichung hat alle Wurzelpunkte in den Sektoren S_+, $60^0 < \varphi < 90^0$, $144^0 < \varphi \leqq 180^0$, $180^0 \leqq \varphi < 216^0$, $270^0 < \varphi < 300^0$. In jedem dieser Sektoren liegt je ein Wurzelpunkt, wobei jedoch zweifelhaft bleibt, ob zwei negative reelle Wurzeln auftreten, oder anstatt ihrer zwei nicht-reelle Wurzeln mit negativem reellem Teil. Tatsächlich hat die Gleichung zwei negative Wurzeln, eine im Intervall $(-3, -2)$, eine im Intervall $(-1, 0)$.

In ähnlicher Weise kann man die gegebene Gleichung mit einem Faktor $z^2 + \alpha z + \beta$ multiplizieren, und über die zwei Größen α, β derart verfügen, daß in $(z^2 + \alpha z + \beta) \cdot f(z)$ *zwei* Koeffizienten verschwinden, usw. Auf die oben behandelte Gleichung angewendet, würde dies uns gestatten, die Intervalle $(144^0, 180^0)$ resp. $(180^0, 216^0)$ auf $(150^0, 180^0)$ resp. $(180^0, 210^0)$ zu verkleinern.

Auch Transformationen $z = z' - \gamma$, in denen γ so gewählt wird, daß in $\varphi(z') = f(z' - \gamma) = 0$ einer der Koeffizienten von z' verschwindet, können mit gutem Erfolg verwendet werden, jedoch werden die erhaltenen Gebiete nun von komplizierterer Art sein, da die Sektoren S_+ für die verschiedenen Werte von γ von verschiedenen Punkten ausgehen.

(Eingegangen am 12. 10. 1921.)

Bemerkung zur Axiomatik der Größen und Mengen.

Von

A. Schoenflies in Frankfurt a. M.

In dem Artikel „Zur Axiomatik der Mengenlehre“[1]) habe ich die Axiome, die sich mit den Gebieten der Äquivalenz, der Mengenteilung und Mengenvergleichung beschäftigen, einer Erörterung unterzogen. An zwei Resultate dieses Artikels knüpfe ich hier an. Erstens einmal, da die in ihm durchgeführten Untersuchungen auf die Elemente der Mengen gar nicht eingehen, so stellen sie, allgemein gesprochen, axiomatische Betrachtungen über Größen und Größenbeziehungen dar, an denen die Mengen ja Teil haben; und zweitens hatte eine der dort analysierten Beziehungen den Gedanken nahegelegt, auch Größen entgegengesetzter Art (resp. Mengen von zweierlei Art von Elementen) in Betracht zu ziehen, und auf sie die oben genannten Operationen auszudehnen. Hierzu gebe ich im folgenden einige Ergänzungen.

Bereits a. a. O. war bemerkt worden, daß es naturgemäß der Untersuchung bedarf, ob für die so charakterisierten Mengen die weiteren allgemeinen Sätze der Cantorschen Theorie in Kraft bleiben. Inzwischen hat mir Herr A. Fränkel mitgeteilt, daß für das von mir konstruierte Beispiel schon ein Teil der in meinem Artikel zugrunde gelegten Axiome versagt; und zwar ein Teil der Axiome über Teilmengen. Über Teilmengen habe ich zwei Axiome an die Spitze gestellt. Wird die Beziehung, daß M' Teilmenge von M ist, durch

$$M' t M$$

bezeichnet, so lauten diese Axiome:

I. Aus $M' t M$ und $M'' t M'$ folgt $M'' t M$ (der assoziative Charakter des Teilmengenbegriffs).

II. Jede Teilmenge M' von M bestimmt eindeutig eine zweite Teilmenge M_1 von M, die ihre Komplementärmenge bezüglich M heißt.

---

[1]) Amsterdam Ac. Proc. 22 (1920); abgedruckt in den Math. Ann. 83 (1921), S. 173.

Von diesen grundlegenden Axiomen versagt für das a. a. O. behandelte Beispiel das zweite; das erste bleibt bestehen. Das Beispiel war so erdacht, daß man als Größen einseitig begrenzte Geraden von unendlicher Länge, aber von zwei entgegengesetzten Richtungen wählte, als Teilmenge jeden ebenfalls unendlichen Bestandteil zuläßt und die Äquivalenz z. B. durch eindeutige Ähnlichkeitsabbildung definiert. In der Tat bleibt dann das erste Axiom erhalten, das zweite aber nicht. Wenn man nämlich von einer solchen Geraden eine Teilmenge M' im obigen Sinne abspaltet, so bleibt außerdem noch ein endlicher Abschnitt übrig, und der entspricht unserm Begriff der Teilmenge nicht mehr. Das nämliche gilt für das zweite a. a. O. behandelte Beispiel.

Diese von Herrn Fränkel bemerkte Tatsache ist auch deshalb von Interesse, weil sie den Teilmengenbegriff und seine Eigenart in neuer Weise beleuchtet. Sie zeigt nämlich in erster Linie die Unabhängigkeit der Axiome I und II, sie zeigt außerdem, daß der Teilmengenbegriff gewisse mathematische Operationen auch dann noch zuläßt, wenn das Komplementärmengenaxiom nicht erfüllt ist.

Ich erinnere weiter daran, daß das vorstehende Beispiel zu folgendem Zwecke erdacht war. Ich hatte a. a. O. das Axiom aufgestellt,

(D) aus MdN und NdP folge MdP,[2])

und es sollte durch das Beispiel belegt werden, daß man Größen oder Mengen einführen könne, die den Äquivalenzaxiomen usw. folgen, für die aber das eben genannte Axiom nicht erfüllt ist. Diesen Zweck kann man durch eine einfache Abänderung des Beispiels erreichen. Es genügt dazu, auch den endlichen Bestandteil M_1, der durch Abtrennung der Teilmenge M' von M übrigbleibt, als Teilmenge von M zuzulassen und die Äquivalenz wieder auf eine Ähnlichkeitstransformation und die Übereinstimmung der Richtung zu gründen.

Um die Größenklasse, die sich so ergibt, noch genauer zu umschreiben, wollen wir festsetzen, daß

1. alle betrachteten Strecken auf Geraden liegen, die parallel einer x-Achse verlaufen;

2. die Endpunkte der Strecken rationale Abszissen haben sollen[3]);

3. nur alle diejenigen parallelen Geraden als Träger von Strecken in Betracht kommen, die eine y-Achse in rationalen Punkten schneiden, so daß, beiläufig bemerkt, unsere Größenklasse abzählbar ist. Auf die Gesamtheit der so eingeführten Strecken wollen wir nun die Teilmengenaxiome übertragen. Zunächst ist klar, daß hier die Axiome I und II beide erfüllt sind. Das gleiche

---

[2]) MdN bedeutet: Es gibt weder eine Teilmenge von M, die äquivalent N ist, noch eine Teilmenge von N, die äquivalent M ist.

[3]) Man hat die Äquivalenz alsdann auf ähnliche Abbildung mit rationalen Koeffizienten zu gründen.

gilt aber auch noch von den folgenden a. a. O. über Teilmengen aufgestellten Axiomen:

III. Die Komplementärmenge von M_1 ist wiederum M'.

IV. Die beiden Komplementärmengen M' und M_1 einer Menge M sind fremde Mengen (d. h. ohne gemeinsame Teilmenge).

Bestehen bleibt außerdem auch das Axiom I von § 3, nämlich

V. Ist $M' t M$ und $M \sim N$, so folgt daraus notwendig die Existenz einer Menge N', für die zugleich gilt

$$N' t N \quad \text{und} \quad M' \sim N',$$

und dies ist dasjenige Axiom, das für die gesamten Beweisführungen an vorderster Stelle steht.

Nicht bestehen dagegen bleibt das Axiom V von § 2, daß nämlich zwei fremde Mengen P und Q stets eine und nur eine Menge M bestimmen, deren Komplementärmengen sie sind. (Es versagt z. B., wenn die beiden Mengen P und Q auf verschiedenen Geraden liegen.) Es ist auch klar, daß diesem Axiom, das in der Mengenlehre die Erzeugung einer neuen Menge aus zwei gegebenen fordert, also ein *Existenz*axiom ist, eine wesentlich andere Stellung zukommt wie den vorstehenden[4]).

Für die Beziehungen zweier Strecken der so umschriebenen Größenklassen liegen folgende Möglichkeiten vor: Man kann zwei unendliche Strecken, zwei endliche, sowie eine endliche und eine unendliche, miteinander vergleichen. Wir fassen zuerst den Fall ins Auge, daß beide Strecken gleichgerichtet sind. Man hat dann die vier Möglichkeiten

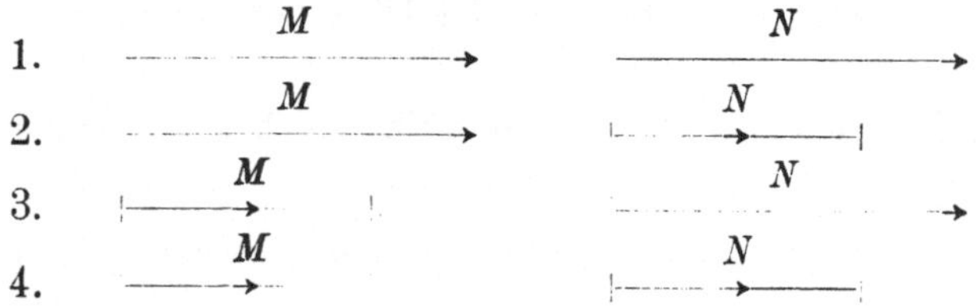

1. M ——→ N ——→
2. M ——→ N |——→——|
3. M |——→——| N ——→
4. M ——→ N |——→——|

und hat im ersten und vierten Fall offenbar die Beziehung

$$M a N,$$

im zweiten und dritten dagegen

$$M b N \quad \text{oder} \quad M c N.$$

Für Strecken einer und derselben Richtung ist also der Fall $M d N$ überhaupt ausgeschlossen, genau wie für die Klasse der unendlichen Mengen.

---

[4]) Von meinem hiesigen Kollegen Hellinger wurde ich darauf aufmerksam gemacht, daß man gewisse Mengen von Strecken als Objekte so einführen kann, daß für sie das obige Existenzaxiom ebenfalls in Kraft bleibt.

Geht man zu zwei Strecken M und N entgegengesetzter Richtung über, so ist klar, daß für sie offenbar in *jedem* Fall die Beziehung

$$MdN$$

erfüllt ist, da ja die Äquivalenz auch die Übereinstimmung der Richtungen einschließen soll.

Wir prüfen nunmehr, welche Folgerungen sich aus

$$MdN \quad \text{und} \quad NdP$$

in den einzelnen Fällen ergeben. Gemäß dem Vorstehenden kann die Beziehung MdN auf folgende vier Arten realisiert sein

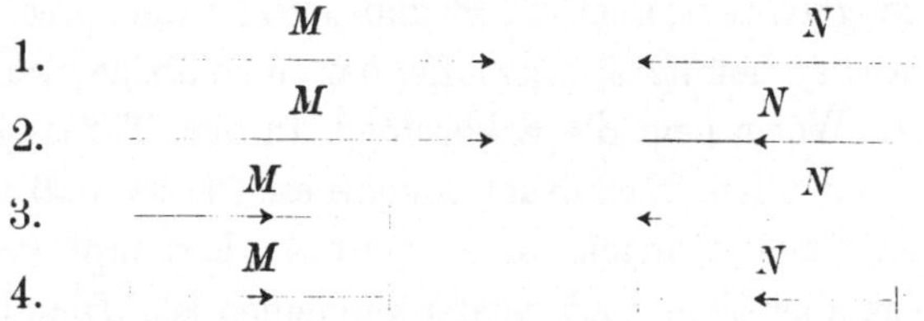

1. M N
2. M N
3. M N
4. M N

und analog haben wir für NdP die Möglichkeiten

1. N P
2. N P
3. N P
4. N P

Wir können dann zunächst kombinieren 1 mit 1, 2 mit 2, 3 mit 3 und 4 mit 4, und erhalten in allen Fällen die Beziehung

$$MaP\,;$$

ebenso können wir kombinieren 1 mit 3, 2 mit 4, 3 mit 1, 4 mit 2, und finden hierfür die Beziehungen

$$MbP \quad \text{und} \quad McP\,,$$

nämlich MbP für (13) und (24) und McP für (31) und (42). In keinem Falle aber erhalten wir

$$MdP\,,$$

oder kürzer ausgedrückt:

Aus (dd) folgt a oder b oder c, aber niemals d.

Damit ist der obengenannte Zweck erreicht. Unser Beispiel genügt den sämtlichen oben über Teilmengen aufgestellten Axiomen und zeigt durch seine Eigenart wiederum den axiomatischen Charakter der a. a. O. aufgestellten und oben wiederholten Forderung D [5]).

---

[5]) Die Frage, welche anderen Folgerungen aus den in § 2 (a. a. O.) betrachteten Verknüpfungen sich ziehen lassen, mag hier außer Betracht bleiben.

Unser Resultat ist noch aus einem andern Grunde bemerkenswert. Es nimmt einer von mir a. a. O. benutzten Schlußwendung die Beweiskraft. Ich habe nämlich dort (S. 181) behauptet, daß aus den Prämissen

$$MdN \text{ und } NdP$$

weder MbP noch McP folgen könne, und zwar auf Grund folgender Erwägung. Die Beziehungen MdN und NdP können auch in die Form

$$NdM \text{ und } PdN$$

geschrieben werden. Würde nun aus MdN und NdP der Schluß MbP möglich sein, so müßte wegen der vorstehenden umgekehrten Schreibweise auch der Schluß PbM möglich sein; aber MbP und PbM widersprechen einander.

Dieser eben wieder benutzte, aber offenbar unzulässige Schluß galt mir damals als evident. Worin liegt die Erklärung? In dem Tatbestand, auf den ich a. a. O. gerade mit allem Nachdruck hingewiesen habe, daß man nämlich aus rein negativen Behauptungen ohne weiteres überhaupt keinen Schluß ziehen dürfe — was aber eben doch wieder geschehen ist. Die obige Umkehr der Schlußweise hat nämlich nur eine formale, also inhaltlose Bedeutung. Die Beziehungen MdN und NdP sagen zwar in rein negativer Hinsicht dasselbe aus: aber die Objekte M und N brauchen in die negative Beziehung MdN keineswegs inhaltlich gleichwertig oder symmetrisch einzugehen. Wenn sie also benutzt werden können oder sollen, um aus ihnen und einer gleichfalls negativen Beziehung NdP eine Beziehung zwischen M und P abzuleiten, so kann sehr wohl die Sonderart der Objekte M und N sowie N und P für die resultierende Beziehung bestimmend in Frage kommen. Oder anders ausgedrückt: Ein rein negatives Verhältnis zwischen zwei Objekten M und N kann durch die Eigenart von M und N sehr mannigfach begründet sein, und gerade deshalb versagt bei der Kombination zweier solcher Beziehungen die Möglichkeit logischer Folgen, und macht also, *falls eindeutige Folgen gezogen werden sollen*, deren axiomatische Aufstellung nötig.

(Eingegangen am 15. 8. 1921.)

Über die Bezeichnung „Grad einer Differentialgleichung“ und Bemerkungen zu der Randwertaufgabe einer gewöhnlichen Differentialgleichung zweiter Ordnung.

Von

J. Sommer in Danzig-Langfuhr.

Die Liesche Auffassung des Integrationsproblems der Differentialgleichungen erweist sich als eine natürliche Grundlage, sobald man auf die numerische und graphische Integration das Hauptgewicht legt, wie es für technische und physikalische Anwendungen geboten ist.

So stellt z. B. eine Differentialgleichung zweiter Ordnung

$$F(x, y, y', y'') = 0,$$

wenn man imaginäre Zahlen zunächst von der Betrachtung ausschließt, eine Beziehung dar zwischen den Koordinaten eines „Krümmungselementes“, nämlich zwischen den Punktkoordinaten x, y, dem Richtungskoeffizienten der Tangente y' und y'', welche zusammen den Krümmungskreis einer Integralkurve durch (x, y) bestimmen. Die Zusammenfassung der stetig aufeinanderfolgenden Krümmungselemente zu Kurven (Elementvereinen) gibt die reelle Lösung der Differentialgleichung, oder die Stammgleichung $f(x, y, c_1, c_2) = 0$. Jede eigentliche Differentialgleichung zweiter (n-ter) Ordnung hat zur Lösung eine ∞^2-Kurvenschar — bzw. ∞^n — und man gelangt im allgemeinen zu einer bestimmten Kurve der Schar, wenn man von einem Krümmungselement ausgeht, welches durch x, y, y' und einem aus $F(x, y, y', y'') = 0$ sich ergebenden y'' definiert ist. Die Anzahl der hiernach noch möglichen Werte y'' (die imaginären Werte mitgerechnet) bezeichnet man zuweilen als den „Grad“ der Differentialgleichung [1].

---

[1]) Ohne daß es nötig wäre auf eine scharfe Begriffsbestimmung einzugehen, möge zum Beleg eine Stelle angeführt werden aus dem „Lehrbuch der Differentialgleichungen von A. R. Forsyth“, welches meist noch den älteren Standpunkt der Theorie vertritt. Nachdem der Verfasser zunächst eine Beschränkung auf algebraische Gleichungen für die Differentialquotienten ausgesprochen hat, sagt er:

Indem man umgekehrt von der Integralkurvenschar ausgeht, hat man im Fall eines endlichen Grades verschiedene Möglichkeiten, um eine Kurve, bzw. die zugehörigen Werte der Integrationskonstanten zu bestimmen. Durch zwei gewöhnliche, für die Kurvenschar und für die Differentialgleichung nicht singuläre Punkte, gehen nur noch endlich viele Kurven, ebenso wie durch einen Punkt mit vorgeschriebener Tangente. Wäre die letztere Bestimmung nur ein Spezialfall der ersten und die Anzahl der Kurven durch zwei getrennte Punkte identisch mit der Anzahl der Kurven durch einen gegebenen Punkt mit vorgeschriebener Tangente, also gleich dem Grad der Differentialgleichung, so hätte diese Bezeichnung eine tiefere Bedeutung für die Art, in welcher die Integrationskonstanten in das Integral eingehen, während sonst die Bezeichnung nur etwas Zufälliges trifft.

Es ist wohl nicht ohne Interesse, an einigen typischen Beispielen den Zusammenhang zu verfolgen zwischen den beiden angedeuteten Bestimmungen einer Kurve aus einer ∞^2-Schar, zumal damit ein Ansatz zu gewinnen ist für die Lösung der sogenannten Randwertaufgabe[2]): Diejenige Lösung der Differentialgleichung $F(x, y, y', y'') = 0$ zu bestimmen, welche durch zwei gegebene Punkte hindurchgeht. — Die Anzahl dieser Lösungen, auch für zwei beliebig nahe gelegene Punkte, ist i. A. größer, unter Umständen auch kleiner als der Grad der Gleichung, und nicht gleich dem Grad, wenn man den Bereich für y, y' nicht beschränkt.

Als erstes Beispiel möge die Gleichung betrachtet werden:

$$f(x, y, c_1, c_2) \equiv (x - c_1)(y - c_2) - 1 = 0, \tag{1}$$

mit den Parametern c_1 und c_2, also eine ∞^2-Schar von kongruenten rechtwinkligen Hyperbeln, welche die ganze x-y-Ebene doppelt überdecken. Durch zwei verschiedene Punkte (x_1, y_1) und (x_2, y_2) gehen dann noch zwei Hyperbeln mit den Parametern:

$$\left.\begin{matrix} c_1 \\ c_1' \end{matrix}\right\} = \frac{x_1 + x_2}{2} \pm \sqrt{\left(\frac{x_1 - x_2}{2}\right)^2 - \frac{x_1 - x_2}{y_1 - y_2}}, \quad \left.\begin{matrix} c_2 \\ c_2' \end{matrix}\right\} = \frac{y_1 + y_2}{2} \mp \sqrt{\left(\frac{y_1 - y_2}{2}\right)^2 - \frac{y_1 - y_2}{x_1 - x_2}}, \tag{2}$$

wobei der Fall zweier Punkte, die auf einer Parallelen zur y- oder x-Achse liegen, einer hier entbehrlichen leichten Sonderbetrachtung bedarf. Die Glei-

„Der *Grad* einer Differentialgleichung ist dann der Exponent der Potenz, zu welcher der höchste Differentialquotient erhoben ist, sobald die Gleichung auf rationale Form gebracht und frei von Brüchen ist."

Man vergleiche hierüber die zweite Auflage der Übersetzung von Walther Jacobsthal, Braunschweig 1912, S. 9 und den erläuternden und präzisierenden Zusatz von Jacobsthal S. 543. Freilich war der Gebrauch der Bezeichnung überhaupt nie einheitlich. Zuweilen ist als Grad die höchste Gesamtdimension in $y, y', \ldots y^{(n)}$ genommen worden.

[2]) S. die Einleitung des Artikels II A. 7a: Randwertaufgaben bei gew. D. von M. Bôcher, Enzykl. der Math. Wissensch. Bd. II. 1, S. 437.

chungen (2) ergeben zwei reelle Parameterwerte, wenn $(y_1 - y_2)(x_1 - x_2) > 4$ oder < 0 ist, zwei imaginäre Werte, wenn $0 < (y_1 - y_2)(x_1 - x_2) < 4$ und endlich nur einen Wert (eine Kurve), wenn $(y_1 - y_2)(x_1 - x_2) = 4$ oder $= 0$ ist.

Auch in dem Fall, wo durch 2 Punkte i. A. zwei Kurven der Schar hindurchgehen, kann es Punktepaare geben, durch welche nur eine Kurve geht. Zu jedem Punkt P_1 existieren unendlich viele derartige Punkte P_2, welche der Gleichung genügen:

$$(3) \qquad (x_1 - x_2)(y_1 - y_2) = 4.$$

In dem Beispiel sind zwei solche ausgezeichnete Punkte die Endpunkte eines Hyperbeldurchmessers und die Tangenten an die Hyperbel (1) sind parallel. Die Hyperbeln (3) selbst, bei festem x_1, y_1 und veränderlichen $x_2 . y_2$, sind natürlich keine Lösungen der Differentialgleichung der Hyperbelschar.

Noch weiter gilt natürlich die Bemerkung, daß wenn i. A. durch zwei Punkte noch m Kurven der Schar gehen, es Punktepaare geben kann, durch welche weniger als m Kurven hindurchgehen.

Durch Beschränkung des Bereichs für P_2, bezogen auf P_1, könnte das Auftreten von ausgezeichneten Punktepaaren ausgeschlossen werden.

Man kann sich leicht ein Bild machen von den Hyperbeln durch zwei gegebene Punkte und dasselbe verfolgen, wenn der zweite Punkt mit dem ersten auf einer der Hyperbeln zusammenrückt. Läßt man $x_2 \to x_1$ und $y_2 \to y_1$ zusammenfallen, so daß $\lim \frac{y_1 - y_2}{x_1 - x_2} = \operatorname{tg} \nu$ einen endlichen Wert darstellt, so ergeben sich aus (2) die Werte

$$(2\text{a}) \qquad \left.\begin{matrix} c_1 \\ c_1' \end{matrix}\right\} = x_1 \pm \sqrt{-\operatorname{cotg} \nu}, \qquad \left.\begin{matrix} c_2 \\ c_2' \end{matrix}\right\} = y_1 \mp \sqrt{-\operatorname{tg} \nu},$$

und das sind dieselben Werte, die man aus den Gleichungen:

$$(4) \qquad f(x_1, y_1, c_1, c_2) = 0, \qquad \frac{d}{dx_1} f(x_1, y_1, c_1, c_2) = 0,$$

d. h. aus

$$(x_1 - c_1)(y_1 - c_2) - 1 = 0,$$
$$y_1 - c_2 + (x_1 - c_1) y_1' = 0$$

erhält. Dem entspricht es vollkommen, daß bei der Elimination von c_1, c_2 aus

$$f(x, y, c_1, c_2) = 0, \qquad \frac{d f(x, y, c_1, c_2)}{dx} = 0, \qquad \frac{d^2 f(x, y, c_1, c_2)}{dx^2} = 0$$

sich eine Differentialgleichung zweiter Ordnung und zweiten Grades:

$$5) \qquad y''^2 + 4 y'^3 = 0$$

ergibt. Von den beiden Hyperbeln, welche im Punkt P_1 die gleiche Tangente haben, ist also die eine konvex, die andere konkav gegen die x-Achse. *Der*

Grad der Differentialgleichung ist ebenso groß wie die Zahl der Lösungen durch zwei Punkte und die Auflösung der Gleichung nach y'' ergibt die Einzellösungen. Liegen die beiden Punkte hinreichend nahe zu einander, so gehen die Tangenten an die zwei Kurven in P_1 bzw. P_2 durch kleine Drehungen aus der Sehne $P_1 P_2$ hervor. Ist die Lösung der Differentialgleichung durch zwei gegebene Punkte durch eine Reihenentwicklung zu bestimmen und denkt man sich $y - y_1$ nach Potenzen von $x - x_1$ entwickelt, so kann diese Entwicklung für $x = x_2$ noch gültig sein, oder auch nicht, so daß man im letzten Fall nur durch analytische Fortsetzung zu dem Wert y_2 für $x = x_2$ gelangt. Dies trifft zu, wenn beide Punkte P_1, P_2 auf einem Zweig einer Hyperbel liegen, aber $|x_2 - x_1| > |x_1 - c_1|$ ist. Dann könnte man allerdings die Entwicklung an der Stelle (x_2, y_2) nehmen, welche für $x = x_1$ noch gilt. Bei einem größeren Bereich für P_2, in bezug auf P_1, kann es jedoch vorkommen, daß die beiden Punkte auf verschiedenen Zweigen der durch sie hindurchgehenden Hyperbel liegen, dann kann man von einem Wert y_1 zu dem andern nur auf dem Wege der analytischen Fortsetzung gelangen.

Ganz ähnlich wie in dem behandelten Beispiel liegen die Verhältnisse bei der ∞^2-Kreisschar:

$$(x - c_1)^2 + y^2 - 2 c_2 y = 0,$$

als deren Differentialgleichung sich ergibt:

$$y^2 y''^2 + 2 y (1 + y'^2) y'' - y'^2 (1 + y'^2)^2 = 0,$$

und in vielen andern Fällen.

Dagegen lehrt ein ganz anderes ein zweites Beispiel: die Kurvenschar, welche durch die Gleichung gegeben ist:

$$f(x, y, c_1, c_2) \equiv (c_1 x + c_2)^2 - c_1 y - 1 = 0. \tag{6}$$

Diese Gleichung stellt für reelle c_1 und c_2 Parabeln vor, welche in der positiven oder negativen Richtung der y-Achse ins Unendliche gehen, je nachdem $c_1 > 0$ oder $c_1 < 0$ ist.

Durch zwei getrennte Punkte $P_1 = (x_1, y_1)$ und $P_2 = (x_2, y_2)$ gehen zwei Parabeln mit den Parametern:

$$\left.\begin{matrix} c_1 \\ c_1' \end{matrix}\right\} = \frac{y_1 + y_2 \pm 2\sqrt{y_1 y_2 + (x_1 - x_2)^2}}{(x_1 - x_2)^2}, \quad \left.\begin{matrix} c_2 \\ c_2' \end{matrix}\right\} = \frac{1}{2}\,\frac{y_1 - y_2}{x_1 - x_2} - \frac{x_1 + x_2}{2} \cdot \left\{\begin{matrix} c_1 \\ c_1' \end{matrix}\right. . \tag{7}$$

Diese Werte sind reell, wenn $y_1 y_2 + (x_1 - x_2)^2 \geq 0$ ist und jedenfalls immer dann, wenn y_1 und y_2 gleiches Vorzeichen besitzen. Beschränkt man sich der Einfachheit halber auf den Fall y_1 und $y_2 > 0$, so gibt es durch zwei derart beschränkte Punkte stets zwei Parabeln, von denen wenigstens eine in der $+y$-Richtung ins Unendliche geht, während ihr Scheitel unterhalb der

x-Achse liegt, denn jede der Parabeln schneidet die x-Achse in zwei reellen Punkten: $x = -\frac{c_2}{c_1} \pm \frac{1}{c_1}$.

Läßt man nun P_2 mit P_1 zusammenrücken, so daß $\lim\limits_{P_2=P_1} \frac{y_1 - y_2}{x_1 - x_2} = \operatorname{tg} \nu$ einen endlichen Wert darstellt, so ist auch $\lim\limits_{P_2=P_1} \frac{\sqrt{y_1} - \sqrt{y_2}}{x_1 - x_2} = \frac{\operatorname{tg} \nu}{2\sqrt{y_1}}$ endlich und bestimmt und aus Gleichung (7) folgt dann:

$$c_1' = \frac{\operatorname{tg}^2 \nu}{4 y_1}, \quad c_2' = \frac{1}{2} \operatorname{tg} \nu - x_1 \frac{\operatorname{tg}^2 \nu}{4 y_1}, \tag{8}$$

d. s. endliche bestimmte Werte, während c_1 und c_2 unendlich werden, und $\frac{c_2}{c_1} = -x_1$.

Nun könnte der Gleichung (6) für unendliche Werte von c_1 und c_2 nur Genüge geleistet werden, indem man

$$\left(x + \frac{c_2}{c_1}\right)^2 = (x - x_1)^2 = 0$$

setzt und diese Doppelgeraden müssen den Kurven der Schar zugerechnet werden, deshalb kann man sagen, daß *von den zwei Parabeln, welche durch zwei gegebene Punkte hindurchgehen, eine in eine Doppelgerade ausartet, wenn die zwei Punkte zusammenrücken.* Durch einen Punkt und eine durch ihn gehende Tangente, welche nicht zur Ordinatenachse parallel läuft, ist also nur eine Parabel bestimmt, während die Doppelgerade zwar zwei Schnittpunkte mit der Tangente gemeinsam hat aber eine andere Richtung besitzt.

Für $c_1 = 0$ würde die Gleichung (6) jeden Sinn verlieren, daher ist $c_1 \neq 0$ vorauszusetzen.

Bildet man nun die Differentialgleichung der Kurvenschar (6), indem man c_1, c_2 aus den Gleichungen:

$$\begin{aligned} (c_1 x + c_2)^2 - c_1 y - 1 &= 0 \\ 2(c_1 x + c_2) - y' &= 0 \\ 2 c_1 - y'' &= 0 \end{aligned}$$

eliminiert, so erhält man

$$2 y y'' - y'^2 + 4 = 0, \tag{9}$$

ohne daß hier bei der Elimination irgendwelche Faktoren (abgesehen von c_1) herausgehoben worden wären.

Diese Differentialgleichung (9) *ist also nur vom ersten Grad und liefert für gegebene Anfangswerte $x = x_1$, $y = y_1$, $y' = y_1'$ nur eine einzige Lösung*, während die Doppelgeraden $(x - c)^2 = 0$ überhaupt nicht als Lösungen der Differentialgleichung, im eigentlichen Sinn, gelten können. *Dagegen gibt es durch zwei getrennte, wenn auch noch so nahe gelegene Punkte stets zwei Lösungen*[3]), und zwar ergeben sich die Tangenten im Punkt x_1, y_1 an die beiden Kurven durch eine kleine Drehung aus der Sehne $P_1 P_2$ und aus der Geraden $x - x_1 = 0$, welche ev. als Ausartung der von (x_1, y_1) ausgehenden Integralkurven festzustellen wäre. Die Figur 1 soll ein Bild geben von den zwei Lösungen; es ist klar, daß für beide Lösungen je eine nach Potenzen von $x - x_1$ fortschreitende endliche Reihenentwicklung gilt, welche für $x = x_2$ den Wert y_2 annimmt.

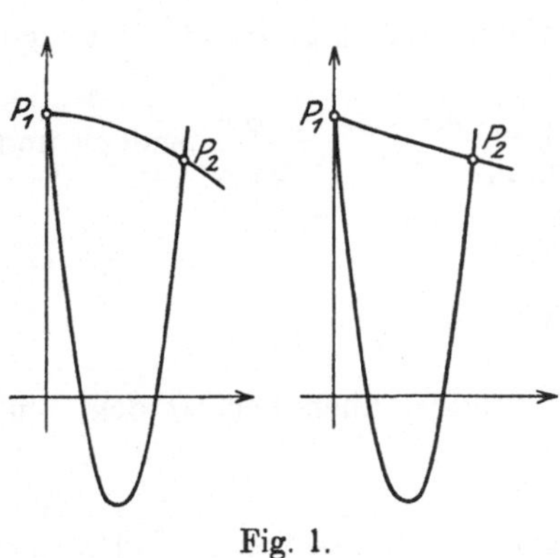

Fig. 1.

Zunächst ganz ähnlich wie in dem soeben behandelten Beispiel liegen die Verhältnisse bei der aus Ellipsen und Hyperbeln bestehenden Kurvenschar:

$$f(x, y, c_1, c_2) \equiv (c_1 x + c_2)^2 - c_1 y^2 - 1 = 0, \tag{10}$$

welcher wieder die Doppelgeraden $(x - c)^2 = 0$ zugerechnet werden müssen. Durch irgend zwei Punkte gehen zwei Kurven der Schar, und zwar ist, wie man aus dem untenstehnden Wert von c_1 sieht, mindestens eine dieser Kurven eine Hyperbel, deren Achsen parallel zu den Koordinatenachsen liegen. Zu einem Punkt mit gegebener Tangente gibt es wieder nur *eine* Kurve und entsprechend ist die Differentialgleichung der Kurvenschar nur vom ersten Grad, nämlich

$$y^3 y'' + 1 = 0. \tag{11}$$

Der Unterschied gegen das vorhergehende Beispiel besteht nur darin, daß die Punkte P_1 und P_2 jedenfalls bei einer dieser Kurven auf zwei getrennten Zweigen einer Hyperbel liegen. Die Entwicklung dieser Lösung an der Stelle (x_1, y_1) nach Potenzen von $x - x_1$ kann niemals für $x = x_2$ gültig sein. Man kann von der Stelle (x_1, y_1) zu (x_2, y_2) immer nur auf dem Wege der analytischen Fortsetzung gelangen. Es ist aber doch wohl berechtigt, auch in solchen Fällen von *zwei* Lösungen durch zwei Punkte zu reden, denn der Fall,

[3]) Hierbei ist zu berücksichtigen, daß y' nicht beschränkt ist. Deshalb ist das Vorstehende nicht im Widerspruch mit einem bekannten Satz von E. Picard aus dessen Übertragung der sukzessiven Approximation auf gewöhnliche Differentialgleichungen. Vgl. E. Picard, Traité d'Analyse, Bd. 3, 1896, S. 99 und M. Bôcher, Enzykl. d. M. W. II. 1, S. 457. Bei größeren Entfernungen $P_1 P_2$ könnten allerdings die beiden Lösungen ganz ähnliches Aussehen bekommen und eine Bevorzugung der einen Lösung zufällig werden.

daß eine Entwicklung nach Potenzen von $x - x_1$ an der zweiten Stelle $x = x_2$ nicht mehr gilt, kann auch eintreten, wenn die *Kurve* zwischen beiden Punkten zusammenhängend ist, aber eine vertikale Tangente besitzt.

Stellt man die Parameterwerte auf für die Kurven, welche durch zwei gegebene Punkte gehen:

$$c_1 = \frac{y_1^2 + y_2^2 \pm 2\sqrt{y_1^2 y_2^2 + (x_1 - x_2)^2}}{(x_1 - x_2)^2},$$

so erkennt man, daß die Punkte P_2, welche mit einem gegebenen Punkt P_1 zusammen nur eine einzige Kurve der Schar bestimmen, keine Kurve erfüllen, denn $y_1^2 y_2^2 + (x_1 - x_2)^2$ ist definit und nur gleich Null, wenn $x_2 = x_1$, $y_2 = 0$ ist, was auf die doppeltzählenden Parallelen zur y-Achse führt, die nicht eigentliche Lösungen der Differentialgleichung sind.

Ist ganz allgemein eine ∞^2-Kurvenschar gegeben mit der Gleichung $f(x, y, c_1, c_2) = 0$ und gehen durch zwei ev. beliebig nahe Punkte P_1, P_2 noch m Kurven (eine *endliche* Anzahl) der Schar mit den Parameterwerten $c_1, c_1', \ldots$, so haben die vorausgegangenen Beispiele die Tatsache erläutert, daß von diesen Parameterwerten, aufgefaßt als Funktionen von x_1, y_1, x_2, y_2 einer oder mehrere unabhängig voneinander einem Grenzwert zustreben können, wenn P_1, P_2 auf einer gegebenen Geraden zusammenrücken, während die übrigen unbegrenzt wachsen oder unbestimmt werden können. Von den Kurven können die zu den letzteren Parametern gehörigen in mehrfacher Weise ausarten: sie können z. B. in reelle Doppelkurven übergehen oder in imaginäre mit reellem Doppelpunkt.

Das naheliegendste Beispiel für den letzten Fall mag die Gleichung $f(x, y, c_1, c_2,) \equiv (x - c_1)^2 + (y - c_2)^2 = 0$ bieten, wo die Doppelpunkte die ganze Ebene erfüllen. Bei ∞^n-Kurvenscharen, in denen $n > 2$ ist, ist wohl noch der Fall denkbar, daß die Ausartung entsteht, indem ein Oval sich zusammenzieht, d. h. in ein imaginäres Geradenpaar mit reellem Doppelpunkt übergeht.

Eliminiert man andererseits c_1, c_2 aus den drei Gleichungen:

$$f(x, y, c_1, c_2) = 0, \qquad \frac{df(x, y, c_1, c_2)}{dx} = 0, \qquad \frac{d^2 f(x, y, c_1, c_2)}{dx^2} = 0$$

(falls dies möglich ist), so resultiert eine Gleichung, deren Grad in y'' kleiner als m ist, und ebenso groß ist wie die Zahl der Konstanten $c, c', \ldots$, welche für zusammenfallende Werte $x_2 = x_1$, $y_2 = y_1$ und $\lim \frac{y_1 - y_2}{x_1 - x_2} = \operatorname{tg} \nu$ einen bestimmten endlichen Grenzwert annehmen.

Der Grad der Differentialgleichung wird um 1 vermindert, wenn zu der Kurvenschar Ausartungen gehören, wie eine ∞^1 Schar von Doppelkurven (Doppelgeraden) oder Kurven mit isolierten Doppelpunkten.

Hiernach verliert aber der Begriff des „Grades“ für die Differentialgleichungen höherer Ordnung ganz die Bedeutung, die er noch für Differentialgleichungen erster Ordnung besitzt und es besteht keine Analogie zu dem Grad einer algebraischen Gleichung. Es ist verständlich, wenn die Bezeichnung Grad in der neueren Literatur kaum mehr zur Anwendung kommt[4]). Andererseits steht man vor besonderen Schwierigkeiten bei der Aufgabe, diejenigen Lösungen einer Differentialgleichung 2. Ordnung zu bestimmen, welche durch zwei gegebene Punkte hindurchgehen. Man erhält nur eine reelle Kurve für eine *lineare* Differentialgleichung und auch umgekehrt, während sonst mehrere Lösungen zu erwarten sind. Die Typen dieser Lösungen stellt die Figur 2 dar.

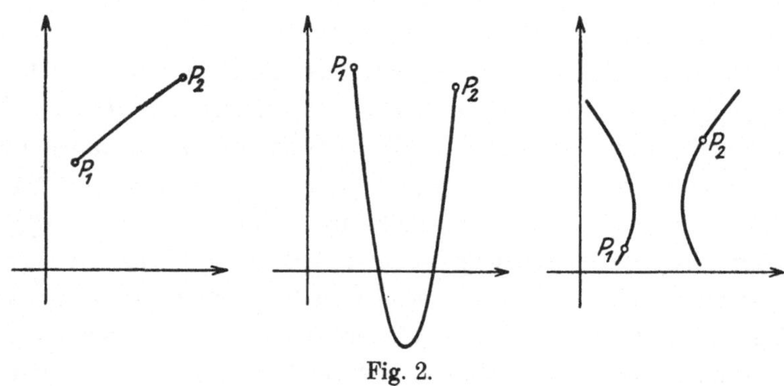

Fig. 2.

Für die erste Kurve ergibt sich ein Ansatz zur näherungsweisen Bestimmung, indem man von der Sehne ausgeht. Für die übrigen Fälle ist es vorteilhaft, wenn man die Ausartungen der Integralkurven durch einen Punkt P_1 kennt, indem man dann von diesen ausgehend die Kurven durch zwei benachbarte Punkte zeichnet. Im dritten Fall, wo zwei Zweige einer Integralkurve durch P_1 und P_2 hindurchgehen, bedarf man auch der Kenntnis der ausgearteten (Doppel-) Lösungen, jedoch ist es meist schwer, zusammengehörige Zweige als solche zu erkennen. Im allgemeinen bedarf es hier einer analytischen Fortsetzung durch das komplexe Gebiet. Zuweilen hilft aber schon die Einführung neuer Veränderlicher. So erkennt man z. B. leicht, daß die Gleichung

$$y^3 y'' + 1 = 0 \tag{11}$$

sich nicht ändert, wenn man y durch $\pm iz$ ersetzt, und das führt zu der Substitution

$$u = y^2$$

[4]) In den Artikeln von Painlevé, Vessiot, Hilb, Liebmann über nichtlineare Differentialgleichungen in der Enzyklopädie der Math. Wissensch. wird der Ausdruck Grad nicht gebraucht, wenigstens nicht im Sinne unserer ersten Anmerkung.

wodurch die Gleichung (9) sich ergibt:

$$2uu'' - u'^2 + 4 = 0,$$

an Stelle der Hyperbeläste erhält man Parabeln, deren Darstellung keine Schwierigkeit macht und von denen man leicht zu den Hyperbeln übergehen kann.

Es mag schließlich noch erwähnt werden, daß sich alle bisherigen Betrachtungen auf Differentialgleichungen höherer Ordnung ausdehnen lassen, wobei man zu ähnlichen Ergebnissen gelangt.

(Eingegangen am 20. 8. 1921.)

The Existence Domain of Implicit Functions.

Von

E. R. Hedrick und W. D. A. Westfall in Columbia, Mo. (U. S. A.).

1. Introduction.

In a paper published in the Bulletin de la Société Mathématique de France[1]) the authors have proven the following existence theorem for implicit functions.

Theorem 1. Let

$$\begin{array}{c} f_1(x, y_1, y_2, \ldots, y_n) \\ f_2(x, y_1, y_2, \ldots, y_n) \\ \cdots\cdots\cdots \\ f_n(x, y_1, y_2, \ldots, y_n) \end{array}$$

be n functions of the $n+1$ real variables $x, y_1, y_2, \ldots, y_n$,[2]) which are continuous in a region $R[|x - x_0| < h,\ |y_i - y_{i,0}| < h,\ i = 1, 2, \ldots, n]$ about the fixed point $P_0(x_0, y_{1,0}, y_{2,0}, \ldots, y_{n,0})$. If the functions $f_1, f_2, \ldots, f_n$ and the variables $y_1, y_2, \ldots, y_n$ can be so numbered that the difference jacobian

$$j = \begin{vmatrix} a_{1,1} & a_{1,2} & \cdots & a_{1,n} \\ a_{2,1} & a_{2,2} & \cdots & a_{2,n} \\ \cdot & \cdot & \cdots & \cdot \\ a_{n,1} & a_{n,2} & \cdots & a_{n,n} \end{vmatrix}$$

$$a_{i,k} = \frac{f_i(x, y_1, y_2, \ldots, y_{k-1}, y'_k, \bar{y}_{k+1}, \ldots, \bar{y}_n) - f_i(x, y_1, y_2, \ldots, y_{k-1}, y_k, \bar{y}_{k+1}, \ldots, \bar{y}_n)}{y'_k - y_k},$$

as well as the elements of the principal diagonal and the minors obtained by deleting the first i rows and the first i columns $(i = 1, 2, \ldots, n-1)$

---

[1]) **44**, p. 1–14.

[2]) x may be an m-dimensional variable.

are definite for all choices of the points in R, then there exists a positive η and a set of n functions of x, $y_i = \varphi_i(x)$, uniquely determined for $|x - x_0| < \eta$, and such that

$$y_{i,0} = \varphi_i(x_0),$$
$$f_i[x, \varphi_1(x), \varphi_2(x), \ldots, \varphi_n(x)] = f_i(x_0, y_{1,0}, \ldots, y_{n,0}), \quad (i = 1, 2, \ldots, n).$$

and each of these functions is continuous for $|x - x_0| < \eta$.

The conditions imposed on the functions f at the point P are satisfied if the ordinary jacobian, based on the derivatives with respect to the y's of the functions f_i, is unequal to zero. The above conditions are then satisfied if the usual conditions for the existence of implicit functions are fulfilled. They are moreover less restrictive, since the derivatives need not exist, or, if they do exist, the conditions may be satisfied when the jacobian vanishes. It is the purpose of this paper to show that these solutions, proven to exist in the neighborhood of a point, exist throughout a domain.

2. General Properties of the Solutions.

Theorem 2. If $f_1, f_2, \ldots, f_n$ are continuous functions of $x, y_1, y_2, \ldots, y_n$ over a closed domain $D_{x,y}$ then the systems of values $(x, y_1, y_2, \ldots, y_n)$ in $D_{x,y}$ for which

$$(1) \qquad \begin{aligned} f_1(x, y_1, \ldots, y_n) &= f_1(x_0, y_{1,0}, \ldots, y_{n,0}) \\ f_2(x, y_1, \ldots, y_n) &= f_2(x_0, y_{1,0}, \ldots, y_{n,0}) \\ &\cdots\cdots\cdots \\ f_n(x, y_1, \ldots, y_n) &= f_n(x_0, y_{1,0}, \ldots, y_{n,0}) \end{aligned}$$

constitute a closed set.

For a limit point $(\bar{x}, \bar{y}_1, \bar{y}_2, \ldots, \bar{y}_n)$ of any sequence of such values must be a point of $D_{x,y}$ since $D_{x,y}$ is closed. Moreover

$$f_i(\bar{x}, \bar{y}_1, \ldots, \bar{y}_n) = f_i(x_0, y_{1,0}, \ldots, y_{n,0})$$

since the f_i are continuous in $D_{x,y}$.

Theorem 3. If the conditions of Theorem 2 are satisfied for a closed domain $D_{x,y}$ and if the difference jacobian j of Theorem 1 is definite in some vicinity of each point of $D_{x,y}$, then there are at most a finite number of distinct solutions $(y_1, y_2, \ldots, y_n)$ of the equations (1) for a fixed value of x.

For an infinite sequence of such points

$$(\bar{x}, y_1^{(k)}, y_2^{(k)}, \ldots, y_n^{(k)}) \qquad (k = 1, 2, \ldots)$$

would have a limit $(\bar{x}, \bar{y}_1, \bar{y}_2, \ldots, \bar{y}_n)$ in $D_{x,y}$ which also satisfies equations (1). There exists a positive number δ such that $j \neq 0$ for $|y_i - \bar{y}_i| < \delta$. Consider now a value of k such that $(\bar{x}, y_1^{(k)}, \ldots, y_n^{(k)})$ lies in this neighborhood of the limit point. Then

$$f_i(\bar{x}, y_1^{(k)}, \ldots, y_n^{(k)}) - f_i(\bar{x}, \bar{y}_1, \bar{y}_2, \ldots, \bar{y}_n) = 0 \quad (i = 1, 2, \ldots, n$$

or

$$(2) \quad \begin{cases} f_i(x, y_1^{(k)}, \ldots, y_n^{(k)}) & - f_i(x, \bar{y}_1, y_2^{(k)}, \ldots, y_n^{(k)}) \\ + f_i(x, y_1, y_2^{(k)}, \ldots, y_n^{(k)}) & - f_i(x, \bar{y}_1, \bar{y}_2, y_3^{(k)}, \ldots, y_n^{(k)}) \\ + \ldots \ldots \ldots \ldots \ldots \ldots \ldots & \\ + f_i(x, \bar{y}_1, \bar{y}_2, \ldots, \bar{y}_{n-1}, y_n^{(k)}) - f_i(x, \bar{y}_1, \ldots, \bar{y}_n) = 0. & \end{cases}$$

The equations (2) constitute a linear relation between the corresponding elements of the columns of the difference jacobian j. Hence $j = 0$, contrary to hypothesis. Hence the supposition that an infinite number of solutions exists for some fixed x is false.

3. Properties of the Jacobian j.

Theorem 4. If at each point of a closed domain $D_{x,y}$ there exists a corresponding positive number δ such that j is definite in the δ vicinity of the point, then there exists a positive number $\bar{\delta}$, uniform for all points, such that j is definite in the $\bar{\delta}$ vicinity of each point.

This follows immediately from the Heine-Borel theorem. As a consequence we have the following theorem:

Theorem 5. If j is definite in a vicinity of each point of a closed connected domain $D_{x,y}$ then j is one-signed throughout $D_{x,y}$.

4. Extension of the Solutions over a Domain.

Theorem 6. If the conditions of Theorem 1 are satisfied in a vicinity of every interior point of a closed domain $D_{x,y}$, and if the functions f_i are continuous on the frontier of $D_{x,y}$, then the solutions

$$y_i = \varphi_i(x) \qquad (i = 1, 2, \ldots, n)$$

which exist in the vicinity of an interior point $[x_0]$, may be extended as continuous functions along any continuous Jordan curve to the frontier of $D_{x,y}$.

Denote by D_x the x-projections of $D_{x,y}$. Let the curve in D_x be denoted by

$$x_i = x_i(t), \quad x_i(t_0) = 0 \qquad (i = 1, 2, \ldots, n).$$

Then in a vicinity of $[x_0]$ there exist continuous solutions. Let $t = \bar{t}$ be the upper limit of the values of t such that the $(x, y_1, y_2, \ldots, y_n)$ lie in $D_{x,y}$ and the solutions are continuous. Let a limit of the y_i for $t = \bar{t}$ be $\bar{y}_i$. Then $(x, y_1, y_2, \ldots, y_n)$ are solutions of equations (1) from the continuity of the f_i. Hence, if this is not a frontier point of D, there exist continuous solutions in the neighborhood of the point, contrary to the supposition that $t = \bar{t}$ gives the upper limit of such continuous solutions.

(Eingegangen am 12. 10. 1921.)

Über die kanonischen Veränderlichen in der Variationsrechnung der mehrfachen Integrale.

Von

C. Carathéodory in Smyrna*).

Einleitung.

1. Man ist bisher der Meinung gewesen, daß die gewöhnliche Legendresche Transformation auch in der Variationsrechnung der mehrfachen Integrale Koordinaten liefert, die den von Hamilton entdeckten kanonischen Veränderlichen der Variationsrechnung der Linienintegrale entsprechen[1]). Dies ist aber, wie aus den folgenden Überlegungen ersichtlich, nicht der Fall: statt der Legendreschen Transformation kommt hier eine Verallgemeinerung derselben in Betracht, welche von der Mehrfachheit μ des betrachteten Integrals abhängt, und nur für $\mu = 1$ mit der ersten zusammenfällt.

Ableitung einiger Hilfssätze.

2. Wir betrachten μ Funktionen

$$S_\alpha(x_i; t_\beta) \qquad (i = 1, 2, \ldots, n;\ \alpha, \beta = 1, 2, \ldots, \mu), \tag{1}$$

die von den $(n + \mu)$ Veränderlichen x_i und t_β abhängen, und werden auch stets im folgenden lateinische Buchstaben für diejenigen Indizes benutzen, die von 1 bis n, griechische dagegen für diejenigen Indizes, die von 1 bis μ laufen.

Wir setzen zur Abkürzung

$$S_{\alpha i} = \frac{\partial S_\alpha}{\partial x_i} \quad \text{und} \quad S_{\alpha\beta} = \frac{\partial S_\alpha}{\partial t_\beta}; \tag{2}$$

*) Das Problem für $n = 2$ habe ich in griechischer Sprache vor kurzem behandelt: „Über eine der Legendreschen analoge Transformation," Bulletin der Griechischen Math. Gesellschaft 7 (1921).

1) Vito Volterra, Sulle equazioni differenziali che provengono da questioni di calcolo delle variazioni. Roma, Acc. Lincei Rend. (4) 6¹ (1890), S. 43. — Georg Prange, Die Hamilton-Jacobische Theorie für Doppelintegrale. Diss. Göttingen 1915.

mit dieser Bezeichnung ist, falls man in den Funktionen (1) die x_i durch Funktionen der t_β ersetzt, und außerdem noch die Symbole

$$p_{i\alpha} = \frac{\partial x_i}{\partial t_\alpha} \tag{3}$$

einführt, die Funktionaldeterminante Δ dieser neuen Funktionen nach den t_β durch die Gleichung gegeben:

$$\Delta = |c_{\alpha\beta}|, \tag{4}$$

wobei

$$c_{\alpha\beta} = S_{\alpha\beta} + \sum_i S_{\alpha i} p_{i\beta} \tag{5}$$

ist.

Falls man die Determinante (4) als Polynom

$$\Delta = F + \sum_{i,\alpha} P_{i\alpha} p_{i\alpha} + \dots \tag{6}$$

in den $p_{i\alpha}$ entwickelt, so werden die Koeffizienten F und $P_{i\alpha}$ der Glieder niedrigster Ordnung folgendermaßen mit Hilfe der ersten Ableitungen der S_α dargestellt: man hat

$$F = |S_{\alpha\beta}|, \tag{7}$$

und, wenn man mit $\bar{S}_{\alpha\beta}$ das algebraische Komplement von $S_{\alpha\beta}$ in dieser Determinante bezeichnet,

$$P_{i\alpha} = \sum_\varrho S_{\varrho i} \bar{S}_{\varrho\alpha}. \tag{8}$$

Wir werden bald sehen, daß sich sämtliche übrigen Koeffizienten des Polynoms (6) *rational* in F und den $P_{i\alpha}$ darstellen lassen.

3. Wir führen die Bezeichnung ein

$$\pi_{i\alpha} = \frac{\partial \Delta}{\partial p_{i\alpha}}; \tag{9}$$

dann ist nach (4) und (5), falls man mit $\bar{c}_{\alpha\beta}$ das algebraische Komplement von $c_{\alpha\beta}$ in der Determinante (4) bezeichnet,

$$\pi_{i\alpha} = \sum_\varrho S_{\varrho i} \bar{c}_{\varrho\alpha}. \tag{10}$$

Wir wollen zunächst zeigen, daß man die Größen F und $P_{i\alpha}$ als rationale Funktionen von Δ, $p_{i\alpha}$, $\pi_{i\alpha}$ darstellen kann.

Dazu betrachten wir den Ausdruck

$$a_{\alpha\beta} = \sum_\varrho S_{\varrho\alpha} \bar{c}_{\varrho\beta} \tag{11}$$

und bemerken, daß diese Größe rational in $\varDelta$, $p_{i\alpha}$, $\pi_{i\alpha}$ ausgedrückt werden kann: in der Tat ist nach (4) und (5), falls man mit $\delta_{\alpha\beta}$ eine Größe bezeichnet, die für $\alpha=\beta$ gleich Eins und für $\alpha\neq\beta$ gleich Null ist,

$$\delta_{\alpha\beta}\varDelta=\sum_{\varrho}c_{\varrho\alpha}\bar{c}_{\varrho\beta}=\sum_{\varrho,i}(S_{\varrho\alpha}+S_{\varrho i}p_{i\alpha})\bar{c}_{\varrho\beta},$$

und daher, wenn man diesen letzten Ausdruck mit (10) und (11) vergleicht,

$$a_{\alpha\beta}=\delta_{\alpha\beta}\varDelta-\sum_{i}p_{i\alpha}\pi_{i\beta}. \tag{12}$$

Nach dem Multiplikationstheorem der Determinanten folgt nun aus (11)

$$|a_{\alpha\beta}|=|S_{\alpha\beta}|\cdot|\bar{c}_{\alpha\beta}|;$$

es ist aber, nach einem bekannten Satz der Determinantentheorie, falls man auf die Ordnung μ der Determinante $|c_{\alpha\beta}|$ achtet,

$$|\bar{c}_{\alpha\beta}|=|c_{\alpha\beta}|^{\mu-1}=\varDelta^{\mu-1}$$

und daher, wenn man (7) berücksichtigt,

$$\varDelta^{\mu-1}F=|a_{\alpha\beta}|. \tag{13}$$

Durch die Relationen (12) und (13) ist nnnmehr F rational in $\varDelta$, $p_{i\alpha}$, $\pi_{i\alpha}$ ausgedrückt.

4. Nach (8) und (11) ist andererseits

$$\sum_{\lambda}P_{i\lambda}a_{\lambda\alpha}=\sum_{\lambda,\varrho,\sigma}S_{\varrho i}\bar{S}_{\varrho\lambda}S_{\sigma\lambda}\bar{c}_{\sigma\alpha};$$

nun haben wir aber wegen (7)

$$\sum_{\lambda}S_{\sigma\lambda}\bar{S}_{\varrho\lambda}=\delta_{\varrho\sigma}F,$$

und man hat daher

$$\sum_{\lambda}P_{i\lambda}a_{\lambda\alpha}=\sum_{\varrho,\sigma}\delta_{\varrho\sigma}F\cdot S_{\varrho i}\bar{c}_{\sigma\alpha}=F\sum_{\varrho}S_{\varrho i}\bar{c}_{\varrho\alpha}$$

oder, wenn man (10) berücksichtigt,

$$F\pi_{i\alpha}=\sum_{\lambda}P_{i\lambda}a_{\lambda\alpha}. \tag{14}$$

Wir bezeichnen mit $\bar{a}_{\alpha\beta}$ das algebraische Komplement von $a_{\alpha\beta}$ in der Determinante $|a_{\alpha\beta}|$; dann folgt aus (14)

$$F\sum_{\varrho}\pi_{i\varrho}\bar{a}_{\alpha\varrho}=\sum_{\lambda,\varrho}P_{i\lambda}a_{\lambda\varrho}\bar{a}_{\alpha\varrho},$$

und da infolge von (13)

$$\sum_{\varrho} a_{\lambda\varrho}\,\bar{a}_{\alpha\varrho} = \delta_{\alpha\lambda}\,\Delta^{\mu-1} F$$

ist, hat man schließlich, wenn man noch rechts und links durch F dividiert

$$\Delta^{\mu-1} P_{i\alpha} = \sum_{\varrho} \pi_{i\varrho}\,\bar{a}_{\alpha\varrho}. \tag{15}$$

Hiermit sind auch die $P_{i\alpha}$ rational in Δ, $p_{i\alpha}$, $\pi_{i\alpha}$ dargestellt.

Relationen zwischen den Determinanten, die als Koeffizienten der $p_{i\alpha}$ in Δ erscheinen.

5. Aus (15) entnehmen wir die Relation

$$\Delta^{\mu-1} \sum_{i} P_{i\alpha}\,p_{i\beta} = \sum_{i,\varrho} \pi_{i\varrho}\,\bar{a}_{\alpha\varrho}\,p_{i\beta};$$

nun ist nach (12)

$$\sum_{i} p_{i\beta}\,\pi_{i\varrho} = \delta_{\beta\varrho}\,\Delta - a_{\beta\varrho},$$

und man hat daher, falls man noch (13) berücksichtigt,

$$\Delta^{\mu-1} \sum_{i} P_{i\alpha}\,p_{i\beta} = \sum_{\varrho} \bar{a}_{\alpha\varrho}(\delta_{\beta\varrho}\,\Delta - a_{\beta\varrho})$$

$$= \Delta \cdot \bar{a}_{\alpha\beta} - \delta_{\alpha\beta}\,\Delta^{\mu-1} F.$$

Wir haben also schließlich die Relation

$$\bar{a}_{\alpha\beta} = \Delta^{\mu-2}\Big(\delta_{\alpha\beta} F + \sum_{i} P_{i\alpha}\,p_{i\beta}\Big); \tag{16}$$

hieraus folgt nun

$$|\,\bar{a}_{\alpha\beta}\,| = \Delta^{\mu(\mu-2)} \Big|\,\delta_{\alpha\beta} F + \sum_{i} P_{i\alpha}\,p_{i\beta}\,\Big|,$$

während andererseits wegen (13) die Relation gilt

$$|\,\bar{a}_{\alpha\beta}\,| = |\,a_{\alpha\beta}\,|^{\mu-1} = \Delta^{(\mu-1)^2} F^{\mu-1}.$$

Die beiden letzten Gleichungen liefern uns endlich die Beziehung

$$F^{\mu-1}\Delta = \Big|\,\delta_{\alpha\beta} F + \sum_{i} P_{i\alpha}\,p_{i\beta}\,\Big|,$$

oder ausführlicher geschrieben:

$$\Big|\,S_{\alpha\beta} + \sum_{i} S_{\alpha i}\,p_{i\beta}\,\Big| = F^{1-\mu}\,\Big|\,\delta_{\alpha\beta} F + \sum_{i} P_{i\alpha}\,p_{i\beta}\,\Big|. \tag{17}$$

Diese letzte Gleichung ist eine Identität, sobald F und die $P_{i\alpha}$ durch die Gleichungen (7) und (8) definiert werden. Sie lehrt uns zweierlei: erstens, daß alle Koeffizienten des Polynoms (6) — wie wir es angekündigt hatten — rational in F und den $P_{i\alpha}$ darstellbar sind, und zweitens, daß es genügt die Gleichungen (7) und (8) zu erfüllen, damit die rechte Seite von (17) eine Funktionaldeterminante darstelle[2]).

Definition der kanonischen Koordinaten des Variationsproblems.

6. Wir betrachten das Variationsproblem

$$J = \int \dots \int f(x_i;\, t_\alpha;\, p_{i\alpha})\, dt_1 \dots dt_\mu \tag{18}$$

und bemerken, daß, nach einem bekannten Schluß[3]), eine n-parametrige Schar von μ-dimensionalen Flächen

$$x_i = x_i(t_\alpha;\, \lambda_j) \tag{19}$$

dann und nur dann ein Feld von Extremalenflächen unseres Integrals (18) bildet, wenn außer den Funktionen (19) noch Funktionen (1) existieren, so daß mit unseren früheren Bezeichnungen die Gleichungen

$$f = \Delta, \qquad f_{p_{i\alpha}} = \Delta_{p_{i\alpha}} = \pi_{i\alpha} \tag{20}$$

gleichzeitig erfüllt werden.

Es entspricht nun dem Verfahren, das man in der Variationsrechnung der Linienintegrale befolgt, wenn wir unsere Größen $P_{i\alpha}$ als kanonische Veränderliche einführen, wobei dann — wie wir sofort sehen werden — die Größe F eine Funktion der $P_{i\alpha}$ wird, die der Hamiltonschen Funktion entspricht. Hierzu genügt es, in den Formeln (12), (13) und (15) die Größe Δ durch f zu ersetzen, d. h. von den Gleichungen auszugehen:

$$a_{\alpha\beta} = \delta_{\alpha\beta} f - \sum_i p_{i\alpha}\pi_{i\beta}, \tag{21}$$

$$f^{\mu-1} F = |a_{\alpha\beta}|, \tag{22}$$

$$f^{\mu-1} P_{i\alpha} = \sum_\varrho \pi_{i\varrho}\, \bar{a}_{\alpha\varrho}. \tag{23}$$

Setzt man in alle diese Gleichungen

$$\pi_{i\alpha} = f_{p_{i\alpha}} \tag{24}$$

nach (20) ein, so erscheinen F und die $P_{i\alpha}$ als Funktionen der $p_{i\alpha}$. Falls

---

[2]) Aus der Gleichung (17) folgen auch nebenbei, wie man sich leicht überzeugt, sämtliche Relationen, die zwischen den Determinanten einer Matrix von n Zeilen und $(n+\mu)$ Kolonnen stattfinden.

[3]) C. Carathéodory, Sur le traitement géométrique des extréma des intégrales doubles. L'Enseignement Mathématique **19** (1917), S. 329.

nun die Funktionaldeterminante der $P_{i\alpha}$ nach den $p_{i\alpha}$ nicht identisch verschwindet, so können wir die $p_{i\alpha}$ als Funktionen der $P_{i\alpha}$ und daher auch F als Funktion dieser Größen berechnen.

Statt der Jacobi-Hamiltonschen Differentialgleichung hat man wieder *eine einzige* partielle Differentialgleichung, aber hier zwischen μ Funktionen, nämlich den S_α; diese erhält man, indem man F und die $P_{i\alpha}$ durch ihre Werte (7) und (8) ersetzt und die Beziehung zwischen F und $P_{i\alpha}$ berücksichtigt. Es kommen allerdings hier gewisse Integrabilitätsbedingungen hinzu, die man am kürzesten mit Hilfe der Gleichungen

$$dx_i = \sum_\alpha p_{i\alpha} dt_\alpha \tag{25}$$

schreiben kann; aus dem folgenden schließt man aber leicht, daß auch diese Gleichungen mit Hilfe unserer neuen kanonischen Veränderlichen ausdrückbar sind.

In der Tat wird sich zeigen, daß man unsere kanonischen Veränderlichen durch eine Transformation erhält, die mit der Legendreschen die größte Ähnlichkeit hat.

Relation zwischen den Differentialen.

7. Bekanntlich erhält man durch Differentiation der Determinante $|a_{\alpha\beta}|$

$$d\,|a_{\alpha\beta}| = \sum_{\alpha,\beta} \bar{a}_{\alpha\beta}\, da_{\alpha\beta}. \tag{26}$$

Nun hat man aber andererseits

$$\mu \cdot |a_{\alpha\beta}| = \sum_{\alpha,\beta} \bar{a}_{\alpha\beta}\, a_{\alpha\beta},$$

und wenn man diese Gleichung differentiiert,

$$\mu\, d\,|a_{\alpha\beta}| = \sum_{\alpha,\beta}\left(\bar{a}_{\alpha\beta}\, da_{\alpha\beta} + a_{\alpha\beta}\, d\bar{a}_{\alpha\beta}\right). \tag{27}$$

Zieht man also (26) von (27) ab, so kommt schließlich:

$$(\mu - 1)\, d\,|a_{\alpha\beta}| = \sum_{\alpha,\beta} a_{\alpha\beta}\, d\bar{a}_{\alpha\beta}. \tag{28}$$

Wenn man in unseren früheren Rechnungen überall Δ durch f ersetzt, erhält man statt (16) die Gleichung

$$\bar{a}_{\alpha\beta} = f^{\mu-2}\left(\delta_{\alpha\beta} F + \sum_i P_{i\alpha} p_{i\beta}\right). \tag{29}$$

Aus dieser letzten Relation und aus (22) entnehmen wir nun, daß wir statt (28) schreiben können:

$$(\mu - 1)\, d(f^{\mu-1} F) - \sum_{\alpha,\beta} a_{\alpha\beta}\, d\left[f^{\mu-2}\left(\delta_{\alpha\beta} F + \sum P_{i\alpha}\, p_{i\beta}\right)\right] = 0. \tag{30}$$

Der Koeffizient von df in $d\left[f^{\mu-2}\left(\delta_{\alpha\beta} F + \sum_i P_{i\alpha} p_{i\beta}\right)\right]$ ist, wenn man (29) berücksichtigt,

$$(\mu-2) f^{\mu-3} \frac{\bar{a}_{\alpha\beta}}{f^{\mu-2}} = \frac{\mu-2}{f} \bar{a}_{\alpha\beta}.$$

Der Koeffizient von df im Ausdrucke (30) ist also:

$$(\mu-1)^2 f^{\mu-2} F - \sum_{\alpha,\beta} \frac{\mu-2}{f} \bar{a}_{\alpha\beta} a_{\alpha\beta} = [(\mu-1)^2 - \mu(\mu-2)] f^{\mu-2} F$$

oder schließlich

$$f^{\mu-2} F.$$

Der Koeffizient von $dp_{i\beta}$ im Ausdrucke (30) ist

$$-f^{\mu-2} \sum_\alpha a_{\alpha\beta} P_{i\alpha}$$

oder, wenn man (14) berücksichtigt,

$$-f^{\mu-2} F \pi_{i\beta}.$$

Wir können also statt (30) schreiben, falls wir die Koeffizienten von dF und $dP_{i\alpha}$ in diesem Ausdrucke mit $f^{\mu-2}\varphi$ bzw. $-f^{\mu-2}\varphi \Pi_{i\alpha}$ bezeichnen und alles durch $f^{\mu-2}$ dividieren:

$$\text{(31)} \qquad F\left(df - \sum_{i,\alpha} \pi_{i\alpha} dp_{i\alpha}\right) + \varphi\left(dF - \sum_{i,\alpha} \Pi_{i\alpha} dP_{i\alpha}\right) = 0.$$

Wir müssen noch φ und $\Pi_{i\alpha}$ berechnen. Für $\Pi_{i,\alpha}$ kommt zunächst, falls wir in (30) den Summationsbuchstaben β durch σ ersetzen:

$$\text{(32)} \qquad \varphi \Pi_{i\alpha} = \sum_\sigma p_{i\sigma} a_{\alpha\sigma},$$

und für φ erhalten wir die Gleichung:

$$f^{\mu-2}\varphi = (\mu-1) f^{\mu-1} - f^{\mu-2} \sum_\alpha a_{\alpha\alpha}.$$

Nun ist nach (21)

$$\sum_\alpha a_{\alpha\alpha} = \mu f - \sum_{i,\alpha} p_{i\alpha} \pi_{i\alpha},$$

so daß wir φ auch durch die Gleichung definieren können:

$$\text{(33)} \qquad f + \varphi = \sum_{i,\alpha} p_{i\alpha} \pi_{i\alpha}.$$

8. Die Funktion f hängt nach (18) von den Größen x_i, t_α und $p_{i\alpha}$ ab; ihre erste Ableitung nach $p_{i\alpha}$ ist nach (24) gleich $\pi_{i\alpha}$. Man hat also:

$$\text{(34)} \qquad df - \sum_{i,\alpha} \pi_{i\alpha} dp_{i\alpha} = \sum_{i,\alpha}\left(f_{x_i} dx_i + f_{t_\alpha} dt_\alpha\right).$$

Hieraus und aus (33) folgt, wenn man mit Hilfe der Gleichungen (24) die $p_{i\alpha}$ als Funktionen von $x_i, t_\alpha, \pi_{i\alpha}$ berechnet und φ als Funktion dieser letzten Größen betrachtet, daß φ die *Legrendresche Transformierte* von f ist und daß daher die Gleichungen

(35) $$\varphi_{x_i} = -f_{x_i}, \quad \varphi_{t_\alpha} = -f_{t_\alpha}, \quad \varphi_{\pi_{i\alpha}} = p_{i\alpha}$$

gelten.

Zweitens folgen aber aus (31) und (34), wenn man — wie wir oben erklärten — die Größe F als Funktion von x_i, t_α, P_{i_α} betrachtet, die Relationen

(36) $$\varphi F_{x_i} = -F f_{x_i}, \quad \varphi F_{t_\alpha} = -F f_{t_\alpha}, \quad F_{P_{i\alpha}} = \Pi_{i\alpha}.$$

Wir können also, genau wie es bei der Legendreschen Transformation der Fall ist, nicht nur F, sondern auch die ersten Ableitungen dieser Funktion *rational* in $p_{i\alpha}$, $f_{p_{i\alpha}}$ und f, oder auch, wenn man will, in $\pi_{i\alpha}$, $\varphi_{\pi_{i\alpha}}$ und φ ausdrücken. Zur größeren Symmetrie führen wir endlich durch die Gleichung

(37) $$F + \Phi = \sum_{i,\alpha} \Pi_{i\alpha} P_{i\alpha}$$

die Legendresche Transformierte Φ von F ein. Betrachtet man Φ als Funktion von x_i, t_α, $\Pi_{i\alpha}$, so gelten die Gleichungen

(38) $$\Phi_{x_i} = -F_{x_i}, \quad \Phi_{t_\alpha} = -F_{t_\alpha}, \quad \Phi_{\Pi_{i\alpha}} = P_{i\alpha}.$$

Birationalität der Transformation.

9. Die Ähnlichkeit unserer neuen Transformation mit der Legendreschen ist größer als auf den ersten Blick erscheint: wir wollen nämlich noch zeigen, daß man die Gleichungen (22), (23), (32) und (33) nach $f, \varphi, p_{i\alpha}, \pi_{i\alpha}$ auflösen kann und daß diese Größen rationale Funktionen von $P_{i\alpha}$, $\Pi_{i\alpha}$ und Φ, oder, was im Hinblick auf (37) dasselbe ist, rationale Funktionen von $P_{i\alpha}$, $\Pi_{i\alpha}$, F sind. Wir können daher f, $p_{i\alpha}$, $\pi_{i\alpha}$ und φ als rationale Funktionen von $P_{i\alpha}$, F und $F_{P_{i\alpha}}$ darstellen.

Um dieses Resultat festzustellen, berechnen wir mit Hilfe von (23) und (32) den Ausdruck

$$f^{\mu-1} \varphi \sum_i \Pi_{i\alpha} P_{i\beta} = \sum_{i,\varrho,\sigma} p_{i\sigma} a_{\alpha\sigma} \pi_{i\varrho} \bar{a}_{\beta\varrho}.$$

Nun ist nach (21)

$$\sum_i p_{i\sigma} \pi_{i\varrho} = \delta_{\sigma\varrho} f - a_{\sigma\varrho}$$

und daher

$$f^{\mu-1} \varphi \sum_i \Pi_{i\alpha} P_{i\beta} = \sum_{\varrho\sigma} a_{\alpha\sigma} \bar{a}_{\beta\varrho} (\delta_{\sigma\varrho} f - a_{\sigma\varrho}) = \sum_\sigma (f a_{\alpha\sigma} \bar{a}_{\beta\sigma} - \delta_{\sigma\beta} f^{\mu-1} F a_{\alpha\sigma}),$$

oder, wenn man die Summe über σ ausführt und rechts und links durch $(f^{\mu-1}$ dividiert,

$$\varphi \sum_i \Pi_{i\alpha} P_{i\beta} = F(\delta_{\alpha\beta} f - a_{\alpha\beta}), \tag{39}$$

also schließlich mit Hilfe von (21):

$$\varphi \sum_i \Pi_{i\alpha} P_{i\beta} = F \sum_i p_{i\alpha} \pi_{i\beta}. \tag{40}$$

Aus (40) folgt nun

$$\varphi \sum_{i,\alpha} \Pi_{i\alpha} P_{i\alpha} = F \sum_{i,\alpha} p_{i\alpha} \pi_{i\alpha}$$

und, wenn man die Gleichungen (33) und (37) benutzt,

$$\varphi(F + \Phi) = F(f + \varphi)$$

oder

$$f \cdot F = \varphi \cdot \Phi. \tag{41}$$

Aus (39) und (41) entnehmen wir nun:

$$F a_{\alpha\beta} = \varphi(\delta_{\alpha\beta} \Phi - \sum_i \Pi_{i\alpha} P_{i\beta})$$

oder, wenn wir die Bezeichnung

$$A_{\alpha\beta} = \delta_{\alpha\beta} \Phi - \sum_i \Pi_{i\alpha} P_{i\beta} \tag{42}$$

einführen,

$$F a_{\alpha\beta} = \varphi A_{\alpha\beta}.$$

Diese letzte Gleichung läßt sich wegen (41) auch schreiben:

$$\frac{1}{f} a_{\alpha\beta} = \frac{1}{\Phi} A_{\alpha\beta}. \tag{43}$$

10. Aus der Relation (43) folgt zunächst

$$\frac{1}{f^\mu} |a_{\alpha\beta}| = \frac{1}{\Phi^\mu} |A_{\alpha\beta}|. \tag{44}$$

Setzt man in (44) den Wert (22) von $|a_{\alpha\beta}|$ ein und berücksichtigt (37), so erhält man f als rationale Funktion von $P_{i\alpha}$, $\Pi_{i\alpha}$ und Φ; es gilt nämlich die Gleichung

$$f = \frac{F \Phi^\mu}{|A_{\alpha\beta}|}. \tag{45}$$

Aus dieser letzten Gleichung und aus (41) folgt ferner

$$\varphi = \frac{F^2 \Phi^{\mu-1}}{|A_{\alpha\beta}|}, \tag{46}$$

wodurch φ ebenfalls rational in unseren neuen Veränderlichen erscheint

Ferner folgt aus der Gleichung (14) mit Hilfe von (43)

$$\frac{F}{f}\pi_{i\alpha}=\frac{1}{\Phi}\sum_{\lambda}P_{i\lambda}A_{\lambda\alpha},$$

oder, wenn man (45) berücksichtigt,

$$\pi_{i\alpha}=\frac{\Phi^{\mu-1}}{|A_{\alpha\beta}|}\sum_{\lambda}P_{i\lambda}A_{\lambda\alpha}. \tag{46}$$

Es bleibt also nur noch $p_{i\alpha}$ in den neuen Veränderlichen zu berechnen. Aus (32) und (43) folgt zunächst:

$$\frac{\varphi}{f}\Pi_{i\alpha}=\frac{1}{\Phi}\sum_{\sigma}p_{i\sigma}A_{\alpha\sigma},$$

oder mit Rücksicht auf (41):

$$F\Pi_{i\alpha}=\sum_{\sigma}p_{i\sigma}A_{\alpha\sigma}.$$

Wir entnehmen hieraus, wenn wir mit $\bar{A}_{\alpha\beta}$ das algebraische Komplement von $A_{\alpha\beta}$ in der Determinante $|A_{\alpha\beta}|$ bezeichnen,

$$F\sum_{\varrho}\Pi_{i\varrho}\bar{A}_{\varrho\alpha}=\sum_{\varrho,\sigma}p_{i\sigma}A_{\varrho\sigma}\bar{A}_{\varrho\alpha}=\sum_{\sigma}\delta_{\alpha\sigma}|A_{\alpha\beta}|p_{i\sigma}$$

und schließlich

$$p_{i\alpha}=\frac{F}{|A_{\alpha\beta}|}\sum_{\varrho}\Pi_{i\varrho}\bar{A}_{\varrho\alpha}. \tag{47}$$

Hiermit ist die Birationalität unserer Transformation in allen Einzelheiten erwiesen.

11. Es bleibt nur noch zu zeigen, daß unter der Voraussetzung, daß die in Betracht kommenden Eliminationen möglich sind, die Funktion $F(x_i, t_\alpha, P_{i\alpha})$ – genau wie die Hamiltonsche Funktion – willkürlich gewählt werden kann. Dazu muß man sich davon überzeugen, daß unsere Transformation, genau so gut wie aus den Gleichungen (22), (23), (32), (33) und (37), auch mit Hilfe der Gleichung (37), verbunden mit den Gleichungen (44) – (47) definiert werden kann. Dieses führt zu Rechnungen, die den früheren Punkt für Punkt entsprechen: bildet man zunächst, von (46) und (47) ausgehend, den Ausdruck $\sum p_{i\alpha}\pi_{i\beta}$ und berücksichtigt die Relationen (42) und (45), so findet man erstens

$$fA_{\alpha\beta}=\Phi a_{\alpha\beta} \tag{48}$$

und zweitens, wenn man bemerkt, daß (41) auch aus (45) und (46) folgt, und wenn man die Definition von $a_{\alpha\beta}$ und $A_{\alpha\beta}$ berücksichtigt,

$$f\sum_{i}\Pi_{i\alpha}P_{i\beta}=\Phi\sum p_{i\alpha}\pi_{i\beta}.$$

Hieraus zeigt man aber wie oben, daß (33) aus (37) folgt. Aus (48) entnimmt man

$$f^{\mu}\,|A_{\alpha\beta}| = \Phi^{\mu}\,|a_{\alpha\beta}|;$$

nun folgt aus (45)

$$|A_{\alpha\beta}| = \frac{F\,\Phi^{\mu}}{f},$$

und aus den beiden letzten Gleichungen folgt dann (22). Die Gleichungen (23) und (32) können ebenso leicht verifiziert werden.

12. Unser Resultat läßt sich in symmetrischer Weise folgendermaßen aussprechen:

Bestehen zwischen den vier Systemen von Veränderlichen

$$f,\ p_{i\alpha};\quad \varphi,\ \pi_{i\alpha};\quad F,\ P_{i\alpha};\quad \Phi,\ \Pi_{i\alpha}\qquad (i = 1, 2, \ldots, n;\ \alpha = 1, 2, \ldots, \mu)$$

nach Einführung der Symbole

$$a_{\alpha\beta} = \delta_{\alpha\beta} f - \sum_i p_{i\alpha}\pi_{i\beta}$$

die Beziehungen

$$\left\{\begin{aligned} f^{\mu-1} F &= |a_{\alpha\beta}|, \\ F\pi_{i\alpha} &= \sum_{\varrho} P_{i\varrho}\, a_{\varrho\alpha}, \\ f + \varphi &= \sum_{i,\alpha} p_{i\alpha}\pi_{i\alpha}, \\ \varphi\,\Pi_{i\alpha} &= \sum_{\sigma} p_{i\sigma}\, a_{\alpha\sigma}, \\ F + \Phi &= \sum_{i,\alpha} P_{i\alpha}\,\Pi_{i\alpha}, \end{aligned}\right.$$

durch welche $F, \Phi, P_{i\alpha}, \Pi_{i\alpha}$ *rational in* $f, p_{i\alpha}, \pi_{i\alpha}$ *ausgedrückt werden, so sind erstens die Größen* $f, \varphi, p_{i\alpha}, \pi_{i\alpha}$ *auch umgekehrt rationale Funktionen von* $F, P_{i\alpha}, \Pi_{i\alpha}$ *und zweitens folgt aus dem Bestehen des einen unter den vier Gleichungssystemen*

$$f_{p_{i\alpha}} = \pi_{i\alpha};\qquad \varphi_{\pi_{i\alpha}} = p_{i\alpha};\qquad F_{P_{i\alpha}} = \Pi_{i\alpha};\qquad \Phi_{\Pi_{i\alpha}} = P_{i\alpha}$$

die Richtigkeit der drei übrigen.

(Eingegangen am 4. 8. 1921.)

Zur Theorie der linearen Differenzengleichungen.

Von

Emil Hilb in Würzburg.

Im folgenden soll an den beiden Beispielen

$$(1)\qquad f(x+1)+f(x)=g(x),$$

$$(2)\qquad f(x+1)-xf(x)=g(x),$$

eine Theorie der linearen Differenzengleichungen mit Methoden entwickelt werden, die sich auf Differenzengleichungen endlicher oder unendlicher Ordnung mit ganzen rationalen Koeffizienten übertragen lassen, was ich aber wegen der Beschränkung in Raum und Zeit auf später verschieben muß. In gewisser Hinsicht stehen die folgenden Untersuchungen in Zusammenhang mit den schönen Ausführungen Nörlunds[1]), der formal eine Hauptlösung der Differenzengleichung durch eine unendliche Reihe (vgl. den Schluß von § 1) definiert und diese im Falle ihrer Divergenz summiert. Wir wollen dagegen im folgenden die Lösungen durch verschiedene Grenzbedingungen fixieren, wenn $g(x)$ entsprechende Bedingungen erfüllt. Verliert $g(x)$ aber diese Eigenschaft, so wird dieses auch im allgemeinen $f(x)$ tun, und die $f(x)$ definierende Reihe kann divergieren, so daß man sie summieren muß.

Als wesentliche Hilfsmittel stehen die von Schürer[2]) bez. mir[3]) ge-

[1]) N. E. Nörlund, Sur l'état actuel de la théorie des équations aux differénces finies. Bull. Sc. math. 1921. Herr Nörlund hatte die Liebenswürdigkeit, mir Abzüge seiner in den Acta math. erscheinenden umfangreichen Arbeit zur Verfügung zu stellen.

[2]) F. Schürer, Eine gemeinsame Methode zur Behandlung gewisser Funktionalgleichungsprobleme. Leipz. Ber. **70** (1918), S. 185—246; vgl. auch H. v. Koch, On a class of equations connected with Euler-Maclaurin's sum formula. Ark. for Mat., Astr. och Fys. **15** Nr. 26 (1921); O. Perron, Über Summengleichungen und Poincarésche Differenzengleichungen. Math. Annalen **84** (1921), S. 1–18. E. Hilb, Lineare Differentialgleichungen unendlich hoher Ordnung mit ganzen rationalen Koeffizienten, 3. Mitteilung, Math. Annalen **84** (1921), S. 43–52.

[3]) E. Hilb, Lineare Differentialgleichungen usf. 1. Mitteilung, Math. Annalen **82** (1920), S. 1–39; 2. Mitteilung, Math. Annalen **84** (1921), S. 16–30.

wonnenen Resultate und Methoden für lineare Differentialgleichungen unendlich hoher Ordnung mit konstanten, bzw. ganzen rationalen Koeffizienten zur Verfügung, ferner die von Pincherle[4]) skizzierte Methode zur Behandlung linearer Differentialgleichungen unendlich hoher Ordnung mit konstanten Koeffizienten. Diese Methode läßt sich unmittelbar auf den Fall ganzer rationaler Koeffizienten übertragen und liefert neben dem Cauchyschen Integralsatz die Verbindung zwischen den verschiedenen Darstellungen.

Die Weiterbildung der Theorie zeigt, daß man durch Einführung neuer unabhängiger Veränderlicher in (4) bzw. (31) zu den Darstellungen der verschiedenen eindeutig bestimmten Lösungen kommt. An Stelle von (4) bzw. (31) tritt nach Einführung der neuen Variabeln u statt e^z, wenn die Koeffizienten der Differenzengleichung Polynome n-ten Grades sind, eine Differentialgleichung n-ter Ordnung, die „Nußgleichung" des Problems, die in nuce die ganze Theorie enthält.

Bezeichnungen. 1. Die Gesamtheit der Funktionen y, für welche

$$\overline{\lim_{n\to\infty}} \sqrt[n]{\left|\frac{d^n y}{dx^n}\right|} < q,$$

wo q eine reelle Größe ist, bezeichnen wir mit $\mathfrak{F}_q$.

2. $\mathfrak{R}(x)$ bedeute reellen Teil von x, c sei eine reelle Größe. Die Gesamtheit der Funktionen y, welche in einer Halbebene $\mathfrak{R}(x) > c$ bzw. $\mathfrak{R}(x) < c$ regulär sind und deren n-te Ableitungen sich in der Form

$$\frac{a}{x} + \frac{b(x)}{x^2} \tag{3}$$

in dieser Halbebene darstellen lassen, wo a eine Konstante ist, $|b(x)|$ in der Halbebene unterhalb einer festen Grenze bleibt, bezeichnen wir mit $\mathfrak{D}^n_{\rightarrow}$ bzw. $\mathfrak{D}^n_{\leftarrow}$.

§ 1.

Behandlung der Differenzengleichung (1).

Satz 1[5]). *Es gehöre $g(x)$ zu $\mathfrak{F}_q$, wo $q < 2\pi$, so hat (1) eine und nur eine Lösung aus $\mathfrak{F}_q$. Setzt man*

$$\frac{1}{1+e^z} = \frac{1}{2} - \frac{1}{2}\sum_{\nu=0}^{\infty}(-1)^{\nu+1}\frac{T_{2\nu+1}}{(2\nu+1)!}\left(\frac{z}{2}\right)^{2\nu+1} = \sum_{\nu=0}^{\infty}\frac{c_\nu z^\nu}{\nu!}, \tag{4}$$

so ist diese Lösung

$$f(x) = \sum_{\nu=0}^{\infty}\frac{c_\nu}{\nu!}g^{(\nu)}(x). \tag{5}$$

---

[4]) S. Pincherle, Sull' inversione degl' integrali definiti. Mem. Soc. ital. (3) **15** (1907).

[5]) Vgl. hierzu auch H. v. Koch, l. c.

Der Beweis folgt unmittelbar aus mde Satze von Schürer. (1) ist äquivalent der Differentialgleichung

$$(6)\qquad 2f(x)+\sum_{\nu=1}^{\infty}\frac{f^{(\nu)}(x)}{\nu!}=g(x).$$

Hat man allgemein eine Differentialgleichung

$$(7)\qquad \sum_{\nu=0}^{\infty}a_\nu f^{(\nu)}(x)=g(x),$$

und setzt man

$$(8)\qquad \sum_{\nu=0}^{\infty}a_\nu z^\nu=a(z),\qquad \frac{1}{a(z)}=\sum_{\nu=0}^{\infty}b_\nu z^\nu,$$

sei ferner q kleiner als die absolut kleinste Wurzel von $a(z)=0$, so ist, wenn $g(x)$ zu $\mathfrak{F}_q$ gehört,

$$(9)\qquad f(x)=\sum_{\nu=0}^{\infty}b_\nu g^{(\nu)}(x)$$

die einzige Lösung von (7) aus $\mathfrak{F}_q$.

Für die Differenzengleichung

$$(10)\qquad f(x+1)-f(x)=g(x)$$

ist $z=0$ diese absolut kleinste Wurzel, weswegen die (9) entsprechende Lösung in diesem Falle nur bis auf eine willkürliche Konstante bestimmt ist.

Satz 2. *Gehört* $g(x)$ *zu* $\mathfrak{D}_{\rightarrow}^{(0)}$, *so ist für* $\Re(x)>k\geqq c$

$$(11)\qquad f(x)=\frac{1}{2\pi i}\int_{k-i\infty}^{k+i\infty}dz\,g(z)\int_0^{\infty}\frac{e^{-u(x-z)}}{e^{-u}+1}du=\frac{1}{2\pi i}\int_{k-i\infty}^{k+i\infty}\beta(x-z)g(z)\,dz$$

die einzige Lösung von (1), *die zu* $\mathfrak{D}_{\rightarrow}^{(0)}$ *gehört. Dabei ist*

$$(12)\qquad \beta(x)=\int_0\frac{e^{-ux}}{e^{-u}+1}=\sum_{\nu=0}^{\infty}\frac{(-1)^\nu}{x+\nu},$$

$$(13)\qquad \beta(x-z+1)+\beta(x-z)=\frac{1}{x-z}.$$

Wir führen den Beweis des hier unmittelbar verizierbaren Resultates nach der verallgemeinerungsfähigen Methode von Pincherle. Gehören $f(x)$ und $g(x)$ zu $\mathfrak{D}_{\rightarrow}^{(0)}$, so ist (1) äquivalent der Integralgleichung

$$(14)\qquad \frac{1}{2\pi i}\int_{k-i\infty}^{k+i\infty}f(z)\left(\frac{1}{x+1-z}+\frac{1}{x-z}\right)dz=g(x).$$

Nun ist

$$(15)\qquad \frac{1}{x+1-z}+\frac{1}{x-z}=\int_0^{\infty}e^{-u(x-z)}(e^{-u}+1)\,du\quad\text{für}\quad \Re(x)>\Re(z),$$

$$g(x)=\frac{1}{2\pi i}\int_0^\infty du\, e^{-ux}\int_{k-i\infty}^{k+i\infty} e^{uz} g(z)\,dz, \tag{16}$$

also hat man

$$\frac{1}{2\pi i}\int_0^\infty du\, e^{-ux}(e^{-u}+1)\int_{k-i\infty}^{k+i\infty} f(z)\,e^{uz}\,dz=\frac{1}{2\pi i}\int_0^\infty du\, e^{-ux}\int_{k-i\infty}^{k+i\infty} e^{uz} g(z)\,dz. \tag{17}$$

Daher muß[6])

$$\int_{k-i\infty}^{k+i\infty} f(z)\,e^{uz}\,dz=\frac{1}{e^{-u}+1}\int_{k-i\infty}^{k+i\infty} e^{uz} g(z)\,dz \tag{18}$$

oder

$$f(x)=\frac{1}{2\pi i}\int_{k-i\infty}^{k+i\infty} dz\, g(z)\int_0^\infty \frac{e^{-u(x-z)}}{e^{-u}+1}\,du \tag{19}$$

sein.

Satz 3. *Gehört* $g(x)$ *zu* $\mathfrak{D}_{\rightarrow}^{(0)}$, *so gilt für* (11) *die Entwicklung* (5) *asymptotisch, wenn* x *parallel der Achse des Reellen in der Halbebene* $\Re(x)>c$ *nach Unendlich geht.*

Satz 4. *Gehört* $g(x)$ *zu* $\mathfrak{D}_{\rightarrow}^{(n)}$, *wo* n *eine positive Zahl ist, so gibt es eine und nur eine Lösung aus* $\mathfrak{D}_{\rightarrow}^{(n)}$ *von* (1), *nämlich*

$$f(x)=\sum_{\nu=0}^{n-1}\frac{c_\nu}{\nu!}g^{(\nu)}(x)+\frac{1}{2\pi i}\int_{k-i\infty}^{k+i\infty} dz\, g(z)\int_0^\infty e^{-u(x-z)}\left(\frac{1}{e^{-u}+1}-\sum_{\nu=0}^{n-1}(-1)^\nu\frac{c_\nu}{\nu!}u^\nu\right)du.$$

Es gilt daher wie oben (5) *asymptotisch.*

Satz 5. *Für Funktionen* $g(x)$ *aus* $\mathfrak{D}_{\leftarrow}^{(n)}$ *gelten analoge Sätze und Darstellungen, nur tritt* $-\beta(1-x)$ *an die St lle von* $\beta(x)$.

Sei wieder $\Re(x)>0$. Aus der Gleichung

$$\beta(x-z)=\frac{-\pi}{\sin\pi(x-z)}-\beta(1-x+z) \tag{21}$$

folgt vermittelst des Cauchyschen Integralsatzes zunächst unter den Voraussetzungen des Satzes 2, dann aber allgemein[7])

Satz 6. *Ist* $g(x)$ *in der Halbebene* $\Re(x)>0$ *regulär und ist daselbst* $|g(x)|<e^{\varkappa|x|}$, *wo* $\varkappa<\pi$ *ist, so ist für* $\Re(x)>0$

$$f(x)=\frac{i}{2}\int_{k_1-i\infty}^{k_1+i\infty} g(x+z)\frac{dz}{\sin\pi z}, \tag{22}$$

[6]) Vgl. etwa S. Pincherle, Sur les fonctions déterminantes. Ann. Ec. norm. **125** (1905), S. 28.

[7]) Nörlund, l. c. S. 13f.

wo $-1 < k_1 < 0$. *Diese Lösung ist die einzige von* (1), *welche in einem zur imaginären Achse parallelen Streifen von der Breite* 1 *schwächer unendlich wird wie* $e^{\pm \pi i x}$.

Ebenso erhält man unmittelbar:

Satz 7. *Ist* $g(x)$ *innerhalb eines kleinen Winkels* ϑ, *der die positive reelle Achse einschließt, regulär und ist gleichmäßig in dem Winkel für alle positiven* ε

$$\lim_{x \to \infty} \varphi(x) e^{-\varepsilon |x|} = 0, \tag{23}$$

so ist

$$f(x) = \frac{i}{2} \int_C \frac{g(x+z)\, dz}{\sin \pi z} \tag{24}$$

eine Lösung von (1), *wenn* C *aus zwei Radienvektoren innerhalb des Winkels* ϑ *und einem im Sinne des Uhrzeigers durchlaufenen kleinen Kreis um den Nullpunkt besteht.*

Satz 8. *Ist innerhalb des Winkels* ϑ *entsprechend* (3)

$$g(x) = \frac{a}{x} + \frac{b(x)}{x^2}, \tag{25}$$

so folgt aus (24)

$$f(x) = \sum_{\nu=0}^{\infty} (-1)^{\nu} g(x+\nu) \tag{26}$$

als einzige Lösung von (1), *welche, wenn* x *längs der reellen Achse nach* $+\infty$ *geht, verschwindet.*

Geht man schließlich von den unendlich vielen linearen Gleichungen

$$f(x+\nu+1) + f(x+\nu) = g(x+\nu) \quad (\nu = 0, 1, 2, \ldots) \tag{27}$$

aus, so erhält man:

Satz 9. *Ist für alle reelle* x

$$\overline{\lim_{n \to \infty}} \sqrt[n]{|g(x+n)|} \leqq q < 1, \tag{28}$$

so gibt es nur die eine Lösung (26), *für welche*

$$\overline{\lim_{n \to \infty}} \sqrt[n]{|f(x+n)|} \leqq q \tag{29}$$

ist.

Entsprechende Darstellungen wie in den obigen Sätzen erhält man, wenn man die negative Achse der reellen x statt der positiven auszeichnet.

Nörlund geht seinerseits von (26) aus, indem er $g(x)$ durch $g(x) e^{-\varepsilon x}$ ersetzt und ε nach 0 gehen läßt.

Da unter sehr weitgehenden Voraussetzungen über $g(x)$ für $g(x)e^{-\varepsilon x}$ die Bedingungen für die meisten hier gegebenen Darstellungen erfüllt sind, so glaube ich, daß die oben zusammengestellten Sätze geeignet sind, zur Aufhellung der Tatsache beizutragen, daß man durch geeignete Summierung von (26) bzw. der entsprechenden Darstellung für $\Re(x) \leqq 0$ gerade die wichtigsten Lösungen von (1) erhält.

§ 2.

Behandlung der Differenzengleichung (2).

Geht man von (2) zu der Differentialgleichung

$$(30) \qquad (1-x)f(x) + \sum_{\nu=1}^{\infty} \frac{f^{(\nu)}(x)}{\nu!} = g(x)$$

über, so erhält man entsprechend meinem Ansatz für solche Differentialgleichungen die Hilfsdifferentialgleichung[8])

$$(31) \qquad -\frac{d\varphi(z)}{dz} + (e^z - x)\varphi(z) = 1.$$

Im allgemeinen Fall hat man, wie dort gezeigt wurde, eine Lösung der Hilfsdifferentialgleichung anzugeben, welche an der singulären Stelle vom absolut kleinsten Betrag regulär ist. Leider fällt in dem vorliegenden Fall diese singuläre Stelle nach ∞, so daß man es mit einer Ausartung zu tun hat. Immerhin erhält man ohne weiteres durch Integration von (31)

Satz 10. *Gehört $g(x)$ zu $\mathfrak{F}_q$, wo q irgendeine positive Zahl ist, so hat (2) eine ganze transzendente Lösung*

$$(32) \qquad f(x) = \sum_{\nu=0}^{\infty} \frac{c_\nu(x)}{\nu!} g^{(\nu)}(x),$$

wenn

$$(33) \qquad \varphi(z,x) = \sum_{\nu=0}^{\infty} \frac{c_\nu(x)}{\nu!} z^\nu = e^{e^z} e^{-xz} \int_z^{\infty} e^{-e^{z_1}} e^{xz_1} dz_1$$

gesetzt wird. Speziell ist

$$(34) \qquad c_0(x) = e \int_0^{\infty} e^{-e^{z_1}} e^{xz_1} dz_1 = e \int_0^{\infty} e^{-z_1} z_1^{x-1} dz_1 = eQ(x),$$

wobei[9]) *$Q(x)$ eine ganze transzendente Funktion ist, für welche*

$$(35) \qquad Q(x+1) - xQ(x) = e^{-1}.$$

---

[8]) Vgl. Hilb, l. c. 3, S. 8.

[9]) F. Prym, Zur Theorie der Gammafunktion. Journ. für Math. **82**, S. 165—172.

Man darf übrigens von $g(x)$ noch etwas weniger verlangen. Darauf und auf die $f(x)$ definierende Eigenschaft, welche an die Stelle dessen tritt, daß auch die bestimmte Funktion zu $\mathfrak{F}_q$ gehört, wie es bei im Endlichen gelegenen singulären Stellen der Hilfsdifferentialgleichung bei geeignetem q der Fall ist, muß ich in einer späteren Arbeit zurückkommen. Daß $f(x)$ (2) befriedigt, kann man durch Einsetzen unschwer verifizieren.

Nimmt man in (33) statt $+\infty$ als Integrationsgrenze $-\infty$, so erhält man

Satz 11. *Gehört* $g(x)$ *zu* $\mathfrak{F}_q$, *so hat* (2) *für* $\Re(x) > 0$ *die Lösung*

$$f(x) = \sum_{\nu=0}^{\infty} \frac{\gamma_\nu(x)}{\nu!} g^{(\nu)}(x), \tag{36}$$

wobei jetzt

$$\varphi(z, x) = \sum_{\nu=0}^{\infty} \frac{\gamma_\nu(x)}{\nu!} z^\nu = -e^{e^z} e^{-xz} \int_{-\infty}^{z} e^{-e^{z_1}} e^{xz_1} dz_1 \tag{37}$$

gesetzt ist. Die Lösung (36) *ist die einzige, für welche bei reellem positiven* n

$$\lim_{n\to\infty} \frac{f(x+n)}{\Gamma(x+n)} = 0 \tag{38}$$

ist. Speziell ist[9])

$$\gamma_0(x) = -e\int_{-\infty}^{0} e^{-e^z} e^{xz} dz = -e\int_{0}^{1} e^{-z} x^{z-1} dz = -eP(x),$$

wobei

$$P(x+1) - xP(x) = -e^{-1}$$

ist.

Man verifiziert wieder leicht, daß (36) der Differenzengleichung (2) genügt, (38) folgt aus der Tatsache[10]), daß für alle x

$$|g^{(m)}(x)| < (q+\varepsilon)^m e^{|x|q}, \tag{39}$$

wenn ε eine beliebig kleine positive Größe und m unabhängig von x groß genug gewählt ist.

Die Methode von Pincherle, die uns Satz 2 lieferte, führt hier in naheliegender Verallgemeinerung vermittelst partieller Integration auf die Hilfsdifferentialgleichung

$$\varphi'(z) - e^{-z}\varphi(z) = -\int_{k-i\infty}^{k+i\infty} e^{zt} g(t)\, dt, \tag{40}$$

die, wie auch entsprechend im allgemeinen Falle, in engster Beziehung

[10]) Vgl. Hilb, l. c. 3, S. 2.

zu (31) steht, aber jetzt mit der Nebenbedingung $\varphi(0)=0$ zu integrieren ist. Es folgt

Satz 12. *Gehört $g(x)$ zu $\mathfrak{D}^{0}_{\rightarrow}$, so ist*

$$f(x)=-\frac{1}{2\pi i}\int\limits_{k-i\infty}^{k+i\infty} g(z)dz\int\limits_{0}^{\infty} du\, e^{-ux}e^{-e^{-u}}\int\limits_{0}^{u} du_1 e^{e^{-u_1}} e^{u_1 z}$$

$$(41)\qquad =-\frac{1}{2\pi i}\int\limits_{k-i\infty}^{k+i\infty} g(z)dz\int\limits_{0}^{\infty} du\, e^{-u(x-z)}e^{e^{-u}}e^{ux}\int\limits_{u}^{\infty} du_1 e^{-u_1 x} e^{-e^{-u_1}}$$

$$=\frac{1}{2\pi i}\int\limits_{k-i\infty}^{k+i\infty} g(z)H(x,z)dz,\quad (\Re(x)>k),$$

die einzige Lösung von (2) aus $\mathfrak{D}^{(0)}_{\rightarrow}$, speziell also die einzige Lösung, für welche bei reellem positiven n

$$\lim_{n\to\infty}\frac{f(x+n)}{\Gamma(x+n)}=0.$$

Gehört $g(x)$ also auch zu $\mathfrak{F}_q$, so sind die Lösungen (36) und (41) identisch.

Es ist dabei

$$(43)\ H(x,z)=-\int\limits_{0}^{\infty} du\, e^{-u(x-z)}e^{e^{-u}}e^{ux}\int\limits_{u}^{\infty} du_1 e^{-u_1 x}e^{-e^{-u_1}} \text{ für } (\Re(x)>\Re(z)),$$

und nach (37)

$$(44)\qquad -e^{e^{-u}}e^{ux}\int\limits_{u}^{\infty} du_1 e^{-e^{-u_1}}\, e^{-u_1 x}=\sum_{\nu=0}^{\infty}(-1)^{\nu}\frac{\gamma_\nu(x)}{\nu!}u^{\nu},$$

ferner

$$(45)\qquad H(x+1,z)-xH(x,z)=\frac{1}{x-z}.$$

Satz 13. *Gehört $g(x)$ zu $\mathfrak{D}^{(n)}_{\rightarrow}$, so ist für $\Re(x)>k>c$*

$$(46)\qquad f(x)=\sum_{\nu=0}^{n-1}\frac{\gamma_\nu(x)}{\nu!}g^{(\nu)}(x)$$

$$+\frac{1}{2\pi i}\int\limits_{k-i\infty}^{k+i\infty} g(z)dz\int\limits_{0}^{\infty} du\, e^{-u(x-z)}\left[-e^{e^{-u}}e^{ux}\int\limits_{u}^{\infty} du_1 e^{-u_1 x}e^{-e^{-u_1}}-\sum_{\nu=0}^{n-1}(-1)^{\nu}\frac{\gamma_\nu(x)}{\nu!}u^{\nu}\right]$$

die einzige Lösung von (2), für welche (42) gilt. Gehört $g(x)$ auch zu $\mathfrak{F}_q$, so sind (36) und (46) identisch.

Satz 14. *Gehört* $g(x)$ *zu* $\mathfrak{D}_{\leftarrow}^{(n)}$, *so ist für* $\Re(x) < k$

$$f(x) = \sum_{\nu=0}^{n-1} \frac{c_\nu(x)}{\nu!} g^{(\nu)}(x) \tag{47}$$

$$+ \frac{1}{2\pi i}\int_{k-i\infty}^{k+i\infty} g(z)\,dz \int_0^\infty du\, e^{u(x-z)} \left[e^{e^u} e^{-ux} \int_u^\infty du_1\, e^{u_1 x} e^{-e^{u_1}} - \sum_{\nu=0}^{n-1} \frac{c_\nu(x)}{\nu!} u^\nu \right]$$

die einzige für $\Re(x) < k < 0$ *reguläre Lösung von* (2), *die nach Division durch eine geeignete Potenz von* $|x|$ *in einem Streifen von der Breite* 1 *parallel der imaginären Achse unterhalb einer endlichen Schranke bleibt.*

Es ist dabei nach (33)

$$e^{e^u} e^{-ux} \int_u^\infty du_1\, e^{u_1 x} e^{-e^{u_1}} = \sum_{\nu=0}^{\infty} \frac{c_\nu(x)}{\nu!} u^\nu; \tag{48}$$

ferner, wenn

$$\int_0^\infty du\, e^{u(x-z)} e^{e^u} e^{-ux} \int_u^\infty du_1\, e^{u_1 x} e^{-e^{u_1}} = H_1(x,z), \tag{49}$$

$$H_1(x+1, z) - x H_1(x, z) = \frac{1}{z-x}. \tag{50}$$

Satz 15. *Es ist*

$$H(x,z) = -\sum_{\nu=0}^{\infty} \frac{1}{x+\nu-z} \frac{1}{x(x+1)\cdots(x+\nu)}. \tag{51}$$

Satz 16. *Für die durch* (41) *definierte Lösung von* (2) *gilt*

$$f(x) = -\sum_{\nu=0}^{\infty} \frac{g(x+\nu)}{x(x+1)\cdots(x+\nu)}. \tag{52}$$

Satz 17. *Selbst wenn* $g(x)$ *nur für positive reelle* x *definiert ist, sofern nur*

$$\overline{\lim_{n\to\infty}} \sqrt[n]{\left| \frac{g(x+n)}{\Gamma(x+n+1)} \right|} \leqq q < 1 \tag{53}$$

ist, hat (2) *die Lösung* (52) *und zwar als einzige, für welche*

$$\lim_{n\to\infty} \frac{f(x+n)}{\Gamma(x+n)} = 0 \tag{54}$$

ist.

Satz 18. *Selbst wenn* $g(x)$ *nur für negative reelle* x *definiert ist, sofern nur*

$$\overline{\lim_{n\to\infty}} \sqrt[n]{|g(x-n)\Gamma(n-x)|} \leqq q < 1 \tag{55}$$

ist, hat (2) *die Lösung*

$$f(x) = \frac{1}{\Gamma(1-x)} \sum_{\nu=1}^{\infty} (-1)^{\nu-1} g(x-\nu)\,\Gamma(\nu - x) \quad (x < 0) \tag{56}$$

und zwar als einzige Lösung, für welche

$$\lim_{n \to \infty} f(x-n)\,\Gamma(1+n-x) = 0. \tag{57}$$

Die Sätze (17) und (18) ergeben sich aus der Diskussion der Gleichungssysteme

$$f(x+\nu+1) - (x+\nu) f(x+\nu) = g(x+\nu) \quad (\nu = 0, 1, 2, \ldots) \tag{58}$$

bzw.

$$f(x-\nu) - (x-\nu-1) f(x-\nu-1) = g(x-\nu-1) \quad (\nu = 0, 1, 2, \ldots). \tag{59}$$

(Eingegangen am 23. 7. 1921.)

Über Singularitäten von Potenzreihen und Dirichletschen Reihen am Rande des Konvergenzbereiches[1]).

Von

Otto Szász in Frankfurt a. M.

Die Potenzreihe $\sum_{\nu=0}^{\infty} c_\nu z^\nu$ besitze einen endlichen Konvergenzradius, der hier ohne Einschränkung der Allgemeinheit gleich Eins angenommen werden kann. Die durch diese Reihe dargestellte Funktion

$$f(z) = \sum_{\nu=0}^{\infty} c_\nu z^\nu \tag{1}$$

hat bekanntlich mindestens eine singuläre Stelle auf dem Einheitskreise; doch ist es i. A. schwierig, aus bestimmten Eigenschaften der Koeffizienten c_ν auf den analytischen Charakter der Funktion in einem gegebenen Punkte des Einheitskreises zu schließen. Wohl der einfachste hierhergehörige Satz lautet:

Sind die c_ν von irgendeiner Stelle $\nu = n$ ab sämtlich reell und $\geqq 0$, so ist $z = 1$ eine singuläre Stelle der Funktion $f(z)$.[2])

---

[1]) Diese Arbeit bildete den Gegenstand eines Vortrages, den ich anläßlich der 86. Naturforscherversammlung im September 1920 in Bad Nauheim hielt. Satz III ist inzwischen, noch in verallgemeinerter Form, von F. Carlson und E. Landau (Neuer Beweis und Verallgemeinerungen des Fabryschen Lückensatzes, Göttinger Nachrichten, vorgelegt am 8. Juli 1921) veröffentlicht worden. Die beiden Herren hatten von meinem Nauheimer Vortrag keine Kenntnis und ihr Beweis ist von dem meinen verschieden.

[2]) Der Satz wurde fast gleichzeitig von Vivanti und Pringsheim gegeben und ein Beweis zuerst von Pringsheim veröffentlicht. Vgl. G. Vivanti, Sulle serie di potenze, Rivista di Matematica **3** (1893), S. 111–114 (dat. vom 29. Mai 1893); insb. S. 112. – A. Pringsheim, Über Funktionen, welche in gewissen Punkten endliche Differentialquotienten jeder endlichen Ordnung, aber keine Taylorsche Reihenentwicklung besitzen, Mathematische Annalen **44** (1894), S. 41–56 (datiert vom Juli 1893); insbes. S. 42. Vgl. auch G. Vivanti, Theorie der eindeutigen analytischen Funktionen. Umarbeitung unter Mitwirkung des Verfassers deutsch herausgegeben von A. Gutzmer, Leipzig, 1906, S. 399.

Für diesen Satz hat Herr Landau[3]) einen neuen Beweis gegeben und mit dessen Hilfe den Satz auf Dirichletsche Reihen folgendermaßen übertragen:

Es habe die Dirichletsche Reihe

$$\sum_{\nu=1}^{\infty} a_\nu e^{-\lambda_\nu s}, \quad s=\sigma+ti, \quad 0 \leqq \lambda_1 < \lambda_2 < \ldots < \lambda_n < \lambda_{n+1} < \ldots, \quad \lambda_n \to \infty,$$

wo stets[4])

$$a_\nu \geqq 0$$

ist, die im Endlichen gelegene Grenzgerade $\sigma=\alpha$. Dann ist $s=\alpha$ ein singulärer Punkt der für $\sigma>\alpha$ durch die Reihe definierten analytischen Funktion $F(s)$.

Verallgemeinerungen dieser Sätze über Potenzreihen und, teilweise, Dirichletsche Reihen haben die Herren Dienes, Fekete, Beke gegeben. Bekannt sind ferner die tiefgehenden Untersuchungen von Herrn Fabry, insbesondere sein Lückensatz. Im folgenden gewinne ich Ergebnisse, die diese noch genauer anzugebenden Resultate als Spezialfälle enthalten, mit Hilfe ziemlich elementarer Überlegungen unter alleiniger Benutzung des Vivanti-Pringsheimschen bzw. Landauschen Satzes, und zwar sogleich für allgemeine Dirichletsche Reihen.

§ 1.

Hilfssätze.

Hilfssatz 1. *Die Dirichletsche Reihe*

$$(2) \quad D(s)=\sum_{\nu=1}^{\infty} c_\nu e^{-\lambda_\nu s}, \quad c_\nu=a_\nu+b_\nu i, \quad 0 \leqq \lambda_1 < \lambda_2 < \lambda_3 < \ldots, \quad \lambda_\nu \to \infty,$$

besitze die Konvergenzgerade $\sigma=0$; *offenbar sind die Dirichletschen Reihen*

$$F_1(s)=\sum_{\nu=1}^{\infty} a_\nu e^{-\lambda_\nu s}, \quad F_2(s)=\sum_{\nu=1}^{\infty} b_\nu e^{-\lambda_\nu s}$$

mindestens für $\sigma>0$ *konvergent. Die Funktionen* $D(s)$, $F_1(s)$, $F_2(s)$ *sind bekanntlich für* $\sigma>0$ *regulär; ist mindestens eine der Funktionen* F_1, F_2 *singulär an der Stelle* $s=0$, *so gilt das gleiche für* $D(s)$.

Ich brauche nur zu zeigen: aus der Regularität von $D(s)$ für $s=0$ folgt die Regularität von F_1, F_2 an derselben Stelle. Besitzt nämlich $D(s)$ eine konvergente Potenzreihenentwicklung

$$D(s)=\sum_{\nu=0}^{\infty} p_\nu s^\nu \text{ für } |s|<r, \quad p_\nu=p'_\nu+i p''_\nu,$$

---

[3]) E. Landau, Über einen Satz von Tschebyschef, Math. Annalen **61** (1905), S. 527–550; insbes. S. 534–537. Vgl. auch E. Landau, Handbuch der Lehre von der Verteilung der Primzahlen, Leipzig 1909, Bd. 2, § 243.

[4]) Es ist klar, daß man endlich viele a_ν von der Bedingung ausnehmen darf.

so ist auch $\sum_{\nu=0}^{\infty} p'_\nu s^\nu$ für $|s|<r$ konvergent; ferner ist, zunächst für reelle $s=\sigma$, $0<\sigma<r$:

$$F_1(s)=\Re D(s)=\sum_{\nu=0}^{\infty} p'_\nu s^\nu;$$

daher gilt für alle s im Regularitätsbereich: $F_1(s)=\sum_{\nu=0}^{\infty} p'_\nu s^\nu$, woraus die Regularität von F_1 für $s=0$ folgt. Da nach Voraussetzung auch $iD(s)$ regulär ist, so gilt das gleiche für $F_2(s)$ an der Stelle $s=0$. Q. e. d.[5]).

Hilfssatz 2. Die Dirichletsche Reihe (2) besitze die Konvergenzgerade $\sigma=0$;

$$G(z)=\sum_{\nu=0}^{\infty} g_\nu z^\nu$$

sei eine ganze Funktion vom Minimaltypus der Ordnung eins, d. h. zu jedem $\varepsilon>0$ existiere ein R_ε, so daß

$$|G(z)|<e^{\varepsilon|z|} \quad \text{für} \quad |z|>R_\varepsilon,$$

während andererseits

$$|G(z)|>e^{-\varepsilon|z|}$$

für gewisse beliebig große $|z|$ ist.

Dann ist die Dirichletsche Reihe

$$H(s)=\sum_{\nu=1}^{\infty} c_\nu G(\lambda_\nu)e^{-\lambda_\nu s} \tag{3}$$

mindestens für $\sigma>0$ konvergent und $H(s)$ hat keine andere Singularitäten im Endlichen als $D(s)$.

Der Beweis ist sehr einfach[6]), und folgt aus der Darstellung

$$H(s)=\sum_{\nu=0}^{\infty}(-1)^\nu g_\nu D^{(\nu)}(s).$$

---

[5]) Hierin ist offenbar der Satz enthalten: Liegen die c_ν von einer Stelle $\nu=n$ ab sämtlich in einem Winkel von der Öffnung $\alpha<\pi$ der komplexen Ebene, mit dem Nullpunkt als Eckpunkt, so ist $s=0$ eine singuläre Stelle der Funktion $D(s)$. Für Potenzreihen gab diesen Satz Herr P. Dienes (Essai sur les singularités des fonctions analytiques, Journal de Math. pures et appl. (6) **5** (1909), S. 327—413; insb. S. 328 u. S. 338—340), für Dirichletsche Reihen der Gestalt $\sum_{\nu=1}^{\infty}\frac{c_\nu}{\nu^s}$ Herr M. Fekete (Sur les séries de Dirichlet, Comptes rendus Paris **150** (1910), S. 1033—1036; insb. S. 1034—1035); der daselbst angedeutete Beweis gilt auch für allgemeine Dirichletsche Reihen.

[6]) H. Cramér, Un théorème sur les séries de Dirichlet et son application, Arkiv för matematik, astronomi och fysik, Stockholm, **13** (1918—19), Nr. 22; insb. S. 7.

Hilfssatz 3. Es seien $r_1, r_2, r_3, \ldots$ reelle Zahlen, die den Bedingungen genügen

$$\text{(A)} \qquad 0 < r_1 < r_2 < r_3 < \ldots, \quad \frac{r_\nu}{\nu} \to \infty;$$

dann ist bekanntlich[7]) die ganze Funktion

$$G(z) = \prod_{\nu=1}^{\infty}\left(1 - \frac{z^2}{r_\nu^2}\right)$$

höchstens vom Minimaltypus der Ordnung eins. Ferner sei

$$(4) \qquad 0 \leqq \lambda_1 < \lambda_2 < \lambda_3 < \ldots, \quad \frac{\lambda_\nu}{\log \nu} \to \infty,$$

und es existiere eine positive Zahl h derart, daß

$$(5) \qquad r_\nu - r_{\nu-1} > h, \quad |r_\nu - \lambda_\varkappa| > h \qquad (\varkappa, \nu = 1, 2, 3, \ldots)$$

ist; dann haben die Dirichletschen Reihen (2) und (3) dieselbe Konvergenzabzisse.

Ich zeige zunächst, daß bei beliebig vorgegebenem $\varepsilon > 0$ für alle hinreichend großen Werte von $\varkappa$

$$|G(\lambda_\varkappa)|^{-1} < e^{\varepsilon \lambda_\varkappa}$$

ist. Zu diesem Zwecke setze ich[8])

$$G(\lambda_\varkappa) = \prod_{\nu=1}^{\infty} \frac{r_\nu^2 - \lambda_\varkappa^2}{r_\nu^2} = \gamma_n(\lambda_\varkappa)\,\gamma(\lambda_\varkappa),$$

wobei

$$\gamma_n(\lambda_\varkappa) = \prod_{\nu=1}^{n} \frac{(r_\nu - \lambda_\varkappa)(r_\nu + \lambda_\varkappa)}{r_\nu^2}, \quad \gamma(\lambda_\varkappa) = \prod_{\nu=n+1}^{\infty} \frac{r_\nu^2 - \lambda_\nu^2}{r_\varkappa^2}$$

ist. Nun ist[9])

$$|\gamma_n(\lambda_\varkappa)| > \prod_{\nu=1}^{n} \frac{|r_\nu - \lambda_\varkappa|}{r_\nu} > \frac{1}{r_n^n} \prod_{\nu=1}^{n} |r_\nu - \lambda_\varkappa|.$$

Bedeutet nun $\varkappa$ eine hinreichend große natürliche Zahl, so existiert dazu stets eine und nur eine natürliche Zahl n, für welche die Beziehung besteht:

$$(6) \qquad r_n < 4\lambda_\varkappa \leqq r_{n+1},$$

[7]) Vgl. z. B. A. Pringsheim, Über einige funktionentheoretische Anwendungen der Eulerschen Reihentransformation, Sitzungsberichte der Akademie München, mathem.-phys. Klasse 1912, S. 11–92; insb. S. 85 u. S. 87–88.

[8]) Eine ähnliche Überlegung bei G. Faber, Über die Nichtfortsetzbarkeit gewisser Potenzreihen, ebenda 1904, S. 63–74; insb. § 3. – Pringsheim, a. a. O.[7]), S. 88–91.

[9]) Eine leichte Verschärfung dieser Abschätzungen zeigt, daß die Bedingungen (5) durch die allgemeineren ersetzt werden können:

$$r_\nu - r_{\nu-1} > h, \quad |r_\nu - \lambda_\varkappa| > h^\nu \qquad (\varkappa, \nu = 1, 2, 3, \ldots).$$

und es ist offenbar

$$\lim_{\varkappa \to \infty} n(\varkappa) = \infty.$$

Wegen $\frac{r_\nu}{\nu} \to \infty$ ist daher für alle hinreichend großen $\varkappa$

(7) $$\frac{n}{r_n} \log \frac{2 e r_n}{h n} < \frac{\varepsilon}{4}.$$

Ferner sei $\varrho = \varrho(\varkappa)$ so bestimmt, daß

$$r_\varrho < \lambda_\varkappa < r_{\varrho+1}.$$

Dann wird

$$\prod_{\nu=1}^{n} |r_\nu - \lambda_\varkappa| = \prod_{\nu=1}^{\varrho} (\lambda_\varkappa - r_\nu) \cdot \prod_{\nu=\varrho+1}^{n} (r_\nu - \lambda_\varkappa),^{10)}$$

und mit Rücksicht auf (5) folgt hieraus

$$\prod_{\nu=1}^{n} |r_\nu - \lambda_\varkappa| > h^n \varrho!(n-\varrho)!,$$

woraus sich leicht

$$\prod_{\nu=1}^{n} |r_\nu - \lambda_\varkappa| > \left(\frac{hn}{2e}\right)^n,$$

also

$$|\gamma_n(\lambda_\varkappa)| > \left(\frac{hn}{2 e r_n}\right)^n = e^{n \log \frac{hn}{2 e r_n}}$$

ergibt. Es ist daher

$$|\gamma_n(\lambda_\varkappa)|^{-1} < e^{n \log \frac{2 e r_n}{hn}} = e^{\left(\frac{n}{r_n} \log \frac{2 e r_n}{hn}\right) r_n};$$

schließlich wegen (6) und (7)

$$|\gamma_n(\lambda_\varkappa)|^{-1} < e^{4 \lambda_\varkappa \left(\frac{n}{r_n} \log \frac{2 e r_n}{hn}\right)} < e^{\varepsilon \lambda_\varkappa}.$$

Andererseits hat man

$$|\gamma(\lambda_\varkappa)|^{-1} = \prod_{\nu=n+1}^{\infty} \frac{r_\nu^2}{r_\nu^2 - \lambda_\varkappa^2} = \prod_{\nu=n+1}^{\infty} \left(1 + \frac{\lambda_\varkappa^2}{r_\nu^2 - \lambda_\varkappa^2}\right) = \prod_{\nu=n+1}^{\infty} \left(1 + \frac{\lambda_\varkappa^2}{r_\nu^2} \frac{1}{1 - \left(\frac{\lambda_\varkappa}{r_\nu}\right)^2}\right),$$

und da wegen (6)

$$\left(\frac{\lambda_\varkappa}{r_\nu}\right)^2 \leqq \left(\frac{\lambda_\varkappa}{r_{n+1}}\right)^2 \leqq \frac{1}{16}$$

ist, so erhält man

$$|\gamma(\lambda_\varkappa)|^{-1} < \prod_{\nu=n+1}^{\infty} \left(1 + \frac{16}{15} \frac{\lambda_\varkappa^2}{r_\nu^2}\right).$$

Nun ist für genügend großes n (also auch $\varkappa$):

$$\frac{1}{r_\nu} < \frac{\varepsilon}{2\pi\nu} \quad \text{für} \quad \nu > n,$$

---

10) Offenbar ist $\varrho \leq n$; im Falle $\varrho = n$ ist das zweite Produkt $= 1$ zu setzen.

und sodann

$$|\gamma(\lambda_\varkappa)|^{-1} < \prod_{\nu=n+1}^{\infty}\left(1+\frac{16}{15}\,\frac{\varepsilon^2\lambda_\varkappa^2}{4\pi^2\nu^2}\right) < \prod_{\nu=n+1}^{\infty}\left(1+\frac{\varepsilon^2\lambda_\varkappa^2}{\pi^2\nu^2}\right) < \frac{1}{\varepsilon\lambda_\varkappa}\,|\sin i\varepsilon\lambda_\varkappa| < e^{\varepsilon\lambda_\varkappa}.$$

Somit ist schließlich

$$(8) \qquad |G(\lambda_\varkappa)|^{-1} < e^{2\varepsilon\lambda_\varkappa} \quad \text{für alle hinreichend großen } \varkappa.$$

Nun folgt aus $|G(z)| < e^{\varepsilon|z|}$, daß die Reihe (3) mindestens innerhalb der Konvergenzhalbebene der Reihe (2) konvergiert[11]; ferner erhält man aus (8) und (4), daß auch umgekehrt die Reihe (2) mindestens innerhalb der Konvergenzhalbebene der Reihe (3) konvergiert. Es ist nämlich, wenn die Reihe (3) für $\sigma > l$ konvergiert und $\delta > 0$ ist,

$$(9) \qquad \sum_{\nu=1}^{\infty} c_\nu e^{-\lambda_\nu(l+2\delta)} = \sum_{\nu=1}^{\infty} c_\nu G(\lambda_\nu)\, e^{-\lambda_\nu(l+\delta)} \cdot \frac{1}{G(\lambda_\nu)}\, e^{-\lambda_\nu\delta},$$

und es existiert eine Zahl $M = M(\delta)$ derart, daß

$$|c_\nu G(\lambda_\nu)|\, e^{-\lambda_\nu(l+\delta)} < M \qquad (\nu = 1, 2, 3, \ldots)$$

ist. Ferner ist wegen (8) und (4)

$$\left|\frac{1}{G(\lambda_\nu)}\right| e^{-\lambda_\nu\delta} < e^{-\lambda_\nu\frac{\delta}{2}} < \frac{1}{\nu^2}$$

für alle hinreichend großen Werte von ν, woraus die Konvergenz der Reihe (9) unmittelbar folgt.

§ 2.

Dirichletsche Reihen mit angebbaren Singularitäten.

Ich beweise nun zunächst den

Satz I. Die *Dirichletsche Reihe mit reellen Koeffizienten*

$$(10) \quad F(s) = \sum_{\nu=1}^{\infty} a_\nu e^{-\lambda_\nu s}, \quad a_1 \geqq 0, \quad 0 \leqq \lambda_1 < \lambda_2 < \lambda_3 < \ldots, \quad \frac{\lambda_\nu}{\log \nu} \to \infty$$

besitze eine endliche Konvergenzabszisse α. Die Koeffizientenfolge $a_1, a_2, a_3, \ldots$ besitze unendlich viele Vorzeichenwechsel und zwar für die Indizes $q_1, q_2, q_3, \ldots$, so daß also

$$a_1 \geqq 0, \ldots, a_{q_1} \geqq 0, \quad a_{1+q_1} < 0, \ldots, a_{q_2-1} \leqq 0, \quad a_{q_2} \leqq 0, \quad a_{1+q_2} > 0, \ldots$$

ist. Ferner sei

$$(\mathrm{A}') \qquad \lim_{\nu\to\infty} \frac{\lambda_{q_\nu}}{\nu} = \infty,$$

[11] Vgl. Cramér, a. a. O. [6]), S. 3–4.

und es existiere eine positive Zahl h derart, daß

$$(5') \qquad \lambda_{1+q_\nu} - \lambda_{q_\nu} > h \qquad (\nu = 1, 2, 3, \ldots)$$

ist. Dann ist $s = \alpha$ eine singuläre Stelle der Funktion $F(s)$. [12])

Beim Beweise kann offenbar ohne Einschränkung der Allgemeinheit $\alpha = 0$ gesetzt werden. Ich bilde nun

$$G(z) = \prod_{\nu=1}^{\infty} \left[1 - \frac{4z^2}{(\lambda_{q_\nu} + \lambda_{1+q_\nu})^2}\right],$$

und kann hier den Hilfssatz 3 für

$$r_\nu = \frac{1}{2}(\lambda_{q_\nu} + \lambda_{1+q_\nu}) \qquad (\nu = 1, 2, 3, \ldots)$$

anwenden, denn die Bedingungen (A), (4) und (5) sind jetzt wegen (A′), (10) und (5′) erfüllt. Somit besitzt die Dirichletsche Reihe

$$(11) \qquad R(s) = \sum_{\nu=1}^{\infty} a_\nu G(\lambda_\nu) e^{-\lambda_\nu s}$$

gleichfalls die Konvergenzgerade $\sigma = 0$. Ferner hat nach Hilfssatz 2 die Funktion $R(s)$ auf der Geraden $\sigma = 0$ keine anderen singulären Stellen als $F(s)$. Da nun aber

$$\lambda_{q_\nu} < r_\nu < \lambda_{1+q_\nu} \qquad (\nu = 1, 2, 3, \ldots)$$

ist, so ist

$$G(\lambda_1) > 0, \ldots, G(\lambda_{q_1}) > 0, \; G(\lambda_{1+q_1}) < 0, \ldots, G(\lambda_{q_2}) < 0, \; G(\lambda_{1+q_2}) > 0, \ldots,$$

daher hat die Dirichletsche Reihe (11) lauter positive ($\geqq 0$) Koeffizienten. Nach dem in der Einleitung zitierten Landauschen Satz ist somit $s = 0$ eine singuläre Stelle für die Funktion $R(s)$ und nach dem oben Gesagten auch für $F(s)$. Q. e. d.

Die Bedingung (5′) kann nicht fortgelassen werden, wie das Beispiel zeigt:

$$F(s) = \sum_{\nu=1}^{\infty} \left(e^{-\nu^2 s} - e^{-(\nu^2 + e^{-\nu^3})s}\right);$$

$F(s)$ ist nach Cramér (a. a. O.[6]), S. 12) eine ganze transzendente Funktion, wovon man sich leicht überzeugt. Doch kann an Stelle von (5′) eine allgemeinere Bedingung eingeführt werden. (Vgl. die Fußnote [9])).

---

[12]) Für Potenzreihen (also $\lambda_\nu = \nu$) und die engere Bedingung: $\sum_{\nu=1}^{\infty} \frac{1}{q_\nu}$ konvergiere, gab den entsprechenden Satz Herr Em. Beke (Vizsgálatok az analytikai függvények elmélete köréből, Math. és Természettud. Értesitö **34** (1916), S. 1–61; insbes. S. 27–30). In der obigen Bezeichnung ist a_{1+q_1} der erste negative Koeffizient a_{1+q_2} der darauffolgende erste positive Koeffizient usw.

Aus I folgt leicht der

Satz II. *Die Dirichletsche Reihe*

$$D(s)=\sum_{\nu=1}^{\infty} c_\nu e^{-\lambda_\nu s}=\sum_{\nu=1}^{\infty}(a_\nu+b_\nu i)e^{-\lambda_\nu s}$$

besitze die Konvergenzabszisse α; dann hat mindestens eine der beiden Dirichletschen Reihen

$$F_1(s)=\sum a_\nu e^{-\lambda_\nu s}, \qquad F_2(s)=\sum b_\nu e^{-\lambda_\nu s}$$

gleichfalls die Konvergenzabszisse α. Genügt diese Reihe den Bedingungen des Satzes I, *so ist $s=\alpha$ eine singuläre Stelle der Funktion $D(s)$.*

Dies ergibt sich unmittelbar durch Anwendung des Hilfssatzes 1.

Aus II ergibt sich nun leicht der

Satz III. *Die Dirichletsche Reihe mit komplexen Koeffizienten*

$$D(s)=\sum_{\nu=1}^{\infty} c_\nu e^{-\lambda_\nu s}, \qquad \lambda_1<\lambda_2<\lambda_3<\ldots,$$

wobei

$$\frac{\lambda_\nu}{\nu}\to\infty, \qquad \liminf_{\nu\to\infty}.\,(\lambda_\nu-\lambda_{\nu-1})>0$$

sei, besitze die endliche Konvergenzabszisse α. Dann ist die Funktion $D(s)$ über die Gerade $\sigma=\alpha$ hinaus nicht fortsetzbar.

Ich brauche nur zu zeigen, daß $s=\alpha+ti$ (t reell) eine singuläre Stelle der Funktion $D(s)$, d. h. $s=\alpha$ eine singuläre Stelle der Funktion

$$D(s+ti)=\sum_{\nu=1}^{\infty} c_\nu e^{-\lambda_\nu ti}e^{-\lambda_\nu s}=\sum c'_\nu e^{-\lambda_\nu s}=\sum(a'_\nu+b'_\nu i)\,e^{-\lambda_\nu s}$$

ist. Diese Reihe hat gleichfalls die Konvergenzabszisse α, also auch mindestens eine der Reihen

$$\sum a'_\nu e^{-\lambda_\nu s}, \qquad \sum b'_\nu e^{-\lambda_\nu s};$$

aber diese Reihen genügen den Bedingungen des Satzes I; hieraus in Verbindung mit II folgt sofort der Satz III.

Für ganzzahlige λ_ν reduziert sich III auf einen bekannten Satz von Fabry über Potenzreihen[13]).

[13]) E. Fabry, a) Sur les points singuliers d'une fonction donnée par son développement en série et l'impossibilité du prolongement analytique dans des cas très généraux, Ann. de l'Éc. Normale (3) **13** (1896), S. 367–399; insbes. S. 381–382; b) Sur les séries de Taylor qui ont une infinité de points singuliers, Acta mathematica 22 (1899), S. 65–87; insbes. S. 86. — Vgl. ferner Faber, a. a. O. [8]), Pringsheim, a. a. O. [7]), insbes. § 5. — Für den Spezialfall $\lambda_{\nu+1}-\lambda_\nu\to\infty$ verweisen Carlson und Landau auf die Diss. von Wennberg (Uppsala 1920), die mir nicht zugänglich war.

Die aus I und II für $\lambda_\nu=\nu$ resultierenden Sätze lassen sich auch aus den Fabryschen Resultaten herleiten.

§ 3.

Verallgemeinerung eines Fatouschen Satzes.

Der Satz III gibt Bedingungen, die sich nur auf die Exponentenfolge (λ_ν) beziehen, und die Nichtfortsetzbarkeit der Reihe $\Sigma c_\nu e^{-\lambda_\nu s}$ zur Folge haben. Es ist von Interesse, diesem Satze einen andern an die Seite zu stellen, der kurz besagt, daß unter allgemeinen Bedingungen die Reihe $\Sigma c_\nu e^{-\lambda_\nu s}$ nur durch geeignete Änderung der Vorzeichen der Koeffizienten in eine Dirichletsche Reihe übergeht, die ihre Konvergenzabszisse zur natürlichen Grenze hat. Für Potenzreihen lautet der Satz:

Die Potenzreihe $\sum\limits_{\nu=0}^{\infty} c_\nu z^\nu$ besitze den Konvergenzradius eins; dann läßt sich eine unendliche Folge $\varepsilon_0, \varepsilon_1, \varepsilon_2, \ldots$, wo die ε_ν nur der beiden Werte $+1$ und -1 fähig sind, derart bestimmen, daß die Reihe $\sum\limits_{\nu=0}^{\infty} \varepsilon_\nu c_\nu z^\nu$ den Einheitskreis zur natürlichen Grenze hat.

Diesen Satz hat schon Herr Fatou [14]) vermutet, aber nur unter der Bedingung:

$$c_\nu \to 0, \qquad \sum |c_\nu| \text{ divergiert},$$

mit Hilfe eines wichtigen, von ihm herrührenden Satzes bewiesen. Ohne diese Bedingung gelang der Beweis zuerst Herrn Pólya und dann noch einfacher Hurwitz [15]), durch Anwendung der vorhin berührten Fabryschen Resultate. Ich benutze den Hurwitzschen Gedankengang, um den allgemeineren Satz zu beweisen:

Satz IV. *Es sei*

$$\lambda_1 < \lambda_2 < \lambda_3 < \ldots, \qquad \frac{\lambda_\nu}{\log \nu} \to \infty, \qquad s = \sigma + ti \tag{12}$$

die Dirichletsche Reihe

$$D(s) = \sum_{\nu=1}^{\infty} c_\nu e^{-\lambda_\nu s} \tag{13}$$

besitze eine endliche Konvergenzabszisse α. Sei ferner

$$\varepsilon_1, \varepsilon_2, \varepsilon_3, \ldots \quad (\varepsilon_\nu = \pm 1), \tag{14}$$

eine unendliche Zahlenfolge, in der jedes Glied den Wert 1 *oder* -1 *hat; dann hat auch die Dirichletsche Reihe*

$$D_\varepsilon(s) = \sum_{\nu=1}^{\infty} \varepsilon_\nu c_\nu e^{-\lambda_\nu s} \tag{13'}$$

---

[14]) P. Fatou, Séries trigonométriques et séries de Taylor, Acta math. **30** (1906), S. 335–400; insbes. S. 400.

[15]) A. Hurwitz und G. Pólya, Zwei Beweise eines von Herrn Fatou vermuteten Satzes, Acta math. **40** (1915), S. 179–183.

die Konvergenzabszisse α, und die Funktion $D_\varepsilon(s)$ ist bei geeigneter Wahl der ε_ν über die Gerade $\sigma=\alpha$ hinaus nicht fortsetzbar.

Unter der Bedingung (12) hat bekanntlich[16]) die Reihe (13) keinen Streifen bedingter Konvergenz, also besitzen die Reihen (13) und (13′) dieselbe Konvergenzabszisse (die zugleich Abszisse absoluter Konvergenz ist). Ich gebe hier dafür einen direkten Beweis, der zugleich eine einfache Bestimmung der Zahl α liefert; es gilt nämlich der

Satz V. *Die Konvergenzabszisse α der Dirichletschen Reihe*

$$(13'') \qquad D(s)=\sum_{\nu=1}^{\infty} c_\nu e^{-\lambda_\nu s}, \qquad \lambda_1<\lambda_2<\ldots, \qquad \frac{\lambda_\nu}{\log\nu}\to\infty$$

ist durch

$$\alpha=\overline{\lim_{\nu\to\infty}}\,\frac{\log|c_\nu|}{\lambda_\nu}$$

bestimmt.

Sei nämlich zunächst α endlich; dann ist für irgendein $\delta>0$ von einer gewissen Stelle an

$$\frac{\log|c_\nu|}{\lambda_\nu}<\alpha+\frac{\delta}{2} \quad \text{oder} \quad |c_\nu|<e^{\lambda_\nu\left(\alpha+\frac{\delta}{2}\right)} \quad \text{und} \quad \lambda_\nu>\frac{4}{\delta}\log\nu,$$

also

$$\sum|c_\nu|\,e^{-\lambda_\nu(\alpha+\delta)}<\sum e^{-\lambda_\nu\frac{\delta}{2}}<\sum\frac{1}{\nu^2},$$

woraus die (absolute) Konvergenz der Reihe (13) für $\sigma>\alpha$ folgt. Ferner ist unendlich oft

$$\frac{\log|c_\nu|}{\lambda_\nu}>\alpha-\frac{\delta}{2} \quad \text{oder} \quad |c_\nu|>e^{\lambda_\nu\left(\alpha-\frac{\delta}{2}\right)};$$

also

$$|c_\nu|\,e^{-\lambda_\nu(\alpha-\delta)}>e^{\lambda_\nu\frac{\delta}{2}}>1,$$

daher divergiert die Reihe (13) für $\sigma<\alpha$.

Ist aber $\alpha=-\infty$, so ist für irgendeine reelle Zahl r von einer gewissen Stelle an

$$|c_\nu|<e^{\lambda_\nu(r-\delta)}, \quad \text{also} \quad \sum|c_\nu|\,e^{-\lambda_\nu r}<\sum e^{-\lambda_\nu\delta},$$

daher konvergiert die Reihe (13) (sogar absolut) für jedes s.

Ist schließlich $\alpha=+\infty$, so ist für irgendeine positive Zahl p unendlich oft

$$|c_\nu|>e^{\lambda_\nu\left(p-\frac{\delta}{2}\right)}, \quad \text{also} \quad |c_\nu|\,e^{-\lambda_\nu(p-\delta)}>e^{\lambda_\nu\frac{\delta}{2}}>1,$$

und die Reihe (13) für jedes s divergent.

---

[16]) Vgl. z. B. E. Landau, a. a. O. [3]), Handbuch usw., S. 759.

Der Satz V ist offenbar eine unmittelbare Verallgemeinerung des Cauchy-Hadamardschen Satzes zur Bestimmung des Konvergenzradius einer Potenzreihe.

Zum Beweise des Satzes IV bilde ich zunächst die Reihe

$$(15) \qquad D_\varkappa(s) = \sum_{\nu=1}^{\infty} c_{\varkappa_\nu} e^{-s\lambda_{\varkappa_\nu}}$$

in der Weise, daß die Koeffizienten $c_{\varkappa_\nu}$ sämtlich von Null verschieden sind und der Bedingung

$$\lim_{\nu\to\infty} \frac{\log |c_{\varkappa_\nu}|}{\lambda_{\varkappa_\nu}} = \alpha$$

genügen, so daß nach V die Reihe (15) die Konvergenzabszisse α hat; zugleich kann ich die Folge $\varkappa_1, \varkappa_2, \ldots$ so bestimmen, daß

$$(16) \qquad \lim_{\nu\to\infty} \frac{\lambda_{\varkappa_\nu}}{\nu} = \infty, \qquad \varliminf_{\nu\to\infty} (\lambda_{\varkappa_\nu} - \lambda_{\varkappa_{\nu-1}}) > 0$$

ist; nach Satz III ist dann $\sigma = \alpha$ natürliche Grenze der Funktion $D_\varkappa(s)$. Nun fasse ich die in (15) nicht vorkommenden Glieder der Reihe (13) zu einer Dirichletschen Reihe $P(s)$ zusammen, so daß für $\sigma > \alpha$

$$D(s) = P(s) + D_\varkappa(s)$$

ist. Nun zerlege ich $D_\varkappa(s)$ in eine Summe *unendlicher* Reihen $D_\varkappa(s) = \sum_{\nu=1}^{\infty} Q_\nu(s)$, so daß jedes Glied $c_{\varkappa_\nu} e^{-s\lambda_{\varkappa_\nu}}$ in einer und nur einer der Reihen $Q(s)$ auftritt. Offenbar hat jedes $Q(s)$ die Konvergenzabszisse α, und die Gerade $\sigma = \alpha$ zur natürlichen Grenze. Endlich bilde ich die Reihen

$$D_{\varkappa,\varepsilon}(s) = P(s) + \sum_{\nu=1}^{\infty} \varepsilon_\nu Q_\nu(s),$$

wobei jedes ε_ν einen der Werte $+1$ oder -1 erhalten darf. Offenbar unterscheidet sich diese Reihe von $D(s)$ nur darin, daß hier gewisse Glieder mit -1 multipliziert sind.

Nun beweise ich, daß unter den Reihen $D_{\varkappa,\varepsilon}(s)$ nur abzählbar viele über die Gerade $\sigma = \alpha$ hinaus fortsetzbar sind, woraus dann folgt, daß die übrigen nicht abzählbar vielen Reihen $D_{\varkappa,\varepsilon}(s)$ die Gerade $\sigma = \alpha$ zur natürlichen Grenze haben. Hat nämlich die Reihe $D_{\varkappa,\varepsilon}(s)$ reguläre Punkte auf der Geraden $\sigma = \alpha$, so sei I_ε das System der regulären Intervalle auf dieser Geraden; das entsprechende System für eine zweite Reihe $D_{\varkappa,\varepsilon'}(s)$ sei $I_{\varepsilon'}$. Diese beiden Systeme können nicht übereinandergreifen, denn dann hätte auch die Reihe

$$D_{\varkappa,\varepsilon}(s) - D_{\varkappa,\varepsilon'}(s) = \sum_{\nu=1}^{\infty} (\varepsilon_\nu - \varepsilon'_\nu) Q_\nu(s)$$

reguläre Punkte auf der Geraden $\sigma = \alpha$, was zu Satz III in Widerspruch steht. Es gibt aber nur abzählbar viele Systeme von Intervallen ohne gemeinsame Stücke auf einer Geraden, womit unser Satz bewesen ist.

Es ist fraglich, ob der Satz allgemein auch für Exponentenfolgen gilt, die der Bedingung

$$\varlimsup_{\nu \to \infty} \frac{\lambda_\nu}{\log \nu} < \infty$$

genügen. Die obige Überlegung ist z. B. auf die Reihe

$$\sum_{\nu=2}^{\infty} \frac{1}{\nu (\log \nu)^s}, \quad \text{also} \quad \lambda_\nu = \log(\log \nu),$$

nicht ohne weiteres anwendbar, denn für eine Teilfolge $\lambda_{\varkappa_\nu}$, die der Bedingung (16) genügt, wird die zugehörige Teilreihe $\sum \frac{1}{\varkappa_\nu} \frac{1}{(\log \varkappa_\nu)^s}$ in der ganzen Ebene konvergieren.

(Eingegangen am 13. 9. 1921.)

Über einen Lückensatz für Dirichletsche Reihen.

Von

Ludwig Neder in Göttingen.

Es sei im folgenden: λ_n stets wachsend und $\frac{\lambda_n}{n} \to \infty$, ferner 0 die Konvergenzabszisse der Dirichletschen Reihe

$$(1) \qquad \sum_{n=1}^{\infty} a_n e^{-\lambda_n s} \qquad (s = \sigma + it)$$

und $f(s)$ ihre Summe für $\sigma > 0$.

Dann hat bekanntlich Herr Fabry[1]) den Satz bewiesen:

Ist λ_n ganz und $\geqq 0$, die Reihe (1) also eine gewöhnliche Potenzreihe, so ist $f(s)$ nicht fortsetzbar über die Konvergenzgerade $\sigma = 0$.

Es erhebt sich die Frage, unter welcher Voraussetzung über die λ_n man bei Verzicht auf deren Ganzzahligkeit jene Behauptung aufrechthalten oder wenigstens die Existenz einer anderen Geraden $\sigma = \sigma_0 (< 0)$ garantieren könne, über welche $f(s)$ nicht fortsetzbar ist. In dieser Richtung haben die Herren Carlson und Landau[2]) kürzlich nachstehendes Ergebnis erhalten:

Es werde $\omega_n = \operatorname{Min}_{\nu \geqq n} \frac{\lambda_\nu}{\nu}$ gesetzt; wenn es dann ein $k \geqq 0$ gibt, so daß für jedes $\delta > 0$ die Beziehung besteht

$$(2) \qquad \lambda_{n+1} - \lambda_n > e^{-(k+\delta)\omega_n} \quad \text{für} \quad n \geqq n_0(\delta),$$

so kann $f(s)$ auf keinem Wege über die Gerade $\sigma = -k$ fortgesetzt werden.

---

[1]) Wegen Literaturangaben sei auf die nachstehend zitierte Arbeit verwiesen.

[2]) Neuer Beweis und Verallgemeinerungen des Fabryschen Lückensatzes [Nachrichten der K. Gesellschaft der Wissenschaften zu Göttingen, math.-phys. Klasse, 1921, S. 184].

Zu diesem Resultat wird nachfolgend eine Ergänzung gegeben, welche besagt, daß der vorstehende Satz *in seiner Art der bestmögliche* ist; und zwar zeigen wir zweierlei:

A. *Unter der Voraussetzung* (2) *läßt sich bei* $k > 0$ *nicht mehr schließen, als genannter Satz behauptet; vielmehr kann* $f(s)$ *über die ganze Halbebene* $\sigma > -k$ *als eindeutige Funktion fortsetzbar sein.*

B. *Wird* (2) *ersetzt durch die Voraussetzung*

$$\lambda_{n+1} - \lambda_n > e^{-k_n \omega_n}, \quad wo \quad 0 < k_n \to \infty, \tag{3}$$

so läßt sich über die Existenz singulärer Punkte nichts mehr behaupten; vielmehr kann $f(s)$ *eine ganze Funktion sein.*

Wir wollen also zeigen: Es gibt einen λ-Typus der Art, daß (2) (mit $k > 0$) bzw. (3) gilt, und von diesem Typus eine Dirichletsche Reihe (1), deren Summe $f(s)$ in dem bzw. angegebenen Gebiete regulär ist.

Wir beginnen mit einer Hilfsbetrachtung, der oberen Abschätzung von

$$Q(s) = \sum_{\mu=0}^{M} (-1)^{\mu} \binom{M}{\mu} e^{-\mu s e^{-qM}},$$

wobei

$$M = 2^{m^2} \ (m = 1, 2, 3, \ldots) \quad \text{und} \quad q > 0.$$

Nach bekannten Formeln ist,

$$F(x) = e^{(-s e^{-qM}) x}$$

gesetzt,

$$Q(s) = \Delta^M F(0) = \int_0^1 dx_1 \int_0^1 dx_2 \ldots \int_0^1 dx_M F^{(M)}(x_1 + x_2 + \ldots + x_M).$$

Da nun

$$F^{(M)}(x) = (-s e^{-qM})^M e^{(-s e^{-qM}) x}$$

und $0 \leqq x_1 + x_2 + \ldots + x_M \leqq M$ ist, so ergibt sich für $r > 0$ im Kreise $|s| \leqq r$

$$\left\{ \begin{aligned} |Q(s)| &\leqq (r e^{-qM})^M \cdot (\operatorname{Max} e^z \ \text{für} \ |z| \leqq r e^{-qM} M \leqq r/q) \\ &\leqq (r e^{-qM})^M \cdot e^{r/q}, \end{aligned} \right. \tag{4}$$

was die gewünschte Abschätzung vorstellt.

Unsere Beispiele lauten nunmehr bzw.

$$\sum_{m=1}^{\infty} \left\{ e^{-4^{m^2} s} \sum_{\mu=0}^{M} (-1)^{\mu} \binom{M}{\mu} e^{-\mu s e^{-kM}} \right\}, \tag{5}$$

$$\sum_{m=1}^{\infty} \left\{ e^{-4^{m^2} s} \sum_{\mu=0}^{M} (-1)^{\mu} \binom{M}{\mu} e^{-\mu s e^{-q_m M}} \right\}, \tag{6}$$

wobei M die bisherige Bedeutung hat, und $k > 0$, sowie

$$q_m = \frac{1}{2} \operatorname*{Min}_{\mu \geqq m} k_\mu, \quad \text{also} \quad 0 < q_m \to \infty$$

ist.

Jede dieser Reihen ist nach Auflösung der Klammern formal eine Dirichletsche Reihe (1). Denn es ist der letzte Exponent der m-ten Klammer

$$(7) \qquad < 4^{m^2} + M = 4^{m^2} + 2^{m^2}, \quad \text{also kleiner als} \quad 4^{(m+1)^2},$$

d. h. als der erste Exponent der nächsten Klammer.

In der m-ten Klammer ist bei jedem $\varepsilon > 0$ für alle großen m der Gliedindex

$$n \leqq (2^{1^2} + 1) + (2^{2^2} + 1) + \dots + (2^{m^2} + 1) < M(1 + \varepsilon),$$

in beiden Reihen also

$$\frac{\lambda_n}{n} > \frac{4^{m^2}}{M(1+\varepsilon)} = \frac{M}{1+\varepsilon} \to \infty,$$

und daher auch

$$(8) \qquad \omega_n > \frac{M}{1+\varepsilon}.$$

Ferner sind beide Reihen divergent für $\sigma < 0$, konvergent für $\sigma > 0$. Denn im ersten Falle ist jedes Glied absolut genommen $\geqq 1$, während im zweiten Falle die Summe der Beträge aller Glieder in der m-ten Klammer

$$\leqq e^{-4^{m^2}\sigma} 2^M \leqq e^{-4^{m^2}\sigma + 2^{m^2}}, \quad \text{also zuletzt} \quad \leqq e^{-m}$$

ist.

Weiter genügt Reihe (5) der Bedingung (2) und Reihe (6) der Bedingung (3). Denn es ist für jedes λ_n aus der m-ten Klammer (auch das letzte wegen (7))

$$\lambda_{n+1} - \lambda_n \geqq e^{-kM} \quad \text{bzw.} \quad \geqq e^{-q_m M},$$

also nach (8) bei passendem ε für alle großen n: Bei der Reihe (5)

$$\lambda_{n+1} - \lambda_n > e^{-k(1+\varepsilon)\omega_n} = e^{-(k+\delta)\omega_n}$$

gemäß (2), und bei der Reihe (6)

$$\lambda_{n+1} - \lambda_n > e^{-2q_m\omega_n} \geqq e^{-2q_n\omega_n} \geqq e^{-k_n\omega_n}$$

gemäß (3).

Endlich sind die Summen unserer Reihen regulär für $\sigma > -k$ bzw. für alle s. Denn es ist für $r > 0$ und $|s| \leqq r$ nach (4) der Betrag der m-ten Klammer

$$\leqq e^{-4^{m^2}\sigma} r^{2^{m^2}} e^{-k 4^{m^2}} e^{r/k} = O\left(e^{-4^{m^2}(\sigma+k-\gamma)}\right)$$

bei jedem $\gamma > 0$, bzw.

$$\leqq e^{4^{m^2} r} r^{2^{m^2}} e^{-q_m 4^{m^2}} e^{r/q_1} = O\left(e^{-4^{m^2}(q_m - r - 1)}\right).$$

Es ist also Reihe (5) gleichmäßig konvergent in jedem endlichen Teil jeder Halbebene $\sigma > -k + 2\gamma$ $(\gamma > 0)$, und Reihe (6) in jedem Kreise $|s| < r$. W. z. b. w.

Göttingen, den 21. 8. 1921.

(Eingegangen am 26. 8. 1921.)

Über eine quasi-periodische Eigenschaft Dirichletscher Reihen mit Anwendung auf die Dirichletschen L-Funktionen.

Von

Harald Bohr in Kopenhagen.

Einleitung.

Es sei

$$(1) \qquad f(s) = f(\sigma + it) = \sum_{n=1}^{\infty} \frac{a_n}{n^s}$$

eine Dirichletsche Reihe mit der Konvergenzabszisse λ, die also für $\sigma > \lambda$ konvergiert, für $\sigma < \lambda$ divergiert. Ferner bezeichne $\Lambda (\geqq \lambda)$ die „gleichmäßige Konvergenzabszisse" der Reihe (1), d. h. die untere Grenze aller derjenigen Zahlen σ_0, für welche (1) in der *ganzen Halbebene* $\sigma > \sigma_0$ (und nicht nur in jedem beschränkten Teil dieser Halbebene) gleichmäßig konvergiert. Die Lage dieser letzteren Abszisse Λ läßt sich bekanntlich[1]), im Gegensatz zu der Lage der Konvergenzabszisse λ, in der einfachsten Weise aus den analytischen Eigenschaften der durch die Reihe dargestellten Funktion $f(s)$ bestimmen, nämlich durch die Gleichung $\Lambda = \Gamma$, wo Γ die untere Grenze aller Abszissen σ_0 bedeutet, für welche $f(s)$ in der Halbebene $\sigma > \sigma_0$ regulär und beschränkt bleibt.

In einigen früheren Arbeiten hat der Verfasser auf die wesentliche Rolle hingewiesen, die die Theorie der Diophantischen Approximationen — und vor allem ein berühmter Kroneckerscher Approximationssatz in einer von Weyl[2]) gegebenen Verschärfung — beim Studium der Dirichletschen Reihen spielt. In der vorliegenden kleinen Abhandlung soll ein neuer Beitrag zu diesen Untersuchungen gegeben werden. Mit Hilfe der er-

[1]) H. Bohr, Über die gleichmäßige Konvergenz Dirichletscher Reihen, Journal für die reine und angewandte Mathematik **143**, S. 203–211.

[2]) H. Weyl, Über die Gleichverteilung von Zahlen mod. Eins, Mathematische Annalen **77**, S. 313–352.

wähnten Approximationstheorie werde ich nämlich zunächst in § 1 zeigen, daß eine *beliebige* Dirichletsche Reihe (1) einen *quasi-periodischen* Charakter in ihrer gleichmäßigen Konvergenzhalbebene $\sigma > \Lambda$ besitzt, worauf ich in § 2 den wesentlich tieferliegenden Satz beweisen werde, daß diese quasiperiodische Eigenschaft für eine ausgedehnte *spezielle* Klasse von Dirichletschen Reihen auch noch in einem über die gleichmäßige Konvergenzhalbebene hinausreichenden Teil der Konvergenzhalbebene $\sigma > \lambda$ bestehen bleibt. Schließlich werde ich dann in § 3 eine Anwendung auf die (Nicht-Hauptcharakteren entsprechenden) Dirichletschen L-Funktionen angeben.

§ 1.

Wir betrachten zunächst das Verhalten der Reihe (1) in der *gleichmäßigen Konvergenzhalbebene* $\sigma > \Lambda$. Hier kann man sehr leicht beweisen, daß die durch die Reihe dargestellte Funktion $f(s)$ eine *quasi-periodische* ist, d. s. h. daß sie die durch den folgenden Satz ausgedrückte Eigenschaft besitzt:

Satz 1. *Es sei ω ein beliebiges endliches Gebiet, das nebst seiner Begrenzung im Innern der Halbebene $\sigma > \Lambda$ gelegen ist, und es sei $\varepsilon > 0$ beliebig gegeben. Dann gibt es eine (von ω und ε abhängige) Folge von Werten*

$$(2) \qquad \ldots \tau_{-2} < \tau_{-1} < 0 < \tau_1 < \tau_2 \ldots$$

mit

$$(3) \qquad \liminf_{m \to \pm\infty} (\tau_{m+1} - \tau_m) > 0 \quad \textit{und} \quad \limsup_{m \to \pm\infty} \frac{\tau_m}{m} < \infty,$$

derart, daß bei jedem $m = \pm 1, \pm 2, \pm 3, \ldots$ die Ungleichung

$$|f(s + i\tau_m) - f(s)| < \varepsilon$$

für alle s im Gebiete ω besteht.

Um diesen Satz zu beweisen, brauchen wir nur die Reihe (1) in zwei Teile zu zerlegen:

$$f(s) = \sum_1^{\infty} \frac{a_n}{n^s} = \sum_1^{N} \frac{a_n}{n^s} + \sum_{N+1}^{\infty} \frac{a_n}{n^s} = A_N(s) + R_N(s)$$

und den Anfang $A_N(s)$ und den Rest $R_N(s)$ für sich zu betrachten. Da das Gebiet ω im Innern der gleichmäßigen Konvergenzhalbebene $\sigma > \Lambda$ gelegen ist, können wir ein festes N so groß wählen, daß bei *jedem* reellen τ die Ungleichung

$$|R_N(s + i\tau)| < \frac{\varepsilon}{3}$$

im Gebiete ω besteht; es gilt dann (bei jedem τ) im Gebiete ω die Ungleichung

$$(4) \qquad |f(s+i\tau)-f(s)| < |A_N(s+i\tau)-A_N(s)| + \frac{2\varepsilon}{3}.$$

Nachdem N festgelegt ist, betrachten wir den Anfang $A_N(s)$ und bemerken, daß, damit die Ungleichung

$$(5) \qquad |A_N(s+i\tau)-A_N(s)| = \left|\sum_{n=1}^{N}\frac{a_n}{n^s}(e^{-i\tau\log n}-1)\right| < \frac{\varepsilon}{3}$$

(für ein festes τ) im Gebiete ω bestehen soll, es aus Stetigkeitsgründen offenbar genügt, daß die N Amplituden

$$-\tau\log n \qquad (n=1,2,\ldots,N)$$

auf der Kreisperipherie, d. h. modulo 2π betrachtet, alle nur „sehr" wenig von 0 abweichen. Nach der Lehre von den Diophantischen Approximationen läßt sich aber bekanntlich eine Folge (2) von τ-Werten mit den Eigenschaften (3) so wählen, daß für jedes Element τ_m dieser Folge der durch die Koordinaten

$$\frac{1}{2\pi}\{-\tau_m\log 1,\ -\tau_m\log 2,\ldots,-\tau_m\log N\}$$

bestimmte Punkt im N-dimensionalen Raume „beliebig" wenig von einem Punkt $(g_1, g_2, \ldots, g_N)$ dieses Raumes mit lauter *ganzzahligen* Koordinaten abweicht. Hiermit ist der Satz 1 bewiesen, denn aus den Ungleichungen (4) und (5) folgt ja die Ungleichung

$$|f(s+i\tau)-f(s)| < \frac{\varepsilon}{3}+\frac{2\varepsilon}{3}=\varepsilon.$$

§ 2.

Von der Betrachtung der gleichmäßigen Konvergenzhalbebene $\sigma > \Lambda$ wenden wir uns nun zur Betrachtung der Konvergenzhalbebene $\sigma > \lambda$ und fragen, ob die durch die Reihe dargestellte Funktion $f(s)$ auch in dieser Halbebene, oder wenigstens in irgendeiner Halbebene $\sigma > \sigma_0$ mit $\sigma_0 < \Lambda$, quasi-periodisch ist. Es ist hier zunächst klar, daß die in § 1 benutzte einfache Beweismethode versagt, weil ja die Reihe bei keinem $\sigma_0 < \Lambda$ in der ganzen Halbebene $\sigma > \sigma_0$ gleichmäßig konvergiert, und wir daher nicht, wie in § 1, einen belanglosen Rest $R_N(s)$ abschneiden können. Es ist aber nicht nur die Beweismethode, sondern auch der Satz selbst, welcher seine allgemeine Gültigkeit verliert, wenn wir die gleichmäßige Konvergenzgerade $\sigma = \Lambda$ überschreiten. Um dieses einzusehen, brauchen wir nur die Zetareihe mit abwechselndem Vorzeichen

$$\sum_{n=1}^{\infty}\frac{(-1)^{n+1}}{n^s}$$

zu betrachten, die die Konvergenzabszisse $\lambda = 0$ und die gleichmäßige Konvergenzabszisse $\Lambda = 1$ besitzt. Es läßt sich nämlich leicht zeigen, daß die durch diese Reihe dargestellte (ganze transzendente) Funktion $F(s) = \zeta(s)(1 - 2^{1-s})$ für *kein* $\sigma_0 < 1$ in der Halbebene $\sigma > \sigma_0$ quasiperiodisch ist. Wir betrachten hierzu die auf der Geraden $\sigma = 1$ gelegenen *Nullstellen* der Funktion $F(s)$, welche eine äquidistante Punktfolge

$$s_q = 1 + \frac{2\pi i q}{\log 2} \qquad (q = \pm 1, \pm 2, \ldots)$$

bilden, wo aber ein Punkt der Folge (nämlich der $q = 0$ entsprechende Punkt $s = 1$, wo $\zeta(s)$ einen Pol besitzt) ausgefallen ist. Aus dieser Lage der Nullstellen folgt nämlich sofort, daß zu einem beliebigen Gebiete ω, das die Strecke

$$S\colon \left\{\sigma = 1, \ -\frac{3\pi i}{2\log 2} \leqq t \leqq \frac{3\pi i}{2\log 2}\right\}$$

im Innern enthält, sogar keine einzige Zahl $\tau > \frac{\pi}{2\log 2}$ existiert, für die die Funktion $G(s) = F(s + i\tau)$ im Gebiete ω, also speziell auf der Strecke S, von der Funktion $F(s)$ selbst um weniger als ε abweicht, wenn nur ε kleiner als das Minimum ε_0 von $|F(s)|$ auf der (nullpunktfreien) Strecke S gewählt wird; in der Tat, es hat ja bei jedem $\tau > \frac{\pi}{2\log 2}$ die Funktion $F(s + i\tau)$ mindestens eine Nullstelle auf der Strecke S.

Es läßt sich aber zeigen, daß die besprochene quasi-periodische Eigenschaft doch für gewisse *allgemeine Klassen* Dirichletscher Reihen in einer über die gleichmäßige Konvergenzhalbebene hinausreichenden Halbebene $\sigma > \sigma_0$ besteht. Wir wollen uns hier auf eine besonders einfache solche Klasse Dirichletscher Reihen beschränken, nämlich auf die Reihen der Form

$$(6) \qquad f(s) = \sum \frac{a_p}{p^s} = \sum a_p e^{-s \log p},$$

wo p nur die *Primzahlen* $2, 3, 5, 7, \ldots$ durchläuft. Wie früher vom Verfasser gezeigt[3]), zeichnen die Reihen (6) sich überhaupt in mehreren Beziehungen — z. B. dadurch, daß sie in ihren gleichmäßigen Konvergenzhalbebenen überall *absolut* konvergieren — unter den allgemeinen Dirichletschen Reihen (1) aus, was damit zusammenhängt, daß die Logarithmen der Primzahlen $2, 3, 5, \ldots$, im Gegensatz zu den Logarithmen der natürlichen Zahlen $1, 2, 3, \ldots$, im rationalen Körper *linear unabhängig* sind. Für eine solche Reihe (6) werden wir den folgenden Satz beweisen:

---

[3]) H. Bohr, Lösung des absoluten Konvergenzproblems einer allgemeinen Klasse Dirichletscher Reihen, Acta mathematica 36, S. 197—240.

Satz 2. *Es ist die durch die Reihe dargestellte Funktion* $f(s)$ *in der Halbebene* $\sigma > \frac{1}{2}(\Lambda + \lambda)$ *quasi-periodisch.*

Beweis. Wenn eine auf der Ordinatenachse $-\infty < t < \infty$ liegende Punktmenge E die Eigenschaft besitzt, daß bei hinreichend großem $T > 0$ jede der beiden auf den Strecken $0 < t < T$ und $-T < t < 0$ liegenden Teilmengen der Punktmenge E eine Anzahl von Intervallen enthält, deren Gesamtlänge größer als $W \cdot T$ ist, wo W eine positive Konstante bedeutet, wollen wir der Kürze halber den Ausdruck brauchen, daß die *Wahrscheinlichkeit* dafür, daß eine sich auf der Ordinatenachse $-\infty < t < \infty$ bewegende Variable τ der Punktmenge E angehört, größer als W ist. Man sieht sofort, daß man aus einer Punktmenge E, für die eine solche positive Zahl (Wahrscheinlichkeit) W existiert, gewiß eine Folge (2) von Werten τ_m mit den Eigenschaften (3) herausgreifen kann, und es ist daher der Satz 2 bewiesen, wenn es gelingt zu zeigen, daß es zu einem beliebig gegebenen Gebiet ω der Halbebene $\sigma > \frac{1}{2}(\Lambda + \lambda)$ und einem beliebig gegebenen $\varepsilon > 0$ eine positive Zahl W derart existiert, daß die Wahrscheinlichkeit dafür, daß die reelle Variable τ der Ungleichung

$$(7) \qquad |f(s + i\tau) - f(s)| < \varepsilon$$

genügt, größer als W ist. Hierbei ist die Ungleichung (7), wie alle folgenden, so zu verstehen, daß sie für alle s im Gebiete ω gelten soll.

Wir teilen hier die Reihe $\sum \frac{a_p}{p^s}$ in *drei* Teile, einen Anfang, eine Mitte und einen Rest, also

$$f(s) = \sum_{1}^{p_N} + \sum_{p_{N+1}}^{p_Q} + \sum_{p_{Q+1}}^{\infty} = A_N(s) + M_{N,Q}(s) + R_Q(s).$$

Bei einer näheren Untersuchung jedes dieser drei Teile findet man nun durch Überlegungen, die so große Ähnlichkeit mit einigen in einer früheren Abhandlung[4]) angestellten aufweisen, daß es nicht nötig sein wird, hier in Einzelheiten einzugehen, die folgende Resultate:

1. Was zunächst *den Rest* R_Q anbelangt, läßt sich (für jedes hinreichend große Q) eine positive Zahl w_Q so bestimmen, daß die Wahrscheinlichkeit dafür, daß die reelle Variable τ die Ungleichung

$$(8) \qquad |R_Q(s + i\tau)| < \frac{\varepsilon}{4}$$

befriedrigt, größer als w_Q ist, und für $Q \to \infty$ wird $w_Q \to 1$. Dies Resultat über den Rest R_Q wird — im Gegensatze zu den beiden folgenden über

[4]) H. Bohr, Zur Theorie der Riemann'schen Zetafunktion im kritischen Streifen, Acta mathematica **40**, S. 67—100.

den Anfang A_N und die Mitte $M_{N,Q}$ — durch rein funktionentheoretische Überlegungen, d. h. ohne Gebrauch der Theorie der Diophantischen Approximationen, abgeleitet, und es wird dabei in wesentlicher Weise die Voraussetzung benutzt, daß das betrachtete Gebiet ω ganz der Halbebene $\sigma > \frac{1}{2}(\Lambda + \lambda)$ angehört, also nicht über die Gerade $\sigma = \frac{1}{2}(\Lambda + \lambda)$ hinausreicht.

2. Für *den Anfang* A_N gibt es eine positive Zahl u_N, so daß die Wahrscheinlichkeit dafür, daß τ der Bedingung

$$(9) \qquad |A_N(s+i\tau) - A_N(s)| < \frac{\varepsilon}{4}$$

genügt, größer als u_N ist. Diese Zahl u_N kann aber bei kleinem ε und großem N sehr klein ausfallen.

3. Für *die Mitte* $M_{N,Q}$ gibt es eine positive Zahl $v_{N,Q}$, so daß die Wahrscheinlichkeit dafür, daß τ der Ungleichung

$$(10) \qquad |M_{N,Q}(s+i\tau)| < \frac{\varepsilon}{4}$$

genügt, größer als $v_{N,Q}$ ist. Hier strebt $v_{N,Q}$ gegen 1 für $N \to \infty$, d. h. es ist $v_{N,Q} > 1 - \delta$, wenn nur $Q > N > N_0 = N_0(\delta)$ ist. Ferner läßt sich zeigen — und dies ist gewissermaßen der springende Punkt der Untersuchung, wo der spezielle Charakter der betrachteten Dirichletschen Reihe (6) sich geltend macht —, daß die in 2. und 3. besprochenen Wahrscheinlichkeiten u_N und $v_{N,Q}$ voneinander *unabhängig* sind in dem Sinne, daß die Wahrscheinlichkeit für das *gleichzeitige* Erfülltsein der *beiden* Ungleichungen (9) und (10) größer ist als das *Produkt* $u_N \cdot v_{N,Q}$.

Nach diesen Vorbereitungen läßt sich nunmehr der Beweis des Satzes 2 in wenigen Worten führen. Wir gehen von der Ungleichung

$$(11) \qquad |f(s+i\tau) - f(s)| \\ \leqq |A_N(s+i\tau) - A_N(s)| + |R_N(s)| + |M_{N,Q}(s+i\tau)| + |R_Q(s+i\tau)|$$

aus. Da die Reihe (6) in dem beschränkten Gebiete ω gleichmäßig konvergiert, und da die Zahl $v_{N,Q} \to 1$ für $N \to \infty$, können wir zunächst ein festes N so groß wählen, daß

$$(12) \qquad |R_N(s)| < \frac{\varepsilon}{4}$$

und

$$v_{N,Q} > \frac{1}{2} \qquad \text{(für alle } Q > N)$$

ist. Nachdem N festgelegt ist, können wir danach, wegen $w_Q \to 1$ für $Q \to \infty$, die Zahl $Q > N$ so groß wählen, daß die Ungleichung

$$w_Q > 1 - \frac{1}{3} u_N$$

erfüllt ist. Für diese beiden Zahlen N und Q gibt es dann eine positive Zahl W, so daß die Wahrscheinlichkeit dafür, daß die Variable τ *gleichzeitig* den *drei* Ungleichungen (8), (9), (10) genügt, größer als W ist; in der Tat, es hat ja offenbar die Zahl

$$W = \{u_N v_{N,Q} + w_Q\} - 1 > \frac{1}{2} u_N + \left(1 - \frac{1}{3} u_N\right) - 1 > 0$$

diese Eigenschaft. Hiermit ist der Satz 2 bewiesen, denn aus (11) folgt ja sofort, unter Berücksichtigung von (12), daß jede Zahl τ, die die drei Ungleichungen (8), (9), (10) befriedigt, auch die Ungleichung

$$|f(s+i\tau) - f(s)| < \varepsilon$$

erfüllt.

§ 3.

Wie in § 2 erwähnt, gibt es auch *andere* Dirichletsche Reihen als die dort betrachteten vom Typus $\sum \frac{a_p}{p^s}$, für welche die durch die Reihe dargestellte Funktion über die gleichmäßige Konvergenzgerade hinaus quasi-periodisch bleibt. So läßt sich z. B., durch ganze ähnliche Überlegungen wie die in § 2 angestellten, beweisen, *daß eine Dirichletsche Reihe, die eine Produktdarstellung der Form*

$$f(s) = \sum_{n=1}^{\infty} \frac{a_n}{n^s} = \prod_p \frac{1}{1 - \frac{b_p}{p^s}}$$

besitzt, wo p die Primzahlen durchläuft, in der Halbebene $\sigma > \frac{1}{2}(\Lambda + \lambda)$ quasi-periodisch ist, wenn nur die Produktdarstellung in dieser Halbebene $\sigma > \frac{1}{2}(\Lambda + \lambda)$ konvergiert. Zu diesem Typus Dirichletscher Reihen gehört jede der in der Einleitung erwähnten Dirichletschen L-Funktionen,

$$L(s) = \sum \frac{\chi(n)}{n^s} = \prod \frac{1}{1 - \frac{\chi(p)}{p^s}},$$

wenn angenommen wird, daß die — der Riemannschen Vermutung über die Nullstellen der Zetafunktion ganz entsprechende — *Vermutung richtig ist, daß $L(s) \neq 0$ ist für $\sigma > \frac{1}{2}$*; es ist nämlich unter dieser Annahme die für $L(s)$ angegebene Produktdarstellung konvergent für $\sigma > \frac{1}{2}(\Lambda + \lambda) = \frac{1}{2}(1 + 0) = \frac{1}{2}$.

Der somit bewiesene Satz, *daß die Funktion $L(s)$ für $\sigma > \frac{1}{2}$ quasi-periodisch ist, wenn $L(s) \neq 0$ für $\sigma > \frac{1}{2}$*, läßt sich aber *umkehren*, d. h. wenn $L(s)$ *nicht* in der ganzen Halbebene $\sigma > \frac{1}{2}$ von 0 verschieden ist, dann ist $L(s)$ gewiß auch *nicht* quasi-periodisch für $\sigma > \frac{1}{2}$. Denn nach einem Satz von Landau und mir ist bei jedem $\delta > 0$ die Anzahl $N(T)$

der Nullstellen von $L(s)$ im Gebiete $\sigma > \frac{1}{2} + \delta$, $-T < t < T$, gleich $o(T)$ [5]), d. h. es strebt $N(T):T$ für $T \to \infty$ gegen 0, und dies verträgt sich offenbar nur dann mit einem quasi-periodischen Charakter der Funktion $L(s)$ für $\sigma > \frac{1}{2}$, wenn es überhaupt ***gar keine*** Nullstellen von $L(s)$ in der Halbebene $\sigma > \frac{1}{2}$ gibt, also wenn $N(T) = 0$ ist für alle T (und jedes δ), denn schon eine einzige Nullstelle in der Halbebene $\sigma > \frac{1}{2}$ würde ja, wenn $L(s)$ quasi-periodisch wäre, zu „mehr als $o(T)$ Nullstellen" Anlaß geben.

Hiermit ist also bewiesen: *Eine notwendige und hinreichende Bedingung dafür, daß eine (einem Nicht-Hauptcharakter entsprechende) Dirichletsche L-Funktion für $\sigma > \frac{1}{2}$ von 0 verschieden ist, besteht darin, daß $L(s)$ für $\sigma > \frac{1}{2}$ quasi-periodisch ist.*

---

[5]) H. Bohr und E. Landau, Sur les zéros de la fonction $\zeta(s)$ de Riemann. Comptes rendus hebdomadaires des séances de l'Académie des sciences, Paris 22 déc. 1913.

(Eingegangen am 1. 7. 1921.)

Neuer Beweis für die Funktionalgleichung der Dedekindschen Zetafunktion.

Von

Carl Siegel in Göttingen.

Für die Fortsetzbarkeit und die Funktionalgleichung seiner Zetafunktion hat Riemann zwei Beweise gegeben. Der eine benutzt den Integralsatz von Cauchy, der andere eine Formel aus der Theorie der Thetafunktionen. In seiner Arbeit „Über die Zetafunktion beliebiger algebraischer Zahlkörper" (Nachrichten von der Königlichen Gesellschaft der Wissenschaften zu Göttingen, mathematisch-physikalische Klasse, Jahrgang 1917, S. 77—89) ist es Hecke gelungen, den zweiten Riemannschen Ansatz auf den Beweis der Fortsetzbarkeit und der Funktionalgleichung der Dedekindschen Zetafunktion zu übertragen. Ich werde im folgenden zeigen, daß auch die Idee des ersten Beweises von Riemann sich sinngemäß bei der Untersuchung der ζ-Funktion eines Zahlkörpers verwenden läßt. Dies gilt für die allgemeinsten Heckeschen ζ-Funktionen mit Charakteren; ich beschränke mich aber der Einfachheit halber auf die gewöhnliche Dedekindsche ζ-Funktion eines *total reellen* algebraischen Zahlkörpers K.

In § 1 stelle ich eine Funktion von $2n+1$ Veränderlichen[1]) auf, welche für die Theorie des Körpers K noch größere Bedeutung zu haben scheint als die gewöhnlichen Zetafunktionen; insbesondere spielt sie bei Problemen der additiven Theorie der Zahlkörper eine fundamentale Rolle[2]). Zur Untersuchung dieser Funktion wurde ich angeregt durch eine Mitteilung von Herrn F. Bernstein aus dem Sommer 1920; Herr Bernstein zeigte mir damals eine Formel, aus der sich ihre wichtigste Eigenschaft für spezielle Werte der Variablen ableiten läßt.

§ 2 enthält den Beweis der Fortsetzbarkeit und Funktionalgleichung der Dedekindschen ζ-Funktion.

---

[1]) n bedeutet wie üblich den Grad des Körpers.

[2]) Vgl. meine demnächst in den Mathematischen Annalen erscheinende Arbeit „Additive Theorie der Zahlkörper I". Dort wird nur der Fall $n=2$ behandelt.

§ 1.

Es sei $d > 0$ die Grundzahl von K; $\mathfrak{a}$ sei ein Ideal aus K; $\alpha_1, \ldots, \alpha_n$ dessen Basis; $w^{(1)}, \ldots, w^{(n)}$ seien n positive Variable; $x_1, \ldots, x_n$ seien n reelle Variable; s sei eine reelle Zahl > 1. Ich setze

$$x_1 \alpha_1 + \ldots + x_n \alpha_n = \xi.$$

Ist β irgendeine Zahl aus K, so heißt $\beta + \xi$ total positiv (in Zeichen $\succ 0$), wenn die n Zahlen $\beta^{(m)} + \xi^{(m)} = \beta^{(m)} + x_1 \alpha_1^{(m)} + \ldots + x_n \alpha_n^{(m)}$ $(m = 1, \ldots, n)$ positiv sind. Ich untersuche die Funktion

$$F(x_1, \ldots, x_n) = \sum_{\mathfrak{a} \mid \mu \succ -\xi} N(\mu + \xi)^{s-1} e^{-2\pi S\{(\mu+\xi) w\}}; \tag{1}$$

hierin bedeutet das Zeichen $\mathfrak{a} \mid \mu \succ -\xi$, daß μ alle diejenigen Zahlen des Ideals $\mathfrak{a}$ durchläuft, für welche (bei festen $x_1, \ldots, x_n$) die Zahl $\mu + \xi \succ 0$ ist; $N(\mu + \xi)$ ist eine Abkürzung für $\prod_{m=1}^{n} (\mu^{(m)} + \xi^{(m)})$; $S\{(\mu + \xi) w\}$ bedeutet die Summe $\sum_{m=1}^{n} (\mu^{(m} + \xi^{(m)}) w^{(m)}$. Die Funktion F hat in $x_1, \ldots, x_n$ je die Periode 1. Das allgemeine Glied der Summe besitzt für $s > n + 1$ stetige partielle Ableitungen nach $x_1, \ldots, x_n$ bis zur n-ten Ordnung; ferner ist diese Summe sowie die Summe der Ableitungen gleichmäßig konvergent[3]. Die Funktion F ist also für $s > n + 1$ in eine Fouriersche Reihe

$$F(x_1, \ldots, x_n) = \sum_{l_1, \ldots, l_n = -\infty}^{+\infty} B_{l_1 \ldots l_n} e^{2\pi i (l_1 x_1 + \ldots + l_n x_n)} \tag{2}$$

entwickelbar, und es ist

$$B_{l_1 \ldots l_n} = \sum_{\mathfrak{a} \mid \mu \succ -\xi} \int_0^1 \ldots \int_0^1 N(\mu + \xi)^{s-1} e^{-2\pi \left(S\{(\mu+\xi) w\} + i \sum_{m=1}^{n} l_m x_m \right)} dx_1 \ldots dx_n.$$

Es sei $(\mathsf{A}_k^{(l)})$ die zu $(\alpha_l^{(k)})$ $(k = 1, \ldots, n;\ l = 1, \ldots, n)$ reziproke Matrix; dann ist

$$x_m = \sum_{k=1}^{n} \xi^{(k)} \mathsf{A}_m^{(k)} = S(\xi \mathsf{A}_m).$$

Bedeutet $\mathfrak{d}$ das Grundideal von K, so ist nach Dedekind $(\mathsf{A}_1, \ldots, \mathsf{A}_m)$ eine Basis des Ideals $\frac{1}{\mathfrak{a}\mathfrak{d}}$. Jede Zahl des Ideals $\frac{1}{\mathfrak{d}}$ hat eine ganze rationale Spur, also ist

$$e^{-2\pi i \sum_{m=1}^{n} l_m x_m} = e^{-2\pi i S\left(\xi \sum_{m=1}^{n} l_m \mathsf{A}_m\right)} = e^{-2\pi i S\left\{(\mu+\xi) \sum_{m=1}^{n} l_m \mathsf{A}_m\right\}}.$$

---

[3]) Vgl. den Beweis in § 2 meiner unter [2]) zitierten Arbeit.

Setzt man noch

$$\sum_{m=1}^{n} l_m \mathsf{A}_m = \lambda, \qquad B_{l_1 \ldots l_n} = B_\lambda,$$

$$\varepsilon_\xi = 1 \quad \text{für} \quad \xi > 0, \; = 0 \text{ sonst},$$

so ist

$$B_\lambda = \int_{-\infty}^{+\infty} \cdots \int_{-\infty}^{+\infty} \varepsilon_\xi N \xi^{s-1} e^{-2\pi S\{\xi(w+i\lambda)\}} dx_1 \ldots dx_n.$$

Als neue Integrationsveränderliche führe ich die Größen $\xi^{(1)}, \ldots, \xi^{(n)}$ ein. Es ist

$$\frac{d(\xi^{(1)}, \ldots, \xi^{(n)})}{d(x_1, \ldots, x_n)} = |\alpha_l^{(k)}| = \pm N\mathfrak{a}\sqrt{d},$$

und daher

$$B_\lambda = \frac{1}{N\mathfrak{a}\sqrt{d}} \prod_{m=1}^{n} \int_0^\infty \xi^{(m)\,s-1} e^{-2\pi(w^{(m)}+i\lambda^{(m)})\xi^{(m)}} d\xi^{(m)}$$

$$(3) \qquad = \frac{\Gamma^n(s)}{N\mathfrak{a}\sqrt{d}(2\pi)^{ns} \prod\limits_{m=1}^{n} (w^{(m)}+i\lambda^{(m)})^s}.$$

Aus (1), (2), (3) folgt die Gleichung

$$(4) \qquad \sum_{\mathfrak{a}|\mu > -\xi} N(\mu+\xi)^{s-1} e^{-2\pi S\{(\mu+\xi)w\}} = \frac{\Gamma^n(s)}{N\mathfrak{a}\sqrt{d}(2\pi)^{ns}} \sum_{\frac{1}{\mathfrak{a}\mathfrak{d}}|\lambda} \frac{e^{2\pi i S(\xi\lambda)}}{N(w+i\lambda)^s};$$

wo λ alle Zahlen des Ideals $\frac{1}{\mathfrak{a}\mathfrak{d}}$ durchläuft. Unter $(w+i\lambda)^s$ ist der Hauptwert zu verstehen.

Bei der Ableitung dieser Formel wurde $s > n+1$ vorausgesetzt. Ihre beiden Seiten sind aber bei festen $x_1, \ldots, x_n$, $w^{(1)}, \ldots, w^{(n)}$ gleichmäßig konvergent für alle s aus irgendeinem abgeschlossenen endlichen Gebiet der Halbebene $\Re s > 1$, also dort analytische Funktionen von s. Die Formel (4) gilt also für jedes $s > 1$. Sie wird im folgenden benutzt für $s = 2$, $x_1 = \ldots = x_n = 0$:

$$(5) \qquad \sum_{\mathfrak{a}|\mu > 0} N\mu\, e^{-2\pi S(\mu w)} = \frac{1}{N\mathfrak{a}\sqrt{d}(2\pi)^{2n}} \sum_{\frac{1}{\mathfrak{a}\mathfrak{d}}|\lambda} \frac{1}{N(w+i\lambda)^2}.$$

§ 2.

Der bequemeren Darstellung halber nehme ich an, daß der engere und weitere Äquivalenzbegriff sich in K decken, daß es also zu jeder Kombination $v_1, \ldots, v_n$ von n Zahlen ± 1 eine Einheit ε mit sign $\varepsilon^{(m)} = v_m$ $(m = 1, \ldots, n)$ gibt. Es sei $\mathfrak{K}$ eine Idealklasse, $\mathfrak{a}$ ein festes Ideal aus der zu $\mathfrak{K}$ inversen Klasse.

Dann ist für $s > 1$

$$N\mathfrak{a}^{-s}\zeta(s;\mathfrak{K}) = \sum_{\mathfrak{a}|(\alpha)} \frac{1}{N\alpha^s},$$

wo α ein vollständiges System nicht assoziierter total positiver Zahlen des Ideals $\mathfrak{a}$ durchläuft. Benutze ich die Formel

$$\frac{\Gamma(t)}{a^t} = \int_0^\infty x^{t-1} e^{-ax} dx \qquad (t > 0,\ a > 0)$$

für $t = s+1$, $a = 2\pi\alpha^{(l)}$ $(l = 1, \ldots, n)$, so wird

$$\Phi(s) = \frac{N\mathfrak{a}^{-s}\Gamma^n(s+1)}{(2\pi)^{n(s+1)}} \zeta(s;\mathfrak{K})$$

$$(6) \qquad = \sum_{\mathfrak{a}|(\alpha)} \int_0^\infty \ldots \int_0^\infty x_1^s \ldots x_n^s N\alpha e^{-2\pi \sum_{l=1}^{n} \alpha^{(l)} x} dx_1 \ldots dx_n.$$

Es sei $\varepsilon_1, \ldots, \varepsilon_{n-1}$ ein System total positiver Grundeinheiten und R deren Regulator. Ich mache die Substitution

$$7) \qquad x_l = \varepsilon_1^{(l)^{y_1}} \ldots \varepsilon_{n-1}^{(l)^{y_{n-1}}} z \qquad (l = 1, \ldots, n)$$

mit der Jacobischen Determinante $\pm nR\frac{x_1 \ldots x_n}{z}$; das ergibt

$$\Phi(s) = \sum_{\mathfrak{a}|\alpha > 0} nR \int_{-\frac{1}{2}}^{+\frac{1}{2}} \ldots \int_{-\frac{1}{2}}^{+\frac{1}{2}} \int_0^\infty z^{n(s+1)-1} N\alpha e^{-2\pi z S\left(\alpha \prod_{k=1}^{n-1} \varepsilon_k^{y_k}\right)} dy_1 \ldots dy_{n-1} dz,$$

wo α ***alle*** total positiven Zahlen des Ideals $\mathfrak{a}$ durchläuft.

Ich setze nun

$$\Phi(s) = \Phi_1(s) + \Phi_2(s);$$

hierbei sollen Φ_1 und Φ_2 aus Φ hervorgehen, indem das Intervall 0 bis ∞ der Integrationsvariablen z in die Teile 0 bis 1 und 1 bis ∞ zerlegt wird. Bei Φ_1 darf Summation über α mit Integration vertauscht werden, da der Integrand $\geqq 0$ ist. Auf die unter dem Integralzeichen stehende unendliche Reihe wende ich dann die Formel (5) an mit $w^{(l)} = z \prod_{k=1}^{n-1} \varepsilon_k^{(l)^{y_k}}$ $(l = 1, \ldots, n)$; es folgt

$$\Phi_1(s) = nR \int_{-\frac{1}{2}}^{+\frac{1}{2}} \ldots \int_{-\frac{1}{2}}^{+\frac{1}{2}} \int_0^1 z^{n(s+1)-1} \frac{1}{N\mathfrak{a}\sqrt{d}(2\pi)^{2n}} \sum_{\frac{1}{\mathfrak{a}\mathfrak{d}}|} \frac{dy_1 \ldots dy_{n-1} dz}{N\left(z\prod_{k=1}^{n-1} \varepsilon_k^{y_k} + i\lambda\right)^2},$$

wo λ alle Zahlen des Ideals $\frac{1}{\mathfrak{a}\mathfrak{d}}$ durchläuft; oder

$$(8) \quad \Phi_1(s) = \frac{R}{N\mathfrak{a}\sqrt{d}(2\pi)^{2n}} \left\{ \frac{1}{s-1} + n \int_{-\frac{1}{2}}^{+\frac{1}{2}} \ldots \int_{-\frac{1}{2}}^{+\frac{1}{2}} \int_0^1 z^{n(s+1)-1} \sum_{\frac{1}{\mathfrak{a}\mathfrak{d}}|\lambda \neq 0} \frac{dy_1 \ldots dy_{n-1} dz}{N\left(z\prod_{k=1}^{n-1} \varepsilon_k^{y_k} + i\lambda\right)^2} \right\}.$$

Hierin ist das Integral über die Reihe mit absolut genommenen Gliedern konvergent, wie leicht zu sehen ist; man darf also Integration mit Summation vertauschen. Ferner ist die Reihe der Integrale gleichmäßig in s konvergent für $\Re s > -1+\delta$ $(\delta > 0)$ und jedes Integral stellt eine in dieser Halbebene reguläre Funktion von s dar. Also wird durch (8) die Funktion $\Phi_1(s)$ in die Halbebene $\Re s > -1$ analytisch fortgesetzt; und nach (8) ist $\Phi_1(s)$ dort regulär bis auf einen Pol erster Ordnung bei $s=1$ mit dem Residuum $\frac{R}{N\mathfrak{a}\sqrt{d}(2\pi)^{2n}}$. Die Funktion $\Phi_2(s)$ ist aber, wie ein Blick auf ihre Definition lehrt, ganz transzendent. Nach (6) ist daher $\zeta(s;\mathfrak{K})$ in die Halbebene $\Re s > -1$ fortsetzbar und hat dort nur einen Pol erster Ordnung mit dem Residuum $\frac{R}{\sqrt{d}}$ [4]).

Fortan sei $\Re s < 0$. Dann darf auf $\Phi_2(s)$ dieselbe Umformung angewendet werden wie oben auf $\Phi_1(s)$; und ich bekomme durch Ausführung der zu (7) inversen Substitution für $-1 < \Re s < 0$

$$(9)\qquad \Phi(s)=\frac{1}{N\mathfrak{a}\sqrt{d}(2\pi)^{2n}}\sum_{\frac{1}{\mathfrak{a}\mathfrak{d}}\,|\,\lambda}{}' \int_0^\infty\cdots\int_0^\infty x_1^s\cdots x_n^s\frac{1}{\prod\limits_{l=1}^{n}(x_l+i\lambda^{(l)})^2}\,dx_1\ldots dx_n,$$

wobei λ in Σ' ein vollständiges System solcher von 0 verschiedener Zahlen des Ideals $\frac{1}{\mathfrak{a}\mathfrak{d}}$ durchläuft, deren Quotienten keine total positiven Einheiten sind („ein vollständiges System im engeren Sinne nicht assoziierter Zahlen").

Die Ebenen der n komplexen Variablen $x_1,\ldots,x_n$ schneide ich längs der Halbachsen des positiv Reellen auf und verstehe unter x_l^s $(l=1,\ldots,n)$ den in der aufgeschnittenen x_l-Ebene eindeutigen Zweig $e^{s(\log|x_l|+i\operatorname{arc}x_l)}$ mit $0\leqq \operatorname{arc}x_l\leqq 2\pi$. Dann folgt aus (9)

$$(10)\quad \Phi(s)(1-e^{2\pi i s})^n=\frac{1}{N\mathfrak{a}\sqrt{d}(2\pi)^{2n}}\sum_{\frac{1}{\mathfrak{a}\mathfrak{d}}\,|\,\lambda}{}'\int\cdots\int\prod_{l=1}^{n}\frac{x_l^s}{(x_l+i\lambda^{(l)})^2}\,dx_1\ldots dx_n,$$

wo jede Integrationsvariable auf dem unteren Ufer des Schnitts von $+\infty$ nach 0 und auf dem oberen Ufer nach $+\infty$ zurückläuft. Wegen $\Re s < 0$ darf ich dann das Schleifenintegral über $\frac{x_l^s}{(x_l+i\lambda^{(l)})^2}$ $(l=1,\ldots,n)$ nach dem Integralsatz von Cauchy ersetzen durch das $2\pi i$-fache des Residuums dieser Funktion im Punkte $-i\lambda^{(l)}$. Das Residuum ist nun

$$s(-i\lambda^{(l)})^{s-1}=\begin{cases} ise^{\frac{3\pi i}{2}s}\,|\lambda^{(l)}|^{s-1} & \text{für } \lambda^{(l)}>0,\\ -ise^{\frac{\pi i}{2}s}\,|\lambda^{(l)}|^{s-1} & \text{für } \lambda^{(l)}<0.\end{cases}$$

---

[4]) R bedeutet den Regulator der *total positiven* Einheiten.

Sind also von den n zu λ konjugierten Zahlen n_1 positiv, n_2 negativ $(n_1 + n_2 = n)$, so hat das n-fache Schleifenintegral in (10) den Wert

$$(-2\pi)^n s^n e^{n\pi i s} |N\lambda|^{s-1} e^{\frac{\pi i}{2} s (n_1 - n_2)} (-1)^{n_2}.$$

In der Summe auf der rechten Seite von (10) treten genau 2^n zu λ „im weiteren Sinne" assoziierte Zahlen auf, die sich voneinander durch die Vorzeichenanordnung bei ihren Konjugierten unterscheiden. Diese 2^n Zahlen liefern daher zu dem n-fachen Integral den Beitrag

$$(-2\pi)^n s^n e^{n\pi i s} |N\lambda|^{s-1} (e^{\frac{\pi i}{2} s} - e^{\frac{-\pi i}{2} s})^n.$$

Folglich ist

$$\Phi(s)\left(2\cos\frac{\pi s}{2}\right)^n s^{-n} \sqrt{d}\,(2\pi)^n = \frac{1}{N\mathfrak{a}} \sum_{\frac{1}{\mathfrak{a}\mathfrak{b}} | (\lambda)} \frac{1}{|N\lambda|^{1-s}} \qquad (\Re s < 0),$$

wo λ ein vollständiges System nicht assoziierter Zahlen des Ideals $\frac{1}{\mathfrak{a}\mathfrak{b}}$ durchläuft. Mit (6) ergibt sich, daß $\zeta(s; \mathfrak{K})$ in die ganze Halbebene $\Re s < 0$ fortsetzbar ist und der Funktionalgleichung genügt

$$\left(\frac{2}{(2\pi)^s}\right)^n \cos^n \frac{\pi s}{2} \Gamma^n(s) \zeta(s; \mathfrak{K}) = \frac{1}{\sqrt{d}} \sum_{\frac{1}{\mathfrak{a}\mathfrak{b}} | (\lambda)} \frac{1}{\{N\mathfrak{a}(\lambda)\}^{1-s}} = d^{\frac{1}{2}-s} \zeta(1-s; \hat{\mathfrak{K}});$$

dabei ist die Klasse $\hat{\mathfrak{K}}$ so bestimmt, daß ihr Produkt mit der Klasse $\mathfrak{K}$ die Klasse des Grundideals ergibt.

Göttingen, 5. August 1921.

(Eingegangen am 10. 8. 1921.)

Über einige Beziehungen, die mit der Funktionalgleichung der Riemannschen ζ-Funktion äquivalent sind.

Von

Hans Hamburger in Berlin.[1])

Wie an anderer Stelle gezeigt wurde[2]), gilt der Satz:

Ist $f(s)$ *gleich einer ganzen Funktion von endlichem Geschlecht dividiert durch ein Polynom, so ist* $f(s) = \text{konst.}\,\zeta(s)$, *wenn außerdem*

1. $f(s)$ *für* $\Re(s) > 1$ *durch eine absolut konvergente Dirichletsche Reihe vom Typus* $\sum_{n=1}^{\infty} \frac{a_n}{n^s}$ *dargestellt wird,*

2. $f(s)$ *der Funktionalgleichung*

$$\pi^{-\frac{s}{2}} \Gamma\left(\frac{s}{2}\right) f(s) = \pi^{-\frac{1-s}{2}} \Gamma\left(\frac{1-s}{2}\right) f(1-s) \tag{A}$$

genügt.

Dieser Satz bleibt offenbar nicht mehr richtig, wenn man statt **1.** nur verlangt, daß $f(s)$ für $\Re(s) > 1$ sich durch eine absolut konvergente Dirichletsche Reihe des allgemeineren Typus $\sum_{n=1}^{\infty} \frac{a_n}{\lambda_n^s}$ darstellen lasse; denn dann kann man, wie man leicht einsieht, aus der Theorie der L-Reihen

[1]) Diese Note gibt unverändert den Inhalt eines Vortrages wieder, den ich im Hamburger Mathemat. Kränzchen am 5. Okt. 1921 gehalten habe; ihre Resultate habe ich bereits Ostern 1921 einigen befreundeten Mathematikern mitgeteilt. Bei meiner Rückkehr aus Hamburg am 10. Okt. fand ich einen Brief von Herrn C. Siegel (Göttingen vor, der einen neuen Beweis des am Anfang dieser Note zitierten Satzes über die ζ-Funktion enthält. Der Siegelsche Beweis stimmt in wesentlichen Punkten mit dem hier veröffentlichten überein (§§ 1—2), ist aber in einer Hinsicht einfacher (vgl. Fußnote [16])). Ich betone, daß Herr Siegel, dessen Note auch in den Math. Ann. erscheinen wird, von meinen Untersuchungen keine Kenntnis hatte.

[2]) Hans Hamburger, Über die Riemannsche Funktionalgleichung der ζ-Funktion. 1. Mitteilung. Math. Zeitschr. **10** (1921), S. 240–254, im folgenden kurz mit 1. Mtlg. zitiert. Vgl. insbesondere Satz 1, S. 240–241.

unendlich viele Funktionen herleiten, die allen gestellten Bedingungen genügen. Andererseits sind die beiden Typen der Reihen $\sum_{n=1}^{\infty} \frac{a_n}{n^s}$, $\sum_{n=1}^{\infty} \frac{a_n}{\lambda_n^s}$ bezüglich ihres funktionentheoretischen Verhaltens in nichts voneinander verschieden, so daß man die Spezialisierung $\lambda_n = n$, die mithin für den zitierten Satz über die ζ-Funktion wesentlich ist, als eine Voraussetzung von anderem, etwa mehr arithmetischem Charakter anzusehen hat.

In der vorliegenden Note habe ich mir nun die Aufgabe gestellt, allein aus den allgemeineren funktionentheoretischen Voraussetzungen:

$$\text{1. } f(s) = \sum_{n=1}^{\infty} \frac{a_n}{\lambda_n^s}, \quad \text{2. } f(s) \textit{ genügt der Funktionalgleichung } \textbf{(A)},$$

einige Folgerungen zu ziehen. Die hier angestellten Untersuchungen führen zu dem Ergebnis, daß sich **(A)** durch andere mit ihr äquivalente bemerkenswerte Relationen **(B)**, **(C)**, **(D)**, **(E)** ersetzen läßt; hierbei werden die Relationen **(A)** bis **(E)** in dem Sinne miteinander äquivalent genannt, daß gleichzeitig mit der einen von ihnen die vier übrigen gelten. Als Nebenresultat ergibt sich ein neuer Beweis des oben zitierten Satzes über die ζ-Funktion (§ 3).

Um das Ziel der folgenden Betrachtungen deutlich zu machen, seien hier die mit **(A)** äquivalenten Relationen angeführt, die man erhält, wenn man in **(A)** für $f(s)$ speziell die Funktion $\zeta(s)$ einsetzt; in diesem Falle lauten die abgeleiteten Relationen:

(B) *die ϑ-Relation:*

$$\sum_{n=-\infty}^{\infty} e^{-\pi n^2 \tau} = \frac{1}{\sqrt{\tau}} \sum_{n=-\infty}^{\infty} e^{-\frac{\pi n^2}{\tau}},$$

(C) *die Partialbruchzerlegung der Funktion* $i \cot i\pi z$:

$$1 + 2 \sum_{n=1}^{\infty} e^{-2\pi n z} = \frac{1}{\pi z} + \frac{2z}{\pi} \sum_{n=1}^{\infty} \frac{1}{z^2 + n^2},$$

(D) *die Fourierentwicklung:*

$$\sum_{n=1}^{m} (y - n) = \frac{y^2 - y}{2} - \frac{1}{2\pi^2} \sum_{n=1}^{\infty} \frac{1}{n^2} (\cos 2\pi n y - 1), \quad m < y < m+1,$$

(E) *die Poissonsche Summationsformel*[3]:

$$2\pi \sum_{n=-\infty}^{\infty} \varphi(2\pi n) = \sum_{n=-\infty}^{\infty} \int_{-\infty}^{\infty} \varphi(u) e^{inu} du;$$

---

[3]) Vgl. A. Krazer, Lehrbuch der Thetafunktionen, Leipzig 1903, S. 96; dort finden sich auch genauere Literaturangaben.

(E) gilt für alle Funktionen $\varphi(u)$, die in jedem endlichen Intervall von beschränkter Variation sind und im Unendlichen gewissen Konvergenzbedingungen genügen.

Die Äquivalenz der fünf Beziehungen ist wohl bereits für die speziellen hier in der Einleitung angegebenen Formeln nicht allgemein bekannt. Beispielsweise ist oft die ϑ-Relation **(B)** aus Formel **(E)** abgeleitet worden[4]), es ist aber wohl noch nicht bemerkt, daß auch umgekehrt **(E)** aus **(B)** folgt.

Den folgenden Betrachtungen, die zu sinngemäßen Verallgemeinerungen der Formeln **(B)** bis **(E)** führen, ist statt **(A)** eine etwas allgemeinere Funktionalgleichung zugrunde gelegt (vgl. die Beziehung (I)), die für manche Untersuchungen von Bedeutung ist. Ferner sind die Beziehungen, deren Äquivalenz im folgenden nachgewiesen wird, mit römischen Ziffern numeriert und durch den Druck besonders kenntlich gemacht. Im § 5 endlich sind die Voraussetzungen, unter denen diese Beziehungen miteinander äquivalent sind, in den Sätzen 1 bis 3 noch einmal zusammenfassend formuliert.

Im übrigen sei bemerkt, daß in der vorliegenden Note — im Interesse einer kurzen und übersichtlichen Darstellung — weniger auf Herausarbeitung einfacher Konvergenzbedingungen Wert gelegt wurde (insbesondere bei den Verallgemeinerungen der Poissonschen Formel), als darauf, mehrere scheinbar verschiedenartige Beziehungen als aus einer gemeinsamen Quelle entspringend aufzuweisen.

§ 1.

a) $f(s)$ *sei eine in der ganzen komplexen Zahlenebene definierte eindeutige analytische Funktion der Veränderlichen* $s = \sigma + it$, *sie sei ferner im Endlichen überall regulär bis auf die Stelle* $s = 1$, *wo* $f(s)$ *einen Pol erster Ordnung haben möge; mithin sei* $(s-1)\,f(s)$ *eine ganze Funktion, und zwar, wie weiter vorausgesetzt werde, von endlichem Geschlechte*[5]).

b) $f(s)$ *lasse sich in der Halbebene* $\sigma > 1$ *durch die absolut konvergente Dirichletsche Reihe*

$$f(s) = \sum_{n=1}^{\infty} \frac{a_n}{\lambda_n^s} \tag{1}$$

darstellen.

---

[4]) Vgl. Krazer, l. c. Fußnote [2]), S. 96–98.

[5]) Auf die etwas weitergehende Voraussetzung **a)** des Satzes 1 der 1. Mtlg., S. 240 — $f(s)$ durfte dort endlich viele Pole haben — wird hier im Interesse der einfacheren Formeln verzichtet.

c) *Es sei*

$$g(s)=\sum_{n=1}^{\infty}\frac{b_n}{l_n^s} \tag{2}$$

eine zweite für $\sigma>1$ absolut konvergente Dirichletsche Reihe und es bestehe zwischen $f(s)$ und $g(s)$ die Funktionalgleichung

$$\boxed{\pi^{-\frac{s}{2}}\Gamma\left(\frac{s}{2}\right)f(s)=\pi^{-\frac{1-s}{2}}\Gamma\left(\frac{1-s}{2}\right)g(1-s)}. \tag{I}$$

Um von dieser Beziehung zu einer neuen mit ihr äquivalenten Beziehung überzugehen, die der ϑ-Relation **(B)** entspricht, bilde man das Integral[6])

$$J=\frac{1}{2\pi i}\int_R \pi^{-\frac{s}{2}}\Gamma\left(\frac{s}{2}\right)f(s)\tau^{-\frac{s}{2}}ds;$$

hierbei bedeute R einen im positiven Sinne zu durchlaufenden rechteckigen Integrationsweg mit den vier Ecken $\gamma\pm iT$, $1-\gamma\pm iT$, $(\gamma>1,\ T>0)$.

Setzt man $2f(0)=-a_0$ und bezeichnet man mit b_0 das Residuum von $f(s)$ für $s=1$, so wird nach dem Cauchyschen Integralsatz, da die zu integrierende Funktion nur für $s=0$ und $s=1$ Pole 1. Ordnung hat,

$$J=-a_0+\frac{b_0}{\sqrt{\tau}}. \tag{3}$$

In den Punkten $\gamma\pm iT$ ist nun aber nach einer bekannten Abschätzung der Γ-Funktion[7])

$$\Gamma\left(\frac{s}{2}\right)f(s)=O\left(e^{-\frac{\pi}{4}|T|}|T|^{\gamma-\frac{1}{2}}\right) \tag{4}$$

und ebenso wegen (I) in den Punkten $1-\gamma\pm iT$. Mithin gilt mit Rücksicht auf das nach Voraussetzung endliche Geschlecht der ganzen Funktion $(s-1)f(s)$ nach einem oft angewandten funktionentheoretischen Satz von Phragmén-Lindelöf[8]) die Beziehung (4) gleichmäßig auf den beiden Seiten des Rechtecks R, die der Achse der reellen Zahlen parallel sind.

Geht man zur Grenze $T=\infty$ über, so ergibt sich demnach in Verbindung mit (3)

---

[6]) Vgl. Hj. Mellin, Über eine Verallgemeinerung der Riemannschen Funktion $\zeta(s)$. Acta soc. sc. fenn. **24** (1899), S. 39–40.

[7]) Es ist $\lim\limits_{t=\infty}\dfrac{\Gamma(\sigma+it)}{e^{-\frac{\pi}{2}|t|}|t|^{\sigma-\frac{1}{2}}}=\sqrt{2\pi}$. T. J. Stieltjes, Sur le développement de $\log\Gamma(a)$, Journ. de math. pures et appl. (4) **5** (1889), S. 425–445. Vgl. auch Lipschitz, Über die Darstellung gewisser Funktionen durch die Eulersche Summenformel, Journ. für die r. u. angew. Math. **56** (1859), S. 11–26, siehe insbes. S. 20.

[8]) E. Phragmén u. E. Lindelöf, Sur une extension d'un principe classique d'analyse, Acta Math. **31** (1908), S. 381–406, insbes. S. 385.

$$\frac{1}{2\pi i}\int_{\gamma-i\infty}^{\gamma+i\infty}\pi^{-\frac{s}{2}}\Gamma\left(\frac{s}{2}\right)f(s)\tau^{-\frac{s}{2}}ds-\frac{1}{2\pi i}\int_{1-\gamma-i\infty}^{1-\gamma+i\infty}=-a_0+\frac{b_0}{\sqrt{\tau}}$$

oder wegen (I)

$$(5)\quad a_0+\frac{1}{2\pi i}\int_{\gamma-i\infty}^{\gamma+i\infty}\pi^{-\frac{s}{2}}\Gamma\left(\frac{s}{2}\right)f(s)\tau^{-\frac{s}{2}}ds=\frac{b_0}{\sqrt{\tau}}+\frac{1}{2\pi i}\int_{1-\gamma-i\infty}^{1+\gamma+i\infty}\pi^{-\frac{1-s}{2}}\Gamma\left(\frac{1-s}{2}\right)g(1-s)\tau^{-\frac{s}{2}}ds$$

$$=\frac{b_0}{\sqrt{\tau}}+\frac{1}{2\pi i}\int_{\gamma-i\infty}^{\gamma+i\infty}\pi^{-\frac{s}{2}}\Gamma\left(\frac{s}{2}\right)g(s)\tau^{-\frac{1-s}{2}}ds,$$

nachdem man noch auf der rechten Seite von (5) die Integrationsveränderliche $1-s$ durch s ersetzt hat. Substituiert man für $f(s)$ bzw. $g(s)$ die für $\sigma=\gamma$ absolut konvergenten Dirichletschen Reihen (1) bzw. (2), so kann man wegen der absoluten Konvergenz Summation und Integration vertauschen und erhält aus (5)

$$a_0+\frac{1}{2\pi i}\sum_{n=1}^{\infty}a_n\int_{\gamma-i\infty}^{\gamma+i\infty}\Gamma\left(\frac{s}{2}\right)(\lambda_n^2\pi\tau)^{-\frac{s}{2}}ds=\frac{b_0}{\sqrt{\tau}}+\frac{1}{2\pi i}\sum_{n=1}^{\infty}\frac{b_n}{\sqrt{\tau}}\int_{\gamma-i\infty}^{\gamma+i\infty}\Gamma\left(\frac{s}{2}\right)\left(\frac{l_n^2\pi}{\tau}\right)^{-\frac{s}{2}}ds.$$

Schließlich ergibt sich, wenn man, unter Benutzung einer Formel von Mellin [9]) die Integration ausführt,

$$a_0+2\sum_{n=1}^{\infty}a_n e^{-\pi\lambda_n^2\tau}=\frac{b_0}{\sqrt{\tau}}+\frac{2}{\sqrt{\tau}}\sum_{n=1}^{\infty}b_n e^{-\frac{\pi l_n^2}{\tau}}$$

oder bequemer geschrieben, indem man außerdem für die Reihen die Bezeichnung $\vartheta(\tau)$ einführt,

$$(\mathrm{II})\qquad \boxed{\vartheta(\tau)=\sum_{n=-\infty}^{\infty}a_n e^{-\pi\lambda_n^2\tau}=\frac{1}{\sqrt{\tau}}\sum_{n=-\infty}^{\infty}b_n e^{-\frac{\pi l_n^2}{\tau}}},$$

wobei

$$(6)\qquad a_{-n}=a_n,\quad b_{-n}=b_n,\quad \lambda_0=l_0=0,\quad \lambda_{-n}=-\lambda_n,\quad l_{-n}=-l_n$$

gesetzt ist.

Andererseits folgt auch umgekehrt (I) ebenso aus (II), wie Riemann die Funktionalgleichung der ζ-Funktion aus der Jacobischen ϑ-Formel abgeleitet hat [10]), wofern nur die Dirichletschen Reihen (1) und (2) für $f(s)$ und $g(s)$ beide eine absolute Konvergenzhalbebene besitzen.

---

[9]) Hj. Mellin, Abriß einer einheitlichen Theorie der Gamma- und hypergeometrischen Funktionen. Math. Ann. 68 (1910), S. 305–337, vgl. insbes. S. 315–316 und S. 318–319.

[10]) B. Riemann, Über die Anzahl der Primzahlen unter einer gegebenen Größe. Gesammelte Werke, herausgegeben von H. Weber, 2. Aufl. Leipzig 1892, S. 145–153, siehe insbes. S. 146–147.

§ 2.

Man bilde nunmehr den Ausdruck

$$F(z) = z\int_0^\infty \frac{1}{\sqrt{\tau}}\vartheta\left(\frac{1}{\tau}\right)e^{-\pi z^2\tau}\,d\tau. \tag{7}$$

Man überzeugt sich leicht, daß, wenn man für $\vartheta\left(\frac{1}{\tau}\right)$ erst die eine, dann die andere der beiden Reihen (II) in das Integral (7) einsetzt, sich beide Male für $\Re(z^2) > 0$ Integration und Summation vertauschen lassen[11]), und man erhält, indem man bei der gliedweisen Integration der linken Seite von (II) die Integralformel

$$\int_0^\infty e^{-\frac{a^2}{\tau}-b^2\tau}\frac{d\tau}{\sqrt{\tau}} = \frac{2}{b}\int_0^\infty e^{-\frac{a^2b^2}{u^2}-u^2}du = \frac{\sqrt{\pi}}{b}e^{-2ab}$$

benutzt[12]),

$$\boxed{F(z) = a_0 + 2\sum_{n=1}^\infty a_n e^{-2\pi\lambda_n z} = \frac{b_0}{\pi z} + \frac{2z}{\pi}\sum_{n=1}^\infty \frac{b_n}{z^2+l_n^2}}, \tag{III}$$

wo die Dirichletschen Reihen linker Hand für jeden Wert von z mit positivem reellem Teil absolut konvergieren.

Setzt man

$$G(z) = z\int_0^\infty \vartheta(\tau)e^{-\pi z^2\tau}\,d\tau,$$

so erhält man die entsprechende Relation

$$\boxed{G(z) = b_0 + 2\sum_{n=1}^\infty b_n e^{-2\pi l_n z} = \frac{a_0}{\pi z} + \frac{2z}{\pi}\sum_{n=1}^\infty \frac{a_n}{z^2+\lambda_n^2}}. \tag{III'}$$

Umgekehrt kann man aus (III) die Funktionalgleichung (I) ableiten,

---

[11]) Der genaue Wortlaut des Satzes, aus dem sich hier die Vertauschbarkeit von Summation und Integration folgern läßt, lautet: Ist $\sum_{\nu=1}^\infty u_\nu(x)$ eine für jeden positiven Wert von x absolut und gleichmäßig konvergente Reihe stetiger Funktionen und konvergiert die Reihe $\sum_{\nu=1}^\infty \int_0^\infty |u_\nu(x)|\,|\varphi(x)|\,dx$, so ist

$$\int_0^\infty \sum_{\nu=1}^\infty u_\nu(x)\varphi(x)\,dx = \sum_{\nu=1}^\infty \int_0^\infty u_\nu(x)\varphi(x)\,dx.$$

Wegen des Beweises dieses Satzes vgl. beispielsweise H. Hamburger, Beiträge zur Konvergenztheorie der Stieltjesschen Kettenbrüche, Math. Zeitschr. **4** (1919), Hilfssatz 2, S. 195–196.

[12]) Vgl. z. B. C. Jordan, Cours d'analyse (2. Aufl. 1894) II, S. 165–167.

indem man ebenso wie Riemann bei seinem ersten Beweis der Funktionalgleichung[13]) das Schleifenintegral

$$\int_L (-z)^{s-1} \sum_{n=1}^{\infty} a_n e^{-2\pi\lambda_n z} dz$$

untersucht, unter L einen schleifenförmigen Integrationsweg verstanden, der sich längs der Achse der positiven reellen Zahlen vom unendlich fernen Punkte her dem Nullpunkte nähert, diesen im positiven Sinne umkreist und endlich längs der Achse der positiven reellen Zahlen zum unendlich fernen Punkt zurückkehrt.

Endlich ergibt sich auch (II) aus (III), wie man erkennt, wenn man den Landsbergschen Beweis[14]) der Jacobischen ϑ-Relation nachbildet.

§ 3.

Aus (III) folgt durch einfache Integration

$$(8) \qquad \frac{b_0}{\pi} \log z + \sum_{n=1}^{\infty} \frac{b_n}{\pi} \log(z^2 + l_n^2) = C + a_0 z - 2 \sum_{n=1}^{\infty} \frac{a_n}{2\pi\lambda_n} e^{-2\pi\lambda_n z};$$

hierbei muß die Integrationskonstante C reell sein, wenn, wie übrigens nur in diesem Paragraphen vorausgesetzt werde, alle übrigen Größen auf beiden Seiten reell sind.

Nähert man sich mit z der Achse der imaginären Zahlen, d. h. geht man zur Grenze $x = 0$ ($z = x + iy$ gesetzt) über, so ist der imaginäre Teil des Ausdrucks links $i\left(\frac{b_0}{2} + \sum_{n=1}^{m} b_n\right)$, wo der Index m durch die Relation $l_m < y < l_{m+1}$ bestimmt ist. Integriert man diesen Ausdruck noch einmal von 0 bis y, so erhält man nach Division durch i

$$(9) \qquad \frac{b_0}{2} y + \sum_{n=1}^{m} b_n (y - l_n), \qquad l_m < y < l_{m+1}.$$

Integriert man andererseits den imaginären Teil des Ausdrucks rechter Hand von (8) von 0 bis y und geht zur Grenze $x = 0$ über, so ergibt sich, indem man endlich diesen Ausdruck dem Ausdruck (9) gleichsetzt,

$$(\mathrm{IV}) \qquad \boxed{\sum_{n=1}^{m} b_n (y - l_n) = \frac{a_0 y^2 - b_0 y}{2} - \frac{1}{2\pi^2} \sum_{n=1}^{\infty} \frac{a_n}{\lambda_n^2} (\cos 2\pi\lambda_n y - 1), \quad l_m < y < l_{m+1}.}$$

---

[13]) l. c. Fußnote [10]), S. 146.

[14]) G. Landsberg, Zur Theorie der Gaußschen Summen und der linearen Transformationen der ϑ-Funktionen. Journ. f. reine u. angew. Math. **111** (1893), S. 234–253, vgl. insbes. S. 235–238.

Spezialisiert man die Dirichletschen Reihen (1) und (2), indem man $\lambda_n = l_n = n$ setzt, so läßt sich in wenigen Zeilen zeigen, daß (IV) nur möglich ist, wenn alle b_n und a_n gleich derselben Konstanten b sind[15]). Damit ist dann Satz 1 der 1. Mtlg., der am Anfang dieser Note zitiert ist, von neuem bewiesen[16]).

Umgekehrt läßt sich, wie auch in der 1. Mtlg. gezeigt wird[17]), aus (IV) die Funktionalgleichung (I) herleiten.

Notwendige und hinreichende Bedingungen für das Bestehen von (IV), wenn nur die $\lambda_n = n$, aber die l_n beliebige positive Zahlen sind, sind in einer zweiten Mitteilung angegeben, die in der Mathematischen Zeitschrift erscheinen wird.

§ 4.

Es sei $\Phi(z)$ eine in einem Streifen $-\alpha < x < \beta$ $(\alpha, \beta > 0)$ reguläre analytische Funktion mit den beiden Eigenschaften:

1. *es existiere eine positive Zahl γ $(\gamma < \alpha, \gamma < \beta)$, derart, daß die beiden Integrale*

$$\int_{-\infty}^{+\infty} |\Phi(\gamma + iy)|\, dy, \qquad \int_{-\infty}^{+\infty} |\Phi(-\gamma + iy)|\, dy \tag{10}$$

konvergent sind;

2. *es mögen sich zwei Folgen positiver Zahlen $y_1, y_2, \ldots \to \infty$ und $y_1', y_2', \ldots \to \infty$ bestimmen lassen, derart, daß, unter $F(z)$ und $G(z)$ die Funktionen aus (III) und (III′) verstanden,*

$$\lim_{\nu=\infty} \Phi(x + iy_\nu) = 0, \qquad \lim_{\nu=\infty} \Phi(x - iy_\nu') = 0, \tag{11}$$

$$\begin{cases} \lim\limits_{\nu=\infty} \Phi(x + iy_\nu) F(x + iy_\nu) = 0, & \lim\limits_{\nu=\infty} \Phi(x - iy_\nu') F(x - iy_\nu') = 0, \\ \lim\limits_{\nu=\infty} \Phi(x + iy_\nu) G(x + iy_\nu) = 0, & \lim\limits_{\nu=\infty} \Phi(x - iy_\nu') G(x - iy_\nu') = 0, \end{cases} \tag{12}$$

und zwar gleichmäßig in x, wenn x dem Intervall $-\gamma \leqq x \leqq \gamma$ angehört[18]).

---

[15]) Vgl. Fußnote [2]), 1. Mtlg., S. 252–253.

[16]) Der in Fußnote [1]) zitierte Siegelsche Beweis folgert $a_n = b_n = b$ schon aus (III), ohne erst (IV) zu bilden.

[17]) 1. Mtlg., § 4, S. 253–254. — Ich möchte nicht unterlassen, an dieser Stelle darauf hinzuweisen, daß Herr Tschakaloff in Sofia, wie er mir gütigst brieflich mitgeteilt hat, in einer Abhandlung: Analytische Eigenschaften der Riemannschen Funktion $\zeta(z)$, die in bulgarischer Sprache (1914) in Sofia als selbständige Druckschrift erschienen ist, einen Beweis der Riemannschen Funktionalgleichung veröffentlicht hat, der in wesentlichen Punkten mit dem zitierten Beweise des § 4 der 1. Mtlg. übereinstimmt.

[18]) Die scheinbar so unhandliche Bedingung (12) läßt sich in speziellen Fällen wesentlich vereinfachen, da sich dann oft eine Folge von Zahlen y_ν konstruieren läßt, wo $F(x + iy_\nu)$ beschränkt bleibt oder nur wie $\log^2 y_\nu$ unendlich wird. Vgl. die Fußnote [23]) am Schluß.

Nunmehr bilde man die Integrale

$$(13)\qquad \mathfrak{J}=\frac{1}{2\pi i}\left(\int\limits_{\gamma-i\infty}^{\gamma+i\infty} G(z)\,\Phi(z)\,dz-\int\limits_{-\gamma-i\infty}^{-\gamma+i\infty} G(z)\,\Phi(z)\,dz\right).$$

Da sich wegen der Voraussetzung (12) das Integral $\mathfrak{J}$ als Integral über den Rand des Streifens $-\gamma\leqq x\leqq\gamma$ auffassen läßt, so ist nach dem Cauchyschen Integralsatz $\mathfrak{J}$ gleich der Summe der in diesem Streifen enthaltenen Residuen, mithin wegen (III')

$$(14)\qquad \mathfrak{J}=\frac{1}{\pi}\sum_{n=-\infty}^{+\infty} a_n\,\Phi(i\lambda_n),$$

wobei die a_n und λ_n für negative n durch die Formeln (6) bestimmt sind.

Wegen (III') ist $G(z)=G(-z)$, es läßt sich mithin (13) auch in der Form

$$\mathfrak{J}=\frac{1}{2\pi i}\int\limits_{\gamma-i\infty}^{\gamma+i\infty} G(z)\,(\Phi(z)+\Phi(-z))\,dz$$

schreiben. Setzt man für $G(z)$ die für $\gamma+iy$ absolut konvergente Dirichletsche Reihe linker Hand von (III') ein, so läßt sich wegen ihrer absoluten Konvergenz und der der Integrale (10) die Reihenfolge von Summation und Integration miteinander vertauschen, mithin wird

$$(15)\quad \mathfrak{J}=\frac{1}{2\pi i}\left(b_0\int\limits_{\gamma-i\infty}^{\gamma+i\infty}(\Phi(z)+\Phi(-z))\,dz+2\sum_{n=1}^{\infty} b_n\int\limits_{\gamma-i\infty}^{\gamma+i\infty} e^{-2\pi l_n z}(\Phi(z)+\Phi(-z))\,dz\right).$$

Da aber wegen (11) jedes einzelne der Integrale von (15) längs der Geraden $\mathfrak{R}(z)=\gamma$ gleich dem Integral längs der Achse der imaginären Zahlen ist, so ergibt sich, indem man schließlich noch den Wert der Reihe (14) dem Ausdruck (15) für $\mathfrak{J}$ gleichsetzt,

$$\frac{1}{\pi}\sum_{n=-\infty}^{\infty} a_n\,\Phi(i\lambda_n)=\frac{b_0}{2\pi}\int\limits_{-\infty}^{+\infty}(\Phi(iy)+\Phi(-iy))\,dy$$
$$+\frac{1}{\pi}\sum_{n=1}^{\infty} b_n\int\limits_{-\infty}^{+\infty} e^{-2\pi l_n iy}(\Phi(iy)+\Phi(-iy))\,dy,$$

$$\text{(V)}\qquad \boxed{\sum_{n=-\infty}^{\infty} a_n\,\Phi(i\lambda_n)=\sum_{n=-\infty}^{\infty} b_n\int\limits_{-\infty}^{+\infty} e^{-2\pi l_n iy}\,\Phi(iy)\,dy.}$$

Entsprechend erhält man, wenn man in das Integral (13) $F(z)$ statt $G(z)$ einsetzt,

$$\text{(V}'\text{)} \qquad \boxed{\sum_{n=-\infty}^{\infty} b_n \Phi(il_n) = \sum_{n=-\infty}^{\infty} a_n \int_{-\infty}^{+\infty} e^{-2\pi\lambda_n iy} \Phi(iy)\,dy.}$$

Umgekehrt läßt sich aus (V) die ϑ-Relation (II) folgern, indem man $\Phi(z) = e^{\tau z^2}$ setzt [19]).

Ist eine im Intervall $-\infty < u < \infty$ reelle, nicht analytische Funktion $\varphi(u)$ gegeben, die in jedem endlichen Intervall von beschränkter Schwankung ist und für die das Integral $\int_{-\infty}^{+\infty} |\varphi(u)|\,du$ konvergiert, so läßt sich für $\varphi(u)$ eine (V) analoge Summationsformel beweisen, wenn außerdem die Funktion

$$\text{(16)} \qquad \Phi(z) = \int_{-\infty}^{+\infty} \varphi(u)\, e^{zu}\,du$$

in einem Streifen $-\alpha < x < \beta$ $(\alpha, \beta > 0)$ regulär analytisch ist und den Voraussetzungen **1.** und **2.** genügt [20]).

Denn setzt man in (V′) für $\Phi(z)$ die Funktion (16) ein, so erhält man

$$\text{(}^*\text{V)} \qquad \boxed{2\pi \sum_{n=-\infty}^{\infty} a_n \varphi(2\pi\lambda_n) = \sum_{n=-\infty}^{\infty} b_n \int_{-\infty}^{+\infty} e^{il_n u} \varphi(u)\,du,}$$

da nach dem Fourierschen Integraltheorem

$$\frac{1}{2\pi}\int_{-\infty}^{+\infty}\left(\int_{-\infty}^{+\infty} e^{(u-2\pi\lambda_n)iy}\,\varphi(u)\,du\right)dy = \varphi(2\pi\lambda_n)$$

ist [21]).

---

[19]) l. c. Fußnote [4]).

[20]) Ist $\varphi(u)$ zweimal stetig differentiierbar und ist $\lim\limits_{u=\pm\infty} \varphi(u) = 0$, $\lim\limits_{u=\pm\infty} \varphi'(u) = 0$, so ergibt die partielle Integration von (16)

$$\Phi(z) = \frac{1}{z^2}\int_{-\infty}^{+\infty} \varphi''(u)\, e^{zu}\,du.$$

Konvergiert außerdem noch $\int_{-\infty}^{+\infty} |\varphi'' u|\, e^{\gamma|u|}\,du$, so sind die Voraussetzungen (10) und (11) gewiß erfüllt. Vgl. auch Fußnote [18]).

[21]) Vgl. Jordan, l. c. Fußnote [12]), II. S. 233–235. Die Jordansche Bedingung: $\int_{-\infty}^{+\infty} |\varphi(u)|\,du$ konvergent, ist hier nach Voraussetzung erfüllt.

Entsprechend leitet man aus (V) die Beziehung her:

$$(^*\mathrm{V}') \qquad \boxed{2\pi \sum_{n=-\infty}^{\infty} b_n \varphi(2\pi l_n) = \sum_{n=-\infty}^{\infty} a_n \int_{-\infty}^{+\infty} \varphi(u) e^{i\lambda_n u}\, du.}$$

§ 5.

Unsere bisher gefundenen Ergebnisse können wir in den folgenden Sätzen zusammenfassen:

Satz 1. *Unter den in* **a), b), c)** *gemachten Voraussetzungen für die Funktionen* $f(s)$ *und* $g(s)$ *bestehen auch die Beziehungen* (II), (III), (III′), (IV), (V), (V′), (*V), (*V′).

Die Äquivalenz aller Beziehungen besagt:

Satz 2. *Sind vier Folgen von Zahlen*

$$a_0, a_1, \ldots, \quad 0 < \lambda_1 < \lambda_2 < \ldots \to \infty,$$
$$b_0, b_1, \ldots, \quad 0 < l_1 < l_2 < \ldots \to \infty$$

vorgelegt, derart, daß eine einzige der acht Beziehungen (II) *bis* (*V′) *erfüllt ist und die Reihen* $\sum_{n=1}^{\infty} \frac{|a_n|}{\lambda_n^2}$, $\sum_{n=1}^{\infty} \frac{|b_n|}{l_n^2}$ *beide konvergent sind, so gelten alle übrigen der acht Beziehungen, außerdem sind die durch die Reihen* (1) *und* (2) *in der Halbebene* $\sigma \geqq 2$ *definierten Funktionen über die ganze Ebene fortsetzbar und endlich besteht zwischen ihnen die Funktionalgleichung* (I).

Durch genaue Prüfung der bei den einzelnen Übergängen von einer Relation zur andern benutzten Voraussetzungen ergibt sich auch noch

Satz 3. *Sind die Reihen*

$$\sum_{n=1}^{\infty} \left|\frac{b_n}{l_n^2}\right|, \qquad \sum_{n=1}^{\infty} |a_n|\, e^{-2\pi\lambda_n x} \qquad (x \geqq \alpha > 0)$$

konvergent, während die Reihe $\sum_{n=1}^{\infty} \frac{a_n}{\lambda_n^s}$ *keine Konvergenzhalbebene besitzt, so sind immer noch die Beziehungen* (II), (III), (V′), (*V) *miteinander äquivalent* (*d. h. wenn eine Relation gilt, gelten auch die drei andern*), *und zwar auch dann noch, wenn die* l_n *keine positiven, sondern beliebige komplexe Zahlen sind, wofern nur die Reihe* $\sum_{n=1}^{\infty} \left|\frac{b_n}{l_n^2}\right|$ *konvergiert und die Gerade* $x = \gamma$ *der Voraussetzungen* **1.** *und* **2.** *des* § 4 *im Innern der absoluten Konvergenzhalbebene von* $\sum_{n=1}^{\infty} a_n e^{-2\pi\lambda_n z}$ *gelegen ist.*

§ 6.

Stellt man ähnliche Überlegungen an der allgemeinen Epsteinschen ζ-Funktion[22]) an, so erhält man für (II) die bekannte Relation zwischen ϑ-Funktionen mehrerer Veränderlichen. Weiter ergibt sich, wenn man die ϑ-Formel der Transformation (7) unterwirft, an Stelle von (III) die bemerkenswerte Relation

$$F(z)=\sum_{m_1=-\infty}^{\infty}\sum_{m_2=-\infty}^{\infty}\cdots\sum_{m_p=-\infty}^{\infty} e^{2\pi i\sum\limits_{\mu=1}^{p} m_\mu h_\mu}\, e^{-2\pi z\sqrt{\varphi((m+g))}}$$

$$=\frac{\Gamma\left(\frac{p+1}{2}\right)}{\pi\sqrt{\Delta}}\, e^{-2\pi i\sum\limits_{\mu=1}^{p} g_\mu h_\mu}\sum_{m_1=-\infty}^{\infty}\sum_{m_2=-\infty}^{\infty}\cdots\sum_{m_p=-\infty}^{\infty} z\,\frac{e^{-2\pi i\sum\limits_{\mu=1}^{p} m_\mu g_\mu}}{z^2+\Phi((h+m))}.$$

Hierbei bedeutet $\varphi((m+g))=\varphi(m_1+g_1, m_2+g_2, \ldots, m_p+g_p)$ eine positiv definite quadratische Form von p Veränderlichen, Δ ihre Determinante und Φ die zu φ reziproke Form. Diese Formel tritt in einigen neueren zahlentheoretischen Untersuchungen von Hardy und Hecke auf.

Setzt man

$$F(z)=\frac{1}{2}\log k-\frac{\zeta'}{\zeta}\left(z+\frac{1}{2}\right)+\frac{L'}{L}\left(z+\frac{1}{2}\right),$$

so läßt sich auf diese Funktion der Satz 3 anwenden, wobei $L(z)$ eine L-Reihe bezeichnet, deren Koeffizienten eigentliche reelle Charaktere modulo k mit der Nebenbedingung $\chi(k-1)=1$ sind. Denn wegen $F(z)=-F(-z)$ besitzt $F(z)$ außer der Darstellung durch eine Dirichletsche Reihe eine Partialbruchzerlegung, derart, daß die Relation (III) erfüllt ist. In diesem Falle erscheinen die Beziehungen (V′) und (*V) als gemeinsame Quelle von Formeln, die Primzahlsummen durch solche Reihen darstellen, welche die nichtreellen Nullstellen der ζ-Funktion enthalten[23]).

19. Oktober 1921.

---

[22]) P. Epstein, Zur Theorie allgemeiner Zetafunktionen. Math. Ann. **56** (1903), S. 615–644; vgl. insbes. S. 623–627.

[23]) Die Voraussetzung **2.** für $\Phi(z)$ vereinfacht sich hier dadurch, daß sich eine Folge von positiven Zahlen y_ν konstruieren läßt, für die $\left|\frac{\zeta'}{\zeta}(x\pm iy_\nu)\right|\leq C\log^2 y_\nu$, $\left|\frac{L'}{L}(x\pm iy_\nu)\right|\leq C'\log^2 y_\nu$ ist. Vgl. etwa E. Landau, Handbuch der Lehre von der Verteilung der Primzahlen, Leipzig 1909, I. S. 341–342 und S. 521.

(Eingegangen am 21. 10. 1921.

Über die Verteilung der Null- und Einsstellen analytischer Funktionen.

Von

Ludwig Bieberbach in Berlin.

---

1. Ich werde in dieser Arbeit die folgenden drei Sätze beweisen:

Satz I. $f(z) = a_0 + a_1 z + a_2 z^2 + \ldots + a_n z^n + \ldots$ *sei im Kreise* $|z| < R$ *regulär und besitze in demselben nicht mehr als n Nullstellen und nicht mehr als m Einsstellen. Es sei* $n \leqq m$. *Es seien* k_i *irgendwelche n reelle positive Zahlen, und es seien die* $n+1$ *ersten Koeffizienten* a_i *den Bedingungen*

$$|a_i| \leqq k_i \qquad (i = 0, 1, 2, \ldots, n)$$

unterworfen. Endlich sei ϑ *irgendeine der Bedingung* $0 < \vartheta < 1$ *genügende Zahl. Dann gibt es eine nur von den* k_i *sowie von* ϑ *und R abhängende Schranke* $S_{n,m}(k_0, k_1, \ldots, k_n, \vartheta, R)$, *so daß für* $|z| \leqq \vartheta R$ *die Abschätzung*

$$|f(z)| \leqq S_{n,m}(k_0, k_1, \ldots, k_n, \vartheta, R)$$

gilt.

Man erkennt in diesem Satze eine Verallgemeinerung eines berühmten von Schottky entdeckten Satzes in einer von Landau angegebenen schärferen Fassung. Dieser verschärfte Satz lautet: Wenn $f(z) = a_0 + a_1 z + \ldots$ in $|z| < R$ regulär ist und dort weder Null- noch Einsstellen besitzt, wenn ϑ der Bedingung $0 < \vartheta < 1$ unterworfen ist und wenn $|a_0| \leqq k_0$ ist, so gilt in $|z| \leqq \vartheta R$ die Abschätzung

$$|f(z)| \leqq S_{0,0}(k_0, \vartheta, R).$$

Für $n = 0$ und $m = 0$ liefert also Satz I den Schottkyschen Satz. Ich bezeichne daher Satz I auch als verallgemeinerten Schottkyschen Satz und werde ihn hernach durch vollständige Induktion aus dem speziellen Schottkyschen gewinnen. Aus dem verallgemeinerten Schottkyschen Satz folgt dann in bekannter Weise die Verallgemeinerung eines Satzes, mit dem Landau die Untersuchungen auf dem Gebiete eröffnet hat, dem auch unsere Sätze angehören. Ich will also jetzt den zweiten Satz nennen:

Satz II. *Es sei wieder* $f(z) = a_0 + a_1 z + \ldots + a_n z^n + a_{n+1} z^{n+1} + \ldots$ *in* $|z| < R$ *regulär, besitze dort nicht mehr als* n *Nullstellen und* m *Einsstellen. Es sei* $n \leqq m$. *Wieder seien* $k_0, \ldots, k_n$ *positive Zahlen, und es gelte* $|a_i| \leqq k_i$ $(i = 0, 1, \ldots, n)$. *Ferner sei* $a_{n+1} \neq 0$. *Dann gibt es eine nur von* $k_0, k_1, \ldots, k_n$ *und* a_{n+1} *abhängende Schranke* $L_{n,m}(k_0, k_1, \ldots, k_n, a_{n+1})$, *für die*

$$R \leqq L_{n,m}(k_0, k_1, \ldots, k_n, a_{n+1})$$

gilt.

$n = 0$ und $m = 0$ liefert wieder den Landauschen Satz. Diesen werde ich als speziellen und meinen Satz II als verallgemeinerten Landauschen Satz bezeichnen.

Beim Beweis von Satz I mache ich von einem auch an sich wichtigen *Hilfssatz* Gebrauch, den ich jetzt als Satz III aufführen will.

Satz III. *Wieder sei* $f(z) = a_1 z + \ldots + a_n z^n + \ldots$ *in* $|z| < R$ *regulär. Wieder seien* $k_1, \ldots, k_n$ *positive Zahlen. Es gelte*

$$|a_i| \leqq k_i \qquad (i = 1, 2, \ldots, n).$$

Der durch $\omega = f(z)$ *aus dem Kreis* $|z| < R$ *entstehende Bildbereich enthalte eine* n*-blättrig bedeckte Kreisscheibe* $|\omega| < \mathsf{P}$. (Es sollen also n Kreisscheiben $|\omega| < \mathsf{P}$ in Verzweigungspunkten miteinander zusammenhängen, aber durch keinen Verzweigungspunkt mit anderen Blättern des Bildbereiches verbunden sein. Der Eingang in ein weiteres Blatt kann also nur nach Passieren der Kreisperipherie $|\omega| = \mathsf{P}$ gewonnen werden.) *Dann gibt es eine nur von* $k_1, k_2, \ldots, k_n$ *und* R *abhängende Schranke* $H(k_1, \ldots, k_n, R)$ *für* P, *so daß also* $\mathsf{P} \leqq H(k_1, \ldots, k_n, R)$ *gilt.*

Für $n = 1$ ergibt sich als Spezialfall der folgende bekannte Satz: Das durch $\omega = a_0 + a_1 z + \ldots$ erhaltene Bild von $|z| < R$ kann für eine in $|z| < R$ reguläre Funktion keine schlichte Kreisscheibe $|\omega - a_0| < \mathsf{P}$ enthalten, deren Radius P die Schranke $|a_1| R$ übertrifft.

Mit der Bestimmung oder Abschätzung der erwähnten Schranken befasse ich mich in dieser Arbeit nicht, wenngleich meine Methode bei geringer Umgestaltung leicht solche Schätzungen liefern würde. Ich beweise hier nur ihre Existenz. Über die prinzipielle Bedeutung meiner drei Sätze brauche ich vor einem kundigen Forum keine Worte zu verlieren.

2. Ich beginne mit einer allgemeinen Bemerkung über den Beweis des Satzes I. Ich brauche nämlich statt dessen nur zu zeigen, daß sich aus jeder den in Satz I genannten Bedingungen genügenden Funktionenfolge eine in $|z| \leqq \vartheta R$ gleichmäßig konvergente Teilfolge auswählen läßt.

Ich behaupte also, daß aus dem nun zu nennenden Satz I′ Satz I sofort gefolgert werden kann.

Satz I′. *Es sei eine unendliche Folge $f_k(z)$ von Funktionen gegeben. Keine derselben habe in $|z| < R$ mehr als n Nullstellen oder mehr als m Einsstellen. Es sei $n \leqq m$. Es gelte in $|z| < R$*

$$f_k(z) = a_0^{(k)} + a_1^{(k)} z + \dots .$$

Es gebe $n+1$ positive von der Funktionsnummer k unabhängige Zahlen $k_0, \dots, k_n$ derart, daß für alle k

$$|a_i^{(k)}| \leqq k_i \qquad (i = 0, 1, \dots, n)$$

gilt. Es sei $0 < \vartheta < 1$. Dann läßt sich aus der Funktionenfolge eine andere in $|z| \leqq \vartheta R$ gleichmäßig konvergente Teilfolge auswählen.

Aus diesem Satz I′ ergibt sich leicht Satz I durch folgende Überlegung. Satz I werde als falsch angenommen. M_k sei das Maximum von $f_k(z)$ in $|z| \leqq \vartheta_1 R$ $(\vartheta < \vartheta_1 < 1)$. Dann wären die M_k bei passender Wahl der $f_k(z)$ nicht beschränkt. Dann aber gäbe es Folgen, aus welchen man keine in $|z| \leqq \vartheta R$ gleichmäßig konvergente auswählen könnte. Ich habe also tatsächlich nur Satz I′ zu beweisen.

3. Ich bediene mich dazu der vollständigen Induktion. Das Wesen der Schlußweise will ich zunächst für $n = 0$ auseinandersetzen. In diesem Falle erhalte ich für $m = 0$ den speziellen Schottkyschen Satz. Ich darf daher annehmen, daß alle $f_k(z)$ Einsstellen besitzen. Ich nehme nun an, er sei für $m = \mu$ schon als richtig erkannt und will daraus seine Richtigkeit für $m = \mu + 1$ erschließen. Zu dem Behufe betrachte ich eine derjenigen Einsstellen ε_k von $f_k(z)$, welche einen möglichst großen absoluten Betrag besitzt. Ich darf annehmen, daß $\lim\limits_{k \to \infty} \varepsilon_k = \varepsilon$ existiert. Denn durch Herausgreifen einer Teilfolge kann ich das stets erreichen. Ich habe nun *zwei Fälle* zu unterscheiden. Der eine ist $|\varepsilon| > \vartheta R$, der andere $|\varepsilon| \leqq \vartheta R$.

Wenn also *erstens* $|\varepsilon| > \vartheta R$ gilt, so haben die Funktionen meiner Folge von einer gewissen Nummer an in einem $|z| \leqq \vartheta R$ umfassenden etwas größeren Kreis höchstens μ Einsstellen. Daher lehrt der Schottkysche Satz $(0, \mu)$ in Verbindung mit dem Vitalischen, daß man eine gleichmäßig konvergente Teilfolge herausgreifen kann.

Im *zweiten* Fall aber schließe ich so. Es sei $|\varepsilon| \leqq \vartheta R$. Dann greife ich einen beliebigen Punkt A heraus, für den $|A| = R\frac{1+\vartheta}{2}$ gelten möge. Um ihn lege ich einen Kreis vom Radius $R\frac{1-\vartheta}{4}$. In diesem sind die Funktionen der Folge von einer gewissen an — man darf annehmen von der ersten an, also alle — von Null und Eins verschieden.

Wieder muß ich zwei Fälle unterscheiden. Um diese Fallunterscheidung zu gewinnen, betrachte ich die Werte $f_k(A)$ und darf annehmen, daß dieselben einen endlichen oder unendlichen Grenzwert besitzen. Im ersten Falle kann ich mich des speziellen Schottkyschen Satzes bedienen, um zu schließen, daß die Funktionen in einem mit dem eben betrachteten konzentrischen Kreis vom halben Radius beschränkt sind. Nun verschiebe ich den erst gewählten Kreis um ein Viertel seines Radius so, daß sein Mittelpunkt den Abstand von $z=0$ bewahrt, und erhalte wieder in einem Teilkreis vom halben Radius Beschränktheit der Funktionenfolge. Nach endlich vielen Schritten erhält man so offenbar einen $|z| \leqq \vartheta R$ umschließenden Kreisring, in dem die Funktionen der Folge gleichmäßig beschränkt sind. Daher kann man eine im Ringe gleichmäßig konvergente Teilfolge auswählen. Eine Teilfolge konvergiert dann aber bekanntlich auch in $|z| \leqq \vartheta R$ gleichmäßig, womit unser Satz wieder bewiesen ist.

Es bleibt also nur noch der Fall $f_k(A) \to \infty$ übrig. Dieser aber kommt in Wahrheit gar nicht vor. Das erkenne ich so. Ich betrachte die Funktionen $\frac{1}{f_k(z)}$ und operiere mit diesen genau ebenso, wie zuletzt mit den $f_k(z)$. Es gilt ja jetzt $\frac{1}{f_k(A)} \to 0$. In dem um A gelegten Kreise aber muß gleichmäßig $\frac{1}{f_k(z)} \to 0$ gelten. Denn sonst müßten nach dem Satz von Rouché[1]) die Näherungsfunktionen $\frac{1}{f_k(z)}$ genügend hoher Nummer in der Nähe von $z=A$ gleichfalls Nullstellen besitzen. Daher konvergiert eine Teilfolge in $|z| \leqq \vartheta R$ gleichmäßig gegen Null[2]). Die $f_k(z)$ also müßten in $|z| \leqq \vartheta R$ gleichmäßig gegen unendlich konvergieren. Daher würden die Funktionen genügend hoher Nummer den Kreis $|z| \leqq \vartheta R$ auf einen endlichen Bereich abbilden, der eine Stelle a_0 von einem Betrage $\leqq k_0$ bedecken muß, und dessen voller Rand beliebig weit von a_0 entfernt ist, und der trotzdem $\omega=0$ nicht überdecken darf. Das sind aber unmögliche Zustände.

Satz I ist somit für $n=0$ und beliebiges m bewiesen.

4. Ich komme zum Falle eines beliebigen n. Wieder bediene ich mich der vollständigen Induktion. Für $n=0$ und ein beliebig gegebenes m ist der Satz eben bewiesen worden. Ich nehme ihn für dieses m und für $n=\nu$ als richtig an, um ihn daraus für das gleiche m und $n=\nu+1$ zu erschließen. Die Anlage des Beweises ist die gleiche wie eben. Ich betrachte nur jetzt die Nullstellen vom größten absoluten Betrag. Alle

---

[1]) Vgl. z. B. mein Lehrbuch der Funktionentheorie, Bd. I, S. 185.

[2]) Dies ist aber ausgeschlossen, weil doch nach Voraussetzung alle Absolutglieder in den Potenzreihen der $f_k(z)$ Beträge kleiner oder gleich k_0 besitzen. Ich schließe im Texte lieber etwas weitläufiger, weil dabei das allgemeine, auf die weiteren Fälle meines Satzes I übertragbare Schlußprinzip zum Vorschein kommt.

Schlüsse verlaufen genau wie eben unter Verwendung schon vorher bewiesener Fälle des allgemeinen Schottkyschen Satzes. Lediglich der letzte Teil, in dem es sich darum handelt, die Annahme $f_k(A) \to \infty$ als unmöglich zu erkennen, muß genauer betrachtet werden. Wieder folgt genau wie eben, daß eine Teilfolge der $f_k(z)$ in einem $|z| \leqq \vartheta R$ umschließenden Kreisring gleichmäßig gegen unendlich konvergieren muß. Da aber jetzt die reziproken Funktionen $\frac{1}{f_k(z)}$ in $|z| \leqq \vartheta R$ nicht regulär sein werden, kann man nicht schließen, daß die $f_k(z)$ auch in $|z| \leqq \vartheta R$ gleichmäßig gegen unendlich konvergieren müssen. Wohl aber kann man schließen, daß Funktionen hinreichend großer Nummer eine $|z| \leqq \vartheta R$ enthaltende Kreisscheibe auf einen Bereich abbilden müssen, dessen Rand beliebig weit vom Ursprung der Koordinaten entfernt liegt. Da aber $\omega = 0$ nur n-mal von diesem Bereiche bedeckt werden kann, so müßte der Bildbereich bei hinreichend großer Nummer der Abbildungsfunktion eine beliebig große, genau n-mal voll bedeckte Kreisscheibe enthalten können, deren bei $a_0^{(k)}$ gelegener Mittelpunkt einen Betrag $\leqq k_0$ besitzt. Das widerspricht aber dem Satz III, der aussagt, daß eine derartige Kreisscheibe nicht beliebig groß werden kann. Es bleibt uns somit noch Satz III zu beweisen.

5. Daher wende ich mich jetzt diesem Satz III zu. Ich entwickle zunächst den Beweisgedanken. Der Bildbereich, welcher durch $\omega = f(z) = a_1 z + a_2 z^2 + \ldots + a_n z^n + \ldots$ aus $|z| < R$ entsteht, soll den n-blättrig bedeckten Kreis $|\omega| < \mathrm{P}$ enthalten. Derselbe muß daher bei der Abbildung aus einem $z = 0$ enthaltenden Teilbereich des $|z| < R$ entstanden sein. Die Abbildung dieses Teilbereiches B auf den n-blättrigen Kreis denke ich mir in zwei Schritten ausgeführt. Der erste benutzt eine Funktion

$$(1) \qquad \mathfrak{z} = z + \alpha_1 z^2 + \ldots + \alpha_{n-1} z^n + \ldots,$$

die diesen Teilbereich auf einen Kreis $|\mathfrak{z}| < r$ abbildet. Der zweite benutzt eine Funktion

$$\omega(\mathfrak{z}),$$

welche $|\mathfrak{z}| < r$ auf den n-blättrigen Kreis abbildet. Ich sehe mir zunächst die erste Funktion näher an.

6. Wenn der Teilbereich B von $|z| < R$ durch (1) auf $|\mathfrak{z}| < r$ schlicht abgebildet wird, so muß nach einem bekannten Satz aus der Theorie der konformen Abbildung der Bereich B die Kreisscheibe $|z| < \frac{r}{4}$ enthalten. In dieser Kreisscheibe konvergiert also (1) und besitzt dort einen absoluten Betrag kleiner als r. Daher lehrt der Cauchysche Koeffizientensatz die Abschätzung

$$|\alpha_{k-1}| \leqq \frac{r}{\left(\frac{r}{4}\right)^k} \qquad \text{oder} \qquad r^{k-1} |\alpha_{k-1}| \leqq 4^k.$$

Da für meine Zwecke nur die $n-1$ ersten Koeffizienten α_n in Betracht kommen, so kann ich hieraus den Schluß ziehen: Es gibt eine feste Zahl h, so daß

$$r^k |\alpha_k| \leqq h \qquad (k = 1, 2, \ldots, n-1). \tag{2}$$

7. Die Abbildung von $|\mathfrak{z}| < r$ auf den n-blättrigen Kreis $|\omega| < \mathsf{P}$ wird durch eine rationale Funktion vermittelt. Denn die Abbildungsfunktion muß auf $|\mathfrak{z}| = r$ noch regulär sein, und nach bekannten Sätzen muß der Spiegelung an $|\mathfrak{z}| = r$ die Spiegelung an $|\omega| = \mathsf{P}$ entsprechen. Daher ist die Abbildung in der ganzen Ebene regulär, und man erkennt außerdem, daß sie sich wie folgt muß schreiben lassen:

$$\omega = c\,\frac{\mathsf{P}}{r}\,\mathfrak{z}\,\frac{\mathfrak{z} - \varepsilon_1 r}{r - \bar{\varepsilon}_1 \mathfrak{z}} \cdots \frac{\mathfrak{z} - \varepsilon_{n-1} r}{r - \bar{\varepsilon}_{n-1}\mathfrak{z}}.$$

Hier ist $|\varepsilon_i| < 1$ $(i = 1, 2, \ldots, n-1)$ und $|c| = 1$.

Setze ich noch

$$(\mathfrak{z} - \varepsilon_1 r)(\mathfrak{z} - \varepsilon_2 r) \ldots (\mathfrak{z} - \varepsilon_{n-1} r) = e_{n-1} r^{n-1} + e_{n-2} r^{n-2} \mathfrak{z} + \ldots + \mathfrak{z}^{n-1},$$

so kann ich auch

$$\omega = c\,\frac{\mathsf{P}}{r}\,\mathfrak{z}\,\frac{e_{n-1} r^{-} \quad {}_{n-2} r^{n-2}\mathfrak{z} + \ldots + \mathfrak{z}^{n-1}}{r^{n-1} + \bar{e}_1 r^{n-2}\mathfrak{z} + \ldots + \bar{e}_{n-1}\mathfrak{z}^{n-1}}$$

schreiben. Ich entwickle nach Potenzen von $\mathfrak{z}$ und finde

$$\omega = c\mathsf{P}\varphi_1\left(\frac{\mathfrak{z}}{r}\right) + c\mathsf{P}\varphi_2\left(\frac{\mathfrak{z}}{r}\right)^2 + \ldots + c\mathsf{P}\varphi_{k+1}\left(\frac{\mathfrak{z}}{r}\right)^{k+1} + \ldots \tag{3}$$

Dabei ist

$$\varphi_1 = e_{n-1}, \quad \varphi_2 = -\begin{vmatrix} \bar{e}_1 & e_{n-2} \\ 1 & e_{n-1} \end{vmatrix}, \ \ldots, \ \varphi_n = (-1)^{n-1} \begin{vmatrix} \bar{e}_1 & \bar{e}_2 & \ldots & \bar{e}_{n-1} & 1 \\ 1 & \bar{e}_1 & & \bar{e}_{n-2} & e_1 \\ 0 & 1 & & \bar{e}_{n-3} & e_2 \\ \vdots & & & & \\ 0 & 0 & & 1 & e_{n-1} \end{vmatrix}.$$

8. Trage ich nun (1) in die Reihe (3) ein und ordne nach Potenzen von z, so muß die Funktion

$$a_1 z + a_2 z^2 + \ldots$$

entstehen. Ich führe diese Einsetzung durch und bekomme dadurch Beziehungen zwischen $R, k_1, k_2, \ldots, k_n, \mathsf{P}$. Diese Beziehungen werden mir den Beweis des Satzes III ermöglichen. Man findet nämlich so zunächst die Gleichungen:

$$c\mathsf{P}\varphi_1 \frac{1}{r} = a_1,$$

$$c\mathsf{P}\varphi_2 \frac{1}{r^2} + c\mathsf{P}\varphi_1 \frac{\alpha_1}{r} = a_2.$$

Daraus folgt wegen $|c| = 1$

$$|\mathsf{P}\varphi_1| \leqq r \cdot k_1 \leqq R \cdot k_1,$$

$$|\mathsf{P}\varphi_2| \leqq r^2 k_2 + |\mathsf{P}\varphi_1| r \cdot |\alpha_1| \leqq R^2 k_2 + R \cdot k_1 \cdot h \quad \text{(nach (2))}.$$

Man erkennt hieraus, daß $\mathsf{P}\varphi_1$ und $\mathsf{P}\varphi_2$ absolute Beträge besitzen, welche unter gewissen, nur von den k_i und R abhängigen Schranken bleiben. Ich will nun beweisen, daß derartige Abschätzungen für $\mathsf{P}\varphi_k$ allgemein gelten, solange k die Zahl n nicht übertrifft. Zu dem Zwecke bediene ich mich wieder der vollständigen Induktion. Ich nehme also an, es sei bereits die Existenz von Schranken $s_1, s_2, \ldots, s_\nu$ $(\nu < n)$ bewiesen, welche alle nur von den k_i und von R abhängen, und die zu den Abschätzungen

$$|\mathsf{P}\varphi_1| \leqq s_1, \quad |\mathsf{P}\varphi_2| \leqq s_2, \quad \ldots, \quad |\mathsf{P}\varphi_\nu| \leqq s_\nu$$

führen. Daraus will ich schließen, daß es eine weitere, auch nur von den k_i und von R abhängende Schranke $s_{\nu+1}$ gibt, so daß auch $|\mathsf{P}\varphi_{\nu+1}| \leqq s_{\nu+1}$ gilt.

Man findet nun aber beim Einsetzen von (1) in (3) eine Gleichung von dieser Form:

$$a_{\nu+1} = c\,\mathsf{P}\varphi_{\nu+1}\frac{1}{r^{\nu+1}} + c\,\mathsf{P}\varphi_\nu \frac{A_1}{r^\nu} + c\,\mathsf{P}\varphi_{\nu-1}\frac{A_2}{r^{\nu-1}} + \ldots + c\,\mathsf{P}\varphi_1 \frac{\alpha_\nu}{r}.$$

Dabei sind die $A_1, A_2, \ldots, A_\nu$ ganze rationale Funktionen der α_i mit Zahlenkoeffizienten. In keinem Glied von A_k kann das Gewicht, d. h. die Nummernsumme der α_i, die Zahl k übertreffen. Daher liegen alle $r^k A_k$ unter festen, sogar von R unabhängigen Schranken σ_k. Aus der gefundenen Gleichung folgt nun aber

$$|\mathsf{P}\varphi_{\nu+1}| \leqq |a_{\nu+1}| r^{\nu+1} + s_\nu \sigma_1 + s_{\nu-1}\sigma_2 + \ldots + s_1 h$$
$$\leqq k_{\nu+1} R^{\nu+1} + s_\nu \sigma_1 + \ldots + s_1 h.$$

Hier liegt somit die rechte Seite unter einer gewissen, nur von den k_i und R abhängigen Schranke.

9. Gehen wir nun mit dieser Kenntnis über die Produkte $\mathsf{P}\varphi_k$ an die oben gegebene Determinantendarstellung der φ_k heran. Dabei ist noch zu beachten, daß die e_i als elementarsymmetrische Funktionen der ε_k (deren Beträge unter Eins liegen) beschränkt sind. Dann folgt aus $\varphi_1 = e_{n-1}$, daß auch $\mathsf{P}e_{n-1}$ unter einer solchen Schranke liegt. Daher lehrt die Darstellung von φ_2, daß auch $\mathsf{P}e_{n-2}$ unter einer solchen Schranke sich befindet. So kann man von Determinante zu Determinante weiterschließen, bis man schließlich der letzten (φ_n) entnimmt, daß P selbst unter einer nur von den k_i und von R abhängigen Schranke liegen muß. Damit ist aber der Satz III bewiesen. Und damit ist auch der Beweis von Satz I endgültig beschlossen.

10. Ich wende mich daher zu dem noch übrigbleibenden verallgemeinerten Landauschen Satz II, der sich unter Verwendung von Vitalischem und Picardschem Satz aus dem verallgemeinerten Schottkyschen schließen läßt.

Wegen Satz I liefert der Cauchysche Koeffizientensatz die Abschätzung

$$|a_{n+h}| \leqq \frac{S_{n,m}(k_0, k_1, \ldots, k_n, \frac{1}{2}, R)}{(\frac{1}{2}R)^{n+h}}.$$

Es gibt somit Schranken für die Koeffizienten einer den Voraussetzungen von Satz I oder II genügenden Funktion. Insbesondere sei $s_{n,m}(k_0, \ldots, k_n, R)$ die kleinstmögliche Schranke für a_{n+1}. Es gilt also

$$|a_{n+1}| \leqq s_{n,m}(k_0, \ldots, k_n, R).$$

Wenn R wächst, kann diese Schranke nicht zunehmen, denn die Funktionen, die für ein größeres R die Bedingungen des Satzes II erfüllen, sind unter denjenigen mit enthalten, welche für ein kleineres R diese Eigenschaft besitzen. Daher existiert der $\lim\limits_{R\to\infty} s_{n,m}$. Ich werde beweisen, daß er Null ist. Dazu setze ich ihn gleich s und nehme an, es sei $s > 0$. Dann betrachte ich eine Folge von Funktionen $f_k(z)$. $f_k(z)$ möge in $|z| < k$ den Bedingungen von Satz II genügen. Die Koeffizienten a_{n+1} der $f_k(z)$ mögen alle einen $\frac{s}{2}$ übertreffenden Betrag haben. Der Satz I oder I′ gibt dann die Möglichkeit, aus dieser Folge eine andere auszuwählen, die in jedem endlichen Bezirk der Ebene gleichmäßig konvergiert. Die Grenzfunktion ist also eine ganze Funktion, welche nicht mehr als n Nullstellen und m Einsstellen besitzt. Nach dem Picardschen Satze ist sie also eine ganze rationale Funktion. Der Grad derselben ist aber mindestens $n+1$, weil doch nach unserer Annahme über die a_{n+1} der Koeffizient von z^{n+1} in der Grenzfunktion nicht verschwinden kann. Dann haben wir aber einen Widerspruch mit dem Fundamentalsatz der Algebra. Daraus folgt, daß $s = 0$ sein muß.

Besitzt also in einer den Bedingungen von Satz II genügenden Funktion der Koeffizient a_{n+1} einen von Null verschiedenen Wert, so kann der Radius R eines Kreises $|z| < R$, in dem die Funktion nicht mehr als n Nullstellen und m Einsstellen besitzt, eine gewisse, von den k_i und von a_{n+1} abhängende Schranke nicht übersteigen. Damit ist auch der Satz II bewiesen.

(Eingegangen am 19. 6. 1921.)

Über die geometrische Veranschaulichung einer Riemannschen Formel aus dem Gebiete der elliptischen Funktionen.

Von

Ernst Richard Neumann in Marburg.

Unter den Anwendungen der elliptischen Transzendenten nimmt von alters her die Theorie der Ponceletschen Polygone eine wichtige Stelle ein, und fast alle einschlägigen Lehrbücher widmen ihr eine eingehende Behandlung — und doch besteht zwischen der bekannten Figur mit dem einem Kreise einbeschriebenen und gleichzeitig einem anderen umbeschriebenen Polygonzuge und den elliptischen Funktionen *in einem Grenzfalle* noch ein Zusammenhang, der bisher nicht bemerkt zu sein scheint. — Ich will ihn im folgenden kurz auseinandersetzen; er führt zu einer äußerst einfachen graphischen Darstellung für gewisse Werte der Funktion $sn\,u$, die sich sogar zu einer numerischen Auswertung eignen dürfte, und zu einer interessanten geometrischen Veranschaulichung einer bekannten von Riemann herrührenden Formel.

In der klassischen Theorie der Ponceletschen Polygone handelt es sich vor allem um die Beantwortung der Frage, wann sich ein solcher Polygonzug schließt, und die Lösung dieses Problems, welche Jacobi mit Hilfe der elliptischen Funktionen gab[1]), beruht wesentlich auf folgendem Grundgedanken: Es wird auf der Peripherie des umbeschriebenen Kreises an Stelle des Zentriwinkels ψ (den wir stets vom Radius nach dem Punkte weitester Entfernung vom kleinen Kreise aus rechnen) ein neuer Parameter σ derart eingeführt, daß die den sukzessiven Ecken des Polygonzuges entsprechenden Werte desselben eine arithmetrische Reihe bilden,

$$\sigma = \sigma_0, \quad \sigma_0 \pm \delta, \quad \sigma_0 \pm 2\delta, \quad \sigma_0 \pm 3\delta, \quad \dots$$

Einen solchen Parameter stellt das elliptische Integral

$$(1) \qquad \sigma = \int_0^{\sin\frac{\psi}{2}} \frac{dz}{\sqrt{(1-z^2)(1-\varkappa^2 z^2)}} = \int_0^{\frac{\psi}{2}} \frac{d\varphi}{\sqrt{1-\varkappa^2 \sin^2\varphi}}$$

---

[1]) Vgl. C. G. J. Jacobi, Ges. Werke, 1, S. 277–293.

dar, so daß man also die zwischen dem Zentriwinkel ψ und diesem neuen Parameter σ bestehende Beziehung auch folgendermaßen schreiben kann:

$$(2)\qquad \frac{\psi}{2} = am\,\sigma.$$

Dabei gilt für den Modul die Formel:

$$(3)\qquad \varkappa^2 = \frac{(R+c)^2-(R-c)^2}{(R+c)^2-r^2} < 1 \qquad (\text{da } r < R-c),$$

wo R und r die Radien des um- bzw. einbeschriebenen Kreises und c ihren Zentralabstand bedeuten, und die Differenz δ der arithmetischen Reihe bestimmt sich aus der Formel:

$$(4)\qquad cn\,\delta = \frac{r}{R+c} \quad \text{oder auch:} \quad dn\,\delta = \frac{R-c}{R+c}.$$

Die Bedingung dafür, daß der Polygonzug sich schließt, besteht dann darin, daß diese Differenz δ in einem rationalen Verhältnis zum „vollständigen Integrale K" steht, und zwar muß, wenn die Schließung mit p Seiten nach q-maliger Umlaufung des kleinen Kreises erfolgen sollte,

$$\delta = \frac{q}{p}\cdot 2\,\mathsf{K} \quad \text{und daher} \quad sn\,p\delta = 0$$

sein, und diese letztere Bedingung pflegt man dann noch vermittelst der bekannten Additionstheoreme der Jacobischen Funktionen in die Größen R, r und c umzurechnen.

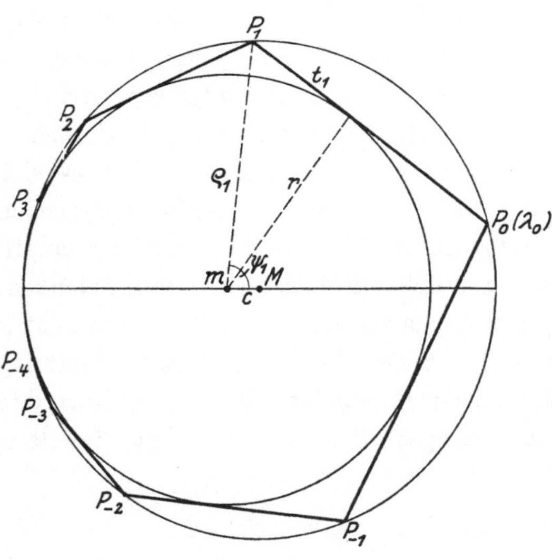

Fig. 1.

Geht man nun in unserer Figur zu dem Grenzfalle über, wo sich die *beiden Kreise berühren*, so verliert die Frage, wann sich der Polygonzug zwischen ihnen schließt, jede Bedeutung. Wenn man aber in diesem Falle nach der *Länge* des Linienzuges fragte, kommt man, wie ich jetzt zeigen will, wieder auf elliptische Funktionen.

Als Parameter auf dem größeren Kreise behalten wir σ bei, oder wenigstens die Werte λ, in welche die σ in diesem Grenzfalle übergehen. Da jetzt $r = R - c$ und daher nach Formel (3) der Modul $\varkappa = 1$ ist, folgt für den Zusammenhang zwischen dem Parameter λ und dem Zentriwinkel ψ:

$$(1') \qquad \lambda = \int\limits_0^{\sin\frac{\psi}{2}} \frac{dz}{1-z^2} = \frac{1}{2}\log\frac{1+\sin\frac{\psi}{2}}{1-\sin\frac{\psi}{2}} \quad \text{oder} \quad e^{\lambda} = \operatorname{tg}\frac{\pi+\psi}{4}$$

oder auch

$$(2') \qquad \sin\frac{\psi}{2} = \frac{e^{\lambda}-e^{-\lambda}}{e^{\lambda}+e^{-\lambda}} = \mathfrak{Tg}\,\lambda.$$

Die Verteilung dieser Parameterwerte λ auf der Peripherie des äußeren Kreises ist danach also in dem betrachteten Grenzfalle (im Gegensatz zu den σ im allgemeinen Falle) völlig unabhängig von der Wahl des zweiten, kleineren Kreises — nach wie vor aber bilden die Parameterwerte, die den Ecken des Polygonzuges entsprechen, eine arithmetische Reihe

$$\lambda = \lambda_0, \quad \lambda_0 \pm \alpha, \quad \lambda_0 \pm 2\alpha, \quad \lambda_0 \pm 3\alpha, \quad \ldots,$$

und die Gleichung (4) zur Bestimmung der Differenz dieser Reihe nimmt jetzt die Gestalt an:

$$(4') \qquad \frac{2}{e^{\alpha}+e^{-\alpha}} = \frac{r}{R+c} = \frac{R-c}{R+c},$$

und dafür können wir auch schreiben:

$$(5) \qquad e^{-\alpha} = \frac{\sqrt{R}-\sqrt{c}}{\sqrt{R}+\sqrt{c}}.$$

Wir berechnen nun das Stück einer Polygonseite, das zwischen den beiden Kreisen liegt, also die Länge t_n der von einer Ecke P_n des Polygons mit dem Parameter $\lambda_n = \lambda_0 + n\alpha$ an den kleinen Kreis gelegten Tangente. Es ist

$$t_n^2 = \varrho_n^2 - r^2 \qquad (\text{wo } \varrho_n = \overline{mP_n})$$

oder

$$t_n^2 = (R^2 + c^2 + 2Rc\cos\psi_n) - (R-c)^2 = 2Rc(1+\cos\psi_n),$$

also t_n selber:

$$t_n = 2\sqrt{Rc}\cos\frac{\psi_n}{2} = 2\sqrt{Rc}\cdot\frac{2}{e^{\lambda_n}+e^{-\lambda_n}},$$

d. i.

$$(6) \qquad t_n = \frac{4\sqrt{Rc}}{e^{\lambda_0+n\alpha}+e^{-\lambda_0-n\alpha}},$$

und daher ergibt sich für die *Länge L des ganzen Polygonzuges* in ihrer Abhängigkeit von dem Parameter λ_0 der Ausgangsecke:

$$(7) \qquad L(\lambda_0) = 2\sum_{n=-\infty}^{+\infty} t_n = 8\sqrt{Rc}\sum_{n=-\infty}^{+\infty}\frac{1}{e^{\lambda_0+n\alpha}+e^{-\lambda_0-n\alpha}}.$$

Um die Bedeutung dieses Resultates zu erkennen, erweitern wir die Summe rechterhand mit $i = e^{i\frac{\pi}{2}} = -e^{-i\frac{\pi}{2}}$ und schreiben:

$$L(\lambda_0) = 8i\sqrt{Rc}\sum_{n=-\infty}^{+\infty}\frac{1}{e^{\lambda_0+\frac{\pi i}{2}-\frac{\alpha}{2}}\cdot e^{\left(n+\frac{1}{2}\right)\alpha} - e^{-\lambda_0-i\frac{\pi}{2}+\frac{\alpha}{2}}\cdot e^{-\left(n+\frac{1}{2}\right)\alpha}},$$

und nun setzen wir den echten Bruch $e^{-\alpha}$ gleich der seit Jacobi in der Theorie der elliptischen Funktionen mit q bezeichneten Größe $e^{-\pi\frac{K'}{K}}$, also nach (5):

$$(8)\qquad \frac{\sqrt{R}-\sqrt{c}}{\sqrt{R}+\sqrt{c}} = q \quad \text{und} \quad \alpha = \pi\frac{K'}{K},$$

und ferner

$$(9)\qquad 2\lambda_0 + i\pi - \alpha = i\frac{\pi}{K}u,$$

wo K und K' die beiden zu q gehörigen vollständigen elliptischen Integrale bedeuten, deren ersteres z. B. durch die Gleichung

$$\sqrt{K} = \sqrt{\frac{\pi}{2}}\,(1 + 2q + 2q^4 + 2q^9 + \ldots)$$

definiert gedacht werden kann. — Dann ist

$$L(\lambda_0) = 8i\sqrt{Rc}\sum_{n=-\infty}^{+\infty}\frac{1}{s^{\frac{1}{2}}q^{-(n+\frac{1}{2})} - s^{-\frac{1}{2}}q^{n+\frac{1}{2}}} \qquad \left(s = e^{i\frac{\pi}{K}u}\right),$$

und diese Summe stellt, von konstanten Faktoren abgesehen, gerade *die Riemannsche Partialbruchzerlegung der Funktion* $sn\,u$ dar:

$$(\mathrm{F})\qquad sn\,u = i\frac{\pi}{kK}\sum_{n=-\infty}^{+\infty}\frac{1}{s^{\frac{1}{2}}q^{-(n+\frac{1}{2})} - s^{-\frac{1}{2}}q^{n+\frac{1}{2}}},\ ^{2)}$$

in der k wie üblich den „Modul" der elliptischen Funktion bedeutet.

Wir erhalten so das Resultat:

$$L(\lambda_0) = \frac{8kK}{\pi}\sqrt{Rc}\cdot sn\,u$$

oder, wenn wir noch für u seine Bedeutung aus (9) einsetzen:

$$10)\qquad L(\lambda_0) = \frac{8kK}{\pi}\sqrt{Rc}\,sn\left(K + iK' - i\frac{2K}{\pi}\lambda_0\right).$$

Es wird also von konstanten Faktoren abgesehen, die Gesamtlänge L jenes Polygonzuges in ihrer Abhängigkeit von der Wahl des Punktes $P_0\,(\lambda_0)$ auf dem größeren Kreise dargestellt durch die Werte der Funktion $sn\,u$ auf einer Geraden in der u-Ebene, die im Abstande K parallel zur imaginären Achse verläuft — was aber interessanter als dieses Resultat selbst sein dürfte, ist

[2]) Vgl. Riemanns Vorlesungen über elliptische Funktionen, herausgegeben von H. Stahl (Leipzig 1899 bei Teubner), S. 31. — Wenn diese Formel auch aufs engste mit bekannten Formeln von Jacobi zusammenhängt, habe ich doch nicht feststellen können, daß sie sich *in obiger Form* schon vor Riemann in der Literatur findet, weshalb ich sie eben als „Riemannsche Formel" bezeichne.

die aus der Ableitung hervorgehende Tatsache, daß *die Teile, in welche die einzelnen Seiten des Polygonzuges durch die Berührungspunkte mit dem kleineren Kreise zerfallen, gerade den einzelnen Gliedern der Riemannschen Partialbruchentwicklung jener Werte von* $sn\,u$ *entsprechen*, so daß wir sagen können: *der Polygonzug gibt ein anschauliches Bild von der Geschwindigkeit, mit der jene Riemannsche Partialbruchreihe* (F) *für Argumente von der Form* $u = \mathsf{K} + iv$ *konvergiert.*

Diese Werte von $sn\,u$ für Argumente mit dem reellen Teile K sind (einfach) *periodisch*, und auf eine periodische Funktion mußte auch die Behandlung unserer geometrischen Aufgabe naturgemäß führen, da es ja klar ist, daß die Vertauschung von λ_0 und $\lambda_0 + \alpha$ (d. i. von P_0 und P_1) keinen Einfluß auf die Länge L unseres Polygonzuges hat. — Die Grenzen, zwischen denen jene Werte von $sn\,u$ schwanken, sind 1 und $\frac{1}{k} > 1$, und zwar werden diese beiden extremen Werte erreicht z. B. wenn der Imaginärteil gleich 0 bzw. gleich $i\mathsf{K}'$ ist, also in unserem Falle, wenn

$$i\mathsf{K}' - i\frac{2\mathsf{K}}{\pi}\lambda_0 = 0 \text{ bzw.} = i\mathsf{K}'$$

ist, d. h. für

$$\lambda_0 = \frac{\pi}{2}\frac{\mathsf{K}'}{\mathsf{K}} = \frac{\alpha}{2} \text{ bzw. } \lambda_0 = 0$$

oder: wenn der Polygonzug *symmetrisch* zur Zentralen der beiden Kreise verläuft, indem diese entweder durch den Berührungspunkt einer Seite mit dem kleineren Kreise oder durch eine Ecke auf dem größeren Kreise hindurchgeht (Fig. 2), und für die Längen dieser beiden ausgezeichneten Linienzüge ergeben sich die Werte:

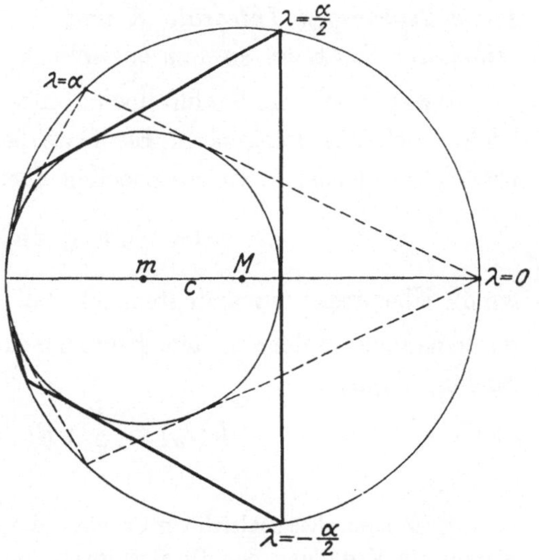

Fig. 2.

$$(11)\qquad \begin{aligned} L_{\min} &= L\left(\frac{\alpha}{2}\right) = \frac{8k\mathsf{K}}{\pi}\sqrt{Rc}, \\ L_{\max} &= L(0) \quad = \frac{8\mathsf{K}}{\pi}\sqrt{Rc}. \end{aligned}$$

Wir nehmen nun im folgenden immer an, wie das bei Anwendungen häufig der Fall ist, es sei *die Größe* q *gegeben.* Dann gestattet uns Formel (8) sofort das Verhältnis

$$\frac{c}{R} = \left(\frac{1-q}{1+q}\right)^2$$

zu bestimmen, so daß wir imstande sind, in beliebigem Maßstabe die diesem q-Werte entsprechende Grundfigur, bestehend aus den beiden einander berührenden Kreisen, zu zeichnen, und dann liefert uns nach den Formeln (11) die einfache, mit großer Annäherung mögliche Ausmessung des *größeren* der beiden symmetrischen Polygonzüge sofort den zugehörigen Wert von K, und in dem *Verhältnis* der Längen *beider* Linienzüge erhalten wir dann weiter den zugehörigen Modul k. — Denken wir uns nun noch auf dem größeren Kreise eine Skala der λ-Werte angebracht[3]), d. h. in einer größeren Anzahl von Punkten die zugehörigen Werte des Parameters λ herangeschrieben, so können wir der Figur sofort den zu q gehörigen Wert von $\frac{\alpha}{2} = \frac{\pi}{2}\frac{\mathsf{K}'}{\mathsf{K}}$ entnehmen und damit auch K' ermitteln, und endlich können wir dann nach Formel (10) auch noch durch Ausmessen weiterer Polygonzüge die Werte von $sn\,u$ für beliebige Argumente u mit dem reellen Teile K bestimmen. — *So haben wir also in unserer Figur ein bequemes Mittel, falls die Jacobische Größe q gegeben ist, mit großer Annäherung die zugehörigen Werte des Moduls k sowie der vollständigen Integrale K und K' und endlich auch gewisse Wertreihen der Funktion $sn\,u$ zu bestimmen.*

Erwähnt sei zum Schluß noch, daß wir aus unserem Hauptresultate (10) leicht noch alle imaginären Elemente beseitigen können. Wir machen Gebrauch von der leicht zu beweisenden Formel

$$sn(\mathsf{K} + i\,\mathsf{K}' + i\,u) = \frac{1}{k}\,\overline{dn}\,u,$$

wo die Überstreichung andeuten soll, daß es sich hier um diejenige Funktion $dn\,u$ handelt, welche zu dem Komplementärmodul $k' = \sqrt{1-k^2}$ gehört. — So folgt denn:

$$L(\lambda_0) = \frac{8\,\mathsf{K}}{\pi}\sqrt{Rc}\cdot\overline{dn}\left(\frac{2\,\mathsf{K}}{\pi}\lambda_0\right). \tag{10'}$$

---

[3]) Es kann dies sogleich ein für allemal geschehen, da ja, wie oben hervorgehoben wurde, die Verteilung der Parameterwerte auf dem äußeren Kreise gänzlich unabhängig von der Größe des inneren Kreises und also auch von q ist. — Die *Herstellung* dieser Skala läßt sich unter Benutzung einer Kurve für die Exponentialfunktion e^x nach der zweiten Formel (1′) leicht graphisch ausführen, oder aber man kann, wenn der zu *einem* λ-Werte γ (z. B. zu $\lambda = 1$) gehörige Peripheriepunkt etwa rechnerisch bestimmt ist, nach einem aus Fig. 2 ohne weiteres ersichtlichen Verfahren die zu $\frac{\gamma}{2}, \frac{\gamma}{4}, \frac{3\gamma}{4}, \frac{\gamma}{8}$, usw. gehörigen Punkte durch geometrische Konstruktion gewinnen. — Um die Vorstellung zu fixieren, sei noch bemerkt, daß zu $\lambda = 1$ der Punkt mit einem Zentriwinkel von $99^0\,12',6$ gehört.

(Eingegangen am 3. 9. 1921.)

Ein Kriterium für den positiv definiten Charakter von Fourierintegralen und die Darstellung solcher als Summe von Quadraten.

Von

F. Bernstein in Göttingen.

Gestattet eine für alle reellen Argumente reguläre Funktion $\mathfrak{P}(x)$ eine beständig konvergente Entwicklung der Form

$$\mathfrak{P}(x+y)=\sum_{\mu=0}^{\infty}\frac{\mathfrak{P}_{\mu}(x)\,\mathfrak{P}_{\mu}(y)}{\lambda_{\mu}},$$

wo die gleichfalls für alle reellen x regulären Funktionen $\mathfrak{P}_{\mu}(x)$ durch konvergente Reihen der Form

$$\mathfrak{P}_{\mu}(x)=x^{\mu}(1+\alpha_{\mu 1}x+\alpha_{\mu 2}x^{2}+\dots)\qquad(\mu=0,1,2,\dots)$$

in der Umgebung der Stelle $x=0$ definiert sind, so läßt sich leicht zeigen, daß die Entwicklung nur *eindeutig* möglich ist. Es ist nämlich, wenn für $n=0$ der Ausdruck $\sum\limits_{\mu=0}^{n-1}$ Null bedeutet:

$$\mathfrak{P}(x+y)-\sum_{\mu=0}^{n-1}\frac{\mathfrak{P}_{\mu}(x)\,\mathfrak{P}_{\mu}(y)}{\lambda_{\mu}}=\frac{\mathfrak{P}_{n}(x)}{\lambda_{n}}y^{n}(1+\alpha_{n1}y+\dots)$$
$$+x^{n+1}y^{n+1}\Big(\frac{1}{\lambda_{n+1}}+\dots\Big),$$

$$\frac{\mathfrak{P}(x+y)-\sum\limits_{\mu=0}^{n-1}\frac{\mathfrak{P}_{\mu}(x)\,\mathfrak{P}_{\mu}(y)}{\lambda_{\mu}}}{y^{n}}=\frac{\mathfrak{P}_{n}(x)}{\lambda_{n}}(1+\alpha_{n1}y+\dots)+x^{n+1}y\Big(\frac{1}{\lambda_{n+1}}+\dots\Big),$$

also

$$\lim_{y=0}\frac{\mathfrak{P}(x+y)-\sum\limits_{\mu=0}^{n-1}\frac{\mathfrak{P}_{\mu}(x)\,\mathfrak{P}_{\mu}(y)}{\lambda_{\mu}}}{y^{n}}=\frac{\mathfrak{P}_{n}(x)}{\lambda_{n}}.$$

Durch diese Gleichungen sind die $\mathfrak{P}_n(x)$ und damit die λ_n sukzessive eindeutig definiert.

Außerdem lassen sich die $\mathfrak{P}_n(x)$ *linear* durch $\mathfrak{P}(x)$ und seine Ableitungen ausdrücken. Es ist

$$\mathfrak{P}(x+y) - \sum_{\mu=0}^{n-1} \frac{\mathfrak{P}_\mu(x)\,\mathfrak{P}_\mu(y)}{\lambda_\mu} = \frac{\mathfrak{P}_n(y)}{\lambda_n}\,\mathfrak{P}_n(x) + y^{n+1}\,\Phi(x,y).$$

Differenzieren wir n-mal nach y, so erhalten wir wegen

$$\frac{\partial^n \mathfrak{P}(x+y)}{\partial y^n} = \frac{d^n \mathfrak{P}(x+y)}{d(x+y)^n} = \mathfrak{P}^{(n)}(x+y):$$

$$\mathfrak{P}^{(n)}(x+y) - \sum_{\mu=0}^{n-1} \frac{\mathfrak{P}_\mu^{(n)}(y)}{\lambda_\mu}\,\mathfrak{P}_\mu(x) = \frac{\mathfrak{P}_n^{(n)}(y)}{\lambda_\mu}\,\mathfrak{P}_n(x) + (n+1)!\,y\Phi(x,y)$$
$$+ \binom{n}{1}\frac{(n+1)!}{2}\,y^2\,\frac{\partial\Phi(x,y)}{\partial y} + \ldots + y^{n+1}\,\frac{\partial^n\Phi(x,y)}{\partial y^n}.$$

Setzen wir $y = 0$, so ergibt sich, da

$$\mathfrak{P}_n^{(n)}(y) = n! + \alpha_{n1}(n+1)\,n\ldots 2y + \ldots$$

ist:

$$\mathfrak{P}^{(n)}(x) - \sum_{\mu=0}^{n-1} \frac{\mathfrak{P}_\mu^{(n)}(0)}{\lambda_\mu}\,\mathfrak{P}_\mu(x) = \frac{n!}{\lambda_n}\,\mathfrak{P}_n(x).$$

Wendet man diese Formel statt auf n auf $n-1$, dann auf $n-2$ usw. an, so kann man schließlich rekursiv $\mathfrak{P}_n(x)$ linear durch $\mathfrak{P}(x)$, $\mathfrak{P}'(x)$, $\ldots$, $\mathfrak{P}^{(n)}(x)$ ausdrücken.

Ist $\mathfrak{P}(x)$ speziell eine *gerade Funktion*, so sind alle $\mathfrak{P}_{2\nu}$ gerade, alle $\mathfrak{P}_{2\nu+1}$ ungerade Funktionen. Denn setzt man

$$\mathfrak{P}_\mu(x) = x^\mu\,\mathfrak{Q}_\mu(x),$$

so ist einerseits:

$$\mathfrak{P}(-x-y) = \sum_{\mu=0}^{\infty} (-1)^{2\mu}\,\frac{x^\mu\,\mathfrak{Q}_\mu(-x)\,y^\mu\,\mathfrak{Q}_\mu(-y)}{\lambda_\mu},$$

andererseits:

$$\mathfrak{P}(-x-y) = \mathfrak{P}(x+y) = \sum_{\mu=0}^{\infty} \frac{x^\mu\,\mathfrak{Q}_\mu(x)\,y^\mu\,\mathfrak{Q}_\mu(y)}{\lambda_\mu}.$$

Aus der eingangs bewiesenen Eindeutigkeit der Darstellung folgt:

$$\mathfrak{Q}_\mu(-x) = \mathfrak{Q}_\mu(x).$$

Folglich ist

$$\mathfrak{P}_\mu(-x) = (-x)^\mu\,\mathfrak{Q}_\mu(-x) = (-1)^\mu x^\mu\,\mathfrak{Q}_\mu(x) = (-1)^\mu\,\mathfrak{P}_\mu(x).$$

Es besteht der

Satz: *Es sei* $\mathfrak{P}(x)$ *eine gerade, für alle reellen* x *reguläre Funktion und*

$$\int_{-\infty}^{+\infty} \mathfrak{P}^{(n)}(u)\, e^{-h^2 u^2}\, du$$

für ein $h > 0$ *und für alle* $n = 0, 1, 2, \ldots$ *absolut konvergent. Besitzt die Funktion* $\mathfrak{P}(x)$ *eine für alle reellen* x *und* y *gleichmäßig konvergente Entwicklung der Form*

$$\mathfrak{P}(x+y) = \sum_{\mu=0}^{\infty} (-1)^{\mu}\, \frac{\mathfrak{P}_{\mu}(x)\, \mathfrak{P}_{\mu}(y)}{\lambda_{\mu}},$$

wo

$$\mathfrak{P}_{\mu}(x) = x^{\mu}(1 + \alpha_{\mu 1} x + \alpha_{\mu 2} x^2 + \ldots)$$

ist, so ist

$$J(t) = \int_{-\infty}^{+\infty} \mathfrak{P}(u)\, e^{-h^2 u^2} \cos u t\, du$$

unter der Bedingung

$$\boxed{\lambda_{\mu} > 0}$$

für jedes reelle t *positiv und als Summe von Quadraten in der Form*

$$J(t) = 2\, \frac{h}{\sqrt{\pi}} \left\{ \sum_{\nu=0}^{\infty} \frac{1}{\lambda_{2\nu}} \left[\int_{-\infty}^{+\infty} \mathfrak{P}_{2\nu}(x)\, e^{-2h^2x^2} \cos x t\, dx \right]^2 \right.$$

$$\left. + \sum_{\nu=0}^{\infty} \frac{1}{\lambda_{2\nu+1}} \left[\int_{-\infty}^{+\infty} \mathfrak{P}_{2\nu+1}(x)\, e^{-2h^2x^2} \sin x t\, dx \right]^2 \right\}$$

darstellbar.

Beweis. Da $\mathfrak{P}(u)$ gerade ist, so folgt:

$$\frac{h}{\sqrt{\pi}} J(t) = \int_{-\infty}^{+\infty} \mathfrak{P}(u)\, \frac{h}{\sqrt{\pi}}\, e^{-h^2u^2}\, e^{iut}\, du.$$

Für $h > 0$ ist

$$\frac{h}{\sqrt{\pi}} \int_{-\infty}^{+\infty} e^{-h^2v^2}\, dv = 1,$$

also

$$\frac{h}{\sqrt{\pi}} J(t) = \int_{-\infty}^{+\infty} \mathfrak{P}(u)\, \frac{h}{\sqrt{\pi}}\, e^{-h^2u^2}\, \frac{h}{\sqrt{\pi}} \int_{-\infty}^{+\infty} e^{-h^2v^2}\, dv\, e^{iut}\, du$$

$$= \iint \mathfrak{P}(u)\, \frac{h}{\sqrt{\pi}}\, e^{-h^2u^2}\, \frac{h}{\sqrt{\pi}}\, e^{-h^2v^2}\, e^{iut}\, du\, dv,$$

erstreckt über die ganze uv-Ebene. Durch die Transformation

$$u = x + y, \qquad v = x - y$$

erhalten wir:

$$\frac{h}{\sqrt{\pi}} J(t) = 2 \iint \mathfrak{P}(x+y) \frac{h}{\sqrt{\pi}} e^{-h^2(x+y)^2} \frac{h}{\sqrt{\pi}} e^{-h^2(x-y)^2} e^{i(x+y)t} dx\, dy$$

$$= 2 \iint \sum_{\mu=0}^{\infty} (-1)^\mu \frac{\mathfrak{P}_\mu(x) \mathfrak{P}_\mu(y)}{\lambda_\mu} \frac{h}{\sqrt{\pi}} e^{-2h^2x^2} \frac{h}{\sqrt{\pi}} e^{-2h^2y^2} e^{i(x+y)t} dx\, dy,$$

erstreckt über die xy-Ebene. Da die Reihe für alle x und y gleichmäßig konvergiert, so folgt:

$$\frac{h}{\sqrt{\pi}} J(t) = 2 \sum_{\mu=0}^{N} \frac{(-1)^\mu}{\lambda_\mu} \iint \mathfrak{P}_\mu(x) \frac{h}{\sqrt{\pi}} e^{-2h^2x^2} e^{ixt} \cdot \mathfrak{P}_\mu(y) \frac{h}{\sqrt{\pi}} e^{-2h^2y^2} e^{iyt} dx\, dy$$

$$+ 2 \iint R_N(x, y) \frac{h}{\sqrt{\pi}} e^{-2h^2x^2} \frac{h}{\sqrt{\pi}} e^{-2h^2y^2} e^{i(x+y)t} dx\, dy,$$

wo N_0 so gewählt werden kann, daß bei $N > N_0$ für alle x, y gleichmäßig $|R_N(x, y)| < \delta$, also

$$\left| 2 \iint R_N(x, y) \frac{h}{\sqrt{\pi}} e^{-2h^2x^2} \frac{h}{\sqrt{\pi}} e^{-2h^2y^2} e^{i(x+y)t} dx\, dy \right|$$

$$< 2\delta \frac{h^2}{\pi} \iint e^{-2h^2(x^2+y^2)} dx\, dy = \delta$$

ist. Das Restintegral strebt also für $N \to \infty$ gegen 0, so daß man erhält

$$\frac{h}{\sqrt{\pi}} J(t) = 2 \sum_{\mu=0}^{\infty} \frac{(-1)^\mu}{\lambda_\mu} \iint \mathfrak{P}_\mu(x) \frac{h}{\sqrt{\pi}} e^{-2h^2x^2} e^{ixt} \cdot \mathfrak{P}_\mu(y) \frac{h}{\sqrt{\pi}} e^{-2h^2y^2} e^{iyt} dx\, dy$$

$$= 2 \sum_{\mu=0}^{\infty} \frac{(-1)^\mu}{\lambda_\mu} \left\{ \int_{-\infty}^{+\infty} \mathfrak{P}_\mu(x) \frac{h}{\sqrt{\pi}} e^{-2h^2x^2} e^{ixt} dx \right\}^2;$$

denn das Integral in $\{\}$ existiert und konvergiert absolut, da $\mathfrak{P}_\mu(x)$ linear durch $\mathfrak{P}(x)$ und seine Ableitungen darstellbar ist und für alle $\mathfrak{P}^{(n)}(x)$ nach Voraussetzung

$$\int_{-\infty}^{+\infty} |\mathfrak{P}^{(n)}(x)| e^{-h^2x^2} dx,$$

also a fortiori

$$\int_{-\infty}^{+\infty} |\mathfrak{P}^{(n)}(x)| e^{-2h^2x^2} dx$$

konvergiert. — Nun ist aber $\mathfrak{P}_{2\nu}$ gerade, $\mathfrak{P}_{2\nu+1}$ ungerade, also

$$\frac{h}{\sqrt{\pi}} J(t) = 2 \sum_{\nu=0}^{\infty} \frac{1}{\lambda_{2\nu}} \left\{ \int_{-\infty}^{+\infty} \mathfrak{P}_{2\nu}(x) \frac{h}{\sqrt{\pi}} e^{-2h^2x^2} \cos xt\, dx \right\}^2$$

$$+ 2 \sum_{\nu=0}^{\infty} \frac{1}{\lambda_{2\nu+1}} \left\{ \int_{-\infty}^{+\infty} \mathfrak{P}_{2\nu+1}(x) \frac{h}{\sqrt{\pi}} e^{-2h^2x^2} \sin xt\, dx \right\}^2$$

Eine *spezielle* Funktion, auf die sich unser Theorem anwenden läßt, ist

$$\mathfrak{P}(x) = \operatorname{cn} x \qquad \text{(cosinus amplitude } x\text{)}.$$

Sie besitzt das Additionstheorem

$$\operatorname{cn}(x+y) = \frac{\operatorname{cn} x \operatorname{cn} y - \operatorname{dn} x \operatorname{dn} y \operatorname{sn} x \operatorname{sn} y}{1 - k^2 \operatorname{sn}^2 x \operatorname{sn}^2 y} \qquad (|k| < 1),$$

also ist

$$\operatorname{cn}(x+y) = \operatorname{cn} x \cdot \operatorname{cn} y - \operatorname{dn} x \operatorname{sn} x \cdot \operatorname{dn} y \operatorname{sn} y$$
$$+ k^2 \operatorname{cn} x \operatorname{sn}^2 x \cdot \operatorname{cn} y \operatorname{sn}^2 y - k^2 \operatorname{dn} x \operatorname{sn}^3 x \cdot \operatorname{dn} y \operatorname{sn}^3 y + \ldots$$

Dies ist eine Entwicklung der verlangten Form mit

$$\lambda_{2\nu} = \frac{1}{k^{2\nu}}, \qquad \lambda_{2\nu+1} = \frac{1}{k^{2\nu}};$$

$$\mathfrak{P}_{2\nu}(x) = \operatorname{cn} x \operatorname{sn}^{2\nu} x = x^{2\nu}(1 + \ldots),$$

$$\mathfrak{P}_{2\nu+1}(x) = \operatorname{dn} x \operatorname{sn}^{2\nu+1} x = x^{2\nu+1}(1 + \ldots),$$

die gleichmäßig konvergent für alle reellen x, y ist. Denn der Rest der Reihe hinter dem 2ν-ten Gliede ist absolut genommen kleiner als

$$2|k|^{2(\nu+1)} + 2|k|^{2(\nu+2)} + \ldots = 2\frac{|k|^{2(\nu+1)}}{1 - |k|^2},$$

liegt also unabhängig von x, y unter einer für $\nu \to \infty$ gegen 0 strebenden Schranke. — Da

$$\int_{-\infty}^{+\infty} \operatorname{cn}^{(n)} u\, e^{-h^2 u^2}\, du$$

für jedes $h > 0$ und $n = 0, 1, 2, \ldots$ absolut konvergiert, so ist also

$$\int_{-\infty}^{+\infty} \operatorname{cn} u\, e^{-h^2 u^2} \cos u t\, du$$

bei jedem $h > 0$ für alle reellen t positiv und gleich

$$2\frac{h}{\sqrt{\pi}}\left\{\sum_{\nu=0}^{\infty}\left[k^\nu \int_{-\infty}^{+\infty} \operatorname{cn} x \operatorname{sn}^{2\nu} x\, e^{-2h^2x^2} \cos x t\, dx\right]^2\right.$$
$$\left.+ \sum_{\nu=0}^{\infty}\left[k^\nu \int_{-\infty}^{+\infty} \operatorname{dn} x \operatorname{sn}^{2\nu+1} x\, e^{-2h^2x^2} \sin x t\, dx\right]^2\right\}.$$

(Eingegangen am 21. 11. 1921.)

Über rationale Polynome mit einer Minimumseigenschaft.

Von

Otto Blumenthal in Aachen.

Eine Fragestellung aus dem Gebiete der ganzen transzendenten Funktionen hatte mich zu der Aufgabe geführt, trigonometrische Polynome mit einer gegebenen Zahl reeller Nullstellen und einer gewissen Minimumseigenschaft zu untersuchen, die darin besteht, daß die Summe der Quadrate der Koeffizienten einer bestimmten Anzahl höchster Glieder möglichst klein werden soll[1]). Es lag nahe, die gleiche Aufgabe für rationale Polynome zu stellen, sie erwies sich aber hier als außerordentlich viel schwieriger. Obwohl ich die Schwierigkeiten noch nicht vollständig überwunden habe, glaube ich doch den Weg zur Lösung genügend deutlich zu sehen, daß ich die bisherigen Ergebnisse veröffentlichen kann, in der Hoffnung, sie demnächst zu vervollständigen.

Wir betrachten die Gesamtheit der Polynome $M(x)$ n-ten Grades, die in einem Kreis vom Radius r um den Nullpunkt mindestens m $(\leqq n)$ Nullstellen haben. Die Minimumseigenschaft ist in § 1 angegeben. Die Nebenbedingung der Nullstellenzahl kann auch im Anschluß an das isoperimetrische Problem der Variationsrechnung in der Form

$$\frac{1}{2\pi i}\int\limits_{(r)}\frac{M'(x)}{M(x)}\,dx = m$$

gegeben werden, wo das Integral über eine die Peripherie des Kreises beliebig eng umschließende Kontur zu erstrecken ist. Ebenso ließe sich die Minimumbedingung als Minimum eines Integralquotienten ausdrücken, nämlich

$$\frac{\int |M - M_{m-1}|^2\,dx}{\int |M|^2\,dx} = \text{Min.},$$

---

[1]) Math. Zeitschr. 1 (1918); siehe auch Math. Ann. 77 (1916).

wo M_{m-1} den m-ten „Abschnitt" des Polynoms M bedeutet, und die Integratinen über die Peripherie des Einheitskreises zu erstrecken sind. Die üblichen Methoden der Variationsrechnung versagen jedoch und müssen durch besondere ersetzt werden. Die große Schwierigkeit wird durch die Begrenzung des Kreisgebiets hineingetragen. Das Fehlen einer Begrenzung ermöglichte die vollständige Lösung bei trigonometrischen Polynomen.

1. Die einfachsten Eigenschaften der Minimumpolynome.

Wir betrachten die Gesamtheit der Polynome

$$M(x) = \mu_0 + \mu_1 x + \ldots + \mu_n x^n \tag{1}$$

mit beliebigen, reellen oder komplexen Koeffizienten, welche mindestens m $(\leqq n)$ Nullstellen im Innern oder auf dem Rande eines Kreises k vom Radius r um den Nullpunkt besitzen. Es ist leicht zu sehen, daß im Bereiche dieser Polynome, d. h. ihrer Koeffizienten μ_i, der Ausdruck

$$s = s(M) = \frac{|\mu_m|^2 + |\mu_{m+1}|^2 + \ldots + |\mu_n|^2}{|\mu_0|^2 + |\mu_1|^2 + \ldots + |\mu_{m-1}|^2} \tag{2}$$

ein von Null verschiedenes Minimum haben muß[2]).

Welche Polynome liefern das Minimum?

Um die Behandlung der Aufgabe formal zu vereinfachen, führen wir an Stelle der Koeffizienten μ neue Größen M durch folgende Erklärung ein:

$$(3)\qquad \begin{aligned} \mathsf{M}_k &= -\frac{\mu_k}{|\mu_0|^2 + |\mu_1|^2 + \ldots + |\mu_{m-1}|^2} \qquad (k = 0, 1, \ldots, m-1), \\ \mathsf{M}_{k'} &= \frac{\mu_{k'}}{|\mu_m|^2 + |\mu_{m+1}|^2 + \ldots + |\mu_n|^2} \qquad (k' = m, \ldots, n). \end{aligned}$$

Es ist dann

$$|\mathsf{M}_0|^2 + \ldots + |\mathsf{M}_{m-1}|^2 = \frac{1}{|\mu_0|^2 + \ldots + |\mu_{m-1}|^2},$$

$$|\mathsf{M}_m|^2 + \ldots + |\mathsf{M}_n|^2 = \frac{1}{|\mu_m|^2 + \ldots + |\mu_n|^2},$$

und daher gelten auch die Umkehrformeln:

$$(3')\qquad \begin{aligned} \mu_k &= -\frac{\mathsf{M}_k}{|\mathsf{M}_0|^2 + \ldots + |\mathsf{M}_{m-1}|^2} \qquad (k = 0, 1, \ldots, m-1), \\ \mu_{k'} &= \frac{\mathsf{M}_{k'}}{|\mathsf{M}_m|^2 + \ldots + |\mathsf{M}_n|^2} \qquad (k' = m, \ldots, n), \end{aligned}$$

$$s = \frac{|\mathsf{M}_0|^2 + \ldots + |\mathsf{M}_{m-1}|^2}{|\mathsf{M}_m|^2 + \ldots + |\mathsf{M}_n|^2}. \tag{3''}$$

[2]) Siehe Math. Zeitschr. **1** (1918), S. 286.

Ist

$$L(x) = \lambda_0 + \lambda_1 x + \ldots + \lambda_n x^n$$

ein weiteres Polynom höchstens n-ten Grades, so werde die lineare Verbindung $M(x) + \varrho L(x)$ mit von x unabhängigem Parameter ϱ als ***Kombination*** von M mit L bezeichnet. Dem Parameter ϱ können dabei beliebige reelle oder komplexe Werte beigelegt werden.

Wir bilden den Ausdruck $s(M + \varrho L)$ für das kombinierte Polynom. Es berechnet sich:

$$(4) \qquad s(M + \varrho L) - s(M) = l\,[(\varrho \bar{\Delta} + \bar{\varrho} \Delta) + |\varrho|^2 D],$$

wo

$$l = \frac{|\mu_m|^2 + \ldots + |\mu_n|^2}{|\mu_0 + \varrho \lambda_0|^2 + \ldots + |\mu_{m-1} + \varrho \lambda_{m-1}|^2},$$

$$(4') \qquad \begin{aligned} \Delta(M, L) &= \lambda_0 \mathsf{M}_0 + \ldots + \bar{\lambda}_{m-1} \mathsf{M}_{m-1} + \bar{\lambda}_m \mathsf{M}_m + \ldots + \bar{\lambda}_n \mathsf{M}_n, \\ D(M, L) &= \frac{|\lambda_m|^2 + \ldots + |\lambda_n|^2}{|\mu_m|^2 + \ldots + |\mu_n|^2} - \frac{|\lambda_0|^2 + \ldots + |\lambda_{m-1}|^2}{|\mu_0|^2 + \ldots + |\mu_{m-1}|^2}. \end{aligned}$$

Wird noch

$$(4'') \qquad \varrho = |\varrho| e^{i\beta}, \qquad \Delta = |\Delta| e^{i\gamma}$$

gesetzt, so ist also

$$(4''') \qquad s(M + \varrho L) - s(M) = l\,[2 |\varrho| \, |\Delta| \cos(\beta - \gamma) + |\varrho|^2 D].$$

Wenn M Minimumpolynom ist und $M + \varrho L$ mindestens m Nullstellen in dem Kreise k besitzt[3]), muß die linke Seite positiv sein. Daher das Ergebnis:

Wenn für alle ϱ von genügend kleinem Betrag die Kombination $M + \varrho L$ in k mindestens m Nullstellen hat, dann gilt:

$$(5) \qquad \Delta(M, L) = 0, \qquad D(M, L) \geqq 0.$$

Denn wäre Δ von Null verschieden, so hätte für genügend kleines $|\varrho|$ die rechte Seite von $(4''')$ das Vorzeichen von $\cos(\beta - \gamma)$, das durch Wahl von β negativ gemacht werden kann. $D \geqq 0$ ist aber nichts anderes als der formelmäßige Ausdruck der Minimumseigenschaft selbst.

Mit Hilfe dieses Ergebnisses beweise ich zuerst:

Die sämtlichen Nullstellen eines Minimumpolynoms liegen auf der Peripherie des Kreises k.

Seien nämlich $\alpha_1, \alpha_2, \ldots, \alpha_m$ m Nullstellen von $M(x)$ in k, von denen beim Vorhandensein mehrfacher Verschwindungspunkte auch einige zusammenfallen können, und sei α_1 *im Innern* des Kreises gelegen. Wir

---

[3]) „In dem Kreise" bedeutet ständig „im Innern oder auf dem Rande".

bilden das Polynom $(m-1)$-ten Grades $L(x)$, das die Nullstellen $\alpha_2, \ldots, \alpha_m$ besitzt. Dann hat für alle genügend kleinen ϱ die Kombination $M + \varrho L$ mindestens m Nullstellen in k, nämlich die Nullstellen $\alpha_2, \ldots, \alpha_m$ und eine Nullstelle α', die bei genügend kleinem ϱ in beliebiger Nähe von α_1 gelegen ist. Daher müßte nach (5) sicher $D(M, L) \geqq 0$ sein. Dies ist aber nicht der Fall, denn $\lambda_m = \ldots = \lambda_n = 0$, während $\mu_m, \ldots, \mu_n$ einerseits, $\lambda_0, \ldots, \lambda_{m-1}$ andererseits sicher nicht sämtlich verschwinden.

Ich beweise weiter:

Ein Minimumpolynom hat genau m Nullstellen in k.

Es sei nämlich jetzt $\alpha_1, \ldots, \alpha_m$ eine Gruppe von m Nullstellen von $M(x)$ in k, von denen auch wieder beim Vorhandensein höherer Multiplizitäten einige oder alle in einen Punkt zusammenfallen können. Es sei $L(x)$ das Polynom m-ten Grades, das diese Nullstellen besitzt. Wir kombinieren $M(x)$ der Reihe nach mit den Polynomen

$$L(x),\ x L(x), \ldots, x^{n-m} L(x)$$

und benutzen die aus (5) fließenden $n-m+1$ Gleichungen

$$(5') \qquad \Delta(M, L) = 0,\ \Delta(M, xL) = 0, \ldots, \Delta(M, x^{n-m} L) = 0.$$

Sie lauten:

$$(6) \qquad \bar{\lambda}_0 \mathsf{M}_l + \bar{\lambda}_1 \mathsf{M}_{l+1} + \ldots + \bar{\lambda}_m \mathsf{M}_{l+m} = 0 \qquad (l = 0, 1, \ldots, n-m).$$

Es berechnen sich also sämtliche Ausdrücke M aus den m ersten $\mathsf{M}_0, \ldots, \mathsf{M}_{m-1}$ mittels einer Rekursionsformel m-ter Ordnung mit kon stanten Koeffizienten. Das allgemeine Integral dieser Rekursionsformel ist bekanntlich:

$$(7) \qquad \mathsf{M}_i = A_1 \bar{\alpha}_1^i + A_2 \bar{\alpha}_2^i + \ldots + A_m \bar{\alpha}_m^i \qquad (i = 0, 1, \ldots, n).$$

Denn die Gleichung

$$\bar{L}(x) = \bar{\lambda}_0 + \bar{\lambda}_1 x + \ldots + \bar{\lambda}_m x^m = 0$$

hat die Wurzeln $\bar{\alpha}_1, \bar{\alpha}_2, \ldots, \bar{\alpha}_m$. Falls mehrere dieser Wurzeln zusammenfallen, ist die Darstellung (7) in bekannter Weise abzuändern. Die A_k sind von i unabhängig.

Wenn $M(x)$ mehr als m Wurzeln in k hat und diese nicht alle in einem Punkte zusammenfallen, so gibt es eine von $(\alpha_1, \ldots, \alpha_{m-1}, \alpha_m)$ verschiedene Wurzelgruppe $(\alpha_1, \ldots, \alpha_{m-1}, \beta)$, auf die wir die obigen Schlüsse anwenden können. Wir erhalten dann eine zweite Darstellung:

$$(7a) \qquad \mathsf{M}_i = B_1 \bar{\alpha}_1^i + \ldots + B_{m-1} \bar{\alpha}_{m-1}^i + B_m \bar{\beta}^i.$$

Es werde

$$A_k - B_k = C_k \qquad (k = 1, \ldots, m-1),$$
$$A_m = C_m, \quad -B_m = C_{m+1}$$

gesetzt. Dann ergeben sich durch Vergleich von (7) und (7a) für die C_k die $n+1$ linear-homogenen Gleichungen

$$(7b) \qquad C_1 \bar{\alpha}_1^i + C_2 \bar{\alpha}_2^i + \ldots + C_{m-1} \bar{\alpha}_{m-1}^i + C_m \bar{\alpha}_m^i + C_{m+1} \bar{\beta}^i = 0 \quad (i = 0, \ldots, n).$$

Wir greifen die $m+1$ ersten dieser Gleichungen heraus. Ihre Determinante verschwindet nicht. Denn, falls alle α_k voneinander und von β verschieden sind, ist sie das Differenzenprodukt der $\bar{\alpha}_k$, $\bar{\beta}$; falls aber zusammenfallende Wurzeln vorkommen, berechnet sie sich aus dem Differenzenprodukt durch Differentiation und ist wieder gleich einem Produkt von Null verschiedener Wurzeldifferenzen, multipliziert mit einem Zahlenfaktor. Also liefern die Gleichungen (7b)

$$C_1 = \ldots = C_{m+1} = 0,$$

d. h. insbesondere

$$A_m = 0, \qquad B_m = 0.$$

Die M_i gestatten also eine Darstellung durch nur $m-1$ Punkte $\bar{\alpha}_1, \ldots, \bar{\alpha}_{m-1}$. Ist

$$L'(x) = \lambda_0' + \lambda_1' x + \ldots + \lambda_{m-1}' x^{m-1}$$

die Gleichung, deren Wurzeln die $\alpha_1, \ldots, \alpha_{m-1}$ sind, so bestehen auch die Rekursionen

$$\bar{\lambda}_0' \mathsf{M}_l + \bar{\lambda}_1' \mathsf{M}_{l+1} + \ldots + \bar{\lambda}_{m-1}' \mathsf{M}_{l+m-1} = 0.$$

Es ist also insbesondere

$$\Delta(M, L') = 0,$$

und daher für alle Werte von ϱ

$$s(M + \varrho L') - s(M) = |\varrho|^2 D(M, L').$$

Hierin ist D negativ, weil L' vom Grade $m-1$ ist. Nun läßt sich aber ϱ unter allen Umständen so bestimmen, daß $M + \varrho L'$ außer den $\alpha_1, \ldots, \alpha_{m-1}$ noch eine Nullstelle in k hat. Demnach kann M nicht Minimumpolynom sein.

Es ist also bewiesen, daß ein Minimumpolynom jedenfalls nicht mehr als m Nullstellen haben kann, die sich auf mehrere Punkte verteilen.

Zur Vervollständigung des Beweises ist zu zeigen, daß auch keine einzelne Nullstelle von höherer Multiplizität als m auftreten kann.

Hierzu kombinieren wir $M(x)$ mit $xM'(x)$, wo $M'(x)$ die Ableitung von M ist. Wenn α eine mindestens $(m+1)$-fache Nullstelle von M ist, dann hat $M'(x)$ und daher auch $M + \varrho x M'$ in α eine mindestens m-fache Nullstelle. Daher müßte nach (5)

$$\Delta(M, xM') = 0$$

sein. In Wahrheit ist, wie sofort gezeigt werden wird, $\Delta(M, xM')$ positiv und von Null verschieden. Dadurch ist die Annahme einer Nullstelle von höherer Multiplizität als m widerlegt. Unsere Behauptung über $\Delta(M, xM')$ wird aber einfach durch Rechnung bewiesen. Es ist nämlich

$$\begin{aligned}\Delta(M, xM') &= 0\cdot\bar{\mu}_0 \mathsf{M}_0 + 1\cdot\bar{\mu}_1 \mathsf{M}_1 + 2\cdot\bar{\mu}_2 \mathsf{M}_2 + \ldots + n\cdot\bar{\mu}_n \mathsf{M}_n \\ &= -\frac{0\cdot\bar{\mu}_0\mu_0 + 1\cdot\bar{\mu}_1\mu_1 + \ldots + (m-1)\bar{\mu}_{m-1}\mu_{m-1}}{\mu_0\mu_0 + \ldots + \mu_{m-1}\mu_{m-1}} + \frac{m\bar{\mu}_m\mu_m + \ldots + n\mu_n\bar{\mu}_n}{\mu_m\bar{\mu}_m + \ldots + \mu_n\bar{\mu}_n} \\ &= \frac{\sum\limits_{k'=m}^{n}\sum\limits_{k=0}^{m-1}(k'-k)\,\mu_k\mu_k\mu_{k'}\bar{\mu}_{k'}}{\sum\limits_{k'=m}^{n}\sum\limits_{k=0}^{m-1}\mu_k\bar{\mu}_k\mu_{k'}\bar{\mu}_{k'}} > 1.\end{aligned}$$

2. Die charakteristische Gleichung.

Es fragt sich nun, welche Verteilung der Nullstellen auf der Kreisperipherie ein Minimumpolynom liefert, und wie sich dieses Polynom und das Minimum berechnen. Leider kann ich diese Frage noch nicht vollständig beantworten, doch will ich zwei Gedankengänge angeben, durch deren Kombination die Lösung sich wenigstens in aussichtsvollen Sonderfällen finden ließ.

Die erste Entwicklung bezieht sich auf die *Aufstellung des Minimumpolynoms bei gegebenen Nullstellen* $\alpha_1, \ldots, \alpha_m$, sie kommt auf die Lösung einer „charakteristischen Gleichung" hinaus und verläuft völlig analog der bei trigonometrischen Polynomen verwandten[4]). Ich kürze daher die Darstellung erheblich ab.

Bei gegebenen $\alpha_1, \ldots, \alpha_m$ sind die M_i zu rechnen nach den Formeln

$$(7)\qquad \mathsf{M}_i = A_1\bar{\alpha}_1^i + \ldots + A_m\bar{\alpha}_m^i \qquad (i = 0, 1, \ldots, m).$$

Zur Bestimmung der $A_1, \ldots, A_m$ dienen die m Gleichungen

$$M(\alpha_i) = 0,$$

die sich unter Benutzung der Formeln (3′) und des Wertes (3″) nun so schreiben lassen:

$$(8)\qquad -(\mathsf{M}_0\alpha_l^0 + \mathsf{M}_1\alpha_l^1 + \ldots + \mathsf{M}_{m-1}\alpha_l^{m-1}) + s(\mathsf{M}_m\alpha_l^m + \ldots + \mathsf{M}_n\alpha_l^n) = 0^{5)}$$
$$(l = 1, \ldots, m).$$

Multiplizieren wir die l-te Gleichung mit $\bar{A}_l$ und addieren alle Gleichungen, so kommt wegen (7)

$$(9)\quad -(\mathsf{M}_0\overline{\mathsf{M}}_0 + \mathsf{M}_1\overline{\mathsf{M}}_1 + \ldots + \mathsf{M}_{m-1}\overline{\mathsf{M}}_{m-1}) + s(\mathsf{M}_m\overline{\mathsf{M}}_m + \ldots + \mathsf{M}_n\overline{\mathsf{M}}_n) = 0,$$

[4]) Math. Zeitschr. **1** (1918), S. 292–296.

[5]) Diese ganze Rechnung wird der einfachen Schreibweise halber so angestellt, als ob die Wurzeln $\alpha_1, \ldots, \alpha_m$ alle voneinander verschieden seien. Bei zusammen fallenden Wurzeln treten an Stelle einiger Gleichungen (8) ihre Ableitungen. Die Rechnung und ihre Ergebnisse aber bleiben ungeändert.

d. h. der Wert $(3'')$ von s. Unsere Aufgabe, das Gleichungssystem $(3'')$, (7), (8) für M_i, A_k, s zu lösen, reduziert sich also darauf, daß nur die $n+m$ Gleichungen (7), (8) für die $n+m$ Unbekannten M_i, A_k *mit s als Parameter* zu lösen sind; dann ist $(3'')$ von selbst erfüllt.

Man hat daher folgende Lösungsmethode für das Gleichungssystem: *Man setze in die Gleichungen* (8) *aus* (7) *ein und erhalte dadurch m linear-homogene Gleichungen für die m Unbekannten A_k. Die Bedingung dafür, daß diese Gleichungen durch nicht verschwindende Werte der A_k befriedigt werden, ist eine Determinantengleichung in s*

$$W(s) = 0,$$

die „charakteristische Gleichung“.

Die charakteristische Gleichung hat nur positiv reelle Wurzeln. Der zu dem gegebenen Nullstellensystem $\alpha_1, \ldots, \alpha_m$ gehörige Minimalwert s ist die kleinste Wurzel dieser Gleichung.

Das Polynom $M(x)$ mit den Nullstellen $\alpha_1, \ldots, \alpha_m$, das den Minimalwert s liefert, ist bis auf einen Zahlenfaktor eindeutig bestimmt.

Die Beweise dieser Sätze sind in meiner Arbeit über trigonometrische Polynome in der Mathematischen Zeitschrift vollständig gegeben.

Die charakteristische Gleichung soll explizit aufgestellt werden. Dazu setzen wir, für $(l=1, \ldots, m)$,

$$(10) \qquad \bar{\alpha}_l^i = a_l^{(i)} \; (i=0, \ldots, n), \qquad \begin{aligned} -\alpha_l^p &= b_l^{(p)} \; (p=0, \ldots, m-1) \\ s\,\alpha_l^q &= b_l^{(q)} \; (q=m, \ldots, n). \end{aligned}$$

Die Gleichungen (7) und (8) schreiben sich dann

$$(7') \qquad \mathsf{M}_i = a_1^{(i)} A_1 + \ldots + a_m^{(i)} A_m \qquad (i=0, 1, \ldots, n)$$

$$(8') \qquad b_l^{(0)} \mathsf{M}_0 + b_l^{(1)} \mathsf{M}_1 + \ldots + b_l^{(n)} \mathsf{M}_n = 0 \qquad (l=1, \ldots, m).$$

Eliminiert man die M_i, so ergeben sich die m linear-homogenen Gleichungen in den A_k:

$$(10') \qquad \begin{aligned} c_{1l} A_1 + \ldots + c_{ml} A_m &= 0, \\ c_{kl} = a_k^{(0)} b_l^{(0)} + a_k^{(1)} b_l^{(1)} + \ldots + a_k^{(n)} b_l^{(n)} & \qquad (k, l = 1, \ldots, m). \end{aligned}$$

Die charakteristische Gleichung ist

$$|c_{kl}| = 0.$$

Vermöge der Form $(10')$ der c_{kl} läßt sich die Determinante nach dem verallgemeinerten Multiplikationssatz der Determinanten entwickeln:

$$(10'') \qquad |c_{kl}| = \sum |a_1^{(i_1)} a_2^{(i_2)} \ldots a_m^{(i_m)}| \cdot |b_1^{(i_1)} b_2^{(i_2)} \ldots b_m^{(i_m)}|,$$

wo die Summe über alle möglichen in der natürlichen Zahlenfolge geordneten m-gliedrigen Gruppen der $n+1$ Indizes $0, 1, \ldots, n$ zu erstrecken ist.

Wir bezeichnen in der Folge immer mit p einen Index der Reihe $0, 1, \ldots, m-1$, mit q einen Index der Reihe $m, \ldots, n$. Gemäß (10) enthält $|b_1^{(i_1)} b_2^{(i_2)} \ldots b_m^{(i_m)}|$ so viele Faktoren s als Indizes q unter den $i_1, i_2, \ldots, i_m$ vorkommen. Hierdurch läßt sich die rechte Seite von (10″) nach Potenzen von s ordnen. Es kommt, wenn für die a, b ihre Werte (10) eingetragen werden:

$$\begin{aligned}|c_{kl}| = (-1)^m & |\alpha_1^0 \alpha_2^1 \ldots \alpha_m^{m-1}| \, |\bar\alpha_1^0 \bar\alpha_2^1 \ldots \bar\alpha_m^{m-1}| \\ & + (-1)^{m-1} s \sum |\alpha_1^{p_1} \ldots \alpha_{m-1}^{p_{m-1}} \alpha_m^{q_1}| \, |\bar\alpha_1^{p_1} \ldots \bar\alpha_{m-1}^{p_{m-1}} \bar\alpha_m^{q_1}| \\ & + (-1)^{m-2} s^2 \sum |\alpha_1^{p_1} \ldots \alpha_{m-2}^{p_{m-2}} \alpha_{m-1}^{q_1} \alpha_m^{q_2}| \, |\bar\alpha_1^{p_1} \ldots \bar\alpha_{m-2}^{p_{m-2}} \bar\alpha_{m-2}^{q_1} \bar\alpha_m^{q_2}| \\ & + \ldots\end{aligned}$$

Diese Entwicklung ist ganz analog der bei trigonometrischen Polynomen angegebenen.

Da die Punkte α alle auf dem Kreise k vom Radius r liegen, schreiben wir

$$\alpha_h = r \varepsilon_h, \quad |\varepsilon_h| = 1, \tag{11}$$

außerdem gebrauchen wir die Abkürzungen

$$\{p_1, \ldots, p_k; \, q_1, \ldots, q_l\} = \frac{|\varepsilon_1^{p_1} \varepsilon_2^{p_2} \ldots \varepsilon_k^{p_k} \varepsilon_{k+1}^{q_1} \ldots \varepsilon_m^{q_l}|}{|\varepsilon_1^0 \varepsilon_2^1 \ldots \varepsilon_m^{m-1}|} \quad (k + l = m). \tag{12}$$

Damit kann der charakteristischen Gleichung folgende Form gegeben werden:

$$\begin{aligned}W(s) = 1 - s \sum & |\{p_1, \ldots, p_{m-1}; \, q_1\}|^2 r^{2(q_1 - p')} \\ & + s^2 \sum |\{p_1, \ldots, p_{m-2}; \, q_1, q_2\}|^2 r^{2(q_1 + q_2 - p' - p'')} + \ldots = 0,\end{aligned} \tag{13}$$

wo die mit oberen Strichen versehenen Indizes $p', p'', \ldots$ die in der Reihe der Indizes $p_1, \ldots, p_k$ fehlenden Zahlen $0, 1, \ldots, m-1$ bezeichnen sollen, und die Summen immer über alle möglichen Indizes-Kombinationen zu erstrecken sind. Das Polynom $W(s)$ ist vom Grade $n - m + 1$, wenn diese Zahl kleiner ist als m, sonst vom Grade m.

Von den Klammerausdrücken $\{p_1, \ldots, p_k; \, q_1, \ldots, q_l\}$ zeigt man ohne große Schwierigkeit, daß sie ganze symmetrische Funktionen der ε_h, und zwar Summen von Potenzprodukten mit nur positiven Koeffizienten sind[6]). Sie haben demnach ihre absolut größten Werte, wenn alle ε_h einander gleich sind, d. h. wenn sämtliche Wurzelpunkte zusammenfallen. Diese größten Werte sind, wenn $\varepsilon_1 = \varepsilon_2 = \ldots = \varepsilon_m = 1$ gesetzt wird,

---

[6]) Für die formale Berechnung der Klammergrößen aus den elementar-symmetrischen Funktionen siehe E. Pascal, Die Determinanten (Leipzig, Teubner, 1900), § 33.

$$(14)\qquad \{p_1,\ldots,p_k;\, q_1,\ldots,q_l\} = \frac{\prod\limits_{\lambda,\mu}(p_\mu - p_\lambda)\prod\limits_{\nu,\varrho}(q_\varrho - p_\nu)\prod\limits_{\sigma,\tau}(q_\tau - q_\sigma)}{1!\,2!\ldots(m-1)!}$$

$$\begin{cases}\mu,\lambda,\nu = 0,1,\ldots,m-1;\ \lambda<\mu,\\ \varrho,\sigma,\tau = m,\ldots,n;\ \sigma<\tau.\end{cases}$$

Daraus ergibt sich eine untere Grenze für die kleinste Wurzel s der charakteristischen Gleichung, d. h. für das gesuchte Minimum. Da nämlich für jede Gleichung der Form

$$1 - c_1 s + c_2 s^2 - + \ldots = 0$$

mit lauter reellen positiven Wurzeln die Wurzeln $\geqq \frac{1}{c_1}$ sind, so ist

$$(15)\qquad s \geqq s_0 = \frac{1}{\sum |\{p_1,\ldots,p_{m-1};\, q_1\}|^2\, r^{2(q_1-p')}},$$

wo für die Klammergrößen die Werte (14) zu wählen sind. Das Gleichheitszeichen gilt in den beiden trivialen Fällen $m=1$ und $n=m$, in denen die Gleichung vom ersten Grade wird.

Die vollständige Lösung des Minimumproblems erfordert jetzt die Bestimmung derjenigen Größen $\varepsilon_h = e^{i\varphi_h}$ bzw. derjenigen Verhältnisse $\frac{\varepsilon_h}{\varepsilon_1}$ (denn ε_1 ist wegen der Rotationssymmetrie willkürlich), für die die charakteristische Gleichung eine möglichst kleine Wurzel hat. Für diese Verhältnisse bestehen natürlich $m-1$ durch Differentiation von (13) nach den $m-1$ Winkeldifferenzen $\varphi_h - \varphi_1$ gewonnene Gleichungen. Doch scheint es nicht, als ob ihre Diskussion förderlich wäre. Vielmehr werden wir uns bessere Bedingungen für die Lage der Punkte ε_h auf einem direkten Wege verschaffen.

3. Eine weitere Eigenschaft der Minimumpolynome.

Sei α_1 eine genau k-fache Nullstelle des Minimumpolynoms auf dem Rande, so daß

$$(16)\qquad M(x) = (x-\alpha_1)^k R(x) P(x) = \mu(x-\alpha_1)^k + \text{Glieder höh. Ordnung},$$

wo $R(x)$ die von α_1 verschiedenen Nullstellen des $M(x)$ auf dem Rande, $P(x)$ die Nullstellen außerhalb des Kreises umfaßt, und $\mu = R(\alpha_1)P(\alpha_1)$ von Null verschieden ist. Es gibt Polynome $L_{\alpha_1}(x)$ höchstens n-ten Grades, die in α_1 von genau $(k-1)$-ter Ordnung verschwinden, alle übrigen Nullstellen in dem Kreise mit M gemein haben und außerdem die Eigenschaft besitzen, daß $D(M, L_{\alpha_1}) < 0$. Ein solches Polynom ist beispielsweise $(x-\alpha_1)^{k-1}R(x)$. Wir setzen allgemein L_{α_1} in der Form an:

$$(17)\qquad L_{\alpha_1}(x) = (x-\alpha_1)^{k-1} R(x) Q(x) = \lambda(x-\alpha_1)^{k-1} + \text{Glieder höh. Ordn.},$$

wo $Q(x)$ ein geeignetes, bei α_1 nicht verschwindendes Polynom vom Maximalgrad $n-m+1$, also $\lambda = R(\alpha_1)Q(\alpha_1)$ von Null verschieden ist.

Wir bilden die Kombination $M(x) + \varrho L_{\alpha_1}(x)$. Der Ausdruck (4′) $\Delta(M, L_{\alpha_1})$ ist von Null verschieden, weil sonst wegen $D(M, L_{\alpha_1}) < 0$ nach (4‴) M nicht Minimumpolynom wäre. Denn ϱ läßt sich sicher so bestimmen, daß die Kombination m Nullstellen in dem Kreise hat.

$\Delta(M, L_{\alpha_1})$ hat also ein bestimmtes Argument γ, und wir wählen ϱ so, daß sein Argument sich von γ um einen Rechten unterscheidet:

$$\beta = \gamma + \frac{(2\nu+1)\pi}{2} \qquad (\nu \text{ ganz}). \tag{18}$$

Dann liefert (4‴):

$$s(M + \varrho L_{\alpha_1}) - s(M) = l|\varrho|^2 D < 0, \tag{18′}$$

und demgemäß darf die Kombination für die gewählten Werte von ϱ höchstens $m-1$ Nullstellen in dem Kreise haben, d. h. die einzige durch die Kombination verschobene Nullstelle bei α_1 muß aus dem Kreis herausrücken.

Nun gilt für die Verschiebung der Nullstelle bei genügend kleinem $|\varrho|$ in erster Näherung

$$\alpha - \alpha_1 = -\frac{\lambda}{\mu}\varrho = -\frac{\lambda}{\mu}|\varrho|\, e^{i\left(\gamma + \frac{(2\nu+1)\pi}{2}\right)} = -e^{i\frac{(2\nu+1)\pi}{2}} \frac{|\varrho|}{|\Delta|} \frac{Q(\alpha_1)}{P(\alpha_1)} \Delta(M, L_{\alpha_1}), \tag{19}$$

nach (18), (16), (17). Wenn die durch (19) bei variablem $|\varrho|$ dargestellte Gerade den Kreis schnitte, würde entweder für $\nu = 0$ oder $\nu = 1$ der m-te Wurzelpunkt α der Kombination in dem Kreise liegen. Dies darf nicht stattfinden, daher: *Die Gerade* (19) *ist Tangente an den Kreis.* D. h. in Formeln:

$$\Delta(M, L_{\alpha_1}) \frac{Q(\alpha_1)}{\alpha_1 P(\alpha_1)} = \text{reell}. \tag{20}$$

Diese Beziehung, die bisher nur für solche $Q(x)$ bewiesen ist, die $D(M, L_{\alpha_1}) < 0$ machen, *gilt* nun *für alle Polynome $Q(x)$ von dem Maximalgrad $n-m+1$.* Dies ist eine wichtige neue Eigenschaft der Minimumpolynome.

Beim Beweise betrachten wir zur Vereinfachung der Schreibweise zuerst Polynome $Q(x)$, die am Nullpunkt nicht verschwinden. Seien $B_1, \ldots, B_{n-m+1}$ beliebige Konstante, σ ein reeller positiver Parameter, so setzen wir

$$Q_\sigma(x) = 1 + \sigma(B_1 x + \ldots + B_{n-m+1} x^{n-m+1}).$$

Werden außerdem die Bezeichnungen gebraucht:

$$(x-\alpha_1)^{k-1} R(x) = \nu_0 + \nu_1 x + \ldots + \nu_{m-1} x^{m-1},$$
$$L_{\alpha_1,\sigma}(x) = \lambda_0 + \lambda_1 x + \ldots + \lambda_n x^n,$$

so ist

$$\lambda_h = \nu_h + \sigma_h \qquad (h \leqq m-1),$$
$$\lambda_{h'} = \sigma_{h'} \qquad (m \leqq h' \leqq n),$$

wo die Glieder σ_h, $\sigma_{h'}$ den Parameter σ als Faktor enthalten und im übrigen linear in den ν und den B sind. Demnach ist die Funktion $D(M, L_{\alpha_1 . \sigma})$ oder, was auf dasselbe herauskommt, die Funktion

$$\frac{|\lambda_m|^2 + \ldots + |\lambda_n|^2}{|\lambda_0|^2 + \ldots + |\lambda_{m-1}|^2} - \frac{|\mu_m|^2 + \ldots + |\mu_n|^2}{|\mu_0|^2 + \ldots + |\mu_{m-1}|^2}$$

für genügend kleine σ sicher negativ, denn der zweite Quotient ist nach (15) größer als s_0, in dem ersten Quotienten aber geht der Zähler mit σ gegen Null, während der Nenner sich der $\Sigma |\nu_h|^2$ nähert.

Die Beziehung (20) gilt also für alle genügend kleinen σ. Es ist aber der imaginäre Teil der linken Seite dieser Beziehung eine quadratische Funktion von σ und muß also für alle Werte von σ verschwinden, da er für genügend kleine σ verschwindet. Die Beziehung (20) gilt also auch für $\sigma = 1$, d. h. für das beliebige, am Nullpunkt nicht verschwindende Polynom

$$Q(x) = 1 + B_1 x + \ldots + B_{n-m+1} x^{n-m+1}.$$

Die Beschränkung, daß $Q(x)$ am Nullpunkt nicht verschwinden soll, läßt sich auch leicht beseitigen. Damit ist die Beziehung (20) allgemein bewiesen.

Wir wenden sie nun an auf $Q(x) = P(x)$, d. h. auf $L_{\alpha_1}(x) = \dfrac{M(x)}{x - \alpha_1}$. Es ist dann:

$$(21) \qquad \begin{aligned} L_{\alpha_1}(x) = -\frac{1}{\alpha_1}\Big[\mu_0 + \Big(\frac{\mu_0}{\alpha_1} + \mu_1\Big)x + \Big(\frac{\mu_0}{\alpha_1^2} + \frac{\mu_1}{\alpha_1} + \mu_2\Big)x^2 \\ + \ldots + \Big(\frac{\mu_0}{\alpha_1^{n-1}} + \frac{\mu_1}{\alpha_1^{n-2}} + \ldots + \mu_{n-1}\Big)x^{n-1}\Big] \end{aligned}$$

und also

$$\begin{aligned} \Delta(M, L_{\alpha_1}) = -\frac{1}{\bar\alpha_1}\Big[\bar\mu_0 \mathsf{M}_0 + \Big(\frac{\bar\mu_0}{\bar\alpha_1} + \bar\mu_1\Big)\mathsf{M}_1 \\ + \ldots + \Big(\frac{\bar\mu_0}{\bar\alpha_1^{n-1}} + \frac{\bar\mu_1}{\bar\alpha_1^{n-2}} + \ldots + \bar\mu_{n-1}\Big)\mathsf{M}_{n-1}\Big]. \end{aligned}$$

Ordnet man nach den $\bar\mu_k$ und berücksichtigt (3′) und (3″), so wird die Gleichung (20) zu

$$(22) \qquad \begin{aligned} -\Big[\bar{\mathsf{M}}_0\Big(\mathsf{M}_0 + \ldots + \frac{\mathsf{M}_{n-1}}{\bar\alpha_1^{n-1}}\Big) + \bar{\mathsf{M}}_1\Big(\mathsf{M}_1 + \ldots + \frac{\mathsf{M}_{n-1}}{\bar\alpha_1^{n-2}}\Big) \\ + \ldots + \bar{\mathsf{M}}_{m-1}\Big(\mathsf{M}_{m-1} + \ldots + \frac{\mathsf{M}_{n-1}}{\bar\alpha_1^{n-m}}\Big)\Big] \\ + s\Big[\mathsf{M}_m\Big(\mathsf{M}_m + \ldots + \frac{\mathsf{M}_{n-1}}{\bar\alpha_1^{n-m-1}}\Big) + \ldots + \bar{\mathsf{M}}_{n-1}\mathsf{M}_{n-1}\Big] = \text{reell}. \end{aligned}$$

Hierin werden schließlich die Ausdrücke (7) der M_i durch die A_k eingetragen, *dann ist* (22) *eine quadratische Gleichung für die Real- und Imaginärteile der* A_k, *in deren Koeffizienten die Wurzelverhältnisse* $\frac{\alpha_\nu}{\alpha_1}$ $(\nu = 2, \ldots, n)$ *und ihre Konjugierten eingehen* [7]).

Für jede der voneinander verschiedenen Nullstellen besteht eine Gleichung (22). Eine von diesen ist von den übrigen abhängig. Fügt man diese Gleichungen zu den Gleichungen (10) hinzu, so liegt ein System von Gleichungen in richtiger Anzahl vor, aus dem die Unbekannten A_k, s, $\frac{\alpha_\nu}{\alpha_1}$ berechnet werden müssen.

Es ist mir zwar noch nicht gelungen, diese Elimination so weit zu führen, daß ich daraus allgemeine Schlüsse über die Lage der Nullstellen ziehen könnte. Jedoch habe ich folgendes Ergebnis sichergestellt: *Im Falle zweier Nullstellen* $(m = 2)$ *sind die Nullstellen des Minimumpolynoms sowohl bei genügend großen wie bei genügend kleinen Werten des Kreisradius* r *in einem Punkte konzentriert.*

Es ist mir außerordentlich wahrscheinlich, daß das gleiche Resultat auch bei beliebigem m gilt. Dagegen weiß ich nicht, ob es auch für allgemeine Werte des Kreisradius richtig ist. Soweit seine Richtigkeit reicht, besteht über die Minimumpolynome eine vollständige und einfache Aussage: *Es gibt* — abgesehen von offensichtlichen und belanglosen Abänderungsmöglichkeiten — *nur ein einziges Minimumpolynom, seine in* k *gelegenen Nullstellen fallen im Punkte* $x = r$ *zusammen, und der Minimalwert von* s *genügt der charakteristischen Gleichung* (13), *in der die Klammerausdrücke die Werte* (14) *haben.*

Dezember 1921.

---

[7]) Wenn man für $Q(x)$ der Reihe nach die Potenzen $1, x, x^2, \ldots, x^{n-m+1}$ einsetzt, erhält man an Stelle der einen Gleichung (22) ein System von $n - m + 2$ Gleichungen. Diese sagen aber nicht mehr aus als die eine Gleichung (22), denn aus einer von ihnen und den Gleichungen (8) folgen alle übrigen.

(Eingegangen am 29. 12. 1921.)

Die Bewegungen der hyperbolischen Ebene.

Von

Heinrich Liebmann in Heidelberg.

Wählt man mit Klein die projektiven Axiome und die ihnen anzugliedernde Maßbestimmung zum Eingangstor der hyperbolischen Geometrie, so ist für diese Geometrie der folgende Satz leicht zu beweisen:

Außer den Bewegungen gibt es keine eigentlichen projektiven Transformationen der hyperbolischen Ebene.

Zur Erläuterung genügt folgendes: Unter „projektiver Transformation" (p. T.) ist eineindeutige Punkttransformation, die Gerade in Gerade überführt, zu verstehen. Wir verlangen ferner, daß jeder „eigentliche", d. h. jeder im Innern des Fundamentalkegelschnittes K_∞ gelegene Punkt P wieder in einen solchen Punkt übergeht; nun, so müssen die Punkte des K_∞ wieder in Punkte des K_∞ übergehen. Die achtgliedrige projektive Gruppe wird also durch die zweite Forderung auf die p. G. des K_∞ eingeschränkt, und diese Gruppe ist eben der Inbegriff der „Bewegungen" der Ebene bei hyperbolischer Maßbestimmung. —

Hilbert[1]), auf diesem Gebiete einmal als „Reaktionär" auftretend, hat die Metrik zum Ausgangspunkt gewählt und dabei gleich am Anfang durch *Konstruktion* gezeigt, daß zwei Gerade, die einander nicht schneiden (das Beiwort „eigentlich" ist hier zu unterdrücken) und nicht parallel sind (kein gemeinsames Ende P_∞ haben), notwendig ein gemeinsames Lot besitzen müssen.

Es soll jetzt der vorangestellte Satz durch elementargeometrische Überlegungen, also unter ausschließlicher Verwendung von Kongruenzsätzen, so abgeleitet werden, wie etwa Gauß, J. Bolyai oder Lobatschefskij dies ausgeführt haben könnten[2]).

---

[1]) Grundlagen der Geometrie, Anhang III.

[2]) Man gelangt bis zu den in Nr. 6, Folgerung 3 und 4, ausgesprochenen Sätzen.

1. *Eineindeutige Punkttransformationen* (P. T.), *die Gerade in Gerade überführen, müssen Parallele in Parallele überführen.*

Beweis. In der Tat kann ein Paar paralleler Halbstrahlen $g_1 (P_1 P_\infty)$, $g_2 (P_2 P_\infty)$ nicht in ein Paar einander schneidender Halbstrahlen übergehen; das schließt die *Definition* der P. T. aus. Aber auch ein Paar mit gemeinsamem Lot $L_1' L_2'$ kann daraus nicht hervorgehen; denn sonst entspräche rückwärts (bei Umkehr der P. T.) der eine der beiden von P_1' ausgehenden zu g_2' parallelen Halbstrahlen einem in das Gebiet $P_1 P_2 P_\infty$ bei P_1 eintretenden Halbstrahl, der g_2 nicht trifft, und das ist unmöglich.

2. *Der Mittelpunkt* M_{12} *eines l-Paares geht in den Mittelpunkt* M_{12}' *über.*

Beweis. Aus (1) folgt, daß bei der betrachteten P. T. jedes l-Paar von Geraden, d. h. jedes Paar von einander nicht schneidenden Geraden g_1, g_2 in ein ebensolches Paar übergeht, nicht in ein Parallelenpaar. Unter dem Mittelpunkt M_{12} eines solchen Paares wollen wir den Halbierungspunkt des nach Hilbert konstruierbaren gemeinsamen Lotes verstehen. Er ist aus Gründen der Symmetrie der Schnittpunkt der beiden Geraden (Parallelen), welche die „Enden" von g_1 und g_2 kreuzweise verbinden und als solcher auch durch Parallelenkonstruktion definiert. Da es unter den vier Geraden, die mit g_1 und g_2 je ein Ende gemein haben, nur ein Paar, eben das durch M_{12} gehende gibt, das einen Punkt gemein hat, so muß dieses Paar in das entsprechende, also M_{12} in M_{12}' übergehen.

Hiermit ist noch nicht bewiesen, daß das gemeinsame Lot l_{12} von g_1 und g_2 in das gemeinsame Lot l_{12}' von g_1' und g_2' übergeht!

3. *Sind* $AB = BC$ *aneinanderschließende gleiche Strecken einer Geraden* g, *so ist auf* g' *entsprechend* $A'B' = B'C'$.

Beweis. Es seien g_1, g_2, g_3, g_4 vier Gerade, die alle auf derselben Geraden l senkrecht stehen und deren Spuren auf ihr die Strecken $l_{12} = l_{23} = l_{34}$ abschneiden. Es sei ferner die Mitte eines aus diesen vier Geraden ausgewählten Paares $g_i g_k$ mit M_{ik} bezeichnet. Hiernach fällt M_{14} mit M_{23} zusammen und außerdem ist $M_{12} M_{23} = M_{23} M_{34}$.

Dann muß nach (2) M_{14}' mit M_{23}' zusammenfallen, und es folgt weiter, daß $M_{12}', M_{23}', M_{34}'$ auf einer Geraden liegen, weil dies für M_{12}, M_{23}, M_{34} gilt. Diese Gerade braucht keineswegs mit l_{12}' zusammenzufallen, wohl aber ist die aus dem Dreieck $L_1' M_{14}' L_2'$ und den Geraden g_1', g_2' gebildete Figur (L_1', L_2' bedeuten die Fußpunkte der von $M_{14}' \equiv M_{23}'$ auf g_1' und g_2' gefüllten Lote) ihrer Scheitelfigur L_4', M_{14}', L_3'; g_4', g_3' kongruent. Demnach ist $M_{12}' M_{23}' = M_{23}' M_{34}'$.

Bei dieser Überlegung sind aber M_{12}, M_{23}, M_{34} gar keine irgendwie ausgezeichneten Punkte; man kann drei Punkte ABC auf einer Geraden, wenn nur $AB = BC$ ist, immer als Lotmittelpunkte deuten, indem man die richtigen Geraden g_1, g_2, g_3, g_4 einzeichnet:

Wenn also $AB = BC$, dann ist $A'B' = B'C'$.

4. *Jedes Viereck $ABCD$ mit gleichen Gegenseiten* (G.-S.-Viereck) $AB = CD$, $BC = DA$, *geht in ein gleichartiges Viereck* (mit $A'B' = C'D'$, $B'C' = D'A'$) *über.*

Beweis. Aus Kongruenzsätzen folgt, daß die Diagonalen eines solchen Vierecks einander halbieren und die Umkehrung. Anwendung von (3) ergibt dann die Richtigkeit von (4).

5. *Jedes gleichschenklige Dreieck ABC ($AB = AC$) geht in ein gleichschenkliges Dreieck über.*

Beweis. Hier muß, wie es scheint, etwas weiter ausgeholt werden, um (4) verwenden zu können. Dabei wird ein besonderes aus ABC abgeleitetes G.-S.-Viereck (Viereck mit gleichen Gegenseiten) ABB_1A_1 verwendet, das bei B und A_1 rechte Winkel besitzt; überdies soll A_1 auf der Halbierungslinie des Winkels A liegen. Es ist zunächst zu zeigen, wie man dieses Viereck zu konstruieren hat. Man konstruiert zunächst aus dem Winkel bei A $(= \frac{1}{2} \sphericalangle BAC)$ und AB das Viereck ABB_2A_2 mit rechten Winkeln bei B, A_2 und B_2,[3]) halbiert dann B_2A_2 und dreht die Figur um den Mittelpunkt durch den Winkel π, dann entsteht ein G.-S.-Viereck mit rechten Winkeln bei B und A_1.

Zu diesem G.-S.-Viereck ist noch das Spiegelbild ACC_1A_1 an AA_1 hinzuzufügen. In dieser Zwillingsfigur $BACC_1A_1B_1$ ist dann

$$BA = AC = A_1C_1 = A_1B_1 = AB$$

und

$$BB_1 = AA_1 = CC_1.$$

Ihr muß notwendig eine Zwillingsfigur entsprechen, in der gewiß nach (3)

$$B_1'A_1' = A_1'C_1',$$

und dann nach (4)

$$B'A' = B_1'A_1' = A_1'C_1' = A'C'.$$

Es ist also, wie behauptet wurde $A'B' = A'C'$.

Die Gleichheit der Winkel $\sphericalangle BAC$ und $\sphericalangle B'A'C'$ ist damit noch nicht erwiesen, geschweige denn die Kongruenz der Dreiecke ABC und $A'B'C'$

6. ***Folgerungen.*** Hieraus ergeben sich eine Reihe von Folgerungen, die die P. T. der Kongruenz immer näher rücken.

[3]) Vgl. Liebmann, Nichteuklidische Geometrie, 2. Aufl. (im folgenden angeführt mit N. E. G.), Leipzig 1912, § 10.

F. 1: Jeder Kreis geht in einen Kreis über, der Mittelpunkt in den Mittelpunkt. Jeder einem Kreis einbeschriebene reguläre Sehnenzug geht in einen regulären Sehnenzug über (beides folgt aus Nr. 5).

F. 2: *Rechte Winkel bleiben unverändert.* — Dies ergibt sich durch Betrachtung eines Viereckes $ABCD$, in dem $AB = BC = CD = DA$ ist. In einem solchen Viereck schneiden die Diagonalen einander senkrecht, und da auch $A'B' = B'C' = C'D' = D'A'$, bleibt der Winkel ein rechter.

F. 3: Die Halbierungslinie eines Winkels geht in die Halbierungslinie über. — Trägt man nämlich auf den Schenkeln des Winkels α die Strecken $AB = AC$ ab und fällt das Lot AD auf BC, so ist AD die Halbierungslinie. Aus den invarianten Eigenschaften der Figur ergibt sich dann die Folgerung.

Aus F. 2 und F. 3 zusammen folgt, *daß jeder Winkel*

$$\alpha = \pi \cdot \frac{2m+1}{2^n}$$

ungeändert bleibt.

F. 4: Die Seite a des gleichseitigen Dreiecks mit den Winkeln $\frac{\pi}{4}$ bleibt ungeändert. Dies folgt aus F. 3 in Verbindung mit der Tatsache, daß jedes Dreieck durch die Winkel bestimmt ist[4]).

Man kann dann aus F. 3 die Invarianz einer abzählbaren Menge anderer Strecken folgern *oder direkt die Invarianz aller Strecken* (wegen Nr. 3)

$$a \cdot \frac{2m+1}{2^n}.$$

Um allgemein

$$AB = A'B'$$

zu beweisen, auch dann, wenn die Entfernung sich nicht in dieser Form ausdrücken läßt, braucht man entweder den Hilfssatz[5]): Sind AB zwei gegebene Punkte, so daß $AB < a$ ($AC = a$, B zwischen A und C), so ist für hinreichend großes n

$$AB > \frac{a}{2^n}, \text{ d. h. } B \text{ zwischen } A \text{ und } D,\ AD = \frac{a}{2^n},$$

oder man weist nach, daß die P. T. eine Kreisverwandtschaft ist, was in F. 5 geschehen soll. Da aber Kreisverwandtschaften winkeltreu sind[6]), so

---

[4]) N. E. G., S. 42.

[5]) Wie ordnet sich dieser Hilfssatz in das Axiomensystem ein? Der mit Anwendung dieses Hilfssatzes zu führende Beweis ist nicht kurz zusammenzufassen.

[6]) N. E. G., S. 48.

bleiben *alle* Winkel, nicht nur die in F. 3 angegebenen, erhalten und damit ist dann allgemein

$$AB = A'B'$$

erwiesen.

F. 5: *Die anderen Kreisformen* (vgl. F. 1). Die hyperbolische Geometrie kennt neben dem eigentlichen Kreis noch zwei andere Kurven mit einem Kontinuum von Symmetrieachsen, nämlich die ***Abstandslinien***, Örter der Endpunkte von Strecken konstanter Länge l, die alle auf einer bestimmten Geraden der „Nullinie" senkrecht stehen. Daß bei unserer P. T. Abstandslinien wieder in Abstandslinien übergehen, folgt aus F. 2 in Verbindung mit dem Satz, *daß gleiche Strecken in gleiche Strecken übergehen*, was hier noch zu zeigen ist. In der Tat kann man, wenn $AB = CD$ ist, ein G.-S.-Viereck (Nr. 4) einschalten $ABCD_1$ $(AB = CD_1', AC = BD_1)$ und erkennt durch Abbildung der aus diesem Viereck und dem gleichschenkligen Dreieck CDD_1 $(CD = CD_1)$ bestehenden Figur, daß $A'B' = C'D_1' = C'D'$ wird.

Es bleiben noch die *Grenzkreise* zu betrachten; sie sind dadurch charakterisiert, daß sämtliche Sehnen AB mit den durch die Endpunkte der Sehnen gelegten Strahlen eines bestimmten Parallelbüschels paarweise gleiche Winkel einschließen. Ist P_∞ das „Ende" dieses Büschels, so ist also für zwei Punkte $P_1 P_2$ des Grenzkreises

$$\sphericalangle P_2 P_1 P_\infty = \sphericalangle P_1 P_2 P_\infty .$$

Da die Mittelsenkrechte jeder Sehne ebenfalls P_∞ enthält, so folgt aus Nr. 3 in Verbindung mit F. 2, daß auch Grenzkreise in Grenzkreise übergehen.

Jeder Kreis geht in einen Kreis über, dabei bleibt die Art des Kreises (Kreis mit Mittelpunkt, Abstandslinie, Grenzkreis) *ungeändert.*

(Eingegangen am 29. 4. 1921.)

Hilbertsche und Beltramische Liniensysteme.

Ein Beitrag zur Nicht-Desarguesschen Geometrie.

Von

Hans Mohrmann in Basel.

I.

In seinen „Grundlagen der Geometrie" hat Hilbert ein elementares Linien-System in der Euklidischen Ebene angegeben, für das alle ebenen Axiome seines Axiomen-Systems erfüllt sind, außer dem Kongruenzaxiom für Dreiecke, der Satz des Desargues jedoch nicht gilt. Das Hilbertsche Liniensystem besteht aus allen Geraden der Ebene, soweit sie nicht in das Innere einer gewissen Ellipse eindringen, ergänzt — im Innern der Ellipse — durch die Bögen von Kreisen eines passend gewählten Netzes (∞^2-Systems mit einem (reellen) festen gemeinsamen Punkt).

Schließt man das Punkt-Kontinuum der Euklidischen (Cartesischen) Ebene in bekannter Weise durch Hinzufügung von ∞^1 uneigentlichen (unendlich-fernen) Punkten zu einem projektiven Kontinuum (*Trägergebilde eines ternären Gebietes*) ab, so hat das Hilbertsche Liniensystem mit dem System der Geraden der projektiven Ebene insbesondere die beiden folgenden Eigenschaften gemein:

1. irgend zwei (verschiedene) Punkte sind durch eine (und nur eine) Linie des Systems verbunden;
2. irgend zwei (verschiedene) Linien des Systems haben einen (und nur einen) Schnittpunkt.

Da gleichwohl Konstruktionen mittels vollständiger 4-Ecke zu drei (samt ihrer Reihenfolge) gegebenen Punkten nicht einen und denselben 4. harmonischen Punkt liefern (Nicht-Desarguessche Geometrie), so setzt das Hilbertsche Liniensystem mit elementaren Mitteln in Evidenz, daß zur Begründung der projektiven Geometrie der Ebene projektive Axiome (der Verknüpfung, Anordnung und Stetigkeit), analog denen, die zur Begründung der räumlichen projektiven Geometrie ausreichen, nicht genügen, daß mithin von

Staudts Benutzung des Raumes zur Begründung der Geometrie der Lage in der Ebene kein künstliches, sondern ein notwendiges Hilfsmittel ist.

Ein dem Hilbertschen nachgebildetes, freilich weniger elementares Beispiel dieser Art erhält man dadurch, daß man auf (einer Fläche *variablen* Krümmungsmaßes, z. B. auf) einem dreiachsigen Ellipsoid, etwa durch eine Ellipse ein Gebiet so abgrenzt, daß irgend zwei (verschiedene) Punkte dieses Gebietes durch eine (und nur eine) kürzeste (geodätische) Linie verbunden sind, und alsdann das so abgegrenzte Gebiet auf die Ebene der Ellipse (etwa orthogonal) projiziert. Die Geraden der Ebene, soweit sie außerhalb der genannten Ellipse verlaufen, ergänzt, wo dies in Frage kommt, durch die ihre Schnittpunkte mit jener Ellipse verbindenden Bögen der projizierten kürzesten Linien, bilden ein Linien-System, das demselben Zweck dient (Nicht-Desarguessche Geometrie) wie das Hilbertsche.

Während aber bei dem Hilbertschen Linien-System kein endliches Gebiet abgegrenzt werden kann, in dem sich nicht ein Teilgebiet angeben ließe, innerhalb dessen die Sätze der projektiven Geometrie Geltung haben (da das von Hilbert benutzte System von ∞^2 Kreisen durch einen festen Punkt durch Transformation mittels reziproker Radien mit jenem festen Punkt als Zentrum in ein System von ∞^2 Geraden der Ebene übergeführt werden kann), so ist dies für das zweite Liniensystem nicht der Fall. Vielmehr kann, wie aus klassischen Untersuchungen Beltramis[1]) hervorgeht, im 2. Falle, in dem wir zum Unterschiede von Systemen der Hilbertschen Art (die *Hilbertsche Liniensysteme* heißen mögen) von einem *Beltramischen Liniensystem* sprechen wollen, im Innern der Ellipse kein Gebiet abgegrenzt werden, in dem die projektive Geometrie gilt.

Im folgenden habe ich mir nun die doppelte *Aufgabe* gestellt: *erstens* ein dem Hilbertschen Liniensystem analoges anzugeben, bei dem die in Frage stehenden Eigenschaften (Nicht-Desarguessche Geometrie) noch leichter zu durchschauen sind; *zweitens* — und das ist die *Hauptaufgabe* — ein ebenso elementares (ebenes) Analogon des beschriebenen Beltramischen Liniensystems zu bilden. Bei beiden Aufgaben sollen nur Linien der Elementargeometrie benutzt werden und die notwendigen Konstruktionen mit Hilfe von Lineal und Zirkel ausführbar sein, so daß man aus dem Bereich *rationaler* und *quadratisch-irrationaler* Operationen nicht herausgeführt wird.

Es bereitet keine Schwierigkeiten, andere Nicht-Desarguessche Liniensysteme hinzuzufügen, bei denen außer Linien der Elementar-Mathematik auch höhere algebraische oder transzendente Kurven, z. B. Exponentiallinien verwandt werden, wie wir beiläufig zeigen wollen.

---

[1]) Annali di matematica, 7 (1865), S. 187.

II.

Ordnet man in einer Euklidischen Ebene jedem (reellen) Punkt P mit den rechtwinkligen Cartesischen Koordinaten x, y den Punkt P^* mit den Koordinaten $x^* = x$, $y^* = e^y$ zu, so wird die Ebene auf die obere Halbebene $(y > 0)$ abgebildet.

Ordnet man jedem (reellen) Punkte der oberen Halbebene mit den Koordinaten x, y $(y > 0)$ den Punkt P^* mit den Koordinaten $x^* = x$, $y^* = \sqrt{y}$ zu, so wird die obere Halbebene $(y > 0)$ auf sich selbst abgebildet.

Beide Abbildungen sind (bei Beschränkung auf eigentliche Punkte der Ebene) ausnahmslos umkehrbar eindeutig und überall stetig.

Den geraden Linien $y = ax + b$ entsprechen bei der ersten Abbildung die Exponentiallinien $y = e^{ax+b}$, bei der zweiten die Äste der Parabeln

$$y^2 = ax + b$$

in der oberen Halbebene. In beiden Fällen liegen die Schnittpunkte entsprechender Kurvenpaare auf Parallelen zur Y-Achse. Und sowohl die Parabeläste, als auch die Exponentiallinien haben in keinem (eigentlichen) Punkte eine horizontale oder vertikale Tangente, während im übrigen alle dazwischen liegenden durchweg spitzen *oder* durchweg stumpfen Steigungswinkel genau einmal angenommen werden. Beide Liniensysteme gehen überdies durch jede Translation in Richtung der X-Achse und durch Spiegelung an jeder Parallelen zur Y-Achse in sich über.

Dies vorausgeschickt läßt sich unsre Aufgabe mühelos und in durchsichtigster Weise lösen, wobei wir wohl nicht ausdrücklich darauf hinzuweisen brauchen, daß sich die Schnittpunkte koaxialer Parabeln mittels Zirkels und Lineals konstruieren lassen.

III.

a) Hilbertsche Systeme.

Wir schneiden in die obere Halbebene $(y > 0)$ ein rechteckiges Fenster $ABEF$ beliebiger Größe, dessen Kanten zu den Koordinaten-Achsen parallel sind. Unser Liniensystem soll bestehen aus:

1. sämtlichen horizontalen und vertikalen Geraden (Parallelen zur X- und Y-Achse);

2. allen Geraden $y = ax + b$ $(a \neq 0)$, die nicht in das Innere des Fensters eindringen;

3. allen Geraden $y = ax + b$ $(a \neq 0)$, die das Rechteck in zwei getrennten

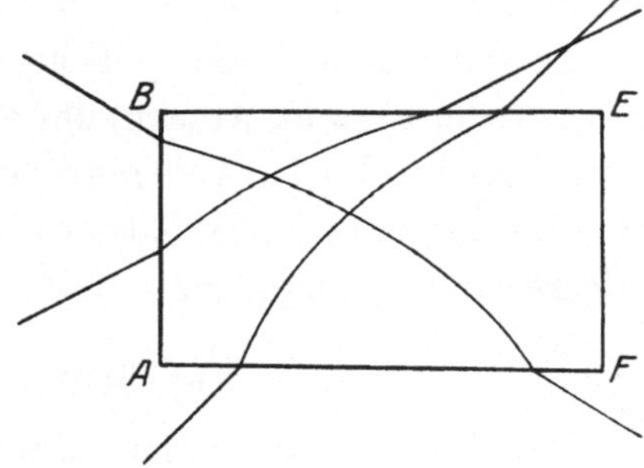

Fig. 1.

Punkten schneiden, soweit sie außerhalb des Rechteckes verlaufen, ergänzt — im Innern des rechteckigen Fensters — durch die ihre Schnittpunkte mit dem Rechteck verbindenden Bögen der Parabeln

$$y^2 = \alpha x + \beta$$

[oder der Exponentiallinien

$$y = e^{\alpha x + \beta}].$$

Schließt man das Kontinuum der Punkte x, y durch Hinzufügen von ∞^1 uneigentlichen Punkten („der unendlich-fernen Geraden") zu einem projektiven Kontinuum (Träger eines ternären Gebietes) ab, so folgt aus den Betrachtungen des II. Abschnitts unmittelbar, daß:

1. irgend zwei (verschiedene) Linien des Systems *einen* Schnittpunkt haben;
2. irgend zwei (verschiedene) Punkte der (projektiven) Ebene durch *eine* Linie des Systems verbunden sind.

Gleichwohl gilt für dieses Liniensystem die projektive Geometrie (und damit auch der Satz des Desargues) nicht, wie man unmittelbar erkennt, wenn man etwa zu den Eckpunkten A und B des Fenster-Rechtecks, sowie dem unendlich-fernen Punkte C^∞ ihrer (vertikalen) Verbindungsgeraden „den" 4. harmonischen Punkt D mittels 4-Seits-Konstruktionen aufsucht, und dabei einmal nur Linien des Systems benutzt, die nicht in das Innere des Fensters eindringen, das zweite Mal etwa das Fenster-Rechteck $ABEF$ (mit seinen „Diagonalen" AE und BF) selbst. Im ersten Falle erhält man als 4. harmonischen Punkt D *immer* den Mittelpunkt der Strecke AB; im zweiten Falle jedoch ersichtlich *nicht*: Denn die „Diagonalen" AE und BF sind hier *krumme* Linien (Bögen von Parabeln [oder Exponentiallinien]), die zur vertikalen Mittellinie GC^∞ des Rechtecks symmetrisch liegen.

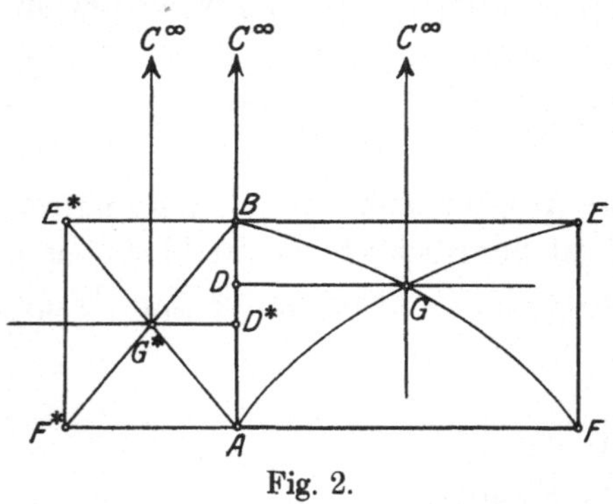

Fig. 2.

Beschränkt man sich auf Figuren und Konstruktionen, die ganz im Innern (oder ganz im Äußern) des Fensters verlaufen, so gelten (wie aus den Betrachtungen des II. Abschnitts ohne weiteres folgt) die Sätze der projektiven Geometrie (z. B. der Satz des Desargues). Es handelt sich somit hier um *Hilbertsche Liniensysteme.*

b) Beltramische Systeme.

Eine leichte Modifikation unsrer Linien-Systeme führt uns auch auf die gesuchten *Beltramischen Systeme.* Dabei können wir zunächst das rechteckige

Fenster (in der oberen Halbebene) durch einen *horizontalen Streifen* ersetzen, der durch die Geraden

$$y = k \quad \text{und} \quad y = K \qquad (0 < k < K < \infty)$$

begrenzt ist:

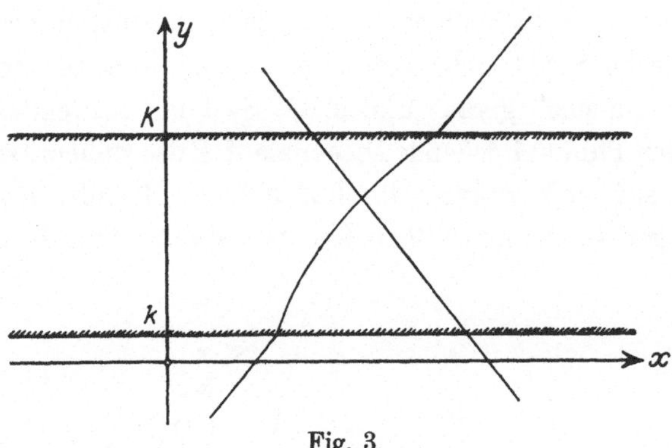

Fig. 3.

Linien des Systems sind:

1. alle horizontalen und vertikalen geraden Linien;
2. alle geraden Linien
$$y = a x + b \qquad (a < 0);$$
3. alle geraden Linien
$$y = a x + b \qquad (a > 0),$$

soweit sie außerhalb des Streifens verlaufen, ergänzt durch die ihre Schnittpunkte mit den Grenzgeraden des Streifens — in seinem Innern — verbindenden Bögen der Parabeln

$$y^2 = \alpha x + \beta$$

[oder der Exponentiallinien

$$y = e^{\alpha x + \beta}].$$

Schließt man wieder das Kontinuum der Punkte x, y zu einem projektiven Kontinuum ab (und definiert das „Innere" des „Streifens" passend), so sind auch hier die beiden Fundamentalbedingungen der projektiven Geometrie erfüllt:

1. zwei Linien des Systems haben *einen* Schnittpunkt;
2. zwei Punkte der (projektiven) Ebene sind durch *eine* Linie des Systems verbunden.

Daß gleichwohl in diesem Liniensystem der Satz des Desargues nicht gilt, daß man jetzt insbesondere im Innern des Streifens auf keine Weise ein (endliches) Gebiet abgrenzen kann, innerhalb dessen die projektive Geometrie Gültigkeit hat, erkennt man leicht durch folgende Überlegung.

Angenommen es gäbe ein derartiges Gebiet (im Innern des Streifens), so ließe sich in ihm sicher auch ein von Linien des Systems gebildetes geradliniges stumpfwinkliges Dreieck SAC angeben, dessen stumpfer Winkel bei A liegt und dessen Seite AC horizontal ist.

Wir fragen nach „dem“ Punkt D, der zusammen mit C den Punkt A und den Halbierungspunkt B der Strecke AC harmonisch trennt.

Um ihn mittels vollständiger 4-Seite zu konstruieren (wobei wir das Gebiet des Dreiecks SAC nicht verlassen wollen), können wir einmal ausschließlich „gewöhnliche“ gerade Linien des Systems verwenden, indem wir z. B. die durch den Punkt A gehende Diagonale AE des zu benutzenden 4-Ecks $ABEF$ (Fig. 4) auf der Vertikalen durch A wählen. Bei allen Konstruktionen dieser Art gelangen wir zu *demselben* 4. harmonischen Punkte D.

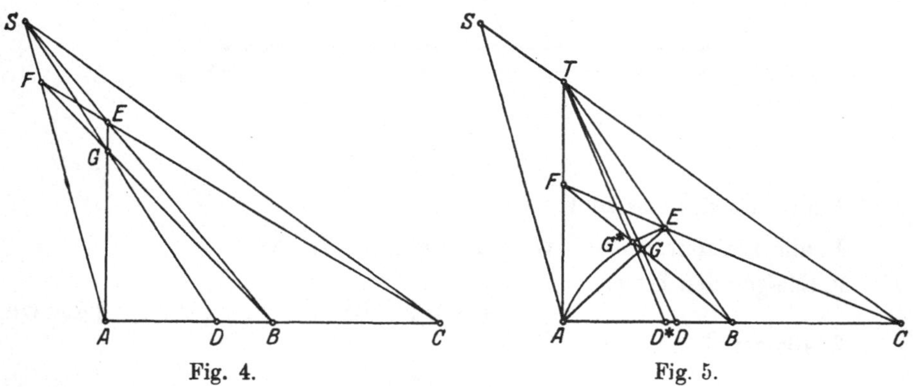

Fig. 4. Fig. 5.

Andrerseits können wir die Konstruktionslinien so wählen, daß eine oder mehrere *krumme* Linien des Systems benutzt werden, z. B. indem wir den Punkt F des Vierecks $ABEF$ auf der Vertikalen durch A wählen. Da bei dieser Konstruktion eine und nur eine krumme Linie des Systems benutzt wird — die geradlinige Diagonale AE, die wieder auf den früheren Punkt D führen würde, ist durch einen Parabelbogen [oder ein Stück einer Exponentiallinie] zu ersetzen —, so ist ganz unmittelbar und ohne irgendwelche Rechnung ersichtlich, daß wir zu einem *anderen* 4. harmonischen Punkt D^* geführt werden. Die beschriebenen Liniensysteme sind daher *Beltramische Systeme.*

IV.

Wir schließen mit der Bemerkung, daß man zur Bildung Hilbertscher und Beltramischer Liniensysteme unsrer Art natürlich auch beliebig viele andere nach dem im II. Abschnitt unsrer Betrachtung gewiesenen Gesichtspunkte passend gewählte Linien-Systeme benutzen kann[2]), daß man insbe-

---

[2]) Man braucht nur außer den horizontalen und vertikalen Geraden die Linien der ∞^2-Schar $y = f(z)$ zu wählen, wo $z = ax + b$ gesetzt ist und $y = f(z)$ eine in einem passend gewählten Rechteck (umkehrbar) eindeutige und stetige Funktion von z ist, derart daß auch die Umkehrung $z = \varphi(y)$ in jenem Rechteck (und auf seinem

sondere auch die verwandten Parabeln und Exponentiallinien miteinander kombinieren kann, indem man etwa zugleich Parabeln

$$y^2 = \alpha x + \beta \qquad (\alpha > 0)$$

und Exponentiallinien

$$y = e^{\alpha x + \beta} \qquad (\alpha < 0)$$

heranzieht.

Bei dem zuletzt gekennzeichneten System bilden die ∞^1 horizonzalen und ∞^1 vertikalen geraden Linien die Übergangsscharen zwischen den beiden kontinuierlichen ∞^2-Scharen von Parabelbögen und Exponentiallinien des Systems. Wählt man die Konstruktionsanordnung wie in den Figuren 4 und 5, so tritt hier die Verschiedenheit der Punkte D und D^* (in Fig. 5) noch krasser zutage, da jetzt die entscheidenden beiden Diagonalen AE sich nicht mehr wie Bogen und Sehne zu einander verhalten, sondern wie die Umrißlinien eines axialen Schnitts durch eine *bikonvexe* Linse. Man erkennt daher auch hier ohne irgendwelche Rechnung, daß es sich um ein Beltramisches (Nicht-Desarguessches) Liniensystem handelt.

Hannover, den 11. August 1921.

Rande) eindeutig und stetig ist. Denn alsdann bestimmen zwei verschiedene Punkte P_1 und P_2 auf oder im Innern des Rechtecks wegen

$$a : b : 1 = \left\| \begin{matrix} x_1 & 1 & -\varphi(y_1) \\ x_2 & 1 & -\varphi(y_2) \end{matrix} \right\|$$

immer eine und nur eine Linie des Systems.

(Eingegangen am 12. 8. 1921.)

Über die Grundlagen der projektiven Geometrie und allgemeine Zahlsysteme.

Von

M. Dehn in Frankfurt a. M.

1.

Eine Frage aus den Grundlagen der Geometrie ist der Ausgangspunkt: Über die Begründung des Dualitäts-Prinzips ist zwischen Poncelet und Gergonne gestritten worden[1]. Poncelet konstruiert durch ein Polarsystem (etwa am Kreis) zu jeder Figur eine duale, Gergonne leitet das Prinzip aus dem dualen Charakter der projektiven Axiome unmittelbar ab. Der Streit ist nicht leicht zu entscheiden: Zunächst muß man zu den sogenannten projektiven Axiomen (der Verknüpfung und Anordnung) zur Begründung der projektiven Geometrie noch das Archimedische Postulat hinzufügen, das aber in geeigneter Formulierung ebenfalls dualen Charakter hat. Der entscheidende Einwand gegen die Gergonnesche Auffassung ist der folgende: Poncelet zeigt direkt durch das Polarsystem, daß zu *jeder* Figur eine duale existiert; Gergonne dagegen kann nur nachweisen, daß jede *auf Grund seiner Axiome als existierend nachgewiesene* Figur dualisierbar ist. Nun kann es aber in einer Archimedischen Geometrie Figuren geben, die in einer anderen nicht existieren: z. B. in der allgemeinsten Archimedischen Geometrie gibt es hyperbolische Involutionen ohne Doppelpunkte, in der gewöhnlichen Geometrie nicht. Um mit der Gergonneschen Schlußweise das Ponceletsche Ziel zu erreichen, müßte man demnach statt des Archimedischen sogar ein die „Vollständigkeit" involvierendes, etwa das Dedekindsche Postulat zu den projektiven Axiomen hinzufügen. — So hat Poncelets Beweis zweifellos den Vorzug der Einfachheit, wenn auch Gergonne vielleicht den „wahren" Grund des Dualitätsphänomens aufgedeckt hat.

[1] Vgl. Poncelet, Traité, 2. Auflage, Anhang. Unsere Darstellung des Streites ist stark stilisiert. Sie soll nur unser Problem klarmachen.

Im folgenden wird die Frage untersucht, inwieweit die Gergonnesche Schlußweise in der Nicht-Archimedischen Geometrie anzuwenden ist. Dies läuft hinaus auf die Frage nach projektiven Figuren und Schnittpunktsätzen, die in einzelnen Nicht-Archimedischen Geometrien gültig sind, ohne für alle gültig zu sein. Denn wenn ein Schnittpunktsatz in allen Nicht-Archimedischen Geometrien gültig ist, oder eine projektive Figur in ihnen allen existiert, dann folgt eben die Gültigkeit resp. Existenz aus den Axiomen der Verknüpfung und Anordnung, die dualen Charakter haben. Also muß zu jedem solchen Satz der duale gültig sein, zu jeder solchen Figur auch die duale existieren.

Wir wollen das Problem arithmetisch formulieren: Unter Zugrundelegung der Verknüpfungs- und Anordnungsaxiome kann man nach Hilbert[2]) durch ein „Desargues"sches Zahlensystem die geometrischen Beziehungen beschreiben. In einem solchen Zahlensystem gelten die gewöhnlichen Rechenregeln, nur die Vertauschbarkeit der Faktorenreihenfolge wird nicht vorausgesetzt, dagegen sind auch die Anordnungspostulate erfüllt. Eine aus Geraden und Punkten bestehende *Figur* wird beschrieben durch ein gleichzeitig bestehendes System von Gleichungen zwischen den Zahlen $a_1, a_2, \ldots$ von der Form

$$a_{n_i} a_{n_i'} + a_{m_i} a_{m_i'} + a_{l_i} = 0 .$$

Eine solche Figur ist sicher dann dualisierbar, wenn es ein System von Zahlen $b_1, b_2, \ldots$ gibt, das die Gleichungen befriedigt, die aus den obigen durch Vertauschung der Reihenfolge der Faktoren entstehen, also:

$$b_{n_i'} b_{n_i} + b_{m_i'} b_{m_i} + b_{l_i} = 0 .$$

Z. B. ist eine spezielle Figur der Hilbertschen Nicht-Pascalschen Geometrie durch die Beziehung gegeben:

$$ST - 2TS = 0 .$$

Eine duale Figur wird durch eine Beziehung von genau derselben Form gegeben. Da alle nichtidentischen Beziehungen in der Hilbertschen Geometrie sich auf Grund dieser Relation ergeben, ist in dieser Geometrie (nach Adjunktion der unendlich fernen Geraden) sicher das Dualitätsprinzip in seinem vollen Umfang erfüllt. Es ist wohl nicht schwer, Nicht-Pascalsche Geometrien aufzustellen, bei denen der definierenden Relation nicht dualisierbare Figuren entsprechen. (Z. B. $ST - T^3 S = 0$ mit der dual entsprechenden $uv - vu^3 = 0$.)

---

[2]) Grundlagen, Kap. V, vgl. auch die tief eindringende Darstellung von Schwan Math. Zeitschr. **3** (1919), S. 11.

Ein *Schnittpunktsatz* ist folgendermaßen arithmetisch zu formulieren: aus den Gleichungen

$$\text{A:}\quad \{x_{n_i} x_{n'_i} + x_{m_i} x_{m'_i} + l_i = 0\}$$

zwischen den Zahlen $x_1\, x_2 \ldots$ folgen die Gleichungen

$$\text{B:}\quad \{x_{\overline{n_i}} x_{\overline{n'_i}} + x_{\overline{m_i}} x_{\overline{m'_i}} + x_{\overline{l_i}} = 0\}$$

zwischen den Zahlen $x_1, x_2, \ldots,$ d. i. jedes System von Zahlen, das die Gleichungen A befriedigt, befriedigt auch die Gleichungen B.

In einer Nicht-Archimedischen Geometrie kann es projektive ***Figuren*** geben, die es in der gewöhnlichen Geometrie nicht gibt (s. oben). Dagegen sind alle überhaupt möglichen *Schnittpunktsätze* in der gewöhnlichen Geometrie erfüllt. So zerfallen die Schnittpunktsätze in folgende Gruppen:

1. solche, die in jeder Desarguesschen Geometrie (für jedes Desarguessche Zahlensystem) erfüllt sind; z. B.

$$\text{aus } x + y = z \quad \text{folgt} \quad z^2 - x^2 - y^2 - xy - yx = 0;$$

2. solche, die speziellen Nicht-Archimedischen Geometrien eigentümlich sind; diese Sätze sind möglicherweise in der betreffenden Geometrie nicht dualisierbar.

3. solche, aus denen der Pascalsche Satz, also jeder überhaupt mögliche Schnittpunktsatz (arithmetisch: die Kommutativität der Multiplikationen) folgt.

Wir werden im folgenden eine Reihe allgemeiner Beispiele für die dritte Gruppe aufstellen, und zwar zerfallen diese noch in zwei Teile:

a) Relationen, aus denen ohne Benutzung der Anordnungspostulate, jedoch unter Benutzung des Satzes, daß aus $a \neq 0$ $a^n \neq 0$ folgt, die Kommutativität der Multiplikation sich ergibt. Dies sind also Resultate für allgemeine Zahlsysteme (ohne Basis).

b) Relationen, aus denen erst mit Benutzung der Anordnungspostulate die Kommutativität der Multiplikation sich ergibt.

Ganz besonderes Interesse haben die unter 2 und 3 b) fallenden Relationen: bestimmte Typen von Zahlsystemen werden charakterisiert durch Relationen, die zwischen einer Anzahl von ihren Elementen allgemein erfüllt sind, Relationen, die man etwa als spezielle Rechnungsregeln bezeichnen kann.

Für die Schnittpunktsätze der Gruppen 1 und 3 gilt in jeder Geometrie, in der sie gültig sind, auch die duale Übertragung.

2.

Wir beschäftigen uns zunächst mit Beziehungen von der Form

$$G(x_1 \ldots x_n) = 0,$$

wo G eine ganze rationale Funktion der Argumente mit ganzzahligen Koeffizienten ist.

Wir können diese Allgemeinheit leicht beschränken: G ist die Summe von Gliedern der Form $\alpha x_i x_p x_r \ldots$, wobei wir voraussetzen dürfen, daß die Glieder gleicher Zusammensetzung nur einmal vorkommen und daß, da ja G nicht identisch in unserem Zahlensystem verschwinden soll, die Koeffizienten α von Null verschieden sind. *$G = 0$ ist äquivalent mit einer Anzahl von in den Parametern x_i homogenen Relationen*: Wir schreiben G in der Form:

$$G \equiv G_0 + G_1 + \ldots + G_k + \ldots,$$

wo G_k alle Glieder k-ten Grades in x_1 enthält. Dann ersetzen wir x_1 nacheinander durch $2x$, $3x$ ... und erhalten so die Gleichungen:

$$\sum_{k=0\ldots} n^k G_k = 0,$$

aus denen durch Kombination.

$$G_k = 0$$

folgt. Dann zerlegen wir jede der G_k in bezug auf x_2 in homogene Bestandteile usw., womit unsere Behauptung erwiesen ist. Wir beschränken uns im folgenden auf homogene Relationen in 2 Parametern a und b.

3.

Beispiel. Aus irgendeiner in a quadratischen, in b linearen Relation folgt $ab = ba$.

Beweis. Die Relation hat die Form:

(1) $$\Gamma(a, b) \equiv \alpha a^2 b + \beta aba + \gamma ba^2 = 0.$$

Wir ersetzen b durch $b + 1$ und erhalten die Beziehung:

$$\alpha a^2(b+1) + \beta a(b+1)a + \gamma(b+1)a^2 = 0,$$

durch Kombination mit (1)

$$\alpha a^2 + \beta a^2 + \gamma a^2 = 0$$

für jedes a, also

(1′) $$\alpha + \beta + \gamma = 0.$$

Wir bezeichnen $ab - ba$ mit δ_1, dann ist

$$0 = \Gamma \equiv (\alpha + \beta + \gamma) ba^2 + \alpha(a\delta_1 + \delta_1 a) + \beta \delta_1 a$$

also wegen (1'):

$$(2) \qquad \alpha a \delta_1 + (\alpha + \beta)\delta_1 a = 0.$$

Wir ersetzen a durch $a+1$, dadurch ändert sich δ_1 nicht, und erhalten:

$$\alpha(a+1)\delta_1 + (\alpha+\beta)\delta_1(a+1) = 0$$

durch Kombination mit (2)

$$(2\alpha+\beta)\delta_1 = 0,$$

also, wenn δ_1 nicht null sein soll, womit unsere Behauptung erwiesen wäre, muß

$$2\alpha+\beta = 0$$

sein, dadurch wird aus (2)

$$(2') \qquad a\delta_1 - \delta_1 a = 0.$$

Wir ersetzen b durch b^2, dadurch geht δ_1 in $b\delta_1 + \delta_1 b$ über, und wir erhalten aus (2'):

$$(a\delta_1 - \delta_1 a)b + 2\delta_1^2 + b(a\delta_1 - \delta_1 a) = 0$$

also wegen (2'):

$$(3) \qquad 2\delta_1^2 = 0.$$

Aus (3) folgt auf Grund unserer Voraussetzung über die in unserem Zahlensystem geltenden Rechnungsregeln.

$$\delta_1 = 0,$$

wie behauptet war.

4.

Wir setzen $a\delta_i - \delta_i a = \delta_{i+1}$, $\delta_0 = b$. δ_n ist vom n-ten Grad in a und vom ersten in b. Zwischen den δ_i bestehen keine identischen Beziehungen. Wir geben im folgenden eine Zusammenstellung der zu gebrauchenden Substitutionen von a und b und schreiben daneben die entsprechenden Substitutionen der δ_n. Die Formeln sind durch Rechnung leicht zu bestätigen:

$$\begin{pmatrix} & b \\ +k & b\end{pmatrix} : \begin{pmatrix}\delta_n \\ \delta_n\end{pmatrix}; \quad \begin{pmatrix} a & b \\ a^2 & b\end{pmatrix} : \left(a^n\delta_n + \tbinom{n}{1}a^{n-1}\delta_n a \overset{\delta_n}{+} \tbinom{n}{2}a^{n-2}\delta_n a^2 + \dots\right) : \begin{pmatrix} a & b \\ a & b+k\end{pmatrix} : \begin{pmatrix}\delta_n \\ \delta_n\end{pmatrix}$$

$$\begin{pmatrix} b \\ b^2\end{pmatrix} : \left(b\delta_n + \tbinom{n}{1}\delta_1\delta_{n-1} \overset{\delta_n}{+} \tbinom{n}{2}\delta_2\delta_{n-2} + \dots + \delta_n b\right); \quad \begin{pmatrix} a & b \\ a & ab\end{pmatrix} : \begin{pmatrix}\delta_n \\ a\delta_n\end{pmatrix}; \quad \begin{pmatrix} a & b \\ a & ba\end{pmatrix} : \begin{pmatrix}\delta_n \\ \delta_n a\end{pmatrix}$$

Die Substitution $\begin{pmatrix} a & b \\ a+k & b\end{pmatrix}$ gibt die Möglichkeit, aus einer Relation $\Gamma = 0$ in a homogene Relationen vom nullten, ersten, zweiten, ... Grade abzuleiten. Diese Relationen entstehen durch Differentiation nach a. Das analoge gilt für die Substitution $\begin{pmatrix} a & b \\ a & b+k\end{pmatrix}$.

a) *Eine in b lineare Relation $\Gamma = 0$ ist äquivalent mit einer Relation von der Form $\delta_r = 0$.*

Beweis. Γ hat die Form:

$$\Gamma \equiv \sum_{m=0}^{m=s} \alpha_m a^m b a^{s-m} = 0;$$

daraus folgt, wenn $a = b = 1$ gesetzt wird:

$$\sum_{m=0}^{m=s} \alpha_m = 0.$$

Folglich:

$$\Gamma \equiv \sum_{m=1}^{m=s} \alpha_m (a^{m-1}\delta_1 + a^{m-2}\delta_1 a + \dots) a^{s-m} + b\left(\sum_{m=0}^{m=s} \alpha_m\right) a^s$$

$$\equiv \sum \alpha_m (a^{m-1}\delta_1 + a^{m-2}\delta_1 a + \dots) a^{s-m} = 0.$$

Durch $s-1$-malige Differentiation nach a folgt hieraus:

$$\left(\sum_{m=1}^{m=s} \alpha_m \cdot m\right) \delta_1 = 0.$$

Also entweder $\delta_1 = 0$, woraus rückwärts $\Gamma = 0$ folgt, oder $\sum_{m=1}^{m=s} \alpha_m m = 0$. Wir haben jedenfalls:

$$\Gamma \equiv \sum_{m=2}^{m=s} \alpha_m (a^{m-2}\delta_2 + 2a^{m-3}\delta_2 a + \dots (m-1)\delta_2 a^{m-2}) a^{s-m} = 0,$$

woraus durch Differentiation:

$$\left(\sum_{m=2}^{m=s} \binom{m}{2} \alpha_m\right) \delta_2 = 0.$$

So fahren wir fort, bis wir schließlich zur Relation:

$$\alpha_s \delta_s = 0$$

kommen. Alle Gleichungen:

$$\sum_{m=k}^{m=s} \binom{m}{k} \alpha_m = 0$$

können nicht gleichzeitig erfüllt sein, weil daraus das Verschwinden sämtlicher α_i folgen würde. Sei r die erste Zahl, für die

$$\sum_{m=r}^{m=s} \binom{m}{r} \alpha_m \neq 0$$

ist, dann folgt aus $\Gamma = 0$ $\delta_r = 0$ und umgekehrt, wie behauptet.

b) ***Eine Relation $\Gamma = 0$ ist äquivalent mit einer Anzahl von Relationen von der Form:***

$$\sum \varrho_m \delta_{i_m} \delta_{k_m} \ldots$$

(die Anzahl der δ in jedem Glied ist gleich dem Grad von Γ in b, die Summe $i_m + k_m + \ldots$ ist gleich dem Grad von Γ in a).

Es genügt, den Fall, daß Γ quadratisch in b ist, durchzuführen:

$$\Gamma \equiv \sum_{0 \leqq m+l \leqq s} \alpha_{m,l} a^m b a^l b a^{s-m-l},$$

daraus durch $a = b = 1$:

$$\sum \alpha_{m,l} = 0.$$

Also

$$\Gamma \equiv \sum_{1 \leqq m+l \leqq s} \alpha_{m,l} [(a^{m-1} \delta_1 + a^{m-2} \delta_1 a + \ldots) a^l \delta_0 a^{s-m-l} + \delta_0 (a^{m+l-1} \delta_1 + a^{m+l-2} \delta_1 a + \ldots) a^{s-m-l}] = 0.$$

Durch Differentiation:

$$\Gamma_1 \equiv \delta_1 \delta_0 \sum_{1 \leqq m+l \leqq s} m \alpha_{m,l} + \delta_0 \delta_1 \sum_{1 \leqq m+l \leqq s} (m+l) \alpha_{m,l} = 0.$$

Durch Fortsetzung allgemein:

$$\Gamma_r \equiv \delta_r \delta_0 \sum_{r \leqq m+l \leqq s} \binom{m}{r} \alpha_{m,l} + \delta_{r-1} \delta_1 \sum_{r \leqq m+l \leqq s} \binom{m}{r-1} \binom{m+l-(r-1)}{1} \alpha_{m,l} + \ldots = 0$$

bis zur letzten Relation

$$\Gamma_s \equiv \alpha_{s,0} \left(\delta_s \delta_0 + \binom{s}{1} \delta_{s-1} \delta_1 + \ldots \right) + \alpha_{s-1,1} \left(\delta_{s-1} \delta_1 + \binom{s-1}{1} \delta_{s-2} \delta_2 + \ldots \right) + \ldots + \alpha_{1,s} \delta_0 \delta_s = 0.$$

Die Relationen $\Gamma_1 = 0$, $\Gamma_2 = 0$, …, $\Gamma_r = 0$ folgen aus $\Gamma = 0$ und umgekehrt folgt $\Gamma = 0$ aus dem gleichzeitigen Bestehen der obigen s Relationen, entsprechend unserer Behauptung. Ist Γ von höherem als zweiten Grad in b, so kann man genau dasselbe Verfahren anwenden.

5.

Ist Γ linear in b, so folgt aus $\Gamma = 0$ $\delta_1 = 0$.

Nach **4.** a) folgt aus $\Gamma = 0$ $\delta_r = 0$. Aus $\delta_r = 0$ folgt weiter $\delta_{r+n} = 0$, wenn n irgendeine positive Zahl ist, wie unmittelbar aus der Definition von δ_i sich ergibt. Ist also $r \geqq 2$, dann folgt aus $\delta_r = 0$ auch $\delta_{2r-2} = 0$.

Nach (4) geht bei der Substitution $\begin{pmatrix} a & b \\ a & b^2 \end{pmatrix}$ δ_{2r-2} in δ'_{2r-2} über, wo

$$\delta'_{2r-2} = b \delta_{2r-2} + \binom{2r-2}{1} \delta_1 \delta_{2r-3} + \ldots \binom{2r-2}{r-2} \delta_{r-1}^2 + \ldots + \delta_{2r-2} b.$$

Es ist auch δ'_{2r-2} gleich null; also da $\delta_{2r-2} = \delta_{2r-3} \ldots = \delta_r = 0$ sind, nach der obigen Formel auch

$$\delta_{r-1} = 0.$$

Es folgt also aus der Beziehung $\delta_r = 0$ die Beziehung $\delta_{r-1} = 0$. Durch Fortsetzung erhalten wir die gewünschte Folge

$$\delta_1 = 0.$$

Wenden wir dies Resultat auf in a lineare Relationen an, so folgt in Verbindung mit **4.** b: *Wenn die Koeffizienten von Γ nicht besonderen Bedingungen genügen* (es müssen sämtliche Koeffizienten von Γ_1 verschwinden), *so folgt aus* $\Gamma = 0$ $\delta_1 = 0$.

6.

a) *Aus jeder in a und b quadratischen Relation folgt* $\delta_1 = 0$.

Nach **4.** b folgt aus einer solchen Relation eine Relation von der Form:

(1) $$\alpha \delta_0 \delta_2 + \beta \delta_1^2 + \gamma \delta_2 \delta_0 .$$

Wir nehmen zunächst an, daß nicht α, β und γ gleich Null sind.

Durch Differentiation nach $\delta_0 (= b)$:

$$(\alpha + \gamma) \delta_2 = 0,$$

also entweder $\delta_2 = 0$, woraus nach **5.** $\delta_1 = 0$ folgt, oder $\alpha + \gamma = 0$. Wir untersuchen

(1') $$\alpha \delta_0 \delta_2 + \beta \delta_1^2 - \alpha \delta_2 \delta_0 ;$$

durch die Substitution $\begin{pmatrix} a & b \\ b & ab \end{pmatrix}$:

$$\alpha \delta_0 a \delta_2 + \beta \delta_1 a \delta_1 - \alpha \delta_2 a \delta_0 ;$$

durch identische Umformung unter Benutzung von (1):

$$\alpha \delta_1 \delta_2 + \beta \delta_2 \delta_1 - \alpha \delta_3 \delta_0 ;$$

durch Differentiation nach δ_0:

$$- \alpha \delta_3 = 0,$$

also entweder $\delta_3 = 0$, woraus nach **5.** $\delta_1 = 0$, oder $\alpha = 0$, woraus nach (1') $\delta_1^2 = 0$, also auch $\delta_1 = 0$ folgt.

Ist aber $\alpha = \beta = \gamma = 0$, dann ist $\Gamma = 0$ nach **4.** b äquivalent mit einer in b linearen Relation, aus der nach **5.** wieder $\delta_1 = 0$ folgt.

b) *Aus jeder in b quadratischen Relation folgen von den Koeffizienten unabhängige Relationen.*

Nach **4.** b) folgt aus einer solchen Relation eine von der Form:

$$\sum_m \alpha_m \delta_m \delta_{s-m} = 0, \tag{3}$$

wo s der Grad der Relation in a ist und nicht alle $\alpha_1 = 0$ sind. Sei $t+1$ nicht kleiner als die Anzahl der von null verschiedenen Koeffizienten α_m, dann folgt aus (3):

$$\delta_{m+t}\delta_{s-m} + \binom{t}{1}\delta_{m+t-1}\delta_{s-m+1} + \binom{t}{2}\delta_{m+t-2}\delta_{s-m+2} + \cdots = 0. \tag{4}$$

Beweis. Durch die Substitution $\begin{pmatrix} a & b \\ a^2 & b \end{pmatrix}$ folgt aus (3):

$$\sum \alpha_m \left(a^m \delta_m + \binom{m}{1} a^{m-1}\delta_m a + \ldots\right)\left(a^{s-m}\delta_{s-m} + \binom{s-m}{1} a^{s-m-1}\delta_{s-m} a + \ldots\right) = 0;$$

$(s-1)$ mal nach a differenziert (nach Division durch 2^{s-1}):

$$\sum \alpha_m [m(a\delta_m + \delta_m a)\delta_{s-m} + (s-m)\delta_m(a\delta_{s-m} + \delta_{s-m} a)] = 0;$$

durch identische Umformung unter Benutzung von (3):

$$\sum \alpha_m m(\delta_{m+1}\delta_{s-m} + \delta_m \delta_{s-m+1}) = 0. \tag{5}$$

Andererseits aus (3) durch Substitution $\begin{pmatrix} a & b \\ a & ab \end{pmatrix}$ und identische Umformung:

$$\sum \alpha_m \delta_{m+1}\delta_{s-m} = \sum \alpha_m \delta_m \delta_{s-m+1} = 0,$$

durch Kombination mit (5):

$$\sum \alpha_m (m - n_1)(\delta_{m+1}\delta_{s-m} + \delta_m \delta_{s-m+1}) = 0, \tag{3'}$$

wodurch das Glied mit dem Koeffizienten α_{n_1} aus der Relation (3) heraus geschafft ist.

Wir machen wieder die Substitution $\begin{pmatrix} a & b \\ a^2 & b \end{pmatrix}$ und erhalten durch denselben Prozeß wie oben:

$$\sum \alpha_m (m - n_1)[m(\delta_{m+2}\delta_{s-m} + 2\delta_{m+1}\delta_{s-m+1} + \delta_m \delta_{s-m+2}) \\ + \delta_{m+2}\delta_{s-m} + \delta_{m+1}\delta_{s-m+1}] = 0;$$

hieraus wird durch Kombination mit den aus (3′) durch die Substitution $\begin{pmatrix} a & b \\ a & ab \end{pmatrix}$ gewonnenen Relationen:

$$\sum \alpha_m (m - n_1)\delta_{m+2}\delta_{s-m} + \delta_{m+1}\delta_{s-m+1}) \\ = \sum \alpha_m (m - n_1)(\delta_{m+1}\delta_{s-m+1} + \delta_m \delta_{s-m+2}) = 0$$

gefolgert:

$$(3'') \sum \alpha_m (m-n_1)(m-n_2)(\delta_{m+2}\delta_{s-m} + 2\delta_{m+1}\delta_{s-m+1} + \delta_m \delta_{s-m+2}) = 0.$$

Durch Fortsetzung des Verfahrens erhalten wir die gewünschte Relation (4), womit unsere Behauptung erwiesen ist.

7.

a) *Aus jeder in a kubischen, in b quadratischen Relation folgt mit Benutzung der Anordnungspostulate* $\delta_1 = 0$.

Wir können die Relation in der Form:

$$\alpha\delta_1\delta_2 + \beta\delta_2\delta_1 + \gamma\delta_0\delta_3 + \varepsilon\delta_3\delta_0 = 0$$

ansetzen. Durch Differentiation nach δ_0 folgt, wenn nicht δ_3 (und also auch δ_1) null sein soll, $\gamma + \varepsilon = 0$; durch die Substitution $\begin{pmatrix} a & b \\ a & ab \end{pmatrix}$, identische Umformung und Differentiation nach δ_0 folgt (s. **6.** a)) $\gamma = \varepsilon = 0$. Aus

$$(1) \qquad \alpha\delta_1\delta_2 + \beta\delta_2\delta_1 = 0$$

folgt durch Substitution $\begin{pmatrix} a & b \\ a & ab \end{pmatrix}$:

$$(2) \qquad \alpha\delta_1\delta_3 + \beta\delta_2^2 = 0.$$

Aus (1) andererseits **6.** b):

$$(2') \qquad \delta_2^2 + \delta_1\delta_3 = 0,$$

durch Vergleich mit (2) also, wenn nicht $\delta_2^2 = 0$, also $\delta_2 = 0$, also $\delta_1 = 0$, folgen soll:

$$\alpha = \beta.$$

Es bleibt also als einzige Relation vom dritten Grad in a und zweiten Grad in b, aus der nicht $\delta_1 = 0$ *folgt*:

$$(a) \qquad \delta_1\delta_2 + \delta_2\delta_1 = 0.$$

Aber nach den Anordnungspostulationen haben $\delta_1\delta_2$ und $\delta_2\delta_1$ dasselbe Vorzeichen und ihre Summe kann also nicht null sein, ohne daß $\delta_1\delta_2$ und $\delta_2\delta_1$ selbst null sind; hieraus folgt dann, daß δ_2 oder δ_1 null sein muß, also jedenfalls auch δ_1, womit unsere Behauptung erwiesen ist.

Es bleibt aber die Möglichkeit nicht kommutativer Zahlsysteme (*ohne Anordnungsregeln*), *in der die Regel* (a) *allgemein gültig ist.*

b) *Aus jeder Relation von der Form:*

$$(3) \qquad \alpha\delta_m\delta_{s-m} + \beta\delta_n\delta_{s-n} = 0$$

folgt mit Hilfe der Anordnungspostulate $\delta_1 = 0$.

Wir setzen etwa $m \geqq s - m$ voraus. Dann kann durch genügend oftmalige Anwendung der Substitution $\begin{pmatrix} a & b \\ a & ab \end{pmatrix}$ und identischen Umformungen (3) geschlossen werden:

$$\alpha \delta_m^2 + \beta \delta_n \delta_{2m-n} = 0,$$

oder nach **6.** b):

$$\delta_{m+1} \delta_m + \delta_m \delta_{m+1} = 1,$$

woraus, wie unter a), das Verschwinden von δ_1 folgt.

8.

Eine gleichzeitig aus dem Desargues nicht folgende und den Pascal nicht zur Folge habende Relation $\Gamma(a, b) = 0$ ist in a und b mindestens vom dritten Grade, oder in einem von den beiden mindestens vom vierten, im andern mindestens vom zweiten Grade.

(Eingegangen am 3. 10. 1921.)

Il principio di degenerazione e la geometria sopra le curve algebriche.

Von

Federigo Enriques in Bologna.

1. Il principio di continuità di Poncelet ha, nella teoria delle funzioni algebriche, un' importanza che non deve essere ridotta — come spesso accade — alle sole questioni numerative. A questo criterio fondamentale sono ispirate le „Lezioni sulla teoria geometrica delle equazioni e delle funzioni algebriche" di cui già ho pubblicato due volumi colla collaborazione del Dr. Oscar Chisini[1]), e di cui stiamo preparando il terzo, che si riferisce ad argomenti nuovamente svolti nei miei corsi universitari degli anni 1918—19 e 1919—20. Da questo volume traggo la presente Nota.

Già Nöther e Lindemann ebbero ad osservare che cosa diventino per (continuità le proposizioni fondamentali della geometria sopra una curv piana) f di genere p, quando questa, variando in dipendenza d' una parametro, acquisti nuovi punti multipli: si tratta qui di un' estensione alle curve non-aggiunte o virtualmente aggiunte dei teoremi relativi alle serie segate dalle ordinarie aggiunte[2]). Ma lo scopo di questa Nota è — in qualche modo — inverso. Si faccia variare la f, con moduli generali, in guisa che acquisti p punti doppi, e diventi quindi razionale. Allora la geometria sopra la curva di genere p — con moduli generali — si rispecchierà nella teoria delle serie lineari sopra la retta; vogliamo mostrare come si trovino così i teoremi fondamentali di quella geometria, per p qualunque. Questa via di dimostrazione ha, in principio, soltanto un *valore euristico*, e non vale la pena d' indugiarsi a trasformarla in un metodo rigoroso di prova. Per contro è interessante vedere come la degenerazione della curva di genere p in una retta, o in una curva di genere $< p$, offra il modo di stabilire rigorosamente alcuni punti delicati della dottrina generale, che non hanno ricevuto — mi sembra — un tratta-

[1]) Bologna, Zanichelli.

[2]) Cfr. l' Anhang F alle „Vorlesungen über algebraische Geometrie" di F. Severi (Leipzig, Teubner, 1921, pg. 247).

mento soddisfacente, ovvero lo hanno ricevuto soltanto per mezzo degli integrali abeliani.

2. Osserviamo anzitutto che, per mezzo della degenerazione anzidetta (acquisto di p nuovi punti doppi), *le* g_n^r *sopra una curva di genere* p *si riducono alle* g_n^r *sopra una retta dotate di* p *coppie neutre*, cioè presentanti una sola condizione ai gruppi di queste serie che debbano contenerla; le quali coppie — giova notarlo — possono assumersi ad arbitrio. In questo senso possiamo parlare di una *retta con* p *coppie* come di una *curva di genere virtuale* p.

Cio posto vediamo come i teoremi fondamentali della geometria sopra una curva si rispecchino semplicemente sopra una retta con p coppie.

1. Sopra la curva di genere p, ogni gruppo di n punti appartiene ad una determinata serie lineare completa g_n^r con $r \geqq n-p$.

Si tratta di mostrare che sopra la retta «esiste una determinata serie lineare g_n^r con $r=n-p$, contenente un dato gruppo G_n e possedente p coppie neutre $A_{i1} A_{i2}$ $(i=1, 2, \ldots p)$».

A tale scopo si osservi che la serie g_n^{n-1} completa, contenente un G_n e rispetto a cui è data una coppia neutra $A_1 A_2$, si costruisce combinando linearmente il G_n con la g_n^{n-2} che possiede — sulla retta — i punti fissi A_1 e A_2: quindi la nostra g_n^r completa con p coppie neutre, resta definita come intersezione di p g_n^{n-1}, per cui sarà in generale $r=n-p$ ed in ogni caso $r \geqq n-p$.

Corollario del teorema 1 sono le proposizioni relative alla somma e sottrazione delle serie, in particolare il teorema del resto, per cui la serie residua di un G_m rispetto ad una g_n^r è la medesima quando si sostituisce al G_m un gruppo equivalente.

2. Ogni g_n^r completa per cui $n>2p-2$ ha la dimensione $r=n-p$.

Riportandoci alla retta, si stacchino dalla g_n^r $p-1$ coppie neutre $A_{i1} A_{i2}$, per es. quelle per cui $i=2, 3, \ldots, p$: con ciò la dimensione della serie residua sarà $r' \geqq r-(p-1)$. Ma questa serie residua, d' ordine $n-(2p-2)$, possiede la coppia neutra $A_{11} A_{12}$ e quindi è di dimensione $r' \leqq n-(2p-2)-1$: combinando le due diseguaglianze si deduce

$$r' \leqq n-p$$

e quindi, per il teorema 1,

$$r=n-p.$$

(Si noti che il caso $n=2p-1$ non fa eccezione nel ragionamento precedente, giacchè la serie residua cui si è condotti non può essere la g_1^1, essendo A_{11} ed A_{12} due punti distinti, ma deve ridursi ad una g_1^0, cioè ad un punto fisso.)

3. Esiste una determinata serie completa g_{2p-2}^{p-1}. Questa serie *cano-*

nica si ottiene — sopra la retta — combinando linearmente i p gruppi di $p-1$ coppie neutre.

Anzitutto si vede che i p gruppi definiti dalle coppie: $2, 3, \ldots, p$; $3, 4, \ldots, p, 1$; $1, 2, \ldots, p-1$, sono linearmente indipendenti; infatti i primi $p-1$ hanno commune la coppia p-ma; $A_{p1} A_{p2}$, che non appartiene all' ultimo gruppo. Resta cosi dimostrato che i nostri p gruppi definiscono effettivamente una serie g^{p-1}_{2p-2} ed è evidente che questa possiede le coppie $A_{i1} A_{i2}$ come coppie neutre, giacchè ciascuna di queste coppie è fissa per una g^{p-2}_{2p-2} contenuta nella g^{p-1}_{2p-2}.

D' altra parte è chiaro che una serie lineare g^{p-1}_{2p-2} possedente le p coppie neutre $A_{i1} A_{i2}$, contiene i gruppi formati da $p-1$ di queste coppie (importanti nel loro insieme $p-1$ condizioni) e quindi coincide con la serie lineare definita da questi gruppi: ciò significa l' unicità della serie g^{p-1}_{2p-2}, sopra la retta di genere virtuale p.

4. Ogni g^r_n completa con $r > n-p$ è contenuta nella g^{p-1}_{2p-2} canonica, e precisamente ogni gruppo della g^r_n impone $n-r$ condizioni ai gruppi canonici che debbano contenerlo (*Teorema di Riemann-Roch*).

Riportandoci alla retta togliamo dalla nostra g^r_n r coppie neutre; otteniamo così un gruppo di $n-2r$ punti che impone ai gruppi canonici $n-2r$ condizioni; ma le r coppie neutre impongono a questi stessi gruppi r condizioni e perciò un gruppo particolare della g^r_n e quindi — per il teorema del resto — anche un gruppo qualunque di questa serie, impone $n-2$ condizioni ai gruppi canonici che debbano contenerlo. Per ciò la g^r_n è certo contenuta nella g^{p-1}_{2p-2}, se $n-r \leqq p-1$.

3. La proposizione „*una curva di genere $p > 2$, a moduli generali, non possiede trasformazioni birazionali in sè stessa*“, si considera di solito come evidente. Ma forse la cosa è evidente solo per $p = 3$ e per le curve piane *generali del proprio ordine.* Ad ogni modo il teorema si dimostra colla degenerazione di una curva di genere p in una retta, poichè sulla retta non esiste alcuna proiettività (non degenere o degenere) la quale lasci invariate tre o più coppie di punti, date ad arbitrio.

Lo stesso teorema si può anche stabilire per un' altra via che conduce ad un resultato più significativo.

Se una curva f possiede trasformazioni in sè, ad ogni g'_n di f (che non sia invariante) viene *associata* una g'_n (almeno), entro cui i gruppi dotati di punto doppio formano gli stessi birapporti. Ora si può chiedere se, sopra una f di genere p con moduli generali, avvenga di trovare g'_n associate ad una g'_n data, soddisfacenti alle condizioni dette innanzi.

Assumasi, per semplicità di discorso, una g'_n non speciale: la f contiene un' infinità di g'_n analoghe, dipendente da $2n-p-2$ parametri; mentre i birapporti indipendenti formati dai $2n + 2p - 2$ gruppi d'una g_n con punto doppio sono $2n + 2p - 5$; perciò non esiste, in generale, su f una g'_n per cui codesti birapporti prendano valori assegnati: anzi la determinazione di una tale g'_n dipende da un sistema d'equazioni (superiore al numero delle incognite) che importa $3p - 3$ condizioni di compatibilità, cioè precisamente tante quanti sono i moduli, per $p > 1$. Ma se queste condizioni sono una volta soddisfatte, cioè se viene data una g'_n su f, non si può escludere a priori che ve ne sieno — di conseguenza — altre, associate, per cui i detti birapporti assumano gli stessi valori: tant' è vero che, per $p = 2$, le g'_n vengono appunto associate a coppie. Il conto di costanti dice solo che, già per $p = 2$, non si può avere che un *numero finito* di g'_n associate (cogli stessi birapporti).

Ora, se la f di moduli generali, ad es. per $p = 3$, contenesse — sempre — *più* g'_n associate, che cosa accadrebbe quando la f stessa si fa degenerare in una f di genere 2, con una coppia neutra (o più)? È chiaro che ad una g'_n data, che possegga la detta coppia neutra $A_1 A_2$, dovrebbe essere associata (almeno) un'altra g'_n *colla medesima coppia neutra*: ma ciò è assurdo perchè la coppia $A_1 A_2$ si può far variare per continuità su f, restando sempre neutra per la data g'_n!

Risulta dunque che *per $p > 2$, sopra una curva di genere p, non esiste in generale una seconda serie g'_n i cui gruppi dotati di punto doppio formino eguali birapporti a quelli analoghi di una serie data.*

Così viene rimosso un dubbio critico, che si affaccia nell' enumerazione delle classi di superficie di Riemann ad n fogli, definite da dati punti di diramazione: dove si può chiedere se due funzioni algebriche $x(u)$, $y(v)$, diramate per gli stessi valori di u e v, non possano trasformarsi birazionalmente l' una nell' altra per una sostituzione su x e u, senza che si abbia necessariamente $u = v$, e x funzione razionale di u, $y(u)$.

4. Insieme alla degenerazione di una curva di genere p in una di genere $p - 1$, conseguente all' acquisto di un nuovo punto doppio, conviene seguire la *degenerazione dei cicli della sua superficie di Riemann.* Da ciò si trae una dimostrazione geometrica del *teorema di Hurwitz sulle corrispondenze* $[m, n]$, cioè che „le corrispondenze appartenenti a curve di moduli generali sono sempre *a valenza*".

La dimostrazione (che non riferirò quì distesamente) si basa sopra il riconoscimento della „condizione topologica affinchè una serie ∞^1, s_n, di gruppi di n punti, appartenente ad una curva f, sia contenuta in una serie lineare g_n dello stesso ordine"; la qual condizione costituisce il *teorema d'Abel riguardato nel suo significato topologico.*

Si faccia muovere un gruppo G_n di s_n, sopra la superficie riemanniana f, in modo che esso ritorni in se stesso: una tale *circolazione* del G_n dà luogo ad un ciclo o ad una somma di cicli descritta dai punti del gruppo. Se la s_n è contenuta in una g_n lineare, codesta somma è sempre *omologa* ad un ciclo nullo (nel senso di Poincaré): quest' asserzione, di cui è facile la prova, costituisce il „teorema d' Abel topologico".

Il teorema d'Abel topologico inverso, „ogni s_n a circolazione nulla è contenuta in una g_n lineare", si può stabilire, come quì accenno, per le curve a moduli generali; il Dr. Chisini ne offrirà poi una dimostrazione valida per curve qualsiansi.

Io osservo anzitutto che il teorema di cui si discorre si verifica tosto sulle curve di genere $p = 1$, giacchè il punto residuo dei gruppi di s_n rispetto ad una fissata g^n_{n+1} resulta necessariamente fisso, potendo altrimente descrivere un ciclo non nullo. Dopo ciò estendo induttivamente il teorema da p a $p+1$, col metodo di degenerazione. Se, sopra una f di genere $p = 2$, si suppone esistere una s_n a circolazione nulla non contenuta in una g_n lineare, si deduce anzitutto (per sottrazione da una g^n_{n+2} fissa) una serie ∞^1, s_2, a circolazione nulla, diversa dalla g'_2 di f e contenente una coppia arbitraria. Ora (essendo la f a moduli generali) si faccia degenerare la curva in una f di genere 1: la detta s_2 (o una parte di essa) dovrà divenire su f una g'_2, di cui potrà segnarsi ad arbitrio una coppia, e che — d' altra parte — dovrà ammettere come coppia neutra quella costituita dai due punti sovrapposti nel nuovo punto doppio di f: di qui l' assurdo. E analogamente si procederà da $p = 2$ a $p = 3$ ecc.

Il teorema stabilito permette di definire topologicamente, sopra una riemanniana f, le corrispondenze dotate di valenza γ, positiva o negativa: p. es., per γ positivo, occorre che, mentre un punto P descrive un ciclo C, i punti corrispondenti $P'_1, P'_2, \ldots, P'_n$ descrivano uno o più cicli la cui somma sia omologa a $-\gamma C$, diguisachè la somma dei cicli descritti dal gruppo

$$G_{n+\gamma} = \gamma P + P'_1 + P'_2 + \ldots + P'_n$$

risulti omologa a zero. Quindi il metodo di degenerazione (da p a $p-1$), mercè un' analisi accurata, permette di dimostrare completamente il citato teorema d'Hurwitz: „Le corrispondenze singolari (non dotate di valenza) appartengono soltanto a curve con moduli particolari." Per studiare tali corrispondenze singolari, il metodo di degenerazione non soccorre più; ma, quando sia dimostrato senza eccezione il teorema d'Abel topologico, si dedurrà ancora topologicamente il resultato — a cui Hurwitz e Severi arrivano cogli integrali abeliani — che vi è sempre un *numero finito di corrispondenze indipendenti*.

Bologna, Luglio 1921.

(Eingegangen am 2. 8. 1921.)

Eine neue kinematische Ebenenführung.

Von

Friedrich Schilling in Danzig-Langfuhr.

Bekannt ist die genaue Ebenenführung durch das Gelenksystem des Planigraphen von Darboux-Koenigs[1]). Bei diesem Apparat liegen jedoch zweimal drei Punkte in einer durch einen Stab ausgebildeten Geraden. Ich habe mir die Aufgabe gestellt, eine andere genaue Ebenenführung durch ein solches Gelenksystem zu konstruieren, bei dem nur durch zwei Endpunkte begrenzte Stäbe gelenkig verbunden sind. Die Lösung fand sich in einer geeigneten Übertragung der bekannten Peaucellierschen Geradführung auf den Raum. Das Gelenksystem des Peaucellierschen Inversors[2]) in der einfachsten Form besteht ja aus einem Rhombus $ACBD$ mit den beiden an den Gegenecken C, D angreifenden gleichen Stäben OC und OD, dessen Vereinigungspunkt O als fester Punkt gilt (Fig. 1). Es ist dann bei jeder Deformation $OA \cdot OB = OC^2 - AC^2 = \text{konst.}$

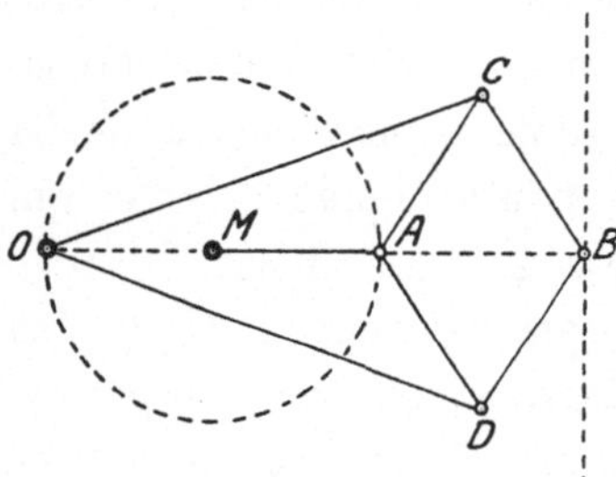

Fig. 1.

Wird der Punkt A durch einen siebenten Stab MA mit dem festen Endpunkt M auf dem Bogen eines Kreises durch O geführt, so beschreibt B ein Stück einer Geraden[3]).

Diesen Inversor kann man nun, wie bereits L. Lipkin[4]) angegeben

[1]) Man sehe das Nähere darüber bei A. Schoenflies, Kinematik in der Enzyklopädie der Math. Wiss. **4**, S. 243 u. 256, sowie bei G. Koenigs, Leçons de Cinématique, Paris 1897, S. 295. Dieser Planigraph ist im Verlage von Martin Schilling in Leipzig als Serie 32, Nr. 6 erschienen.

[2]) Nouv. Ann. (2) **3** (1864), S. 344, u. (2) **12** (1873), S. 71.

[3]) Ein Modell dieses Apparates ist von mir ebenfalls in dem Verlage von Martin Schilling in Leipzig als Serie 24, Nr. 10 herausgegeben.

[4]) Petersburger Bull. **16** (1871), S. 57.

hat, so abändern, daß an Stelle des Rhombus ein Deltoid $ACBD$ in Drachen- oder Pfeilspitzenform gewählt wird.

Wir bilden nun hier anschließend folgendermaßen den *räumlichen Inversor*: Wir gehen aus von drei Hälften solcher Peaucellierscher Inversoren mit denselben Punkten O, A, B (Fig. 2). Es ist dann bei den Bezeichnungen der Figur $c_1^2 - c^2 = d_1^2 - d^2 = e_1^2 - e^2$. Es sei noch $c_1 > c$ vorausgesetzt. (Der Fall $c_1 < c$ ist an sich auch wohl möglich; doch führt er nicht zu einer Inversion mit reeller Inversionskugel.) Dann drehen wir zunächst zwei der Hälften, etwa die zu D und E gehörenden, um die Gerade OAB in verschiedener Weise in den Raum hinein, vielleicht die eine nach oben, die andere nach unten aus der Zeichenebene heraus, so daß die Punkte C, D, E nicht mehr in einer Geraden liegen. Dann seien noch die gedrehten Punkte D und E durch je einen Stab u bzw. v mit C verbunden, und endlich sei noch C durch einen Stab w mit einem beliebigen Raumpunkt O_1 verbunden, der ebenso wie O als fester Punkt gilt. So erhalten wir das in Fig. 3 dargestellte räumliche Gelenksystem, in dem die Punkte A, B zur Ebene CDE, die wir weiterhin die Symmetrieebene $\mathfrak{S}$ nennen wollen symmetrisch liegen, und das aus 12 Stäben mit 7 Gelenkpunkten besteht. Es gilt jetzt der Satz:

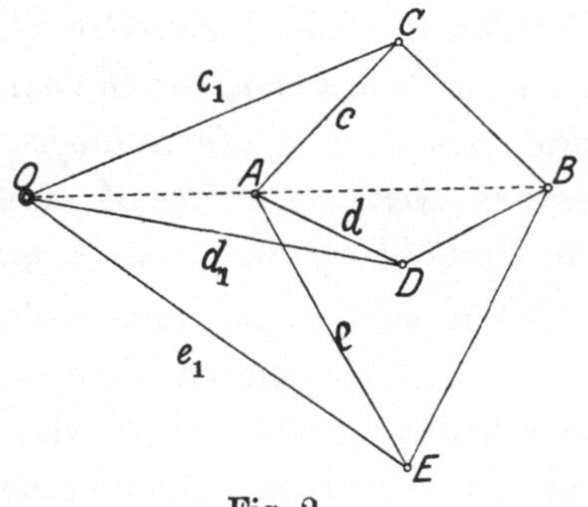

Fig. 2.

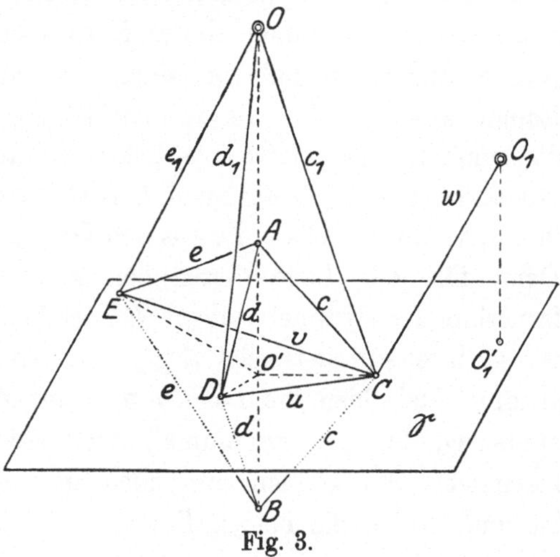

Fig. 3.

Bei jeder der möglichen Deformationen des Gelenksystems bleiben die Punkte O, A, B in einer Geraden, und es ist stets

$$OA \cdot OB = r^2 = c_1^2 - c^2,$$

d. h. das Gelenksystem stellt einen räumlichen Inversor dar.

Man überzeugt sich zunächst leicht, daß in der Tat das Gelenksystem ∞^3 verschiedene Lagen annehmen kann, d. h. drei Freiheitsgrade besitzt. Denn man kann z. B. den Punkt A im allgemeinen in eine beliebige hinreichend nahe Nachbarlage bringen. Die neuen Lagen von C, D,

E und B würden dann durch die Stabtripel c, c_1, w, bzw. d, d_1, u, bzw. e, e_1, v, bzw. c, d, e bestimmt sein, und zwar im allgemeinen eindeutig. Die Punkte A, B bleiben auch stets symmetrisch zu der (veränderlichen) Symmetrieebene CDE. Daß aber die drei Punkte O, A, B stets in einer Geraden bleiben, folgt sofort aus dem folgenden leicht zu beweisenden stereometrischen Satze:

Der geometrische Ort aller Punkte, welche von drei (nicht in einer Geraden liegenden) Punkten C, D, E einer festen Ebene solche Abstände c_1, d_1, e_1 haben, daß die Gleichungen $c_1^2 - c^2 = d_1^2 - d^2 = e_1^2 - e^2$ erfüllt sind, wo c, d, e die analogen Abstände eines außerhalb der Ebene gelegenen vierten Punktes A sind, ist das Lot von A auf die Ebene, d. h. die Verbindungslinie von A mit dem symmetrischeu Punkte B.

Wir wollen uns nun noch einen anschaulichen Überblick über alle geometrisch möglichen Deformationen dieses eigenartigen Gelenksystems zu schaffen suchen; es sei also abgesehen von den Selbstsperrungen, die bei der technischen Ausführung eines solchen Apparates bei der Deformation eintreten mögen. Zunächst wollen wir hier von dem Anschlußstabe O_1C ganz absehen und nur die Deformationen des übrigen Teiles betrachten, den wir als *Kern* bezeichnen wollen, und zwar auch nur die relativen Deformationen dieses Kernes bezüglich der Lage der Einzelstäbe gegeneinander, so daß wir auch von dem Festhalten des Punktes O im Raume absehen. Um sie zu überblicken, genügt es, unser Augenmerk auf die symmetrische vierseitige Ecke, die aus den in C zusammenstoßenden Dreiecken CAD, CAE und CBD, CBE besteht, zu richten, oder auf ihre eine Hälfte, etwa die aus den Dreiecken CAD und CAE bestehende. Denn für jede Lage dieser beiden Dreiecke gegeneinander, wobei wir fernerhin die Symmetrieebene CDE horizontal gelegen annehmen wollen, ist ja ihre symmetrische Ergänzung bz. der Ebene CDE eindeutig bestimmt und dazu die Lage von O auf AB durch c_1 ersichtlich ebenfalls eindeutig, da O, wenn einmal, auch stets oberhalb der Ebene CDE gelegen ist. Wir können nun noch annehmen, daß $\sin \sphericalangle c/u \leqq \sin \sphericalangle c/v$ ist und wollen die beiden Fälle

$$\text{I.} \qquad \sin \sphericalangle c/u < \sin \sphericalangle c/v,$$

$$\text{II.} \qquad \sin \sphericalangle c/u = \sin \sphericalangle c/v$$

als den *allgemeinen* und den *speziellen Fall* unterscheiden und sie nacheinander betrachten. Wir werden sehen, daß diese beiden Fälle auch wesentlich voneinander verschieden sind.

Wir betrachten zunächst den *allgemeinen Fall.*

Hier kann dann $\sphericalangle c/u$ spitz oder stumpf und $\sphericalangle c/v$ spitz, stumpf oder 90^0 sein (daß $\sphericalangle c/u = 90^0$ ist, ist ausgeschlossen wegen der Bedingung $\sin \sphericalangle c/u < \sin \sphericalangle c/v$). Wir können auch, um die Vorstellung zu fixieren, annehmen, daß in der Ausgangslage die Richtung CD von oben gesehen nach Drehung im Sinne des Uhrzeigers durch einen konkaven Winkel in die Richtung CE übergeht. (Im anderen Falle würden wir die Ausgangslage einfach durch ihr Spiegelbild ersetzen.)

Es ist nun offenbar die absolut kleinstmögliche Entfernung $|AB|_{min} = 0$; sie ergibt sich dann, wenn die Dreiecke CAD und CAE in die Ebene $\mathfrak{S}$ fallen, und zwar entweder so, daß sie auf verschiedener oder auf derselben Seite von AC liegen. Diese Lagen wollen wir als *erste* und *dritte Grenzlage* bezeichnen.

Wir fragen ferner nach der absolut größtmöglichen Entfernung der Punkte A, B. Die halbe Entfernung $\frac{AB}{2}$ ist durch das Lot von A auf die Ebene $\mathfrak{S}$ gegeben; das Lot kann aber nicht größer sein als jedes der Lote von A auf CD oder CE, die gleich $c \cdot \sin \sphericalangle c/u$ bzw. $c \cdot \sin \sphericalangle c/v$ sind. Dann ist leicht zu sehen, daß wirklich stets $|AB|_{max} = 2c \cdot \sin \sphericalangle c/u$ ist, d. h. die Entfernung $|AB|_{max}$ wird also dann erreicht, wenn das Dreieck CAD auf der Ebene $\mathfrak{S}$ senkrecht zu stehen kommt. Zum Beweise wird man von dem einfachen stereometrischen Satze Gebrauch machen:

Es sei eine horizontale Ebene $\mathfrak{S}$ und eine sie in C schneidende nicht senkrechte Gerade c mit positiver Richtung CA und ihrer senkrechten Projektion u mit positiver Richtung CD gegeben und der konkave Winkel der beiden Richtungen mit $\sphericalangle c/u$ bezeichnet. Dann gibt es stets in der Ebene $\mathfrak{S}$ einen Strahl v durch C mit der positiven Richtung CE so, daß der konkave Winkel $\sphericalangle c/v$ einen vorgegebenen Wert besitzt, welcher der Gleichung $\sin \sphericalangle c/u < \sin \sphericalangle c/v$ genügt, wobei überdies die Richtung u nach Drehung im Sinne des Uhrzeigers durch einen konkaven Winkel in die Richtung v übergeht.

Die Entfernung $|AB|_{max}$ läßt sich zweimal erreichen, und zwar je nachdem der Punkt A oder der Punkt B oberhalb der Ebene $\mathfrak{S}$ gelegen ist. Diese beiden Lagen wollen wir als *zweite* und *vierte Grenzlage* bezeichnen.

Nach diesen Vorbemerkungen ergibt sich folgendes Resultat:

Man gewinnt einen Überblick über alle möglichen Deformationen des Kernes am einfachsten, indem man, von der ersten Grenzlage der beiden Dreiecke CAD und CAE ausgehend, einmal sie so sukzessive gegeneinander biegt, bis die zweite und dann weiterhin die dritte Grenzlage erreicht ist, wobei dann also A stets oberhalb der Ebene CDE gelegen ist, und darauf wieder von der ersten Grenzlage ausgehend so, bis die vierte und weiterhin wieder die dritte Grenzlage erreicht ist, wobei dann also A stets unterhalb der Ebene CDE gelegen ist. Die Ent-

fernung AB geht für die positive Richtung OA hierbei von 0 *über* $+2c\cdot\sin\sphericalangle c/u$ *bis* 0 *zurück, bzw. von* 0 *über* $-2c\cdot\sin\sphericalangle c/u$ *bis* 0.

Es ist leicht, diese Verhältnisse (ebenfalls später im speziellen Falle) durch ein einfach zu gewinnendes Modell sich vollends zu veranschaulichen. Man braucht nur die beiden längs AC gegeneinander geknickten Dreiecke CAD und CAE aus einem Blatt Papier auszuschneiden und die Ecken C, D, E in ein horizontales Blatt Papier, die Ebene $\mathfrak{S}$, so zu legen, daß die Ecke A bzw. oberhalb oder unterhalb dieses Blattes gelegen ist, und dann die Dreiecke gegeneinander zu biegen, wobei natürlich die Punkte C, D, E in der Ebene $\mathfrak{S}$ bleiben sollen. Dieser interessante kleine Versuch gibt überraschend anschaulich die sonst nicht leicht zu überblickenden

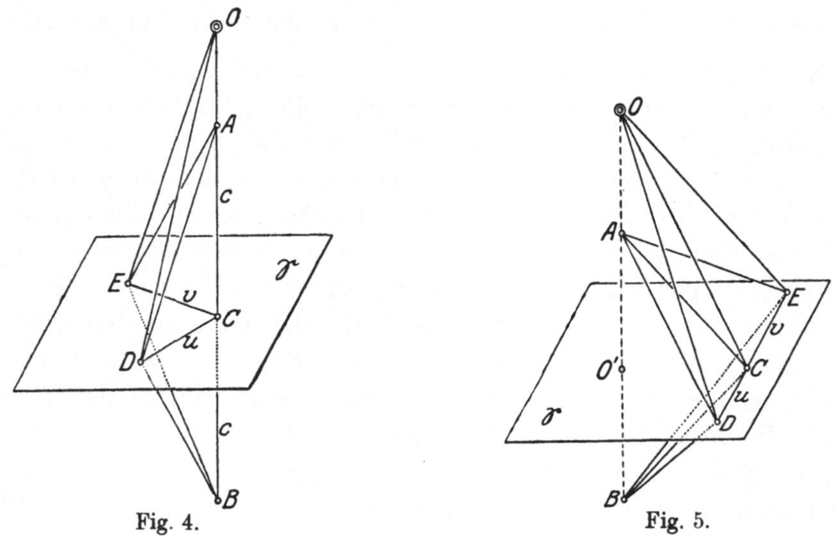

Fig. 4. Fig. 5.

Verhältnisse wieder. Man überzeugt sich auch leicht: Das Dreieck ACE hat bei der kontinuierlichen Durchlaufung aller Deformationen des Kernes sich gegen das Dreieck ACD um die Kante AC *einmal* ganz herum gedreht und die Ecken des gedachten Dreiecks CDE folgen stets in derselben Reihenfolge aufeinander, wenn man dieses Dreieck im Sinne des Uhrzeigers von O aus gesehen umläuft.

Im speziellen Falle $\sin\sphericalangle c/u = \sin\sphericalangle c/v$ ist die Möglichkeit $\sphericalangle c/u = \sphericalangle c/v = 90^0$ auszuschließen. Es würde auch hier die Formel $|AB|_{max} = 2c\cdot\sin\sphericalangle c/u = 2c$ gelten. In der einen oder anderen der zugehörigen Grenzlagen würden dann die Punkte O, A, C, B in einer Geraden liegen. Eine solche Grenzlage (Fig. 4) würde dann jedoch insofern unbestimmt sein, als die von E bzw. D auslaufenden Stäbe gegen den übrigen Teil um die Gerade $OACB$ gedreht werden könnten. Bei der anderen Deformation des Kernes ferner, bei der die Punkte A, C, B nicht mehr in einer Geraden liegen (Fig. 5), müßten die Punkte D und E stets in dem Lote auf der Ebene ABC im Punkte C (entweder auf derselben oder auf verschiedenen Seiten von C) liegen. Dann aber wären wieder nur noch die Punkte A, B und O mit den von ihnen auslaufenden Stäben unabhängig voneinander um die Gerade DCE drehbar, d. h. es wäre gar nicht zwangläufig gewährleistet, daß die Punkte O, A, B in derselben Geraden liegen.

Es ist also jetzt im speziellen Falle

$$\sin \sphericalangle c/u = \sin \sphericalangle c/v < 1,$$

d. h. entweder

$$\sphericalangle c/u = \sphericalangle c/v \lesseqgtr 90^0$$

oder

$$\sphericalangle c/u + \sphericalangle c/v = 180^0,$$

d. h. für die Winkel haben wir also die drei Möglichkeiten, daß entweder beide spitz oder stumpf oder der eine spitz und der andere stumpf ist.

Die absolut kleinstmögliche Entfernung der Punkte A, B wird wieder durch $|AB|_{min} = 0$ gegeben. Die zugehörigen Grenzlagen des Kernes, *die erste* und *dritte Grenzlage*, haben jedoch jetzt (im Gegensatz zu dem Hauptfalle) die Eigenart, daß bei beiden Grenzlagen die Dreiecke CAD und CAE auf *verschiedenen* Seiten von AC liegen, wenn $\sphericalangle c/u = \sphericalangle c/v$ ist, dagegen auf *derselben* Seite von AC, wenn $\sphericalangle c/u + \sphericalangle c/v = 180^0$ ist. Die erste und dritte Grenzlage sind jedoch dadurch unterschieden, daß die Ecken des gedachten Dreiecks CDE in der Reihenfolge C, D, E bzw. E, D, C aufeinander folgen, wenn man von O aus gesehen das Dreieck CDE im Sinne des Uhrzeigers durchläuft. Die zu den beiden Grenzlagen gehörenden Kerne sind also zueinander symmetrisch.

Die absolut größtmögliche Entfernung der Punkte A, B ist wieder durch $|AB|_{max} = 2c \cdot \sin \sphericalangle c/u$ gegeben. In der zugehörigen *zweiten* und *vierten Grenzlage* des Kernes, in denen entweder A oder B oberhalb $\mathfrak{S}$ liegt, sind die Dreiecke CAD und CAE in eine Ebene zusammengefallen, die auf der Symmetrieebene senkrecht steht, und zwar liegen die Stäbe u, v entweder auf- oder aneinander, je nachdem $\sphericalangle c/u = \sphericalangle c/v$ oder $\sphericalangle c/u + \sphericalangle c/v = 180^0$ ist. Man sieht weiter, daß in diesen Grenzlagen dann alle Stäbe des Kernes in derselben Ebene liegen. Es wäre von einer dieser Grenzlagen ausgehend auch möglich, den Kern so zu deformieren, daß jeder einzelne der Punkte A, B, O mit den von ihnen auslaufenden Stäben um die Gerade CDE gedreht würde. Diese Deformationen, die nicht zwangläufig gewährleisten, daß die Punkte O, A, B in derselben Geraden liegen, sollen dann ebenfalls ausgeschlossen sein.

Es ist wieder leicht, den Überblick über alle möglichen Deformationen in einem Satze, analog wie im Hauptfalle auf Seite 203, zusammenzufassen.

Das Dreieck ACE hat jetzt jedoch bei der kontinuierlichen Durchlaufung aller Deformationen des Kernes sich gegen das Dreieck ACD um die Kante AC *zweimal* ganz herumgedreht. Auch sei noch hervorgehoben, daß beim Übergang von der ersten zur zweiten und von der vierten zur ersten Grenzlage die Ecken des gedachten Dreiecks CDE in der Reihenfolge C, D, E bei Umlaufung im Sinne des Uhrzeigers von O aus gesehen aufeinander folgen, sonst umgekehrt.

Wir wollen nun bei einem gegebenen räumlichen Inversor (sei es, daß der Kern dem Hauptfalle oder dem speziellen Falle angehört) noch untersuchen, *welchen Bereich der Punkt A (und analog der Punkt B) bei allen möglichen Deformationen des Inversors beherrscht.* Wir denken zunächst (außer den überhaupt festen Punkten O, O_1)

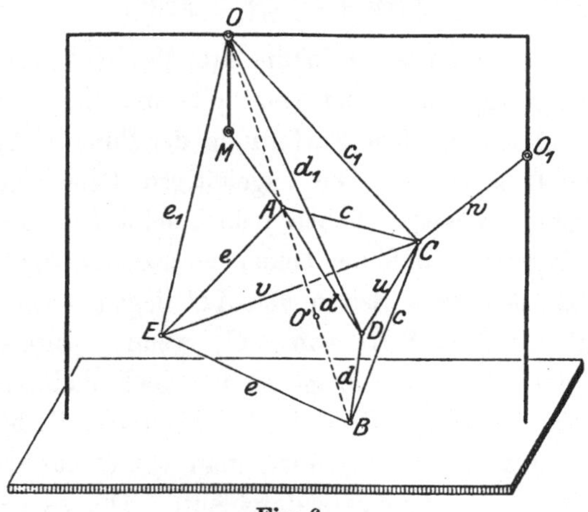

Fig. 6.

auch den Punkt C festgehalten und den Kern um OC so gedreht, daß stets der Stab CA in der Ebene des Dreiecks OO_1C, jedoch außerhalb der Dreiecksfläche liegt. (Daß CA mit OC zusammenfällt, ist ja nach unseren Festsetzungen nicht möglich.) Dann kann der Inversor nur noch solche Deformationen ausführen, daß A auf dem Kreise um C in der Ebene des Dreiecks OO_1C bleibt, und zwar kann A nur einen Kreisbogen $\widehat{A_1A_2}$ dieses Kreises beherrschen, dessen Sehne A_1A_2 durch O geht und gleich $|AB|_{max} = 2c \cdot \sin \sphericalangle c/u$ ist. Für irgendeine Lage des Punktes A auf diesem Kreisbogen gibt es offenbar *zwei* oder *eine* zugehörige Deformation des Kernes und des Inversors überhaupt, je nachdem A innerhalb des Kreisbogens liegt oder mit einem der Endpunkte A_1, A_2 zusammenfällt. Das durch Rotation dieses Kreisbogens um OC entstehende Kreisringstück ist dann der geometrische Ort aller möglichen Lagen von A, wenn noch Punkt C (außer O, O_1) festgehalten wird, und der durch Rotation dieses Kreisringstückes um OO_1 durchstrichene

Raumteil ist der geometrische Ort aller möglichen Lagen von A, wenn nur O, O_1 fest sind. (Für eine *beliebige* Lage des Punktes A in diesem Raumteil gibt es dann *vier* zugehörige Deformationen des Kernes.)

Es sei nun bei dem räumlichen Inversor noch ein 13. Stab mit dem einen Endpunkt in A angebracht, während der andere Endpunkt an einer solchen Stelle M festgehalten wird, daß $MA = MO$ ist (Fig. 6). Dann ist also der Punkt A gezwungen, auf einer durch das Inversionszentrum O gehenden Kugel sich zu bewegen. Folglich bleibt der Punkt B bei allen Deformationen des Inversors in einer bestimmten zu OM senkrechten Ebene, mit anderen Worten:

Wir haben so in diesem erweiterten Gelenksystem eine „genaue Ebenenführung" erhalten, ein gewiß sehr interessantes Resultat.

Auf die analytische Behandlung der Deformationen des Gelenksystems durch Formeln der ebenen und sphärischen Trigonometrie, sowie auf die Veränderungen der Verhältnisse bei dem Gelenksystem, welche sich bei etwaigem Fortlassen des Stabes $w = O_1 C$ ergeben, will ich nicht weiter eingehen.

(Eingegangen am 11. 10. 1921.)

Charakteristische Eigenschaften der isotherm-konjugierten Kurvennetze.

Von

E. J. Wilczynski in Chicago.

Es sei

$$(1)\qquad D\,du^2 + 2\,D'\,du\,dv + D''\,dv^2$$

die sogenannte zweite fundamentale Differentialform der klassischen Flächentheorie. Wir betrachten einen Bereich R der zugehörigen Fläche S, welcher keine parabolischen Punkte enthält, so daß innerhalb R die Ungleichung gilt

$$(2)\qquad D'^2 - D\,D'' \neq 0\,.$$

Wenn, innerhalb R, D' überall gleich Null ist, bilden die Kurven $u =$ konst. und $v =$ konst. ein konjugiertes Netz. Wenn überdies das Verhältnis $D : D''$ sich darstellen läßt als Produkt einer Funktion von u allein und einer Funktion von v allein, so heißt das Netz nach Bianchi[1]) *isotherm-konjugiert.* Dieser Name soll andeuten, daß man in diesem Falle durch Einführung neuer Veränderlichen

$$\bar{u} = \varphi(u) \qquad \bar{v} = \psi(v)$$

die Form (1) in der isothermen Form

$$\lambda(\bar{u}, \bar{v})\,(d\bar{u}^2 + d\bar{v}^2)$$

schreiben kann, ohne dabei das betrachtete Kurvennetz zu verändern. Es sind demnach

$$(3)\qquad D' = 0 \qquad \frac{\partial^2 \log D/D''}{\partial u\,\partial v} = 0$$

die analytischen Kennzeichen eines isotherm-konjugierten Netzes.

Man verdankt Bianchi ferner die Bemerkung, daß diese Eigenschaft projektiver Natur ist[2]); d. h. die Kurvennetze, welche aus einem isotherm-konjugiertem Netz durch projektive Transformation hervorgehen, sind

---

[1]) L. Bianchi. Lezioni di geometria differenziale (Seconda Edizione), Bd. I, S. 168.

[2]) ibid. S. 169.

wieder isotherm-konjugiert. Worin aber die geometrischen Kennzeichen eines solchen Netzes eigentlich bestehen, in welcher Weise es sich von anderen konjugierten Netzen unterscheidet, mit dieser Frage scheint man sich vor 1915 nicht ernstlich beschäftigt zu haben, obgleich dieselbe immer dringender wurde wegen der beständig wachsenden Kette von Theoremen, in denen der Begriff des isotherm-konjugierten Netzes auftrat. Ich werde mir erlauben, in kurzer Darstellung die neuerdings entdeckten, diese Frage betreffenden Resultate hier zu beschreiben. Die Beweise kann man dann an anderer Stelle nachlesen.

Im Jahre 1915 entdeckte der Verfasser eine merkwürdige algebraische Relation zwischen gewissen vollständig interpretierten projektiven Differentialinvarianten, welche für die isotherm-konjugierten Systeme charakteristisch ist[3]). In gewissem Sinne war hiermit das Problem schon gelöst, nicht aber in befriedigender Weise. Denn es schien nicht wahrscheinlich, daß ein so wichtiger Begriff nur in solch indirekter Weise definierbar sei. So war es als ein sehr erheblicher Fortschritt zu begrüßen, als der, leider als Jüngling verstorbene, hochbegabte Gabriel M. Green 1916 eine ganz anders geartete Interpretation formulierte, welche durchaus mit einfachen Begriffen, und in beschreibender Weise, operiert[4]). Green hat aber die Frage nicht vollständig erledigt. Es gibt nämlich einen, von ihm übersehenen, Ausnahmefall, in welchem sein Kriterium es nicht erlaubt, zwischen isotherm-konjugierten Netzen und gewissen Netzen ganz anderer Art zu unterscheiden. Es gelang dann schließlich dem Verfasser, auch diesen Ausnahmefall zu erledigen, und überdies zwei neue, weit einfachere Lösungen des Problems aufzufinden[5]).

Es sei N ein, innerhalb eines gewissen Bereiches R einer Fläche S definiertes, konjugiertes Kurvennetz, und es sei P ein Punkt des Bereiches R und t_1 und t_2 die zu P gehörigen Tangenten des Netzes N, d. h. die Tangenten der beiden Netzkurven, C_1 und C_2, welche durch P hindurchgehen. Die oskulierenden Ebenen von C_1 und C_2 schneiden sich in einer durch P hindurchgehenden Geraden l', welche die *Achse von P in bezug auf N* heißen soll. Die Achsen aller Punkte des Bereiches R bilden ein Strahlensystem, welches wir die *Achsenkongruenz* nennen wollen, und den abwickelbaren Flächen dieser Kongruenz entsprechen auf der Fläche S die Kurven

---

[3]) E. J. Wilczynski, The general theory of congruences. Transactions of the American Mathematical Society **16** (1915), S. 323.

[4]) G. M. Green. Projective Differential Geometry of one-parameter families of space curves and conjugate nets on a curved surface (Second Memoir), American Journal of Mathematics **38** (1916), S. 323.

[5]) E. J. Wilczynski, Geometrical Significance of isothermal conjugacy of a net of curves. American Journal of Mathematics **42** (1920), S. 211.

eines neuen Netzes. Diese Kurven, *Achsenkurven* genannt, bilden im allgemeinen kein konjugiertes System, sondern nur dann, wenn die tangentiellen Laplace-Darbouxschen Invarianten des ursprünglichen Netzes N einander gleich sind. Wir bezeichnen mit a_1 und a_2 die zu P gehörigen Achsenkurventangenten.

Alle diese Begriffe lassen sich auch dualistisch durchführen. Der oskulierenden Ebene von C_1 entspricht der Schnittpunkt P_1 der Tangentenebenen von S in drei konsekutiven Punkten von C_1. Dieser Punkt P_1 entsteht analytisch aus P durch Laplacesche Transformation. Ebenso erhält man aus P einen zweiten Punkt P_{-1}, entsprechend der Kurve C_2, durch die inverse Laplacesche Transformation. Die Punkte P_1 und P_{-1} definieren eine Gerade l in der Tangentenebene des Punktes P. Diese Gerade, welche l' dualistisch gegenübersteht, soll der *Strahl von P in bezug auf N* heißen. Die Strahlen aller Punkte von S bilden die *Strahlenkongruenz*, und den abwickelbaren Flächen dieser Kongruenz entsprechen auf S die *Strahlenkurven*. Dieselben bilden nur dann ein konjugiertes Netz, wenn die Laplace-Darbouxschen Punktinvarianten von N einander gleich sind. Wir bezeichnen mit s_1 und s_2 die zu P gehörigen Strahlentangenten[6]). Neben a_1, a_2 und s_1, s_2, den Achsen- und Strahlentangenten, führen wir noch die *Gegenachsen-* und *Gegenstrahlentangenten*[7]), a_1', a_2' und s_1', s_1' ein. Dabei bedeutet a_1' die zu a_1 in bezug auf t_1 und t_2 harmonische Flächentangente, usw.

Es seien h_1, h_2 die zu P gehörigen Haupttangenten der Fläche S. Natürlich werden h_1, h_2 von t_1 und t_2 harmonisch getrennt. Es gibt ein eindeutig bestimmtes konjugiertes System, dessen Tangenten in P, t_1', t_2', nicht nur von h_1, h_2, sondern auch von t_1, t_2 harmonisch geteilt werden. Dieses neue konjugierte Netz N' soll das *begleitende konjugierte Netz*[8]) heißen.

Green hat nun den folgenden Satz bewiesen: *Wenn das Netz N isotherm-konjugiert ist, bilden in jedem Flächenpunkt P die Achsentangenten (a_1, a_2), die Gegenstrahltangenten (s_1^1, s_2^1) und die Tangenten (t_1^1, t_2^1) des begleitenden konjugierten Netzes drei Paare einer Involution*[9]).

Green hat aber auch die Umkehrung dieses Satzes ausgesprochen; dabei ist ihm aber entgangen, daß es auch noch andere konjugierte Netze (nicht

---

[6]) Alle diese Begriffe und Sätze treten zuerst auf in der oben zitierten Arbeit des Verfassers. Transactions **16** (1915).

[7]) Dieser Begriff ist von Green eingeführt worden.

[8]) Dieser Begriff zuerst in E. J. Wilczynski, Sur la théorie générale des Congruences. Mémoires de l'Académie Royale de Belgique (2) **3** (1911), S. 59. Der Name rührt von Green her.

[9]) In diesem Satze darf man die drei Paare $a_1, a_2)$, (s_1', s_2'), (t_1', t_2') auch durch (a_1', a_2'), (s_1, s_2), (t_1', t_2') ersetzen.

isotherm-konjugierte) gibt, welche die gleichen Eigenschaften besitzen. Es sind das solche konjugierte Netze, in welchen die Tangentenpaare (a_1, a_2) und (t_1, t_2) sowohl wie (s_1, s_2) und (t_1, t_2) einander harmonisch teilen. Ich habe solche Netze als *harmonisch-konjugierte* Netze bezeichnet, und es kommt also jetzt darauf an, zwischen isotherm-konjugierten und harmonisch-konjugierten Netzes geometrisch zu unterscheiden.

In den einfachsten Fällen genügt es, hierzu ein weiteres Theorem von Green anzuwenden. Green hat nämlich gezeigt, daß *das begleitende konjugierte Netz eines isotherm-konjugierten Netzes gleichfalls isotherm-konjugiert ist, und umgekehrt.* Man erhält deshalb eine zweite Involution, welche mit dem begleitenden Netze zusammenhängt. Dabei treten aber weitere Ausnahmefälle auf.

Um alle diese Ausnahmefälle zu erledigen, führen wir einen neuen Begriff ein, den Begriff eines *Büschels von konjugierten Netzen. Darunter verstehen wir eine eingliedrige* Schar von konjugierten Netzen N_k, der Art, daß die zum Punkte P und zum Netze N_k gehörigen Tangenten (t_{k1}, t_{k2}) mit (t_1, t_2) ein konstantes, d. h. von der Lage von P unabhängiges, Doppelverhältnis k bestimmen.

Man kann dann beweisen, daß *alle eigentlichen Netze eines Büschels isotherm-konjugiert sind, wenn eines derselben, z. B. N, isotherm-konjugiert ist*[10]). Ferner läßt sich zeigen, *daß alle Netze eines Büschels nur dann harmonisch sein können, wenn sie gleichzeitig auch isotherm-konjugiert sind*[11]). Aus diesen Sätzen folgt das folgende Theorem: *Nicht nur das Netz N selber, sondern alle Netze des von ihm bestimmten Büschels, besitzen die Greensche Eigenschaft, daß die entsprechenden Tangenten (a_1, a_2), (s_1', s_2'), und (t_1', t_2') drei Paare einer Involution bilden. Umgekehrt, besitzen alle Netze des von N bestimmten Büschels die Greensche Eigenschaft, so ist N isotherm-konjugiert.*

Damit ist die Sache im Sinne Greens erledigt. Wir erhalten aber zwei weitere, sehr elegante Lösungen unseres Problems, wenn wir den Begriff des Büschels konjugierter Systeme noch etwas weiter studieren. Die oskulierenden Ebenen der Kurven eines solchen Büschels, welche durch den Punkt P hindurchgehen, bilden ein eingliedriges System von Ebenen und umhüllen eine Kegelfläche dritter Klasse und vierter Ordnung mit P als

---

[10]) Am. Jour. of Mathematics **42** (1920), S. 218, Theorem 5.

[11]) Ebendaselbst S. 221, Theorem 10. Dieser Satz wird dort ohne Beweis angeführt. Der Beweis wird geliefert werden in einer Arbeit des Herrn E. P. Lane, A general theory of conjugate nets, welche bald in den Transactions of the American Mathematical Society erscheinen soll. Daselbst erscheinen auch die Beweise der folgenden hier zitierten Sätze. Ich habe meine eigenen Beweise dreier Sätze zurückgezogen, weil Lanes Darstellung viel einfacher ist als die meinige.

Spitze. Diese Kegelfläche berührt die Tangentenebene des Punktes P doppelt, und zwar bilden die beiden Haupttangenten von P die Berührungselemente. Ein solcher Kegel besitzt drei singuläre Erzeugende; die drei entsprechenden Kuspidaltangentenebenen des Kegels schneiden sich in einer geraden Linie durch P, welche wir die *Spitzenachse* des Punktes P nennen wollen. Indem man jedem Punkte der Fläche seine Spitzenachse zuordnet, erhält man eine neue Kongruenz, die *Spitzenachsenkongruenz*. Den abwickelbaren Flächen dieser Kongruenz entsprechen auf S die Kurven, welche *Spitzenachsenkurven* genannt werden sollen. Führt man dies alles analytisch aus, so ergibt sich das folgende Theorem:

Die mit einem konjugierten Netze N zusammenhängenden Spitzenachsenkurven bilden im allgemeinen kein konjugiertes Netz. Sie tun das dann und nur dann, wenn das Netz N isotherm-konjugiert ist.

Die zweite, oben angedeutete und noch nicht diskutierte Lösung unseres Problems ergibt sich hieraus durch dualistische Begriffsbildung. Wir haben schon bemerkt, daß dualistisch der oskulierenden Ebene einer Flächenkurve ein Punkt P_1 in der Tangentenebene von P entspricht. Bestimmt man diesen Punkt für jede, durch P hindurchgehende Kurve aller konjugierten Netze des durch N bestimmten Büschels, so ergibt sich als ihr Ort eine Kurve dritter Ordnung und vierter Klasse in der Tangentenebene des Punktes P. Dieselbe besitzt P als Doppelpunkt, und die entsprechenden Haupttangenten als Doppelpunkttangenten. Sie besitzt außerdem drei Wendepunkte, welche auf einer Geraden liegen. Diese Gerade wollen wir den *Wendepunktstrahl* von P nennen. Läßt man jedem Punkte von S seinen Wendepunktstrahl entsprechen, so erhält man die *Wendepunktstrahlenkongruenz*. Man findet auf diese Weise das folgende Theorem:

Den abwickelbaren Flächen der durch das konjugierte Netz N bestimmten Wendepunktstrahlenkongruenz entspricht auf der Fläche S ein konjugiertes Netz dann und nur dann, wenn das Netz N isotherm-konjugiert ist.

(Eingegangen am 2. 7. 1921.)

Geometria proiettivo-differenziale di una superficie V_2 nello spazio S_4 a quattro dimensioni.

Von

Guido Fubini in Turin.

---

1. In recenti lavori io ho dato[1]) alcuni metodi per lo studio delle superficie dello spazio ordinario, delle ipersuperficie di uno spazio S_n ad $n > 3$ dimensioni, dei sistemi di rette. Tali metodi assumono, come definizione dell' ente che si studia, un sistema di forme differenziali (invarianti per collineazioni), per mezzo delle quali si può costruire tutta la geometria proiettivo-differenziale dell' ente studiato. Tra l'altro si fissano quelle che io chiamo coordinate *normali* di un suo punto e si deducono delle equazioni differenziali, a cui soddisfano le coordinate di un punto generico dell' ente che si studia; l'assumere invece queste equazioni per punto di partenza sembra a me portare una complicazione alla teoria, così come avverrebbe nella geometria metrica, se invece dei coefficienti E, F, G dell' elemento lineare di Gauss di una superficie si assumessero a punto di partenza i valori dei simboli $\left\{ {ik \atop h} \right\}$ di Christoffel. I miei metodi non soltanto sono di facile applicazione alle superficie ed ipersuperficie, ma anche, come è detto nei lavori citati, in molti altri casi. Qui ne farò un' applicazioni alle superficie V_2 di uno spazio S_4 a quattro dimensioni.

2. Se $g = \sum_{r,s} a_{rs} du_r du_s (r, s = 1, 2)$ è una forma differenziale quadratica con $a_{11} a_{22} - a_{12}^2 \neq 0$, io, come nei lavori citati, indicherò con $\left\{ {rs \atop t} \right\}$ i simboli di Christoffel, e *chiamerò differenziali controvarianti* i

$$\delta u_i = du_i, \quad \delta^2 u_i = d^2 u_i + \sum_{r,s} \left\{ {rs \atop i} \right\} du_r du_s, \text{ ecc.}$$

---

[1]) Cfr. le mie Note dei *Rend. della R. Accad. dei Lincei* del 1920 e 1921 e la Memoria: „*Fondamenti di geometria proiettivo-differenziale*“ nei *Rend. del Circolo Matem. di Palermo* **43**, ove si trovano citati i miei precedenti lavori.

perchè essi formano sistemi controvarianti. Se b_r e c_{rs} sono sistemi covarianti, allora

$$b_{rs} = \frac{\partial b_r}{\partial u_s} - \sum_t \left\{ {rs \atop t} \right\} b_t, \quad c_{rst} = \frac{\partial c_{rs}}{\partial x_t} - \sum_p \left[\left\{ {rt \atop p} \right\} c_{ps} + \left\{ {st \atop p} \right\} c_{pr} \right],$$

sono pure *covarianti*, e si dicono ottenuti derivando *covariantemente*.

Si noti che

$$d \Sigma b_r du_r = \Sigma b_r \delta^2 u_r + \Sigma b_{rs} du_r du_s, \text{ e analoghe:}$$

che cioè valgono le solite regole di differenziazione, quando si sostituiscano alle derivate e ai differenziali le derivate covarianti e i differenziali controvarianti. Con $a^{(rs)}$ indico il complemento algebrico di a_{rs} nel determinante $|a_{rs}|$ diviso per questo determinante; se b_r è covariante, con $b^{(r)} = \sum a^{(rs)} b_s$ indico il sistema controvariante duale.

Supposto $a_{11} = a_{22} = 0$, valgono le identità:

$$\Sigma b_{rs} du_r du_s = b_{11} du_1^2 + b_{22} du_2^2 + \frac{b_{12}}{a_{12}} g,$$

$$\Sigma b_{rst} du_r du_s du_t = b_{111} du_1^3 + b_{222} du_2^3 + \frac{3}{2a_{12}} (b_{112} du + b_{221} dv) g,$$

$$\Sigma b_{rsthk} du_r du_s du_t du_h du_k = b_{11111} du_1^5 + b_{22222} du_2^5$$
$$+ \frac{5}{2a_{12}} (b_{11112} du + b_{22221} dv) g + \frac{10}{4a_{12}^2} (b_{11122} du + b_{22211} dv) g^2.$$

Nel caso generale di a_{11}, a_{22} qualsiasi si hanno le formole analoghe:

$$\Phi_2 = \Sigma b_{rs} du_r du_s = \Sigma \bar{b}_{rs} du_r du_s + \frac{1}{2} I_0 g,$$

ove

$$I_0 = \Sigma a^{(rs)} b_{rs}, \qquad \bar{b}_{rs} = b_{rs} - \frac{1}{2} I_0 a_{rs},$$

e quindi:

$$\Sigma a^{(rs)} \bar{b}_{rs} = 0,$$

$$\Phi_3 = \Sigma b_{rst} du_r du_s du_t = \Sigma \bar{b}_{rst} du_r du_s du_t + \frac{3}{4} J_1 g,$$

ove

$$J_1 = \Sigma a^{(rs)} b_{rst} du_t,$$

e le $\bar{b}$ soddisfano alle $\sum_{r,s} a^{(rs)} \bar{b}_{rst} = 0$,

$$\Phi_5 = \Sigma b_{rsthk} du_r du_s du_t du_h du_k = \Sigma \bar{b}_{rsthk} du_r du_s du_t du_h du_k$$
$$+ \frac{5}{4} g K_3 + \frac{5}{8} g^2 K_1,$$

ove

$$K_1 = \Sigma a^{(rs)} a^{(hk)} b_{rsthk} du_t; \quad K_3 = \Sigma a^{(rs)} b_{rsthk} du_t du_h du_k - \frac{3}{4} g K_1$$

e le $\bar{b}$ soddisfano alle $\sum_{r,s} a^{(rs)} \bar{b}_{rsthk} = 0$.

Queste formole hanno significato *intrinseco*, cioè indipendente dalle variabili scelte come coordinate; le forme coi coefficienti b sono *coniugate*, od *apolari* alla g; esse si diranno i resti ottenuti dividendo *covariantemente* le forme Φ per g.

3. Siano x, y, z, t, w coordinate *omogenee* in S_4. Se esse sono funzioni indipendenti di due parametri $u = u_1$ e $v = u_2$, il punto $(x, y, \ldots)$ genererà, al variare di u_i, una superficie V_2 in S_4. Con x_u, x_{uu}, ecc. indicheremo le derivate solite, con x_1, x_{11} ecc. le derivate covarianti secondo una forma g, che sceglieremo ad arbitrio tra le forme proporzionali al determinante $(x, x_u, x_v, dx_u, dx_v)$. Con questa notazione indico il determinante, di cui i termini qui scritti formano la prima riga, e le altre righe se ne deducono sostituendo successivamente alla x le y, z, t, w. Con notazioni analoghe indicherò matrici o determinanti analoghi. Se $\pm \Delta$ è il discriminante di g, porrò, *supposto* $\Delta \neq 0$:

$$F_2 = \frac{1}{\Delta}(x, x_u, x_v, dx_u, dx_v) = \frac{1}{\Delta}(x, x_1, x_2, \Sigma x_{1r} du_r, \Sigma x_{2r} du_r). \tag{1}$$

Questa forma è *intrinseca*, cioè ha un significato indipendente dalla scelta delle coordinate u_i. *Se mutiamo g in una forma $g' = \sigma g$ proporzionale, la F_2 si muta in $F_2 = \frac{1}{\sigma^2} F_2$; se eseguiamo una collineazione di determinante ϱ, la F_2 si muta in $F_2' = \varrho F_2$.*

Se alla matrice a 5 righe 6 colonne $(x, x_1, x_2, x_{11}, x_{12}, x_{22})$ aggiungiamo una delle sue righe, otteniamo un determinante con due righe uguali, e quindi nullo. Sviluppandolo secondo la riga aggiunta, si ha:

$$I_0^x = \Sigma a^{(rs)} x_{rs} = 2 \Sigma \lambda^{(r)} x_r + \mu x = 2 \Sigma \lambda_r a^{(rs)} x_s + \mu x, \tag{2}$$

(ove è inutile precisare i valori delle λ, μ), insieme alle equazioni che se ne deducono sostituendo alla x la y, o la z, o la t, o la w.

Ne segue, derivando covariantemente:

$$\sum_{r,s} a^{(rs)} x_{rst} = 2 \sum_r \lambda^{(r)} x_{rt} + 2 \sum_{r,s} \lambda_{rt} a^{(rs)} x_s + \mu_t x + \mu x_t. \tag{3}$$

Sarà pure *intrinseca* la forma

$$\Lambda_5 = \frac{1}{\sqrt{\Delta}}(x, x_1, x_2, d^2 x, d^3 x), \tag{4}$$

che si muta nella $\Lambda_5' = \frac{1}{\sigma} \Lambda_5$ (se g si muta in σg) oppure in $\Lambda_5' = \varrho \Lambda_5$ se si esegue una collineazione di determinante ϱ.

Osservando che

$$d^2 x = \Sigma x_r \delta^2 u_r + \Sigma x_{rs} du_r du_s, \quad d^3 x = \Sigma x_r \delta^3 u_r + 3 \Sigma x_{rs} du_r \delta^2 u_s + \Sigma x_{rst} du_r du_s du_t,$$

si trova:

$$\Lambda_5 = 3F_2H + \Phi_5, \tag{5}$$

ove

$$H = \sqrt{\Delta}\,(du\delta^2 v - dv\delta^2 u),$$

$$\Phi_5 = \frac{1}{\sqrt{\Delta}}(x, x_1, x_2, \Sigma x_{rs} du_r du_s, \Sigma x_{rst} du_r du_s du_t).$$

Poichè H ha, come Λ_5, *significato intrinseco, altrettanto avverrà di Φ_5, il quale, su Λ_5, ha il vantaggio di dipendere dai soli differenziali primi.* Eseguendo una collineazione di determinante ϱ, la H non cambia; e perciò Φ_5 si muta in $\Phi_5' = \varrho\,\Phi_5$, analogamente ad F_2 e Λ_5. Se alla g sostituiamo la $g' = \sigma g$, allora H si muta in

$$H' = \sigma H - \frac{1}{2}g(\sigma^2 du - \sigma^1 dv)\sqrt{\Delta},$$

ove σ^2, σ^1 sono il sistema controvariante duale del sistema delle derivate di σ.

Perciò il valore corrispondente di Φ_5 sarà:

$$\begin{aligned}\Phi_5' = \Lambda_5' - 3H'F_2' &= \frac{1}{\sigma}\Lambda_5 - \frac{3}{\sigma}HF_2 + \frac{3\sqrt{\Delta}}{2\sigma^2}gF_2(\sigma^2 du - \sigma^1 dv)\\ &= \frac{1}{\sigma}\Phi_5 + \frac{3\sqrt{\Delta}}{2\sigma^2}(\sigma^2 du - \sigma^1 dv)gF_2.\end{aligned} \tag{6}$$

Cioè $\Phi_5' - \frac{1}{\sigma}\Phi_5$ *non è nullo* $\left(\text{come } \Lambda_5' - \frac{1}{\sigma}\Lambda_5\right)$, ma è divisibile per gF_2 ossia per g^2 oppure F_2^2, perchè g è proporzionale ad F_2. Cerchiamo di sostituire a Φ_5 una forma, ancora *intrinseca* e del *primo ordine*, di comportamento più semplice. Con notazioni analoghe a quelle del § 3, posto $I_0^x = \Sigma a^{(rs)} x_{rs}$, $J_1^x = \Sigma a^{(rs)} x_{rst} du_t$, ecc., indicato con $\Sigma \bar{x}_{rs} du_r du_s$ il resto ottenuto dividendo $\Sigma x_{rs} du_r du_s$ covariantemente per g, ecc., si ha:

$$\Phi_5 = \frac{1}{\sqrt{\Delta}}(x, x_1, x_2, \Sigma x_{rs} du_r du_s, \frac{3}{4}gJ_1^x + \Sigma \bar{x}_{rst} du_r du_s du_t).$$

Essendo, per la (3), $J_1^x - \Sigma\lambda^{(r)} dx_r$ combinazione lineare delle x, x_r, è:

$$\begin{aligned}\Phi_5 = \frac{3}{4}\frac{g}{\sqrt{\Delta}}&(x, x_1, x_2, dx_1 du_1 + dx_2 du_2, \lambda^{(1)} dx_1 + \lambda^{(2)} dx_2)\\ &+ \frac{1}{\sqrt{\Delta}}(x, x_1, x_2, \frac{1}{2}I_0^x g + \Sigma \bar{x}_{rs} du_r du_s, \Sigma \bar{x}_{rst} du_r du_s du_t).\end{aligned}$$

Poichè, per (2), I_0^x è combinazione lineare delle x, x_r, si trova ricordando (1):

$$\begin{aligned}\Phi_5 = \frac{3}{4}&gF_2(\lambda^{(2)} du_1 - \lambda^{(1)} du_2)\\ &+ \frac{1}{\sqrt{\Delta}}(x, x_1, x_2, \Sigma \bar{x}_{rs} du_r du_s, \Sigma \bar{x}_{rst} du_r du_s du_t).\end{aligned}$$

Il secondo addendo, per le $\sum_{r,s} a^{(rs)} \bar{x}_{rs} = \sum_{r,s} a^{(rs)} \bar{x}_{rst} = 0$, è una forma del tipo $F_5 + \frac{5}{8} g^2 K_1$ (cioè la K_3 del § 3 è in questo caso nulla) ove F_5 è coniugata alle g, F_2. Se ne deduce che anche Φ_5 è una forma dello stesso tipo; la (6) dimostra, che *al variare di* g, può variare K_1 in modo complicato, mentre *il resto* F_5 (*ottenuto dividendo covariantemente* Φ_5 *per* g) *resta semplicemente diviso per* σ. Dunque *il rapporto tra il discriminante di* F_5 *e il quadrato del discriminante di* F_2 *non dipende dalla scelta di* g, mentre evidentemente, eseguendo una collineazione di determinante ϱ, che moltiplica F_2 ed F_5 per ϱ, *tale rapporto resta moltiplicato per* ϱ^4. Potremo scegliere tale collineazione in modo da rendere tale rapporto uguale ad 1 (oppure a -1); *le* $x, y, \ldots, w$ *resteranno definite* a meno di una collineazione a coefficienti *costanti*, *senza alcun fattore comune*, che potrebbe esser *funzione* delle u_i. Tali coordinate si possono chiamare coordinate *proiettive normali* (l'analogo delle cartesiane in geometria metrica). Fanno eccezione i casi che F_2 od F_5 abbiano *discriminante nullo* (caso analogo a quello delle rigate di S_3). Scelte così le coordinate *normali* $x, \ldots, w$, potremo poi alla g sostituire una forma $g' = \sigma g$ in guisa che la forma $F_2' = \frac{2}{\sigma^2} F_2$ corrispondente sia uguale a g' (ponendo $\sigma^3 = F : g$). Così supporremo di aver fatto; e siano f_2, φ_5, f_5 i valori corrispondenti di F_2, Φ_5, F_5; sia $\pm \Delta$ il discriminante di $f_2 = g$. Sarà

$$f_2 = \frac{1}{\Delta}(x, x_1, x_2, dx_1, dx_2); \qquad \varphi_5 = f_5 + f_1 f_2^2,$$

ove f_1 è una forma di primo grado. *Si sono così determinate tre forme* f_1, f_2, f_5 (*di cui* f_5 *coniugata ad* f_2) *intrinseche, cioè di significato indipendente dalla scelta delle* u_i, *ed invarianti* (per collineazioni). Noi dimostreremo *che, almeno in generale, queste forme determinano la* V_2.

Assumiamo a variabili u_i quelle che annullano f_2 (*le linee* u_i *sono cioè un sistema coniugato su tutte le superficie ottenute proiettando* V_2 *su un* S_3). Supponiamo $a_{11} = a_{22} = 0$, e poniamo $a_{12} = a$, $\mu = 2\nu a$. La (2) diventa:

$$x_{uv} = \lambda_2 x_u + \lambda_1 x_v + \nu x. \tag{7}$$

Noi possiamo determinare delle quantità $\alpha, \beta, \gamma \ldots$ in guisa che

$$\begin{cases} x_{uuu} = \alpha x_{uu} + \beta x_{vv} + l x_u + m x_v + n x \\ x_{vvv} = \gamma x_{uu} + \varepsilon x_{vv} + M x_u + L x_v + N x \end{cases} \tag{8}$$

insieme alle analoghe in $y, z, \ldots$ Se noi riusciamo a calcolare le $\alpha, \beta, \ldots$, la V_2 sarà completamente determinata (a meno di una collineazione). Ora:

$$(x, x_u, x_v, x_{uu}, x_{vv}) = 2a^3. \tag{9}$$

E, se $f_5 = Adu^5 + Bdv^5$, $f_1 = Cdu + Ddv$, è:

$$\begin{aligned} &Aa = (x, x_u, x_v, x_{uu}, x_{uuu}); \quad Bb = (x, x_u, x_v, x_{vv}, x_{vvv}) \\ (10) \quad &4Ca^3 = 3(x, x_u, x_v, x_{uu}, x_{uvv}) + (x, x_u, x_v, x_{vv}, x_{uuu}) \\ &4Da^3 = 3(x, x_u, x_v, x_{vv}, x_{vuu}) + (x, x_u, x_v, x_{uu}, x_{vvv}). \end{aligned}$$

Dalle prime due delle (10), in virtù di (8), (9) si trae:

$$(11) \qquad \beta = A:2a^2 \qquad \gamma = -B:2a^2.$$

Tenendo conto delle equazioni ottenute derivando (7), le ultime delle (8) danno:

$$(11\text{bis}) \qquad 2Ca = 3\lambda_1 - \alpha \qquad 2Da = -3\lambda_2 + \varepsilon.$$

Derivando (9), e ricordando le altre equazioni si avrà:

$$(11\text{ter}) \qquad 3\frac{\partial \log a}{\partial u} = 2\lambda_1 + \alpha \qquad 3\frac{\partial \log a}{\partial v} = 2\lambda_2 + \varepsilon.$$

Le (11) dimostrano che, note le f, restano completamente determinate le $\alpha, \beta, \gamma, \varepsilon, \lambda_1, \lambda_2$. Scriviamo ora le condizioni di integrabilità delle (7), (8): che cioè valgono le identità $(x_{uv})_{uu} = (x_{uuu})_v$ e $(x_{uv})_{vv} = (x_{vvv})_u$. Paragonando nella prima i coefficienti di x_{uu}, o nella seconda quelli di x_{vv}, si trova ν. Paragonando i coefficienti di x_u nella prima e quelli di x_v nella seconda, si trova che $l_v = P$, $L_u = Q$ ove P, Q sono quantità note. Paragonando gli altri coefficienti, si trova che:

$$\beta L + l\lambda_1 + n = R; \quad \gamma l + Ll_2 + N = S; \quad \lambda_2 n - n_v - \beta N - l\nu = T;$$
$$\lambda_1 N - N_u - \gamma n - L\nu = H,$$

ove R, S, T, H sono quantità note. Sostituendo nelle ultime due equazioni i valori delle n, N tratti dalle prime, si trova che, oltre alle

$$(12) \qquad l_v = P, \qquad L_u = Q$$

risultano determinate le

$$(13) \qquad \begin{aligned} &(\beta L)_v + l\left(-\lambda_1\lambda_2 + \frac{\partial \lambda_1}{\partial v} + \beta\gamma - \nu\right) = V, \\ &(\gamma l)_u + L\left(-\lambda_1\lambda_2 + \frac{\partial \lambda_2}{\partial u} + \beta\gamma - \nu\right) = W. \end{aligned}$$

Si trovano così le equazioni nelle sole due incognite l, L. Le (13) derivate l' una rispetto a v, l' altra rispetto ad u, tenendo conto delle (12), danno due nuove equazioni, che insieme alle stesse (13), costituiscono un sistema di quattro equazioni *lineari* nelle $l, L; l_u, L_v$; che in generale le determineranno. Bisognerebbe studiare i casi di indeterminazione, e scrivere le condizioni di *integrabilità*, che sarebbero nel caso nostro *l' analogo delle equazioni di Gauss e di Codazzi* della solita geometria differenziale.

4. Diamo ora un cenno delle particolari V_2, cui non è applicabile la nostra teoria. Il caso che il discriminante di F_5 sia nullo, da noi già escluso, corrisponde al caso che sia $A=0$ (oppure $B=0$). Se $A=0$, la (10) prova che le $x, y, \ldots$ soddisfano a un' equazione:

$$x_{uuu}+E x_{uu}+F x_u+G x_v+H x=0. \tag{14}$$

Se fosse $G \neq 0$, si risolva rispetto ad x_v, si derivi rispetto ad u; si otterrà x_{uv}, cioè $\lambda_2 x_u+\lambda_1 x_v+\nu x$ come combinazione lineare di x, x_u, x_{uu}, x_{uuu}, x_{uuuu}. Ora, se $G \neq 0$, $\lambda_2 x_u+\lambda_1 x_v+\nu x$ è per (14) combinazione lineare di x, x_u, x_{uu}, x_{uuu}. Quindi, se $G \neq 0$, le $x, y, \ldots$ soddisfano a un' eqnazione

$$\frac{\partial^4 x}{\partial u^4}+E_1 \frac{\partial^3 x}{\partial u^3}+E_2 \frac{\partial^2 x}{\partial u^2}+E_3 \frac{\partial x}{\partial u}+E_4 x=0,$$

ossia esistono delle funzioni r_i della sola v tali che:

$$r_1 x+r_2 y+r_3 z+r_4 t+r_5 w=0. \tag{15}$$

Alla (15) soddisferebbero anche le $\frac{\partial^i x}{\partial u^i}$, $\frac{\partial^i y}{\partial u^i}$ ecc. per $i=1,2,3$, e quindi anche, per (14), le x_v, y_v ecc.; e quindi, derivando (15), si avrebbe:

$$\frac{\partial r_1}{\partial v} x+\frac{\partial r_2}{\partial v} y+\cdots+\frac{\partial r_5}{\partial v} w=0. \tag{16}$$

Se le (15), (16) differissero solo per un fattore, la V_2 apparterrebbe ad un S_3. Così non essendo, le (15), (16) sono distinte; e quindi *le linee* $v=$ cost. *appartengono a un piano* S_2 (*a due dimensioni*); conclusione identica a quella che si otterebbe dalla (14) nel caso $G=0$, e quindi vera generalmente. Se fosse $A=B=0$, analoga conclusione varrebbe per le $u=$ cost. Il caso di F_2 a discriminante nullo, che qui abbiamo escluso, è quello in cui le $x, y, \ldots$, soddisfano a un' equazione (2) di tipo parabolico; ed è pur facile caratterizzare le V_2 per cui F_2 è nullo identicamente.

5. Sia O un punto di V_2, e ne siano O', O'' i punti consecutivi sulla $u=$ cost. e sulla $v=$ cost. uscenti da O. Indicando un punto con la sua prima coordinata, i punti O, O', O'' sono i punti x, $x+x_v dv$, $x+x_u du$. Le tangenti in O, O' alle $v=$ cost. uscenti da O, O' si incontrano (cfr. la 7) nel punto $x'=x_u-\lambda_1 x$; così le tangenti in O, O'' alle $u=$ const. si incontrano nel punto $x''=x_v-\lambda_2 x$. Tali punti x', x'' generano due superficie, a cui corrispondono le due equazioni che si deducono da (7) con una *trasformazione di Laplace*. La trasformazione di Laplace può ricevere qui un' altra interpretazione. Da (7) si deduce che i piani S_2 tangenti a V_2 in O, O'' e i piani osculatori alle $v=$ cost. uscenti da O, O' giacciono tutti nell' *iperpiano* π passante per i punti x, x_u, x_v, x_{uu}; e le

coordinate $\xi, \eta, \ldots$ del quale sono perciò proporzionali ai minori della matrice (x, x_u, x_v, x_{uu}).

In modo simile si definisce un' iperpiano π', le cui coordinate $\xi', \eta', \ldots$ sono proporzionali ai minori di (x, x_u, x_v, x_{vv}). L' iperpiano di coordinate $\xi_u, \eta_u, \ldots$ e quello di coordinate $\xi'_v, \eta'_v, \ldots$ sono evidentemente per la (7) iperpiani del fascio determinato da π, π'. Perciò valgono equazioni del tipo:

$$\xi_u = l\xi + m\xi' \qquad \xi'_v = L\xi + M\xi' \qquad \text{(e analoghe in } \eta, \ldots).$$

Perciò *le coordinate di* π *e* π' *soddisfano a due equazioni di Laplace* del tipo (2) *trasformate di Laplace l' una dell' altra.*

Si dovrebbe completare il nostro studio, considerando la V_2 come *ipersuperficie* inviluppo degli ω^3 iperpiani formati dagli ω^2 fasci determinati per ogni punto O di V_2 dai corrispondenti iperpiani π, π' ed applicando i metodi delle mie Mem. cit. validi per le ipersuperficie.

6. Sia O un punto di V_2; si scelgano a iperpiani $z=0$, $t=0$ gli iperpiani π, π', ad assi delle x, y le tangenti alle linee $u = \text{cost.}$ e $v = \text{cost.}$ uscenti da O. Supposto $w=1$ (ciò che equivale a usare coordinate non omogenee), varranno degli sviluppi in serie del tipo:

$$z = x^2 + Ay^3 + bx^2y + cxy^2 + ex^3 + \cdots;$$
$$t = y^2 + Bx^3 + gx^2y + \gamma xy^2 + \varepsilon y^3 + \cdots;$$

ove i termini trascurati sono almeno del quart' ordine. Con una conveniente collineazione (che non muti i piani $z=0$, $t=0$ e gli assi delle x, y)

$$x = (x' + \lambda z' + \mu t') : w'; \qquad y = (y' + lz' + mt') : w'; \qquad z = z' : w';$$
$$t = t' : w'; \qquad w' = w + hx + ky + rz + st$$

si possono annullare $b, c, e, g, \gamma, \varepsilon$ (restando ancora arbitrarie *le sole* r, s). Gli sviluppi si riducono, trascurando i termini del quart' ordine, alle:

$$z = x^2 + Ay^3 + \cdots; \qquad t = y^2 + Bx^3 + \cdots.$$

L' iperpiano $w=0$ può variare nella stella $w + rz + st = 0$ ($r, s = \text{cost.}$), cioè resta fissata una retta $z = t = w = 0$ del piano tangente in O in modo *invariante per collineazioni.* Posto poi $g = -(x, x_1, x_2, dx_u, dx_v)$ con $u = x$, $v = y$ sarà $g = 4\,dx\,dy + \cdots$, ove i termini trascurati si annullano in O almeno del second' ordine, cosicchè in O sarà $\delta^2 x = d^2 x$, $\delta^2 y = d^2 y$. Paragonando i valori di $d^2 z, d^3 z, \ldots$ scritti o coi differenziali ordinarii o con quelli controvarianti, si trova (essendo nulle in O le $z_x, z_y, \ldots$) che le derivate seconde e terze delle z, t in O rispetto x, y coincidono con le derivate covarianti. Un facile calcolo prova così che

$F_5 = A\,dy^5 - B\,dx^5$; e ciò permette di caratterizzare nel modo più semplice le direzioni che annullano F_5 (e che, insieme a quelle che annullano F_2, sono l' elemento essenziale della geometria proiettiva delle V_2 in S_4). Esse godono della seguente proprietà geometrica, che le caratterizza. *Se* $x + \mu y = 0$ *passa per una tale direzione* (se cioè $A + B\mu^5 = 0$), *esiste un iperpiano tangente a* V_2 (precisamente l' iperpiano $z - \mu^2 t = 0$) *che ha un contatto quadripunto con l' intersezione di* V_2 *e dell' iperpiano* $x + \mu y = 0$.

Le linee invece, che annullano F_2, sono, come è noto, quelle *che formano un sistema coniugato su tutte le proiezioni di* V_2 *su un* S_3.

Lo studio delle V_2 *in* S_4 *è così ridotto ad un sistema di forme differenziali del primo ordine, che sono suscettibili di una semplicissima definizione geometrica.*

(Eingegangen am 14. 6. 1921.)

Über die Gravitation ruhender Massen.

Von

C. Runge in Göttingen.

Einstein hat gezeigt[1]), wie man aus einem vorgegebenen Energietensor die Gravitationspotentiale $g_{\mu\nu}$ in erster Annäherung finden kann. Besteht die Energie nur aus ruhender Materie, so hat man, wie in der klassischen Mechanik, das Gravitationspotential

$$u = -K\int \frac{dm}{r}$$

zu berechnen $\left(K = \frac{1}{8\pi} 1{,}87 \cdot 10^{-27}\,\mathrm{cmg}^{-1}\right.$, wobei die Zeiteinheit so gewählt ist, daß die Lichtgeschwindigkeit gleich 1 wird$\left.\right)$ und erhält dann für das Quadrat des vierdimensionalen Bogenelements

$$(1+2u)\,dt^2 - (1-2u)(dx^2 + dy^2 + dz^2),$$

wo x, y, z rechtwinklige Raumkoordinaten und t die Maßzahl der Zeit bedeuten.

Dieses Bogenelement ist für die Gravitation eines Massenpunktes zuerst von de Sitter angegeben worden.

Die Annäherung gilt nur für hinreichend kleine Werte von u, d. h. wenn das von den ruhenden Massen angezogene hinreichend klein anzunehmende Massenteilchen den anziehenden Massen nicht zu nahe kommt. Für den Merkur z. B. ist u schon zu groß, um die Perihelbewegung noch so genau zu liefern, wie sie beobachtet ist.

Gibt man indessen dem Quadrat des Bogenelements die Form

$$e^{2u}\,dt^2 - e^{-2u}(dx^2 + dy^2 + dz^2),$$

die sich von der oben angegebenen nur in Gliedern zweiter Ordnung in u unterscheidet, so läßt sich zeigen, daß der Fehler des Gravitationsfeldes

---

[1]) Sitzungsberichte der preuß. Akad. 1918, S. 156.

von dritter Ordnung in u wird, so daß sich dann auch die Perihelbewegung des Merkur mit ausreichender Genauigkeit ergibt.

Um das zu zeigen, bilden wir zunächst den Tensor, dessen Komponenten Einstein[2]) mit $B_{\mu\nu}$ bezeichnet, wie er der Form

$$e^{2u}dt^2 - e^{-2u}(dx^2 + dy^2 + dz^2)$$

entspricht. Werden die Variablen x, y, z, t mit $x^1 x^2 x^3 x^4$ und die partiellen Differentialquotienten von u nach x, y, z mit u_1, u_2, u_3 bezeichnet, so ergibt sich

$$B_{44} = -e^{4u}\Delta u, \quad B_{4\alpha} = 0, \quad B_{\alpha\beta} = -\delta_{\alpha\beta}\Delta u - 2u_\alpha u_\beta \quad (\alpha, \beta = 1, 2, 3),$$

wobei $\delta_{\alpha\beta}$ gleich 1 oder 0 zu setzen ist, je nachdem α gleich oder ungleich β ist. Wir fügen nun zu dem Quadrat des Bogenelements eine quadratische Form

$$a_{\alpha\beta}\,dx^\alpha dx^\beta \qquad (\alpha, \beta = 1, 2, 3)$$

hinzu. Die hinzutretenden Glieder werden nur die Komponenten $B_{\alpha\beta}$ $(\alpha, \beta = 1, 2, 3)$ beeinflussen. Setzen wir nun $a_{\alpha\beta} = \frac{1}{2\pi}\int \frac{2u_\alpha u_\beta}{r}\,dx\,dy\,dz$, [3]) so werden sich die Komponenten $B_{\alpha\beta}$ bis auf Glieder höherer Ordnung um $2u_\alpha u_\beta$ ändern.

Für das Quadrat des Bogenelements

$$e^{2u}dt^2 - e^{-2u}(dx^2 + dy^2 + dz^2) + a_{\alpha\beta}\,dx^\alpha dx^\beta$$

wird demnach bis auf Glieder dritter Ordnung

$$B_{44} = -e^{4u}\Delta u, \quad B_{4\alpha} = 0, \quad B_{\alpha\beta} = -\delta_{\alpha\beta}\Delta u$$

oder, wie man auch sagen kann, die $a_{\alpha\beta}$ brauchten nur noch um Glieder dritter Ordnung verändert zu werden, um diese Werte der $B_{\alpha\beta}$ zu ergeben. Aus den $B_{\lambda\mu}$ erhalten wir die Komponenten des Energietensors durch die Gleichungen

$$8\pi K T_{\lambda\mu} = -\left(B_{\lambda\mu} - \frac{1}{2}g_{\lambda\mu}B\right),$$

wo

$$B = g^{\lambda\mu}B_{\lambda\mu} = 2e^{2u}\Delta u,$$

d. h. alle Komponenten des Energietensors verschwinden mit Ausnahme von T_{44}, wofür sich ergibt:

$$4\pi K T_{44} = e^{4u}\Delta u \quad \text{oder} \quad 4\pi K T^{44} = \Delta u.$$

---

[2]) Annalen der Physik **49** (1916), S. 108.

[3]) r ist hier die Entfernung des Punktes, in dem die $a_{\alpha\beta}$ bestimmt werden sollen, von dem Element $dx\,dy\,dz$, wie bei der Einsteinschen Bestimmung der Gravitationspotentiale. Integriert wird über den ganzen Raum mit Ausschluß der Teile, wo u zu groß wird.

u wird also aus T^{44} durch das Integral

$$u = -K\int \frac{T^{44}}{r}\,dx\,dy\,dz$$

berechnet.

Es zeigt sich nun, daß der zu dem Quadrat des Bogenelements hinzugefügte Teil $a_{\alpha\beta}\,dx^\alpha\,dx^\beta$ die Beschleunigung des Massenteilchens um Beträge ändert, die in u zwar nur von der zweiten Ordnung sind, aber außerdem noch das Quadrat der Geschwindigkeit des Massenteilchens als Faktor enthalten. Denn es ist

$$\frac{d^2x^\alpha}{dt^2} = \begin{bmatrix}\mu\,\nu\\ \tau\end{bmatrix} g^{\alpha\tau}\frac{dx^\mu}{dt}\frac{dx^\nu}{dt}.$$

Durch das Hinzutreten von $a_{\alpha\beta}\,dx^\alpha\,dx^\beta$ sind die $g_{\lambda\mu}$ um Größen zweiter Ordnung geändert, aber nur diejenigen unter ihnen, deren Indizes beide nicht größer als 3 sind. Dasselbe gilt von den $g^{\alpha\tau}$. Da Differentiationen nach x^4 nicht vorkommen, so sind daher nur diejenigen Größen $\begin{bmatrix}\mu\,\nu\\ \tau\end{bmatrix}$ geändert, bei denen alle drei Indizes nicht größer als 3 sind. α ist nicht größer als 3, da es sich um die Komponenten der Beschleunigung handelt. $g^{\alpha\tau}$ kann nur für $\tau \leqq 3$ von Null verschieden sein. $g^{\alpha\tau}$ wird daher um eine Größe zweiter Ordnung geändert sein. Die Änderung ist mit $\begin{bmatrix}\mu\,\nu\\ \tau\end{bmatrix}\frac{dx^\mu}{dt}\frac{dx^\nu}{dt}$ zu multiplizieren. Da aber $\begin{bmatrix}\mu\,\nu\\ \tau\end{bmatrix}$ von erster Ordnung in den u_α ist, so resultiert eine Änderung dritter Ordnung. Betrachtet man andererseits die Änderung von $\begin{bmatrix}\mu\,\nu\\ \tau\end{bmatrix}$. Sie ist von zweiter Ordnung in den u_α und mit $g^{\alpha\tau}\frac{dx^\mu}{dt}\frac{dx^\nu}{dt}$ zu multiplizieren. Hier aber sind μ und ν beide nicht größer als 3. Denn sonst bleibt $\begin{bmatrix}\mu\,\nu\\ \tau\end{bmatrix}$ ungeändert. Es resultiert daher eine Änderung, die in den u_α von zweiter Ordnung und dem Quadrat der Geschwindigkeit proportional ist. Dies ist also eine Größe dritter Ordnung, wenn das Quadrat der Geschwindigkeit von erster Ordnung angenommen wird, wie es bei der Bewegung eines Planeten der Fall ist.

Die Perihelbewegung eines Planeten läßt sich in folgender Weise aus dem Bogenelement ableiten:

$$d\tau^2 = e^{2u}dt^2 - e^{-2u}(dx^2 + dy^2 + dz^2).$$

Man führe Polarkoordinaten r, φ, ϑ ein und beschränke sich auf die Meridianebene. Dann wird

$$\text{(I)}\qquad d\tau^2 = e^{2u}dt^2 - e^{-2u}(dr^2 + r^2d\varphi^2).$$

Das Verschwinden der Variation des Integrals

$$\int d\tau$$

liefert die beiden Gleichungen:

$$e^{2u}\frac{dt}{d\tau}=a, \qquad e^{-2u}r^2\frac{d\varphi}{d\tau}=c$$

oder

$$\frac{e^{4u}}{r^2}\frac{dt}{d\varphi}=\frac{a}{c}, \qquad \frac{d\tau}{d\varphi}=\frac{1}{c}r^2e^{-2u}.$$

Setzt man diese Werte von $\frac{dt}{d\varphi}$ und $\frac{d\tau}{d\varphi}$ in die Gleichung (I) ein, nachdem man sie durch $d\varphi^2$ dividiert hat, so ergibt sich

$$\frac{1}{c^2}r^4e^{-4u}=e^{-6u}r^4\frac{a^2}{c^2}-e^{-2u}\left(\left(\frac{dr}{d\varphi}\right)^2+r^2\right)$$

oder

$$\frac{1}{c^2}e^{-2u}=e^{-4u}\frac{a^2}{c^2}-\left(\frac{1}{r^4}\left(\frac{dr}{d\varphi}\right)^2+\frac{1}{r^2}\right),$$

oder, wenn man für u seinen Wert $-\frac{KM}{r}$ einführt und daraus $\frac{du}{d\varphi}=\frac{KM}{r^2}\frac{dr}{d\varphi}$ ableitet:

$$\left(\frac{du}{d\varphi}\right)^2=-u^2+\frac{K^2M^2}{c^2}\left[a^2e^{-4u}-e^{-2u}\right]=f(u).$$

Soll die Entfernung des Planeten sich zwischen zwei Grenzen bewegen, so muß $f(u)$ für zwei Werte u_1 und u_2 verschwinden. Man kann dann nach der bekannten Interpolationsformel

$$f(u)=\frac{f''(\bar{u})}{2}(u-u_1)(u-u_2)$$

setzen, wo $\bar{u}$ zwischen u_1 und u_2 liegt, wenn auch u demselben Intervall angehört. Da $f(u)$ für diese Werte von u positiv sein muß, so folgt, daß $f''(\bar{u})$ negativ ist. Es sei $u_1 < u_2$ und u bewege sich von u_1 nach u_2 und wieder zurück nach u_1. Dann ist:

$$\pm\frac{du}{\sqrt{(u-u_1)(u_2-u)}}=\sqrt{-\frac{f''(\bar{u})}{2}}\,d\varphi=\sqrt{1-\frac{K^2M^2}{c^2}\left[8a^2e^{-4\bar{u}}-2e^{-2\bar{u}}\right]}\,d\varphi.$$

Auf der rechten Seite können wir, da u_1 und u_2 beide sehr kleine Zahlen sind, das zwischenliegende $\bar{u}$ gleich Null setzen, und da a^2 sehr nahe gleich 1 sein muß, so erhalten wir durch Integration über den Hin- und Hergang von u genähert:

$$2\pi=\int d\varphi\left(1-\frac{K^2M^2}{c^2}3\right).$$

D. h. die Perihelbewegung ist bei einem Umlauf gleich

$$\int d\varphi-2\pi=\frac{K^2M^2}{c^2}6\pi.$$

Statt der Konstanten c können wir den Mittelwert von u_1 und u_2 einführen. Entwickeln wir $f(u)$ nach Potenzen von u und vernachlässigen die Glieder dritter Ordnung, so ergibt sich für u_1 und u_2 die quadratische Gleichung

$$u^2 + \frac{K^2 M^2}{c^2}(4a^2 - 2)u + \frac{K^2 M^2}{c^2}(1 - a^2) = 0$$

und somit genähert $u_1 + u_2 = -\frac{K^2 M^2}{c^2} 2$ oder wenn r_m eine mittlere Entfernung des Planeten bezeichnet

$$-\frac{KM}{r_m} = -\frac{K^2 M^2}{c^2}$$

oder

$$\int d\varphi - 2\pi = \frac{KM}{r_m} 6\pi.$$

Aus der obigen Gleichung $\frac{e^{4u}}{r^2}\frac{dt}{d\varphi} = \frac{a}{c}$ folgt $\frac{r\,d\varphi}{dt} = \frac{e^{4u}}{a}\frac{c}{r}$. Für eine einigermaßen kreisförmige Bahn wird daher die mittlere Geschwindigkeit v genähert gleich

$$v = \frac{c}{r_m},$$

und da $\frac{1}{r_m} = \frac{KM}{c^2}$, so wird $v^2 = \frac{KM}{r_m}$ und somit

$$\int d\varphi - 2\pi = v^2 6\pi$$

eine Form für die Perihelbewegung, auf die schon Schwarzschild hingewiesen hat.

(Eingegangen am 10. 8. 1921.)

The solar gravitational field completely determined by its light rays.

Von

Edward Kasner in New York.

Introduction.

In a previous paper published in the *American Journal of Mathematics*[1]), I have taken up the question whether two fields both obeying Einstein's equations of gravitation can ever have the same light rays. I have answered this question in the negative; first, under the assumption that one of the fields is euclidean, and second, under the assumption that both fields are approximately euclidean. The simplification of the latter case is due to the fact that only the linear terms in the gravitational equations have to be taken into account in the calculation.

The solar field, that is, the field due to a single mass, taken say in the Schwarzschild form, is of course approximately euclidean and therefore, it follows that no essentially different form which is both approximately euclidean and obeys Einstein's equations can have the same light rays. In the present paper, I wish to settle this question completely for the solar field without assuming approximately euclidean character, that is, by taking into account the exact equations of gravitation $R_{ik} = 0$.

A field is represented by a quadratic differential form in four variables (x_1, x_2, x_3, x_4), the ten coefficients g_{ik} of which define the potential as a tensor. If we put this form equal to zero, we have the light equation of the field. The light rays, as Weyl[2]) has shown, are determined by this equation, that is, they depend only on the ratios of the ten coefficients. If then we take a form obeying Einstein's equations and multiply it by an arbitrary function, say $\nu(x_1 x_2 x_3 x_4)$, the new form

[1]) Einstein's theory of gravitation: determination of the field by light signals, Am. J. of Math. **43** (1921), pp. 20—28.

[2]) Raum, Zeit, Materie, 4. Auflage (1921), p. 115, and footnote p. 257.

will define a field having the same light rays, but the question is whether the new field can ever obey the gravitational equations. In the present paper we show that for the Schwarzschild form, no such factor exists (disregarding of course the trivial case where the multiplier is merely a constant).

It follows that if all the light properties in the solar field were obtained by observation, then the field itself (that is, the ten potentials) could be completely determined theoretically, assuming that Einstein's gravitational equations $R_{ik} = 0$ were obeyed. Therefore, the planetary orbits could be computed theoretically from the light rays[3]).

(This result is comparable with Bertrand's deduction of the second and third laws of Kepler from the first law, in which of course the ordinary laws of dynamics are assumed to be valid and the field of force is assumed to be purely positional.)

In the Schwarzschild form, only the squares of the four differentials are present and this remains true when an arbitrary multiplier is introduced. We, therefore, begin by writing out the ten gravitational equations for the general orthogonal case, that is, the case where only the four squares are present. When the corresponding equations are written out for the new form involving the unknown multiplier ν, the results are fairly simple and we obtain ten partial differential equations of the second order in $N = \nu^{-\frac{1}{2}}$. Our main object is to show that this system of ten equations, for the particular case of the solar field, is inconsistent, that is to say, that there are no solutions other than constants.

The plan employed is to actually integrate the first six of the ten equations, namely, those corresponding to unlike subscripts $i \neq k$. The result contains four arbitrary functions each involving only one of the four independent variables. When this is substituted into the last four equations, namely, those corresponding to the case of like subscripts $i = k$, or rather into certain convenient combinations of these four equations, we obtain finally a sufficient number of relations between the derivatives of the four unknown functions, from which it follows that three of them must vanish and the other is merely a constant, and therefore, the unknown multiplier is itself merely a constant.

The general orthogonal formulas are next applied to the euclidean form. Here the unknown factor ν or the related function N is not simply

[3]) The converse question, determination of the field (and hence of the light rays) from the orbits (geodesics) alone, has been discussed by the author in Science **52** (1920), pp. 413—14. See also Science **53** (1921), p. 238, and American Journal of Mathematics **43** (1921), pp. 126—133, where it is proved that the solar field can be represented in a six-flat, but not in a five-flat.

a constant, since, in this case, the ten differential equations are found to actually admit a class of ∞^5 solutions. However, the forms obtained by introducing this factor are easily seen to have zero riemannian curvature and are therefore euclidean. This verifies the theorem proved in the earlier paper that the euclidean or the equivalent Minkowski form is completely determined by its light properties.

In the last section we state some new theorems relating to solutions of Einstein's general cosmological equations $R_{ik} - \frac{1}{4} g_{ik} R = 0$ (light rays, five dimensions).

§ 1.

General formulas for the orthogonal form.

For the general quadratic form

$$ds^2 = g_{ik}\, dx_i\, dx_k \qquad (i, k = 1, 2, 3, 4) \tag{1}$$

the gravitational equations are (for empty space)

$$R_{\mu\nu} = \begin{Bmatrix} \mu\alpha \\ \beta \end{Bmatrix} \begin{Bmatrix} \nu\beta \\ \alpha \end{Bmatrix} - \frac{\partial}{\partial x_\alpha} \begin{Bmatrix} \mu\nu \\ \alpha \end{Bmatrix} + \frac{\partial^2}{\partial x_\mu\, \partial x_\nu} \log \sqrt{-g} - \begin{Bmatrix} \mu\nu \\ \alpha \end{Bmatrix} \frac{\partial}{\partial x_\alpha} \log \sqrt{-g} = 0. \tag{2}$$

Applying this to the case where only the square terms are present, which we describe as the *orthogonal form*, that is

$$ds^2 = \lambda_1\, dx_1^2 + \lambda_2\, dx_2^2 + \lambda_3\, dx_3^2 + \lambda_4\, dx_4^2 \tag{I}$$

where the four functions λ_i are arbitrary functions of the world coordinates $x_1\, x_2\, x_3\, x_4$, we find six equations of the form

$$\begin{aligned} R_{12} = {} & L_{312} + L_{412} + L_{31} L_{32} + L_{41} L_{42} \\ & - L_{12}(L_{31} + L_{41}) - L_{21}(L_{32} + L_{42}) = 0 \end{aligned} \tag{3'}$$

and four equations of the form

$$\begin{aligned} \frac{1}{\lambda_1} R_{11} = {} & \frac{1}{\lambda_1} \{L_{211} + L_{311} + L_{411} + L_{21}^2 + L_{31}^2 + L_{41}^2 - L_{11}(L_{21} + L_{31} + L_{41})\} \\ & + \frac{1}{\lambda_2} \{L_{122} + L_{12}(L_{12} - L_{22} + L_{32} + L_{42})\} \\ & + \frac{1}{\lambda_3} \{L_{133} + L_{13}(L_{13} + L_{23} - L_{33} + L_{43})\} \\ & + \frac{1}{\lambda_4} \{L_{144} + L_{14}(L_{14} + L_{24} + L_{34} - L_{44})\} = 0. \end{aligned} \tag{3''}$$

Here we have introduced for abbreviation

$$L_i = \frac{1}{2} \log \lambda_i \tag{4}$$

and, for the partial derivatives,

$$(4') \quad \begin{aligned} L_{ik} &= L_{i,k} = \frac{\partial}{\partial x_k} L_i, \\ L_{ikj} &= L_{i,kj} = L_{i,jk} = \frac{\partial^2}{\partial x_k \partial x} L_i. \end{aligned}$$

The first subscript applied to L thus denotes the name of the function, while the second and third subscripts indicate partial differentiation. We may, therefore, interchange the second and third subscripts, but not the first and second.

Suppose now an arbitrary factor $\nu(x_1 x_2 x_3 x_4)$ is introduced into (I), giving a new orthogonal form

$$(\mathrm{I}^*) \qquad ds^{*2} = \lambda_1^* dx_1^2 + \lambda_2^* dx_2^2 + \lambda_3^* dx_3^2 + \lambda_4^* dx_4^2$$

where

$$\lambda_i^* = \nu \lambda_i;$$

then the tensor $R_{\mu\nu}^*$ is found by replacing L_i in (3′), (3″) by

$$(5) \qquad L_i^* = L_i - \log N$$

where, for convenience, we introduce

$$(5') \qquad N = \nu^{-\frac{1}{2}}.$$

Subtracting $R_{\mu\nu}$ from $R_{\mu\nu}^*$, we find that many of the terms cancel; and the final equations for the function N (which determines the multiplier ν) may be written as six equations of the form[4])

$$(6') \qquad D_{12} \equiv L_{12} N_1 + L_{21} N_2 - N_{12} = 0$$

and four equations of the form

$$(6'') \quad \begin{aligned} D_{11} \equiv & \frac{1}{\lambda_1}\{-3NN_{11} + 3N_1^2 - NN_1(-3L_{11} + L_{21} + L_{31} + L_{41})\} \\ & + \frac{1}{\lambda_2}\{-NN_{22} + 3N_2^2 - NN_2(3L_{12} - L_{22} + L_{32} + L_{42})\} \\ & + \frac{1}{\lambda_3}\{-NN_{33} + 3N_3^2 - NN_3(3L_{13} + L_{23} - L_{33} + L_{43})\} \\ & + \frac{1}{\lambda_4}\{-NN_{44} + 3N_4^2 - NN_4(3L_{14} + L_{24} + L_{34} - L_{44})\} = 0. \end{aligned}$$

We shall find it convenient to employ the differences between the latter equations, which simplify considerably, in fact become linear in N, for example,

---

[4]) These may be regarded as special cases of Levi-Civita's general formulas for the conformal transformation of arbitrary riemannian manifolds of n dimensions. See Nota III of his elegant series on „ds^2 einsteiniani in campi newtoniani", Rend. Acc. d. Lincei (1918), p. 187. The same remark applies to the formulas for the Euclidean case in § 2 of the writer's article in Amer. Journ. of Math. 43, p. 23.

$$(6''')\quad D_{11}-D_{22}\equiv\frac{-N_{11}+N_1(L_{11}+L_{21})}{\lambda_1}+\frac{N_{22}-N_2(L_{12}+L_{22})}{\lambda_2}+\frac{N_3(L_{23}-L_{13})}{\lambda_3}+\frac{N_4(L_{24}-L_{14})}{\lambda_4}=0.$$

In all these equations we note that there is only *one* function N so that all subscripts attached to N denote partial differentiation and are therefore permutable; while there are *four* distinct functions L_i so that only the subscripts after the first are permutable. Our partial differential equations are of the second order in N and of the first order in the L_i. The λ_i are merely the related functions

$$(7)\qquad \lambda_i=e^{2L_i}.$$

The analytical problem is: given four functions L_i obeying the ten equations (3′), (3″), does there exist a non-constant function N obeying the ten equations (6′), (6″), and therefore also the equations (6‴)? We shall now settle the question (in the negative) for the solar field.

§ 2.

The solar field.

The Schwarzschild[5]) form for the central-symmetric field is

$$(8)\qquad ds^2=\left(1-\frac{\varkappa}{r}\right)dt^2-r^2\,d\Theta^2-r^2\sin^2\Theta\,d\varphi^2-\frac{r}{r-\varkappa}dr^2$$

where $\varkappa=2m$, m being the central mass. Comparing this with our orthogonal form (I), taking

$$x_1=r,\quad x_2=\Theta,\quad x_3=\varphi,\quad x_4=t$$

and changing the sign of ds^2 for convenience, we have

$$(9)\qquad \lambda_1=\frac{x_1}{x_1-\varkappa},\quad \lambda_2=x_1^2,\quad \lambda_3=x_1^2\sin^2x_2,\quad \lambda_4=\frac{\varkappa-x_1}{x_1}.$$

Therefore, taking half of the logarithms,

$$(10)\qquad \begin{aligned} L_1&=-\frac{1}{2}\log\frac{x_1-\varkappa}{x_1}, & L_2&=\log x_1,\\ L_3&=\log x_1+\log\sin x_2, & L_4&=\frac{1}{2}\log\frac{\varkappa-x_1}{x_1}.\end{aligned}$$

All the partial derivatives of first order of these functions vanish except the following five:

---

[5]) Über das Gravitationsfeld eines Massenpunktes, Sitzungsber. Akad. Berlin (1916), p. 189; or the simpler derivation in Hilbert, Grundlagen der Physik II, Göttinger Nachrichten (1917), p. 70.

$$(11)\qquad L_{21}=L_{31}=\frac{1}{x_1},\qquad L_{32}=\cot x_1,$$
$$L_{41}=-L_{11}=\frac{\varkappa}{x_1^2-\varkappa x_1}.$$

The ten equations (3′), (3″) are of course obeyed by these functions L, as is readily verified.

The first six of the ten equations for N, namely type (6′), now become on introducing the values (11)

$$(12)\qquad \begin{aligned} N_{21}&=\frac{1}{x_1}N_2, & N_{23}&=\cot x_2\cdot N_3,\\ N_{13}&=\frac{1}{x_1}N_3, & N_{24}&=0,\\ N_{14}&=\frac{\varkappa}{2(x_1^2-\varkappa x_1)}N_4, & N_{34}&=0. \end{aligned}$$

Here we have six linear partial differential equations of the second order for our one unknown function N. There is no difficulty in integrating them successively, so we shall omit the details and merely state the result that the most general integral of the system is[6])

$$(13)\qquad N=X_1+X_2x_1+X_3x_1\sin x_2+X_4\left(\frac{x_1-\varkappa}{x_1}\right)^{\frac{1}{2}}$$

where X_i denotes an arbitrary function of the single variable x_i. The result thus involves four arbitrary functions, each of one argument.

It remains now to substitute (13) into the four equations of type (6″); but as remarked above it will suffice to use the three independent equations of type (6‴). These have the advantage of being linear in N.

We begin with $D_{11}-D_{44}=0$. Using the formulas (9), (10), (11), we find that this reduces to

$$\frac{N_{44}}{\lambda_4}-\frac{N_{11}}{\lambda_1}=0.$$

This, by introducing (13), becomes

$$(14)\qquad X_1''+X_4\frac{d^2}{dx_1^2}\left[\left(\frac{x_1-\varkappa}{x_1}\right)^{\frac{1}{2}}\right]+X_{4}''\left(\frac{x_1-\varkappa}{x_1}\right)^{-\frac{3}{2}}=0$$

where accents denote ordinary derivatives with respect to the one variable involved. Differentiating with respect to x_4 we find that the unknown

---

[6]) It is rather remarkable that this may be rewritten in the equivalent form

$$(13')\qquad \sum X_i\sqrt{\lambda_i}$$

where the λ_i are the coefficients (9) of the solar field. This symmetric form turns out to be valid also for the fields discussed later in § 3 and for those Einstein fields which depend on one variable, but it is, in all probability, not valid for all possible Einstein fields.

function X_4 must be a constant. The last term of (13) is thus a function of x_1 alone and therefore may be absorbed in the first term X_1. We may, therefore, assume $X_4 = 0$. Then, from (14), $X_1'' = 0$; that is, $X_1 = b x_1 + c$. The part $b x_1$ may however be absorbed in the second term of (13). That is, we may take $X_1 = c$. Hence (14) shows that (13) must be of the form

$$N = c + X_2 x_1 + X_3 x_1 \sin x_2 . \tag{15}$$

Here $X_1 = c$, $X_4 = 0$, and X_2 and X_3 are functions still to be determined.

We next use the condition $D_{33} - D_{22} = 0$, found from $(6''')$ by interchanging the subcripts 1 and 3. This becomes

$$\frac{N_{33}}{\lambda_3} + \frac{-N_{22} + N_2 \cot x_2}{\lambda_2} = 0 .$$

Substituting (15), we find

$$X_3'' + X_3 - X_2'' \sin x_2 + X_2' \cos x_2 = 0.$$

Since the first two terms involve x_3 alone, and the last two involve x_2 alone, we must have

$$\begin{aligned} X_3'' + X_3 &= a, \\ X_2'' \sin x_2 - X_2' \cos x_2 &= a \end{aligned}$$

where a is a constant. Integrating and substituting into (15), we find the following necessary form

$$N = c + x_1 [a_4 + a_3 \cos x_2 + \sin x_2 (a_1 \sin x_3 + a_2 \cos x_3)] \tag{16}$$

involving five constants c, a_1, a_2, a_3, a_4. Here

$$\begin{aligned} X_1 &= c, \quad X_2 = a_3 \cos x_2 + a_4 , \\ X_3 &= a_1 \sin x_3 + a_2 \cos x_3 , \quad X_4 = 0. \end{aligned} \tag{16'}$$

To determine these constants we use the final condition $D_{11} - D_{22} = 0$, that is $(6''')$. This by (10) and (11) becomes

$$\frac{N_{11} + \dfrac{x_1 - 2\varkappa}{x_1^2 - \varkappa x_1} N_1}{\lambda_1} - \frac{N_{22}}{\lambda_2} = 0.$$

Substituting the form (15), this gives

$$\frac{x_1^2 - 2\varkappa}{x_1} (X_2 + X_3 \sin x_2) - X_2'' + X_3 \sin x_2 = 0 .$$

Since the first factor is a non-constant function of x_1 alone, this decomposes into two equations

$$\begin{aligned} X_2 + X_3 \sin x_2 &= 0 , \\ X_2'' - X_3 \sin x_2 &= 0 . \end{aligned}$$

Substituting the previously found forms (16′), we find

$$a_1 \sin x_3 + a_2 \cos x_3 + a_3 \cot x_2 + a_4 \cos x_2 = 0.$$

Since this to be an identity in x_2 and x_3, it follows that the four constants a_1, a_2, a_3, a_4 must all vanish. Hence from (16) we have

$$N = c, \tag{17}$$

that is, the multiplier ν is merely a constant, which was to be proved.

§ 3.

The Euclidean or Minkowski field.

We now apply the general formulas to the Minkowski form [7])

$$ds^2 = dt^2 - dx^2 - dy^2 - dz^2 \tag{18}$$

or the equivalent euclidean form

$$ds^2 = dx_1^2 + dx_2^2 + dx_3^2 + dx_4^2. \tag{19}$$

Here $\lambda_i = 1$, so that $L_i = 0$. The set of equations (6′) gives

$$N_{ik} = 0 \qquad (i \neq k). \tag{20′}$$

Equations (6‴) give

$$N_{11} = N_{22} = N_{33} = N_{44}. \tag{20‴}$$

Finally from any one of the four equations (6″) we find

$$N(N_{11} + N_{22} + N_{33} + N_{44}) = 2(N_1^2 + N_2^2 + N_3^2 + N_4^2). \tag{20″}$$

From (20′) we see that N must be the sum of four functions, each involving only one of the variables, say

$$N = X_1 + X_2 + X_3 + X_4.$$

Then from (20‴) we find

$$X_i = a x_i^2 + a_i x_i + \text{constant},$$

that is,

$$N = a \sum x_i^2 + \sum a_i x_i + a_5 \tag{21}$$

containing six constants $a, a_1, a_2, a_3, a_4, a_5$.

This is found to satisfy (20″) if we impose the one condition

$$a_1^2 + a_2^2 + a_3^2 + a_4^2 - 4 a a_5 = 0. \tag{21′}$$

---

[7]) This form is termed pseudo-euclidean by Hilbert („Grundlagen der Physik", Göttinger Nachrichten 1915, 1917). Eddington uses both semi-euclidean and hyperbolic, — the latter term, however, should not be used since there is no connection with Lobatchevsky space. The form is flat (zero riemann curvature) and is included under euclidean manifolds by Einstein.

The general solution of our system thus involves five independent constants.

Since $\nu = N^{-2}$, the forms having the same light rays as the given euclidean form (19) are

$$\frac{dx_1^2 + dx_2^2 + dx_3^2 + dx_4^2}{N^2} \tag{22}$$

where N is defined by (21) and (21'). These are easily seen to be euclidean being merely the result of applying a transformation of coordinates (selected from the conformal or inversion group in four-space) to (19)[8]).

§ 4.

The cosmological equations.

In Einstein's more recent cosmological discussions, the gravitational equations $R_{ik} = 0$ (or the equivalent system $R_{ik} - \frac{1}{2} g_{ik} R = 0$, where R is the scalar curvature $g^{\alpha\beta} R_{\alpha\beta}$) are replaced by the more general equations

$$R_{ik} - \frac{1}{4} g_{ik} R = 0. \tag{27}$$

The advantage of this form, with the peculiar factor $\frac{1}{4}$, is due to the fact that the scalar of the left member vanishes identically. Set (27) is satisfied not only by flat manifolds but also by all spherical manifolds (constant riemannian curvature).

For this general form we state the following results for comparison with our previous results for the special case $R_{ik} = 0$.

I. If the manifold is to admit conformal representation on euclidean space (that is, has the same light rays) it must be of constant riemannian curvature.

II. If the manifold is to be imbedded in a five-flat then either it is a *hypersphere* (the four principal curvatures $\varkappa_1, \varkappa_2, \varkappa_3, \varkappa_4$ at any point being equal so that all points are umbilical); or else at every point

$$\varkappa_1 = \varkappa_2 = -\varkappa_3 = -\varkappa_4$$

---

[8]) See American Journal of Mathematics **43**, pp. 23, 24 where it is shown directly that the curvature tensor $R_{ij,kl}$ vanishes. (This may also be proved from Levi-Civita's general formulas.) The letter N of the present paper is there taken as M, and the equation corresponding to (20'') is not printed, but is used in the integration, giving condition (21'). The equation $N = 0$ thus represents a null-hypersphere in the four-flat $(x_1\, x_2\, x_3\, x_4)$. [Added in proof: A simple derivation of this theorem for n dimensions is given in a note by J. A. Schouten and D. J. Struik to be published in Amer. Journ. of Math. The result is stated by Ogura, Comptes Rendus, Nov. 17, 1921, apparently without knowledge of my earlier papers.]

so that we have a certain possible type of what may be termed ***hyper-minimal*** solutions.

[Added in proof: See my papers on "Einstein's cosmological equations" in Science **54** (Sepl 30, 1921), p. 304 and Amer. Journ. of Math. **44** (Oct. 1921), where also all solutions depending on one variable, and a simple algebraic solution (namely a quartic variety constructed in a linear space of six dimensions) are given. In Nature **108** (Dec. 1, 1921), p. 434, I have called attention to a curious property of the motion of a partiale starting with the velocity of light.]

Columbia University, New York, July, 1921.

(Eingegangen am 9. 9. 1921.)

Sur le théorème limite du calcul des probabilités.

Von

Serge Bernstein in Charkow.

Je résume dans ces quelques pages, en omettant des démonstrations, mon étude (qui date de l'année 1917—1918) sur le théorème limite du calcul des probabilités ou sur les conditions de l'applicabilité de la loi de Gauss. Le problème consiste dans la recherche des conditions pour que, S_n désignant une quantité dépendant de n dont l'espérance mathématique est nulle, la probabilité de l'inégalité

$$t_0\sqrt{2B_n} < S_n < t_1\sqrt{2B_n},$$

où $B_n =$ Esp. Math. (S_n^2), ait pour limite, lorsque n croît indéfiniment,

$$\frac{1}{\sqrt{\pi}}\int_{t_0}^{t_1} e^{-t^2}\,dt.$$

Sans restreindre la généralité on peut poser $S_n = u_1^{(n)} + u_2^{(n)} + \ldots + u_n^{(n)}$. Dans la suite pour abréger l'écriture j'omettrai l'indice supérieur dans le terme $n_k^{(n)}$, en écrivant simplement n_k; mais pour que les énoncés des propositions qui suivent ne soulèvent pas de malentendus et soient compris dans toute leur généralité il faut bien se rappeler que nous n'admettons pas, en général, l'existence de la relation $S_n - S_{n-1} = u_n$.

Il est facile d'abord de démontrer la condition nécessaire suivante pour l'applicabilité du théorème limite du calcul des probabilités que je présenterai sous une forme particulière pour faciliter sa comparaison avec la condition suffisante que je donnerai plus loin.

Le théorème limite n'est certainement pas applicable, si B_n étant de l'ordre n^λ, il existe parmi les nombres u_i au moins un, tel que s'il reçoit une certaine valeur u_i^0 (dont la probabilité est finie), les espérances mathématiques des produits $u_k u_l$, où $k - i$ et $l - i$ sont tous les deux inférieurs *à* $n^{\frac{\lambda}{2}}$, *reçoivent des accroissements supérieurs à un nombre positif fini* α, *les accroissements des espérances mathématiques des autres produits étant non négatifs.*

Pour arriver aux conditions suffisantes je fais usage d'un lemme préliminaire qui joue un rôle fondamental dans ma méthode de démonstration.

Lemme fondamental. *Si quel que soit l'ensemble de valeurs connues de* $u_1, u_2, \ldots, u_{i-1}$, *à l'exception d'un ensemble dont la probabilité est* ε_i, *les écarts que reçoivent les espérances mathématiques de* u_i *et* u_i^2, *respectivement, ne dépassent pas* α_i *et* β_i, *si de plus l'espérance mathématique de* $|u_i|^3$ *reste inférieure à* c_i, *le théorème limite est applicable à la somme* S_n, *pourvu que* $\frac{\sum_1^n \alpha_i}{\sqrt{B_n}}, \frac{\sum_1^n \beta_i}{\sqrt{B_n}}, \frac{\sum_1^n c_i}{\sqrt{B_n^3}}, \sum_1^n \varepsilon_i$ *tendent vers* 0 *avec* $\frac{1}{n}$.

Si les quantités u_i satisfont aux conditions du lemme, nous dirons, pour abréger, que les quantités u_i sont *presque indépendantes.* Ceci posé, si l'on a une somme quelconque $S_n = u_1 + u_2 + \ldots + u_n$, on pourra toujours affirmer l'applicabilité à cette somme du théorème limite, si l'on parvient à rassembler les termes de cette somme en $2l$ groupes: $y_1 + x_1 + y_2 + x_2 \ldots + y_l + x_l$ de telle sorte que $y_1, y_2, \ldots, y_l$ soient presque indépendantes, tandis qu'en même temps l'ordre de croissance de Esp. Math. $(x_1 + x_2 + \ldots + x_l)^2$ soit inférieur à celui de $B_n =$ Esp. Math. $(u_1 + u_2 + \ldots + u_n)^2$. En effet, il est facile de montrer alors que

$$\frac{\text{E. M. } (y_1 + y_2 + \ldots + y_l)^2}{\text{E. M. } (u_1 + u_2 + \ldots + u_n)^2} \to 1$$

et d'en conclure que le théorème limite étant applicable à la somme $y_1 + y_2 + \ldots + y_l$, doit s'appliquer également à la somme S_n. On obtient ainsi des théorèmes généraux plus ou moins semblables dont les énoncés peuvent être variés selon les besoins pratiques. Je me bornerai au suivant:

Théorème. *Si* $B_{i,\,i+h} = \text{E. M.} (u_{i+1} + u_{i+2} + \ldots + u_{i+h})^2$ *est de l'ordre* h^λ $(\lambda \geqq 1)$, *si* E. M. $|u_k|^3$ *reste bornée quelles que soient les valeurs connues des autres* u_i, *et si, en outre, un certain nombre des* u_i *étant connues,* E. M. (u_k) *et* E. M. $(u_k u_l)$ *reçoivent des écarts inférieurs à* $\frac{1}{n}$, *tant que* $|k - i| > n^\varrho$ *où* $\varrho < \frac{\lambda}{2}$, *le théorème limite est applicable à la somme* $S_n = u_1 + u_2 + \ldots + u_n$.

En comparant ce théorème à la condition nécessaire indiquée plus haut, on voit qu'il tomberait en défaut, si l'on y faisait $\varrho = \frac{\lambda}{2}$.

Je résumerai brièvement la démonstration. On pose

$$y_1 = u_1 + u_2 + \dots + u_h$$
$$y_2 = u_{h+k+1} + \dots + u_{2h+k}$$
$$\dots\dots\dots\dots\dots$$
$$y_l = u_{(l-1)(h+k)+1} + \dots + u_{l(h+k)-k},$$

où k est le plus grand nombre entier satisfaisant à la condition $k < n^\varrho$, de plus $l = n^\delta$, où δ satisfait à l'inégalité $\delta < \lambda - 2\varrho$, et, enfin, h est le plus petit entier satisfaisant à la condition $h \geqq n^{1-\delta} - k$. Dans ces conditions

$$\frac{\text{E. M.}\,(y_1 + y_2 + \dots + y_l)^2}{B_{0,n}} \to 1,$$

et par conséquent il suffit de prouver que les quantités y_i sont presque indépendantes. A cet effet, il suffit d'observer d'abord, que l'écart maximum de E. M. (y_i) et celui de E. M. (y_i^2) sont respectivement inférieurs à $\frac{h}{n}$ et $\frac{h^2}{n}$, lorsque les y_i précédentes sont connus; mais la condition relative à E. M. $|y_i|^3$ est un peu plus difficile à mettre en évidence. On y arrive par le raisonnement suivant où, pour fixer les idées, je supposerai $\lambda = 1$: admettons que pour une certaine valeur n_0 on ait, quel que soit g, une inégalité de la forme

$$\text{E. M.}\,|u_{g+1} + \dots + u_{g+n_0}|^3 < A n_0^{1+\frac{\delta}{2}} n^\varrho;$$

dans ces conditions, on aura certainement, en désignant par t un nombre fixe indépendant de n_0,

$$\text{E. M.}\,|u_{g+1} + \dots + u_{g+2n_0}|^3 < 2A n_0^{1+\frac{\delta}{2}} n^\varrho + t n_0^{\frac{1}{2}} n^\varrho < A (2n_0)^{1+\frac{\delta}{2}} n^\varrho;$$

pourvu que A soit un nombre fixe supérieur à $\dfrac{t}{2(2^{\frac{\delta}{2}}-1)}$. Il en résulte immédiatement que

$$\text{E. M.}\,|y_i|^3 < A(2h)^{1+\frac{\delta}{2}} n^\varrho, \text{ d'où } \frac{\Sigma\,\text{E. M.}\,|y_i|^3}{n^{3/2}} \to 0,$$

et le théorème est ainsi démontré.

Comme première illustration de ce théorème, j'indiquerai l'exemple suivant. Soient $x_1, x_2, \dots, x_N$ un grand nombre de quantités indépendantes, dont les espérances mathématiques sont nulles et dont les carrés admettent les mêmes espérances mathématiques. On définit ensuite $n = N - t + 1$ quantités $u_1, u_2, \dots, u_n$ par la condition que u_i reçoit la valeur $+1$ ou -1, suivant que la somme $x_i + x_{i+1} + \dots + x_{i+t-1}$ est positive où négative, et la valeur 0, lorsque cette somme est nulle. On trouve alors comme conséquence du théorème démontré et par un calcul qu'il est inutile de reproduire que la probabilité de l'inégalité

$$z_0\sqrt{nt\left(2-\frac{4}{\pi}\right)} < u_1 + \ldots + u_n < z_1\sqrt{nt\left(2-\frac{4}{\pi}\right)}$$

a pour limite $\frac{1}{\sqrt{\pi}}\int\limits_{z_0}^{z_1} e^{-t^2}dt$, pourvu que $t = n^{\varrho}$ avec $\varrho < 1$.

Comme seconde application, je me propose de généraliser les résultats de M. A. Markoff relatifs aux séries d'événements formant une chaîne simple.

Supposons que l'on ait une série d'événements dont les probabilités a priori sont égales à $p_1, p_2, \ldots, p_n$, on admet qu'après l'apparition où la non apparition de l'événement d'ordre k, la probabilité de l'événement d'ordre $\overline{k+1}$ devienne égale respectivement à p'_{k+1}, p''_{k+1}, quels que soient les événements antérieurs réalisés. M. A. Markoff[1]) a montré que le théorème limite des probabilités est applicable à la somme $(m - p_1 - p_2 - \ldots - p_n)$, où m désigne le nombre d'événements apparus, dans le cas où il existe un nombre fixe positif α, tel que $p'_k q'_k > \alpha$, $p''_k q''_h > \alpha$, où $q'_k = 1 - p_k$, $q''_k = 1 - p''_k$. Le théorème indiqué plus haut permet d'étendre la condition suffisante de l'éminent géomètre russe: *Il suffit que l'on ait*

$$|p'_k - p''_k| < 1 - \frac{1}{k^{\alpha}} \text{ avec } \alpha < \frac{1}{2},$$

si en même temps sur trois expressions successives, $p_{k+1}q_{k+1} - \delta^2_{k+1}p_k q_k$, *où* $\delta_k = p'_k - p''_k$ *et* $q_k = 1 - p_k$, *deux au moins ne tendent pas simultanément vers* 0. Ainsi, par exemple, le théorème limite ne cesse pas d'être vrai si, pour toute valeur de k, $p'_k = 0$, pourvu que $p''_k q''_k$ ne tende pas vers 0. Signalons aussi que l'hypothèse que $\delta_k > 0$ permettrait de remplacer la condition restrictive relative à l'expression $p_{k+1}q_{k+1} - \delta^2_{k+1}p_k q_k$ par la condition suivante plus générale: sur les produits successifs $p_k q_k$ l'un au moins doit rester supérieur à un nombre fixe a. En modifiant un peu l'énoncé de notre théorème, on peut donner une autre forme à la condition suffisante. *Il suffit que* $p_k q'_k > \frac{1}{k^{\alpha}}$, $p''_k q''_k > \frac{1}{k^{\alpha}}$ *et que* $\delta_k > 1 - \frac{1}{k^{\alpha_1}}$ *où* $\alpha_1 > \frac{7\alpha - 1}{6}$. Il est clair que la condition relative à δ_k est remplie d'elle-même dans le cas où $\alpha < \frac{1}{7}$. Mais il est interessant de noter que notre condition suffisante contient également des cas où α est aussi voisin de 1 qu'on le veut. (J'ai démontré ailleurs que pour $\alpha \geqq 1$ non seulement le

[1]) Mémoires de l'Académie des Sciences de St. Pétersbourg 25 (1910), Nr. 3.

théorème limite, mais la loi des grands nombres[2]) elle-même tombe en défaut.) Remarquons que nos conditions suffisantes se distinguent de celles de M. A. Markoff par le fait qu'elles comprennent des cas où la *dispersion* est soit *infiniment grande*, soit *infiniment petite*. Je terminerai cet article par l'énoncé d'un théorème qui doit servir de base mathématique à la théorie de la corrélation normale et dont la démonstration est fondée sur la méthode exposée plus haut:

Théorème. *Soient*

$$S_n = u_1 + u_2 + \ldots + u_n, \quad S'_n = u'_1 + u'_2 + \ldots + u_n$$

deux sommes d'éléments dépendants tels que

$$\text{E.M.}(u_{i+1} + u_{i+2} + \ldots + u_{i+h})^2 = B_{i,h}, \quad \text{E.M.}(u'_{i+1} + \ldots + u'_{i+h})^2 = B'_{i,h}$$

sont de l'ordre h; *si* $\text{E.M.}\,|u_i|^3$ *ainsi que* $\text{E.M.}\,|u'_i|^3$ *restent bornés quelles que soient les valeurs reçues par les autres* u *et* u'_i, *si, de plus, les écarts de* $\text{E.M.}(u_k)$, $\text{E.M.}(u'_k)$, $\text{E.M.}(u_k u_l)$, $\text{E.M.}(u_k u'_l)$, $\text{E.M.}(u'_k u'_l)$ *restent inférieurs à* $\frac{1}{n}$, *tant qu'on ne connaît aucun des* u_i *ou* u'_i *pour lesquels* $|k-i| < n^\varrho$, $|l-i| < n^\varrho$, *où* $\varrho < \frac{1}{2}$, *la probabilité de l'existence simultanée des inégalités*

$$t_0\sqrt{2B_{0,n}} < S_n < t_1\sqrt{2B_{0,n}}, \quad t'_0\sqrt{2B'_{0,n}} < S'_n < t'_1\sqrt{2B'_{0\,n}}$$

a pour limite, lorsque n *croît indéfiniment,*

$$\frac{1}{\pi\sqrt{1-k^2}}\int_{t_0}^{t_1}\int_{t'_0}^{t'_1} e^{-\frac{t^2+t'^2-2ktt'}{1-k^2}}\,dt\,dt'$$

où

$$k = \frac{\text{E.M.}(S_n S'_n)}{\sqrt{B_{0,n} B'_{0,n}}} \mp 1.$$

---

[2]) Dans des cas exceptionels la loi des grands nombres peut s'appliquer au cas où $\alpha = 1$.

(Eingegangen am 2. 8. 1921.)

Zur mathematischen Grundlegung der kinetischen Gastheorie.

Von

Paul Bernays in Göttingen.

Einleitung.

Unter den verschiedenerlei Annahmen, auf welche die Überlegungen der kinetischen Gastheorie sich stützen, befinden sich insbesondere auch solche, die nicht den Charakter physikalischer Hypothesen besitzen, sondern den von *Vermutungen*, welche die Gültigkeit gewisser ***rein mathematischer Wahrscheinlichkeits-Theoreme*** betreffen, auf deren Beweis man nur der Schwierigkeit halber vorläufig verzichtet.

Dieses Auftreten mathematischer Vermutungen in den Grundlagen der kinetischen Gastheorie hat Hilbert in seiner (im Herbst 1919 gehaltenen) Vorlesung über „Natur und mathematisches Erkennen" besonders nachdrücklich hervorgehoben. Zur Erläuterung führte er folgendes Beispiel an:

Es sei ein Kasten durch eine innere Wand in zwei gleich große Fächer A und B geteilt. In dem Fach A befinde sich ein Gas, das Fach B sei evakuiert. Wird nun die trennende Wand weggenommen, so verteilt sich das Gas über das ganze Innere des Kastens, d. h. nach Ablauf einer gewissen Zeit sind beide Fächer mit gleicher Dichte von dem Gase erfüllt. Um diese Erfahrungstatsache vom Standpunkt der kinetischen Gastheorie zu erklären, denkt man sich zunächst das Gas als bestehend aus einer großen Zahl (n) von gleichbeschaffenen Molekülen, elastischen Kugeln, deren Bewegung sich nach den Gesetzen der Mechanik vollzieht, und zwar so, daß auf freier Bahn die Bewegung geradlinig gleichförmig ist, beim Zusammentreffen zweier Moleküle die Gesetze des elastischen Stoßes zur Geltung kommen und an den Wänden Reflektion stattfindet. Und nun käme es darauf an, zu beweisen, daß zu einem beliebig gewählten Zeitpunkt der Beobachtung, sofern dieser nur von der Anfangszeit (dem Zeitpunkt der Beseitigung der trennenden Wand) einen gewissen Mindest-Abstand besitzt, *fast immer*, d. h. bei der ganz überwiegenden Mehrheit der Anfangsbedingungen, *nahezu gleich viele* Moleküle in A wie in B vorhanden sind, wobei das Maß der „überwiegenden Mehrheit" sowie die Bedeutung von „nahezu gleich viele" genauer durch Ungleichungen zu präzisieren ist.

Dieser Nachweis wäre eine rein mathematische Angelegenheit. Es ist aber keine Rede davon, daß er geführt ist; vielmehr nimmt man die Richtigkeit der Behauptung bloß auf ihre Plausibilität hin an.

Die hier vorliegende Vermutung bildet einen Sonderfall einer viel allgemeineren Annahme, nämlich derjenigen auf welcher die Gleichsetzung der „Zeitgesamtheit" mit der „natürlichen virtuellen Gesamtheit" beruht[1]). Ein anderes Beispiel für einen mathematischen Satz, den man unbewiesen der Gastheorie zugrunde legt, bildet die sogenannte *Ergodenhypothese*[2]), deren Beweis bisher auch nicht gelungen ist.

Für das zuerst genannte Theorem (betreffend den zweigeteilten Kasten) hat Hilbert auf eine Art der schematischen Vereinfachung hingewiesen, welche die Ausführung des mathematischen Beweises ermöglicht[3]). Diese besteht darin, daß man die Moleküle als punktförmig annimmt und sich auf eine Raum-Dimension beschränkt.

Im Eindimensionalen erhalten die Stoßgesetze eine besonders einfache Form; sie besagen dann nämlich, daß beim Zusammenstoß zweier Moleküle diese ihre Geschwindigkeiten vertauschen. Hieraus folgt unter der Annahme punktförmiger Moleküle, daß die Zusammenstöße für die statistischen Überlegungen überhaupt nicht berücksichtigt zu werden brauchen, daß also der Vorgang so betrachtet werden kann, als ob die Massenpunkte ungehindert aneinander vorbeigehen.

Wir gelangen somit zu folgendem Schema: Auf einer Strecke, welche in die zwei Hälften („linke" und „rechte" Hälfte) geteilt ist, bewegen sich n Massenpunkte von gleicher Masse unabhängig voneinander, geradlinig gleichförmig im Innern, und an den Enden kehren sie die Richtung ihrer Bewegung um. Zur Anfangszeit befinden sich alle Massenpunkte in der linken Hälfte der Strecke.

Behauptet wird, daß nach Ablauf einer gewissen Mindestzeit ungefähr ebenso viele Massenpunkte sich in der linken wie in der rechten Streckenhälfte befinden, daß also das Verhältnis der Anzahl der Massenpunkte in der linken

---

[1]) Vgl. z. B. in dem Artikel von P. Hertz über statistische Mechanik (Weber und Gans, Repetitorium der Physik) Nr. 242, S. 455; Nr. 247, S. 470 und Nr. 304, S. 599.

[2]) Da die ursprüngliche Formulierung der Ergodenhypothese mit einer Ungenauigkeit behaftet war, so wird die Annahme in ihrer genaueren Fassung zuweilen als „Quasi-Ergodenhypothese" bezeichnet.

[3]) Im gleichen Sinne hat Weyl die Ergodenhypothese gestützt, indem er für einen schematisch vereinfachten Spezialfall ihren Beweis erbrachte („Sur une application de la théorie des nombres à la mécanique statistique et à la théorie des perturbations", L'Enseignement mathématique, November 1914).

Hälfte zur Gesamtzahl nahezu gleich $\frac{1}{2}$ ist, sofern nur gewisse Anfangszustände ausgeschlossen werden, welche in der Gesamtheit aller möglichen Anfangszustände nur einen verschwindend kleinen Bruchteil ausmachen.

Zur Präzisierung der Aussage bedarf es noch einer Voraussetzung über die Gleichmöglichkeit von Anfangszuständen. |

Entsprechend der Annahme, daß die Massenpunkte sich geradlinig gleichförmig bewegen, haben wir uns zu denken, daß die Gesamt-Energie kinetische Energie ist, also, abgesehen von dem Massenfaktor, bestimmt wird durch die Summe der Quadrate der Anfangsgeschwindigkeiten:

$$v_1^2 + v_2^2 + \ldots + v_n^2.$$

Diese Größe denken wir uns als fest gegeben $= n \cdot C^2$, desgleichen auch die Anfangslagen der Massenpunkte.

Die einfachste Annahme betreffs der Gleichwertigkeit von Anfangszuständen ist dann, daß alle Punkte der „Geschwindigkeits-Kugel"

$$v_1^2 + \ldots + v_n^2 = nC^2$$

gleichberechtigt sind.

Unter diesen Voraussetzungen soll nunmehr der Beweis der aufgestellten Behauptung durchgeführt werden; und zwar wird das zahlenmäßige Ergebnis folgendermaßen lauten:

Es bedeute l die Länge der Strecke, t die „Wartezeit" vom Anfangszustand bis zur Beobachtung, und zugleich auch den Zeitpunkt der Beobachtung; n_1 sei die Anzahl der Massenpunkte, welche zur Zeit t in der linken Hälfte der Strecke liegen. Die dimensionslose Größe $\frac{C \cdot t}{l}$ werde zur Abkürzung mit a bezeichnet.

q bedeute einen echten Bruch und $W_q(t)$ die Wahrscheinlichkeit, daß zur Zeit t die Abweichung von der Gleichverteilung der Massenpunkte auf die Streckenhälften, welche durch den Ausdruck $\left|\frac{n_1}{n} - \frac{1}{2}\right|$ dargestellt wird, mindestens q beträgt.

Dann ist für $q \leqq \frac{1}{8}$

$$W_q(t) < \frac{12}{q \cdot \sqrt{n}} \cdot e^{-n\left(2q^2 - \frac{1}{a\sqrt{2\pi}}\right)}. \tag{1}$$

Hieraus folgt, daß für $\frac{1}{a\sqrt{2\pi}} \leqq q^2$, d. h. für $t \geqq \frac{l}{\sqrt{2\pi} \cdot C \cdot q^2}$

$$W_q(t) < \frac{12}{q\sqrt{n}} \cdot e^{-nq^2}$$

ist.

Nehmen wir $l = 20$ cm an und setzen für C den Wert der mittleren Geschwindigkeit der Moleküle in Luft von gewöhnlicher Temperatur: $5 \cdot 10^4$ cm/sek, so ist die Bedingung

$$t \geqq \frac{l}{\sqrt{2\pi} \cdot C \cdot q^2}$$

für $q = \frac{1}{100}$ erfüllt bei einer Wartezeit von mindestens 2 Sekunden

„ $q = \frac{1}{1000}$ „ „ „ „ „ „ 3 Minuten

„ $q = \frac{1}{10000}$ „ „ „ „ „ „ $4\frac{1}{2}$ Stunden.

Wählen wir ferner als Größenordnung für n die ungefähre Zahl der Moleküle in 20 ccm Luft (bei 0^0 Celsius und Atmosphärendruck), also $20 \cdot 27 \cdot 10^{18}$, so erhalten wir unter der für die Wartezeit t angegebenen Bedingung die Abschätzungen:

$$W_{\frac{1}{100}}(t) < 10^{-(2 \cdot 10^{16})}$$

$$W_{\frac{1}{1000}}(t) < 10^{-(2 \cdot 10^{14})}$$

$$W_{\frac{1}{10000}}(t) < 10^{-(2 \cdot 10^{12})}.$$

Von den hier zur Vereinfachung benutzten Annahmen ist für die Durchführbarkeit des Beweises nur die Annahme punktförmiger Moleküle wesentlich, nicht aber die Beschränkung auf das Eindimensionale. Eine geringe Modifikation der Beweismethode für die Formel (1) gestattet nämlich, ein entsprechendes Resultat auch im Falle von *mehreren Dimensionen* zu gewinnen.

Betrachten wir insbesondere das *Problem im Dreidimensionalen.* An Stelle der Strecke tritt dann ein rechteckiger Kasten, der halbiert ist durch eine zu zwei Grenzflächen parallele und 4 Seitenkanten von der Länge l halbierende Wand. Die Massenpunkte bewegen sich auf freier Bahn geradlinig gleichförmig und werden an den Wänden reflektiert.

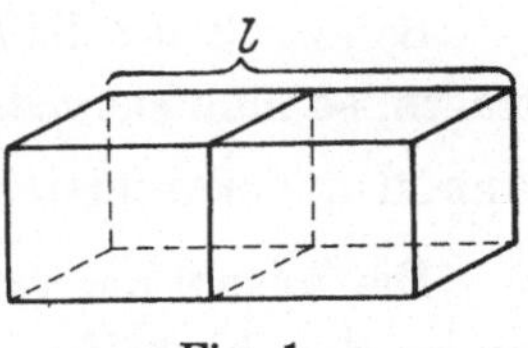

Fig. 1.

Die Zusammenstöße zwischen den Massenpunkten brauchen hier wiederum nicht berücksichtigt werden. Damit nämlich bei punktförmigen Massen ein Zusammenstoß innerhalb der Wartezeit t erfolgen kann, müssen die Komponenten der Anfangsgeschwindigkeiten $u_1, v_1, w_1, \ldots, u_n, v_n, w_n$, deren Werte durch die Bedingung

$$\sum_{\nu=1}^{n}(u_\nu^2 + v_\nu^2 + w_\nu^2) = n\,C^2$$

beschränkt sind, mindestens einem von endlich vielen Paaren linearer Gleichungen genügen, und es bilden also diese Wertsysteme von Anfangsgeschwindigkeiten bei der Darstellung auf der $(3n-1)$-dimensionalen Geschwindigkeits-Kugel eine Mannigfaltigkeit von nur $(3n-3)$ Dimensionen, so daß die

Wahrscheinlichkeit eines Zusammenstoßes (innerhalb der Zeit t) gleich 0 zu setzen ist.

Unter Beibehaltung der vorherigen Bezeichnungen ergibt sich, für $q \leqq \frac{1}{8}$,

$$W_q(t) < \frac{6}{q \cdot \sqrt{n}} \cdot e^{-n \cdot \left(2q^2 - \frac{1}{a}\sqrt{\frac{3}{2\pi}}\right)}, \tag{2}$$

und es folgt demnach für $t \geqq \sqrt{\frac{3}{2\pi}} \cdot \frac{l}{C \cdot q^2}$:

$$W_q(t) < \frac{6}{q \cdot \sqrt{n}} \cdot e^{-nq^2},$$

und für $t \geqq \frac{1}{\sqrt{2\pi}} \cdot \frac{l}{C \cdot q^2}$:

$$W_q(t) < \frac{6}{q \cdot \sqrt{n}} \cdot e^{-\frac{1}{4}nq^2}.$$

Dabei ist die Anzahl n der Massenpunkte dem Volumen des Kastens, die Mindest-Wartezeit der Länge l proportional.

Da den genannten Resultaten nur eine methodische Bedeutung zukommt, so möchte ich mich darauf beschränken, die Beweisführung in dem einfacheren Fall, also für die Formel (1) anzugeben.

Um unnötige Wiederholungen zu vermeiden, knüpfe ich im folgenden an die Bezeichnungen der Einleitung an.

§ 1.

Ansatz.

Soll zur Zeit t die Abweichung von der Gleichverteilung mindestens q betragen, so muß entweder die Anzahl der Massenpunkte in der linken oder die Anzahl in der rechten Streckenhälfte $\leqq \frac{n}{2} - qn$ sein.

Die Anzahl der verschiedenen Verteilungen der n Massenpunkte auf die beiden Streckenhälften, bei welchen ν Punkte der linken und $(n - \nu)$ Punkte der rechten Hälfte angehören, ist $\binom{n}{\nu}$. Wird also mit s die größte, $\left(\frac{n}{2} - qn\right)$ nicht übertreffende ganze Zahl bezeichnet, so ist die Gesamtzahl aller Verteilungen, welche von der Gleichverteilung um mindestens q abweichen, gleich

$$2 \cdot \left[\binom{n}{0} + \binom{n}{1} + \ldots + \binom{n}{s}\right].$$

Und wenn demnach die Wahrscheinlichkeit einer jeden bestimmten Verteilung der n Punkte auf die Streckenhälften unterhalb einer Größe w liegt, so ist

$$W_q(t) < 2w \cdot \sum_{\nu=0}^{s} \binom{n}{\nu}. \tag{3}$$

Nun kommt es darauf an, eine solche Abschätzung w für die Wahrscheinlichkeit einer bestimmten Verteilung zu finden.

$a_1, a_2, \ldots, a_n$ seien die Abstände der Massenpunkte von dem linken Endpunkt der Strecke zur Anfangszeit. Dann gehört der h-te Massenpunkt zur Zeit t der linken oder der rechten Streckenhälfte an, je nachdem

$$-\frac{l}{2} \leqq v_h \cdot t + a_h - 2kl \leqq +\frac{l}{2}$$

oder

$$-\frac{l}{2} \leqq v_h t + a_h - (2k+1)l \leqq +\frac{l}{2}$$

(für einen *ganzzahligen* Wert von k) ist. (Die Geschwindigkeit v_h kann natürlich eventuell negativ sein.)

Um die Intervalle auf die Länge 1 zu bringen, setzen wir $v_h \cdot t = x_h \cdot l$.

Dann tritt an Stelle der Geschwindigkeits-Kugel

$$v_1^2 + \ldots + v_n^2 = nC^2$$

die Kugel

$$x_1^2 + \ldots + x_n^2 = nC^2 \cdot \frac{t^2}{l^2} = n \cdot a^2,$$

und die Flächenstücke auf dieser Kugel sind den entsprechenden auf der Geschwindigkeits-Kugel proportional.

Die Bedingung für eine bestimmte Verteilung der Massenpunkte auf die beiden Hälften der Strecke stellt sich nun so dar, daß für jede Variable x_h Intervalle der Länge 1 von zulässigen Werten („zulässige Intervalle") und solche von auszuschließenden Werten einander ablösen.

In dem n-dimensionalen Raum der Variablen $x_1, \ldots, x_n$ besteht das Gebiet $\mathfrak{G}$ der zulässigen Wertsysteme aus Würfeln von der Kantenlänge 1, deren Mittelpunkte ein Würfelgitter von der Kantenlänge 2 bilden; und die Wahrscheinlichkeit der betreffenden Verteilung der Massenpunkte wird also gemessen durch den Quotienten aus dem zu $\mathfrak{G}$ gehörigen Teil der $(n-1)$-dimensionalen Kugelfläche

$$x_1^2 + \ldots + x_n^2 = na^2$$

und der Gesamtfläche dieser Kugel $\mathfrak{K}$.

Der Nenner dieses Quotienten ist leicht zu berechnen. Bedeutet V_k das Volumen der Einheitskugel im k-dimensionalen Raum $\int\limits_{u_1^2+\ldots+u_k^2 \leqq 1} \ldots \int du_1 \ldots du_k$, so ist die Oberfläche der Kugel $\mathfrak{K}$ gleich

$$n \cdot V_n \cdot (a \cdot \sqrt{n})^{n-1}.$$

Um den Zähler in einfacher Weise abzuschätzen, berücksichtigen wir zunächst, daß die Größe eines Flächenelements der Kugel gleich ist der Projektion auf eine Koordinatenebene, dividiert durch den zugehörigen Richtungskosinus des Flächenelements. Dieser Richtungskosinus ist bei der Projektion in Richtung der x_h-Achse gleich dem Quotienten von x_h und dem Kugelradius $a \cdot \sqrt{n}$; indem wir verschiedene Teile der Kugel auf verschiedene Koordinatenebenen projizieren, können wir erreichen, daß jeweils der reziproke Wert des Richtungskosinus höchstens gleich $\sqrt{n}$ ist.

Eine wesentliche Vereinfachung ergibt sich nun, wenn wir bei der Projektion in der x_h-Richtung die für die Koordinate x_h bestehende Bedingung außer Acht lassen, indem so an Stelle der komplizierten Einteilung, welche die $(n-1)$-dimensionale Kugel*fläche* $\mathfrak{K}$ durch die Würfel des Gebietes $\mathfrak{G}$ erfährt, die viel übersichtlichere Einteilung eines $(n-1)$-dimensionalen Kugel*inneren* tritt. Daß hierdurch in das Resultat der Abschätzung ein Faktor 2 hineinkommt, fällt in Anbetracht anderer gleich starker Vernachlässigungen nicht ins Gewicht[4]).

Auf Grund dieser Überlegung verfahren wir nun folgendermaßen. Wir zerlegen die Kugelfläche $\mathfrak{K}$ in n Teilbereiche, entsprechend den folgenden Ungleichungen:

erster Bereich: $|x_1| \geqq a, \quad |x_2| < a, \quad |x_3| < a, \quad \ldots, \quad |x_n| < a$

zweiter „ : $|x_2| \geqq a, \quad |x_3| < a, \quad \ldots, \quad |x_n| < a$

⋮

$(n-1)$-ter „ : $|x_{n-1}| \geqq a, \quad |x_n| < a$

n-ter „ : $|x_n| \geqq a.$

Der auf den h-ten Bereich entfallende Bestandteil des abzuschätzenden Flächenstückes der Kugel $\mathfrak{K}$ ist!

$$< 2 \cdot \sqrt{n} \cdot \int \underset{\mathfrak{g}_h}{\ldots} \int dx_1 \ldots dx_{h-1} dx_{h+1} \ldots dx_n,$$

wobei das Integrationsgebiet $\mathfrak{g}_h$ bestimmt ist durch die Ungleichungen

$$|x_{h+1}| < a, \quad \ldots, \quad |x_n| < a, \quad x_1^2 + \ldots + x_{h-1}^2 \leqq na^2 - x_{h+1}^2 - \ldots - x_n^2,$$

zu denen noch die Bedingung hinzutritt, daß jede der Integrationsvariablen auf die für sie zulässigen Intervalle beschränkt ist.

($\sqrt{n}$ ist die erwähnte Abschätzung für den reziproken Wert des Richtungskosinus des Flächenelements der Kugel, und der Faktor 2 ist deshalb notwendig, weil bei der Projektion auf eine Koordinatenebene je zwei gegenüberliegende Punkte der Kugel in denselben Punkt projiziert werden.)

Für $h = 1$ und $h = n$ ist die Schreibweise sachgemäß zu modifizieren.

Das Integrationsgebiet wird vergrößert, indem wir die Ungleichung

$$x_1^2 + \ldots + x_{h-1}^2 \leqq na^2 - x_{h+1}^2 - \ldots - x_n^2$$

ersetzen durch:

$$x_1^2 + \ldots + x_{h-1}^2 \leqq na^2.$$

[4]) Bei der Aufgabe im Dreidimensionalen kann dieser Faktor 2 erspart werden. Daher steht auch in der Formel (2) die Zahl 6 anstelle der Zahl 12 in der Formel (1).

Wir können dann die Integrationen nach den Variablen $x_{h+1}, \ldots, x_n$ einzeln ausführen, und da die Variablen auf die zulässigen Werte im Intervall von $(-a)$ bis $(+a)$ beschränkt sind, so ergibt sich, für $h = 2, \ldots, n$:

$$\text{(4)} \qquad \int_{\mathfrak{G}_h} \!\!\cdots\! \int \leqq \left(\frac{2a+1}{2}\right)^{n-h} \cdot \underset{x_1^2+\cdots+x_{h-1}^2 \leqq n a^2}{\int \cdots \int{}'} dx_1 \ldots dx_{h-1},$$

wobei der Strich am Integralzeichen andeuten soll, daß die Integrationsvariablen der Beschränkung auf die zulässigen Intervalle unterworfen sind.

$$\int_{\mathfrak{G}_1} \!\!\cdots\! \int \leqq \left(\frac{2a+1}{2}\right)^{n-1}$$

Wird für $m = 1, \ldots, n,\ R \geqq 0$

$$\underset{x_1^2+\cdots+x_m^2 \leqq R^2}{\int \cdots \int{}'} dx_1 \ldots dx_m = J_m(R)$$

gesetzt, so ist (wenn V_0 den Wert 1 bedeutet):

$$\text{(5)} \qquad J_m(R) \leqq \frac{1}{2^m} \cdot \sum_{\lambda=0}^{m} \binom{m}{\lambda} V_\lambda R^\lambda.$$

In der Tat gilt diese Ungleichung für $m = 1$, da $V_0 = 1$, $V_1 = 2$ und $J_1(R) \leqq \frac{2R+1}{2}$ ist; und wenn sie für einen Wert $m < n$ gültig ist, so gilt sie auch für $m+1$. Denn, wie man sich leicht klar macht, ist

$$J_{m+1}(R) = \int_{-R}^{+R}{}' J_m\left(\sqrt{R^2 - x_{m+1}^2}\right) dx_{m+1} \leqq \frac{1}{2} \cdot \left\{ \int_{-R}^{+R} J_m\left(\sqrt{R^2 - u^2}\right) du + J_m(R) \right\},$$

also, gemäß der Annahme,

$$J_{m+1}(R) \leqq \frac{1}{2} \cdot \frac{1}{2^m} \sum_{\lambda=0}^{m} \binom{m}{\lambda} \cdot \int_{-R}^{+R} V_\lambda \cdot \left(\sqrt{R^2 - u^2}\right)^\lambda du + \frac{1}{2} \cdot \frac{1}{2^m} \cdot \sum_{\lambda=0}^{m} \binom{m}{\lambda} V_\lambda \cdot R^\lambda.$$

Andrerseits ist, auf Grund der Bedeutung von V_λ,

$$\int_{-R}^{+R} V_\lambda \cdot \left(\sqrt{R^2 - u^2}\right)^\lambda du = V_{\lambda+1} \cdot R^{\lambda+1},$$

folglich

$$J_{m+1}(R) \leqq \frac{1}{2^{m+1}} \cdot \left\{ V_0 + \sum_{\lambda=1}^{m} \left[\binom{m}{\lambda-1} + \binom{m}{\lambda} \right] V_\lambda \cdot R^\lambda + V_{m+1} \cdot R^{\ 1+} \right\}$$

$$= \frac{1}{2^{m+1}} \cdot \sum_{\lambda=0}^{m+1} \binom{m+1}{\lambda} V_\lambda \cdot R^\lambda.$$

Durch Anwendung der bewiesenen Ungleichung (5) erhalten wir aus (4), für $h = 2, \ldots, n$:

$$\int \cdots \int_{\mathfrak{g}_h} \leqq \left(\frac{2a+1}{2}\right)^{n-h} \cdot J_{h-1}(a \cdot \sqrt{n})$$

$$\leqq \left(\frac{2a+1}{2}\right)^{n-h} \cdot \frac{1}{2^{h-1}} \cdot \sum_{\lambda=0}^{h-1} \binom{h-1}{\lambda} \cdot V_\lambda \cdot (a \cdot \sqrt{n})^\lambda,$$

und diese letzte Formel gilt auch für $h = 1$, wenn wir $\binom{0}{0}$ durch den Wert 1 definieren.

Indem wir nun über h (von 1 bis n) summieren und mit $2 \cdot \sqrt{n}$ multiplizieren, finden wir für den Zähler des betrachteten Wahrscheinlichkeits-Quotienten die Abschätzung

$$\left(\frac{2a+1}{2}\right)^{n-1} \cdot 2 \cdot \sqrt{n} \cdot \sum_{h=1}^{n} \left(\frac{1}{2a+1}\right)^{h-1} \cdot \sum_{\lambda=0}^{h-1} \binom{h-1}{\lambda} \cdot V_\lambda \cdot a^\lambda \cdot n^{\frac{\lambda}{2}}.$$

Wie bereits erwähnt, hat der Nenner den Wert $n \cdot (a\sqrt{n})^{n-1} \cdot V_n$. Somit können wir in der Formel (3) für w den Ausdruck einsetzen:

$$\frac{2 \cdot \left(1 + \frac{1}{2a}\right)^{n-1}}{n^{\frac{n}{2}} \cdot V_n} \cdot \sum_{h=1}^{n} \left(\frac{1}{2a+1}\right)^{h-1} \cdot \sum_{\lambda=0}^{h-1} \binom{h-1}{\lambda} \cdot V_\lambda \cdot a^\lambda \cdot n^{\frac{\lambda}{2}},$$

d. h. $W_q(t)$ ist kleiner als dieser Ausdruck, multipliziert mit $2 \cdot \sum_{\nu=0}^{s} \binom{n}{\nu}$.

§ 2.

Ausführung der Abschätzung.

Um von der gewonnenen Abschätzung für $W_q(t)$ zu der zu beweisenden Formel (1) zu gelangen, genügt es, folgende zwei Ungleichungen abzuleiten:

$$(6) \qquad 2 \cdot \sum_{\nu=0}^{s} \binom{n}{\nu} < \frac{2^n}{\sqrt{n}} \cdot \frac{e^{-2nq^2}}{q} \quad \text{für } q \leqq \frac{1}{8},$$

$$(7) \qquad \frac{2 \cdot \left(1 + \frac{1}{2a}\right)^{n-1}}{n^{\frac{n}{2}} \cdot V_n} \cdot \sum_{h=1}^{n} \left(\frac{1}{2a+1}\right)^{h-1} \cdot \sum_{\lambda=0}^{h-1} \binom{h-1}{\lambda} \cdot V_\lambda \cdot a^\lambda \cdot n^{\frac{\lambda}{2}} < \frac{12}{2^n} \cdot e^{\frac{n}{a \cdot \sqrt{2\pi}}}.$$

Da für $n \leqq 72$, $q \leqq \frac{1}{8}$ die rechte Seite der Ungleichung (1) größer als 1, mithin die Ungleichung trivial ist, so könnten wir uns beim Beweise auf die größeren Werte von n beschränken. Doch würde dies keinen Vorteil bieten, und es sollen darum die Formeln (6) und (7) allgemein für $n \geqq 2$ bewiesen werden.

Beweis von (6).

Die Summen von Binomialkoeffizienten werden in der Wahrscheinlichkeitstheorie meist nur asymptotisch abgeschätzt. Hier brauchen wir wirkliche Ungleichungen.

Wir gehen aus von der Stirlingschen Formel

$$n! = n^n \cdot e^{-n} \cdot \sqrt{2\pi n} \cdot e^{\sigma_n} \qquad (\text{für } n \geqq 1).$$

Hierin ist

$$0 < \sigma_n < \frac{1}{12n},$$

und aus der Darstellung[5])

$$\sigma_n = \sum_{m=0}^{\infty} \left\{ \left(n + m + \frac{1}{2}\right) \log \frac{n+m+1}{n+m} - 1 \right\}$$

geht hervor, daß $\sigma_n > \sigma_{n+1}$ ist.

Für $0 < \nu < n$ erhalten wir hieraus in bekannter Weise

$$\binom{n}{\nu} = \frac{n!}{\nu! \cdot (n-\nu)!} = \frac{n^n}{(n-\nu)^{n-\nu} \cdot \nu^\nu} \cdot \sqrt{\frac{n}{2\pi\nu(n-\nu)}} \cdot e^{\sigma_n - \sigma_\nu - \sigma_{n-\nu}}$$

$$(8) \quad \binom{n}{\nu} < \frac{n^{n-\nu}}{(n-\nu)^{n-\nu}} \cdot \frac{n^\nu}{\nu^{\nu+\frac{1}{2}}} \cdot \sqrt{\frac{n}{2\pi \cdot (n-\nu)}} = \frac{1}{\left(\frac{n-\nu}{n}\right)^{n-\nu}} \cdot \frac{1}{\left(\frac{\nu}{n}\right)^\nu} \cdot \sqrt{\frac{n}{2\pi\nu(n-\nu)}}.$$

Ist $\frac{n}{2} > \nu \geqq \frac{n}{4}$ und wird $\nu = \frac{n}{2} - \alpha n$ gesetzt, so daß

$$0 < \alpha \leqq \frac{1}{4}, \qquad 4\alpha^2 \leqq \frac{1}{4},$$

so ergibt sich:

$$\frac{1}{\left(\frac{n-\nu}{n}\right)^{n-\nu} \cdot \left(\frac{\nu}{n}\right)^\nu} = 2^n \cdot (1 - 4\alpha^2)^{-\frac{n}{2}} \cdot \left(\frac{1+2\alpha}{1-2\alpha}\right)^{-\alpha n}$$

$$= 2^n \cdot e^{-n \cdot \sum_{k=1}^{\infty} \frac{(2\alpha)^{2k}}{(2k-1) \cdot 2k}} < 2^n \cdot e^{-2n\alpha^2}$$

$$\sqrt{\frac{n}{2\pi\nu(n-\nu)}} = \frac{2}{\sqrt{2\pi n}} \cdot \frac{1}{\sqrt{1-4\alpha^2}} < \frac{1}{\sqrt{n}},$$

also

$$\binom{n}{\nu} < \frac{2^n}{\sqrt{n}} \cdot e^{-2n\alpha^2}.$$

Setzen wir ferner

$$s = \frac{n}{2} - \varkappa n,$$

so ist

$$\varkappa \geqq q,$$

und für

$$\nu = \frac{n}{2} - \alpha n \leqq s$$

[5]) Vgl. z. B. Landau, „Einführung in die elementare und analytische Theorie der algebraischen Zahlen und der Ideale" (Teubner, 1918) Satz 157, S. 77—78.

ist
$$\alpha = \varkappa + \frac{r}{n},$$
wobei r eine ganze Zahl $\geqq 0$ bedeutet.

Demnach ergibt sich $\left(\text{für } s \geqq \frac{n}{4},\ q \leqq \frac{1}{8}\right)$:

$$\sum_{\frac{n}{4} \leqq \nu \leqq s} \binom{n}{\nu} < \frac{2^n}{\sqrt{n}} \cdot \sum_{r=0}^{\infty} e^{-2n\left(\varkappa + \frac{r}{n}\right)^2} < \frac{2^n}{\sqrt{n}} \sum_{r=0}^{\infty} e^{-2nq^2 - 4qr} = \frac{2^n \cdot e^{-2nq^2}}{\sqrt{n} \cdot (1 - e^{-4q})}$$
$$< \frac{2^n \cdot e^{-2nq^2}}{\sqrt{n} \cdot \left(4q - \frac{(4q)^2}{1 \cdot 2}\right)} \leqq \frac{2^n}{\sqrt{n}} \cdot \frac{e^{-2nq^2}}{3q}.$$

Zur Abschätzung von $\sum\limits_{\nu < \frac{n}{4}} \binom{n}{\nu}$ berücksichtigen wir zunächst, daß für $\nu < \frac{n}{4}$

$$\sqrt{\frac{n}{2\pi(n-\nu)}} < \sqrt{\frac{4}{6\pi}} < \frac{1}{2} \text{ ist.}$$

Ferner wenden wir die für beliebige positive Werte u und c gültige Ungleichung

$$\left(\frac{1}{u}\right)^u \leqq \left(\frac{1}{c}\right)^u \cdot e^{c-u} \tag{9}$$

an. Aus dieser folgt

$$\left(\frac{1}{n-\nu}\right)^{n-\nu} \leqq \frac{e^{\nu}}{n^{n-\nu}}, \qquad \frac{n^{n-\nu}}{(n-\nu)^{n-\nu}} \leqq e^{\nu};$$

$$\left(\frac{1}{\nu + \frac{1}{2}}\right)^{\nu + \frac{1}{2}} \leqq \left(\frac{4}{n}\right)^{\nu + \frac{1}{2}} \cdot e^{\frac{n}{4} - \nu - \frac{1}{2}},$$

also für $\nu \geqq 1$:

$$\frac{1}{\nu^{\nu + \frac{1}{2}}} \leqq \frac{2 \cdot 4^{\nu}}{n^{\nu} \cdot \sqrt{n}} \cdot e^{\frac{n}{4}} \cdot e^{-\nu - \frac{1}{2}} \cdot \left(\frac{\nu + \frac{1}{2}}{\nu}\right)^{\nu + \frac{1}{2}} < \frac{2 e^{\frac{n}{4}}}{\sqrt{n}} \cdot \frac{4^{\nu} \cdot e^{-\nu}}{n^{\nu}} \cdot e^{\frac{1}{4\nu}},$$

$$\frac{n^{\nu}}{\nu^{\nu + \frac{1}{2}}} < \frac{3 \cdot e^{\frac{n}{4}}}{\sqrt{n}} 4^{\nu} \cdot e^{-\nu}$$

Gemäß der Formel (8) ist somit für $1 \leqq \nu < \frac{n}{4}$

$$\binom{n}{\nu} < \frac{3}{2} \cdot \frac{e^{\frac{n}{4}}}{\sqrt{n}} \cdot 4^{\nu},$$

und dies gilt auch für $\nu = 0$.

Wir erhalten also

$$\sum_{0 \leqq \nu < \frac{n}{4}} \binom{n}{\nu} < \frac{3}{2} \cdot \frac{e^{\frac{n}{4}}}{\sqrt{n}} \cdot \sum_{\nu < \frac{n}{4}} 4^{\nu} < \frac{3}{2} \frac{e^{\frac{n}{4}}}{\sqrt{n}} \cdot \frac{4^{\frac{n+3}{4}}}{3} = \sqrt{2} \cdot \frac{2^n}{\sqrt{n}} \cdot \left(\frac{e}{4}\right)^{\frac{n}{4}},$$

und die Zusammenfassung mit dem anderen Summen-Bestandteil ergibt, für $q \leqq \frac{1}{8}$:

$$\sum_{\nu=0}^{s} \binom{n}{\nu} < \frac{2^n}{\sqrt{n}} \cdot \left(\sqrt{2} \cdot \left(\frac{e}{4}\right)^{\frac{n}{4}} + \frac{e^{-2nq^2}}{3q}\right) < \frac{2^n}{\sqrt{n}} \cdot \frac{e^{-2nq^2}}{2q}.$$

(Denn

$$\left(\frac{e}{4}\right)^{\frac{n}{4}} = e^{\frac{n}{4}(1-2\log 2)} < e^{-\frac{n}{12}},$$

folglich

$$\sqrt{2} \cdot \left(\frac{e}{4}\right)^{\frac{n}{4}} < \frac{e^{-2nq^2}}{6q} \cdot \frac{6 \cdot \sqrt{2}}{8} \cdot e^{-\frac{n}{12}+\frac{2n}{64}} < \frac{e^{-2nq^2}}{6q}.)$$

Beweis von (7).

Es kommt zunächst darauf an, die Größen V_λ nach unten und nach oben abzuschätzen. Mit Hilfe der Rekursionsformel

$$V_m = V_{m-1} \cdot \int_{-\frac{\pi}{2}}^{+\frac{\pi}{2}} \cos^m \varphi \, d\varphi \qquad (m = 1, 2, \ldots)$$

ergibt sich die Darstellung

$$V_{2k} = \frac{\pi^k}{k!}, \qquad V_{2k-1} = \frac{2^{2k} \cdot \pi^{k-1} \cdot k!}{(2k)!},$$

und auf Grund der Stirlingschen Formel erhält man hieraus für $k \geqq 1$:

$$V_{2k} = \left(\frac{e \cdot \pi}{k}\right)^k \cdot \frac{e^{-\sigma_k}}{\sqrt{2\pi k}}, \qquad V_{2k-1} = \left(\frac{e \cdot \pi}{k}\right)^k \cdot \frac{e^{\sigma_k - \sigma_{2k}}}{\pi \cdot \sqrt{2}}.$$

Da $0 < \sigma_{2k} < \sigma_k < \frac{1}{12k} < \frac{1}{6}$ und, für $k \geqq 2$,

$$\frac{1}{k^k} = \frac{1}{\left(k-\frac{1}{2}\right)^k} \cdot \left(1 - \frac{1}{2k}\right)^k \geqq \frac{\left(1-\frac{1}{4}\right)^2}{\left(k-\frac{1}{2}\right)^k} > \frac{e^{-\frac{2}{3}}}{\left(k-\frac{1}{2}\right)^k},$$

also

$$\left(\frac{e\pi}{k}\right)^k \cdot \frac{1}{\pi\sqrt{2}} > \left(\frac{e\pi}{k-\frac{1}{2}}\right)^{k-\frac{1}{2}} \frac{e^{-\frac{1}{6}}}{\sqrt{\pi(2k-1)}},$$

so ist für gerades sowie für ungerades $n \geqq 2$

$$V_n > \left(\frac{2e\pi}{n}\right)^{\frac{n}{2}} \cdot \frac{e^{-\frac{1}{6}}}{\sqrt{\pi n}}.$$

Da andererseits für $k \geqq 1$

$$\frac{1}{\sqrt{k}} \cdot \left(\frac{e\pi}{k}\right)^k = \left(\frac{e\pi}{k+\frac{1}{2}}\right)^{k+\frac{1}{2}} \frac{\left(1+\frac{1}{2k}\right)^{k+\frac{1}{2}}}{\sqrt{e\pi}},$$

$$\left(1+\frac{1}{2k}\right)^{k+\frac{1}{2}} < e^{\left(k+\frac{1}{2}\right)\cdot\left(\frac{1}{2k}-\frac{1}{2}\cdot\frac{1}{4k^2}+\frac{1}{3}\cdot\frac{1}{8k^3}\right)}$$

$$< e^{\frac{1}{2}+\frac{1}{4k}-\frac{1}{12k}} \leqq e^{\frac{1}{2}+\frac{1}{6}},$$

also

$$V_{2k} < \frac{1}{\sqrt{2\pi k}}\cdot\left(\frac{e\pi}{k}\right)^k < \frac{e^{\frac{1}{6}}}{\pi\cdot\sqrt{2}}\cdot\left(\frac{e\pi}{k+\frac{1}{2}}\right)^{k+\frac{1}{2}} < \frac{e^{-\frac{1}{6}}}{\pi}\cdot\left(\frac{2e\pi}{2k+1}\right)^{\frac{2k+1}{2}}$$

und

$$V_{2k-1} < \left(\frac{e\pi}{k}\right)^k\cdot\frac{e^{\frac{1}{12k}}}{\pi\cdot\sqrt{2}} < \frac{e^{-\frac{1}{6}}}{\pi}\cdot\left(\frac{2e\pi}{2k}\right)^{\frac{2k}{2}},$$

so ist für $\mu \geqq 2$

$$V_{\mu-1} < \frac{e^{-\frac{1}{6}}}{\pi}\cdot\left(\frac{2e\pi}{\mu}\right)^{\frac{\mu}{2}};$$

und dies gilt auch noch für $\mu = 1$.

Gemäß der Ungleichung (9) ist für $h > 0$

$$\left(\frac{e}{\mu}\right)^{\frac{\mu}{2}} \leqq \left(\frac{1}{h}\right)^{\frac{\mu}{2}}\cdot e^{\frac{h}{2}},$$

folglich

$$V_{\mu-1} < \frac{e^{-\frac{1}{6}}\cdot e^{\frac{h}{2}}}{\pi}\cdot\left(\frac{2\pi}{h}\right)^{\frac{\mu}{2}}.$$

Wenden wir die gefundenen Abschätzungen auf die linke Seite der Ungleichung (7) an, nachdem wir zuvor $\lambda = \mu - 1$ gesetzt, also

$$\sum_{\lambda=0}^{h-1}\binom{h-1}{\lambda}\cdot V_\lambda\cdot a^\lambda\cdot n^{\frac{\lambda}{2}}$$

in

$$\sum_{\mu=1}^{h}\frac{\mu}{h}\cdot\binom{h}{\mu}\cdot V_{\mu-1}\cdot(a\cdot\sqrt{n})^{\mu-1}$$

umgeformt haben [6]), so reduziert sich die zu beweisende Ungleichung auf folgende:

$$(10)\quad \left\{\begin{aligned} &\frac{\left(1+\frac{1}{2a}\right)^{n-1}\cdot 2\cdot\sqrt{n}}{(2e\pi)^{\frac{n}{2}}\cdot\sqrt{\pi}}\cdot\sum_{h=1}^{n}\frac{e^{\frac{h}{2}}}{(2a+1)^{h-1}\cdot h}\cdot\sum_{\mu=1}^{h}\mu\cdot\binom{h}{\mu}\cdot\left(\sqrt{\frac{2\pi}{h}}\right)^{\mu}\cdot(a\cdot\sqrt{n})^{\mu-1}\\ &\qquad < \frac{12}{2^n}e^{\frac{n}{a\cdot\sqrt{2\pi}}}.\end{aligned}\right.$$

[6]) Diese Umformung gilt auch für $h = 1$.

Die Summe

$$\sum_{\mu=1}^{h} \mu \cdot \binom{h}{\mu} \cdot \left(\sqrt{\frac{2\pi}{h}}\right)^{\mu} \cdot (a \cdot \sqrt{n})^{\mu-1}$$

läßt sich auswerten; sie ist gleich

$$\sqrt{\frac{2\pi}{h}} \cdot h \cdot \left(1 + a \cdot \sqrt{\frac{2\pi n}{h}}\right)^{h-1} = h \cdot a^{h-1} \cdot (\sqrt{n})^{h-1} \cdot \left(\sqrt{\frac{2\pi}{h}}\right)^{h} \cdot \left(1 + \frac{1}{a} \cdot \sqrt{\frac{h}{2\pi n}}\right)^{h-1}.$$

Setzen wir diesen Wert ein und beachten, daß

$$1 + \frac{1}{a}\sqrt{\frac{h}{2\pi n}} \leqq 1 + \frac{1}{a \cdot \sqrt{2\pi}}$$

und, gemäß der Formel (9),

$$\left(\frac{1}{\sqrt{h}}\right)^{h} \leqq \frac{e^{\frac{n}{2} - \frac{h}{2}}}{(\sqrt{n})^{h}}$$

ist, so finden wir als Abschätzung für die linke Seite der Ungleichung (10):

$$\frac{\left(1 + \frac{1}{2a}\right)^{n-1} \cdot 2\sqrt{2}}{(2\pi)^{\frac{n}{2}}} \cdot \sum_{h=1}^{n} \left(\frac{a\sqrt{2\pi} + 1}{2a + 1}\right)^{h-1};$$

alles übrige hebt sich weg.

Der erhaltene Ausdruck ist nun in der Tat $< \frac{12}{2^n} \cdot e^{\frac{n}{a\sqrt{2\pi}}}$. Denn es ist

$$\sum_{h=1}^{n} \left(\frac{a\sqrt{2\pi} + 1}{2a + 1}\right)^{h-1} < \frac{\left(\frac{a\sqrt{2\pi} + 1}{2a + 1}\right)^{n}}{\frac{a\sqrt{2\pi} + 1}{2a + 1} - 1}$$

und

$$\frac{\left(1 + \frac{1}{2a}\right)^{n-1} \cdot 2\sqrt{2}}{(2\pi)^{\frac{n}{2}}} = \frac{(2a+1)^{n-1} \cdot 4a \cdot \sqrt{2}}{2^{n} \cdot (a \cdot \sqrt{2\pi})^{n}},$$

folglich

$$\frac{\left(1 + \frac{1}{2a}\right)^{n-1} \cdot 2\sqrt{2}}{(2\pi)^{\frac{n}{2}}} \cdot \sum_{h=1}^{n} < \frac{\left(1 + \frac{1}{a \cdot \sqrt{2\pi}}\right)^{n}}{2^{n}} \cdot \frac{4a \cdot \sqrt{2}}{a \cdot (\sqrt{2\pi} - 2)}$$

$$< \frac{8 \cdot \sqrt{2}}{2^{n}} \cdot \left(1 + \frac{1}{a \cdot \sqrt{2\pi}}\right)^{n} < \frac{12}{2^{n}} \cdot e^{\frac{n}{a \cdot \sqrt{2\pi}}}.$$

(Eingegangen am 5. 9. 1921.)

Risoluzione dell' equazione funzionale che caratterizza le onde periodiche in un canale molto profondo.

Von

Tullio Levi-Civita in Rom.

---

1. Posizione del problema.

Finora si conosce una sola soluzione rigorosa del problema delle onde atte a propagarsi in un canale senza alterazione di forma: quella trocoidale scoperta da Gerstner nel 1802. Ma le onde trocoidali presentano il noto inconveniente di corrispondere a movimento vorticoso delle particelle fluide, talchè non potrebbero sorgere per via conservativa. Lo schema meccanico della propagazione ondosa deve essere irrotazionale. Classiche soluzioni approssimate (le così dette onde semplici) furono assegnate da Airy; e altri notevoli risultati di approssimazione ulteriore, concernenti le onde periodiche, si debbono a Stokes, Rayleigh ed altri[1]).

La trattazione matematica rigorosa, nel caso di un canale molto profondo[2]), può in definitiva farsi dipendere da una equazione integrale *non* lineare. Sarebbe agevole il rendersene conto, ma noi ci limitiamo alla affermazione, perchè il problema sarà qui posto sotto un aspetto più direttamente legato all'origine idrodinamica, che è il seguente:

Determinare una funzione

$$\omega = \vartheta + i\tau$$

della variabile complessa $\zeta = \varrho e^{i\sigma}$, ***regolare entro il cerchio*** $|\zeta| < 1$, ***continua assieme alla sua derivata prima sulla circonferenza*** C $(|\zeta| = \varrho = 1)$, ***la quale si annulli con*** ζ ***e verifichi su*** C ***la relazione***

---

[1]) Veggansi per es. le pagine 410 e 418 del trattato del Lamb "Hydrodynamics" (4ª edizione), Cambridge, University Press, 1918.

[2]) Per un canale di profondità finita, si arriva invece ad una equazione mista (cioè insieme differenziale e alle differenze finite). Cfr. "Sulle onde progressive di tipo permanente", Rend. della R. Acc. dei Lincei (5) **16** (2° semestre 1907), pp. 776–790.

(I) $$\frac{d\tau}{d\sigma} - p e^{-3\tau} \sin\vartheta = 0,$$

designando p una costante positiva a priori indeterminata.

L'incognita ω deve inoltre soddisfare alla limitazione

$$|e^{-i\omega} - 1| < 1$$

ossia [tenuto conto che $e^{-i\omega} = e^{\tau}(\cos\vartheta - i\sin\vartheta)$] alla

(D) $$2\cos\vartheta > e^{\tau},$$

la quale implica in particolare

$$|\vartheta| < \frac{\pi}{2}, \qquad \tau < \log 2,$$

ed è *automaticamente verificata per* $|\omega|$ *abbastanza piccolo.*

Giova fin d'ora scrivere la (I) anche sotto la forma

(I') $$\frac{d\tau}{d\sigma} - p\vartheta = P(\vartheta, \tau)$$

con

(1) $$P(\vartheta, \tau) = p\{e^{-3\tau}\sin\vartheta - \vartheta\}.$$

Ciò allo scopo evidente di raccogliere nel primo membro la parte lineare rispetto agli argomenti ϑ, τ, per modo che $P(\vartheta, \tau)$ risulta di secondo ordine nell'intorno di $\vartheta = 0$, $\tau = 0$.

Circa il significato di p, ϑ, τ basterà ritenere:

1°. che

(2) $$p = \frac{g\lambda}{2\pi c^2},$$

dove si designa con c la velocità di propagazione delle onde periodiche di cui si tratta, con λ la loro lunghezza, e con g l'accelerazione della gravità;

2°. che ϑ rappresenta la inclinazione sulla orizzontale della velocità relativa (delle particelle materiali rispetto all'onda), talchè sulla circonferenza C (che corrisponde al pelo libero) ϑ è proprio l'inclinazione del profilo dell' onda sull' orizzonte;

3°. che ce^{τ} rappresenta la grandezza della detta velocità relativa.

2. Indicazione del metodo e dei risultati.

Si incomincia (§§ 3—8) coll'esame approfondito del problema ausiliario in cui la (I') è ridotta alla sua parte lineare, figurando nel secondo membro una funzione nota in luogo di $P(\vartheta, \tau)$. Concettualmente il problema si potrebbe far rientrare nella teoria generale nelle equazioni integrali lineari di seconda specie (tipo Fredholm-Hilbert), ma in vista della applicazione alle onde si impone l'impiego di mezzi più atti al calcolo esplicito.

Se ne desume poi molto spontaneamente (§ 10) un algoritmo di approssimazioni successive per gli integrali di equazioni funzionali alquanto più generali della (I); il teorema fondamentale di esistenza (§ 11) sotto limitazioni qualitative di tipo ben prevedibile (§§ 9 e 12); nonchè il teorema di unicità (§ 13).

Dal punto di vista analitico non sarà forse inutile osservare che il procedimento testè delineato è applicabile quasi senza modificazione ad una classe molto ampia di equazioni non lineari, che comprende quella contemplata dal sig. E. Schmidt nella III parte delle sue fondamentali ricerche "Zur Theorie der linearen und nicht-linearen Integralgleichungen"[3]), e da lui risoluta mediante sviluppo in serie di potenze (integrali): felice estensione del metodo dei limiti di Cauchy. Viceversa (previa qualche trasformazione) le questioni qui studiate si potrebbero anche subordinare alla teoria generale dello Schmidt. Ma io ho preferito una trattazione autonoma, sia per prepararmi, come già accennai a proposito dei problemi ausiliari, formule risolutive praticamente maneggevoli, sia per mostrare come sia fecondo, anche in quest'ambito funzionale, l'algoritmo così elementare e così universale delle approssimazioni successive.[4])

Tornando alle onde, mi si consenta di riferire il pensiero di Lord Rayleigh quale risulta dalla prefazione dell'ultimo lavoro[5]) da lui dedicato all'argomento. Dopo aver riassunte le critiche di scarsa convergenza numerica e di dubbia convergenza teorica, mosse al procedimento di Stokes, egli rileva giustamente che la questione esistenziale è distinta da quella della convergenza di uno speciale algoritmo, e conclude: "Of course a strict mathematical proof of their existence is a desideratum; but I think that the reader, who follows the results of the calculations here put forward, is likely to be convinced that permanent waves of moderate height do exist".

La nostra ricerca risponde al desiderato di Lord Rayleigh, rimanendo tuttavia ancora da verificare (§ 15) se la radice b di una certa equazione sta effettivamente nel limite al disotto del quale è sicura la convergenza del procedimento costruttivo. Per ragioni di spazio e di tempo rimando questa dis-

---

[3]) Math. Ann. **65** (1908), pp. 370–399.

[4]) Da questo stesso concetto sono dominati i notevolissimi studi del sig. L. Lichtenstein sulle figure di equilibrio di masse fluide ruotanti. Essi fanno capo ad una equazione funzionale, più precisamente integro-differenziale, di tipo molto complesso, pervenendo a sviscerarne le proprietà e ad integrarla per approssimazioni successive. Cfr. in particolare la seconda parte delle "Untersuchungen über die Gleichgewichtsfiguren rotierender Flüssigkeiten usw.", Math. Zeitschrift **7** (1920), Cap. I–III, pp. 126–182; nonchè la prima parte delle "Untersuchungen über die Gestalt der Himmelskörper", ibidem **10** (1921), pp. 130–158.

[5]) "On periodic irrotational waves at the surface of deep water", Phil. Magazine **33**, May 1917, pp. 381–389.

cussione ad altro lavoro, in cui sarà fatto debito posto anche al lato meccanico della questione.

Del resto ha già interesse meccanico il risultato, dedotto a § 14 del presente scritto, che possono esistere soluzioni rigorose della (I) soltanto a patto che p sia un numero intero.

Riferendoci al caso tipico $p = 1$, ciò vuol dire, in base alla (2), che, *anche per onde di altezza finita, è esattamente verificata l'equazione di Airy*

$$c^2 = \frac{g\lambda}{2\pi}.$$

Le approssimazioni di Stokes e Rayleigh conducono invece ad una relazione meno semplice in cui interviene anche l'altezza dell'onda, risultandone, per qualsiasi altezza finita, alquanto accresciuto il valore di c spettante ad un λ assegnato, il che implica, in base alla (2), $p < 1$.

Si sarebbe tratti ad inferirne che, almeno qualitativamente, le cose andranno nello stesso modo anche al limite. Invece non è così; o più esattamente (sotto le ipotesi ammesse dai due illustri autori) non può esistere il limite, perchè incompatibile col fatto rigorosamente accertato che deve comunque essere intero il valore di p.

3. Questioni ausiliarie — Risoluzione per serie.

Siano $\sum_1^\infty {}_n h_n$, $\sum_1^\infty {}_n k_n$ due serie, a termini reali e costanti, assolutamente convergenti, con che

$$\chi(\sigma) = \sum_1^\infty {}_n (h_n \cos n\sigma + k_n \sin n\sigma) \tag{3}$$

rappresenta una funzione di σ reale, uniforme, continua e *a valor medio nullo* sulla circonferenza C.

Cerchiamo una funzione $\omega(\zeta)$ la quale, comportandosi pel resto nel modo dichiarato al § 1, verifichi sul contorno, in luogo della (I), la equazione lineare non omogenea

$$\frac{d\tau}{d\sigma} - p\vartheta = \chi(\sigma). \tag{II}$$

In base alle premesse, è intanto naturale di porre

$$\omega = \sum_1^\infty {}_n a_n \zeta^n,$$

i coefficienti a_n essendo costanti, in generale complesse, di cui metteremo in evidenza le parti reale ed immaginaria, assumendo

$$a_n = \alpha_n + i\beta_n.$$

Avremo, su C,

$$\begin{cases} \vartheta = \sum_1^\infty {}_n (\alpha_n \cos n\sigma - \beta_n \sin n\sigma), \\ \tau = \sum_1^\infty {}_n (\beta_n \cos n\sigma + \alpha_n \sin n\sigma), \end{cases}$$

con che, *per p non intero,* la (II) porge senza riserve

$$\alpha_n = \frac{h_n}{n-p}, \quad \beta_n = \frac{k_n}{n-p} \qquad (n = 1, 2, \ldots).$$

Ne risulta che

$$(4) \qquad \omega = \sum_1^\infty {}_n \frac{h_n - i k_n}{n-p} \zeta^n$$

verifica la (II), annullandosi per $\zeta = 0$ e comportandosi nel modo voluto entro e sopra C.

Per p intero, la equazione omogenea dedotta dalla (II), cioè

$$\frac{d\tau}{d\sigma} - p\vartheta = 0,$$

comporta ∞^2 soluzioni non nulle che si compendiano in

$$\omega = a\zeta^p,$$

dove $a = \alpha + i\beta$ designa una costante complessa arbitraria.

I valori interi del parametro p costituiscono ovviamente gli *autovalori* dell'equazione funzionale (II) che sarebbe facile, per quanto superfluo ai fini che qui ci proponiamo, di presentare sotto la forma canonica di equazione integrale lineare di seconda specie.[6]) In corrispondenza ai suddetti valori interi di p, la (II) può essere soddisfatta solo a patto che in $\chi(\sigma)$ si annullino h_p, k_p; essa ammette allora ∞^2 soluzioni. Ma nemmeno questo ci interessa.

Importa piuttosto, per p intero, assumere come ausiliaria, in luogo della (II), la equazione funzionale

$$(\text{III}) \qquad \frac{d\tau}{d\sigma} - p\vartheta + \frac{1}{\pi}\int_{-\pi}^{\pi} \vartheta(\sigma_1) \cos p(\sigma - \sigma_1)\, d\sigma_1 = \chi(\sigma).$$

Ammesso come sopra lo sviluppo $\omega = \sum_1^\infty {}_n a_n \zeta^n$, si trova subito, per $n \neq p$,

$$a_n = \frac{h_n - i k_n}{n-p},$$

nonchè

$$a_p = h_p - i k_p,$$

[6]) Cfr. il Cap. X dei classici "Grundzüge einer allgemeinen Theorie der linearen Integralgleichungen" [Leipzig, Teubner, 1912] dell' Hilbert.

e quindi

$$\omega = (h_p - i k_p)\zeta^p + \sum_1^{\infty}{}'_n \frac{h_n - i k_n}{n - p}\zeta^n, \tag{5}$$

dove l'apice nel sommatorio sta a designare che si deve escludere il valore p di n.

4. Espressione delle incognite mediante integrali definiti. — Semplificazione delle ipotesi concernenti la funzione assegnata χ.

Particolare interesse ha naturalmente la espressione della ω proprio sul contorno $|\zeta| = 1$ cui si riferisce l'equazione funzionale caratteristica [(II) o (III)]. Ed è importante fissare nettamente il comportamento qualitativo al contorno in relazione alle ipotesi che si fanno circa l' analogo comportamento dei dati della questione, cioè della funzione $\chi(\sigma)$. Per trarne il miglior rendimento (il che si rivela necessario quando si vuol applicare la formula risolutiva alla integrazione di altre equazione funzionali per approssimazioni successive), è opportuno procurarsi le espressioni delle risolventi (4), (5) mediante integrali definiti portanti sulla funzione $\chi(\sigma)$. Ciò si potrebbe ottenere riprendendo *ab initio* le equazioni funzionali (II) e (III); presentandole quali equazioni integrali lineari, per es. nella sola ϑ; formandone il nucleo risolvente e ricavandone in tal guisa ϑ, e poi τ. Ma è più conveniente trasformare i risultati già ottenuti mediante sviluppo in serie.

All' uopo cominciamo col porre

$$N(z) = \sum_1^{\infty}{}_n \frac{z^n}{n - p}, \tag{6}$$

per p non intero;

$$\mathfrak{N}(z) = z^p + \sum_1^{\infty}{}'_n \frac{z^n}{n - p}, \tag{7}$$

per p intero, con che le serie sono uniformemente convergenti in ogni campo (di valori di z) interno a C.

Ove in particolare si assuma $z = \frac{\zeta}{\zeta_1}$ con $|\zeta| < 1$ e ζ_1 sulla circonferenza C, cioè del tipo $e^{i\sigma_1}$, le serie stesse risultano uniformemente convergenti rispetto a σ_1, nell' intervallo $(-\pi, \pi)$.

Si verifica immediatamente, integrando termine a termine, che le (4), (5) si possono scrivere sotto la forma

$$\omega(\zeta) = \frac{1}{\pi}\int_{-\pi}^{\pi} N(\zeta e^{-i\sigma_1})\chi(\sigma_1)\,d\sigma_1, \tag{4'}$$

$$\omega(\zeta) = \frac{1}{\pi}\int_{-\pi}^{\pi} \mathfrak{N}(\zeta e^{-i\sigma_1})\chi(\sigma_1)\,d\sigma_1. \tag{5'}$$

Per $|\zeta|<1$ queste equivalgono dunque alle precedenti. Resta da legittimare e da studiare i valori al contorno. Vedremo che ne risulterà un vantaggio quanto alle ipotesi preliminari atte ad assicurare la validità delle formule. Nell' impostare i nostri calcoli (§ 3), abbiamo ammesso per la χ uno sviluppo di Fourier assolutamente convergente (anche quando seni e coseni si sostituivano coll'unità). *Arriveremo alla conclusione che basta supporre $\chi(\sigma)$ periodica, continua assieme alla sua derivata prima e dotata di valor medio nullo, perchè le formule* (4'), (5'), *postovi $\zeta=e^{i\sigma}$, definiscano effettivamente le incognite delle equazioni funzionali* (II) *e* (III).

5. Studio dei nuclei risolventi.

Occupiamoci intanto della funzione $N(z)$. Per fissarne il comportamento, quando z arriva o varia su C, basta far uso della identità, valida per qualsiasi n, quando p non è intero,

$$\frac{1}{n-p}=\frac{1}{n}\frac{1}{1-\frac{p}{n}}=\frac{1}{n}+\frac{p}{n^2}+\frac{p^2}{n^2(n-p)}.$$

Supposto per un momento ancora $|z|<1$, si immagini scisso il termine generale della serie (6) in tre addendi, corrispondenti ai tre della superiore identità, dopodichè, essendo

$$\sum_{1}^{\infty}{}_n\frac{z^n}{n}=\log\frac{1}{1-z},$$

ove si ponga per brevità

$$\sum_{1}^{\infty}{}_n\frac{z^n}{n^2}=\Lambda(z), \tag{8}$$

$$p^2\sum_{1}^{\infty}{}_n\frac{z^n}{n^2(n-p)}=N^*(z), \tag{9}$$

risulta

$$N(z)=\log\frac{1}{1-z}+p\Lambda(z)+N^*(z). \tag{6'}$$

Da questa espressione segue senza difficoltà il comportamento al contorno di N e della sua derivata. Il primo addendo ha già una forma tipica. Esaminiamo gli altri due.

La serie che definisce Λ rimane uniformemente convergente anche su C, cioè per $z=e^{is}$ (s reale); perciò l'addendo Λ rappresenta una funzione continua anche sul contorno (o quando dall'interno si arriva al contorno); non così la sua derivata, che ha però appena un infinito logaritmico per $s=0$ ($z=1$), come appare dalla (8), la quale implica

$$\frac{d\Lambda}{dz}=\log\frac{1}{1-z}. \tag{8'}$$

L'addendo N^* definito dalla (9) rimane continuo assieme alla sua derivata prima. In definitiva la parte asintotica di N su C si riduce ad una singolarità logaritmica per $s=0$; con ciò la N rimane integrabile su C. La sua derivata

$$\frac{dN}{dz}=\frac{1}{1-z}+p\log\frac{1}{1-z}+\frac{dN^*}{dz}$$

ha invece, oltre ad una singolarità logaritmica, un infinito di primo ordine, sempre per $s=0$.

Dacchè, per $|z|<1$, si ha identicamente, in base alla (6),

$$z\frac{dN}{dz}-pN=\sum_1^\infty {}_n z^n=\frac{z}{1-z},$$

questa relazione differenziale seguita a valere anche sul contorno, più precisamente in ogni punto di regolarità, cioè per qualunque s, eccettuato soltanto il punto singolare $s=0$. Sostituendo e^{is} a z e *scrivendo per brevità* $N(s)$, $N'(s)$ *in luogo di* $N(e^{is})$, $\frac{d}{ds}N(e^{is})$, *rimane acquisita, per* $s \neq 0$, *la identità*

$$N'(s)-ipN(s)=i\frac{e^{is}}{1-e^{is}}. \tag{10}$$

Scindiamo il reale dall'immaginario in N, Λ, N^*, ponendo

$$N=N_1+iN_2,$$
$$\Lambda=\Lambda_1+i\Lambda_2,$$
$$N^*=N_1^*+iN_2^*.$$

Notiamo subito che N_1^*, N_2^* sono, al pari di N^*, continue assieme alle rispettive derivate anche sul contorno C; Λ_1 e Λ_2 sono esse stesse continue, in base alle (8), mentre, per essere $\frac{d\Lambda}{dz}=\log\frac{1}{1-z}$, le derivate sono al più affette da singolarità logaritmica e in particolare rimangono integrabili.

Notiamo ancora che, per $z=e^{is}$,

$$1-z=(1-\cos s)-i\sin s=2\sin\frac{s}{2}\,e^{i\frac{s-\pi}{2}}.$$

Di qua apparisce che, sull'arco $(0,\pi)$, essendo $\sin\frac{s}{2}$ positivo, il modulo d $1-z$ è $2\sin\frac{s}{2}$, e l'argomento è $\frac{s-\pi}{2}$ (si intende, a meno di multipli interi di 2π); sull'arco $(0,-\pi)$, si ha invece

$$2\sin\frac{s}{2}=2\left|\sin\frac{s}{2}\right|e^{i\pi},$$

l'argomento risultando in conformità $\frac{s+\pi}{2}$. Con ciò, ove si separi in $\log\frac{1}{1-z}$

il reale dall'immaginario, si ha, per $z = e^{is}$ (e per quel ramo uniforme entro C, che si annulla nel centro),

$$(11)\qquad \log\frac{1}{1-z} = \log\frac{1}{2\left|\sin\frac{s}{2}\right|} - i\,\frac{s\pm\pi}{2},$$

in cui, al variare di s fra $-\pi$ e π, va preso il segno superiore o l'inferiore secondochè s è positivo o negativo. Come si vede, il coefficiente di i presenta un brusco salto di π per $s = 0$; rimane invece continuo nel punto diametralmente opposto di C, annullandosi per $s = \pm\pi$. La derivata si riduce a $-\frac{1}{2}$ su tutto C, perciò, mentre

$$(12)\qquad N_1 = \log\frac{1}{2\left|\sin\frac{s}{2}\right|} + pA_1 + N_1^*$$

resta, al pari di N, integrabile su C, ma non si può dire altrettanto della sua derivata $N_1' = \frac{dN_1}{ds}$; N_2 ed N_2' si mantengono entrambe integrabili su C. Infatti

$$(13)\qquad N_2 = -\frac{s\mp\pi}{2} + pA_2 + N_2^*$$

ha una semplice discontinuità di prima specie per $s = 0$. La discontinuità scompare nella derivata N_2', la quale ha nient'altro che un infinito logaritmico proveniente dall'addendo pA_2', cioè, in virtù della (8'), dal coefficiente di i in

$$pe^{is}\log\frac{1}{1-e^{is}}.$$

Dacchè

$$\frac{ie^{is}}{1-e^{is}} = \frac{\frac{1}{2}e^{i\frac{s}{2}}}{\frac{1}{2i}\left(e^{i\frac{s}{2}}-e^{-i\frac{s}{2}}\right)} = \frac{1}{2}\cot\frac{s}{2} + i\,\frac{1}{2},$$

la (10), eguagliando i coefficienti di i, ci dà in particolare

$$(10')\qquad N_2'(s) - pN_1(s) = \frac{1}{2}.$$

Analogo comportamento qualitativo presenta il nucleo (complesso) $\mathfrak{N} = \mathfrak{N}_1 + i\,\mathfrak{N}_2$ ($\mathfrak{N}_1$, $\mathfrak{N}_2$ reali) definito dalla (7). Si ha infatti, al posto della (6'),

$$(7')\qquad \mathfrak{N} = z^p + \left(\log\frac{1}{1-z} - \frac{z^p}{p}\right) + p\left(A(z) - \frac{z^p}{p^2}\right) + \mathfrak{N}^*$$

con

$$\mathfrak{N}^* = p^2 {\sum_1^\infty}'_n \frac{z^n}{n^2(n-p)},$$

e ciò dimostra l'asserto, dato che p va qui supposto intero (oltrechè positivo), e che quindi z^p rappresenta una funzione regolare.

La (7) dà poi immediatamente, per $|z| < 1$,

$$z\frac{d\mathfrak{N}}{dz} - p\,\mathfrak{N} = \sum_{1}^{\infty}{}'_n\, z^n = \frac{z}{1-z} - z^p.$$

Si ha dunque, in luogo della (10),

$$\mathfrak{N}'(s) - i\,p\,\mathfrak{N}(s) = \frac{i\,e^{is}}{1-e^{is}} - i\,e^{ips}, \tag{14}$$

e da questa, eguagliando i coefficienti di i nei due membri,

$$\mathfrak{N}_2'(s) - p\,\mathfrak{N}_1(s) = \frac{1}{2} - \cos p\,s. \tag{14'}$$

6. Considerazione diretta dei valori al contorno forniti dalle (4′), (5′). Verificazione delle (II), (III).

Se anche ζ viene in C e si riduce quindi a e^{is} (con s reale), l'argomento dei nuclei nelle (5′), (6′) assume l'aspetto $e^{i(\sigma-\sigma_1)}$. Dacchè abbiamo convenuto di designare $N(e^{is})$ semplicemente con $N(s)$, possiamo intanto (con analoga convenzione per ω e per $\mathfrak{N}$) scrivere le (4′), (5′), riferite al contorno, sotto la forma

$$\omega(\sigma) = \frac{1}{\pi}\int_{-\pi}^{\pi} N(\sigma-\sigma_1)\,\chi(\sigma_1)\,d\sigma_1, \tag{4''}$$

$$\omega(\sigma) = \frac{1}{\pi}\int_{-\pi}^{\pi} \mathfrak{N}(\sigma-\sigma_1)\,\chi(\sigma_1)\,d\sigma_1. \tag{5''}$$

Dal § precedente siamo assicurati della integrabilità dei nuclei N, $\mathfrak{N}$, e della conseguente legittimità degli integrali, come valori al contorno (finiti e continui) di una $\omega(\zeta)$ regolare per $|\zeta| < 1$ e nulla per $\zeta = 0$. Dall'ipotesi che il dato della questione, cioè la funzione χ, ammetta derivata continua, segue poi subito che la stessa proprietà compete ad $\omega(\sigma)$. Infatti, attesa la periodicità di $N(\sigma-\sigma_1)$ e di $\chi(\sigma_1)$ rapporto ai rispettivi argomenti, si può intanto, assumendo $s = \sigma - \sigma_1$ per variabile di integrazione, attribuire alla (4″) la forma

$$\omega(\sigma) = \frac{1}{\pi}\int_{-\pi}^{\pi} N(s)\,\chi(\sigma - s)\,ds.$$

Di qua, derivando, come è lecito, sotto il segno e riassumendo a derivazione eseguita $\sigma_1 = \sigma - s$ come variabile di integrazione, si ricava

$$\omega'(\sigma)=\frac{1}{\pi}\int_{-\pi}^{\pi}N(\sigma-\sigma_1)\chi'(\sigma_1)d\sigma_1, \tag{15}$$

l'apice designando derivazione rispetto all'argomento indicato.

Analoga conclusione sussiste naturalmente per la (5').

Passiamo alla verificazione delle soluzioni trovate, esplicitando i passaggi per la (II) e mostrando che, coi valori al contorno (5″) e (15), essa rimane effettivamente soddisfatta.

Separiamo per ciò il reale dall'immaginario nelle (5″) e (15), e ricaveremo ϑ, τ e loro derivate (si intende al contorno), ottenendo

$$\vartheta=\frac{1}{\pi}\int_{-\pi}^{\pi}N_1(\sigma-\sigma_1)\chi(\sigma_1)d\sigma,\qquad \tau=\frac{1}{\pi}\int_{-\pi}^{\pi}N_2(\sigma-\sigma_1)\chi(\sigma_1)d\sigma_1, \tag{16}$$

nonchè

$$\vartheta'=\frac{1}{\pi}\int_{-\pi}^{\pi}N_1(\sigma-\sigma_1)\chi'(\sigma_1)d\sigma_1,\qquad \tau'=\frac{1}{\pi}\int_{-\pi}^{\pi}N_2(\sigma-\sigma_1)\chi'(\sigma_1)d\sigma_1.$$

Operiamo sull'ultima formula, assumendovi per variabile di integrazione $s=\sigma-\sigma_1$, con che essa può essere scritta

$$\begin{aligned}\tau'(s)&=\frac{1}{\pi}\int_{-\pi}^{\pi}N_2(s)\chi'(\sigma-s)ds\\&=\frac{1}{\pi}\int_{-\pi}^{0}N_2(s)\chi'(\sigma-s)ds+\frac{1}{\pi}\int_{0}^{\pi}N_2(s)\chi'(\sigma-s)ds.\end{aligned}$$

Abbiamo visto nel precedente § che $N_2(s)$ è continua in ciascuno dei due intervalli $(-\pi,0)$, $(0,\pi)$ separatamente, e vi ammette derivata, la quale diviene infinita appena logaritmicamente per $s=0$ ed è quindi integrabile in entrambi gli intervalli. Si può perciò integrare per parti, notando che $\chi'(\sigma-s)=-\frac{d}{ds}\chi$; e si avrà

$$\begin{aligned}\tau'(\sigma)=&-\frac{1}{\pi}[N_2(s)\chi(\sigma-s]_{s=-\pi}^{s=0}-\frac{1}{\pi}[N_2(s)\chi(\sigma-s)]_{s=0}^{s=\pi}\\&+\frac{1}{\pi}\int_{-\pi}^{\pi}N_2'(s)\chi(\sigma-s)d\sigma.\end{aligned}$$

Nella parte ai limiti i due termini relativi a $s=-\pi$ e a $s=\pi$ si elidono per la periodicità di N_2 e di χ; gli altri due (che si eliderebbero anch'essi se N_2 fosse continua) si riducono, con notazione evidente, a

$$\chi(\sigma)\frac{1}{\pi}\{N_2(+0)-N_2(-0)\},$$

ossia, in virtù della (13) (in cui A_2 e N_2^* designano funzioni continue), a $\chi(\sigma)$. Rimane quindi

$$\tau'(\sigma) = \frac{1}{\pi}\int_{-\pi}^{\pi} N_2'(s)\chi(\sigma - s)ds + \chi(\sigma).$$

Dalla prima delle (16) si ha

$$p\vartheta(\sigma) = \frac{1}{\pi}\int_{-\pi}^{\pi} pN_1(s)\chi(\sigma - s)ds,$$

donde, per sottrazione,

$$\tau'(\sigma) - p\vartheta(\sigma) = \frac{1}{\pi}\int_{-\pi}^{\pi} \{N_2'(s) - pN_1(s)\}\chi(\sigma - s)ds + \chi(\sigma).$$

Siccome, per la (10'), il fattore di $\chi(\sigma - s)$ sotto il segno integrale si riduce ad $\frac{1}{2}$, così l'integrale stesso si annulla (per l'ipotesi che χ sia a valor medio nullo), e rimane la (II).

La verificazione della (III) si fa in modo del tutto analogo, sfruttando in fine la (14').

7. Casi particolari notevoli.

Se la χ è funzione pari $[\chi(-\sigma) = \chi(\sigma)]$, ovvero dispari $[\chi(-\sigma) = -\chi(\sigma)]$, la stessa proprietà compete a ϑ, e l'opposta a τ, cioè $\tau(\sigma)$ è dispari nel primo caso e pari nel secondo: sia che si tratti della equazione (II) che della (III). La dimostrazione segue materialmente dalle espressioni (16) di ϑ e τ, o dalle analoghe che si avrebbero per la equazione (III) (scambiando N in $\mathfrak{N}$): basta tener conto che N_1 è pari e N_2 dispari, e analogamente $\mathfrak{N}_1$, $\mathfrak{N}_2$. Tale comportamento si desume ovviamente dalle definizioni (6), (7) di $N(z)$, $\mathfrak{N}(z)$ le quali mostrano che entrambe queste funzioni sono reali sull'asse reale. Perciò, in punti simmetrici rispetto a tale asse, N_1 assume valori eguali, N_2 valori opposti, il che implica appunto N_1 pari e N_2 dispari su C; lo stesso per $\mathfrak{N}_1$, $\mathfrak{N}_2$.

Fissiamo l'attenzione sull'ipotesi (la quale si troverà verificata nella applicazione dei §§ seguenti) che $\chi(\sigma)$ sia dispari. Risultano, come s'è detto, $\tau(\sigma)$ pari e $\vartheta(\sigma)$ dispari, il che si può sintetizzare dicendo che la funzione di variabile complessa $i\omega = i\vartheta - \tau$ prende, sul contorno C, valori coniugati in punti simmetrici rispetto all'asse reale. Dal contorno la proprietà si trasporta notoriamente all'intero campo; così *$i\omega$ risulta reale, e quindi $\vartheta = 0$, sull'asse reale.* A questa conclusione — sia detto per incidenza — si perviene ovviamente anche partendo dallo sviluppo (3) di $\chi(\sigma)$. Per la disparità, ogni $h_n = 0$. La (4), o rispettivamente la (5), mostra allora che $i\omega$ è reale per ζ reale.

8. Disuguaglianze fondamentali.

In base alle espressioni (6′) e (7′) di N, $\mathfrak{N}$, risultano integrabili su C anche i valori assoluti, $|N|$, $|\mathfrak{N}|$.

Designeremo con L il valore numerico dell'integrale $\frac{1}{\pi}\int_{-\pi}^{\pi}|N|ds$, ovvero, per p intero, dell'analogo $\frac{1}{\pi}\int_{-\pi}^{\pi}|\mathfrak{N}|ds$. Con ciò questa costante positiva L viene a dipendere esclusivamente dal parametro p; non si può dire che abbia limite superiore finito al variare di p, ma è ben determinata e finita in corrispondenza a qualsiasi valore di p (intero o no).

Ferme restando per la funzione data χ le ipotesi del § 4, indichiamo con M ed M' i massimi dei valori assoluti di $\chi(\sigma)$ e di $\chi'(\sigma)$. Dalle (4″), (15) [ovvero dalle analoghe per p intero] ricaviamo immediatamente le disuguaglianze

$$(17)\qquad |\omega(\sigma)| \leqq LM, \qquad |\omega'(\sigma)| \leqq LM',$$

che valgono così tanto per la (II) quanto per la (III).

9. Limitazioni concernenti $P(\vartheta, \tau)$ e sue derivate.

La funzione $P(\vartheta, \tau)$ definita dalla (1) è regolare per qualsiasi valore finito di ϑ, τ. Perciò, se $\Delta\vartheta$, $\Delta\tau$ designano degli incrementi arbitrari di queste quantità, e ΔP è l'incremento corrispondente di P, si ha

$$\Delta P = \overline{\frac{\partial P}{\partial \vartheta}}\Delta\vartheta + \overline{\frac{\partial P}{\partial \tau}}\Delta\tau,$$

il tratto sovrapposto indicando che la funzione va riferita ad argomenti del tipo $\vartheta + t\Delta\vartheta$, $\tau + t\Delta\tau$ con t compreso fra 0 ed 1.

Compendiamo per brevità $\vartheta + i\tau$ in ω, $\Delta\vartheta + i\Delta\tau$ in $\Delta\omega$, e supponiamo

$$(18)\qquad |\omega| + |\Delta\omega| \leqq \Omega,$$

con che anche $|\omega|$, $|\Delta\omega|$, $|\vartheta|$, $|\tau|$, $|\Delta\vartheta|$, $|\Delta\tau|$ sottostanno tutti alla stessa limitazione, sono cioè $\leqq \Omega$.

D'altra parte

$$\begin{cases} P(\vartheta, \tau) = p(e^{-3\tau}\sin\vartheta - \vartheta), \\ \dfrac{\partial P}{\partial\vartheta} = p(e^{-3\tau}\cos\vartheta - 1), \qquad \dfrac{\partial P}{\partial\tau} = -3pe^{-3\tau}\sin\vartheta \end{cases}$$

sono sviluppabili in serie di potenze di ϑ e di τ, convergenti per tutti i valori di questi argomenti; e le tre serie ammettono ordinatamente le maggioranti

$$p\{e^{3\tau}S\vartheta - \vartheta\}, \qquad p\{e^{3\tau}C\vartheta - 1\}, \qquad 3pe^{3\tau}S\vartheta,$$

S e C designando seno e coseno iperbolico.

Per valori degli argomenti ϑ, τ non superiori ad Ω in modulo, si avrà in conformità

$$\begin{cases} |P| \leqq p\{e^{3\Omega} S\Omega - \Omega\}, \\ \left|\frac{\partial P}{\partial \vartheta}\right| \leqq p\{e^{3\Omega} C\Omega - 1\}, \qquad \left|\frac{\partial P}{\partial \tau}\right| \leqq 3pe^{3\Omega} S\Omega, \end{cases}$$

le quali, ove si introduca la trascendente intera

$$G(\Omega) = p\{e^{3\Omega} S\Omega - \Omega\}, \tag{19}$$

danno luogo alle disuguaglianze

$$\begin{cases} |P| \leqq G(\Omega), \\ \left|\frac{\partial P}{\partial \vartheta}\right| + \left|\frac{\partial P}{\partial \tau}\right| \leqq G'(\Omega). \end{cases} \tag{20}$$

Notiamo che, nell'ipotesi (18), argomenti del tipo $\vartheta + t\Delta\vartheta$, $\tau + t\Delta\tau$ sono certo non superiori ad Ω in valore assoluto, mentre, in ogni caso, $|\Delta\vartheta| \leqq |\Delta\omega|$, $|\Delta\tau| \leqq |\Delta\omega|$. Perciò dalla precedente espressione di ΔP discende subito la importante disuguaglianza

$$|\Delta P| \leqq G'(\Omega)|\Delta\omega|. \tag{21}$$

Accanto a questa occorre stabilirne una analoga relativa a $P' = \frac{dP}{d\sigma}$: si intende che ci si riferisce al contorno C, pensando ϑ, τ, come pure $\Delta\omega = \Delta\vartheta + i\Delta\tau$, quali funzioni di σ (continue assieme alle loro derivate), con che

$$P' = \frac{\partial P}{\partial \vartheta}\vartheta' + \frac{\partial P}{\partial \tau}\tau',$$

e $\Delta P'$ rappresenta l'incremento dovuto al fatto che ϑ, τ, ϑ', τ' subiscono gli incrementi definiti da $\Delta\omega$, $\Delta\omega'$.

Ammesso che anche $|\omega'|$ e $|\Delta\omega'|$ soddisfacciano ad una disuguaglianza analoga alla (18), anzi alla

$$|\omega'| + |\Delta\omega'| \leqq \Omega, \tag{18'}$$

colla stessa costante positiva nel secondo membro, si trova agevolmente

$$|\Delta P'| \leqq G'(\Omega)|\Delta\omega'| + G''(\Omega)\,\Omega\,|\Delta\omega|. \tag{21'}$$

Ci apparirà più innanzi essenziale la circostanza che la maggiorante $G(\Omega)$ si annulla di secondo ordine per $\Omega = 0$, e quindi G' di prim'ordine. Questo è reso possibile dall'essere P di secondo ordine almeno nei due argomenti ϑ e τ. Ecco perchè abbiamo fin da principio attribuito alla (I) la forma (I') apparentemente meno semplice.

10. Equazione funzionale più generale della (I′) — Algoritmo di approssimazioni successive — Sua illimitata applicabilità.

Introduciamo, per brevità di scrittura, un operatore funzionale $A\omega$, lineare, ma *non* monogeno, ponendo, sul contorno C:

$$(22)\qquad A\omega = \begin{cases} \tau'(\sigma) - p\vartheta(\sigma), & \text{per } p \text{ non intero} \\ \tau'(\sigma) - p\vartheta(\sigma) + \frac{1}{\pi}\int_{-\pi}^{\pi}\vartheta(\sigma_1)\cos(\sigma - \sigma_1)d\sigma_1, & \text{per } p \text{ intero.} \end{cases}$$

Si consideri l'equazione funzionale

$$(\mathrm{IV})\qquad A\omega = P(\vartheta, \tau) + \chi(\sigma),$$

in cui $\chi(\sigma)$ designa una funzione ***dispari***, nota e soddisfacente alle altre condizioni specificate a § 4. Tale equazione funzionale è, per p non intero, alquanto più generale della (I), riducendosi alla (I′) per $\chi(\sigma) = 0$.

Cerchiamo di integrare la (IV) per approssimazioni successive, assumendo come approssimazione iniziale $\omega_0 = \vartheta_0 + i\tau_0$ la soluzione dell'equazione ***lineare***

$$(23)\qquad A\omega_0 = \chi(\sigma),$$

che è poi la (IV) stessa in cui si trascuri il termine $P(\vartheta, \tau)$ d'ordine superiore al primo.

Per quanto fu esposto nei §§ 6 e 7 a proposito delle equazioni (II) e (III), siamo assicurati che la (23) definisce effettivamente in modo univoco una funzione $\omega_0(\zeta)$ regolare per $|\zeta| < 1$, nulla nell'origine, continua assieme alla sua derivata prima su C, e ***simmetrica***, volendo dire brevemente con tale qualifica che $i\omega_0$ è reale per ζ reale, ossia che ϑ_0 è dispari e τ_0 pari.

Risulterà in conformità dispari, e quindi in particolare di valor medio nullo, anche la funzione

$$P(\vartheta_0, \tau_0) = p(e^{-3\tau_0}\sin\vartheta_0 - \vartheta_0),$$

nonchè

$$\chi_1(\sigma) = P(\vartheta_0, \tau_0) + \chi(\sigma).$$

Passeremo ad una seconda approssimazione ω_1, in base alla equazione lineare

$$A\omega_1 = \chi_1(\sigma)$$

da cui rimane appunto individuata una funzione ω_1 che si comporta come ω_0, compresa la proprietà di simmetria.

A partire da ω_1 si trae in modo analogo una ulteriore approssimazione ω_2, ecc. In generale, supposto che si siano così conseguite $\omega_0, \omega_1, \omega_2, \ldots, \omega_{\nu-1} = \vartheta_{\nu-1} + i\tau_{\nu-1}$, si pone

$$(24)\qquad \chi_\nu(\sigma) = P(\vartheta_{\nu-1}, \tau_{\nu-1}) + \chi(\sigma),$$

con che χ_ν risulta sempre dispari, e si ricava ω_ν dalla equazione lineare

$$A\,\omega_\nu = \chi_\nu(\sigma) \qquad (\nu = 1, 2, \ldots). \tag{25}$$

L'algoritmo costruttivo delle ω è, come si vede, iterabile indefinitamente. Resta da far vedere che esso converge realmente verso una funzione ω che soddisfa alla (IV) e alle altre condizioni volute.

11. Correzioni successive — Convergenza uniforme delle ω_ν, ω'_ν verso una funzione limite ω e sua derivata — Verificazione della equazione funzionale.

Definiamo le *correzioni successive*

$$w_\nu = \omega_\nu - \omega_{\nu-1} \qquad (\nu = 1, 2, \ldots), \tag{26}$$

le quali, nei riguardi qualitativi, si comportano manifestamente come le ω, e danno luogo alle identità

$$\omega_\nu = \omega_0 + \sum_1^\nu {}_j\, w_j \qquad (\nu = 1, 2, \ldots). \tag{27}$$

Le disuguaglianze stabilite nei §§ 8 e 9 ci porteranno a riconoscere che le serie $\sum_1^\infty {}_j\, w_j$, $\sum_1^\infty {}_j\, w'_j$ sono entrambe uniformemente convergenti su C, purchè soltanto sieno abbastanza piccoli i limiti superiori M, M' di $|\chi(\sigma)|$, $|\chi'(\sigma)|$.

All'uopo cominciamo col rilevare che dalle (23) e (17) scende

$$|\omega_0| \leqq \mu, \qquad |\omega'_0| \leqq \mu, \tag{28}$$

indicando per brevità con μ *il maggiore dei due numeri* LM, LM'.

Dalle stesse (23), combinate colle (25), (26), si ha poi

$$A w_1 = P(\vartheta_0, \tau_0), \tag{29}$$

$$A w_\nu = P(\vartheta_{\nu-1}, \tau_{\nu-1}) - P(\vartheta_{\nu-2}, \tau_{\nu-2}) \quad (\nu = 2, 3, \ldots). \tag{30}$$

Il secondo membro della (29) è una funzione di σ continua assieme alla sua derivata $P' = \frac{\partial P}{\partial \vartheta_0}\vartheta'_0 + \frac{\partial P}{\partial \tau_0}\tau'_0$. Dalle (21) e (28) seguono subito le limitazioni

$$|P(\vartheta_0, \tau_0)| \leqq G(\mu), \qquad |P'| \leqq G'(\mu)\mu.$$

Dato che $G(\mu)$ è rappresentata da una serie (senza termine costante) a coefficienti tutti positivi, si ha necessariamente $G(\mu) \leqq G'(\mu)\mu$, sicchè potremo a fortiori ritenere

$$|P(\vartheta_0, \tau_0)| \leqq G'(\mu)\mu.$$

Con queste limitazioni per il secondo membro della (29) e sua derivata, possiamo applicare alla funzione w_1, definita dalla (29), le disuguaglianze corrispondenti alle (17) ottenendo

$$(31)\qquad |w_1| \leqq L\,G'(\mu)\mu, \qquad |w_1'| \leqq L\,G'(\mu)\mu.$$

Poniamo

$$(32)\qquad \begin{cases} \Omega_\nu = |\omega_0| + |w_1| + |w_2| + \dots + |w_\nu|, \\ \Omega_\nu' = |\omega_0'| + |w_1'| + |w_2'| + \dots + |w_\nu'| \quad (\nu = 1, 2, \dots), \end{cases}$$

e, fissando per un momento l'attenzione sopra un valore determinato n dell'indice ν, indichiamo con Ω un numero non inferiore al massimo di

$$\mu, \Omega_1, \Omega_2, \dots, \Omega_{n-1},$$
$$\Omega_1', \Omega_2', \dots, \Omega_{n-1}'.$$

Cerchiamo quali limitazioni si può trarne per le $|w_j|$, $|w_j'|$ $(j = 1, 2, \dots, n)$ e per Ω_n, Ω_n'.

Abbiamo intanto, dalle (27) e dalla definizione di Ω,

$$|\omega_{\nu-2}| \leqq \Omega, \qquad |\omega_{\nu-1}| \leqq \Omega,$$

nonchè

$$|\omega_{\nu-2}'| \leqq \Omega, \qquad |\omega_{\nu-1}'| \leqq \Omega \qquad (\nu = 2, 3, \dots, n).$$

Con ciò al secondo membro delle (30), che è un $\varDelta P$, si può applicare la disuguaglianza (21) del § 9, e si ha

$$|\varDelta P| = |P(\vartheta_{\nu-1}, \tau_{\nu-1}) - P(\vartheta_{\nu-2}, \tau_{\nu-2})| \leqq G'(\Omega)\,|w_{\nu-1}|.$$

Alla derivata $\frac{d\varDelta P}{d\sigma} = \varDelta P'$ si può applicare in conformità la (21'), ottenendo

$$|\varDelta P'| \leqq G'(\Omega)\,|w_{\nu-1}'| + G''(\Omega)\,\Omega\,|w_{\nu-1}|.$$

La (17) dà allora

$$(33)\qquad \begin{cases} |w_\nu| \leqq L\,G'(\Omega)\,|w_{\nu-1}| \\ |w_\nu'| \leqq L\{G'(\Omega)\,|w_{\nu-1}'| + G''(\Omega)\,\Omega\,|w_{\nu-1}|\} \quad (\nu = 2, 3, \dots, n). \end{cases}$$

Poniamo

$$(34)\qquad q = G'(2\Omega)$$

e notiamo che, per essere $G'(\Omega)$ una serie di potenze a coefficienti tutti positivi (convergente per qualsiasi Ω), si ha $G'(2\Omega) \geqq G'(\Omega)$, ed anche

$$G'(2\Omega) \geqq G'(\Omega) + G''(\Omega)\,\Omega,$$

come si può verificare paragonando lo sviluppo dei due membri, cioè i valori delle derivate di un ordine qualsiasi k per $\Omega = 0$.

Tenuto conto di ciò, segue immediatamente dalle (33) che, ove sia

$$(35)\qquad |w_\nu| \leqq \mu q^\nu, \qquad |w_\nu'| \leqq \mu q^\nu$$

per un dato valore dell'indice ν, le disuguaglianze stesse rimangono verificate per il valore di ν immediatamente successivo.

Ora le (35) sono soddisfatte per $\nu = 1$, come risulta dalle (31), notando che

$$LG'(\mu) \leqq LG'(\Omega) \leqq LG'(2\Omega) = q.$$

Esse seguitano dunque a sussistere fino a $\nu = n$, che è, *per ora*, il limite di validità delle (33). Ma tale validità è unicamente subordinata alla circostanza che nessuna delle Ω_ν, Ω'_ν, fino a $\nu = n - 1$, supera Ω. Se si è in grado di constatare che anche Ω_n, Ω'_n risultano $\leqq \Omega$, le (35) e le disuguaglianze

$$\Omega_\nu \leqq \Omega, \qquad \Omega'_\nu \leqq \Omega \tag{36}$$

rimangono acquisite per qualunque ν. In realtà dalle (32), attese le (28) e le (35) (che sussistono, come si è rilevato, da $\nu = 1$ fino a $\nu = n$), segue

$$\Omega_n \leqq \mu(1 + q + \ldots + q^n) = \mu \frac{1 - q^{n+1}}{1 - q},$$
$$\Omega'_n \leqq \mu \frac{1 - q^{n+1}}{1 - q}.$$

Evidentemente, se

$$q < 1, \tag{37}$$

$$\frac{\mu}{1 - q} \leqq \Omega, \tag{38}$$

Ω_n, Ω_n risultano $\leqq \Omega$, e la illimitata validità delle (35) associata a $q < 1$ garantisce la assoluta e uniforme convergenza delle serie

$$\omega_0 + \sum_1^\infty {}_j w_j, \qquad \omega'_0 + \sum_1^\infty {}_j w'_j.$$

La prima serie definisce perciò una funzione $\omega(\sigma) = \vartheta + i\tau$, continua assieme alla sua derivata ω', che è somma della seconda serie. Ciò val quanto dire, in base alle (27), che si ha, uniformemente su C,

$$\lim_{\nu \to \infty} \omega_\nu = \omega, \qquad \lim_{\nu \to \infty} \omega'_\nu = \omega'. \tag{39}$$

Ne risulta, pure uniformemente,

$$\lim_{\nu \to \infty} A\omega_\nu = A\omega,$$

$$\lim_{\nu \to \infty} P(\vartheta_\nu, \tau_\nu) = P(\vartheta, \tau),$$

con che, dalle (24) e (25), passando al limite per $\nu \to \infty$, si ricava

$$A\omega = P(\vartheta, \tau) + \chi(\sigma).$$

Perciò la ω, definita dall'algoritmo (25), è veramente integrale della (IV) con tutti i requisiti voluti.

12. Discussione delle condizioni sufficienti per la convergenza. — Conseguente apprezzamento numerico.

Per quanto precede, la convergenza del nostro procedimento di approssimazioni successive è assicurata, purchè sussistano le due disuguaglianze

$$(37) \qquad q < 1,$$

$$(38) \qquad \frac{\mu}{1-q} \leqq \Omega,$$

con

$$(34) \qquad q = LG'(2\Omega)$$

e μ dipendente dai dati della questione come il maggiore dei due numeri LM, LM' [M, M' massimi di $\chi(\sigma), \chi'(\sigma)$].

Mostriamo che *a tutte queste condizioni si soddisfa purchè soltanto sia abbastanza piccolo* μ, *il che vuol dire* M *ed* M'.

All'uopo cominciamo coll'osservare che, per ottemperare alla (38) rimpicciolendo μ quanto meno è possibile, dovremo intanto assumere la (38) stessa sotto la forma limite

$$(38') \qquad \mu = \Omega(1-q).$$

D'altra parte $q = LG'(2\Omega)$ si annulla per $\Omega = 0$ e va poi sempre crescendo con Ω finchè arriva al valore 1 in corrispondenza a un certo $\Omega = U$. I valori di Ω che possono legittimamente servire nei ragionamenti del § precedente (come presunte limitazioni delle Ω_ν, Ω'_ν) sono a priori tutti e soli quelli compresi fra 0 ed U (che rendono $0 < q < 1$). Il più conveniente tra questi, cioè quello che imporrà la minima restrizione a μ, sarà, in base alla (38′), quello che ne rende massimo il secondo membro

$$\Omega(1-q) = \Omega\{1 - LG'(2\Omega)\}.$$

Questo secondo membro si annulla per $\Omega = 0$, nonchè per $\Omega = U$ $(q = 1)$, rimanendo positivo nel frapposto intervallo. Esso vi ammette perciò un massimo $\bar{\mu}$ (ed uno soltanto, come si verifica immediatamente) in corrispondenza ad un valore intermedio $\bar{\Omega}$ dell'argomento.

Riassumendo, si calcolerà il valore numerico $\bar{\Omega}$ *di* Ω, *che rende massimo* $\Omega\{1 - LG'(2\Omega)\}$, *e questo massimo* $\bar{\mu}$ [i quali dipendono esclusivamente da L, e quindi (§ 38) da p]. *La condizione sufficiente per la validità del procedimento si può allora presentare sotto la forma esplicita*

$$\mu \leqq \bar{\mu},$$

rimanendo altresì assicurate, per la soluzione ω *che esso determina, le limitazioni*

$$|\omega| \leqq \bar{\Omega}, \qquad |\omega'| \leqq \bar{\Omega}.$$

Un apprezzamento numerico (un po'sbrigativo, ma comunque istruttivo) si ottiene trascurando nella serie $G(\Omega)$ le potenze superiori alla seconda. La (19), cioè

$$G(\Omega) = p\{e^{3\Omega} L\Omega - \Omega\},$$

si riduce allora a

$$G(\Omega) = 3p\,\Omega^2,$$

e dà quindi

$$LG'(2\Omega) = 12Lp\,\Omega.$$

Il massimo $\bar{\mu}$ di

$$\Omega(1 - 12Lp\,\Omega)$$

si ha così per

$$\bar{\Omega} = \frac{1}{24Lp},$$

ed è

$$\bar{\mu} = \frac{1}{2}\bar{\Omega} = \frac{1}{48Lp}.$$

Il valore limite U di Ω (quello che rende $q = 1$) è invece

$$U = 2\bar{\Omega}.$$

13. Unicità della soluzione fornita dal metodo di approssimazioni successive.

Vogliamo far vedere che ogni soluzione $\omega^* = \vartheta^* + i\tau^*$ della (IV), continua assieme alla sua derivata prima su C, nulla nel centro, cioè a valor medio nullo su C, e soddisfacente ad una limitazione

$$|\omega^*| \leqq \Omega,$$

che valga anche per la ω definita col procedimento delle approssimazioni successive, coincide necessariamente con questa.

Vi perverremo senza difficoltà considerando le differenze

$$w_\nu^* = \omega^* - \omega_\nu \qquad (\nu = 1, 2, \ldots) \tag{40}$$

fra la ω^* di cui si tratta e le approssimazioni successive ω_ν introdotte a § 10, e constatando che tali differenze convergono a zero per $\nu \to \infty$.

Intanto conviene rilevare che ω_ν verifica, per definizione, la condizione al contorno (25)

$$A\,\omega_\nu = \chi_\nu(\sigma) = P(\vartheta_{\nu-1}, \tau_{\nu-1}) + \chi(\sigma) \qquad (\nu = 1, 2, \ldots),$$

e ω^*, per ipotesi, la (IV):

$$A\,\omega^* = P(\vartheta^*, \tau^*) + \chi(\sigma).$$

$P(\vartheta^*, \tau^*)$ è naturalmente, al pari di $\chi(\sigma)$, funzione continua di σ, assieme alla sua derivata prima, ed ha inoltre valore medio nullo, tale proprietà comdetendo a $\chi(\sigma)$, ω^* e quindi anche ad $A\,\omega^* - \chi(\sigma)$. Per analoga ragione, o anche più specificamente (§ 10) perchè funzione dispari, ha valore medio nullo $P(\vartheta_\nu, \tau_\nu)$.

Si ha così, badando alla (40),

$$A\, w_\nu^* = P(\vartheta^*, \tau^*) - P(\vartheta_\nu, \tau_\nu).$$

pure con valore medio nullo del secondo membro (in quanto lo si consideri come funzione di σ). Sussistono pertanto le condizioni sotto cui è legittimo dedurne per $|w_\nu^*|$ la limitazione corrispondente alla prima delle (17).

Tenuto presente che il secondo membro in discorso è un ΔP, e che, dalle disuguaglianze

$$|\omega^*| \leqq \Omega, \qquad |\omega_\nu| \leqq \Omega,$$

segue

$$|\omega^*| + |\omega_\nu| \leqq 2\,\Omega,$$

con ovvia modificazione delle considerazioni istituite al § 9, si trova

$$|\Delta P| \leqq G'(2\,\Omega)\,|w_{\nu-1}^*|,$$

quindi, in base alla (17),

$$|w_\nu^*| \leqq L\,G\,(2\,\Omega)\,|w_{\nu-1}^*|,$$

ossia, per la (34),

$$|w_\nu^*| \leqq q\,|w_{\nu-1}^*| \qquad (\nu = 1, 2, \ldots).$$

Questa ci mostra che le $|w_\nu^*|$ decrescono anche più rapidamente dei termini di una progressione geometrica di ragione $q < 1$. Dunque

$$\lim_{\nu \to \infty} w_\nu = 0, \qquad \text{c. d. d.}$$

14. Corollario — Sua portata idrodinamica — Validità rigorosa dell'equazione di Airy.

Abbiamo già notato a § 3 che l'equazione funzionale (II)

$$\frac{d\tau}{d\sigma} - p\vartheta = \chi(\sigma)$$

ammette tutti e soli i valori interi di p per autovalori; ossia che, per p non intero, l'equazione omogenea

$$\frac{d\tau}{d\sigma} - p\vartheta = 0$$

non ammette soluzioni diverse da zero. Siccome, per p non intero, l'operatore $A\,\omega$ definito dalla (22) è proprio $\frac{d\tau}{d\sigma} - p\,\vartheta$, così

$$A\,\omega_0 = 0$$

implica $\omega_0 = 0$. La stessa conclusione è vera per A $\left(\text{non per } \frac{d\tau}{d\sigma} - p\,\vartheta\right)$, anche se p è intero, in quanto appunto la corrispondente definizione (22) di A

introduce un termine addizionale che toglie all'intero p il carattere di autovalore.

Ciò premesso, è chiaro che *per* $\chi(\sigma)=0$, *la soluzione della equazione* (IV) *definita dalle approssimazioni successive è zero.* Infatti la (23) dà in primo luogo $\omega_0=0$, e allora, in virtù delle (24) (fattovi $\chi=0$) e delle (25), si annullano tutte le ω_ν e quindi anche il limite ω. Questo ci consente di affermare (con riferimento al precedente §) che *a prescindere da* $\omega=0$, *non esistono soluzioni* (regolari e inferiori ad un certo limite) *dell'equazione*

$$A\,\omega = P(\vartheta, \tau).$$

Per p non intero, questa coincide colla (I'); dunque, sempre per p non intero, nemmeno la (I') ha soluzioni diverse da zero.

Dacchè la (I') definisce le onde periodiche (irrotazionali e permanenti) in un canale molto profondo, e il valore assoluto di ω è legato all'altezza dell'onda, si può anche dare a quanto precede la forma espressiva: *Onde periodiche di altezza moderata possono esistere solo in corrispondenza a valori interi di* p. Infatti, per p non intero, si ha necessariamente $\omega=0$, il che vuol dire assenza d'ogni perturbazione ondosa.

Richiamandosi al significato cinematico di p, espresso dalla (2) del § 1,

$$p = \frac{g\lambda}{2\pi c^2},$$

si vede che dei valori interi di p quello che dà l'onda fondamentale (di lunghezza minima) è $p=1$. Per queste onde, si trova quindi esattamente verificata la equazione di Airy

$$c^2 = \frac{g\lambda}{2\pi}.$$

A dire il vero, non abbiamo ancora dimostrata l'effettiva esistenza di dette onde, ma già la conclusione rigorosa che il minimo valore possibile di p è l'unità merita attenzione, perchè diversa da quanto avrebbero lasciato supporre le ricerche di Stokes e di Rayleigh. Secondo il loro procedimento di approssimazioni successive, tostochè si abbandona la linearità, la equazione di Airy si trova sostituita da una relazione più complicata, in cui intervengono, oltre a c e a λ, anche l'altezza dell'onda, coll'effetto generale di aumentare alquanto la velocità coll'altezza, ossia di rendere $p<1$.

Era naturale il pensare che così fosse in natura per onde di ampiezza finita. Risulta invece dalla nostra discussione che un tale comportamento è contingente allo speciale tipo di approssimazione adottata, ma non può comunque riscontrarsi in effettive soluzioni della (I).

15. Risoluzione della (I) in corrispondenza ad un suo autovalore (p intero) — Equazione di Schmidt.

La equazione (I) — o, ciò che è lo stesso, la equivalente (I') — non ha termine noto. Per p intero (autovalore), si può subordinarla ad altra con termine noto, che rientra nel tipo (22) (§ 10), ed è quindi integrabile per approssimazioni successive. Basta ricorrere ad un artificio dovuto in sostanza ad E. Schmidt.

Limitandoci alle eventuali soluzioni della (I) per cui $\tau(\sigma)$ è pari e $\vartheta(\sigma)$ dispari (*simmetriche*, secondo la denominazione introdotta al § 10), indichiamo con b il coefficiente (incognito) di $\sin p\sigma$ nello sviluppo di Fourier della funzione ϑ. Sarà zero per la disparità il coefficiente di $\cos p\sigma$, e si avrà

$$(41) \qquad \frac{1}{\pi}\int_{-\pi}^{\pi} \vartheta(\sigma_1)\cos p(\sigma-\sigma_1)\,d\sigma_1 = b\sin p\sigma.$$

La (I'), aggiungendo membro a membro questa identità, assume la forma

$$(\mathrm{I}'') \quad \frac{d\tau}{d\sigma} - p\vartheta(\sigma) + \frac{1}{\pi}\int_{-\pi}^{\pi} \vartheta(\sigma_1)\cos(\sigma-\sigma_1)\,d\sigma_1 = P(\vartheta,\tau) + b\sin p\sigma.$$

Riconosciamo in questa la (IV) del § 10, con p intero e

$$\chi(\sigma) = b\sin p\sigma\,.$$

Trattiamovi per un momento b come un parametro indeterminato. La proposizione esistenziale del § 11 ci assicura che, per $|b|$ abbastanza piccolo, la (I'') ammette una soluzione $\omega(\zeta, b)$ calcolabile col metodo delle successive approssimazioni. Tale soluzione soddisferà a tutti i requisiti voluti; in particolare, risulterà funzione dispari (e continua) su C la sua parte reale $\vartheta(\sigma, b)$. Se il parametro b, lasciato per un momento indeterminato (salvo una limitazione superiore del valore assoluto), si potrà a posteriori identificare col coefficiente di $\sin p\sigma$ nello sviluppo di ϑ, cioè se

$$(41') \qquad b = \frac{1}{\pi}\int_{-\pi}^{\pi} \vartheta(\sigma, b)\sin p\sigma\,d\sigma,$$

sussisterà, per la disparità di ϑ, anche la (41), e per conseguenza la funzione trovata come soluzione della (I'') verificherà altresì la originaria (I).

Tutto si trova così ricondotto alla discussione della equazione in termini finiti (41'); a constatare cioè che essa ammette almeno una radice b abbastanza piccola in valore assoluto, cioè contenuta effettivamente nell'ambito di validità del procedimento costruttivo dell'integrale $\omega(\zeta, b)$. Questo procedimento rende subito manifesto che, nello sviluppo di $\vartheta(\sigma, b)$ per potenze di b, il termine lineare vale $b \sin p\sigma$; perciò la equazione (41′) si riduce alla forma

$$b^2 B(b) = 0,$$

con B serie di potenze di b; ossia in definitiva a

$$B(b) = 0.$$

Questa si può chiamare *equazione di Schmidt*, perchè rientra in una categoria da lui segnalata in generale a proposito delle equazioni integrali non lineari.

Riservo ad altro lavoro la effettiva costruzione della $\omega(\zeta, b)$ e la discussione della equazione $B(b) = 0$, con riguardo alle conseguenze idrodinamiche.

(Eingegangen am 5. 9. 1921.)

Über die Lösungen der Differentialgleichungen der Physik.

I. Mitteilung.

Von

R. Courant in Göttingen.

Einleitung.

Die Differentialgleichungen der Physik entspringen aus Variationsproblemen, und nichts erscheint hiernach natürlicher als der Versuch, die Existenz und die Eigenschaften ihrer Lösungen von dem Ansatz des Variationsproblems her zu untersuchen: Gauß, Riemann, Dirichlet, W. Thomson, H. Weber u. a. haben diesen Weg eingeschlagen. Aber nach der scheinbar vernichtenden Kritik, welche Weierstraß an der Schlußweise des Dirichletschen Prinzipes übte, hat man den Variationsansatz verlassen; wenn auch seitdem durch die Arbeiten von Hilbert und anderen daran anschließenden Autoren über die Lösungen der Differentialgleichung $\Delta u = 0$ des Potentials bei dieser Differentialgleichung die ursprüngliche Idee des Dirichletschen Prinzipes als Ausgangspunkt für den Existenzbeweis wieder zur Geltung gebracht wurde, und wenn auch Walther Ritz[1]) den Variationsansatz höchst erfolgreich zur numerischen Berechnung der Lösungen handhabte, so ist heute doch in der Hauptsache die Theorie der Integralgleichungen das Mittel der strengen Behandlung; insbesondere gilt dies für das zentrale Problem der *Eigenwerte* und *Eigenfunktionen*, oder physikalisch gesprochen, der *Eigenschwingungen*, welches z. B. in dem typischen Falle der gewöhnlichen Schwingungsgleichung lautet: Es sollen für ein gegebenes Gebiet G diejenigen „Eigenwerte" λ und zugehörigen in G nicht identisch verschwindenden „Eigenfunktionen" u gefunden werden, für welche in G die Differentialgleichung

$$(1) \qquad \Delta u + \lambda u = 0$$

---

[1]) W. Ritz, Oeuvres Nr. XV, XVI, XVII, insbesondere Crelles Journal **135** (1908), S. 1–61, Ann. der Phys. **28** (1909), S. 737–786.

und am Rande beispielsweise die Randbedingung

(2) $$u = 0$$

besteht. Dabei ist in der üblichen Bezeichnung Δu der Differentialausdruck

$$\frac{\partial^2 u}{\partial x^2} + \frac{\partial^2 u}{\partial y^2} \quad \text{bzw.} \quad \frac{\partial^2 u}{\partial x^2} + \frac{\partial^2 u}{\partial y^2} + \frac{\partial^2 u}{\partial z^2} + \dots,$$

je nachdem das Gebiet G in einem zwei- oder mehrdimensionalen Raume mit den rechtwinkligen Koordinaten $x, y, \dots$ gelegen ist. Trotz der großen Erfolge, welche man mit der Integralgleichungsmethode bei der Behandlung der Existenzfragen dieses und der analogen Probleme gehabt hat, scheint es mir doch der Natur des Gegenstandes angemessen, wenn man konsequent zum Variationsansatz zurückkehrt; man darf in den Schwierigkeiten, die sich hier darzubieten scheinen, weniger einen Einwurf gegen die Gemäßheit des Ansatzes erblicken als vielmehr eine Aufforderung, die methodischen Hilfsmittel der Analysis so zu ergänzen, daß der Durchführung des so einfachen und überzeugenden klassischen Grundgedankens keine Hindernisse mehr im Wege stehen. In diesem Sinne habe ich in einer früheren Arbeit[2]) die *Eigenwerte* bei den Eigenwertproblemen behandelt mit dem Ergebnis, daß in der Tat der Variationsansatz eine weit vollständigere und dabei einfachere und durchsichtigere Beherrschung der auftretenden Fragen gestattet als die Integralgleichungsmethode. In der vorliegenden Arbeit möchte ich mich der tiefer greifenden Aufgabe zuwenden, dasselbe auch für die *Eigenfunktionen* zu leisten. Um Weitläufigkeiten zu vermeiden, setzen wir uns hier folgendes Ziel: *Für einen ganz im Endlichen gelegenen endlich vielfach zusammenhängenden Bereich G der xy-Ebene ohne isolierte Grenzpunkte mit rektifizierbaren Randkurven*[3]) *ist die Existenz eines vollständigen orthogonalen Systems $u_1, u_2, \dots$ von Eigenfunktionen und der zugehörigen Eigenwerte $\lambda_1, \lambda_2, \dots$ der Differentialgleichung* (1) *bei der Randbedingung* (2) *nachzuweisen.* Wir werden diesen Existenzbeweis so erbringen, daß damit auch zugleich das Verfahren zur numerischen Berechnung der Eigenfunktionen im Sinne von W. Ritz legitimiert und in einem wesentlichen Punkte ergänzt wird. Dabei sollen die Entwickelungen so gehalten sein, daß ihre direkte Übertragung auf andere sich selbst adjungierte Differentialgleichungen zweiter

[2]) Courant, Math. Zeitschr. 7 (1920), S. 1–57. „Über die Eigenwerte bei den Differentialgleichungen der math. Physik".

[3]) Die Voraussetzung der Rektifizierbarkeit ist wesentlich weiter als die Voraussetzungen, unter denen bisher die Frage in der Literatur explizite ihre Erledigung gefunden hat; der Leser wird übrigens bemerken, daß selbst diese Voraussetzung außer in § 6 für alle Schlüsse in dieser Arbeit bedeutungslos bleibt.

und höherer Ordnung sowie auf den Fall von mehr als zwei unabhängigen Variablen keine Schwierigkeit mehr macht. In einer folgenden Abhandlung sollen die Eigenschaften der Lösungen, insbesondere ihre Abhängigkeit vom Gebiet, untersucht werden.

Das erste Kapitel beschäftigt sich, nach einigen Vorbemerkungen über lineare Abhängigkeit, mit der Formulierung und vorläufigen Diskussion des Variationsproblems und führt bis zu einem gewissen Abschluß. Im zweiten Kapitel werden eine Reihe methodischer Hilfsbetrachtungen entwickelt, welche zum Teil wegen ihrer sonstigen Anwendbarkeit auch ein selbständiges Interesse verdienen dürften. Im dritten Kapitel wird der Existenzbeweis zu Ende geführt, und im vierten die Frage der numerischen Berechnung untersucht.

Kapitel I.

Das Variationsproblem und seine Minimalfolgen.

§ 1.

Vorbemerkungen und Bezeichnungen.

Es sei Γ eine Randkurve unseres Bereiches G; wenn wir in Γ ein geradliniges Polygon Γ_N von N gleichen Seiten der Länge h einbeschreiben, so wird das Produkt Nh unterhalb einer festen, d. h. von N unabhängigen Schranke bleiben, da es mit zunehmendem N gegen die Länge von Γ konvergiert. Wir denken uns um die Ecken von Γ_N mit dem Radius h die Kreise geschlagen; alle Punkte von G, welche in das Innere eines dieser Kreise fallen, bilden bei hinreichend kleinem h einen Randstreifen S_h, welcher bei abnehmendem h unendlich schmal wird und der andererseits bei fest gegebenem h alle diejenigen Punkte von G in sich enthält, welche von einem Randpunkt des Gebietes G einen Abstand kleiner als eine hinreichend kleine nur von h abhängige Zahl δ haben.

Wir führen, falls die betreffenden Integrale für die Funktionen φ, ψ einen Sinn haben, die folgenden Bezeichnungen ein:

$$(3) \qquad H_G[\varphi, \psi] = \int_{(G)} \varphi \cdot \psi \, dx\, dy, \qquad H_G[\varphi] = H_G[\varphi, \varphi].$$

$$(4) \qquad D_G[\varphi, \psi] = \int_{(G)}\left\{\frac{\partial \varphi}{\partial x}\frac{\partial \psi}{\partial x} + \frac{\partial \varphi}{\partial y}\frac{\partial \psi}{\partial y}\right\} dx\, dy, \qquad D_G[\varphi] = D_G[\varphi, \varphi]$$

und kürzen analog ab, wenn andere Integrationsbereiche zugrunde liegen. Wo Mißverständnisse ausgeschlossen sind, schreiben wir gelegentlich statt

$$H_G,\ D_G \quad \text{einfach} \quad H,\ D.$$

Es gelten die Beziehungen

$$(5) \qquad (H[\varphi, \psi])^2 \leqq H[\varphi] \cdot H[\psi]$$

$$(6) \qquad (D[\varphi, \psi])^2 \leqq D[\varphi] D[\psi]$$

auf Grund der Schwarzschen Ungleichheit, sowie bei konstanten $c_1, c_2, \ldots, c_p$ die Gleichungen

$$(7) \qquad H\left[\sum_{i=1}^{p} c_i \varphi_i\right] = \sum_{i,j} c_i c_j H[\varphi_i, \varphi_j]$$

$$(8) \qquad D\left[\sum_{i=1}^{p} c_i \varphi_i\right] = \sum_{i,j} c_i c_j D[\varphi_i, \varphi_j].$$

Aus (5), (6), (7), (8) folgt unmittelbar

$$(9) \qquad H[\varphi - \varphi^*] \geqq (|\sqrt{H[\varphi]}| - |\sqrt{H[\varphi^*]}|)^2$$

$$(10) \qquad D[\varphi - \varphi^*] \geqq (|\sqrt{D[\varphi]}| - |\sqrt{D[\varphi^*]}|)^2.$$

Aus der Kleinheit der Integrale $H[\varphi - \varphi^*]$ bzw. $D[\varphi - \varphi^*]$ kann man also unmittelbar auf die Kleinheit der Differenzen $H[\varphi] - H[\varphi^*]$ bzw. $D[\varphi] - D[\varphi^*]$ schließen, wenn man von vornherein die Beschränktheit der Integrale H bzw. D voraussetzt.

Aus dem Vorhergehenden ergibt sich: Ersetzt man in einem Ausdruck der Form (3) oder (4) eine Funktion φ oder beide Funktionen φ, ψ durch Funktionen φ^*, ψ^*, für welche $H[\varphi - \varphi^*]$, $H[\psi - \psi^*]$ bzw. $D[\varphi - \varphi^*]$, $D[\psi - \psi^*]$ hinreichend klein ist, so ändern sich diese Ausdrücke um beliebig wenig, falls H und D beschränkt sind.

§ 2.

Unabhängigkeitsmaß von Funktionen.

Es seien $f_1, f_2, \ldots, f_n$ stetige Funktionen im Gebiete G, es seien ferner $c_1, c_2, \ldots, c_n$ Konstanten, welche der Relation

$$(11) \qquad c_1^2 + c_2^2 + \ldots + c_n^2 = 1$$

genügen. Der kleinste Wert m, welchen unter dieser Nebenbedingung der Ausdruck

$$(12) \qquad H\left[\sum_{i=1}^{n} c_i f_i\right] = \sum_{i,j} c_i c_j H[f_i, f_j]$$

bei Variation der c_i annehmen kann, heißt das *Unabhängigkeitsmaß* der Funktionen f_i für G. Seine Existenz folgt unmittelbar aus der Definition als Minimum einer definiten quadratischen Form der c_i bei der Nebenbedingung (11). Offenbar ist die Bedingung $m = 0$ notwendig und hinreichend für die lineare Abhängigkeit der Funktionen und gleichbedeutend mit dem Verschwinden der sogenannten „*Gramschen Determinante*“:

$$\Delta_G\{f_1, \ldots, f_n\} = \begin{vmatrix} g_{11}, \ldots, g_{1n} \\ g_{21}, \ldots, g_{2n} \\ \cdots\cdots\cdots \\ g_{n1}, \ldots, g_{nn} \end{vmatrix},$$

wobei

$$g_{ij} = H[f_i, f_j]$$

ist. *Zwischen der Determinante Δ und dem Unabhängigkeitsmaß m besteht folgende wichtige Ungleichheit*

$$(13) \qquad \Delta \geqq m^n.$$

Zum Beweise bedenken wir, daß m gemäß seiner Definition die kleinste der — durchweg nicht negativen — Wurzeln der Gleichung

$$(14) \qquad \begin{vmatrix} g_{11} - \lambda, & g_{12}, & \ldots, & g_{1n} \\ g_{21}, & g_{22} - \lambda, & \ldots, & g_{2n} \\ \cdots & \cdots & \cdots & \cdots \\ g_{n1}, & g_{n2}, & \ldots, & g_{nn} - \lambda \end{vmatrix} = 0$$

für λ ist. Da das Produkt der n Wurzeln dieser Gleichung aber gleich Δ ist, so ergibt sich unmittelbar die Behauptung[4]).

Aus der Definition des Unabhängigkeitsmaßes folgt sofort der Satz: *Ist G ein Gebiet, welches das Gebiet G' als Teilgebiet enthält, so ist das Unabhängigkeitsmaß irgendwelcher Funktionen für G nicht kleiner als das Unabhängigkeitsmaß derselben Funktionen für G'.* In der Tat: für jedes Wertsystem der c_i ist $H_G\left[\sum_{i=1}^{n} c_i f_i\right] \geqq H_{G'}\left[\sum_{i=1}^{n} c_i f_i\right]$, also besteht dieselbe Relation auch für die Minima der beiden Seiten.

Für die Gramschen Determinanten gilt übrigens der entsprechende Satz: *Es ist unter den obigen Voraussetzungen über G und G'*

$$\Delta_G\{f_1, \ldots, f_n\} \geqq \Delta_{G'}\{f_1, \ldots, f_n\}.$$

---

[4]) Ebenso können wir aus der Kenntnis von m eine *obere* Schranke für Δ entnehmen; indem wir nämlich beachten, daß sämtliche Wurzeln der Gleichung (14) Werte der quadratischen Form (12) sind, ergibt sich

$$(13\text{a}) \qquad \Delta \leqq m \cdot M^{n-1},$$

wenn M eine leicht angebbare obere Schranke der Werte von (12) unter der Bedingung (11) bedeutet; wir erkennen also explizite, daß die Gleichungen $m = 0$ und $\Delta = 0$ einander bedingen.

Der Beweis ergibt sich unmittelbar, wenn man aus den Maximum-Minimumeigenschaften[5]) der Wurzeln der Gleichung (14) und der Beziehung $H_G\left[\sum_{i=1}^{n} c_i f_i\right] \geqq H_{G'}\left[\sum_{i=1}^{n} c_i f_i\right]$ entnimmt, daß jede der Wurzeln von (14), also auch ihr Produkt sich bei Übergang von G zu G' nicht vergrößert.

§ 3.

Das Variationsproblem.

Es seien $v_1, v_2, \ldots, v_l$ gegebene, in G einschließlich des Randes stetige, im Inneren analytische[6]) *Funktionen. Unter allen Funktionen φ, welche in G stetig und mit stückweise stetigen Ableitungen*[7]) *bis zur zweiten Ordnung versehen sind, welche ferner den Bedingungen*

$$H[\varphi] = 1 \tag{15}$$

$$H[\varphi, v_i] = 0 \qquad (i = 1, \ldots, l), \tag{16}$$

sowie der Randbedingung

$$\varphi = 0 \tag{17}$$

genügen, soll diejenige gesucht werden, für welche $D[\varphi]$ einen möglichst kleinen Wert erhält.

Wir wollen, was keinerlei Beschränkung der Aufgabe bedeutet, im folgenden voraussetzen, daß die Funktionen v_i den Orthogonalitätsrelationen

$$H[v_i] = 1, \quad H[v_i, v_j] = 0 \qquad (i \neq j) \tag{18}$$

genügen.

Es wird das Hauptziel der vorliegenden Arbeit sein, die Existenz der Lösung dieses Variationsproblemes, welches wir als *Problem I* bezeichnen wollen, nachzuweisen. Von vornherein wissen wir nur, daß unter

---

[5]) Die h-te der nach wachsender Größe geordneten Wurzeln von (14) ist gleich dem größten Werte, welchen das Minimum von (12) annehmen kann, wenn für die c_i außer (11) noch $h-1$ lineare homogene Nebenbedingungen gestellt werden. Vgl. E. Fischer, Monatshefte für Math. und Phys. **16**, S. 245; Courant, loc. cit. [2]), S. 19.

[6]) Die Voraussetzung der Analytizität ist nicht wesentlich; sie wird nur aus Bequemlichkeitsgründen gemacht.

[7]) Stückweise stetig soll eine Funktion in G heißen, wenn ihre Stetigkeit im Inneren von G nur an endlich vielen analytischen Linienstücken Unterbrechungen erleiden darf. Es würde übrigens an den Betrachtungen der Arbeit nichts ändern, wenn wir durchweg Stetigkeit der Ableitungen von den Funktionen φ verlangten, da man ohne Schwierigkeit Funktionen mit nur stückweise stetigen Ableitungen derart durch solche mit durchweg stetigen approximieren kann, daß dabei die Bedingungen des Variationsproblemes unverletzt bleiben und auch der Charakter einer Funktionsfolge als Minimalfolge erhalten wird. Vgl. loc. cit. [2]), S. 52 ff.

den gestellten Bedingungen das Integral $D[\varphi]$ eine *untere Grenze* d besitzen muß; ist d diese Grenze, so gilt für jede konkurrenzfähige Funktion

(19) $$D[\varphi] \geqq d,$$

während es andererseits Folgen $\varphi_1, \varphi_2, \varphi_3, \ldots$ solcher Funktionen gibt, für welche

(20) $$\lim_{h=\infty} D[\varphi_h] = d$$

ist. Eine solche Funktionsfolge heißt gemäß der üblichen Terminologie eine ***Minimalfolge***; wie man sich zum Zwecke der numerischen Rechnung Minimalfolgen praktisch verschaffen kann, soll später im IV. Kapitel erörtert werden, während hier nur die von vornherein feststehende Existenz von Minimalfolgen in Betracht kommt.

Für die Funktionen einer Minimalfolge gilt folgende grundlegende Relation:

(21) $$\lim_{\substack{n=\infty \\ m=\infty}} \{D[\varphi_n, \varphi_m] - dH[\varphi_n, \varphi_m]\} = 0.$$

Zum Beweise beachten wir, daß bei beliebigem m und n die Funktionen

$$\varphi = a\varphi_n + b\varphi_m,$$

unter a und b willkürliche Konstante verstanden, den sämtlichen Konkurrenzbedingungen des Variationsproblemes außer (15) genügen, daß daher

$$D[\varphi] \geqq dH[\varphi]$$

gilt. Dies aber bedeutet wegen der Beziehungen (7), (8), (15)

$$a^2 D[\varphi_n] + b^2 D[\varphi_m] + 2ab\, D[\varphi_m, \varphi_n] \geqq d\{a^2 + b^2 + 2ab\, H[\varphi_m, \varphi_n]\}$$

oder

$$2ab\{D[\varphi_n, \varphi_m] - dH[\varphi_n, \varphi_m]\} \geqq a^2(d - D[\varphi_n]) + b^2(d - D[\varphi_m]).$$

Wählen wir hier $a = b = 1$ bzw. $a = -b = 1$, so erkennen wir unmittelbar wegen (20) die Richtigkeit der in (21) ausgesprochenen Behauptung.

Für eine spätere Anwendung (in Kap. IV) merken wir eine Erweiterung des Begriffes der Minimalfolge an: Wir wollen nämlich eine Funktionsfolge $\varphi_1, \varphi_2, \ldots$ eine Minimalfolge (im erweiterten Sinne) nennen, wenn bei den obigen Stetigkeitsvoraussetzungen neben der Gleichung (20) und den Randbedingungen (17) für $\varphi = \varphi_n$ die Relationen

(15a) $$\lim_{n=\infty} H[\varphi_n] = 1$$

(16a) $$\lim_{n=\infty} H[\varphi_n, v_i] = 0$$

gelten. Auch für eine solche Funktionsfolge bleibt die Gleichung (21) richtig. Man kann nämlich ohne Schwierigkeit die Funktion φ_n durch eine konkurrenzfähige Funktion $\overline{\varphi}_n$ approximieren, so daß

$$\lim_{n=\infty} H[\varphi_n - \overline{\varphi}_n] = 0$$

und ferner für $\varphi = \overline{\varphi}_n$ (15), (16), (19) sowie

$$\lim_{n=\infty} D[\overline{\varphi}_n] = d$$

gilt[8]).

Aus der Relation (21) ergibt sich folgender Satz über Minimalfolgen: *Jede durch lineare Kombination einer festen Anzahl k von Funktionen der gegebenen Minimalfolge gebildete Funktionenfolge*

$$\varphi_n^* = c_{n_1}\varphi_{n_1} + c_{n_2}\varphi_{n_2} + \dots + c_{n_k}\varphi_{n_k},$$

für welche $H[\varphi_n^*] = 1$ *gilt, ist eine neue Minimalfolge, wenn die Koeffizienten* c_{n_j} *absolut beschränkt bleiben und die Indizes* n_j *mit n über alle Grenzen wachsen.*

In der Tat folgt aus (21) unmittelbar $\lim\limits_{n=\infty} D[\varphi_n^*] = d$, während andererseits die Funktionen φ_n^* allen Konkurrenzbedingungen des Variationsproblemes genügen.

§ 4.

Hilfssatz.

Zur weiteren Untersuchung der Minimalfolgen bedienen wir uns der Tatsache, daß uns für ein Quadrat Q der Seitenlänge l die Eigenfunktionen der Differentialgleichung $\Delta u + \lambda u = 0$ durch die Ausdrücke

$$\frac{1}{4l^2} \cdot \sin\frac{\pi x n}{l} \sin\frac{\pi y m}{l} \qquad (m, n = 1, 2, 3, \dots)$$

gegeben sind; die zugehörigen Eigenwerte sind die Zahlen

$$\frac{\pi^2}{l^2}(m^2 + n^2).$$

Der Größe nach geordnet wollen wir die Eigenwerte mit $\lambda_1, \lambda_2, \lambda_3, \dots$, die entsprechenden Eigenfunktionen mit $u_1, u_2, u_3, \dots$ bezeichnen.

Ist s eine auf dem Rande des Quadrates verschwindende Funktion, welche in dem Quadrate stetig ist, stückweise stetige Ableitungen besitzt und für welche das Dirichletsche Integral $D_Q[s]$ über das Quadrat existiert,

---

[8]) Die Möglichkeit einer solchen Approximation ergibt sich durch ganz analoge Betrachtungen wie die in Anm. [7]) zitierten. Vgl. auch die Betrachtungen in Kap. IV, S. 323, wo die Überlegung durchgeführt wird.

so drückt sich dieses Integral durch die Fourierschen Entwicklungskoeffizienten

$$s_h = \int\limits_{(Q)} s \cdot u_h \, dx \, dy = H_Q[s, u_h]$$

der Funktion s folgendermaßen aus:

$$D_Q[s] = \sum_{h=1}^{\infty} \lambda_h s_h^2. \tag{22}$$

Der Beweis dieser bekannten Tatsache folgt am einfachsten, indem man auf die partiellen Ableitungen s_x und s_y die Vollständigkeitsrelation in bezug auf das vollständige orthogonale Funktionensystem der u_h anwendet.

Wir stellen jetzt folgendes Variationsproblem auf: Es seien $o', o'', \ldots, o^{(p)}$ p normierte[9]) orthogonale Funktionen im Quadrat Q, welche sämtlich am Rande verschwinden, in Q stetig sind und stückweise stetige erste Ableitungen besitzen; unter allen solchen Funktionensystemen ist eines gesucht, für welches die Summe der Integrale

$$D[o'] + D[o''] + \ldots + D[o^{(p)}] = \mathfrak{D}[o]$$

möglichst klein wird.

Es gilt nun der folgende Hilfssatz 1: *Das Minimum in dem eben gestellten Variationsprobleme wird angenommen, wenn für die Funktionen $o^{(i)}$ die ersten p Eigenfunktionen von Q oder ein aus ihnen durch eine beliebige orthogonale Substitution hervorgehendes Funktionensystem gewählt wird; der Wert des Minimums ist gleich der Summe der ersten p Eigenwerte, d. h. gleich $\lambda_1 + \lambda_2 + \ldots + \lambda_p$.*

Wir bezeichnen die Fourierschen Entwicklungskoeffizienten der Funktionen $o^{(i)}$ mit o_{ij}, $(j = 1, 2, \ldots;\ i = 1, 2, \ldots, p)$, merken die Relationen

$$\sum_{j=1}^{\infty} o_{ij}^2 = 1 \qquad (i = 1, 2, \ldots, p) \tag{23}$$

an und bemerken ferner, daß der Wert der Größe $\mathfrak{D}[o]$ sich nicht ändert, wenn wir die Funktionen $o^{(i)}$ irgend einer orthogonalen Substitution unterwerfen; ist nämlich

$$o^{(i)} = \sum_{j=1}^{p} t_{ij} \, \omega^{(j)} \qquad (i = 1, 2, \ldots, p)$$

eine solche Substitution, welche die Funktionen $o^{(i)}$ in die orthogonalen Funktionen $\omega^{(i)}$ überführt, so wird wegen (8) und der Orthogonalitätsrelationen zwischen den Koeffizienten t_{ij} offenbar $\mathfrak{D}[o] = \mathfrak{D}[\omega]$.

[9]) Normiert soll eine Funktion ψ heißen, wenn $H[\psi] = 1$ ist.

Nun können wir die Funktionen $o^{(i)}$ stets einer solchen orthogonalen Transformation unterworfen denken, daß in dem Koeffizientenschema

$$\begin{pmatrix} o_{11} & o_{12} & \dots & o_{1p} \\ o_{21} & o_{22} & \dots & o_{2p} \\ \cdot & \cdot & \cdot & \cdot \\ o_{p1} & o_{p2} & \dots & o_{pp} \end{pmatrix}$$

alle Größen oberhalb der Diagonale verschwinden[10]); es wird also dann wegen (22)

$$\mathfrak{D}[o] = (\lambda_1 o_{11}^2 + \lambda_2 o_{21}^2 + \lambda_3 o_{31}^2 + \dots) + (\lambda_2 o_{22}^2 + \lambda_3 o_{32}^2 + \dots) + (\lambda_3 o_{33}^2 + \lambda_4 o_{43}^2 + \dots) + \dots .$$

Auf Grund der Relation $\lambda_{h+1} \geqq \lambda_h$ und der Beziehungen (23) ergibt dies unmittelbar

$$\mathfrak{D}[o] \geqq \lambda_1 + \lambda_2 + \dots + \lambda_p .$$

Setzen wir andererseits $o^{(i)} = u_i$, so wird offenbar der Wert

$$\mathfrak{D}[o] = \lambda_1 + \lambda_2 + \dots + \lambda_p$$

gerade erreicht, womit die Behauptung des Hilfssatzes erwiesen ist.

Wir merken noch an, daß die Summe $\lambda_1 + \lambda_2 + \dots + \lambda_p$ den asymptotischen Wert $\frac{2\pi}{l^2} p^2$ besitzt, d. h. daß

$$\lim_{p=\infty} \frac{\lambda_1 + \lambda_2 + \dots + \lambda_p}{p^2} = \frac{2\pi}{l^2}$$

gilt, wie aus elementaren Betrachtungen bekannt ist[11]); es gibt also gewiß eine positive Konstante A derart, daß für alle p

$$\lambda_1 + \lambda_2 + \dots + \lambda_p \geqq A \cdot p^2 \tag{24}$$

gilt.

---

[10]) Wir denken uns etwa zunächst o' durch eine lineare Kombination $\omega' = t_{11} o' + t_{12} o'' + \dots + t_{1p} o^{(p)}$ ersetzt, so daß ω' auf $u_2, u_3, \dots, u_p$ orthogonal steht; hiermit sind für die p Koeffizienten t_{1i} $p-1$ homogene Gleichungen gegeben, denen stets genügt werden kann. Sodann wird $\omega'' = t_{21} o' + \dots + t_{2p} o^{(p)}$ so bestimmt, daß ω'' auf ω' und auf $u_3, \dots, u_p$ orthogonal steht, was wiederum durch die stets mögliche Auflösung von $p-1$ homogenen Gleichungen für die p Unbekannten t_{2i} geschieht, usw. Indem wir die Funktionen $\omega^{(i)}$ normiert denken, haben wir das behauptete Ergebnis.

[11]) Vgl. loc. cit. [2]), S. 33.

§ 5.

Die Konvergenzeigenschaften der Minimalfolgen.

Von den Minimalfolgen unseres ursprünglichen Variationsproblemes können wir keinerlei unmittelbare Konvergenzeigenschaften erwarten; hierin liegt die hauptsächliche Schwierigkeit der gestellten Aufgabe. Für die Überwindung dieser Schwierigkeit spielt nun folgender Satz die entscheidende Rolle:

Hauptsatz: *Es gibt zu jeder Minimalfolge* $\varphi_1, \varphi_2, \varphi_3, \ldots$ *eine ganze positive Zahl* p, *so daß für* $q > p$ *das Unabhängigkeitsmaß von je* q *Funktionen* $\varphi_{n_1}, \varphi_{n_2}, \ldots, \varphi_{n_q}$ *der Folge mit wachsendem* n *gegen Null konvergiert, falls* $\lim\limits_{n=\infty} n_i = \infty$ *ist*[12]).

Die kleinste positive ganze Zahl p, für welche dieser Satz noch besteht, wollen wir die zur Funktionenfolge gehörige *asymptotische Dimensionszahl*[13]) nennen. Wir können dann unseren Satz in der schärferen Form aussprechen: *Die asymptotische Dimensionszahl jeder Minimalfolge liegt unterhalb einer nur von dem Variationsproblem, nicht aber von der speziellen Wahl der Minimalfolge abhängigen Schranke.*

Diese Sätze drücken aus, daß eine hinreichend große Anzahl von Funktionen der Minimalfolge mit genügend großem Index „beinahe" voneinander linear abhängig sind.

Zum Beweise dieser Behauptungen nehmen wir an, die asymptotische Dimensionszahl unserer Minimalfolge sei mindestens gleich der ganzen Zahl ν; dann gibt es also Gruppen von je ν Funktionen $\varphi_{n_1}, \varphi_{n_2}, \ldots, \varphi_{n_\nu}$ $n = 1, 2, 3, \ldots$), deren Indizes mit n über alle Grenzen wachsen und deren Unabhängigkeitsmaß oberhalb einer festen positiven Schranke α bleibt. Die Funktionen jeder dieser Gruppen sind voneinander linear unabhängig, lassen sich also orthogonalisieren; d. h. es gibt ein System von ν^2 Konstanten t_{ij} $(i, j = 1, 2, \ldots, \nu)$, so daß die Funktionen

$$\varphi^*_{n_i} = \sum_{j=1}^{\nu} t_{ij}\varphi_{n_j} \qquad (i = 1, 2, \ldots, \nu) \tag{25}$$

zueinander in G orthogonal und normiert sind. Wir behaupten, daß die Koeffizienten t_{ij}, welche ja noch von n abhängen, bei wachsendem n sämtlich beschränkt bleiben. Wäre dies nämlich nicht der Fall, so sei bei geeignet groß gewähltem n etwa der Koeffizient t_{11} absolut genommen

---

12) Die Bezeichnung n_i ist in dieser Arbeit so zu verstehen, daß n_i irgendeine positive ganzzahlige Funktion von n ist.

13) Die Bezeichnung Dimensionszahl soll auf die Analogie zu den Verhältnissen bei Folgen von Vektoren in einem endlich-viel-dimensionalen Raume hinweisen.

oberhalb einer beliebig groß gewählten Schranke, und es sei t_{11} absolut genommen nicht kleiner als einer der anderen Koeffizienten t_{ij}.

Indem wir die Gleichung

$$1 = H[\varphi^*_{n_1}] = H\left[\sum_{j=1}^{\nu} t_{1j}\varphi_{n_j}\right]$$

durch t_{11}^2 dividieren, erhalten wir eine Relation der Form

$$\varepsilon_n = H\left[\sum_{j=1}^{\nu} c_j \varphi_{n_j}\right],$$

wobei die linke Seite mit wachsendem n gegen Null konvergiert, während die Summe $c_1^2 + \ldots + c_\nu^2$ mindestens gleich 1 ist; das aber heißt, die ν Funktionen $\varphi_{n_1}, \ldots, \varphi_{n_\nu}$ besitzen bei hinreichend großem n ein beliebig kleines Unabhängigkeitsmaß, entgegen der Voraussetzung, daß dieses stets oberhalb der festen positiven Schranke α liegen soll. Mithin bleiben die Koeffizienten t_{ij} in den Gleichungen (25) bei wachsendem n beschränkt, und somit folgt durch Anwendung des Satzes aus § 3, daß auch die Funktionen $\varphi^*_{n_j}$, nach wachsenden Indizes n geordnet, eine Minimalfolge des Variationsproblemes bilden, daß also

$$\lim_{n=\infty} D[\varphi^*_{n_j}] = d. \tag{26}$$

Nunmehr betrachten wir folgendes Variationsproblem, das wir der Abkürzung halber mit *Problem II* bezeichnen wollen: Es soll ein System von ν zueinander orthogonalen, im übrigen noch den Bedingungen des ursprünglichen Variationsproblemes genügenden Funktionen $\varphi_1^*, \ldots, \varphi_\nu^*$ gefunden werden, für welches der Ausdruck

$$\mathfrak{D}[\varphi^*] = D[\varphi_1^*] + \ldots + D[\varphi_\nu^*]$$

möglichst klein wird, wobei die Integrale natürlich über das Gebiet G zu erstrecken sind. Ob ein solches Minimum existiert, muß auch hier dahingestellt bleiben; jedenfalls aber wird der Ausdruck $\mathfrak{D}[\varphi^*]$ eine untere Grenze d_ν besitzen, und es gilt jedenfalls für diese Grenze

$$d_\nu = \nu \cdot d. \tag{27}$$

Um dies letztere einzusehen, bedenken wir, daß die untere Grenze beim Problem II gewiß nicht kleiner sein kann, als die untere Grenze, welche sich ergeben würde, wenn wir im Problem II die Forderung der Orthogonalität der Funktionen φ_i^* aufgeben würden; die so definierte untere Grenze wäre aber offenbar $\nu \cdot d$, und es ist also $d_\nu \geqq \nu \cdot d$; andererseits genügen die Funktionsgruppen $\varphi^*_{n_1}, \ldots, \varphi^*_{n_\nu}$ den Bedingungen des Problemes II, und es ist $\lim\limits_{n=\infty} \mathfrak{D}[\varphi_n^*] = \nu \cdot d$; somit folgt unmittelbar die Gleichung (27).

Um für die Zahl ν eine obere Schranke zu erhalten, denken wir das Gebiet G in ein Quadrat Q der Seitenlänge l eingebettet und betrachten für dieses Quadrat das Variationsproblem des § 4, indem wir die dort als p benannte Zahl mit ν identifizieren. Wir bezeichnen dieses Problem als *Problem III*. Das Problem II entsteht aus III, indem wir von den zur Konkurrenz zuzulassenden Funktionen über die Bedingungen des Problemes III hinaus fordern, daß sie in demjenigen Teile von Q, welcher außerhalb G liegt, identisch verschwinden, und außerdem den Bedingungen (16) aus § 3 genügen. Mithin ist die untere Grenze d_ν beim Problem II nicht kleiner als die beim Problem III, d. h. es gilt infolge des Hilfssatzes von § 4

$$d_\nu = \nu \cdot d \geqq \lambda_1 + \lambda_2 + \dots + \lambda_\nu,$$

wobei mit λ_h wie in § 4 die Eigenwerte des Quadrates Q bezeichnet werden. Nun ist die Summe $\lambda_1 + \dots + \lambda_\nu$ gemäß (24) größer als $A\nu^2$, wo A eine positive Konstante ist, also gilt

$$\nu \cdot d \geqq A \cdot \nu^2$$

oder

$$\nu \leqq \frac{d}{A}. \tag{28}$$

Wir haben also für die positive ganze Zahl ν eine obere Schranke, welche überdies nicht mehr von der speziellen Wahl der Minimalfolge des Problemes I abhängt, wie an der Spitze dieses Paragraphen behauptet wurde.

Der hiermit vollständig bewiesene Satz führt uns nun leicht zu folgendem Theorem, auf welchem die weitere Durchführung des Existenzbeweises beruhen wird:

Aus einer Minimalfolge $\varphi_1, \varphi_2, \dots$ von der Dimensionszahl p lassen sich p Minimalfolgen

$$\begin{matrix} \psi_{1_1}, \psi_{2_1}, \psi_{3_1}, \dots \\ \psi_{1_2}, \psi_{2_2}, \psi_{3_2}, \dots \\ \dots\dots\dots \\ \psi_{1_p}, \psi_{2_p}, \psi_{3_p}, \dots \end{matrix} \tag{29}$$

herstellen, derart daß die Funktionen ψ_{n_i} $(i = 1, 2, \dots, p)$ für jeden Wert von n ein orthogonales Funktionensystem bilden und die Gleichungen

$$\lim_{\substack{n=\infty \\ m=\infty}} H[\psi_{n_i} - \psi_{m_i}] = 0 \qquad (i = 1, 2, \dots, p), \tag{30}$$

$$\lim_{\substack{n=\infty \\ m=\infty}} D[\psi_{n_i} - \psi_{m_i}] = 0 \tag{31}$$

befriedigen.

Mit anderen Worten leistet der Satz eine *Zerspaltung der Minimalfolge der* φ_n in p wesentlich verschiedene Minimalfolgen, deren jede die Dimensionszahl 1 besitzt[13a]).

Wir erhalten die Minimalfolgen (29), indem wir von solchen Gruppen

$$\varphi_{n_1}, \varphi_{n_2}, \ldots, \varphi_{n_p} \qquad (n = 1, 2, 3, \ldots)$$

der ursprünglichen Minimalfolge ausgehen, von denen wir nach dem eben Ausgeführten voraussetzen dürfen, daß jede ein System von p normierten orthogonalen Funktionen bildet, d. h. daß die Gleichungen $H[\varphi_{n_i}] = 1$, $H[\varphi_{n_i}, \varphi_{n_j}] = 0$, $(i \neq j;\ i, j = 1, 2, \ldots, p)$ gelten. Ohne den Charakter der Minimalfolge zu verändern, dürfen wir die Funktionen jeder Gruppe einer beliebigen orthogonalen Substitution unterwerfen, die wir nunmehr für jedes n geeignet fixieren wollen. Es seien n und m zwei hinreichend große Indizes, $n < m$; dann ist das Unabhängigkeitsmaß der Funktionen $\varphi_{n_1}, \ldots, \varphi_{n_p}, \varphi_{m_h}$ $(h = 1, \ldots, p)$ beliebig klein; es gibt also Konstanten $c_1, c_2, \ldots, c_p, c_{p+1}$ derart, daß $H[c_1\varphi_{n_1} + \ldots + c_p\varphi_{n_p} - c_{p+1}\varphi_{m_h}]$ beliebig klein wird und $c_1^2 + \ldots + c_p^2 + c_{p+1}^2 = 1$ ist, dabei muß c_{p+1} absolut genommen oberhalb einer positiven von m und n unabhängigen Schranke bleiben, weil andernfalls das Unabhängigkeitsmaß der Funktionen $\varphi_{n_1}, \ldots, \varphi_{n_p}$ beliebig klein werden würde, während es doch den Wert 1 hat. Dividieren wir also durch c_{p+1}^2, so ergibt sich, daß der Ausdruck $H[\varphi_{m_h} - a_1\varphi_{n_1} - \ldots - a_p\varphi_{n_p}]$ durch beschränkt bleibende Konstanten a_i bei hinreichend großem m und n beliebig klein gemacht werden kann; am kleinsten übrigens, wenn

$$a_i = H[\varphi_{m_h}, \varphi_{n_i}]$$

genommen wird. Setzen wir

$$\varphi_{n_h}^* = a_1\varphi_{n_1} + a_2\varphi_{n_2} + \ldots + a_p\varphi_{n_p},$$

so folgt also

$$\lim_{\substack{n=\infty \\ m=\infty}} H[\varphi_{n_h}^* - \varphi_{m_h}] = 0 \qquad (h = 1, \ldots, p). \tag{32}$$

Aus der Bemerkung am Schluß von § 1 entnehmen wir daher, daß die Funktionen $\varphi_{n_h}^*$ in den Ausdrücken $H[\varphi_{n_i}^*, \varphi_{n_j}^*]$ bei hinreichend großem

[13a]) Den Sinn dieses Satzes und seines Beweises erfaßt man am besten an der folgenden analogen Tatsache: Sind im dreidimensionalen Raume $\mathfrak{v}_1, \mathfrak{v}_1', \mathfrak{v}_2, \mathfrak{v}_2', \ldots$ unendlich viele Einheitsvektoren durch den Nullpunkt, so daß $\mathfrak{v}_i$ und $\mathfrak{v}_i'$ orthogonal stehen und daß je drei der Vektoren mit hinreichend großen Indizes ein Parallelepiped von beliebig kleinem Volumen definieren, dann lassen sich die Vektoren $\mathfrak{v}_i, \mathfrak{v}_i'$ durch zwei andere orthogonale Vektoren $\mathfrak{u}_i, \mathfrak{u}_i'$ in derselben Ebene ersetzen, welche gegen zwei Grenzlagen $\mathfrak{u}, \mathfrak{u}'$ konvergieren.

m und n mit beliebig großer Genauigkeit durch die Funktionen φ_{m_i}, φ_{m_j} ersetzt werden dürfen, daß mit anderen Worten wegen der Orthogonalität der p Funktionen φ_{m_h} $(h=1,\ldots,p)$ auch die p Funktionen $\varphi^*_{n_h}$ wenigstens „angenähert" ein orthogonales Funktionensystem bilden, d. h. daß die Gleichungen

$$\lim_{n=\infty} H[\varphi^*_{n_i}]=1\,,\quad \lim_{n=\infty} H[\varphi^*_{n_i},\,\varphi^*_{n_j}]=0\quad (i\neq j;\ i,j=1,2,\ldots,p)$$

gelten. Wenn wir also dieses Funktionensystem in der üblichen Weise vollends orthogonalisieren, indem wir ein orthogonales Funktionensystem $\bar\varphi_{n_1}, \bar\varphi_{n_2},\ldots,\bar\varphi_{n_p}$ einführen, dessen erste Funktion $\bar\varphi_{n_1}$ sich von $\varphi^*_{n_1}$ nur durch einen konstanten Faktor unterscheidet, dessen zweite $\bar\varphi_{n_2}$ eine lineare Kombination von $\varphi^*_{n_1}$ und $\varphi^*_{n_2}$ ist, usw., so wird die lineare Transformation der Funktionen $\varphi^*_{n_h}$ in die Funktionen $\bar\varphi_{n_h}$ sich von der identischen Transformation bei genügend großen m und n nur beliebig wenig unterscheiden; es gelten somit auch die Gleichungen

$$\lim_{\substack{n=\infty\\ m=\infty}} H[\bar\varphi_{n_h}-\varphi_{m_h}]=0 \qquad (h=1,2,\ldots,p). \tag{33}$$

Die orthogonale Transformation, welche die p Funktionen φ_{n_h} in die p Funktionen $\bar\varphi_{n_h}$ überführt, wollen wir mit T_{mn} bezeichnen; die Ausübung dieser Transformation, d. h. den Übergang von den φ_{n_h} zu den $\bar\varphi_{n_h}$ könnten wir das „*Ausrichten*" der Funktionen φ_{n_h} nach den Funktionen φ_{m_h} nennen.

Aus einer unendlichen Folge von orthogonalen Transformationen in p Variablen kann man wegen der Beschränktheit der Koeffizienten nach dem Weierstraßschen Häufungsstellensatze stets eine konvergente Teilfolge herausgreifen, d. h. eine Folge, bei der jede Größe des Koeffizientenschemas gegen eine entsprechende Größe im Koeffizientenschema einer „Grenztransformation" konvergiert.

Wir betrachten nun das System folgender orthogonaler Transformationen:

$$\begin{array}{llll} T_{21} & & & \\ T_{31} & T_{32} & & \\ T_{41} & T_{42} & T_{43} & \\ \cdots & \cdots & \cdots & \cdots \\ T_{m1}\cdots & T_{mn}\cdots & T_{m\,m-1} & \\ \cdots & \cdots & \cdots & \cdots \end{array}$$

Durch die Transformationen der h-ten Vertikalreihe werden die Funktionen $\varphi_{h_1}, \varphi_{h_2},\ldots,\varphi_{h_p}$ hintereinander nach den Funktionen $\varphi_{m_1}, \varphi_{m_2},\ldots,\varphi_{m_p}$ $(m=h+1,\ h+2,\ldots)$ ausgerichtet. Wir können uns nun nach bekanntem Muster folgendermaßen eine Folge von wachsenden Indizes s_1, s_2, $s_3,\ldots$ ausgewählt denken, so daß mit wachsendem h die Transformationen $T_{s_h l}$ jeder

Vertikalreihe bei festem l gegen eine Grenztransformation T_l konvergieren. Zunächst wählen wir aus den Zahlen 2, 3, 4, ... eine Teilfolge, welche wir mit (1, 1), (2, 1), (3, 1),... bezeichnen wollen, so aus, daß für $\mu_h = (h, 1)$ die Transformationen $T_{\mu_h 1}$ bei wachsendem h gegen eine Grenztransformation T_1 konvergieren; sodann wählen wir aus den Zahlen (1, 1), (2, 1), (3, 1),... eine Teilfolge, die wir mit (1, 2), (2, 2), ... bezeichnen, so aus, daß auch die Transformationen $T_{\mu_h 2}$ für $\mu_h = (h, 2)$ bei wachsendem h gegen eine Grenztransformation T_2 konvergieren, und fahren so fort. Setzen wir nun $s_h = (h, h)$, so konvergieren offenbar die Transformationen $T_{s_h l}$ für jeden Wert von l gegen die betreffende Transformation T_l.

Indem wir nun die Funktionen $\varphi_{n_1}, \varphi_{n_2}, \ldots, \varphi_{n_p}$ unserer ursprünglichen Minimalfolge der orthogonalen Transformation T_n unterwerfen, gelangen wir zu Funktionen, die wir mit $\psi_{n_1}, \psi_{n_2}, \ldots, \psi_{n_p}$ bezeichnen wollen und von denen wir behaupten, daß sie die in den Gleichungen (30), (31) ausgesprochenen Konvergenzeigenschaften besitzen. In der Tat folgt dies leicht aus Gleichung (33); denn die Funktionen $\bar{\varphi}_{n_h}$, welche noch von dem Index m abhängen, da sie aus den φ_{n_h} durch Anwendung der Transformation T_{mn} entstehen, konvergieren offenbar gegen die Funktionen ψ_{n_h}, wenn m die Werte $s_1, s_2, \ldots$ durchläuft; also gilt auch

$$(34) \qquad \lim_{\substack{n=\infty \\ m=\infty}} H[\psi_{n_h} - \varphi_{m_h}] = 0 \qquad (h = 1, 2, \ldots, p),$$

wobei wieder m auf die Werte s_j beschränkt bleibt, während für n außer der durchweg gemachten Bedingung $n < m$ keinerlei Beschränkung gefordert wird. Sind nun n und r zwei hinreichend große Indizes, $t = s_j$ ebenfalls ein hinreichend großer Index, $t > n$, $t > r$, so wird $H[\psi_{n_h} - \varphi_{t_h}]$ und $H[\psi_{r_h} - \varphi_{t_h}]$ beliebig klein, und hieraus folgt in der üblichen Weise nach § 1, daß auch $H[\psi_{r_h} - \psi_{n_h}]$ beliebig klein wird, womit die Gleichung (30) des behaupteten Theoremes bewiesen ist.

Um die Gleichung (31) zu beweisen, beachten wir, daß die Funktionen ψ_{n_h} eine Minimalfolge bilden, daß also nach dem Satze von § 3

$$\lim_{\substack{n=\infty \\ m=\infty}} D[\psi_{n_h} - \psi_{m_h}] = \lim_{\substack{n=\infty \\ m=\infty}} \{D[\psi_{n_h}] + D[\psi_{m_h}] - 2D[\psi_{m_h}, \psi_{n_h}]\}$$
$$= d \cdot \lim_{\substack{n=\infty \\ m=\infty}} H[\psi_{n_h} - \psi_{m_h}] = 0$$

wird.

Die Resultate der vorangehenden Betrachtungen, welche wohl schon an sich ein gewisses Interesse besitzen, setzen uns nun instand, den Existenzbeweis vollständig durchzuführen und darüber hinaus tiefer in die Eigenschaften der Eigenfunktionen einzudringen. Wir werden das Ziel des Existenzbeweises erreichen, indem wir an Stelle der bisher betrachteten beliebigen Minimalfolgen besondere Minimalfolgen konstruieren, welche in G abschnittsweise Differentialgleichungen vom Typus (1) genügen und durch Benutzung dieses Umstandes gestatten, aus den Relationen (30), (31) die Konvergenz der Funktionen der Minimalfolge und ihrer Ableitungen selbst zu beweisen; von der Grenzfunktion wird sich dann herausstellen, daß sie die gesuchte Lösung unseres Variationsproblemes ist.

Um den Beweis ohne Unterbrechungen durchführen zu können, wollen wir im nächsten Abschnitt eine Reihe von Hilfsbetrachtungen voranschicken.

Kapitel II.

Hilfsbetrachtungen.

§ 6.

Hilfssätze über die Integrale D und H.

Wir formulieren zunächst die Greensche Formel der gewöhnlichen Potentialtheorie in folgender, die üblichen Voraussetzungen erweiternder Fassung:

Hilfssatz 2. *Es seien φ, ψ zwei in G stetige und im Innern stückweise mit stetigen ersten und zweiten Ableitungen versehene Funktionen, für welche $D[\varphi]$ und $D[\psi]$ existieren; es möge im Innern von G der Ausdruck $\Delta\varphi$ noch stetig sein, während ψ die Randwerte Null besitzt; dann gilt die Greensche Formel*

$$D[\varphi, \psi] = -H[\psi, \Delta\varphi]. \tag{35}$$

Wir beweisen die Formel zunächst unter der Voraussetzung, daß G ein Kreis vom Radius R ist. Führen wir Polarkoordinaten r und ϑ um den Mittelpunkt ein, so wird

$$D[\psi] = \int_0^R\int_0^{2\pi}\left\{\left(\frac{\partial\psi}{\partial r}\right)^2 + \frac{1}{r^2}\left(\frac{\partial\psi}{\partial\vartheta}\right)^2\right\} r\,dr\,d\vartheta.$$

Wegen der Schwarzschen Ungleichung und der Randbedingung $\psi = 0$ haben wir, wenn $R - r = h$ gesetzt wird und $R < 2r$ ist,

$$(\psi(r,\vartheta))^2 = \left(\int_r^R \frac{\partial\psi(r,\vartheta)}{\partial r}\,dr\right)^2 \leqq h\int_r^R \left(\frac{\partial\psi(r,\vartheta)}{\partial r}\right)^2 dr \leqq \frac{2h}{R}\int_r^R \left(\frac{\partial\psi}{\partial r}\right)^2 r\,dr,$$

also bei Integration nach ϑ

$$\int_0^{2\pi} \psi(r,\vartheta)^2\,d\vartheta \leqq \frac{2h}{R} D_h[\psi] = \frac{h}{R}\varepsilon_h, \tag{36}$$

wobei das Integral $D_h[\psi]$ über den Kreisring mit den Radien R und $R-h$

zu erstrecken ist und einen mit h gegen Null konvergierenden Wert $\frac{1}{2}\varepsilon_h$ besitzt. Es gibt ferner gewiß einen Zwischenwert r' zwischen R und $R-h$ derart, daß bei Integration über den Kreis vom Radius r'

$$37)\qquad \int\limits_{\substack{0\\(r=r')}}^{2\pi}\left(\frac{\partial\varphi(r,\vartheta)}{\partial r}\right)^2 r\,d\vartheta \leqq \frac{1}{2}\frac{\eta_h}{h}$$

wird, unter $\frac{1}{2}\eta_h$ ebenfalls eine mit h gegen Null konvergierende Größe, nämlich $D_h[\varphi]$, verstanden. Ersetzen wir in (36) r durch r', so bleibt die Ungleichung erst recht bestehen. Wenden wir nun auf den Kreis $K_{r'}$ mit dem Radius r' die Greensche Formel an, was wegen der über den Rand hinaus reichenden Existenz der in betracht kommenden Ableitungen ohne weiteres legitim ist, so folgt durch Anwendung der Schwarzschen Ungleichung aus (37), (36)

$$(D_{K_{r'}}[\psi,\varphi]+H_{K_{r'}}[\psi,\Delta\varphi])^2=\Bigl(\int\limits_{\substack{0\\(r=r')}}^{2\pi}\psi\frac{\partial\varphi}{\partial r}r\,d\vartheta\Bigr)^2\leqq\int\limits_{\substack{0\\(r=r')}}^{2\pi}\psi^2\cdot r\,d\vartheta\cdot\int\limits_{\substack{0\\(r=r')}}^{2\pi}\left(\frac{\partial\varphi}{\partial r}\right)^2 r\,d\vartheta\leqq\frac{r'}{2R}\varepsilon_h\cdot\eta_h.$$

Hierbei ist h beliebig; es konvergiert mit abnehmendem h der Ausdruck $D_{K_{r'}}[\psi,\varphi]$ gegen $D_K[\psi,\varphi]$ und die Größe $\varepsilon_h\cdot\eta_h$ gegen Null. Somit ist der Hilfssatz für einen kreisförmigen Bereich bewiesen.

Ganz analog würden wir zu schließen haben, wenn die Berandung von G aus mehreren Kreisen bestünde.

Ist G kein Kreisbereich, so verfährt man am kürzesten[14]), indem man sich G auf einen Kreisbereich konform abgebildet denkt, was bekanntlich stets möglich ist. Da bei einer solchen Abbildung die Integrale $D[\varphi,\psi]$, $H[\psi,\Delta\varphi]$ in genau dieselben Integrale für den Kreisbereich übergehen und für diesen die Gleichung (35) bewiesen ist, so gilt sie ohne weiteres auch für G.

Die weiteren Hilfssätze dieses Paragraphen beziehen sich auf einen Vergleich der Integrale D und H.

Hilfssatz 3. *Es sei φ eine auf dem Rande von G verschwindende, in G stetige Funktion, für welche $D[\varphi]$ existiert und kleiner als eine Schranke M ist; es sei ferner Σ_ε ein Teilgebiet von G, dessen sämtliche Punkte vom Rande einen kleineren Abstand als ε besitzen; dann ist das Integral $H_{\Sigma_\varepsilon}[\varphi]$ kleiner als eine nur von ε und M abhängige, mit ε zugleich gegen Null konvergierende Größe.*

[14]) Will man den Abbildungssatz aus der Theorie der konformen Abbildung nicht benutzen, so schließt man am besten und ohne jede Schwierigkeit mit ganz ähnlichen Überlegungen, wie sie beim Beweise von Hilfssatz 3 verwendet werden. Eine Übertragung auf mehr unabhängige Variable macht dann keine neuen Schwierigkeiten.

Zum Beweise betrachten wir zunächst einen Randpunkt von G und schlagen um diesen einen Kreis K mit dem — genügend klein zu nehmenden — Radius h; das dem Kreise und G gemeinsame Gebiet heiße K; führen wir in dem Kreise konzentrische Polarkoordinaten r, ϑ ein und beachten, daß bei hinreichend kleinem h jeder Kreis $r \leqq h$ den Rand von G trifft und daß φ in diesen Punkten r, $\vartheta_0(r)$ verschwindet, so folgt aus der Beziehung

$$\varphi(r,\vartheta) = \int_{\vartheta_0}^{\vartheta} \frac{\partial \varphi}{\partial \vartheta} d\vartheta$$

sofort

$$\varphi(r,\vartheta)^2 \leqq 2\pi \int \left(\frac{\partial \varphi}{\partial \vartheta}\right)^2 d\vartheta$$

und durch Integration nach $r\,dr$

$$\int \varphi^2(r,\vartheta)\, r\,dr \leqq 2\pi \iint_{(\mathsf{K})} \left(\frac{\partial \varphi}{\partial \vartheta}\right)^2 r\,dr\,d\vartheta \leqq 2\pi h^2 D_{\mathsf{K}}[\varphi].$$

(Die Integrale sind hierbei stets so zu verstehen, daß sie über die in K liegenden Teile des betreffenden Weges erstreckt werden.)

Integrieren wir nun noch nach ϑ, so folgt die Relation

(38) $$H_{\mathsf{K}}[\varphi] \leqq 2\pi \cdot 2\pi h^2\, D_{\mathsf{K}}[\varphi],$$

also sicher erst recht

(39) $$H_{\mathsf{K}}[\varphi] \leqq 4\pi^2 \cdot h^2 M.$$

Nun bedenken wir, daß wir gemäß den Vorbemerkungen in § 1 sicher eine mit ε gegen Null konvergierende Größe h und eine Anzahl N von Randpunkten P_i des Gebietes G finden können, derart daß $N \cdot h$ kleiner als eine nur vom Gebiet abhängende Zahl C ist und daß das Gebiet Σ_ε Teilgebiet desjenigen Teilgebietes S_h von G wird, welches G mit einem oder mehreren der um die Punkte P_i mit dem Radius h geschlagenen Kreise K_i gemein hat. Nun ist

$$H_{\Sigma_\varepsilon}[\varphi] \leqq H_{S_h}[\varphi] \leqq \sum_{i=1}^{N} H_{\mathsf{K}_i}[\varphi],$$

wobei die Summe über die N eben charakterisierten Kreise K_i bzw. die zugehörigen Gebiete K_i zu erstrecken ist. Aus (39) und $N \cdot h < C$ folgt nun sofort

$$H_{\Sigma_\varepsilon}[\varphi] < N h^2 \cdot 4\pi^2 M < h \cdot C\, 4\pi^2 M,$$

d. h. aber, der Hilfssatz ist bewiesen[15]).

[15]) Durch bessere Ausnutzung der Beziehung (38) ließe sich das Resultat noch verschärfen, bzw. von der Voraussetzung der Rektifizierbarkeit der Randkurve befreien; jedoch braucht hierauf nicht eingegangen zu werden.

Hilfssatz 4. *Es mögen über φ die Voraussetzungen des Hilfssatzes 3 gelten; und es sei S ein in G gelegener rechteckiger Streifen von der Breite h, dann ist*

$$(40) \qquad H_S[\varphi] \leqq h \cdot C,$$

wo C eine nur von M und dem Gebiet G abhängige Zahl bedeutet.

Beweis. Die Punkte des Streifens S mögen etwa durch die Beziehungen

$$-a < x < a, \qquad 0 < y < h$$

charakterisiert sein. Es sei $P_0(x, y)$ ein Punkt von S, und P ein Schnittpunkt der durch P_0 gehenden Geraden $y =$ konst. mit dem Rande von G, so daß PP_0 ganz in G liegt. Dann ist

$$\varphi(x, y)^2 = \left(\int_{P_0}^{P} \frac{\partial \varphi}{\partial y}\, dy\right)^2 \leqq E \int_{P_0}^{P} \left(\frac{\partial \varphi}{\partial y}\right)^2 dy,$$

also

$$(41) \qquad \int_{-a}^{a} \varphi(x, y)^2\, dx < E \cdot M,$$

wo E die maximale Entfernung zweier Randpunkte von G bedeutet; somit ergibt sich

$$(40) \qquad H_S \leqq h \cdot E \cdot M = h \cdot C,$$

q. e. d.

§ 7.

Hilfssätze über die Differentialgleichung $\Delta\varphi + \lambda\varphi + f = 0$.

Es seien $f_1, f_2, \ldots$ sowie $\varphi_1, \varphi_2, \ldots$ in einem Gebiete B stetige, bis zur zweiten Ordnung stetig differenzierbare Funktionen, und es gelte in B gleichmäßig

$$(42) \qquad \lim_{j=\infty} f_j = f.$$

Es seien ferner $\lambda_1, \lambda_2, \ldots, \lambda$ Konstanten, für welche

$$(43) \qquad \lim_{j=\infty} \lambda_j = \lambda$$

gilt; die Funktionen φ_i mögen der Differentialgleichung

$$(44) \qquad \Delta\varphi_i + \lambda_i\varphi_i + f_i = 0$$

sowie den Bedingungen

$$(45) \qquad \lim_{\substack{i=\infty \\ j=\infty}} H[\varphi_i - \varphi_j] = 0$$

$$(45\text{a}) \qquad \lim_{\substack{i=\infty \\ j=\infty}} D[\varphi_i - \varphi_j] = 0 \text{ [16])}$$

[16]) Die Bedingung (45) ist übrigens eine Folge der Bedingung (45a), wie sich leicht aus den vorangehenden Entwicklungen ergibt.

genügen. Dann konvergieren die Funktionen φ_i *in jedem ganz im Inneren von B gelegenen Teilgebiet gleichmäßig nebst ihren Ableitungen gegen eine Grenzfunktion* φ *bzw. deren Ableitungen, und es gilt*

$$\Delta\varphi + \lambda\varphi + f = 0. \tag{46}$$

Dem Beweise werde folgende Bemerkung vorausgeschickt: Bedeutet r den Abstand $\sqrt{(x-\xi)^2+(y-\eta)^2}$ und ist $K(r)$ diejenige Lösung der Differentialgleichung $\Delta K + K = 0$, welche die Form hat

$$K = \frac{1}{2\pi}\log r + S(r),$$

unter $S(r)$ eine überall für endliches r mit ihrer ersten Ableitung stetige und für $r \neq 0$ reguläre analytische Funktion von r verstanden, so genügt die Funktion

$$\omega(x,y) = \iint\limits_{(B)} K(\lambda r) f(\xi,\eta)\, d\xi\, d\eta$$

der Differentialgleichung

$$\Delta\omega + \lambda\omega + f = 0.$$

Wir beachten nämlich, daß $K(\lambda r)$ der Differentialgleichung

$$\Delta K(\lambda r) + \lambda K(\lambda r) = 0,$$

$S(x,y)$ also, wegen $\Delta \log r = 0$, der Differentialgleichung

$$\Delta S + \lambda\left(S + \frac{1}{2\pi}\log\lambda r\right) = 0 \tag{47}$$

genügt. Wir setzen

$$\omega = \omega' + \omega'',$$

$$\omega' = \frac{1}{2\pi}\iint\limits_{(B)} \log\lambda r\, f(\xi,\eta)\, d\xi\, d\eta, \qquad \omega'' = \iint\limits_{(B)} S(\lambda r) f(\xi,\eta)\, d\xi\, d\eta.$$

Nach der klassischen Potentialtheorie ist

$$\Delta\omega' + f = 0.$$

Ferner wird

$$\Delta\omega'' = \iint\limits_{(B)} \Delta S(\lambda r) f(\xi,\eta)\, d\xi\, d\eta = -\lambda \iint\limits_{(B)} K(\lambda r) f(\xi,\eta)\, d\xi\, d\eta = -\lambda\omega.$$

Also ist wirklich

$$\Delta\omega + \lambda\omega + f = 0. \tag{48}$$

Nunmehr definieren wir

$$\omega_i = \iint\limits_{(B)} K(\lambda_i r) f_i(\xi\eta)\, d\xi\, d\eta.$$

Dann folgt unmittelbar die in B gleichmäßige Konvergenz der Funktionen ω_i sowie der ersten Ableitungen gegen eine Grenzfunktion ω und deren Ableitungen. Es ist also gewiß

$$\lim_{\substack{i=\infty \\ =\infty}} H[\omega_i - \omega_j] = 0, \qquad \lim_{\substack{i=\infty \\ j=\infty}} D[\omega_i - \omega_j] = 0.$$

Setzen wir $\varphi_i = \omega_i + \chi_i$, so wird daher wegen (44), (48)

$$(49) \qquad \Delta\chi_i + \lambda_i\chi_i = 0,$$

$$(50) \qquad \lim_{\substack{i=\infty \\ =\infty}} H[\chi_i - \chi_j] = 0,$$

$$(51) \qquad \lim_{\substack{i=\infty \\ j=\infty}} D[\chi_i - \chi_j] = 0.$$

Bekanntlich [17]) gilt für jede Lösung ω der Differentialgleichung

$$\Delta\omega + \lambda\omega = 0$$

der sogenannte Mittelwertsatz

$$J(\lambda r)\,\omega(x,y) = \int_0^{2\pi} \omega\, d\vartheta,$$

wobei $J(t)$ die nullte Besselsche Funktion von t bedeutet, das Integral über eine Kreisperipherie vom Radius r um den Mittelpunkt (x,y) zu erstrecken ist, und mit ϑ wieder der Zentriwinkel nach dem Mittelpunkt bei beliebiger Anfangslage bezeichnet wird. Es wird also nach Multiplikation mit r und Integration zwischen den Grenzen 0 und R

$$(52) \qquad \omega(x,y)\cdot\int_0^R J(\lambda r)\, r\, dr = \iint_{(K_R)} \omega(\xi,\eta)\, d\xi\, d\eta,$$

wobei das Integral rechts über den Kreis K_R $(r \leqq R)$ zu erstrecken ist. Wegen der Konvergenz der λ_i können wir in der hieraus folgenden Gleichung

$$(53) \qquad \chi_i(\xi,\eta)\int_0^R J(\lambda_i r)\, r\, dr = \iint_{(K_R)} \chi_i(x,y)\, dx\, dy$$

R von i unabhängig so wählen, daß $\int_0^R J(\lambda_i r)\, r\, dr$ oberhalb einer festen, von i unabhängigen Schranke bleibt [18]), und zugleich dürfen wir für alle Punkte eines ganz im Inneren von B liegenden Teilgebietes B' denselben Wert von R wählen. Nunmehr folgt aus (53), (50) unmittelbar

$$\lim_{\substack{i=\infty \\ j=\infty}} \left| \chi_i(\xi,\eta)\int_0^R J(\lambda_i r)\, r\, dr - \chi_j(\xi,\eta)\int_0^R J(\lambda_j r)\, r\, dr \right|^2 \leqq \lim_{\substack{i=\infty \\ j=\infty}} R^2\pi H[\chi_i - \chi_j] = 0,$$

[17]) Vgl. etwa Riemann-Weber, Partielle Differentialgleichungen der Physik, 2. Band, S. 282.

[18]) Dies ergibt sich unmittelbar aus der Gleichung $J(0) = 1$.

und zwar gilt diese Relation gleichmäßig für alle Punkte von B'. Wegen der Konvergenz der Zahlen λ_i und damit der Ausdrücke $\int_0^R J(\lambda_i r) r\,dr$ folgt hieraus die gleichmäßige Konvergenz der Funktionen χ_i in B'.

Genau ebenso ergibt sich unter Benutzung der Gleichung (51) die gleichmäßige Konvergenz der partiellen Ableitungen $\frac{\partial \chi_i}{\partial x}$ und $\frac{\partial \chi_i}{\partial y}$, welche ja ebenfalls der Differentialgleichung $\Delta\omega + \lambda\omega = 0$ genügen.

Nun gilt, wenn Γ irgendeine mit stetiger Tangente versehene geschlossene, ein im Inneren von B' liegendes Teilgebiet B'' abgrenzende Kurve bedeutet, wenn mit s die Bogenlänge auf dieser Kurve, mit $\frac{\partial}{\partial \nu}$ die Differentiation nach der inneren Normale bezeichnet wird, für jeden inneren Punkt von B''

$$(54) \qquad -\frac{1}{4}\int_\Gamma \left[K(\lambda_i r)\frac{\partial \chi_i}{\partial \nu} - \chi_i \frac{\partial K(\lambda_i r)}{\partial \nu}\right] ds = \chi_i(\xi, \eta),$$

wobei das Integral über die Kurve Γ zu erstrecken ist[19]). Da man in dieser Darstellung für jedes ganz im Inneren von B'' liegende Teilgebiet B''' nach ξ und η beliebig oft unter dem Integralzeichen differenzieren darf, so folgt aus der gleichmäßigen Konvergenz von χ_i und $\frac{\partial \chi_i}{\partial x}$ sowie $\frac{\partial \chi_i}{\partial y}$ auf Γ für B''' die gleichmäßige Konvergenz sämtlicher partiellen Ableitungen von χ_i; mithin gilt für die Grenzfunktion $\chi = \lim_{i=\infty} \chi_i$ wieder die Differentialgleichung $\Delta\chi + \lambda\chi = 0$ und daher für $\varphi = \omega + \chi$ die Differentialgleichung $\Delta\varphi + \lambda\varphi + f = 0$, womit der behauptete Satz bewiesen ist.

Übrigens zeigt (54) unmittelbar, daß die Funktionen χ_i ebenso wie χ unbeschränkt differenzierbar sind, während für ω_i, ω dies nur gilt, wenn über f_i, f entsprechende Voraussetzungen zutreffen, etwa wenn diese Funktionen selbst unbeschränkt differenzierbar sind. Sind die f_i, f analytische Funktionen von x und y, so gilt dasselbe von den φ_i und von φ.

§ 8.

Lösung eines Variationsproblems für Rechtecke.

Um das dieser Arbeit zugrunde liegende Variationsproblem zu lösen, machen wir uns den Umstand zunutze, daß wir ein analoges Problem elementar beherrschen, wenn an Stelle des Bereiches G ein beliebiges Rechteck[20]) R tritt. Wir formulieren das betreffende Variationsproblem folgendermaßen:

---

[19]) Vgl. etwa loc. cit. [17]), S. 280.

[20]) Man könnte statt der Rechtecke ebensogut etwa Kreise betrachten und in den späteren Überlegungen zugrunde legen.

Es seien R ein Rechteck der xy-Ebene, $v_1, v_2, \ldots, v_l$ gegebene, voneinander linear unabhängige analytische Funktionen im Rechteck, f eine stetige Funktion des Ortes auf dem Rande von R; es möge ferner die Funktion f so beschaffen sein, daß es eine in R stetige und mit stückweise stetigen Ableitungen bis zur zweiten Ordnung versehene Funktion φ_0 gibt, welche die Randwerte f besitzt und deren über R erstrecktes Integral $D[\varphi_0]$ einen endlichen Wert hat. Wir suchen nun eine Funktion φ, welche dieselben Randwerte besitzt, ebenfalls in R stetig und zweimal stückweise stetig differenzierbar ist, den Bedingungen

$$H[\varphi] = \alpha \tag{55}$$

$$H[\varphi, v_h] = \beta_h \qquad (h = 1, \ldots, l) \tag{56}$$

genügt und für welche $D[\varphi]$ möglichst klein wird; dabei bedeuten α und β_h solche gegebene Konstante, daß die Gramsche Determinante $\Delta\{\varphi, v_1, \ldots, v_l\}$, deren Wert nach Vorgabe dieser Konstanten festliegt, von Null verschieden ist[21]).

Um dieses Problem zu lösen, schicken wir voraus, daß wir die Eigenwerte und Eigenfunktionen $\lambda_1, \lambda_2, \ldots$ und $u_1, u_2, \ldots$ des Rechtecks für die Differentialgleichung (1) bei der Randbedingung $u = 0$ explizite kennen (vgl. § 4), und zwar sind, wenn a und a' die Seitenlängen des Rechtecks bedeuten, die Eigenwerte durch die Ausdrücke $\pi^2\left(\frac{m^2}{a^2} + \frac{n^2}{a'^2}\right)$, die Eigenfunktionen durch die Ausdrücke $\frac{1}{4aa'} \sin\frac{m\pi x}{a} \sin\frac{n\pi y}{a'}$ gegeben, und es gilt übrigens die asymptotische Gleichung

$$\lambda_n \simeq \frac{4\pi}{aa'} \cdot n, \tag{57}$$

wenn wieder $\lambda_1, \lambda_2, \ldots$ die Reihe der nach ansteigender Größe geordneten Eigenwerte bedeutet. Die Funktionen $u_n(x, y)$ bilden, wie aus der Theorie der Fourierschen Reihen bekannt ist, ein vollständiges normiertes orthogonales Funktionensystem für das Rechteck R.

Es sei nun $p(x, y)$ die in R reguläre Potentialfunktion, welche die Randwerte f besitzt; bekanntlich[22]) existiert $D[p]$ (und ist nicht größer als $D[\varphi_0]$). Setzen wir $\varphi = p + \psi$, so besitzt ψ nunmehr die Rand-

[21]) Diese letzte Bedingung ist offenbar völlig naturgemäß; würden nämlich die Konstanten α und β_i so gegeben sein, daß das Unabhängigkeitsmaß der Funktionen $\varphi, v_1, \ldots, v_l$ verschwinden muß, so würden von vornherein die Funktionen $\varphi, v_1, v_2, \ldots, v_l$ linear abhängig voneinander sein müssen.

[22]) Vgl. etwa Hadamard, Bull. Soc. math. France **34** (1906), oder Courant, Journal f. Math. **144** (1914), S. 190ff.

werte Null. Aus der Greenschen Formel des vorigen Paragraphen folgt $D[\psi, p] = 0$, es ist also

$$D[\varphi] = D[\psi] + D[p].$$

Wir können daher statt der Forderung, $D[\varphi]$ zum Minimum zu machen, auch die Forderung: $D[\psi] = \text{Min.}$ aufstellen.

Wir gehen von unserem Variationsproblem zunächst zu einem einfachen Minimumproblem für unendlich viele Variable über, um dann von dessen Lösung zurückzuschließen. Zu diesem Zwecke setzen wir

$$\begin{aligned} H[\psi, u_k] &= \xi_k \\ H[p, u_k] &= p_k \\ H[v_i, u_k] &= v_k^{(i)}, \end{aligned} \qquad \begin{aligned} &(k = 1, 2, 3, \ldots) \\ &(i = 1, 2, \ldots, l) \end{aligned}$$

und haben dann zufolge der Vollständigkeitseigenschaft der Funktionen u_k

$$D[\psi] = \sum_{k=1}^{\infty} \lambda_k \xi_k^2$$

$$H[\varphi] = \sum_{k=1}^{\infty} (\xi_k + p_k)^2$$

$$H[\varphi, v_i] = \sum_{k=1}^{\infty} (\xi_k + p_k) v_k^{(i)}.$$

Hierbei ist zu bemerken, daß die Summen $H[p] = \sum_{k=1}^{\infty} p_k^2$ und $H[v_i] = \sum_{k=1}^{\infty} v_k^{(i)2}$ konvergieren. Setzen wir noch $\eta_k = \sqrt{\lambda_k} \cdot \xi_k$, so entsteht das Minimumproblem

$$D(\eta) = \sum_{k=1}^{\infty} \eta_k^2 = \text{Min.},$$

$$F(\eta) = \sum_{k=1}^{\infty} \left(\frac{\eta_k}{\sqrt{\lambda_k}} + p_k \right)^2 = \alpha, \tag{58}$$

$$G_i(\eta) = \sum_{k=1}^{\infty} \left(\frac{\eta_k}{\sqrt{\lambda_k}} + p_k \right) v_k^{(i)} = \beta_i \qquad (i = 1, 2, \ldots, l). \tag{59}$$

Dieses läßt die Existenz eines Lösungssystems $\eta_1, \eta_2, \ldots$ leicht erkennen. Ist nämlich d die untere Grenze der Werte, welche $D(\eta)$ bei Variation der Werte unter Berücksichtigung von (58), (59) annehmen kann, so gibt es Stellen $\eta_1^{(t)}, \eta_2^{(t)}, \eta_3^{(t)}, \ldots$ $(t = 1, 2, \ldots)$ derart, daß

$$\lim_{t=\infty} D(\eta^{(t)}) = d$$

ist, und daß die Werte $\lim\limits_{t=\infty} \eta_k^{(t)} = \eta_k$ existieren[23]). Aus $F(\eta^{(t)}) = \alpha$ und $G_i(\eta^{(t)}) = \beta_i$ folgt fast unmittelbar[24])

$$F(\eta) = \alpha, \quad G_i(\eta) = \beta_i.$$

Es ist ferner

$$D_h(\eta) = \sum_{k=1}^{h} \eta_k^2 = \lim_{t=\infty} \sum_{k=1}^{h} \eta_k^{(t)^2} \leqq \lim_{t=\infty} \sum_{k=1}^{\infty} \eta_k^{(t)^2} = d.$$

Daher ist auch

$$D(\eta) = \lim_{h=\infty} D_h(\eta) \leqq d.$$

Da aber notwendig $D(\eta) \geqq d$ ist, so folgt $D(\eta) = d$, d. h. das Wertsystem $\eta_1, \eta_2, \eta_3, \ldots$ löst unser algebraisches Minimumproblem. Nachdem die Existenz dieser Lösung erkannt ist, folgt genau wie bei endlich vielen Variablen die Existenz von nicht gleichzeitig verschwindenden, nur bis auf einen willkürlichen gemeinsamen Faktor bestimmten Konstanten $\mu_0, \lambda, \mu_1, \mu_2, \ldots, \mu_l$, so daß

$$(60) \qquad \mu_0 \lambda_k \xi_k + \lambda(\xi_k + p_k) + \sum_{i=1} \mu_i v_k^{(i)} = 0 \qquad (k = 1, 2, 3, \ldots)$$

bzw., wenn nicht gerade $\mu_0 \lambda_k + \lambda = 0$ ist,

$$(61) \qquad \xi_k = - \frac{\sum\limits_{i=1}^{l} \mu_i v_k^{(i)} + \lambda p_k}{\mu_0 \lambda_k + \lambda}$$

gilt. Wegen der Voraussetzung des Nichtverschwindens der Gramschen Determinante $\Delta\{\varphi, v_1, \ldots, v_l\}$, deren Wert ja durch die Daten des Problemes gegeben ist, kann die Größe μ_0 nicht verschwinden[25]). Wir dürfen also $\mu_0 = 1$ setzen. Nunmehr folgt aus (61) und (57), daß wir

[23]) Die Möglichkeit, aus einer Folge von Stellen mit beschränkter Quadratsumme der Koordinaten eine „konvergente Punktfolge" auszuwählen, bildet den Inhalt des ohne weiteres auf unseren Fall übertragbaren Weierstraßschen Häufungsstellensatzes. Vgl. die üblichen Darstellungen in der Theorie der quadratischen Funktionen von unendlich vielen Variablen.

[24]) Nämlich durch Berücksichtigung des Umstandes, daß die Größen λ_k mit k über alle Grenzen wachsen.

[25]) Wenn wir nämlich unter der Voraussetzung $\mu_0 = 0$ die Gleichungen (60) mit $\xi_k + p_k$ bzw. $v_k^{(i)}$ multiplizieren und über k summieren, so erhalten wir für die nicht sämtlich verschwindenden $l+1$ Größen $\lambda, \mu_1, \mu_2, \ldots, \mu_l$ ein homogenes Gleichungssystem von $l+1$ Gleichungen, dessen Determinante gerade die Gramsche Determinante $\Delta\{\varphi, v_1, \ldots, v_n\}$ ist; dies ist aber wegen ihres Nichtverschwindens nicht möglich.

20

$\xi_k = \frac{a_k}{k}$ setzen dürfen, wobei $\sum_{k=1}^{\infty} a_k^2$ konvergiert. Daher wird die Reihe

$$\psi(x, y) = \sum_{k=1}^{\infty} \xi_k u_k(x, y) \tag{62}$$

wegen der Beschränktheit der Funktionen u_k absolut und gleichmäßig konvergieren; denn es ist

$$\left(\sum_{k=m}^{m'} |\xi_k u_k|\right)^2 \leqq \text{Konst} \sum_{k=m}^{m'} a_k^2 \cdot \sum_{k=m}^{m'} \frac{1}{k^2}.$$

Die Reihe (62) stellt somit eine im Rechteck R stetige Funktion mit den Randwerten Null dar. Wir behaupten, *daß diese Funktion das ursprüngliche Variationsproblem dieses Paragraphen löst und daß die Lösung $\varphi = p + \psi$ der Differentialgleichung*

$$\Delta\varphi + \lambda\varphi + \sum_{i=1}^{l} \mu_i v_i = 0 \tag{63}$$

genügt. Um dies zu zeigen, bilden wir mit der aus den Elementen bekannten, zu den Randwerten Null gehörigen Greenschen Funktion $G(x, y; \xi, \eta)$ des Ausdruckes Δu für das Rechteck R die Funktion

$$\psi^*(x, y) = -\int_{(R)} G(x, y; \xi, \eta)\left[\lambda\varphi(\xi, \eta) + \sum_{i=1}^{l} \mu_i v_i(\xi, \eta)\right] d\xi\, d\eta.$$

Einerseits ist wegen der Grundeigenschaft der Greenschen Funktion

$$\Delta\psi^*(x, y) + \lambda\varphi(x, y) + \sum_{i=1}^{l} \mu_i v_i(x, y) = 0.$$

Andererseits gilt wegen der Vollständigkeitsrelation aus der Theorie der Fourierschen Reihen

$$\psi^*(x, y) = -\sum_{k=1}^{\infty} \int_{(R)} G u_k(\xi, \eta)\, d\xi\, d\eta \cdot \int_{(R)} \left[\lambda\varphi(\xi, \eta) + \sum_{i=1}^{l} \mu_i v_i(\xi, \eta)\right] u_k(\xi, \eta)\, d\xi\, d\eta$$

$$= -\sum_{k=1}^{\infty} \frac{u_k(x, y)}{\lambda_k}\left[\lambda(\xi_k + p_k) + \sum_{i=1}^{n} \mu_i v_k^{(i)}\right],$$

d. h. wegen (60), (62)

$$\psi^* = \psi.$$

Da nun $\Delta p = 0$ ist, so haben wir unsere Behauptungen bewiesen.

Kapitel III.

Der Existenzbeweis für die Lösungen des Eigenwertproblemes.

Wir wenden uns nun, anknüpfend an Kapitel I, zur weiteren Durchführung des Existenzbeweises. Dabei dürfen wir gemäß dem im Satze des § 5 auf S. 292 ausgesprochenen Ergebnis von vornherein eine Minimalfolge der asymptotischen Dimensionszahl 1 zugrunde legen, d. h. eine Minimalfolge $\varphi_1, \varphi_2, \varphi_3, \ldots$, für welche die Relationen

(64) $$\lim_{\substack{i=\infty\\ j=\infty}} D[\varphi_i - \varphi_j] = 0\,,$$

(65) $$\lim_{\substack{i=\infty\\ j=\infty}} H[\varphi_i - \varphi_j] = 0$$

gelten

§ 9.

Eine Eigenschaft der Minimalfolgen.

Wir beweisen zunächst eine für das folgende wichtige Eigenschaft der Minimalfolgen unseres Problemes: *Es kann keine Minimalfolge außerhalb eines ganz im Inneren von G liegenden Rechteckes R identisch verschwinden.* Wäre dies für die obige Minimalfolge der Fall, so könnten wir beliebig viele voneinander linear unabhängige Lösungen des Variationsproblemes von § 3 konstruieren. Es sind nämlich für das Rechteck R alle Voraussetzungen des § 8 erfüllt, indem für α der Wert 1, für die β_i die Werte Null treten und sich für $\Delta\{\varphi, v_1, \ldots, v_l\}$ sofort der Wert 1 ergibt. Wir können also für das Rechteck R das Variationsproblem des § 8 lösen, indem wir als Randwerte die Werte Null nehmen; da die untere Grenze bei diesem Variationsproblem mit der unteren Grenze d des ursprünglichen Problemes I von § 3 wegen des identischen Verschwindens der Funktionen φ_k außerhalb R übereinstimmt, so gibt es also eine Funktion φ, für welche $D[\varphi] = d$ ist, welche außerhalb R verschwindet, die allen übrigen Bedingungen des Variationsproblemes I aus § 3 genügt und welche in R die Differentialgleichung

$$\Delta\varphi + \lambda\varphi + \sum_{i=1}^{l} \mu_i v_i = 0$$

mit gewissen Konstanten λ, μ_i befriedigt; die Funktion φ ist also in R analytisch; sie löst überdies das Variationsproblem des § 3.

Sind nun R', R'', R''', $R^{(4)}$, ... weitere Rechtecke, von welchen jedes das vorangehende ganz im Inneren enthält, aber noch ganz im

Inneren von G liegt, so gehören zu diesen ebensolche Funktionen φ', φ'', φ''', ...; alle diese Funktionen sind Lösungen unseres ursprünglichen Variationsproblemes, und alle sind voneinander linear unabhängig; denn aus einer Relation $c\varphi + c'\varphi' + \ldots + c^{(q)}\varphi^{(q)} \equiv 0$ mit konstanten Koeffizienten $c^{(i)}$ würde sofort folgen $c^{(q)} = 0$, da in dem zwischen $R^{(q-1)}$ und $R^{(q)}$ liegenden Gebiete die Funktionen $\varphi, \varphi', \ldots, \varphi^{(q-1)}$ identisch verschwinden, nicht aber die Funktion $\varphi^{(q)}$. Nehmen wir q solcher Rechtecke, so haben wir in der Funktionenfolge $\varphi, \varphi', \ldots, \varphi^{(q)}$; $\varphi, \varphi', \ldots, \varphi^{(q)}$; $\varphi \ldots$ eine Minimalfolge der Dimensionszahl $q + 1$, was nach dem Satz von § 5, S. 290 bei beliebig großem q nicht möglich ist. Somit haben wir die aufgestellte Behauptung erwiesen.

§ 10.

Konstruktion einer Grenzfunktion.

Mit Hilfe der Minimalfolge $\varphi_1, \varphi_2, \varphi_3, \ldots$, welche keineswegs selbst zu konvergieren braucht, wollen wir uns nun eine Grenzfunktion u für G konstruieren, von welcher sich dann zeigen wird, daß sie die gesuchte Lösung unseres Variationsproblemes darstellt. Wir gehen dabei schrittweise vor und beginnen damit, eine *Einteilung von G in Rechtecke* zu treffen. Wir denken uns nämlich das Gebiet G derart mit einer Folge von Rechtecken $R_1, R_2, R_3, \ldots$ überdeckt, daß jeder Punkt von G innerer Punkt mindestens eines Rechteckes wird und daß jedes ganz im Inneren von G liegende Gebiet G^* nur mit endlich vielen der Rechtecke R_h Punkte gemein hat. Wir können also, indem wir von einem beliebigen Rechteck der Einteilung ausgehen und an dieses der Reihe nach neue Rechtecke anhängen, deren jedes mit mindestens einem der vorangehenden gemeinsame innere Punkte besitzt, nach endlich vielen Schritten ein vorgegebenes Teilgebiet G^* überdecken.

1. Auswahl eines Rechteckes. *Es muß unter den Rechtecken jedenfalls eines, R, geben, für welches das Unabhängigkeitsmaß der Funktionen $\varphi_i, v_1, v_2, \ldots, v_l$ bei wachsendem i oberhalb einer festen, positiven, von i unabhängigen Schranke bleibt.* Wir führen den Beweis hierfür wieder indirekt. Angenommen, es gäbe für jedes beliebige der Rechtecke bei hinreichend großem i Konstanten $c_0, c_1, \ldots, c_n$ mit der Quadratsumme 1, so daß

$$H_R\left[c_0\varphi_i - \sum_{\nu=1}^{l} c_\nu v_\nu\right]$$

beliebig klein wird, dann kann der Koeffizient c_0 nicht, absolut genommen, unter jede Grenze sinken, denn sonst wäre das Unabhängigkeitsmaß der Funktionen $v_1, v_2, \ldots, v_l$ für R beliebig klein, d. h. aber Null, was unmöglich ist, da die v_ν analytische, in keinem Gebiete voneinander linear abhängige Funktionen sind. Wir können also, indem wir durch c_0^2 dividieren, auf die Existenz von l mit wachsendem i absolut genommen beschränkt bleibenden, im übrigen von i abhängigen Konstanten $a_1, a_2, \ldots, a_l$ schließen, derart, daß

$$\lim_{i=\infty} H_R\left[\varphi_i - \sum_{\nu=1}^{l} a_\nu v_\nu\right] = 0 \tag{66}$$

gilt. Ist nun R' ein weiteres Rechteck, welches mit R das Gebiet B gemein hat, so muß es auch, zufolge unserer Annahme, ebensolche Konstante a_ν' geben, derart, daß

$$\lim_{i=\infty} H_{R'}\left[\varphi_i - \sum_{\nu=1} a_\nu' v_\nu\right] = 0 \tag{67}$$

wird. Es gilt also erst recht

$$\lim_{i=\infty} H_B\left[\varphi_i - \sum_{\nu=1}^{l} a_\nu v_\nu\right] = 0, \qquad \lim_{i=\infty} H_B\left[\varphi_i - \sum_{\nu=1} a_\nu' v_\nu\right] = 0,$$

und hieraus folgt in der gewohnten Weise, wenn wir $b_\nu = a_\nu - a_\nu'$ setzen,

$$\lim_{i=\infty} H_B\left[\sum_{\nu=1}^{l} b_\nu v_\nu\right] = 0.$$

Da nun die Funktionen v_ν in B ein positives Unabhängigkeitsmaß haben, so muß $\lim_{i=\infty} b_\nu = 0$ sein. Wir dürfen daher in (67) die Zahlen a_ν' durch a_ν ersetzen. Indem wir nun weiter durch Anhängung einer Anzahl N von Rechtecken ein vorgegebenes Teilgebiet G^* von G überdecken, schließen wir auf die Existenz von beschränkt bleibenden, noch von i abhängigen, Konstanten $a_1, a_2, \ldots, a_l$, für welche

$$\lim_{i=\infty} H_{G^*}\left[\varphi_i - \sum_{\nu=1}^{l} a_\nu v_\nu\right] = 0,$$

der Ausdruck links in dieser Beziehung also bei hinreichend großem i beliebig klein ist. Nun können wir aber nach Hilfssatz 3 das Gebiet G^* so wählen, daß für den übrigbleibenden Teil Σ der Ausdruck $H_\Sigma[\varphi_i]$ beliebig klein wird; da die Konstanten a_ν beschränkt sind und die Ausdrücke $H_\Sigma[v_\nu]$ ebenfalls gleichzeitig mit $H_\Sigma[\varphi_i]$ beliebig klein gemacht werden können, so kann zufolge der Relationen (5), (7) aus § 1 auch $H_\Sigma[\sum_{\nu=1}^{l} a_\nu v_\nu - \varphi_i]$ beliebig klein gemacht werden. Es müßte daher $H_G[\varphi_i - \sum_{\nu=1}^{l} a_\nu v_\nu]$ selbst bei hinreichend großem i beliebig klein werden.

Nun ist aber wegen (15), (16), (18)

$$H_G\left[\varphi_i - \sum_{\nu=1}^{l} a_\nu v_\nu\right] = 1 + \sum_{\nu=1} a_\nu^2,$$

was ersichtlich einen Widerspruch bedeutet.

Ist nun R ein Rechteck, für welches bei *gewissen* beliebig groß wählbaren Werten von i das Unabhängigkeitsmaß der Funktionen $\varphi_i, v_1, \ldots, v_l$ oberhalb einer positiven Schranke, etwa $2\gamma^2$, bleibt, so gilt entsprechendes für *jeden* hinreichend großen Wert von i, wie unmittelbar aus der Beziehung (65) und den Schlußbemerkungen in § 1 hervorgeht.

Wir denken uns nunmehr ein solches Rechteck R ausgewählt, für welches das Unabhängigkeitsmaß der Funktionen $\varphi_i, v_1, \ldots, v_l$ bei wachsendem i oberhalb einer festen Schranke $2\gamma^2$ bleibt; dann gilt nach § 2 für die Gramsche Determinante die Ungleichung

$$\Delta_R\{\varphi_i, v_1, v_2, \ldots, v_l\} \geqq (2\gamma^2)^{l+1} = 2b.$$

Ist nun R' ein im Inneren von R gelegenes, zu R parallel orientiertes Rechteck, dessen Seiten von den entsprechenden Seiten von R einen Abstand h besitzen, dann läßt sich zufolge des Hilfssatzes 4, S. 299, und der Beziehungen (5), (7) die Zahl h so klein wählen, daß für den zwischen R und R' liegenden Bereich B unabhängig von i die Beziehung

$$H[c_0\varphi_i + c_1 v_1 + \ldots + c_l v_l] < \gamma^2$$

gilt, wie auch immer $c_0, c_1, \ldots, c_l$ unter der Bedingung $c_0^2 + \ldots + c_l^2 = 1$ gewählt werden. Dann aber muß für R' gelten

$$H_{R'}[c_0\varphi_i + c_1 v_1 + \ldots + c_l v_l] \geqq \gamma^2 \tag{68}$$

und zufolge § 2

$$\Delta_{R'}\{\varphi_i, v_1, v_2, \ldots, v_l\} \geqq \gamma^{2(l+1)} = e, \tag{69}$$

wo e eine von i unabhängige positive Schranke bedeutet. Beide Ungleichungen (68), (69) dürfen nach § 2 erst recht als gültig angesehen werden für jedes in R liegende Rechteck R'', dessen Seiten von denen von R einen kleineren Abstand als h besitzen.

2. Vorbereitung des Konvergenzbeweises. Nach diesen Vorbereitungen „*glätten*“ wir die Funktion φ_i für das Rechteck R, indem wir für dieses Rechteck das Variationsproblem des § 7 lösen; hierbei sind die in § 7 als α und β_ν bezeichneten Größen mit den Zahlen $H_R[\varphi_i]$ bzw. $H_R[\varphi_i, v_\nu]$ zu identifizieren und als Randwerte f die von φ_i auf dem Rande von R angenommenen Werte zu nehmen. Da hier alle Voraussetzungen des § 7 erfüllt sind, so erhalten wir als Lösung in R eine ana-

lytische, auf dem Rande mit φ_i übereinstimmende Funktion ψ_i sowie Konstante λ_i, $\mu_{i,1}$, ..., $\mu_{i,l}$, so daß in R die Differentialgleichung

$$\Delta\psi_i + \lambda_i\psi_i + \sum_{\nu=1}^{l}\mu_{i,\nu}v_\nu = 0 \tag{70}$$

und die Beziehungen

$$H_R[\psi_i] = H_R[\varphi_i], \quad H_R[\psi_i, v_\nu] = H_R[\varphi_i, v_\nu], \quad D_R[\psi_i] \leqq D_R[\varphi_i] \tag{71}$$

gelten. Wir setzen ψ_i über R hinaus in das ganze Gebiet G fort, indem wir ψ_i außerhalb R mit φ_i identifizieren; offenbar erfüllen dann die Funktionen ψ_i $(i = 1, 2, 3, \ldots)$ alle Bedingungen des ursprünglichen Variationsproblemes I aus § 3 und bilden, da aus (71) die Ungleichung $D[\psi_i] \leqq D[\varphi_i]$ folgt, wieder eine Minimalfolge. Wir behaupten, daß diese „im wesentlichen" mit der Minimalfolge der φ_i identisch ist, indem die Relationen gelten:

$$\lim_{i=\infty} H[\varphi_i - \psi_i] = 0, \tag{72}$$

$$\lim_{i=\infty} D[\varphi_i - \psi_i] = 0, \tag{73}$$

aus denen sofort auf Grund von (64), (65) die weiteren

$$\lim_{\substack{i=\infty\\ j=\infty}} H[\psi_i - \psi_j] = 0, \tag{74}$$

$$\lim_{\substack{i=\infty\\ j=\infty}} D[\psi_i - \psi_j] = 0 \tag{75}$$

nach der üblichen Schlußweise folgen. Zum Beweise nehmen wir an, es gäbe beliebig große Werte $i_1, i_2, i_3, \ldots$, für welche $a_k^2 = H[\varphi_{i_k} - \psi_{i_k}] > a^2$ bliebe, unter a^2 eine feste positive Konstante verstanden, dann würden die Funktionen $\chi_k = \frac{\varphi_{i_k} - \psi_{i_k}}{a_k}$ $(k = 1, 2, 3, \ldots)$, nach dem Satze aus § 3, S. 287, eine Minimalfolge bilden; nach dem Ergebnis von § 9 ist dies aber unmöglich, da die Funktionen χ_k sämtlich außerhalb R identisch verschwinden. Aus der so bewiesenen Gleichung (72) folgt nun mit Hilfe der Relation (21) aus § 3 in der üblichen Weise (73), womit dann auch (74) und (75) bestätigt sind.

Wir merken noch an, daß auf Grund von (71) die Ungleichungen (68), (69) sofort in

$$H_R[c_0\psi_i + c_1v_1 + \ldots + c_lv_l] \geqq \gamma^2, \tag{68a}$$

$$\Delta_{R'}\{\psi_i, v_1, \ldots, v_l\} \geqq e \tag{69a}$$

übergehen.

3. Konvergenzbeweis für ein Rechteck. Nunmehr wenden wir uns zum *Konvergenzbeweise für die Funktionen ψ_i im Rechteck R*, indem wir folgende Behauptung voranstellen: Die Konstanten $\mu_{i,1}, \ldots, \mu_{i,l}$ und λ_i konvergieren gegen Grenzwerte $\mu_1, \mu_2, \ldots, \mu_l$ und λ; die Funktionen ψ_i konvergieren nebst ihren Ableitungen in jedem ganz innerhalb R liegenden Gebiete gleichmäßig gegen eine Grenzfunktion u bzw. deren Ableitungen, für welche die Gleichung

$$\Delta u + \lambda u + \sum_{\nu=1}^{l} \mu_\nu v_\nu = 0 \tag{76}$$

gilt.

Dem Beweise schicken wir die folgende Bemerkung voraus: Ist χ irgendeine in G stetige Funktion, deren Integral $D[\chi]$ existiert, so gibt es unter den zwischen R und R' gelegenen Zwischenrechtecken R'' gewiß eines, für welches die Ungleichung

$$\int\limits_{(R'')} \left[\left(\frac{\partial \chi}{\partial x}\right)^2 + \left(\frac{\partial \chi}{\partial y}\right)^2\right] ds < 4\,\frac{D[\chi]}{h}$$

gilt, wobei das Integral links um den Rand des Rechteckes R'' herumerstreckt und mit s die Bogenlänge auf diesem Rande bezeichnet werden soll.

In der Tat sei S ein Streifen, welcher aus R durch zwei Parallelen im Abstande h, etwa die Geraden $y = 0$ und $y = h$ herausgeschnitten wird. Wegen

$$D_G[\chi] \geqq D_S[\chi] = \int\limits_0^h dy \int \left[\left(\frac{\partial \chi}{\partial x}\right)^2 + \left(\frac{\partial \chi}{\partial y}\right)^2\right] dx$$

muß es in dem Streifen S eine Gerade $y =$ konst. geben, für welche das über ihren ganzen Verlauf in G erstreckte Integral $\int \left[\left(\frac{\partial \chi}{\partial x}\right)^2 + \left(\frac{\partial \chi}{\partial y}\right)^2\right] dx$ einen Wert nicht größer als $\frac{D[\chi]}{h}$ besitzt; diese Überlegung, auf jedes der vier Seitenpaare von R und R' angewandt, gibt sofort die Richtigkeit unserer Behauptung. Bezeichnen wir wieder mit $\frac{\partial}{\partial \nu}$ die Differentiation nach der inneren Normale der Begrenzung von R'', so gilt also erst recht

$$\int\limits_{(R'')} \left(\frac{\partial \chi}{\partial \nu}\right)^2 ds \leqq 4\,\frac{D[\chi]}{h}. \tag{77}$$

Wir wenden diese Bemerkung nunmehr an, indem wir R'' zum Index i so wählen, daß für die Funktion $\chi = \psi_i$ die Beziehung

$$\int\limits_{(R'')} \left(\frac{\partial \psi_i}{\partial \nu}\right)^2 ds \leqq 4\,\frac{D[\psi_i]}{h} \tag{77a}$$

besteht. Dann folgern wir leicht, daß die über R'' erstreckten Integrale $H_{R''}[\psi_i, \Delta\psi_i]$, $H_{R''}[v_\nu, \Delta\psi_i]$ $(\nu = 1, 2, \ldots, l)$ absolut genommen unterhalb einer von i unabhängigen Schranke bleiben. In der Tat ist nach der Greenschen Formel, auf R'' angewandt,

$$H_{R''}[\psi_i, \Delta\psi_i] + D_{R''}[\psi_i] = -\int\limits_{(R'')} \psi_i \frac{\partial\psi_i}{\partial\nu} ds,$$

also

$$\{H_{R''}[\psi_i, \Delta\psi_i] + D_{R''}[\psi_i]\}^2 \leqq \int\limits_{(R'')} \psi_i^2 ds \cdot \int\limits_{(R'')} \left(\frac{\partial\psi_i}{\partial\nu}\right)^2 ds.$$

Nun ist nach (77a) und nach Gl. (41), S. 299 jeder der beiden Faktoren rechts beschränkt, woraus wegen der Beschränktheit von $D_{R''}[\psi_i]$ für $H_{R''}[\psi_i, \Delta\psi_i]$ die behauptete Beschränktheit folgt. Für die Ausdrücke $H_{R''}[v_n, \Delta\psi_i]$ folgt dasselbe ganz analog aus der Gleichung

$$H_{R''}[v_n, \Delta\psi_i] = H_{R''}[\psi_i, \Delta v_n] - \int\limits_{(R'')} \left[v_n \frac{\partial\psi_i}{\partial\nu} - \psi_i \frac{\partial v_n}{\partial\nu}\right] ds$$

und der Beschränktheit der Funktionen v_n, $\frac{\partial v_n}{\partial\nu}$.

Multiplizieren wir jetzt die Gleichung (70) der Reihe nach mit $\psi_i, v_1, v_2, \ldots, v_l$ und integrieren wir über R'', so ergibt sich für die $l+1$ Größen $\lambda_i, \mu_{i,1}, \ldots, \mu_{i,l}$ das folgende lineare System von $l+1$ Gleichungen:

$$(78)\quad \begin{cases} H[\psi_i, \psi_i]\cdot\lambda_i + \sum\limits_{\nu=1}^{l} H[\psi_i, v_\nu]\cdot\mu_{i,\nu} = -H[\psi_i, \Delta\psi_i] \\ H[\psi_i, v_1]\cdot\lambda_i + \sum\limits_{\nu=1}^{l} H[v_1, v_\nu]\cdot\mu_{i,\nu} = -H[v_1, \Delta\psi_i] \\ \cdots\cdots\cdots\cdots\cdots\cdots\cdots\cdots \\ H[\psi_i, v_l]\cdot\lambda_i + \sum\limits_{\nu=1}^{l} H[v_l, v_\nu]\cdot\mu_{i,\nu} = -H[v_l, \Delta\psi_i], \end{cases}$$

wobei die Integrale H stets über R'' zu erstrecken sind. Die Determinante dieses Gleichungssystems ist gerade die Gramsche Determinante $\Delta_{R''}\{\psi_i, v_1, \ldots, v_l\}$, also gemäß (69a) absolut genommen größer als die feste, von i unabhängige positive Zahl e; die Koeffizienten der Gleichung sind sämtlich beschränkt, nämlich kleiner als 1; also sind auch die Lösungen $\lambda_i, \mu_{i,1}, \ldots, \mu_{i,l}$ absolut genommen bei wachsendem i beschränkt.

Wir wollen nun darüber hinaus zeigen, daß sie bestimmten Grenzwerten mit wachsendem i zustreben.

Zu diesem Zwecke gehen wir von der aus (70) unmittelbar folgenden Gleichung

$$\Delta(\psi_i - \psi_j) + \lambda_j(\psi_i - \psi_j) + (\lambda_i - \lambda_j)\psi_i + \sum_{\nu=1}^{l}(\mu_{i,\nu} - \mu_{j,\nu})v_\nu = 0$$

aus, multiplizieren diese der Reihe nach mit $\psi_i, v_1, v_2, \ldots, v_l$, und integrieren die so entstehenden Gleichungen wiederum über ein Rechteck R'', welches nunmehr so gewählt wird, daß die Gleichung (77) für $\chi = \psi_i - \psi_j$ gilt. Das so folgende Gleichungssystem für die Differenzen $\xi_0 = \lambda_i - \lambda_j$, $\xi_1 = \mu_{i,1} - \mu_{j,1}, \ldots, \xi_l = \mu_{i,l} - \mu_{j,l}$ hat die Form

$$(78\text{a})\quad \begin{cases} H[\psi_i, \psi_i]\xi_0 + \sum_{\nu=1}^{l} H[\psi_i, v_\nu]\cdot\xi_\nu = -H[\psi_i, \Delta\chi] - \lambda_j H[\psi_i, \chi] \\ H[\psi_i, v_1]\xi_0 + \sum_{\nu=1}^{l} H[v_1, v_\nu]\cdot\xi_\nu = -H[v_1, \Delta\chi] - \lambda_j H[v_1, \chi] \\ \cdots\cdots\cdots\cdots\cdots\cdots \\ H[\psi_i, v_l]\xi_0 + \sum_{\nu=1}^{l} H[v_l, v_\nu]\cdot\xi_\nu = -H[v_l, \Delta\chi] - \lambda_j H[v_l, \chi]. \end{cases}$$

Sein Koeffizientenschema und also seine Determinante ist mit dem der Gleichungen (78) bzw. dessen nach unten beschränkter Determinante identisch, während, wie wir uns überzeugen wollen, seine rechten Seiten bei hinreichend großem i und j absolut genommen beliebig klein werden. In der Tat folgt aus der Beschränktheit der λ_j und der Schwarzschen Ungleichung wegen (74) sofort, daß die zweiten Summanden der Glieder auf der rechten Seite mit wachsendem i und j gegen Null konvergieren; für die ersten Summenden folgt dasselbe genau wie oben unter Berücksichtigung das Umstandes, daß $D[\chi] = D[\psi_i - \psi_j]$ bei hinreichend großem i, j wegen (75) beliebig klein ist.

Wir schließen hieraus, daß die Lösungen $\xi_0, \xi_1, \ldots, \xi_l$ dieses Gleichungssystems selbst absolut bei hinreichend großem i und j beliebig klein werden; dies ist aber nichts anderes als der Ausdruck für die behauptete Konvergenz der Größen $\lambda_i, \mu_{i,1}, \ldots, \mu_{i,l}$. Wir bezeichnen die Grenzwerte mit $\lambda, \mu_1, \mu_2, \ldots, \mu_l$.

Setzen wir nunmehr $f_i = \sum_{\nu=1}^{l} \mu_{i,\nu} v_\nu$, so konvergiert diese Funktion in G gleichmäßig gegen $f = \sum_{\nu=1}^{l} \mu_\nu v_\nu$. Es ergibt sich also wegen der Gleichungen (74), (75) aus dem Hilfssatz in § 7 sofort, daß die Funktionen ψ_i in jedem ganz im Inneren von R liegenden Teilgebiet B nebst ihren Ableitungen gleichmäßig gegen eine Grenzfunktion u bzw. deren Ableitungen konvergieren, und daß diese Grenzfunktion der Differentialgleichung (76) genügt. Diese zunächst nur für das Rechteck R definierte Funktion ist, da die Funktionen v_ν analytisch vorausgesetzt wurden, selbst analytisch. Aus dieser letzten Tatsache folgt, daß das Unabhängigkeitsmaß der Funktionen $u, v_1, v_2, \ldots, v_l$ für jedes Teilgebiet von R positiv sein muß, da sonst zwischen diesen Funktionen in diesem Teilgebiete, und somit wegen ihres analytischen Charakters überall in R eine lineare Abhängigkeit bestehen würde, was wegen der über das Unabhängigkeitsmaß der Funktionen $\psi_i, v_1, \ldots, v_l$ gemachten Voraussetzungen (68a) nicht möglich ist. Da die ψ_i in jedem ganz im Innern von R liegenden Teilgebiete gleichmäßig gegen u konvergieren, so muß somit auch bei hinreichend großem i das Unabhängigkeitsmaß der Funktionen $\psi_i, v_1, v_2, \ldots, v_l$ für jedes solche Teilgebiet oberhalb einer festen positiven, von i unabhängigen Schranke liegen.

4. Konvergenzbetrachtung für das ganze Gebiet. Nachdem wir die Grenzfunktion u für *ein* Rechteck R konstruiert haben, macht ihre Herstellung für die weiteren Rechtecke unserer Einteilung keine Schwierigkeiten mehr. Wir nehmen zunächst ein weiteres dieser Rechtecke, welches mit R ein gemeinsames Gebiet B besitzt, und bezeichnen dieses Rechteck — eine Gefahr der Verwechslung liegt nicht vor — mit R'. Auch für R' muß das Unabhängigkeitsmaß der Funktionen $\psi_i, v_1, v_2, \ldots, v_l$ bei wachsendem i oberhalb einer positiven festen Schranke bleiben; ist nämlich B^* ein im Innern von B liegendes Teilgebiet von B, so ist, wie wir eben sahen, das Unabhängigkeitsmaß der Funktionen $\psi_i, v_1, \ldots, v_l$ für B^* oberhalb einer festen positiven Schranke; wegen der Relation (72) folgt also das gleiche in der gewohnten Weise für die Funktionen $\varphi_i, v_1, \ldots, v_l$; also gilt nach § 2 dasselbe erst recht für das Unabhängigkeitsmaß dieser Funktionen in R'.

Wir können also für R' genau dieselben Überlegungen anstellen wie eben für R und erhalten so in R' Funktionen ψ_i', u' sowie Konstanten $\lambda_i', \mu_{i,\nu}'; \lambda', \mu_\nu'$, zwischen denen alle Relationen bestehen, welche sich aus (76), (72), (73), (74), (75) bei Ersetzung der Zeichen $\psi_i, u, \lambda_i, \ldots$ durch $\psi_i', u', \lambda_i', \ldots$ ergeben. Wir wollen zeigen, daß $\lambda' = \lambda$, $\mu'_\nu = \mu_\nu$ ist und daß in dem gemeinsamen Gebiete B die Funktionen u und u' identisch sind, so daß also u' die analytische Fortsetzung von u bildet. Dies ergibt sich leicht folgendermaßen: Es ist wegen $\lim\limits_{i=\infty} H_{R'}[\psi_i' - \varphi_i] = 0$, $\lim\limits_{i=\infty} H_R[\psi_i - \varphi_i] = 0$ erst recht $\lim\limits_{i=\infty} H_{B^*}[\psi_i' - \varphi_i] = 0$, $\lim\limits_{i=\infty} H_{B^*}[\psi_i - \varphi_i] = 0$, also auch $\lim\limits_{i=\infty} H_{B^*}[\psi_i' - \psi_i] = 0$. Da nun in B^* die Funktionen ψ_i, ψ_i' gleichmäßig gegen u bzw. u' konvergieren, so folgt $H_{B^*}[u - u'] = 0$, d. h. es ist in B^* u' mit u identisch.

Subtrahieren wir nun die für B^* geltende Gleichung (76) und die entsprechende Gleichung für die gestrichenen Größen, indem wir $u' = u$ einsetzen, so folgt

$$(\lambda - \lambda')u + \sum_{\nu=1}^{l}(\mu_\nu - \mu_\nu')v_\nu = 0;$$

da aber die Funktionen $u, v_1, \ldots, v_l$ in B^* linear unabhängig sind, so ist $\lambda = \lambda'$, $\mu_\nu = \mu_\nu'$, und somit haben wir den gewünschten Nachweis erbracht.

Gehen wir in derselben Art von Rechteck zu Rechteck weiter, so gelangen wir zu einer überall im Innern von G analytischen, der Differentialgleichung (76) genügenden Funktion, von der wir nun zu zeigen haben, daß sie tatsächlich die gesuchte Lösung unseres Variationsproblems ist.

§ 11.

Die Eigenschaften der Grenzfunktion.

Wir haben zu diesem Zwecke nachzuweisen:

1. Daß u den Bedingungen

$$H[u] = 1, \quad H[u, v_\nu] = 0, \qquad (\nu = 1, 2, \ldots, l)$$

genügt,

2. daß $D[u] = d$ ist, und

3. daß u die Randwerte Null besitzt.

Um die beiden ersten Punkte zu beweisen, beachten wir, daß für jedes im Innern eines der Rechtecke R liegende Teilgebiet B^* wegen der gleichmäßigen Konvergenz der Funktionen φ_i und ihrer Ableitungen aus (72) und (73) die Gleichungen

$$\lim_{i=\infty} D_{B^*}[\varphi_i - u] = 0, \quad \lim_{i=\infty} H_{B^*}[\varphi_i - u] = 0$$

folgen. Da wir jedes ganz im Innern von G liegende Gebiet G^* durch eine endliche Anzahl sich lückenlos aneinanderschließender Gebiete B^* bedecken können, so folgt hieraus auch

$$\lim_{i=\infty} D_{G^*}[\varphi_i - u] = 0, \quad \lim_{i=\infty} H_{G^*}[\varphi_i - u] = 0.$$

Aus den Gleichungen (9), (10) des § 1 ergibt sich nun sofort für jedes solche Gebiet

$$\lim_{i=\infty} D_{G^*}[\varphi_i] - D_{G^*}[u] = 0, \quad \lim_{i=\infty} H_{G^*}[\varphi_i] - H_{G^*}[u] = 0.$$

Weiter gilt für das ganze Gebiet G $\lim\limits_{\substack{i=\infty \\ j=\infty}} D[\varphi_i - \varphi_j] = 0$, so daß dieser Ausdruck bei hinreichend großem i und j kleiner als eine beliebig kleine positive Zahl ε wird; es ist also erst recht für alle solche i und j, gleichmäßig für alle Teilgebiete G^*, $D_{G^*}[\varphi_i - \varphi_j] < \varepsilon$, und hier können wir nach den obigen Ausführungen den Grenzübergang zu $j = \infty$ machen, so daß wir gleichmäßig für alle Teilgebiete G^* erhalten $D_{G^*}[\varphi_i - u] < \varepsilon$. Da hierin wieder G^* beliebig genau mit G zusammenfallend genommen werden kann, so folgt $D_G[\varphi_i - u] < \varepsilon$, und somit nach Gleichung (10) des § 1 $\lim\limits_{i=\infty} D[\varphi_i] - D[u] = 0$, d. h. wegen $\lim\limits_{i=\infty} D[\varphi_i] = d$

$$D[u] = d,$$

womit Punkt 2 erwiesen ist.

Ganz ebenso schließen wir bei Ersetzung des Zeichens D durch das Zeichen H, daß

$$\lim_{i=\infty} H[\varphi_i - u] = 0, \qquad H[u] = 1$$

wird. Aus

$$H[u, v_\nu]^2 = H[u - \varphi_i, v_\nu]^2 \leqq H[u - \varphi_i] \cdot H[v_\nu]$$

ergibt sich nun unmittelbar $H[u, v_\nu] = 0$; hiermit ist auch Punkt 1 bewiesen.

Um nun noch drittens zu zeigen, daß u die Randwerte Null besitzt, betrachten wir einen Punkt P in G, welcher vom Rande und zwar vom Randpunkt Q den kürzesten Abstand ε besitzt, und schlagen um P mit ε den Kreis C. Auf Grund von Gleichung (38), § 6 schließen wir

$$H_C[\varphi_i] \leqq 4\varepsilon^2 \cdot D_{\mathsf{K}}[\varphi_i] \cdot 4\pi^2,$$

wobei K das Teilgebiet von G ist, welches in einem Kreise mit dem Radius 2ε um den Randpunkt Q liegt, und hier dürfen wir dem Obigen zufolge den Grenzübergang für $i = \infty$ machen, indem wir einfach φ_i durch u ersetzen; wir haben also

$$H_C[u] \leqq 4\varepsilon^2 \cdot 4\pi^2 \cdot D_{\mathsf{K}}[u] < \varepsilon^2 \delta(\varepsilon),$$

wobei $\delta(\varepsilon)$ eine mit ε gegen Null konvergierende Größe ist.

Weiter setzen wir in C

$$\omega = \iint\limits_{(C)} K(\lambda r) f(\xi, \eta)\, d\xi\, d\eta,$$

wobei wieder $K(\lambda r)$ wie in § 7 die Besselsche Funktion zweiter Art des Argumentes $\lambda\sqrt{(x-\xi)^2 + (y-\eta)^2}$ ist, $f = \sum\limits_{\nu=1}^{l} \mu_\nu v_\nu$ gesetzt wird, und das Integral über die Kreisfläche C erstreckt werden soll. Nach § 7 gilt in C

$$\Delta\omega + \lambda\omega + f = 0.$$

Ferner wird überall in C

$$\omega^2 \leqq \iint K(\lambda r)^2 f^2 d\xi d\eta \cdot \varepsilon^2\pi < A^2 \cdot \varepsilon^2 \pi,$$

wo A eine für alle ε gleichzeitig wählbare Konstante ist; also wird

$$H_C[\omega] < A^2 \varepsilon^4 \cdot \pi^2.$$

Jedenfalls strebt also ω mit ε gleichmäßig gegen Null. Für die Differenz $\chi = u - \omega$ gilt weiter

$$H_C[\chi] = H_C[u] + H_C[\omega] - 2H_C[u, \omega] < \varepsilon^2 \delta(\varepsilon) + \varepsilon^4 \pi^2 A^2 + 2\varepsilon^3 \pi A \sqrt{\delta(\varepsilon)},$$

also ist auch

$$H_C[\chi] < \varepsilon^2 \delta'(\varepsilon),$$

wo $\delta'(\varepsilon)$ eine mit ε gegen Null strebende Größe ist.

Nun genügt χ der Differentialgleichung $\Delta\chi + \lambda\chi = 0$, und der Wert von χ im Punkte P wird nach dem schon in § 7 benutzten Mittelwertsatze durch die Gleichung

$$\chi \cdot \int_0^\varepsilon J(\lambda r) r \, dr = \iint_{(C)} \chi \, dx \, dy$$

gegeben, wo $J(\lambda r)$ wieder die nullte Besselsche Funktion von λr bedeutet. Also wird zufolge der Schwarzschen Ungleichung

$$\chi^2 \cdot \left(\int_0^\varepsilon J(\lambda r) r \, dr\right)^2 < \varepsilon^2 \pi \cdot \varepsilon^2 \delta'(\varepsilon),$$

und da wegen $J(0) = 1$ bei hinreichend kleinem ε

$$\int_0^\varepsilon J(\lambda r) r \, dr > \frac{1}{4} \varepsilon^2$$

ist, folgt sofort, daß χ mit ε gleichmäßig gegen Null konvergiert. Somit ist das gleiche auch für die Summe $u = \omega + \chi$ bewiesen.

Die Funktion u ist also eine Lösung unseres Variationsproblemes. Zur Lösung des ursprünglich in dieser Arbeit gestellten Eigenwertproblemes gelangen wir nun einfach durch *Spezialisierung der Funktionen v_ν*. Wir wollen annehmen, daß die Funktionen v_ν Differentialgleichungen der Form $\Delta v_\nu + \lambda_\nu v_\nu = 0$ genügen, die Randwerte Null haben, und endliche Integrale $D[v_\nu]$ besitzen (die übrigens dann notwendig gleich λ_ν sein müssen). Dann behaupten wir, daß auch u ebenso wie die v_ν eine Eigenfunktion unseres Problemes sein muß, d. h. daß die Werte μ_ν sämtlich verschwinden und die Differentialgleichung $\Delta u + \lambda u = 0$ gilt. In der Tat brauchen wir nur die Differentialgleichung (76) mit v_ν zu multiplizieren und über G zu integrieren. Wegen (18) erhalten wir

$$\mu_\nu = -H[v_\nu, \Delta u].$$

Die rechte Seite dürfen wir auf Grund von § 6 nach der Greenschen Formel umformen und erhalten

$$\mu_\nu = - H[u, \Delta v_\nu],$$

und dieser Ausdruck wird wegen $\Delta v_\nu + \lambda_\nu v_\nu = 0$ und (16) Null. Ebenso finden wir nach Multiplikation von (76) mit u und Integration

$$D[u] = d = \lambda.$$

Wir haben damit das Eigenwertproblem der Differentialgleichung (1) gelöst. Die erste Eigenfunktion u_1 und den ersten Eigenwert λ_1 erhalten wir, indem wir $l = 0$ nehmen, d. h. gar keine Nebenbedingung der Form (16) stellen; der zweite Eigenwert λ_2 und die zweite Eigenfunktion u_2 ergeben sich, wenn wir $l = 1$ und $v_1 = u_1$ setzen; indem wir so sukzessive weitergehen, erhalten wir die unendliche Serie $\lambda_1, \lambda_2, \lambda_3, \ldots, u_1, u_2, u_3, \ldots$ der Eigenwerte und Eigenfunktionen.

§ 12.
Vollständigkeit der Lösung.

Es bleibt nur noch zu zeigen, *daß die so definierten Eigenfunktionen ein vollständiges orthogonales Funktionensystem für G bilden.* Dies ergibt sich leicht aus dem Umstande, daß zufolge der Überlegungen von § 5 mit wachsendem p der Eigenwert λ_p über alle Grenzen wachsen muß; sonst würde nämlich wegen $\lambda_{p+1} \geqq \lambda_p$ der Grenzwert $\lim\limits_{p=\infty} \lambda_p = \lambda$ existieren, und daher würde in dem dort als Problem II bezeichneten Variationsproblem die untere Grenze des Ausdruckes $\mathfrak{D}[o]$ bei wachsendem p höchstens die Größenordnung p haben, wie man erkennt, wenn man $o' = u_1, o'' = u_2, \ldots, o^{(p)} = u_p$ einsetzt; diese untere Grenze muß aber, wie wir sahen, die Größenordnung p^2 haben.

Es sei nun ψ irgendeine in G stetige Funktion mit stückweise stetigen ersten Ableitungen, endlichem $D[\psi]$ und verschwindenden Randwerten; wir behaupten, daß, wenn $c_i = H[\psi, u_i]$ gesetzt wird, die Gleichung

$$\lim_{n=\infty} H\left[\psi - \sum_{i=1}^{n} c_i u_i\right] = 0 \tag{79}$$

gilt. Es ist nämlich

$$H\left[\psi - \sum_{i=1}^{n} c_i u_i\right] = H[\psi] - \sum_{i=1}^{n} c_i^2 = a_n^2,$$

wo a_n^2 eine mit n monoton abnehmende Zahl ist; ist $a^2 = \lim\limits_{n=\infty} a_n^2$ positiv, so wird die Funktion

$$\varphi = \frac{1}{a_n}\left[\psi - \sum_{i=1}^{n} c_i u_i\right]$$

den Bedingungen $H[\varphi]=1$, $H[\varphi, u_i]=0$ $(i=1,\ldots,n)$, $(l=n)$ des Variationsproblemes in § 3 genügen und am Rande verschwinden; es muß also $D[\varphi]\geqq\lambda_{n+1}$ sein. Andererseits ist, wie durch die erlaubte Anwendung der Greenschen Formel folgt,

$$a_n^2 D[\varphi]=D[\psi]+\sum_{i=1}^{n}\lambda_i c_i^2-2\sum_{i=1}^{n}c_i D[\psi, u_i]=D[\psi]-\sum_{i=1}^{n}\lambda_i c_i^2,$$

d. h. $a_n^2 D[\varphi]\leqq D[\psi]$ oder erst recht $a^2 D[\varphi]\leqq D[\psi]$, was bei hinreichend großem n in Widerspruch mit $D[\varphi]\geqq\lambda_{n+1}$ steht. Folglich ist $\lim\limits_{n=\infty} a_n^2=0$.

Mithin ist bewiesen, daß jede in G stetige und stückweise stetig differenzierbare Funktion ψ mit verschwindenden Randwerten und endlichem Integral $D[\psi]$ sich im Sinne des mittleren Fehlerquadrates beliebig genau durch ein lineares Aggregat der u_i approximieren läßt. Da man jede in G stetige Funktion ψ^* durch eine solche Funktion ψ im angegebenen Sinne beliebig genau approximieren kann, so ist damit die gleiche Eigenschaft für ψ^* bewiesen, und diese Eigenschaft bedeutet gerade die Vollständigkeit des Funktionensystemes der u_i.

Kapitel IV.

Die numerische Berechnung der Lösungen.

Aus den soeben durchgeführten Betrachtungen unseres Existenzbeweises, insbesondere den Ausführungen von Kapitel I, erhalten wir gleichzeitig die Mittel zu einer *wirklich numerischen Konstruktion* der gesuchten Lösung. Hierbei kommt es wesentlich darauf an, ein Verfahren zur numerischen Konstruktion der Minimalfolgen zu geben. Zu diesem Zwecke gehen wir mit W. Ritz[26]) von einem fest gewählten System von „Koordinatenfunktionen" $\omega_1, \omega_2, \omega_3, \ldots$ in G aus, welche folgende Eigenschaften besitzen: Alle Funktionen ω_i sind nebst ihren Ableitungen bis zur zweiten Ordnung in G stetig und verschwinden am Rande; ist φ eine in G stetige, am Rande verschwindende Funktion mit stückweise stetigen ersten Ableitungen und endlichem Integral $D[\varphi]$, dann läßt sich eine lineare Kombination $\varphi^{(n)}=c_1\omega_1+c_2\omega_2+\ldots+c_n\omega_n$ von endlich vielen der Koordinatenfunktionen so finden, daß gleichzeitig $H[\varphi-\varphi^{(n)}]$ und $D[\varphi-\varphi^{(n)}]$ beliebig klein werden (Vollständigkeitseigenschaft). Solche Funktionen lassen sich grundsätzlich für jedes Gebiet in mannigfacher Weise angeben; im speziellen Falle besteht die praktische Aufgabe nicht zuletzt darin, mit dem richtigen Takt das Funktionensystem der ω_i so zu wählen, daß die Durchführung der numerischen Rechnung nicht allzu mühsam wird.

[26]) Vgl. loc. cit. [1]).

Setzen wir in unserem ursprünglichen Variationsproblem für φ eine Funktion $\varphi^{(n)} = \sum_{\nu=1}^{n} c_\nu \omega_\nu$ mit noch unbestimmten Koeffizienten $c_1, c_2, \ldots, c_n$ ein, so geht das Variationsproblem in ein Minimumproblem der gewöhnlichen Differentialrechnung über; die Funktionen $\varphi^{(n)}$, welche durch Lösung dieses Minimumproblemes entstehen, müssen wegen der Vollständigkeit der ω_i mit wachsendem n eine Minimalfolge des Variationsproblemes bilden.

Wir wollen jedoch, indem wir uns auf das eigentliche Eigenwertproblem beschränken, zeigen, wie man durch eine kleine naheliegende Modifikation des Verfahrens mit einem Schlage zu *allen* Eigenwerten und Eigenfunktionen gelangen kann. Zu diesem Zwecke machen wir der bequemeren Schreibweise halber die sonst unwesentliche Voraussetzung, daß die Funktionen ω_i ein normiertes Orthogonalsystem bilden, d. h. den Beziehungen $H[\omega_i] = 1$, $H[\omega_i, \omega_j] = 0$ $(i \neq j)$ genügen. Wir setzen nun das Problem so an, als handelte es sich nur um die Berechnung des ersten Eigenwertes und der ersten Eigenfunktion, indem wir fordern

$$D[\varphi] = \text{Min},$$

während

$$H[\varphi] = 1$$

ist. Der Wert des Minimums ist, wie wir wissen, gleich λ_1. Setzen wir nun in $D[\varphi]$, $H[\varphi]$ statt φ eine Funktion $\varphi^{(n)} = c_1\varphi_1 + c_2\varphi_2 + \ldots + c_n\varphi_n$ ein, so erhalten wir folgendes algebraische Problem:

Die quadratische Form

$$D_n = \sum_{\nu,\mu=1}^{n} c_\nu c_\mu A_{\mu\nu} \qquad (A_{\mu\nu} = D[\omega_\nu, \omega_\mu])$$

soll durch geeignete Wahl der n Variablen c_i unter der Nebenbedingung

$$\sum_{\nu=1}^{n} c_\nu^2 = 1 \tag{80}$$

zum Minimum gemacht werden. Hieraus folgt für die c_ν das Gleichungssystem

$$\sum_{k=1}^{n} A_{ik} c_k = \lambda c_i \qquad (i = 1, 2, \ldots, n), \tag{81}$$

wobei die Größe $\lambda = \lambda_1^{(n)}$ als die kleinste der durchweg positiven Wurzeln der Gleichung n-ten Grades

$$R_n(\lambda) = \begin{vmatrix} A_{11} - \lambda, & A_{12}, & \ldots, & A_{1n} \\ A_{21}, & A_{22} - \lambda, & \ldots, & A_{2n} \\ \cdot & \cdot & \cdot & \cdot \\ A_{n1}, & A_{n2}, & \ldots, & A_{nn} - \lambda \end{vmatrix} = 0 \tag{82}$$

bestimmt werden muß; der gesuchte Minimalwert von D_n ist gleich $\lambda_1^{(n)}$. Wir bezeichnen die Wurzeln der Gleichung (82), nach wachsender Größe geordnet, mit $\lambda_1^{(n)}, \lambda_2^{(n)}, \lambda_3^{(n)}, \ldots, \lambda_n^{(n)}$; dann lassen sich die Gleichungen (81) für $\lambda = \lambda_i^{(n)}$ $(i = 1, 2, \ldots, n)$ durch ein Wertsystem $c_{1,i}, c_{2,i}, \ldots, c_{n,i}$ erfüllen, wobei die $c_{h,i}$ ein orthogonales Zahlenschema bilden, d. h. den Relationen

$$\sum_{h=1}^{n} c_{h,i}^2 = 1, \qquad \sum_{h=1}^{n} c_{h,i} c_{h,j} = 0 \qquad (i \neq j) \tag{83}$$

genügen.

Wir setzen

$$\varphi_i^{(n)} = \sum_{h=1}^{n} c_{h,i}^{(n)} \omega_h \qquad (i = 1, 2, \ldots, n) \tag{84}$$

und behaupten dann folgenden Satz: *Ist $\lambda_1, \lambda_2, \lambda_3, \ldots$ das vollständige System der nach der Größe geordneten Eigenwerte, $u_1, u_2, u_3, \ldots$ das entsprechende vollständige System der Eigenfunktionen unseres Differentialgleichungsproblemes, so wird zunächst*

$$\lim_{n=\infty} \lambda_i^{(n)} = \lambda_i; \tag{85}$$

ferner wird, wenn λ_i ein einfacher Eigenwert der Differentialgleichung ist, bei geeigneter Wahl des Vorzeichens von $\varphi_i^{(n)}$

$$\lim_{n=\infty} H[\varphi_i^{(n)} - u_i] = 0, \qquad \lim_{n=\infty} D[\varphi_i^{(n)} - u_i] = 0; \tag{86}$$

ist $\lambda_i = \lambda_{i+1} = \ldots = \lambda_{i+r-1}$ ein r-facher Eigenwert, so gelten ebenfalls Gleichungen

$$\lim_{n=\infty} H[\psi_j^{(n)} - u_j] = 0, \quad \lim_{n=\infty} D[\psi_j^{(n)} - u_j] = 0 \quad (j = i, i+1, \ldots, i+r-1), \tag{87}$$

wobei die $\psi_j^{(n)}$ aus den $\varphi_i^{(n)}, \varphi_{i+1}^{(n)}, \ldots, \varphi_{i+r-1}^{(n)}$ durch eine geeignete orthogonale Substitution hervorgehen [27]).

Der Beweis dieser Behauptungen, welche eine Rechtfertigung des nach Ritz genannten Verfahrens für unser Problem darstellen, folgt sehr leicht auf Grund der Untersuchungen von Kapitel I. Seien zunächst $\lambda_1, \lambda_2, \ldots, \lambda_{i-1}$ einfache Eigenwerte, dann müssen ersichtlich alle zugehörigen Minimalfolgen die asymptotische Dimensionszahl 1 haben; denn sonst würden wir auf Grund von Kapitel I und III sofort mehrere zueinander orthogonale Eigenfunktionen für einen Eigenwert erhalten. Wir betrachten zuerst λ_1,

[27]) Man vergleiche zu diesem Satze eine schon am 15. 12. 1919 vorgelegte Note von M. Plancherel in den Comptes Rendus, wo ohne Beweis ein ganz analoges Resultat ausgesprochen wird; die Formulierung bei Herrn Plancherel scheint mir übrigens im Falle mehrfacher Eigenwerte eine kleine Ungenauigkeit zu enthalten.

der ja stets ein einfacher Eigenwert sein muß. Daß die Werte $\lambda_1^{(n)}$ bei zunehmendem n gegen λ_1 konvergieren müssen, ist wegen der Vollständigkeitseigenschaften der ω_i offenbar; denn man kann $D[\varphi_n]$ bei hinreichend großem n stets unter Innehaltung der Bedingung $H[\varphi_n] = 1$ beliebig nahe an die untere Grenze λ der Werte $D[\varphi]$ bringen. Also bilden die Funktionen $\varphi_1^{(n)}$ eine Minimalfolge des Variationsproblemes aus § 3 für $l = 0$, und es ergibt sich bei geeigneter Vorzeichenwahl nach § 5 direkt

$$(86\text{a}) \qquad \lim_{n=\infty} H[\varphi_1^{(n)} - u_1] = 0, \qquad \lim_{n=\infty} D[\varphi_1^{(n)} - u_1] = 0.$$

Um nun zu beweisen, daß auch

$$(85\text{a}) \qquad \lim_{n=\infty} \lambda_2^{(n)} = \lambda_2$$

ist, beachten wir, daß die Funktion $\varphi_2^{(n)}$ das Minimum von D_n unter der Nebenbedingung $H[\varphi^{(n)}] = 1$, sowie der weiteren Bedingung $H[\varphi^{(n)}, \varphi_1^{(n)}] = 0$ liefert. Nehmen wir nun an, in der Entwicklung von u_1 nach den ω_i sei der erste Entwicklungskoeffizient $H[u_1, \omega_1]$ nicht Null (gleichviel ob diese Entwicklung konvergiert oder nicht, so läßt sich dies jedenfalls durch Umnumerieren stets erreichen), dann können wir uns aus jeder der Gleichung $H[\varphi^{(n)}, \varphi_1^{(n)}] = 0$ genügenden Funktion $\varphi^{(n)}$ durch Addition einer Funktion der Form $a_1\,\omega_1$ sofort eine Funktion $\overline{\varphi}^{(n)}$ herstellen, welche der Bedingung $H[\overline{\varphi}^{(n)}, u_1] = 0$ genügt. Hierbei bedeutet, wie festgesetzt, der obere Index n, daß die betreffenden Funktionen lineare Kombinationen der n ersten Funktionen ω_i sind.

Wegen der Gleichung (85) ist $H[\varphi_1^{(n)}, \omega_1]$ bei hinreichend großem n beliebig wenig von $H[u_1, \omega_1]$ verschieden, und daher wird bei hinreichend großem n sich a_1 beliebig wenig von Null, $H[\overline{\varphi}^{n}]$ beliebig wenig von $H[\varphi^{(n)}]$ und $D[\overline{\varphi}^{(n)}]$ beliebig wenig von $D[\varphi^{(n)}]$ unterscheiden; indem wir die Funktion $\overline{\varphi}^{(n)}$ mit einem, bei hinreichend großem n von 1 beliebig wenig verschiedenen Faktor multiplizieren, erhalten wir eine Funktion $\widetilde{\varphi}^{(n)}$, welche noch der Bedingung $H[\widetilde{\varphi}^{(n)}] = 1$ genügt.

Genau den entsprechenden Übergang können wir in umgekehrter Richtung machen, indem wir von einer Funktion, welche der Gleichung $H[\varphi^{(n)}, u_1] = 0$ genügt, zu einer andern $\widetilde{\varphi}^{(n)}$ übergehen, welche die Bedingung $H[\varphi^{(n)}, \varphi_1^{(n)}] = 0$ befriedigt. Aus der Vollständigkeit des Funktionensystemes der ω_i ergibt sich nun sofort, daß die Funktionen $\widetilde{\varphi}_2^{(h)}$ $(h = 2, 3, 4, \ldots)$ eine Minimalfolge des ursprünglichen Variationsproblems für $n = 1$, $v_1 = u_1$ bilden; denn man kann infolge der Vollständigkeitseigenschaft gewiß eine Minimalfolge der Gestalt $\varphi^{(h)}$ $(h = 2, 3, 4, \ldots)$ zugrunde legen, und nach dem eben Ausgeführten bei beliebig geringer Veränderung des Wertes von $D[\varphi^{(h)}]$ zu einer der Bedingung $H[\widetilde{\varphi^{(h)}}, \varphi_1^{(h)}] = 0$ genügenden Funktion übergehen; für die Funktion $\varphi_2^{(h)}$ wird aber $\lambda_2^{(h)} = D[\varphi_2^{(h)}] \leqq D[\widetilde{\varphi^{(h)}}]$; ebenso schließt man in umgekehrter Richtung. Hieraus folgt unmittelbar, daß wirklich $\lim\limits_{h=\infty} \lambda_2^{(h)} = \lambda_2$ ist, und daß die Funktionen $\varphi_2^{(h)}$ $(h = 2, 3, \ldots)$ wenigstens im erweiterten Sinne eine Minimalfolge des Variationsproblems bilden. Ist λ_2 ein einfacher Eigenwert der Differentialgleichung, so können wir wiederum schließen, daß diese Minimalfolge die Dimensionszahl 1 hat, woraus wir die Gültigkeit von (85), (86) für $i = 2$ entnehmen dürfen.

In derselben Weise können wir fortfahren, solange es sich um einfache Eigenwerte handelt. Ist dagegen λ_i ein r-facher Eigenwert, so betrachten wir das Variationsproblem II aus Kap. I § 5, indem wir $l = i - 1$, $p = r$ nehmen und $v_1 = u_1, \ldots, v_l = u_l$ setzen. Die untere Grenze bei diesem Variationsproblem, bzw. das wirklich angenommene Minimum ist gleich $r \cdot \lambda_i$; andererseits bilden, wie genau nach dem obigen Muster folgt, die Funktionensysteme $\varphi_i^{(h)}, \varphi_{i+1}^{(h)}, \ldots, \varphi_{i+r-1}^{(h)}$ $(h = i + r, i + r - 1, \ldots)$ eine Minimalfolge im weiteren Sinne von Funktionensystemen für das Problem II; hieraus folgt wie oben, daß die Summe $\lambda_i^{(h)} + \lambda_{i+1}^{(h)} + \ldots + \lambda_{i+r-1}^{(h)}$ gegen $r\lambda_i$ konvergieren muß; da nun genau wie oben sich $\lim\limits_{h=\infty} \lambda_i^{(h)} = \lambda_i$ ergibt, andererseits $\lambda_{i+1}^{(h)} \geqq \lambda_i^{(h)}$ ist, so wird $\lim\limits_{h=\infty} \lambda_{i+1}^{(h)} = \lambda_i, \ldots, \lim\limits_{h=\infty} \lambda_{i+r-1}^{(h)} = \lambda_i$. Die Funktionen $\varphi_i^{(h)}, \ldots, \varphi_{i+r-1}^{(h)}$ $(h = i + r, i + r + 1, \ldots)$ bilden eine Funktionsfolge der Dimensionszahl r; da es keine Minimalfolge der Dimensionszahl $r + 1$ geben kann, wenn der Eigenwert λ_i, wie wir annehmen wollen, nicht eine größere Vielfachheit als r besitzt, so folgt aus § 5 unmittelbar die in den Gleichungen (87) ausgesprochene Behauptung.

Hiermit ist für das Ritzsche Verfahren, soweit es sich um die Eigenfunktionen handelt, keineswegs die Konvergenz im üblichen Sinne, sondern nur die viel weniger besagende „*mittlere Konvergenz*" nachgewiesen; in der Tat kann man nicht mehr erwarten, wenigstens nicht, wenn man keine weiteren einschränkenden Bedingungen über die Funktionen ω_i stellt.

Man kann jedoch folgendermaßen in einfacher Weise von den Funktionen $\varphi_i^{(h)}$ *zu Funktionen* $\chi_i^{(h)}$ *gelangen, welche selbst gegen die betreffenden Eigenfunktionen konvergieren, und kann sogar zugleich Entsprechendes noch für die ersten Ableitungen erreichen*: Es sei R eine Zahl, für welche $\int\limits_0^R J(\lambda_i^{(h)} r)\, r\, dr = a_i^{(h)}$ bei wachsendem h oberhalb einer festen positiven Schranke bleibt, die ihrerseits ebenso wie R beliebig klein genommen werden kann; es sei P ein Punkt in G, der vom Rande einen Abstand größer als R hat, K_R der um P mit dem Radius R geschlagene Kreis;

dann konvergieren mit wachsendem h die Funktionen $\frac{1}{a_i^{(h)}}\iint\limits_{(K_R)} \varphi_i^{(h)}\,dx\,dy = \chi_i^{(h)}$ sowie die Funktionen $\frac{1}{a_i^{(h)}}\iint\limits_{(K_R)} \frac{\partial\varphi_i^{(h)}}{\partial x}\,dx\,dy$ und $\frac{1}{a_i^{(h)}}\iint\limits_{(K_R)} \frac{\partial\varphi_i^{(h)}}{\partial y}\,dx\,dy$ in dem so definierten Teilgebiete gleichmäßig gegen u_i bzw. $\frac{\partial u_i}{\partial x}$ und $\frac{\partial u_i}{\partial y}$ gegebenenfalls ist hierbei die Funktion $\varphi_i^{(h)}$ durch $\psi_i^{(h)}$ zu ersetzen.

Der Beweis folgt unmittelbar aus dem Mittelwertsatz; es ist danach z. B.

$$u_i \cdot a_i = u_i \int\limits_0^R r J(\lambda_i r)\,dr = \iint\limits_{(K_R)} u_i\,dx\,dy,$$

woraus sich

$$(u_i a_i - \chi_i a_i^{(h)})^2 \leqq H_{K_R}[u_i - \varphi_i^{(h)}] \cdot R^2 \pi$$

ergibt. Analog schließt man für die Ableitungen, indem man das Zeichen H durch D ersetzt. Natürlich wird man in der numerischen Rechnung a_i statt $a_i^{(h)}$ nehmen.

Will man höhere Ableitungen der u_i aus den entsprechenden Ableitungen der $\varphi_i^{(h)}$ approximativ berechnen, so muß man den hier angewandten Prozeß der Mittelbildung entsprechend öfter anwenden.

Wie man aus den voranstehenden Ausführungen leicht entnehmen kann, enthalten diese auch die Hilfsmittel für eine Abschätzung der Fehler bei der numerischen Rechnung, doch kann darauf hier nicht weiter eingegangen werden. Es sei nur noch bemerkt, daß man sich leicht von der Beziehung $\lambda_i^{(h+1)} \leqq \lambda_i^{(h)}$ überzeugt[28]), was für die Praxis eine nützliche Handhabe geben mag.

[28]) Diese folgt sofort aus der Maximum-Minimum-Definition der Werte $\lambda_i^{(h)}$ und dem Umstand, daß die quadratische Form D_h aus D_{h+1} hervorgeht, indem wir für die Variable c_{h+1} die Bedingung $c_{h+1} = 0$ stellen.

(Eingegangen am 28. 10. 1921.)

Über erzwungene Schwingungen bei endlichen Amplituden.

Von

Georg Hamel in Berlin.

Es dürfte nützlich sein, zuweilen die allgemeinen Fortschritte, welche die Analysis in den letzten Jahren gemacht hat, an einem bestimmten Beispiel zu prüfen. Das soll hier an einer Aufgabe geschehen, die technisch und physikalisch wichtig ist und der Herr Duffing eine Monographie in der Sammlung Vieweg (Nr. 41/42) gewidmet hat[1]):

Ein Pendel, das der Wirkung der Schwere unterworfen ist, wird außerdem von einer periodischen Kraft angeregt. Bei Einführung geeigneter Maßstäbe lautet die Differentialgleichung für den Ausschlagwinkel x

$$\frac{d^2 x}{dt^2} + \alpha^2 \sin x = \beta \sin t,$$

wo α, β gegebene Konstante sind. Sie ist also nicht linear. Herr Duffing setzt angenähert $\sin x \approx x - \frac{1}{6} x^3$, nimmt die Existenz einer Lösung von der Periode 2π an, approximiert sie in rohester Weise durch $x = A \sin t$, also das erste Glied der Fourierschen Entwicklung, und findet nach verschiedenen Methoden für A eine Gleichung dritten Grades

$$\left(1 - \frac{1}{\alpha^2}\right) A - \frac{\beta}{\alpha^2} = \frac{1}{8} A^3,$$

die er genau diskutiert. Es zeigt sich, daß sie zuweilen, nämlich stets für $\alpha \leqq 1$, aber auch noch für $\alpha > 1$ und hinreichend große β, nur eine Lösung hat, die dann negativ ist, dagegen für $\alpha > 1$ und hinreichend kleine β drei Lösungen, von denen zwei positiv sind und eine negativ ist. Nur die kleinere der beiden positiven Lösungen im letzteren Falle entspricht der bekannten Lösung der linearen Gleichung $\ddot{x} + \alpha^2 x = \beta \sin t$ und geht für hinreichend kleine β in diese über. Dementsprechend zeigt auch der Versuch bei Steigerung von β, namentlich wenn α dicht oberhalb 1 liegt,

[1]) „Erzwungene Schwingungen bei veränderlicher Eigenfrequenz" 1918.

ein plötzliches Überschlagen einer erregten Schwingung mit gleicher Phase ($A > 0$) in eine erregte Schwingung mit entgegengesetzter Phase ($A < 0$): β ist dann so groß geworden, daß nur mehr eine negative Lösung der Gleichung dritten Grades existiert.

Herr Horn[2]) hat bereits die vorliegende Differentialgleichung behandelt, seine Methode ist aber nur bei hinreichend kleinem β brauchbar und auch nur, wenn α keine ganze Zahl ist (siehe § 4).

Wir wollen die Differentialgleichung des Herrn Duffing in der ursprünglichen Form hier etwas genauer untersuchen.

§ 1.

Nachweis der Existenz periodischer Lösungen.

Die Differentialgleichung $\ddot{x} + \alpha^2 \sin x = \beta \sin t$ gehört zu dem Variationsproblem

$$J = \int_0^{2\pi} \left[\frac{1}{2}\dot{x}^2 + \alpha^2 \cos x + x\beta \sin t\right] dt = \text{Min.}$$

Die periodischen Lösungen ergeben sich dadurch, daß man verlangt, an den Grenzen 0 und 2π habe x denselben Wert. Das Verschwinden der ersten Variation gibt dann nicht nur die Differentialgleichung, sondern auch die Gleichheit von $\dot{x}$ an den Grenzen und damit die Periodizität. Nun ist J nach unten beschränkt, also die Existenz einer unteren Grenze sichergestellt; denn es ist nach einmaliger partieller Integration des letzten Gliedes

$$J = \int_0^{2\pi} \left[\frac{1}{2}\dot{x}^2 + \alpha^2 \cos x + \dot{x}\beta \cos t\right] dt$$

$$= \int_0^{2\pi} \left[\frac{1}{2}(\dot{x} + \beta \cos t)^2 + \alpha^2 \cos x - \frac{1}{2}\beta^2 \cos^2 t\right] dt$$

$$> \int_0^{2\pi} \left[-\alpha^2 - \frac{1}{2}\beta^2 \cos^2 t\right] dt = -\left(\alpha^2 + \frac{1}{4}\beta^2\right) 2\pi.$$

Betrachtet man statt J das Integral

$$J_1 = \int_0^{2\pi} \left[\frac{1}{2}(\dot{x} + \beta \cos t)^2 + \alpha^2 (1 + \cos x)\right] dt,$$

so gehört $J_1 = \text{Min.}$ zur selben Differentialgleichung und hat einen stets positiven Integranden.

---

[2]) Horn: Über kleine, endliche erzwungene Schwingungen, Archiv Math. Phys. 28 (1920).

Weiterhin ist die zweite Ableitung des Integranden nach $\dot{x}$ gleich 1 und also stets positiv. Mithin ist das Variationsproblem nach der Ausdrucksweise Hilberts[3]) ein reguläres. Allerdings gilt das nur, solange $dt > 0$, d. h. Kurven betrachtet werden, für die x eine eindeutige Funktion von t ist. Es könnte also noch sein, daß die Kurven, deren J_1 sich der unteren Grenze nähert, immer steiler würden und keine Grenzkurve mit endlichem $\dot{x}$ besäßen. Wenn wir aber noch zeigen, daß wir uns von vornherein auf Kurven mit begrenztem $\dot{x}$ beschränken können, so lassen sich die Betrachtungen von Hilbert[3]), Carathéodory[4]) u. a.[5]) auf unser Problem übertragen. D. h. es läßt sich die Existenz mindestens einer periodischen Lösung behaupten. Da die Art der Aufgabe Lösungen mit Knicken ausschließt, $\left(\left(\frac{\partial f}{\partial \dot{x}}\right)_1 = \left(\frac{\partial f}{\partial \dot{x}}\right)_2\right.$ führt zu $\left.\dot{x}_1 = \dot{x}_2\right)$ muß diese Lösung zugleich eine Lösung unserer Differentialgleichung mit stetiger Tangente sein. Wegen der Periodizität des Integranden kann angenommen werden, daß der Anfangs- und gleiche Endwert von x zwischen 0 und 2π liegt. Da weiter nach der Differentialgleichung $\left|\frac{d^2 x}{dt^2}\right| \leqq \alpha^2 + \beta$ ist, ergibt sich bei den Integralen der Differentialgleichung für die Differenz irgend zweier $\dot{x}$-Werte, $|\triangle \dot{x}| < |\alpha^2 + \beta| 2\pi$. Da sicher wegen der Periodizität für alle in Betracht kommenden Kurven irgendwo $\dot{x} = 0$ sein muß, kann $|\dot{x}| < 2\pi(\alpha^2 + \beta)$ und somit $|x| < 2\pi + 4\pi^2(\alpha^2 + \beta)$ angenommen werden. Demnach lassen wir zur Konkurrenz nur solche Kurven zu, für die

1. $|x| \leqq 2\pi + 4\pi^2(\alpha^2 + \beta)$; unsere Kurven liegen also in einem bestimmten Rechteck der x, t-Ebene.
2. $|\dot{x}| \leqq 2\pi(\alpha^2 + \beta)$.

Unter diesen Kurven gibt es jetzt nach den oben zitierten Beweismethoden sicher eine, welche J_1 zum Minimum macht, die nebst ihrer ersten Ableitung stetig ist und sich aus Stücken zusammensetzt, die entweder Lösungen der Differentialgleichung sind oder dem Rande des Gebietes angehören, oder aber Gerade der Grenzsteilheit $\pm 2\pi(\alpha^2 + \beta)$ sind.

Die Ungleichheit 2. schließt das Erreichen der Grenzen des Gebietes aus, aber auch Grenzgerade der Steilheit $\pm 2\pi(\alpha^2 + \beta)$ können nicht vorkommen. Denn sonst müßte es einen verbindenden Extremalbogen geben, für den an den Grenzen $\dot{x} = \pm 2\pi(\alpha^2 + \beta)$ und zwischen-

[3]) Hilbert: Über das Dirichletsche Prinzip, Jahresberichte der D. M. V. 1899. Math. Ann. **59** (1901). Noble: Dissertation Göttingen 1901.

[4]) Carathéodory: Math. Ann. **62** (1906).

[5]) Weitere Literaturangaben in Bolzas Variationsrechnung. Siehe auch Birkhoff: Dynamical systems with two degrees of freedom. Transactions Am. Math. Soc. 18 (1917).

durch irgendwie $\dot{x} = 0$, was nach obigem ausgeschlossen ist. Mithin kann die Kurve, welche das Minimum erzeugt, nur eine stetige Lösung der Differentialgleichung sein, w. z. b. w. Es kann aber mehrere periodische Lösungen geben.

§ 2.

Das Ritzsche Verfahren[6]).

Man sieht leicht, daß das periodische x von der Form

$$x = A \sin t + A_3 \sin 3t + A_5 \sin 5t + \ldots$$

ist. Es liegt demnach nahe, x durch eine entsprechende endliche Summe zu approximieren und nun die Koeffizienten A so zu bestimmen, daß J ein Minimum wird. Wegen der Schwierigkeit der Ausrechnung will ich mich wie Duffing zunächst auf die roheste Annäherung $x = A \sin t$ beschränken. Man erhält so

$$\frac{1}{2}\pi A^2 + \alpha^2 \int_0^{2\pi} \cos(A \sin t)\, dt + A\beta\pi = \text{Min.}$$

und daraus

$$A - \frac{\alpha^2}{\pi} \int_0^{2\pi} \sin t \sin(A \sin t)\, dt + \beta = 0,$$

oder, wie man leicht durch Reihenentwicklung nachweist,

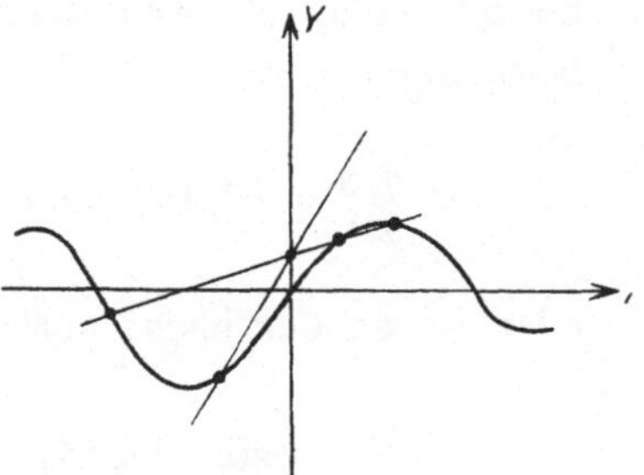

Fig. 1.

$$\text{(I)} \qquad A - 2\alpha^2 J_1(A) + \beta = 0,$$

wo

$$J_1(A) = \frac{A}{2}\left(1 - \left(\frac{A}{2}\right)^2 \frac{1}{2 \cdot 1} + \left(\frac{A}{2}\right)^4 \cdot \frac{1}{2 \cdot 3 \cdot 1 \cdot 2} - \ldots\right)$$

die bekannte Besselsche Funktion ist. Bricht man die Entwicklung beim zweiten Gliede ab, so erhält man die Duffingsche Gleichung, doch leitet Herr Duffing auch in einer Anmerkung (Seite 75) unsere Gleichung (I) ab. Um die Gleichung (I) zu lösen, wird man die beiden Kurven

$$y = 2J_1(A) \qquad \text{und} \qquad y = \frac{1}{\alpha^2}A + \frac{1}{\alpha^2}\beta$$

zeichnen und zum Schnitt bringen (Fig. 1). Man erkennt das Duffingsche Resultat im wesentlichen wieder. Für $\alpha \leqq 1$ gibt es sicher eine und nur eine Lösung und diese ist negativ; desgleichen noch für $\alpha > 1$ und große $\frac{\beta}{\alpha^2}$; dagegen für $\alpha > 1$ und hinreichend kleine $\frac{\beta}{\alpha^2}$ gibt es drei, für sehr kleine $\frac{\beta}{\alpha^2}$

[6]) Ritz: „Über eine neue Methode zur Lösung gewisser Variationsprobleme der mathematischen Physik", J. f. Math. **135** (1908); Oeuvres, S. 192.

sogar fünf und noch mehr Lösungen. Ob aber letzteren wegen des dann sehr großen A irgendeine physikalische Bedeutung zukommt, muß dahingestellt bleiben. Um das Ritzsche Verfahren weiter auszudehnen, müßte man die Fouriersche Entwicklung des Sinus einer periodischen Funktion beherrschen. Darüber vielleicht ein anderes Mal.

§ 3.

Versuch einer Fehlerschätzung.

Es sei ein A nach (I), § 2, bestimmt. Man ersetze in der Differentialgleichung β durch $2\alpha^2 J_1(A) - A$ und x durch $A \sin t + y$. Man erhält für y

$$\frac{d^2 y}{dt^2} + \alpha^2 \sin(y + A \sin t) = 2\alpha^2 J_1(A) \sin t.$$

Sehen wir y als klein an, vernachlässigen höhere Potenzen von y und kontrollieren, ob wenigstens kein Widerspruch entsteht. Die Vernachlässigung ergibt

$$\frac{d^2 y}{dt^2} + \alpha^2 \cos(A \sin t) y = \alpha^2 [2 J_1(A) \sin t - \sin(A \sin t)],$$

oder wegen der leicht nachzuweisenden und auch bekannten Entwicklung

$$\sin(A \sin t) = 2 \sum_{n=0}^{\infty} J_{2n+1}(A) \sin(2n+1)t,$$

$$\text{(II)} \qquad \frac{d^2 y}{dt^2} + \alpha^2 \cos(A \sin t) y = -2\alpha^2 \sum_{n=1}^{\infty} J_{2n+1}(A) \sin(2n+1)t.$$

Das größte Glied der rechten Seite ist $-\frac{\alpha^2}{24} A^3 \sin 3t$. Nun hat Herr Duffing mit Werten von α experimentiert, die nahe bei 1 liegen. Seine Werte von A liegen bei $\frac{10}{17}$, so daß das genannte größte Glied etwa den Maximalwert von $\frac{1}{120}$ hat. Da sowohl die höheren Glieder von J_3 als auch $J_5, J_7, \ldots$ für Werte von $A < 1$ außerordentlich schnell abnehmen, kann die ganze rechte Seite dauernd auf weniger als $\frac{1}{100}$ geschätzt werden.

Hat die homogene Gleichung

$$\text{(III)} \qquad \frac{d^2 y}{dt^2} + \alpha^2 \cos(A \sin t) y = 0$$

das Fundamentalsystem y_1 und y_2, so daß

$$y_1(0) = 1, \quad y_1'(0) = 0, \quad y_2(0) = 0, \quad y_2'(0) = 1,$$

so lautet die Lösung von (II), welche für $t=0$ verschwindet (nur solche kommen für periodische Lösungen in Frage)

$$y=\int_0^t [y_1(t)\,y_2(\tau)-y_2(t)\,y_1(\tau)]\,p(\tau)\,d\tau+C\,y_2(t),$$

wo $p(t)$ zur Abkürzung für die rechte Seite von (II) gesetzt ist. Damit y periodisch sei, ist notwendig und hinreichend, daß $y_{t=\pi}=0$ sei; also

$$C=-\frac{1}{y_2(\pi)}\int_0^\pi [y_1(\pi)\,y_2(\tau)-y_2(\pi)\,y_1(\tau)]\,p(\tau)\,d\tau.$$

Mithin hat (II) eine periodische Lösung, die endlich bleibt und mit $p(t)$ klein wird, wenn $y_2(\pi)\neq 0$ ist. Denn $y_1(t)\,y_2(\tau)-y_2(t)\,y_1(\tau)$ hat als Lösung von (III), die für $t=\tau$ verschwindet und die Ableitung 1 besitzt $\left[\text{solange } A<\frac{\pi}{2} \text{ ist, was wir annehmen wollen}\right]$ als nach unten konkave Funktion im Intervall 0 bis π einen Wert, der sicher kleiner als π bleibt.

Da y_2 die ungerade Lösung von (III) ist, hat $\dot{y}_2(\pi)$ nur dann den Wert 0, wenn (III) eine Lösung von der Periode 2π besitzt, was nur für gewisse Ausnahmewerte von α vorkommt. Es ist leicht zu sehen, daß für $\alpha \leqq 1$ ein solcher Ausnahmewert ausgeschlossen ist.

Denn

$$\ddot{x}+\alpha^2 x=0$$

hat den ersten Ausnahmewert für $\alpha=1$; mithin hat (III), weil $\alpha^2\cos(A\sin t)<\alpha^2$ ist, nach bekannten Sätzen einen größeren ersten Ausnahmewert, w. z. b. w.

Da ferner (III) für Werte von α^2 unterhalb des ersten Ausnahmewertes zum stabilen Typus gehört, so bleiben alle Lösungen von (II) dauernd klein, wenn die Anfangswerte von y und y' klein sind. Die gefundene Lösung ist also bis zum ersten Ausnahmewert von α^2, der über 1 liegt, sicher stabil.

Eine obere Schranke der Stabilitätsgrenze läßt sich auch angeben. Es sei $|A|<\frac{\pi}{2}$. Dann ist $\cos(A\sin t)\geqq\cos A$ und also das erste Ausnahme-α der Schranke $\alpha^2\cos A\leqq 1$, d. h. $\alpha\leqq\frac{1}{\sqrt{\cos A}}$ unterworfen.

§ 4.
Die Methode der Integralgleichungen.

Ist

$$\frac{d^2x}{dt^2}=p(t),$$

wo $p(t)$ eine ungerade Funktion der Periode 2π ist, so lassen sich die ungeraden periodischen Lösungen der vorstehenden Gleichung

$$x = \int_0^\pi K(t, \tau) p(\tau) d\tau$$

schreiben, wo der Kern

$$K(t, \tau) = -\frac{2}{\pi} \sum_1^\infty \frac{\sin n t \sin n \tau}{n^2} = \begin{cases} t\left(\frac{\tau}{\pi} - 1\right), & \text{wenn } t < \tau, \\ \tau\left(\frac{t}{\pi} - 1\right), & \text{wenn } t > \tau. \end{cases}$$

Mithin kommt die Bestimmung der periodischen Lösungen von

$$\frac{d^2 x}{d t^2} + \alpha^2 \sin x = \beta \sin t$$

auf die Auflösung der nicht linearen Integralgleichung

$$\text{(IV)} \qquad x(t) = -\alpha^2 \int_0^\pi K(t, \tau) \sin x(\tau) d\tau - \beta \sin t$$

hinaus. Von dieser Gleichung kennt man die sämtlichen Lösungen für $\beta = 0$. Für $\alpha^2 \leqq 1$ ist es nur $x = 0$, für $\alpha^2 > 1$ gibt es noch eine zweite, eventuell mehrere, denn

$$\text{(V)} \qquad \frac{d^2 x}{d t^2} + \alpha^2 \sin x = 0$$

hat als allgemeine Lösung eine elliptische Funktion mit einer reellen Periode größer als $\frac{2\pi}{\alpha}$. Soll also diese Periode 2π oder der n-te Teil davon sein, so muß $\frac{1}{\alpha} < \frac{1}{n}$, d. h. $\alpha > n$ sein. Da die Amplitude mit der Periode monoton wächst, ist sie durch die Periode bestimmt. Je nachdem also $0 < \alpha \leqq 1$, $1 < \alpha \leqq 2$ ist usw., hat (IV) für $\beta = 0$ eine zweite, dritte usw. bestimmte Lösung, nämlich außer $x = 0$, noch

$$\sin \frac{x}{2} = \sqrt{\sin \frac{\varphi}{2}} \, \frac{\vartheta_1(v, \tau)}{\vartheta_0(v, \tau)},$$

wo φ der maximale Ausschlagwinkel,

$$v = \frac{\alpha t}{2 \omega_1}, \qquad \tau = \frac{\omega_3}{\omega_1}, \qquad h = e^{\pi i \tau},$$

ferner wegen $e_3 - e_1 = 1$,

$$\sqrt{\frac{2 \omega_1}{\pi}} = 1 + 2h + 2h^4 + 2h^9 + \ldots,$$

$$\sqrt{k} = \sqrt{\sin \frac{\varphi}{2}} = \frac{2h^{\frac{1}{4}} + 2h^{\frac{9}{4}} + 2h^{\frac{25}{4}} + \ldots}{1 + 2h + 2h^4 + 2h^9 + \ldots},$$

$$\sqrt{k'} = \sqrt{\cos \frac{\varphi}{2}} = \frac{1 - 2h + 2h^4 - 2h^9 + \ldots}{1 + 2h + 2h^4 + 2h^9 + \ldots};$$

$$\vartheta_1 = 2h^{\frac{1}{4}} \sin v\pi - 2h^{\frac{9}{4}} \sin 3v\pi + 2h^{\frac{25}{4}} \sin 5v\pi + \ldots,$$
$$\vartheta_0 = 1 - 2h\cos 2v\pi + 2h^4 \cos 4v\pi - 2h^9 \cos 6v\pi + \ldots.$$

(Vgl. H. A. Schwarz, Formelsammlung.)

Die Periode ist $\frac{4\omega_1}{\alpha}$. Soll sie $\frac{2\pi}{n}$ sein ($n = 1, 2, \ldots$), so muß $\frac{2\omega_1}{\alpha} = \frac{\pi}{n}$ sein und also

$$\sqrt{\frac{\alpha}{n}} = 1 + 2h + 2h^4 + 2h^9 + \ldots,$$

woraus bei gegebenem α zunächst h und dann die anderen vorkommenden Größen nach den vorstehenden Formeln zu bestimmen sind.

Aus (IV) kann man nun zunächst leicht für den Fall $\alpha < 1$ das x durch schrittweise Annäherung bestimmen:

Erste Näherung

$$x_1 = -\beta \sin t;$$

zweite Näherung

$$x_2 = \alpha^2 \int_0^\pi K(t, \tau) \sin(\beta \sin \tau) d\tau - \beta \sin t;$$

allgemein

$$x_n = -\alpha^2 \int_0^\pi K(t, \tau) \sin x_{n-1}(\tau) d\tau - \beta \sin t.$$

Da $-K$ stets positiv und

$$x_{n+1} - x_n = -\alpha^2 \int_0^\pi K(t, \tau)(\sin x_n - \sin x_{n-1}) d\tau$$
$$= -\alpha^2 \int_0^\pi K(t, \tau) 2 \sin \frac{x_n - x_{n-1}}{2} \cos \frac{x_n + x_{n-1}}{2} d\tau,$$

also

$$|x_{n+1} - x_n| < -\alpha^2 \int_0^\pi K(t, \tau) |x_n - x_{n-1}| d\tau$$
$$< (-\alpha^2)^{n-1} \int_0^\pi K_{n-1}(t, \tau) |x_2 - x_1| d\tau$$

und

$$\lim_{n \to \infty} (-1)^{n-1} \int_0^\pi K_{n-1}(t, \tau) d\tau = 1$$

ist, so ist die Konvergenz klar. Ebenso beweist man leicht für $\alpha^2 < 1$ die ***Eindeutigkeit der Lösung***.

Für $\alpha^2 \geqq 1$ wird man nun nach E. Schmidt[7]) die Nachbarlösungen zu den oben angegebenen in folgender Weise bestimmen.

---

[7]) E. Schmidt, Nichtlineare Integralgleichungen, Math. Ann. **65** (1908)

I. Die Nachbarlösungen zu $x = 0$, $\beta = 0$.

Man entwickelt $\sin x$ in eine Potenzreihe nach x und schreibt dementsprechend

$$x + \alpha^2 \int_0^\pi K(t, \tau) x(\tau) d\tau = \alpha^2 \int_0^\pi K(t, \tau) \left[\frac{x^3}{3!} - \frac{x^5}{5!} + \ldots\right] d\tau - \beta \sin t.$$

1. *Es sei α keine ganze Zahl.* Man löst erst

$$x_1 + \alpha^2 \int_0^\pi K(t, \tau) x_1 d\tau = -\beta \sin t$$

oder

$$\ddot{x}_1 + \alpha^2 x_1 = \beta \sin t, \quad \text{d. h.} \quad x_1 = \frac{\beta}{\alpha^2 - 1} \sin t.$$

Diesen Wert setzt man rechts ein, behält Glieder bis β^3 bei und berechnet eine neue Näherung usw. Das Verfahren kommt darauf hinaus, die Differentialgleichung so zu lösen, daß man sie

$$\ddot{x} + \alpha^2 x = \alpha^2 \left(\frac{x^3}{3!} - \frac{x^5}{5!} \ldots\right) + \beta \sin t$$

schreibt und nun sukzessive x_1 aus

$$\ddot{x}_1 + \alpha^2 x_1 = \beta \sin t \quad \text{zu} \quad x_1 = \frac{\beta}{\alpha^2 - 1} \sin t,$$

dann x_2 aus

$$\ddot{x}_2 + \alpha^2 x_2 = \alpha^2 \frac{x_1^3}{3!} + \beta \sin t$$

bestimmt, usw. Nach E. Schmidt konvergiert das Verfahren für hinreichend kleine β. Das Verfahren ist wesentlich das gleiche wie das des Herrn Horn[2]).

2. *Es sei $\alpha = m$ eine ganze Zahl.* Dann hat K den Eigenwert m und die Eigenfunktion $\sin mt$. Man bilde den neuen Kern

$$K(t, \tau) + \frac{2}{\pi} \frac{\sin mt \sin m\tau}{m^2} = E(t, \tau),$$

der nicht mehr den Eigenwert m hat, und löse

$$x + m^2 \int_0^\pi E(t, \tau) x(\tau) d\tau = f(t)$$

durch

$$x = f(t) + \int_0^\pi \mathfrak{E}(t, \tau) f(\tau) d\tau.$$

Die ursprüngliche Integralgleichung schreibe man mit der Abkürzung

$$\frac{2}{\pi} \int_0^\pi x(\tau) \sin m\tau \, d\tau = z$$

in folgender Weise:

$$x + m^2 \int_0^\pi E(t,\tau)\, x(\tau)\, d\tau = z \sin mt - \beta \sin t + m^2 \int_0^\pi K(t,\tau) \left[\frac{x^3}{3!} - \frac{x^5}{5!} \ldots\right] d\tau$$

und nun verfahre man genau so schrittweise wie vorher, also bestimme man zuerst x_1 aus

$$x_1 + m^2 \int_0^\pi E(t,\tau)\, x_1(\tau)\, d\tau = z \sin mt - \beta \sin t,$$

dann x_2 aus

$$x_2 + m^2 \int_0^\pi E(t,\tau)\, x_2\, d\tau = z \sin mt - \beta \sin t + m^2 \int_0^\pi K(t,\tau) \frac{x_1^3}{3!}\, d\tau$$

usw. Die Unbekannte z ergibt sich aus der sogenannten *Verzweigungsgleichung*, d. h. daraus, daß stets $\frac{2}{\pi} \int_0^\pi x \sin mt\, dt = z$ sein muß.

Führt man die Rechnung durch, was dem Leser überlassen bleiben möge, so kommt man auf *folgendes höchst einfaches Verfahren*:

Man schreibt die Differentialgleichung wie vorhin:

$$\ddot{x} + m^2 x = m^2 \left(\frac{x^3}{3!} - \frac{x^5}{5!} \ldots\right) + \beta \sin t.$$

Wenn $m \neq 1$ *ist*, beginnt man wie vorhin: Erste Näherung

$$x_1 = \frac{\beta}{m^2 - 1} \sin t.$$

Diese setzt man rechts ein usw. Kommt nun Resonanz vor, d. h. tritt rechts ein Glied mit $\sin mt$ auf, so ignoriere man es einfach bei der Bestimmung der neuen Näherung und füge statt dessen ein Glied mit $z \sin mt$ hinzu, wo dann das zunächst unbekannte z hinterher so bestimmt wird, daß rechts sowie links kein Glied mit $\sin mt$ vorkommt; d. h. die Verzweigungsgleichung lautet:

$$m^2 \int_0^\pi \left(\frac{x^3}{3!} - \frac{x^5}{5!} \ldots\right) \sin mt\, dt + \beta \int_0^\pi \sin t \sin mt\, dt = 0.$$

Es ist dies eine Gleichung für z, das in x vorkommt.

Wenn $\alpha = m = 1$ *ist*, so ist die erste Näherung $= z \sin t$ zu setzen und dann weiter so zu verfahren wie vorhin. Die Verzweigungsgleichung kann mehrere Wurzeln haben und demnach auch die vorgelegte Differentialgleichung mehrere periodische Integrale.

II. Nachbarlösungen zu $\beta = 0$, $x \neq 0$.

Ist für $\beta = 0$ $\sin\frac{x}{2} = \sqrt{\sin\frac{\varphi}{2}\frac{\vartheta_1}{\vartheta_0}}$ oder $x = 2 \arcsin\left[\sqrt{\sin\frac{\varphi}{2}\frac{\vartheta_1}{\vartheta_0}}\right] = \theta(t)$, so setze man allgemein

$$x = \theta(t) + \eta$$

und entwickle $\sin x = \sin(\theta + \eta)$ nach Potenzen von η. Da θ Gleichung (IV) für $\beta = 0$ befriedigt, folgt aus (IV)

$$\eta = -\alpha^2 \int_0^\pi K\left[\eta\cos\theta - \frac{\eta^2}{2!}\sin\theta - \frac{\eta^3}{3!}\cos\theta\ldots\right]d\tau - \beta\sin t.$$

Nach E. Schmidt hat man jetzt die Integralgleichung

$$\text{(VI)}\qquad \eta + \alpha^2\int_0^\pi K(t,\tau)\cos\theta(\tau)\,\eta(\tau)\,d\tau = f(t)$$

durch

$$\eta = f(t) + \int_0^\pi \Gamma(t,\tau)\,f(\tau)\,d\tau$$

zu lösen und hier rechts zuerst $f(t) = -\beta\sin t$, dann schrittweise $-\beta\sin t - \alpha^2\int K\left(-\frac{\eta_1^2}{2}\sin\theta\right)d\tau$ usw. einzusetzen mit den vorstehenden Näherungen für η. So, wenn α^2 kein Eigenwert von (VI) ist. Ist aber α^2 ein Eigenwert von $K(t,\tau)\cdot\cos\theta(\tau)$, so führe man statt dieses Kernes einen neuen Kern $E = K\cdot\cos\theta + \varphi(t)\,\psi(\tau)$ ein, wo $\varphi(t)$, $\psi(\tau)$ noch in weiten Grenzen so gewählt werden können, daß jetzt α^2 kein Eigenwert von E ist, und verfährt nun ähnlich wie vorhin unter I. beschrieben. Für die Durchrechnung geht man auch hier wieder am besten von der Differentialgleichung aus, die man

$$\ddot{\eta} + \alpha^2\eta\cos\theta = \beta\sin t + \alpha^2\left[\frac{\eta^2}{2!}\sin\theta + \frac{\eta^3}{3!}\cos\theta\ldots\right].$$

schreibt und nun schrittweise integriert, indem man erst

$$\ddot{\eta}_1 + \alpha^2\eta_1\cos\theta = \beta\sin t,$$

dann

$$\ddot{\eta}_2 + \alpha^2\eta_2\cos\theta = \beta\sin t + \alpha^2\frac{\eta_1^2}{2!}\sin\theta$$

usw. löst. Kommt Resonanz nicht vor, so folgt aus den Untersuchungen E. Schmidts die Konvergenz des Verfahrens für hinreichend kleine β; ob sich die Schwierigkeit im Fall der Resonanz ebenso leicht wie im Falle I beheben läßt, müßte noch untersucht werden. Grundsätzlich ist aber auch jetzt nach dem oben geschilderten Verfahren zu handeln.

Mit Hilfe der Integralgleichungen beherrscht man also die Fälle 1. $\alpha < 1$, β beliebig; 2. β hinreichend klein, α beliebig, prinzipiell vollständig.

§ 5.

Eine neue Methode,

auf die ich hoffe an anderer Stelle ausführlicher zurückzukommen, verfährt folgendermaßen: Man interpoliere die rechte Seite der Differentialgleichung

$$\frac{d^2 x}{d t^2} = - \alpha^2 \sin x + \beta \sin t$$

in geeigneter Weise mit unbestimmten Koeffizienten, also etwa bei Beschränkung auf zwei Glieder durch

(1) $$- \alpha^2 \sin x + \beta \sin t \approx B \sin t + C \sin 3t.$$

Integration ergibt dann

(2) $$x \approx - B \sin t - \frac{1}{9} C \sin 3t.$$

Die beiden, im allgemeinen einander widersprechenden Gleichungen (1)

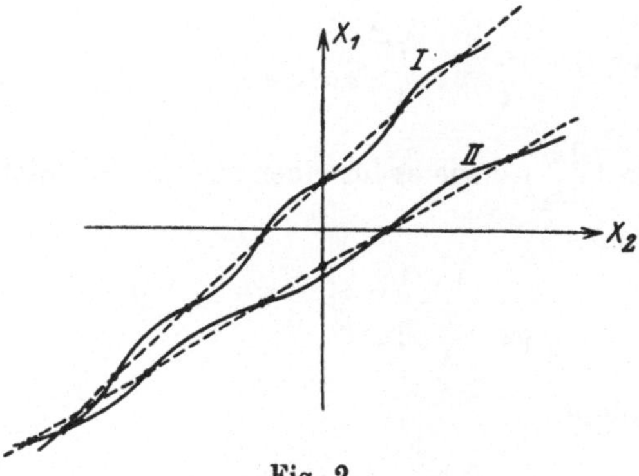

Fig. 2.

und (2) bringe man nun mit Hilfe der noch zur Verfügung stehenden Konstanten B und C an zwei Stellen zur Übereinstimmung, wo sie nicht schon von selber gleiche Werte haben, ($t = 0$ und $t = \pi$), etwa für $t = \frac{\pi}{4}$, wo $x = x_1$ sei, und für $t = \frac{\pi}{2}$, wo $x = x_2$ sei. Für $t = \frac{3\pi}{4}$ wird dann die Übereinstimmung von selber da sein.

Also

$$- \alpha^2 \sin x_1 + \beta \frac{1}{2} \sqrt{2} = B \frac{1}{2} \sqrt{2} + C \frac{1}{2} \sqrt{2},$$

$$x_1 = - B \frac{1}{2} \sqrt{2} - \frac{1}{9} C \frac{1}{2} \sqrt{2},$$

$$- \alpha^2 \sin x_2 + \beta = B - C,$$

$$x_2 = - B + \frac{1}{9} C.$$

Aus diesen vier Gleichungen sind x_1, x_2, B, C zu berechnen. Elimination von B und C gibt

$$x_1 = \frac{1}{8}\sqrt{2}\,\beta + \frac{5}{8}\sqrt{2}\,x_2 - \frac{1}{8}\sqrt{2}\,\alpha^2 \sin x_2,$$

$$x_2 = \frac{1}{4}\beta + \frac{5}{4}\sqrt{2}\,x_1 - \frac{1}{4}\sqrt{2}\,\alpha^2 \sin x_1.$$

Diese beiden Kurven lassen sich leicht zeichnen und zum Schnitt bringen.

Man sieht aus der Figur, daß die Kurven, die sich um zwei Geraden sinusförmig herumschlängeln, sicher immer mindestens einen Schnittpunkt gemein haben. Wenn α groß genug ist, können auch mehrere Schnittpunkte da sein. Es ist leicht zu beweisen, daß für $\alpha < 1$ nur ein Schnittpunkt möglich ist; denn für die erste, im Mittel steilere Kurve ist

$$\left(\frac{dx_1}{dx_2}\right)_I = \frac{5}{8}\sqrt{2} - \frac{1}{8}\sqrt{2}\,\alpha^2 \cos y_2 \geqq \frac{5}{8}\sqrt{2} - \frac{1}{8}\sqrt{2}\,\alpha^2,$$

für die zweite

$$\left(\frac{dx_1}{dx_2}\right)_{II} = \frac{1}{\frac{5}{4}\sqrt{2} - \frac{1}{4}\sqrt{2}\,\alpha^2 \cos y_1} \leqq \frac{1}{\frac{5}{4}\sqrt{2} - \frac{1}{4}\sqrt{2}\,\alpha^2} \qquad (\alpha^2 < 1).$$

Also ist $\left(\frac{dx_1}{dx_2}\right)_{II} > \left(\frac{dx_1}{dx_2}\right)_I$, wie es für einen zweiten Schnittpunkt sein müßte, nur möglich, wenn

$$\frac{1}{\frac{5}{4}\sqrt{2} - \frac{1}{4}\sqrt{2}\,\alpha^2} > \frac{5}{8}\sqrt{2} - \frac{1}{8}\sqrt{2}\,\alpha^2,$$

woraus $\alpha^2 > 1$ folgte.

Berlin, im Oktober 1921.

(Eingegangen am 12. 10. 1921.)

On the existence and closure of sets of characteristic functions.

Von

O. D. Kellogg in Cambridge (U. S. A).

The following lines give a brief and simple proof of the existence of characteristic functions for the symmetric kernel[1]), and then point out that the complete sets of such functions which arise from the usual self-adjoint differential equations with self adjoint boundary conditions are closed, not only with respect to continuous functions, but also with respect to summable functions.

The existence proof is based on a theorem due to Ascoli[2]), to the effect that if an infinite sequence of functions $[f_i(x)]$, or $f_1(x)$, $f_2(x)$, $f_3(x), \ldots$ is bounded and "equicontinuous", it contains an infinite subsequence which approaches uniformly a continuous limit function. By "equicontinuous", we mean characterized by the existence of a positive number δ, corresponding to each positive ε, such that for all n, $|f_n(x_2) - f_n(x_1)| \leqq \varepsilon$ whenever $|x_2 - x_1| \leqq \delta$. The bound also is to be independent of n.

Let $K(x, y)$ be symmetric in the square $a \leqq x \leqq b$, $a \leqq y \leqq b$, and let $\int_a^b K^2(x, y)\,dy$ exist and be somewhere positive, but nowhere greater than some constant B^2. Further, we assume that to any positive ε there corresponds a positive δ, independent of $\psi(y)$, such that $\int_a^b \psi(y) K(x, y)\,dy$ varies by less than ε when x assumes any two values differing by less than δ, $\psi(y)$ being any summable function with sum-

[1]) For the terminology and for his elegant proof of the theorem, see E. Schmidt: Entwickelung willkürlicher Funktionen nach Systemen vorgeschriebener, Diss. Göttingen 1905, p. 18.

[2]) Memorie della R. Acc. dei Lincei **18** (1883), pp. 581—586.

mable square and norm unity; and finally we suppose $K(x, y)$ such that the order of integrations in $\int_a^b\int_a^b \varphi(x) K(x, y) \psi(y) dy\, dx$ may be inverted, $\varphi(x)$ being any continuous function. These hypotheses may be verified in the case of any continuous kernel, or also for kernels with certain integrable singularities distributed along a finite number of regular curves nowhere parallel to the axes.

Let $f_0(x)$ be one of the functions $\psi(x)$ above, such that $f_1(x) = \int_a^b f_0(y) K(x, y) dy$ is not identically zero — such functions evidently exist. We form then the infinite sequence:

$$(1)\qquad \bar{f}_i(x) = \frac{f_i(x)}{\sqrt{\int_a^b f_i^2(x)\, dx}}, \qquad f_{i+1}(x) = \int_a^b \bar{f}_i(y) K(x, y) dy.$$

The hypotheses imply that the sequence so defined satisfies the conditions of Ascoli's theorem, so that there exists a sub-sequence $[\bar{f}_j(x)]$, $j = n_1, n_2, n_3, \ldots$, converging uniformly to a limit, $f(x)$. It follows that the sequences $[\bar{f}_{j+1}(x)]$ and $[\bar{f}_{j+2}(x)]$ also converge uniformly to limits which we denote by $g(x)$ and $h(x)$ respectively. We shall show that $h(x) = f(x)$.

From (1) follows

$$\int_a^b f_{i+1}(x) \bar{f}_{i-1}(x) dx = \int_a^b f_i(x) \bar{f}_i(x) dx \qquad (i \geqq 1),$$

or, denoting by n_i the norm of $f_i(x)$, and employing Schwarz' inequality,

$$(2)\qquad n_{i-1} n_i = \int_a^b \bar{f}_{i-1}(x) f_{i+1}(x) dx \leqq n_{i-1} n_{i+1}.$$

Hence the numbers n_i, which never decrease nor exceed B, approach a limit n, while the integral in (2) approaches n^2. Thus $\int_a^b [\bar{f}_{j+2}(x) - \bar{f}_j(x)]^2 dx$ approaches 0, whence the continuous function $h(x) - f(x) = 0$.

Again, from (1) follow the equations satisfied by $f(x)$ and $g(x)$:

$$g(x) = \frac{1}{n} \int_a^b f(y) K(x, y) dy$$

$$f(x) = \frac{1}{n} \int_a^b g(y) K(x, y) dy,$$

from which it appears that $f(x)+g(x)$ is a characteristic function corresponding to the characteristic number $\frac{1}{n}$, and $f(x)-g(x)$ is a characteristic function corresponding to $-\frac{1}{n}$. Both functions cannot be identically zero, since $f(x)$ and $g(x)$ have the positive norms n. *Thus the existence of at least one characteristic function is established.*

As to further characteristic functions, we may state: *there exists always an additional characteristic function in case there is a summable function with summable square which is orthogonal to each of the characteristic functions already determined, but not orthogonal to $K(x, y)$.* For if such a function is taken as $f_0(x)$, and the sequence (1) established, it will be seen that $f_i(x)$ is orthogonal to all characteristic functions to which $f_0(x)$ is. It follows that all summable functions with summable squares which are orthogonal to *all* the characteristic functions of $K(x, y)$ are orthogonal to $K(x, y)$. The converse is obvious.

It should be noted that the summability of the squares of the functions $f_0(x)$ need not be postulated if $K(x, y)$ is bounded, and such that the integral with respect to y of its product by a summable function of y is a summable function of x. For since a summable function is absolutely summable, $|f_1(x)| \leqq \int_a^b |f_0(y)|\, dy \cdot \operatorname{Max} |K(x, y)|$. Thus $f_1(x)$ is bounded and hence has a summable square, and the properties of the members of the sequence (1) obtain at most one step later. The generalizations indicated by Schmidt (l. c.) as attained by the use of the iterated kernel manifestly have their analogues in the present case.

An infinite set of functions $[\varphi_i(x)]$ is said to be closed, or as we shall express it, closed with respect to continuous functions, provided there exists no continuous function $f(x)$ other than zero, such that $\int_a^b \varphi_i(x) f(x)\, dx = 0$ for all i. Closure of such sets have been studied by a number of investigators, and established in the case of the Sturm-Liouville differential equations and boundary conditions by Stekloff[3]), while Hilbert[4]) shows this closure to be a simple corrolary of his theory of integral equations in a large category of cases. As the integrals involved in the definition of closure admit a meaning in the case of a much broader class of func-

[3]) Annales de la Faculté des Sciences de Toulouse (2) **3** (1901). Cf. also Westfall: Bull. Amer. Math. Soc. **15** (1908), pp. 76—78; Steckloff: Mémoires de l'Académie Impériale des Sciences de St. Pétersbourg **30** (1911), Nr. 4.

[4]) Grundzüge einer allgemeinen Theorie der linearen Integralgleichungen, Zweite Mitteilung, Nachrichten d. K. Ges. d. Wiss. zu Göttingen 1904, Heft 3, p. 222.

tions than continuous ones, it is of interest to inquire whether such function sets are not also closed with respect to summable functions not null-functions. That such is indeed the fact, I have shown[5]) in the case of ordinary linear homogeneous self-adjoint differential equations of second order with self-adjoint boundary conditions. The method used does not involve integral equations. It consists, however, essentially, in establishing the equivalence of a non-homogeneous differential equation and boundary conditions, the differential equation being satisfied at all points of the interval (a, b) with exception of a set of measure 0, and an integral equation of the first kind (see Hilbert, l. c.):

$$L(w) = \frac{d}{dx}(kw') + (\mu g - l) w = fg$$

(3) and

$$w(x) = \int_a^b G(x, y) f(y) g(y)\, dy.$$

Here, it appears that if $f(x)$ is summable, $w(x)$ is continuous, and orthogonal to all characteristic functions to which $f(x)$ is. I should like to point out, in closing, that the methods and results admit of extension to a wide class of sets of characteristic functions of differential equations, in the direction a). of higher orders, b). of more independent variables, and with suitable understandings, c). of differential equations with singularities on the boundaries. It appears that the set of characteristic functions is closed with respect to all functions $f(x)$ which yield, in the integral equation (3), a function $w(x)$ which is continuous, the situation being similar in the case of more independent variables.

---

[5]) Note on closure of orthogonal sets, Bull. Amer. Math. Soc. **27** (1921), pp. 165—169.

(Eingegangen am 15. 8. 1921.)

Zur Stieltjesschen Kettenbruchtheorie.

Von

Ernst Hellinger in Frankfurt a. M.

Die folgenden Entwicklungen wollen zeigen, einer wie weitgehenden Anwendung Begriffsbildungen und Methoden der Lehre von den Gleichungsystemen mit unendlichvielen Unbekannten innerhalb der Stieltjesschen Kettenbruchtheorie fähig sind; sie beziehen sich stets auf den Kettenbruch

$$\frac{1}{|a_1-\lambda} - \frac{b_1^2|}{|a_2-\lambda} - \frac{b_2^2|}{|a_3-\lambda} - \cdots \tag{1}$$

mit beliebig gegebenen reellen $a_1, a_2, \ldots$, reellen nichtverschwindenden $b_1, b_2, \ldots$ und komplexem λ, dessen Beziehungen zu dem von Stieltjes in erster Linie behandelten Kettenbruch

$$\frac{1|}{|k_1\lambda} + \frac{1|}{|k_2} + \frac{1|}{|k_3\lambda} + \frac{1|}{|k_4} + \cdots$$

bekannt sind. Die klassischen Untersuchungen von T. J. Stieltjes[1]) umfassen solche Bedingungen für die a_p, b_p (bzw. die k_p), daß das „Spektrum" des Kettenbruches höchstens die eine reelle λ-Halbachse bedeckt, d. h. daß eine über diese Halbachse erstreckte Integraldarstellung der bekannten Form $\int\limits_0^\infty \frac{d\sigma(\mu)}{\lambda-\mu}$ möglich ist. In einer gemeinsamen Arbeit von O. Toeplitz und mir[2]) wurde durch Anwendung der Theorie der beschränkten quadratischen Formen unendlichvieler Veränderlicher der mit jenen Bedingungen sich nicht deckende, aber etwa gleiche Allgemeinheit besitzende Fall beschränkter a_p, b_p behandelt, in dem das Spektrum in einem endlichen Stück der reellen λ-Achse enthalten ist. Im allgemeinen Falle wird das Spektrum die *ganze* reelle Achse bedecken; soweit reichende

---

[1]) Ann. de la fac. des sciences de Toulouse **8** (1894), **9** (1895); Mém. prés. par div. sav. à l'acad. des sciences, Paris, **32**, Nr. 2.

[2]) Journ. f. Math. **144** (1914), S. 212—238.

Ergebnisse hat zuerst für einige Fälle J. Grommer[3]) entwickelt. Neuerdings hat H. Hamburger[4]) im Rahmen seiner weit ausholenden, das Stieltjessche Momentenproblem in den Vordergrund stellenden Untersuchungen tiefgehende und schöne Resultate über Konvergenz und Integraldarstellung des Kettenbruches (1) in diesem allgemeinen Fall gewonnen.

Die vorliegenden Untersuchungen gehen auf einem wesentlich anderen Wege an den allgemeinen Fall heran. Sie fassen das zu dem Kettenbruch (1) gehörige System unendlichvieler linearer Gleichungen, das im wesentlichen mit den Rekursionsformeln für seine Näherungsbrüche übereinstimmt, als Grenzfall eines Systems von n Gleichungen mit $n+1$ Unbekannten auf, denen als $(n+1)$-te Gleichung eine einen willkürlichen *reellen* Parameter h enthaltende lineare homogene Relation zwischen den beiden letzten Unbekannten („Randbedingung") hinzugefügt wird. Als Grenzwert der ersten Unbekannten entsteht der Kettenbruch; die Betrachtung seiner Abhängigkeit von h ist das Haupthilfsmittel für den Konvergenzbeweis. Dieses Vorgehen ist völlig analog der Behandlung der Randwertaufgabe einer gewöhnlichen Differentialgleichung 2. Ordnung für das Intervall $(0, \infty)$ als Grenzfall derjenigen für das Intervall $(0, l)$, und tatsächlich zeigt sich eine weitgehende Analogie zu den Untersuchungen von H. Weyl[5]) über dieses Problem. Ich führe die Theorie hier nur für den Fall durch, daß jener Grenzübergang ein von h unabhängiges Resultat ergibt; hier entsteht naturgemäß der Begriff der *vollständigen Konvergenz* im Sinne von H. Hamburger. In diesem Falle wird nach der von mir[6]) früher auf beschränkte quadratische Formen angewandten Methode komplexer Integration, die E. Hilb[7]) zu ganz analogem Zweck bei der Randwertaufgabe einer Differentialgleichung 2. Ordnung benutzt hat, die Stieltjessche Integraldarstellung des Kettenbruches hergeleitet.

Die vorliegende Arbeit setzt Kenntnis der genannten Literatur nicht voraus; die notwendigen formalen Hilfsmittel sind in Nr. 1 zusammengestellt. Die Theorie der orthogonalen Transformation beschränkter quadratischen Formen wird nicht benutzt.

1. Wir gehen aus von den mit den Koeffizienten von (1) gebildeten unendlichvielen linearen homogenen Gleichungen

$$(2) \quad \begin{cases} (a_1-\lambda)\pi_1 - b_1\pi_2 = 0 \\ -b_{p-1}\pi_{p-1} + (a_p-\lambda)\pi_p - b_p\pi_{p+1} = 0 \qquad (p=2,3,\ldots); \end{cases}$$

---

[3]) Journ. f. Math. **144** (1914), S. 114—166.

[4]) Math. Ann. **81** (1920), S. 235—319; **82** (1921), S. 120—164, 168—187.

[5]) Math. Ann. **68** (1910), S. 220—269.

[6]) Journ. f. Math. **136** (1909), S. 265ff.

[7]) Math. Ann. **76** (1915), S. 333—339.

hierin sind die a_p, b_p beliebig gegebene reelle Zahlen,

$$(3) \qquad b_p \neq 0 \qquad (p = 1, 2, 3, \ldots),$$

λ ein komplexer Parameter. Wegen (3) kann man aus (2) $\pi_2, \pi_3, \ldots$ rekursiv durch π_1 berechnen; setzt man

$$(2a) \qquad \pi_1 = 1,$$

so wird $\pi_p = \pi_p(\lambda)$ ein Polynom genau $(p-1)$-ten Grades in λ mit reellen Koeffizienten.

Wir stellen daneben das besondere inhomogene Gleichungsystem

$$(4) \qquad \begin{cases} (a_1 - \lambda)\varrho_1 - b_1\varrho_2 = 1 \\ -b_{p-1}\varrho_{p-1} + (a_p - \lambda)\varrho_p - b_p\varrho_{p+1} = 0 \qquad (p = 2, 3, \ldots), \end{cases}$$

aus dem sich wegen (3) $\varrho_2, \varrho_3, \ldots$ eindeutig durch das willkürlich bleibende

$$(4a) \qquad \varrho_1 = u(\lambda)$$

bestimmen; setzen wir

$$(4b) \qquad \varrho_p = u(\lambda)\pi_p(\lambda) + k_{p-1}(\lambda) \qquad (p = 2, 3, \ldots),$$

so ergibt sich aus (2) und (4)

$$(5) \qquad \begin{cases} -b_1 k_1 = 1, \qquad (a_2 - \lambda)k_1 - b_2 k_2 = 0, \\ -b_p k_{p-1} + (a_{p+1} - \lambda)k_p - b_{p+1}k_{p+1} = 0 \quad (p = 2, 3, \ldots), \end{cases}$$

d. h. $k_p = k_p(\lambda)$ wird ein Polynom $(p-1)$-ten Grades in λ mit reellen Koeffizienten. — In analoger Weise betrachten wir, indem wir

$$(3a) \qquad b_0 = 0$$

einführen, für jedes $q = 1, 2, 3, \ldots$ das inhomogene Gleichungsystem

$$(6) \qquad -b_{p-1}\varrho_{p-1,q} + (a_p - \lambda)\varrho_{p,q} - b_p\varrho_{p+1,q} = \begin{cases} 0 & (p = 1, 2, \ldots, p \neq q) \\ 1 & (p = q); \end{cases}$$

es bestimmt $\varrho_{2,q}, \varrho_{3,q}, \ldots$ rekursiv durch $\varrho_{1,q} = u_q(\lambda)$, und da seine ersten $q-1$ Gleichungen mit den entsprechenden von (2) übereinstimmen, wird

$$(6a) \qquad \begin{cases} \varrho_{p,q} = u_q(\lambda)\pi_p(\lambda) & (p = 1, 2, \ldots, q) \\ \varrho_{p,q} = u_q(\lambda)\pi_p(\lambda) + k_{p-q,q}(\lambda) & (p = q+1, q+2, \ldots). \end{cases}$$

Dabei ergeben sich aus (2) und (6) für die $k_{p,q}(\lambda)$ die Rekursionsformeln

$$(7) \begin{cases} -b_q k_{1,q} = 1, \qquad (a_{q+1} - \lambda)k_{1,q} - b_{q+1}k_{2,q} = 0 \\ -b_{q+p-1}k_{p-1,q} + (a_{q+p} - \lambda)k_{p,q} - b_{q+p}k_{p+1,q} = 0 \quad (p = 2, 3, \ldots), \end{cases}$$

d. h. $k_{p,q}(\lambda)$ wird ein Polynom genau $(p-1)$-ten Grades in λ mit reellen Koeffizienten; ferner ist

$$(7a) \qquad k_{p,1}(\lambda) = k_p(\lambda), \qquad \varrho_{v,1} = \varrho_v, \qquad u_1(\lambda) = u(\lambda).$$

Aus den ersten n Gleichungen des Systems (4) und des Systems (2) folgt durch Komposition mit $\pi_1, \ldots, \pi_n$ bzw. $\varrho_1, \ldots, \varrho_n$ leicht

(8a) $$b_n(\varrho_n \pi_{n+1} - \varrho_{n+1}\pi_n) = 1 \qquad (n = 1, 2, \ldots)$$

oder wegen (4b)

(8b) $$b_n(k_{n-1}\pi_{n+1} - k_n \pi_n) = 1 \qquad (n = 2, 3, \ldots).$$

Mit Hilfe von (2), (5), (7) läßt sich hieraus weiterhin die Identität schließen:

(9) $$k_{p-1}(\lambda)\pi_q(\lambda) - k_{q-1}(\lambda)\pi_p(\lambda) = k_{p-q,q}(\lambda) \qquad (p > q > 1).$$

Wir folgern endlich noch einige Identitäten für die reellen und imaginären Bestandteile der π_p und ϱ_p; wir bezeichnen generell reellen und imaginären Teil einer komplexen Größe u mit u' und $i u''$, die konjugiert komplexe Größe mit $\bar{u}$, also

$$u = u' + i u'', \qquad \bar{u} = u' - i u'', \qquad |u|^2 = u'^2 + u''^2 = u \bar{u}.$$

Nun ergibt sich durch Komposition der ersten n Gleichungen (2) mit $\bar{\pi}_1, \ldots, \bar{\pi}_n$, wenn wir unter Berücksichtigung der Realität der a_p, b_p im Resultat nur den imaginären Teil beibehalten,

(10) $$\lambda'' \sum_{p=1}^{n} |\pi_p|^2 = \frac{i}{2} b_n(\bar{\pi}_n \pi_{n+1} - \bar{\pi}_{n+1}\pi_n) = b_n(\pi_n'' \pi_{n+1}' - \pi_{n+1}'' \pi_n').$$

Durch den analogen Prozeß folgt aus (4)

(11) $$\lambda'' \sum_{p=1}^{n} |\varrho_p|^2 = u'' + \frac{i}{2} b_n(\bar{\varrho}_n \varrho_{n+1} - \bar{\varrho}_{n+1}\varrho_n)$$
$$= u'' + b_n(\varrho_n'' \varrho_{n+1}' - \varrho_{n+1}'' \varrho_n').$$

2. Zur Festlegung der einen noch unbestimmten Unbekannten im Gleichungsystem (4) gelangen wir von der Betrachtung seiner ersten n Gleichungen

(4_n) $$\begin{cases} (a_1 - \lambda)\varrho_1 - b_1 \varrho_2 = 1 \\ -b_{p-1}\varrho_{p-1} + (a_p - \lambda)\varrho_p - b_p \varrho_{p+1} = 0 \qquad (p = 2, \ldots, n) \end{cases}$$

aus durch den Grenzübergang $n \to \infty$; dabei fügen wir diesen n linearen leichungen mit $n+1$ Unbekannten eine lineare homogene Relation zwischen ϱ_n und ϱ_{n+1} (Randbedingung)

(12) $$\varrho_{n+1} = h \varrho_n,$$

wo h einen zunächst willkürlichen, jedoch wesentlich *reellen* Parameter bedeutet[8]), als $(n+1)$-te Gleichung hinzu; es besteht also gleichzeitig die konjugiert imaginäre Relation

[8]) Der Wert $h = \infty$, d. h. die Randbedingung $\varrho_n = 0$ kann stets mitberücksichtigt werden.

$$(\overline{12}) \qquad \bar{\varrho}_{n+1} = h\,\bar{\varrho}_n .$$

Verschwindet die Determinante der $n+1$ linearen Gleichungen (4_n), (12), so haben bekanntlich die zugehörigen homogenen Gleichungen ein nicht durchweg verschwindendes Lösungsystem, d. h. aber: die nach (2), (2a) berechneten $\pi_p(\lambda)$ genügen

$$\pi_{n+1}(\lambda) = h\,\pi_n(\lambda), \qquad \bar{\pi}_{n+1}(\lambda) = h\,\bar{\pi}_n(\lambda);$$

danach ergibt sich aus der Identität (10)

$$\lambda'' \sum_{p=1}^{n} |\pi_p(\lambda)|^2 = 0 \qquad \text{und} \qquad \lambda'' = 0 .$$

Wir setzen in der Folge λ ***nichtreell*** und etwa

$$(13) \qquad \lambda'' > 0$$

voraus (für $\lambda'' < 0$ gelten analoge Überlegungen); dann verschwindet also die Determinante von (4_n), (12) nicht, und diese Gleichungen haben eine eindeutig bestimmte Lösung, die wir durch die Marke $^{(n)}$ kennzeichnen. Aus (4a), (4b), (12) folgt

$$(14) \quad \varrho_1^{(n)} = u^{(n)}(\lambda) = -\frac{k_n(\lambda) - h\,k_{n-1}(\lambda)}{\pi_{n+1}(\lambda) - h\,\pi_n(\lambda)}, \quad \varrho_p^{(n)}(\lambda) = u^{(n)}(\lambda)\,\pi_p(\lambda) + k_{p-1}(\lambda) \quad (p = 2, 3, \ldots, n+1),$$

und der Nenner verschwindet nicht. Aus (4_n) und (14) ergibt sich durch sukzessives Einsetzen

$$(14') \qquad u^{(n)}(\lambda) = \frac{1\,|}{|a_1 - \lambda} - \frac{b_1^2\,|}{|a_2 - \lambda} - \frac{b_2^2\,|}{|a_3 - \lambda} - \cdots - \frac{b_{n-1}^2\,|}{|a_n - \lambda - b_n h} .$$

Für diese Lösungen gilt nun wegen (11), (12), $(\overline{12})$

$$(15) \qquad \lambda'' \sum_{p=1}^{n} |\varrho_p^{(n)}(\lambda)|^2 = u^{(n)\prime\prime},$$

und hieraus folgt, da die $\varrho_p^{(n)}$ nicht sämtlich verschwinden,

$$u^{(n)\prime\prime} > 0, \qquad \lambda''\left([u^{(n)\prime}]^2 + [u^{(n)\prime\prime}]^2\right) \leqq u^{(n)\prime\prime}, \qquad u^{(n)\prime\prime} \leqq \frac{1}{\lambda''},$$

$$(15') \quad 0 < u^{(n)\prime\prime} \leqq \frac{1}{\lambda''}, \qquad \sum_{p=1}^{n} |\varrho_p^{(n)}(\lambda)|^2 \leqq \frac{1}{\lambda''^2}, \qquad |\varrho_p^{(n)}(\lambda)| \leqq \frac{1}{\lambda''} .$$

Wir betrachten nun die Gesamtheit der Werte $u = u^{(n)}(\lambda)$, die sich bei festem λ $(\lambda'' > 0)$ für alle reellen Werte von h ergeben. Die lineare Relation (14) zwischen $u^{(n)}$ und h zeigt, daß sie einen wegen (15′) in der oberen Halbebene $u'' > 0$ gelegenen Kreis $\mathfrak{K}_n$ der u-Ebene erfüllen, dessen Gleichung wegen (15), (14) auch

$$(16)\qquad \lambda''\sum_{p=1}^{n}|u\pi_p(\lambda)+k_{p-1}(\lambda)|^2-u''=0$$

geschrieben werden kann[9]). Für den Radius $r^{(n)}$ dieses Kreises findet man — indem man z. B. bemerkt, daß sein höchster und tiefster Punkt, die die Entfernung $2r^{(n)}$ voneinander haben, für diejenigen Werte von h entstehen, für die $\frac{du^{(n)}}{dh}$ reell wird, und indem man (8b) und (10) berücksichtigt —

$$(16')\qquad r^{(n)}=\frac{1}{2b_n(\pi_n''\pi_{n+1}'-\pi_{n+1}''\pi_n')}=\frac{1}{2\lambda''\sum_{p=1}^{n}|\pi_p(\lambda)|^2}.$$

Betrachtet man nun für dasselbe λ und den nächstfolgenden Indexwert $n+1$ den Kreis $\mathfrak{K}_{n+1}$, so ist für seine Punkte die linke Seite der Gleichung (16) von $\mathfrak{K}_n$ — bei positivem Koeffizienten $\lambda''\sum_{p=1}^{n}|\pi_p(\lambda)|^2$ der quadratischen Glieder $u'^2+u''^2$ — nicht positiv, d. h. $\mathfrak{K}_{n+1}$ gehört durchweg dem Innern oder dem Umfange von $\mathfrak{K}_n$ an. Ferner folgt aus (16′) wegen $\pi_{n+1}(\lambda)\neq 0$ (vgl. die Bemerkung zu (14)):

$$(16'')\qquad 0<r^{(n+1)}<r^{(n)}.$$

Jeder Kreis der Folge $\mathfrak{K}_1, \mathfrak{K}_2, \ldots$ liegt also innerhalb (evtl. einschl. de Randes) des vorhergehenden; ihre Radien bilden eine monoton abnehmende Folge. Es sind daher zwei wesentlich verschiedene Fälle möglich[10]):

I. *Die Reihe $\sum_{(p)}|\pi_p(\lambda)|^2$ divergiert*[11]). Dann ist

$$(17_{\mathrm{I}})\qquad \lim_{n\to\infty} r^{(n)}=0.$$

II. *Die Reihe $\sum_{(p)}|\pi_p(\lambda)|^2$ konvergiert.* Dann ist

$$(17_{\mathrm{II}})\qquad \lim_{n\to\infty} r^{(n)}=r=\frac{1}{2\sum_{(p)}|\pi_p(\lambda)|^2}>0.$$

3. Ich zeige zunächst, *daß für alle nichtreellen λ gleichmäßig entweder Fall I oder Fall II statt hat.* Es bestehe etwa für ein bestimmtes λ ($\lambda''>0$)

---

9) Diese Kreise hat zu analogem Zwecke wie hier in der Theorie der Differentialgleichungen H. Weyl[5]) S. 225 ff. verwendet; in der Kettenbruchtheorie hat sie H. Hamburger[4]) S. 290 ff. zur Veranschaulichung seiner Resultate, nicht zur Durchführung der Beweise, benutzt.

10) H. Weyl[5]) S. 226 unterscheidet sie als *Grenzpunkt-* und *Grenzkreis*fall. — In den Hamburgerschen Kriterien treten dieselben Reihen für reelle λ, speziell $\lambda=0$ auf; vgl. insbes. a. a. O. [4]), S. 148, 158.

11) Ein Index (p) am Σ-Zeichen soll stets alle ganzen Zahlen $1, 2, \ldots$ durchlaufen.

Fall II; ist dann u^* ein den sämtlichen abgeschlossenen Kreisflächen $\mathfrak{K}_n$ angehörender Punkt, etwa ein Häufungspunkt der mit festem h gebildeten $u^{(n)}(\lambda)$, und setzen wir

$$\varrho_p^* = u^* \pi_p(\lambda) + k_{p-1}(\lambda), \tag{18}$$

so ist die linke Seite von (16) für $u = u^*$ nicht positiv, und daher konvergiert

$$\sum_{(p)} |\varrho_p^*|^2 \leqq u^{*\prime\prime}. \tag{18'}$$

Unter den Lösungen (6a) von (6) heben wir nunmehr die mit $u_q = \varrho_q^*$ gebildeten hervor; sie sind wegen (9)

$$\left\{\begin{aligned} \varrho_{p,q}^* &= \varrho_q^* \pi_p(\lambda) && (p \leqq q) \\ &= \varrho_p^* \pi_q(\lambda) && (p \geqq q) \end{aligned}\right. \tag{19}$$

und bilden daher insgesamt eine symmetrische Matrix. Ferner folgt unmittelbar die Konvergenz der Doppelreihe

$$\sum_{(p,q)} |\varrho_{p,q}^*|^2 = \sum_{(p)} \left\{ \sum_{q=1}^{p} |\varrho_p^* \pi_q|^2 + \sum_{q=p+1}^{\infty} |\varrho_q^* \pi_p(\lambda)|^2 \right\} \leqq 2 \sum_{(p)} |\varrho_p^*|^2 \sum_{(q)} |\pi_q(\lambda)|^2,$$

und daher ist die quadratische Form $\sum_{(p,q)} \varrho_{p,q}^* x_p x_q$ der unendlichvielen Veränderlichen x_p absolut beschränkt[12]). Sind $x_1, x_2, \ldots$ Zahlen mit konvergentem $\sum_{(p)} |x_p|^2$, so konvergiert also für die mit der zugehörigen linearen Substitution transformierten Größen

$$y_p = \sum_{(q)} \varrho_{p,q}^* x_q \qquad (p = 1, 2, \ldots) \tag{20a}$$

ebenfalls $\sum_{(p)} |y_p|^2$,[12]) und da die $\varrho_{p,q}^*$ (6) erfüllen, ergibt sich durch Einsetzen unmittelbar, daß diese y_p den Gleichungen genügen:

$$-b_{p-1} y_{p-1} + (a_p - \lambda) y_p - b_p y_{p+1} = x_p \quad (p = 1, 2, \ldots). \tag{20b}$$

Es sei nun μ irgendein komplexer Parameterwert; ich betrachte das Gleichungsystem mit den Unbekannten $z_1, z_2, \ldots$

$$\pi_p(\lambda) = z_p + (\lambda - \mu) \sum_{(q)} \varrho_{p,q}^* z_q \qquad (p = 1, 2, \ldots). \tag{21}$$

Nach einem bekannten Hilbertschen Theorem[13]) haben sie wegen der

---

[12]) Vgl. für die hier angewendeten Hilbertschen Konvergenzsätze etwa die Zusammenstellung bei E. Hellinger u. O. Toeplitz, Math. Ann. 69, S. 293ff.

[13]) Gött. Nachr. 1906, S. 219 = Grundzüge einer allg. Theorie der lin. Integralgl. (Leipzig 1912), 4. Abschn., Satz 40, S. 165. — Die hier benutzte Ausdehnung auf komplexe Werte ist unmittelbar möglich.

Konvergenz von $\sum_{(p,q)}|\varrho^*_{p,q}|^2$ und $\sum_{(p)}|\pi_p(\lambda)|^2$ gewiß eine Lösung mit konvergentem $\sum_{(p)}|z_p|^2$, es sei denn, daß die zugehörigen homogenen Gleichungen

$$(21') \qquad 0 = z_p + (\lambda - \mu)\sum_{(q)} \varrho^*_{p,q} z_q \qquad (p = 1, 2, \ldots)$$

ein nicht durchweg verschwindendes Lösungsystem mit konvergentem $\sum_{(p)}|z_p|^2$ besitzen. Identifizieren wir im *ersten* Falle (21) mit (20a), so folgt wegen (20b)

$$-b_{p-1}(\pi_{p-1}(\lambda) - z_{p-1}) + (a_p - \lambda)(\pi_p(\lambda) - z_p) - b_p(\pi_{p+1}(\lambda) - z_{p+1}) = (\lambda - \mu) z_p,$$

oder unter Berücksichtigung von (2)

$$-b_{p-1} z_{p-1} + (a_p - \mu) z_p - b_p z_{p+1} = 0 \qquad (p = 1, 2, \ldots);$$

daher ist $z_p = z_1 \pi_p(\mu)$, und wegen $z_1 \neq 0$ konvergiert $\sum_{(p)}|\pi_p(\mu)|^2$. Im *zweiten* Falle folgt durch Identifikation von (21′) mit (20a) aus (20b) ebenso

$$-b_{p-1} z_{p-1} + (a_p - \mu) z_p - b_p z_{p+1} = 0 \qquad (p = 1, 2, \ldots),$$

und das gibt wiederum $z_p = z_1 \pi_p(\mu)$ und Konvergenz von $\sum_{(p)}|\pi_p(\mu)|^2$. In jedem Falle *konvergiert daher* $\sum_{(p)}|\pi_p(\mu)|^2$ *für jeden reellen und komplexen Wert* μ, *wenn es für einen einzigen nichtreellen Wert* $\mu = \lambda$ *konvergiert*[14]).

4. Ich betrachte weiterhin nur den Fall I, *daß* $\sum_{(p)}|\pi_p(\lambda)|^2$ *für ein nichtreelles* λ *und daher für jedes nichtreelle* λ *divergiert.* Dann existiert wegen (17_{I}) für jedes nichtreelle λ genau ein Punkt $u = u(\lambda)$, der sämtlichen für dieses λ gebildeten abgeschlossenen Kreisflächen $\mathfrak{K}_n$ angehört, und für den daher gleichmäßig in allen reellen h

$$(22) \qquad |u(\lambda) - u^{(n)}(\lambda)| \leqq 2 r^{(n)}.$$

Die von h abhängigen Werte $u^{(n)}(\lambda)$ konvergieren also wegen (17_{I}) für $n \to \infty$ gleichmäßig im Bereich aller reellen h gegen einen von h unabhängigen Wert $u(\lambda)$. Das bedeutet aber nach einer von H. Hamburger[15]) benutzten Bezeichnung, *daß der unendliche Kettenbruch*

$$(23) \qquad u(\lambda) = \frac{1\,|}{|\,a_1 - \lambda} - \frac{b_1^2\,|}{|\,a_2 - \lambda} - \frac{b_2^2\,|}{|\,a_3 - \lambda} - \cdots$$

---

[14]) Vgl. den mit anderen Hilfsmitteln geführten Beweis des analogen Satzes bei H. Weyl[5]), S. 238.

[15]) a. a. O.[4]), S. 289; hier wird allerdings von vornherein gleichmäßige Konvergenz in λ einbezogen.

für jedes nichtreelle λ „vollständig konvergiert"; denn nach (14′) ist $u^{(n)}(\lambda)$ gerade sein n-ter verallgemeinerter Näherungsbruch, der aus ihm durch Ersetzung der Glieder vom n-ten Teilzähler $-b_n^2$ an durch einen willkürlichen reellen Parameter $-b_n h$ entsteht. Für diesen Grenzwert folgen aus (15′) die Abschätzungen

$$(23') \qquad 0 < u''(\lambda) \leqq \frac{1}{\lambda''}, \qquad |u(\lambda)| \leqq \frac{1}{\lambda''};$$

das Ungleichheitszeichen an erster Stelle gilt, da u innerhalb, allenfalls auf der der Ungleichung $u^{(n)''} > 0$ genügenden Kreislinie $\mathfrak{K}_n$ liegt.

Bilden wir ferner die im gleichen Sinne wie $\lim\limits_{n\to\infty} u^{(n)}(\lambda)$ existierenden Grenzwerte

$$(24) \qquad \varrho_p(\lambda) = \lim_{n\to\infty} \varrho_p^{(n)}(\lambda) = u(\lambda)\pi_p(\lambda) + k_{p-1}(\lambda)$$

der Lösungen (14) des Gleichungssystems (4_n), (12), so stellen sie offenbar *ein Lösungsystem der unendlichvielen Gleichungen* (4) dar, das von der speziellen Wahl der beim Grenzübergang hinzugefügten Randbedingung (12) — dem Wert des Parameters h — unabhängig ist. Aus (15′) folgt die Konvergenz von

$$(24') \qquad \sum_{(p)} |\varrho_p(\lambda)|^2 \leqq \frac{1}{\lambda''^2} \quad \text{sowie} \quad |\varrho_p(\lambda)| \leqq \frac{1}{\lambda''};$$

man sieht leicht, daß die $\varrho_p(\lambda)$ sogar das *einzige Lösungsystem von* (4) *bilden, für das die Quadratsumme der absoluten Beträge konvergiert.*

Es sei nun $\mathfrak{B}$ irgendein abgeschlossener, beschränkter Bereich der Halbebene $\lambda'' > 0$, der keinen Punkt der reellen λ-Achse enthält; $m > 0$ sei das Minimum der Imaginärteile λ'' aller Punkte von $\mathfrak{B}$. Die rationalen Funktionen $u^{(n)}(\lambda)$ sind dann in $\mathfrak{B}$ nach (15′) gleichmäßig beschränkt $\left(|u^{(n)}(\lambda)| \leqq \frac{1}{m}\right)$ und konvergieren an jeder Stelle von $\mathfrak{B}$ gegen die nach (23′) beschränkte Funktion $u(\lambda)$ $\left(|u(\lambda)| \leqq \frac{1}{m}\right)$. Nach einem bekannten Satze von G. Vitali[16]) ist daher diese Konvergenz in $\mathfrak{B}$ gleichmäßig, und $u(\lambda)$ analytisch in λ. Ich fasse das somit gewonnene Hauptresultat und seine unmittelbare Übertragung auf $\lambda'' < 0$ zusammen: *Divergiert* $\sum\limits_{(p)} |\pi_p(\lambda)|^2$ *für einen einzigen nichtreellen Wert λ, so konvergiert der*

[16]) Rend. Ist. Lomb. (2) **36** (1903), p. 771; Ann. di Mat. (3) **10** (1904), p. 65. Es wird hier ersichtlich nicht der volle Umfang des Satzes ausgenutzt. Übrigens läßt sich die Analytizität von $u(\lambda)$ auch ohne dieses funktionentheoretische Hilfsmittel aus der Theorie der beschränkten Gleichungsysteme entnehmen, wenn man wie in Nr. **3**, aus den ϱ_p die beschränkte symmetrische Matrix $(\varrho_{p,q})$ bildet. (Vgl. E. Hilb, a. a. O. [7]) S. 335).

Kettenbruch (23) *in jedem beschränkten, abgeschlossenen, keinen Punkt der reellen Achse enthaltenden Bereich* $\mathfrak{B}$ *der* λ*-Ebene vollständig und gleichmäßig (d. h. der verallgemeinerte Näherungsbruch* $u_n(\lambda)$ *konvergiert gleichmäßig für alle* λ *in* $\mathfrak{B}$ *und alle reellen Werte* h), *und der Grenzwert ist in der oberen sowie in der unteren Halbebene höchstens mit Ausnahme der reellen Achse eine reguläre analytische Funktion und hat an konjugiert imaginären Stellen konjugierte Werte.*

Es lassen sich hiernach und mit Hilfe der Nr. 3 leicht umfassende Bedingungen für die Koeffizienten a_p, b_p angeben, die für diese Konvergenz hinreichen; hier sei nur eine wesentlich über die Beschränkheit der Koeffizienten a_p, b_p hinausgehende hervorgehoben. Konvergiert für ein bestimmtes λ $\sum\limits_{(p)} |\pi_p(\lambda)|^2$, so ist

$$\lim_{n\to\infty} \pi_n(\lambda) = \lim_{n\to\infty} \overline{\pi_n(\lambda)} = 0.$$

Liegen nun unendlichviele Werte b_{n_ν} $(\nu = 1, 2, \ldots)$ absolut unterhalb einer Zahl M, so betrachten wir die Identität (10) für diese Indexwerte $n = n_\nu$; dann folgt für $\lim \nu \to \infty$ wegen $|b_{n_\nu}| < M$

$$\lambda'' \lim_{\nu\to\infty} \sum_{p=1}^{n_\nu} |\pi_p(\lambda)|^2 = \lambda'' \sum_{p=1}^{\infty} |\pi_p(\lambda)|^2 = 0;$$

also ist wegen $\sum\limits_{(p)} |\pi_p(\lambda)|^2 \geqq |\pi_1(\lambda)|^2 = 1$ notwendig $\lambda'' = 0$, d. h. die Konvergenz kann nur für reelles λ eintreten. *Haben also die Teilzähler* b_n^2 *des Kettenbruches* (23) *einen endlichen Limes inferior, so konvergiert* (23) *in dem zuletzt ausgesprochenen Umfange vollständig und gleichmäßig.*

5. Um nun endlich die Stieltjessche Integraldarstellung von $u(\lambda)$ zu erhalten, schließen wir (vgl. die Schlußbemerkung in der Einleitung) an die aus der ersten Gleichung (4) sowie (23'), (24') für $\lambda'' > 0$ folgende Abschätzung an:

$$u(\lambda) = -\frac{1}{\lambda} + \frac{a_1 u(\lambda) - b_1 \varrho_2(\lambda)}{\lambda} = -\frac{1}{\lambda} + \frac{\vartheta G}{\lambda \lambda''}, \tag{25}$$

wo $|\vartheta| \leqq 1$, $G = |a_1| + |b_1|$.

Schätzt man danach das wegen der Regularität von $u(\lambda)$ verschwindende Randintegral von $u(\lambda)$ längs einer die obere Halbebene umlaufenden Kurve ab, die aus einer die Punkte $\pm l + i\lambda''$ verbindenden Geraden, zwei Senkrechten in ihren Endpunkten bis zu den Punkten $\pm l + i\sqrt{l}$ und einem Kreisbogen um den Nullpunkt besteht, so folgt

$$(25') \quad \left| \int_{-l}^{+l} u(\lambda' + i\lambda'')\, d\lambda' - i\pi \right| \leqq \varepsilon_l + 2G \frac{|\lg \lambda''|}{l}, \quad \text{wo} \lim_{l \to \infty} \varepsilon_l = 0,$$

d. h. es ist für jedes λ'':

$$(26) \quad \int_{-\infty}^{+\infty} u(\lambda' + i\lambda'')\, d\lambda' = i\pi, \quad \int_{-\infty}^{+\infty} u'(\lambda', \lambda'')\, d\lambda' = 0, \quad \int_{-\infty}^{+\infty} u''(\lambda', \lambda'')\, d\lambda' = \pi,$$

wobei die Integrale als Cauchysche Hauptwerte $\left(\lim\limits_{l \to \infty} \int\limits_{-l}^{+l}\right)$ aufzufassen sind. Durch eine (25') analoge Abschätzung findet man ferner, daß gleichmäßig in λ'

$$(27) \quad \lim_{\lambda'' \to 0} \lambda'' \left| \int_0^{\lambda'} u(\lambda', \lambda'')\, d\lambda' \right| = 0, \qquad \lim \lambda'' \int_0^{\lambda'} u'(\lambda', \lambda'')\, d\lambda' = 0.$$

Das Integral des Imaginärteiles $u''(\lambda', \lambda'')$

$$(28) \qquad U''(\lambda', \lambda'') = \int_0^{\lambda'} u''(\lambda', \lambda'')\, d\lambda'$$

ist wegen $u'' > 0$ bei festem λ'' eine monoton wachsende Funktion von λ', für die wegen (26) gilt:

$$(28') \quad -\pi \leqq U''(\lambda', \lambda'') \leqq +\pi, \quad \lim_{\lambda' \to \infty} U''(\lambda', \lambda'') - \lim_{\lambda' \to -\infty} U''(\lambda', \lambda'') = \pi.$$

Nach einem bekannten Auswahlverfahren[17]) kann man daher leicht eine Folge solcher Werte λ'' angeben, daß für sie

$$(29) \qquad \lim_{\lambda'' \to 0} U''(\lambda', \lambda'') = \sigma(\lambda')$$

überall gegen eine nicht abnehmende monotone Funktion $\sigma(\lambda')$ konvergiert, für die wegen (28')

$$(29') \qquad \lim_{\lambda' \to \infty} \sigma(\lambda') - \lim_{\lambda' \to -\infty} \sigma(\lambda') = \pi$$

ist; nur diese Folge soll fortan verwendet werden.

Es sei nunmehr μ eine Stelle der oberen Halbebene innerhalb des oben beschriebenen Integrationsweges; durch Anwendung des Cauchyschen Integralsatzes und Abschätzung auf Grund von (25) ergibt sich ähnlich wie oben

[17]) Vgl. etwa E. Hellinger[6]), p. 269; E. Helly, Sitzungsber. d. Akad. d. W. Wien, math.-nat. Kl. **121**, IIa (1912), S. 273; C. Carathéodory, Sitzungsber. d. preuß. Akad. d. W. 1920, S. 560.

$$2\pi i u(\mu) = \int_{-\infty}^{+\infty} \frac{u(\lambda' + i\lambda'')\, d\lambda'}{\lambda' + i\lambda'' - \mu}.$$

Ebenso folgt, daß das gleiche Integral über den konjugiert imaginären Weg verschwindet, und durch Subtraktion ergibt sich

$$\pi u(\mu) = \int_{-\infty}^{+\infty} d\lambda' \left\{ \frac{-\lambda'' u'(\lambda', \lambda'')}{(\lambda' + i\lambda'' - \mu)(\lambda' - i\lambda'' - \mu)} + \frac{(\lambda' - \mu)\, u''(\lambda', \lambda'')}{(\lambda' + i\lambda'' - \mu)(\lambda' - i\lambda'' - \mu)} \right\}.$$

Für $\lambda'' \to 0$ konvergiert der erste Summand wegen (27) gegen Null. Der zweite hat die Form $\int_{-\infty}^{+\infty} \Phi(\lambda', \lambda'')\, dU''(\lambda', \lambda'')$, wo $\lim\limits_{\lambda'' \to 0} \Phi(\lambda', \lambda'')$ gleichmäßig in λ' existiert; gemäß (29) wird daher nach einem bekannten einfachen Konvergenzsatz[18]) über monotone Funktionen

$$u(\mu) = \frac{1}{\pi} \int_{-\infty}^{+\infty} \frac{d\sigma(\lambda')}{\lambda' - \mu}, \tag{30}$$

womit die im allgemeinen über die ganze reelle Achse erstreckte Stieltjessche Integraldarstellung gewonnen ist. Man erkennt nachträglich leicht, daß $\sigma(\lambda')$ im wesentlichen eindeutig bestimmt ist.

---

[18]) Vgl. E. Hellinger [6]), S. 269; E. Hellinger u. O. Toeplitz [2]), S. 224; E. Helly [17]), S. 288.

(Eingegangen am 17. 9. 1921.)

On Power Series in General Analysis.

Von

Eliakim Hastings Moore in Chicago.

In his paper[1]): *Wesen und Ziele einer Analysis der unendlichvielen unabhängigen Variablen*, of 1909 Hilbert has given, with indications of the earlier literature, a sketch of the theory of functions of denumerably infinitely many independent variables in its central position amongst the various doctrines of Analysis.

In this theory, in analogy with the classical power series in a single variable z or in a finite system $\zeta \equiv (z_1, \ldots, z_m)$ of m variables z, we have the power series in a denumerably infinite system $\zeta \equiv (z_1, z_2, \ldots, z_p, \ldots)$ of variables z.

These power series are instances of the power series

$$(1) \qquad P(\zeta) \equiv \sum_{\nu} a_\nu \zeta^\nu \equiv \sum_{\nu} a_\nu \prod_{p} z_p^{n_p}$$

in a *general* system $\zeta \equiv (z_p \mid p)$ of variables z, a system possibly non-denumerably infinite. This *power series in General Analysis* we proceed to define.

Denote by $\mathfrak{A} \equiv [a]$ the class of all complex numbers a and by $\mathfrak{P} \equiv [p]$ a *general* (i. e., an *arbitrary particular*) class of elements p. Then, for fixed values of the variables z, the system $\zeta \equiv (z_p \mid p)$ is a function ζ: $\zeta(p) \equiv z_p$, on $\mathfrak{P}$ to $\mathfrak{A}$, that is, a function of the variable element p of the class $\mathfrak{P}$, the functional values z_p being numbers a of the class $\mathfrak{A}$.

Denote by $\mathfrak{J} \equiv [n]$ the class of all non-negative rational integers n and by $\mathfrak{N} \equiv [\nu]$ the class of all functions $\nu \equiv (\nu(p) \mid p) \equiv (n_p \mid p)$ on $\mathfrak{P}$ to $\mathfrak{J}$ which individually vanish ($n_p = 0$) except at most for a finite number

[1]) Rend. Circ. Mat. Palermo 27, pp. 59–74, 1909. – The material of this memoir Hilbert intended to give as a general lecture at the Fourth International Congress of Mathematicians at Rome in 1908.

of elements p. Then in the power series (1) for every ν there is a term $a_\nu \zeta^\nu$ with coefficient a_ν, a number of $\mathfrak{A}$, and with literal part $\zeta^\nu \equiv \prod_p z_p^{n_p}$, a product, possibly infinite in form, which however (with the interpretation $z^0 = 1$) reduces to the finite product of the factors having exponents $n_p > 0$ or to 1 if $\nu = 0$.

The power series (1) is an instance of the *general $\mathfrak{P}$-fold series*

$$(2) \qquad \sum_\nu b_\nu$$

of numerical terms b_ν. In case the class $\mathfrak{P}$ contains only one element p, the series (2) is the classical numerical series

$$(2') \qquad \sum_n^{0\,\infty} b_n$$

whose theory turns on the simple (natural) order of integers n associated with the binary relation $n_1 \leqq n_2$. Similarly, the theory of the $\mathfrak{P}$-fold series (2) turns on the $\mathfrak{P}$-fold order of functions ν associated with the binary relation[2]) $\nu_1 \leqq \nu_2$. Accordingly, for (2) as for (2') we define: the partial sums s_ν, convergence to a sum s, absolute convergence, etc., and have the usual elementary theorems: the uniqueness of the sum s of a convergent series, the Cauchy condition as necessary and sufficient for convergence, the comparison theorem, etc.

On replacing in (2) the class $\mathfrak{N}$ by a general class $\mathfrak{Q} = [q]$ of elements q, we have the *general numerical series*

$$(3) \qquad \sum_q b_q .$$

There is naturally no question of order of the elements q of the general class $\mathfrak{Q}$ and hence of the terms b_q of this "series". However for the class $\mathfrak{S} = [\sigma]$ of all finite sets σ of elements q of the class $\mathfrak{Q}$ we have the order of sets σ associated with the binary inclusion-relation: σ_1 *is contained in* σ_2, of Logic; and accordingly, building for every set σ the partial sum s_σ:

$$(4) \qquad s_\sigma = \sum_{q|\sigma} b_q ,$$

viz., the finite sum of the terms b_q whose indices q belong to the set σ, we treat the series (3) as a limit:

$$(5) \qquad \sum_q b_q = \underset{\sigma}{L}\, s_\sigma ,$$

[2]) Viz., $\nu_1(p) \equiv (n_{1p}) \leqq (n_{2p}) \equiv \nu_2(p)$ for every p. — Hence, for fixed ν_2 the functions ν_1 satisfying $\nu_1 \leqq \nu_2$ are in number finite.

the limit *as to* σ or *as* σ *swells* of the partial sum s_σ. — In general a function[3] $\tau = (t_\sigma \mid \sigma)$ on $\mathfrak{S}$ to $\mathfrak{A}$ is said to converge to a number t as limit[4]):

$$(6) \qquad L\tau = t, \quad \text{or} \quad \underset{\sigma}{L} t_\sigma = t,$$

in case for every positive number e there exists a finite set σ_e (depending on e) of such a nature that $|t_\sigma - t| \leqq e$ for every set σ containing σ_e. Then plainly: 1) A function τ is convergent if and only if it satisfies the Cauchy condition[5]); 2) A convergent function τ has a unique limit t; etc. — On applying this definition of limit to (5) we have: 1) A series (3) is convergent if and only if it satisfies the Cauchy condition[6]); 2) A convergent series (3) has a unique sum s; 3) For a series (3) of real non-negative terms b_q the finiteness of the upper bound of the partial sums s_σ is equivalent to convergence, the sum s being the finite upper bound; 4) Every convergent series (3) converges absolutely, and hence unconditionally, in the sense that its sum is unchanged however its terms without omission or duplication be associated with the elements q of the class $\mathfrak{Q}$; 5) The terms of a convergent series (3) are at most denumerably infinitely non-zero; 6) The comparison theorem[7]) holds; etc.

Every convergent series (3) with $\mathfrak{Q} = \mathfrak{N}$ is an absolutely convergent $\mathfrak{P}$-fold series (2), and conversely; every such series converges whether in the sense (2) or in the sense (3) to the same number as sum.

For every class $\mathfrak{P}$ there are non-absolutely convergent series (2) of non-zero terms, for example, the *general alternating harmonic series*

$$(7) \qquad \sum_\nu h_\nu = \sum_\nu \prod_p h_{n_p}$$

where

$$(7_0) \qquad h_n = (-1)^n \frac{1}{n+1} \qquad (n = 0, 1, 2, \ldots).$$

[3]) Obviously τ is not necessarily the function $(s_\sigma \mid \sigma)$ determined by a series (3).

[4]) This non-metrical limit, defined in my note of December 1915 in the Proceedings of the National Academy of Sciences, has played a fundamental rôle in my later researches in General Analysis.

[5]) For every positive number e there exists a finite set σ_e (depending on e) of such a nature that $|t_\sigma - t_{\sigma_e}| < e$ for every set σ containing σ_e.

[6]) For every positive number e there exists a finite set σ_e of such a nature that $|s_\sigma - s_{\sigma_e}| \leqq e$ for every set σ containing σ_e. — Here the final condition may be expressed also in the form: $|s_\sigma| < e$ for every set σ containing no element q of σ_e.

[7]) If a series $\sum_q c_q$ of real non-negative terms c_q converges, then every series $\sum_q b_q$ of terms b_q with $|b_q| \leqq c_q$ converges likewise and $|\sum_q b_q| \leqq \sum_q c_q$.

If the class $\mathfrak{P}$ is an infinite class, the sum of the series (7) is 0; if the class $\mathfrak{P}$ is a finite class of m elements p, the sum is h^m where h is the sum of the simple alternating harmonic series $\sum_n^{0\,\infty} h_n$.

The corresponding *general alternating harmonic power series*

$$(8) \qquad \sum_\nu h_\nu \zeta^\nu \equiv \sum_\nu \prod_p h_{n_p} z_p^{n_p}$$

for $\zeta = 1$ converges non-absolutely, and, if the class $\mathfrak{P}$ is non-denumerably infinite, it has a non-denumerable infinitude of non-zero terms. This example seems to justify the consideration of power series in a non-denumerable infinitude of independent variables.

It is however not the primary purpose of this note to consider the general theory of power series, but rather to state a theorem concerning a certain class of general power series, a theorem involving considerations of orthogonality akin to those entering the theory of Fourier series. In view of Hilbert's brilliant use in Analysis of geometric points of view (duality, orthogonality, etc.), I venture to call this the ***Hilbert class of power series***.

Consider a system $(\mathfrak{Z}; \gamma)$, where $\mathfrak{Z} \equiv [\zeta]$ is a class of functions ζ on $\mathfrak{P}$ to $\mathfrak{A}$ and $\gamma \equiv (c_\nu \mid \nu)$ is a nowhere vanishing function on $\mathfrak{N}$ to $\mathfrak{A}$, of such a nature that

(9) for every ζ of $\mathfrak{Z}$: $\quad \sum_\nu |c_\nu \zeta^\nu|^2 < \infty;$

(10) the only function $\beta \equiv (b_\nu \mid \nu)$ on $\mathfrak{N}$ to $\mathfrak{A}$, for which

(10.1) $\quad \sum_\nu |b_\nu|^2 < \infty,$

and

(10.2) for every ζ of $\mathfrak{Z}$: $\quad \sum_\nu b_\nu c_\nu \zeta^\nu = 0,$

is the function $\beta = 0$.

In such a system $(\mathfrak{Z}; \gamma)$ the class $\mathfrak{Z}$ is infinite, and a system $(\mathfrak{Z}_0; \gamma)$ where $\mathfrak{Z}_0$ is a subclass of $\mathfrak{Z}$ is of the same type if it satisfies (10).

A *Hilbert series* is a power series (1) having the form

(11) $\quad P(\zeta) \equiv \sum_\nu b_\nu c_\nu \zeta^\nu \quad$ with $\quad (11_0) \quad \sum_\nu |b_\nu|^2 < \infty$

relative to some *system* $(\mathfrak{Z}; \gamma)$ satisfying (9, 10). — Plainly a Hilbert series relative to $(\mathfrak{Z}; \gamma)$ converges absolutely for every ζ of $\mathfrak{Z}$ and has at most a denumerably infinite system of non-vanishing coefficients.

Examples. — A) A power series (1) converging absolutely for a nowhere vanishing function $\zeta = \zeta_0$ is a Hilbert series relative to $(\mathfrak{Z}; \gamma)$ where for every ν: $\gamma(\nu) \equiv c_\nu \equiv 1/|\zeta_0^\nu|$ and $\mathfrak{Z}$ is the class of all functions ζ for which $\sum_p |z_p|^2 |z_{0p}|^{-2} < 1$. — The series (9) has the value $1/\prod_p (1 - |z_p|^2 |z_{0p}|^{-2})$.

B) A power series

$$(12) \quad \sum_\nu b_\nu (\nu!)^{-\frac{1}{2}} \zeta^\nu \equiv \sum_\nu b_\nu \prod_p (n_p!)^{-\frac{1}{2}} z_p^{n_p} \quad \text{with} \quad (12_0) \sum_\nu |b_\nu|^2 < \infty$$

is a Hilbert series relative to $(\mathfrak{Z}; \gamma)$ where $\gamma \equiv ((\nu!)^{-\frac{1}{2}} | \nu)$ and $\mathfrak{Z}$ is the class of all functions ζ for which $\sum_p |z_p|^2 < \infty$. — The series (9) has the value

$$e^{\sum_p |z_p|^2}$$

Remark. — In view of a preceding remark and a known property of the simple power series, the power series of A), B) are Hilbert series relative to many systems $(\mathfrak{Z}_0; \gamma)$ where $\mathfrak{Z}_0$ is a subclass of the class $\mathfrak{Z}$ of A) or B), as the case may be. For example, if the class $\mathfrak{P}$ is finite or denumerably infinite and $(r_p | p)$ is an everywhere positive function on $\mathfrak{P}$ to $\mathfrak{A}$, with $\sum_p r_p^2 < 1, \infty$ in A), B) respectively, an effective $\mathfrak{Z}_0$ is the class of all functions ζ such that for every p: $|z_p| = r_p |z_{0p}|$ in A), $|z_p| = r_p$ in B).

For a system $(\mathfrak{Z}; \gamma)$ satisfying (9, 10) we have by ***hermitian polarization*** of the expressions in (9) the ***matrix*** or function η on $\mathfrak{Z}\mathfrak{Z}$ to $\mathfrak{A}$:

$$(13) \qquad \eta(\zeta_1, \zeta_2) \equiv \sum_\nu c_\nu \bar{c}_\nu \zeta_1^\nu \bar{\zeta}_2^\nu \qquad (\zeta_1, \zeta_2 \text{ of } \mathfrak{Z}).$$

The matrix η is ***hermitian***:

$$(14) \qquad \eta(\zeta_1, \zeta_2) = \overline{\eta(\zeta_2, \zeta_1)} \qquad (\zeta_1, \zeta_2 \text{ of } \mathfrak{Z}),$$

and it is of ***properly positive type***: For every finite set $\sigma \equiv (\zeta_1, \ldots, \zeta_m)$ of distinct functions ζ of $\mathfrak{Z}$ the determinant $d_{\eta\sigma}$ of the m^2 elements $\eta_{fg} \equiv \eta(\zeta_f, \zeta_g)$:

$$(15) \qquad d_{\eta\sigma} \equiv \begin{vmatrix} \eta_{11} & \cdot & \cdot & \eta_{1m} \\ \cdot & \cdot & \cdot & \cdot \\ \cdot & \cdot & \cdot & \cdot \\ \eta_{m1} & \cdot & \cdot & \eta_{mm} \end{vmatrix},$$

is positive.

With an hermitian matrix η of properly positive type on $\mathfrak{Z}\mathfrak{Z}$ to $\mathfrak{A}$, as defined by (14, 15) even if $\mathfrak{Z} \equiv [\zeta]$ is a *general* class, we associate a ***binary integration process** J* or J_η applicable to certain *J_η-**integrable*** matrices v on $\mathfrak{Z}\mathfrak{Z}$ to $\mathfrak{A}$ and yielding for every such matrix v a definite number u, in notation:

$$(16) \qquad J_\eta v = u \quad \text{or} \quad J_{\eta;(\zeta_1,\zeta_2)} v(\zeta_1, \zeta_2) = u,$$

according as the ***variables** (ζ_1, ζ_2) **of integration***, i. e., the variables eliminated by the process J_η, are not or are put in evidence. This integration process is defined as follows. Consider a matrix v on $\mathfrak{Z}\mathfrak{Z}$ to $\mathfrak{A}$ and for every finite set $\sigma \equiv (\zeta_1, \ldots, \zeta_m)$ of distinct elements ζ of $\mathfrak{Z}$ denote by $J_{\eta\sigma} v$ the sum

$$(17) \qquad J_{\eta\sigma} v \equiv \sum_{fg}^{1m} \tilde{\eta}_{fg} v_{fg}$$

of corresponding elements of the two matrices $\| \tilde{\eta}_{fg} \|$, $\| v_{fg} \|$ of order m. Here for $f, g = 1, \ldots, m$: $v_{fg} \equiv v(\zeta_f, \zeta_g)$ and the matrix $\| \tilde{\eta}_{fg} \|$ is the matrix reciprocal to the matrix $\| \eta_{fg} \|$ of determinant $d_{\eta\sigma} \neq 0$ by (15). It is to be noted that the numbers $d_{\eta\sigma}$, $J_{\eta\sigma} v$ depend upon the set σ and not upon the order of the elements ζ of the set σ. Then, in case as σ swells $J_{\eta\sigma} v$ has in the sense (6) the limit u, the matrix v is J_η-integrable and has u as its J_η-integral:

$$(18) \qquad u = J_\eta v \equiv \underset{\sigma}{L} J_{\eta\sigma} v.$$

If the matrix v is *factorable*, being the product of two functions $\varphi\psi$ (in definite order) on $\mathfrak{Z}$ to $\mathfrak{A}$, viz.,

$$(19) \qquad v \equiv \varphi\psi \quad \text{or} \quad v(\zeta_1, \zeta_2) \equiv \varphi(\zeta_1)\psi(\zeta_2) \qquad (\zeta_1, \zeta_2 \text{ of } \mathfrak{Z}),$$

then the limitand $J_{\eta\sigma} v$ may be expressed in the determinantal form

$$(20) \qquad J_{\eta\sigma} \varphi\psi \equiv - \begin{vmatrix} \eta_{11} & \cdot & \cdot & \eta_{1m} & \psi_1 \\ \cdot & \cdot & \cdot & \cdot & \cdot \\ \cdot & \cdot & \cdot & \cdot & \cdot \\ \eta_{m1} & \cdot & \cdot & \eta_{mm} & \psi_m \\ \varphi_1 & \cdot & \cdot & \varphi_m & 0 \end{vmatrix} : d_{\eta\sigma}.$$

The integration-process J_η is of special importance as applied to factorable matrices v. The process J_η is ***hermitian***: If $\bar{\varphi}\psi$ is integrable then $\bar{\psi}\varphi$ is integrable and $\overline{J_\eta \bar{\varphi}\psi} = J_\eta \bar{\psi}\varphi$; and it is ***of positive type***: If $\bar{\varphi}\varphi$ is integrable then $J_\eta \bar{\varphi}\varphi \geqq 0$. If $\bar{\varphi}\psi$ is integrable and $J_\eta \bar{\varphi}\psi = 0$, the functions φ, ψ are said to be ***orthogonal as to the matrix** η*. For every function φ, $J_{\eta\sigma}\bar{\varphi}\varphi$ is a ***monotone increasing function*** of σ: If σ_1 is contained in σ_2 then $J_{\eta\sigma_1}\bar{\varphi}\varphi \leqq J_{\eta\sigma_2}\bar{\varphi}\varphi$. If $\bar{\varphi}\varphi$ is integrable, φ is said to be ***modular as to*** η; the ***modulus*** $M\varphi$ of φ is the non-negative square root of the integral $J\bar{\varphi}\varphi$: $M^2\varphi = J\bar{\varphi}\varphi$; $M\varphi = 0$ if and only if $\varphi = 0$. The sum and the difference of two modular functions φ_1, φ_2 are modular, and the ***triangle property*** holds:

$$(21) \qquad |M\varphi_1 - M\varphi_2| \leqq M(\varphi_1 \pm \varphi_2) \leqq M\varphi_1 + M\varphi_2.$$

For two modular functions φ_1, φ_2 the matrix $\bar{\varphi}_1\varphi_2$ is J-integrable and the ***Cauchy*** (or Schwarz) ***inequality*** holds:

$$(22) \qquad |J\bar{\varphi}_1\varphi_2| = |J\varphi_1\bar{\varphi}_2| \leqq M\varphi_1 M\varphi_2.$$

The simplest hermitian matrix η of properly positive type on $\mathfrak{Z}\mathfrak{Z}$ to $\mathfrak{A}$, where $\mathfrak{Z}$ is a general class of elements ζ, is the matrix δ or $\delta_{\mathfrak{Z}}$:

$$(23) \qquad \delta(\zeta_1, \zeta_2) = 1 \quad \text{or} \quad 0$$

according as ζ_1, ζ_2 are the same or different, and for $\eta \equiv \delta$ the statements made above are readily verified. For this matrix δ the integration process J_δ is denoted by S or $S_{\mathfrak{Z}}$. — Thus, for example, a function $\beta \equiv (b_\nu | \nu)$ on $\mathfrak{N}$ to $\mathfrak{A}$ for which $\sum_\nu |b_\nu|^2 < \infty$ (cf. (10.1)) is modular as to $\delta_{\mathfrak{N}}$ and

$$M_{\mathfrak{N}}^2\beta \equiv S_{\mathfrak{N}}\bar{\beta}\beta = \sum_\nu |b_\nu|^2.$$

For a denumerably infinite class $\mathfrak{P}$ the matrix $\delta_{\mathfrak{P}}$ underlies Hilbert's investigations[8]) on limited linear and quadratic forms in infinitely many variables. The principal results of this theory of Hilbert of the system $\Sigma \equiv (\mathfrak{P}; \delta_{\mathfrak{P}})$, $\mathfrak{P}$ denumerably infinite, especially as developed by E. Hellinger and F. Riesz, hold for the doubly generalized system $\Sigma \equiv (\mathfrak{P}; \varepsilon^{P_0PH})$ where $\mathfrak{P}$ is a general class and ε is any hermitian matrix of properly[9]) positive type on $\mathfrak{P}\mathfrak{P}$ to $\mathfrak{A}$. This more general theory is naturally of still wider scope in that it permits the study of the interrelations of various systems $\Sigma \equiv (\mathfrak{P}; \varepsilon)$.

Of this general theory I have given above indications of definitions and theorems sufficient for the formulation of the theorem in question: Theorem I, concerning the Hilbert power series $P(\zeta)$ (1) relative to a system $(\mathfrak{Z}; \gamma)$ satisfying (9, 10). This theorem states an interrelation between the systems $\Sigma_{\mathfrak{N}} \equiv (\mathfrak{N}; \delta_{\mathfrak{N}})$ and $\Sigma_\eta \equiv (\mathfrak{Z}; \eta)$ dependent on the system $(\mathfrak{Z}; \gamma)$, the classes $\mathfrak{Z}$ being the same and the matrix η being given by (13). It is a corollary of, and will perhaps be clarified by

[8]) *Grundzüge einer allgemeinen Theorie der linearen Integralgleichungen*, IV. Mitteilung, Göttinger Nachrichten 1906, S. 157—227.

[9]) With suitable definitions, notably the definition of the reciprocal matrix of an algebraic matrix *even of vanishing determinant*, this more general theory holds for the system $\Sigma \equiv (\mathfrak{P}; \varepsilon^{PH})$ in which the hermitian matrix ε is of *positive type*, the determinants $d_{\varepsilon\sigma}$ (cf. (15)) being required to be merely $\geqq 0$.

Theorem II which states the corresponding interrelation between a general system $\Sigma \equiv (\mathfrak{P}; \varepsilon^{P_0 PH})$ and a system $\Sigma' \equiv (\mathfrak{P}'; \varepsilon'^{P_0 PH})$ where the matrix ε' is determined by a matrix ϱ on $\mathfrak{P}\mathfrak{P}'$ to $\mathfrak{A}$ which in Theorem I is the matrix $\varrho \equiv (\bar{c}_\nu \bar{\zeta}^\nu \,|\, \nu\zeta)$ on $\mathfrak{N}\mathfrak{Z}$ to $\mathfrak{A}$: $\varrho(\nu, \zeta) \equiv \bar{c}_\nu \bar{\zeta}^\nu$.

Theorem I. — Let $(\mathfrak{Z}; \gamma)$ be a system satisfying (9, 10); these conditions, otherwise expressed, state that the matrix ϱ: $\varrho(\nu, \zeta) \equiv \bar{c}_\nu \bar{\zeta}^\nu$ on $\mathfrak{N}\mathfrak{Z}$ to $\mathfrak{A}$ has as *columns* $\varrho_\zeta \equiv (\bar{c}_\nu \bar{\zeta}^\nu \,|\, \nu)$ functions on $\mathfrak{N}$ to $\mathfrak{A}$

(9) individually *modular as to* $\delta_{\mathfrak{N}}$: $S_{\mathfrak{N}} \bar{\varrho}_\zeta \varrho_\zeta < \infty$ (ζ of $\mathfrak{Z}$);

and

(10) in their totality forming a *complete system* of functions modular as to $\delta_{\mathfrak{N}}$: The only function μ on $\mathfrak{N}$ to $\mathfrak{A}$ which is modular as to $\delta_{\mathfrak{N}}$: $S_{\mathfrak{N}} \bar{\mu} \mu < \infty$, and orthogonal to every column ϱ_ζ:

$$S_{\mathfrak{N}} \bar{\mu} \varrho_\zeta = 0 \qquad (\zeta \text{ of } \mathfrak{Z})$$

is the function $\mu = 0$.

Then the following conclusions hold.

A) The matrix η: $\eta(\zeta_1, \zeta_2) \equiv S_{\mathfrak{N}} \bar{\varrho}_{\zeta_1} \varrho_{\zeta_2}$ given by (13) is an hermitian matrix of properly positive type on $\mathfrak{Z}\mathfrak{Z}$ to $\mathfrak{A}$.

B) The functions $\varrho_\nu \equiv (c_\nu \zeta^\nu \,|\, \zeta)$ on $\mathfrak{Z}$ to $\mathfrak{A}$, viz., the *conjugates of the rows* $(\bar{c}_\nu \bar{\zeta}^\nu \,|\, \zeta)$ of the matrix ϱ, are individually modular[10]) as to η and in their totality form a complete system[10]) of functions modular as to η. This system is moreover a *unitary orthogonal system as to* η:

(24) $$J_\eta \bar{\varrho}_{\nu_1} \varrho_{\nu_2} = {1 \atop 0} \qquad (\nu_1 {= \atop \neq} \nu_2).$$

C) A Hilbert series P: $P(\zeta) \equiv \Sigma\, b_\nu c_\nu \zeta^\nu$, with $\Sigma\, |b_\nu|^2 < \infty$, relative to the system $(\mathfrak{Z}; \gamma)$, is a function on $\mathfrak{Z}$ to $\mathfrak{A}$ of the form P: $P(\zeta) \equiv S_{\mathfrak{N}} \bar{\varrho}_\zeta \mu$, where $\mu \equiv (b_\nu \,|\, \nu)$ is a function on $\mathfrak{N}$ to $\mathfrak{A}$ modular as to $\delta_{\mathfrak{N}}$. The function P is modular as to η. — Conversely, every function μ' on $\mathfrak{Z}$ to $\mathfrak{A}$ modular as to η is such a Hilbert function P, viz., there exists (and by (10) uniquely) a function μ on $\mathfrak{N}$ to $\mathfrak{A}$ modular as to $\delta_{\mathfrak{N}}$ such that for every ζ of $\mathfrak{Z}$ $\mu'(\zeta) = S_{\mathfrak{N}} \varrho_\zeta \mu$, viz., the function μ: $\mu(\nu) = J_\eta \overline{\varrho_\nu} \mu'$. — Accordingly, for every ν the coefficient b_ν of the Hilbert series $P(\zeta)$ is given by the formula[11]):

(25) $$b_\nu = J_{\eta;(\zeta_1,\zeta_2)} \overline{\varrho_\nu(\zeta_1)}\, P(\zeta_2) \equiv J_{\eta;(\zeta_1,\zeta_2)} \bar{c}_\nu \bar{\zeta}_1^\nu\, P(\zeta_2).$$

D) In accordance with C) there is a $1-1$ correspondence: $\mu \sim \mu'$, between the functions μ on $\mathfrak{N}$ to $\mathfrak{A}$ modular as to $\delta_{\mathfrak{N}}$ and the functions μ'

---

[10]) In analogy with (9, 10), the matrix η replacing the matrix $\delta_{\mathfrak{N}}$.

[11]) The close analogy with the classical formulas of Fourier in the theory of Fourier series is evident.

on $\mathfrak{Z}$ to $\mathfrak{A}$ modular as to η, viz., the correspondence determined by either of the equivalent systems of equations:

(26) $$\mu'(\zeta) = S_{\mathfrak{N}} \overline{\varrho_{\zeta}} \mu \qquad (\zeta);$$

(27) $$\mu(\nu) = J_{\eta} \overline{\varrho_{\nu}} \mu' \qquad (\nu).$$

Under this correspondence ***modulus*** and ***inner product*** are invariant:

(28) $$M_{\mathfrak{N}} \mu = M_{\eta} \mu' \qquad (\mu \sim \mu');$$

(29) $$S_{\mathfrak{N}} \overline{\mu_1} \mu_2 = J_{\eta} \overline{\mu_1'} \mu_2' \qquad (\mu_1 \sim \mu_1';\ \mu_2 \sim \mu_2').$$

Accordingly,

E) if $P_1(\zeta) \equiv \sum_{\nu} b_{1\nu} c_{\nu} \zeta^{\nu}$, $P_2(\zeta) \equiv \sum_{\nu} b_{2\nu} c_{\nu} \zeta^{\nu}$ are two Hilbert series relative to $(\mathfrak{Z}; \gamma)$, then

(30) $$\sum_{\nu} \overline{b_{1\nu}} b_{2\nu} = J_{\eta;(\zeta_1, \zeta_2)} \overline{P(\zeta_1)} P(\zeta_2).$$

Two notations are convenient in the formulation of the more general Theorem II. 1) Let $v \equiv (v(pp') \mid pp')$ be a matrix on $\mathfrak{P}\mathfrak{P}'$ to $\mathfrak{A}$. Then $\breve{v}$ (read: v *conjugate transpose*) denotes the matrix $\breve{v} \equiv (\overline{v(pp')} \mid p'p)$ on $\mathfrak{P}'\mathfrak{P}$ to $\mathfrak{A}$, viz., for every p and p' we have $\breve{v}(p'p) = \overline{v(pp')}$. 2) If the matrix v von $\mathfrak{P}\mathfrak{P}'$ to $\mathfrak{A}$ and a function μ' on $\mathfrak{P}'$ to $\mathfrak{A}$ are such that for every p the matrix $v(p.)\mu' \equiv (v(pp_1')\mu'(p_2'') \mid p_1'p_2')$ is J'-integrable, that is, $J_{\varepsilon'}$-integrable, relative to an hermitian matrix ε' of properly positive type on $\mathfrak{P}'\mathfrak{P}'$ to $\mathfrak{A}$, then the integral $J'v(p.)\mu'$, as function of the variable p, is a function on $\mathfrak{P}$ to $\mathfrak{A}$ which we denote by $J'v\mu'$.

Theorem II. — Let $\mathfrak{P}$ and $\mathfrak{P}'$ be general classes and ε be an hermitian matrix of properly positive type on $\mathfrak{P}\mathfrak{P}$ to $\mathfrak{A}$. Let ϱ be a matrix on $\mathfrak{P}\mathfrak{P}'$ to $\mathfrak{A}$ whose columns $\varrho_{p'} \equiv \varrho(\cdot p') \equiv (\varrho(pp') \mid p)$, functions on $\mathfrak{P}$ to $\mathfrak{A}$, are individually modular as to ε and form in their totality a complete[12]) and finitely linearly independent[13]) system of functions modular as to ε.

Then the following conclusions hold.

A) The matrix $\varepsilon' \equiv J\breve{\varrho}\varrho \equiv (J\overline{\varrho(.p_1')}\varrho(.p_2') \mid p_1'p_2')$ is an hermitian matrix of properly positive type on $\mathfrak{P}'\mathfrak{P}'$ to $\mathfrak{A}$.

---

[12]) If μ is modular as to ε and $J\breve{\varrho}\mu = 0$ then $\mu = 0$. — We denote by J the integration-process J_{ε} and similarly, relative to a matrix ε' to appear presently, by J' the integration-process $J_{\varepsilon'}$.

[13]) For every finite set $\sigma' \equiv (p_1', \ldots, p_m')$ of distinct elements p' the linear relation $\varrho(.p_1')a_1 + \ldots + \varrho(.p_m')a_m = 0$ holds only if $(a_1, \ldots, a_m) = (0, \ldots, 0)$. — This condition is provably satisfied by the matrix ϱ of Theorem I on replacing $(\mathfrak{P}; \mathfrak{P}'; \varepsilon)$ by $(\mathfrak{N}; \mathfrak{Z}; \delta_{\mathfrak{N}})$.

B) The functions $\varrho_p \equiv \overline{\varrho(p\cdot)} \equiv (\overline{\varrho(pp')} \mid p')$ on $\mathfrak{P}'$ to $\mathfrak{A}$, viz., the conjugates of the rows of the matrix ϱ, are individually modular as to ε' and in their totality form a complete and finitely linearly independent system of functions modular as to ε'. Moreover $J' \varrho \breve{\bar{\varrho}} \equiv (J' \varrho(p_1\cdot) \overline{\varrho(p_2\cdot)} \mid p_1 p_2) = \varepsilon$.

C) For every function μ on $\mathfrak{P}$ to $\mathfrak{A}$ modular as to ε the function $\mu' \equiv J \breve{\bar{\varrho}} \mu$ is a function μ' on $\mathfrak{P}'$ to $\mathfrak{A}$ modular as to ε'. — Conversely, every function μ' on $\mathfrak{P}'$ to $\mathfrak{A}$ modular as to ε' is expressible (and by the hypothesis uniquely expressible) in the form $\mu' = J \breve{\bar{\varrho}} \mu$ where μ is a function on $\mathfrak{P}$ to $\mathfrak{A}$ modular as to ε, viz., the function $\mu \equiv J' \varrho \mu'$.

D) In accordance with C) there is a $1-1$ correspondence: $\mu \sim \mu'$, between the functions μ modular as to ε and the functions μ' modular as to ε', viz., the correspondence determined by either of the equivalent equations:

(31) $\qquad \mu' = J \breve{\bar{\varrho}} \mu; \qquad$ (32) $\qquad \mu = J' \varrho \mu'$.

Hence:

(33) $\qquad \mu = J' \varrho J \breve{\bar{\varrho}} \mu \quad (\mu); \qquad$ (34) $\qquad \mu' = J \breve{\bar{\varrho}} J' \varrho \mu' \quad (\mu')$.

Furthermore, under this correspondence modulus and inner product are invariant:

(35) $$M \mu = M' \mu' \qquad (\mu \sim \mu');$$

(36) $$J \bar{\mu}_1 \mu_2 = J' \bar{\mu}_1' \mu_2' \qquad (\mu_1 \sim \mu_1';\ \mu_2 \sim \mu_2).$$

(Eingegangen am 20. 9. 1921.)

Some problems of 'Partitio Numerorum': IV. The singular series in Waring's Problem and the value of the number $G(k)$.

By

G. H. Hardy in Oxford and J. E. Littlewood in Cambridge.

1. Introduction.

1. 1. In this memoir we continue the investigations initiated in two earlier memoirs bearing a similar title, and complete the proof of all the assertions which they contain[1]). We shall assume throughout that the reader is acquainted with the notation and terminology of these memoirs.

The fundamental theorem of Hilbert[2]) asserts the existence of the numbers $g(k)$ and $G(k)$. In our first memoir we proved that, if

$$a=\frac{1}{k}, \qquad K=2^{k-1}, \qquad \varkappa=1-\frac{1}{K}, \qquad s>2K+1,$$

then

(1. 11) $$r_{k,s}(n)=C n^{sa-1} S+O(n^{sa\varkappa+\varepsilon}),$$

where S is the 'singular series'

(1. 12) $$S=\sum\left(\frac{S_{p,q}}{q}\right)^{s} e_q(-np).$$

---

[1]) G. H. Hardy and J. E. Littlewood, Some problems of 'Partitio Numerorum': I. A new solution of Waring's Problem, Göttinger Nachrichten 1920, S. 33—54; II. Proof that every large number is the sum of at most 21 biquadrates, Mathematische Zeitschrift 9 (1921), S. 14—27.

The third memoir of the series (Some problems of 'Partitio Numerorum': III. On the expression of a number as a sum of primes) will appear shortly in the Acta Mathematica. The problems considered in this memoir are of a somewhat different character. We refer to these memoirs as P. N. 1, P. N. 2, P. N. 3.

[2]) D. Hilbert, Beweis für die Darstellbarkeit der ganzen Zahlen durch eine feste Anzahl n-ter Potenzen, Göttinger Nachrichten 1909, S. 17—36: reprinted with certain changes in Mathematische Annalen, 67 (1909), S. 281—300.

The sum of the series is positive, and indeed greater than $\frac{1}{2}$, if s is sufficiently large; and $sa\varkappa < sa - 1$ if $s > kK$. Thus

$$(1.13) \qquad r_{k,s}(n) \sim C n^{sa-1} S,$$

as $n \to \infty$, for all large enough values of s, say for $s \geqq G_1(k)$. It is plain that Hilbert's theorem follows as a corollary.

Important simplifications of our method have been effected by Landau[3]) and Weyl[4]). These improvements relate to our treatment of the 'major arcs'. In particular Weyl has shown that, if we are concerned with an existence theorem only, so that it is not important to obtain the best possible upper bound for $G(k)$, the rather difficult analysis which we used may be replaced by an argument of a much more elementary character.

We proved nothing in this memoir about the values of $G_1(k)$ or $G(k)$, though our analysis suggested very forcibly that

$$(1.14) \qquad G(k) \leqq G_1(k) \leqq kK + 1 = s_0.$$

In order to prove this it is necessary to examine the singular series more closely, and to prove that

$$(1.15) \qquad S > \sigma = \sigma(k, s) > 0$$

for $s \geqq s_0$. This would be sufficient; but in fact, as Herr Ostrowski has shown[5]), the truth of (1. 15) for $s = s_0$ will involve

$$(1.151) \qquad S > \sigma = \sigma(k) > 0$$

(the value of σ being independent of s) for $s \geqq s_0$. In our second memoir, however, we effected an improvement in (1. 11), showing that

$$(1.16) \qquad r_{k,s}(n) = C n^{sa-1} S + O\left(n^{(s-4)a\varkappa + 2a + \varepsilon}\right)$$

(a better result if only $k > 2$). If now we can prove that (1. 15), and therefore (1. 151), is true for $s > (k-2)K + 4$, we shall have proved that

$$(1.17) \qquad G(k) \leqq G_1(k) \leqq (k-2)K + 5.$$

This we proved before when $k = 4$, in some ways the most interesting case. It is the general proof of (1. 17) that is our primary object now.

---

[3]) E. Landau, Zur Hardy-Littlewoodschen Lösung des Waringschen Problems, Göttinger Nachrichten 1921, S. 88—92.

[4]) H. Weyl, Bemerkung zur Hardy-Littlewoodschen Lösung des Waringschen Problems, Göttinger Nachrichten 1922.

[5]) A. Ostrowski, Bemerkung zur Hardy-Littlewoodschen Lösung des Waringschen Problems, Mathematische Zeitschrift, 9 (1921), S. 28—34. We return to this point in § 6. 3.

Our principal theorem then, will be:

Theorem 1. *There is a positive number* $\sigma = \sigma(k, s)$ *such that* $S > \sigma$ *for* $s \geqq (k-2)K+5$, *so that*

$$r_{k,s}(n) \sim C n^{s\alpha-1} S$$

for all such values of s. *In particular,* $r_{k,s}(n)$ *is positive for all such values of* s *and all sufficiently large values of* n, *so that*

$$G(k) \leqq (k-2)K+5.$$

1. 2. We have in any event to undertake a detailed examination of the singular series; and we shall push our analysis a good deal further than is necessary for our immediate purpose. We do so primarily because the analysis is interesting in itself. But it must be remembered also that the inequality (1. 17) is, in all probability, far short of the actual truth. It is not unlikely that the order of the error term in (1. 16), which is the obstacle to further progress at present, may before long be materially reduced. The discussion of the singular series, for values of s smaller than those contemplated in Theorem 1, will then become of immediate importance, as every improvement in (1. 16) will give a corresponding improvement in the value of $G(k)$.

It may be useful if we summarise at this stage the existing state of knowledge as regards the values of $g(k)$ and $G(k)$. This is exhibited in the following table.

$k=$	2	3	4	5	6	7	8
$g(k) \leqq$	4	9	37	58	478	3806	31353
$g(k) \geqq \left[\left(\frac{3}{2}\right)^k\right] + 2^k - 2 =$	4	9	19	37	73	143	279
$G(k) \leqq$	4	8	37	58	478	3806	31353
$G(k) \leqq (k-2)2^{k-1}+5 =$	(5)	(9)	21	53	133	325	773
$G(k) \geqq$	4	4	16	6	9	8	32

The numbers in the first line are the upper bounds for $g(k)$ which have been obtained by elementary arguments, and are due in order to Lagrange, Wieferich, Wieferich, Baer, Baer, Wieferich, and Kempner respectively[6]). Those in the third line are the corresponding

[6]) The names are those of the authors who found the actual numbers quoted. The proofs of 'Waring's Theorem' for the cases in question are due to Lagrange, Maillet, Liouville, Maillet, Fleck, Wieferich, and Hurwitz (and Maillet) respectively. For detailed references see A. J. Kempner, Über das Waring'sche Problem und einige Verallgemeinerungen. Inaugural-Dissertation, Göttingen 1912, and W. S. Baer, Beiträge zum Waringschen Problem, Inaugural-Dissertation,

upper bounds for $G(k)$, and are identical with the numbers in the first except when $k=3$. The inequality $G(3)\leqq 8$ is due to Landau[7]).

The fourth line contains the upper bounds given by Theorem 1. It will be observed that the numbers for $k=2$ and $k=3$ are inferior to those already known, but that there is a very substantial improvement for all larger values of k.

The second and fifth lines contain the best known lower bounds for $g(k)$ and $G(k)$ respectively. It was observed by Euler, and later by Bretschneider[8]), that the number $2^k l-1$, where l is determined by

$$3^k = 2^k l + m, \qquad 0 < m < 2^k,$$

requires $l+2^k-2$ powers; and this observation gives the numbers tabulated. The numbers 4, 9, 19 are mentioned by Waring, but there is nothing to show that he had recognised the general law[9]).

The numbers in the fifth line are more interesting and require further explanation. It was proved by Hurwitz[10]) and Maillet[11]) that

$$G(k)\geqq k+1$$

for every k; and in some cases, *e. g.* for $k=3$, 5 and 7, no more than this is known.

In other cases it is possible to prove a good deal more by the consideration of simple congruence relations. The simplest case is $k=4$. Every biquadrate is congruent to 0 or to 1 to modulus 16, so that a number $16m+15$ requires at least 15 biquadrates. Thus (as was observed by Landau) $G(k)\geqq 15$, and Kempner, considering numbers $16^{\beta}.31$,

---

Göttingen 1913. The numbers for $k=7$ and $k=8$ could no doubt be substantially reduced.

Proofs of the existence of $g(k)$, from which an upper bound for $g(k)$ could be calculated, have also been given for $k=10$ (I. Schur), $k=12$ (Kempner) and $k=14$ (Kempner).

[7]) E. Landau, Über eine Anwendung der Primzahltheorie auf das Waringsche Problem in der elementaren Zahlentheorie, Mathematische Annalen, **66** (1909), S. 102—105.

[8]) See Kempner, loc. cit., S. 44—45.

[9]) Waring asserts quite explicitly, not merely that $g(k)$ exists, but that $g(2)=4$, $g(3)=9$, $g(4)=19$, 'et sic deinceps'. Nothing is known, so far as we are aware, inconsistent with the view that the numbers in question are the actual values of $g(k)$ for every k.

[10]) A. Hurwitz, Über die Darstellung der ganzen Zahlen als Summen von n-ter Potenzen ganzer Zahlen, Mathematische Annalen, **65** (1908), S. 424—427.

[11]) E. Maillet, Sur la décomposition d'un entier en une somme de puissances huitièmes d'entiers, Bulletin de la société mathématique de France, **36** (1908), p. 69–77.

where β is large, improved this inequality to $G(4) \geqq 16$. He also proved that $G(k) \geqq 4k$ whenever k is a power of 2, and that $G(6) \geqq 9$. This is the origin of the remaining numbers in our table. Again, every ninth power is congruent to 0, 1, or -1, to modulus 27, so that a number $27m \pm 13$ requires at least 13 ninth powers: thus $G(9) \geqq 13$.

Considerations of this character concerning cubes lead only to the Hurwitz-Maillet inequality; and when $k = 5$ or $k = 7$ the resulting inequalities are entirely trivial, for any residue to modulus 25 can be generated by 3 fifth powers, and any residue to modulus 49 by 4 seventh powers. It will be found that these simple facts have a very interesting bearing on the structure of our singular series.

2. The formal theory of the singular series.

2. 1. The singular series is absolutely convergent for sufficiently large values of s,[12]) and is then expressible as an infinite product

(2. 11) $$S = 1 + A_2 + A_3 + \ldots = \sum A_q = \chi_2 \chi_3 \chi_5 \ldots = \Pi \chi_\pi,$$

where π is a prime and

(2. 12) $$\chi_\pi = 1 + A_\pi + A_{\pi^2} + \ldots = \sum A_{\pi^\lambda}.$$ [13])

The sum χ_π is a finite sum, for A_{π^λ} is always zero from a certain value of λ onwards[14]).

The question of the absolute convergence of the series and product will be discussed more precisely later. Our immediate object is to determine the form of the factors χ_π.

2. 2. We suppose that $q = \pi^\lambda$ ($\lambda \geqq 1$), and we denote by $\nu(\xi, q, n)$ the number of solutions of the congrence

(2. 21) $$\sum_{r=1}^{s} x_r^k \equiv n \pmod{q}$$

for which

(2. 211) $$0 \leqq x_r < \xi \qquad (r = 1, 2, \ldots, s).$$

We write

(2. 22) $$\nu(q, q, n) = M(q, n) = M(q).$$ [15])

Finally, we denote by

(2. 23) $$N(q, n) = N(q)$$

[12]) P. N. 1, S. 40.

[13]) P. N. 2, S. 18.

[14]) P. N. 2, S. 22 (f. n. 7). This will also appear incidentally later (S. 372).

[15]) When it is unnecessary to show explicitly the dependence of M on n.

the number of solutions of (2.21) for which $0 \leqq x_r < q$ $(r \leqq s)$, and for which not every x is divisible by π. Such a solution we may call a *primitive* solution.

Following Landau, we write '$y \mid z$' and '$y \nmid z$' for 'z is divisible by y' and 'z is not divisible by y'. We shall find it convenient, moreover, to have a special notation to express '$y^r \mid z$, $y^{r+1} \nmid z$', *i. e.* 'y^r is the highest power of y that divides z'. In these circumstances we shall write '$y^r \| z$'.

This being so, the value of χ_π is given, in terms of the numbers N, by the following theorem.

Theorem 2. *Suppose that*

(2.24) $\qquad k > 2, \qquad \pi^\theta \| k \quad (\theta \geqq 0), \qquad (\pi^k)^\beta \| n \quad (\beta \geqq 0),$[16]

and let

(2.25) $\qquad \varphi = \theta + 1 \quad (\pi > 2), \qquad \varphi = \theta + 2 \quad (\pi = 2).$

Then

(2.26) $$\chi_\pi = B\pi^{\varphi(1-s)} N(\pi^\varphi, 0) + \pi^{\beta(k-s)+\varphi(1-s)} N\left(\pi^\varphi, \frac{n}{\pi^{\beta k}}\right),$$

where

(2.2611) $$B = 0 \qquad (\beta = 0),$$

(2.2612) $$B = 1 + \pi^{k-s} + \pi^{2(k-s)} + \pi^{(\beta-1)(k-s)} \qquad (\beta > 0).$$

The proof of this theorem rests on a series of lemmas.

2.3. Lemma 1. *If*

$$\pi^\theta \mid k \quad (\theta \geqq 0), \qquad q = \pi^\lambda, \qquad \lambda > \theta + 1 \quad (\pi > 2), \qquad \lambda > \theta + 2 \quad (\pi = 2),$$

(2.31) $$x = \xi + \alpha\pi^{\lambda-\theta-1},$$

then

(2.32) $$x^k \equiv \xi^k + \frac{k}{\pi^\theta}\alpha\xi^{k-1}\pi^{\lambda-1} \pmod{q}.$$

We have

$$x^k = \sum_{r=0}^{k} \binom{k}{r} \alpha^r \xi^{k-r} \pi^{r(\lambda-\theta-1)}.$$

The terms $r = 0, 1$ are those which occur in (2.32).

Suppose then $r \geqq 2$. The index of the highest power of π that divides $r!$ is

$$\left[\frac{r}{\pi}\right] + \left[\frac{r}{\pi^2}\right] + \ldots < \frac{r}{\pi - 1}.$$

---

16) $(\pi^k)^\beta \| n$ means, of course, $\pi^{\beta k} \mid n$, $\pi^{(\beta+1)k} \nmid n$. Its meaning is different from that of $\pi^{\beta k} \| n$, which would mean $\pi^{\beta k} \mid n$, $\pi^{\beta k+1} \nmid n$.

Hence the r-th term is divisible by π^c, where

$$c > \theta - \frac{r}{\pi-1} + r(\lambda - \theta - 1) = \lambda + \frac{\pi-2}{\pi-1} r + (r-1)(\lambda - \theta - 2) - 2.$$

If $\pi > 2$, $c - \lambda > \frac{1}{2} r - 2 \geqq -1$. If $\pi = 2$, $\lambda \geqq \theta + 3$, and so $c - \lambda > r - 1 - 2 \geqq -1$. In either case $c - \lambda > -1$, or $c - \lambda \geqq 0$.

2.4. Lemma 2: $\sum_{\lambda=0}^{\mu} A_{\pi^\lambda}(n) = \pi^{\mu(1-s)} M(\pi^\mu, n)$.

Writing, as usual, $q = \pi^\lambda$, we have

$$A_q = A_q(n) = \sum_p \left(\frac{S_{p,q}}{q}\right)^s e_q(-np)$$

$$= q^{-s} \sum_p \sum_{x_1, x_2, \dots, x_s = 0}^{q-1} e_q(p(x_1^k + x_2^k + \dots + x_s^k - n)) = q^{-s} \sum_{x_1, x_2, \dots, x_s} c_q(X),$$

where $X = x_1^k + x_2^k + \dots + x_s^k - n$ and $c_q(X)$ is Ramanujan's sum[17])

$$c_q(X) = \sum_p e_q(pX).$$

If $\lambda = 1$,

$$q = \pi, \quad c_\pi(X) = -1 \quad (\pi \nmid X), \quad c_\pi(X) = \pi - 1 \quad (\pi \mid X),$$

and

$$(2.41) \quad A_\pi = \pi^{-s}\Big(\sum_x (-1) + \sum_{\pi \mid X} \pi\Big) = \pi^{-s}(-\pi^s + \pi M(\pi)) = \pi^{1-s} M(\pi) - 1.$$

If $\lambda > 1$,

$$c_{\pi^\lambda}(X) = 0 \quad (\pi^{\lambda-1} \nmid X), \quad c_{\pi^\lambda}(X) = -\pi^{\lambda-1} \quad (\pi^{\lambda-1} \| X),$$

$$c_{\pi^\lambda}(X) = \pi^{\lambda-1}(\pi - 1) \quad (\pi^\lambda \mid X),$$

$$A_{\pi^\lambda} = \pi^{-\lambda s}\Big(\sum_{\pi^{\lambda-1} \mid X} (-\pi^{\lambda-1}) + \sum_{\pi^\lambda \mid X} \pi^\lambda\Big)$$

$$= \pi^{\lambda - \lambda s} M(\pi^\lambda) - \pi^{\lambda - \lambda s - 1} \nu(\pi^\lambda, \pi^{\lambda-1}, n).$$

If now

$$x_r = \xi_r + \alpha_r \pi^{\lambda-1} \quad (0 \leqq \xi_r < \pi^{\lambda-1}, \; 0 \leqq \alpha_r < \pi),$$

we have

$$\sum x_r^k \equiv \sum \xi_r^k \pmod{\pi^{\lambda-1}},$$

and so

$$\nu(\pi^\lambda, \pi^{\lambda-1}, n) = \sum_{\alpha_1, \alpha_2, \dots, \alpha_s} \nu(\pi^{\lambda-1}, \pi^{\lambda-1}, n) = \pi^s M(\pi^{\lambda-1}),$$

$$(2.42) \quad A_{\pi^\lambda} = \pi^{\lambda(1-s)} M(\pi^\lambda) - \pi^{(\lambda-1)(1-s)} M(\pi^{\lambda-1}).$$

---

[17]) See S. Ramanujan, On certain trigonometrical sums and their applications in the theory of numbers, Transactions of the Cambridge Philosophical Society, **22** (1918), pp. 259–276; G. H. Hardy, Note on Ramanujan's function $c_q(n)$, Proceedings of the Cambridge Philosophical Society, **20** (1921), pp. 263–271; and P. N. 3.

The lemma follows from (2.41) and (2.42). As corollaries we have

Lemma 3: $\chi_\pi \geqq 0$.

Lemma 4: *If n is representable in any manner as a sum of s (positive, negative, or zero) k-th powers, then $\chi_\pi > 0$.*

Lemma 3 is an immediate consequence of Lemma 2. To prove Lemma 4 we have only to observe that $A_{\pi^\lambda} = 0$ from a certain value of λ onwards[18]), and that, under the hypothesis of the lemma, $M(\pi^\lambda) > 0$ for every λ.

2.5. Lemma 5. *If $\pi^\theta | k$ $(\theta \geqq 0)$, then*

(2.51) $$N(\pi^\mu, m) = \pi^{(\mu-\varphi)(s-1)} N(\pi^\varphi, m),$$

where φ is defined as in Theorem 2, $\mu \geqq \varphi$, and m is arbitrary.

We may suppose $\mu > \varphi$, and write

(2.52) $$x_r = \xi_r + \alpha_r \pi^{\mu-\theta-1} \quad (0 \leqq \xi_r < \pi^{\mu-\theta-1},\ 0 \leqq \alpha_r < \pi^{\theta+1}).$$

Let $k = \pi^\theta k_0$. Then $(k_0, \pi) = 1$. Also

(2.53) $$x_r^k \equiv \xi_r^k + k_0 \alpha_r \xi_r^{k-1} \pi^{\mu-1} \qquad (\operatorname{mod} \pi^\mu),$$

by Lemma 1. If now

(2.54) $$m = m_1 + m_2 \pi^{\mu-1} \qquad (0 \leqq m_1 < \pi^{\mu-1}),$$

the congruence

(2.55) $$\sum x_r^k \equiv m \qquad (\operatorname{mod} \pi^\mu,\ 0 \leqq x_r < \pi^\mu),$$

is equivalent to the pair of congruences

(2.551) $$\sum \xi_r^k \equiv m_1 \equiv m \qquad (\operatorname{mod} \pi^{\mu-1},\ 0 \leqq \xi_r < \pi^{\mu-\theta-1}),$$

and

(2.552) $$\sum k_0 \alpha_r \xi_r^{k-1} \equiv m_2 - \frac{\Sigma \xi_r^k - m_1}{\pi^{\mu-1}} \qquad (\operatorname{mod} \pi,\ 0 \leqq \alpha_r < \pi^{\theta+1}).$$

In what follows we take into consideration only primitive solutions of (2.55) and (2.551). In such a solution of (2.551) some ξ, say ξ_1, is not divisible by π. This being so, the values of $\alpha_2, \alpha_3, \ldots$ in (2.552) may be assigned arbitrarily, and then, since $(k_0 \xi_1^{k-1}, \pi) = 1$, the value of α_1 will be determined uniquely to modulus π. There will therefore be π^θ possible values of α_1 less than $\pi^{\theta+1}$, and $\pi^\theta (\pi^{\theta+1})^{s-1} = \pi^{(\theta+1)s-1}$ sets of α's associated with every solution of (2.551). That is to say we have

(2.56) $$N(\pi^\mu, m) = \pi^{(\theta+1)s-1} N_1,$$

[18]) See S. 369, footnote [14]).

where $N(\pi^{\mu}, m)$ is the number of primitive solutions of (2.55) and N_1 the number of primitive solutions of (2.551).

Again, $N(\pi^{\mu-1}, m)$ is the number of primitive solutions of

(2.57) $$\sum x_r^k \equiv m \quad (\operatorname{mod} \pi^{\mu-1},\ 0 \leqq x_r < \pi^{\mu-1}).$$

If here we write

$$x_r = \xi_r + \alpha_r \pi^{\mu-\theta-1} \quad (0 \leqq \xi_r < \pi^{\mu-\theta-1},\ 0 \leqq \alpha_r < \pi^{\theta}),$$

and use Lemma 1 and the hypothesis $\mu > \varphi$, we obtain

$$x_r^k \equiv \xi_r^k \qquad (\operatorname{mod} \pi^{\mu-1}).$$

Hence

(2.58) $$N(\pi^{\mu-1}, m) = \sum_{\alpha_1, \alpha_2, \ldots, \alpha_s} N_1 = \pi^{\theta s} N_1.$$

From (2.56) and (2.58) we deduce

(2.59) $$N(\pi^{\mu}, m) = \pi^{s-1} N(\pi^{\mu-1}, m) \qquad (\mu > \varphi),$$

and the lemma follows immediately.

Proof of Theorem 2.

2.61. Let ν be the integer such that $\pi^{\beta k+\nu} | n$, so that $0 \leqq \nu < k$; let

(2.611) $$\lambda_0 = \operatorname{Max}(\beta k + \nu + 1, \beta k + \varphi);$$

and suppose that $\lambda \geqq \lambda_0$.

We divide the solutions (primitive or imprimitive) of

(2.612) $$\sum x_r^k \equiv n \qquad (\operatorname{mod} \pi^{\lambda},\ 0 \leqq x_r < \pi^{\lambda}),$$

into classes as follows. In the first class we put the primitive solutions, $N(\pi^{\lambda}, n)$ in number; in the second class the solutions in which every x is divisible by π but not every x by π^2; in the third those in which every x is divisible by π^2 but not every x by π^3; and so on.

The second class of solutions is correlated with the class of primitive solutions of

(2.613) $$\sum y_r^k \equiv \frac{n}{\pi^k} \quad (\operatorname{mod} \pi^{\lambda-k},\ 0 \leqq y_r < \pi^{\lambda-1}).$$

If we write

$$y_r = \xi_r + \alpha_r \pi^{\lambda-k} \quad (0 \leqq \xi_r < \pi^{\lambda-k},\ 0 \leqq \alpha_r < \pi^{k-1}),$$

then

$$\sum y_r^k \equiv \sum \xi_r^k \qquad (\operatorname{mod} \pi^{\lambda-k}),$$

and the number of primitive solutions of (2.613) is plainly $\pi^{(k-1)s}$ times the number of similar solutions of

$$\sum \xi_r^k \equiv \frac{n}{\pi^k} \qquad (\operatorname{mod} \pi^{\lambda-k},\ 0 \leqq \xi_r < \pi^{\lambda-k}),$$

or is

$$\pi^{(k-1)s} N\left(\pi^{\lambda-k}, \frac{n}{\pi k}\right).$$

Similarly the number of solutions of the $(\alpha+1)$-th class, where $\alpha \leqq \beta$, is

$$\pi^{\alpha(k-1)s} N\left(\pi^{\lambda-\alpha k}, \frac{n}{\pi \alpha k}\right). \tag{2.615}$$

There are no solutions of any higher class, since $(\beta+1)k \geqq \beta k+\nu+1$ and $\pi^{\beta k+\nu+1} \nmid n$. Hence, if $\lambda \geqq \beta k+\nu+1$, and so certainly if $\lambda \geqq \lambda_0$, we have

$$M(\pi^\lambda, n) = \sum_{\alpha=0}^{\beta} \pi^{\alpha(k-1)s} N\left(\pi^{\lambda-\alpha k}, \frac{n}{\pi \alpha k}\right). \tag{2.616}$$

2.62. Again, if $\lambda - \alpha k \geqq \varphi$, and so certainly if $\lambda \geqq \lambda_0$ and $\alpha \leqq \beta$, we have, by Lemma 5,

$$N\left(\pi^{\lambda-\alpha k}, \frac{n}{\pi \alpha k}\right) = \pi^{(\lambda-\alpha k-\varphi)(s-1)} N\left(\pi^\varphi, \frac{n}{\pi \alpha k}\right). \tag{2.621}$$

Making this substitution in (2.616), and multiplying by $\pi^{\lambda(1-s)}$, we obtain

$$\begin{aligned} \pi^{\lambda(1-s)} M(\pi^\lambda, n) &= \sum_{\alpha=0}^{\beta} \pi^{\lambda(1-s)} \cdot \pi^{\alpha(k-1)s} \cdot \pi^{(\lambda-\alpha k-\varphi)(s-1)} N\left(\pi^\varphi, \frac{n}{\pi \alpha k}\right) \\ &= \sum_{\alpha=0}^{\beta} \pi^{\alpha(k-s)+\varphi(1-s)} N\left(\pi^\varphi, \frac{n}{\pi \alpha k}\right). \end{aligned} \tag{2.622}$$

If $\alpha < \beta$ and $\varphi \leqq k$, $\frac{n}{\pi \alpha k}$ is divisible by π^φ, and we may replace it in N by 0. If $\pi > 2$, $\varphi = \theta+1 \leqq 2^\theta \leqq \pi^\theta \leqq k$. If $\pi = 2$, $\varphi = \theta+2 \leqq 2^\theta \leqq k$ unless $\theta = 0$ or $\theta = 1$, in which cases $\varphi \leqq 3 \leqq k$. Hence we may replace every N in (2.622), except that for which $\alpha = \beta$, by 0.

It follows that the right hand side of (2.622), is equal, when $\lambda \geqq \lambda_0$, to the value for χ_π given in Theorem 2. It is also independent of λ, and therefore, by Lemma 2, equal to

$$\lim_{\lambda\to\infty} \pi^{\lambda(1-s)} M(\pi^\lambda, n) = \chi_\pi. \tag{2.623}$$

This completes the proof of the theorem. We may observe that we have shown incidentally that

$$A_{\pi^\lambda} = 0 \qquad (\lambda > \lambda_0). \tag{2.624}$$

3. Some properties of the sums $S_{p,q}$.

3.1. In this section we establish certain properties of the Gaussian sums

$$S_{p,q} = S_{p,q,k} = \sum_{j=0}^{q-1} e_q(j^k p) \tag{3.11}$$

which will be useful for the further study of the singular series[19]). We have not attempted to make the theory complete, though we have developed it a little further than is absolutely necessary.

We denote by

$$\chi = \chi_\varkappa = \chi_\varkappa(m) \qquad (1 \leqq \varkappa \leqq h = \varphi(q))$$

the h Dirichlet's ,characters' to modulus q.[20]) χ_1 is the principal character, and $\bar{\chi}_\varkappa$ is the character conjugate to $\chi_\varkappa$. We shall be concerned only with the case $q = \pi^\lambda$, where $\pi > 2$ and $\lambda \geqq 1$.

It will be convenient to write

$$S'_{p,q} = \sum_{j=0}^{q-1} \chi_1(j) e_q(j^k p) = \sum_{(j,q)=1} e_q(j^k p). \tag{3.12}$$

It is plain that, if $\lambda \leqq k$,

$$S_{p,q} = S'_{p,q} + \sum_{\pi | j} 1 = S'_{p,q} + \pi^{\lambda-1}. \tag{3.13}$$

3.2. Lemma 6. *If* $(l, q) = 1$ *then*

$$\sum_\varkappa \bar{\chi}_\varkappa(l) \chi_\varkappa(m) = 0$$

unless $m \equiv l \pmod q$, *in which case the sum is* h.

The result is obvious if $(m, q) > 1$. If $(m, q) = 1$, we determine m from the congruence $mm' \equiv 1 \pmod q$. We have then

$$\bar{\chi}_\varkappa(l) \chi_\varkappa(m) = \bar{\chi}_\varkappa(l) \bar{\chi}_\varkappa(m') = \bar{\chi}_\varkappa(lm'),$$

and

$$\sum_\varkappa \bar{\chi}_\varkappa(lm') = 0$$

unless $lm' \equiv 1$ or $m \equiv l$, in which case the sum is h.

---

[19]) What we do is, in effect, to develop from our own point of view certain portions of the theory of the division of the circle (***Kreisteilung***). It is not unlikely that the substance of our analysis is to be found elsewhere; but it is not altogether easy to extract, from the classical accounts of the theory, the particular parts which we require.

[20]) A systematic account of the theory will be found in Landau's ***Handbuch***, **1** (Zweites Buch).

We write

$$(2.21)\qquad \delta = (h, k) = (\varphi(q), k) = (\pi^{\lambda-1}(\pi-1), k).$$

3.3. Lemma 7. *There are just δ characters $\chi_\varkappa$ which possess the property*

$$(3.31)\qquad \chi_\varkappa^k = \chi_1.$$

These characters are given by

$$(3.32)\qquad \chi_\varkappa(l) = e\left(\frac{\varrho z}{\delta}\right),$$

where $\varrho = 0, 1, 2, \ldots, \delta-1$ and z is the index of l.

We have generally

$$(3.33)\qquad \chi_\varkappa(l) = e\left(\frac{yz}{h}\right),$$

where y is the index which specifies $\varkappa$.[21] The necessary and sufficient condition for (3.31) is that $kyz \equiv 0 \pmod{h}$ for every z, or that

$$(3.34)\qquad ky \equiv 0 \pmod{h}.$$

From (3.34) we deduce

$$(3.35)\qquad \frac{ky}{\delta} \equiv 0 \left(\mathrm{mod}\, \frac{h}{\delta}\right),$$

which has the single solution $y \equiv 0$ to modulus $\frac{h}{\delta}$. Thus (3.35) has the δ solutions

$$y \equiv \frac{\varrho h}{\delta} \qquad (\varrho = 0, 1, \ldots, \delta-1)$$

to modulus h. These are all solutions of (3.34), and are plainly the only solutions.

We shall call the characters $\chi' = \chi_{\varkappa'}$ which satisfy (3.31) the *special* characters. It is clear that $\bar{\chi}_{\varkappa'}$ is a special character.

Lemma 8. *We have*

$$(3.36)\qquad \sum_{\varkappa'} \bar{\chi}_{\varkappa'}(l) = 0 \;\; (\delta \nmid z), \qquad \sum_{\varkappa'} \bar{\chi}_{\varkappa'}(l) = \delta \;\; (\delta \mid z).$$

For

$$\sum_{\varkappa'} \bar{\chi}_{\varkappa'}(l) = \sum_{\varrho=0}^{\delta-1} e\left(-\frac{\varrho z}{\delta}\right).$$

Lemma 9. *Suppose that $q = \pi^\lambda$ $(\lambda > 1)$, and that $k \mid \pi - 1$, so that $\delta = k$. Then*

$$(3.37)\qquad \sum_l e_q(lp) = 0,$$

---

[21]) Landau, S. 401–402.

if $(p, q) = 1$ *and the summation is extended over those residues* l *of* q *for which* $\delta \mid z$.

We denote by

$$G = g + m\pi$$

the primitive root $(\operatorname{mod} q)$ to which the indices refer, g being a primitive root $(\operatorname{mod} \pi)$.[22])

Suppose first that $\delta = k = \pi - 1$. Then the indices of the l's in question are

$$0,\quad \pi - 1,\quad 2(\pi - 1),\quad \ldots,\quad (\pi^{\lambda-1} - 1)(\pi - 1).$$

Suppose that z_1 and z_2 are any two of these $\pi^{\lambda-1}$ indices, $z_2 > z_1$, and l_1 and l_2 the corresponding values of l. Then

$$l_2 - l_1 \equiv G^{z_1}(G^{z_2 - z_1} - 1) = G^{z_1}(G^{\mu\delta} - 1) \qquad (\operatorname{mod} \pi),$$

where μ is an integer, and

$$G^{\mu\delta} - 1 \equiv g^{\mu\delta} - 1 \equiv 0 \qquad (\operatorname{mod} \pi).$$

Hence $l_2 - l_1 \equiv 0 \ (\operatorname{mod} \pi)$. On the other hand, l_1 and l_2 are incongruent to modulus q, since $\mu\delta = z_2 - z_1 < \pi^{\lambda-1}(\pi - 1)$ and G is a primitive root for q. It follows that the l's in question are the numbers of the arithmetical progression

$$1,\quad \pi + 1,\quad 2\pi + 1,\quad \ldots,\quad (\pi^{\lambda-1} - 1)\pi + 1,$$

so that

$$\sum_l e_q(-lp) = e_q(-p) \sum_{r=0}^{\pi^{\lambda-1}-1} e\left(-\frac{rp}{\pi^{\lambda-1}}\right) = 0.$$

The lemma is therefore proved when $\delta = \pi - 1$. The extension to the general case is immediate. The indices of the l's in question are now

$$0,\ \delta,\ 2\delta, \ldots,\ \pi - 1, \ldots,\ \pi^{\lambda-1}(\pi - 1) - \delta$$

and form $\frac{\pi - 1}{\delta}$ arithmetical progressions of the type

$$A,\ A + \pi - 1, \ldots,\ A + (\pi^{\lambda-1} - 1)(\pi - 1),$$

where A is one of $0, \delta, 2\delta, \ldots, \pi - 1 - \delta$. The l's corresponding to the indices contained in any one of these progressions form an arithmetical pregression of difference π, and the sum of the lemma splits up into $\frac{\pi - 1}{\delta}$ sums which vanish individually.

[22]) Landau, *Handbuch*, S. 394.

3.4. Lemma 10. *We have*

$$(3.41)\qquad S'_{p,q} = \sum_{l=0}^{q-1} e_q(lp) \sum_{\varkappa'} \bar{\chi}_{\varkappa'}(l),$$

the summation with respect to $\varkappa'$ extending over all special characters.

We may plainly restrict l to values prime to q. If $(l, q) = 1$, $(m, q) = 1$, we have, by Lemma 6,

$$\sum e_q(lp) \sum_{\varkappa} \bar{\chi}_{\varkappa}(l) \chi_{\varkappa}(m) = \sum_{l=m} \sum_{\varkappa} + \sum_{l \neq m} \sum_{\varkappa} = h e_q(mp).$$

Hence, if j runs through values less than and prime to q,

$$S'_{p,q} = \sum e_q(j^k p) = \frac{1}{h} \sum_j \sum_l \sum_{\varkappa} e_q(lp) \bar{\chi}_{\varkappa}(l) \chi_{\varkappa}(j^k)$$

$$= \frac{1}{h} \sum_l e_q(lp) \sum_{\varkappa} \bar{\chi}_{\varkappa}(l) \sum_j (\chi_{\varkappa}(j))^k.$$

The sum with respect to j is zero unless $\chi_{\varkappa}$ is special, when it is h; whence the lemma.

Lemma 11. *If $q = \pi^\lambda$ $(1 \leqq \lambda \leqq k)$ and $\delta = (h, k)$, then*

$$(3.42)\qquad S'_{p,q,k} = S'_{p,q,\delta}.$$

This is an immediate consequence of Lemma 10. For the right hand side of (3.41) involves k only in so far as the special characters are fixed by k, and is therefore unaltered when k is replaced by δ.

Lemma 12. *If $q = \pi^\lambda$ $(1 < \lambda \leqq k)$ and $\pi \nmid k$, then*

$$(3.43)\qquad S_{p,q,k} = \pi^{\lambda-1}.$$ [23])

It is plain from (3.13) that what we have to prove is

$$(3.44)\qquad S'_{p,q,k} = 0,$$

or, by Lemma 11,

$$(3.45)\qquad S'_{p,q,\delta} = 0.$$

By Lemmas 10 and 8, we have

$$S'_{p,q,\delta} = \sum_l e_q(lp) \sum_{\varkappa'} \bar{\chi}_{\varkappa'}(l) = \delta \sum_l e_q(lp),$$

where the last summation is restricted to values of l whose indices are multiples of δ; and this sum is zero, by Lemma 9 [24]).

---

[23]) This has been proved already, in a different manner, in P. N. 2, S. 19—21; but it is interesting to see how the result arises from our present point of view.

[24]) Since $\delta \mid \pi - 1$ when $\pi \nmid k$.

3.5. Lemma 13. *If $\lambda = 1$, $q = \pi$, and $\delta = 1$, then*

(3.51) $$S_{p,q,k} = 0.$$

But if $\delta > 1$ then

(3.52) $$S_{p,q,k} = \sum_{\varkappa'} \tau_{\bar{\varkappa}'} \chi_{\varkappa'}(p),$$

where

(3.53) $$\tau_{\varkappa} = \sum_{l} e_q(l) \bar{\chi}_{\varkappa}(l),$$

and the summation with respect to $\varkappa'$ extends over the special characters χ', exclusive of the principal character χ_1. Also

(3.54) $$|S_{p,q,k}| \leqq (\delta - 1)\sqrt{q}.$$

We may regard (3.52) as including (3.51), since its right hand side disappears when $\delta = 1$.

We have, by (3.13) and (3.41),

$$S_{p,q,k} = 1 + S'_{p,q,k} = 1 + \sum_{l} e_q(lp)\bar{\chi}_1(l) + \sum_{l} e_q(lp) \sum_{\varkappa'} \bar{\chi}_{\varkappa'}(l),$$

where the principal character is now excluded from the summation with respect to $\varkappa'$, and l runs from 0 to $q-1$. The sum of the first two terms is

$$1 + c_q(p) = 1 + \mu(q) = 0.$$

The third term is

$$\sum_{\varkappa'} \chi_{\varkappa'}(p) \sum_{l} e_q(lp) \bar{\chi}_{\varkappa'}(lp).$$

Since lp runs through the residues of q when l does so, the inner sum is $\tau_{\bar{\varkappa}'}$, whence the result of the lemma.

Finally, to prove (3.54), we have only to observe that, q being prime, $\bar{\chi}_{\varkappa}$ is primitive (***eigentlich***)[25]), and

$$|\tau_k| = \sqrt{q}.$$

4. The behaviour of χ_π for large values of π.

4.1. In this section we are concerned with large values of π, and may suppose $\pi > k$, so that $\theta = 0$, $\varphi = 1$. The O's which occur refer to the passage of π to infinity; the constants which they imply depend upon k and s, but not upon n.

We suppose that $k \geqq 3$.

Lemma 14. *We have*

(4.11) $$A_\pi = \pi^{-s} \sum_{p} e_\pi(-np) \Big(\sum_{\varkappa'} \tau_{\bar{\varkappa}'} \chi_{\varkappa'}(p) \Big)^s,$$

[25]) Landau, *Handbuch*, S. 479.

where the summation with respect to $\varkappa'$ extends over all special characters other than the principal character.

This follows at once from (3.52).

Lemma 15. *If $s \geqq 1$, $\beta = 0$, then*

(4.12) $$\chi_\pi = 1 + O(\pi^{\frac{1}{2}-\frac{1}{2}s}).$$

We suppose first that $\pi \nmid n$, so that $\nu = 0$. Then

(4.13) $$\chi_\pi = 1 + A_\pi.$$

Here we replace A_π by the right hand side of (4.11). Any product of χ's is a χ and so, when we expand by the multinomial theorem and invert the order of summation, we obtain

$$A_\pi = \pi^{-s} \sum_1 T \sum_p \chi(p) e_\pi(-np),$$

where T is a product of s τ's, χ a product of s χ's, and the number of terms in $\sum_1$ is $O(1)$. The inner sum is $O(\sqrt{\pi})$ for every χ and all values of n in question[26]), and so

$$A_\pi = O(\pi^{-s} \cdot (\sqrt{\pi})^s \cdot \sqrt{\pi}) = O(\pi^{\frac{1}{2}-\frac{1}{2}s}),$$

which proves the lemma when $\pi \nmid n$.

Next suppose $\pi \mid n$, so that $0 < \nu < k$. In this case $\lambda_0 = \nu + 1$ and

(4.14) $$\chi_\pi = 1 + A_\pi + \sum_2^{\nu+1} A_{\pi^\lambda}.$$

Now $S_{p,\pi^\lambda} = \pi^{\lambda-1}$ for $2 \leqq \lambda \leqq \nu + 1 \leqq k$, by Lemma 12; and so

$$A_{\pi^\lambda} = \pi^{-s} \sum_p e_{\pi^\lambda}(-np) = \pi^{-s} c_{\pi^\lambda}(n),$$

$$A_{\pi^\lambda} = \pi^{\lambda-s-1}(\pi - 1) \quad (2 \leqq \lambda \leqq \nu), \qquad A_{\pi^\lambda} = -\pi^{\lambda-s-1} \quad (\lambda = \nu + 1),$$

$$\sum_2^{\nu+1} A_{\pi^\lambda} = -\pi^{1-s}.$$

Thus

$$\chi_\pi = 1 + O(\pi^{\frac{1}{2}-\frac{1}{2}s}) - \pi^{1-s} = 1 + O(\pi^{\frac{1}{2}-\frac{1}{2}s}).$$

This completes the proof of Lemma 15.

If n is fixed, $\pi \nmid n$ from a certain value of π onwards. Hence we obtain

Theorem 3. *The singular series $S = \Sigma A_q$, and the product $P = \Pi \chi_\pi$, are absolutely convergent for $s \geqq 4$, and $S = P$.*

---

[26]) It is -1 if χ is the principal character, and the product of a χ and a τ if χ is non-principal (and so primitive: Landau, *Handbuch*, S. 480).

4.2. Lemma 16. *If* $s \geqq 1$ *then*

(4.21) $1+O(\pi^{\frac{1}{2}-\frac{1}{2}s}) < \chi_\pi < (1+\pi^{k-s}+\ldots+\pi^{\beta(k-s)})(1+O(\pi^{\frac{1}{2}-\frac{1}{2}s}))$.

This is proved already if $\beta = 0$, and we may suppose $\beta > 0$. From Theorem 2 we have, on the one hand

(4.22) $$\chi_\pi(n) \geqq \pi^{1-s} N(\pi, 0),$$

and on the other

(4.23) $$\chi_\pi(n) \leqq (1+\pi^{k-s}+\ldots+\pi^{(\beta-1)(k-s)})\pi^{1-s}N(\pi,0) + \pi^{\beta(k-s)+1-s}N(\pi, n'),$$

where $n' = \frac{n}{\pi^{\beta k}}$. Since neither π nor n' is divisible by π^k, we have

$$\pi^{1-s}N(\pi,0) = \pi^{1-s}N(\pi,\pi) = \chi_\pi(\pi), \qquad \pi^{1-s}N(\pi,n') = \chi_\pi(n'),$$

and each of these is, by Lemma 15, of the form $1+O(\pi^{\frac{1}{2}-\frac{1}{2}s})$. Thus (4.21) follows from (4.22) and (4.23).

As a corollary we have

Lemma 17. *If* $s \geqq k+2$ *then* $\chi_\pi = 1 + O(\pi^{-2})$.

5. The numbers γ_π, $\Gamma(k)$.

5.1. Given k and π, and any positive integer m, there are two possibilities. Either (i) there is a number

(5.11) $$h_\pi = h(k, s, \pi) > 0$$

such that

(5.12) $$\chi_\pi \geqq h_\pi$$

for $s \geqq m$ and all values of n, or (ii) there is no such number. We define

$$\gamma_\pi = \gamma(k, \pi)$$

as the least value of m for which (i) is true, and $\Gamma(k)$ by

(5.13) $$\Gamma(k) = \operatorname*{Max}_\pi \gamma_\pi.$$

Further, we define

$$\gamma'_\pi = \gamma'(k, \pi).$$

as the least value of m such that

(5.14) $$\chi_\pi > 0$$

for $s \geqq m$ and all values of n.

It is evident that $\gamma'_\pi \leqq \gamma_\pi$.

Lemma 18. *If* $\chi_\pi > 0$ *for all sufficiently large values of* n, *then* $\chi_\pi > 0$ *for all values of* n.

In proving this Lemma we leave out of account for the moment the special case $k=4$, $\pi=2$. That the result is still true in this case will appear incidentally later.

It is easy to see that, apart from the exceptional case, $\varphi<k$. Thus if $\pi>2$, $\varphi=\theta+1\leqq 2^\theta<\pi^\theta\leqq k$.

If $\pi=2$, $\theta\geqq 3$, then $\varphi=\theta+2<2^\theta\leqq k$.

If $\pi=2$, $\theta=0$, k is odd and $\varphi=2<3\leqq k$.

If $\pi=2$, $\theta=1$, then k is oddly even and $\varphi=3<6\leqq k$.

If $\pi=2$, $\theta=2$, then $\varphi=4<6\leqq k$, unless $k=4$.

Thus $\varphi<k$ in every case except that in which $k=4$, $\pi=2$, when $\varphi=k$.

Now let

$$n=\pi^\varphi m+n' \qquad (0\leqq n'<\pi^\varphi).$$

If $n'\neq 0$ then $\beta=0$ (since $\varphi<k$) and so, by Theorem 2,

$$\chi_\pi(n)=\pi^{\varphi(1-s)}N(\pi^\varphi,n)=\pi^{\varphi(1-s)}N(\pi^\varphi,n')=\chi_\pi(n').$$

But $\chi_\pi(n)>0$ for large values of m, and therefore $\chi_\pi(n')>0$. It follows that $\chi_\pi>0$ for all values of n that are not divisible by π^φ.

Again, if $(m,\pi)=1$, we have, by Theorem 2,

$$\chi_\pi(\pi^\varphi m)=\pi^{\varphi(1-s)}N(\pi^\varphi,0),$$

since $\varphi<k$. The left hand side is positive if m is large, and so $N(\pi^\varphi,0)>0$. Hence, whatever be the value of m (prime to π),

$$\chi_\pi(\pi^\varphi m)\geqq\pi^{\varphi(1-s)}N(\pi^\varphi,0)>0.$$

It follows that $\chi_\pi>0$ also when $n'=0$, which proves the lemma.

5.2. Lemma 19. *The necessary and sufficient condition that*

$$N(\pi^\varphi,n)>0, \tag{5.21}$$

for every n, is that $s\geqq\gamma_\pi$. Further,

$$\gamma'_\pi=\gamma_\pi \tag{5.22}$$

except when $k=4$, $\pi=2$, in which case

$$\gamma_2=16,\quad \gamma'_2=15. \tag{5.23}$$

Leaving aside the exceptional case, so that $\varphi<k$, let $s\geqq\gamma'_\pi$. Then $\chi_\pi(\pi^\varphi)>0$. But $\beta=0$ when $n=\pi^\varphi$ (since $\varphi<k$), and so

$$\chi_\pi(\pi^\varphi)=\pi^{\varphi(1-s)}N(\pi^\varphi,\pi^\varphi)=\pi^{\varphi(1-s)}N(\pi^\varphi,0).$$

Hence

$$N(\pi^\varphi,0)>0.$$

If on the other hand $n\not\equiv 0 \pmod{\pi^\varphi}$, then $\beta=0$ (since $\varphi\leqq k$). Hence

$$\chi_\pi=\pi^{\varphi(1-s)}N(\pi^\varphi,n)$$

and

$$N(\pi^{\varphi}, n) > 0.$$

Thus $s \geqq \gamma'_\pi$ is a sufficient condition that (5.21) should hold for every n.

Next, suppose that (5.21) holds for $s = s_1$ and every n. Then it holds, *a fortiori*, for $s \geqq s_1$ and every n, and the N's that occur in Theorem 2 are both positive. Hence

$$\chi_\pi \geqq \pi^{\varphi(1-s)} \qquad (s \geqq s_1)$$

and so

$$s_1 \geqq \gamma_\pi \geqq \gamma'_\pi.$$

It follows, first that $s \geqq \gamma'_\pi$ is both necessary and sufficient for (5.21), and secondly that $s \geqq \gamma'_\pi$ involves $s \geqq \gamma_\pi$, *i. e.* that $\gamma'_\pi = \gamma_\pi$.

If $k = 4$, $\pi = 2$, then $2^{\varphi} = 16$. Now x^4 is congruent to 0 or to 1 to modulus 16, according as x is even or odd. It follows that $N(16, n) > 0$ for $s \geqq 16$ and every n; that

$$N(16, n) > 0 \quad (16 \nmid n), \qquad N(16, 0) = 0$$

when $s = 15$; and that $N(16, 15) = N(16, 0) = 0$ when $s < 15$. Finally it follows, from Theorem 2, that

$$\chi_2 > h_2 \quad (s \geqq 16), \qquad \chi_2 > 0 \quad (s = 15),$$

$$\chi_2(16^{\beta}.\,15) = 2^{\beta(4-15)+4(1-15)} N(16, 15) = 2^{-11(\beta+1)} \qquad (s = 15),\ ^{27})$$

and

$$\chi_2(16^{\beta}.\,15) = 0 \qquad (s < 15).$$

Since $2^{-11(\beta+1)} \to 0$ when $\beta \to \infty$, these results embody (5.23). Incidentally we see that Lemma 18 is still true in the exceptional case.

5.3. Theorem 4: $G(k) \geqq \Gamma(k)$.

Leaving aside for the moment the exceptional case $k = 4$, $\pi = 2$, suppose that $s \geqq G(k)$. Then any sufficiently large n is the sum of s k-th powers, so that $\chi_\pi > 0$ for every π and all sufficiently large values of n. Hence, by Lemma 18, $\chi_\pi > 0$ for every π and every n, so that $s \geqq \gamma_\pi$. It follows that $G(k) \geqq \gamma_\pi$ for every π, which proves the theorem, apart from the exceptional case. In this case $\gamma_2 = 16$, and the result is still true, since $G(4) \geqq 16$ [28]).

---

[27]) $N(16, 15) = 8^{15}$ when $s = 15$, since each x may have any one of the values $1, 3, 5, \ldots, 15$.

[28]) The lower bound Γ for G is associated with the vanishing of the singular series S for $s \leqq \Gamma - 1$, *except when* $k = 4$. When $k = 4$, $\Gamma = 16$, and the series is positive for $s = 15$, but assumes arbitrarily small values for suitable values of n.

It should be observed that our proof (see § 5.5 below) that

$$G(\pi^{\theta}(\pi - 1)) \geqq \gamma_\pi = \pi^{\varphi} \qquad (\pi > 2)$$

(Fortsetzung der Fußnote 28 auf nächster Seite.)

5.4. Lemma 20. *Suppose that $\pi^\theta | k$, and that φ is defined as in Theorem 2. Further, suppose that*

$$k = \pi^\theta \varepsilon k_0, \tag{5.41}$$

where

$$\varepsilon = (\pi^{-\theta} k, \pi - 1), \tag{5.42}$$

and

$$d = \frac{\pi - 1}{\varepsilon}; \tag{5.43}$$

so that $\varepsilon | \pi - 1$ and $(k_0, d) = 1$. Then

$$\gamma_\pi \leqq c = c_\pi = c(k, \pi) = \frac{\pi^\varphi - 1}{\pi - 1} \varepsilon + 1. \tag{5.44}$$

We write $\varrho = \pi^\varphi$. We must distinguish the cases $\pi > 2$ and $\pi = 2$.

(i) If $\pi > 2$, $\varphi = \theta + 1$. We suppose that G is a primitive root (mod ϱ). We divide the residues to modulus ϱ into classes as follows. Consider first the residues n_0 prime to ϱ. If v is the index of n_0, we have

$$n_0 \equiv G^v \equiv G^{m_0 \psi_0 + e} \quad (\mathrm{mod}\ \varrho),$$

where

$$\psi_0 = \frac{\Phi(\varrho)}{d} = \frac{\Phi(\pi^\varphi)}{d} = \frac{\pi^{\varphi-1}(\pi - 1)}{d} = \pi^{\varphi-1}\varepsilon, \text{ [29]}$$

m_0 has one or other of the d values $0, 1, \ldots, d-1$, and e one or other of the ψ_0 values $0, 1, \ldots, \psi_0 - 1$. The d values of n_0 with a common e we class together and call the numbers

$$\alpha_e^0 \quad (e = 0, 1, \ldots, \psi_0 - 1);$$

the class of numbers α_e^0 with a fixed e we call C_e^0.

Next, consider the residues n_i for which $\pi^i | n_i$, where $0 < i < \varphi$. We have

$$n_i \equiv \pi^i N_i,$$

where the N_i's are the $\Phi(\pi^{\varphi-i})$ numbers less than and prime to $\pi^{\varphi-i}$. As G is also a primitive root to modulus $\pi^{\varphi-i}$, we can write

$$N_i \equiv G^{m_i \psi_i + e} \quad (\mathrm{mod}\ \pi^{\varphi-i}),$$

$$n_i \equiv \pi^i N_i \equiv \pi^i G^{m_i \psi_i + e} \quad (\mathrm{mod}\ \pi^\varphi),$$

---

is essentially the same as **Kempner's** proof (see pp. 45—46 of his Inaugural-Dissertation) that

$$G(2^\theta) \geqq 2^\varphi = 2^{\theta+2}$$

His proof too fails when $k = 4$, and he has to appeal to the structure of the particular number 31.

[29]) We write $\Phi(\varrho)$ for **Euler's** function usually denoted by $\varphi(\varrho)$, as φ is used here in a different sense.

where

$$\psi_i = \frac{\Phi(\pi^{\varphi-i})}{d} = \frac{\pi^{\varphi-i-1}(\pi-1)}{d} = \pi^{\varphi-i-1}\varepsilon,$$

m_i has again one or other of the values $0, 1, \ldots, d-1$, and e one or other of the values $0, 1, \ldots, \psi_i - 1$. The ψ_i new classes obtained in this manner we denote by

$$C_e^i \qquad (e = 0, 1, \ldots, \psi_i - 1),$$

and a typical member of C_e^i by α_e^i.

Finally, the single number 0 is the sole member α_0^φ of a class C_0^φ. The total number of classes into which the residues are divided is

$$\psi_0 + \psi_1 + \ldots + \psi_{\varphi-1} + 1 = \frac{\pi^\varphi - 1}{d} + 1 = c_\pi = c.$$

We may denote the whole system of classes, in the order in which they have been defined, by $C_0, C_1, \ldots, C_r, \ldots, C_c$, and a typical member of C_r by α_r.

The class C_0 consists of the residues of k-th powers of numbers x prime to π. For

$$k = \pi^\theta \varepsilon k_0 = k_0 \frac{\pi^\theta(\pi-1)}{d} = k_0 \psi_0.$$

Also $x \equiv G^t$ for some t (since $(x, \pi) = 1$), and

$$x^k \equiv G^{t k_0 \psi_0} = G^{m_0 \psi_0},$$

so that x^k is an α_0. Moreover we can choose t so that $t k_0$ has an arbitrary residue m_0 to modulus d, since $(k_0, d) = 1$, so that every α_0 is an x^k.

Finally, to complete the properties of the classes which are immediately relevant, (1) 1 belongs to C_0, (2) $\alpha_0 \alpha_r$, where α_0 and α_r are any members of C_0 and C_r respectively, belongs to C_r, and (3) $\alpha_0 \alpha_r$, where α_r is a given member of C_r, can be identified with any member of C_r by choice of α_0.

Of these properties (1) is obvious. To prove (2) we observe that, if

$$\alpha_0 \equiv n_0 \equiv G^{m_0 \psi_0}, \qquad \alpha_r \equiv n_i \equiv \pi^i G^{m_i \psi_i + e},$$

then

$$\alpha_0 \alpha_r \equiv \pi^i G^{m_0 \psi_0 + m_i \psi_i + e}$$

is an α_r, since $\psi_i \mid \psi_0$. Finally

$$m_0 \psi_0 + m_i \psi_i = (\pi^i m_0 + m_i)\psi_i,$$

and we can choose m_0 so that $\pi^i m_0 + m_i$ shall have an arbitrary residue $(\bmod d)$, since $(\pi, d) = 1$; hence $\alpha_0 \alpha_r$ can be identified with any member of C_r.

5. 5. To prove Lemma 20 it is enough, by Lemma 19, to show that

(5. 51) $$N(\pi^\varphi, n) > 0$$

for $s \geqq c$ and every n. And the necessary and sufficient condition for (5.51) is that every n should be congruent (mod π^φ) to the sum of at most c numbers α_0. If any α_r is the sum of not more than c α_0's, then so, by (2) and (3) of the last paragraph, is every α_r. In these circumstances we shall say that C_r is representable, and what we have to prove is that this is so for all the c values of r.

Suppose that $1 \leqq c' \leqq c$. *Then there are at least c' different classes representable by not more than c' α_0's.* For, in the first place, this is true when $c' = 1$. Suppose that it is true for $c' = \bar{c} < c$ but false for $c' = \bar{c} + 1$, and let $\bar{C}$ be a typical class representable by $\bar{c}$ α_0's, and C_r a $\bar{C}$. Then α_r belongs to a $\bar{C}$, and therefore, since no new classes become representable when $\bar{c}$ is changed to $\bar{c}+1$, $\alpha_r + 1$ belongs to a $\bar{C}$. Similarly $\alpha_r + 1 + 1 = \alpha_r + 2$ belongs to a $\bar{C}$, and, repeating the argument, *every* residue (mod ϱ) belongs to a $\bar{C}$, which is a contradiction.

Taking $c' = c$ we see that c distinct classes, and therefore all residues (mod ϱ), are representable by c α_0's, which proves the lemma, when $\pi > 2$.

(ii) There remains the case $\pi = 2$, in which $\varphi = \theta + 2$, $\varepsilon = d = 1$, $c = \pi^\varphi = \varrho$. In this case there is nothing to prove, for any residue (mod ϱ) is representable by at most ϱ 1's.

A particularly interesting case is that in which $d = 1$, $\varepsilon = \pi - 1$. In this case

$$k = \pi^\theta (\pi - 1) k_0,$$

where k_0 is prime to π. Here

$$\gamma_\pi \leqq \pi^\varphi = \pi^{\theta+1} \quad (\pi > 2), \qquad \gamma_2 \leqq 2^\varphi = 2^{\theta+2} \qquad (\pi = 2).$$

If $\pi > 2$, $\gamma_\pi = \pi^\varphi$. For

$$x^k = x^{\pi^\theta (\pi-1) k_0} \equiv 1 \qquad (\text{mod } \pi^\varphi),$$

so that 1 is the only α_0. Hence $N(\pi^\varphi, 0) = 0$ if $s < \pi^\varphi$, and $\gamma_\pi \geqq \pi^\varphi$, by Lemma 19. In particular

$$\gamma_\pi = \pi = k + 1$$

if $k = \pi - 1$. Thus $\gamma_5 = 5$ if $k = 4$, $\gamma_7 = 7$ if $k = 6$.

If $\pi = 2$, $k = 2^\theta k_0$. Suppose first that $\theta > 0$. Then

$$x^{2^\theta} \equiv 1 \qquad (\text{mod } 2^{\theta+2}),$$

and so $x^k \equiv 1$ (mod 2^φ). Except when $k = 4$ our argument above applies, and we obtain

$$\gamma_2 = 2^\varphi = 2^{\theta+2} \qquad (\theta > 0).$$

The result still holds when $k = 4$, since then $\gamma_2 = 16 = 2^4$.

The argument fails if $\theta = 0$ (so that k is odd). Here $\varrho = 2^2 = 4$; -1 is a k-ic residue (mod 4); and 0, 1, 2, 3 are all representable by at most two of the numbers ± 1. Thus

$$\gamma_2 = 2 = 2^{\theta+1} \qquad (\theta = 0).$$

5. 6. In general it is possible to go a little further than in Lemma 20.

Lemma 21. *Suppose that $d_1 | d$, where $d_1 > 1$. Then*

(5. 61) $$\gamma_\pi \leqq \text{Max}(d_1, c-1).$$

Since $d_1 | \pi - 1$, (5. 61) gives in particular

$$\gamma_\pi \leqq \text{Max}(\pi - 1, c - 1)$$

in all cases and.

$$\gamma_\pi \leqq \text{Max}(k - 1, c - 1)$$

if $\theta > 0$.

To prove Lemma 21, suppose that $1 \leqq c' \leqq c$, and let $\nu(c')$ be the number of classes, other than the class C_c (containing the residue 0 only), that are representable by not more than c' α_0's. Then

(5. 62) $$\nu(c'+1) \geqq \text{Min}(\nu(c') + 1, c - 1).$$

For, if (5. 62) is false $\nu(c'+1) = \nu(c') < c - 1$. Let $\bar{C}$ be a typical class of the $\nu(c')$ classes, and C_r a $\bar{C}$. Then, if α_r belongs to C_r, $\alpha_r + 1$ must belong to a $\bar{C}$ or to C_c, since no new classes, other than perhaps C_c, are representable by $c' + 1$ α_0's. If $\alpha_r + 1 \equiv 0$, $\alpha_r + 2$ belongs to C_0, and therefore to a $\bar{C}$. If $\alpha_r + 1$ belongs to a $\bar{C}$, $\alpha_r + 2$ must belong to a $\bar{C}$ or to C_c. Repeating the argument, we see that every residue, other than 0, belongs to a $\bar{C}$, which is a contradiction.

From (5. 62) it follows that

$$\nu(c-1) \geqq c - 1,$$

so that all residues, 0 perhaps excepted, are representable by at most $c - 1$ α_0's. It remains to consider the residue 0. Let $d = \eta d_1$ and

$$\alpha_0' \equiv G^{\eta\psi_0} \qquad (\text{mod } \varrho).$$

Then $\alpha_0' \not\equiv 1$, since $\eta\psi_0 < \varphi(\varrho)$ and G is a primitive root (mod ϱ),

$$(\alpha_0')^{d_1} \equiv G^{d\psi_0} = G^{\Phi(\varrho)} \equiv 1 \qquad (\text{mod } \varrho),$$

$$1 + \alpha_0 + (\alpha_0')^2 + \ldots + (\alpha_0')^{d_1 - 1} = \frac{1 - (\alpha_0')^{d_1}}{1 - \alpha_0'} \equiv 0 \qquad (\text{mod } \varrho),$$

and 0 is representable by d_1 α_0's, which completes the proof of the lemma.

Suppose in particular that $d_1 = d = 2$, so that $\pi > 2$ and

$$k = \frac{1}{2}\pi^\theta(\pi - 1)k_0.$$

In this case the α_0's are the two numbers ± 1, and

$$\gamma_\pi \geqq \frac{1}{2}(\pi^\varphi - 1).$$

But

$$c - 1 = \frac{1}{2}(\pi^{\theta+1} - 1) = \frac{1}{2}(\pi^\varphi - 1),$$

so that

$$\gamma_\pi = \frac{1}{2}(\pi^\varphi - 1) = c - 1.$$

Thus in this case also we can determine γ_π exactly.

5. 7. It is convenient to sum up our results concerning the cases $d = 1$ and $d = 2$ in a separate lemma.

Lemma 22. *If $k = \pi^\theta(\pi - 1)k_0$, where $\pi > 2$ and k_0 is prime to π, then*

$$\gamma_\pi = \pi^{\theta+1}. \tag{5. 71}$$

If $k = 2^\theta k_0$, where $\theta > 0$ and k_0 is odd, then

$$\gamma_2 = 2^{\theta+2}. \tag{5. 72}$$

If k is odd, then $\gamma_2 = 2$.

If $k = \frac{1}{2}\pi^\theta(\pi - 1)k_0$, where $\pi > 2$ and k_0 is prime to π, then

$$\gamma_\pi = \frac{1}{2}(\pi^{\theta+1} - 1). \tag{5. 73}$$

5. 8. We know that $G(k) \geqq \Gamma(k) = \operatorname{Max} \gamma_\pi$. Thus, when k is given, every value of γ_π gives a lower bound for $G(k)$. These, when less than $k + 2$, add nothing to our knowledge of $G(k)$, since $G(k)$ is always greater than k. There is therefore a special interest in determining as systematically as possible all cases in which

$$\gamma_\pi > k + 1.$$

Lemma 23. *We have*

$$\gamma_\pi \leqq k + 1 \tag{5. 81}$$

unless (α) $k = 2^\theta$ ($\theta > 0$), $\pi = 2$, *when* $\gamma_2 = 2^{\theta+2} = 4k$,

(β) $k = 2^\theta 3$ ($\theta > 0$), $\pi = 2$, *when* $\gamma_2 = 2^{\theta+2} = \frac{4}{3}k$,

or (γ) $k = \pi^\theta \varepsilon$ ($\theta > 0$), *where* $\pi > 2$ *and* $\varepsilon \mid \pi - 1$.

In cases (α) and (β) (5. 81) is false; in case (γ) it may be true or false.

We write $k = \pi^\theta \varepsilon k_0$, as in Lemma 20. If $\theta = 0$, $\pi > 2$, then

$$\gamma_\pi \leqq c = \varepsilon + 1 \leqq k + 1,$$

by Lemma 20. If $\theta = 0$, $\pi = 2$, then $\gamma_2 = 2$ by Lemma 22. Thus we need only consider cases in which $\theta > 0$.

Suppose first $\pi > 2$. If $k_0 > 1$, we have

$$\gamma_\pi \leqq c = \frac{\pi^{\theta+1}-1}{\pi-1}\varepsilon + 1 < \frac{2(\pi^{\theta+1}-\pi^\theta)}{\pi-1}\varepsilon + 1 \leqq \pi^\theta \varepsilon k_0 + 1 = k+1.$$

Thus (5. 81) is true unless $k_0 = 1$, $k = \pi^\theta \varepsilon$, which is case (γ).

Next suppose $\pi = 2$, $k = 2^\theta k_0$. If $k_0 > 3$, we have

$$\gamma_2 = 2^{\theta+2} = 4\frac{k}{k_0} < k+1.$$

Thus (5. 81) is true unless $k_0 = 1$ or 3, cases (α) and (β).

The case in which $k = 6$ is interesting as falling under both (β) and (γ). If $\pi = 3$, $k = 3.2 = \pi(\pi-1)$, $\varepsilon = \pi - 1$, $d = 1$, and $\gamma_3 = 3^2 = 9$. And $\gamma_2 = 2^3 = 8$.

In case (γ), (5. 81) may be true or false. Thus it is true when $k = 3$, $\pi = 3$, for then $\gamma_3 = 4$. But it is false when $k = 6$, $\pi = 3$.

5. 9. We must now collect our results and state them as theorems concerning $\Gamma(k)$. We shall say that k is exceptional if it has one of the forms in (α), (β), or (γ) of Lemma 23.

Theorem 5. *If k is not exceptional, then*

$$\Gamma(k) \leqq k+1.$$

This is an immediate corollary of Lemma 23.

Theorem 6. *If $\theta > 1$ then $\Gamma(2^\theta) = 2^{\theta+2}$.*

Theorem 7. *If $\theta > 1$ then $\Gamma(2^\theta 3) = 2^{\theta+2}$.*

Theorem 8. $\Gamma(6) = 9$.

These theorems follow from Lemma 23, when we observe that the numbers in question in each case exceed $k+1$.

Theorem 9. *If $\pi > 2$, $\theta > 0$, then $\Gamma(\pi^\theta(\pi-1)) = \pi^{\theta+1}$. This equality holds also when $\theta = 0$, provided that $k = \pi - 1$ is not exceptional.*

The second part follows from Theorem 5 and Lemma 22. We may therefore suppose $\theta > 0$. We have already seen that $\gamma_\pi = \pi^{\theta+1}$, which is greater than $k+1$. If π_1 is a prime other than π, $\gamma_{\pi_1} \leqq k+1$ unless $\pi_1 = 2$, $\pi^\theta(\pi-1) = 2^{\theta_1}$, or $\pi_1 = 2$, $\pi^\theta(\pi-1) = 2^{\theta_1}3$, or $\pi_1 > 2$, $\pi^\theta(\pi-1) = \pi_1^{\theta_1}\varepsilon_1$, where $\varepsilon_1 \mid \pi_1 - 1$.

It is easy to see that the first and third alternatives are impossible, and that the second can occur only when $\pi = 3$, $\theta = 1$, $k = 6$. In this case the result has been proved already; in all other cases we have $\gamma_{\pi_1} < \gamma_\pi$ and $\Gamma(k) = \gamma_\pi = \pi^{\theta+1}$.

Theorem 10. *If $\pi > 2$, $\theta > 0$, then*

$$\Gamma\left(\frac{1}{2}\pi^\theta(\pi-1)\right) = \frac{1}{2}(\pi^{\theta+1}-1).$$

Here $\gamma_\pi = \frac{1}{2}(\pi^{\theta+1} - 1)$, since $d = 2$. This is greater than $k + 1$ except when $\pi = 3$, $\theta = 1$, $k = 3$, when the two numbers are equal. Moreover $\frac{1}{2}\pi^\theta(\pi - 1)$ cannot be equal to 2^{θ_1}, $2^{\theta_1}3$, or $\pi_1^{\theta_1}\varepsilon_1$, where $\pi_1 \neq \pi$, $\theta_1 > 0$, $\varepsilon_1 \mid \pi_1 - 1$. Hence $\gamma_{\pi_1} \leqq \gamma_\pi$ and $\Gamma(k) = \gamma_\pi$.

Theorem 11. *If $\pi > 2$ and $k = \pi^\theta \varepsilon$, where $\theta > 0$, $\varepsilon \mid \pi - 1$, then*

$$\Gamma(k) \leqq \operatorname{Max}(\gamma_\pi, k + 1).$$

It may be verified at once that $\pi^\theta\varepsilon$ cannot be of any of the forms 2^{θ_1}, $2^{\theta_1}3$, $\pi_1^{\theta_1}\varepsilon_1$, except when $\pi = 3, \theta = 1, \varepsilon = 2, k = 6$. In this case $\Gamma(k) = \gamma_3 = 9$. The result follows from Lemma 23.

Theorem 12. *In all cases*

$$\Gamma(k) \leqq 4k.$$

The sign of equality occurs if and only if $k = 2^\theta$ $(\theta \geqq 2)$.

Theorem 13. *In all cases*

$$\Gamma(k) < (k - 2)2^{k-1} + 5.$$

This theorem, which is included in Theorem 12 except when $k = 3$, is inserted only because it is what we require for the proof of Theorem 1. Our actual bounds for $\Gamma(k)$ are much better.

When $k = 3$, $\Gamma(3) = 4 < 9 = 1 \cdot 4 + 5$.

It may help to elucidate the results which we have obtained if we show in tabular form the actual values of $\Gamma(k)$ for a number of values of k.

$k =$	3	4	5	6	7	8	9	10	11	12	13	14	15	16	17	18
$\Gamma(k) =$	4	16	5	9	4	32	13	12	11	16	6	14	15	64	6	27

$k =$	19	20	21	22	23	24	25	26	27	28	29	30	31	32
$\Gamma(k) =$	4	25	24	23	23	32	10	26	40	29	29	30	5	128

The values of $\Gamma(k)$ for $k = 3, 4, 6, 8, 9, 10, 12, 16, 18, 20, 21, 24$, 27 and 28 are given by the actual theorems and lemmas which we have proved; the determination of the remaining values demands further calculations into which we cannot enter here.

6. The behaviour of the singular series when $s \geqq \Gamma(k)$.

6.1. Theorem 15. *Suppose that $k > 2$ and $s_1 = \operatorname{Max}(\Gamma(k), 4)$. Then*

$$S > \sigma \tag{6.11}$$

for $s \geqq s_1$ and all values of n.

By Lemma 16, we have

$$\chi_\pi > 1 - \sigma\pi^{\frac{1}{2} - \frac{1}{2}s} \qquad (s \geqq s_1).$$

Hence there is a $\pi_0 = \pi_0(k, s)$ such that

$$\chi_\pi > 1 - \sigma \pi^{\frac{1}{2} - \frac{1}{2}s} > 1 - \sigma \pi^{-\frac{3}{2}} \qquad (s \geqq s_1,\ \pi \geqq \pi_0);$$

and so

(6.12) $$\prod_{\pi \geqq \pi_0} \chi_\pi > \sigma \qquad (s \geqq s_1).$$

But $\chi_\pi > \sigma$ if $\pi < \pi_0$ and $s \geqq \Gamma(k)$, and so

(6.13) $$\prod_{\pi < \pi_0} \chi_\pi > \sigma \qquad (s \geqq s_1);$$

and (6.11) follows from (6.12) and (6.13).

It is plain that our main purpose is now accomplished; with Theorems 13 and 15, the proof of Theorem 1 is completed.

6.2. It is of some interest also to obtain an upper bound for S.

Theorem 16. *If* $s \geqq k + 2$ *then*

(6.21) $$S < \sigma.$$

For, by Lemma 16,

$$\chi_\pi < (1 + \sigma \pi^{-2})\left(1 + \sigma \pi^{-\frac{3}{2}}\right) < 1 + \sigma \pi^{-\frac{3}{2}};$$

and the result follows immediately.

Theorem 17. *If* $s \geqq k > 3$, *then*

(6.22) $$S < n^\epsilon$$

for all sufficiently large values of n.

By Lemma 16

$$\chi_\pi < \left(1 + \sigma \pi^{-\frac{3}{2}}\right) \varrho_\pi,$$

where $\varrho_\pi = 1$ unless $\pi^k \mid n$, and then $\varrho_\pi = 1 + \beta$. It is plain that

$$\prod \varrho_\pi \leqq \prod_{\pi \mid n} (1 + a) = d(n),$$

where $\pi^a \mid n$. As $d(n) = O(n^\epsilon)$, the theorem follows.

The interest of this theorem lies in the resulting equation

(6.23) $$\varrho_{k,k}(n) = O(n^\epsilon).$$

There is some reason for supposing that

(6.24) $$r_{k,k}(n) = O(n^\epsilon),$$

an equation from which very important consequences would follow. This equation would cease to be plausible if (6.23) at any rate were not true.

6.3. In conclusion, we return for a moment the equations (1.15) and (1.151). As we remarked before, the equation (1.15) is sufficient for our present purpose; but it is interesting to bring the remark of Ostrowski into relation with our analysis.

Suppose that

$$N(\pi^{\varphi}, n) \geqq 1$$

for every n and for $s = s_0$. There is then a primitive solution of

$$x_1^k + x_2^k + \dots + x_{s_0}^k \equiv n \pmod{\pi^{\varphi}}$$

for every n. Consider now the similar congruence in which s_0 is replaced by $s > s_0$. Of the x's, the last $s - s_0$ may then be selected arbitrarily, and there will be at least one primitive solution of the ensuing congruence in the first s_0. Hence

$$N_s(\pi^{\varphi}, n) \geqq \pi^{\varphi(s-s_0)}.$$

It follows that the inequalities which we have used, of the type

$$\chi_{\pi} \geqq \pi^{\varphi(1-s)};$$

may be replaced by inequalities of the type

$$\chi_{\pi} \geqq \pi^{\varphi(1-s)} \pi^{\varphi(s-s_0)} = \pi^{\varphi(1-s_0)};$$

and our numbers $h_{\pi} = h(k, \pi, s)$ and $\sigma = \sigma(k, s)$ by numbers of the type $h_{\pi} = h(k, \pi, s_0) = h(k, \pi)$, and $\sigma = \sigma(k, s_0) = \sigma(k)$. It is however unnecessary to develop this remark further at the moment.

We add, finally, that the number $\Gamma(k)$ has a simple and interesting arithmetical interpretation. In fact $\Gamma(k)$ is: *the least number m such that every arithmetical progression contains an infinity of numbers which are sums of m k-th powers.*

(Eingegangen am 31. Oktober 1921.)

Über das Wachstum der Potenzreihen in ihrem Konvergenzkreise. I.

Von

Otto Toeplitz in Kiel.

Das Problem der Wachstumsordnung einer ganzen transzendenten Funktion ist seit langem erledigt. Ist

$$(1) \qquad c_0 + c_1 z + c_2 z^2 + \ldots$$

eine beständig konvergente Potenzreihe, und ist $M(r)$ das Maximum des Betrages der von (1) dargestellten Funktion $f(z)$ auf dem Kreise $|z| = r$, so weiß man seit den Arbeiten von Poincaré und Hadamard das Wachstum der monotonen Funktion $M(r)$ aus dem der Beträge der Koeffizienten c_n sehr wohl zu charakterisieren. Anders liegt es, wenn (1) keine beständig konvergente Potenzreihe vorstellt, sondern etwa den Einheitskreis zum Konvergenzkreis hat. Anknüpfend an das berühmte „Mémoire sur l'approximation des fonctions de très-grands nombres“ [1]) von Darboux, hat ebenfalls bereits Hadamard im dritten Hauptteil seiner bekannten thèse[2]) eine umfassende Theorie aufgestellt, deren Ziel in dieser Richtung lag.

Ich muß mich mit dieser Theorie und einer darauffolgenden von Fabry hier zuerst auseinandersetzen und auf ihre Haupttatsachen, die aus den Originalarbeiten nicht überall bequem herauszuheben sind, etwas genauer eingehen; ich muß damit einige Dinge berühren, die weit verwickelter sind als das, was sonst den Inhalt der vorliegenden Arbeit bilden wird. Im Grunde genommen laufen bei Hadamard zwei Theorien durcheinander, ich möchte sagen, eine feinere und eine gröbere. Die gröbere ist das, was hier in Betracht kommt; aber sie stützt sich auf die feinere, mit der ich deshalb beginnen muß. Diese feinere Theorie beruht auf dem Begriff der „Funktion von begrenzter Abweichung“ (à écart fini).

[1]) Journal de math. (3) **4** (1878), S. 5—57, 377—417.

[2]) Journal de math. (4) **8** (1892), S. 154—186.

Hadamard nennt eine im Intervall $a \leqq x \leqq b$ stetige Funktion $f(x)$ der reellen Variablen x „von begrenzter Abweichung in diesem Intervall“, wenn für jedes in ihm enthaltene Intervall $a \leqq \alpha \leqq x \leqq \beta \leqq b$ die beiden Ausdrücke

$$(2) \qquad n\int_{\alpha}^{\beta} f(x)\cos nx\,dx \quad \text{und} \quad n\int_{\alpha}^{\beta} f(x)\sin nx\,dx$$

bei wachsendem n beschränkt sind; er überträgt diese Begriffsbildung sinngemäß auf komplexe Funktionen, die längs der Peripherie des Einheitskreises ausgebreitet sind. Er beweist sodann:

1. Jede Funktion von beschränkter Schwankung ist auch von begrenzter Abweichung. (Ob die Umkehrung hiervon gilt, bleibt unentschieden.)

2. Ist $\Sigma|c_n|$ konvergent und $\lim\limits_{n=\infty} c_n n \lg n = 0$, so stellt (1) eine für $|z| = 1$ endliche, stetige Funktion von begrenzter Abweichung dar.

3. Ist die von (1) dargestellte Funktion auch noch auf $|z| = 1$ selbst definiert, endlich, stetig und von begrenzter Abweichung, so ist für jedes positive ε

$$(3) \qquad \sum_{n=1}^{\infty} \frac{|c_n|}{n^{\varepsilon}} \text{ konvergent} \quad \text{und} \quad \lim_{n=\infty} \frac{c_n}{n^{\varepsilon}} n \lg n = 0.$$

Die Aussage der Nr. 3 stellt in gewissem Sinne die Umkehrung von derjenigen der Nr. 2 dar. Dieses gegenseitige Verhältnis wird nur dadurch etwas verdeckt, daß Nr. 2 von größerer Feinheit ist als Nr. 3. Um aus dem ganzen Zusammenhange lediglich den übersichtlicheren, gröberen Tatbestand herauszuschälen, erteilt man der Sache zweckmäßig die folgende Wendung.

Man folgert zuerst: Wenn $\sum \frac{c_n}{n^{\varkappa}} z^n$ endlich, stetig und von begrenzter Abweichung ist, so auch $\sum \frac{c_n}{n^{\varkappa+\varepsilon}} z^n$ für jedes $\varepsilon > 0$. Denn zufolge Nr. 3 ist dann $\sum \frac{|c_n|}{n^{\varkappa+\varepsilon}}$ konvergent und $\lim\limits_{n=\infty} \frac{c_n}{n^{\varkappa+\varepsilon}} n \lg n = 0$; es sind daher für die Funktion $\sum \frac{c_n}{n^{\varkappa+\varepsilon}} z^n$ alle Voraussetzungen von Nr. 2 erfüllt; also ist auch sie endlich, stetig und von begrenzter Abweichung. Daraus folgt dann weiter die Existenz eines Dedekindschen Schnittes ω derart, daß $\sum \frac{c_n}{n^{\omega+\varepsilon}} z^n$ für jedes $\varepsilon > 0$ endlich, stetig und von begrenzter Abweichung ist, dagegen für kein $\varepsilon < 0$. Diesen Wert ω nennt Hadamard die „Ordnung der Funktion“.

Man erhält daneben einen zweiten Dedekindschen Schnitt ϱ, wenn man bemerkt, daß die beiden Bedingungen

$$(4) \qquad \sum \frac{c_n}{n^{\varkappa}} \text{ konvergent und } \lim_{n=\infty} \frac{c_n}{n^{\varkappa}} n \lg n = 0,$$

wenn sie für irgendeinen Wert $\varkappa$ gelten, so auch für jedes größere $\varkappa$. Dieser Wert ϱ charakterisiert also die „Ordnung der Koeffizienten". Und nun kann man offenbar *den gröberen Teil der Theorie von Hadamard in der einfachen Aussage zusammenfassen, daß* $\omega = \varrho$ *ist.*

Hadamard faßt übrigens noch die beiden Bedingungen (4), die ϱ definieren, zusammen und schreibt einfach (man bestätigt es leicht):

$$(5) \qquad \varrho = \overline{\lim_{n=\infty}} \frac{\lg n\,|c_n|}{\lg n} = 1 + \overline{\lim_{n=\infty}} \frac{\lg |c_n|}{\lg n}.$$

Er zeigt endlich, daß in den einfachsten Fällen, wie $(1-z)^{-t}$, seine Wachstumsordnung mit dem übereinstimmt, was man gemeinhin darunter versteht.

Schon Borel[3]) hat bemerkt, daß dies nicht immer der Fall ist; z. B. ist für

$$(6) \qquad f(z) = z + z^4 + z^9 + z^{16} + \dots$$

offenbar $\varrho = 1$. Andererseits ist, da alle Koeffizienten von (6) positiv oder 0 sind, $M(r) = f(r)$, und es gilt[4])

$$\lim_{r=1} \sqrt{1-r}\,(r + r^4 + r^9 + \dots) = \frac{1}{2}\sqrt{\pi}.$$

Wenn also nach Hadamards Theorem hier mit ϱ auch $\omega = 1$ ist, so muß man sagen, daß bei einer Funktion, der man geneigt wäre die Größenordnung $\frac{1}{2}$ zuzuerkennen, die Hadamardsche Wachstumsordnung den Wert 1 hat.

Noch sinnfälliger wird dieser Tatbestand an dem Beispiel der Funktion

$$(7) \qquad f(z) = e^{\frac{z}{z-1}} = e_0 + e_1 z + e_2 z^2 + \dots.$$

Diese ist für $|z| < 1$ regulär; denn während z den Einheitskreis beschreibt, bewegt sich $t = \frac{z}{z-1}$ auf einer Vertikalen in der t-Ebene mit der Abszisse $+\frac{1}{2}$, $\Re(t) = \frac{1}{2}$; dem Anfangspunkt $z = 0$ entspricht $t = 0$, also dem Inneren des Einheitskreises $|z| < 1$ die linke Halbebene $\Re(t) < \frac{1}{2}$; dort ist e^t überall regulär und dem Betrage nach unter $\sqrt{e}$ gelegen. Nun hat Fejér lange vor seinen neueren eleganten Konstruktionen von stetigen

[3]) E. Borel, Leçons sur les séries à termes positives, Paris 1902, S. 77ff. Borels Beispiel weicht von dem angegebenen ab, aber nur unwesentlich.

[4]) Vgl. etwa Cesàro-Kowalewski, Algebraische Analysis, Leipzig 1904, S. 283f.

Funktionen mit divergenter Fourierscher Reihe usw. eine asymptotische Formel für den Koeffizienten e_n der Potenzreihe (7) angegeben[5]):

$$e_n = \sqrt{\frac{e}{\pi}} \frac{\sin(\frac{3}{4}\pi + 2\sqrt{n})}{n^{\frac{3}{4}}} + \varepsilon_n, \quad \text{wo } |\varepsilon_n| \leqq \frac{A}{n} \text{ ist.}$$

Durch eine kurze Überlegung entnimmt man dieser Formel, daß für die Funktion (7) die Hadamardsche Größenordnung der Koeffizienten $\varrho = \frac{1}{4}$ ist, während die Funktion beschränkt ist, so daß man $\omega = 0$ erwartet hätte.

Es sind Beispiele ähnlichen Kalibers, von denen Fabry[6]) ausgegangen ist, als er es unternahm, der Hadamardschen Theorie eine neue an die Seite zu stellen, die den geläufigen Begriff der Wachstumsordnung in allen Fällen wiedergibt; seine Beispiele unterscheiden sich von der Funktion (7) nur dadurch, daß die Koeffizienten der Potenzentwicklung mit einem einfachen Gesetz gegeben werden, das dem Hauptteil der asymptotischen Formel von Fejér sehr ähnelt, während dafür das Verhalten der dargestellten Funktion asymptotisch abgeschätzt werden muß. Fabry entnimmt diesen Beispielen von vornherein, daß es nicht angeht, allein aus den *Beträgen* der Koeffizienten das Wachstum der Funktion zu charakterisieren. Er knüpft an die Definition des Hadamardschen ϱ in der Gestalt (4) an: der erste der beiden Ausdrücke (4) kann als eine Dirichletsche Reihe betrachtet werden; aus dieser Betrachtungsweise ergibt sich, daß die Abszisse *absoluter* Konvergenz Q der Dirichletschen Reihe

$$\sum \frac{c_n}{n^s} \tag{8}$$

jedenfalls nicht kleiner als ϱ sein kann (wegen der noch hinzutretenden zweiten Hälfte der Bedingung (4)). Fabry betrachtet nun statt dessen die Abszisse p *bedingter* Konvergenz der Reihe (8). Ich übergehe hier den sehr inhaltreichen Teil seiner Erörterungen, der den Zusammenhang von p mit dem Wachstum der Funktion an der Stelle $z = 1$ behandelt, da sie das Wachstum von $M(r)$ nur mittelbar betreffen. Um dieses letztere zu bewältigen, betrachtet Fabry die Reihe

$$\sum \frac{c_n}{n^s} e^{ni\vartheta} \tag{9}$$

für alle reellen ϑ; er erkennt, daß es nicht ausreicht, für jedes einzelne ϑ ihre Abszisse bedingter Konvergenz $p(\vartheta)$ zu nehmen und sodann die obere Grenze aller $p(\vartheta)$, sondern er zeigt, daß man einen solchen (eventuell

---

[5]) C. R. **147**, S. 1040–1042 (30. 11. 1908); Mathematikai és természettudományi értesitő **27** (1909); vgl. auch Perron, Archiv (3) **22**, S. 329–340.

[6]) Acta math. **36** (1913), S. 69–104.

größeren, aber unter Q gelegenen) Wert q ins Auge fassen muß, für den jene bedingte Konvergenz *gleichmäßig* wird in bezug auf alle ϑ.

Ich kann in dieser Theorie, die einen sehr wesentlichen Einblick in den Sachverhalt bietet, dennoch keine abschließende Lösung des Problems erblicken. Im Grunde wird dasselbe nur in das andere Problem transformiert, die Abszisse gleichmäßiger Konvergenz des Ausdrucks (9) zu ermitteln, ein Problem, das in seiner Allgemeinheit nicht einfacher ist als das ursprünglich hier vorliegende. Allerdings ist in Fabrys Theorie der folgende merkwürdige Satz inbegriffen: „Die Wachstumsordnung von

$$g(s) = 1^s c_1 z + 2^s c_2 z^2 + 3^s c_3 z^3 + \dots \qquad (s > 0)$$

ist genau um s größer als die von

$$f(z) = c_1 z + c_2 z^2 + c_3 z^3 + \dots\text{“}$$

Aber dieser Satz leitet sich in einfacher und natürlicher Weise auch aus meiner Theorie ab und verschärft sich dabei, soweit es die Natur der Sache erlaubt; dadurch scheint mir die Stellung der neuen Theorie zu ihrer Vorgängerin auf die deutlichste Art klargestellt.

Ich lege dieser neuen Theorie, abgesehen von der Formulierung, den gleichen Begriff des *Wachstumsexponenten* ω *der Funktion* wie Fabry zugrunde. Ich knüpfe, um es unabhängig von dem über Fabry Gesagten zu präzisieren, an die Funktion $M(r)$ an und an die Tatsache, daß mit

$$M(r) \leqq \frac{A}{(1-r)^{\varkappa}} \quad \text{auch} \quad M(r) \leqq \frac{A}{(1-r)^{\varkappa+\varepsilon}}$$

für jedes positive ε gilt, und definiere als „Wachstumsexponenten der Funktion“ den Dedekindschen Schnitt ω, für den

$$M(r) \leqq \frac{A}{(1-r)^{\omega+\varepsilon}} \tag{10}$$

für alle $\varepsilon > 0$ gilt, dagegen für kein $\varepsilon < 0$. Natürlich kann ω die Extremwerte 0 und ∞ haben. Es ist also

$$\omega = \overline{\lim_{r=1}} \frac{\lg M(r)}{\lg \frac{1}{1-r}}.$$

Dagegen wird der *Wachstumsexponent* ϱ *der Koeffizienten* in ganz anderer Weise charakterisiert als bei Hadamard und Fabry. Ich bilde aus den ersten n Koeffizienten von (1) die Bilinearform von $2n$ Veränderlichen

$$P_n(x, y) = c_0(x_1 y_1 + \dots + x_n y_n) + c_1(x_1 y_2 + \dots + x_{n-1} y_n) + \dots + c_{n-1} x_1 y_n; \tag{11}$$

ich bilde das Maximum Π_n von $P_n(x, y)$ unter den beiden Nebenbedingungen

$$(12)\quad \begin{cases} (12\text{a}) & x_1\bar{x}_1 + \ldots + x_n\bar{x}_n = 1,^{7)} \\ (12\text{b}) & y_1\bar{y}_1 + \ldots + y_n\bar{y}_n = 1, \end{cases}$$

und ferner das Maximum Π_n' von $P_n(x, \bar{x})$ unter der Nebenbedingung (12a). Man bemerkt leicht, daß die Π_n und ebenso die Π_n' mit n monoton wachsen, daß $\Pi_n' \leqq \Pi_n$ ist; Π_n und Π_n' sind übrigens die größten Wurzeln gewisser leicht aufzustellender Gleichungen n-ten Grades; es gilt endlich genauer [8])

$$\tfrac{1}{2}\Pi_n \leqq \Pi_n' \leqq \Pi_n,$$

woraus hervorgeht, daß der Wachstumsexponent der Größen Π_n und Π_n' der gleiche ist. Diesen Wachstumsexponenten, d. h. also den Exponenten ϱ, für den

$$(13)\qquad \Pi_n \leqq A n^{\varrho+\varepsilon} \quad \text{und} \quad \Pi_n' \leqq B n^{\varrho+\varepsilon}$$

bei positivem ε gilt, bei negativem ε nicht gilt, nehme ich als den „Wachstumsexponenten der Koeffizienten". Es ist also

$$\varrho = \overline{\lim_{n=\infty}} \frac{\lg \Pi_n}{\lg n} = \overline{\lim_{n=\infty}} \frac{\lg \Pi_n'}{\lg n}.$$

Die Grundtatsache meiner Theorie findet dann wiederum *ihren einfachen Ausdruck in der Aussage, daß* $\omega = \varrho$ *ist* [9]).

In der in kurzem folgenden Fortsetzung dieser Arbeit werde ich zeigen, wie die Sätze von Hadamard und Fabry sich aus meiner Theorie ableiten und wie sonst die Untersuchung der groben Wachstumsordnung ω aus ihr neue Einsichten entnehmen kann. Indessen die eigentliche Bedeutung der Größen Π_n und Π_n' liegt darin, daß sie berufen sind, die Wachstumsordnung der Funktion in einer viel größeren Feinheit wiederzugeben. Erst von hier aus kann ich motivieren, weshalb ich die Größen Π_n und Π_n' ins Auge fasse. Ich habe sie zuerst in meiner Habilitationsschrift [10]) betrachtet und bewiesen [11]), daß $f(z)$ dann und nur dann beschränkt ist, wenn die Π_n es sind, und genauer, daß dann

$$(14)\qquad \lim_{n=\infty} \Pi_n' = \lim_{n=\infty} \Pi_n = M(1)$$

---

[7]) Überstreichen möge hier wie stets im folgenden den Übergang zu den konjugiert-imaginären Größen bedeuten.

[8]) Vgl. meine Arbeit Math. Zeitschr. 2 (1916), S. 192.

[9]) Beide Buchstaben sind hier natürlich in einem ganz anderen Sinne verstanden als bei der Erörterung der Hadamardschen Theorie.

[10]) Math. Ann. 70 (1911), S. 351–376.

[11]) Gött. Nachr., Math.-phys. Klasse, 1910, S. 489–506, § 4.

gilt. Es ist aber klar, daß Größen, die die Wachstumsordnung von $f(z)$ in voller Feinheit wiedergeben sollen, die erste Pflicht haben, im Falle der Beschränktheit der Funktion sich so zu verhalten, wie es eben von den Π_n und Π_n' beschrieben wurde. Diese sind also die gegebenen Größen für jede feinere Theorie[12]). Und schon die Schlüsse dieser Arbeit genügen z. T., um dieses weit größere Ziel ungefähr zu erreichen; ich greife nur aus § 1 das Resultat

$$\Pi_n \leqq eM\left(1 - \frac{1}{n}\right)$$

heraus, das weit schärfer ist, als es für das abgeleitete grobe Resultat erforderlich wäre. Eine weitere Fortsetzung der vorliegenden Arbeit wird von dieser feineren und von einer erst jenseits von ihr errichtbaren feinsten Theorie handeln.

Der Anlaß, der mich zur Aufstellung aller dieser Theorien geführt hat, liegt allerdings an einer anderen Stelle, in der Theorie der Dirichletschen Reihen. In einer anderen, demnächst erscheinenden Arbeit werde ich die den Π_n analogen Bildungen Δ_n aufweisen, deren Beschränktheit für die Beschränktheit der von einer Dirichletschen Reihe $\sum \frac{c_n}{n^s}$ dargestellten Funktion in der rechten Halbebene charakteristisch ist; und aus diesen Δ_n weiterhin das Wachstum der Funktion, falls sie nicht beschränkt ist, zu erkennen, und damit die Wachstumsordnungen längs vertikaler Geraden, die in der Lehre von der Verteilung der Primzahlen eine solche Rolle spielen, aus den Koeffizienten zu charakterisieren, ist das eigentliche Ziel dieser Betrachtungen. Ich glaubte aber, die einfachere Wachstumstheorie der Potenzreihen vorangehen lassen zu sollen.

Hilbertsche Begriffsbildungen stehen im Hintergrunde aller dieser Betrachtungen: die Bilinearform von unendlichvielen Veränderlichen und ihre Abschnittsmaxima. Übrigens sind die Entwicklungen dieser Arbeit

[12]) Es ist vielleicht nicht überflüssig zu bemerken, daß man die Größen Π_n' (darin sind sie den Π_n überlegen) rein funktionentheoretisch charakterisieren kann. Man kann nämlich der bekannten Carathéodoryschen Theorie der Potenzreihen mit positivem reellen Teil infolge des Zusammenhanges, den ich zwischen dieser Theorie und derjenigen der Formen $P_n(x, y)$ hergestellt habe, die sonst nirgends in dieser Form ausgesprochene Folgerung entnehmen: Sei $\mathfrak{W}_n$ der „Wertvorrat" der Form $P_n(x, \bar{x})$ (im Sinne meiner Arbeit Math. Zeitschr. 2), und sei andererseits $\mathfrak{W}(f)$ der kleinste konvexe Bereich, den man um den Wertvorrat von $f(z)$ für $|z| < 1$ herumlegen kann, und $\mathfrak{W}$ der Durchschnitt aller Bereiche $\mathfrak{W}(f)$ für alle Potenzreihen $f(z)$, die für $|z| < 1$ konvergieren und die gleichen ersten n Koeffizienten $c_0, \ldots, c_{n-1}$ haben, so ist $\mathfrak{W} = \mathfrak{W}_n$. Damit ist $\mathfrak{W}_n$ rein funktionentheoretisch charakterisiert, und Π_n' ist lediglich der Radius des kleinsten Kreises um 0, der $\mathfrak{W}_n$ umschließt.

und der ihr folgenden unabhängig von der Theorie der unendlichvielen Veränderlichen und enthalten nebenbei eine neue, direkte Ableitung des oben erwähnten Ergebnisses meiner Habilitationsschrift. Solche direkten Ableitungen sind seither schon mehrfach gegeben worden[13]), und der § 1 dieser Arbeit beruht wesentlich auf der Methode des Herrn Szász; sie mußte jedoch für den veränderten Zweck nochmals dargestellt werden.

§ 1.

Die Abschätzung von oben.

Sei die Potenzreihe (1) für $|z| < 1$ konvergent, so gilt

$$c_n = \frac{1}{2\pi i}\int \frac{f(z)}{z^n}\frac{dz}{z},$$

wenn die Integration im positiven Umlaufssinne über einen Kreis vom Radius $r < 1$ erstreckt wird. Daraus folgt

$$\begin{aligned} P_n(x, y) &= \frac{1}{2\pi i}\int f(z)\frac{dz}{z}(x_1 y_1 + \ldots + x_n y_n) \\ &\quad + \frac{1}{2\pi i}\int \frac{f(z)}{z}\frac{dz}{z}(x_1 y_2 + \ldots + x_{n-1} y_n) + \ldots + \frac{1}{2\pi i}\int \frac{f(z)}{z^{n-1}}\frac{dz}{z}(x_1 y_n) \\ &= \frac{1}{2\pi i}\int f(z)\Big\{(x_1 y_1 + \ldots + x_n y_n) \\ &\quad + \frac{1}{z}(x_1 y_2 + \ldots + x_{n-1} y_n) + \ldots + \frac{1}{z^{n-1}}(x_1 y_n)\Big\}\frac{dz}{z}. \end{aligned}$$

Da andererseits für $n > 0$ nach dem Cauchyschen Satze

$$\int f(z) z^n \frac{dz}{z}$$

verschwindet, kann dieser Ausdruck für $P_n(x, y)$ in der folgenden Weise verändert werden:

$$P_n(x, y) = \frac{1}{2\pi i}\int f(z)\left\{(x_1 y_1 + \ldots + x_n y_n)\begin{array}{l} + \frac{1}{z}(x_1 y_2 + \ldots + x_{n-1} y_n) + \ldots + \frac{1}{z^{n-1}}(x_1 y_n) \\ + z(x_2 y_1 + \ldots + x_n y_{n-1}) + \ldots + z^{n-1}(x_n y_1) \end{array}\right\}\frac{dz}{z}$$

und in dieser Gestalt ist die Parenthese das Produkt zweier Linearformen:

$$\begin{aligned} P_n(x, y) &= \frac{1}{2\pi i}\int f(z)[x_1 + x_2 z + \ldots + x_n z^{n-1}]\left[y_1 + y_2\frac{1}{z} + \ldots + y_n\frac{1}{z^{n-1}}\right]\frac{dz}{z} \\ &= \frac{1}{2\pi i}\int f(z)[x_1 + x_2 z + \ldots + x_n z^{n-1}][y_n + y_{n-1} z + \ldots + y_1 z^{n-1}]\frac{1}{z^{n-1}}\frac{dz}{z}. \end{aligned}$$

---

[13]) I. Schur, Journ. f. Math. **147** (1916), S. 226; O. Szász, Math. Zschr. **1** (1918), S. 163 ff.

Nun hat O. Szász[14]) die Bemerkung gemacht, daß Bilinearformen vom Typus $P_n(x, y)$ ihr Maximum Π_n für solche Werte der beiden Reihen von Veränderlichen erreichen, für die

$$y_1 = x_n,\ y_2 = x_{n-1},\ \ldots,\ y_n = x_1 \tag{14}$$

ist. Bezeichnet also $x_1, \ldots, x_n, y_1, \ldots, y_n$ ein solches Wertsystem, für das $|P_n(x, y)|$ den Wert Π_n tatsächlich erreicht und das zugleich (12) und (14) genügt, so gilt

$$\Pi_n = \frac{1}{2\pi i}\int f(z)[x_1 + x_2 z + \ldots + x_n z^{n-1}]^2 \frac{1}{z^{n-1}} \frac{dz}{z}.$$

Die Integration war nach wie vor über $|z| = r < 1$ erstreckt gedacht. Längs dieses Kreises ist $|f(z)| \leqq M(r)$, daher nach dem ersten Mittelwertsatze der Integralrechnung

$$\Pi_n \leqq \frac{1}{2\pi} M(r)\int |x_1 + x_2 z + \ldots + x_n z^{n-1}|^2 \frac{1}{r^{n-1}} \left|\frac{dz}{z}\right|.$$

Nun ist

$$|x_1 + x_2 z + \ldots + x_n z^{n-1}|^2$$
$$= (x_1 + x_2 z + \ldots + x_n z^{n-1})(\bar{x}_1 + \bar{x}_2 \bar{z} + \ldots + \bar{x}_n \bar{z}^{n-1}),$$

daher, wenn $z = re^{i\varphi}$ gesetzt wird,

$$\Pi_n \leqq M(r)\frac{1}{2\pi}\int_0^{2\pi}(x_1 + x_2 r e^{i\varphi} + \ldots + x_n r^{n-1} e^{(n-1)i\varphi})(\bar{x}_1 + \bar{x}_2 r e^{-i\varphi} + \ldots + \bar{x}_n r^{n-1} e^{-(n-1)i\varphi})\frac{d\varphi}{r^{n-1}}$$

$$\leqq M(r)\frac{1}{2\pi}\int_0^{2\pi}(x_1\bar{x}_1 + x_2\bar{x}_2 r^2 + \ldots + x_n\bar{x}_n r^{2n-2}) + \begin{Bmatrix} \ldots + x_1\bar{x}_n e^{-(n-1)i\varphi} \\ \ldots + \bar{x}_1 x_n e^{(n-1)i\varphi} \end{Bmatrix}\frac{d\varphi}{r^{n-1}}.$$

Da $\int_0^{2\pi} e^{hi\varphi} d\varphi = \frac{1}{hi}[e^{hi\varphi}]_0^{2\pi} = 0$ für $h \neq 0$ und ganz, $= 2\pi$ für $h = 0$ ist,

fallen, wenn man das Integral zerteilt, alle Klammerausdrücke bis auf den ersten fort, und es bleibt:

$$\Pi_n \leqq M(r)\frac{1}{r^{n-1}}(x_1\bar{x}_1 + x_2\bar{x}_2 r^2 + \ldots + x_n\bar{x}_n r^{2n-2}).$$

Wegen $r < 1$ und wegen (12a) ist die Klammer $\leqq 1$, daher

$$\Pi_n \leqq \frac{1}{r^{n-1}} M(r). \tag{15}$$

Das ist das eigentliche Theorem, aus dem alles weitere sofort folgt. Ist zuerst $|f(z)|$ beschränkt, $\leqq M$, so ist $M(r) \leqq M$, und man hat für

[14]) A. a. O., S. 169 und 170.

jedes $r<1$ die Ungleichung $\Pi_n \leqq \frac{M}{r^{n-1}}$, daher im Grenzfall $\Pi_n \leqq M$. d. i. die eine Hälfte des erwähnten Satzes meiner Habilitationsschrift.

Ist aber $f(z)$ nicht beschränkt, so wähle man r, das in (15) noch ganz willkürlich <1 ist, $=1-\frac{1}{n}$; dann folgt:

$$\Pi_n \leqq M\left(1-\frac{1}{n}\right)\frac{1}{\left(1-\frac{1}{n}\right)^{n-1}}.$$

Nun ist

$$\frac{1}{\left(1-\frac{1}{n}\right)^{n-1}}=\left(\frac{n}{n-1}\right)^{n-1}=\left(1+\frac{1}{n-1}\right)^{n-1}<e=2{,}71\ldots,$$

daher

(16) $$\Pi_n \leqq eM\left(1-\frac{1}{n}\right).$$

Sei ω die Wachstumsordnung von $f(z)$, also $M(r)\leqq\frac{A}{(1-r)^{\omega+\varepsilon}}$ für jedes $\varepsilon>0$, so folgt für $r=1-\frac{1}{n}$ speziell $M\left(1-\frac{1}{n}\right)\leqq An^{\omega+\varepsilon}$, also $\Pi_n \leqq eAn^{\omega+\varepsilon}$. *Das bedeutet aber* $\varrho \leqq \omega$.

§ 2.

Die Abschätzung von unten.

Ich schicke drei einfache Bemerkungen voran.

1. *Wird*

$$t_n = c_0+\frac{n-1}{n}c_1+\frac{n-2}{n}c_2+\ldots+\frac{1}{n}c_{n-1}$$

gesetzt, so ist $|t_n| \leqq \Pi_n' \leqq \Pi_n$.

Denn sei

(17) $$x_1=\ldots=x_n=\frac{1}{\sqrt{n}}=y_1=\ldots=y_n,$$

so sind die Nebenbedingungen (12) erfüllt und $P_n(x,y)$ erhält den Wert t_n. Da bei dem Wertsystem (17) überdies $y_\alpha=\bar{x}_\alpha$ ist, folgt, daß $|t_n|$ nicht nur unter Π_n, sondern sogar unter Π_n' gelegen ist.

2. *Für die Potenzreihe*

$$g(z)=c_0+c_1\eta z+c_2\eta^2z^2+\ldots,\quad |\eta|=1$$

sind die Maxima $\Pi_n(g)$ *und* $\Pi_n'(g)$ *die nämlichen wie* $\Pi_n(f)$ *bzw.* $\Pi_n'(f)$.

Die Bilinearform $P_n(f)$ geht nämlich durch die Transformation

$$x_1'=x_1,\ x_2'=\bar{\eta}x_2,\ \ldots,\ x_n'=\bar{\eta}^{n-1}x_n;\quad y_1'=y_1,\ y_2'=\eta y_2,\ \ldots,\ y_n'=\eta^{n-1}y_n$$

in die Form $P_n(g)$ über, und da diese Transformation die Bedingungen (12) invariant läßt, muß $\Pi_n(g) = \Pi_n(f)$, $\Pi'_n(g) = \Pi'_n(f)$ sein.

3. *Haben t_n die Bedeutung von Nr. 1, so ist*

$$(18) \qquad f(z) = (1-z)^2(t_1 + 2t_2 z + 3t_3 z^2 + \dots),$$

und es ist zugleich

$$(19) \qquad 1 = (1-z)^2(1 + 2z + 3z^2 + \dots).$$

(18) ist eine rein formale Konsequenz der Bemerkung, daß

$$n t_n - (n-1) t_{n-1} = c_0 + \dots + c_{n-1} = s_n,$$

$$s_n - s_{n-1} = c_n,$$

also

$$c_n = n t_n - 2(n-1) t_{n-1} + (n-2) t_{n-2}$$

ist; setzt man in $f(z) = \Sigma c_n z^n$ für c_n diesen Ausdruck ein, so resultiert (18). (19) ergibt sich aus (18), wenn man (18) auf die spezielle Funktion $f(z) = 1$ anwendet, bei der alle $t_n = 1$ sind.

Auf Grund dieser drei Vorbemerkungen ergibt sich jetzt sehr einfach der

Beweis. Sei $f(z)$ für $|z| < 1$ regulär und sei zunächst z reell-positiv, $= r$, so ist wegen der dritten und ersten Vorbemerkung

$$|f(r)| \leqq (1-r)^2(\Pi'_1 + 2r\Pi'_2 + 3r^2\Pi_3 + \dots).$$

Ist aber z nicht reell-positiv, sondern $= re^{i\varphi}$, so setze man $e^{i\varphi} = \eta$ und wende die zweite Vorbemerkung an; dann folgt, daß auch für diesen Arcus

$$|f(z)| \leqq (1-r)^2(\Pi'_1 + 2r\Pi'_2 + 3r^2\Pi'_3 + \dots),$$

wofern $|z| \leqq r$. Mithin ist auch

$$(20) \qquad M(r) \leqq (1-r)^2(\Pi_1 + 2r\Pi'_2 + 3r^2\Pi'_3 + \dots).$$

Dies ist wiederum das eigentliche Theorem.

Ist nun zuerst Π'_n beschränkt, $\leqq \Pi'$, so folgt

$$M(r) \leqq \Pi'(1-r)^2(1 + 2r + 3r^2 + \dots),$$

und dies ist wegen (19) $= \Pi'$; damit ist die andere Hälfte jenes Theorems aus meiner Habilitationsschrift bewiesen[15]).

Ist aber Π'_n nicht beschränkt, jedoch $\Pi'_n \leqq A n^{\varkappa}$, so folgt aus (20)

$$M(r) \leqq A(1-r)^2(1^{\varkappa} + 2r\cdot 2^{\varkappa} + 3r^2\cdot 3^{\varkappa} + \dots)$$

$$\leqq A(1-r)^2(1^{\varkappa+1} + 2^{\varkappa+1}r + 3^{\varkappa+1}r^2 + \dots).$$

---

[15]) Vgl. auch Landau, Neuere Ergebnisse der Funktionentheorie 1916, § 1 (Springer, Berlin).

Nun ist bekanntlich[16])

$$\Sigma n^{\alpha} x^n \sim \Gamma(\alpha+1)\frac{1}{(1-x)^{\alpha+1}} \qquad (\alpha > -1),$$

also für $\alpha = \varkappa + 1$

$$\Sigma n^{\varkappa+1} r^n \sim \Gamma(\varkappa+2)\frac{1}{(1-r)^{\varkappa+2}},$$

daher

$$M(r) \leqq A\,\Gamma(\varkappa+2)\frac{1}{(1-r)^{\varkappa}}.$$

Dies besagt $\omega \leqq \varrho$. In Verbindung mit dem Endergebnis von § 1 ist also die Grundtatsache $\omega = \varrho$ bewiesen.

---

[16]) Vgl. z. B. Hardy, Ordres of infinity, Cambr. Tracts Nr. 12 (1910), Cambr. University Press, S. 56f., oder Cesàro-Kowalewski, S. 285.

Kiel, den 17. September 1921.

(Eingegangen am 19. September 1921.)

Untersuchungen über die Gestalt der Himmelskörper.

Zweite Abhandlung[1]).

Eine aus zwei getrennten Massen bestehende Gleichgewichtsfigur rotierender Flüssigkeit.

Von

Leon Lichtenstein in Münster i. W.

Inhaltsübersicht.

§ 1.

Problemstellung.

Wir beziehen die Lage der Punkte im Raume auf ein kartesisches Koordinatensystem x_0, y_0, z_0 (Fig. 1). Sei T eine Kugel vom Halb-

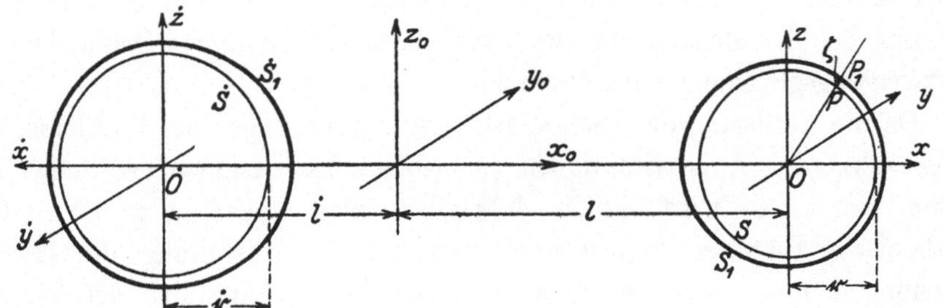

Fig. 1.

messer $\mathfrak{r}$, deren Mittelpunkt O die Koordinaten $l, 0, 0$ $(l > 0)$ hat; ihre Oberfläche heiße S. Sei $\dot{T}$ eine weitere Kugel vom Halbmesser $\dot{\mathfrak{r}}$ um

[1]) Man vergleiche hierzu L. Lichtenstein, Untersuchungen über die Gestalt der Himmelskörper. Erste Abhandlung. Die Laplacesche Theorie der Gestalt des Erdmondes. Math. Zeitschr. **10** (1921), S. 130–159.

den Punkt $\dot{O}$ $(-\dot{l}, 0, 0)$ $(\dot{l} > 0)$, ihre Oberfläche heiße $\dot{S}$. Es mögen ferner S_1 und $\dot{S}_1$ zwei Flächen mit stetiger Normale in einer Umgebung erster Ordnung von S und $\dot{S}$ bezeichnen. Die von ihnen begrenzten Körper T_1 und $\dot{T}_1$ denken wir uns mit homogener gravitierender Flüssigkeit der Dichte f und $\dot{f}$ erfüllt. Die beiden Körper und die Koordinatenachsen sollen mit der Winkelgeschwindigkeit ω um die z_0-Achse gleichförmig rotieren. *Gibt es für große l und $\dot{l}$ und in geeigneter Weise gewählte Werte von ω Flächen S_1 und $\dot{S}_1$, so daß das System T_1 und $\dot{T}_1$ sich im relativen Gleichgewichte befindet*[2])?

Die Ergebnisse und Methoden der bekannten Arbeiten von A. Liapounoff sowie meiner vor einiger Zeit veröffentlichten Arbeiten über die Gleichgewichtsfiguren rotierender Flüssigkeiten gestatten diese Frage in bejahendem Sinne zu beantworten. Der Existenzbeweis hängt mit der Auflösung eines gewissen Systems nichtlinearer Integro-Differentialgleichungen zusammen. Das zugehörige System charakteristischer linearer homogener Integralgleichungen besitzt nichttriviale Nullösungen. Es liegt demnach, wie bei der Laplaceschen Theorie des Erdmondes, der Verzweigungsfall vor, so daß eigentlich gewisse „Verzweigungsgleichungen" ins einzelne untersucht werden müßten. Die hiermit verbundenen außerordentlich umständlichen, zum Teil ziffermäßigen Rechnungen lassen sich indessen, wie ich neuerdings erkannt habe, vermeiden, wenn man in den Ausdruck für die Winkelgeschwindigkeit Parameter einführt und diese nachträchlich in geeigneter Weise bestimmt. Hierdurch läßt sich nicht nur der Existenzbeweis der in dieser Arbeit betrachteten Gleichgewichtsfiguren ohne weitere Komplikationen zu Ende führen, sondern auch die Behandlung anderer Gleichgewichtsfiguren, wie z. B. der ringförmigen Figuren ohne Zentralkörper, ganz wesentlich vereinfachen. Insbesondere läßt sich die von mir bei der Behandlung des Erdmondes durchgeführte Diskussion der Verzweigungsgleichung ganz vermeiden.

Da die Auflösung der Integro-Differentialgleichungen des Problems, die durch sukzessive Approximationen zu erfolgen hat, keine neuen Schwierigkeiten bietet, so wird sie im folgenden nicht näher ausgeführt. Das methodische Interesse konzentriert sich auf die Aufstellung der Hauptgleichungen und, wie vorhin ausgeführt, die Bestimmung der Winkelgeschwindigkeit.

Die neue Gleichgewichtsfigur ist in einem in § 4 näher auseinandergesetzten Sinne als *stabil* zu bezeichnen.

---

[2]) Es handelt sich ersichtlich um *flüssige Doppelsterne*, deren gegenseitige Entfernung als sehr groß vorausgesetzt wird.

Wir denken uns durch O und $\dot{O}$ neue um die z_0-Achse mitrotierende Koordinatenachsen x, y, z und $\dot{x}, \dot{y}, \dot{z}$ gelegt, so daß

$$(1) \quad x_0 = x + l, \quad y_0 = y, \quad z_0 = z; \qquad x_0 = -\dot{x} - \dot{l}, \quad y_0 = -\dot{y}, \quad z_0 = \dot{z}$$

gilt. Sei $P_1 = (X_1, Y_1, Z_1)$ ein Punkt auf S_1 und es sei $P = (X, Y, Z)$ der Fußpunkt des von P_1 auf S gefällten Lotes (ν). Die Strecke $\overrightarrow{PP_1}$, positiv nach außen gerichtet, sei mit ζ bezeichnet. Ist die Lage der Punkte auf S durch irgendein System Gaußscher Parameter (ξ, η) definiert, so kann man für hinreichende kleine Werte von $|\zeta|$, etwa $|\zeta| < \varepsilon^*$, die Lage des Punktes P_1 in eindeutiger Weise durch das System der krummlinigen Koordinaten ξ, η, ζ bestimmen. In einer ganz analogen Weise soll die Lage eines gewissen Punktes $\dot{P}_1 = (\dot{X}_1, \dot{Y}_1, \dot{Z}_1)$ auf $\dot{S}_1$ durch das System der krummlinigen Koordinaten $\dot{\xi}, \dot{\eta}, \dot{\zeta}$ gegeben sein ($|\dot{\zeta}| < \varepsilon^*$). Wir dürfen annehmen, daß die Funktionen ζ und $\dot{\zeta}$ eindeutig sind und stetige Ableitungen erster Ordnung haben.

Die Entfernung der beiden Punkte O und $\dot{O}$ sei zur Vereinfachung mit L,

$$(2) \qquad L = l + \dot{l},$$

die Volumina der beiden Kugeln seien mit

$$(3) \qquad v = \frac{4\pi}{3}\mathfrak{r}^3, \qquad \dot{v} = \frac{4\pi}{3}\dot{\mathfrak{r}}^3$$

bezeichnet. Die auf T_1 wirkenden Kräfte sind: die Eigengravitation, die Zentrifugalkräfte und die Anziehung des Körpers $\dot{T}_1$. Ist $\varkappa$ die Gaußsche Gravitationskonstante, so ist das Potential der beiden zuerst genannten Kräfte im Punkte X_1, Y_1, Z_1 entsprechend gleich

$$(4) \quad \varkappa f V_1(X_1, Y_1, Z_1) = \varkappa f \int_{T_1} [(\bar{x} - X_1)^2 + (\bar{y} - Y_1)^2 + (\bar{z} - Z_1)^2]^{-\frac{1}{2}} d\bar{x}\, d\bar{y}\, d\bar{z}$$

und

$$(5) \qquad \frac{\omega^2}{2}(Y_1^2 + (l + X_1)^2).$$

Um das Potential der Anziehung des Körpers $\dot{T}_1$ auf T_1 zu bestimmen, müssen wir noch einige weitere Bezeichnungen einführen.

Wir bezeichnen den Punkt ξ, η auf S mit σ, das Flächenelement in σ mit $d\sigma$, die nach außen gerichtete Normale durch σ mit (ν). Die entsprechenden zu dem Punkte (ξ', η') gehörigen Werte werden mit einem Akzent oben gekennzeichnet. Der Abstand der Punkte σ, σ' heiße ϱ. Es seien weiter a, b, c die Richtungskosinus der Normale (ν),

$$(6) \qquad a = \frac{X}{\mathfrak{r}}, \qquad b = \frac{Y}{\mathfrak{r}}, \qquad c = \frac{Z}{\mathfrak{r}}.$$

Die analogen Werte auf $\dot{S}$ werden mit einem Punkt oben versehen.

Neben den Flächen S und S_1 betrachten wir die einparametrige Flächenschar S_t $(0 \leqq t \leqq 1)$, die sich symbolisch in der Form $S + t(S_1 - S)$ darstellen läßt; dem Punkte $P = (\xi, \eta)$ auf S entspricht dabei auf S_t ein Punkt P_t mit den krummlinigen Koordinaten $\xi, \eta, t\zeta$. Sei φ_t der von der Normale (ν_t) in P_t an S_t mit der Gerade (ν) eingeschlossene Winkel[3]) und $d\sigma_t$ das Flächenelement von S_t an derselben Stelle. Die entsprechenden zu den Flächen $\dot{S}$ und $\dot{S}_1$ gehörigen Größen sollen wieder durch einen Punkt oben gekennzeichnet werden.

Das von den beiden Flächen $\dot{S}_t$ und $\dot{S}_{t+dt}$ und den Normalen an $\dot{S}$ durch den Rand des Flächenelementes $d\dot{\sigma}$ begrenzte Volumelement hat augenscheinlich den Wert $\dot{\zeta}\, d\dot{t} \cos\dot{\varphi}_t\, d\dot{\sigma}_t$. Sein Abstand von dem Punkte X_1, Y_1, Z_1 ist, wie man leicht sieht, gleich

$$(7)\quad [(L + X_1 + \dot{X} + \dot{a}t\dot{\zeta})^2 + (Y_1 + \dot{Y} + \dot{b}t\dot{\zeta})^2 + (Z_1 - \dot{Z} - \dot{c}t\dot{\zeta})^2]^{\frac{1}{2}}.$$

Das Potential der von $\dot{S}$ und $\dot{S}_1$ eingeschlossenen Flüssigkeitsschale im Punkte X_1, Y_1, Z_1 ist darum gleich

$$(8)\quad \begin{aligned} &\varkappa \dot{f} \int_0^1 d\dot{t} \int_{\dot{S}_t} \dot{\zeta} \cos\dot{\varphi}_t\, d\dot{\sigma}_t\, [(L + X_1 + \dot{X} + \dot{a}t\dot{\zeta})^2 + (Y_1 + \dot{Y} + \dot{b}t\dot{\zeta})^2 \\ &\qquad + (Z_1 - \dot{Z} - \dot{c}t\dot{\zeta})^2]^{-\frac{1}{2}}. \end{aligned}$$

Dazu kommt noch das Potential der Kugel $\dot{T}$. Dieses hat den Wert

$$(9)\quad \varkappa \dot{v} \dot{f}\, [(L + X_1)^2 + Y_1^2 + Z_1^2]^{-\frac{1}{2}}.$$

Die entsprechenden Werte im Punkte $\dot{X}_1, \dot{Y}_1, \dot{Z}_1$ auf $\dot{S}_1$ erhält man, wenn man in (8) und (9) sinngemäß die nichtpunktierten und die punktierten Buchstaben miteinander vertauscht.

§ 2.

Die fundamentalen Integro-Differentialgleichungen des Problems.

Die notwendigen und hinreichenden Bedingungen dafür, daß S_1 und $\dot{S}_1$ eine Figur des relativen Gleichgewichts einschließen, lassen sich durch die Gleichung

$$(10)\quad \begin{aligned} &\varkappa f V_1(X_1, Y_1, Z_1) + \frac{\omega^2}{2}(Y_1^2 + (l + X_1)^2) + \varkappa \dot{v} \dot{f} [(L + X_1)^2 + Y_1^2 + Z_1^2]^{-\frac{1}{2}} \\ &+ \varkappa \dot{f} \int_0^1 d\dot{t} \int_{\dot{S}_t} \dot{\zeta} \cos\dot{\varphi}_t\, d\dot{\sigma}_t\, [(L + X_1 + \dot{X} + \dot{a}t\dot{\zeta})^2 + (Y_1 + \dot{Y} + \dot{b}t\dot{\zeta})^2 \\ &\qquad + (Z_1 - \dot{Z} - \dot{c}t\dot{\zeta})]^{-\frac{1}{2}} = C \qquad (C \text{ konstant}) \end{aligned}$$

und eine analoge Gleichung, die man erhält, wenn man in (10) nicht-

[3]) Offenbar ist φ_t für $t = 0$ gleich Null.

punktierte Buchstaben mit den punktierten vertauscht, ausdrücken. Sei $V(x, y, z)$ das Newtonsche Potential der Kugel S. Augenscheinlich ist

$$V(X, Y, Z) = C_1 \qquad (C_1 \text{ konstant}). \tag{11}$$

Für (10) kann man darum auch schreiben

$$\begin{aligned} &\varkappa f[V_1(X_1, Y_1, Z_1) - V(X, Y, Z)] + \frac{\omega^2}{2}[Y_1^2 + (l + X_1)^2] \\ &+ \varkappa \dot v \dot f[(L + X_1)^2 + Y_1^2 + Z_1^2]^{-\frac{1}{2}} + \varkappa f \int_0^1 d\dot t \int_{\dot S_i} \zeta \cos \dot\varphi_i \, d\dot o_i [(L + X_1 + \dot X + \dot a \dot t \dot\zeta)^2 \\ &\qquad + (Y_1 + \dot Y + \dot b \dot t \dot\zeta)^2 + (Z_1 - \dot Z - \dot c \dot t \dot\zeta)^2]^{-\frac{1}{2}} = \varkappa f s \qquad (s \text{ konstant}). \end{aligned} \tag{12}$$

Wir setzen

$$\begin{aligned} V_1(X_1, Y_1, Z_1) &= U_1(\xi, \eta), \qquad V(X, Y, Z) = U(\xi, \eta); \\ \dot V_1(\dot X_1, \dot Y_1, \dot Z_1) &= \dot U_1(\dot\xi, \dot\eta), \qquad \dot V(\dot X, \dot Y, \dot Z) = \dot U(\dot\xi, \dot\eta) \end{aligned} \tag{13}$$

und nehmen

$$|\zeta|, \quad \left|\frac{\partial \zeta}{\partial \xi}\right|, \quad \left|\frac{\partial \zeta}{\partial \eta}\right|; \qquad |\dot\zeta|, \quad \left|\frac{\partial \dot\zeta}{\partial \dot\xi}\right|, \quad \left|\frac{\partial \dot\zeta}{\partial \dot\eta}\right| < \varepsilon \leqq \varepsilon^* \tag{14}$$

an, unter ε eine hinreichend kleine positive Zahl verstanden. Wie ich an einer anderen Stelle gezeigt habe, läßt sich der Ausdruck

$$V_1(X_1, Y_1, Z_1) - V(X, Y, Z) = U_1(\xi, \eta) - U(\xi, \eta) \tag{15}$$

in eine nach Gliedern verschiedener Ordnung in bezug auf ζ, $\frac{\partial \zeta}{\partial \xi}$, $\frac{\partial \zeta}{\partial \eta}$ fortschreitende, gleichmäßig konvergierende Reihe,

$$U_1(\xi, \eta) - U(\xi, \eta) = U^{(1)} + U^{(2)} + \ldots, \tag{16}$$

entwickeln[4]). Hier bezeichnet $U^{(n)}$ in naheliegender Schreibweise den folgenden Integralausdruck n-ten Grades in bezug auf ζ, ζ' und $\frac{d\zeta'}{ds'}$[5]):

---

[4]) Siehe L. Lichtenstein, „Untersuchungen über die Gleichgewichtsfiguren rotierender Flüssigkeiten, deren Teilchen einander nach dem Newtonschen Gesetze anziehen. Erste Abhandlung. Homogene Flüssigkeiten. Allgemeine Existenzsätze", Math. Zeitschr. **1** (1918), S. 229–284; **3** (1919), S. 172–174; „Zweite Abhandlung. Stabilitätsfragen", Math. Zeitschr. **7** (1920), S. 126–231. Diese Arbeiten werden im folgenden kurz als Abh. I und Abh. II bezeichnet. Man vergleiche insbesondere Kapitel III § 6 der Abh. II.

Die Entwicklungen der vorstehenden Arbeiten gelten für beliebige, etwa von Flächen mit stetiger Normale begrenzte Körper und beliebige Parameter ξ, η. In dem besonderen Falle der ellipsoidischen Gleichgewichtsfiguren findet sich die Entwicklung (16) bereits bei A. Liapounoff, wo sie auf einem anderen Wege abgeleitet wird. Vgl. A. Liapounoff, „Sur les figures d'équilibre peu différentes des ellipsoïdes d'une masse liquide homogène, douée d'un mouvement de rotation. Première partie. Étude générale du problème". Mémoire présenté à l'Académie impériale des sciences, St. Pétersbourg 1906, S. 1–225, insb. S. 3–25. Liapounoff bedient sich bei seinen Betrachtungen eines speziellen Systems krummliniger Koordinaten, das mit elliptischen Koordinaten zusammenhängt.

[5]) Geht ζ in $\alpha\zeta$ über, so erhält $U^{(n)}$ den Faktor α^n.

(17) $$U^{(n)}=\frac{1}{n!}\int\limits_S\sum(a'\zeta'-a\zeta)\left[\frac{\partial^{n-1}}{\partial t^{n-1}}\left(\frac{A_t'}{\varrho_t}\right)\right]_{t=0}d\xi'\,d\eta' \qquad (n>1).$$

(17a) $$U^{(1)}=\psi\zeta+\int\limits_S\frac{1}{\varrho}\zeta'\,d\sigma\;^{5a)}$$

In (17a) ist

(18) $$\varkappa f\psi=-\frac{4}{3}\pi\mathfrak{r}\varkappa f$$

die Schwerkraft auf der Oberfläche der Kugel T; ϱ ist der Abstand der Punkte X, Y, Z und X', Y', Z' auf S,

(19) $$\varrho^2=(X'-X)^2+(Y'-Y)^2+(Z'-Z)^2=\sum(X'-X)^2;$$

ϱ_t ist der Abstand der Punkte P_t und P_t' auf S_t,

(20) $$\varrho_t^2=\varrho^2+2t\sum(X'-X)(a'\zeta'-a\zeta)+t^2\sum(a'\zeta'-a\zeta);$$

schließlich ist

(21) $$A_t=\frac{\partial(Y+bt\zeta,\,Z+ct\zeta)}{\partial(\xi,\eta)},\qquad B_t=\frac{\partial(Z+ct\zeta,\,X+at\zeta)}{\partial(\xi,\eta)},$$
$$C_t=\frac{\partial(X+at\zeta,\,Y+bt\zeta)}{\partial(\xi,\eta)}.$$

Die Gleichung (12) nimmt nunmehr die Form an:

(22) $$\varkappa f\left[\psi\zeta+\int\limits_S\frac{1}{\varrho}\zeta'\,d\sigma'+U^{(2)}+U^{(3)}+\dots\right]+\mathsf{P}_1+\mathsf{P}_2=\varkappa f s,$$

(23) $$\mathsf{P}_1=\frac{\omega^2}{2}[Y_1^2+(l+X_1)^2]+\varkappa\dot{v}f[(L+X_1)^2+Y_1^2+Z_1^2]^{-\frac{1}{2}},$$

(24) $$\mathsf{P}_2=\varkappa\dot{f}\int\limits_0^1 d\dot{t}\int\limits_{\dot{S}_t}\dot{\zeta}\cos\dot{\varphi}_t\,d\dot{\sigma}_t[(L+X_1+\dot{X}+\dot{a}\dot{t}\dot{\zeta})^2$$
$$+(Y_1+\dot{Y}+\dot{b}\dot{t}\dot{\zeta})^2+(Z_1-\dot{Z}-\dot{c}\dot{t}\dot{\zeta})^2]^{-\frac{1}{2}}.$$

Wir entwickeln jetzt P_1 und P_2 nach Potenzen von $\frac{1}{L}$. Es gilt zunächst

(25) $$\frac{\omega^2}{2}[Y_1^2+(l+X_1)^2]=\frac{\omega^2}{2}(Y_1^2+2lX_1+X_1^2+l^2)$$

und

(26) $$\varkappa\dot{v}f[(L+X_1)^2+Y_1^2+Z_1^2]^{-\frac{1}{2}}=\varkappa\dot{v}f\frac{1}{L}\left(1-\frac{X_1}{L}-\frac{Y_1^2+Z_1^2-2X_1^2}{2L^2}+\dots\right).$$

[5a]) In der Formel (17) besteht die zu integrierende Funktion aus drei Summanden: dem hinter dem Zeichen Σ stehenden Ausdruck und den beiden Ausdrücken, die man erhält, wenn man a, a', A_t' entsprechend durch b, b', B_t' und c, c', C_t' ersetzt.

Ferner ist

$$\begin{aligned}&[(L+X_1+\dot X+\dot a\dot t\dot\zeta)^2+(Y_1+\dot Y+\dot b\dot t\dot\zeta)^2+(Z_1-\dot Z-\dot c\dot t\dot\zeta)^2]^{-\frac{1}{2}}\\ (27)\quad &=\frac{1}{L}\left[1-\frac{X_1+\dot X+\dot a\dot t\dot\zeta}{L}-\frac{(Y_1+\dot Y+\dot b\dot t\dot\zeta)^2+(Z_1-\dot Z-\dot c\dot t\dot\zeta)^2-2(X_1+\dot X+\dot a\dot t\dot\zeta)^2}{2L^2}+\ldots\right].\end{aligned}$$

Sei

$$(28)\qquad \dot{\mathfrak{t}}=\int_0^1 d\dot t\int_{\dot S_t}\dot\zeta\cos\dot\varphi_t\,d\dot\sigma_t$$

das Volumen des Körpers $\dot T_1-\dot T$. Es sei ferner

$$(29)\qquad \dot{\mathfrak{m}}=\int_0^1 d\dot t\int_{\dot S_t}\dot\zeta\cos\dot\varphi_t\,(\dot X+\dot a\dot t\dot\zeta)\,d\dot\sigma_t$$

das statische Moment von $\dot T_1-\dot T$ in bezug auf die Ebene $\dot x=0$.

Wir setzen, *unter w einen später zu bestimmenden Parameter verstanden*,

$$(30)\qquad \omega^2 l=\varkappa\dot f(\dot v+\dot{\mathfrak{t}})\frac{1}{L^2}+w.$$

Die mit X_1 multiplizierten Glieder in (22) haben jetzt wegen (25), (26) und (27) den Wert

$$(31)\qquad wX_1.$$

Die Entwicklung von $\dot{\mathsf{P}}_1+\dot{\mathsf{P}}_2$ ergibt die zu (30) analoge Beziehung

$$(32)\qquad \omega^2\dot l=\varkappa f(v+\mathfrak{t})\frac{1}{L^2}+\dot w.$$

Wir erhalten jetzt

$$\begin{aligned}\mathsf{P}_1+\mathsf{P}_2&=\varkappa\dot f(\dot v+\dot{\mathfrak{t}})\frac{l}{2L^2}+\varkappa\dot f\dot v\frac{1}{L}+w\frac{l}{2}+wX_1+w\frac{X_1^2+Y_1^2}{2l}\\ &+\varkappa\dot f\frac{\dot v+\dot{\mathfrak{t}}}{2L^2}\frac{X_1^2+Y_1^2}{l}+\varkappa\dot f\dot v\frac{1}{L}\left(-\frac{Y_1^2+Z_1^2-2X_1^2}{2L^2}+\ldots\right)\\ (33)\quad &+\frac{\varkappa\dot f}{L}\dot{\mathfrak{t}}-\frac{\varkappa\dot f}{L^2}\dot{\mathfrak{m}}+\varkappa\dot f\int_0^1 d\dot t\int_{\dot S_t}\dot\zeta\cos\dot\varphi_t\,d\dot\sigma_t\\ &\left\{-\frac{(Y_1+\dot Y+\dot b\dot t\dot\zeta)^2+(Z_1-\dot Z-\dot c\dot t\dot\zeta)^2-2(X_1+\dot X+\dot a\dot t\dot\zeta)^2}{2L^2}+\ldots\right\}\\ &\left(X_1=X\left(1+\frac{\zeta}{\mathfrak{r}}\right),\quad Y_1=Y\left(1+\frac{\zeta}{\mathfrak{r}}\right),\quad Z_1=Z\left(1+\frac{\zeta}{\mathfrak{r}}\right)\right).\end{aligned}$$

Die nicht hingeschriebenen Glieder sind in bezug auf L^{-1} vom dritten oder höheren Grade.

Setzt man jetzt in (22)

$$(34)\qquad \varkappa fs=\varkappa\dot f(\dot v+\dot{\mathfrak{t}})\frac{l}{2L^2}+\varkappa\dot f\dot v\frac{1}{L}+w\frac{l}{2}+\frac{\varkappa\dot f}{L}\dot{\mathfrak{t}}-\frac{\varkappa\dot f}{L^2}\dot{\mathfrak{m}},$$

so findet man nach einer leichten Umordnung

$$\zeta - \frac{3}{4\pi\mathfrak{r}}\int\limits_S \frac{1}{\varrho}\zeta'\,d\sigma' = \frac{3}{4\pi\mathfrak{r}}\left(U^{(2)} + U^{(3)} + \ldots\right) + \mathsf{P}, \tag{35}$$

$$\begin{aligned} \mathsf{P} &= \frac{3}{4\pi\mathfrak{r}\varkappa f}\left(\mathsf{P}_1 + \mathsf{P}_2 - \varkappa\dot{f}(\dot{v}+\dot{\mathfrak{t}})\frac{l}{2L^2} - \varkappa f\dot{v}\frac{1}{L} - w\frac{l}{2} - \frac{\varkappa\dot{f}}{L}\dot{\mathfrak{t}} + \frac{\varkappa\dot{f}}{L^2}\dot{\mathfrak{m}}\right) \\ &= \frac{3}{4\pi\mathfrak{r}\varkappa f}\Bigg[w X_1 + w\frac{X_1^2+Y_1^2}{2l} + \varkappa\dot{f}\,\frac{\dot{v}+\dot{\mathfrak{t}}}{2L^2}\,\frac{X_1^2+Y_1^2}{l} \\ &\quad + \varkappa f\dot{v}\frac{1}{L}\left(-\frac{Y_1^2+Z_1^2-2X_1^2}{2L^2} + \ldots\right) + \varkappa\dot{f}\int\limits_0^1 d\dot{t}\int\limits_{\dot{S}_i}\dot{\zeta}\cos\dot{\varphi}_i\,d\dot{\sigma}_i \\ &\quad \left\{-\frac{(Y_1+\dot{Y}+\dot{b}\dot{t}\dot{\zeta})^2+(Z_1-\dot{Z}-\dot{c}\dot{t}\dot{\zeta})^2-2(X_1+\dot{X}+\dot{a}\dot{t}\dot{\zeta})^2}{2L^2} + \ldots\right\}\Bigg]. \end{aligned} \tag{36}$$

Zu der Gleichung (35) tritt eine weitere Gleichung hinzu, die man erhält, wenn man in (35) und (36) die punktierten Buchstaben durch die nichtpunktierten ersetzt und umgekehrt. Die beiden Gleichungen bilden ein System nichtlinearer Integro-Differentialgleichungen zur Bestimmung von ζ und $\dot{\zeta}$.

§ 3.

Auflösung der Integro-Differentialgleichungen des Problems.

Die Integralgleichung

$$-\frac{4\pi\mathfrak{r}}{3}\zeta + \int\limits_S \frac{1}{\varrho}\zeta'\,d\sigma' = 0 \tag{37}$$

hat nach bekannten Sätzen drei linear unabhängige Eigenfunktionen. Es sind dies z. B. die drei allgemeinen Kugelfunktionen

$$\frac{Z}{\mathfrak{r}},\quad \frac{X}{\mathfrak{r}},\quad \frac{Y}{\mathfrak{r}}. \tag{38}$$

Wir bezeichnen diese Nullösungen, in der üblichen Weise normiert, mit u_1, u_3, u_4. Es gilt demnach

$$\int\limits_S \psi u_1^2\,d\sigma = \int\limits_S \psi u_3^2\,d\sigma = \int\limits_S \psi u_4^2\,d\sigma = -1\ ^{6)}. \tag{39}$$

Man findet leicht

$$u_1 = \frac{3}{4\pi}\frac{Z}{\mathfrak{r}^{\frac{5}{2}}},\quad u_3 = \frac{3}{4\pi}\frac{X}{\mathfrak{r}^{\frac{5}{2}}},\quad u_4 = \frac{3}{4\pi}\frac{Y}{\mathfrak{r}^{\frac{5}{2}}}.\ ^{7)} \tag{40}$$

---

[6]) Man beachte, daß $\psi < 0$ ist.

[7]) Die Bezeichnungen schließen sich an die in den Abhandlungen I und II gebrauchten an. Dort sind u_1 und u_2 die trivialen Nullösungen der Integralgleichung

(Fortsetzung der Fußnote 7 auf nächster Seite.)

Sei

$$(41)\quad N_1 = \frac{1}{\varrho} - \psi\psi'(u_1 u_1' + u_3 u_3' + u_4 u_4') = \frac{1}{\varrho} - \frac{1}{\mathfrak{r}^3}(XX' + YY' + ZZ').$$

Die Integralgleichung

$$(42)\quad -\frac{4\pi}{3}\mathfrak{r}\zeta + \int_S N_1 \zeta' d\sigma' = 0$$

hat nach bekannten Sätzen keine Nullösungen mehr. Sei

$$(43)\quad r_1 = -\int_S \psi' u_1' \zeta' d\sigma', \quad r_3 = -\int_S \psi' u_3' \zeta' d\sigma', \quad r_4 = -\int_S \psi' u_4' \zeta' d\sigma'.$$

Wie ich an einer anderen Stelle bewiesen habe, hat jede Gleichgewichtsfigur rotierender homogener Flüssigkeit eine auf der Rotationsachse senkrecht stehende Symmetrieebene[8]). Wir denken uns die Körper T_1 und $\dot{T}_1$ so orientiert, daß ihre Symmetrieebene in die Ebene $z_0 = 0$ fällt[9]). Alsdann ist

$$(44)\quad r_1 = -\int_S \psi' u_1' \zeta' d\sigma' = 0, \qquad \dot{r}_1 = -\int_{\dot{S}} \dot{\psi}' \dot{u}_1' \dot{\zeta}' d\dot{\sigma}' = 0.$$

Wir nehmen darüber hinaus an, daß die gesuchte Gleichgewichtsfigur auch noch in bezug auf die Ebene $y_0 = 0$ symmetrisch ist. Alsdann ist

$$(45)\quad r_4 = 0, \quad \dot{r}_4 = 0.$$

Wir bestimmen die noch verfügbaren Parameter $w, \dot{w}$ ***so, daß auch*** $r_3 = \dot{r}_3 = 0$ ***wird.*** Die Integro-Differentialgleichung (35) geht jetzt über in

$$(46)\quad \zeta - \frac{3}{4\pi\mathfrak{r}}\int_S N_1 \zeta' d\sigma' = \frac{3}{4\pi\mathfrak{r}}(U^{(2)} + U^{(3)} + \dots) + \mathsf{P}.$$

$\psi\zeta + \int_S \frac{1}{\varrho}\zeta' d\sigma' = 0$. Bei Rotationskörpern ist $u_2 \equiv 0$ zu setzen. Es sei in diesem Falle $\mathfrak{s}$ die längs einer Meridianlinie gemessene Entfernung des Punktes σ von einem Pole der Fläche, $\mathfrak{d}$ der Azimutwinkel. Die etwa noch vorhandenen nicht trivialen Nullösungen sind entweder von der Form $\mathfrak{F}(\mathfrak{s})$, oder sie treten paarweise auf und haben die Gestalt $\mathfrak{F}_1(\mathfrak{s})\cos k\mathfrak{d}$, $\mathfrak{F}_1(\mathfrak{s})\sin k\mathfrak{d}$. Im vorliegenden Falle ist

$$u_3 = \frac{3}{4\pi}\frac{\sin\mathfrak{s}\cos\mathfrak{d}}{\mathfrak{r}^{\frac{3}{2}}}, \qquad u_4 = \frac{3}{4\pi}\frac{\sin\mathfrak{s}\sin\mathfrak{d}}{\mathfrak{r}^{\frac{3}{2}}},$$

demnach $k = 1$.

[8]) Vgl. L. Lichtenstein, Über einige Eigenschaften der Gleichgewichtsfiguren rotierender Flüssigkeiten, deren Teilchen einander nach dem Newtonschen Gesetz anziehen, Sitzungsberichte der Preußischen Akademie der Wissenschaften **48** (1918), S. 1120–1124.

[9]) Das kann man nötigenfalls durch eine geeignete Verschiebung parallel zu der z_0-Achse stets erreichen.

Es gilt ferner die hierzu analoge Integro-Differentialgleichung

$$(47)\qquad \dot{\zeta} - \frac{3}{4\pi\dot{\mathfrak{r}}}\int_{S} \dot{N}_1 \dot{\zeta}' d\dot{\sigma}' = \frac{3}{4\pi\dot{\mathfrak{r}}}(\dot{U}^{(2)} + \dot{U}^{(3)} + \ldots) + \dot{\mathsf{P}}.$$

Die Ausdrücke auf der rechten Seite der Gleichungen (46) und (47) sind Funktionen der Parameter $w, \dot{w}, w_1 = \frac{\mathfrak{r}}{L}, \dot{w}_1 = \frac{\dot{\mathfrak{r}}}{L}, w_2 = \frac{\mathfrak{r}}{l}, \dot{w}_2 = \frac{\dot{\mathfrak{r}}}{\dot{l}}$, die sich für alle hinreichend kleinen Werte von $|w|, |\dot{w}|, |w_1|, |\dot{w}_1|, |w_2|, |\dot{w}_2|$ analytisch und regulär verhalten. Wie in meinen vorhin genannten Arbeiten zur Theorie der Gleichgewichtsfiguren rotierender Flüssigkeiten, läßt sich zeigen, daß die Integro-Differentialgleichungen (46), (47) für jedes Wertsystem $w, \dot{w}, w_1, \dot{w}_1, w_2, \dot{w}_2$ in einem Gebiete

$$(48)\qquad |w|, |\dot{w}|, |w_1|, |\dot{w}_1|, |w_2|, |\dot{w}_2| \leqq \varepsilon_1 \leqq \varepsilon \leqq \varepsilon^*$$

eine und nur eine Lösung hat. Diese Lösung kann durch sukzessive Approximationen gewonnen und nach Potenzen von $w, \dot{w}, w_1, \dot{w}_1, w_2, \dot{w}_2$ entwickelt werden[10]). Sie ist in bezug auf die Ebenen $z_0 = 0$ und $y_0 = 0$ symmetrisch[11]). Es ist nicht schwer, die ersten Glieder der Entwicklungen für ζ und $\dot{\zeta}$ zu bestimmen[12]). Man findet

$$(49)\qquad \zeta = \frac{3}{4\pi\mathfrak{r}\varkappa f}\left\{wX + \frac{5}{4}\frac{\varkappa f\dot{v}}{L^2}\left(-\frac{Z^2}{l} + \frac{3X^2}{L}\right)\right.$$
$$\left. + \frac{\varkappa f\dot{v}\mathfrak{r}^2}{4L^2}\left(\frac{1}{l} - \frac{5}{L}\right) + \mathfrak{P}(w, \dot{w}, w_1, \dot{w}_1, w_2, \dot{w}_2)\right\}$$

und

$$(50)\qquad \dot{\zeta} = \frac{3}{4\pi\dot{\mathfrak{r}}\varkappa f}\left\{\dot{w}\dot{X} + \frac{5}{4}\frac{\varkappa f v}{L^2}\left(-\frac{\dot{Z}^2}{\dot{l}} + \frac{3\dot{X}^2}{L}\right)\right.$$
$$\left. + \frac{\varkappa f v\dot{\mathfrak{r}}^2}{4L^2}\left(\frac{1}{\dot{l}} - \frac{5}{\dot{L}}\right) + \dot{\mathfrak{P}}(w, \dot{w}, w_1, \dot{w}_1, w_2, \dot{w}_2)\right\}.$$

In $\mathfrak{P}$ und $\dot{\mathfrak{P}}$ sind die von w und $\dot{w}$ freien Glieder von der Ordnung $\frac{1}{L^4}, \frac{1}{L^3 l}, \frac{1}{L^3 \dot{l}}$. Glieder von der Form $F(X, Y, Z;\ \dot{X}, \dot{Y}, \dot{Z})w$ und $\dot{F}(X, Y, Z;\ \dot{X}, \dot{Y}, \dot{Z})\dot{w}$ fehlen ganz.

---

[10]) Vgl. Abh. II, S. 156–165; Abh. I, S. 277–278. Siehe ferner meine Arbeit: Untersuchungen über die Gestalt der Himmelskörper. Erste Abhandlung. Die Laplacesche Theorie der Gestalt des Erdmondes, diese Zeitschrift **10** (1921), S. 130 bis 159 insbes. S. 138, Fußnote [11]).

[11]) Vgl. Abh. I, S. 260–261.

[12]) Vgl. die in der zweitletzten Fußnote an dritter Stelle genannte Abhandlung, S. 149–150. Man beachte, daß in $\dot{\mathsf{P}}$ (Formel 36) für $\dot{\mathfrak{t}}$ der Ausdruck (28) einzusetzen ist.

Setzt man jetzt in die Beziehungen

$$(51)\qquad \int\limits_S \psi u_3 \zeta\, d\sigma = 0, \qquad \int\limits_S \dot\psi \dot u_3 \dot\zeta\, d\dot\sigma = 0$$

für ζ und $\dot\zeta$ die Ausdrücke (49) und (50) ein, so erhält man wegen

$$(52)\qquad \frac{3}{4\pi\mathfrak{r}\varkappa f}\int\limits_S \psi u_3 w X\, d\sigma = -\frac{3}{4\pi\mathfrak{r}\varkappa f}\,\frac{4\pi\mathfrak{r}}{3}\,\frac{3}{4\pi\mathfrak{r}^{\frac{5}{2}}}\int\limits_S X^2 d\sigma = -\frac{\mathfrak{r}^{\frac{3}{2}}}{\varkappa f},$$

$$(53)\qquad \int\limits_S \psi u_3\, d\sigma = \int\limits_S \psi u_3 X^2 d\sigma = \int\limits_S \psi u_3 Z^2 d\sigma = 0, \ldots$$

zwei Gleichungen von der Form

$$(54)\qquad -\frac{\mathfrak{r}^{\frac{3}{2}}}{\varkappa f} w + \mathfrak{p}(w, \dot w, w_1, \dot w_1, w_2, \dot w_2) = 0,$$

$$(55)\qquad -\frac{\dot{\mathfrak{r}}^{\frac{3}{2}}}{\varkappa \dot f} \dot w + \mathfrak{p}(w, \dot w, w_1, \dot w_1, w_2, \dot w_2) = 0,$$

aus denen sich

$$(56)\qquad w = O\left(\frac{\tilde{\mathfrak{r}}^4}{L^4}\right), \qquad \dot w = O\left(\frac{\tilde{\mathfrak{r}}^4}{L^4}\right)$$

ergibt[13]), unter $\tilde{\mathfrak{r}}$ die größere der beiden Zahlen $\mathfrak{r}$ und $\dot{\mathfrak{r}}$ verstanden. Aus (49) und (50) findet man zunächst

$$(57)\qquad \zeta = \frac{3}{4\pi\mathfrak{r}f}\left\{\frac{5}{4}\,\frac{\dot f \dot v}{L^2}\left(-\frac{Z^2}{l} + \frac{3X^2}{L}\right) + \frac{\dot f \dot v \mathfrak{r}^2}{4L^2}\left(\frac{1}{l} - \frac{5}{L}\right)\right\} + O\left(\frac{\tilde{\mathfrak{r}}^4}{L^4}\right)$$

und

$$(58)\qquad \dot\zeta = \frac{3}{4\pi\dot{\mathfrak{r}}\dot f}\left\{\frac{5}{4}\,\frac{f v}{L^2}\left(-\frac{\dot Z^2}{\dot l} + \frac{3\dot X^2}{L}\right) + \frac{f v \dot{\mathfrak{r}}^2}{4L^2}\left(\frac{1}{\dot l} - \frac{5}{L}\right)\right\} + O\left(\frac{\tilde{\mathfrak{r}}^4}{L^4}\right).$$

Aus den Gleichungen (30) und (32) folgt nunmehr, wenn man berücksichtigt, daß

$$(59)\qquad \mathfrak{t} = O\left(\frac{\tilde{\mathfrak{r}}^3}{L^3}\right), \qquad \dot{\mathfrak{t}} = O\left(\frac{\tilde{\mathfrak{r}}^3}{L^3}\right)$$

ist, nach einer leichten Umrechnung

$$(60)\qquad \frac{\varkappa \dot f \dot v}{L^2 l} = \frac{\varkappa f v}{L^2 \dot l} + O\left(\frac{\tilde{\mathfrak{r}}^5}{L^5}\right),$$

somit

$$(61)\qquad \frac{\dot l}{l} = \frac{f v}{\dot f \dot v} + O\left(\frac{\tilde{\mathfrak{r}}^2}{L^2}\right)$$

und wegen

$$(62)\qquad l + \dot l = L,$$

[13]) Man beachte, daß $\frac{l}{L} < 1$, $\frac{\dot l}{L} < 1$ ist.

wie man leicht findet,

$$(63)\qquad l = L\frac{f\dot v}{fv+\dot f\dot v}+O\left(\frac{\mathfrak{r}}{L}\right),\qquad \dot l = L\frac{fv}{fv+\dot f\dot v}+O\left(\frac{\mathfrak{r}}{L}\right).$$

Ist insbesondere $vf=\dot v\dot f$, so ist

$$(64)\qquad l=\frac{1}{2}L+O\left(\frac{\mathfrak{r}}{L}\right),\qquad \dot l=\frac{1}{2}L+O\left(\frac{\mathfrak{r}}{L}\right),$$ [14])

$$(65)\qquad \zeta=\frac{3v}{16\pi\mathfrak{r}L^3}(12X^2-3Y^2-13Z^2)+O\left(\frac{\mathfrak{r}^4}{L^4}\right),$$

$$(66)\qquad \dot\zeta=\frac{3\dot v}{16\pi\mathfrak{r}L^3}(12\dot X^2-3\dot Y^2-13\dot Z^2)+O\left(\frac{\mathfrak{r}^4}{L^4}\right),$$

Ähnlich wie in der Abh. II auf S. 270—276, läßt es sich zeigen, daß man auf S_1 Systeme Gaußscher Parameter angeben kann derart, daß die Kartesischen Koordinaten der Punkte auf S_1 stetige Ableitungen aller Ordnungen in bezug auf diese Parameter haben.

Wie an einer anderen Stelle[15]), läßt sich leicht zeigen, daß *die Körper T_1 und $\dot T_1$ in einer ersten Näherung Ellipsoidkörper darstellen, deren* Halbachsen die Werte

$$(67)\qquad \alpha=\mathfrak{r}\left(1+3\frac{\mathfrak{r}^3}{L^3}\right),\qquad \beta=\mathfrak{r}\left(1-\frac{3}{4}\frac{\mathfrak{r}^3}{L^3}\right),\qquad \gamma=\mathfrak{r}\left(1-\frac{13}{4}\frac{\mathfrak{r}^3}{L^3}\right);\quad\ldots$$

haben. Die große Achse ist nach der Umdrehungsachse hin, die kleine parallel zu dieser gerichtet. Es gilt

$$(68)\qquad \frac{\alpha-\gamma}{\beta-\gamma}=2{,}5\,.$$

Allgemein gelten, wenn man $\frac{vf}{\dot v\dot f}=\mu$ setzt, die Formeln

$$(69)\qquad l=L\frac{1}{1+\mu}+O\left(\frac{\mathfrak{r}}{L}\right),\qquad \dot l=L\frac{\mu}{1+\mu}+O\left(\frac{\mathfrak{r}}{L}\right),$$

$$(70)\qquad \zeta=\frac{\mathfrak{r}^2}{\mu L^3}\left\{\frac{5}{4}\left(3X^2-Z^2(1+\mu)\right)+\frac{\mathfrak{r}^2}{4}(\mu-4)\right\}+O\left(\frac{\mathfrak{r}^4}{L^4}\right),$$

$$(71)\qquad \dot\zeta=\frac{\dot{\mathfrak{r}}^2\mu}{L^3}\left\{\frac{5}{4}\left(3\dot X^2-\dot Z^2\left(1+\frac{1}{\mu}\right)\right)+\frac{\dot{\mathfrak{r}}^2}{4}\left(\frac{1}{\mu}-4\right)\right\}+O\left(\frac{\mathfrak{r}^4}{L^4}\right),$$

[14]) Ist $f=\dot f$, $v=\dot v$, so ist aus Gründen der Symmetrie $l=\dot l=\frac{1}{2}L$.

[15]) Vgl. die in der Fußnote [10]) an dritter Stelle genannte Arbeit, S. 143—144.

und in naheliegender Bezeichnungsweise

$$(72)\quad \left\{\begin{aligned} &\alpha=\mathfrak{r}\Big(1+\frac{\mathfrak{r}^3}{4\mu L^3}(\mu+11)\Big), \qquad \beta=\mathfrak{r}\Big(1+\frac{\mathfrak{r}^3}{4\mu L^3}(\mu-4)\Big),\\ &\qquad\qquad \gamma=\mathfrak{r}\Big(1-\frac{\mathfrak{r}^3}{4\mu L^3}(9+4\mu)\Big),\\ &\dot{\alpha}=\mathfrak{r}\Big(1+\frac{\mathfrak{r}^3\mu}{4L^3}\Big(\frac{1}{\mu}+11\Big)\Big), \qquad \dot{\beta}=\mathfrak{r}\Big(1+\frac{\mathfrak{r}^3\mu}{4L^3}\Big(\frac{1}{\mu}-4\Big)\Big),\\ &\qquad\qquad \dot{\gamma}=\mathfrak{r}\Big(1-\frac{\mathfrak{r}^3\mu}{4L^3}\Big(9+\frac{4}{\mu}\Big)\Big), \end{aligned}\right.$$

$$(73)\qquad \frac{\alpha-\gamma}{\beta-\gamma}=\frac{\mu+4}{\mu+1}, \qquad \frac{\dot{\alpha}-\dot{\gamma}}{\dot{\beta}-\dot{\gamma}}=\frac{1+4\mu}{1+\mu}.$$

In dem Grenzfall $\mu\to 0$, mithin $\mathfrak{r}\to 0$, wird $\dot{\zeta}=0$, $\dot{l}=0$. Der Körper $T_1\equiv T$ wird eine Kugel um den Punkt $x_0=y_0=z_0=0$. Es gilt jetzt

$$(74)\qquad \frac{\alpha-\gamma}{\beta-\gamma}=4 \text{ [16]}.$$

§ 4.

Stabilität der Gleichgewichtsfigur.

Wir beweisen jetzt, ähnlich wie bei der Behandlung der Figur des Erdmondes [17], daß die Gleichgewichtsfigur, deren Existenz durch die vorstehenden Betrachtungen dargetan worden ist, *stabil* ist. Darunter ist folgendes zu verstehen.

Sei J_1 das Trägheitsmoment des Systems T_1, $\dot{T}_1$ in bezug auf die Rotationsachse [18]. Wir setzen

$$(75)\qquad \check{M}_1=\omega^2 J_1^2.$$

Es seien T_2 und $\dot{T}_2$ irgendwelche von Flächen mit stetiger Normale S_2 und $\dot{S}_2$ begrenzte Körper in der Nachbarschaft erster Ordnung von S_1 und $\dot{S}_1$, die wir uns mit homogener Flüssigkeit entsprechend der Dichte f und $\dot{f}$ erfüllt denken. *Die Volumina der Körper T_2 und T_1; $\dot{T}_2$ und $\dot{T}_1$ seien einander gleich; die Schwerpunkte der Körper T_2 und $\dot{T}_2$ decken sich entsprechend mit denjenigen der Körper T_1 und $\dot{T}_1$.* Wir bezeichnen

---

[16]) Derselbe Wert ergab sich in der loc. cit. [15]) genannten Arbeit für eine um ein festes Attraktionszentrum rotierende, weit entfernte Flüssigkeitsmasse.

[17]) Vgl. loc. cit. [15]) S. 144–148.

[18]) Es ist $J_1=\int\limits_{T_1+\dot{T}_1}\tilde{f}(x_0^2+y_0^2)\,dx_0\,dy_0\,dz_0$ $(\tilde{f}=f$ in T_1; $\tilde{f}=\dot{f}$ in $\dot{T}_1)$.

das Trägheitsmoment des Systems T_2, $\dot{T}_2$ mit J_2, die Entfernung der Massenelemente dm und $d\bar{m}$ in $T_2 + \dot{T}_2$ mit D und setzen

$$(76) \qquad \Lambda_2^* = \frac{\check{M}}{J_2} - \varkappa \iint\limits_{T_2+\dot{T}_2} \frac{dm\, d\bar{m}}{D}.$$

Die Gleichgewichtsfigur T_1, $\dot{T}_1$ soll mit Thomson und Tait, Poincaré und Liapounoff stabil heißen, wenn Λ_2^* für $T_2 = T_1$, $\dot{T}_2 = \dot{T}_1$ den kleinsten Wert Λ_1^* annimmt[19]).

Sei (ξ_1, η_1) irgendein System Gaußscher Koordinaten auf S_1, $\dot{S}_1$; (ν_1) die Normale in $(\xi_1, \eta_1) = \sigma_1$, positiv nach außen gerichtet, ζ_1 der Abstand des Schnittpunktes von (ν_1) mit $S_2(\dot{S}_2)$ von $S_1(\dot{S}_1)$. Die Lage der Punkte auf $S_2(\dot{S}_2)$ ist durch die krummlinigen Koordinaten ξ_1, η_1, ζ_1 bestimmt.

Wir bezeichnen mit $\varkappa \tilde{f} \psi_1$ die Schwerkraft auf S_1 und $\dot{S}_1$, mit R_1 den Abstand des Punktes σ_1 von der Rotationsachse, ϱ_1 den Abstand der Punkte σ_1 und σ_1' auf S_1 oder $\dot{S}_1$. Wir nehmen an, daß

$$(77) \qquad N_1 = \operatorname{Max}\left(|\zeta_1|, \left|\frac{\partial \zeta_1}{\partial \xi_1}\right|, \left|\frac{\partial \zeta_1}{\partial \eta_1}\right|\right) < \varepsilon_2 \leqq \varepsilon_1$$

gilt, unter ε_2 eine hinreichend kleine positive Zahl verstanden.

Durch Betrachtungen, die denjenigen der Abh. II S. 182—191 parallel laufen, läßt sich nun zeigen, daß

$$(78) \qquad \begin{aligned} \Lambda_2^* - \Lambda_1^* = &- \varkappa \int\limits_{S_1+\dot{S}_1} \tilde{f}^2 \psi_1 \zeta_1^2 d\sigma_1 - \varkappa \iint\limits_{S_1+\dot{S}_1} \frac{1}{\varrho_1} \tilde{f} \tilde{f}' \zeta_1 \zeta_1' d\sigma_1 d\sigma_1' \\ &+ \frac{\omega^2}{J_1} \Big(\int\limits_{S_1+\dot{S}_1} \tilde{f} R_1^2 \zeta_1 d\sigma_1 \Big)^2 + |\mathfrak{R}^*|, \\ |\mathfrak{R}^*| &< \beta_1 \varepsilon_2 \int\limits_{S_1+\dot{S}_1} \zeta_1^2 d\sigma_1 \end{aligned}$$

ist, unter β_1 eine positive Konstante verstanden, wie später auch unter $\beta_2, \beta_3, \ldots$[20]). Wir beweisen, daß $\Lambda_2^* - \Lambda_1^* \geqq 0$ gilt, wie auch $T_2 + \dot{T}_2$ beschaffen sei, wenn nur die eingangs genannten Bedingungen erfüllt sind. Das Gleichheitszeichen gilt nur für $T_2 = T_1$, $\dot{T}_2 = \dot{T}_1$.

---

[19]) Vgl. die Abh. II S. 182—218, insbes. S. 182—184, sowie loc. cit. [15]) S. 144—148. An beiden Stellen handelt es sich um Systeme, gebildet von einer einzigen homogenen Flüssigkeit. Unter Trägheitsmoment J_1 wird darum dort der Ausdruck $\int\limits_{T_1+\dot{T}_1} (x_0^2 + y_0^2)\, dx_0\, dy_0\, dz_0$ verstanden. Auch sonst sind die Bezeichnungen jetzt stellenweise etwas anders geworden.

[20]) Vgl. die Bemerkungen in der Fußnote [19]).

Betrachten wir die lineare Integralgleichung

$$(79)\qquad \psi_1 \zeta_1 + \mu \int\limits_{S_1+\dot{S}_1} \frac{1}{\varrho_1} \zeta_1' \, d\sigma_1' = 0 .$$

Wie in der Abh. II S. 151—153 gezeigt worden ist, ist der Kern $\frac{1}{\varrho_1}$ positiv definit und abgeschlossen. Die Eigenwerte von (79) sind sämtlich positiv. Wir bezeichnen sie, in der üblichen Weise einfach geordnet, mit $\mu_1^{(1)}, \mu_1^{(2)}, \ldots$. Die zugehörigen normierten Eigenfunktionen heißen $u_1^{(1)}, u_1^{(2)}, \ldots$. Es gilt

$$(80)\qquad \iint\limits_{S_1+\dot{S}_1} \frac{1}{\varrho_1} \tilde{f} \tilde{f}' \zeta_1 \zeta_1' \, d\sigma_1 \, d\sigma_1' = \sum \frac{1}{\mu_1^{(n)}} \Big(\int\limits_{S_1+\dot{S}_1} \psi_1 \tilde{f} \zeta_1 u_1^{(n)} d\sigma_1 \Big)^2$$

und

$$(81)\qquad \int\limits_{S_1+\dot{S}_1} \psi_1 \tilde{f}^2 \zeta_1^2 \, d\sigma_1 = - \sum \Big(\int\limits_{S_1+\dot{S}_1} \psi_1 \tilde{f} \zeta_1 u_1^{(n)} d\sigma_1 \Big)^2 .$$

Wegen

$$(82)\qquad \omega^2 = O\Big(\frac{\mathfrak{r}^3}{L^3}\Big), \qquad R_1^2 = O(L^2), \qquad J_1 = O(L^2)\,^{21)}$$

ist

$$(83)\qquad \frac{\omega^2}{J_1} \Big(\int\limits_{S_1+\dot{S}_1} \tilde{f} R_1^2 \zeta_1 \, d\sigma_1 \Big)^2 < \beta_2 \frac{\mathfrak{r}}{L} \Big| \int\limits_{S_1+\dot{S}_1} \psi_1 \zeta_1^2 \, d\sigma_1 \Big| .$$

Wir nehmen $\frac{\mathfrak{r}}{L} < \varepsilon_2$ an und erhalten aus (78), (80) und (81), wenn wir aus Gründen, die alsbald ersichtlich werden, die acht ersten Eigenwerte zusammenfassen,

$$(84)\qquad \begin{aligned} \Lambda_2^* - \Lambda_1^* &= \varkappa \sum_{n=1}^{8} \Big(1 - \frac{1}{\mu_1^{(n)}}\Big) \Big(\int\limits_{S_1+\dot{S}_1} \psi_1 \tilde{f} \zeta_1 u_1^{(n)} d\sigma_1 \Big)^2 \\ &+ \varkappa \sum_{n>8} \Big(1 - \frac{1}{\mu_1^{(n)}}\Big) \Big(\int\limits_{S_1+\dot{S}_1} \psi_1 \tilde{f} \zeta_1 u_1^{(n)} d\sigma_1 \Big)^2 + \mathfrak{R}_1 , \\ &|\mathfrak{R}_1^*| < \beta_3 \varepsilon_2 \Big| \int\limits_{S_1+\dot{S}_1} \psi_1 \zeta_1^2 \, d\sigma_1 \Big| . \end{aligned}$$

Neben der Integralgleichung (79) betrachten wir die beiden Integralgleichungen

$$(85)\qquad -\frac{4\pi\mathfrak{r}}{3} \zeta + \mu \int\limits_{S} \frac{1}{\varrho} \zeta' \, d\sigma' = 0 \quad \text{und} \quad -\frac{4\pi\dot{\mathfrak{r}}}{3} \zeta + \mu \int\limits_{\dot{S}} \frac{1}{\varrho} \zeta' \, d\sigma' = 0\,^{22)}.$$

---

21) Man vergleiche die Formeln (30), (56) und (59).

22) Die Schwerkraft auf der ruhenden, isoliert gedachten Kugel S hat den Wert $-\frac{4\pi\mathfrak{r}}{3}\varkappa f$.

Ihre Eigenwerte, zusammengeworfen und in der üblichen Weise einfach geordnet, heißen $\mu^{(1)}, \mu^{(2)}, \ldots$, die zugehörigen normierten Eigenfunktionen (die allgemeinen Kugelfunktionen auf S bzw. $\dot{S}$) $u^{(1)}, u^{(2)}, \ldots$. Wie sich ohne wesentliche Schwierigkeiten zeigen läßt, konvergieren $\mu_1^{(1)}, \mu_1^{(2)}, \ldots$ für $S_1 \to S$, $\dot{S}_1 \to \dot{S}$ entsprechend gegen $\mu^{(1)}, \mu^{(2)}, \ldots$ [23]). Wir fassen $\zeta_1, u_1^{(1)}, u_1^{(2)} \ldots$ als Ortsfunktionen auf $S+\dot{S}$ auf und bezeichnen sie als solche mit $\bar{\zeta}, \bar{u}^{(1)}(\sigma), \bar{u}^{(2)}(\sigma), \ldots$ [24]).

Es gilt nun, wie sich zeigen läßt (vgl. die Abh. II S. 140—147 und S. 205—214, wo sich ähnliche Betrachtungen finden),

$$\psi_1 = \begin{cases} -\dfrac{4\pi\mathfrak{r}}{3} + O\left(\dfrac{\tilde{\mathfrak{r}}}{L}\right) \text{ auf } S_1, \\ -\dfrac{4\pi\dot{\mathfrak{r}}}{3} + O\left(\dfrac{\tilde{\mathfrak{r}}}{L}\right) \text{ auf } \dot{S}_1, \end{cases} \qquad \frac{d\sigma_1}{d\sigma} = 1 + O\left(\frac{\tilde{\mathfrak{r}}}{L}\right),$$

$$\text{86)} \qquad \bar{u}^{(3)}(\sigma) = \begin{cases} u^{(3)}(\sigma) + O\left(\dfrac{\tilde{\mathfrak{r}}}{L}\right) = \beta_4 \dfrac{X}{\mathfrak{r}} + O\left(\dfrac{\tilde{\mathfrak{r}}}{L}\right) \text{ auf } S, \\ O\left(\dfrac{\tilde{\mathfrak{r}}}{L}\right) \text{ auf } \dot{S}, \end{cases}$$

$$\mu_1^{(3)} = 1 + O\left(\frac{\tilde{\mathfrak{r}}}{L}\right),$$

darum, wie man leicht sieht,

$$\text{(87)} \qquad \left|1 - \frac{1}{\mu_1^{(3)}}\right| \Big(\int\limits_{S_1+\dot{S}_1} \psi_1 \bar{f} \zeta_1 u_1^{(3)} d\sigma_1\Big)^2 < \beta_5 \frac{\tilde{\mathfrak{r}}}{L} \Big|\int\limits_{S_1+\dot{S}_1} \psi_1 \zeta_1^2 d\sigma_1\Big|. \text{ [24a])}$$

Analoge Ungleichheiten gelten für die mit $u_1^{(4)}, \ldots, u_1^{(8)}$ behafteten Glieder. Für $\frac{X}{\mathfrak{r}}$ treten hier $\frac{Y}{\mathfrak{r}}, \ldots, \frac{\dot{Z}}{\dot{\mathfrak{r}}}$ ein.

Ferner ist

$$\mu_1^{(1)} = \mu^{(1)} + O\left(\frac{\tilde{\mathfrak{r}}}{L}\right) = \frac{1}{3} + O\left(\frac{\tilde{\mathfrak{r}}}{L}\right),$$

$$\text{(88)} \qquad \bar{u}^{(1)}(\sigma) = \begin{cases} u^{(1)}(\sigma) + O\left(\dfrac{\tilde{\mathfrak{r}}}{L}\right) = D_1 + O\left(\dfrac{\tilde{\mathfrak{r}}}{L}\right) \text{ auf } S \\ O\left(\dfrac{\tilde{\mathfrak{r}}}{L}\right) \text{ auf } \dot{S}, \end{cases} \qquad (D_1 \text{ konstant}),$$

---

[23]) Es gelten demnach insbesondere die Formeln

$$\mu_1^{(1)} \to \tfrac{1}{3}, \quad \mu_1^{(2)} \to \tfrac{1}{3}, \quad \mu_1^{(3)} \to 1, \quad \ldots, \quad \mu_1^{(8)} \to 1.$$

[24]) Die zusammengehörigen Punkte σ und σ_1 liegen allemal auf demselben Halbmesser der Kugel S oder $\dot{S}$.

[24a]) In den Formeln (86) treten hinter dem Zeichen O eigentlich sogar höhere Potenzen von $\frac{\tilde{\mathfrak{r}}}{L}$ auf. So ist z. B. $\frac{d\sigma_1}{d\sigma} = 1 + O\left(\frac{\tilde{\mathfrak{r}}^3}{L^3}\right)$ Für die weiteren Betrachtungen genügen die Abschätzungen des Textes.

mithin

$$(89)\qquad \Big(1-\frac{1}{\mu_1^{(1)}}\Big)\Big(\int\limits_{S_1+\dot S_1}\psi'_1\tilde f\zeta_1 u_1^{(1)}d\sigma_1\Big)^2$$

$$=\Big[-2+O\Big(\frac{\tilde{\mathfrak r}}{L}\Big)\Big]\Big[\int\limits_{S_1}\zeta_1\Big(D_2+O\Big(\frac{\tilde{\mathfrak r}}{L}\Big)\Big)d\sigma_1+\int\limits_{\dot S_1}\zeta_1 O\Big(\frac{\tilde{\mathfrak r}}{L}\Big)d\sigma_1\Big]^2.$$

$(D_2$ konstant$)$.

Nach Voraussetzung ist das Volumen des Körpes T_2 gleich demjenigen von T_1. Darum ist, wie sich leicht zeigen läßt[25]),

$$(90)\qquad \Big|\int\limits_{S_1}\zeta_1 d\sigma_1\Big|<\beta_6\varepsilon_2\int\limits_{S_1}|\zeta_1|d\sigma_1,$$

mithin wegen $\frac{\tilde{\mathfrak r}}{L}<\varepsilon_2$ gewiß

$$(91)\qquad \Big|1-\frac{1}{\mu_1^{(1)}}\Big|\Big(\int\limits_{S_1+\dot S_1}\psi'_1\tilde f\zeta_1 u_1^{(1)}d\sigma_1\Big)^2<\beta_7\varepsilon_2\Big|\int\limits_{S_1+\dot S_1}\psi'_1\zeta_1^2 d\sigma_1\Big|.$$

Eine analoge Ungleichheit gilt für die Eigenfunktion $u_1^{(2)}$. Wir finden jetzt alles in allem

$$(92)\qquad \begin{aligned}&\Lambda_2^*-\Lambda_1^*=\varkappa\sum_{n>8}\Big(1-\frac{1}{\mu_1^{(n)}}\Big)\Big(\int\limits_{S_1+\dot S_1}\psi_1\tilde f\zeta_1 u_1^{(n)}d\sigma_1\Big)^2+\mathfrak R_2^*,\\ &|\mathfrak R_2^*|<\beta_8\varepsilon_2\Big|\int\limits_{S_1+\dot S_1}\psi'_1\zeta_1^2 d\sigma_1\Big|.\end{aligned}$$

Wegen (81) ist

$$(93)\qquad \int\limits_{S_1+\dot S_1}\psi_1\tilde f^2\zeta_1^2 d\sigma_1=-\sum_{n=1}^{8}\Big(\int\limits_{S_1+\dot S_1}\psi_1\tilde f\zeta_1 u_1^{(n)}d\sigma_1\Big)^2-\sum_{n>8}\Big(\int\limits_{S_1+\dot S_1}\psi_1\tilde f\zeta_1 u_1^{(n)}d\sigma_1\Big)^2.$$

Ferner ist

$$(94)\qquad \int\limits_{S_1+\dot S_1}\psi_1\tilde f\zeta_1 u_1^{(3)}d\sigma_1=D_3\int\limits_{S}X\xi\,d\sigma+\int\limits_{S_1+\dot S_1}O\Big(\frac{\tilde{\mathfrak r}}{L}\Big)\zeta_1 d\sigma_1\quad (D_3 \text{ konstant}),$$

darum, wie sich leicht zeigen läßt,

$$(95)\qquad \Big(\int\limits_{S_1+\dot S_1}\psi_1\tilde f\zeta_1 u_1^{(3)}d\sigma_1\Big)^2\leqq D_3^2\Big(\int\limits_{S}X\xi\,d\sigma\Big)^2+\beta_9\varepsilon_2\Big|\int\limits_{S_1+\dot S_1}\psi_1\zeta_1^2 d\sigma_1\Big|.$$

Der Schwerpunkt der Flüssigkeitsmasse T_2 deckt sich mit demjenigen von T_1. Das Volumen von T_2 ist gleich dem Volumen von T_1. Das statische Moment des Körpers T_2-T_1 in bezug auf die Ebenen $x=0$, $y=0$, $z=0$ ist darum gleich Null. Dies besagt, wie sich zeigen läßt, daß

$$(96)\qquad \Big|\int\limits_{S_1}X_1\zeta_1 d\sigma_1\Big|\leqq\beta_{10}\varepsilon_2\int\limits_{S_1}|\zeta_1|d\sigma_1$$

[25]) Vgl. Abh. II S. 186–187, wo sich Formeln für das Volumen T_2-T_1 finden.

gilt[26]). Hieraus folgt, wie man leicht sieht,

$$(97)\qquad \Big|\int_S X\bar{\xi}\,d\sigma\Big| \leqq \beta_{11}\varepsilon_2 \int_{S_1+\dot{S}_1} |\zeta_1|\,d\sigma_1,$$

darum gewiß

$$(98)\qquad \Big(\int_S X\bar{\xi}\,d\sigma\Big)^2 \leqq \beta_{12}\varepsilon_2 \Big|\int_{S_1+\dot{S}_1} \psi_1\zeta_1^2\,d\sigma_1\Big|.$$

Analoge Beziehungen gelten für $(\int_S Y\bar{\xi}\,d\sigma)^2, \ldots, (\int_{\dot{S}} \dot{Z}\bar{\xi}\,d\sigma)^2$. Aus (93) ergibt sich jetzt, wenn man die Ungleichheit (90) und die analoge Beziehung für $|\int_{\dot{S}_1} \dot{\zeta}_1\,d\sigma_1|$ berücksichtigt,

$$(99)\qquad \Big|\int_{S_1+\dot{S}_1} \psi_1 \tilde{f}^2 \zeta_1^2\,d\sigma_1\Big| \leqq \sum_{n>8} \Big(\int_{S_1+\dot{S}_1} \psi_1 \tilde{f}\zeta_1 u_1^{(n)}\,d\sigma_1\Big)^2 + \beta_{13}\varepsilon_2 \Big|\int_{S_1+\dot{S}_1} \psi_1 \tilde{f}^2 \zeta_1^2\,d\sigma_1\Big|,$$

mithin

$$(100)\qquad \sum_{n>8} \Big(\int_{S_1+\dot{S}_1} \psi_1 \tilde{f}\zeta_1 u_1^{(n)}\,d\sigma_1\Big)^2$$

$$\geqq (1-\beta_{13}\varepsilon_2)\Big|\int_{S_1+\dot{S}_1} \psi_1 \tilde{f}^2\zeta_1^2\,d\sigma_1\Big| \geqq \beta_{14}(1-\beta_{13}\varepsilon_2)\Big|\int_{S_1+\dot{S}_1} \psi_1\zeta_1^2\,d\sigma_1\Big|$$

und endlich wegen (92)

$$(101)\qquad \Lambda_2^* - \Lambda_1^* \geqq \Big[\varkappa\beta_{14}\Big(1-\frac{1}{\mu_1^{(9)}}\Big)(1-\beta_{13}\varepsilon_2) - \beta_8\varepsilon_2\Big]\Big|\int_{S_1+\dot{S}_1} \psi_1\zeta_1^2\,d\sigma_1\Big|.$$

Wie wählen ε_2 so klein, daß

$$(102)\qquad \beta_{14}\Big(1-\frac{1}{\mu_1^{(9)}}\Big)(1-\beta_{13}\varepsilon_2) - \beta_8\varepsilon_2 > 0$$

ausfällt. Offenbar ist

$$(103)\qquad \Lambda_2^* - \Lambda_1^* \geqq 0.$$

Das Gleichheitszeichen gilt nur für $\int_{S_1+\dot{S}_1} \psi_1\zeta_1^2\,d\sigma_1 = 0$, d. h. $\zeta_1 \equiv 0$.

Berlin, den 23. September 1921.

[26]) Vgl. Abh. II S. 196–199, wo sich ähnliche Betrachtungen finden.

(Eingegangen am 23. September 1921.)

Zum Waringschen Problem.

Von

Edmund Landau in Göttingen.

Waring sprach 1770 die Vermutung aus:

Satz I: *Zu jedem ganzen* $k \geqq 1$ *gibt es ein ganzes* $s = s(k)$ *derart, daß für jedes ganze* $n \geqq 0$ *die diophantische Gleichung*

$$(1) \qquad n = \sum_{\nu=1}^{s} h_\nu^k, \quad h_\nu \geqq 0$$

lösbar ist.

Dies ist für $k = 1$ trivial ($s = 1$), für $k = 2$ zuerst von Lagrange ($s = 4$), für endlich viele weitere k vor Herrn Hilbert, für alle k nach 139 Jahren zuerst von Herrn Hilbert bewiesen.

In der Folge seien dauernd k, s, n ganz,

$$k \geqq 3, \quad a = \frac{1}{k}, \quad K = 2^{k-1}, \quad s \geqq 1, \quad n \geqq 0.$$

Auf ganz neuem Wege haben kürzlich[1]) die Herren Hardy und Littlewood den Hilbertschen Satz I nachgewiesen und viel mehr, insbesondere den[2])

---

[1]) *Some problems of 'Partitio Numerorum'*; I: *A new solution of Waring's Problem* [Nachrichten von der Königlichen Gesellschaft der Wissenschaften zu Göttingen, mathematisch-physikalische Klasse, Jahrgang 1920, S. 33–54].

[2]) Ich bemerke ausdrücklich, daß ich (mit Rücksicht auf § 2) hier von der Hardy-Littlewoodschen Bezeichnung abweiche. Diese nennen $r_s(n)$, und ich will in dieser Fußnote und der Fußnote [4]) $2^s \mathfrak{r}_s(n)$ nennen: den Koeffizienten von x^n in $(-1+2\sum_{h=0}^{\infty} x^{h^k})^s = (-1+2f)^s$. Also ist $2^s \mathfrak{r}_s(n)$ für gerades k die Lösungszahl von $n = \sum_{\nu=1}^{s} h_\nu^k$, $h_\nu \gtreqless 0$; $r_s(n)$ ist für gerades und ungerades k der Koeffizient von x^n in $\left(\sum_{h=0}^{\infty} x^{h^k}\right) = f^s$. Satz II ist mit dem bei den Herren Hardy und

Satz II: *Es gibt zu jedem* $\delta > 0$ *ein* $s_1(k, \delta)$ *derart, daß für jedes* $s \geqq s_1$ *die Lösungszahl* $r(n) = r_s(n) = r_{k,s}(n)$ *von* (1) *den Relationen*

$$(2)\quad (1-\delta)\frac{(\Gamma(1+a))^s}{\Gamma(sa)} \leqq \liminf_{n=\infty} \frac{r_s(n)}{n^{sa-1}} \leqq \limsup_{n=\infty} \frac{r_s(n)}{n^{sa-1}} \leqq (1+\delta)\frac{(\Gamma(1+a))^s}{\Gamma(sa)}$$

genügt.

Satz II enthält natürlich Satz I; denn die erste der Relationen (2) mit $\delta = \frac{1}{2}$ lehrt, daß bei passendem $s_2(k)$

$$\liminf_{n=\infty} r_{s_2}(n) > 0$$

ist, also für $n \geqq n_1(k)$

$$r_{s_2}(n) > 0,$$

also für $n \geqq 0$

$$r_{s_2+n_1}(n) > 0.$$

Die folgende Arbeit ist für einen Leser geschrieben, der die Literatur nicht zu kennen braucht.

Im § 1 beweise ich unter Benutzung eines neueren Weylschen[3]) Gedankens und anderer Abkürzungen des Hardy-Littlewoodschen Weges den Satz II möglichst einfach. Hierbei ist die letzte Station vor dem Ziel der Hardy-Littlewoodsche[4])

Satz III: *Es werde für jede Einheitswurzel* ϱ, *wenn* q *ihr Grad*[5]) *ist,*

$$(3)\quad S_\varrho = \sum_{h=1}^{q} \varrho^{h^k}$$

gesetzt.

Littlewood bewiesenen Satz II′, in dem r durch $\mathfrak{r}$ ersetzt ist, äquivalent. Denn $f^s - \left(f-\frac{1}{2}\right)^s = \frac{1}{2}\sum_{\lambda=0}^{s-1} f^{s-1-\lambda}\left(f-\frac{1}{2}\right)^\lambda$ hat die Majorante $\frac{1}{2}sf^{s-1}$, f^{s-1} die Majorante $\left(2\left(f-\frac{1}{2}\right)\right)^{s-1}$; daher ist für $s \geqq 2$

$$r_s(n) - \frac{s}{2}r_{s-1}(n) \leqq \mathfrak{r}_s(n) \leqq r_s(n) \leqq \mathfrak{r}_s(n) + \frac{s}{2}r_{s-1}(n) \leqq \mathfrak{r}_s(n) + 2^{s-2}s\mathfrak{r}_{s-1}(n).$$

Aus jedem der beiden Sätze II und II′ mit $s \geqq s_1$ folgt also unmittelbar der andere mit $s \geqq s_1 + 1$, da ja in II bzw. II′ speziell enthalten ist:

$$r_{s-1}(n) \text{ bzw. } \mathfrak{r}_{s-1}(n) = O(n^{(s-1)a-1}) = o(n^{sa-1}).$$

[3]) *Bemerkung über die Hardy-Littlewoodschen Untersuchungen zum Waringschen Problem* [Nachrichten von der Königlichen Gesellschaft der Wissenschaften zu Göttingen, mathematisch-physikalische Klasse, Jahrgang 1921, S. 189–192].

[4]) Auch zu Satz III ist zu bemerken, daß er bei den Herren Hardy und Littlewood für $\mathfrak{r}_s(n)$ an Stelle von $r_s(n)$ erscheint (Satz III′), daß aber jeder der beiden Sätze III und III′ mit $s \geqq s_4 + 1$ aus dem anderen mit $s \geqq s_4$ folgt; wegen der in Anmerkung [2]) festgestellten Ungleichungen für r und $\mathfrak{r}$, und weil $\mathfrak{S}$ nach 1) für $s > 2K$ in Bezug auf n beschränkt ist.

[5]) D. h. ϱ sei primitive q-te Einheitswurzel.

1) *Dann ist die (von k, s, n abhängige) über alle ϱ erstreckte Reihe*

$$\mathfrak{S} = \sum_{\varrho} \left(\frac{S_\varrho}{q}\right)^s \varrho^{-n} \tag{4}$$

für $s > 2K$ und jedes n absolut konvergent.

2) *Ferner ist bei jedem $\delta > 0$ für $s \geqq s_3(k, \delta) > 2K$ und alle n*

$$1 - \delta < \mathfrak{S} < 1 + \delta.$$

3) *Endlich gibt es ein positives $\eta_1(k)$ mit folgender Eigenschaft. Für jedes $s \geqq s_4(k) > 2K$ ist bei passendem $C_1(k, s)$ und jedem $n \geqq 2$*

$$|r_s(n) - \frac{(\Gamma(1+a))^s}{\Gamma(sa)} n^{sa-1} \mathfrak{S}| < C_1 n^{sa-1-\eta_1}. \tag{5}$$

III setzt II in Evidenz.

Die Herren Hardy und Littlewood hatten (5) zunächst mit $s_4 = kK + 1$, aber in einer weiteren Abhandlung[6]) sogar mit $s_4 = (k-2)K + 5$ bewiesen[7]). Dies war trotz meiner schon publizierten Vereinfachung[8]) bisher nur durch langwierige Schlüsse zu erreichen. Es wird mir in § 2 gelingen, das Ziel (5) auch mit $s_4 = (k-2)K + 5$ auf wesentlich abgekürztem Wege zu erreichen.

Da es kaum mehr Mühe macht, werde ich den Entwicklungen des § 2 alsbald die Annahme zugrunde legen, daß statt z^k irgendein ganzzahliges Polynom

$$P(z) = \alpha_0 z^k + \ldots + \alpha_k$$

mit $\alpha_0 > 0$ gegeben ist, das für $z \geqq 0$ beständig wächst und $\geqq 0$ ist; $r(n) = r_s(n) = r_{P,s}(n)$ bezeichnet jetzt die Lösungszahl von

$$n = \sum_{\nu=1}^{s} P(h_\nu), \quad h_\nu \geqq 0. \tag{6}$$

Natürlich kann dann nicht von der Darstellung aller großen n die Rede

---

[6]) *Some problems of „Partitio Numerorum": II. Proof that every large number is the sum of at most* 21 *biquadrates* [Mathematische Zeitschrift, 9 (1921), S. 14–27].

[7]) Nach dem in Anmerkung [4]) Gesagten könnte es scheinen, als ob die Herren Hardy und Littlewood (5) für $r_s(n)$ nur mit $s_4 = kK + 2$ bzw. $s_4 = (k-2)K + 6$ bewiesen hätten. Jedoch gelten ihre beiden Hilfssätze über $-1 + 2\sum_{h=0}^{\infty} x^{h^k}$ unmittelbar für $2\sum_{h=0}^{\infty} x^{h^k}$, da -1 gegen das Fehlerglied zu vernachlässigen ist; so daß ihnen selbstverständlich der Wortlaut des Textes zuzuschreiben ist.

[8]) *Zur Hardy-Littlewoodschen Lösung des Waringschen Problems* [Nachrichten von der Königlichen Gesellschaft der Wissenschaften zu Göttingen, mathematisch-physikalische Klasse, Jahrgang 1921, S. 88–92].

sein, da der größte gemeinsame Teiler aller $P(h_\nu)$, $h_\nu \geqq 0$, nicht 1 zu sein braucht[9]). Ich beweise demgemäß den

Satz IV: *Es werde für jede Einheitswurzel*

(7) $$S_\varrho = \sum_{h=1}^{q} \varrho^{P(h)}$$

gesetzt.

1) *Dann ist die Reihe*

(4) $$\mathfrak{S} = \sum_{\varrho} \left(\frac{S_\varrho}{q}\right)^s \varrho^{-n}$$

für $s > 2K$ und jedes n absolut konvergent.

2) *Ferner ist für $s \geqq s_5(k, \alpha_0, \delta) > 2K$, $k!\,\alpha_0 \mid s$, $k!\,\alpha_0 \mid n$*

$$M - \delta < \mathfrak{S} < M + \delta,$$

wo M eine durch P bestimmte positive ganze Zahl ist.

3) *Endlich gibt es ein positives $\eta_2(k)$ mit folgender Eigenschaft. Für jedes $s \geqq s_4 = kK + 1$ stets, im Falle der Richtigkeit*[10]) *von $r_2(n) = O(n^\varepsilon)$ (bei jedem $\varepsilon > 0$ und unserem P) sogar für jedes $s \geqq s_4 = (k-2)K + 5$, ist, wenn $E_1(P, s)$ passend gewählt wird und $n \geqq 2$ ist,*

(8) $$\left| r_s(n) - \frac{(\Gamma(1+a))^s}{\alpha_0^{as}\,\Gamma(sa)}\, n^{sa-1}\,\mathfrak{S} \right| < E_1 n^{sa-1-\eta_2}.$$

Satz IV setzt ($\delta = \frac{1}{2}$ genommen) in Evidenz den

---

[9]) Auch dann nicht, wenn $(\alpha_0, \ldots, \alpha_k) = 1$ ist. Bekanntlich ist jedoch der größte gemeinsame Teiler aller $P(h)$, $h \geqq 0$, ein Teiler von $k!\,(\alpha_0, \ldots, \alpha_k)$. Denn ist $\beta_0 z^k + \ldots + \beta_k$ für $z = 0, 1, \ldots, k$ eine ganze Zahl, so folgt aus der Entwicklung

$$\beta_0 z^k + \ldots + \beta_k = \gamma_0 \binom{z}{k} + \gamma_1 \binom{z}{k-1} + \ldots + \gamma_{k-1}\binom{z}{1} + \gamma_k$$

für $z = 0$, daß γ_k ganz ist; für $z = 1$, daß γ_{k-1} ganz ist, ..., schließlich für $z = k$, daß γ_0 ganz ist. Der Hauptnenner der β geht also in $k!$ auf.

[10]) Dieser Fall tritt z. B. bei $P(z) = z^k$ ein. Denn die Teilerzahl $\tau(n)$ von n ist bekanntlich $O(n^\varepsilon)$. (Beweis: Für $n = \prod_{p \mid n} p^\nu$ ist, wenn leere Produkte stets 1 bedeuten, $\frac{\tau(n)}{n^\varepsilon} = \prod_{p \mid n} \frac{\nu+1}{p^{\nu\varepsilon}} < \prod_{\substack{p \mid n \\ p < 2^{\frac{1}{\varepsilon}}}} \frac{\nu+1}{p^{\nu\varepsilon}} \leqq \prod_{p < 2^{\frac{1}{\varepsilon}}} \frac{\nu+1}{\nu\varepsilon \log p} \leqq \prod_{p < 2^{\frac{1}{\varepsilon}}} \frac{2}{\varepsilon \log p} = A(\varepsilon)$.) Daher ist für $n > 1$ bei geradem k (weil bekanntlich die Lösungszahl von $n = u^2 + v^2$ höchstens $4\tau(n)$ ist)

$$r_{k,2}(n) \leqq 4\tau(n) = O(n^\varepsilon),$$

bei ungeradem k, wegen $h_1^k + h_2^k = (h_1 + h_2)(h_1^{k-1} - \ldots + h_2^{k-1})$,

$$r_{k,2}(n) \leqq (k-1)\,\tau(n) = O(n^\varepsilon).$$

Satz V: *Es gibt ein $s = s_6(k, \alpha_0)$ derart, daß für jedes durch $k!\,\alpha_0$ teilbare $n \geqq n_2(P)$ die Gleichung* (6) *lösbar ist.*

Für jedes $n \geqq 0$ hat also, $s_7(P) = s_6(k, \alpha_0) + k!\,\alpha_0 + n_2(P)$ gesetzt, die Gleichung

$$n = \sum_{\nu=1}^{s_7} n_\nu$$

eine Lösung, bei der jedes n_ν entweder $P(h_\nu)$ $(h_\nu \geqq 0)$ oder 0 oder 1 ist.

Da ferner jedes ganzzahlige $P(z)$ mit $\alpha_0 > 0$ von einer Stelle an $\geqq 0$ ist und wächst, so enthält Satz V die zuerst durch Herrn Kamke[11]) mit einer Verallgemeinerung der Hilbertschen Methode bewiesene Waringsche Vermutung:

Satz VI: *$P(z)$ sei irgendein ganzzahliges[12]) Polynom vom (wahren) Grade k, das für ganzzahliges $z \geqq 0$ stets $\geqq 0$ ist. Dann gibt es ein $s_8(P)$ derart, daß für jedes $n \geqq 0$ die Gleichung*

$$n = \sum_{\nu=1}^{s_8} n_\nu, \quad n_\nu = P(h_\nu)(h_\nu \geqq 0) \text{ oder } 0 \text{ oder } 1$$

lösbar ist.

Für den Kenner der Literatur bemerke ich, daß (in dem bisher mit der neuen Methode allein behandelten Fall $P(z) = z^k$) gegenüber der Hardy-Littlewoodschen Beweisführung vor allem folgendes vereinfacht ist:

1) In § 1 durch Herrn Weyl (Fareyreihe $[n^{1-\alpha}]$ statt $[n^{1-a}]$) sehr und durch mich etwas weiter die Behandlung der großen Bogen (Hilfssatz 5). $S_{p,q,m}$ und $S'_{p,q,m}$ treten nicht mehr auf.

2) Im § 2 durch die neue Einführung des Hilfssatzes 8 die Behandlung der großen Bogen (Hilfssatz 11).

3) Der Beweis des Hilfssatzes 1 (Weyl; 1914) durch die Induktion beim ersten, einzigen Schritt statt der einzelnen $k-1$ Schritte Weyls (bei denen die Induktion vom ν-ten auf den $(\nu+1)$-ten übrigens dem Leser überlassen war).

---

[11]) *Verallgemeinerungen des Waring-Hilbertschen Satzes* [Mathematische Annalen, **83** (1921), S. 85–112; Göttinger Inauguraldissertation, 28 S.]. Übrigens beweist Herr Kamke in einer gleichzeitig erscheinenden Arbeit mit der Hilbertschen Methode, daß in Satz V des Textes (bei dem auf Grund meines Beweises von Satz IV ohne weiteres $k!\,\alpha_0$ durch den größten gemeinsamen Teiler aller $P(h) - \alpha_k$ ersetzt werden kann) s_6 von α_0 unabhängig gewählt werden kann, falls $\alpha_k = 0$ ist.

[12]) Für ein rationalzahliges $P(z)$, das für ganzzahlige $z \geqq 0$ stets gleich einer ganzen Zahl $\geqq 0$ ist, folgt, wie auch Herr Kamke (S. 111–112 bzw. 27–28) bemerkt, sofort die Richtigkeit derselben Behauptung. Denn, wenn Q der Hauptnenner der Koeffizienten ist, so ist nur Satz VI auf $QP(z)$ und Qn anzuwenden.

4) Lemma 1 braucht nicht besonders bewiesen zu werden, da es in dem ohnehin nötigen Hilfssatz 2 enthalten ist (der sich genau nach Hardy-Littlewoods Paradigma bei ihrem Lemma 4 ergibt); diese Bemerkung hat übrigens Herr Weyl schon in seiner Note gemacht.

5) Die Vergleichsfunktion $F_\sigma(x) = \sum_{\nu=1}^{\infty} \nu^{\sigma-1} x^\nu$ mit zwei erforderlichen, in Fußnote 5 der Hardy-Littlewoodschen ersten Abhandlung bewiesenen Hilfssätzen ist durch die triviale Binomialreihe ersetzt, wodurch die alte Nr. 9. 2. (i) in Wegfall kommt.

6) Die Beweisführung für (115) macht Hardy-Littlewoods Behandlung von $\Sigma \int_{\mathfrak{M}} |\Phi|^4 |dx|$ in der zweiten Abhandlung entbehrlich.

Im übrigen würde sich natürlich mein § 2, wenn man nur auf $P(z) = z^k$ zielt, etwas kürzer darstellen.

§ 1.

Hilfssatz 1: *Es sei*[13]) $k \geqq 2$, $K = 2^{k-1}$;

$$P(z) = \alpha_0 z^k + \ldots + \alpha_k$$

habe reelle Koeffizienten. Es sei ψ *reell,* $\varrho = e^{\psi i}$; ϱ^y *bedeute stets* $e^{\psi i y}$.[14]) *Es sei* m *ganz,* $\mu \geqq 1$ *und ganz. Es werde*

$$U = U(P, \psi, m, \mu) = \sum_{h=m+1}^{m+\mu} \varrho^{P(h)}$$

gesetzt.

Dann ist

$$|U|^K \leqq (2\mu)^{K-k} \sum_{h_1, \ldots, h_{k-1}} \left| \sum_l \varrho^{\alpha_0 k! H l} \right|, \tag{9}$$

wo $h_1, \ldots, h_{k-1}$ *alle Systeme ganzer Zahlen mit* $\sum_{\nu=1}^{k-1} |h_\nu| \leqq \mu - 1$ *durchlaufen,* H *zur Abkürzung statt* $\prod_{\nu=1}^{k-1} h_\nu$ *geschrieben ist, und* l *jedesmal durch* $\mu - \sum_{\nu=1}^{k-1} |h_\nu|$ *konsekutive ganze Zahlen läuft.*

---

13) Für die Induktion beim Beweise ist wesentlich, daß ich nicht $\alpha_0 \neq 0$ verlange und hier ausnahmsweise $k = 2$ zulasse. Von Hilfssatz 2 an ist wieder dauernd $k \geqq 3$ gemeint.

14) Für § 2 ist wesentlich, daß ϱ keine Einheitswurzel zu sein braucht.

Vorbemerkung: Aus (9) folgt, weil für nicht ganzes $\frac{\psi\alpha_0 k!\,H}{2\pi}$

$$\left|\sum_{l=l_1}^{l_2} e^{\psi i \alpha_0 k!\,H l}\right| = \left|\frac{e^{\psi i \alpha_0 k!\,H l_1} - e^{\psi i \alpha_0 k!\,H (l_2+1)}}{1-e^{\psi i \alpha_0 k!\,H}}\right| \leqq \frac{2}{|1-e^{\psi i \alpha_0 k!\,H}|} = \frac{1}{\left|\sin\frac{\psi\alpha_0 k!\,H}{2}\right|}$$

ist,

$$(10) \qquad |U|^K \leqq (2\mu)^{K-k} \sum_{h_\nu} \text{Min.}\left(\mu, \frac{1}{\left|\sin\frac{\psi\alpha_0 k!\,H}{2}\right|}\right).^{15)}$$

Beweis:

$$(11) \qquad |U|^2 = \sum_{h=m+1}^{m+\mu} \varrho^{P(h)} \sum_{l=m+1}^{m+\mu} \varrho^{-P(l)} = \sum_{h,l} \varrho^{P(h)-P(l)}.$$

Wird statt h eine neue Variable $l+h_1$ eingeführt, so ist das Summationsgebiet

$$-(\mu-1) \leqq h_1 \leqq \mu - 1,$$

$$\text{Max.}\,(m+1, m+1-h_1) \leqq l \leqq \text{Min.}\,(m+\mu, m+\mu-h_1);$$

im Falle $h_1 \geqq 0$ läuft also l von $m+1$ bis $m+\mu-h_1$, im Falle $h_1 \leqq 0$ von $m+1-h_1$ bis $m+\mu$. Es ist, nach Potenzen von l geordnet,

$$P(h) - P(l) = P(l+h_1) - P(l)$$
$$= k\alpha_0 h_1 l^{k-1} + \beta_1(h_1) l^{k-2} + \ldots + \beta_{k-1}(h_1) = Q_{h_1}(l),$$

also sicher nicht von k-tem oder höherem Grade in l.

(11) verwandelt sich in

$$(12) \qquad |U|^2 = \sum_{|h_1| \leqq \mu-1} \sum_l \varrho^{Q_{h_1}(l)} \leqq \sum_{|h_1| \leqq \mu-1} \left|\sum_l \varrho^{Q_{h_1}(l)}\right|,$$

wo l durch $\mu - |h_1|$ konsekutive Zahlen läuft.

Ist $k=2$, so enthält (12) die Behauptung (9) wegen $K-k=0$ nebst

$$\left|\sum_l \varrho^{2\alpha_0 h_1 l + \beta_1(h_1)}\right| = \left|\sum_l \varrho^{\alpha_0 2!\,H l}\right|.$$

Ist $k>2$, so folgt aus (12) zunächst[16])

$$(13) \qquad |U|^{2^{k-1}} \leqq (2\mu)^{2^{k-2}-1} \sum_{|h_1| \leqq \mu-1} \left|\sum_l \varrho^{Q_{h_1}(l)}\right|^{2^{k-2}}$$

[15]) Min. bedeutet μ für ganzes $\frac{\psi\alpha_0 k!\,H}{2\pi}$.

[16]) Falls $c_1 \geqq 0, \ldots, c_M \geqq 0$, folgt ja, z. B. durch wiederholte Anwendung der Cauchyschen Ungleichung, $\left(\sum_{\nu=1}^{M} c_\nu\right)^{2^{k-2}} \leqq M^{2^{k-2}-1} \sum_{\nu=1}^{M} c_\nu^{2^{k-2}}$. Oben ist $M = 2\mu - 1 < 2\mu$.

Da die Behauptung für $k-1$ als bewiesen angenommen werden kann, liefert (13) weiter

$$(14)\quad |U|^{2^{k-1}} \leqq (2\mu)^{2^{k-2}-1} \sum_{|h_1|\leqq\mu-1} (2\mu)^{2^{k-2}-k+1} \sum_{h_2,\ldots,h_{k-1}} \Big| \sum_{l} \varrho^{k\alpha_0 h_1 (k-1)! h_2 \cdots h_{k-1} l} \Big|,$$

wo $\sum_{\nu=2}^{k-1} |h_\nu| \leqq \mu - |h_1| - 1$ ist, und das neue l jedesmal durch

$$\mu - |h_1| - \sum_{\nu=2}^{k-1} |h_\nu| = \mu - \sum_{\nu=1}^{k-1} |h_\nu|$$

konsekutive Zahlen läuft; (14) ist aber genau (9).

Hilfssatz 2: *Überdies sei*[17]) $\alpha_0 = 1$ *und* ϱ *primitive* q*-te Einheitswurzel. Dann ist für jedes* $\varepsilon > 0$

$$(15)\qquad |U|^K < A_1 \mu^\varepsilon q^\varepsilon \left(\mu^{K-1} + \frac{\mu^K}{q} + \mu^{K-k} q\right),$$

wo A_1 (desgl. $A_2, \ldots, A_{19}$ nachher) *eine positive, höchstens von* k *und* ε *abhängige Konstante ist.*

Vorbemerkung: Aus (15) folgt insbesondere, $m = 0$, $\mu = q$ eingesetzt, wenn S_ϱ durch

$$(7)\qquad S_\varrho = \sum_{h=1}^{q} \varrho^{P(h)}$$

erklärt wird,

$$(16)\qquad |S_\varrho| < A_2 q^{1-\frac{1}{K}+\varepsilon}.$$

Beweis: Es ist

$$\varrho = e^{\frac{2\pi i p}{q}}, \qquad (p, q) = 1.$$

In (10), mit $\psi = \frac{2\pi p}{q}$, werde λ zu jedem System h_ν durch

$$(17)\qquad p\,k!\,H \equiv \lambda \pmod{q}, \qquad 0 \leqq \lambda < q$$

bestimmt. Für $\frac{q}{(q, k!)} \,|\, H$ ist $\lambda = 0$, und ich benutze Min. $\leqq \mu$; sonst ist $\lambda > 0$, und ich benutze

$$(18)\qquad \text{Min.} \leqq \frac{1}{\left|\sin \pi \frac{p\,k!\,H}{q}\right|} = \frac{1}{\left|\sin \frac{\pi\lambda}{q}\right|} \leqq A_3 q \,\text{Max.}\left(\frac{1}{\lambda}, \frac{1}{q-\lambda}\right).$$

---

[17]) Dies ist bei $P(z) = z^k$ der Fall. Wegen § 2 behalte ich in Hilfssatz 2 ein beliebiges $P(z) = z^k + \ldots$ bei.

$H = 0$ kommt höchstens $(k-1)(2\mu-1)^{k-2}$ mal vor, da mindestens eine der $k-1$ Zahlen h_ν verschwindet und jedes $|h_\nu| \leq \mu - 1$ ist. Der Beitrag von $H = 0$ zur $\sum_{h_\nu}$ in (10) ist also

$$(19) \qquad < A_4 \mu^{k-2} \mu = A_4 \mu^{k-1}.$$

Bekanntlich[18]) ist für ganzes $b > 0$ die Lösungszahl $\tau_{k-1}(b)$ von $b = u_1 \cdots u_{k-1}$ in positiven ganzen u_ν höchstens $A_5 b^\varepsilon$. Die Lösungszahl von $H = h_1 \cdots h_{k-1}$ in ganzen h_ν ist also für $H \gtrless 0$ wegen $|H| < \mu^{k-1}$

$$(20) \qquad = 2^{k-2} \tau_{k-1}(|H|) < A_6 |H|^{\frac{\varepsilon}{k-1}} < A_6 \mu^\varepsilon.$$

Die Anzahl der zu einem λ gehörigen H ist, weil zwei verschiedene solche H nach (17) ihren Abstand $\geqq \frac{q}{(q, k!)} \geqq \frac{q}{k!} = A_7 q$ haben,

$$(21) \qquad < \frac{2\mu^{k-1}}{A_7 q} + 1 = A_8 \frac{\mu^{k-1}}{q} + 1.$$

Im Falle $\lambda = 0$ kommen also höchstens $A_8 \frac{\mu^{k-1}}{q}$ Werte $H \gtrless 0$ in Betracht. Der Gesamtbeitrag aller ihnen entsprechenden h_ν zu $\sum_{h_\nu}$ ist also wegen (20)

$$(22) \qquad < A_8 \frac{\mu^{k-1}}{q} A_6 \mu^\varepsilon \mu = A_9 \mu^\varepsilon \frac{\mu^k}{q}.$$

Für jedes $\lambda > 0$ kommen nach (20) und (21) höchstens

$$\left(A_8 \frac{\mu^{k-1}}{q} + 1\right) A_6 \mu^\varepsilon$$

Wertsysteme h_ν in Betracht. Der Gesamtbeitrag aller $\lambda > 0$ zu $\sum_{h_\nu}$ ist also wegen (18)

$$(23) \quad \leqq \left(A_8 \frac{\mu^{k-1}}{q} + 1\right) A_6 \mu^\varepsilon A_3 q \sum_{\lambda=1}^{q-1} \operatorname{Max.}\left(\frac{1}{\lambda}, \frac{1}{q-\lambda}\right) < A_{10} \mu^\varepsilon q^\varepsilon (\mu^{k-1} + q).^{19})$$

---

[18]) Denn für ganzes $b > 0$ ist $\tau_2(b) = \tau(b) \leq A(\varepsilon) b^\varepsilon$ nach Anm. [10]); für $k > 3$ ist, da $u_1, \ldots, u_{k-2}$ Teiler von b sind, und alsdann für u_{k-1} je höchstens ein ganzzahliger Wert zur Verfügung steht, $\tau_{k-1}(b) \leq (\tau_2(b))^{k-2} \leq \left(A\left(\frac{\varepsilon}{k-2}\right) b^{\frac{\varepsilon}{k-2}}\right)^{k-2} = A_5 b^\varepsilon$.

[19]) $\sum_1^0$ bedeute 0.

Aus (19), (22) und (23) folgt

$$\sum_{h_\nu} < A_{11}\mu^\varepsilon q^\varepsilon\left(\mu^{k-1}+\frac{\mu^k}{q}+q\right),$$

also nach (10) die Behauptung (15).

Hilfssatz 3: *Es werde für jede primitive q-te Einheitswurzel* ϱ

(3) $$S_\varrho=\sum_{h=1}^{q}\varrho^{h^k}$$

gesetzt.

1) *Dann ist die Reihe*

(4) $$\mathfrak{S}=\sum_\varrho\left(\frac{S_\varrho}{q}\right)^s\varrho^{-n}$$

für $s>2K$ *und jedes* n *absolut konvergent.*

2) *Ferner ist bei jedem* $\delta>0$ *für* $s\geqq s_3(k,\delta)>2K$ *und alle* n

$$1-\delta<\mathfrak{S}<1+\delta.$$

Beweis: 1) Nach (16) ist für jedes $q\geqq 1$, wenn über alle $\varphi(q)\leqq q$ primitiven q-ten Einheitswurzeln $e^{\frac{2\pi ip}{q}}$, $(p,q)=1$, $0\leqq p<q$, summiert wird,

(24) $$\sum_p\left|\left(\frac{S_\varrho}{q}\right)^s\varrho^{-n}\right|=\sum_p\left|\frac{S_\varrho}{q}\right|^s\leqq q\,A_2^s\,q^{-\frac{s}{K}+s\varepsilon}.$$

Wofern bei gegebenem $s>2K$ das ε hinreichend klein gewählt wird, steht rechts das allgemeine Glied einer konvergenten Reihe.

2) In $\mathfrak{S}$ sind die Glieder mit ϱ und $\frac{1}{\varrho}$ konjugiert komplex; $\mathfrak{S}$ ist also für $s>2K$ reell. Für $s>2K$ ist

(25) $$\sum_{q=2}^{\infty}\sum_p\left|\frac{S_\varrho}{q}\right|^s$$

gleichmäßig konvergent, da die Konvergenz für $s=2K+1$ soeben bewiesen wurde, und wegen $|S_\varrho|\leqq q$ (nach Definition (3)) für $s>2K$

$$\left|\frac{S_\varrho}{q}\right|^s\leqq\left|\frac{S_\varrho}{q}\right|^{2K+1}$$

ist. Für jedes feste $q\geqq 2$ ist

$$\lim_{s=\infty}\sum_p\left|\frac{S_\varrho}{q}\right|^s=0,$$

da bei jedem zugehörigen p

$$\left|\frac{S_\varrho}{q}\right|<1$$

ist (weil S_ϱ die Summe von q Einheitswurzeln ist, von denen $\varrho^{q^k} = 1$ und $\varrho^{1^k} = \varrho$ sicher nicht übereinstimmen). Daher strebt der Ausdruck (25) bei $s \to \infty$ gegen 0, und aus

$$|\mathfrak{S} - 1| = \left|\sum_{q=2}^{\infty} \sum_{p} \left(\frac{S_\varrho}{q}\right)^s \varrho^{-n}\right| \leqq \sum_{q=2}^{\infty} \sum_{p} \left|\frac{S_\varrho}{q}\right|^s$$

folgt die Behauptung.

Beginn des Beweises von (5): Die Potenzreihe

$$f(x) = \sum_{h=0}^{\infty} x^{h^k}$$

ist für $|x| < 1$ konvergent. Für jedes s ist

$$f^s(x) = \sum_{h=0}^{\infty} r(n) x^n, \tag{26}$$

wo

$$r(n) = r_{k,s}(n)$$

die Lösungszahl von (1) bezeichnet. Nach dem Cauchyschen Satz ist also für $n \geqq 2$, wenn $R = 1 - \frac{1}{n}$ gesetzt wird, bei Integration über den Kreis $x = R e^{\varphi i}$ in positivem Sinne

$$r(n) = \frac{1}{2\pi i} \int \frac{f^s(x)}{x^{n+1}} dx. \tag{27}$$

Es bedeute α irgendeine Zahl der Strecke $0 < \alpha < a$, über die nachher[20]) verfügt werden wird.

Man betrachte alle reduzierten Brüche $\frac{p}{q}$ mit $0 \leqq p \leqq q \leqq n^{1-\alpha}$, d. h. die sog. zu $[n^{1-\alpha}]$ gehörige Fareyreihe, die mit $\frac{0}{1}$ beginnt und mit $\frac{1}{1}$ schließt. Man betrachte ferner zu je zwei Nachbarbrüchen $\frac{p}{q}, \frac{p'}{q'}$ dieser Reihe die sog. Mediante $\frac{p+p'}{q+q'}$. Bekanntlich[21]) ist $|pq' - qp'| = 1$ und $n^{1-\alpha} < [n^{1-\alpha}] + 1 \leqq q + q'$. Der Abstand $\frac{1}{q(q+q')}$ von $\frac{p}{q}$ zur Mediante liegt also wegen $q + q' \leqq 2[n^{1-\alpha}] \leqq 2n^{1-\alpha}$ zwischen $\frac{1}{2qn^{1-\alpha}}$ inkl. und $\frac{1}{qn^{1-\alpha}}$ exkl.

---

[20]) Wegen § 2 erst nachher.

[21]) Vgl. z. B. meine Arbeit *Über Dirichlets Teilerproblem* [Nachrichten von der Königlichen Gesellschaft der Wissenschaften zu Göttingen, mathematisch-physikalische Klasse, Jahrgang 1920, S. 13—32], S. 17—18

Werden die genannten Fareybrüche und Medianten für $\frac{\psi}{2\pi}$ auf dem Integrationsweg markiert, so entsprechen den Fareybrüchen die Schnittpunkte des Kreises $|x| = R$ mit den Radien, die zu den Einheitswurzeln der Grade $q \leqq n^{1-\alpha}$ führen; hierbei entspricht den Brüchen $\frac{0}{1}$ und $\frac{1}{1}$ derselbe Punkt $x = R$. Die den Medianten entsprechenden Punkte zerlegen also den Kreis in $\sum_{q \leqq n^{1-\alpha}} \varphi(q)$ Bogen, deren jeder genau ein $R\varrho$, $\varrho = e^{\frac{2\pi i p}{q}}$, $(p, q) = 1$, $0 \leqq p < q \leqq n^{1-\alpha}$ innen enthält. Der zu ϱ gehörige Bogen hat die Gestalt

$$x = \varrho X = R \varrho e^{\vartheta i}, \qquad \vartheta_1 \leqq \vartheta \leqq \vartheta_2,$$

wo

$$-\frac{2\pi}{q n^{1-\alpha}} < \vartheta_1 \leqq -\frac{\pi}{q n^{1-\alpha}}, \qquad \frac{\pi}{q n^{1-\alpha}} \leqq \vartheta_2 < \frac{2\pi}{q n^{1-\alpha}}. \tag{28}$$

Die Bogen mit $q \leqq n^{\alpha}$ heißen *große*, die mit $q > n^{\alpha}$ *kleine*. Auf jedem großen oder kleinen Bogen ist nach (28)

$$|1 - X| \leqq (1 - |X|) + ||X| - X| = \frac{1}{n} + R|e^{\vartheta i} - 1|$$

$$\leqq \frac{1}{n} + 2\left|\sin\frac{\vartheta}{2}\right| \leqq \frac{1}{n} + |\vartheta| < \frac{1}{n}\left(1 + 2\pi\frac{n^{\alpha}}{q}\right),$$

also auf jedem großen Bogen

$$\frac{|1-X|}{1-|X|} < (1 + 2\pi)\frac{n^{\alpha}}{q} < 8\frac{n^{\alpha}}{q}, \tag{29}$$

auf jedem kleinen Bogen

$$\frac{|1-X|}{1-|X|} < 1 + 2\pi < 8. \tag{30}$$

Für $-\pi \leqq \vartheta \leqq \pi$, d. h. auf dem ganzen Kreise, ist

$$|1 - X| = \sqrt{1 - 2R\cos\vartheta + R^2} = \sqrt{(1 - R)^2 + 4R\sin^2\frac{\vartheta}{2}}$$

$$\geqq \sqrt{\frac{1}{n^2} + 2\sin^2\frac{\vartheta}{2}} > A_{12}\sqrt{\frac{1}{n^2} + \vartheta^2}. \tag{31}$$

Hilfssatz 4: *Auf jedem kleinen Bogen ist für jedes* $\varepsilon > 0$

$$|f(x)| < A_{13}\, n^{\alpha - \frac{\alpha}{K} + \varepsilon}. \text{ [22]} \tag{32}$$

---

[22]) A_{13} ist von α unabhängig. Übrigens kommt es darauf nicht an, da über α hier und in § 2 als Funktion von k verfügt werden wird. Dasselbe gilt von späteren A.

Beweis: Ohne Beschränkung der Allgemeinheit sei $\varepsilon < 1$. Ich setze

$$\omega = \left[n^{a+\frac{\varepsilon}{2}}\right],$$

ferner für ganzes $m \geqq 0$ (wenn ϱ die zum Bogen gehörige Einheitswurzel ist)

$$(33) \qquad T_m = \sum_{0 \leqq h^k \leqq m} \varrho^{h^k} = \sum_{h=0}^{[m^a]} \varrho^{h^k}.$$

Nach (15) ist für $m \leqq \omega^k$, wegen $[m^a] \leqq \omega \leqq n^{a+\frac{\varepsilon}{2}}$ $(< n)$ nebst $\alpha < a$, $n^\alpha < q \leqq n^{1-\alpha}$ und $K \geqq 4$,

$$|T_m| < 1 + \left(A_1 n^\varepsilon n^\varepsilon \left(n^{(K-1)\left(a+\frac{\varepsilon}{2}\right)} + \frac{n^{K\left(a+\frac{\varepsilon}{2}\right)}}{n^\alpha} + n^{(K-k)\left(a+\frac{\varepsilon}{2}\right)} n^{1-\alpha}\right)\right)^{\frac{1}{K}}$$

$$< 1 + A_{14}\left(n^{2\varepsilon}\left(n^{Ka-a+K\frac{\varepsilon}{2}} + n^{Ka-\alpha+K\frac{\varepsilon}{2}} + n^{Ka-\alpha+K\frac{\varepsilon}{2}}\right)\right)^{\frac{1}{K}}$$

$$(34) \qquad < A_{15} n^{a-\frac{\alpha}{K}+\varepsilon}.$$

Ich zerlege

$$(35) \qquad f(x) = f_1(x) + f_2(x),$$

wo

$$f_1(x) = \sum_{h=0}^{\omega} x^{h^k} = \sum_{h=0}^{\omega} \varrho^{h^k} X^{h^k}, \qquad f_2(x) = \sum_{h=\omega+1}^{\infty} x^{h^k}.$$

Hierin ist, wenn T_{-1} Null bedeutet,

$$f_1(x) = \sum_{m=0}^{\omega^k} (T_m - T_{m-1}) X^m = \sum_{m=0}^{\omega^k} T_m (X^m - X^{m+1}) + T_{\omega^k} X^{\omega^k+1}$$

$$= (1-X) \sum_{m=0}^{\omega^k} T_m X^m + T_{\omega^k} X^{\omega^k+1},$$

also nach (34) und (30)

$$|f_1(x)| < |1-X| A_{15} n^{a-\frac{\alpha}{K}+\varepsilon} \sum_{m=0}^{\infty} |X|^m + A_{15} n^{a-\frac{\alpha}{K}+\varepsilon}$$

$$(36) \qquad \leqq 2 A_{15} n^{a-\frac{\alpha}{K}+\varepsilon} \frac{|1-X|}{1-|X|} < 16 A_{15} n^{a-\frac{\alpha}{K}+\varepsilon}.$$

Andererseits ist

$$|f_2(x)| \leqq \sum_{h=\omega+1}^{\infty} \left(1-\frac{1}{n}\right)^{h^k} < \sum_{h=\omega+1}^{\infty} e^{-\frac{h^k}{n}} < \int_{\omega}^{\infty} e^{-\frac{h^k}{n}} dh = n^a \int_{\omega n^{-a}}^{\infty} e^{-y^k} dy$$

$$(37) \qquad < n^a \int_{\frac{1}{2} n^{\frac{\varepsilon}{2}}}^{\infty} e^{-\frac{1}{2} y^k} e^{-\frac{1}{2} y^k} dy < n^a e^{-\frac{1}{2}\left(\frac{1}{2} n^{\frac{\varepsilon}{2}}\right)^k} \int_0^{\infty} e^{-\frac{1}{2} y^k} dy < A_{16}.$$

Aus (35), (36), (37) folgt (32).

Hilfssatz 5: *Auf jedem großen Bogen ist, wenn*

(38) $$\varphi_\varrho(x) = \Gamma(1+a)\frac{S_\varrho}{q}(1-X)^{-a}$$

(wo $(1-X)^{-a} = 1 + aX + \ldots$) *und*

(39) $$\Phi_\varrho(x) = f(x) - \varphi_\varrho(x)$$

gesetzt wird,

(40) $$|\Phi_\varrho(x)| < A_{17}\, n^a.$$

Beweis: T_m werde durch (33) erklärt. Dann ist

(41) $$f(x) = (1-X)\sum_{m=0}^{\infty} T_m X^m.$$

Es ist[23])

$$T_m = \sum_{h=0}^{\left[\frac{m^a}{q}\right]q-1} \varrho^{hk} + \sum_{h=\left[\frac{m^a}{q}\right]q}^{[m^a]} \varrho^{hk},$$

also, da die erste Summe rechts $= \left[\frac{m^a}{q}\right] S_\varrho$ ist und die zweite höchstens q Glieder hat,

$$\left| T_m - \left[\frac{m^a}{q}\right] S_\varrho \right| \leqq q,$$

(42) $$\left| T_m - m^a \frac{S_\varrho}{q} \right| < 2q.$$

Andererseits ist

(43) $$\varphi_\varrho(x) = (1-X)\Gamma(1+a)\frac{S_\varrho}{q}(1-X)^{-a-1} = (1-X)\sum_{m=0}^{\infty} V_m X^m$$

mit

$$V_m = \frac{S_\varrho}{q}\Gamma(1+a)\binom{-a-1}{m}(-1)^m = \frac{S_\varrho}{q}\Gamma(a+1)\frac{(a+1)\cdots(a+m)}{m!}\,^{24})$$

$$= \frac{S_\varrho}{q}\frac{\Gamma(a+1+m)}{\Gamma(1+m)}.$$

Wegen

$$\left| \frac{\Gamma(a+1+m)}{\Gamma(1+m)} - m^a \right| < A_{18}$$

ist

(44) $$\left| V_m - m^a \frac{S_\varrho}{q} \right| < A_{18}.$$

---

23) $\sum\limits_{0}^{-1}$ bedeute 0.

24) Der letzte Zähler bedeutet 1 für $m = 0$.

Aus (42) und (44) folgt

(45) $$|T_m - V_m| < A_{19}\, q,$$

aus (39), (41), (43), (45), (29)

$$|\Phi_\varrho(x)| = \left|(1-X)\sum_{m=0}^{\infty}(T_m - V_m)X^m\right| < A_{19}\, q\, |1-X| \sum_{m=0}^{\infty} |X|^m$$

(40) $$= A_{19}\, q \frac{|1-X|}{1-|X|} < A_{17}\, n^a.$$

Schluß des Beweises von (5) (d. h. von Satz III): Ich lege jetzt α fest durch

$$\alpha = \frac{aK}{K+1},$$

so daß

(46) $$a - \frac{\alpha}{K} = \alpha$$

ist. Ich wähle $\eta(k)$ so, daß die Ungleichungen

(47) $$0 < 2\eta < a - \alpha$$

gelten. Dann ist gewiß

(48) $$\eta < \frac{\alpha}{4}, \quad \eta < 1 - 2\alpha$$

und für $s \geqq k(K+1)+1$

$$(s-1)(a-\alpha) \geqq k(K+1)\frac{a}{K+1} = 1,$$

$$s(a-\alpha) \geqq 1 + a - \alpha > 1 + 2\eta,$$

(49) $$s\alpha + \eta < sa - 1 - \eta.$$

Im Rest dieses Beweises soll $s \geqq k(K+1)+1$ sein.

Nach (32) ist, $\varepsilon = \frac{\eta}{s}$ genommen, wenn C_2 (desgl. $C_3, \ldots, C_{18}$ nachher) eine positive, höchstens von k und s abhängige Zahl ist, auf jedem kleinen Bogen (wegen (46))

$$|f(x)| < C_2\, n^{\alpha + \frac{\eta}{s}},$$

also wegen (49)

$$|f^s(x)| < C_3\, n^{s\alpha+\eta} < C_3\, n^{sa-1-\eta}.$$

Daher ist, wenn $\mathfrak{m}$ die kleinen Bogen bezeichnet (deren Gesamtlänge $< 2\pi R < 2\pi$ ist), wegen

(50) $$|x^{n+1}| = \left(1 - \frac{1}{n}\right)^{n+1} > C_4$$

(wo übrigens C_4 absolut konstant ist),

(51) $$\left|\sum_{\mathfrak{m}} \int \frac{f^s(x)}{x^{n+1}}\, dx\right| < 2\pi \frac{1}{C_4} C_3\, n^{sa-1-\eta} = C_5\, n^{sa-1-\eta}.$$

Aus (27) und (51) folgt, wenn $\mathfrak{M}$ die großen Bogen bezeichnet,

$$(52)\qquad \left| r(n) - \frac{1}{2\pi i} \sum \int_{\mathfrak{M}} \frac{f^s(x)}{x^{n+1}} dx \right| < C_5 n^{sa-1-\eta}.$$

Auf einem großen Bogen ist, kurz $\varphi_\varrho(x) = \varphi$, $\Phi_\varrho(x) = \Phi$ geschrieben,

$$|f^s(x) - \varphi^s| = |(\Phi + \varphi)^s - \varphi^s| = |\Phi^s + \dots + s\Phi\varphi^{s-1}|$$
$$\leqq 2^s \operatorname{Max.}(|\Phi|^s, |\Phi||\varphi|^{s-1}) \leqq 2^s(|\Phi|^s + |\Phi||\varphi|^{s-1});$$

daher ist wegen (50)

$$\left| \sum \int_{\mathfrak{M}} \frac{f^s(x)}{x^{n+1}} dx - \sum \int_{\mathfrak{M}} \frac{\varphi_\varrho^s(x)}{x^{n+1}} dx \right|$$
$$(53)\qquad \leqq C_6 \left(\sum \int_{\mathfrak{M}} |\Phi|^s |dx| + \sum \int_{\mathfrak{M}} |\Phi||\varphi|^{s-1} |dx| \right).$$

Nach (40) und (49) ist

$$(54)\qquad \sum \int_{\mathfrak{M}} |\Phi|^s |dx| < C_7 n^{sa} < C_7 n^{sa-1-\eta}.$$

Nach (38), (16) $\left(\varepsilon = \frac{\eta}{s} \text{ genommen}\right)$ und (31) ist auf dem ganzen Kreise ($|\vartheta| \leqq \pi$)

$$(55)\qquad |\varphi| < C_8 q^{-\frac{1}{K}} n^{\frac{\eta}{s}} \left(\frac{1}{n^2} + \vartheta^2\right)^{-\frac{a}{2}},$$

also wegen (40) und $s > k + 1$

$$\int_{\mathfrak{M}} |\Phi||\varphi|^{s-1} |dx| < C_9 n^a q^{-\frac{s-1}{K}} n^\eta \int_{-\infty}^{\infty} \left(\frac{1}{n^2} + \vartheta^2\right)^{-\frac{(s-1)a}{2}} d\vartheta$$
$$(56)\qquad = C_{10} n^{a+\eta+(s-1)a-1} q^{-\frac{s-1}{K}};$$

wegen $s > 2K + 1$ konvergiert

$$\sum_\varrho q^{-\frac{s-1}{K}} \leqq \sum_{q=1}^{\infty} q^{1-\frac{s-1}{K}},$$

und (56) liefert (wegen (47))

$$(57)\qquad \sum \int_{\mathfrak{M}} |\Phi||\varphi|^{s-1} |dx| < C_{11} n^{a+\eta+(s-1)a-1} < C_{11} n^{sa-1-\eta}.$$

Aus (52), (53), (54), (57) folgt

$$(58)\qquad \left| r(n) - \frac{1}{2\pi i} \sum \int_{\mathfrak{M}} \frac{\varphi_\varrho^s(x)}{x^{n+1}} dx \right| < C_{12} n^{sa-1-\eta}.$$

$\mathfrak{K}$ bezeichne den Vollkreis $|x| = R$. Nach (28), (50) und (55) ist (wegen $s > k$)

$$\left|\int_{\mathfrak{M}} \frac{\varphi_\varrho^s(x)}{x^{n+1}}\,dx - \int_{\mathfrak{K}} \frac{\varphi_\varrho^s(x)}{x^{n+1}}\,dx\right| < C_{13}\, q^{-\frac{s}{K}} n^\eta \int_{\frac{\pi}{q n^{1-\alpha}}}^{\infty} \vartheta^{-sa}\,d\vartheta$$

(59) $$= C_{14}\, q^{-\frac{s}{K}} n^\eta\, q^{sa-1}\, n^{(1-\alpha)(sa-1)}.$$

Nun ist nach (38)

$$\int_{\mathfrak{K}} \frac{\varphi_\varrho^s(x)}{x^{n+1}}\,dx = (\Gamma(1+a))^s \left(\frac{S_\varrho}{q}\right)^s \varrho^{-n} \int_{\mathfrak{K}} \frac{(1-X)^{-sa}}{X^{n+1}}\,dX$$

(60) $$= (\Gamma(1+a))^s \left(\frac{S_\varrho}{q}\right)^s \varrho^{-n}\, 2\pi i \binom{-sa}{n} (-1)^n = 2\pi i\, \frac{(\Gamma(1+a))^s}{\Gamma(sa)} \left(\frac{S_\varrho}{q}\right)^s \varrho^{-n}\, \frac{\Gamma(sa+n)}{\Gamma(1+n)}.$$

Aus (59) und (60) folgt, wegen $a - \frac{1}{K} > 0$, (46), $2\alpha - 1 < 0$ und (49),

$$\left|\frac{1}{2\pi i} \sum \int_{\mathfrak{M}} \frac{\varphi_\varrho^s(x)}{x^{n+1}}\,dx - \frac{(\Gamma(1+a))^s}{\Gamma(sa)} \frac{\Gamma(sa+n)}{\Gamma(1+n)} \sum_{q \leqq n^\alpha} \sum_p \left(\frac{S_\varrho}{q}\right)^s \varrho^{-n}\right|$$

$$< C_{14}\, n^{\eta + (1-\alpha)(sa-1)} \sum_{q \leqq n^\alpha} q^{s\left(a - \frac{1}{K}\right)} \leqq C_{14}\, n^{\eta + sa - s\alpha a - 1 + \alpha + \alpha + s\alpha a - \frac{s\alpha}{K}}$$

(61) $$= C_{14}\, n^{s\alpha + \eta + 2\alpha - 1} < C_{14}\, n^{s\alpha + \eta} < C_{14}\, n^{sa - 1 - \eta}.$$

Nun ist, wegen

$$\left|\frac{\Gamma(sa+n)}{\Gamma(1+n)} - n^{sa-1}\right| < C_{15}\, n^{sa-2}$$

und der zweiten Ungleichung (48),

$$\left|\frac{\Gamma(sa+n)}{\Gamma(1+n)} \sum_{q \leqq n^\alpha} \sum_p \left(\frac{S_\varrho}{q}\right)^s \varrho^{-n} - n^{sa-1} \sum_{q \leqq n^\alpha} \sum_p \left(\frac{S_\varrho}{q}\right)^s \varrho^{-n}\right| < C_{15}\, n^{sa-2} \sum_{q \leqq n^\alpha} q$$

(62) $$\leqq C_{15}\, n^{sa-2+2\alpha} < C_{15}\, n^{sa-1-\eta}.$$

Aus (58), (61) und (62) folgt

(63) $$\left| r(n) - \frac{(\Gamma(1+a))^s}{\Gamma(sa)}\, n^{sa-1} \sum_{q \leqq n^\alpha} \sum_p \left(\frac{S_\varrho}{q}\right)^s \varrho^{-n}\right| < C_{16}\, n^{sa-1-\eta}.$$

Nach (24) ($\varepsilon = \frac{1}{4K}$ genommen) und der ersten Ungleichung (48) ist wegen $s > 3K$

(64) $$\left|\sum_{q > n^\alpha} \sum_p \left(\frac{S_\varrho}{q}\right)^s \varrho^{-n}\right| < C_{17} \sum_{q > n^\alpha} q^{1 - \frac{3s}{4K}} < C_{17} \sum_{q > n^\alpha} q^{-\frac{5}{4}} < C_{18}\, n^{-\frac{\alpha}{4}} < C_{18}\, n^{-\eta}.$$

(63) und (64) ergeben

$$\left| r(n) - \frac{(\Gamma(1+a))^s}{\Gamma(s\,a)} n^{s\,a-1} \mathfrak{S} \right| < C_1\, n^{s a - 1 - \eta},$$

womit (5) bewiesen ist.

§ 2.

Hilfssatz 6: *Unter den Voraussetzungen von Hilfssatz 1 ist, wenn überdies $k > 2$, $a_0 > 0$ und ganz, ϱ primitive q-te Einheitswurzel ist, für jedes $\varepsilon > 0$*

$$(65)\qquad |U|^K < A_1\, a_0\, \mu^\varepsilon q^\varepsilon \left(\mu^{K-1} + \frac{\mu^K}{q} + \mu^{K-k} q\right).$$

Vorbemerkung: Aus (65) folgt für $1 \leqq \mu \leqq q$

$$(66)\qquad |U| < B_1\, q^{1 - \frac{1}{K} + \varepsilon},$$

wo B_1 (desgl. $B_2, \ldots, B_{16}$ nachher) eine positive, höchstens von k, a_0 und ε abhängige Konstante ist; noch spezieller ($m = 0$, $\mu = q$), wenn S_ϱ durch

$$(7)\qquad S_\varrho = \sum_{h=1}^{q} \varrho^{P(h)}$$

erklärt wird,

$$(67)\qquad |S_\varrho| < B_1\, q^{1 - \frac{1}{K} + \varepsilon}.$$

Beweis: Wird $(q, a_0) = d$, $\frac{q}{d} = q'$ gesetzt, so ist

$$\varrho^{P(h)} = e^{\frac{2\pi i p}{q}(a_0 h^k + \ldots + a_k)} = e^{\frac{2\pi i p a_0}{q}\left(h^k + \frac{a_1}{a_0} h^{k-1} + \ldots + \frac{a_k}{a_0}\right)},$$

also, da $e^{\frac{2\pi i p a_0}{q}}$ primitive q'-te Einheitswurzel ist, nach der auf $\frac{P(z)}{a_0}$ anzuwendenden Ungleichung (15) (wegen $d \leqq a_0$)

$$|U|^K < A_1\, \mu^\varepsilon q'^\varepsilon \left(\mu^{K-1} + \frac{\mu^K}{q'} + \mu^{K-k} q'\right)$$

$$\leqq A_1\, \mu^\varepsilon q^\varepsilon \left(\mu^{K-1} + \frac{\mu^K a_0}{q} + \mu^{K-k} q\right) \leqq A_1\, a_0\, \mu^\varepsilon q^\varepsilon \left(\mu^{K-1} + \frac{\mu^K}{q} + \mu^{K-k} q\right).$$

Hilfssatz 7: *Es seien alle Koeffizienten von $P(z)$ ganz, $a_0 > 0$.*

1) *Dann ist die Reihe*

$$(4)\qquad \mathfrak{S} = \sum_\varrho \left(\frac{S_\varrho}{q}\right)^s \varrho^{-n}$$

für $s > 2K$ und jedes n absolut konvergent.

2) *Ferner ist bei jedem $\delta > 0$ für $s \geqq s_5(k, a_0, \delta) > 2K$, $k!\, a_0 \mid s$, $k!\, a_0 \mid n$*

$$M - \delta < \mathfrak{S} < M + \delta,$$

wo die positive ganze Zahl

$$M=\sum\varphi(q)$$

über alle q ist, welche identisch in $P(h)-\alpha_k$ aufgehen.

Vorbemerkung: Nach Fußnote [9]) sind diese q in endlicher Anzahl vorhanden, nämlich $q\,|\,k!\,(\alpha_0,\ldots,\alpha_{k-1})\,|\,k!\,\alpha_0$.

Beweis: 1) Nach (67) ist bei festem q

$$(68)\qquad \sum_p\left|\left(\frac{S_\varrho}{q}\right)^s\varrho^{-n}\right|=\sum_p\left|\frac{S_\varrho}{q}\right|^s\leqq q\,B_1^s\,q^{-\frac{s}{K}+s\varepsilon},$$

wo für $s>2K$ bei passendem ε das allgemeine Glied einer konvergenten Reihe steht.

2) In $\mathfrak{S}$ sind die Glieder mit ϱ und $\frac{1}{\varrho}$ konjugiert komplex; $\mathfrak{S}$ ist also für $s>2K$ reell. Es werde $\varepsilon=\frac{1}{4K}$ gewählt, so daß B_1 höchstens von k und α_0 abhängt. Für $[B_1^{4K}]+1=\nu=\nu(k,\alpha_0)$ und $q>\nu$ ist

$$(69)\qquad B_1<\nu^{\frac{1}{4K}}<q^{\frac{1}{4K}}.$$

(68) und (69) ergeben für $s>4K$

$$\sum_{q=\nu+1}^{\infty}\sum_p\left|\frac{S_\varrho}{q}\right|^s\leqq\sum_{q=\nu+1}^{\infty}q\cdot q^{-\frac{s}{2K}}=\sum_{q=\nu+1}^{\infty}q^{1-\frac{s}{2K}},$$

also für $s\geqq s_9(k,\alpha_0,\delta)$

$$(70)\qquad \left|\sum_{q=\nu+1}^{\infty}\sum_p\left(\frac{S_\varrho}{q}\right)^s\varrho^{-n}\right|<\frac{\delta}{2}.$$

Was den Anfang

$$\sum_{q=1}^{\nu}\sum_p\left(\frac{S_\varrho}{q}\right)^s\varrho^{-n}$$

von $\mathfrak{S}$ betrifft, so enthält er (da wegen (67) und (69) für $q>\nu$

$$\left|\frac{S_\varrho}{q}\right|<q^{-\frac{1}{2K}}<1$$

war) alle q, die für $h=1,\ldots,q$, also identisch in $P(h)-\alpha_k$ aufgehen; für diese ist

$$\left(\frac{S_\varrho}{q}\right)^s\varrho^{-n}=\left(e^{\frac{2\pi i p\alpha_k}{q}}\right)^s e^{-\frac{2\pi i p n}{q}}.$$

Falls $k!\,\alpha_0\,|\,s$ und $k!\,\alpha_0\,|\,n$ ist, so sind also jene M Glieder sämtlich $=1$. In jedem anderen Glied mit $q\leqq\nu$ ist

$$\left|\frac{S_\varrho}{q}\right|<B_2<1,$$

da S_ϱ Summe von q nicht sämtlich gleichen Einheitswurzeln des Grades $\leqq \nu(k, \alpha_0)$ ist. Für $s \geqq s_{10}(k, \alpha_0, \delta)$, $k!\,\alpha_0 \mid s$, $k!\,\alpha_0 \mid n$ ist also

$$\left|\sum_{q=1}^{\nu} \sum_{p} \left(\frac{S_\varrho}{q}\right)^s \varrho^{-n} - M\right| < \frac{\delta}{2};$$

in Verbindung mit (70) ergibt sich also für $s \geqq s_5(k, \alpha_0, \delta) > 2K$

$$|\mathfrak{S} - M| < \delta,$$
$$M - \delta < \mathfrak{S} < M + \delta.$$

Hilfssatz 8: *Es habe $P(z) = \alpha_0 z^k + \ldots + \alpha_k$ reelle Koeffizienten; α_0 sei > 0 und ganz. Es sei $\alpha = \alpha(k)$ fest und nur durch $0 < \alpha < a$ eingeschränkt*[25]. *Dann ist für*

$$q \leqq n^\alpha, \quad (p, q) = 1, \quad 1 \leqq \mu \leqq n^{a+\varepsilon}, \quad \frac{1}{n}\left(\frac{n^a}{q}\right)^{\frac{K}{K+1}} \leqq |\vartheta| \leqq \frac{\pi}{q\,\alpha_0\,k!\,\mu^{k-1}},$$

wenn

$$U = U_\mu = \sum_{h=1}^{\mu} e^{i\left(2\pi\frac{p}{q}+\vartheta\right)P(h)}$$

gesetzt wird,

(71) $$|U| < B_3\, n^{\frac{aK}{K+1}+\varepsilon}.$$

Beweis: Ich stütze mich, mit $\psi = 2\pi\frac{p}{q} + \vartheta$, auf (10) und verfahre ähnlich wie beim Beweise des Hilfssatzes 2. (10) besagt

(72) $$|U|^K \leqq (2\mu)^{K-k} \sum_{h_\nu} \text{Min.}\left(\mu, \frac{1}{\left|\sin\pi\left(\frac{p\,\alpha_0\,k!\,H}{q} + \frac{\alpha_0\,k!\,H\vartheta}{2\pi}\right)\right|}\right).$$

Ich zerlege

(73) $$\sum_{h_\nu} = \sum_1 + \sum_2 + \sum_{\lambda=1}^{q-1} \sum_3(\lambda),$$

wo λ durch

$$p\,\alpha_0\,k!\,H \equiv \lambda \pmod{q}, \qquad 0 \leqq \lambda < q$$

erklärt ist, und sich Σ_1 auf $H = 0$, Σ_2 auf $H \neq 0$, $\lambda = 0$, $\Sigma_3(\lambda)$ auf das betreffende $\lambda > 0$ bezieht. Es ist

(74) $$\left|\sin\pi\left(\frac{p\,\alpha_0\,k!\,H}{q} + \frac{\alpha_0\,k!\,H\vartheta}{2\pi}\right)\right| = \left|\sin\pi\left(\frac{\lambda}{q} + \frac{\alpha_0\,k!\,H\vartheta}{2\pi}\right)\right|.$$

$H = 0$ kommt höchstens $(k-1)(2\mu-1)^{k-2}$ mal vor; also ist

(75) $$\sum_1 < A_4\,\mu^{k-1} \leqq A_4\,n^{1-a+k\varepsilon} \leqq A_4\,n^{1-\frac{aK}{K+1}+k\varepsilon}$$

[25]) Die folgenden B-Konstanten hängen eigentlich von α ab, dürfen aber für jedes feste $\alpha = \alpha(k)$ mit B bezeichnet werden.

$\lambda = 0$ kommt vor für $\frac{q}{(q, \alpha_0 k!)} \Big| H$, also in Σ_2 für $H = \pm l \frac{q}{(q, \alpha_0 k!)}$, $1 \leqq l \leqq L$ mit $L < \frac{\mu^{k-1}}{q} (q, \alpha_0 k!) \leqq \frac{\mu^{k-1}}{q} \alpha_0 k! < B_4 \mu^{k-1} \leqq B_4 n^{1-a+k\varepsilon}$. Wegen (74),

$$\frac{\alpha_0 k! \, |H|}{2n} \left(\frac{n^a}{q}\right)^{\frac{K}{K+1}} \leqq \left| \frac{\alpha_0 k! \, H \vartheta}{2} \right| < \frac{\pi}{2q} \leqq \frac{\pi}{2}$$

und $|H| \geqq l \frac{q}{\alpha_0 k!}$ ist hier

$$\left| \sin \pi \left(\frac{p \alpha_0 k! \, H}{q} + \frac{\alpha_0 k! \, H \vartheta}{2\pi} \right) \right| = \left| \sin \frac{\alpha_0 k! \, H \vartheta}{2} \right| > B_5 \frac{lq}{n} \left(\frac{n^a}{q}\right)^{\frac{K}{K+1}} \geqq B_5 l n^{\frac{aK}{K+1}-1};$$

daher ist (wegen (20) mit $\frac{\varepsilon}{a+\varepsilon}$ statt ε)

$$(76) \qquad \sum\nolimits_2 < B_6 n^{1-\frac{aK}{K+1}} n^{\varepsilon} \sum_{l < B_4 n^{1-a+k\varepsilon}} \frac{1}{l} < B_7 n^{1-\frac{aK}{K+1}+k\varepsilon}.$$

Verschiedene demselben $\lambda > 0$ entsprechende H haben ihren Abstand $\geqq \frac{q}{(q, \alpha_0 k!)} \geqq \frac{q}{\alpha_0 k!} = B_8 q$; die Anzahl dieser H ist also $< B_9 \left(\frac{\mu^{k-1}}{q} + 1\right)$; die Anzahl der zugehörigen Wertsysteme h_ν ist daher (nach (20)) $< B_{10} n^{\frac{\varepsilon}{2}} \left(\frac{\mu^{k-1}}{q} + 1\right)$. Wegen (74) und

$$\left| \frac{\alpha_0 k! \, H \vartheta}{2\pi} \right| < \frac{1}{2q}$$

ist also

$$\sum\nolimits_3 (\lambda) < B_{10} n^{\frac{\varepsilon}{2}} \left(\frac{\mu^{k-1}}{q} + 1\right) \text{Max.} \left(\frac{1}{\sin \pi \frac{\lambda - \frac{1}{2}}{q}}, \frac{1}{\sin \pi \frac{\lambda + \frac{1}{2}}{q}} \right)$$

$$< B_{11} n^{\frac{\varepsilon}{2}} (\mu^{k-1} + q) \text{ Max.} \left(\frac{1}{\lambda}, \frac{1}{q - \lambda}\right),$$

folglich[19])

$$\sum_{\lambda=1}^{q-1} \sum\nolimits_3 (\lambda) < B_{12} n^{\varepsilon} (\mu^{k-1} + q) \leqq B_{12} n^{\varepsilon} (n^{1-a+(k-1)\varepsilon} + n^a)$$

$$(77) \qquad < B_{13} n^{1-\frac{aK}{K+1}+k\varepsilon}.$$

Aus (73), (75), (76) und (77) folgt

$$(78) \qquad \sum_{h_\nu} < B_{14} n^{1-\frac{aK}{K+1}+k\varepsilon}.$$

(72) und (78) ergeben schließlich

$$|U|^K < B_{15} \mu^{K-k} n^{1-\frac{aK}{K+1}+k\varepsilon} \leqq B_{15} n^{aK-1+(K-k)\varepsilon+1-\frac{aK}{K+1}+k\varepsilon}$$

$$= B_{15} n^{K\left(a - \frac{a}{K+1}\right)+K\varepsilon},$$

$$|U| < B_3 n^{a-\frac{a}{K+1}+\varepsilon} = B_3 n^{\frac{aK}{K+1}+\varepsilon}.$$

Beginn des Beweises von (8): Der Beweisbeginn von (5) bleibt bis (31) unverändert; nur ist hier

$$f(x)=\sum_{h=0}^{\infty} x^{P(h)}$$

zu setzen, und

$$r(n)=r_s(n)=r_{P,s}(n)$$

bedeutet in (26) die Lösungszahl von

$$(6)\qquad n=\sum_{\nu=1}^{s} P(h_\nu), \qquad h_\nu \geqq 0.$$

Hilfssatz 9: *Auf jedem kleinen Bogen ist für jedes* $\varepsilon>0$

$$(79)\qquad |f(x)|<D_1 n^{a-\frac{a}{K}+\varepsilon},$$

wo D_1 (desgl. $D_2, \ldots, D_{23}$ nachher) *eine positive, höchstens von* P *und* ε *abhängige Konstante ist.*

Beweis: Der Beweis von (36), mit B_{16} statt A_{15}, gilt wörtlich, da (15) durch dieselbe Relation (65) mit $A_1\alpha_0$ statt A_1 vertreten wird; T_m ist hier natürlich durch

$$(80)\qquad T_m=\sum_{P(h)\leqq m} \varrho^{P(h)}$$

definiert.

$f_2(x)$ ist jetzt so zu erledigen. Auf dem ganzen[26]) Kreis $|x|=R$ ist, da für $h\geqq 1$

$$(81)\qquad P(h)>D_2 h^k$$

ist,

$$|f_2(x)|\leqq \sum_{h=\omega+1}^{\infty} e^{-\frac{P(h)}{n}}<\sum_{h=\omega+1}^{\infty} e^{-\frac{D_2 h^k}{n}}<\int_{\omega}^{\infty} e^{-\frac{D_2 h^k}{n}}\,dh=n^a\int_{\omega n^{-a}}^{\infty} e^{-D_2 y^k}\,dy$$

$$(82)\qquad <n^a\int_{\frac12 n^{\frac{\varepsilon}{2}}}^{\infty} e^{-\frac{D_2}{2}y^k} e^{-\frac{D_2}{2}y^k}\,dy<n^a e^{-\frac{D_2}{2}\left(\frac12 n^{\frac{\varepsilon}{2}}\right)^k}\int_0^{\infty} e^{-\frac{D_2}{2}y^k}\,dy<D_3.$$

Hilfssatz 10: 1) *Für jedes* $\varepsilon>0$ *ist*

$$(83)\qquad \left|\sum\int_{\mathfrak{m}} \frac{f^s(x)}{x^{n+1}}\,dx\right|<D_4^s n^{s\left(a-\frac{a}{K}\right)+s\varepsilon}.$$

2) *Falls für jedes* $\varepsilon>0$

$$(84)\qquad r_{P,2}(n)=r_2(n)=O(n^{\varepsilon})$$

[26]) Ich spreche vom ganzen Kreis wegen einer späteren Anwendung auf die großen Bogen.

ist, ist sogar [27]), *wofern* $s > 4$, *für jedes* $\varepsilon > 0$

(85) $$\left|\sum_{\mathfrak{m}}\int \frac{f^s(x)}{x^{n+1}}\,dx\right| < D_5^s\, n^{(s-4)\left(a-\frac{a}{K}\right)+2a+s\varepsilon}.$$

Beweis: 1) (83) folgt unmittelbar aus (79) und (50).

2) Aus

$$f^2(x) = \sum_{m=0}^{\infty} r_2(m)\, x^m$$

folgt

$$\sum_{\mathfrak{m}}\int |f^4(x)|\,|dx| \leqq \int_0^{2\pi} |f^4(R e^{\psi i})|\, d\psi = 2\pi \sum_{m=0}^{\infty} r_2^2(m) R^{2m}$$

(86) $$= 2\pi(1-R^2)\sum_{m=0}^{\infty} W(m) R^{2m},$$

wo

$$W(m) = \sum_{\nu=0}^{m} r_2^2(\nu).$$

Wegen (84) ist für $\nu \geqq 1$

(87) $$r_2(\nu) < D_6 \nu^{\varepsilon};$$

andererseits ist $\sum_{\nu=0}^{m} r_2(\nu)$ die Lösungszahl von $P(h_1)+P(h_2) \leqq m$, $h_1 \geqq 0$, $h_2 \geqq 0$, also höchstens das Quadrat der Lösungszahl von $P(h) \leqq m$, $h \geqq 0$. Wegen (81) folgt aus $P(h) \leqq m$, $h \geqq 1$, daß

$$h < \left(\frac{P(h)}{D_2}\right)^a \leqq D_7 m^a$$

ist; daher ist für $m \geqq 1$

(88) $$\sum_{\nu=0}^{m} r_2(\nu) < D_8 m^{2a}.$$

Aus (87) und (88) folgt für $m \geqq 1$

$$W(m) \leqq \underset{0 \leqq \nu \leqq m}{\text{Max.}}\, r_2(\nu) \cdot \sum_{\nu=0}^{m} r_2(\nu) < D_9 m^{2a+\varepsilon}.$$

Für $m \geqq 0$ ist daher

(89) $$W(m) < D_{10}\binom{-2a-1-\varepsilon}{m}(-1)^m.$$

(86) und (89) ergeben

$$\sum_{\mathfrak{m}}\int |f^4(x)|\,|dx| < D_{11}(1-R^2)(1-R^2)^{-2a-1-\varepsilon}$$

(90) $$= D_{11}(1-R^2)^{-2a-\varepsilon} < D_{12}\, n^{2a+\varepsilon}.$$

---

[27]) „Sogar“; denn $-4\left(a-\frac{\alpha}{K}\right)+2a = -2a+\frac{4\alpha}{K} < -2a+\frac{4a}{K} < 0$.

Für $s > 4$ folgt aus (79), (50) und (90)

$$\sum_{\mathfrak{m}} \int \left| \frac{f^s(x)}{x^{n+1}} \right| |dx| \leqq \frac{1}{C_4} \underset{\mathfrak{m}}{\text{Max.}} |f^{s-4}(x)| \cdot \sum_{\mathfrak{m}} \int |f^4(x)| |dx|$$

$$< \frac{1}{C_4} D_1^{s-4} n^{(s-4)\left(a-\frac{a}{K}\right)+(s-4)\varepsilon} D_{12} n^{2a+\varepsilon} < D_5^s n^{(s-4)\left(a-\frac{a}{K}\right)+2a+s\varepsilon},$$

also (85).

Hilfssatz 11: *Auf jedem großen Bogen ist,*

$$\varphi_\varrho(x) = \frac{\Gamma(1+a)}{\alpha_0^a} \frac{S_\varrho}{q} (1-X)^{-a},$$

$$\Phi_\varrho(x) = f(x) - \varphi_\varrho(x)$$

gesetzt, für jedes $\varepsilon > 0$

(91) $$|\Phi_\varrho(x)| < D_{13} n^{\frac{aK}{K+1}+\varepsilon}.$$

Beweis: Ich zerlege den Bogen $X = Re^{\vartheta i}$, $\vartheta_1 \leqq \vartheta \leqq \vartheta_2$, in

(I) $$|\vartheta| < \frac{1}{n} \left(\frac{n^a}{q}\right)^{\frac{K}{K+1}},$$

(II) $$\frac{1}{n} \left(\frac{n^a}{q}\right)^{\frac{K}{K+1}} \leqq |\vartheta|$$

1) Auf (I) benutze ich

(41) $$f(x) = (1-X) \sum_{m=0}^{\infty} T_m X^m,$$

wo T_m durch (80) erklärt ist.

λ laufe durch alle Zahlen $\geqq 1$, für welche $P(\lambda)$ eine ganze Zahl ist (so daß $P(\lambda)$ durch alle ganzen Zahlen $\geqq P(1)$ läuft). Dann ist

$$T_{P(\lambda)} = \sum_{P(h) \leqq P(\lambda)} \varrho^{P(h)} = \sum_{h=0}^{[\lambda]} \varrho^{P(h)} = \sum_{h=0}^{\left[\frac{\lambda}{q}\right]q-1} \varrho^{P(h)} + \sum_{h=\left[\frac{\lambda}{q}\right]q}^{[\lambda]} \varrho^{P(h)} = \left[\frac{\lambda}{q}\right] S_\varrho + \sum_{h=\left[\frac{\lambda}{q}\right]q}^{[\lambda]} \varrho^{P(h)}.$$

Da die letzte Summe höchstens q Glieder hat, ist sie nach (66) absolut $< B_1 q^{1-\frac{1}{K}+\varepsilon}$; S_ϱ nach (67) desgleichen. Daher ist

(92) $$\left| T_{P(\lambda)} - \lambda \frac{S_\varrho}{q} \right| < 2 B_1 q^{1-\frac{1}{K}+\varepsilon} < 2 B_1 q^{1-\frac{1}{K}} n^\varepsilon.$$

Andererseits ist

$$\varphi_\varrho(x) = (1-X) \sum_{m=0}^{\infty} V_m X^m$$

mit

$$V_m = \frac{S_\varrho}{q} \frac{1}{\alpha_0^a} \frac{\Gamma(a+1+m)}{\Gamma(1+m)},$$

$$\left| V_m - \left(\frac{m}{\alpha_0}\right)^a \frac{S_\varrho}{q} \right| < A_{18}.$$

Für die obigen λ ist also

$$\left| V_{P(\lambda)} - \left(\frac{P(\lambda)}{\alpha_0}\right)^a \frac{S_\varrho}{q} \right| < A_{18}.$$

Nun ist

$$\left| \left(\frac{P(\lambda)}{\alpha_0}\right)^a - \lambda \right| = \left| \left(\lambda^k \left(1 + \frac{\alpha_1}{\alpha_0 \lambda} + \ldots + \frac{\alpha_k}{\alpha_0 \lambda^k}\right)\right)^a - \lambda \right|$$

$$= \lambda \left| \left(1 + \frac{\alpha_1}{\alpha_0 \lambda} + \ldots + \frac{\alpha_k}{\alpha_0 \lambda^k}\right)^a - 1 \right| < D_{14},$$

also

(93) $$\left| V_{P(\lambda)} - \lambda \frac{S_\varrho}{q} \right| < D_{15}.$$

Aus (92) und (93) folgt

$$| T_{P(\lambda)} - V_{P(\lambda)} | < D_{16} q^{1-\frac{1}{K}} n^\varepsilon,$$

d. h. für $m \geqq P(1)$

$$| T_m - V_m | < D_{16} q^{1-\frac{1}{K}} n^\varepsilon,$$

d. h. für alle $m \geqq 0$

$$| T_m - V_m | < D_{17} q^{1-\frac{1}{K}} n^\varepsilon.$$

In Verbindung mit

$$| 1 - X | \leqq \frac{1}{n} + | \vartheta | < \frac{2}{n} \left(\frac{n^a}{q}\right)^{\frac{K}{K+1}}$$

ergibt sich also

$$| \Phi_\varrho(x) | = \left| (1-X) \sum_{m=0}^{\infty} (T_m - V_m) X^m \right| < D_{17} q^{1-\frac{1}{K}} n^\varepsilon \frac{|1-X|}{1-|X|}$$

$$< D_{17} q^{\frac{K-1}{K}} n^\varepsilon 2 \left(\frac{n^a}{q}\right)^{\frac{K}{K+1}},$$

folglich, wegen $\frac{K-1}{K} < \frac{K}{K+1}$,

(94) $$| \Phi_\varrho(x) | < 2 D_{17} n^{\frac{aK}{K+1}+\varepsilon} = D_{18} n^{\frac{aK}{K+1}+\varepsilon}.$$

2) Ist (II) nicht leer, so gilt dort, wofern $\varepsilon < \frac{a-\alpha}{k-1}$ (was ohne Beschränkung der Allgemeinheit angenommen werden darf) und $1 \leqq \mu \leqq n^{a+\varepsilon}$ ist, für $n \geqq D_{19}$

(95) $$| \vartheta | \leqq \frac{\pi}{q \alpha_0 k! \mu^{k-1}};$$

denn nach (28) ist

$$|\vartheta q| < \frac{2\pi}{n^{1-\alpha}},$$

und wegen $\alpha + (k-1)\varepsilon < a$ ist für $n \geqq D_{19}$

$$\frac{\pi}{\alpha_0 k!\, \mu^{k-1}} \geqq \frac{\pi}{\alpha_0 k!\, n^{1-a}\, n^{(k-1)\varepsilon}} > \frac{2\pi}{n^{1-\alpha}}.$$

Für $2 \leqq n < D_{19}$ ist

$$(96) \qquad |\Phi_\varrho(x)| < D_{20} < D_{20}\, n^{\frac{aK}{K+1}+\varepsilon}.$$

Es sei $n \geqq D_{19}$. Nach (82) ist, mit $\omega = [n^{a+\frac{\varepsilon}{2}}]$, auf dem ganzen Kreis

$$(97) \qquad \left|f(x) - \sum_{h=1}^{\omega} x^{P(h)}\right| < 1 + D_3.$$

Auf dem Teil (II) unseres großen Bogens ist, wofern $1 \leqq \mu \leqq n^{a+\varepsilon}$, nach (95)

$$x = R\varrho e^{\vartheta i}, \quad \frac{1}{n}\left(\frac{n^a}{q}\right)^{\frac{K}{K+1}} \leqq |\vartheta| \leqq \frac{\pi}{q\alpha_0 k!\, \mu^{k-1}},$$

also (71) gültig. Wird

$$Z_m = \sum_{P(0)<P(h)\leqq m} (\varrho e^{\vartheta i})^{P(h)}$$

gesetzt, so ist

$$(98) \quad \sum_{h=1}^{\omega} x^{P(h)} = \sum_{h=1}^{\omega} (\varrho e^{\vartheta i})^{P(h)} R^{P(h)} = (1-R)\sum_{m=1}^{P(\omega)} Z_m R^m + Z_{P(\omega)} R^{P(\omega)+1}$$

für $1 \leqq m < P(1)$ ist $Z_m = 0$; für $P(1) \leqq m \leqq P(\omega)$ ist

$$Z_m = U_\mu, \quad 1 \leqq \mu \leqq \omega \leqq n^{a+\varepsilon},$$

also nach (71)

$$(99) \qquad |Z_m| < B_3\, n^{\frac{aK}{K+1}+\varepsilon}.$$

(99) gilt also für $1 \leqq m \leqq P(\omega)$. Aus (97), (98) und (99) folgt

$$(100) \quad |f(x)| < 1 + D_3 + B_3\, n^{\frac{aK}{K+1}+\varepsilon}\left((1-R)\sum_{m=0}^{\infty} R^m + 1\right) < D_{21}\, n^{\frac{aK}{K+1}+\varepsilon}$$

Auf (II) ist andererseits wegen (67) und (31)

$$(101) \quad |\varphi_\varrho(x)| < D_{22}\, q^{-\frac{1}{K}} n^\varepsilon |\vartheta|^{-a} \leqq D_{22}\, q^{-\frac{1}{K}} n^\varepsilon n^a \left(\frac{q}{n^a}\right)^{\frac{aK}{K+1}}.$$

Wegen

$$\frac{aK}{K+1} - \frac{1}{K} = \frac{1}{(K+1)K}(aK^2 - K - 1) > 0$$

ist[28]) nach (101)

$$(102)\qquad \varphi_\varrho(x) < D_{22}\, n^{-\frac{a}{K}}\, n^{\varepsilon} n^{a} = D_{22}\, n^{\frac{a(K-1)}{K}+\varepsilon} < D_{22}\, n^{\frac{aK}{K+1}+\varepsilon}.$$

Aus (100) und (102) folgt auf (II) für $n \geqq D_{19}$

$$(103)\qquad |\Phi_\varrho(x)| = |f(x) - \varphi_\varrho(x)| < D_{23}\, n^{\frac{aK}{K+1}+\varepsilon}.$$

Mit (94), (96) und (103) ist (91) vollständig bewiesen.

Schluß des Beweises von (8) (d. h. von Satz IV): Ich setze $s_4 = (k-2)K + 5$, falls $r_2(n) = O(n^\varepsilon)$ für unser P wahr ist; anderenfalls $s_4 = kK + 1$. Ich lege jetzt $\alpha(k)$ fest. Für $k = 3$ sei $\alpha = \frac{17}{60}$.[29]) Falls $k \geqq 4$, wähle ich im ersten Falle $\alpha > 0$ so nahe unterhalb a, daß

$$(104)\qquad (s_4 - 4)\left(a - \frac{\alpha}{K}\right) + 2a < s_4 a - 1$$

ist. (Das geht, da für $\alpha = a$ die Gleichung

$$(s - 4)\left(a - \frac{\alpha}{K}\right) + 2a = sa - 1$$

die Wurzel $s = (k-2)K + 4 < s_4$ hat.) (104) gilt auch für $k = 3$ bei der obigen Wahl $\alpha = \frac{17}{60}$, da $5\left(\frac{1}{3} - \frac{17}{240}\right) + \frac{2}{3} = \frac{475}{240} < 2 = 9 \cdot \frac{1}{3} - 1$ ist. Falls $k \geqq 4$ und der zweite Fall vorliegt, lege ich α im Intervall $\frac{K}{kK+1} < \alpha < a$ irgendwie fest. Dann ist

$$(105)\qquad s_4\left(a - \frac{\alpha}{K}\right) < s_4 a - 1$$

$\left(\text{wegen } \frac{s_4 \alpha}{K} > \frac{s_4}{K}\, \frac{K}{kK+1} = 1\right)$.

Ich wähle nun $\eta(k) > 0$ so, daß für $s_4 = (k-2)K + 5$

$$(106)\qquad (s_4 - 4)\left(a - \frac{\alpha}{K}\right) + 2a + \eta < s_4 a - 1 - \eta,$$

für $s_4 = kK + 1$, $k \geqq 4$

$$(107)\qquad s_4\left(a - \frac{\alpha}{K}\right) + \eta < s_4 a - 1 - \eta$$

(was wegen (104) und (105) für alle hinreichend kleinen η gilt) und überdies

$$(108)\qquad \eta < a - \alpha$$

---

[28]) Ich verkleinere nicht, indem ich rechts n^a statt q schreibe.

[29]) Im Falle $k = 3$ ist $r_2(n) = O(n^\varepsilon)$ immer wahr. Dies folgt, wenn $\alpha_1 = 0$, aus $P(h_1) + P(h_2) - 2\alpha_3 = (h_1 + h_2)(\alpha_0 h_1^2 - \alpha_0 h_1 h_2 + \alpha_0 h_2^2 + \alpha_2) = n - 2\alpha_3$, was für $n > 2\alpha_3$ höchstens $2\tau(n - 2\alpha_3)$ Lösungen $h_1 \geqq 0$, $h_2 \geqq 0$ hat, und nunmehr für beliebiges α_1 aus

$$27\alpha_0^2 P(z) = 27\alpha_0^3 z^3 + 27\alpha_0^2 \alpha_1 z^2 + 27\alpha_0^2 \alpha_2 z + 27\alpha_0^2 \alpha_3 = (3\alpha_0 z + \alpha_1)^3 + (9\alpha_0\alpha_2 - 3\alpha_1^2)(3\alpha_0 z + \alpha_1) + \beta,$$

wo $\beta = \beta(\alpha_0, \alpha_1, \alpha_2, \alpha_3)$ ganz ist.

und

$$\eta < \frac{\alpha}{2K^2+2K} \tag{109}$$

ist. Aus (106) und (107) folgt für $s \geqq s_4$ im ersten Fall

$$(s-4)\left(a-\frac{\alpha}{K}\right)+2a+\eta < sa-1-\eta, \tag{110}$$

im zweiten Fall

$$s\left(a-\frac{\alpha}{K}\right)+\eta < sa-1-\eta; \tag{111}$$

aus (109) folgt

$$4\eta < \frac{\alpha}{K+1}, \tag{112}$$

$$2\eta < \frac{\alpha}{K} \tag{113}$$

und

$$\eta < \frac{1}{60}. \tag{114}$$

Nach (27), (83) und (85) $\left(\text{mit } \varepsilon = \frac{\eta}{s}\right)$, (110) und (111) ist für $s \geqq s_4$ (in beiden Fällen) statt (52)

$$\left| r(n) - \frac{1}{2\pi i}\sum_{\mathfrak{M}}\int \frac{f^s(x)}{x^{n+1}}dx \right| < E_2 n^{sa-1-\eta},$$

wo E_2 (desgl. $E_3, \ldots, E_{12}$ nachher) eine positive, höchstens von P und s abhängige Konstante ist. (53) gilt buchstäblich.

Nach (91) $\left(\text{mit } \varepsilon = \frac{\eta}{s}\right)$ ist, weil die großen Bogen ihre Gesamtlänge $< 4\pi \sum_{q \leqq n^\alpha} \frac{q}{q n^{1-\alpha}} \leqq 4\pi n^{2\alpha-1}$ haben,

$$\sum_{\mathfrak{M}}\int |\Phi|^s |dx| < E_3 n^{s\frac{aK}{K+1}+\eta+2\alpha-1}. \tag{115}$$

Für $k \geqq 4$ ist wegen $s > 2K+2$

$$s\frac{aK}{K+1}+2a < sa,$$

also nach (108)

$$s\frac{aK}{K+1}+\eta+2\alpha-1 < sa-1+\eta+2(\alpha-a) < sa-1-\eta;$$

für $k=3$ ist wegen $\alpha = \frac{17}{60}$ und (114)

$$s\frac{a}{K+1}-2\eta-2\alpha \geqq \frac{3}{5}-2\eta-\frac{17}{30} = \frac{1}{30}-2\eta > 0,$$

also auch

$$s\frac{aK}{K+1}+\eta+2a-1<sa-1-\eta.$$

(115) liefert also jedenfalls

$$\sum\int_{\mathfrak{M}}|\Phi|^s|dx|<E_3 n^{sa-1-\eta}.$$

(55) gilt mit E_4 statt C_8 und ergibt in Verbindung mit (91) ($\varepsilon=\eta$)

$$\int_{\mathfrak{M}}|\Phi||\varphi|^{s-1}|dx|<E_5 n^{\frac{aK}{K+1}+\eta} q^{-\frac{s-1}{K}} n^\eta \int_{-\infty}^{\infty}\left(\frac{1}{n^2}+\vartheta^2\right)^{-\frac{(s-1)a}{2}} d\vartheta$$

$$=E_6 n^{\frac{aK}{K+1}+2\eta+(s-1)a-1} q^{-\frac{s-1}{K}}.$$

Wegen $s\geqq 2K+1$ und (112) ist

$$\sum\int_{\mathfrak{M}}|\Phi||\varphi|^{s-1}|dx|\leqq E_6 n^{\frac{aK}{K+1}+2\eta+(s-1)a-1}\sum_{q\leqq n} q^{-1}<E_7 n^{\frac{aK}{K+1}+3\eta+(s-1)a-1}$$

$$=E_7 n^{sa-1-\frac{a}{K+1}+3\eta}<E_7 n^{sa-1-\eta}.$$

Jedenfalls kommt also (58) mit E_8 statt C_{12} heraus.

(59) gilt buchstäblich mit E_9 statt C_{14}, also (61) mit hinzugefügtem $\frac{1}{\alpha_0^{as}}$ im Subtrahendus links und der rechten Seite

$$E_9 n^{s\left(a-\frac{a}{K}\right)+\eta+2a-1}<E_9 n^{sa-1-\eta}$$

(da wegen $s\geqq 2K+1$ nach (113)

$$-\frac{sa}{K}+2\eta+2a=a\left(2-\frac{s}{K}\right)+2\eta\leqq-\frac{a}{K}+2\eta<0$$

ist). (63) mit E_{10} statt C_{16} und $\frac{1}{\alpha_0^{as}}$ im Subtrahendus links gilt also auch.

Nach (68) ist, $\varepsilon=\frac{1}{K(2K+2)}$ genommen, wegen $s\geqq 2K+1$ und (109)

$$\left|\sum_{q>n^a}\sum_{p}\left(\frac{S_\varrho}{q}\right)^s\varrho^{-n}\right|<E_{11}\sum_{q>n^a} q^{1-\frac{s(2K+1)}{K(2K+2)}}\leqq E_{11}\sum_{q>n^a} q^{1-\frac{(2K+1)^2}{K(2K+2)}}$$

$$=E_{11}\sum_{q>n^a} q^{-1-\frac{1}{2K^2+2K}}<E_{12} n^{-\frac{a}{2K^2+2K}}<E_{12} n^{-\eta},$$

also (8) bewiesen.

Schierke, den 1. September 1921.

(Eingegangen am 3. September 1921.)

Fundamentalabbildung und Potentialbestimmung gegebener Riemannscher Flächen.

Von

Paul Koebe in Jena.

Es sei F ein endlich-vielblättriger, endlich-vielfach zusammenhängender, analytisch begrenzter Bereich mit endlich vielen Windungspunkten im Innern. Während die alten Methoden die Abbildungsaufgabe als Anwendung potentialtheoretischer[1]) Entwicklungen behandeln, gestatten die neuen, rein funktionentheoretischen Methoden der konformen Abbildung eine Umkehrung der Reihenfolge der Problemstellungen vorzunehmen[1a]).

1. Ränderzuordnung.

Wir können die Fundamentalabbildung der Fläche F rein funktionentheoretisch ausführen, d. i. die eineindeutige konforme Abbildung der zu F gehörenden einfach zusammenhängenden relativ unverzweigten Überlagerungsfläche $F^{(\infty)}$ auf die Fläche eines ζ-Einheitskreises. Denken wir uns diese Abbildung zunächst nur für die inneren Punkte des Bereichs erklärt, so kann nunmehr durch eine besondere Untersuchung dargetan werden, daß die Abbildungsfunktion $\zeta(z)$ auch längs der Randlinien regulär, in den Eckpunkten zwischen den einzelnen regulär analytischen Begrenzungsteilen jedenfalls stetig ist. Dies ergibt sich unter Einführung einer bemerkenswerten Modifikation gegenüber meinen früheren Entwicklungen zur Frage der Ränderzuordnung[2]) bei analytisch oder allgemeiner stetig begrenzten Bereichen folgendermaßen.

---

[1]) Riemann-Hilbert: Dirichletsches Prinzip; Schwarz und C. Neumann: Alternierendes Verfahren; Poincaré: Methode de balayage.

[1a]) Vgl. eine Bemerkung am Schlusse meines Artikels, „Über eine neue Methode der konformen Abbildung und Uniformisierung", Gött. Nachr. 1912, S. 848.

[2]) S. meinen Artikel, „Ränderzuordnung bei konformer Abbildung", Gött. Nachr. 1913, S. 286–288 und besonders „Abhandlungen zur Theorie der konformen Abbildung. I", dritter Teil, Journ. f. Math. **145** (1915), S. 205–219.

Die Fläche F kann als Teil einer Fläche F' aufgefaßt werden, die aus F durch äußere Anfügung zweifach zusammenhängender schmaler Flächenstreifen entsteht. Die Funktion $\zeta'(z)$, die die Fundamentalabbildung der Fläche F' leistet, liefert gleichzeitig eine völlig reguläre Übertragung der Fläche $F^{(\infty)}$ auf einen schlichten einfach zusammenhängenden Bereich Φ. Die Untersuchung der Ränderzuordnung für die Fundamentalabbildung der Fläche F ist dadurch auf die Untersuchung der Ränderzuordnung für die Abbildung des Bereiches Φ auf das Innere des ζ-Einheitskreises zurückgeführt, d. h. auf die Untersuchung der Abbildungsfunktion $\zeta(\zeta')$.

Sei λ ein analytisches Begrenzungsstück des Bereichs Φ. Die Funktion $\zeta(\zeta')$ muß sich dann in jedem Begrenzungspunkte ζ_0' von λ zunächst stetig verhalten. Denn andernfalls würde man innerhalb Φ in beliebiger Nähe der Stelle ζ_0' Linienstücke beliebig kleiner Länge angeben können, denen in der ζ-Ebene Linien entsprechen würden, die sich gleichmäßig der Peripherie des Einheitskreises annähern und dabei Amplitudenschwankungen hätten, die für alle diese Linien oberhalb einer von Null verschiedenen Schranke γ bleiben. Dies bedingt, daß es ein endliches Peripheriestück des ζ-Einheitskreises gibt, längs dessen ganzer Ausdehnung solche Linien in beliebiger Nähe verlaufen würden. Bedenkt man nun, daß die Funktion $\zeta'(\zeta)$ innerhalb des ζ-Einheitskreises beschränkt ist, daß ferner die Funktionswerte auf den genannten Linien sich schließlich auf den Wert ζ_0' reduzieren, so folgt, daß die Funktion $\zeta'(\zeta)$ überhaupt eine Konstante wäre[2a]). Da dies jedoch nicht der Fall ist, ergibt sich somit die Stetigkeit der Funktion $\zeta(\zeta')$ und folglich auch der Funktion $\zeta(z)$ längs jedes analytischen Begrenzungsteiles, offenbar auch in den Ecken. die von analytischen Begrenzungsteilen gebildet werden, ferner überhaupt auch für Begrenzungsteile vom Charakter Jordanscher Kurvenstücke.

Wir wollen die angedeutete Verallgemeinerung auf Jordansche Begrenzungsstücke hier nicht weiter verfolgen, verweisen diesbezüglich vielmehr auf unsere oben zitierte Abhandlung. Wir setzen jetzt die Betrachtung für ein analytisches Begrenzungsstück in folgender Weise fort.

Die Funktion $\zeta(\zeta')$, von der wir bereits wissen, daß sie längs eines analytischen Begrenzungsstückes stetig ist, kann niemals längs eines solchen Teils oder eines Stückes davon konstant sein. Denn dies würde wiederum zur Folge haben, daß die Funktion $\zeta(\zeta')$ sich überhaupt auf eine Konstante reduziert. Somit wird ein analytisches Begrenzungsstück λ des Bereiches Φ und damit auch ein analytisches Begrenzungsstück l des Bereiches F unter Aufrechterhaltung der Anordnung der Punkte stetig eineindeutig auf ein entsprechendes Stück der Peripherie des ζ-Einheitskreises übertragen.

[2a]) Siehe meine genannte Abhandlung in Journ. f. Math. **145**. S. 213.

Um nun weiter die *Regularität* der Abbildungsfunktion $\zeta(z)$ längs l nachzuweisen, gehen wir von dem gewonnenen Ergebnis der Stetigkeit dieser Abbildung aus. Wir machen eine reguläre Hilfsabbildung eines l einbettenden Flächenteiles, bei der l selbst in ein Stück BC der Achse des Reellen übergeht. Es sei $z'(z)$ die Abbildungsfunktion; es sei ferner A ein Punkt innerhalb des Intervalls BC. Dann beschreiben wir um A als Mittelpunkt einen kleinen Kreis, der eine ganz in dem gefundenen Flächenstreifen enthaltene Kreisfläche K einschließt. Die obere Halbkreisfläche K' erscheint jetzt auf ein zweieckförmiges Teilgebiet φ der ζ-Einheitskreisfläche abgebildet, dessen Begrenzung aus zwei analytischen Linienstücken besteht, einem innerhalb des ζ-Einheitskreises verlaufenden und einem Stück $\beta\gamma$ des ζ-Einheitskreises selbst. Durch lineare Transformation verwandeln wir das Gebiet φ in ein anderes φ', indem wir dem Intervall $\beta\gamma$ ein Intervall $\beta'\gamma'$ der Achse des Reellen entsprechen lassen. Spiegeln wir φ' an der Achse des Reellen, so entsteht ein größerer symmetrischer Bereich $(\varphi' + \varphi'')$. Es ist dann eine Abbildungsbeziehung zwischen der Kreisfläche K und dem Gebiete $(\varphi' + \varphi'')$ hergestellt, bei der dem reellen Intervall BC das reelle Intervall $\beta'\gamma'$ stetig entspricht. Nun kann man aber eine solche Abbildung zwischen K und $(\varphi' + \varphi'')$ auch direkt dadurch gewinnen, daß man die Fundamentalabbildung des Bereiches $(\varphi' + \varphi'')$ auf die Fläche K vornimmt, wobei auch der Symmetrie genügt werden kann. Diese Abbildung ist innerhalb des reellen Intervalls jedenfalls regulär. Sie muß mit der vorbetrachteten Abbildung übereinstimmend werden, wenn man abgesehen von der bereits richtig beibehaltenen Zuordnung der Intervallendpunkte auch noch von einem inneren Punkte des Intervalls den zugeordneten Punkt in derselben Weise bestimmt wie bei jener Abbildung. Man hat dann nämlich zwei Abbildungen der Fläche φ' auf die Halbkreisfläche K', bei der drei Randpunktpaare in gleicher Weise zugeordnet sind.

2. Gewöhnliche Randwertaufgabe.

Es sei nunmehr die gewöhnliche Randwertaufgabe für den Bereich F zu lösen. Wir denken uns dazu die Fläche F zweckmäßig längs $q + 2p$ Querschnitten von Rand zu Rand zu einer einfach zusammenhängenden Fläche F_0 aufgeschnitten. Die Fläche $F^{(\infty)}$ entsteht durch sukzessive relationenfreie Aneinanderheftung unendlich vieler Exemplare F_0. Dem Grundexemplar F_0 entspricht in der ζ-Ebene ein Bereich Φ_0 mit $2p$ Querschnittseiten, die paarweise durch hyperbolische lineare Substitutionen einander zugeordnet sind. Diese Substitutionen erzeugen die Fundamentalgruppe Γ. Bei Ausübung dieser Fundamentalgruppe auf Φ_0 ergeben sich unendlich viele Bilder von Φ_0, deren auf der Peripherie des ζ-Einheitskreises liegende Randteile diesen Kreis bis auf unendlich viele diskret liegende Punkte ausfüllen. Diese Grenzpunkte lassen sich in endlich viele Intervalle von beliebig kleiner Gesamtlänge einschließen, weil die Summe der Längen der Bilder aller Querschnittseiten von Φ_0 wegen der eigentlichen Diskontinuität der Gruppe Γ auf der Peripherie des Einheitskreises konvergiert[3]). Überpflanzt man jetzt die gegebenen Randwerte des Bereiches F auf die Peripherie des ζ-Einheitskreises, wo sie in unendlich häufiger Wiederholung gemäß Γ erscheinen, so kann man nunmehr ohne weiteres das Poissonsche Integral für diese Randwerte ansetzen und erhält eine Potentialfunktion innerhalb des ζ-Einheitskreises, die mit Rücksicht auf die Geltung des Unitätssatzes für die Randwertaufgabe (trotz der unendlich vielen Grenzpunkte wegen der Beschränktheit der vorgegebenen Randwerte und wegen der erwähnten Einschließungsmöglichkeit der Grenzpunkte) gegenüber den Substitutionen der Gruppe Γ ungeändert bleibt, daher in der Übertragung auf F eindeutig wird, wie verlangt.

3. Einführung von polaren, logarithmischen, Arcustangens-Unstetigkeiten, von inneren und Rand-Periodizitätsmoduln.

Schreibt man außer den Randwerten auf F auch noch innere *polare* oder *logarithmische Unstetigkeiten* vor, so kann diese Aufgabe nach dem soeben gewonnenen Ergebnis auf den Fall reduziert werden, daß die Randwerte identisch null sind. Nach dieser Reduktion lassen sich dann die betreffenden Potentiale sofort durch unendliche Reihen darstellen. Man sucht im Bereiche Φ_0 die entsprechenden Unstetigkeitsstellen auf und schreibt dort die der Übertragung gemäß bestimmten Unstetigkeiten vor. Es gibt dann eine elementare Potentialfunktion, die diese Unstetigkeiten und nur diese im Innern des ζ-Einheitskreises bzw. der im folgenden statt der Kreisfläche setzbaren zugrunde gelegten oberen ζ-Halbebene hat. Diese Potentialfunktion unterwirft man sämtlichen durch die Gruppe Γ vorgeschriebenen Verpflanzungen und summiert die so entstehenden unendlich vielen Potentialen. Das Resultat ist ein automorphes Potential, das, auf F überpflanzt, die verlangte Potentialfunktion liefert[4]).

Gibt man die Randwerte null und im Innern von F zwei *Arcustangens-Unstetigkeiten* mit entgegengesetzt gleichen Periodizitätsmoduln vor, wobei man sich zweckmäßig die Fläche F bzw. F_0 längs einer die Unstetigkeitspunkte verbindenden Linie aufgeschnitten denkt, um die Potentialfunktion eindeutig zu machen, so führt das gleiche Verfahren zum

[3]) Siehe hierzu „Abhandlungen zur Theorie der konformen Abbildung. IV", § 6. Acta math. **41** (1918), S. 326–328.

[4]) Siehe hierzu l. c. Abh. IV der genannten Serie, §§ 4, 6, 7.

Ziele. Das Elementarpotential in der ζ-Ebene hat die geometrische Bedeutung der Summe der scheinbaren Größe des Bildpunktepaares jener Unstetigkeitsstellen in Φ_0 plus der scheinbaren Größe seines Spiegelpaares in bezug auf die Achse des Reellen, gesehen vom Punkte ζ aus. Das gesuchte Potential wird gefunden als Summe der scheinbaren Größen aller mit den beiden genannten äquivalenten Punktpaare, ebenfalls vom Punkte ζ aus gesehen.

Um die $2p + q - 1$ auf F existierenden überall endlichen *Potentiale erster Art* zu gewinnen, hat man einerseits das Potential zu bestimmen, das längs einer Randlinie den konstanten Wert 1, längs der übrigen Randlinien den konstanten Wert 0 hat. Diese Aufgabe subsumiert sich unter die erste oben besprochene Randwertaufgabe, ist aber direkt durch Reihenbildung lösbar. Es ergibt sich eine Darstellung als Summe der scheinbaren Größen von unendlich vielen Fixpunktepaaren (s. l. c. § 4). Zweitens muß man ein Potential konstruieren, das längs aller Randlinien den konstanten Wert null annimmt, längs eines vorgegebenen nicht zerfällenden inneren Rückkehrschnittes jedoch einen konstanten Sprung aufweist. Diese Funktion kann man aus Funktionen mit je zwei Arcustangens-Unstetigkeiten gewinnen, indem man längs des Rückkehrschnittes eine endliche Anzahl von Unstetigkeitspunkten einführt und nunmehr je zwei in der geschlossenen Reihe aufeinander folgende dieser Punkte als Paar für zwei entgegengesetzte Arcustangens-Unstetigkeiten benutzt und die erhaltenen Potentiale addiert, wobei die Unstetigkeiten zum Wegfall und der gewünschte Wertesprung längs des geschlossenen Rückkehrschnittes zum Vorschein kommt.

Sind auch Periodizitätsmoduln längs der Randlinien vorgeschrieben, so kann man, um keine Randwerte zu bevorzugen, die Randbedingung „normale Ableitung gleich null"[5]) zweckmäßig heranziehen. Sind nun keine inneren Arcustangens-Unstetigkeiten vorgeschrieben, so kann man jetzt die Randperiodizitätsmoduln zum Verschwinden bringen, indem man die zu den oben konstruierten Potentialen erster Art mit konstanten Randwerten konjugierten Potentiale, die durch die betreffenden unendlichen Reihen mitgeliefert werden, herstellt und eine geeignete Kombination derselben von der zu bestimmenden Funktion in Abzug bringt. Sind jedoch auch Arcustangens-Unstetigkeiten in endlicher Zahl im Innern gegeben, so kann im besonderen die Summe der dazugehörenden Periodizitätsmoduln null sein. Dann ist auch die Summe der Randperiodizitätsmoduln gleich null und man kann alle Randperiodizitätsmoduln zum Wegfall bringen, wenn man erstens eine lineare Kombination oben genannter

---

[5]) Vgl. § 8 l. c.

konjugierter Potentiale von der zu bestimmenden Funktion abzieht und weiter eine lineare Kombination von Potentialen mit je zwei Arcustangens-Unstetigkeiten. Ist aber die Summe der zu den Arcustangens-Unstetigkeiten gehörenden Periodizitätsmoduln nicht gleich null, so wird man durch das Abzugsverfahren auf die Bestimmung eines Potentiales geführt, das nur eine Arcustangens-Unstetigkeit im Innern und einen gleich großen Randperiodizitätsmodul besitzt. Eine solche Funktion mit der normalen Ableitung Null am Rande läßt sich dann aber als Summe von scheinbaren Größen in der ζ-Ebene aufbauen. Die Stammgröße ist hierbei die scheinbare Größe desjenigen Punktepaares, das vom korrespondierenden Punkte der Unstetigkeitsstelle und seinem Spiegelpunktbilde in bezug auf die Achse des Reellen der ζ-Ebene gebildet wird.

4. Bildung einer zu F gehörenden reellen algebraischen Kurve.

Die vorstehenden Entwicklungen geben auch die Grundlage ab, um dem Bereiche F eine reelle algebraische Kurve (x, y) in demselben Sinne zuzuordnen, wie dies Schottky in seiner Dissertation (Journ. f. Math. **83**) für endlich-vielfach zusammenhängende schlichte Bereiche getan hat. Die Größen x und y werden als zwei solche Funktionen der Variablen z bestimmt, die in F abgesehen von endlich vielen Polen eindeutig und regulär sind, ferner am Rande nur reelle Werte annehmen, ferner die Eigenschaft haben, daß alle übrigen Funktionen $w(z)$ mit denselben genannten Eigenschaften sich rational durch x und y ausdrücken lassen. Um die Funktionen x und y zu bilden, genügt es offenbar, Potentiale mit nur polaren Unstetigkeiten heranzuziehen, aus denen sich durch lineare Kombination sofort solche Potentiale ergeben, deren konjugierte Potentiale sicher eindeutig sind. Man kann zwecks Bildung solcher Funktionen auch mit Poincaréschen Θ-Quotienten operieren. Hat man etwa auf solche Weise eine Kurve (x, y) gewonnen und damit den zur Fläche F gehörenden reellen algebraischen Funktionenkörper, so kann man natürlich auch von hier aus die Bildung der Potentiale bzw. deren Differentiale nach bekannten Methoden vornehmen.

5. Behandlung geschlossener Riemannscher Flächen.

Es sei F eine geschlossene Riemannsche Fläche. Hier bieten sich der Behandlung zwei Wege. Entweder man konstruiert zunächst zu F gehörige algebraische Funktionen und damit eine zugehörige algebraische Kurve (x, y), indem man die Fläche F einer Fundamentalabbildung (zweckmäßig mit Relativverzweigung)[6]) unterwirft und dann Poincaré-

[6]) Siehe „Abhandlungen zur Theorie der konformen Abbildung. II", § 8, Acta math. **40** (1916), S. 287–290.

sche Θ-Quotienten in Ansatz bringt, darnach die gewünschten Potentiale nach bekannten Methoden herstellt; oder aber, man verwandelt die Fläche F zunächst in eine berandete Fläche F' durch Entfernung etwa einer kleinen Kreisscheibe k. Mit den zu F' gehörenden Potentialen kann man dann unschwer durch Grenzübergang, indem man k sich auf einen Punkt reduzieren läßt, zu den Potentialen der Fläche F gelangen, wie dies von mir in § 4 der Abh. III der wiederholt genannten Serie in einem bestimmten Falle dargelegt ist[7]). Es macht dabei nichts aus, auch mehrere Öffnungen gleichzeitig einzuführen. Von diesen letzten Bemerkungen kann man zweckmäßig Gebrauch machen, indem man aus der Riemannschen Fläche F durch alle Blätter hindurch Kreisscheiben ausgestanzt denkt, so, daß dabei sämtliche Windungspunkte zum Fortfall kommen. Die zur so entstandenen offenen Fläche F gehörige Fundamentalveränderliche ohne relative Verzweigung ist dann identisch mit der Fundamentalveränderlichen des schlichten mehrfach zusammenhängenden Bereiches, über dem die Fläche F ausgebreitet ist[8]).

Schließlich sei noch bemerkt, daß jede geschlossene Riemannsche Fläche F durch elementare eineindeutige Abbildung in eine andere geschlossene Riemannsche Fläche mit lauter reellen Windungspunkten verwandelt werden kann. Ist nämlich etwa $a+bi$ ein nichtreeller Windungspunkt, so wird die Fläche F durch die Transformation $(z-a)^2=z'$ auf eine andere Fläche abgebildet, deren Anzahl nichtreeller Windungspunkte um mindestens eine Einheit verringert worden ist. Durch wiederholte Anwendung solcher Transformationen kommt man also schließlich zu einer Fläche mit nur reellen Windungspunkten. Die Gesamtzahl dieser Windungspunkte hat sich dabei im allgemeinen vergrößert[9]).

---

[7]) Journ. f. Math. **147** (1917), S. 77–83.

[8]) Diese Fundamentalveränderlichen werden in Abh. II der genannten Serie mittels eines Schmiegungsverfahrens bestimmt.

[9]) Vgl. auch Poincaré in Acta math. **4** (1884), S. 246–250.

(Eingegangen am 10. September 1921.)

Über einen Dirichletschen Satz.

Von

G. Herglotz in Leipzig.

In der die Theorie des allgemeinen relativ-quadratischen Körpers (Math. Ann. **51**, S. 1 u. ff.) vorbereitenden und dem Dirichletschen Zahlkörper geltenden Arbeit (Math. Ann. **45**, S. 309 u. ff.) hat Hilbert auf arithmetischem Wege den Dirichletschen Satz[1]) erschlossen, daß die Klassenzahl des Körpers $K(\sqrt{m}, \sqrt{-m})$ dem Produkt der Klassenzahlen der Körper $k(\sqrt{m})$ und $k(\sqrt{-m})$ oder der Hälfte desselben gleich ist. Für die ursprüngliche transzendente Beweismethode des Satzes wie seiner Ausdehnung auf den $K(\sqrt{m_1}, \ldots, \sqrt{m_t})$ andererseits liefert die Hilbertsche Theorie des Galoisschen Körpers in Verbindung mit den Dedekindschen Feststellungen der Beziehungen zu seinen Teilern eine einfache Fassung, da derselbe einem vollen Kreiskörper angehört und also seine Z-Funktion und damit nach E. Hecke auch Diskriminante leicht gewonnen werden kann. Es sei daher gestattet, jenen Dirichletschen Satz auch aus diesem Gesichtspunkt Hilbertscher Resultate zu betrachten und vorab die Z-Funktion der Unterkörper eines Kreiskörpers in eine für den beabsichtigten Zweck bequeme Form zu setzen.

I. Z-Funktion und Diskriminante der Unterkörper des Kreiskörpers.

Sei zunächst Ω ein Galoisscher Körper der Gruppe G vom Grad n und ω ein Galoisscher, zur ausgezeichneten Untergruppe g von G gehörender, Unterkörper desselben vom Grad ϱ, wobei $n = r \cdot \varrho$.

Ist dann $\mathfrak{P}_0$ ein Primidealteiler in Ω der Primzahl p, und $\mathfrak{p}_0$ der durch $\mathfrak{P}$ teilbare Primidealteiler in ω von p, so sind nach der Hilbert-Dedekindschen Theorie eines Galoisschen Körpers der Zerlegungs- und Trägheitskörper ω_z, ω_t von $\mathfrak{p}_0$ die Durchschnitte der Zerlegungs- und

---

[1]) Dirichlet, Werke, **1**, S. 533.

Trägheitskörper Ω_z, Ω_t von $\mathfrak{P}_0$ mit ω. Seien demnach g_z, g_t die Zerlegungs- und Trägheitsgruppe von $\mathfrak{P}_0$:

$$(1) \qquad \underbrace{G\{g_z}_{f}\underbrace{\{g_t}_{e}\underbrace{\{1}_{m} \qquad f\cdot e\cdot m = n,$$

so gehören ω_z, ω_t als Unterkörper von Ω zu den kleinsten gemeinsamen Vielfachen: $g'_z = g_z \cdot g$, $g'_t = g_t \cdot g$ der Gruppen g_z, g_t und g:

$$(2) \qquad \underbrace{G\{g'_z}_{f'}\underbrace{\{g'_t}_{e'}\underbrace{\{g}_{m'} \qquad f'\cdot e'\cdot m' = \varrho,$$

und wenn weiter $\bar{g}_z$, $\bar{g}_t$ die größten gemeinsamen Teiler (Durchschnitte) der Gruppen g_z, g_t und g sind:

$$(3) \qquad \underbrace{g\{\bar{g}_z}_{\bar{f}}\underbrace{\{\bar{g}_t}_{\bar{e}}\underbrace{\{1}_{\bar{m}} \qquad \bar{f}\cdot \bar{e}\cdot \bar{m} = r,$$

so gilt

$$(4) \qquad f = f'\bar{f}, \quad e = e'\bar{e}, \quad m = m'\bar{m}.$$

Es gelten dann die Zerlegungen:

$$(5) \qquad \text{in } \omega: \; p = (\mathfrak{p}_0 \cdot \mathfrak{p}_1 \cdot \ldots \cdot \mathfrak{p}_{f'-1})^{m'} \qquad n(\mathfrak{p}_i) = p^{e'},$$

$$(6) \qquad \text{in } \Omega: \; \mathfrak{p}_0 = (\mathfrak{P}_0 \cdot \mathfrak{P}_1 \cdot \ldots \cdot \mathfrak{P}_{\bar{f}-1})^{\bar{m}} \qquad N_r(\mathfrak{P}_i) = \mathfrak{p}_0^{\bar{e}}$$

und die Z-Funktion des Körpers ω ist:

$$(7) \qquad Z(s) = \prod_p \left(1 - \frac{1}{p^{e's}}\right)^{-f'}.$$

Hier können die der Primzahl p zugeordneten Zahlen e', f' passend so erklärt werden: da

$$(8) \qquad g_z = g_t + Zg_t + Z^2 g_t + \ldots + Z^{e-1} g_t$$

ist, und demnach

$$(9) \qquad g'_z = g'_t + Zg'_t + Z^2 g'_t + \ldots + Z^{e'-1} g'_t$$

wird, so ist $Z^{e'}$ die niedrigste Potenz ($e' \geqq 1$) von Z, welche zu $g'_t = g_t \cdot g$ gehört, während $e'f' = G/g'_t$ der Index von g'_t in der Obergruppe G ist.

Ist nunmehr G eine Abelsche Gruppe und werden die Substitutionen s von g durch die ϱ Charakterenbedingungen:

$$(10) \qquad \xi_0(s) = 1, \; \xi_1(s) = 1, \; \ldots, \; \xi_{\varrho-1}(s) = 1$$

aus G ausgeschnitten, so erhält man die entsprechenden Bedingungen für die Gruppe $g'_t = g_t \cdot g$, indem man hier nur jene ξ_i beibehält, welche in g_t durchaus 1 werden. Danach ist unmittelbar:

$$(11) \qquad Z(s) = \prod_p \prod_i \left(1 - \frac{\xi_i(Z)}{p^s}\right)^{-1},$$

worin das innere Produkt jeweils über diejenigen der ϱ Charaktere ξ_i zu erstrecken ist, die in g_t Eins werden.

Sei endlich Ω insbesondere der Körper der a-ten Einheitswurzeln, so darf G mit der Gruppe der $n = \varphi(a)$ primen Restklassen S mod a identifiziert werden. Ist dann $a = p^k \cdot b$ ($b:p$ unteilbar), so besteht g_t aus den $m = \varphi(p^k)$ Klassen mod a mit Zahlen $A \equiv 1 \pmod b$, während für Z irgendeine der m Klassen mod a mit Zahlen $A \equiv p \pmod b$ zu nehmen ist. Bezüglich der Charaktere $\xi(S) = \xi(A)$ der primen Restklassen S mod a oder der zu a primen Zahlen A ist weiter daran zu erinnern, daß der einzelne Charakter ξ zu einem bestimmten Teiler d von a in dem Sinne „gehört", daß d die kleinste Zahl ist, bei der

$$\xi(A) = 1 \quad \text{für alle } A \equiv 1 \pmod d \tag{12}$$

und dann in sofort ersichtlicher Weise für die primen Restklassen mod d einen zum Teiler d gehörenden Charakter χ oder „eigentlichen" Charakter mod d festlegt [2]). Demgemäß mögen die ϱ die Untergruppe g definierenden Charaktere ξ_i zu den Teilern d_i von a gehören und die χ_i die entsprechenden eigentlichen Charaktere mod d_i bezeichnen. Es sind dann diejenigen ξ_i, welche in g_t Eins werden, genau jene, bei denen $b:d_i$ teilbar ist, und für sie gilt:

$$\xi_i(Z) = \xi_i(A) = \chi_i(p), \tag{13}$$

so daß man erhält:

$$Z(s) = \prod_p \prod_i \left(1 - \frac{\chi_i(p)}{p^s}\right)^{-1} \tag{14}$$

das innere Produkt jeweils über diejenigen χ_i erstreckt, für welche $b:d_i$ teilbar ist.

Will man hier die Multiplikationsordnung umkehren, so ist nur zu beachten, daß das einzelne $\chi_i(p)$ für die und nur die Primzahlen p auftritt, bei denen $a = p^k b$, $b:d_i$ teilbar ist, und diese wegen $a:d_i$ teilbar, $b:p$ unteilbar gerade mit den nicht in d_i aufgehenden zusammenfallen. Es wird also bei Absonderung des dem Hauptcharakter $\chi_0 = \xi_0 = 1$, $d_0 = 1$ entsprechenden Faktors $\zeta(s)$ und Einführung der L-Reihen:

$$Z(s) = \zeta(s) \prod_{i=1}^{\varrho-1} L(s, \chi_i, d_i). \tag{15}$$

[2]) Es ist die Anzahl der zum Teiler d gehörenden Charaktere mod a gleich der Anzahl der eigentlichen Charaktere mod d und gegeben durch:

$$d \prod_i \left(1 - \frac{2}{l_i}\right) \prod_j \left(1 - \frac{1}{l_j}\right)^2,$$

wo l_i die einfachen, l_j die mehrfachen Primteiler von d zu durchlaufen hat.

Der Vergleich[3]) der allgemeinen Heckeschen Funktionalgleichung für $Z(s)$ mit der aus dieser Darstellung folgenden ergibt für die Diskriminante Δ des Körpers ω nach leichter Vorzeichenbestimmung:

$$\Delta = \prod_{i=1}^{\varrho-1} \chi_i(-1) d_i. \tag{16}$$

II. Die Klassenzahl des Körpers $K(\sqrt{m_1}, \sqrt{m_2}, \ldots, \sqrt{m_t})$.

Ein quadratischer Körper der Diskriminante Δ ist im Kreiskörper Ω enthalten, sobald $a:\Delta$ teilbar ist, und die Untergruppe g, zu der er gehört, wird aus G durch $\chi = 1$ ausgeschnitten, falls $\chi = \chi(A, \Delta)$ der eigentliche Charakter mod $|\Delta|$ ist, welcher die Primzahlzerlegung im quadratischen Körper regelt[4]).

Der durch t voneinander unabhängige Quadratwurzeln $(\sqrt{m_1}, \ldots, \sqrt{m_t})$ erzeugte Körper K des Grades $n = 2^t$ enthält $n-1$ quadratische Unterkörper k_i der Diskriminanten Δ_i, die je durch die sämtlichen, mit jenen t Wurzeln zu bildenden Produkte erzeugt werden. Er selbst ist enthalten im Kreiskörper Ω, falls a gemeinsames Vielfaches der Δ_i ist und die n Charaktere χ_i, welche die Untergruppe g, zu der er gehört, aus G ausschneiden, sind gerade die $n-1$ jenen Diskriminanten Δ_i zugeordneten Charaktere $\chi_i = \chi_i(A, \Delta_i)$ nebst dem Hauptcharakter $\chi_0 \equiv 1$ [5]).

Danach ist Z-Funktion und Diskriminante des Körpers K:

$$Z(s) = \zeta(s) \prod_{i=1}^{n-1} L(s, \chi_i, \Delta_i), \tag{17}$$

$$\Delta = \prod_{i=1}^{n-1} \Delta_i. \tag{18}$$

Für die Primzahlzerlegung in K ist aus (17) leicht zu entnehmen: die in keinem Δ_i aufgehenden Primzahlen p zerfallen in n Primideale ersten oder $\frac{n}{2}$ Primideale zweiten Grades, je nachdem die n Charaktere $\chi_i(p)$

[3]) Dieses Prinzip der Verwendung der Funktionalgleichung zur Diskriminantenbestimmung erstmalig bei E. Hecke (Gött. Nachr. 1917).

[4]) Für die Primdiskriminanten $\Delta = -4, +8, -8, (-1)^{\frac{l-1}{2}} l$ bzw. $\chi = (-1)^{\frac{A-1}{2}}$, $(-1)^{\frac{A^2-1}{8}}$, $(-1)^{\frac{A-1}{2}+\frac{A^2-1}{8}}$, $\left(\frac{A}{l}\right)$ und für zusammengesetztes Δ das Produkt der den Primdiskriminanten in Δ entsprechenden Charaktere. (Vgl. Weber, Algebra III.)

[5]) Unter Hinzunahme von $\Delta_0 = 1$, dem $\chi_0 \equiv 1$ entspreche, bilden die Δ_i und die χ_i $(i = 0, 1, \ldots, n-1)$ zwei untereinander und mit der Gruppe von K isomorphe Gruppen.

alle $= + 1$ oder zur Hälfte $= + 1$ zur Hälfte $= - 1$ ausfallen, die Primteiler $l \neq 2$ der Δ_i zerfallen in die Quadrate von $\frac{n}{2}$ Primidealen ersten oder $\frac{n}{4}$ Primidealen zweiten Grades, je nachdem die den $\frac{n}{2}$ durch l unteilbaren Δ_i ($\Delta_0 = 1$ mit $\chi_0 = 1$ hinzu gedacht) entsprechenden $\frac{n}{2}$ Charaktere $\chi_i(l)$ alle $= + 1$ oder zur Hälfte $= + 1$ zur Hälfte $= - 1$ ausfallen, der Primteiler $l = 2$ endlich zerfällt in entsprechender Weise in lauter zweifache oder vierfache Primidealfaktoren, je nachdem in den Diskriminanten der t Grundkörper $(\sqrt{m_1}), \ldots, (\sqrt{m_t})$ nur eine oder mehrere der Primdiskriminanten $-4, +8, -8$ vorkommt (je nachdem sind nämlich $\frac{n}{2}$ oder $\frac{n}{4}$ der Δ_i ($\Delta_0 = 1$ hinzugedacht) ungerade.)

Sind die Diskriminanten $\delta_1, \ldots, \delta_t$ der t Grundkörper $(\sqrt{m_1}), \ldots, (\sqrt{m_t})$ relativ prim, so fallen die Δ_i mit den sämtlichen aus ihnen zu bildenden Produkten zusammen, wonach:

$$(19) \qquad \Delta = \delta^{\frac{n}{2}}, \qquad \delta = \delta_1 . \delta_2 . \ldots . \delta_t$$

oder K sich als unverzweigt über $k(\sqrt{\delta})$ erweist.

Sind $\delta_1, \ldots, \delta_t$ überdies Primdiskriminanten, so ist K der Körper der Geschlechter[6]) von $k(\sqrt{\delta})$.

Durch Gl. (17) wird nunmehr für $s \to 1$ unter Beachtung von Gl. (18) unmittelbar die Klassenzahl H von K mit dem Produkt der Klassenzahlen h_i aller $n-1$ quadratischen Unterkörper k_i in Beziehung gesetzt. Hierzu ist nur vorweg zu bemerken, daß die Anzahl r der reellen Körper k_i, deren Grundeinheiten $\varepsilon_1, \ldots, \varepsilon_r$ $(\varepsilon_i > 1)$ seien, in den beiden Fällen

$$(A) \qquad K \text{ reell:} \quad r = n - 1,$$

$$(B) \qquad K \text{ imaginär:} \quad r = \frac{n}{2} - 1$$

beträgt und beidemal mit der Anzahl der Grundeinheiten $E_1, \ldots, E_r$ von K übereinstimmt, und daß ferner der Grad der in K liegenden, also aus Quadratwurzeln zusammensetzbaren, Einheitswurzeln ein Teiler von 24 sein muß[7]). Dann folgt, unter $R(E_i)$ den Regulator der Einheiten verstanden, zunächst:

---

[6]) R. Fueter, Diss. Göttingen 1903. Daselbst der arithmetische Beweis der Unverzweigtheit desselben. Den Beweis der Unverzweigtheit des Klassenkörpers von $k(\sqrt{\delta})$ für $\delta < 0$ aus der Funktionalgleichung der Z-Funktion bei E. Hecke, l. c.

[7]) Ein Galoisscher Körper ist dann aus Quadratwurzeln zusammensetzbar, wenn für alle Substitutionen desselben $S^2 = 1$ gilt. Der Körper Ω der a-ten Einheitswurzeln also dann, wenn für alle Primreste mod $a : A^2 \equiv 1 \pmod{a}$ gilt, was einzig für die Teiler a von 24 zutrifft.

$$H = \sigma \frac{\prod_{i=1}^{r} \lg \varepsilon_i}{R(E_i)} \prod_{i=1}^{n-1} h_i, \tag{20}$$

wo $\sigma = 2, 1$, je nachdem K die achten Einheitswurzeln, d. h. also $\sqrt{-1}$ und $\sqrt{2}$, enthält oder nicht.

Den hier auftretenden Quotienten noch etwas weiter zu entwickeln, sind die Fälle (A) und (B) eines reellen und imaginären Körpers K zu trennen.

Fall A. Bedeutet hier $N_i(\alpha)$ die Relativnorm einer Zahl α aus K bezüglich k_i, so wird:

$$N_i(E_j) = \pm\, \varepsilon_i^{\lambda_{ij}} \qquad (i, j = 1, \ldots, r) \tag{21}$$

sein, woraus, die E_j positiv gewählt, folgt

$$E_j^{\frac{n}{2}} = \prod_{i=1}^{r} \varepsilon_i^{\lambda_{ij}} \qquad (j = 1, \ldots, r). \tag{22}$$

Da andererseits aber auch

$$\varepsilon_i = \prod_{j=1}^{r} E_j^{\varkappa_{ji}} \qquad (i = 1, \ldots, r) \tag{23}$$

sein muß, so ergibt sich für die ganzzahligen Absolutbeträge der Determinanten der λ_{ij} und $\varkappa_{ij}$:

$$\lambda = \left|\,|\lambda_{ij}|\,\right|, \qquad \varkappa = \left|\,|\varkappa_{ij}|\,\right|, \qquad \lambda \cdot \varkappa = \left(\frac{n}{2}\right)^{n-1}. \tag{24}$$

Es ist also die Anzahl λ der Verbände, in welche die Einheiten $\varepsilon_1^{\nu_1} \cdot \varepsilon_2^{\nu_2} \cdot \ldots \cdot \varepsilon_r^{\nu_r}$ zerfallen, falls demselben Verband solche zugezählt werden, die durch Multiplikation mit der $\frac{n}{2}$-ten Potenz einer Einheit aus K ineinander überführbar sind, ebenso wie $\varkappa$ eine Potenz von 2.

Nunmehr folgt leicht:

$$R(E_i) = \frac{1}{\varkappa} R(\varepsilon_i), \qquad R(\varepsilon_i) = n^{\frac{n}{2}-1} \prod_{i=1}^{r} \lg \varepsilon_i \tag{25}$$

und damit:

$$H = \frac{2}{\lambda} \left(\frac{n}{4}\right)^{\frac{n}{2}} \prod_{i=1}^{n-1} h_i. \tag{A}$$

Fall B. Hier bilden zunächst die $r = \frac{n}{2} - 1$ reellen k_i zusammen den Unterkörper k vom Grad $\frac{n}{2}$ aller reellen Zahlen von K und die eben gemachten Feststellungen gelten hier für den Zusammenhang der Einheiten $e_1, \ldots, e_r$ von k mit den Einheiten $\varepsilon_1, \ldots, \varepsilon_r$, so daß

$$(26)\qquad R_k(e_i) = \frac{\lambda}{2}\left(\frac{8}{n}\right)^{\frac{n}{4}} \prod_{i=1}^{r} \lg \varepsilon_i ,$$

$$(27)\qquad R(e_i) = 2^r R_k(e_i)$$

wird. Ist weiter $N_k(\alpha) = \alpha\bar{\alpha}$ die Relativnorm einer Zahl α aus K bezüglich k, so wird:

$$(28)\qquad N_k(E_j) = \prod_{i=1}^{r} e_i^{\overset{0}{\lambda}_{ij}} \qquad (j = 1, \ldots, r)$$

sein, woraus wegen $N_k(E_j) = \vartheta_j E_j^2$ (ϑ_j Einheitswurzel) folgt:

$$(29)\qquad \vartheta_j E_j^2 = \prod_{i=1}^{r} e_i^{\overset{0}{\lambda}_{ij}} \qquad (j = 1, \ldots, r).$$

Da andererseits aber auch (η_i Einheitswurzel):

$$(30)\qquad e_i = \eta_i \prod_{j=1}^{r} E_j^{\overset{0}{\varkappa}_{ji}} \qquad (i = 1, \ldots, r),$$

so ergibt sich für die ganzzahligen Absolutbeträge der Determinanten der $\overset{0}{\lambda}_{ij}$ und $\overset{0}{\varkappa}_{ij}$:

$$(31)\qquad \lambda_0 = \left|\,|\overset{0}{\lambda}_{ij}|\,\right|, \qquad \varkappa_0 = \left|\,|\overset{0}{\varkappa}_{ij}|\,\right|, \qquad \lambda_0 \cdot \varkappa_0 = 2^r .$$

Es ist also die Anzahl λ_0 der Verbände, in welche die Einheiten $e_1^{\nu_1} . e_2^{\nu_2} \ldots\ldots e_r^{\nu_r}$ von k zerfallen, falls demselben Verband solche zugezählt werden, die durch Multiplikation mit der Relativnorm einer Einheit aus K ineinander überführbar sind, ebenso wie $\varkappa_0$, eine Potenz von 2.

Da nun

$$(32)\qquad R(E_i) = \frac{1}{\varkappa_0} R(e_i)$$

ist, so folgt

$$(\mathrm{B})\qquad H = \frac{2\sigma}{\lambda\lambda_0}\left(\frac{n}{8}\right)^{\frac{n}{4}} \prod_{i=1}^{n-1} h_i ,$$

wo $\sigma = 2, 1$, je nachdem K die achten Einheitswurzeln, d. h. also $\sqrt{-1}$ und $\sqrt{2}$ enthält oder nicht.

Walchensee, den 16. September 1921.

(Eingegangen am 17. September 1921.)

Über affine Geometrie. XXXIII: Affinminimalflächen.

Von

Wilhelm Blaschke in Hamburg.

Das einfachste Variationsproblem mit einem Doppelintegral, das gegenüber linearen unhomogenen Substitutionen mit der Determinante Eins der Veränderlichen x_1, x_2, x_3 invariant ist, kann man so ansetzen

$$\Omega = \iint \left\{ \left(\frac{\partial^2 x_3}{\partial x_1 \partial x_2} \right)^2 - \frac{\partial^2 x_3}{\partial x_1^2} \frac{\partial^2 x_3}{\partial x_2^2} \right\}^{\frac{1}{4}} d x_1 \, d x_2 = \text{Extrem.}$$

Ich habe dieses Integral die „*Affinoberfläche*" der Fläche $x_3 = x_3(x_1, x_2)$ genannt und die Extremalen des Variationsproblems als „*Affinminimalflächen*" bezeichnet.

Die gewöhnlichen Minimalflächen sind weitaus die anziehendste Familie von Flächen, offenbar deshalb, weil sie die Extremalen des einfachsten bewegungsinvarianten Variationsproblems mit einem Doppelintegral sind. Von diesem Gesichtspunkt aus wird man hoffen dürfen, daß die Affinminimalflächen die nächst interessante Flächenklasse bilden werden und ß s möglich sein wird, zu manchen der merkwürdigen Eigenschaften der Minimalflächen, die von Monge, Riemann, Weierstraß, H. A. Schwarz und andern Geometern entdeckt worden sind, bei den Affinminimalflächen ein Gegenstück aufzufinden.

In der Tat! Diese Analogie läßt sich in erstaunlich weitgehender Weise durchführen. Zunächst ist man natürlich schon von anderen Gesichtspunkten aus auf unsre Flächenklasse gestoßen. So hat G. Darboux gezeigt, wie man alle Affinminimalflächen durch Quadraturen bestimmen kann, und damit ist das Gegenstück der Integrationstheorie von Monge erledigt.

H. A. Schwarz hat gefunden, wie man das „Problem von Björling" löst, eine Minimalfläche durch einen gegebenen Streifen hindurchzulegen.

Hier möchte ich nun zeigen: *Das dem Problem von Björling entsprechende Randwertproblem für Affinminimalflächen läßt sich in einer dem Verfahren von H. A. Schwarz nachgebildeten Weise ebenso einfach lösen.* Da die Differentialgleichung der Affinminimalflächen nicht linear und von der vierten Ordnung ist, erscheint mir dieses Ergebnis bemerkenswert zu sein. Nebenbei wird sich für die Affinoberfläche einer Affinminimalfläche ein Ausdruck durch ein Randintegral ergeben, der einer Formel von Riemann und Schwarz entspricht.

Die Übertragung der Untersuchungen von Schwarz über das Problem von Plateau bleibt einer späteren Arbeit vorbehalten. Bedauerlich ist nur, daß es zur einfachen physikalischen Verwirklichung der Minimalflächen durch Flüssigkeitshäutchen anscheinend bei den Affinminimalflächen nichts Entsprechendes gibt, aber nach berühmten Mustern kann man auch sagen „um so schlimmer für die Physik!“

Vielleicht darf man hoffen, daß solche Sonderuntersuchungen der „Affingeometrie“ einen Beitrag liefern zu Fragen von (wie mir scheint) recht allgemeiner Wichtigkeit, nämlich zur Untersuchung der Variationsprobleme mit Invarianzeigenschaften gegenüber gewissen Transformationsgruppen. Diese Fragen spielen auch in der Relativitätstheorie, besonders nach Hilberts Untersuchungen, eine beherrschende Rolle.

Ich möchte diese Einleitung mit der beruhigenden Versicherung schließen, daß die Kenntnis des überlangen Bandwurms der vorhergehenden Mitteilungen über Affingeometrie in den Leipziger Berichten (1916—1919) und der Mathematischen Zeitschrift (1920—1921) im folgenden durchaus nicht vorausgesetzt wird.

§ 1.

Formeln aus der affinen Flächentheorie.

Zunächst soll aus der affinen Flächentheorie soviel zusammengestellt werden, wie wir für unsere besonderen Ziele brauchen. Die Flächen wollen wir, um einen bestimmten Fall vor Augen zu haben, als regulär analytisch, reell und hyperbolisch gekrümmt annehmen und zur Parameterdarstellung die Asymptotenlinien verwenden. Wir setzen also $x_k = x_k(u, v)$ und fassen diese Gleichungen vektoriell in eine zusammen

$$(1) \qquad \mathfrak{x} = \mathfrak{x}(u, v).$$

Dann drückt sich die Voraussetzung, daß die Asymptotenlinien Parameterlinien sind, durch die Annahme

$$(2) \qquad \mathfrak{L} = (\mathfrak{x}_u \mathfrak{x}_v \mathfrak{x}_{uu}) = 0, \qquad \mathfrak{N} = (\mathfrak{x}_u \mathfrak{x}_v \mathfrak{x}_{vv}) = 0$$

aus, wenn z. B.

$$(3)\qquad (\mathfrak{x}_u \mathfrak{x}_v \mathfrak{x}_{uu}) = \begin{vmatrix} \frac{\partial x_1}{\partial u} & \frac{\partial x_1}{\partial v} & \frac{\partial^2 x_1}{\partial u^2} \\ \frac{\partial x_2}{\partial u} & \frac{\partial x_2}{\partial v} & \frac{\partial^2 x_2}{\partial u^2} \\ \frac{\partial x_3}{\partial u} & \frac{\partial x_3}{\partial v} & \frac{\partial^2 x_3}{\partial u^2} \end{vmatrix}$$

bedeutet. Wir wollen ferner die Parameter u, v so wählen, daß die Determinante

$$(4)\qquad \mathfrak{M} = (\mathfrak{x}_u \mathfrak{x}_v \mathfrak{x}_{uv}) = \mathfrak{F}^2, \quad \mathfrak{F} > 0$$

positiv ausfällt. Wir führen überdies die Abkürzungen ein:

$$(5)\qquad \begin{aligned} \frac{(\mathfrak{x}_u \mathfrak{x}_v \mathfrak{x}_{uuu})}{\mathfrak{F}} &= \frac{(\mathfrak{x}_u \mathfrak{x}_{uu} \mathfrak{x}_{uv})}{\mathfrak{F}} = \mathfrak{A}, \\ \frac{(\mathfrak{x}_u \mathfrak{x}_v \mathfrak{x}_{vvv})}{\mathfrak{F}} &= \frac{(\mathfrak{x}_v \mathfrak{x}_{uv} \mathfrak{x}_{vv})}{\mathfrak{F}} = \mathfrak{D} \end{aligned}$$

und bemerken, daß

$$(6)\qquad \varphi = 2\,\mathfrak{F}\,du\,dv,$$

$$(7)\qquad \psi = \mathfrak{A}\,du^3 + \mathfrak{D}\,dv^3$$

zwei invariante Differentialformen unsrer Fläche und

$$(8)\qquad \mathfrak{J} = \frac{\mathfrak{A}\mathfrak{D}}{\mathfrak{F}^3}$$

die einfachste Differentialinvariante gegenüber inhaltstreuen affinen Transformationen ist[1]). Für die Ableitungen des Vektors $\mathfrak{x}$ findet man

$$(9)\qquad \begin{aligned} \mathfrak{x}_{uu} &= \frac{\mathfrak{F}_u}{\mathfrak{F}} \mathfrak{x}_u + \frac{\mathfrak{A}}{\mathfrak{F}} \mathfrak{x}_v, \\ \mathfrak{x}_{uv} &= \mathfrak{F}\,\xi, \\ \mathfrak{x}_{vv} &= \frac{\mathfrak{D}}{\mathfrak{F}} \mathfrak{x}_u + \frac{\mathfrak{F}_v}{\mathfrak{F}} \mathfrak{x}_v, \end{aligned}$$

wobei ξ einen mit der Fläche kovariant verknüpften Vektor bedeutet, den ich „*den Vektor der Affinnormalen*" zu nennen pflege. Setzt man

$$(10)\qquad \mathfrak{H} = \mathfrak{S} - \mathfrak{J},$$

wo

$$(11)\qquad \mathfrak{S} = -\frac{1}{\mathfrak{F}} \frac{\partial^2 \log \mathfrak{F}}{\partial u\, \partial v}$$

---

[1]) Näheres über diese und die folgenden Formeln der affinen Flächentheorie in den Arbeiten IV, XII und XVI von G. Pick, dem Verfasser und J. Radon in den Leipziger Berichten **69** (1917) und **70** (1918).

das Gaußsche Krümmungsmaß der quadratischen Differentialform φ bedeutet, so folgen aus (9) die Integrabilitätsbedingungen

$$(12)\qquad \begin{aligned} \mathfrak{H}_u &= \frac{\mathfrak{A}\,\mathfrak{D}_u}{\mathfrak{F}^3} - \frac{1}{\mathfrak{F}}\left(\frac{\mathfrak{A}_v}{\mathfrak{F}}\right)_v, \\ \mathfrak{H}_v &= \frac{\mathfrak{D}\,\mathfrak{A}_v}{\mathfrak{F}^3} - \frac{1}{\mathfrak{F}}\left(\frac{\mathfrak{D}_u}{\mathfrak{F}}\right)_u. \end{aligned}$$

Schließlich finden sich für den Vektor der Affinnormalen ξ noch die Ableitungsgleichungen

$$(13)\qquad \begin{aligned} \xi_u &= -\,\mathfrak{H}\,\mathfrak{x}_u + \frac{\mathfrak{A}_v}{\mathfrak{F}^2}\,\mathfrak{x}_v, \\ \xi_v &= +\,\frac{\mathfrak{D}_u}{\mathfrak{F}^2}\,\mathfrak{x}_u - \mathfrak{H}\,\mathfrak{x}_v. \end{aligned}$$

Damit sind die Grundformeln der affinen Flächentheorie für unsre besondre Parameterwahl erschöpft.

§ 2.

Die erste Variation der Affinoberfläche.

Als Gegenstück zur Oberfläche führen wir das von der Parameterdarstellung unabhängige gegenüber inhaltstreuen Affinitäten invariante Integral

$$(14)\qquad \Omega = \iint (\mathfrak{M}^2 - \mathfrak{L}\mathfrak{N})^{\frac{1}{4}}\, du\, dv$$

ein, wo die Bedeutung der Determinanten $\mathfrak{L}, \mathfrak{M}, \mathfrak{N}$ in (2) und (4) enthalten ist. Bei unsern besondern Parametern vereinfacht sich diese „Affinoberfläche" Ω nach (2), (4) zu

$$(15)\qquad \Omega = \iint \mathfrak{F}\, du\, dv.$$

Wir gehen nun von unsrer Fläche $\mathfrak{x}(u,v)$ zu einer Nachbarfläche $\bar{\mathfrak{x}}(u,v)$ durch eine Verrückung $\delta\mathfrak{x}$ über:

$$(16)\qquad \bar{\mathfrak{x}}(u,v) = \mathfrak{x} + x\mathfrak{x}_u + y\mathfrak{x}_v + z\xi = \mathfrak{x} + \delta\mathfrak{x}.$$

Die Verrückungskomponenten x, y, z sollen die Gestalt haben

$$(17)\qquad x = \varepsilon\,\bar{x}(u,v), \qquad y = \varepsilon\,\bar{y}(u,v), \qquad z = \varepsilon\,\bar{z}(u,v),$$

wo $\varepsilon \to 0$ geht. Aus (4) und (9) folgt

$$(18)\qquad (\mathfrak{x}_u\,\mathfrak{x}_v\,\xi) = \mathfrak{F},$$

und somit berechnen sich die Verrückungskomponenten x, y, z aus dem Verrückungsvektor $\delta\mathfrak{x}$ nach den Formeln

$$(19)\qquad \begin{aligned} \mathfrak{F}x &= (\delta\mathfrak{x},\, \mathfrak{x}_v,\, \xi), \\ \mathfrak{F}y &= (\mathfrak{x}_u,\, \delta\mathfrak{x},\, \xi), \\ \mathfrak{F}z &= (\mathfrak{x}_u,\, \mathfrak{x}_v,\, \delta\mathfrak{x}). \end{aligned}$$

Um nun die Affinoberfläche von $\bar{\mathfrak{x}}(u, v)$ zu berechnen, haben wir

$$(20)\qquad \bar{\Omega} = \iint (\bar{\mathfrak{M}}^2 - \bar{\mathfrak{L}}\bar{\mathfrak{N}})^{\frac{1}{4}}\, du\, dv,$$

zu ermitteln. Wir wollen $\bar{\Omega}$ nach Potenzen von ε entwickeln und das in ε lineare Glied wie üblich mit $\delta\Omega$ bezeichnen. Da nach (2) $\mathfrak{L} = \mathfrak{N} = 0$ ist, wird $\bar{\mathfrak{L}}\bar{\mathfrak{N}}$ in ε quadratisch sein und kann vernachlässigt werden, wenn wir nur höchstens lineare Glieder berücksichtigen. Dann ist also

$$(21)\qquad \bar{\Omega} = \iint \bar{\mathfrak{M}}^{\frac{1}{2}}\, du\, dv,$$

und wir brauchen nur die Determinante $\bar{\mathfrak{M}}$ auszuwerten.

Mittels der Ableitungsformeln (9), (13) folgt aus (16)

$$(22)\qquad \begin{aligned} \bar{\mathfrak{x}}_u &= \mathfrak{x}_u + \left\{\frac{(\mathfrak{F}x)_u}{\mathfrak{F}} - \mathfrak{H}z\right\}\mathfrak{x}_u + \{*\}\mathfrak{x}_v + \{z_u + \mathfrak{F}y\}\xi, \\ \bar{\mathfrak{x}}_v &= \mathfrak{x}_v + \{*\}\mathfrak{x}_u + \left\{\frac{(\mathfrak{F}y)_v}{\mathfrak{F}} - \mathfrak{H}z\right\}\mathfrak{x}_v + \{z_v + \mathfrak{F}x\}\xi, \\ \bar{\mathfrak{x}}_{uv} &= \mathfrak{x}_{uv} + \{*\}\mathfrak{x}_u + \{*\}\mathfrak{x}_v + \{(\mathfrak{F}x)_u + (\mathfrak{F}y)_v + z_{uv} - \mathfrak{F}\mathfrak{H}z\}\xi. \end{aligned}$$

Darin sind die durch Sterne angedeuteten Glieder linear in ε. Wir finden jetzt für die Determinante

$$(23)\qquad (\bar{\mathfrak{x}}_{uv}\bar{\mathfrak{x}}_u\bar{\mathfrak{x}}_v) = \bar{\mathfrak{M}} = \mathfrak{F}\{\mathfrak{F} + 2(\mathfrak{F}x)_u + 2(\mathfrak{F}y)_v + z_{uv} - 3\mathfrak{F}\mathfrak{H}z\},$$

bis auf Glieder, die mindestens quadratisch in ε sind. Durch Wurzelausziehen folgt

$$(24)\qquad \bar{\mathfrak{M}}^{\frac{1}{2}} = \mathfrak{F} + (\mathfrak{F}x)_u + (\mathfrak{F}y)_v + \frac{1}{2}z_{uv} - \frac{3}{2}\mathfrak{F}\mathfrak{H}z$$

und somit

$$(25)\qquad \delta\Omega = \iint \left\{(\mathfrak{F}x)_u + (\mathfrak{F}y)_v + \frac{1}{2}z_{uv}\right\}du\, dv - \frac{3}{2}\int \mathfrak{H}z \cdot d\Omega,$$

wenn

$$(26)\qquad \mathfrak{F}\, du\, dv = d\Omega$$

gesetzt wird. Das erste Integral kann man in ein Randintegral umrechnen:

$$(27)\qquad \begin{aligned} &\iint \{(\mathfrak{F}x)_u + (\mathfrak{F}y)_v + \tfrac{1}{2}z_{uv}\}\, du\, dv \\ &= \oint (\mathfrak{F}x\, dv - \mathfrak{F}y\, du) - \tfrac{1}{4}\oint (z_u\, du - z_v\, dv). \end{aligned}$$

Wegen (19) kann man auch schreiben

$$(28)\qquad \oint (\delta\mathfrak{x}, \mathfrak{x}_v\, dv, \xi) + (\delta\mathfrak{x}, \mathfrak{x}_u\, du, \xi) = \oint (\delta\mathfrak{x}, d\mathfrak{x}, \xi),$$

wenn $d\mathfrak{x} = \mathfrak{x}_u\, du + \mathfrak{x}_v\, dv$ das vektorielle Linienelement des Randes bedeutet.

Damit haben wir schließlich für die erste Variation der Affinoberfläche die folgende einfache Formel

$$(29)\qquad \boxed{\delta\Omega = \oint (\delta\mathfrak{x}, d\mathfrak{x}, \xi) - \tfrac{3}{2}\int \mathfrak{H}z\, d\Omega - \tfrac{1}{4}\oint (z_u\, du - z_v\, dv)}$$

oder

$$\mathfrak{a} \times \mathfrak{a}_{uv} = 0 \tag{57}$$

erfüllt nach der mittleren Formel (49).

Gehen wir nun umgekehrt von einem Vektor $\mathfrak{a}(u, v)$ aus, der den Bedingungen (57) und

$$(\mathfrak{a}\mathfrak{a}_u\mathfrak{a}_v) \neq 0 \tag{58}$$

genügt, so ergibt die Formel (55) eine Fläche $\mathfrak{x}(u, v)$, die auf ihre Asymptotenlinien bezogen ist und deren Krümmungsbild in Ebenenkoordinaten durch (44) dargestellt wird. Es genügt dazu unsere Schlußweise rückwärts durchzugehen. Im übrigen sind unsere Formeln dieselben, die von A. Lelieuvre 1888 angegeben worden sind[5]), und die in der Affingeometrie ihren naturgemäßen Platz finden.

Wenden wir jetzt die Formeln Lelieuvres auf unsere Aufgabe an, die Affinminimalflächen zu bestimmen! Aus der mittleren Formel (49) folgt für $\mathfrak{H} = 0$

$$\mathfrak{a}_{uv} = 0, \tag{59}$$

$$\mathfrak{a} = \mathfrak{u}(u) + \mathfrak{v}(v). \tag{60}$$

Somit erhalten wir für die Affinminimalflächen nach (55) die Integral-d arstellung

$$\boxed{\mathfrak{x} = \mathfrak{v} \times \mathfrak{u} + \int \mathfrak{u} \times d\mathfrak{u} - \int \mathfrak{v} \times d\mathfrak{v}}. \tag{61}$$

Für (vgl. (52), (58))

$$-\mathfrak{F} = (\mathfrak{u} + \mathfrak{v}, \mathfrak{u}', \mathfrak{v}') \neq 0 \tag{62}$$

gibt diese Formel stets eine Affinminimalfläche.

Die Darstellung (61) unserer Flächen stammt von G. Darboux, der von einer andern Seite her zu ihnen gekommen ist[6]).

---

[5]) A. Lelieuvre, Sur les lignes asymptotiques ..., Bulletin des Sciences mathématiques **12** (1888), S. 126 oder G. Darboux, Théorie des surfaces **4** (1896), S. 24.

[6]) G. Darboux, Théorie des surfaces **3** (1894), S. 368; **4** (1896), S. 512. Es ist, wie schon E. Goursat gezeigt hat, leicht, aus (61) alle Integralzeichen zu entfernen und die Affinminimalflächen integrallos darzustellen. Bulletin société mathématique France **24** (1896), S. 46. Mehrfach sind unsere Flächen zunächst unter dem Namen „*paraboloidische Flächen*" von P. Franck studiert worden, vgl. Jahresbericht der D. Math. Ver. **23** (1914), S. 49–53, S. 343–352; **29** (1920), S. 75–93. Daß die Affinminimalflächen mit den paraboloidischen Flächen zusammenfallen, hat zuerst L. Berwald bemerkt, Math. Zeitschr. **8** (1920), S. 63–78. Zu (62) sei erwähnt, daß $\mathfrak{F}$ nur dann identisch verschwindet, wenn die Kurven $\mathfrak{u}$, $\mathfrak{v}$ in derselben Ebene durch den Ursprung liegen.

Somit ist in unserm Fall

$$(33)\qquad \delta\Omega^* = \tfrac{3}{4}(\lambda^{\frac{1}{2}}\delta\lambda)\oint(\mathfrak{x}, d\mathfrak{x}, \xi)$$

und durch Integration nach λ zwischen den Grenzen 0, 1 wegen $\Omega(0) = 0$

$$\Omega = \tfrac{1}{2}\oint(\mathfrak{x}, d\mathfrak{x}, \xi).$$

Die Affinoberfläche eines Stücks einer Affinminimalfläche läßt sich somit durch das Randintegral darstellen

$$(34)\qquad \boxed{\Omega = \tfrac{1}{2}\oint(\mathfrak{x}, d\mathfrak{x}, \xi)}.$$

Die entsprechende Formel für die Minimalflächen hat H. A. Schwarz 1874 angegeben[3]).

Da Ω von der Wahl des Ursprungs nicht abhängt, folgt aus (34)

$$2\Omega = \oint(\mathfrak{x} + \mathfrak{v}, d\mathfrak{x}, \xi) = 2\Omega + \oint(\mathfrak{v}, d\mathfrak{x}, \xi)$$

oder

$$(35)\qquad \oint(\mathfrak{v}, d\mathfrak{x}, \xi) = 0,$$

wenn $\mathfrak{v}$ einen beliebigen, bei der Integration festgehaltenen Vektor bedeutet. Bezeichnen wir den Vektor mit den Komponenten

$$(36)\qquad \begin{aligned} &\xi_2\, dx_3 - \xi_3\, dx_2, \\ &\xi_3\, dx_1 - \xi_1\, dx_3, \\ &\xi_1\, dx_2 - \xi_2\, dx_1 \end{aligned}$$

als „*Vektorprodukt*" $\xi \times d\mathfrak{x}$, so können wir unser Ergebnis auch so fassen: *Auf einer Affinminimalfläche ist*

$$(37)\qquad \int \xi \times d\mathfrak{x}$$

vom Weg unabhängig.

Man kann etwa aus (29) einsehen, daß diese Tatsache für die Affinminimalflächen kennzeichnend ist. Unterwirft man nämlich eine Fläche einer Schiebung (= Parallelverschiebung) $\delta\mathfrak{x} =$ konst., so ist $\delta\Omega = 0$ und aus

$$(38)\qquad \oint \xi \times d\mathfrak{x} = 0$$

folgt das Verschwinden des ersten Randintegrals in (29). Wenn aber $\delta\mathfrak{x}$ konstant ist, so haben wir nach (19) und (9)

$$-\int(z_u\, du - z_v\, dv) = \int(\xi, d\mathfrak{x}, \delta\mathfrak{x}),$$

also verschwindet wegen (38) auch das zweite Randintegral in (29). Somit muß auch das Flächenintegral Null sein und, da der Rand beliebig zusammengezogen werden kann, folgt $\mathfrak{H} = 0$, wie behauptet war.

---

[3]) Ges. Math. Abhandlungen **1** (1890), S. 178.

Wegen

$$d(\xi \times \mathfrak{x}) = (d\xi \times \mathfrak{x}) + (\xi \times d\mathfrak{x}) \tag{39}$$

sind die Bedingungen

$$\oint d\xi \times \mathfrak{x} = 0, \quad \oint \xi \times d\mathfrak{x} = 0 \tag{40}$$

gleichwertig. Die Formeln haben eine einfache *mechanische Deutung*: Denkt man sich in der Fläche $\mathfrak{x}(u, v)$ Spannungen wirksam, und zwar auf das Linienelement $d\mathfrak{x}$ die Spannung $d\xi$, so sagen die Formeln

$$\oint d\xi = 0, \quad \oint \mathfrak{x} \times d\xi = 0 \tag{41}$$

aus, daß Gleichgewicht herrscht.

Trägt man alle Vektoren $\xi(u, v)$ vom Ursprung ab, so beschreibt der Endpunkt (im allgemeinen) eine Fläche $\xi(u, v)$, die ich das „Krümmungsbild" der „Urfläche" $\mathfrak{x}(u, v)$ zu nennen pflege. Denkt man sich die Fläche $\xi(u, v)$ ebenfalls in einem Spannungszustand, und zwar so, daß dem Linienelement $d\xi$ der Spannungsvektor $d\mathfrak{x}$ entspricht, so herrscht wegen

$$\oint d\mathfrak{x} = 0, \quad \oint \xi \times d\mathfrak{x} = 0 \tag{42}$$

wieder Gleichgewicht. Jede der Flächen $\mathfrak{x}(u, v)$, $\xi(u, v)$, die nach (13) in entsprechenden Punkten parallele Tangentenebenen haben, läßt sich als reziproker Kräfteplan zu den Spannungen in der anderen auffassen[4]).

§ 4.

Formeln von Lelieuvre.

Um die Differentialgleichung $\mathfrak{H} = 0$ der Affinminimalflächen zu integrieren, wollen wir zunächst das Krümmungsbild $\xi(u, v)$ einer beliebigen Fläche $\mathfrak{x}(u, v)$ in Ebenenkoordinaten darstellen. Wir werden das innere oder skalare Produkt zweier Vektoren $\mathfrak{a}$, ξ so abkürzen

$$a_1 \xi_1 + a_2 \xi_2 + a_3 \xi_3 = \mathfrak{a}\xi \tag{43}$$

und können dann die Gleichung der Tangentenebene an das Krümmungsbild in der Form schreiben

$$\mathfrak{a}\xi = 1, \tag{44}$$

wenn die ξ_k für den Augenblick laufende Punktkoordinaten bedeuten. Nach (13) läuft die Tangentenebene des Krümmungsbildes zur entsprechenden der Urfläche parallel, wir haben also

$$\mathfrak{a} = \lambda(\mathfrak{x}_u \times \mathfrak{x}_v). \tag{45}$$

---

[4]) Vgl. W. Blaschke, Reziproke Kräftepläne zu den Spannungen in einer biegsamen Haut, Cambridge Congress Proceedings 2 (1913), S. 291–294.

Nach (18) ist aber

$$(46) \qquad \mathfrak{a}\xi = \lambda(\mathfrak{x}_u \times \mathfrak{x}_v)\xi = \lambda(\mathfrak{x}_u \mathfrak{x}_v \xi) = \lambda \mathfrak{F}$$

und somit ist nach (44) $\lambda\mathfrak{F} = 1$ oder

$$(47) \qquad \mathfrak{a} = \frac{\mathfrak{x}_u \times \mathfrak{x}_v}{\mathfrak{F}}.$$

Durch Ableitung folgt daraus wegen (9)

$$(48) \qquad \mathfrak{a}_u = \mathfrak{x}_u \times \xi, \qquad \mathfrak{a}_v = \xi \times \mathfrak{x}_v$$

und durch nochmalige Ableitung

$$(49) \qquad \begin{aligned} \mathfrak{a}_{uu} &= + \frac{\mathfrak{F}_u}{\mathfrak{F}}\mathfrak{a}_u - \frac{\mathfrak{A}}{\mathfrak{F}}\mathfrak{a}_v + \frac{\mathfrak{A}_v}{\mathfrak{F}}\mathfrak{a}, \\ \mathfrak{a}_{uv} &= \quad * \qquad * \quad - \mathfrak{F}\mathfrak{H}\mathfrak{a}, \\ \mathfrak{a}_{vv} &= - \frac{\mathfrak{D}}{\mathfrak{F}}\mathfrak{a}_u + \frac{\mathfrak{F}_v}{\mathfrak{F}}\mathfrak{a}_v + \frac{\mathfrak{D}_u}{\mathfrak{F}}\mathfrak{a}. \end{aligned}$$

Aus (48) und (18) ergibt sich folgende Tabelle innerer Produkte

$$(50) \qquad \begin{aligned} &\mathfrak{x}_u\mathfrak{a} = 0, \quad &&\mathfrak{x}_u\mathfrak{a}_u = 0, \quad &&\mathfrak{x}_u\mathfrak{a}_v = -\mathfrak{F}, \\ &\mathfrak{x}_v\mathfrak{a} = 0, &&\mathfrak{x}_v\mathfrak{a}_u = -\mathfrak{F}, &&\mathfrak{x}_v\mathfrak{a}_v = 0, \\ &\xi\mathfrak{a} = 1, &&\xi\mathfrak{a}_u = 0, &&\xi\mathfrak{a}_v = 0 \end{aligned}$$

und der Multiplikationssatz der Determinanten liefert uns somit

$$(51) \qquad (\mathfrak{x}_u \mathfrak{x}_v \xi)(\mathfrak{a}\mathfrak{a}_u\mathfrak{a}_v) = \begin{vmatrix} 0 & 0 & -\mathfrak{F} \\ 0 & -\mathfrak{F} & 0 \\ 1 & 0 & 0 \end{vmatrix} = -\mathfrak{F}^2$$

oder nach (18)

$$(52) \qquad (\mathfrak{a}\mathfrak{a}_u\mathfrak{a}_v) = -\mathfrak{F}.$$

Aus den drei Gleichungen der ersten Zeile von (50) und aus den drei Gleichungen der zweiten Zeile von (50) folgt wegen (52) das Formelpaar

$$(53) \qquad \mathfrak{x}_u = \mathfrak{a} \times \mathfrak{a}_u, \qquad \mathfrak{x}_v = \mathfrak{a}_v \times \mathfrak{a}.$$

Ebenso folgt aus der dritten Zeile von (50)

$$(54) \qquad \xi = -\frac{\mathfrak{a}_u \times \mathfrak{a}_v}{\mathfrak{F}}.$$

Nach (53) ist

$$(55) \qquad \mathfrak{x} = \int \mathfrak{a} \times \mathfrak{a}_u du + \mathfrak{a}_v \times \mathfrak{a} dv.$$

Dabei ist die Integrabilitätsbedingung

$$(56) \qquad (\mathfrak{a} \times \mathfrak{a}_u)_v = (\mathfrak{a}_v \times \mathfrak{a})_u$$

oder

$$(30)\qquad \delta\Omega = \oint(\delta\mathfrak{x}, d\mathfrak{x}, \xi) - \frac{3}{2}\iint(\delta\mathfrak{x}, \mathfrak{x}_u, \mathfrak{x}_v)\mathfrak{H}\,du\,dv + \frac{1}{4}\oint\frac{\partial z}{\partial \nu}\,d\sigma,$$

wenn zur Abkürzung

$$\frac{-z_u\,du + z_v\,dv}{|\mathfrak{F}\,du\,dv|^{\frac{1}{2}}} = \frac{\partial z}{\partial \nu} \quad \text{und} \quad |\mathfrak{F}\,du\,dv|^{\frac{1}{2}} = d\sigma$$

gesetzt wird. Die Formeln (29) und (30) bilden das affine Gegenstück zu einer Formel von Gauß (1829) für die Variation der Oberfläche[2]). Für das Randintegral ist noch eine naheliegende Vorzeichenregel festzusetzen.

§ 3.

Gegenstück zu einer Formel von Riemann und Schwarz.

Die Formel (29) lehrt, daß $\delta\Omega$ bei festgehaltenem Rand (d. h. genauer, wenn z, z_u und z_v auf dem Rande Null sind) nur dann für beliebiges z verschwindet, wenn $\mathfrak{H}$, das affine Gegenstück zur mittleren Krümmung auf unserer Fläche $\mathfrak{x}(u, v)$, gleich Null ist. *Die Extremalen unseres Variationsproblems $\delta\Omega = 0$, die wir Affinminimalflächen nennen, sind also durch das identische Verschwinden der Invariante $\mathfrak{H}$, der „mittleren Affinkrümmung" gekennzeichnet.*

Betrachten wir jetzt eine Schar ähnlicher und bezüglich des Ursprungs ähnlich gelegener Stücke von Affinminimalflächen:

$$(31)\qquad \mathfrak{x}^*(u, v; \lambda) = \lambda\mathfrak{x}(u, v), \qquad 0 < \lambda \leqq 1.$$

Daraus folgt in leicht verständlicher Schreibweise wegen (4) und (9)

$$(32)\qquad \begin{aligned} \mathfrak{M}^* &= \lambda^3\mathfrak{M}, \\ \mathfrak{F}^* &= \lambda^{\frac{8}{3}}\mathfrak{F}, \\ \xi^* &= \lambda^{-\frac{1}{3}}\xi. \end{aligned}$$

Die Formel (29) gibt daher wegen $\mathfrak{H} = 0$

$$\delta\Omega^* = \lambda^{\frac{1}{3}}\delta\lambda\oint(\mathfrak{x}, d\mathfrak{x}, \xi) - \tfrac{1}{4}\oint(z_u\,du - z_v\,dv).$$

Nun ist nach (19) und (32)

$$z = \frac{(\mathfrak{x}_u\,\mathfrak{x}_v\,\mathfrak{x})}{\mathfrak{F}}\lambda^{\frac{1}{3}}\delta\lambda$$

und daraus folgt durch Ableitung mittels (9)

$$z_u\,du - z_v\,dv = (\mathfrak{x}, d\mathfrak{x}, \xi)\lambda^{\frac{1}{3}}\cdot\delta\lambda.$$

[2]) Principia generalia theoriae figurae fluidorum in statu aequilibrii. Werke 5 S. 29 — 77, bes. S. 65.

§ 5.

Gegenstück zum Problem von Björling.

Mittels des in § 4 eingeführten kontravarianten Vektors $\mathfrak{a}$ wollen wir jetzt das auf einer Affinminimalfläche vom Wege unabhängige Integral (38) ausdrücken. Es ist nach (54), (55)

$$\xi \times d\mathfrak{x} = -\frac{1}{\mathfrak{F}}\{(\mathfrak{a}_u \times \mathfrak{a}_v) \times [(\mathfrak{a} \times \mathfrak{a}_u)du - (\mathfrak{a} \times \mathfrak{a}_v)dv]\}. \tag{63}$$

Beachtet man die Rechenregel

$$(\mathfrak{v}_1 \times \mathfrak{v}_2) \times (\mathfrak{v}_3 \times \mathfrak{v}_4) = (\mathfrak{v}_1\mathfrak{v}_3\mathfrak{v}_4)\mathfrak{v}_2 - (\mathfrak{v}_2\mathfrak{v}_3\mathfrak{v}_4)\mathfrak{v}_1 \tag{64}$$

für Vektorprodukte und die Beziehung (52), so ergibt sich

$$\xi \times d\mathfrak{x} = -\mathfrak{a}_u du + \mathfrak{a}_v dv. \tag{65}$$

Insbesondere für (60) $\mathfrak{a} = \mathfrak{u} + \mathfrak{v}$

$$\int \xi \times d\mathfrak{x} = -\mathfrak{u} + \mathfrak{v} \tag{66}$$

bis auf unwesentliche Integrationskonstanten. Wegen (60) ist somit

$$\boxed{\begin{aligned} 2\mathfrak{u} &= \mathfrak{a} - \int \xi \times d\mathfrak{x} \\ 2\mathfrak{v} &= \mathfrak{a} + \int \xi \times d\mathfrak{x} \end{aligned}} \tag{67}$$

Es ist das ein Gegenstück zu einem System von Formeln für Minimalflächen, das H. A. Schwarz 1874 gefunden hat[7]).

Legen wir nun folgendes Randwertproblem vor:

Längs einer Kurve $\mathfrak{x}(t)$ sei ein Vektor $\xi(t)$ gegeben, und zwar sei

$$(\xi\mathfrak{x}'\xi') \neq 0. \qquad \left(\mathfrak{x}' = \frac{d\mathfrak{x}}{dt},\ \xi' = \frac{d\xi}{dt}\right) \tag{68}$$

Man soll durch diese Kurve eine Affinminimalfläche hindurch legen, die die ξ zu Affinnormalvektoren hat (§ 1).

Es entspricht das der Aufgabe Björlings (1844), durch eine Kurve eine Minimalfläche zu legen, wenn längs der Kurve noch die Flächennormalen vorgeschrieben sind. Wie Schwarz diese Aufgabe mittels seiner Formeln gelöst hat, so ist die Lösung unserer Aufgabe in den Formeln (67) enthalten. Zunächst können wir uns nämlich längs unserer Kurve $\mathfrak{x}(t)$ den Vektor $\mathfrak{a}$ ermitteln, denn nach (50) steht $\mathfrak{a}$ auf der Tangentenebene an $\mathfrak{x}(u, v)$ und auf der an $\xi(u, v)$ und somit auf $\mathfrak{x}'$ und ξ' senk-

---

[7]) H. A. Schwarz, Miscellen aus dem Gebiet der Minimalflächen, Crelles Journal **80** (1875), S. 280–300, bes. S. 291 oder H. A. Schwarz, Abhandlungen **1** (1890), S. 179.

recht. Beachten wir noch die Normierung (44), so folgt

$$\mathfrak{a} = \frac{\mathfrak{x}' \times \xi'}{(\xi \mathfrak{x}' \xi')}. \tag{69}$$

Wir können uns also durch Integration längs der Kurve $\mathfrak{x}(t)$ nach (67) die Vektoren $\mathfrak{u}(t)$, $\mathfrak{v}(t)$ berechnen und dann, falls (62) erfüllt ist, nach (61) die Affinminimalfläche ermitteln, die die Randbedingungen erfüllt.

Eine eingehendere Besprechung unserer Randwertaufgabe und der dabei auftretenden Ausnahmefälle sei einer anderen Gelegenheit vorbehalten[8]). Es werde nur noch erwähnt, daß die Formeln (67) unmittelbar zur Lösung der Aufgabe führen: *Die Affinminimalflächen zu bestimmen die gleichzeitig Drehflächen sind.*

Der hier vorgetragenen Theorie der Affinminimalflächen lassen sich ähnliche Untersuchungen in der projektiven Geometrie und auch in der Inversionsgeometrie an die Seite stellen. In der projektiven Geometrie handelt es sich um die Flächen, die das schon von G. Pick betrachtete invariante Integral, das sich in affinen Invarianten so ausdrückt:

$$\int \mathfrak{J} \cdot d\Omega,$$

zu einem Extrem machen und in der Inversionsgeometrie hat man von der Integralinvariante auszugehen, die sich in Bewegungsinvarianten so schreibt:

$$\int \left(\frac{1}{R_1} - \frac{1}{R_2} \right)^2 \cdot dO.$$

Dabei bedeuten R_1, R_2 die Hauptkrümmungshalbmesser und dO das Element der Oberfläche.

Hamburg, Mathematisches Seminar, Pfingsten 1921.

[8]) W. Blaschke, Vorlesungen über Differentialgeometrie, 2. Band, soll 1922 bei J. Springer in Berlin erscheinen.

(Eingegangen am 8. August 1921.)

Über die Integralgleichung der kinetischen Gastheorie.

Von

E. Hecke in Hamburg.

In seiner Arbeit „Begründung der kinetischen Gastheorie" hat Herr Hilbert[1]) gezeigt, daß die Grundlage der kinetischen Gastheorie eine lineare Integralgleichung 2. Art mit symmetrischem Kern bildet. Auf diese führte er nämlich die von Maxwell-Boltzmann aufgestellte quadratische Funktionalgleichung zurück. Einer näheren Untersuchung der Hilbertschen Gleichung zu dem Zweck, weitergehende Aussagen über die noch unbekannten Wärmeleitungs- und Reibungsglieder zu machen, stellten sich zunächst erhebliche Schwierigkeiten entgegen, indem nämlich der Kern der Integralgleichung im Unendlichen eine derartig komplizierte Singularität besitzt, daß er *quadratisch nicht mehr integrierbar ist,* also die Anwendbarkeit der klassischen Theorie auf die Hilbertsche Gleichung nicht gesichert ist. Es zeigte sich mir nun, daß zur Entscheidung dieser Frage die Entwicklung des Kernes nach Kugelfunktionen einer Variablen herangezogen werden muß, und daß überhaupt die hierbei auftretenden „Fourierkoeffizienten" für die Auflösung der Gasgleichung eine besondere Bedeutung haben. Diese Koeffizienten, welche nur noch von zwei Variablen abhängen, setze man nämlich als Kerne von Integralgleichungen in einer Variablen an; Wärmeleitungs- und Reibungsglieder, wie auch alle folgenden Näherungsglieder der Maxwellschen Funktion F bestimmen sich dann als Lösungen je einer solchen linearen (symmetrischen) Integralgleichung in *einer Variablen,* deren rechte Seite eine bekannte, d. h. durch die vorangehenden Näherungen völlig bestimmte Funktion ist. Diese Kerne sind überdies noch so beschaffen, daß jede solche Integralgleichung nur eine andere Schreibweise für eine *gewöhnliche lineare Differentialgleichung* (vierter und höherer Ordnung) ist.

[1]) Math. Ann. 72 (1912), sowie auch Hilbert, Grundzüge der Theorie der linearen Integralgleichungen, Leipzig 1912. Kap. XXII.

Im § 1 beweise ich zunächst, daß die Fredholm-Hilbertsche Theorie der Integralgleichungen auf die vorliegende Gleichung in der Tat noch anwendbar ist: *Der fünffach iterierte Kern ist nämlich quadratisch integrierbar.* Im § 2 gelingt dann auf unerwartet einfachem Wege der Nachweis, daß der *Kern sogar positiv definit* ist und der kleinste Eigenwert gleich 1 ist. Damit ist im Prinzip die Anwendbarkeit des Neumannschen Iterationsverfahrens zur Auflösung der Gleichung erwiesen. Infolge der besonderen Natur der rechten Seiten der Gleichung läßt sich aber noch eine weitere Vereinfachung erzielen; es gelingt nämlich die Reduktion auf Integralgleichungen in *einer* Variablen bzw. *gewöhnliche* lineare *Differentialgleichungen* (§ 3). Endlich setze ich in § 4 eine sehr schöne, von Herrn Enskog herrührende Methode zur Behandlung von linearen Integralgleichungen auseinander.

Die im § 1 erforderlichen komplizierten Rechnungen unterdrücke ich hier; diese sowie auch die Anwendungen auf die feineren Fragen der Gastheorie werde ich ausführlich in einem demnächst bei Teubner erscheinenden Buche zur Darstellung bringen.

Die Kenntnis der Hilbertschen Arbeit wird im folgenden vorausgesetzt.

§ 1.

Die iterierten Kerne.

Im folgenden seien $\xi\eta\zeta$ (auch mit Indizes 1, 2 versehen) unbeschränkt variable reelle Größen, wir deuten sie als rechtwinkelige Cartesische Koordinaten im R_3. Das Raumelement werde $d\xi\, d\eta\, d\zeta = d\omega$ gesetzt. Wir benutzen auch nach Bedarf Polarkoordinaten $r, \mathfrak{x}, \mathfrak{y}, \mathfrak{z}$, wobei

$$r = \sqrt{\xi^2 + \eta^2 + \zeta^2}, \qquad \mathfrak{x} = \frac{\xi}{r}, \qquad \mathfrak{y} = \frac{\eta}{r}, \qquad \mathfrak{z} = \frac{\zeta}{r},$$

und es sei dk das Flächenelement der Einheitskugel an der Stelle $\mathfrak{x}, \mathfrak{y}, \mathfrak{z}$, also

$$d\omega = r^2\, dr\, dk.$$

Endlich bedeute auch l, m, n, wo $l^2 + m^2 + n^2 = 1$, einen Punkt der Einheitskugel, und das Flächenelement der Kugel an dieser Stelle sei $d\mathfrak{S}$. Das Zeichen Σ ohne weiteren Zusatz soll im folgenden immer die Summation über die drei Koordinatenrichtungen bedeuten, also z. B.

$$r^2 = \sum \xi^2, \qquad l\xi + m\eta + n\zeta = \sum l\xi, \qquad \mathfrak{x}\mathfrak{x}_1 + \mathfrak{y}\mathfrak{y}_1 + \mathfrak{z}\mathfrak{z}_1 = \sum \mathfrak{x}\mathfrak{x}_1.$$

In der Theorie spielen die „Stoßtransformationen“ eine Rolle, definiert durch die orthogonal-invarianten Formeln

$$(1)\qquad \begin{aligned} \xi' &= \xi + lW \qquad & \xi_1' &= \xi_1 - lW \\ \eta' &= \eta + mW & \eta_1' &= \eta_1 - mW \\ \zeta' &= \zeta + nW & \zeta_1' &= \zeta_1 - nW, \end{aligned}$$

wobei

$$W = \sum l(\xi_1 - \xi).$$

Es ist eine lineare homogene Transformation der $\xi\eta\zeta\xi_1\eta_1\zeta_1$ auf die gestrichenen Größen, welche mit ihrer Inversen identisch ist und überdies W in $-W$ überführt. Wir verabreden die Bezeichnung

$$\varphi' = \varphi(\xi'\eta'\zeta'), \qquad \varphi_1' = \varphi(\xi_1', \eta_1', \zeta_1'), \qquad \varphi_1 = \varphi(\xi_1\eta_1\zeta_1)$$

für eine beliebige Funktion $\varphi(\xi\eta\zeta)$.

Der Hilbertsche Integralausdruck für eine Funktion $\varphi(\xi\eta\zeta)$ lautet nun

$$J(\varphi) = \int\int |W| e^{-r^2-r_1^2}(\varphi + \varphi_1 - \varphi' - \varphi_1')\, d\omega_1\, d\mathfrak{s}.$$

Die Integrationen sind, wie auch weiterhin, stets über den gesamten Raum $\xi_1\eta_1\zeta_1$ und die ganze Oberfläche der Einheitskugel l, m, n zu erstrecken. Herr Hilbert zeigt, daß man setzen kann [2])

$$J(\varphi) = k(r)\varphi - \int K\left(r, r_1, \sum \mathfrak{x}\mathfrak{x}_1\right)\varphi_1\, d\omega_1,$$

worin

$$k = k(r) = \int\int |W| e^{-r^2-r_1^2} d\omega_1\, d\mathfrak{s} = 4\pi^2 e^{-r^2}\left(\frac{e^{-r^2}}{2} + \left(r + \frac{1}{2r}\right)\int_0^r e^{-u^2} du\right)$$

und

$$K = 2A - B$$

mit

$$A = \frac{2\pi}{\sqrt{\Sigma(\xi_1 - \xi)^2}}\, e^{-r^2 - \frac{(\Sigma\xi_1(\xi_1-\xi))^2}{\Sigma(\xi_1-\xi)^2}},$$

$$B = 2\pi\sqrt{\Sigma(\xi_1 - \xi)^2}\, e^{-r^2-r_1^2}.$$

Es kommt weiterhin nicht auf diese Gestalt von A und B an, sondern auf ihre ursprüngliche Definition, wonach für jede Funktion $\varphi(\xi\eta\zeta)$

$$(2)\qquad \int A\varphi_1\, d\omega_1 = \int\int |W| e^{-r^2-r_1^2}\varphi'\, d\omega_1\, d\mathfrak{s} = \int\int |W| e^{-r^2-r_1^2}\varphi_1'\, d\omega_1\, d\mathfrak{s},$$

$$(3)\qquad \int B\varphi_1\, d\omega_1 = \int\int |W| e^{-r^2-r_1^2}\varphi_1\, d\omega_1\, d\mathfrak{s}.$$

K ist symmetrisch in den beiden Variablenreihen $\xi\eta\zeta$ und $\xi_1\eta_1\zeta_1$ und überdies eine Orthogonalinvariante. Gegenstand der Untersuchnng ist die Integralgleichung

$$J(\varphi) \equiv k\varphi - \int K\varphi_1\, d\omega_1 = f(\xi\eta\zeta),$$

[2]) In der Hilbertschen Arbeit lautet die Bezeichnung $-K$ statt K.

worin f gegeben und φ gesucht. Durch die Substitution

$$\Phi = \varphi \sqrt{k}\,, \qquad K^* = \frac{K}{\sqrt{k \cdot k_1}}$$

gelangt man zu einer Integralgleichung 2. Art mit symmetrischem Kern

$$\Phi - \int K^* \Phi_1 \, d\omega_1 = \frac{f}{\sqrt{k}}$$

für die Funktion Φ. Da die Funktion k im Unendlichen wie $r e^{-r^2}$ verschwindet, so schließt man durch eine kleine Rechnung, daß zwar K^{*2} nach $d\omega_1$ integrierbar ist, aber *nicht* noch ein zweites Mal nach $d\omega$.

Die Frage, welcher von den *iterierten Kernen* quadratisch nach $d\omega\, d\omega_1$ integrierbar ist, beantworten wir durch Entwicklung von $K^* = K^*(r, r_1, \Sigma \mathfrak{x}\mathfrak{x}_1)$ nach Kugelfunktionen der Variablen $x = \Sigma \mathfrak{x}\mathfrak{x}_1$. Es sei $P_n(x)$ die Kugelfunktion eines Argumentes mit dem Index n, definiert etwa durch die Gleichung

$$P_n(x) = \frac{1}{\pi} \int_0^{\pi} \left(x + i \cos\varphi \sqrt{1 - x^2}\right)^n d\varphi \quad (n = 0, 1, 2, \ldots).$$

Sie erfüllt die Orthogonalitätsrelationen

$$\int_{-1}^{+1} P_n(x) P_m(x)\, dx = \frac{2}{2n+1} \delta_{nm}.$$

Wir definieren die „Fourierkoeffizienten"

$$k_n^*(r, r_1) = \int_{-1}^{+1} K^*(r, r_1, x) P_n(x)\, dx = \frac{1}{2\pi} \int K^*\left(r, r_1, \sum \mathfrak{x}\mathfrak{x}_1\right) P_n\left(\sum \mathfrak{x}\mathfrak{x}_1\right) dk_1.$$

Die Rechnung ergibt folgendes:

Satz 1. *Es ist $k_n^*(r, r_1)$ symmetrisch in r, r_1 und es gilt*

$$k_n^*(r, r_1) = \frac{e^{-r^2 - r_1^2}}{\sqrt{k(r)\, k(r_1)}} \left\{ \frac{8\pi}{2n+1} \frac{M^{2n+1}}{(r r_1)^{n+1}} + \frac{4\pi M^{2n-1}}{(2n+1)(2n-1)(r r_1)^{n-1}} \right.$$

$$\left. - \frac{4\pi M^{2n+3}}{(2n+1)(2n+3)(r r_1)^{n+1}} + \frac{8\pi}{r r_1} \int_{|x| < M} x e^{x^2} E(x) P_n\left(\frac{x}{r}\right) P_n\left(\frac{x}{r_1}\right) dx \right\}.$$

Darin bedeutet

M die kleinere der beiden Zahlen r, r_1.

$$E(x) = \int_0^x e^{-u^2} du.$$

Satz 2. *Es ist k_n^* quadratisch nach $d\omega\, d\omega_1$ integrierbar, d. h. es existiert*

$$c_n = \int\int k_n^{*2}(r, r_1)\, d\omega\, d\omega_1 = (4\pi)^2 \int_0^\infty \int_0^\infty k_n^{*2}(r, r_1)\, r^2 r_1^2\, dr\, dr_1.$$

Beim Beweise dieses Satzes ist wesentlich, daß der Nenner $k(r)$ von k^* sich im Unendlichen wie $r e^{-r^2}$, nicht wie e^{-r^2}, der Null nähert.

Die Frage nach dem Verhalten der iterierten Kerne wird beantwortet durch

Satz 3. *Der p-fach iterierte Kern zu K^* ist jedenfalls dann quadratisch nach $d\omega\, d\omega_1$ integrierbar, wenn die Reihe*

$$\sum_{n=0}^{\infty} (2n+1)\, c_n^p$$

konvergiert.

Zum Beweise bedenken wir zunächst, daß für jede Funktion $H(r, r_1, x)$, welche für $-1 \leqq x \leqq +1$ in x stetig ist, die Vollständigkeitsrelation gilt

$$\int_{-1}^{+1} H^2(r, r_1, x)\, dx = \sum_{n=0}^{\infty} \frac{2n+1}{2} \left(\int_{-1}^{+1} H(r, r_1, x) P_n(x)\, dx \right)^2$$

und diese Gleichung darf, wenn die Integrale stetig in r, r_1 sind, auch noch gliedweise nach r, r_1 integriert werden. Daher konvergiert das Integral

$$\iint H^2\left(r, r_1, \sum \mathfrak{x}\mathfrak{x}_1\right) d\omega\, d\omega_1$$

sicher dann, wenn die unendliche Reihe

$$(4) \qquad \sum_{n=0}^{\infty} (2n+1) \int_{r=0}^{\infty} \int_{r_1=0}^{\infty} r^2 r_1^2 \left\{ \int_{-1}^{+1} H(r, r_1, x) P_n(x)\, dx \right\}^2 dr\, dr_1$$

konvergiert. Wir setzen nun für H den p-fach iterierten Kern zu K^* ein ($p \geqq 2$), welcher definiert ist durch die Formel

$$K_p^*\left(r, r_1, \sum \mathfrak{x}\mathfrak{x}_1\right) = \int K_{p-1}^*\left(r, r_2, \sum \mathfrak{x}\mathfrak{x}_2\right) K^*\left(r_2, r_1, \sum \mathfrak{x}_1 \mathfrak{x}_2\right) d\omega_2.$$

Für dessen Fourierkoeffizienten

$$k_n^{*(p)}(r, r_1) = \int_{-1}^{+1} K_p^*(r, r_1, x) P_n(x)\, dx$$

gilt dann auf Grund bekannter Integraleigenschaften der $P_n(x)$ eine ähnliche Rekursionsformel

$$k_n^{*(p)}(r, r_1) = \frac{1}{2} \int k_n^{*(p-1)}(r, r_2)\, k_n^*(r_1, r_2)\, d\omega_2$$

und daher vermöge der Schwarzschen Ungleichung

$$k_n^{*(p)}(r, r_1)^2 \leqq \frac{1}{4} \int k_n^{*(p-1)}(r, r_2)^2\, d\omega_2 \cdot \int k_n^*(r_1, r_2)^2\, d\omega_2$$

und durch vollständige Induktion bezüglich p

$$\iint k_n^{*(p)}(r, r_1)^2\, d\omega\, d\omega_1 \leqq \frac{c_n^p}{4^{p-1}}.$$

Nehmen wir in (4) für H den p-fach iterierten Kern zu K^*, so konvergiert jene Reihe also sicher dann, wenn $\sum_{n=0}^{\infty}(2n+1)c_n^p$ konvergiert. Damit ist Satz 3 bewiesen.

Die *Abschätzung von* c_n als Funktion von n ergibt nun die Aussage: $|\sqrt{n}\,c_n|$ ist beschränkt: daraus folgt die Konvergenz jener Reihe für $p \geqq 5$ und somit

Satz 4. *Der fünffach iterierte Kern zu* K^* *ist quadratisch nach* $d\omega\, d\omega_1$ *integrierbar.*

§ 2.

Die Eigenwerte der Integralgleichung.

Wir fragen nach denjenigen Werten λ, wofür die homogene Gleichung

$$k\varphi - \lambda \int K\varphi_1\, d\omega_1 = 0 \tag{5}$$

eine nicht identisch verschwindende Lösung φ besitzt. Es ist bereits bekannt, daß für $\lambda = 1$ die Gleichung genau fünf linear unabhängige Lösungen hat, nämlich $\varphi = 1, \xi, \eta, \zeta, \Sigma\xi^2$. Und zwar folgt das aus der Identität in φ

$$\int \varphi J(\varphi)\, d\omega = \frac{1}{4}\iiint |W|\, e^{-r^2-r_1^2}(\varphi+\varphi_1-\varphi'-\varphi_1')^2\, d\omega\, d\omega_1\, d\mathfrak{S},$$

also

$$\int \varphi J(\varphi)\, d\omega \geqq 0. \tag{6}$$

Diese Ungleichung hat weiterhin zur Folge

Satz 5. *Das Intervall* $0 < \lambda < 1$ *ist von Eigenwerten frei.*

Die Gleichung (5) läßt sich nämlich auch schreiben

$$\left(\frac{1}{\lambda} - 1\right) k\varphi + J(\varphi) = 0.$$

Nach Multiplikation mit $\varphi\, d\omega$ und Integration nach $d\omega$ ergibt sich wegen (6) hieraus

$$\left(\frac{1}{\lambda} - 1\right)\int k\varphi^2\, d\omega \leqq 0,$$

d. h.

$$\frac{1}{\lambda} - 1 \leqq 0,$$

also entweder $\lambda \geqq 1$ oder $\lambda < 0$.

Ferner gilt aber der wesentlich tiefer liegende

Satz 6. *Alle Eigenwerte von* K^* *sind positiv.*

Nach den Ergebnissen von § 1 hat nämlich jeder Eigenwert nur endliche Vielfachheit. Es sei nun $\Phi_i = \sqrt{k}\,\varphi_i(\xi\,\eta\,\zeta)$ $(i = 1, 2, \ldots, n)$

ein vollständiges System orthogonaler und normierter Eigenfunktionen von K^*, welche zum Eigenwert λ gehören. Bedeute S das Zeichen für eine orthogonale Transformation der $\xi\eta\zeta$, so sind die Funktionen $\Phi_i(S(\xi\eta\zeta))$ offenbar ebenfalls Eigenfunktionen von K^*, zum Eigenwert λ gehörig, da ja der Kern K^* eine Orthogonalinvariante ist. Überdies sind die n Funktionen $\Phi_i(S(\xi\eta\zeta))$ wiederum orthogonal und normiert. Folglich sind die $\Phi_i(S(\xi\eta\zeta))$ lineare Kombinationen der $\Phi_i(\xi\eta\zeta)$

$$\Phi_i(S(\xi\eta\zeta)) = \sum_{k=1}^{n} c_{ik}\,\Phi_i(\xi\eta\zeta),$$

worin das Koeffizientenschema c_{ik} selbst wieder eine orthogonale Matrix bildet, und folglich ist der Ausdruck

$$h(\xi\eta\xi,\,\xi_1\eta_1\zeta_1) = \sum_{i=1}^{n}\varphi_i(\xi\eta\zeta)\,\varphi_i(\xi_1\eta_1\zeta_1) = \frac{1}{\sqrt{k(r)\,k(r_1)}}\sum_{i=1}^{n}\Phi_i(\xi\eta\zeta)\,\Phi_i(\xi_1\eta_1\zeta_1)$$

eine Orthogonalinvariante der beiden Variablenreihen $\xi\eta\zeta$ und $\xi_1\eta_1\zeta_1$.

Aus der Gleichung

$$k\,\varphi_i(\xi\eta\zeta) - \lambda\int K\,\varphi_i(\xi_1\eta_1\zeta_1)\,d\omega_1 = 0 \qquad (i = 1,\ldots,n)$$

folgt nun durch Multiplikation mit $\varphi_i(\xi\eta\zeta)\,d\omega$, Integration nach $d\omega$ und Summation über i

$$\sum_{i=1}^{n}\int k\,\varphi_i^2(\xi\eta\zeta)\,d\omega = \lambda\iint K\Big(\sum_{i=1}^{n}\varphi_i(\xi\eta\xi)\,\varphi_i(\xi_1\eta_1\zeta_1)\Big)\,d\omega\,d\omega_1\,.$$

Zum Beweise von Satz 6 braucht man daher nur zu zeigen:

$$Z = \iint K\,h(\xi\eta\zeta,\,\xi_1\eta_1\zeta_1)\,d\omega\,d\omega_1 \geqq 0\,.$$

Nach der Definition von K ist nun bei festem $\xi\eta\zeta$ für jede Funktion $g(\xi_1\eta_1\zeta_1)$ (vgl. Gl. (2))

$$\begin{aligned}\int K\,g_1\,d\omega_1 &= \int(2A - B)\,g_1\,d\omega_1\\ &= \iint |W|\,e^{-r^2-r_1^2}\,(2\,g(\xi_1',\eta_1',\zeta_1') - g(\xi_1\eta_1\zeta_1))\,d\omega_1\,d\mathfrak{s}\,.\end{aligned}$$

Für den folgenden Schluß ist dabei wesentlich, daß die Integralbestandteile mit g' und g_1' einander gleich sind. Wir setzen in dieser Gleichung an Stelle von $g(\xi_1,\eta_1,\zeta_1)$ unsere Größe $h(\xi\eta\zeta,\,\xi_1\eta_1\zeta_1)$ und integrieren sodann nach $d\omega$. Damit wird

$$\begin{aligned}&\iint K\,h(\xi\eta\zeta,\,\xi_1\eta_1\zeta_1)\,d\omega\,d\omega_1\\ &= \iiint |W|\,e^{-r^2-r_1^2}\{2\,h(\xi\eta\zeta,\,\xi_1'\eta_1'\zeta_1') - h(\xi\eta\zeta,\,\xi_1\eta_1\zeta_1)\}\,d\omega\,d\omega_1\,d\mathfrak{s}\,.\end{aligned}$$

In diesem Integral denken wir uns nun zuerst die Integrationen nach $d\omega\,d\omega_1$ ausgeführt. Das Resultat ist nur Funktion des Punktes l, m, n auf der Einheitskugel; da der Integrand aber, wie oben gezeigt, eine Orthogonalinvariante ist, so ist diese Funktion eine Funktion nur von $l^2+m^2+n^2=1$, d.h. von l, m, n ganz unabhängig. Ohne den Integralwert zu ändern, kann man daher in dem Integranden für l, m, n ein spezielles Wertsystem, etwa

$$l=1, \qquad m=n=0$$

setzen. Hierfür sind nach (1)

$$W=\xi_1-\xi, \qquad \xi_1'=\xi, \qquad \eta_1'=\eta_1, \qquad \zeta_1'=\zeta_1$$

also unser Integral Z, wenn wir noch für h seinen Wert eintragen,

$$4\pi\iint|\xi-\xi_1|\,e^{-r^2-r_1^2}\sum_{i=1}^{n}\bigl(2\varphi_i(\xi\eta\zeta)\varphi_i(\xi\eta_1\zeta_1)-\varphi_i(\xi\eta\zeta)\varphi_i(\xi_1\eta_1\zeta_1)\bigr)\,d\omega\,d\omega_1.$$

Hierin führen wir zur Abkürzung ein

$$\psi_i(\xi)=\int_{-\infty}^{+\infty}\!\!\int e^{-\eta^2-\zeta^2}\varphi_i(\xi\eta\zeta)\,d\eta\,d\zeta$$

und erhalten

$$Z=4\pi\int_{-\infty}^{+\infty}\!\!\int|\xi-\xi_1|\,e^{-\xi^2-\xi_1^2}\sum_{i=1}^{n}\{2\psi_i^2(\xi)-\psi_i(\xi)\psi_i(\xi_1)\}\,d\xi\,d\xi_1.$$

Dies ist in der Tat $\geqq 0$; denn man vertausche im ersten Bestandteil mit ψ_i^2 das ξ und ξ_1; dann erhält man

$$Z=4\pi\int_{-\infty}^{+\infty}\!\!\int|\xi-\xi_1|\,e^{-\xi^2-\xi_1^2}\sum_{i=1}^{n}\{\psi_i^2(\xi)+\psi_i^2(\xi_1)-\psi_i(\xi)\psi_i(\xi_1)\}\,d\xi\,d\xi_1$$

und hierin ist die Klammer gleich

$$\frac{\psi_i^2(\xi)+\psi_i^2(\xi_1)}{2}+\frac{1}{2}(\psi_i(\xi)-\psi_i(\xi_1))^2\geqq 0, \qquad Z\geqq 0, \text{ q. e. d.}$$

§ 3.

Reduktion auf Integralgleichungen in einer Variablen und gewöhnliche Differentialgleichungen.

Nach Satz 5 und 6 kann man zur Lösung der inhomogenen Integralgleichung

$$\Phi-\int K^*\Phi_1\,d\omega_1=\frac{f}{\sqrt{k}}$$

die bekannte Iterationsmethode verwenden, welche Φ in Form einer unendlichen Reihe liefert. Macht man nun aber von der Tatsache Gebrauch, daß die zur Bestimmung der Wärmeleitungs- und Reibungsglieder dienende

Funktion f eine besonders einfache Gestalt hat, so gelangt man zu einer erheblichen Vereinfachung und zwar auf Grund folgenden allgemeinen Satzes[3]):

Satz 7. *Sei $Y_n(\mathfrak{x},\mathfrak{y},\mathfrak{z})$ eine Kugelfunktion n-ter Ordnung des Punktes $\mathfrak{x},\mathfrak{y},\mathfrak{z}$ auf der Einheitskugel. Wenn dann die Gleichung*

$$(7) \qquad k\varphi - \int K\left(r, r_1, \sum \mathfrak{x}\mathfrak{x}_1\right)\varphi_1\, d\omega_1 = Y_n(\mathfrak{x},\mathfrak{y},\mathfrak{z})\, f(r)$$

überhaupt eine Lösung φ hat, so hat sie gewiß auch eine Lösung von der Form

$$\varphi = Y_n(\mathfrak{x},\mathfrak{y},\mathfrak{z})\,\psi(r),$$

worin $\psi(r)$ der Gleichung

$$(8) \qquad k\cdot\psi(r) - \int_0^\infty 2\pi\, k_n(r, r_1)\,\psi(r_1)\, r_1^2\, dr_1 = f(r)$$

genügt, und

$$k_n(r, r_1) = \int_{-1}^{+1} K(r, r_1, x)\, P_n(x)\, dx$$

eine symmetrische Funktion von r, r_1 ist.

Zunächst gilt nämlich für jede stetige Funktion $G(x)$ die Integralformel

$$\int G\left(\sum \mathfrak{x}\mathfrak{x}_1\right) Y_n(\mathfrak{x}_1\,\mathfrak{y}_1\,\mathfrak{z}_1)\, dk_1 = 2\pi\, Y_n(\mathfrak{x}\,\mathfrak{y}\,\mathfrak{z}) \int_{-1}^{+1} G(x)\, P_n(x)\, dx.$$

Denn wenn $G(x)$ eine Kugelfunktion $P_m(x)$ ist, drückt die Formel eine bekannte Beziehung zwischen Y_n, P_m aus. Als lineare homogene Relation für G gilt sie daher allgemein für jede stetige Funktion. Hieraus ergibt sich: Wenn $\psi(r)$ der Gl. (8) genügt, so genügt $\varphi = Y_n\psi(r)$ jedenfalls der Gl. (7). Die homogene Gl. (8) hat daher nur solche Lösungen ψ, wofür $Y_n\psi$ die homogene Gl. (7) erfüllt, wofür also $Y_n\psi$ gleich einer Kombination der fünf Lösungen $1, r\mathfrak{x}, r\mathfrak{y}, r\mathfrak{z}, r^2$ ist. Daraus folgt: Die homogene Gl. (8) hat nur die Lösungen

$$\begin{aligned} &\psi = 1, r^2 && \text{für } n = 0,\\ &\psi = r && \text{für } n = 1,\\ &\text{keine Lösung} && \text{für } n \geq 2. \end{aligned}$$

Auf (8) ist aber nach § 1 die Fredholm-Hilbertsche Theorie anwendbar, und folglich ist notwendig und hinreichend, damit die inhomogene Gl. (8) eine Lösung besitzt, das Erfülltsein der Orthogonalitätsbedingungen

[3]) Vgl. hierzu meine Note: Über orthogonalinvariante Integralgleichungen, Math. Ann. 78, S. 398.

$$\int_0^\infty f(r)\, r^2 \begin{Bmatrix} 1 \\ r^2 \end{Bmatrix} dr = 0, \qquad \text{wenn } n = 0.$$

$$\int_0^\infty f(r)\, r^3\, dr = 0, \qquad \text{wenn } n = 1.$$

Das sind aber genau die Lösbarkeitsbedingungen von (7), denn Kugelfunktionen verschiedener Ordnung sind immer orthogonal zu einander. Somit erhält man in der Tat die allgemeinste Lösung von (7), indem man aus einer Lösung der Integralgleichung *einer Variablen* (8) $\psi(r)$ die Funktion $Y_n \psi(r)$ bildet und eine Lösung der homogenen Gleichung hinzufügt.

Zur Bestimmung der sog. Wärmeleitungsglieder der Maxwellschen Funktion F erhält man nun eine Gleichung wie (8) mit $n = 1$, ebenso für die Reibungsglieder eine solche mit $n = 2$. Daraus folgt:

Satz 8. *In der Hilbertschen Theorie besteht das Problem, die Maxwellsche Funktion F in zweiter Näherung zu bestimmen, darin, zwei Funktionen einer Variablen aus je einer linearen Integralgleichung 2. Art zu berechnen*[4]).

Verfolgt man auch die höheren Näherungen in der Hilbertschen Theorie, so findet man auch da einen ähnlichen Satz: Bei jedem Schritt handelt es sich immer um die Bestimmung von endlich vielen Funktionen *einer* Variablen aus einer Integralgleichung.

Es ist nun bemerkenswert und für einen Konvergenzbeweis des Hilbertschen Verfahrens vielleicht wichtig, daß die eben gefundenen Integralgleichungen mit den Kernen k_n aus gewöhnlichen Differentialgleichungen entspringen. Man überzeugt sich davon leicht auf folgende Weise: Nach Satz 1 ist $k_n(r, r_1)$ symmetrisch und ist für $r_1 \leqq r$ als endliche Summe von Produkten darstellbar,

$$2\pi\, k_n(r, r_1) = \sum_{\nu=1}^{m} \alpha_\nu(r)\, \beta_\nu(r_1),$$

wo α_ν, β_ν nur von je einer der Variablen r, r_1 abhängen. Somit hat die Integralgleichung (8) die Gestalt

$$k(r)\,\psi(r) - \sum_{\nu=1}^{m} \alpha_\nu(r) \int_0^r \beta_\nu(r_1)\, \psi(r_1)\, r_1^2\, dr_1$$

$$- \sum_{\nu=1}^{m} \beta_\nu(r) \int_r^\infty \alpha_\nu(r_1)\, \psi(r_1)\, r_1^2\, dr_1 = f(r).$$

[4]) Auf anderem Wege ist dieser Satz zuerst bewiesen worden von D. Enskog. Kinetische Theorie d. Vorgänge in mäßig verdünnten Gasen. Dissertation, Upsala 1917.

Differentiiert man diese Gleichung nun genügend oft nach r, so erhält man durch Kombination der so entstehenden Gleichungen eine lineare Differentialgleichung für $\varphi(r)$. Für die Wärmeleitungsfunktion ($n=1$) erhält man so eine lineare Differentialgleichung 4. Ordnung, die man noch auf eine solche der 3. Ordnung reduzieren kann, da man ein Integral der homogenen Gleichung kennt. Auch für $n=2$ (Reibungsglieder) erhält man eine Gleichung 4. Ordnung. Die Ordnung wächst übrigens mit n ins Unendliche.

§ 4.

Eine neue Methode zur Auflösung von Integralgleichungen.

Zur numerischen Auflösung der Hilbertschen Integralgleichung hat Herr D. Enskog[4]) eine andere, auf einem sehr einfachen und schönen mathematischen Gedanken beruhende Methode angegeben. Da diese Arbeit in mathematischen Kreisen wenig bekannt zu sein scheint, auch die Darstellung des Herrn Enskog die Allgemeinheit seiner Methode nicht deutlich erkennen läßt, so bringe ich hier ihren mathemathischen Inhalt einmal losgelöst von dem physikalischen Problem zur Darstellung.

Es sei ein Integralausdruck

$$J(\varphi)=k(s)\varphi(s)-\int_a^b K(s,t)\varphi(t)\,dt$$

vorgelegt. Hierin seien $k(s)$ und $K(s,t)$ bestimmte stetige Funktionen der reellen Variablen s und t im Gebiet $a\leqq {s \atop t} \leqq b$, überdies $K(s,t)$ symmetrisch in s,t. Es handelt sich nun um die Auflösung der Gleichung

$$J(\varphi)=f(s)$$

bei gegebenem stetigen $f(s)$.

Wir machen die *Voraussetzung*:

Der quadratische Integralausdruck $\int_a^b \varphi J(\varphi)\,ds$ sei positiv definit, d. h. für jedes nicht identisch verschwindende stetige $\varphi(s)$ sei

$$\int_a^b k(s)\varphi^2(s)\,ds-\int_a^b\int_a^b K(s,t)\varphi(s)\varphi(t)\,ds\,dt>0.$$

Nun sei $u_n(s)$ $(n=1,2\ldots)$ ein solches System linearer unabhängiger Funktionen, daß man jede im Intervall $a\ldots b$ stetige Funktion durch eine lineare Kombination endlich vieler $u_n(s)$ mit beliebiger Genauigkeit gleichmäßig approximieren kann. Statt nun auf das System $u_n(s)$ das gewöhnliche Orthogonalisierungsverfahren anzuwenden, setzen wir vielmehr eine *andere, mit Bezug auf $J(\varphi)$ definierte Normierung fest*: Es bedeute nämlich

$$v_n(s)=A_{n1}u_1(s)+A_{n2}u_2(s)+\ldots+A_{nn}u_n(s)$$

eine solche Kombination der $u_1, \ldots, u_n$ mit konstanten A, daß

$$\int_a^b v_n J(v_m)\,ds = \delta_{nm}, \quad 1 \leqq m \leqq n; \quad n = 1, 2, \ldots$$

Wegen der Annahme

$$\int_a^b \varphi J(\varphi)\,ds > 0$$

ist die sukzessive Bestimmung der v_n offenbar eindeutig möglich. Mit diesem so normierten Funktionensystem kann man jetzt zu jeder stetigen Funktion $g(s)$ ein System verallgemeinerter „Fourierkoeffizienten"

$$c_k = \int_a^b g(s) J(v_k)\,ds = \int_a^b v_k(s) J(g)\,ds$$

bilden, derart, daß wegen der „Vollständigkeit" des Systems der u auch für die v die „Vollständigkeitsrelation"

$$\int_a^b g(s) J(g)\,ds = \sum_{k=1}^{\infty} c_k^2$$

besteht, und folglich auch für zwei stetige Funktionen $g(s)$ und $h(s)$ immer die Gleichung

$$\int_a^b g(s) J(h)\,ds = \int_a^b h(s) J(g)\,ds = \sum_{k=1}^{\infty} c_k a_k$$

gilt, worin die c_k und a_k jene Fourierkoeffizienten von g und h sind.

Durch die Koeffizienten c_k ist die stetige Funktion $g(s)$ wieder eindeutig bestimmt, und es ist

$$g(s) = \sum_{k=1}^{\infty} c_k v_k(s),$$

falls diese Reihe gleichmäßig konvergiert.

Aus der Gleichung $J(\varphi) = f(s)$ lassen sich nun die Fourierkoeffizienten der gesuchten Funktion φ sofort ermitteln; sie sind nämlich

$$a_k = \int_a^b \varphi(s) J(v_k)\,ds = \int_a^b v_k(s) J(\varphi)\,ds = \int_a^b v_k(s) f(s)\,ds,$$

und die Lösung ist

$$\varphi(s) = \sum_{k=1}^{\infty} a_k v_k(s),$$

falls diese Reihe gleichmäßig konvergiert. *In jedem Falle* aber gilt

$$\int_a^b \varphi J(\varphi)\,ds = \int_a^b \varphi(s) f(s)\,ds = \sum_{k=1}^{\infty}\left(\int_a^b f(s)\, v_k(s)\,ds\right)^2.$$

Grade die hierzu analogen Integrale sind es aber, welche aus der Hilbertschen Integralgleichung den *Wärmeleitungs-* und *Reibungs-Koeffizienten* definieren. Ein Nachteil dieses Verfahrens ist, daß man über die Schnelligkeit der Konvergenz dieser Reihe von vornherein nichts aussagen kann. Deshalb scheinen mir auch die numerischen Resultate von Herrn Enskog vorläufig nur heuristischen Wert zu haben.

Hamburg, Mathem. Seminar, August 1921.

(Eingegangen am 22. August 1921.)

Ein Beitrag zur Hilbertschen Theorie der vollstetigen quadratischen Formen.

Von

I. Schur in Berlin.

Eine beschränkte quadratische Form mit reellen Koeffizienten

$$A(x) = \sum_{\varkappa, \lambda}{}_1^{\infty} a_{\varkappa\lambda}\, x_\varkappa\, x_\lambda \qquad (a_{\varkappa\lambda} = a_{\lambda\varkappa})$$

nennt Herr Hilbert[1]) bekanntlich vollstetig, wenn für jede Folge von Punkten

$$(\xi^{(\nu)}) \qquad \xi_1^{(\nu)},\ \xi_2^{(\nu)},\ \xi_3^{(\nu)}, \ldots \qquad (\nu = 1, 2, \ldots)$$

des durch die Bedingung

$$E(x) = \sum_{\lambda=1}^{\infty} x_\lambda^2 \leqq 1$$

definierten Raumes, für welche die Grenzwerte

$$\lim_{\nu \to \infty} \xi_\varkappa^{(\nu)} = \xi_\varkappa \qquad (\varkappa = 1, 2, \ldots)$$

einzeln existieren,

$$\lim_{\nu \to \infty} A(\xi^{(\nu)}) = A(\xi)$$

ist. Der Hilbertsche Hauptsatz über vollstetige Formen lautet: Dann und nur dann ist $A(x)$ vollstetig, wenn sich $A(x)$ durch eine orthogonale Transformation

$$x_\varkappa = \sum_{\lambda=1}^{\infty} p_{\varkappa\lambda}\, y_\lambda$$

auf die Form

$$A(x) = \sum_{\lambda=1}^{\infty} \omega_\lambda\, y_\lambda^2$$

[1]) Grundzüge einer allgemeinen Theorie der linearen Integralgleichungen (Vierte Mitteilung). Göttinger Nachrichten 1906. S. 157–227.

bringen läßt, wobei $\lim_{\lambda \to \infty} \omega_\lambda = 0$ wird. — Während nun die Beschränktheit einer Form $A(x)$ allein durch ihre Koeffizienten $a_{\varkappa\lambda}$ charakterisiert werden kann, nämlich durch die Forderung, daß die charakteristischen Wurzeln

(1) $$\alpha_{n1}, \alpha_{n2}, \ldots, \alpha_{nn}$$

aller Abschnitte

$$A_n(x) = \sum_{\varkappa, \lambda}{}_1^n a_{\varkappa\lambda} x_\varkappa x_\lambda$$

in einem endlichen Intervall liegen sollen, erscheint die Vollstetigkeit auch unter Hinzunahme des Hauptsatzes als eine Eigenschaft von höherem transzendenten Charakter. Es dürfte nun nicht ohne Interesse sein, auch die Vollstetigkeit allein mit Hilfe des Systems der Wurzeln (1) zu kennzeichnen. Ein solches Kriterium wird im folgenden angegeben (Satz II). Beim Beweis dieses Satzes habe ich Gewicht darauf gelegt, von dem Begriff des Spektrums keinen Gebrauch zu machen. Ich setze nur die einfachsten Sätze über beschränkte Formen und orthogonale Substitutionen sowie den Hilbertschen Hauptsatz über vollstetige Formen als bekannt voraus[2]).

§ 1.

Eine Hilfsbetrachtung über quadratische Formen mit endlich vielen Variablen.

I. *Ist*

$$A = \sum_{\varkappa, \lambda}{}_1^n a_{\varkappa\lambda} x_\varkappa x_\lambda$$

eine reelle quadratische Form

$$B = \sum_{\varkappa, \lambda}{}_1^{n-1} a_{\varkappa\lambda} x_\varkappa x_\lambda$$

ihr $(n-1)$*-ter Abschnitt, und bezeichnet man die charakteristischen Wurzeln von* A *mit*

(2) $$\alpha_1 \geqq \alpha_2 \geqq \alpha_3 \geqq \cdots \geqq \alpha_n,$$

die von B *mit*

(3) $$\beta_1 \geqq \beta_2 \geqq \beta_3 \geqq \cdots \geqq \beta_{n-1},$$

so ist stets

(4) $$\alpha_1 \geqq \beta_1 \geqq \alpha_2 \geqq \beta_2 \geqq \cdots \geqq \alpha_{n-1} \geqq \beta_{n-1} \geqq \alpha_n.$$

---

[2]) Das hier bewiesene Kriterium ist mir bereits seit vielen Jahren bekannt. Einen anderen Beweis, der sich auf Sätze über das Spektrum stützt, hat mir schon vor längerer Zeit Herr E. Hellinger mitgeteilt.

Dies ist ein bekannter Satz über quadratische Formen. Er läßt sich umkehren:

I*. *Ist eine quadratische Form B mit $n-1$ Variablen gegeben, deren charakteristische Wurzeln die Größen* (3) *sind, und wählt man n beliebige Größen* (2), *so daß die Bedingungen* (4) *erfüllt sind, so kann man eine Form A mit n Variablen herstellen, deren* $(n-1)$*-ter Abschnitt die Form B ist und deren charakteristische Wurzeln die Größen* $\alpha_1, \alpha_2, \ldots, \alpha_n$ *sind.*

Man bestimme nämlich die orthogonale Transformation

$$x_\varkappa = p_{\varkappa 1} y_1 + p_{\varkappa 2} y_2 + \ldots + p_{\varkappa, n-1} y_{n-1} \quad (\varkappa = 1, 2, \ldots, n-1),$$

so daß B in

$$\mathsf{B} = \beta_1 y_1^2 + \beta_2 y_2^2 + \ldots + \beta_{n-1} y_{n-1}^2$$

übergeht. Es genügt dann zu zeigen, daß B sich zu

$$(5) \qquad \mathsf{A} = \beta_1 y_1^2 + \ldots + \beta_{n-1} y_{n-1}^2 + 2\sum_{\nu=1}^{n-1} c_\nu y_\nu y_n + c_n y_n^2$$

so ergänzen läßt, daß die Nullstellen der charakteristischen Determinante $D(\lambda)$ von A die Größen α_ν werden. Denn alsdann liefert die aus A durch die orthogonale Transformation

$$y_\varkappa = \sum_{\lambda=1}^{n-1} p_{\lambda\varkappa} x_\lambda, \quad y_n = x_n \quad (\varkappa = 1, 2, \ldots, n-1)$$

hervorgehende Form A eine Lösung unserer Aufgabe. Der zu beweisende Satz, der für $n = 2$ leicht zu bestätigen ist, sei für $n' < n$ schon als richtig erkannt. Ist nun $\alpha_\varkappa = \beta_\varkappa$ für irgendein $\varkappa$ und läßt man in B das Glied $\beta_\varkappa y_\varkappa^2$ fort, so entstehe die Form B_1. Die Größen

$$(2') \qquad \alpha_1, \alpha_2, \ldots, \alpha_{\varkappa-1}, \alpha_{\varkappa+1}, \ldots, \alpha_n$$

genügen dann wieder in bezug auf B_1 der hier zu stellenden Forderung. Man bilde nun durch Ränderung von B_1 eine Form A_1 der Variablen $y_1, \ldots, y_{\varkappa+1}, y_{\varkappa-1}, \ldots, y_n$ mit den Wurzeln (2′). Die Form $\mathsf{A} = \alpha_\varkappa y_\varkappa^2 + \mathsf{A}_1$ stellt dann eine Lösung unserer Aufgabe dar. Ist aber niemals $\alpha_\varkappa = \beta_\varkappa$, so sind insbesondere die $n-1$ Größen (3) voneinander verschieden. Setzt man

$$\varphi(\lambda) = (\lambda - \alpha_1)(\lambda - \alpha_2)\ldots(\lambda - \alpha_n), \quad \psi(\lambda) = (\lambda - \beta_1)(\lambda - \beta_2)\ldots(\lambda - \beta_{n-1}),$$

so wird in diesem Falle $\psi'(\beta_\varkappa) \neq 0$, $\varphi(\beta_\varkappa)\psi'(\beta_\varkappa) \leqq 0$, wobei das Gleichheitszeichen nur noch für $\varkappa = n-1$ (im Falle $\beta_{n-1} = \alpha_n$) in Betracht kommt. Man braucht dann in (5) nur

$$c_\nu = \sqrt{-\frac{\varphi(\beta_\nu)}{\psi'(\beta_\nu)}}, \qquad c_n = \alpha_1 + \ldots + \alpha_n - \beta_1 - \ldots - \beta_{n-1}$$

zu setzen. Denn es wird dann

$$D(\lambda) = |\lambda E - \mathsf{A}| = \psi(\lambda)\left[\lambda - c_n - \frac{c_1^2}{\lambda - \beta_1} - \cdots - \frac{c_{n-1}^2}{\lambda - \beta_{n-1}}\right],$$

und diese Funktion stimmt mit $\varphi(\lambda)$ in den Koeffizienten λ^n und λ^{n-1} und außerdem an den $n-1$ Stellen β_ν überein. Daher ist $D(\lambda) = \varphi(\lambda)$[3].

§ 2.

Formulierung des Kriteriums für vollstetige Formen.

Es sei nun $A(x) = \sum a_{\varkappa\lambda} x_\varkappa x_\lambda$ eine quadratische Form mit unendlich vielen Variablen, die wir zunächst nur als beschränkt voraussetzen. Für jeden Abschnitt $A_n(x)$ von $A(x)$ denke man sich die charakteristischen Wurzeln (1) bestimmt, und es sei hierbei

$$\alpha_{n1} \geqq \alpha_{n2} \geqq \cdots \geqq \alpha_{nn}.$$

Wir betrachten dann *das zu $A(x)$ gehörende Dreiecksschema*

$$\begin{matrix} \alpha_{11} & & \\ \alpha_{21} & \alpha_{22} & \\ \alpha_{31} & \alpha_{32} & \alpha_{33} \\ \cdot\;\cdot & \cdot\;\cdot & \cdot\;\cdot\;\cdot \end{matrix} \tag{6}$$

Hierin ist wegen I in der ϱ-ten „Kolonne"

$$\alpha_{\varrho\varrho} \leqq \alpha_{\varrho+1,\varrho} \leqq \alpha_{\varrho+2,\varrho} \leqq \cdots \tag{7}$$

und in der σ-ten „Diagonale"

$$\alpha_{\sigma 1} \geqq \alpha_{\sigma+1,2} \geqq \alpha_{\sigma+2,3} \geqq \cdots \tag{8}$$

Außerdem liegen, da $A(x)$ beschränkt sein soll, alle α in einem endlichen Intervall. Daher existieren auch die Grenzwerte

$$\lim_{\nu\to\infty} \alpha_{\nu\varrho} = \alpha_\varrho, \qquad \lim_{\nu\to\infty} \alpha_{\sigma+\nu,\nu+1} = \alpha_\sigma^*.$$

Hierbei wird offenbar

$$\alpha_1 \geqq \alpha_2 \geqq \ldots, \qquad \alpha_1^* \leqq \alpha_2^* \leqq \ldots$$

---

[3]) Herr H. Hamburger macht mich darauf aufmerksam, daß für den Fall

$$\alpha_1 > \beta_1 > \alpha_2 > \beta_2 > \cdots > \beta_{n-1} > \alpha_n$$

ein Beweis des Satzes I* auch leicht aus der Theorie der Kettenbrüche folgt. Vgl. z. B. die Formel (8) in der Arbeit von E. Hellinger und O. Toeplitz, Zur Einordnung der Kettenbruchtheorie in die Theorie der quadratischen Formen von unendlichvielen Veränderlichen, J. für Math. **144** (1914), S. 212–238.

Folglich existieren auch die Grenzwerte

$$\lim_{\varrho\to\infty}\alpha_\varrho=\alpha,\qquad \lim_{\sigma\to\infty}\alpha_\sigma^*=\alpha^*.$$

Wegen $\alpha_{\nu\varrho}\geqq a_{\nu,\nu-\varrho+1}$ für $\nu\geqq 2\varrho-1$ ist ferner $\alpha_\varrho\geqq\alpha_\varrho^*$, also auch $\alpha\geqq\alpha^*$.

Die Zahlen α_ϱ und α_σ^* will ich die *charakteristischen Zahlen erster und zweiter Art* von $A(x)$ nennen. Sie sind für jede beschränkte Form von Wichtigkeit. Insbesondere beweist man ohne Mühe, daß jede Häufungsstelle h der $\alpha_{\varkappa\lambda}$, die von den α_ϱ und α_σ^* verschieden ist, der Bedingung $\alpha\geqq h\geqq\alpha^*$ genügen muß. Aus dem Satze I* des vorigen Paragraphen ergibt sich ferner, daß zu jedem Schema (6), das den Bedingungen (7) und (8) genügt, eine quadratische Form $A(x)$ angegeben werden kann, zu der (6) als Dreiecksschema gehört. Diese Bedingungen sind also die einzigen, denen die Wurzeln der Abschnitte einer Form $A(x)$ unterworfen sind. Für eine beschränkte Form ist α_1 bekanntlich nichts anderes als die obere Grenze, α_1^* die untere Grenze von $A(x)$ unter der Nebenbedingung $E(x)=\sum x_\lambda^2=1$.

Im folgenden soll nun bewiesen werden:

II. *Die Form* $A(x)$ *ist dann und nur dann vollstetig, wenn* $\alpha=\alpha^*=0$ *ist.*

§ 3.

Die charakteristischen Zahlen als Orthogonalinvarianten.

Wir wollen zunächst allgemein zeigen:

III. *Wendet man auf die beschränkte Form* $A(x)$ *eine orthogonale Transformation an, so bleiben die charakteristischen Zahlen* $\alpha_\varrho,\alpha_\sigma^*$ *ungeändert.*

Die charakteristischen Zahlen von $B=-A$ sind offenbar $\beta_\varrho=-\alpha_\varrho^*$, $\beta_\sigma^*=-\alpha_\sigma$. Für jede Konstante t sind ferner $t+\alpha_\varrho$, $t+\alpha_\sigma^*$ die charakteristischen Zahlen der Form $tE(x)+A(x)$. Hieraus folgt unmittelbar, daß wir nur zu zeigen haben:

III*. *Für jede beschränkte positiv definite Form*[4] $A(x)$ *bleiben die charakteristischen Zahlen erster Art* $\alpha_1,\alpha_2,\ldots$ *bei einer orthogonalen Transformation ungeändert.*

Für α_1, die obere Grenze von $A(x)$ für $E(x)=1$, ist das selbstverständlich. Um dasselbe auch für $\alpha_2,\alpha_3,\ldots$ zu beweisen, führen wir die auch sonst nützlichen „Determinantentransformationen" ein. Für jede

[4]) Hierunter verstehen wir im folgenden eine Form, deren untere Grenze α_1^* positiv ist.

endliche oder unendliche Matrix $L = (l_{\varkappa\lambda})$ bilde man bei festem $m \geqq 1$ die sämtlichen Unterdeterminanten

$$(9)\qquad D^{\varkappa_1, \varkappa_2, \ldots, \varkappa_m}_{\lambda_1, \lambda_2, \ldots, \lambda_m} = \begin{vmatrix} l_{\varkappa_1\lambda_1} & l_{\varkappa_1\lambda_2} & \ldots & l_{\varkappa_1\lambda_m} \\ l_{\varkappa_2\lambda_1} & l_{\varkappa_2\lambda_2} & \ldots & l_{\varkappa_2\lambda_m} \\ \cdot & \cdot & \cdot & \cdot \\ l_{\varkappa_m\lambda_1} & l_{\varkappa_m\lambda_2} & \ldots & l_{\varkappa_m\lambda_m} \end{vmatrix} \qquad \begin{pmatrix} \varkappa_1 < \varkappa_2 < \ldots < \varkappa_m, \\ \lambda_1 < \lambda_2 < \ldots < \lambda_m \end{pmatrix}.$$

Die hierbei zu betrachtenden Indizeskombinationen $\varrho_1 < \varrho_2 < \ldots < \varrho_m$ ordne man so an, daß $\varrho_1, \varrho_2, \ldots, \varrho_m$ vor der Kombination $\sigma_1, \sigma_2, \ldots, \sigma_m$ zu stehen kommt, wenn die *letzte* nicht verschwindende unter den Differenzen $\sigma_1 - \varrho_1, \sigma_2 - \varrho_2, \ldots, \sigma_m - \varrho_m$ positiv ausfällt. Die Matrix der Determinanten (9) erscheint dann als eine wohlbestimmte endliche oder unendliche Matrix $M = C_m L$[5]).

Bedeutet L_ν den ν-ten Abschnitt von L und M_ν den von M, so wird insbesondere für $n \geqq m$

$$M_{\binom{n}{m}} = C_m L_n.$$

Sind nun $\omega_1, \omega_2, \ldots, \omega_n$ die charakteristischen Wurzeln der Matrix L_n, so sind dann bekanntlich die von $C_m L_n$ die $\binom{n}{m}$ Produkte $\omega_{\varrho_1} \omega_{\varrho_2} \ldots \omega_{\varrho_n}$ $(\varrho_1 < \varrho_2 < \ldots . < \varrho_m)$. Hieraus folgt leicht, daß, wenn $L = A$ die Matrix einer beschränkten quadratischen Form $A(x)$ ist, sich auch M als Matrix einer ebensolchen Form auffassen läßt. Ist insbesondere $A(x)$ positiv definit, so wird in den früheren Bezeichnungen die größte Wurzel der Matrix $M_{\binom{n}{m}}$ gleich $\alpha_{n1} \alpha_{n2} \ldots \alpha_{nm}$. Daher tritt beim Übergang von A zu M an Stelle von α_1 die Zahl $\alpha_1 \alpha_2 \ldots \alpha_m$.

Für je zwei unendliche Matrizen L_1 und L_2, für die das Produkt $L_1 L_2$ einen Sinn hat, ist ferner, wie aus der entsprechenden Gleichung für endliche Matrizen durch einen Grenzübergang ohne Mühe geschlossen werden kann,

$$(C_m L_1)(C_m L_2) = C_m (L_1 L_2).$$

Ist daher P die Matrix einer orthogonalen Transformation, d. h. wird, wenn P' die Transponierte von P bedeutet, $P'P = PP' = E$, so wird auch

$$(C_m P')(C_m P) = (C_m P)(C_m P') = C_m E = E.$$

Da $C_m P'$ die Transponierte von $C_m P$ ist, so ergibt sich, daß $C_m P$ zugleich mit P eine orthogonale Transformation bestimmt.

---

[5]) Für endliche Matrizen L stammt diese Bezeichnung von A. Hurwitz, Zur Invariantentheorie, Math. Ann. **45** (1894), S. 381–404.

Geht nun unsere positiv definite Form $A(x)$ vermittels der orthogonalen Transformation P in die Form $B(y)$ über, so wird die Matrix B der neuen Form gleich $P'AP$, demnach

$$C_m B = (C_m P')(C_m A)(C_m P).$$

Hierbei bleibt daher, da $C_m P$ orthogonal ist, die obere Grenze $\alpha_1 \alpha_2 \dots \alpha_m$ von $C_m A$ ungeändert. Gehören also zu B die charakteristischen Zahlen erster Art $\beta_1, \beta_2, \dots$, so wird für jedes m

$$\alpha_1 \alpha_2 \dots \alpha_m = \beta_1 \beta_2 \dots \beta_m .$$

Hieraus folgt aber, da die α_ν, β_ν positiv sind, für jedes ν die Gleichung $\alpha_\nu = \beta_\nu$.

§ 4.

Eine weitere Eigenschaft der charakteristischen Zahlen einer Form.

Es sei wieder $A(x)$ eine beschränkte Form mit den charakteristischen Zahlen α_ϱ, α_σ^*. Wir betrachten den n-ten „Restabschnitt"

$$A^{(n)}(x) = \sum_{\varkappa,\lambda}{}_n^\infty a_{\varkappa\lambda} x_\varkappa x_\lambda = A(0, \dots, 0, x_n, x_{n+1}, \dots)$$

von $A(x)$. Die zu ihm gehörenden charakteristischen Zahlen bezeichne man mit

$$\alpha_n^{(n)}, \alpha_{n+1}^{(n)}, \dots \quad \text{und} \quad \alpha_n^{*(n)}, \alpha_{n+1}^{*(n)}, \dots \qquad (\alpha_\nu^{(1)} = \alpha_\nu, \ \alpha_\nu^{*(1)} = \alpha_\nu^*)$$

und setze noch

$$\mu_n(A) = \alpha_n^{(n)}, \qquad \mu_n^*(A) = \alpha_n^{*(n)}$$

Diese Zahlen sind nichts anderes als die obere, bzw. die untere Grenze von $A^{(n)}(x)$ unter der Nebenbedingung

$$E^{(n)}(x) = x_n^2 + x_{n+1}^2 + \dots = 1.$$

Es gilt nun der Satz

IV. *Durchläuft B die Gesamtheit der zu A ähnlichen, d. h. der aus A vermittels orthogonaler Transformationen hervorgehenden Formen, so erscheint für jedes n die Zahl α_n als die untere Grenze aller $\mu_n(B)$ und ebenso α_n^* als die obere Grenze aller $\mu_n^*(B)$.*

Da beim Übergang von A zu $-A$ an Stelle der Zahlen

$$\alpha_n, \ \mu_n(B), \ \alpha_n^*, \ \mu_n^*(B)$$

die Zahlen

$$-\alpha_n^*, \ -\mu_n^*(B), \ -\alpha_n, \ -\mu_n(B)$$

treten, so brauchen wir unseren Satz nur für die Zahlen α_n und $\mu_n(B)$ zu beweisen. Es sei nun

$$\begin{matrix} \alpha_{nn}^{(n)} \\ \alpha_{n+1,n}^{(n)}, & \alpha_{n+1,n+1}^{(n)} \\ \alpha_{n+2,n}^{(n)}, & \alpha_{n+2,n+1}^{(n)}, & \alpha_{n+2,n+2}^{(n)} \\ \cdot\;\cdot\;\cdot & \cdot\;\cdot\;\cdot & \cdot\;\cdot\;\cdot \end{matrix}$$

das zu $A^{(n)}(x)$ gehörende Schema. Aus dem Satze I folgt dann offenbar für $\nu \geqq n$

$$(10) \qquad \alpha_{\nu n}^{(n)} \geqq \alpha_{\nu,n+1}^{(n+1)} \geqq \alpha_{\nu,n+1}^{(n)} \geqq \alpha_{\nu,n+2}^{(n+1)} \geqq \alpha_{\nu,n+2}^{(n)} \geqq \ldots \geqq \alpha_{\nu\nu}^{(n+1)} \geqq \alpha_{\nu\nu}^{(n)}.$$

Läßt man ν über alle Grenzen wachsen, so wird daher

$$\alpha_n^{(n)} \geqq \alpha_{n+1}^{(n+1)} \geqq \alpha_{n+1}^{(n)} \geqq \alpha_{n+2}^{(n+1)} \geqq \alpha_{n+2}^{(n)} \geqq \ldots.$$

Insbesondere ist also für $\lambda > n$ stets $\alpha_\lambda^{(n)} \leqq \alpha_\lambda^{(n+1)}$, also

$$\alpha_n = \alpha_n^{(1)} \leqq \alpha_n^{(2)} \leqq \alpha_n^{(3)} \leqq \ldots \leqq \alpha_n^{(n)}.$$

Dies liefert aber $\mu_n(A) \geqq \alpha_n$, und beachtet man wieder, daß beim Übergang von A zu B die Zahl α_n nach Satz III ungeändert bleibt, so erhält man auch

$$(11) \qquad \mu_n(B) \geqq \alpha_n.$$

Um nun zu zeigen, daß bei geeigneter Wahl der zu A ähnlichen Form B die Zahl $\mu_n(B)$ dem Wert α_n beliebig nahe gebracht werden kann, schließen wir folgendermaßen. Bleiben wir zunächst noch bei der Form A und betrachten wir für $k > n$ die beiden Formen

$$A_k^{(n)}(x) = \sum_{\varkappa,\lambda}{}_n^k a_{\varkappa\lambda} x_\varkappa x_\lambda, \qquad A_k^{(n+1)}(x) = \sum_{\varkappa,\lambda}{}_{n+1}^k a_{\varkappa\lambda} x_\varkappa x_\lambda,$$

so wird offenbar in unseren Bezeichnungen

$$\sum_{\varkappa=n}^k a_{\varkappa\varkappa} = \alpha_{k,n}^{(n)} + \alpha_{k,n+1}^{(n)} + \ldots + \alpha_{k,k}^{(n)} = a_{nn} + \alpha_{k,n+1}^{(n+1)} + \ldots + \alpha_{k,k}^{(n+1)},$$

also

$$\sum_{\nu=n+1}^k [\alpha_{k,\nu}^{(n+1)} - \alpha_{k,\nu}^{(n)}] = \alpha_{k,n}^{(n)} - a_{nn}.$$

Da nun die links auftretenden Differenzen wegen (10) nicht negativ sind, so wird

$$0 \leqq \alpha_{k,\nu}^{(n+1)} - \alpha_{k,\nu}^{(n)} \leqq \alpha_{k,n}^{(n)} - a_{nn}.$$

Hält man hierin ν fest und läßt k über alle Grenzen wachsen, so ergibt sich

$$0 \leqq \alpha_\nu^{(n+1)} - \alpha_\nu^{(n)} \leqq \mu_n(A) - a_{nn}.$$

Bei festem ν folgt hieraus für $n = 1, 2, \ldots, \nu - 1$ durch Addition

$$0 \leqq \mu_\nu(A) - a_\nu \leqq [\mu_1(A) - a_{11}] + \ldots + [\mu_{\nu-1}(A) - a_{\nu-1,\nu-1}].$$

Ersetzt man hierin die Form A durch $B = (b_{\varkappa\lambda})$ und schreibt für ν wieder n, so ergibt sich

$$(12)\quad 0 \leqq \mu_n(B) - a_n \leqq [\mu_1(B) - b_{11}] + \ldots + [\mu_{n-1}(B) - b_{n-1,n-1}].$$

Es sei nun ε eine beliebig kleine positive Größe und

$$(13)\qquad \varepsilon = \varepsilon_1 + \varepsilon_2 + \ldots + \varepsilon_{n-1} \qquad (\varepsilon_\lambda > 0).$$

Man wähle jetzt, was jedenfalls möglich ist, eine zu A ähnliche Form $C = (c_{\varkappa\lambda})$, so daß

$$\mu_1(A) - c_{11} = \mu_1(C) - c_{11} < \varepsilon_1$$

wird. Hält man die erste Variable fest, so kann man die übrigen Variablen in der Weise orthogonal transformieren, daß in der neuentstehenden Form $D = (d_{\varkappa\lambda})$

$$\mu_1(D) - d_{11} = \mu_1(C) - c_{11} < \varepsilon_1, \qquad \mu_2(D) - d_{22} < \varepsilon_2$$

wird. Setzt man dieses Verfahren fort, so gelangt man nach $n-1$ Schritten zu einer mit A ähnlichen Form $B = (b_{\varkappa\lambda})$, die gleichzeitig den Bedingungen

$$\mu_1(B) - b_{11} < \varepsilon_1, \qquad \mu_2(B) - b_{22} < \varepsilon_2, \ldots, \qquad \mu_{n-1}(B) - b_{n-1,n-1} < \varepsilon_{n-1}$$

genügt. Aus (12) und (13) folgt dann $\mu_n(B) - a_n < \varepsilon$.

§ 5.

Beweis des Satzes II.

Wir haben zunächt zu beweisen, daß jede beschränkte Form $A(x)$, die den Bedingungen $a = 0$, $a^* = 0$ genügt, vollstetig ist. Haben also $\xi^{(\nu)}$ und ξ dieselbe Bedeutung wie in der Einleitung, so müssen wir zu jedem $\varepsilon > 0$ eine Zahl N so bestimmen, daß für $\nu > N$

$$(14)\qquad -\varepsilon < A(\xi^{(\nu)}) - A(\xi) < \varepsilon$$

wird.

Man wähle nun, was wegen $\lim a_n = 0$ jedenfalls möglich ist, eine feste Zahl n so, daß $a_n < \frac{\varepsilon}{4}$ wird, und bestimme eine orthogonale Transformation

$$x_\varkappa = \sum_{\lambda=1}^{\infty} p_{\varkappa\lambda}\, y_\lambda$$

derart, daß die aus A entstehende Form $B = (b_{\varkappa\lambda})$ der Bedingung

$\mu_n(B) - \alpha_n < \frac{\varepsilon}{4}$ genügt (vgl. Satz IV). Dann wird also $\mu_n(B) < \frac{\varepsilon}{2}$ und folglich für $E(y) \leqq 1$ stets

$$B^{(n)}(y) = \sum_{\varkappa, \lambda}{}_n^\infty b_{\varkappa\lambda}\, y_\varkappa y_\lambda < \frac{\varepsilon}{2}.$$

Es wird dann für jedes $m > n$ von selbst auch

$$B^{(m)}(y) < \frac{\varepsilon}{2}. \tag{15}$$

Setzt man nun

$$\eta_\varkappa^{(\nu)} = \sum_{\lambda=1}^{\infty} p_{\lambda\varkappa}\, \xi_\lambda^{(\nu)}, \qquad \eta_\varkappa = \sum_{\lambda=1}^{\infty} p_{\lambda\varkappa}\, \xi_\lambda,$$

so wird noch

$$A(\xi^{(\nu)}) = B(\eta^{(\nu)}), \quad A(\xi) = B(\eta), \quad \lim_{\nu \to \infty} \eta_\varkappa^{(\nu)} = \eta_\varkappa.$$

Da $\sum \eta_\lambda^2$ konvergent und

$$|B^{(m)}(\eta)| < \text{const.} \sum_{\lambda=m}^{\infty} \eta_\lambda^2$$

ist, können wir m noch so wählen, daß

$$|B^{(m)}(\eta)| < \frac{\varepsilon}{4} \tag{16}$$

wird. Es sei nun

$$B(y) = C^{(m)}(y) + B^{(m)}(y).$$

Die Form

$$C^{(m)}(y) = \sum_{\varkappa, \lambda}{}_1^m b_{\varkappa\lambda}\, y_\varkappa y_\lambda + 2 \sum_{\varkappa=1}^{m} y_\varkappa \sum_{\lambda=1}^{\infty} b_{\varkappa\lambda}\, y_\lambda$$

ist nun gewiß vollstetig, da jede beschränkte Linearform diese Eigenschaft besitzt. Wir können daher N_1 so bestimmen, daß für $\nu > N_1$

$$|C^{(m)}(\eta^{(\nu)}) - C^{(m)}(\eta)| < \frac{\varepsilon}{4} \tag{17}$$

wird. Aus der für alle Punkte $(y) = (\eta^{(\nu)})$ geltenden Formel (15) folgt aber in Verbindung mit (16) und (17) für $\nu > N_1$

$$\begin{aligned} A(\xi^{(\nu)}) - A(\xi) &= B(\eta^{(\nu)}) - B(\eta) \\ &= [C^{(m)}(\eta^{(\nu)}) - C^{(m)}(\eta)] + B^{(m)}(\eta^{(\nu)}) - B^{(m)}(\eta) \\ &< \frac{\varepsilon}{4} + \frac{\varepsilon}{2} + \frac{\varepsilon}{4} = \varepsilon. \end{aligned}$$

Betrachtet man nun an Stelle von A die Form $-A$ und benutzt erst jetzt, daß auch $\alpha^* = 0$ sein soll, so kann man ebenso N_2 so bestimmen, daß für $\nu > N_2$

$$-A(\xi^{(\nu)}) + A(\xi) < \varepsilon$$

wird. Für $\nu > \mathrm{Max}(N_1, N_2)$ gelten dann beide Ungleichungen (14).

Damit ist der erste Teil des Satzes II vollständig bewiesen, und hierbei haben wir vom Begriff des Spektrums der Form $A(x)$ keinen Gebrauch gemacht. Auch der **Hilbertsche** Hauptsatz über vollstetige Formen ist bis jetzt noch nicht benutzt worden. Wir bedienen uns aber seiner, um umgekehrt zu zeigen, daß für eine vollstetige Form $A(x)$ stets $\alpha = \alpha^* = 0$ sein muß. Dies ergibt sich am einfachsten mit Hilfe des Satzes IV, wobei sogar nur von der Ungleichung (11) und der aus ihr folgenden Ungleichung $\mu_n^*(B) \leqq \alpha_n^*$ Gebrauch gemacht wird. Ist nämlich

$$B(y) = \omega_1 y_1^2 + \omega_2 y_2^2 + \cdots$$

die **Hilbertsche** Normalform der gegebenen vollstetigen Form $A(x)$, so wird wegen $\lim \omega_n = 0$ in den Bezeichnungen des § 4

$$\lim_{n\to\infty} \mu_n(B) = \lim_{n\to\infty} \mu_n^*(B) = 0$$

und hieraus folgt wegen

$$\mu_n(B) \geqq \alpha_n \geqq \alpha \geqq \alpha^* \geqq \alpha_n^* \geqq \mu_n^*(B),$$

daß $\alpha = \alpha^* = 0$ sein muß.

Man kann aber auch etwas anders zum Ziele gelangen: Um die charakteristischen Zahlen $\alpha_\varrho, \alpha_\sigma^*$ der Form $A(x)$ zu berechnen, kann man sich nach Satz III an Stelle von $A(x)$ der zugehörigen Normalform $B(y)$ bedienen. Für diese Form sind aber die charakteristischen Wurzeln des n-ten Abschnitts einfach die Größen $\omega_1, \omega_2, \ldots, \omega_n$. Man kennt also das zu $B(y)$ gehörende Dreiecksschema und eine einfache Betrachtung lehrt, daß *die von Null verschiedenen unter den Zahlen $\alpha_\varrho, \alpha_\sigma^*$ mit den von Null verschiedenen unter den Hilbertschen reziproken Eigenwerten ω_n übereinstimmen.* Wegen $\lim \omega_n = 0$ liefert dies wieder $\alpha = \alpha^* = 0$.

(Eingegangen am 7. August 1921.)

Zur Infinitesimalgeometrie: p dimensionale Fläche im n dimensionalen Raum.

Von

H. Weyl in Zürich.

Die erste Aufgabe der Infinitesimalgeometrie ist es, eine einzelne stetige *Mannigfaltigkeit für sich* zu betrachten; erst in zweiter Linie steht das Studium einer p dimensionalen *Mannigfaltigkeit* („Fläche"), *welche in eine höherdimensionale Mannigfaltigkeit* (den n dimensionalen „Raum") *eingebettet ist*. Von diesem Problem, von welchem die Theorie der krummen Kurven und Flächen im dreidimensionalen Euklidischen Raum ein Spezialfall ist, soll hier die Rede sein; ich möchte zeigen, wie die Grundbegriffe und Grundformeln dieser Theorie einheitlich, anschaulich und ohne neue Rechnung aus der Infinitesimalgeometrie der Einzelmannigfaltigkeit gewonnen werden können.

Es seien $x_1 x_2 \ldots x_n$ Koordinaten im n dimensionalen Raum, $y_1 y_2 \cdots y_p$ Koordinaten auf der p dimensionalen Fläche. Die Einbettungsgleichungen, welche angeben, an welcher Raumstelle x_J ein beliebiger Flächenpunkt $P = (y_\alpha)$ sich befindet, mögen lauten

$$x_J = x_J(y_1 y_2 \cdots y_p) \qquad (J = 1, 2, \ldots, n).$$

Innerhalb des n dimensionalen zu P gehörigen Vektorraumes legt die Fläche den p dimensionalen *Tangentialraum* $\mathfrak{T} = \mathfrak{T}_P$ fest, der von den Vektoren

$$e_\alpha = (e_\alpha^1, e_\alpha^2, \ldots, e_\alpha^n) = \left(\frac{\partial x_1}{\partial y_\alpha}, \frac{\partial x_2}{\partial y_\alpha}, \ldots, \frac{\partial x_n}{\partial y_\alpha}\right) \quad (\alpha = 1, 2, \ldots, p)$$

aufgespannt wird.

I. Wir nehmen zunächst nur an, daß *der Raum einen affinen Zusammenhang trägt*. Um ihn auf die Fläche übertragen zu können, müssen wir voraussetzen, daß dem willkürlichen Flächenpunkte P außer dem p dimensionalen Tangential- auch noch ein $q = (n - p)$ dimensionaler „*Normalraum*" $\mathfrak{N} = \mathfrak{N}_P$ zugeordnet ist. Er besteht gleichfalls aus einer linearen Schar von Vektoren in P; $\mathfrak{T}$ und $\mathfrak{N}$ dürfen keinen Vektor außer 0 gemeinsam haben, so daß sich jeder Vektor in P auf eine und nur eine Weise aus einem tangentialen und einem normalen additiv zusammensetzt. Aus einer leicht verständlichen Vorstellung heraus will ich unter diesen Umständen von einer in den Raum *eingespannten* Fläche sprechen. $\boldsymbol{e}_i$ $(i = p+1, \ldots, n)$ seien q unabhängige Vektoren, welche den Normalraum aufspannen. Wende ich die Zerspaltung des Vektorraums in $\mathfrak{T} + \mathfrak{N}$ an auf die Parallelverschiebung eines beliebigen Vektors in P nach dem unendlich benachbarten Flächenpunkte P', so erhalte ich folgendes:

1. Aus einem tangentialen Vektor $\boldsymbol{t}$ in P entsteht ein Vektor $\boldsymbol{t}' + d\boldsymbol{n}$ in P' ($\boldsymbol{t}'$ tangential, $d\boldsymbol{n}$ normal). Das Gesetz $\boldsymbol{t} \rightarrow \boldsymbol{t}'$, nach welchem ein Flächenvektor in P übergeht in einen Flächenvektor in P', bezeichne ich als den *affinen Zusammenhang der Fläche*. Das Gesetz $\boldsymbol{t} \rightarrow d\boldsymbol{n}$, nach welchem aus einem Flächenvektor in P und einer infinitesimalen Verschiebung in der Fläche ein infinitesimaler Normalvektor $d\boldsymbol{n}$ in P entsteht, wird wie in der gewöhnlichen Flächentheorie als *Krümmung* zu bezeichnen sein; die Krümmung mißt, in welchem Maße beim Fortschreiten auf der Fläche durch Parallelverschiebung der Tangentialraum zum Normalraum sich hinüberwendet.

2. Aus einem normalen Vektor $\boldsymbol{n}$ in P entsteht ein Vektor $\boldsymbol{n}' + d\boldsymbol{t}$ ($\boldsymbol{n}'$ normal, $d\boldsymbol{t}$ tangential). Die infinitesimale lineare Abbildung $\boldsymbol{n} \rightarrow \boldsymbol{n}'$ von $\mathfrak{N}_P$ auf $\mathfrak{N}_{P'}$ ist die *Torsion*. Das Gesetz $\boldsymbol{n} \rightarrow d\boldsymbol{t}$, das aus einem normalen Vektor und einer infinitesimalen Verschiebung in der Fläche einen infinitesimalen tangentialen Vektor entstehen läßt und welches angibt, wie sich der Normalraum bei seiner Verschiebung auf der Fläche zum Tangentialraum hinüberwendet, könnte man zum Unterschied von der unter 1. erwähnten „longitudinalen" die *Transversalkrümmung* nennen.

Ist

$$dv^{\mathfrak{i}} = -d\gamma^{\mathfrak{i}}_{\mathfrak{k}} \cdot v^{\mathfrak{k}}, \qquad d\gamma^{\mathfrak{i}}_{\mathfrak{k}} = \Gamma^{\mathfrak{i}}_{\mathfrak{k}\varrho} (dy)^{\varrho} \qquad (\Gamma^{\mathfrak{i}}_{\alpha\beta} = \Gamma^{\mathfrak{i}}_{\beta\alpha})$$

die Formel für die in der Fläche sich vollziehende infinitesimale Parallelverschiebung eines willkürlichen Vektors $v^{\mathfrak{i}}\boldsymbol{e}_{\mathfrak{i}}$ — die deutschen Indizes durchlaufen alle Werte von 1 bis n, die griechischen nur von 1 bis p, $(dy)^{\alpha}$ steht wegen seines kontravarianten Verhaltens statt dy_{α} —, so entspricht diese Zerspaltung in vier Bestandteile der nebenstehend angedeuteten Zerlegung des quadratischen Schemas der Koeffizienten $d\gamma^{\mathfrak{i}}_{\mathfrak{k}}$ ($\mathfrak{i}$ ist Zeilen-, $\mathfrak{k}$ Kolonnenindex). Bei Trennung in Tangential- und Normal-Bestandteil verwenden wir für diesen lateinische, für jenen griechische Indizes, setzen $\boldsymbol{e}_{p+i} = \bar{\boldsymbol{e}}_i$ und bezeichnen einen willkürlichen tangentialen Vektor mit $v^{\alpha}\boldsymbol{e}_{\alpha}$, einen willkürlichen normalen mit $v^i \boldsymbol{e}_i$. Dann sind

	$1 \ldots p$	$p+1 \ldots n$
$1 \ldots p$	affiner Zusammenhang	transversale Krümmung
$p+1 \ldots n$	longitudinale Krümmung	Torsion

tt) $\Gamma^{\alpha}_{\varrho\sigma} = \Gamma^{\alpha}_{\sigma\varrho}$ die Komponenten des affinen Zusammenhangs der Fläche; das Gesetz $t \to t'$ lautet in Formeln: $dv^{\alpha} = -\Gamma^{\alpha}_{\varrho\sigma} v^{\varrho} (dy)^{\sigma}$.

nt) $G^{i}_{\alpha\beta} = \Gamma^{p+i}_{\alpha\beta}$ sind die Komponenten der Krümmung: zu zwei infinitesimalen Verschiebungen d und δ auf der Fläche gehört der normale Vektor mit den Komponenten $-G^{i}_{\alpha\beta}(dy)^{\alpha}(\delta y)^{\beta}$ $(i = 1, 2, \ldots, q)$; wie in der gewöhnlichen Flächentheorie gilt auch hier für diese „zweite Fundamentalform" das Symmetriegesetz $G^{i}_{\alpha\beta} = G^{i}_{\beta\alpha}$.

tn) $\bar{G}^{\alpha}_{i\beta} = \Gamma^{\alpha}_{p+i,\beta}$ sind die Komponenten der Transversalkrümmung, die aus einem tangentialen dy durch einen normalen Vektor $\bar{v}$ ein anderes δy entstehen läßt: $(\delta y)^{\alpha} = -\bar{G}^{\alpha}_{i\beta}\bar{v}^{i}(dy)^{\beta}$.

nn) $\mathsf{T}^{i}_{k\alpha} = \Gamma^{p+i}_{p+k,\alpha}$ Torsion: $d\bar{v}^{i} = -\mathsf{T}^{i}_{k\alpha} v^{k} (dy)^{\alpha}$.

Verändert sich ein Vektor mit den Komponenten u^{J} im Koordinatensystem der x_{J} bei der Verschiebung $(dx)^{J}$ des Anfangspunktes im Raum in den Vektor $u^{J} + du^{J}$, so mißt der Vektor mit den Komponenten $du^{J} + d\beta^{J}_{K} \cdot u^{K}$ seine invariante Änderung; in $d\beta^{J}_{K} = \mathsf{B}^{J}_{KN}(dx)^{N}$ sind B die Komponenten des räumlichen affinen Zusammenhangs. Wenden wir das an auf die zur Fläche gehörigen „Einheitsvektoren" $u = e_{\mathfrak{i}} = (e^{1}_{\mathfrak{i}}, e^{2}_{\mathfrak{i}}, \ldots, e^{n}_{\mathfrak{i}})$ bei einer Verschiebung *in der Fläche* und drücken die invariante Änderung der $e_{\mathfrak{i}}$ zugleich in ihrem eigenen Koordinatensystem aus, so erhalten wir die „*Fundamentalformeln der Flächentheorie*", die im Falle $p = 1$ an den Namen Frenets geknüpft zu werden pflegen:

$$(1) \qquad \frac{\partial e^{J}_{\mathfrak{i}}}{\partial y_{\alpha}} + \mathsf{B}^{J}_{MN} e^{M}_{\mathfrak{i}} e^{N}_{\alpha} = \Gamma^{\mathfrak{j}}_{\mathfrak{i}\alpha} e^{J}_{\mathfrak{j}}.$$

Ist der Raum *eben* und das verwendete räumliche Koordinatensystem ein lineares ($\mathsf{B} = 0$), so lauten diese Gleichungen insbesondere:

$$(2) \qquad \frac{\partial e_{\mathfrak{i}}}{\partial y_{\alpha}} = \Gamma^{\mathfrak{t}}_{\mathfrak{i}\alpha} e_{\mathfrak{t}},$$

oder zerspalten:

$$(3) \qquad t) \; \frac{\partial e_{\beta}}{\partial y_{\alpha}} = \Gamma^{\varrho}_{\alpha\beta} e_{\varrho} + G^{r}_{\alpha\beta} \bar{e}_{r}, \qquad n) \; \frac{\partial \bar{e}_{i}}{\partial y_{\alpha}} = \bar{G}^{\varrho}_{i\alpha} e_{\varrho} + \mathsf{T}^{r}_{i\alpha} \bar{e}_{r}.$$

II. Vom affinen Zusammenhang kommen wir zur *Metrik*. Ist der Raum ein metrischer Riemannscher Raum, so überträgt sich seine Metrik ohne weiteres auf jede in ihn *eingebettete* Fläche. Soll dabei die metrische Fundamentalform der Fläche niemals eine ausgeartete werden, so muß die metrische Fundamentalform des Raumes definit sein, und das wollen wir denn in der Tat für das Folgende voraussetzen. Die Fläche werde *auf natürliche Art in den Raum eingespannt*, d. h. der Normalraum $\mathfrak{N}$ bestehe aus allen Vektoren, welche zu $\mathfrak{T}$ senkrecht sind. Für $\bar{e}_{i} = e_{p+i}$ wählen wir q Vektoren von der Länge 1, die aufeinander senkrecht stehen.

Die Komponenten $g_{\mathfrak{i}\mathfrak{k}}$ des metrischen Raumfeldes im Flächenpunkte P, das sind die skalaren Produkte $(\boldsymbol{e}_\mathfrak{i} \cdot \boldsymbol{e}_\mathfrak{k})$, bilden dann das nebenstehende Schema. Darin ist

$$\left|\begin{array}{c|c} g_{11} \cdots g_{1p} & 0 \,..\, 0 \\ \cdots\cdots\cdots & \cdots \\ g_{p1} \cdots g_{pp} & 0 \,..\, 0 \\ \hline 0 \,\ldots\, 0 & 1 \,..\, 0 \\ \cdots\cdots & \cdots \\ 0 \,\ldots\, 0 & 0 \,..\, 1 \end{array}\right|$$

$$ds^2 = g_{\alpha\beta}(dy)^\alpha (dy)^\beta$$

die *metrische Fundamentalform der Fläche.*

Der metrische Raum ist mit einem affinen Zusammenhang ausgestattet, der eindeutig dadurch charakterisiert ist, daß bei infinitesimaler Parallelverschiebung eines Vektors dessen Maßzahl ungeändert bleibt. Bei Zerspaltung in $\mathfrak{T} + \mathfrak{N}$ liefert das die folgenden Aussagen:

1. die Abbildung $\boldsymbol{t} \to \boldsymbol{t}'$ von $\mathfrak{T}_P$ auf $\mathfrak{T}_{P'}$ läßt die Länge der Vektoren $\boldsymbol{t}$ ungeändert; oder: *der affine Zusammenhang der Fläche ist derjenige, welcher zu der auf der Fläche herrschenden Metrik gehört*;

2. für die Abbildungen $\boldsymbol{t} \to d\boldsymbol{n}$ und $\boldsymbol{n} \to d\boldsymbol{t}$ gilt $(\boldsymbol{t} \cdot d\boldsymbol{t}) + (\boldsymbol{n} \cdot d\boldsymbol{n}) = 0$; dadurch *wird die transversale Krümmung auf die longitudinale zurückgeführt*;

3. auch die Abbildung $\boldsymbol{n} \to \boldsymbol{n}'$ (die *Torsion*) ist eine *kongruente*, eine infinitesimale „Drehung". — In Formeln drückt sich das so aus: die Gleichung

$$dg_{\mathfrak{i}\mathfrak{k}} = g_{\mathfrak{i}\mathfrak{r}}\, d\gamma^\mathfrak{r}_\mathfrak{k} + g_{\mathfrak{k}\mathfrak{r}}\, d\gamma^\mathfrak{r}_\mathfrak{i} \tag{4}$$

spaltet sich in

$$(5)\qquad \left\{\begin{array}{rl} tt) & \dfrac{\partial g_{\mu\nu}}{\partial y_\alpha} = g_{\mu\varrho}\Gamma^\varrho_{\nu\alpha} + g_{\nu\varrho}\Gamma^\varrho_{\mu\alpha}, \\ nt) \text{ oder } tn) & 0 = G^i_{\alpha\beta} + g_{\alpha\varrho}\overline{G}^\varrho_{i\beta}, \\ nn) & 0 = \mathsf{T}^i_{k\alpha} + \mathsf{T}^k_{i\alpha}. \end{array}\right.$$

III. Umfährt der Vektor $\boldsymbol{v}^\mathfrak{i}\boldsymbol{e}_\mathfrak{i}$ ein unendlichkleines zweidimensionales Element auf der Fläche mit den Komponenten

$$(\varDelta y)^{\alpha\beta} = (dy)^\alpha(\delta y)^\beta - (dy)^\beta(\delta y)^\alpha,$$

so erleidet er eine Änderung

$$\varDelta \boldsymbol{v}^\mathfrak{i} = \varDelta r^\mathfrak{i}_\mathfrak{k} \cdot \boldsymbol{v}^\mathfrak{k} = \frac{1}{2} R^\mathfrak{i}_{\mathfrak{k}\alpha\beta}\, \boldsymbol{v}^\mathfrak{k} (\varDelta y)^{\alpha\beta},$$

wo

$$R^\mathfrak{i}_{\mathfrak{k}\alpha\beta} = \left(\frac{\partial \Gamma^\mathfrak{i}_{\mathfrak{k}\beta}}{\partial y_\alpha} - \frac{\partial \Gamma^\mathfrak{i}_{\mathfrak{k}\alpha}}{\partial y_\beta}\right) + \left(\Gamma^\mathfrak{i}_{\mathfrak{r}\alpha}\Gamma^\mathfrak{r}_{\mathfrak{k}\beta} - \Gamma^\mathfrak{i}_{\mathfrak{r}\beta}\Gamma^\mathfrak{r}_{\mathfrak{k}\alpha}\right).$$

Um Verwechslungen zu vermeiden, gebrauche ich hierfür statt des Riemannschen Namens „Krümmung" den Terminus „*Wirbel*", der mir allgemein für die Änderung einer Größe beim Umfahren eines Flächenelements passend erscheint. Im metrischen Raum ist $\Delta r_{\mathfrak{i}\mathfrak{k}} = g_{\mathfrak{i}\mathfrak{j}} \Delta r^{\mathfrak{j}}_{\mathfrak{k}}$ eine schiefsymmetrische Matrix, weil der Vektor beim Umfahren seine Länge nicht ändert. Wiederum zerlegt sich das quadratische Schema der $\Delta r^{\mathfrak{i}}_{\mathfrak{k}}$ in die vier Bestandteile tt, nt, tn, nn (tangentialer und normaler Bestandteil der Änderung eines tangentiellen und eines normalen Vektors); ich schreibe die Ausdrücke explizite an für den Fall des metrischen Raumes.

$$tt)\quad R_{\gamma\delta;\,\alpha\beta} = S_{\gamma\delta;\,\alpha\beta} + (G^r_{\gamma\alpha} G^r_{\delta\beta} - G^r_{\gamma\beta} G^r_{\delta\alpha}),$$

$$nn)\quad R_{p+i,\,p+k;\,\alpha\beta} = U_{ik;\,\alpha\beta} + g^{\varrho\sigma}(G^i_{\alpha\varrho} G^k_{\beta\sigma} - G^i_{\beta\varrho} G^k_{\alpha\sigma}).$$

$S_{\gamma\delta;\,\alpha\beta}$ ist der *longitudinale Flächenwirbel* (oder die „Riemannsche Krümmung" der Fläche): Änderung eines tangentialen Vektors, der nach dem Verschiebungsgesetz $t \to t'$ ein in der Fläche gelegenes zweidimensionales Element umfährt; er hängt nur vom affinen Zusammenhang der Fläche (oder ihrer metrischen Fundamentalform) ab. Der *transversale Flächenwirbel* $U_{ik;\,\alpha\beta}$ aber ist die Änderung eines normalen Vektors, der nach dem Verschiebungsgesetz $n \to n'$ um das Flächenelement herumgeführt wird; er gehört so zur Torsion, wie der longitudinale Wirbel zum affinen Zusammenhang der Fläche. — Den Bestandteil

$$nt)\quad C^i_{\gamma,\,\alpha\beta} = \left(\frac{\partial G^i_{\gamma\beta}}{\partial y_\alpha} - \frac{\partial G^i_{\gamma\alpha}}{\partial y_\beta}\right) + (\Gamma^\varrho_{\gamma\beta} G^i_{\alpha\varrho} - \Gamma^\varrho_{\gamma\alpha} G^i_{\beta\varrho}) + (G^r_{\gamma\beta} \mathrm{T}^i_{r\alpha} - G^r_{\gamma\alpha} \mathrm{T}^i_{r\beta})$$

bezeichne ich als *Codazzischen Tensor*; wegen der Schiefsymmetrie von $\Delta r_{\mathfrak{i}\mathfrak{k}}$ ist der Bestandteil $tn)$ $\bar{C}^\gamma_{i,\,\alpha\beta}$ im wesentlichen damit identisch: $C^i_{\gamma,\,\alpha\beta} + g_{\gamma\varrho} \bar{C}^\varrho_{i,\,\alpha\beta} = 0$.

Ist der Raum ein ebener, so ist *die Änderung eines Vektors beim Umfahren eines Flächenelements* $= 0$:

$$(6)\qquad R^{\mathfrak{i}}_{\mathfrak{k}\,\alpha\beta} = 0,$$

oder zerlegt:

$$(7)\quad \begin{cases} tt) \text{ longitudinaler Flächenwirbel } = \sum_r (G^r_{\alpha\delta} G^r_{\beta\gamma} - G^r_{\beta\delta} G^r_{\alpha\gamma}), \\ nn) \text{ transversaler Flächenwirbel } = \sum_{\varrho\sigma} g^{\varrho\sigma} (G^k_{\alpha\sigma} G^i_{\beta\varrho} - G^k_{\beta\sigma} G^i_{\alpha\varrho}), \\ nt) \text{ od. } tn) \text{ der Codazzische Tensor } = 0. \end{cases}$$

Das sind die *Integrabilitätsbedingungen* der „Fundamentalformeln" (2) bzw. (3); sind sie erfüllt, so haben jene Gleichungen, als Differentialgleichungen für die Unbekannten $e_{\mathfrak{i}}$ betrachtet, eine und nur eine Lösung mit beliebig vorgegebenen Anfangswerten. Bedeutet x den vom Nullpunkt zum Flächenpunkt führenden Vektor mit den Komponenten x_J, so kann man dann x aus $\frac{\partial x}{\partial y_\alpha} = e_\alpha$ bestimmen, da nach (3_t) $\frac{\partial e_\alpha}{\partial y_\beta} = \frac{\partial e_\beta}{\partial y_\alpha}$ ist. Im metrischen Fall erfüllen die Lösungen e_i identisch auf der Fläche die Gleichungen $(e_i \cdot e_t) = g_{it}$, wenn dies für die Anfangswerte zutrifft; denn nach (2) genügen die Größen $g^*_{it} = (e_i \cdot e_t)$ ebenso gut wie die g_{it} selber den Beziehungen

(4*; vgl. 4) $$dg^*_{it} = g^*_{ir}\,d\gamma^r_t + g^*_{tr}\,d\gamma^r_i.$$

Zu gegebener metrischer Fundamentalform, gegebener Krümmung und Torsion existiert im Euklidischen Raum stets eine und (im Sinne der Kongruenz) *nur eine Fläche, vorausgesetzt, daß die gegebenen Größen den Bedingungen* (6) *bzw.* (7) *genügen* (*Fundamentalsatz der Flächentheorie*).

Der ebene ist nicht der einzige metrisch homogene Raum; auch die „Kugel" von der (positiven oder negativen) konstanten Krümmung λ, deren metrische Fundamentalform

$$(dx_1^2 + dx_2^2 + \ldots + dx_n^2) + \frac{\lambda\,(x_1\,dx_1 + \ldots + x_n\,dx_n)^2}{1 - \lambda\,(x_1^2 + x_2^2 + \ldots + x_n^2)}$$

lautet, ist von solcher Art. Daher kann auch in einem derartigen *Kugelraum* das Problem gestellt werden, eine Fläche aus ihrer Metrik, Krümmung und Torsion zu bestimmen. Seine Lösung gelingt auf die gleiche Weise; die „Fundamentalformeln" und „Integrabilitätsbedingungen" können einfach herübergenommen werden mit den folgenden beiden Modifikationen: auf der rechten Seite von (3_t) ist der Term $-\lambda g_{\alpha\beta} \cdot x$, von (7_{tt}) der Term $-\lambda(g_{\alpha\delta}\,g_{\beta\gamma} - g_{\alpha\gamma}\,g_{\beta\delta})$ hinzuzufügen.

In einem beliebigen Raum mit affinem Zusammenhang, dessen Wirbel im Koordinatensystem der x_J die Komponenten $\mathbf{R}^J_{KAB}$ hat, treten an Stelle von (6) die Gleichungen

$$R^i_{t\alpha\beta}\,e^J_i = \mathbf{R}^J_{KAB}\,e^K_t\,e^A_\alpha\,e^B_\beta.$$

Das alles ist ja ganz trivial; aber es mußte doch einmal gesagt werden. Es wäre sehr zu wünschen, daß auch die gewöhnliche Flächentheorie den Begriff der infinitesimalen Parallelverschiebung, die Auffassung der Riemannschen Krümmung als eines Vektorwirbels und den Gedanken, daß affiner Zusammenhang der Fläche, Krümmung und Torsion eine natürliche Einheit bilden, aufnähme; der Gewinn an Anschaulichkeit und Übersichtlichkeit ist bedeutend. Ferner erscheint es zweckmäßig, die Kurventheorie der hier gegebenen Darstellung insofern anzupassen, daß als Achsenkreuz in der Normalebene nicht mehr die Haupt- und Binormale benutzt werden; denn sie leiden an dem Übelstand, unbestimmt zu werden, wenn die Krümmung verschwindet.

Literatur.

1. A. Voss, Zur Theorie der ... Krümmung höherer Mannigfaltigkeiten, Math. Ann. **16** (1880), S. 129–178.

2. T. Levi-Civita, Nozione di parallelismo in una varietà qualunque ..., Rend. del Circ. Math. di Palermo **42** (1917).

3. H. Weyl, Raum Zeit Materie (4. Aufl., Springer 1921), Kap. II.

4. W. Blaschke, Frenets Formeln für den Raum von Riemann, Math. Zeitschr. **6** (1920), S. 94–99.

5. G. Juvet, Les formules de Frenet pour un espace de M. Weyl, Comptes rendus **172** (27. Juni 1921), S. 1647.

(Eingegangen am 27. August 1921.)

Über die Darstellung der Lehre vom Inhalt in der Integralrechnung.

Von

Erhard Schmidt in Berlin.

Einleitung.

Den Gegenstand dieser Ausführungen bildet eine kleine Schwierigkeit, welche bei der üblichen Darstellung des Volumenbegriffs als Grundlage der Theorie der vielfachen Integrale auftritt. Ich lege dabei das Riemannsche Integral zugrunde, obgleich sich die Bemerkung auch auf das Lebesguesche bezieht. Ebenso beschränke ich mich im Interesse der Durchsichtigkeit auf zwei Dimensionen, doch besitzen alle Ausführungen für n Dimensionen unveränderte Gültigkeit.

Die übliche Definition des äußeren und inneren Inhaltes einer beschränkten Punktmenge P ist bis auf unwesentliche Abweichungen folgende:

Man zerlege die Ebene durch Parallelen zu den Koordinatenachsen in ein Quadratnetz von der Seitenlänge a. Es bezeichne α die Anzahl derjenigen Quadrate, welche überhaupt Punkte von P enthalten, β die Anzahl derjenigen, welche nur aus Punkten von P bestehen. Dann ist zunächst

$$\alpha a^2 \geqq \beta a^2. \tag{1}$$

Man definiert nun den äußeren Inhalt $\bar{J}(P)$ als die untere Grenze von αa^2 für alle möglichen derartigen Quadratnetze und den inneren Inhalt $\underline{J}(P)$ als die obere Grenze von βa^2. Aus (1) ergibt sich dann leicht, daß

$$\bar{J}(P) \geqq \underline{J}(P) \tag{2}$$

ist.

Die erwähnte Schwierigkeit besteht nun in dem Nachweis der Unabhängigkeit des so definierten äußeren und inneren Inhaltes von der Wahl des Koordinatensystems, oder mit anderen Worten in dem Nachweis der Inhaltsgleichheit kongruenter Punktmengen. Dieser Beweis ist leicht, wenn die einfachsten Tatsachen der elementargeometrischen Lehre vom Inhalt geradlinig begrenzter Figuren vorausgesetzt werden. Es handelt sich dabei insbesondere um den Satz: Wird ein System von β nicht übereinandergreifenden Quadraten mit der Seitenlänge b von einem System von α Quadraten mit der Seitenlänge a überdeckt, so ist $\alpha a^2 \geqq \beta b^2$.

Eine saubere Entwicklung der elementargeometrischen Inhaltslehre, insbesondere bei der hier notwendigen Verallgemeinerung auf drei und mehr Dimensionen, dürfte aber die Begründung der Integralrechnung höchst umständlich gestalten — ganz abgesehen von der aus dem Bedürfnis nach Einheitlichkeit erwachsenden Forderung, daß die Begründung der Theorie der vielfachen Integrale gleichzeitig einen independenten Aufbau der Inhaltslehre liefere.

Der zunächst sich darbietende Gedanke, die Invarianz dadurch sicherzustellen, daß der äußere und innere Inhalt von vornherein als untere Grenze von αa^2 und obere Grenze von βa^2 für alle möglichen — also nicht bloß den Koordinatenachsen parallel orientierten — Quadratnetze definiert werden, verschiebt nur die Schwierigkeit auf den nunmehr zu erbringenden Beweis der Ungleichung (2). Dagegen ist diese Ungleichung natürlich eine unmittelbare Konsequenz des obenerwähnten Satzes der elementargeometrischen Inhaltslehre.

Der Schwierigkeit entgeht auch das folgende, von einigen Autoren eingeschlagene elegante Verfahren nicht:

Man leite zunächst bloß den Begriff des Doppelintegrals über ein quadratisches Gebiet her und definiere dann den äußeren und inneren Inhalt der Punktmenge P, indem man sie mit einem Quadrat überdeckt und über dieses das obere und untere Integral derjenigen Funktion bildet, welche für alle Punkte von P gleich Eins und für alle übrigen Punkte gleich Null ist.

Denn nun handelt es sich um den Nachweis der Unabhängigkeit des so definierten Inhaltes von der Wahl des Überdeckungsquadrates.

Um die Schwierigkeit zu überwinden, könnte folgender Weg eingeschlagen werden.

Man definiert den Inhalt vorläufig in bezug auf ein Koordinatensystem xy und leitet auf dieser Grundlage die Theorie der Doppelintegrale her, namentlich ihre Berechnung durch sukzessive Integration nach x und y. Dann läßt sich der zu führende Invarianzbeweis, wie leicht ersichtlich, auf den Nachweis reduzieren, daß der obige in bezug auf das Koordinatensystem xy definierte Inhalt eines beliebig orientierten Quadrates von der Seite 1 gleich 1 ist. Das kann durch effektive Ausrechnung des Doppelintegrals mittels sukzessiver Integration nach x und y

geschehen. Diese Rechnung ist bei zwei Dimensionen leicht durchzuführen. gestaltet sich aber bei steigender Dimensionenzahl höchst lästig.

In der mustergültigen und eleganten Darstellung von Carathéodory in seinen „Vorlesungen über reelle Funktionen“ wird der Inhalt ebenfalls vorläufig in bezug auf ein Koordinatensystem definiert. Der Beweis der Invarianz wird dann geführt, indem durch eine Reihe von einfachen Transformationen unter Heranziehung der Determinantentheorie die bekannte Determinantenformel für den Inhalt eines Parallelepipedons hergeleitet wird. Aus dieser folgt dann, daß der Inhalt eines beliebig orientierten Würfels von der Kante 1 gleich 1 ist.

Ich möchte im folgenden eine, wie mir scheint, sehr einfache independente Darstellung der Inhaltslehre auseinandersetzen, die sich ohne jede Weiterung auf n Dimensionen übertragen läßt.

§ 1.

Elementargeometrische Hilfssätze.

Es mögen β nicht übereinandergreifende Quadrate mit den Seiten $b_1, b_2, \ldots, b_\beta$ von einem Quadrat mit der Seite a überdeckt werden. Dann ist

$$a^2 \geqq \sum_{1}^{\beta}{}_{\nu}\, b_\nu^2. \tag{3}$$

Beweis. Zerlegt man zunächst ein Rechteck durch eine im Innern verlaufende Parallele zu einer Seite, so folgt aus dem distributiven Gesetz der Multiplikation, daß das Seitenprodukt des ganzen Rechtecks gleich der Summe der Seitenprodukte der beiden Teilrechtecke ist. Durch Wiederholung dieses Schlusses ergibt sich leicht, daß, wenn ein Rechteck durch endlich viele im Innern verlaufende Parallelen zu den Seiten in Teilrechtecke zerlegt wird, das Seitenprodukt des ganzen Rechtecks gleich der Summe der Seitenprodukte der Teilrechtecke ist.

Sind nun die gegebenen inneren Quadrate b_ν zu dem äußeren Quadrat a parallel gelegen, so ist die zu beweisende Behauptung trivial.

Denn verlängert man die Seiten der inneren Quadrate bis zu ihrem Schnittpunkt mit dem äußeren, so zerfallen sämtliche Quadrate in Teilrechtecke. Gemäß dem eben Ausgeführten wird dabei a^2 gleich der Summe der Seitenprodukte sämtlicher Teilrechtecke, während für jedes innere Quadrat b_ν^2 gleich der Summe der Seitenprodukte derjenigen Rechtecke wird, in welche es zerfällt. Da nun keine zwei inneren Quadrate ein Teilrechteck gemein haben, so folgt die zu beweisende Behauptung.

Im allgemeinen Falle konstruiere man in jedem Quadrate b_ν ein konzentrisches, zum Quadrat a paralleles Quadrat mit der Seite c_ν:

$$c_\nu = \frac{b_\nu}{\sqrt{2}}. \tag{4}$$

Da jedes Quadrat c_ν vom entsprechenden Quadrat b_ν überdeckt wird, so erhält man jetzt β nicht übereinandergreifende Quadrate c_ν, welche vom Quadrate a überdeckt werden und diesem parallel sind. Also ist gemäß dem eben Ausgeführten

$$a^2 \geqq \sum_1^\beta {}_\nu c_\nu^2 = \sum_1^\beta {}_\nu \frac{b_\nu^2}{2}. \tag{5}$$

Bezeichnet man den Quotienten

$$\frac{\sum_1^\beta {}_\nu b_\nu^2}{a^2}$$

als die Verhältniszahl der aus den Quadraten b_ν und dem sie überdeckenden Quadrat a gebildeten Figur, so liefert uns also die Ungleichung (5) für die Verhältniszahl die vorläufige obere Schranke 2.

Man betrachte nun wieder die ursprüngliche, aus dem äußeren Quadrate a und den β inneren Quadraten b_ν bestehende Figur. Man konstruiere in jedem Quadrate b_ν β neue Quadrate mit den Seiten $b_{\nu 1}$, $b_{\nu 2}$, $\ldots$, $b_{\nu\beta}$, so daß die aus dem Quadrate b_ν und den Quadraten $b_{\nu 1}$, $b_{\nu 2}$, $\ldots$, $b_{\nu\beta}$ bestehende Figur der ursprünglichen, aus dem Quadrate a und den Quadraten $b_1, b_2, \ldots, b_\beta$ gebildeten ähnlich wird. Setzt man nun

$$\frac{\sum_1^\beta {}_\nu b_\nu^2}{a^2} = q,$$

so wird

$$\frac{\sum_1^\beta {}_\varrho b_{\nu\varrho}^2}{b_\nu^2} = q, \qquad \frac{\sum_1^\beta {}_{\nu,\varrho} b_{\nu\varrho}^2}{a^2} = q^2.$$

Da nun die neuen Quadrate $b_{\nu\varrho}$ ebenfalls nicht übereinandergreifen und vom Quadrate a überdeckt werden, so liefert die letzte Gleichung das Ergebnis, daß zu jeder den Voraussetzungen des Satzes I genügenden Figur mit der Verhältniszahl q eine denselben Voraussetzungen genügende Figur mit der Verhältniszahl q^2 konstruiert werden kann.

Wiederholt man diese Konstruktion k mal, so erhält man eine den Voraussetzungen des Satzes I genügende Figur mit der Verhältniszahl q^{2^k}.

Da, wie oben bewiesen, 2 eine obere Schranke für die Verhältniszahlen bildet, so ist also

$$q^{2^k} \leqq 2.$$

Da endlich diese Ungleichung für beliebig große Werte von k gilt, so folgt

$$q \leqq 1,$$

w. z. b. w.

Der Beweis dieses Satzes für m Dimensionen ist offenbar genau derselbe, nur daß die Gleichung (4)

$$c_\nu = \frac{b_\nu}{\sqrt{m}}$$

lauten muß, und dementsprechend als vorläufige obere Schranke sich statt der Zahl 2 die Zahl $(\sqrt{m})^m$ ergibt.

Wir verallgemeinern diesen Satz zum Satze

II. Es mögen β nicht übereinandergreifende Quadrate mit den Seiten $b_1, b_2, \ldots, b_\beta$ von der Gesamtheit von α Quadraten mit den Seiten $a_1, a_2, \ldots, a_\alpha$ überdeckt werden. Letztere Quadrate dürfen also auch insbesondere übereinandergreifen. Dann ist

$$\sum_1^\alpha {}_\mu a_\mu^2 \geqq \sum_1^\beta {}_\nu b_\nu^2. \tag{6}$$

Beweis. Wird jedes Quadrat b_ν von mindestens einem Quadrate a_μ völlig überdeckt, so ist die Behauptung trivial. Denn sie ergibt sich durch Anwendung des Satzes I auf jedes Quadrat a_μ und die von ihm völlig überdeckten Quadrate b_ν a fortiori.

Im allgemeinen Falle konstruiere man um jedes Quadrat a_μ ein konzentrisches, paralleles mit der Seite $a'_\mu = a_\mu + 2\delta$. Man zerlege ferner jedes Quadrat b_ν durch Parallelen zu den Seiten in k_ν^2 Teilquadrate mit den Seiten $\frac{b_\nu}{k_\nu}$, wo k_ν so groß gewählt wird, daß die Diagonalen dieser Teilquadrate kleiner als δ werden. Dann wird jedes Teilquadrat von mindestens einem Quadrat a'_μ völlig überdeckt. Denn, da es von der Gesamtheit der Quadrate a_μ überdeckt wird, muß es mit mindestens einem dieser, etwa a_ϱ, einen Punkt gemein haben. Von dem konzentrischen Quadrat a'_ϱ wird es dann völlig überdeckt.

Gemäß der Bemerkung am Anfang dieses Beweises ist daher

$$\sum_1^\alpha {}_\mu a'^2_\mu \geqq \sum_1^\beta {}_\nu k_\nu^2 \left(\frac{b_\nu}{k_\nu}\right)^2 = \sum_1^\beta {}_\nu b_\nu^2.$$

Läßt man jetzt δ verschwinden, so ergibt sich die zu beweisende Ungleichung (6).

Der Beweis dieses Satzes für m Dimensionen ist offenbar genau derselbe.

§ 2.

Die Definition des Inhaltes [1]).

Es sei in der Ebene eine beschränkte Punktmenge P gegeben.

Es seien $a_1, a_2, \ldots, a_\alpha$ die Seiten eines beliebigen P überdeckenden endlichen Systems von Quadraten, die also insbesondere auch übereinandergreifen dürfen. Unter dem äußeren Inhalt $\bar{J}(P)$ der Punktmenge verstehen wir die untere Grenze der Summe

$$\sum_1^\alpha {}_\mu a_\mu^2 \tag{7}$$

für die Gesamtheit aller solcher Systeme.

Es seien $b_1, b_2, \ldots, b_\beta$ die Seiten eines beliebigen von P überdeckten endlichen Systems nicht übereinandergreifender Quadrate. Unter dem inneren Inhalt $\underline{J}(P)$ der Punktmenge verstehen wir die obere Grenze der Summe

$$\sum_1^\beta {}_\nu b_\nu^2 \tag{8}$$

für die Gesamtheit aller solcher Systeme.

Ist der äußere Inhalt gleich dem inneren, so sagt man, die Punktmenge hat einen bestimmten Inhalt und bezeichnet ihn mit $J(P)$.

III. Da jedes System (8) von jedem System (7) überdeckt wird, so folgt aus II

$$\bar{J}(P) \geqq \underline{J}(P). \tag{9}$$

Ferner ergeben sich aus der Definition unmittelbar folgende Tatsachen:

IV. Kongruente Punktmengen haben miteinander einen gleichen äußeren und inneren Inhalt.

V. Ist die Punktmenge Q in P enthalten, so ist

$$\bar{J}(Q) \leqq \bar{J}(P), \tag{10}$$

$$\underline{J}(Q) \leqq \underline{J}(P). \tag{11}$$

VI. Unter der Vereinigungsmenge der Punktmengen $P_1, P_2, \ldots, P_n$ verstehe man die Gesamtheit derjenigen Punkte, welche einer der Punkt-

[1]) Die in diesem und in den folgenden Paragraphen auseinandergesetzten Definitionen und Sätze sind natürlich sämtlich bekannt. Ich muß sie nur mit ihren Beweisen wiedergeben, um zu zeigen, wie sich der Aufbau der Inhaltslehre auf Grund der Hilfssätze des § 1 durchführen läßt.

mengen P_ν angehören. Man bezeichne sie mit $\sum_1^n {}_\nu P_\nu$ und setze, wie in diesen Ausführungen durchweg geschieht, voraus, daß die Punktmengen P_ν beschränkt sind. Dann ergibt sich aus der Definition des äußeren Inhaltes unmittelbar:

$$\bar{J}\sum_{1}^{n}{}_{\nu} P_\nu \leqq \sum_{1}^{n}{}_{\nu} \bar{J}(P_\nu). \tag{12}$$

Man verstehe unter einem inneren Punkt einer Punktmenge einen solchen Punkt, um welchen als Zentrum sich ein Kreis beschreiben läßt, dessen Inneres nur aus Punkten der Punktmenge besteht. Dann ergibt sich aus der Definition des inneren Inhaltes unmittelbar:

Haben keine zwei der beschränkten Punktmengen $P_1, P_2, \ldots, P_n$ einen inneren Punkt gemein, so ist

$$\underline{J}\sum_{1}^{n}{}_{\nu} P_\nu \geqq \sum_{1}^{n}{}_{\nu} \underline{J}(P). \tag{13}$$

Es mögen endlich noch die Punktmengen P_ν einen bestimmten Inhalt haben, d. h. die Gleichungen bestehen:

$$\bar{J}(P_\nu) = \underline{J}(P_\nu) = J(P_\nu) \qquad (\nu = 1, 2, \ldots, n). \tag{14}$$

Dann folgt aus (9), (12), (13), (14), daß auch die Vereinigungsmenge einen bestimmten Inhalt hat, und daß

$$J\sum_{1}^{n}{}_{\nu} P_\nu = \sum_{1}^{n}{}_{\nu} J(P_\nu) \tag{15}$$

ist.

VII. Bezeichnet R ein Rechteck mit den Seiten p und q, so ist

$$\bar{J}(R) = \underline{J}(R) = J(R) = p \cdot q. \tag{16}$$

Beweis. Man wähle $q' > q$ und zu p kommensurabel. Es sei also

$$\frac{p}{r'} = \frac{q'}{s'},$$

wo r' und s' ganze Zahlen bedeuten. Man zerlege das verlängerte Rechteck mit den Seiten p und q' durch Parallelen zu den Seiten in $r' \cdot s'$ Teilquadrate mit der Seite $\frac{p}{r'} = \frac{q'}{s'}$. Dann bilden diese Teilquadrate ein R überdeckendes Quadratsystem (7). Mithin ist

$$\bar{J}(R) \leqq r' \cdot s' \cdot \left(\frac{p}{r'}\right)^2 = p \cdot q'. \tag{17}$$

Man wähle ferner $q'' < q$ und zu p kommensurabel. Es sei also

$$\frac{p}{r''} = \frac{q''}{s''},$$

wo r'' und s'' ganze Zahlen bedeuten. Man zerlege das verkürzte Rechteck mit den Seiten p und q'' durch Parallelen zu den Seiten in $r'' \cdot s'$ Teilquadrate mit der Seite $\frac{p}{r''} = \frac{q''}{s''}$. Dann bilden diese Teilquadrate ein von R überdecktes nicht übereinandergreifendes Quadratsystem (8). Mithin ist

(18) $$\underline{J}(R) \geqq r'' \cdot s'' \cdot \left(\frac{p}{r''}\right)^2 = p q''.$$

Aus (9), (17), (18) folgt

$$p q' \geqq \bar{J}(R) \geqq \underline{J}(R) \geqq p q''.$$

Da man nun q' und q'' beliebig nahe an q wählen kann, so ergibt sich hieraus die Gleichung (16), w. z. b. w.

Alle diese Definitionen, Sätze und Beweise bleiben offenbar bei der Verallgemeinerung auf beliebig viele Dimensionen mutatis mutandis ohne jede Weiterung bestehen. Handelt es sich etwa um den im dreidimensionalen Raume dem letzten Theorem entsprechenden Satz, daß ein rechtwinkliges Parallelepipedon mit den Kanten $p\,q\,l$ einen bestimmten, dem Produkt der drei Kanten gleichen Inhalt hat, so müssen beim Beweise natürlich die Größen $q'\,l'\,q''\,l''$ so gewählt werden, daß sie zu p kommensurabel sind und den Ungleichungen genügen:

$$q' \geqq q \geqq q'', \qquad l' \geqq l \geqq l''.$$

Dann lassen sich die ganzen Zahlen $r'\,s'\,t'\,r''\,s''\,t''$ so bestimmen, daß die Gleichungen

$$\frac{p}{r'} = \frac{q'}{s'} = \frac{l'}{t'}, \qquad \frac{p}{r''} = \frac{q''}{s''} = \frac{l''}{t''}$$

gelten. Sonst verläuft der Beweis genau wie im zweidimensionalen Falle.

VIII. Es bezeichne $\{P\}_\varepsilon$ die Gesamtheit derjenigen Punkte, welche von Punkten der beschränkten Punktmenge P um weniger als ε entfernt sind. Dann ist

(19) $$\lim_{\varepsilon=0} \bar{J}\{P\}_\varepsilon = \bar{J}(P),$$

(20) $$\lim_{\varepsilon=0} \underline{J}\{P\}_\varepsilon = \bar{J}(P).$$

Beweis. Zunächst ist offenbar P in $\{P\}_\varepsilon$ enthalten, und, wenn $\varepsilon' < \varepsilon$ ist, auch $\{P\}_{\varepsilon'}$ in $\{P\}_\varepsilon$. Also nimmt gemäß V $\bar{J}\{P\}_\varepsilon$ mit fallendem ε nicht zu, und es ist

(21) $$\lim_{\varepsilon=0} \bar{J}\{P\}_\varepsilon \geqq \bar{J}(P),$$

wo der Grenzwert auf der linken Seite jedenfalls existiert.

Es seien nun $a_1, a_2, \ldots, a_\alpha$ die Seiten eines P überdeckenden Quadratsystems. Man konstruiere um jedes dieser Quadrate a_μ ein konzentrisches paralleles mit der Seite $a'_\mu > a_\mu$. Für

$$\varepsilon < \frac{a'_\mu - a_\mu}{2} \qquad (\mu = 1, 2, \ldots, \alpha)$$

wird dann $\{P\}_\varepsilon$ offenbar vom System der Quadrate a'_μ überdeckt. Mithin ist dann gemäß der Definitionseigenschaft des äußeren Inhaltes

$$\bar{J}\{P\}_\varepsilon \leqq \sum_1^\alpha{}_\mu a'^2_\mu.$$

Also ist

$$\lim_{\varepsilon=0} \bar{J}\{P\}_\varepsilon \leqq \sum_1^\alpha{}_\mu a'^2_\mu,$$

und da diese Ungleichung für beliebige $a'_\mu > a_\mu$ gilt,

$$\lim_{\varepsilon=0} \bar{J}\{P\}_\varepsilon \leqq \sum_1^\alpha{}_\mu a^2_\mu.$$

Da endlich die letzte Ungleichung für jedes P überdeckendes Quadratsystem mit den Seiten a_μ zutrifft, so ergibt sich aus der Definitionseigenschaft des äußeren Inhaltes

$$\lim_{\varepsilon=0} \bar{J}\{P\}_\varepsilon \leqq \bar{J}(P),$$

woraus in Verbindung mit (21) die zu beweisende Gleichung (19) folgt.

Die Gleichung (20) folgt aus (19) a fortiori, wenn noch die Ungleichung

(22) $$\underline{J}\{P\}_\varepsilon \geqq \bar{J}(P)$$

herangezogen wird, die sich folgendermaßen ergibt.

Man überdecke die Ebene mit einem Quadratnetz, dessen Diagonalen $< \varepsilon$ sind. Es bedeute c die Seitenlänge der Quadrate und n die Anzahl derjenigen Quadrate, welche Punkte von P enthalten. Dann überdeckt letzteres System P und wird seinerseits von $\{P\}_\varepsilon$ überdeckt. Also ist gemäß der Definitionseigenschaft des äußeren und inneren Inhaltes

$$nc^2 \geqq \bar{J}(P), \qquad nc^2 \leqq \underline{J}\{P\}_\varepsilon,$$

woraus die allein noch zu beweisende Ungleichung (22) folgt.

IX. Man bezeichne als Komplementärmenge $\bar{P}$ der Punktmenge P die Gesamtheit derjenigen Punkte, welche nicht zu P gehören. Als Berandung von P definiere man die Gesamtheit G derjenigen Punkte, welche weder innere Punkte von P noch innere Punkte von $\overline{P}$ sind. Über die Zugehörigkeit der Randpunkte G zur Punktmenge P wird keine Voraussetzung gemacht.

Da ein Häufungspunkt von G weder innerer Punkt von P noch innerer Punkt von $\overline{P}$ sein kann, so muß jeder Häufungspunkt von G zu G gehören, d. h. die Berandung G ist eine abgeschlossene Punktmenge.

X. Gehört der Punkt A zur Punktmenge P und der Punkt A' nicht, so liegt auf der Strecke AA' mindestens ein Punkt der Berandung.

Denn ist ϱ die untere Grenze der Entfernungen des Punktes A von den auf der Strecke AA' gelegenen, nicht zu P gehörigen Punkten, so gehört der auf der Strecke AA' in der Entfernung ϱ von A liegende Punkt offenbar G an.

Hieraus ergibt sich leicht die folgende Verallgemeinerung.

Sind der zu P gehörige Punkt A und der nicht zu P gehörige Punkt A' durch einen Streckenzug mit den Ecken $BCDEF\ldots$ verbunden, so liegt auch auf diesem mindestens ein Punkt der Berandung. Denn ist etwa F die erste nicht zu P gehörige Ecke, so gehört die vorhergehende Ecke E zu P, und es muß daher, wie eben gezeigt, auf der Strecke EF mindestens ein Punkt der Berandung liegen.

XI. Es bezeichne $[P]_\varepsilon$ die Gesamtheit derjenigen Punkte der beschränkten Punktmenge P, welche von jedem Punkte der Berandung G um mindestens ε entfernt sind. Dann ist

$$(23) \qquad \lim_{\varepsilon=0} \underline{}\,[P]_\varepsilon = \underline{J}(P),$$

$$(24) \qquad \lim_{\varepsilon=0} \bar{J}\,[P]_\varepsilon = \underline{J}(P).$$

Beweis. Zunächst ist offenbar $[P]_\varepsilon$ in P enthalten, und für $\varepsilon' < \varepsilon$ auch $[P]_\varepsilon$ in $[P]_{\varepsilon'}$. Gemäß V nimmt also $\underline{J}[P]_\varepsilon$ mit fallendem ε nicht ab, und es ist

$$(25) \qquad \lim_{\varepsilon=0} \underline{J}[P]_\varepsilon \leqq \underline{J}(P),$$

wo der Grenzwert auf der linken Seite jedenfalls existiert.

Es seien nun $b_1, b_2, \ldots, b_\beta$ die Seiten eines von P überdeckten nicht übereinandergreifenden Quadratsystems. Man konstruiere in jedem Quadrate b_ν ein konzentrisches paralleles mit der Seite $b'_\nu < b_\nu$. Für

$$\varepsilon < \frac{b_\nu - b'_\nu}{2} \qquad (\nu = 1, 2, \ldots, \beta)$$

wird dann das nicht übereinandergreifende Quadratsystem b'_ν offenbar von

$[P]_\varepsilon$ überdeckt. Mithin ist dann gemäß der Definitionseigenschaft des inneren Inhaltes

$$\underline{J}\,[P]_\varepsilon \geqq \sum_1^\beta {}_\nu\, b_\nu'^2.$$

Also ist

$$\lim_{\varepsilon=0} \underline{J}\,[P]_\varepsilon \geqq \sum_1^\beta {}_\nu\, b_\nu'^2,$$

und da diese Ungleichung für beliebige $b_\nu' < b_\nu$ gilt,

$$\lim_{\varepsilon=0} \underline{J}\,[P]_\varepsilon \geqq \sum_1^\beta {}_\nu\, b_\nu^2.$$

Da endlich die letzte Ungleichung für jedes von P überdeckte System nicht übereinandergreifender Quadrate b_ν zutrifft, so ergibt sich aus der Definitionseigenschaft des inneren Inhaltes

$$\lim_{\varepsilon=0} \underline{J}\,[P]_\varepsilon \geqq \underline{J}(P),$$

woraus in Verbindung mit (25) die zu beweisende Gleichung (23) folgt.

Die Gleichung (24) folgt aus (23) a fortiori, wenn noch die Ungleichung

$$(26) \qquad \bar{J}\,[P]_\varepsilon \leqq \underline{J}(P)$$

herausgezogen wird, die sich folgendermaßen ergibt.

Man überdecke die Ebene mit einem Quadratnetz, dessen Diagonalen $< \varepsilon$ sind. Es bedeute c die Seitenlänge der Quadrate und n die Anzahl derjenigen Quadrate, welche Punkte von $[P]$ enthalten. Da nun keines dieser Quadrate Punkte von G enthalten kann, so muß wegen X jedes nur aus Punkten von P bestehen. Also ist gemäß der Definitionseigenschaft des äußeren und inneren Inhaltes $\bar{J}\,[P]_\varepsilon \leqq n c^2$, $\underline{J}(P) \geqq n c^2$, woraus die allein noch zu beweisende Ungleichung (26) folgt.

XII. Es bezeichne wie oben P eine beschränkte Punktmenge und G ihre Berandung, wobei darüber, inwieweit die Punkte von G der Punktmenge P angehören oder nicht, keine Voraussetzung gemacht werde. Dann ist

$$(27) \qquad \bar{J}(P) = \underline{J}(P) + \bar{J}(G).$$

Beweis. Aus der Definition folgt zunächst unmittelbar, daß $[P]_\varepsilon$ und $\{G\}_\varepsilon$ keinen gemeinsamen Punkt haben.

Es ist ferner

$$(28) \qquad [P]_\varepsilon + \{G\}_\varepsilon = \{P\}_\varepsilon.$$

Denn daß jeder Punkt einer der beiden Punktmengen auf der linken Seite, auch der Punktmenge auf der rechten Seite angehört, leuchtet unmittelbar ein. Andererseits gehört jeder Punkt von P offenbar zu $[P]_\varepsilon$ oder $\{G\}_\varepsilon$. Um einzusehen, daß dasselbe auch für jeden Punkt A von $\{P\}_\varepsilon$ gilt, bleibt also nur noch der Fall zu erledigen, daß A nicht zu P gehört. Dann gibt es aber in P einen Punkt B, von dem A um weniger als ε entfernt ist. Also muß gemäß X auf der Strecke AB ein Punkt von G liegen, der von A um weniger als ε entfernt ist, und mithin muß A zu $\{G\}_\varepsilon$ gehören.

Aus (28) folgt gemäß (12), (13)

$$\bar{J}\{P\}_\varepsilon \leqq \bar{J}[P]_\varepsilon + \bar{J}\{G\}_\varepsilon,$$

$$\underline{J}\{P\}_\varepsilon \geqq \underline{J}[P]_\varepsilon + \underline{J}\{G\}_\varepsilon.$$

Läßt man in diesen Gleichungen ε verschwinden, so ergibt sich aus (19), (20), (23), (24) die zu beweisende Gleichung (27).

XIII. Es seien endlich viele beschränkte Punktmengen $P_1, P_2, \ldots, P_n$ gegeben. Man bezeichne mit S ihre Vereinigungsmenge und mit D ihren Durchschnitt, d. h. die Gesamtheit derjenigen Punkte, welche allen Punktmengen $P_1, P_2, \ldots, P_n$ gemein sind.

Hat dann jede der Punktmengen P_ν einen bestimmten Inhalt, so gilt dasselbe auch von ihrem Durchschnitt D und von ihrer Vereinigungsmenge S.

Beweis. Man bezeichne mit $\bar{P}_\nu \bar{D} \bar{S}$ die Komplementärmengen und mit $G_\nu G_D G_S$ die Berandungen der Punktmengen $P_\nu D S$.

Ist nun A ein Punkt von G_D, so kann A nicht innerer Punkt von sämtlichen P_ν sein, weil sonst A auch innerer Punkt von D sein müßte. Es sei also etwa P_ϱ eine Punktmenge, zu deren inneren Punkten A nicht gehört. A kann aber auch nicht innerer Punkt von $\bar{P}_\varrho$ sein, weil A sonst offenbar auch innerer Punkt von $\bar{D}$ sein müßte. Also muß A zu G_ϱ gehören. Damit ist also gezeigt, daß G_D in der Vereinigungsmenge $\sum_1^n {}_\nu G_\nu$ enthalten ist. Hieraus folgt gemäß (12)

$$\bar{J}(G_D) \leqq \sum_1^n {}_\nu \bar{J}(G_\nu).$$

Auf Grund der Voraussetzung, daß jede der Punktmengen P_ν einen bestimmten Inhalt hat, verschwinden nun gemäß Satz XII sämtliche Summanden $\bar{J}(G_\nu)$. Daraus folgt das Verschwinden von $\bar{J}(G_D)$ und damit wieder gemäß Satz XII die zu beweisende Behauptung über den Durchschnitt D.

Ist andererseits A ein Punkt von G_S, so kann A nicht innerer Punkt von sämtlichen $\bar{P}_\nu$ sein, weil sonst A auch innerer Punkt von $\bar{\bar{S}}$ sein müßte. Es sei also $\bar{P}_\varrho$ eine der Komplementärpunktmengen, zu deren inneren Punkten A nicht gehört. A kann aber auch nicht innerer Punkt von P_ϱ sein, weil A sonst offenbar auch innerer Punkt von S sein müßte. Also muß A zu G_ϱ gehören. Damit ist also gezeigt, daß G_S in der Vereinigungsmenge $\sum_1^n{}_\nu G_\nu$ enthalten ist, woraus wie oben die zu beweisende Behauptung über S folgt.

XIV. Ist Q eine beschränkte auf einer Geraden gelegene Punktmenge, so läßt sich Q in ein Rechteck von beliebig kleinem Seitenprodukt einbetten. Wegen V und VII ist dann also

$$\bar{J}(Q) = 0.$$

Dasselbe gilt wegen (12) auch für jede auf einer endlichen Anzahl von Geraden verteilte beschränkte Punktmenge Q.

XV. Aus dem letzten Satz in Verbindung mit XII folgt: Jede beschränkte Punktmenge, deren Berandung auf einer endlichen Anzahl von Geraden liegt, hat einen bestimmten Inhalt.

Alle diese Sätze und Beweise bleiben bei der Verallgemeinerung auf beliebig viele Dimensionen ohne jede Weiterung mutatis mutandis bestehen. So heißt der letzte Satz für den Raum:

XVI. Jede beschränkte Punktmenge im Raum, deren Berandung auf einer endlichen Anzahl von Ebenen liegt, hat einen bestimmten Inhalt.

XVII. Nunmehr soll ein Satz hergeleitet werden, der zur Berechnung des äußeren und inneren Inhaltes einer beschränkten Punktmenge P oft angewendet wird.

Zu jedem $\delta > 0$ gibt es ein $\varepsilon > 0$, so daß folgendes erfüllt ist:

Es sei ein System von endlich vielen Punktmengen $\sigma_1, \sigma_2, \ldots, \sigma_\alpha$ gegeben, das den nachstehenden Bedingungen genügt.

a) In jeder Punktmenge σ_ν ist die obere Grenze der Entfernungen irgend zweier Punkte $< \varepsilon$.

b) Die Punktmenge P wird von der Vereinigungsmenge $\sum_1^\alpha{}_\nu \sigma_\nu$ überdeckt.

c) Jede Punktmenge σ_ν enthält mindestens einen Punkt von P.

d) Keine zwei verschiedenen Punktmengen σ_ν haben einen inneren Punkt gemein.

e) Jede der Punktmengen σ_ν hat einen bestimmten Inhalt.

Dann ist

$$(29)\qquad \delta \geqq \sum_{\nu=1}^{\alpha} J(\sigma_\nu) - \bar{J}(P) \geqq 0,$$

$$(30)\qquad \delta \geqq \underline{J}(P) - \sum_\nu{}' J(\sigma_\nu) \geqq 0,$$

wo die zweite Summe nur über alle diejenigen σ_ν zu erstrecken ist, welche aus Punkten von P bestehen.

Beweis. Aus d) und e) folgt zunächst wegen VI (14)

$$(31)\qquad \bar{J} \sum_{\nu=1}^{\alpha} \sigma_\nu = \underline{J} \sum_{\nu=1}^{\alpha} \sigma_\nu = \sum_{\nu=1}^{\alpha} J(\sigma_\nu),$$

$$(32)\qquad \bar{J} \sum_\nu{}' \sigma_\nu = \underline{J} \sum_\nu{}' \sigma_\nu = \sum_\nu{}' J(\sigma_\nu).$$

Nun ist wegen b) und V

$$\bar{J} \sum_{\nu=1}^{\alpha} \sigma_\nu \geqq \bar{J}(P).$$

Andererseits wird wegen c) und a) $\sum_{\nu=1}^{\alpha} \sigma_\nu$ von $\{P\}_\varepsilon$ überdeckt. Es ist daher wegen V

$$\bar{J} \sum_{\nu=1}^{\alpha} \sigma_\nu \leqq \bar{J}\{P\}_\varepsilon.$$

Aus den beiden letzten Ungleichungen und (31) ergibt sich

$$\bar{J}\{P\}_\varepsilon \geqq \sum_{\nu=1}^{\alpha} J(\sigma_\nu) \geqq \bar{J}(P),$$

woraus wegen (19) die zu beweisende Ungleichung (29) folgt.

Da ferner $\sum_\nu{}' \sigma_\nu$ von P überdeckt wird, so ist

$$\underline{J} \sum_\nu{}' \sigma_\nu \leqq \underline{J}(P).$$

Endlich muß jeder Punkt A von $[P]_\varepsilon$ wegen b) in mindestens einer Punktmenge σ_ϱ vorkommen. Wegen a) und der Definitionseigenschaft von $[P]_\varepsilon$ kann dann die Punktmenge σ_ϱ keinen Punkt von G enthalten. Die Punktmenge σ_ϱ muß mithin, da sie den zu P gehörigen Punkt A enthält, wegen X nur aus Punkten von P bestehen, d. h. in $\sum_\nu{}' \sigma_\nu$ vorkommen. Also wird $[P]_\varepsilon$ von $\sum_\nu{}' \sigma_\nu$ überdeckt, und es ist wegen V

$$\underline{J} \sum_\nu{}' \sigma_\nu \geqq \underline{J}[P]_\varepsilon.$$

Aus den beiden letzten Ungleichungen und (32) ergibt sich

$$\underline{J}(P) \geqq \sum_{\nu}{}' J(\sigma_\nu) \geqq \underline{J}[P]_\varepsilon,$$

woraus wegen (23) die zu beweisende Ungleichung (30) folgt.

§ 3.

Bestimmung des Inhaltes einiger Elementarfiguren.

Bei den nachfolgenden Sätzen tritt die Schlußweise klarer hervor, wenn statt der Ebene der Raum zugrunde gelegt wird. Sie gelten natürlich wie alles Bisherige ohne jede Weiterung für beliebig viele Dimensionen.

XVIII. Es sei L eine in einer Ebene gelegene beschränkte Punktmenge. Man trage in jedem Punkte von L in einer festen nicht in die Tragebene von L fallenden Richtung die Strecke l ab. Die aus allen Punkten dieser Strecken bestehende räumliche Punktmenge heiße eine „Säule“, L — ihre Basis, die Länge des vom Endpunkt einer der Strecken l auf die Basisebene gefällten Lotes — ihre Höhe.

Es sei nun eine senkrechte Säule S mit der Basis L und der Höhe h gegeben. Es mögen $\bar{J}_2(L)$ und $\underline{J}_2(L)$ den ebenen äußeren und inneren Inhalt von L, $\bar{J}_3(S)$ und $\underline{J}_3(S)$ den räumlichen äußeren und inneren Inhalt von S bezeichnen. Dann ist

$$\bar{J}_3(S) = h \cdot \bar{J}_2(L), \tag{33}$$

$$\underline{J}_3(S) = h \cdot \underline{J}_2(L). \tag{34}$$

Beweis. Man zerlege den Raum zwischen der Basisebene und der in der Entfernung h über ihr ausgebreiteten Parallelebene durch drei zueinander orthogonale Scharen äquidistanter Parallelebenen in ein Würfelnetz mit der Kante $\frac{h}{n}$, so daß die Basisebene und die eben genannte Parallelebene die unterste und oberste Ebene der einen Schar von Zerlegungsebenen werden.

Nun wende man zur Berechnung von $\bar{J}_2(L)$ und $\underline{J}_2(L)$ den Satz XVII an, indem man als Punktmengen σ_ν diejenigen Würfelgrundflächen wähle, welche in die Basisebene fallen und Punkte von L enthalten. Ihre Anzahl sei N, während N' die Anzahl derjenigen von ihnen sei, welche nur aus Punkten von L bestehen. Dann ergibt sich

$$\bar{J}_2(L) = \lim_{n=\infty} N\left(\frac{h}{n}\right)^2, \tag{35}$$

$$\underline{J}_2(L) = \lim_{n=\infty} N'\left(\frac{h}{n}\right)^2. \tag{36}$$

Zur Berechnung von $\bar{J}_3(S)$ und $\underline{J}_3(S)$ wende man ebenfalls den Satz XVII an, indem man als Punktmengen σ_ν diejenigen Netzwürfel wähle, deren senkrechte Projektionen auf die Basisebene Punkte von L enthalten. Ihre Anzahl ist offenbar nN, während die Anzahl derjenigen von ihnen, welche nur aus Punkten von S bestehen, nN' ist. Es ergibt sich also

$$\bar{J}_3(S) = \lim_{n=\infty} nN\left(\frac{h}{n}\right)^3, \tag{37}$$

$$\underline{J}_3(S) = \lim_{n=\infty} nN'\left(\frac{h}{n}\right)^3. \tag{38}$$

Aus (35) und (37) folgt unmittelbar die zu beweisende Gleichung (33) und aus (36) und (38) die zu beweisende Gleichung (34).

XIX. Da man ein Parallelogramm durch Hinzufügen und Wegnehmen kongruenter Dreiecke in ein Rechteck von gleicher Grundlinie und Höhe verwandeln kann, so folgt gemäß XV, (15), (16), daß der Inhalt eines Parallelogramms gleich dem Produkt aus Grundlinie und Höhe ist.

XX. Da man ein Parallelepipedon, dessen eine Kante rechtwinklig zu den beiden anderen steht, als rechtwinklige Säule über einem Parallelogramm betrachten kann, so folgt aus den beiden vorigen Sätzen, daß das Volumen eines solchen Parallelepipedons gleich dem Produkt aus Grundfläche und Höhe ist, wobei nachträglich jede der Begrenzungsflächen als Grundfläche gewählt werden kann.

XXI[2]). Es sei P eine beschränkte Punktmenge im Raum, E eine Ebene, l eine gerichtete Gerade in E. Man verschiebe jeden Punkt des Raumes in der Richtung von l um $k \cdot d$, wo k eine Konstante und d die Entfernung des Punktes von der Ebene E bedeutet. Dabei gehe P in P' über. Dann ist

$$\bar{J}(P) = \bar{J}(P'), \quad \underline{J}(P) = \underline{J}(P').$$

Beweis. Man zerlege den Raum in ein Würfelnetz, dessen Kanten der Geraden l, der Senkrechten auf ihr in der Ebene E und dem Lot auf der Ebene E parallel sind. Bei der Transformation geht dieses Netz in ein Netz von Parallelepipeden über, deren eine Kante senkrecht auf den beiden anderen steht, und deren Volumen daher gemäß dem vorigen Satz gleich dem Volumen der entsprechenden Würfel ist.

Berechnet man nun den äußeren und inneren Inhalt von P mit Hilfe des Satzes XVII, indem als σ_ν Netzwürfel gewählt werden, und den äußeren und inneren Inhalt von P', indem als σ_ν die entsprechenden Netzparallel-

---

[2]) Diesen Transformationssatz in Verbindung mit dem Transformationssatz XXIII legt Carathéodory dem Aufbau der Inhaltslehre in seinen „Vorlesungen über reelle Funktionen" zugrunde.

epipeda gewählt werden, so ergibt sich unmittelbar die zu beweisende Behauptung.

XXII. Da eine schiefe Säule aus einer senkrechten mit derselben Grundfläche und gleicher Höhe durch eine Transformation von der im vorigen Satz definierten Art erzeugt werden kann, so folgt aus diesem Theorem, daß das äußere und innere Volumen einer schiefen Säule gleich dem Produkt aus der Höhe und dem äußeren resp. inneren Inhalt der Grundfläche sind.

Insbesondere ist also auch das Volumen eines beliebigen Parallelepipedons gleich dem Produkt aus Höhe und Grundfläche.

XXIII. Es sei P eine beschränkte Punktmenge im Raume und E eine Ebene. Man verschiebe jeden Punkt des Raumes auf der durch ihn gehenden Senkrechten zur Ebene E in die k-fache Entfernung von E, wo k eine Konstante bedeutet. Dabei gehe P in P' über. Dann ist

$$\bar{J}(P') = k\cdot\bar{J}(P), \quad \underline{J}(P') = k\cdot\underline{J}(P).$$

Beweis. Man zerlege den Raum in ein Würfelnetz, dessen eine Ebenenschar parallel zur Ebene E ist. Bei der Transformation geht das Würfelnetz in ein Netz rechtwinkliger Parallelepipeda über, deren Volumen gemäß (16) gleich dem k-fachen Volumen der entsprechenden Würfel ist. Daraus folgt wie beim Beweise von XXI unter Anwendung des Satzes XVII die zu beweisende Behauptung.

XXIV. Aus dem vorigen Satze folgt leicht, daß, wenn die Punktmenge Q aus der Punktmenge P durch eine Ähnlichkeitstransformation mit dem Vergrößerungsverhältnis k hervorgeht,

$$\bar{J}(Q) = k^3\bar{J}(P), \quad \underline{J}(Q) = k^3\underline{J}(P)$$

ist.

XXV. Es sei die „Pyramide" P gegeben, die man durch Verbindung eines Raumpunktes, der Spitze, mit allen Punkten einer beschränkten ebenen Punktmenge L, der Basis, erhält. h sei die Höhe der Pyramide. Dann ist

$$\bar{J}_3(P) = \frac{h\cdot\bar{J}_2(L)}{3}, \quad \underline{J}_3(P) = \frac{h\cdot\underline{J}_2(L)}{3}.$$

Beweis. Zerlegt man einen Würfel mit der Kante a vom Mittelpunkt aus in sechs kongruente Pyramiden mit der Grundfläche a^2 und der Höhe $\frac{a}{2}$, so folgt aus XVI, IV und (15), daß das Volumen jeder einzelnen Pyramide gleich

$$\frac{a^3}{6} = \frac{\frac{a}{2}\cdot a^2}{3} \tag{39}$$

ist. Durch die Transformation XXI läßt sich nun jede Pyramide, deren Grundfläche ein Quadrat mit der Seite a ist, in eine Pyramide mit demselben Quadrat als Grundfläche und von gleicher Höhe verwandeln, deren Spitze senkrecht über dem Mittelpunkt der Grundfläche liegt. Durch die Transformation XXIII läßt sich dann die Spitze auf der Mittelsenkrechten in die Entfernung $\frac{a}{2}$ von der Grundfläche rücken. Also folgt aus XXI, XXIII und (39), daß das Volumen einer Pyramide mit der Höhe h und dem Quadrate a^2 als Grundfläche gleich $\frac{h a^2}{3}$ ist.

Man zerlege nunmehr die Tragebene von L in ein Quadratnetz mit der Seite a und verbinde alle Quadrate mit der Spitze der Pyramide. Die so entstehenden Pyramiden haben das Volumen $\frac{h \cdot a^2}{3}$, lassen sich aber bei der Anwendung des Satzes XVII noch nicht als Punktmengen σ_ν benutzen, da sie nicht in allen Erstreckungen mit a verschwinden. Um das zu erreichen, durchschneide man sie mit einer Schar von Parallelebenen zur Tragebene von L. Dann erhält man bei Berücksichtigung von XVI und (15) auf Grund von (29) und (30) leicht

$$\bar{J}_3(P) = \lim_{a=0} \frac{h}{3} \sum a^2, \quad \underline{J}_3(P) = \lim_{a=0} \frac{h}{3} \sum{}' a^2,$$

wo die erste Summe über alle Quadrate zu erstrecken ist, die Punkte von L enthalten, die zweite über alle, die nur aus Punkten von L bestehen. Aus dieser Gleichung folgt die zu beweisende Behauptung.

§ 4.

Das mehrfache Integral.

Die Entwicklung des Begriffes des mehrfachen Integrals läßt sich auf diesem Standpunkt etwa folgendermaßen bequem durchführen.

Es sei die beschränkte Funktion $f(xy)$ in der beschränkten Punktmenge L der xy-Ebene definiert. L habe einen bestimmten Inhalt und es sei zunächst

$$f(xy) \geqq 0. \tag{40}$$

Man trage auf jedem Punkte von L die Strecke $f(xy)$ in der Richtung der positiven Z-Achse auf und bezeichne die aus allen Punkten dieser Strecken bestehende Punktmenge mit P. Dann definiere man das obere und untere Darbouxsche Integral von $f(xy)$ über L durch den äußeren und inneren Inhalt von P.

Ist die Bedingung (40) nicht erfüllt, so wähle man die Konstante c so, daß

$$f_c(xy) = c + f(xy) \geqq 0$$

wird und definiere wie oben die Punktmenge P_c für die Funktion $f_c(xy)$. Dann sind das obere und das untere Integral von $f(xy)$ über L durch die Differenzen

$$\bar{J}_3(P_c) - cJ_2(L), \quad \underline{J}_3(P_c) - cJ_2(L)$$

zu definieren, und es ergibt sich aus (33), (34) leicht, daß diese Differenzen von der Wahl von c unabhängig sind.

Berlin, den 12. Oktober 1921.

(Eingegangen am 13. Oktober 1921.)

Notiz über einen Satz der Galoisschen Theorie.

Von

Alexander Ostrowski in Hamburg.

Durch den Hilbertschen Irreduzibilitätssatz wird nicht nur eine wesentliche und tiefliegende Eigenschaft irreduzibler Polynome in mehreren Variablen aufgedeckt, sondern es werden durch ihn mehrere wichtige Probleme aufgeworfen, deren Erforschung als eine der vornehmsten Aufgaben der modernen Algebra und Zahlentheorie gelten darf. Insbesondere gehört hierher das Problem, die Beziehung des Begriffes der absoluten Irreduzibilität zum gewöhnlichen Irreduzibilitätsbegriff aufzuklären, eine Beziehung, die bereits in den Hilbertschen Irreduzibilitätssatz hineinspielt, ohne jedoch, bei dem von Hilbert gewählten Beweisgang — und auch bei allen späteren Beweisen — klar zutage zu treten. Als einen Beitrag zur Untersuchung dieser Frage möchte ich nun im Folgenden einen Satz der Galoisschen Theorie beweisen, der bisher unbemerkt geblieben zu sein scheint, und in dem der wesentliche Unterschied zwischen der gewöhnlichen und der absoluten Irreduzibilität in helles Licht gerückt wird. Der Formulierung und dem Beweis dieses Satzes in § 2 schicke ich in § 1 einige allgemeinere Betrachtungen voraus über die Normierung von Koeffizienten bei Teilern von Polynomen mit Koeffizienten aus einem bestimmten Körper, die trotz ihres durchaus elementaren Charakters wohl jedesmal von Bedeutung sein können, wenn es sich um die Frage handelt, wie die Adjunktion von algebraischen Größen den Irreduzibilitätscharakter eines Polynoms beeinflußt.

§ 1.

Es sei $F(x_1, \ldots, x_n)$ ein Polynom in den Variablen $x_1, \ldots, x_n$, und es sei der kleinste seine Koeffizienten $\gamma_1, \gamma_2, \ldots$ enthaltende Körper durch R bezeichnet. Es zerfalle F in ein Produkt von zwei Polynomen $A(x_1, \ldots, x_n)$ und $B(x_1, \ldots, x_n)$ mit Koeffizienten $\alpha_1, \alpha_2, \ldots$ bzw. $\beta_1, \beta_2, \ldots$.

Diese Koeffizienten sind natürlich nur bis auf eine multiplikative Größe bestimmt, so daß wir allgemeiner auch

(1) $$t\alpha_1, t\alpha_2, \ldots \quad \text{bzw.} \quad \frac{1}{t}\beta_1, \frac{1}{t}\beta_2, \ldots$$

als Koeffizienten von A und B annehmen könnten. – Alle Zerlegungen, die man so für verschiedene t erhält, werden wir *ähnliche* Zerlegungen nennen. – Dagegen sind die Produkte $\alpha_i\beta_k$ von t unabhängig. Es sei der kleinste alle α_i enthaltende Körper durch A, der kleinste alle β_k enthaltende Körper durch B, der kleinste alle Produkte $\alpha_i\beta_k$ enthaltende Körper durch T bezeichnet. Den kleinsten, beide Körper R und A enthaltenden Körper, der ja nicht mit A übereinzustimmen braucht, bezeichnen wir durch A', den entsprechenden kleinsten Körper, der R und B enthält, durch B'. Dann ist B ein Teiler von A', da B aus F und A durch rationale Operationen hervorgeht. Daher ist B' ein Teiler von A', A' ein Teiler von B', also $\mathsf{A}' = \mathsf{B}'$. Da in $\mathsf{A}' = \mathsf{B}'$ alle Produkte $\alpha_i\beta_k$ liegen, ist T ein Teiler von A'. Andererseits sind alle Koeffizienten von F in T enthalten, also ist R ein Teiler von T, so daß $\mathsf{A}' = \mathsf{B}'$ auch definiert werden kann als der kleinste Körper, in dem A und B liegen, also als der kleinste Körper, in dem die Zerlegung $F = AB$ gilt. Andererseits gibt es bereits in T eine ähnliche Zerlegung. Denn wählen wir in (1) für t etwa einen nicht verschwindenden Koeffizienten β_1 von B, so werden die Größen (1) zu

$$\beta_1\alpha_1, \beta_1\alpha_2, \ldots \quad \text{und} \quad \frac{\beta_1}{\beta_1} = 1, \; \frac{\beta_2}{\beta_1} = \frac{\beta_2\alpha_1}{\beta_1\alpha_1}, \; \frac{\beta_3}{\beta_1} = \frac{\beta_3\alpha_1}{\beta_1\alpha_1}, \ldots,$$

wenn $\alpha_1 \neq 0$ ist, d. h. Größen von T. T ist also der kleinste Körper, in dem eine ähnliche Zerlegung stattfindet. *Wir sehen außerdem, daß alle Koeffizienten von A und B gewiß in T liegen, d. h. die Zerlegung im kleinstmöglichen Körper stattfindet, wenn einer von diesen Koeffizienten gleich* 1 *ist.* (Es genügt aber allgemeiner, daß wenigstens einer der Koeffizienten von A oder B in R oder noch allgemeiner in T liegt.)

Dieser Körper T kann sich indessen noch ändern, wenn wir F mit irgendeiner Größe t multiplizieren, also die Koeffizienten von F durch

$$t\gamma_1, t\gamma_2, \ldots$$

ersetzen, da sich dann auch alle Produkte $\alpha_i\beta_k$ mit t multiplizieren. Die Quotienten $\frac{\alpha_i\beta_k}{\alpha_{i'}\beta_{k'}}$ sind jedoch von t unabhängig, und der kleinste sie enthaltende Körper T' ist daher in allen, verschiedenen t entsprechenden Körpern T enthalten. Es läßt sich aber t so wählen, daß der entsprechende Körper T mit T' zusammenfällt. Denn wenigstens ein Koeffizient von F, etwa γ_1, ist gleich dem Produkt eines Koeffizienten von A und eines von B, etwa $\alpha_1 \beta_1$. Wählen wir also für t einfach $\frac{1}{\gamma_1}$, so multiplizieren sich alle $\alpha_i \beta_k$ mit $\frac{1}{\alpha_1 \beta_1}$, und T geht in T' über. Die Koeffizienten $\gamma_1, \gamma_2, \ldots$ von F werden aber zu

$$1, \frac{\gamma_2}{\gamma_1}, \frac{\gamma_3}{\gamma_1}, \ldots,$$

der Körper R zu dem kleinsten Körper $\bar{R}$, der alle Verhältnisse $\frac{\gamma_i}{\gamma_k}$ enthält. Machen wir einen anderen Koeffizienten von F zu 1, so multiplizieren sich alle $\alpha_i \beta_k$ mit einem Quotienten $\frac{\gamma_i}{\gamma_1}$, der zu $\bar{R}$, also auch zu T' gehört, und der Körper T bleibt unverändert.

Wir erreichen also gewiß, daß der Körper T der kleinstmögliche wird, wenn wir einen der Koeffizienten von F gleich 1 machen.

Wir wollen daher von nun an annehmen, daß bei allen Polynomen, die wir betrachten, die Koeffizienten gewisser Glieder gleich 1 sind, nämlich die Koeffizienten des höchsten Gliedes bei irgendeiner willkürlichen aber festen Anordnung der Variablen. Offenbar ist das Produkt von zwei so normierten Polynomen ebenfalls normiert.

§ 2.

Es sei nun R irgend ein algebraischer Zahlkörper. Ist F ein von den Unbestimmten $u, u_1, \ldots, u_m$ abhängiges Polynom mit algebraischen Koeffizienten, und zerfällt F in ein Produkt von zwei Polynomen in $u, u_1, \ldots, u_m$ mit *beliebigen* Zahlenkoeffizienten, so müssen bekanntlich diese Koeffizienten *algebraische* Zahlen sein. Denn führen wir die Kroneckersche Substitution $u = x$, $u_1 = x^g$, $u_2 = x^{g^2}$, $\ldots$, $u_m = x^{g^m}$ mit hinreichend großem g aus, so geht jeder Faktor von F in ein Polynom in x mit denselben Koeffizienten über, die Koeffizienten eines Faktors eines Polynoms in x mit algebraischen Koeffizienten sind aber, wenn einer unter ihnen gleich 1 ist, ebenfalls algebraische Zahlen. Ist also F nicht in zwei Faktoren mit algebraischen Zahlenkoeffizienten zerlegbar, so ist F überhaupt unzerlegbar, auch wenn man *alle* Zahlen als Koeffizienten zuläßt.

Man nennt nun ein Polynom in $u, u_1, \ldots, u_m$ mit algebraischen Zahlenkoeffizienten bekanntlich absolut irreduzibel, wenn es sich nicht als Produkt von zwei Polynomen in $u, u_1, \ldots, u_m$ mit algebraischen Zahlenkoeffizienten darstellen läßt. — Der Begriff der absoluten Irreduzibilität dürfte von Kronecker herrühren. —

Es sei nun $F(u; u_1, \ldots, u_m)$ ein in R irreduzibles Polynom mit Zahlenkoeffizienten aus R vom Grade n in bezug auf u. Es sei dann ζ eine Wurzel der Gleichung $F(u; u_1, \ldots, u_m) = 0$, wenn u als Unbekannte betrachtet wird. Ist F selbst noch nicht absolut irreduzibel, so enthält es sicher ein absolut irreduzibles Polynom $\varphi(u; u_1, \ldots, u_m)$ als Faktor, dessen Wurzel — in bezug auf u — ζ ist. Wir bezeichnen den aus allen algebraischen *Zahlen*, die im Körper $R(\zeta; u_1, \ldots, u_m)$ vorkommen, gebildeten Körper durch K_1. Es gilt nun das

Theorem. *Im Körper $K_1(u_1, \ldots, u_m)$ sondert sich von $F(u; u_1, \ldots, u_m)$ jedenfalls derjenige absolut irreduzible Faktor $\varphi(u; u_1, \ldots, u_m)$ ab, dessen Wurzel ζ ist, und jeder Zahlkörper, in dem sich von $F(u; u_1, \ldots, u_m)$ der Faktor φ absondert, enthält K_1 als Unterkörper. Mit anderen Worten: Der durch die algebraischen Zahlenirrationalitäten, die in den Koeffizienten von $\varphi(u)$ vorkommen, bestimmte Zahlkörper K_2 ist mit dem Zahlkörper K_1 identisch, der durch alle im Körper $R(\zeta; u_1, \ldots, u_m)$ enthaltenen Zahlenirrationalitäten bestimmt wird*[1]).

Der Satz läßt sich auf mehrere Arten beweisen, wohl am einfachsten wie folgt:

Bildet man die Norm $N(\varphi)$ von φ in K_2, so besteht sie aus lauter voneinander verschiedenen Faktoren, die sich auch nicht bloß durch multiplikative Konstanten voneinander unterscheiden, da in ihnen die Koeffizienten bei einem gewissen Glied gleich 1 sind. F muß daher durch $N(\varphi)$ teilbar sein, da F durch φ teilbar ist. Da aber $N(\varphi)$ Koeffizienten aus R hat, und F irreduzibel in R ist, müssen die Polynome F und $N(\varphi)$ miteinander identisch sein, weil in ihnen die Koeffizienten bei einem gewissen Glied gleich sind, nämlich gleich 1. Wir erhalten die Gleichung:

$$F(u; u_1, \ldots, u_m) = N(\varphi(u; u_1, \ldots, u_m)). \tag{2}$$

Es seien nun die Grade von F und φ in bezug auf u durch n und n' bezeichnet. Dann genügt ein primitives Element ϱ von K_2 einer in R irreduziblen Gleichung $\omega(z) = 0$ vom Grade $\bar{n} = \frac{n}{n'}$, wie aus (2) durch Vergleichung der Grade in bezug auf u folgt. Die Gleichung $F(u) = 0$ ist also eine sogenannte *imprimitive* Gleichung im Körper $\Omega = R(u_1, \ldots, u_m)$. Daher ergibt sich unsere Behauptung aus dem folgenden Hilfssatz: *Ist eine Gleichung $F(u) = 0$ vom Grade n in bezug auf einen Körper Ω imprimitiv, und genügt etwa eine Wurzel ζ von F einer im Körper $\Omega(\varrho)$ irreduziblen Gleichung $\varphi(u, \varrho) = 0$ vom Grade n', wo ϱ eine Wurzel der in Ω irreduziblen Gleichung $\omega(z) = 0$ vom Grade $\bar{n}$ und $n'\bar{n} = n$ ist, so liegt ϱ im Körper $\Omega(\zeta)$.* In der Tat gilt unter den Voraussetzungen des Hilfssatzes die Gleichung:

$$F(u) = N(\varphi(u, \varrho)) = \varphi(u, \varrho)\varphi(u, \varrho') \ldots \varphi(u, \varrho^{(\bar{n}-1)})$$

[1]) Ich habe diesen Satz bereits in meiner Mitteilung: „Zur arithmetischen Theorie der algebraischen Größen", Gött. Nachr. 1919, ausgesprochen, jedoch für den Beweis auf eine spätere Abhandlung verwiesen.

wo $\varrho', \varrho'', \ldots$ die zu ϱ konjugierten Größen sind. Die mit $\varphi(u, \varrho)$ konjugierten Polynome $\varphi(u, \varrho')$, $\varphi(u, \varrho'')$, ... usw. können dann nur für von ζ verschiedene Wurzeln von F verschwinden, so daß der Gleichung $\varphi(\zeta, z) = 0$ nur eine einzige von den Wurzeln von $\omega(z) = 0$ genügt, nämlich ϱ. Daher läßt sich ϱ aus den Gleichungen $\varphi(\zeta, z) = 0$ und $\omega(z) = 0$ als deren einzige gemeinsame Wurzel mit Hilfe des Euklidischen Algorithmus rational durch ζ ausdrücken, wenn man, was ja stets möglich ist, $\varphi(u, \varrho)$ als ein Polynom in ϱ dargestellt hat.

Der hiermit bewiesene Satz läßt sich offenbar insofern etwas allgemeiner fassen, als der Körper R nicht als Zahlkörper angenommen zu werden braucht. Er kann auch algebraische Funktionen von Unbestimmten enthalten, von denen natürlich die Unbestimmten u_i unabhängig sein müssen. Man kann für R allgemeiner jeden abstrakten Körper mit der Charakteristik 0 (nach der Steinitzschen Terminologie) setzen.

Unser Satz hat eine gewisse Ähnlichkeit mit einem bekannten Satze von Kronecker, nach welchem jede Reduktion der Galoisschen Gruppe einer Gleichung, die durch Adjunktion einer algebraischen Irrationalität bewirkt wird, bereits durch Adjunktion einer natürlichen Irrationalität zu bewirken ist, die im zur Gleichung zugehörigen Galoisschen Bereich liegt. Der Unterschied besteht darin, daß in unserem Falle die zur Abspaltung eines absolut irreduziblen Faktors notwendige Irrationalität sich nicht nur durch *alle* Wurzeln der Gleichung rational ausdrücken läßt, sondern bereits durch *eine* Wurzel des abzuspaltenden Faktors.

In unserem Satze ist insbesondere ein bekannter und oft benutzter Satz enthalten: Es seien $\alpha_1, \alpha_2, \ldots, \alpha_k$ algebraische Irrationalitäten in bezug auf einen Körper R. Man fasse sie mit Hilfe verschiedener Potenzprodukte $U_1, \ldots, U_k$ neuer Unbestimmter $u_1, \ldots, u_m$ zu einem Ausdruck $U = \sum_1^k \alpha_i U_i$ zusammen. Dann läßt sich jede Irrationalität α_i rational mit Koeffizienten aus R durch $U, u_1, \ldots, u_m$ ausdrücken.

Denn genügt U in bezug auf $R(u_1, \ldots, u_m)$ einer Gleichung ν-ten Grades

$$F(U; u_1, \ldots, u_m) = 0,$$

so ist zur Abspaltung des absolut irreduziblen Bestandteiles $U - \sum_1^k \alpha_i U_i$, da der Koeffizient von U gleich 1 ist, die Adjunktion sämtlicher α_i notwendig.

Bei dem Beweis unseres Satzes hat sich ergeben, daß der Grad $\bar{n}$ des Körpers K_2 ein Teiler des Grades n von F in bezug auf u ist. Da aber K_2 durch die Koeffizienten von φ eindeutig bestimmt ist, kann für u jede im Polynom F vorkommende Variable genommen werden, und wir erhalten die Sätze:

1. *Der Grad* $\bar{n}$ *des kleinsten zur Abspaltung eines absolut irreduziblen Faktors eines in bezug auf R irreduziblen Polynoms F ausreichenden Zahlkörpers ist ein gemeinsamer Teiler der Grade von F in bezug auf die in F vorkommenden Variablen.*

2. *Ein in R irreduzibles Polynom ist zugleich auch absolut irreduzibel, wenn der größte gemeinsame Teiler der Grade von F in bezug auf die in F vorkommenden Variablen gleich* 1 *ist.*

Diese Sätze sind aber nur spezielle Folgerungen aus einem wesentlich allgemeineren Satze, den ich in einem anderen Zusammenhange veröffentlichen werde.

Hamburg, Mathematisches Seminar der Universität.

(Eingegangen am 8. Oktober 1921.)

Über elektrostatische Gitterpotentiale.

Von **Max Born** in Göttingen.

(Eingegangen am 25. August 1921.)

Einleitung. Die Untersuchung der Kristallstruktur mit Hilfe der Röntgenstrahlen hat zu dem Resultate geführt, daß eine relativ kleine Zahl von verschiedenen Gittertypen bei den einfachen chemischen Substanzen vorzuherrschen scheint. Insbesondere kehrt das bekannte Gitter des Steinsalzes (NaCl) bei allen binären Halogensalzen wieder und wird auch noch außerhalb dieser Gruppe von Verbindungen (z. B. beim Bleiglanz PbS, beim Periklas MgO) angetroffen. Es ist daher zu vermuten, daß dieses Gitter durch irgendwelche geometrischen oder dynamischen Eigenschaften ausgezeichnet sein wird. Es besteht aus zwei ineinandergestellten, flächenzentrierten kubischen Gittern, deren jedes aus Atomen einer Art gebildet ist. Das häufige Vorkommen solcher flächenzentrierter, kubischer Gitter (auch bei einatomigen Kristallen, z. B. denen vieler Metalle) hängt offenbar damit zusammen, daß diese Gitter dichtesten Kugelpackungen entsprechen und daher ein Minimum der Kohäsionsenergie für kugelsymmetrische Atome ergeben. Doch erklärt diese geometrische Tatsache nicht ohne weiteres die Häufigkeit der aus zwei Atomsorten gebildeten Gitter vom Steinsalztypus; vielmehr ist dazu ein genaueres Eingehen auf die Natur der Kohäsionskräfte erforderlich. Das ist in diesem Falle möglich, weil es als sicher gelten kann, daß die Kohäsionskräfte in überwiegendem Maße rein elektrostatischer Natur sind. Die Gitter der binären Salze vom Steinsalztypus sind nämlich nicht aus neutralen Atomen aufgebaut, sondern aus positiven und negativen Ionen (z. B. beim Steinsalz Na^+ und Cl^-); da die nächst benachbarten Ionen immer verschiedenen Vorzeichens sind, so resultiert aus den elektrostatischen Kräften im ganzen ein Kontraktionsbestreben, das die Ionen aneinanderdrückt, bis der Anziehung durch eine in der feineren Struktur der Ionen begründete Abstoßung das Gleichgewicht gehalten wird [1]).

---

[1]) Die elektrostatische Auffassung der Molekularkräfte (chemische Bindung, physikalische Kohäsion) bei heteropolaren Verbindungen ist von Kossel (Ann. d. Phys. **49**, 229, 1916) mit großem Erfolge durch qualitative Überlegungen gestützt worden. Quantitative Rechnungen an Kristallgittern wurden vom Verfasser, zum Teil zusammen mit A. Landé und Frl. E. Bormann (M. Born

Wenn man nun die Frage stellt, ob die Gitter vom Steinsalztypus durch besondere Stabilität ausgezeichnet sind, so muß man die gesamte, aus elektrostatischer und Abstoßungsenergie bestehende Energie aller möglichen Gitter miteinander vergleichen und untersuchen, ob gerade dem Steinsalzgitter ein Minimum der Energie zukommt. Dieses Problem ist nicht ohne weiteres der mathematischen Behandlung zugänglich, sondern verlangt als Vorbereitung die Lösung einer einfacheren[1]) Aufgabe, der diese Abhandlung gewidmet ist und die wir folgendermaßen formulieren:

Ein endliches Stück eines einfachen kubischen Raumgitters soll so mit gleich vielen positiven und negativen Ladungen von gleichem absoluten Betrage besetzt werden, daß die elektrostatische Energie des Systems möglichst klein wird.

Diese Minimalaufgabe für ein endliches Gitter erscheint sehr schwierig zu lösen, einmal wegen der besonderen Umstände an der Oberfläche, sodann wegen des zahlentheoretischen Charakters der den Ladungen auferlegten Bedingung. Die erste Schwierigkeit liegt nicht in der physikalischen Natur der Aufgabe begründet; denn Kristallstücke von meßbaren Dimensionen enthalten eine sehr große Anzahl von Atomen, so daß der Einfluß der Oberflächenschicht auf die Gesamtenergie relativ geringfügig ist. Wir werden daher das Problem durch ein physikalisch gleichwertiges, aber mathematisch einfacheres ersetzen, nach einem Verfahren, das sich in der Gittertheorie schon vielfach bewährt hat[2]). Wir denken uns nämlich das Gitter allseitig unendlich ausgedehnt, die Ladungsverteilung aber periodisch derart,

---

und A. Landé, Sitzungsber. d. Preuß. Akad. d. Wiss. 1918, S. 1048; Verh. d. D. Phys. Ges. **20**, 202, 210, 1918; M. Born, Verh. d. D. Phys. Ges. **20**, 224, 230, 1918; **21**, 13, 533, 679, 1919; Ann. d. Phys. **61**, 87, 1919; M. Born und E. Bormann, Verh. d. D. Phys. Ges. **21**, 733, 1919; Ann. d. Phys. **62**, 218, 1920) durchgeführt und haben die elektrostatische Gittertheorie durchweg bestätigt.

[1]) Eigentlich müßte außer der elektrostatischen, kontrahierenden Energie auch noch die Energie der abstoßenden Kräfte berücksichtigt werden. Doch spielt diese eine relativ geringe Rolle, weil die Abstoßung außerordentlich rasch mit der Annäherung der Atome anwächst (umgekehrt proportional etwa der zehnten Potenz der Entfernung). Unsere Formulierung des Problems läuft darauf heraus, alle Atome des Gitters als gleich große, starre Kugeln zu behandeln. Die Hauptvereinfachung unseres Ansatzes besteht aber darin, daß wir jeden Punkt eines einfachen kubischen Gitters als mit Ladungen gleichen Betrages besetzt ansehen, während bei vielen Gittern (z. B. dem der Zinkblende ZnS) ein großer Teil der Gitterpunkte unbesetzt ist.

[2]) Vgl. M. Born und Th. v. Kármán, Phys. ZS. **13**, 297, 1912; **14**, 15, 65, 1913; **15**, 185, 1914; ferner M. Born, Dynamik der Kristallgitter. Leipzig, B. G. Teubner, 1915.

daß sie in einem sehr großen Periodenwürfel willkürlich ist. Dieser Würfel ist dann ein Ersatz für das in Wahrheit endliche Kristallstück. Einen strengen Beweis für die Zulässigkeit dieser Ersetzung der Randbedingungen durch bequemere können wir allerdings nicht erbringen. Machen wir aber diese, physikalisch selbstverständliche Annahme, so können wir ferner das Coulombsche Potential ε/r durch ein verändertes $\frac{\varepsilon e^{-\varkappa r}}{r}$ ersetzen, das für hinreichend kleine $\varkappa$ beliebig wenig davon verschieden ist[1]); alle Eigenschaften des Kristalls, die wir als Materialeigenschaften bezeichnen, weil sie bei hinreichend großen Stücken unabhängig von der Oberflächenbeschaffenheit sind, müssen sich so berechnen lassen, daß man die Summationen über die Gitterpunkte mit dem abgeänderten Potential ausführt und nachträglich zur Grenze $\varkappa = 0$ übergeht. Man vermeidet durch dieses Vorgehen alle Schwierigkeiten, die sich durch die schlechte Konvergenz der Reihen elektrostatischer Potentiale ergeben.

Durch diese Kunstgriffe wird die elektrostatische Energie eine quadratische Form der Ladungen des Periodenwürfels und damit algebraischen Methoden zugänglich.

Die zweite Schwierigkeit, die in der zahlentheoretischen Bedingung liegt, daß die absoluten Beträge aller Ladungen gleich sein sollen, läßt sich nun leicht überwinden. Man wird zunächst beliebige Ladungen in den Gitterpunkten des Periodenwürfels zulassen, nur durch die Bedingung beschränkt, daß ihre Quadratsumme gleich der Anzahl der Gitterpunkte im Periodenwürfel ist. Dadurch ist die gestellte Minimalaufgabe auf das bekannte Hauptachsenproblem einer Fläche zweiter Ordnung im vieldimensionalen Raume zurückgeführt; es gibt daher nur eine endliche Zahl von „Eigenwerten“, unter denen der Minimalwert zu finden ist. Man sieht nun leicht, daß unter diesen Eigenwerten die Energie, die der ganzzahligen, „schachbrettartigen“ Ladungsverteilung des Steinsalzgitters entspricht, tatsächlich vorkommt, und es bleibt nur zu zeigen, daß sie der kleinste Eigenwert ist.

Leider ist mir dieser Nachweis nicht vollständig gelungen; nur für ein eindimensionales Gitter, eine Punktreihe, läßt er sich leicht führen. Es läßt sich zeigen, daß es eine ganz bestimmte, periodische Funktion gibt, die ich Grundpotential Π des Gitters nenne und deren Werte für Punkte mit rationalen Koordinaten gleich den Eigenwerten sind; insbesondere entspricht der Nullpunkt der Ladungs-

---

[1]) P. P. Ewald, Ann. d. Phys. (4) **64**, 253, 1921. Vgl. insbesondere die Ausführungen auf S. 266.

verteilung im Steinsalzgitter und der Wert des Grundpotentials daselbst seiner Energie. Es wäre also nachzuweisen, daß die Funktion Π im Nullpunkt ihren absolut kleinsten Wert annimmt. Im eindimensionalen Falle ist dieser Beweis leicht, da sich Π durch elementare Funktionen darstellen läßt; im dreidimensionalen Falle habe ich ihn nicht führen können, aber es ist mir wenigstens gelungen, zu zeigen, daß die Funktion Π im Nullpunkt ein relatives Minimum hat. Danach und nach der Analogie des eindimensionalen Falles kann man an der Richtigkeit der Tatsache selbst kaum zweifeln, wenn auch der Beweis lückenhaft ist; ich hoffe, daß er von mathematischer Seite ergänzt werden wird.

Bei dieser Untersuchung habe ich von gewissen, rasch konvergierenden Darstellungen der Gitterpotentiale Gebrauch gemacht, die P. P. Ewald[1]) jüngst veröffentlicht hat. Wir werden dabei zu einer neuen Auffassung der Ewaldschen Formeln kommen, durch die die Zusammenhänge klarer hervortreten, die zwischen den elektrostatischen Potentialen verschiedener kubischer Gitter bestehen. Wenn das Grundpotential Π als Funktion der Punkte des Periodenwürfels tabuliert vorliegt, so ist die Berechnung von Gitterpotentialen regulärer Kristalle auf einige einfache, endliche Summationen zurückgeführt. Diese Vereinfachung der numerischen Methoden scheint mir so wichtig, daß ich die Theorie in dem vorliegenden, noch nicht ganz abgeschlossenen Zustande bekannt machen möchte.

Vom physikalischen Standpunkte ist die Lösung der Minimalaufgabe als Vorarbeit zu betrachten für eine Theorie des Schmelzens der binären Salze. Man kann sich nämlich den Schmelzprozeß so vorstellen, daß oberhalb der Schmelztemperatur die vorher in der Konfiguration kleinster Energie geordneten Ionen anfangen, ihre Stellen zu vertauschen und ein ungeordnetes Aggregat von höherem Energieinhalt zu bilden. Um die Thermodynamik dieses Vorganges zu beherrschen, wäre es nach den Grundsätzen der statistischen Mechanik nur nötig, die Energie und die Wahrscheinlichkeit jedes ungeordneten Zustandes zu kennen. Es scheint nicht unmöglich, dieses Problem in Angriff zu nehmen, indem man von der stabilsten Konfiguration ausgehend die Nachbarkonfigurationen hinsichtlich ihrer Energie und ihrer Häufigkeit untersucht.

§ 1. **Die elektrostatische Energie für periodische Ladungsverteilung in einem einfachen, kubischen Gitter.** Die Gitterkonstante sei gleich 1. Dann ist irgend ein Gitterpunkt durch die

[1]) P. P. Ewald, Ann. d. Phys. (4) 64, 253, 1921.

ganzzahligen Koordinaten p_1, p_2, p_3 gekennzeichnet. Irgend eine dem Gitterpunkte zugeordnete Größe versehen wir mit den Indizes $p_1 p_2 p_3$, oder, wenn keine Verwechslung möglich ist, mit einem Index p. So bezeichnen wir die elektrische Ladung eines Gitterpunkts p mit $\varepsilon_{p_1 p_2 p_3}$ oder ε_p.

Die Ladungsverteilung sei periodisch nach jeder Achsenrichtung mit der Periode n, wo n eine gerade Zahl sei; dann ist

$$\varepsilon_{p_1+n,\, p_2,\, p_3} = \varepsilon_{p_1,\, p_2+n,\, p_3} = \varepsilon_{p_1,\, p_2,\, p_3+n} = \varepsilon_{p_1 p_2 p_3}, \tag{1}$$

oder kurz

$$\varepsilon_{p+n} = \varepsilon_p. \tag{1'}$$

Die Neutralität des Periodenwürfels wird durch die Bedingung

$$\sum_{p=0}^{n-1} \varepsilon_p = 0 \tag{2}$$

ausgedrückt; dabei ist über die drei Indizes $p_1 p_2 p_3$ unabhängig je von 0 bis $n-1$ zu summieren. Der Abstand eines Gitterpunktes p vom Nullpunkte sei

$$R_p = \sqrt{p_1^2 + p_2^2 + p_3^2}. \tag{3}$$

Dann ist das elektrostatische Potential aller Gitterpunkte außer einem (p) auf diesen Punkt

$$\varphi_p = \sum_q{}' \frac{\varepsilon_{p+q}}{R_q}, \tag{4}$$

wo der Akzent am Summenzeichen bedeutet, daß die Summation über alle Gitterpunkte des unendlichen Gitters, ausgenommen den Nullpunkt, zu erstrecken ist.

Die Reihe (4) konvergiert nur bedingt; sie liefert den richtigen Wert bei einer solchen Reihenfolge der Glieder, für die bei jeder Partialsumme die Summe der Ladungen verschwindet. Um die daraus entspringenden Konvergenzschwierigkeiten zu umgehen, ersetzen wir gemäß den in der Einleitung angestellten Überlegungen das Coulombsche Potential ε/R durch ein anderes $\varepsilon e^{-\varkappa R}/R$, welches für $\varkappa = 0$ in ersteres übergeht.

Statt (4) schreiben wir also

$$\varphi_p = \sum_q{}' \frac{\varepsilon_{p+q}\, e^{-\varkappa R_q}}{R_q}, \tag{4'}$$

eine Reihe, die für $\varkappa > 0$ absolut und gleichmäßig konvergiert.

Sodann bilden wir die Energie des ganzen, unendlichen Gitters pro Periodenwürfel, d. h. die Summe

$$\Phi = \frac{1}{2} \sum_{p=0}^{n-1} \varepsilon_p \varphi_p = \frac{1}{2} \sum_q{}' \frac{S_q}{R_q} e^{-\varkappa R_q}, \tag{5}$$

wo

$$S_q = \sum_{p=0}^{n-1} \varepsilon_p \varepsilon_{p+q} \tag{6}$$

gesetzt ist. Die Energie ist also gleich dem Potential des Gitters im Nullpunkt, wenn statt der wirklichen Ladungsverteilung die fiktive $\frac{1}{2} s_p$ eingesetzt wird. Diese Größen s_p erfüllen die Relationen, welche die Periodizität und die Neutralität ausdrücken:

$$s_{q+n} = s_q, \quad \sum_{q=0}^{n-1} s_q = 0, \tag{7}$$

außerdem aber die Gleichung

$$s_{-q} = s_q. \tag{8}$$

Man kann nun die Summe (5) nach Perioden zerlegen:

$$\Phi = \frac{1}{2} \sum_{p=0}^{n-1} C_p s_p; \tag{9}$$

dabei sind die Koeffizienten folgende Reihen:

$$\left.\begin{aligned} C_0 &= \sum_l{}' \frac{e^{-\varkappa R_{ln}}}{R_{ln}}, \\ C_p &= \sum_l \frac{e^{-\varkappa R_{p+ln}}}{R_{p+ln}}, \quad p \neq 0. \end{aligned}\right\} \tag{10}$$

Sie genügen den Bedingungen:

$$\left.\begin{aligned} C_{p+n} &= C_p, \\ C_{-p} &= C_p. \end{aligned}\right\} \tag{11}$$

Indem man (6) in (9) einsetzt, kann man die Energie als quadratische Form der Ladungen des Periodenwürfels schreiben:

$$\Phi = \frac{1}{2} \sum_{p=0}^{n-1} C_p \sum_{q=0}^{n-1} \varepsilon_q \varepsilon_{q+p},$$

oder mit Rücksicht auf die aus (11) folgende Beziehung $C_{n-p} = C_p$:

$$\Phi = \frac{1}{2} \sum_{p=0}^{n-1} \sum_{q=0}^{n-1} C_{p-q} \varepsilon_p \varepsilon_q. \tag{12}$$

Dabei vertritt, wie überall, jeder Index die drei ganzzahligen Koordinaten eines Gitterpunkts, und jedes Summenzeichen bedeutet eine dreifache Summe. Die Matrix der Koeffizienten der Form (12) ist eine dreidimensionale Zyklante von der Periode n.

§ 2. Die Ladungsverteilung geringster Energie und die Normalpotentiale. Die in der Einleitung gestellte Aufgabe besteht darin, unter allen periodischen und neutralen Verteilungen der Ladungen $\varepsilon_p = \pm 1$ diejenige aufzusuchen, für die die quadratische Form (12) ein Minimum wird. Wir ersetzen nun diese „zahlentheoretische" Aufgabe durch die analytische: Es soll unter allen periodischen und neutralen Ladungsverteilungen, die der Bedingung

$$\sum_{p=0}^{n-1} \varepsilon_p^2 = n^3 \tag{13}$$

genügen, diejenige aufgesucht werden, für die Φ ein Minimum wird.

Offenbar erfüllen alle Verteilungen $\varepsilon_p = \pm 1$ die Bedingung (13); findet man als Lösung des analytischen Problems eine Verteilung $\varepsilon_p = \pm 1$, so ist diese erst recht Lösung des „zahlentheoretischen" Problems.

Indem wir den beiden Nebenbedingungen (2) und (13) die Lagrangeschen Multiplikatoren μ und λ zuordnen, finden wir als notwendige Bedingung des Minimums die linearen Gleichungen:

$$\sum_{q=0}^{n-1} C_{p-q}\, \varepsilon_q + \lambda\, \varepsilon_p + \mu = 0. \tag{14}$$

Durch Summation nach p folgt daraus mit Rücksicht auf die Nebenbedingung (2):

$$\mu = 0. \tag{15}$$

Man genügt den linearen Gleichungen (14) durch den Ansatz:

$$\varepsilon_p = c\, e^{\frac{2\pi i}{n}(p k)}, \tag{16}$$

wo zur Abkürzung

$$(p k) = p_1 k_1 + p_2 k_2 + p_3 k_3 \tag{17}$$

gesetzt ist. Durch (16) ist die Nebenbedingung (2) erfüllt, außer wenn gleichzeitig k_1, k_2 und k_3 verschwinden. Man erhält durch Einsetzen in (14) für λ die Werte:

$$\lambda_k = -\sum_{q=0}^{n-1} C_q\, e^{\frac{2\pi i}{n}(q k)} \qquad (k_1^2 + k_2^2 + k_3^2 \neq 0). \tag{18}$$

Das sind die $(n^3 - 1)$ Eigenwerte des Hauptachsenproblems. Setzt man hier die Ausdrücke (10) für die Koeffizienten ein, so erhält man die über das ganze Gitter mit Ausnahme des Nullpunkts erstreckte Reihe

$$\lambda_k = -\sum_q{}' \frac{e^{-\frac{2\pi i}{n}(q k) - \varkappa R_q}}{R_q}. \tag{19}$$

Hier kann man zur Grenze $\varkappa = 0$, d. h. zum Coulombschen Potential, übergehen und findet:

$$\lambda_k = -\sum_q{}' \frac{e^{-\frac{2\pi i}{n}(q k)}}{R_q}, \tag{20}$$

oder durch Zusammenfassung je zweier Glieder mit entgegengesetztem Exponenten:

$$\lambda_k = -\sum_q{}' \frac{\cos\frac{2\pi}{n}(q\,k)}{R_q}. \tag{20'}$$

Die zugehörigen Energiewerte ergeben sich durch Multiplikation der Gleichungen (14) mit ε_p und Summation nach p:

$$\Phi_k = -\frac{n^3}{2}\lambda_k = \frac{n^3}{2}\sum_q{}' \frac{\cos\frac{2\pi}{n}(q\,k)}{R_q} \qquad (k_1^2 + k_2^2 + k_3^2 \neq 0). \tag{21}$$

An Stelle der komplexen Lösung (16) kann man auch die reelle

$$\varepsilon_{p\,k} = c\cos\frac{2\pi}{n}(p\,k) \tag{16'}$$

nehmen, wo der Faktor c so bestimmt werden muß, daß die Nebenbedingung (13) erfüllt ist. Die Formel (21) kann man dann in Übereinstimmung mit (5) so schreiben:

$$\Phi_k = \tfrac{1}{2}\sum_q{}' \frac{s_{q\,k}}{R_q}, \tag{21'}$$

wo die Größen $s_{q\,k}$ nach (6) definiert sind:

$$s_{q\,k} = \sum_{p=0}^{n-1} \varepsilon_{p\,k}\,\varepsilon_{p+q,\,k} = c^2\sum_{p=0}^{n-1}\cos\frac{2\pi}{n}(p\,k)\cos\frac{2\pi}{n}[(p\,k) + (q\,k)];$$

denn wegen der Identität

$$\sum_{p=0}^{n-1}\cos\frac{2\pi}{n}(p\,k)\sin\frac{2\pi}{n}(p\,k) = 0$$

und der Nebenbedingung (13)

$$\sum_{p=0}^{n-1}\varepsilon_{p\,k}^2 = c^2\sum_{p=0}^{n-1}\cos^2\frac{2\pi}{n}(p\,k) = n^3$$

wird

$$s_{q\,k} = n^3\cos\frac{2\pi}{n}(q\,k), \tag{22}$$

woraus die Identität der Formeln (21) und (21') erhellt.

Der gesuchte Minimalwert der Energie wird also von einer der $(n^3 - 1)$ periodischen Ladungsverteilungen (16') erreicht. Die zugehörigen Energiewerte Φ_k lassen sich nach (21') als Potentialwerte im Nullpunkt der periodischen Ladungsverteilungen (22) darstellen. Wir werden diese „Normalverteilungen" und die Φ_k „Normalpotentiale" des Gitters nennen.

Das kleinste der $(n^3 - 1)$ Normalpotentiale ist das gesuchte Minimum der Energie.

§ 3. **Darstellung der Potentiale willkürlicher Ladungsverteilungen durch die Normalpotentiale und das Grundpotential.** Wenn s_p beliebige Größen sind, die den Bedingungen

$$s_{p+n} = s_p, \quad s_{-p} = s_p$$

genügen, so lassen sie sich immer als trigonometrische Summen der Form

$$s_p = \sum_{q=0}^{n-1} \xi_q \cos \frac{2\pi}{n}(pq) \tag{23}$$

darstellen, deren Koeffizienten ξ_p die Relationen

$$\xi_{-p} = \xi_p$$

erfüllen. Denn auf Grund dieser Eigenschaft der ξ_p kann man schreiben:

$$s_p = \sum_{q=0}^{n-1} \xi_q \tfrac{1}{2}\left(e^{\frac{2\pi i}{n}(pq)} + e^{-\frac{2\pi i}{n}(pq)}\right) = \sum_{q=0}^{n-1} \xi_q e^{\frac{2\pi i}{n}(pq)},$$

und wenn man diese Gleichung mit $e^{-\frac{2\pi i}{n}(pk)}$ multipliziert und nach p von 0 bis $n-1$ summiert, so erhält man

$$\sum_{p=0}^{n-1} s_p e^{-\frac{2\pi i}{n}(pk)} = n^3 \xi_k,$$

also:

$$\xi_k = \frac{1}{n^3} \sum_{p=0}^{n-1} s_p \cos \frac{2\pi}{n}(pk). \tag{24}$$

Die beiden Gleichungssysteme (23) und (24) lösen sich gegenseitig auf.

Nun läßt sich die elektrostatische Energie einer beliebigen Ladungsverteilung im Gitter nach (5) in der Form

$$\Phi = \tfrac{1}{2} \sum_p{}' \frac{s_p}{R_p}$$

darstellen, wo die Koeffizienten s_p den Bedingungen (7) und (8) genügen; man kann daher die Formel (23) anwenden und findet:

$$\Phi = \tfrac{1}{2} \sum_p{}' \frac{1}{R_p} \sum_{q=0}^{n-1} \xi_q \cos \frac{2\pi}{n}(pq),$$

oder unter Benutzung von (21):

$$\Phi = \frac{1}{n^3} \sum_{q=0}^{n-1}{}' \xi_q \Phi_q. \tag{25}$$

Durch die Gleichungen (24) und (25) ist die Berechnung von beliebigen elektrostatischen Gitterenergien auf die der Normalpotentiale zurückgeführt. Die Formel (25) ist die Hauptachsendarstellung der quadratischen Form (12).

Die Normalpotentiale sind nach (21) die mit $\frac{n^3}{2}$ multiplizierten Werte, welche die Funktion der drei Variablen z_1, z_2, z_3

$$\Pi(z) = \sum_q{}' \frac{\cos 2\pi (q z)}{R_q} \tag{26}$$

in den rationalen Punkten $z_i = \frac{k_i}{n}$ annimmt; diese Funktion ist periodisch mit der Periode 1 und gerade in allen drei Variabeln:

$$\Pi(z+1) = \Pi(z), \quad \Pi(-z) = \Pi(z). \tag{27}$$

Wir wollen Π das **Grundpotential** des Gitters nennen; es ist das Potential der Ladungsverteilung $\cos 2\pi (q z)$ im Nullpunkte. Die Normalpotentiale sind:

$$\Phi_k = \frac{n^3}{2} \Pi\left(\frac{k}{n}\right). \tag{28}$$

§ 4. **Die elektrostatische Energie der periodischen Punktreihe.** Wir wollen an dieser Stelle zur Verdeutlichung der gewonnenen Sätze zuerst das Grundpotential für das entsprechende **eindimensionale Problem** berechnen; wir setzen an die Stelle des Gitters eine gerade, äquidistante Punktreihe. Dann erhält man statt (26):

$$\Pi = 2 \sum_{q=1}^{\infty} \frac{\cos 2\pi q z}{q}. \tag{29}$$

Diese Reihe läßt sich summieren; es ist nämlich[1])

$$\tfrac{1}{2} \log(1 - 2r\cos\alpha + r^2) = -\sum_{q=1}^{\infty} \frac{r^q}{q} \cos q\alpha,$$

also:

$$\Pi(z) = -\log[2(1 - \cos 2\pi z)] = -2\log(2 \sin \pi z). \tag{29'}$$

Daher sind die Normalpotentiale:

$$\Phi_k = \frac{n}{2} \Pi\left(\frac{k}{n}\right) = -n \log\left(2 \sin \frac{\pi k}{n}\right) \quad (k = 1, 2, \ldots n-1). \tag{30}$$

Die kleinste dieser $(n-1)$ Zahlen, zugleich das Minimum der Funktion $\frac{n}{2}\Pi(z)$ überhaupt, ist

$$\frac{n}{2} \Pi\left(\frac{1}{2}\right) = \Phi_{n/2} = -n \log 2; \tag{31}$$

sie gehört nach (16') mit Rücksicht auf die Nebenbedingung (13) zu der Ladungsverteilung:

$$\varepsilon_{p,\,n/2} = \cos \pi p = (-1)^p, \tag{32}$$

---

[1]) Vgl. E. T. **Whittaker**, Moderne Analysis, S. 157. Cambridge, University Press, 1902.

bei der die positiven und negativen Ladungen abwechseln. Damit ist für den eindimensionalen Fall das Minimumproblem unter den in der Einleitung erörterten Einschränkungen gelöst: Die ganzzahlige Verteilung

$$\cdots + 1 - 1 + 1 - 1 + 1 - 1 \cdots$$

liefert die kleinste elektrostatische Energie; und das gilt unabhängig von der Größe der Periode n.

Die Energie einer beliebigen periodischen Ladungsverteilung der Punktreihe läßt sich nun nach (24) und (25) so darstellen:

$$\Phi = -\sum_{q=0}^{n-1} \xi_q \log\left(2 \sin \frac{\pi q}{n}\right), \quad \xi_q = \frac{1}{n} \sum_{p=0}^{n-1} s_p \cos \frac{2\pi p q}{n}. \tag{33}$$

Diese Formel ist nützlich, wenn man Gitterpotentiale nach der Methode von Madelung[1]) berechnen will.

§ 5. Darstellung des Grundpotentials durch Ewaldsche Reihen. Um die analogen Betrachtungen für das räumliche Problem durchführen zu können, muß man eine gut konvergente Darstellung der Grundfunktion Π heranziehen, aus der man auf ihren Verlauf schließen kann. Die Madelungschen Reihen[2]) für die Gitterpotentiale sind hier wegen ihrer Unsymmetrie in den drei Koordinaten unbequem. Wir benutzen die Entwicklungen, die Herr Ewald[3]) kürzlich mitgeteilt hat. Sein allgemeines Resultat für elektrostatische Potentiale lautet so:

Es sei ein beliebiges Gitter gegeben durch die drei Translationsvektoren $\mathfrak{a}_1$, $\mathfrak{a}_2$, $\mathfrak{a}_3$ und die Vektoren $\mathfrak{r}_k$ ($k = 1, 2, \ldots s$) der Basis; die Punkte der Basis sollen die Ladungen ε_k tragen. Das Potential aller Punkte P des Gitters, außer einem P', in diesem Punkte P' sei

$$\varphi_{P'} = \sum_P{}' \frac{\varepsilon_P}{R_{PP'}}.$$

Dann läßt sich dieses folgendermaßen durch absolut und gleichmäßig konvergierende Reihen darstellen:

Man bilde die zu den $\mathfrak{a}_1$, $\mathfrak{a}_2$, $\mathfrak{a}_3$ reziproken Vektoren

$$\mathfrak{b}_1 = \frac{[\mathfrak{a}_2, \mathfrak{a}_3]}{|\mathfrak{a}_1, \mathfrak{a}_2, \mathfrak{a}_3|}, \quad \mathfrak{b}_2 = \frac{[\mathfrak{a}_3, \mathfrak{a}_1]}{|\mathfrak{a}_1, \mathfrak{a}_2, \mathfrak{a}_3|}, \quad \mathfrak{b}_3 = \frac{[\mathfrak{a}_1, \mathfrak{a}_2]}{|\mathfrak{a}_1, \mathfrak{a}_2, \mathfrak{a}_3|},$$

ferner die Vektoren vom Nullpunkt nach den Punkten des ursprünglichen und des reziproken Gitters:

$$\mathfrak{R}_l = l_1 \mathfrak{a}_1 + l_2 \mathfrak{a}_2 + l_3 \mathfrak{a}_3,$$
$$\mathfrak{h}_l = l_1 \mathfrak{b}_1 + l_2 \mathfrak{b}_2 + l_3 \mathfrak{b}_3.$$

[1]) E. Madelung, Phys. ZS. 19, 524, 1918.
[2]) l. c. Anm. S. 140.
[3]) l. c. Anm. S. 127.

Sodann sei

$$S_{lk'} = \sum_k \varepsilon_k e^{2\pi i(\mathfrak{h}_l, \mathfrak{r}_{k'} - \mathfrak{r}_k)},$$

wo die Summe über die Basis erstreckt ist, und

$$R_{lkk'} = |\mathfrak{R}_l + \mathfrak{r}_k - \mathfrak{r}_{k'}|.$$

Endlich bedeute

$$F(x) = \frac{2}{\sqrt{\pi}} \int_0^x e^{-x^2} dx \tag{34}$$

die Gaußsche Fehlerfunktion.

Dann kann man mit Hilfe einer beliebig gewählten Größe τ das Potential in zwei Teile zerlegen:

$$\varphi_{k'} = \varphi_{k'}^{(1)} + \varphi_{k'}^{(2)},$$

die absolut und gleichmäßig konvergente Reihen sind, nämlich:

$$\varphi_{k'}^{(1)} = \frac{1}{\pi |\mathfrak{a}_1, \mathfrak{a}_2, \mathfrak{a}_3|} \sum_l{}' S_{lk'} \frac{e^{-\frac{\pi^2}{\tau^2} \mathfrak{h}_l^2}}{\mathfrak{h}_l^2} - \varepsilon_{k'} \frac{2\tau}{\sqrt{\pi}},$$

$$\varphi_{k'}^{(2)} = \sum_{\substack{lk \\ (\neq 0k')}} \varepsilon_k \frac{1 - F(\tau R_{lkk'})}{R_{lkk'}}.$$

Wir wenden nun diese Formeln auf den Fall eines kubischen Gitters mit periodischer Ladungsverteilung an; dann haben die oben definierten Vektoren folgende Komponenten:

$$\mathfrak{a}_1\ (n, 0, 0), \quad \mathfrak{a}_2\ (0, n, 0), \quad \mathfrak{a}_3\ (0, 0, n);$$

$$|\mathfrak{a}_1, \mathfrak{a}_2, \mathfrak{a}_3| = n^3;$$

$$\mathfrak{b}_1 \left(\frac{1}{n}, 0, 0\right), \quad \mathfrak{b}_2 \left(0, \frac{1}{n}, 0\right), \quad \mathfrak{b}_3 \left(0, 0, \frac{1}{n}\right);$$

$$\mathfrak{R}_l\ (l_1 n, l_2 n, l_3 n),$$

$$\mathfrak{h}_l \left(\frac{l_1}{n}, \frac{l_2}{n}, \frac{l_3}{n}\right);$$

$$\mathfrak{r}_k\ (k_1, k_2, k_3), \quad k_i = 0, 1, \ldots n-1.$$

Der Gitterpunkt $\mathfrak{r}_{k'}$, in dem das Potential zu berechnen ist, sei der Nullpunkt

$$\mathfrak{r}_{k'} = (0, 0, 0).$$

Die Ladungen in den Gitterpunkten seien nach (26):

$$\varepsilon_k = \cos 2\pi (kz).$$

Daher wird:

$$S_{lk'} = \sum_{k=0}^{n-1} \cos 2\pi (kz)\, e^{-\frac{2\pi i}{n}(kl)}$$

und daraus folgt leicht:

$$S_{lk'} = \left\{\begin{array}{l} 0, \text{ wenn irgend ein } nz_i - l_i \not\equiv 0 \text{ und irgend ein } nz_i + l_i \not\equiv 0 \\ \frac{n^3}{2}, \text{ wenn alle } \quad nz_i - l_i \equiv 0 \quad \text{"} \quad \text{"} \quad \text{"} \quad nz_i + l_i \not\equiv 0 \\ \quad \text{oder wenn alle } nz_i + l_i \equiv 0 \quad \text{"} \quad \text{"} \quad \text{"} \quad nz_i - l_i \not\equiv 0 \\ n^3, \text{ wenn alle } \quad nz_i - l_i \equiv 0 \text{ und alle } \quad nz_i + l_i \equiv 0 \end{array}\right\} \bmod n.$$

Ferner wird

$$R_{lkk'} = \sqrt{(k_1 + l_1 n)^2 + (k_2 + l_2 n)^2 + (k_3 + l_3 n)^2}.$$

Mit der früher gebrauchten Bezeichnungsweise (3) kann man schreiben:

$$|\mathfrak{h}_l| = \frac{1}{n} R_l, \quad R_{lkk'} = R_{k+ln}.$$

Dann erhält man nach kurzer Zwischenrechnung:

$$\Pi = \Pi^{(1)} + \Pi^{(2)}, \tag{35}$$

wo

$$\left.\begin{aligned} \Pi^{(1)} &= \frac{1}{\pi} \sum_q \frac{e^{-\frac{\pi^2}{\tau^2} R_{q-z}^2}}{R_{q-z}^2} - \frac{2\tau}{\sqrt{\pi}}, \\ \Pi^{(2)} &= \sum_{lk}{}' \cos 2\pi (kz) \frac{1 - F(\tau R_{k+ln})}{R_{k+ln}}. \end{aligned}\right\} \tag{35'}$$

§ 6. **Die Eigenschaften des Grundpotentials.** Die Darstellung (35′) gilt für beliebige Werte von τ. Man sieht leicht, daß $\Pi^{(2)}$ mit wachsendem τ gleichmäßig in z_1, z_2, z_3 gegen Null konvergiert. Es ist offenbar

$$|\Pi^{(2)}| \leqq \sum_q{}' \frac{1 - F(\tau R_q)}{R_q}.$$

Nun ist bekanntlich für $x > 0$

$$F(x) = 1 - \frac{e^{-x^2}}{x} - r,$$

wo

$$r < \frac{\sqrt{2}\, e^{-x^2}}{x};$$

also

$$1 - F(x) < (1 + \sqrt{2}) \frac{e^{-x^2}}{x}.$$

Daher wird

$$|\Pi^{(2)}| \leqq (1 + \sqrt{2}) \frac{1}{\tau} \sum_q{}' \frac{e^{-\tau^2 R_q^2}}{R_q^2},$$

und da $R_q^2 \geqq 1$ ist, so folgt:

$$\begin{aligned} |\Pi^{(2)}| &\leqq (1 + \sqrt{2}) \frac{1}{\tau} \sum_q{}' e^{-\tau^2 R_q^2} \\ &\leqq (1 + \sqrt{2}) \frac{1}{\tau} \left(\sum_q e^{-\tau^2 R_q^2} - 1 \right) \\ &\leqq (1 + \sqrt{2}) \frac{1}{\tau} \left\{ \left(\sum_{q=-\infty}^{+\infty} e^{-\tau^2 q^2} \right)^3 - 1 \right\}. \end{aligned}$$

Nun ist
$$\sum_{q=-\infty}^{+\infty} e^{-\tau^2 q^2} = 1 + 2\sum_{q=1}^{\infty} e^{-\tau^2 q^2}$$
$$\leqq 1 + 2\sum_{q=1}^{\infty} e^{-\tau^2 q}$$
$$\leqq \frac{1+e^{-\tau^2}}{1-e^{-\tau^2}}.$$

Daher erhält man:
$$|\Pi^{(2)}| \leqq \frac{1+\sqrt{2}}{\tau}\left\{\left(\frac{1+e^{-\tau^2}}{1-e^{-\tau^2}}\right)^3 - 1\right\}$$
$$\leqq 2(1+\sqrt{2})\frac{e^{-\tau^2}}{\tau}\frac{3+e^{-2\tau^2}}{(1-e^{-\tau^2})^3}.$$

Aus dieser, auch für numerische Rechnungen brauchbaren Abschätzung folgt die Behauptung, daß
$$\lim_{\tau=\infty} \Pi^{(2)}(z) = 0 \tag{36}$$
gleichmäßig in z_1, z_2, z_3.

Sind nun z' und z'' zwei Punkte, für die
$$\Pi^{(1)}(z'') - \Pi^{(1)}(z') > 0$$
ist, so kann man τ immer so groß wählen, daß für jeden Punkt z
$$|\Pi^{(2)}(z)| < \frac{1}{2}\{\Pi^{(1)}(z'') - \Pi^{(1)}(z')\}$$
wird. Dann folgt sogleich
$$\Pi(z'') - \Pi(z') > 0.$$

Mithin stimmt das Vorzeichen eines Differentialquotienten von Π mit dem des entsprechenden Differentialquotienten von $\Pi^{(1)}$ bei hinreichend großem τ überein, folglich ist der Verlauf von Π bei großem τ derselbe wie der von $\Pi^{(1)}$, insbesondere liegen Maxima und Minima, Sattelpunkte usw. an denselben Stellen.

Wir haben daher zur Lösung unseres Minimalproblems nur die Funktion $\Pi^{(1)}$ zu studieren.

§ 7. **Der Anteil $\Pi^{(1)}$ des Grundpotentials.** Wir führen nun statt der z_i die neuen Variablen
$$x_i = 2z_i - 1 \qquad (i = 1, 2, 3) \tag{37}$$
ein; dann wird
$$\Pi^{(1)}_{(z)} = \Pi^{(1)}\left(\frac{x+1}{2}\right) = \frac{1}{\pi}\sum_q \frac{e^{-\frac{\pi^2}{4\tau^2}R^2_{2q-1-x}}}{R^2_{2q-1-x}} - \frac{2\tau}{\sqrt{\pi}}. \tag{38}$$

Wir wollen nun

$$f(s) = \frac{e^{-\lambda s}}{s}, \qquad \lambda = \frac{\pi^2}{4\tau^2} \tag{39}$$

setzen; dann kann man die in $\Pi^{(1)}$ auftretende Reihe schreiben:

$$P(x) = \sum_q f(R^2_{2q-1-x}). \tag{40}$$

Dabei erfüllt die Funktion f und ihre Ableitungen für $s > 0$ folgende Ungleichungen:

$$\left.\begin{array}{ll} \text{a)} & f(s) = \frac{e^{-\lambda s}}{s} > 0, \\ \text{b)} & f'(s) = -\frac{e^{-\lambda s}}{s}\left(\lambda + \frac{1}{s}\right) < 0, \\ \text{c)} & f''(s) = \frac{e^{-\lambda s}}{s}\left(\lambda^2 + \frac{2\lambda}{s} + \frac{2}{s^2}\right) > 0, \\ \text{d)} & 2sf''(s) + 3f'(s) = e^{-\lambda s}\left(2\lambda^2 + \frac{\lambda}{s} + \frac{1}{s^2}\right) > 0. \end{array}\right\} s > 0. \tag{41}$$

Wir werden zeigen, daß für jede Funktion $f(s)$, die die Ungleichungen (41) erfüllt, die durch die Reihe (40) dargestellte periodische Funktion P im Nullpunkt ein Minimum hat.

Wir denken uns auf den Punkt x eine der 48 Operationen der holoedrischen Gruppe des regulären Systems ausgeübt, wodurch er in einen Punkt $x^{(j)}$ übergeht; die Koordinaten $x_1^{(j)}, x_2^{(j)}, x_3^{(j)}$ entstehen also aus x_1, x_2, x_3, indem man diese einer der 6 Permutationen

123 231 312 132 213 321

und einer der 8 Vorzeichenvertauschungen

$$\begin{array}{ccc} + + + & & - - - \\ + + - & & - - + \\ + - + & & - + - \\ - + + & & + - - \end{array}$$

unterwirft.

Ersetzt man in (40) x durch $x^{(j)}$, so bleibt offenbar $P(x)$ ungeändert. Addiert man diese 48 verschiedenen Ausdrücke für $P(x)$, so erhält man

$$P(x) = \frac{1}{48}\sum_q \Psi_q(x), \tag{42}$$

wo

$$\Psi_q(x) = \sum_{j=1}^{48} f(R^2_{2q-1-x^{(j)}}) \tag{43}$$

gesetzt ist.

In (42) kann man nun die Summation auf den Teil des Gitters beschränken, der durch die Ungleichungen

$$q_1 \geqq q_2 \geqq q_3 \geqq 1$$

charakterisiert ist und den 48. Teil des Raumes erfüllt. Dann wird

$$P(x) = \sum_{q_1=1}^{\infty} \sum_{q_2=1}^{q_1} \sum_{q_3=1}^{q_2} \Psi_q(x). \tag{44}$$

Diese Darstellung setzt in Evidenz, daß die Funktion $P(x)$ bereits alle ihre Werte in demjenigen Teile des Würfels $-1 < x_i < 1$ annimmt, der durch die Ungleichungen

$$1 > x_1 > x_2 > x_3 > 0$$

gekennzeichnet ist; der Würfel besteht aus 48 kongruenten Teilen, die samt dem Wertevorrat von $P(x)$ durch die Operationen der regulären Holoedrie auseinander hervorgehen.

Aus der Stetigkeit von $P(x)$ und seinen Ableitungen folgt sodann, daß die Ableitung von $P(x)$ in der Richtung der Normalen jeder Symmetrieebene dieser Gruppe von Deckoperationen verschwindet; insbesondere ist

$$\text{längs der Ebene } x_1 = 0\colon \quad \frac{\partial P}{\partial x_1} = 0,$$

$$\text{,, \quad ,, \quad ,, } \quad x_2 = 0\colon \quad \frac{\partial P}{\partial x_2} = 0,$$

$$\text{,, \quad ,, \quad ,, } \quad x_3 = 0\colon \quad \frac{\partial P}{\partial x_3} = 0.$$

Folglich verschwinden im Nullpunkt alle drei Ableitungen; in diesem hat also $P(x)$ ein Extremum.

Wir zeigen jetzt, daß dieses ein relatives Minimum ist. Das ist nämlich bereits für jede der Funktionen $\Psi_q(x)$ der Fall, durch deren Summation $P(x)$ entsteht. Wir bilden die Ableitungen:

$$\left.\begin{aligned} \frac{\partial \Psi_q}{\partial x_i} &= -2 \sum_{j=1}^{48} f'(R^2_{2q-1-x^{(j)}}) \sum_k \left(2q_k - 1 - x_k^{(j)}\right) \frac{\partial x_k^{(j)}}{\partial x_i}, \\ \frac{\partial^2 \Psi_q}{\partial x_i \partial x_h} &= \\ 2\sum_{j=1}^{48} \Bigg\{ & 2f''(R^2_{2q-1-x^{(j)}}) \sum_{kl} \left(2q_k - 1 - x_k^{(j)}\right)\left(2q_l - 1 - x_l^{(j)}\right) \frac{\partial x_k^{(j)}}{\partial x_i} \frac{\partial x_l^{(j)}}{\partial x_h} \\ &+ f'(R^2_{2q-1-x^{(j)}}) \sum_k \left[\frac{\partial x_k^{(j)}}{\partial x_i} \frac{\partial x_k^{(j)}}{\partial x_h} - \left(2q_k - 1 - x_k^{(j)}\right) \frac{\partial^2 x_k^{(j)}}{\partial x_i \partial x_h} \right] \Bigg\}. \end{aligned}\right\} \tag{45}$$

Nun sind $x_1^{(j)}, x_2^{(j)}, x_3^{(j)}$ Permutationen von $\pm x_1, \pm x_2, \pm x_3$; daher verschwinden sie zugleich mit x_1, x_2, x_3, ferner sind die Ableitungen $\frac{\partial x_k^{(j)}}{\partial x_i} = \pm 1$ oder 0, und die zweiten Ableitungen $\frac{\partial^2 x_k^{(j)}}{\partial x_i \partial x_h} = 0$. Sodann findet man leicht

$$\sum_{j=1}^{48} \frac{\partial x_k^{(j)}}{\partial x_i} \frac{\partial x_l^{(j)}}{\partial x_h} = \begin{cases} 16 \text{ für } i = h,\ k = l, \\ 0 \text{ sonst.} \end{cases} \tag{46}$$

Setzt man nun in (45) $x_1 = x_2 = x_3 = 0$, so erhält man:

$$\left.\begin{aligned} &\frac{\partial \Psi_q}{\partial x^i} = 0, \\ &\frac{\partial^2 \Psi_q}{\partial x_i \partial x_h} = \begin{cases} 0 \text{ für } i \neq h, \\ 32\,\{2 R_{2q-1}^2 f''(R_{2q-1}^2) + 3 f'(R_{2q-1}^2)\} \text{ für } i = h. \end{cases} \end{aligned}\right\} \tag{47}$$

Daher folgt für die Entwickelung von Ψ_q in der Umgebung des Nullpunktes:

$$\Psi_q = \Psi_q^0 + 32\,[2 R_{2q-1}^2 f''(R_{2q-1}^2) + 3 f'(R_{2q-1}^2)] \cdot (x_1^2 + x_2^2 + x_3^2) + \cdots$$

Wegen der Voraussetzung (41 d) folgt hieraus die Existenz eines relativen Minimums im Nullpunkt.

Dasselbe gilt nach (44) auch für $P(x)$.

Der Beweis, daß dieses relative Minimum den absolut kleinsten Wert von $P(x)$ darstellt, ist mir nicht gelungen.

Nehmen wir es an, so folgt für die Funktion $\Pi^{(1)}$, die man nach (38) und (40) in der Form

$$\Pi^{(1)}(z) = \Pi^{(1)}\left(\frac{x+1}{2}\right) = \frac{1}{\pi} P(x) - \frac{2\tau}{\sqrt{\pi}}$$

schreiben kann, daß $\Pi^{(1)}(z)$ bei $z_i = \frac{1}{2}$ sein Minimum hat, und nach dem Resultat des § 6 überträgt sich dasselbe auf das Grundpotential Π. Das kleinste Eigenpotential entspricht dann den Indizes

$$z_i = \frac{k^i}{n} = \frac{1}{2}, \quad k_i = \frac{n}{2};$$

dazu gehört nach (16′) mit Rücksicht auf die Nebenbedingung (13) die Ladungsverteilung

$$\varepsilon_{p, \frac{n}{2}} = \cos \pi (p_1 + p_2 + p_3) = (-1)^{p_1 + p_2 + p_3}, \tag{48}$$

also die des Steinsalzgitters. Die zugehörige minimale Energie ist

$$\Phi_{\frac{n}{2}} = \frac{n^3}{2} \Pi\left(\frac{1}{2}\right). \tag{49}$$

Göttingen, August 1921.

Quantentheoretische Umdeutung der Voigtschen Theorie des anomalen Zeemaneffektes vom D-Linientypus.

Von **A. Sommerfeld** in München.

Mit zwei Abbildungen. (Eingegangen am 12. Dezember 1921.)

Woldemar Voigt[1]) hat als schönste Frucht seiner langjährigen magnetooptischen Studien Schwingungsgleichungen für den Zeemaneffekt der D-Linien aufgestellt, welche nicht nur für schwache Felder den anomalen, sondern auch für starke Felder den normalen Zeemaneffekt (Paschen-Back-Effekt) wiedergeben und zugleich den Umwandlungsprozeß vom einen in den anderen Typus wie es scheint völlig richtig darstellen. Was die Lorentzsche Theorie für den normalen, scheint die Voigtsche Theorie für den anomalen Zeemaneffekt zu sein, nämlich der adäquate Ausdruck der Tatsachen in der Sprache der Schwingungstheorie. Die von Voigt für den Absorptionsvorgang, den sogenannten „inversen Zeemaneffekt" abgeleiteten Gleichungen habe ich wesentlich vereinfacht[2]), indem ich den Emissionsprozeß betrachtete; ich möchte jetzt zeigen, wie sich diese Gleichungen aus der schwingungstheoretischen in die quantentheoretische Sprache übersetzen lassen.

§ 1. Allgemeines zur Voigtschen Theorie. Da das Intensitätsverhältnis $D_2:D_1$ gleich $2:1$ ist, nimmt Voigt zwei Elektronen mit der Schwingungszahl von D_2, ein Elektron mit derjenigen von D_1 an. Beide Elektronenarten sind quasielastisch gebunden und schwingen ohne Magnetfeld unabhängig voneinander; ihre Kreisfrequenzen seien ω_2 und ω_1. Durch das Magnetfeld H werden sie miteinander gekoppelt. Die Kopplung ist linear und „wattlos". Sie wird verschieden angesetzt für die parallelen Schwingungen (π-Komponenten) und die senkrechten (σ-Komponenten). Die Schwingung des D_1-Elektrons wird durch die Größe ζ_1, die der beiden D_2-Elektronen durch ζ_2 und ζ_3 dargestellt. $\mathfrak{o}$ bedeutet die Winkelgeschwindigkeit der Larmorpräzession[3]), kurz „Larmorfrequenz" genannt:

$$\mathfrak{o} = \frac{e}{m}\frac{H}{2c}.$$

---

[1]) Ann. d. Phys. **41**, 403, 1913 und **42**, 210, 1913.

[2]) Göttinger Nachrichten, März 1914.

[3]) Vgl. z. B. mein Buch „Atombau und Spektrallinien", 2. Aufl., Gleichung (2) von S. 423, 3. Aufl., Gleichung (2) von S. 364.

Wie l. c. gezeigt wurde, lassen sich die **Voigt**schen Gleichungen für den Emissionsvorgang auf die folgende überraschend einfache Form bringen:

$$\left(\frac{d^2}{d t^2} + 2 i \mathfrak{o} \frac{d}{d t} + \omega_k^2\right) \zeta_k = \frac{2}{3} i \mathfrak{o} \frac{d}{d t} (\zeta_k + \zeta_{k+1} + \zeta_{k+2}) \tag{1}$$

für die π-Komponenten,

$$\left(\frac{d^2}{d t^2} + 2 i \mathfrak{o} \frac{d}{d t} + \omega_k^2\right) \zeta_k = -\frac{2}{3} i \mathfrak{o} \frac{d}{d t} (\zeta_k + \varepsilon \zeta_{k+1} + \varepsilon^2 \zeta_{k+2}) \tag{2}$$

für die σ-Komponenten. Der Index von ζ ist modulo 3 zu nehmen; ω_k bedeutet ω_1 für $k = 1$, ω_2 für $k = 2$ oder 3; ε ist die dritte Einheitswurzel

$$\varepsilon = e^{\frac{2 \pi i}{3}}.$$

Die zyklische Wahl der in (1) und (2) rechts vorkommenden „Kopplungskoeffizienten“ (1, 1, 1) bzw. $(1, \varepsilon, \varepsilon^2)$ bildet den Grundgedanken der **Voigt**schen Theorie und ermöglicht die Darstellung des Paschen-Back-Effektes.

Die Gleichungen (1) und (2) werden integriert durch den Ansatz

$$\zeta_k = C_k e^{-i \omega t} \tag{3}$$

oder

$$\zeta_k = C_k e^{+i \omega t}. \tag{3a}$$

Der Ansatz (3) gibt die „positiven“, auf der kurzwelligen Seite der ursprünglichen Linie gelegenen Komponenten des Zerlegungsbildes, der Ansatz (3a) die „negativen“ Komponenten auf der langwelligen Seite. Wir können uns vorläufig auf den ersten Ansatz beschränken. Jede Komponente des Zerlegungsbildes entspricht einer freien Schwingung ω des gekoppelten Systems; wegen der Kopplung ist ω von ω_1 und ω_2 verschieden.

Setzt man zur Abkürzung

$$\Omega_k = \frac{\omega_k^2 - \omega^2 + 2 \mathfrak{o} \omega}{2 \mathfrak{o} \omega / 3} \tag{4}$$

und trägt (3) in (1) ein, so erhält man als Frequenzgleichung für die ω der positiven π-Komponenten:

$$\begin{vmatrix} \Omega_1 - 1 & -1 & -1 \\ -1 & \Omega_2 - 1 & -1 \\ -1 & -1 & \Omega_2 - 1 \end{vmatrix} = 0, \tag{5}$$

ebenso durch Eintragen von (3) in (2) für die positiven σ-Komponenten:

$$\begin{vmatrix} \Omega_1 + 1 & \varepsilon & \varepsilon^2 \\ \varepsilon^2 & \Omega_2 + 1 & \varepsilon \\ \varepsilon & \varepsilon^2 & \Omega_2 + 1 \end{vmatrix} = 0. \tag{6}$$

Der Ausdruck (4) für Ω_k läßt sich vereinfachen. Wir bemerken, daß selbst bei den stärksten Feldern die magnetisch verschobenen Linien den ursprünglichen Linien stets sehr nahe liegen. Schreiben wir daher $\omega_k^2 - \omega^2 = (\omega_k - \omega)(\omega_k + \omega)$, so ist $\omega_k + \omega$ stets sehr wenig von $2\,\omega$ verschieden. Statt (4) können wir daher setzen:

$$\Omega_k = 3\,\frac{\omega_k - \omega}{\mathfrak{o}} + 3. \tag{7}$$

Sei mit Rücksicht auf Fig. 1 M die Mitte zwischen D_2 und D_1, $\overline{\omega}$ ihre Frequenz. Statt (7) wollen wir schreiben:

$$\Omega_k = 3\,\frac{\omega_k - \overline{\omega}}{\mathfrak{o}} - 3\,\frac{\omega - \overline{\omega}}{\mathfrak{o}} + 3. \tag{8}$$

Wir gehen von den Frequenzen ω zu den Schwingungszahlen $\mathfrak{o}$ und zugleich von der Larmorfrequenz $\mathfrak{o}$ zu der normalen Lorentzschen Aufspaltung $\Delta\,\nu_{\text{norm}}$ über. Der ursprüngliche Schwingungs-

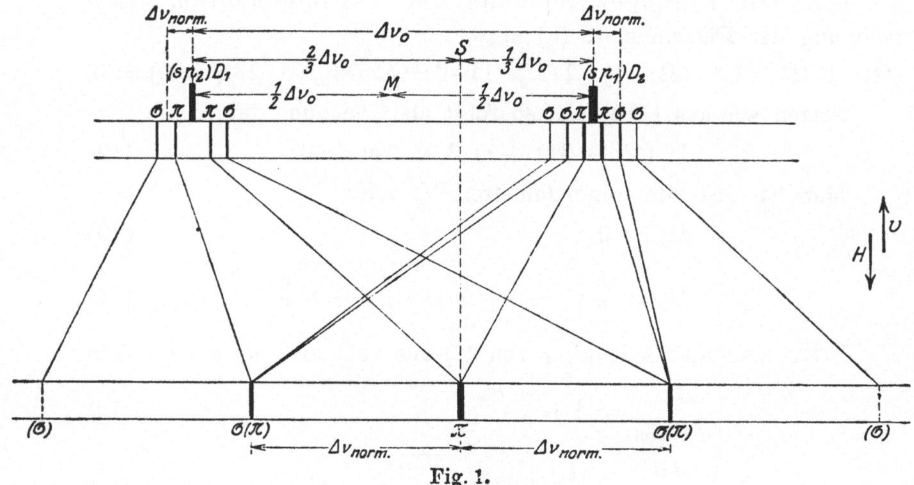

Fig. 1.

abstand der Linien D_1 und D_2 sei $\Delta\,\nu_0$; mit $\Delta\,\nu$ bezeichnen wir den Schwingungsabstand einer magnetisch verschobenen Linie von M. Dann gilt:

$$\left.\begin{aligned} \Delta\,\nu_0 &= \frac{\omega_2 - \omega_1}{2\,\pi}, \quad \frac{\Delta\,\nu_0}{2} = \frac{\omega_2 - \overline{\omega}}{2\,\pi} = -\,\frac{\omega_1 - \overline{\omega}}{2\,\pi}, \\ \Delta\,\nu_{\text{norm}} &= \frac{\mathfrak{o}}{2\,\pi}, \quad \Delta\,\nu = \frac{\omega - \overline{\omega}}{2\,\pi}. \end{aligned}\right\} \tag{9}$$

Da $\Delta\,\nu_{\text{norm}}$ ebenso wie $\mathfrak{o}$ dem Magnetfelde H proportional ist, liefert das Verhältnis

$$v = \frac{\Delta\,\nu_0}{\Delta\,\nu_{\text{norm}}} \tag{10}$$

ein reziprokes Maß für die Stärke des Magnetfeldes. Mit den Bezeichnungen (9) und (10) ergibt sich statt (8):

$$\left.\begin{aligned}\Omega_1 &= -\frac{3}{2}v - 3\frac{\Delta\nu}{\Delta\nu_{\text{norm}}} + 3,\\ \Omega_2 &= +\frac{3}{2}v - 3\frac{\Delta\nu}{\Delta\nu_{\text{norm}}} + 3,\end{aligned}\right\} \tag{11}$$

$$\Omega_2 - \Omega_1 = 3v. \tag{11a}$$

Ist $v \gg 1$, so sprechen wir von einem „schwachen Felde". Ein solches erzeugt den anomalen Zeemaneffekt, wie er für den Fall der D-Linien am Kopfe der Fig. 1 dargestellt ist. Ist $v \ll 1$, so sprechen wir von einem „starken Felde". Ein solches führt zur normalen Aufspaltung des Paschen-Back-Effektes, wie er am Fuße der Fig. 1 dargestellt ist. Auf die Bedeutung der Übergangslinien in der Mitte der Figur kommen wir später zu sprechen.

§ 2. Die Frequenzgleichung der π-Komponenten. Ausrechnung der Determinante (5) ergibt:

$$(\Omega_1 - 1)(\Omega_2 - 1)^2 - (\Omega_1 - 1) - 2(\Omega_2 - 1) - 2 = \Omega_2(\Omega_1\Omega_2 - 2\Omega_1 - \Omega_2) = 0.$$

Setzen wir aus (11a) ein, so folgt als Gleichung für Ω_2:

$$\Omega_2(\Omega_2^2 - 3(1 + v)\Omega_2 + 6v) = 0. \tag{12}$$

Man hat also die folgenden drei Wurzeln:

$$\Omega_2 = 0. \tag{13}$$

$$\Omega_2 = \frac{3}{2}\left(v + 1 \mp \sqrt{1 - \frac{2}{3}v + v^2}\right). \tag{14}$$

Setzt man die Bedeutung von Ω_2 aus (11) ein, so ergibt sich:

$$\frac{\Delta\nu}{\Delta\nu_{\text{norm}}} = 1 + \frac{v}{2}. \tag{15}$$

$$\frac{\Delta\nu}{\Delta\nu_{\text{norm}}} = \frac{1}{2}\left(1 \pm \sqrt{1 - \frac{2}{3}v + v^2}\right). \tag{16}$$

Für $v = 0$ (starke Felder) wird die rechte Seite von (15) gleich 1, die von (16) gleich 0 oder 1. 1 bedeutet normale Aufspaltung, 0 keine Aufspaltung.

Eine ergänzende Intensitätsbetrachtung muß zeigen, daß die Komponente im normalen Abstande verschwindende Intensität hat, daß also bei starken Feldern in Übereinstimmung mit dem Paschen-Backschen Befunde als π-Komponente nur diejenige von der Aufspaltung Null [1]) übrig bleibt.

[1]) Die Aufspaltung Null ist nicht von der Mitte von D_1 und D_2, sondern, wie der Fuß von Fig. 1 andeutet, vom „Schwerpunkt" beider zu berechnen. Aus

Für $v = \infty$ (schwache Felder) ergibt (16)

$$\frac{\Delta\nu}{\Delta\nu_{\text{norm}}} = \frac{1}{2}\left(1 \pm v\left[1 - \frac{1}{3v}\right]\right) = \begin{cases} +\frac{v}{2} + \frac{1}{3} \\ -\frac{v}{2} + \frac{2}{3} \end{cases},$$

also entweder

$$\Delta\nu = \frac{1}{2}\Delta\nu_0 + \frac{1}{3}\Delta\nu_{\text{norm}}, \tag{17}$$

d. h. $\frac{1}{3}$ normale Aufspaltung gegen D_2, oder

$$\Delta\nu = -\frac{1}{2}\Delta\nu_0 + \frac{2}{3}\Delta\nu_{\text{norm}}, \tag{18}$$

d. h. $\frac{2}{3}$ normale Aufspaltung gegen D_1. Beides stimmt mit dem erfahrungsmäßigen Zerlegungsbilde bei schwachen Feldern — vgl. den Kopf von Fig. 1 — überein.

Gleichung (15) ergibt, und zwar bei beliebigem v:

$$\Delta\nu = \frac{1}{2}\Delta\nu_0 + \Delta\nu_{\text{norm}}, \tag{19}$$

d. h. normale Aufspaltung gegenüber D_2. Die ergänzende Intensitätsbetrachtung wird zeigen, daß diese Komponente bei beliebigen Feldern verschwindende Intensität hat.

§ 3. **Die Frequenzgleichung der σ-Komponenten.** Die Ausrechnung der Determinante (6) ergibt wegen $\varepsilon^3 = \varepsilon^6 = 1$:

$$(\Omega_1+1)(\Omega_2+1)^2-(\Omega_1+1)-2(\Omega_2+1)+2=\Omega_2(\Omega_1\Omega_2+2\Omega_1+\Omega_2)=0.$$

Setzen wir aus (11a) ein, so kommt

$$\Omega_2\left[\Omega_2^2 + 3(1-v)\Omega_2 - 6v\right] = 0. \tag{20}$$

Man hat also jetzt die folgenden drei Wurzeln:

$$\Omega_2 = 0, \tag{21}$$

$$\Omega_2 = \frac{3}{2}\left(v - 1 \mp \sqrt{1 + \frac{2}{3}v + v^2}\right). \tag{22}$$

---

(16) folgt nämlich bei negativem Zeichen der Quadratwurzel und gehöriger Entwicklung derselben

$$\Delta\nu = \frac{1}{2}\Delta\nu_{\text{norm}}\left(\frac{1}{3}v + \cdots\right) = \frac{1}{6}\Delta\nu_0.$$

Bildet man nun den „Schwerpunkt" von D_1 und D_2 so, daß D_2 mit dem Gewicht 2, D_1 mit dem Gewicht 1 gerechnet wird, so liegt der Schwerpunkt um $^2/_3$ von D_1, also um $\left(\frac{2}{3} - \frac{1}{2}\right)\Delta\nu_0 = \frac{1}{6}\Delta\nu_0$ von der Mitte M entfernt.

Wegen der Bedeutung von Ω_2 in (11) folgt daraus:

$$\frac{\Delta\nu}{\Delta\nu_{norm}} = 1 + \frac{v}{2}, \tag{23}$$

$$\frac{\Delta\nu}{\Delta\nu_{norm}} = \frac{1}{2}\left(3 \pm \sqrt{1 + \frac{2}{3}v + v^2}\right). \tag{24}$$

(24) ergibt für $v = 0$ (starke Felder) bei der Wahl des oberen Vorzeichens doppelt-normale Aufspaltung; die Intensitätsbetrachtung wird indessen zeigen, daß diese Komponente verschwindende Intensität hat. Bei der Wahl des unteren Vorzeichens gibt (24) ebenso wie (23) einfach-normale Aufspaltung [1]), d. h. den Paschen-Back-Effekt der σ-Komponente.

Andererseits erhält man für $v = \infty$ (schwache Felder) aus (24):

$$\frac{\Delta\nu}{\Delta\nu_{norm}} = \frac{1}{2}\left[3 \pm v\left(1 + \frac{1}{3v}\right)\right] = \begin{cases} \frac{v}{2} + \frac{5}{3}, \\ -\frac{v}{2} + \frac{4}{3} \end{cases}$$

also entweder

$$\Delta\nu = \frac{1}{2}\Delta\nu_0 + \frac{5}{3}\Delta\nu_{norm}, \tag{25}$$

d. h. $\frac{5}{3}$ normale Aufspaltung gegen D_2, oder

$$\Delta\nu = -\frac{1}{2}\Delta\nu_0 + \frac{4}{3}\Delta\nu_{norm}, \tag{26}$$

---

[1]) Man beachte indessen folgenden interessanten Punkt: (23) gibt normale Aufspaltung gegenüber D_2, nämlich

$$\Delta\nu = \frac{1}{2}\Delta\nu_0 + \Delta\nu_{norm}.$$

Dagegen gibt (24) bei Entwicklung der Quadratwurzel und negativer Vorzeichenwahl

$$\Delta\nu = -\frac{1}{6}\Delta\nu_0 + \Delta\nu_{norm}.$$

Man hat also nach der Voigtschen Theorie zwei etwas verschiedene Komponenten normaler Aufspaltung; ihr Abstand beträgt $^2/_3$ des ursprünglichen D-Linienabstandes $\Delta\nu_0$. Die Beobachtungen von Paschen und Back wurden ursprünglich so gedeutet, daß es nur eine scharfe σ-Komponente gebe. Voigt selbst war, wie ich weiß, geneigt, in diesem Widerspruch einen Mangel seiner Theorie zu sehen. Kürzlich erkannte ich jedoch in einer Aufnahme der zu den D-Linien analogen Li-Linie $\lambda = 6708$, die mir Herr Back freundlichst zur Verfügung stellte, eine Trennung einer der beiden σ-Komponenten von dem nach der Voigtschen Theorie zu erwartenden Betrage. Es ist also sehr wohl möglich, daß die Voigtsche Theorie auch in diesem Punkte recht hat. Die Frage wird von Herrn Paschen weiter untersucht werden. In Fig. 1 konnte die Duplizität der σ-Komponenten nicht dargestellt werden, da ja bei starken Feldern $\Delta\nu_0$ gegen $\Delta\nu_{norm}$ verschwindet.

d. h. $\frac{4}{3}$ normale Aufspaltung gegen D_1. Beides ist in Übereinstimmung mit der Erfahrung, wie sie am Kopfe der Fig. 1 angedeutet ist, desgleichen die aus (23), und zwar für alle Felder folgende normale Aufspaltung gegen D_2.

§ 4. **Intensitätsfragen.** In der Voigtschen Absorptionstheorie waren die Intensitäten zugleich mit den Frequenzen bestimmt; von unserem Emissionsstandpunkt aus wird eine Hilfsbetrachtung [1]) nötig. Man muß die zu vergleichenden Schwingungskomponenten auf gleiche Anregungsenergie reduzieren. Dies geschieht durch Hinzufügen des Nenners [2]) in der folgenden Formel; der Zähler stellt das Amplitudenquadrat dar, wie es sich aus den Schwingungen der drei Elektronen zusammensetzt:

$$J = \frac{|\zeta_1 + \zeta_2 + \zeta_3|^2}{|\zeta_1|^2 + |\zeta_2|^2 + |\zeta_3|^2} = \frac{|C_1 + C_2 + C_3|^2}{|C_1|^2 + |C_2|^2 + |C_3|^2}. \tag{27}$$

Die im Ansatz (3) vorkommenden Partialamplituden C_k berechnet man als Unterdeterminanten des Schemas (5) bzw. (6) für die π- bzw. σ-Komponenten. Wir wählen z. B. die Unterdeterminanten der ersten Zeile und erhalten

$$\pi\text{-Komp.}\quad C_1 : C_2 : C_3 = (\Omega_2 - 1)^2 - 1 : \Omega_2 : \Omega_2 = \Omega_2 - 2 : 1 : 1. \tag{28}$$

$$\left.\begin{aligned} \sigma\text{-Komp.}\quad C_1 : C_2 : C_3 &= (\Omega_2 + 1)^2 - 1 : -\varepsilon^2 \Omega_2 : -\varepsilon\,\Omega_2 \\ &= \Omega_2 + 2 : -\varepsilon^2 : -\varepsilon. \end{aligned}\right\} \tag{29}$$

Setzt man (28) in (27) ein, so ergibt sich

$$J = \frac{\Omega_2^2}{\Omega_2^2 - 4\,\Omega_2 + 6}. \tag{30}$$

Daraus folgt zunächst für die Wurzel $\Omega_2 = 0$, Gleichung (13), die Intensität 0, wie in § 2 behauptet wurde. Die Wurzeln (14) genügen nach (12) der Gleichung:

$$\Omega_2^2 = 3(1 + v)\,\Omega_2 - 6v. \tag{31}$$

Hiermit läßt sich (30) im Zähler und Nenner auf die lineare Form bringen:

$$J = 3\,\frac{(1 + v)\,\Omega_2 - 2v}{(-1 + 3v)\,\Omega_2 + 6(1 - v)}.$$

---

[1]) Näheres vgl. Göttinger Nachr. l. c., § 5.

[2]) Bei quasielastischer Bindung ist die Gesamtenergie das Doppelte der potentiellen Energie und letztere in jeder Koordinate proportional $\omega_k^2\,|\zeta_k|^2$. In der Summe über alle drei Elektronen kann man die ω_k^2 ohne merklichen Fehler als gleich ansehen und in den Proportionalitätsfaktor aufnehmen, so daß für die Gesamtenergie der Anregung $\Sigma\,|\zeta_k|^2$ geschrieben werden darf.

Berechnet man daraus umgekehrt

$$\Omega_2 = 2\frac{(v-1)J-v}{\left(v-\frac{1}{3}\right)J-1-v}$$

und setzt dies in (31) ein, so entsteht die quadratische Gleichung für J:

$$J^2 - 3J + \frac{2v^2}{1-\frac{2}{3}v+v^2} = 0$$

mit den Wurzeln:

$$J = \frac{3}{2}\left(1 \mp \frac{1-\frac{1}{3}v}{\sqrt{1-\frac{2}{3}v+v^2}}\right). \tag{32}$$

Hier entspricht das obere (untere) Vorzeichen dem oberen (unteren) Vorzeichen von Gleichung (16).

Bei starken Feldern ($v = 0$) ergibt sich daraus für das obere Vorzeichen [normale Aufspaltung, vgl. Gleichung (16)] $J = 0$, wie in § 2 behauptet wurde, für das untere Vorzeichen [Aufspaltung Null, vgl. Gleichung (16)] $J = 3 =$ Gesamtintensität von D_1 und D_2. Bei schwachen Feldern ($v = \infty$) ergibt sich $J = 2$ (oberes Vorzeichen, D_2) bzw. $J = 1$ (unteres Vorzeichen, D_1).

Setzt man sodann, zu den σ-Komponenten übergehend, (29) in (27) ein und berücksichtigt, daß $1 + \varepsilon + \varepsilon^2 = 0$ ist, so folgt zunächst

$$J = \frac{(\Omega_2 + 3)^2}{\Omega_2^2 + 4\Omega_2 + 6}. \tag{33}$$

Für $\Omega_2 = 0$ (Gleichung 21), normale Aufspaltung gegen D_2, folgt daraus für alle Felder

$$J = \frac{3}{2}.$$

Die beiden anderen Wurzeln, Gleichung (22), genügen nach (20) der Gleichung:

$$\Omega_2^2 = 3(v-1)\Omega_2 + 6v. \tag{34}$$

Mit ihrer Hilfe reduziert man (33) auf die Form

$$J = 3\frac{(v+1)\Omega_2 + 2v + 3}{(3v+1)\Omega_2 + 6(v+1)}.$$

Daraus folgt umgekehrt

$$\Omega_2 = \frac{-2(v+1)J + 2v + 3}{\left(v+\frac{1}{3}\right)J - v - 1}.$$

Setzt man dies in (34) ein, so entsteht die quadratische Gleichung für J:

$$J^2 - \frac{3}{2} J + \frac{v^2}{2\left(1 + \frac{2}{3} v + v^2\right)} = 0.$$

Ihre Wurzeln sind:

$$J = \frac{3}{4}\left(1 \mp \frac{1 + \frac{1}{3} v}{\sqrt{1 + \frac{2}{3} v + v^2}}\right). \tag{35}$$

Für $v = 0$ (starke Felder) ergibt sich daraus beim oberen Vorzeichen [doppelt-normale Aufspaltung, vgl. Gleichung (24)] $J = 0$, wie in § 3 behauptet, beim unteren Vorzeichen [einfach-normale Aufspaltung, vgl. Gleichung (24)] $J = 3/2$. Für $v = \infty$ (schwache Felder) hat man $J = 1/2$ (oberes Vorzeichen, D_2) bzw. $J = 1$ (unteres Vorzeichen, D_1).

§ 5. **Zusammenstellung der positiven und negativen Komponenten des Zerlegungsbildes.** Wir haben bisher nur von den positiven π- und σ-Komponenten gesprochen. Die negativen ergeben sich nach § 1, wenn man mit dem Ansatz (3a) statt (3) in die Voigtschen Gleichungen (1) und (2) eingeht. Dies hat zur Folge, daß in der Definition von Ω_k, Gleichung (4), $\omega^2 - \omega_k^2$ an Stelle von $\omega_k^2 - \omega^2$ tritt, und weiterhin, daß sich nicht nur das Vorzeichen von $\Delta\nu$, sondern auch das Vorzeichen von v durchweg umkehrt, sowohl in den Frequenz- wie in den Intensitätsformeln. Endlich wird auch die Zuordnung der beiden Vorzeichen der Quadratwurzel in (16) (π-Komponenten) und (24) (σ-Komponenten) zu D_1 und D_2 die umgekehrte für negative wie für positive Komponenten. In der für die negativen π-Komponenten umgeschriebenen Gleichung (16)

$$\frac{\Delta\nu}{\Delta\nu_{\text{norm}}} = -\frac{1}{2}\left(1 \pm \sqrt{1 + \frac{2}{3} v + v^2}\right)$$

z. B. entspricht nunmehr, wie man sich leicht überzeugt, indem man $v = \infty$ setzt, das obere Vorzeichen der Linie D_1, das untere der Linie D_2, also umgekehrt wie für die positiven Komponenten.

Die Vorzeichenumkehr von v bewirkt, daß die Zerlegungsbilder bei mittleren Feldern unsymmetrisch ausfallen, d. h. daß die positiven und negativen Komponenten nicht spiegelbildlich zueinander liegen und im allgemeinen nicht gleiche Intensität haben. Das ist nicht überraschend: Sind doch, vgl. Fig. 1, bei schwachen Feldern die Zerlegungsbilder von D_1 und D_2 symmetrisch gegen die ursprüngliche Lage dieser Linien, während bei starken Feldern das totale Zerlegungsbild symmetrisch gegen den Schwerpunkt von D_1 und D_2 wird; bei mittleren Feldern kann daher Symmetrie weder im einen noch im anderen Sinne herrschen. Unsere Figur veranschaulicht dies aufs deutlichste.

π-Komponenten.

D_2	$\frac{1}{2}\left(1+\sqrt{1-\frac{2}{3}v+v^2}\right)$	$\frac{3}{2}\left(1-\frac{1-\frac{1}{3}v}{\sqrt{1-\frac{2}{3}v+v^2}}\right)$	$-1 \rightarrow -1$
	$-\frac{1}{2}\left(1-\sqrt{1+\frac{2}{3}v+v^2}\right)$	$\frac{3}{2}\left(1+\frac{1+\frac{1}{3}v}{\sqrt{1+\frac{2}{3}v+v^2}}\right)$	$+1 \rightarrow +1$
D_1	$\frac{1}{2}\left(1-\sqrt{1-\frac{2}{3}v+v^2}\right)$	$\frac{3}{2}\left(1+\frac{1-\frac{1}{3}v}{\sqrt{1-\frac{1}{3}v+v^2}}\right)$	$-1 \rightarrow -1$
	$-\frac{1}{2}\left(1+\sqrt{1+\frac{2}{3}v+v^2}\right)$	$\frac{3}{2}\left(1-\frac{1+\frac{1}{3}v}{\sqrt{1+\frac{2}{3}v+v^2}}\right)$	$+1 \rightarrow +1$

σ-Komponenten.

D_2	$1+\frac{v}{2}$	$\frac{3}{2}$	$+3 \rightarrow +1$
	$\frac{1}{2}\left(3+\sqrt{1+\frac{2}{3}v+v^2}\right)$	$\frac{3}{4}\left(1-\frac{1+\frac{1}{3}v}{\sqrt{1+\frac{2}{3}v+v^2}}\right)$	$+1 \rightarrow -1$
	$-\frac{1}{2}\left(3-\sqrt{1-\frac{2}{3}v+v^2}\right)$	$\frac{3}{4}\left(1+\frac{1-\frac{1}{3}v}{\sqrt{1-\frac{2}{3}v+v^2}}\right)$	$-1 \rightarrow +1$
	$-1+\frac{v}{2}$	$\frac{3}{2}$	$-3 \rightarrow -1$
D_1	$\frac{1}{2}\left(3-\sqrt{1+\frac{2}{3}v+v^2}\right)$	$\frac{3}{4}\left(1+\frac{1+\frac{1}{3}v}{\sqrt{1+\frac{2}{3}v+v^2}}\right)$	$+1 \rightarrow -1$
	$-\frac{1}{2}\left(3+\sqrt{1-\frac{2}{3}v+v^2}\right)$	$\frac{3}{4}\left(1-\frac{1-\frac{1}{3}v}{\sqrt{1-\frac{2}{3}v+v^2}}\right)$	$-1 \rightarrow +1$

Wir geben im Vorstehenden eine vollständige Zusammenstellung der positiven und negativen Komponenten nach Lage und Intensität; die π-Komponente normaler Aufspaltung [Gleichung (15)], welche dauernd die Intensität Null hat [Gleichung (30)], wird dabei fortgelassen. Die Ausdrücke der ersten Spalte geben die magnetischen Aufspaltungen $\Delta\nu$ in Teilen von $\Delta\nu_{\mathrm{norm}}$, von der Mitte M zwischen D_1 und D_2 aus gerechnet; die Ausdrücke der zweiten Spalte geben die zugehörigen Intensitäten. Die Bedeutung der dritten Spalte wird aus dem folgenden Paragraphen hervorgehen.

§ 6. **Die quantentheoretischen Energieniveaus der magnetischen Aufspaltung.** Die Grundlage der Quantentheorie der Spektren bildet das Kombinationsprinzip (Bohrs Frequenzbedingung); seine Anwendung auf den Zeemaneffekt führte zu der Forderung[1]), daß die Aufspaltung der Linien in jedem Falle sich darstellen lassen müsse als Differenz der magnetischen Aufspaltungen der beiden Terme, aus denen sich nach dem Kombinationsprinzip die Linien zusammensetzen. Während uns die Voigtsche Schwingungstheorie die Aufspaltung der Linien liefert, müssen wir in der Quantentheorie nach der Aufspaltung der Terme fragen. Mit der Aufspaltung der Terme ist die Aufspaltung der zugehörigen Energieniveaus negativ proportional, da nach allgemeiner Übereinkunft gilt $W = -h\nu$, $\Delta W = -h\Delta\nu$, unter W die Energie, unter ν die Termgröße verstanden. In der folgenden Tabelle werden wir die magnetischen Aufspaltungen der Energieniveaus hinschreiben, wobei wir aber den gemeinsamen Faktor $h.\Delta\nu_{\mathrm{norm}}$ unterdrücken.

Die Seriendarstellung der D-Linien lautet:

$$D_2 \ldots \nu = 1s - 2p_1,$$
$$D_1 \ldots \nu = 1s - 2p_2.$$

Da nämlich die Bezeichnung der Terme mp_i so gewählt wird, daß $mp_1 < mp_2$, und da D_2 kurzwelliger als D_1 ist, so gehört zu D_2 der Term $2p_1$, zu D_1 der Term $2p_2$. Der Term ms ist bekanntlich stets einfach. Seine Aufspaltung ist wie die aller Einfachterme als normal anzusetzen. In der folgenden Tabelle schreiben wir daher als Energieaufspaltung des s-Terms $+1$ und -1 auf. Die im Eingang der Tabelle aufgeführte Größe m nennen wir „magnetische Quantenzahl"; wir legen ihr bei den Dublettsystemen ungerade Werte bei, positive und negative. Als Auswahlregel, nach der die

[1]) Vgl. T. van Lohuizen, Amst. Ak., Mai 1919 oder meine Abhandlung, Ann. d. Phys. 63, 1920, Teil V.

m-Werte kombinieren, setzen wir in Anlehnung an die Theorie des normalen Zeemaneffektes fest:

$$m \longrightarrow m \ldots\ldots \pi\text{-Komponenten},$$
$$m \longrightarrow m \pm 2 \ldots \sigma\text{-Komponenten}.$$

Die Energieaufspaltungen des p_1-Termes in der zweiten Spalte der Tabelle sind nun so zu wählen, daß sie, mit denen des s-Termes nach der vorstehenden Regel kombiniert, die Aufspaltung der D_2-Linie ergeben; ebenso die Energie-Aufspaltungen des p_2-Termes in der dritten Spalte so, daß sie die Aufspaltung der D_1-Linie liefern.

	s	p_1	p_2
$m = +3$	—	$2 + \frac{v}{2}$	—
$+1$	$+1$	$\frac{1}{2}\left(1 + \sqrt{1 + \frac{2}{3}v + v^2}\right)$	$\frac{1}{2}\left(1 - \sqrt{1 + \frac{2}{3}v + v^2}\right)$
-1	-1	$\frac{1}{2}\left(-1 + \sqrt{1 - \frac{2}{3}v + v^2}\right)$	$\frac{1}{2}\left(-1 - \sqrt{1 - \frac{2}{3}v + v^2}\right)$
-3	—	$-2 + \frac{v}{2}$	—

Dies wird durch die vorstehende Tabelle in der Tat erreicht.

In der Zusammenstellung des vorigen Paragraphen, dritte Spalte, haben wir für jede Komponente des Zerlegungsbildes den sie erzeugenden Übergang der magnetischen Quantenzahl angemerkt, z. B. in der ersten Zeile der π-Komponenten $-1 \longrightarrow -1$. Dies bedeutet die Vorschrift, daß wir vom p_1-Niveau $m = -1$ zum s-Niveau $m = -1$ übergehen sollen. Bilden wir dementsprechend nach den Angaben unserer Tabelle

$$\frac{1}{2}\left(-1 + \sqrt{1 - \frac{2}{3}v + v^2}\right) - (-1) = \frac{1}{2}\left(1 + \sqrt{1 - \frac{2}{3}v + v^2}\right),$$

so entsteht in der Tat die zugehörige, in der ersten Zeile der Zusammenstellung angegebene Linienaufspaltung. In derselben Weise überzeugt man sich, daß unsere Tabelle, nach den im vorigen Paragraphen angemerkten Vorschriften kombiniert, die sämtlichen Linienaufspaltungen vollständig und richtig wiedergibt.

Wie man sieht, ist, abgesehen von den äußersten Niveaus $\pm 2 + \frac{v}{2}$, jedes Energieniveau doppelt bestimmt, da es sowohl die π- wie die σ-Komponenten liefern muß. Unsere Tabelle enthält also keine Willkür, sondern wird in sich selbst kontrolliert. Daß wir die Aufspaltungen von p_1 bis $m = \pm 3$ ausdehnen, diejenigen von p_2 und s aber auf $m = \pm 1$ beschränken, entspricht dem Umstande[1]), daß die „innere Quantenzahl“ n_i für s und p_2 gleich 1, für p_1 aber gleich 2 ist und daß die Anzahl der magnetischen Niveaus allgemein gleich $2n_i$ wird. Daß wir die vorstehenden Kombinationen nach dem Schema $(p) - (s)$ bildeten, während das Schema der Seriendarstellung lautet $(s) - (p)$, hängt damit zusammen, daß unsere Tabelle die Energieaufspaltungen, nicht die Termaufspaltungen angibt.

Schließlich läßt sich unsere ganze Tabelle der $p_1 p_2$-Aufspaltungen in die eine Formel zusammenfassen:

$$\frac{1}{2}\left(m \pm \sqrt{1 + \frac{2}{3}mv + v^2}\right) \tag{36}$$

p_1 oberes Vorzeichen $m = \pm 1, \pm 3$,
p_2 unteres Vorzeichen $m = \pm 1$,

oder ausführlicher geschrieben:

$$\Delta W = \frac{h}{2}\left(m \pm \sqrt{1 + \frac{2}{3}mv + v^2}\right)\Delta \nu_{\text{norm}} \tag{37}$$

$$W = \overline{W} + \frac{h}{2}\left(m + \sqrt{1 + \frac{2}{3}mv + v^2}\right)\Delta \nu_{\text{norm.}} \tag{38}$$

$\overline{W}$ ist das arithmetische Mittel der ursprünglichen Energieniveaus von p_1 und p_2, W bedeutet das System der magnetisch beeinflußten p_1- und p_2-Niveaus. Auch das oberste und unterste Niveau von p_1 ist in dieser zusammenfassenden Darstellung enthalten. Setzt man nämlich in (36) $m = 3$, so läßt sich die Quadratwurzel ausziehen und man erhält

$$\frac{1}{2}\left[\pm 3 + (v \pm 1)\right] = \pm 2 + \frac{v}{2}, \tag{39}$$

wie es nach unserer Tabelle sein soll.

Man erkennt hieraus, wieviel einfacher und einheitlicher die schließliche quantentheoretische Beschreibung des magnetooptischen Tatbestandes ausfällt, als die ursprüngliche schwingungsmäßige. Eine einzige geschlossene Formel vertritt jetzt die Differentialgleichungen und ihre Integration und liefert gleicherweise die π- wie die σ-Komponenten.

Aber nicht nur die Frequenzen, sondern auch die Intensitäten lassen sich einheitlich zusammenfassen. Bedeutet m die magnetische Quantenzahl des Ausgangsniveaus (p_1 oder p_2), so lassen sich

[1]) Vgl. meine soeben zitierte Arbeit, Ann. d. Phys. **63**, Teil II.

die im vorigen Paragraphen zusammengestellten Intensitäten der π- bzw. σ-Komponenten allgemein darstellen durch

$$J_\pi = \frac{3}{2}\left(1 \pm \frac{m\left(1+\frac{1}{3}mv\right)}{\sqrt{1+\frac{2}{3}mv+v^2}}\right), \quad J_\sigma = \frac{3}{4}\left|\left(1 \mp \frac{m\left(1+\frac{1}{3}mv\right)}{\sqrt{1+\frac{2}{3}mv+v^2}}\right)\right| \tag{40}$$

das obere Vorzeichen für p_1 und das untere für p_2 gültig. Das Zeichen $|\ |$ des absoluten Betrages war in J_σ hinzuzufügen, damit auch das p_1-Niveau $m = 3$ in die Formel mit aufgenommen wird. Für $m = 3$ wird nämlich

$$\frac{1+\frac{1}{3}mv}{\sqrt{1+\frac{2}{3}mv+v^2}} = 1, \qquad J_\sigma = \frac{3}{4}\left|1-3\right| = \frac{3}{2},$$

ähnlich für $m = -3$ [bei gleicher Vorzeichenbestimmung der Quadratwurzel wie in (39)].

Aus (40) folgt (man beachte das umgekehrte doppelte Vorzeichen in J_π und J_σ) für jeden durch ein bestimmtes m charakterisierten Übergang aus dem p_1- oder p_2-Zustand in den s-Zustand:

$$J_\pi + 2\,J_\sigma = 3, \tag{41}$$

gültig insbesondere auch für $m = \pm 3$, wo $J_\sigma = {}^3/_2$, $J_\pi = 0$ ist. Zur quantentheoretischen Deutung dieser Beziehung bemerken wir folgendes: 1. Die σ-Komponenten sind zirkular polarisiert, die π-Komponenten linear. Bei transversaler Beobachtung, auf die sich unsere Intensitäts-Schemata beziehen, wird jede ausgestrahlte π-Intensität ganz, jede σ-Intensität nur zur Hälfte wahrgenommen. Um die ganze ausgestrahlte Intensität zu bekommen, muß man daher wie in (41) $J_\pi + 2\,J_\sigma$ bilden. 2. J_π faßt quantentheoretisch die Wahrscheinlichkeit dafür zusammen, daß zunächst ein gewisser p-Zustand als Anfangszustand erzeugt wird und daß dieser unter π-Ausstrahlung in einen s-Zustand übergeht. 3. Ebenso bedeutet $2\,J_\sigma$ die Wahrscheinlichkeit, daß zunächst derselbe Anfangszustand angeregt wird und daß darauf σ-Ausstrahlung erfolgt. 4. Handelt es sich wie bei den D-Linien um den Anfangszustand $2p_i$, so ist nur der Übergang in den s-Zustand, insbesondere kein Übergang in den d-Zustand energetisch möglich. Der s-Zustand ist als Endzustand dem angeregten p-Zustand eindeutig zugeordnet, wie z. B. die Tabelle in § 5 zeigt. 5. Die Wahrscheinlichkeit, daß aus dem angeregten p-Zustande der Übergang in den s-Zustand, sei es unter π- oder unter σ-Ausstrahlung, erfolgt, ist gleich 1. 6. Fassen wir also den π- und den σ-Übergang zusammen, so erhalten wir in $J_\pi + 2J_\sigma$ ein reines Maß für die Wahrscheinlichkeit des Anfangs-p-Zustandes. Diese Wahrscheinlichkeit ist für alle p-Zustände nach (41) die gleiche, also unabhängig von m und von der Stärke des magnetischen Feldes, nämlich entsprechend der Zählung der ursprünglichen Intensität von D_1 und D_2 gleich 3. Wir können also, nachdem wir in solcher Weise die Übergangswahrscheinlichkeit eliminiert haben, von einer reinen Termwahrscheinlichkeit sprechen. Es ist sehr befriedigend, daß diese für jeden magnetisch aufgespaltenen Term gleich groß ausfällt. Die Übergangswahrscheinlichkeit dagegen ist, wie (40) zeigt, verschieden und überdies vom Felde abhängig; bald überwiegt die Neigung zu einem π-, bald zu einem σ-Übergange.

§ 7. Verallgemeinerung. Wie früher[1]) gezeigt wurde, ist der „Rungesche Nenner" der Dublettsysteme gleich 1, 3, 5, 7 für den s-, p-, d-, b-... Term, also allgemein gleich $2n-1$ für den Term mit der azimutalen Quantenzahl n. Das Auftreten des Nenners 3 in der Energieniveau-Formel (38) hat offenbar seinen Grund in diesem Gesetz der Rungeschen Nenner; die Formel erweitert sich daher für die höheren Terme folgendermaßen:

$$W = \overline{W} + \frac{h}{2}\left(m \pm \sqrt{1 + \frac{2m}{2n-1}v + v^2}\right)\Delta\nu_{\text{norm.}} \tag{42}$$

Natürlich ist dabei die Größe $v = \Delta\nu_0/\Delta\nu_{\text{norm}}$ für die höheren Terme mit der Schwingungsdifferenz $\Delta\nu_0$ dieser Terme, nicht wie bisher mit der der p-Terme zu bilden. Für den d-Term $2n-1 = 5$ stimmt (42) bei schwachen Feldern genau überein mit den von Landé[2]) aus den Backschen Aufnahmen der I. N. S. abgeleiteten Energieniveaus und läßt sich an diesen Aufnahmen in allen Einzelheiten bestätigen. Unsere Fig. 2 zeigt in der oberen Zeile die Verhältnisse bei schwachen Feldern, d. h. die anomalen Zeemaneffekte der drei Linien $(p_i d_j)$, in der unteren Zeile die Verhältnisse bei starken Feldern, d. h. das normale Triplett des Paschen-Back-Effektes, und stellt zugleich in den mittleren Partien die Umwandlung des einen in den anderen Typus schematisch dar.

Wenn im Verlaufe der Umwandlung das Magnetfeld zwar als stark gegenüber dem wenig getrennten d-Term, aber noch nicht als stark gegenüber dem p-Term zu gelten hat, so entsteht statt des „totalen", in der unteren Zeile unserer Figur dargestellten Paschen-

---

[1]) In der zitierten Arbeit Ann. d. Phys. 63, Teil V.
[2]) ZS. f. Phys. 5, 231, 1921.

Back-Effektes ein „partieller“ Paschen-Back-Effekt, wie er z. B. in der I. N. S. von Na beobachtet wird. Näheres hierüber und über die Erweiterung der Formel (42) auf Triplettsysteme findet man in meinem Buche[1]) „Atombau und Spektrallinien“.

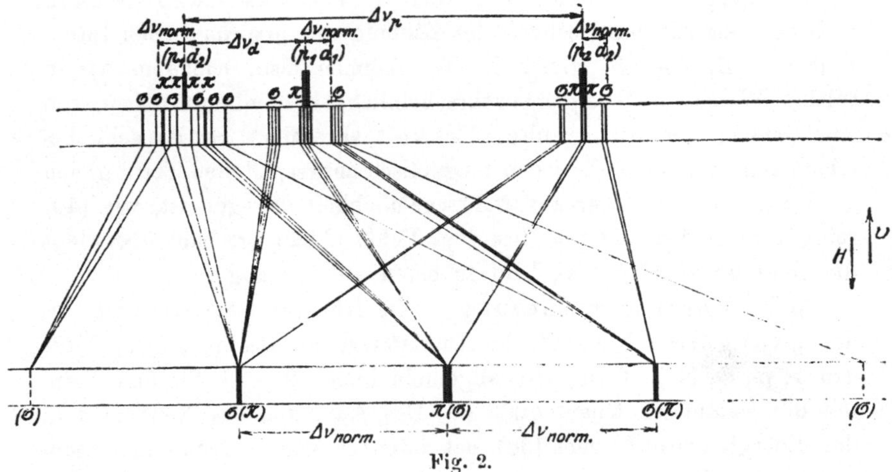

Fig. 2.

Ich möchte nicht versäumen, Herrn stud. W. Heisenberg für seine erfolgreiche Mitarbeit an dem ganzen Problem der anomalen Zeemaneffekte herzlich zu danken.

[1]) Dritte Auflage (Braunschweig 1922), Kap. 6, § 7.

Druck von Oscar Brandstetter in Leipzig.